Game Design and Develop

游戏设计与开发技术丛书

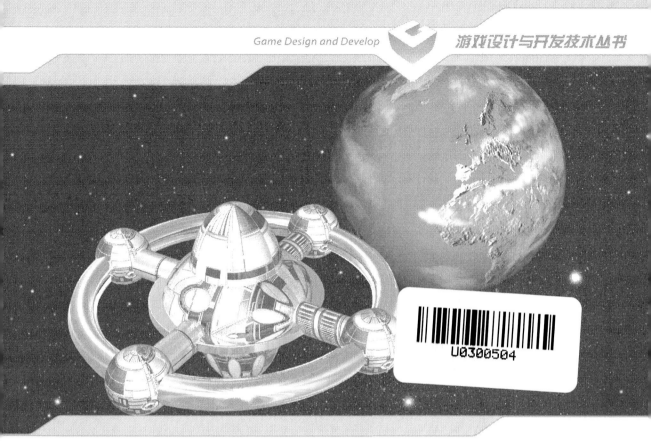

U0300504

Windows游戏编程
大师技巧（第2版）

TRICKS OF THE
WINDOWS GAME PROGRAMMING
GURUS, SECOND EDITION

[美] André LaMothe 著　　沙鹰 译

人民邮电出版社
北京

图书在版编目（CIP）数据

Windows游戏编程大师技巧：第2版／（美）拉莫斯
(Lamothe, A.) 著；沙鹰译. -- 北京：人民邮电出版社
, 2012.11（2022.8重印）
 ISBN 978-7-115-29248-3

Ⅰ．①W… Ⅱ．①拉… ②沙… Ⅲ．①游戏程序－程序
设计 Ⅳ．①TP311.1

中国版本图书馆CIP数据核字(2012)第196593号

版 权 声 明

Windows 游戏编程大师技巧（第 2 版）

♦ 著　　　 [美] André　LaMothe

　 译　　　 沙 鹰

　 责任编辑　陈冀康

♦ 人民邮电出版社出版发行　　北京市丰台区成寿寺路 11 号
　 邮编　100164　电子邮件　315@ptpress.com.cn
　 网址　http://www.ptpress.com.cn
　 北京九州迅驰传媒文化有限公司印刷

♦ 开本：800×1000　1/16
　 印张：47.5　　　　　　　　　2012 年 11 月第 1 版
　 字数：1 362 千字　　　　　　2022 年 8 月北京第 12 次印刷

著作权合同登记号　图字：01-2012-6489 号
ISBN 978-7-115-29248-3

定价：129.90 元（附光盘）

读者服务热线：(010)81055410　印装质量热线：(010)81055316
反盗版热线：(010)81055315
广告经营许可证：京东市监广登字 20170147 号

内容提要

本书是著名游戏程序设计大师 André LaMothe 的代表作。

全书分为 4 个部分，共计 15 章和 6 个附录。作者循循善诱地从程序设计的角度介绍了在 Windows 环境下进行游戏开发所需的全部知识，包括 Win32 编程以及 DirectX 中所有主要组件（包括 DirectDraw、DirectSound、DirectInput 和 DirectMusic）。书中还用单独的章节详细讲授了 2D 图形学和光栅化技术、游戏算法、多线程编程、文本游戏和解析、人工智能（包括模糊逻辑、神经网络和遗传算法）、物理建模（完全碰撞反应、动量传递和正反向运动学）及实时模拟等游戏程序开发中的关键技术。附录部分介绍了本书光盘的内容，如何安装 DirectX，回顾了数学和三角学的基础知识、C++编程的基础知识，还给出了游戏编程资源以及 ASCII 表。

本书所附光盘上带有本书中所有程序的源代码、关于 Direct3D 和 General 3D 的文章和在线书籍以及众多免费的素材。

本书适合想要学习 Windows 游戏编程的人员阅读，对于有一定经验的专业游戏开发人员，也具有较高的参考价值。

序

　　记得我爱上计算机是在 1983 年，那时我在 Apple IIe 计算机上编写 Logo 语言程序（感谢 Woz！）。那段经历带来的成就感让我非常着迷，并深深印在了我的脑海里。计算机可以做任何我要它做的事。即使是在无数次的循环之后，它仍然不知疲倦，更不会质疑我要它完成的任何一项具体任务的理由。它只是默默地完成工作。这一段经历和一部叫做《战争游戏》（War Games）的电影，以及一个名为 André LaMothe 的作者，对我的职业生涯起到了举足轻重的作用。

　　1994 年我购买了第一本 André LaMothe 的书，书名是《Sams Teach Yourself Game Programming in 21 Days》。我从来没有想过，原来编写视频游戏也能成为一种职业。于是，我发现在我对编程的热爱和对视频游戏的迷恋之间，存在着这样一种联系。从前谁能想象我花在玩《Galaga》（小蜜蜂）这个游戏上的那么多时间在现在也可被视为是一种研究呢？André的写作风格和教学方式鼓励了我，并且让我相信其实我也能够编写视频游戏。我还记得当时我给他打了电话（直到现在我仍然觉得难以置信，他真的公布了自己的电话号码，并且和我这样的读者谈话），因为我为物理课准备的一个简单程序向他求助，那是建立在他的一个气体模型演示程序的基础上的。当时我无论如何都无法使那个程序运行起来。他当即检查了一下我的程序，很快，他对我说："Richard，你可真要命，你必须在每行语句的结尾打上分号！"原来这就是问题所在，于是我的第一个游戏程序很快完成并正常运行了。

　　几年过后，我有幸和 André 一起开发一款名叫《Rex Blade》的游戏。我负责程序开发和关卡设计。这对我来说是一个棒极了的学习经历。我疯狂地工作（因为 André 简直就是个严厉的监工），同时也乐趣无穷（可以去看电影、玩射击、滑雪，还有很多你意想不到的东西，比如 0.51 口径的"沙漠之鹰"手枪，很酷吧）。最后我们终于完成了一个 3D 互动视频游戏三部曲！《Rex Blade》从策划构思到正式销售只花了短短 6 个月的时间！（当然，Rex 可作为一份有意思的开发手记的题材）。开发 Rex 让我了解了，制作一款真正的视频游戏所需要的步骤，而和 André 的合作让我知道了，什么是昼夜不停地工作——那真是毫不夸张啊。当我一开始听他说，他一个星期通常工作 100 小时以上的时候，我还以为他是开玩笑呢。

　　在软件工程学里，很少有别的领域能像游戏编程那样对硬件、软件和程序员自己提出那么高的要求。实在是有很多错综复杂的部分必须完美地结合并且在一起运作：数学、物理、人工智能、图形学、音响、音乐、图形用户界面、数据结构和其他种种。这就是为什么本书能够在现在和未来，在视频游戏制作这个领域里成为经典的原因。

　　本书将带领你到达游戏编程技术的另一个层次。光是人工智能那部分就很让人着迷了——那个演示简直酷极了。你还能从哪里获得如此详尽的介绍，教你把模糊逻辑学、神经网络和遗传法则运用到视频游戏上去呢？本书还将介绍有关 DirectX 的主要组成成分，包括 DirectDraw、DirectInput（包括力反馈作用）、DirectSound 以及最新最棒的 DirectMusic 技术。

然后是物理建模的部分。最后，一部分学有所成的人，可以去钻研一下完全碰撞反应、动量传递和正向运动学，并进行实时模拟。想象一下，你所创造的东西将会有学习能力，物体将会像在真实世界里那样碰撞运动，而你游戏里的敌人将会记住上次遭遇战里，你是如何打败他们的。这些都将是未来那些了不起的游戏里的基础部分。

我真的必须感谢 André 创作了这本书。他经常说，如果他不写，谁来写？的确，对他来说，用他 20 多年的艰苦工作所取得的经验，以及获得的秘诀和技巧去帮助别人真的是件很棒的事。

生活在这样一个技术日新月异的伟大时代真是让人兴奋，尤其在你是一个游戏程序员的时候。似乎每几个月总会有新的 CPU、显卡或者其他新的硬件上市，把我们原先能想象得到的技术极限不断向前推进。（比方说，我们曾经很难想象 Voodoo III 每秒能运算 700 亿次！）诚然，最新最好的技术和产品的价格也是相当昂贵的。在我们将这些技术运用于当前开发的游戏的同时，也提高了人们对未来视频游戏的期望。似乎就在不远的将来，可以局限游戏创作的因素，可能惟有我们的知识和想象力了。

想到下一代的游戏程序员能够从这本书里获取灵感和知识让我感到很激动。André 应该也希望，21 世纪的某天能有人接替他，继续他的工作，教授人们游戏编程这犹如巫术般充满魅力的技能，因为，他真的需要放个长假休息一下了！

Richard Benson

3D 程序员

梦工厂（DreamWorks Interactive）、电子艺界公司（Electronic Arts）

致　谢

　　我总是为写这一部分而感到烦恼，因为一本书要发表实在是有太多的人参与了，很难在这里一一提及，并给于合适的感谢。无论如何，我还是要向他们表达我衷心的谢意。

　　首先我要感谢我的父母，那么晚才生下我，导致我有这么多的基因突变现象，使我具有不需要睡眠和持久工作无须休息的特异功能。感谢你们，我的母亲和父亲！

　　然后，我想向所有 Sams Publishing 的工作人员致谢，你们给了我很大的空间，使我的书能保持我自己的风格。要想在美国这样一个有着很多规则的地方做点与众不同的事是很困难的，而我是这样一个不愿意墨守成规的人，但我相信就是要这样，才能开创自己的新天地。我特别想要感谢策划编辑 Kim Spilker，感谢你听从了我的创作性的营销理念，并使之成为了现实；项目编辑 George Nedeff，感谢你对我的"减少编辑对原稿的改动"的建议给予较之以往更多的重视；媒体专家 Dan Scherf，感谢你把所有的程序都做到光盘里去；还有开发编辑 Mark Renfrow，感谢你确保了我的数以百计的图形和几千页的手稿没有被毁坏；最后同时也是很重要的是技术编辑 David Franson，感谢你。

　　当然，还要感谢所有其他的编辑和排版人员，感谢你们为我的书所付出的劳动。虽然期间似乎换了不少编辑，但是工作都做得很出色。另外，Michael Stephens 对这个新的修订本的产生也起了关键的作用。此书的第一版是在一个十分紧张的工作进度表下完成的，所以有很多非常重要的细节我们没有时间去注释，但通过加入一些新的内容，第 2版将有望解决这些遗留问题。至少，我们希望是这样。

　　接下来我想要感谢微软公司的 DirectX 工作组，尤其是 Kevin Bachus 和 Stacey Tsurusaki。感谢你们帮我弄到最新的 DirectX SDK。还安排让我参加了所有 DirectX 的大型聚会。这对我来说非常重要，这些聚会很有意思。

　　我想要感谢的另一个团体是所有那些为这本书给予了帮助的公司，感谢你们提供了相关的软件还有其他支持。主要要感谢 Caligar 公司让我使用 TrueSpace，感谢 JASC 让我使用了 Paint Shop Pro，感谢 Sonic Foundry 让我使用 Sound Forge。我还要感谢 Matrox 和 Diamond Multimedia 让我使用他们的 3D 图形加速卡，我还使用了 Creative Labs 的声卡、Intel 公司的 VTune、Kinetics 的 3D Studio Max，还有微软公司和 Borland 公司的编译器。谢谢你们的帮助。

　　我要感谢所有和我在进行这项地狱般的工作时与我保持联系的朋友们。感谢所有Shamrock's Universal Submission Academy 的成员：Crazy Bob、Josh、Kelly、Javier、Big Papa、Liquid Rob、Brian、The Puppet 和所有其他人。感谢 Mike Perone，总是一接到通知就立即帮我找到那些很难找的软件。哦，还有，我要感谢我的朋友 Mark Bell，我叫他快乐先生，8 年前去滑雪的时候问我借了 180 美元到现在还没还哪。（我实在不能忍受总是做个老好人，帮帮忙，Mark。我忍不住要来问你拿钱啦。）

还有所有为这本书付出劳动的编辑们，感谢你们让我把你们修改后的文章放入本书的配套光盘。如果不是有你们的帮助，可怜的读者就只能读到我那些怪里怪气的文章啦。最后特别感谢配套光盘里 Direct3D 一书的作者 Matthew Ellis 和为本书作序的 Richard Benson（Keebler）。

感谢你们每一个人。

作者简介

André LaMothe（也叫做 Lord Necron）从事计算机编程工作 30 多年，获得数学、计算机科学和电子工程学学位。他发表过大量的有关图形学、游戏编程和人工智能的论文。他所著的《Tricks of the Game Programming Gurus》、《Sams Teach Yourself Game Programming in 21 Days》、《The Game Programming Starter Kit》、《The Black Art of 3D Game Programming》和《Windows Game Programming for Dummies》，都是最畅销的作品。此外，他还参与合著了《Ciarcia's Circuit Cellar I》和《Ciarcia's Circuit Cellar II》。LaMothe 曾执教于加利福尼亚大学圣克鲁斯分校的多媒体系。

此外，André 先生还是 Xtreme Games LLC 公司（www.xgames3d.com）和 Xtreme Games Developers Conference（www.xgdc.com）的创始人和执行总裁。

André 先生的电子邮箱是 ceo@xgames3d.com。

电子版在线式图书的特约作者

在本书配套光盘上的位置：ONLINEBOOKS

Matthew Ellis：《Direct3D Primer》的作者

Matthew 还只有十几岁，但他已经是一个 3D 游戏程序员及许多文章的作者了。他居住在美国内华达州的拉斯维加斯，对 3D 游戏编程和图形学的各个方面都有兴趣。目前，在发表文章并编写自己的一本书的同时，他还在创作一个新的 3D 引擎。

电子邮箱：matt@magmagames.com。

Sergei Savchenko：《General 3D Graphics》的作者

Sergei 是位于 Montreal 的 McGill 大学计算机科学专业的一名研究生。他来自于乌克兰的哈尔科夫城（Kharkov，XAPbKOB）。

除了计算机科学专业的学习之外，Seigei 还在哈尔科夫航空研究所学习过飞行器设计。他还教授计算机科学课程，并且积极进行自动推理方面的研究工作。

电子邮箱：savs@cs.mcgill.ca。

个人网站：http://www.cs.mcgill.ca/~savs/3dgpl/。

David Dougher：《Genesis 3D Engine Reference, Tool, and API Function Manuals》的作者

David 已经有 30 年的编程和游戏开发经验。1974 年在 Syracuse 大学时他就在 PDP-8 系统上使用纸带制作了他的第一个计算机游戏。他对游戏杂志的收藏要追溯到《Strategic Review》（攻略述评）杂志第一版（《Dragon》杂志的前身）。David 目前全职受雇于 Parlance 公司，担任发布工程师，热爱 Babylon 5、Myst、Riven、Obsidian、游戏设计、教社交舞，

还有他的妻子，当然，这个顺序不代表热爱的程度。

电子邮箱：ddougher@ids.net。

文章和论文的特约作者

在 CD 上的位置：ARTICLES

Bernt Habermeier：《Internet Based Client/Server Network Traffic Reduction》的作者。Email：bert@bolt.com。主页：http://www.bolt.com。

Ivan Pocina：《KD Trees》的作者。Email：ipocina@aol.com。

Nathan Papke：《Artificial Intelligence Voice Recognition and Beyond》的作者。Email: nathan.papke@juno.com。

Semion S.Bezrukov：《Linking Up with DirectPlay》的作者。Email：deltree@rocketmail.com。

Michael Tanczos：《The Art of Modeling Lens Flares》的作者。Email：webmaster@logic-gate.com。

David Filip：《Multimedia Musical Content Fundamentals》的作者。Email：grimlock@u.washington.edu。

Terje Mathisen：《Penium Secrets》的作者。Email：terjem@hda.hydro.com。

Greg Pisanich 和 Michelle Prevost：《Representing Artificial Personalities》和《Representing Human Characters in Interactive Games》的作者。Email：gp@garlic.com 和 prevost@sgi.com。

Zach Mortensen：《Polygon Sorting Algorithms》的作者。Email：mortens1@nersc.gov。

James P.Abbott：《Web Games on a Shoestring》的作者。Email：jabbott@longshot.com。主页：http://www.longshot.com。

Mike Schmit：《Optimizing Code with MMX Technology》的作者。Email：mschmit@zoran.com 和 mschmit@ix.netcom.com。

Alisa J.Baker：《Into the Grey Zone and Beyond》的作者。Email：abaker@gcounsel.com。

Dan Royer：《3D Technical Article Series》的作者。Email：aggravated@bigfoot.com。主页：http://members.home.com/droyer/index.html。

Tom Hammersley：《Viewing Systems for 3D Engines》的作者。Email：tomh@globalnet.co.uk。

Bruce Wilcox：《Applied AI: Chess is Easy. Go is Hard》的作者。Email：brucewilcox@bigfoot.com。

Nathan Davies：《Transparency in D3D Immediate Mode》的作者。Email：alamar@cgocable.net。

Bob Bates：《Designing the Puzzle》的作者。Email：bbates@legendent.com。

Marcus Fisher：《Dynamic 3D Animation Though Traditional Animation Techniques》的作者。Email：mfisher@avalanchesoftware.com。

Lorenzo Phillips：《Game Development Methodology for Small Development Teams》的作者。Email：pain19@ix.netcom.com。

Jason McIntosh：《Tile Graphics Techniques 1.0》的作者。

另外，本书配套光盘还选取了 Game Programming MegaSite 网站（http://www.perplexed.xom/）上的一些文章。作者分别是：*Matt Reiferson、*Geoff Howland、Mark Baldwin、John De Goes、*Jeff Weeks、Mirek、*Tom Hammersley、Jesse Aronson、Matthias Holitzer、Chris Palmer、Dominic Filion、JiiQ、Dhonn Lushine、David Brebner、Travis "Razorblade" Bemann、Jonathan Mak、Justin Hust、Steve King、Michael Bacarella Ⅱ、Seumas McNally、Robin Ward、Dominic Filion、Dragun、Lynch Hung、Martin Weiner、Jon Wise 和 Francois Dominic Larame。（标有星号（*）者表示有不止一篇文章。）

关于本书的技术编辑

自 1990 年以来，David Franson 是网络、编程、2D 和 3D 图形美术领域的专家。在 2000 年，担任信息系统主管职位的他从纽约市一家最大的娱乐方面的律师事务所辞职，开始全职从事游戏开发工作。他在 2002 年出版了一本名叫《2D Artwork and 3D Modeling for Game Artists》的书。

"Dead or alive, you're coming with me."

——Robocop，电影《机械战警》

物换星移，仿佛已经是很久以前，我写了一本名为《Windows 游戏编程大师技巧》的书。对于我来说，这本书提供了一个绝好的机会，让我能够实现去创造某些东西的夙愿——那就是去写出一本能够教会读者如何制作游戏的书。现在，已经又过去了几年，我相信我现在更有经验，也更聪明了些，而且在这几年里，我的确又学会了很多游戏制作的窍门，哈哈。这本书，将会续写上一本书没有涉及的内容。游戏编程的每一个关键主题都将涵盖其中。我将以我所学，倾囊相授。

当然，通常我不会假设读者已经是一个编程大师，或者已经知道如何制作游戏。这本书适合高级游戏编程人员阅读，但同时，对初学者也同样适用。尽管如此，本书将以较快的节奏深化内容，所以，不可掉以轻心。

现今，可能是跻身游戏行业的人们有史以来所经历的最酷的时代。我是说，我们现在可以用所拥有的高科技去创造以假乱真的游戏世界！想象一下，未来的游戏将会是何面貌？但是，所有这些高新技术并非轻易就能掌握，艰辛的努力必不可少。近来，游戏制作所需要掌握的技能已明显提高。但是，如果你正阅读这段文字，或许如我所料，你就是那些乐于迎接挑战的人中的一员。我要说，你来对了地方，因为如果你掌握了本书内容，你就能够制作在电脑上运行的全 3D、有纹理映射的、具有专业水平的光照效果的视频游戏。此外，你还将懂得蕴涵于游戏之中的人工智能、物理建模、游戏算法和 2D/3D 图形学的基本原理，同时，你将能够在现在和将来使用 3D 硬件。

你将学到什么

通过本书你将学到数以 TB 计的信息！我决心要往你的大脑里面塞入如此之多的信息，以至于可能会有些信息溢出来。认真地说，本书覆盖了创建基于 Windows 9X/NT/XP/2000 平台的 PC 游戏的全部必要的元素：

- Win32 编程
- DirectX 基础知识
- 2D 图形学和算法
- 游戏编程技术和数据结构
- 多线程编程
- 人工智能
- 物理建模
- 使用 3D 加速硬件设备（见配套光盘）

除了这些，还有更多其他的内容……

本书主要讨论游戏编程。光盘上带有两套完整的在线电子版书籍，涉及 Direct3D 直接模式和 General 3D 图形学。

应当具备的基础知识

本书假定你有编程的基础。如果你还不懂如何编写 C 语言程序，那么阅读本书的某些部分可能会使你感到相当困惑。但让 C 语言程序员感到不适应的是，本书中又有一定的示例程序是用 C++ 写的。不过别担心，在我要做任何古怪的事情以前，我都会提醒你。或许，如果你需要关于 C++ 程序设计的速成课程，本书的附录 D 可作为一份 C++ 入门读本来使用。基本上本书只在用到 DirectX 的场合里才使用 C++。

然而，我还是决定要在本书中稍微多用一些 C++。因为在游戏编程中有非常多的事情可用面向对象的方法来概括，若是硬要把它们设计成 C 语言风格的结构那简直是亵渎了它们。我的底线是：如果你能用 C 编程就很好。如果你能够用 C 和 C++ 编程，那就太好了，阅读本书对你来说完全不成问题。

众所周知，计算机程序是由逻辑和数学组成。而 3D 视频游戏很强调数学部分！3D 图形学里的内容几乎全部涉及数学。幸运的是，那是有趣的数学（的确，数学本身可以很有趣）。只要了解一些基本的代数和几何知识就可以了。我也将教你关于矢量和矩阵的知识。只要会做加、减、乘、除运算，就可以理解这里 90% 以上的内容，而不一定要亲自重新推导。毕竟，只要能够使用文章中的代码，那就够了。

上面所列举的就是所有你应当具备的基础知识。当然，你最好告诉所有的朋友，在大约两年之内他们都将看不到你，因为在这段时间中，你将非常忙碌。但是在你理解制作游戏程序后，就可以尽情享受了！

本书的组织

《Windows 游戏编程大师技巧（第 2 版）》分为 4 大部分，共计 15 章和 6 个附录。

第一部分　Windows 编程基础

第 1 章　学海无涯
第 2 章　Windows 编程模型
第 3 章　高级 Windows 编程
第 4 章　Windows GDI、控件和灵感

第二部分　DirectX 和 2D 基础

第 5 章　DirectX 基础知识和令人生畏的 COM
第 6 章　初次邂逅 DirectDraw
第 7 章　高级 DirectDraw 和位图图形
第 8 章　矢量光栅化及 2D 变换
第 9 章　DirectInput 输入和力反馈
第 10 章　用 DirectSound 和 DirectMusic 演奏乐曲

第三部分　核心游戏编程

第 11 章　算法、数据结构、内存管理和多线程
第 12 章　人工智能
第 13 章　基本物理建模
第 14 章　文字时代

安装本书的配套光盘

本书的配套光盘包含本书中所有程序的源代码、可执行文件、示例程序、美术素材、3D 建模工具、音效和补充的技术文章。目录结构如下：

```
CD-DRIVE:\

SOURCE\
          T3DCHAP01\
          T3DCHAP02\
                .
                .
          T3DCHAP14\
          T3DCHAP15\


APPLICATIONS\

ARTWORK\
          BITMAPS\
          MODELS\

SOUND\
          WAVES\
          MIDI\


DIRECTX\

GAMES\

ARTICLES\
ONLINEBOOKS\
ENGINES\
```

每一个主要目录下含有所需要的具体数据。请首先阅读一下 README.TXT 文件以便了解任何有关本书付印之后才做的改动。下面是更详细的分类：

SOURCE——含有本书所有的按章节顺序排列的源代码目录。只要将整个 SOURCE\目录全部复制到硬盘上，就可以从硬盘上运行。

ARTWORK——包含可以在你的程序中免费使用的公开的美术素材。

SOUND——包含可以在你的程序中免费使用的公开的音效和音乐素材。

DIRECTX——包含最新版本的 DirectX SDK。

GAMES——包含大量我觉得非常不错的 2D 和 3D 共享游戏软件。

ARTICLES——含有游戏编程领域中的大师们撰写的可给人启迪的文章。

ONLINEBOOKS——含有一些在线电子版书籍，涉及 Direct3D 直接模式和 General 3D 图形学。

ENGINES——含有几种试用版本的 3D 引擎。

本书的配套光盘由于包含许多不同类型的程序和数据，因而没有通用安装程序。你需要自己安装。但是，在大多数情况下，只要将 SOURCE\目录复制到硬盘上，然后在里面运行就可以了。其他程序和数据可以在你需要时再安装。

安装 DirectX

本书的配套光盘内唯一必须安装的重要部分是 DirectX SDK 和运行时文件。安装程序位于 DIRECTX\目录，与解释最新改动的 README.TXT 文件在一起。

注意

你至少要安装 DirectX 8.0 SDK，以便你能更好地利用这些光盘。如果你不确定系统里是否有最新的文件，请运行安装程序，系统会提示你。

编译本书的程序

我在 Microsoft Visual C++ 5.0/6.0 的环境下编写了本书所含的程序代码。多数情况下这些程序可以使用任一个与 Win32 兼容的编译器来编译运行。然而，我还是推荐 Microsoft VC++，因为用它做这类工作最有效率。

如果你对你的编译器的集成开发环境（IDE）还不熟悉，编译 Windows 程序的时候你肯定会遇到大麻烦。所以请尽量花些时间来熟悉和使用你的编译器。你至少要懂得如何编译一个"Hello World"的控制台（console）程序或相似的小程序，然后你才能投入地编译其他程序。

要编译生成 Windows Win32 .EXE 程序，应当将你的应用程序输出类型设定为 Win32 .EXE 再进行编译。但是要创建 DirectX 程序的话，必须在工程中包含 DirectX 导入库。你可能认为只要将 DirectX 库添加到你的头文件包含路径中就可以了，但那样不行。为了避免麻烦，最好将 DirectX 的众多.LIB 文件手动包含到工程中或者是工作空间（workspace）中。在安装的 DirectX SDK 主目录下的 LIB\目录下可以找到.LIB 文件。这样就不会导致任何连接错误。大部分情况下，应当需要下面这些库：

DDRAW.LIB	DirectDraw 导入库
DINPUT.LIB	DirectInput 导入库
DINPUT8.LIB	DirectInput8 导入库
DSOUND.LIB	DirectSound 导入库
D3DIM.LIB	Direct3D 直接模式（或立即模式）导入库

| DXGUID.LIB | DirectX GUID 库 |
| WINMM.LIB | Windows 多媒体扩展库 |

对于上述文件，我们将在具体学习时再详细介绍，但是当连接程序报错说"Unresolved Symbol"时应记起这些库。我不希望收到初学者任何关于这问题的电子邮件。

除了 DirectX .LIB 文件之外，还要在标题搜索路径中包含 DirectX .H 头文件，这一点同样要牢记在心。还要确认将 DirectX SDK 目录放在搜索路径列表的第一位，因为许多 C++编译器自己带有旧版本的 DirectX，编译器可能会在自己的 INCLUDE\目录下找到旧版本的头文件，而使用这些头文件是错误的。正确的位置是 DirectX SDK 的 include 目录，即位于 DirectX SDK 安装目录下的 INCLUDE\子目录。

最后，如果使用 Borland 产品，要确认使用 DirectX .LIB 文件的 Borland 版本。该文件位于 DirectX SDK 安装目录下的 BORLAND\目录。

关于第 2 版

《Windows 游戏编程大师技巧（第 2 版）》更新了第一版中的内容。更新是多方面的，诸如清除拼写错误和技术错误，并且加入新的内容，使得可用 DirectX 的最新版本来编译本书的代码（在这一版的 DirectX 里微软公司改编并移除了 DirectDraw，真不知道他们是怎么想的!）。这个新版书包括关于 16 位 RGB 高彩模式的更多细节，将在 DirectX 8.0 下编译，还有一个新章节专门讨论文本解析（text parsing），此外整本书中都有新增的解释。总之，这是一个更加清楚、更加完整的版本。

本书主要讨论游戏编程，因此，涉及的 DirectX 仅限于让读者充分理解游戏编程中的各个主题。一般情况下，我的原则是让事情尽可能简单。DirectDraw 和 Direct3D 的合并对 3D 应用程序来讲是好事，但是对 2D 游戏和教学来说就有点过于强大和复杂了。因此，我坚持使用 DirectDraw 7.0 来简化说明，而同时在相对变化不大的其他方面升级至 DirectX 8.0。毕竟，DirectX 只是一些技术，而人们总是得为特定应用程序挑选合适的技术来用。

目　录

第一部分　Windows 编程基础

第二部分　DirectX 和 2D 基础

第三部分　核心游戏编程

第 一 部 分

Windows 编程基础

第 1 章　学海无涯

Windows 编程就像是一场由来已久且还在进行着的战争。尽管游戏程序员曾经一度拒绝为 Windows 平台做开发，但正如《星际迷航》（Star Trek）中 Borg 种族的生物常说的那样："抵抗是徒劳无功的……"，我很赞同这种说法。本章内容将带你快速地浏览一下 Windows 游戏开发的各个方面。

- 游戏的历史
- 游戏的类型
- 游戏编程的要素
- 工具的使用
- 示例：FreakOut

1.1　历史一瞥

一切都可以溯源到第一台大型计算机在 20 世纪 60 年代问世的时候。现在回想起来，我觉得当时运行在 Unix 计算机上的《Core Wars》可列为最早的计算机游戏之一。而当 20 世纪 70 年代也飞逝而去的时候，全世界的大型和小型计算机上已有了不少的冒险游戏。它们大多基于文字和对话，并具有朴素的图形界面。

有趣的是，在那个时代多数游戏都是在线游戏！我指的是，那时 90%的游戏是 MUD（Multi-User Dungeons，多人的龙与地下城游戏）或是类似的模拟游戏，例如《星际迷航》和一些战争模拟游戏。但是，大众还是一直等到一个名叫《Pong》的计算机游戏出现才开始领略计算机游戏的魅力。Nolan Bushnell 设计了《Pong》，这个单人游戏在一夜之间实实在在地启动了整个视频游戏行业。Atari 这个品牌也是那时诞生的。

此后，大约在 1976~1978 年间，TRS-80、Apple、Atari 800 等型计算机相继被投入市场，它们是消费者所能买到的第一代计算机。当然，你也可以买到类似 Altair 8000 型的组装机，但是又有谁乐意进行它们的组装呢？无论如何，这些计算机有各自的优缺点。在这些计算机中 Atari 800 是当时功能最强大的计算机（我深信可以为其开发《Wolfenstein》（德军司令部）的一个可运行的版本），TRS-80 最商业化，而 Apple 电脑的销售情况最好。

渐渐地，这些计算机系统上的游戏开始冲击市场，一夜之间，出现了许多十多岁的百万富翁。在那个时候，只需要一个类似《月球登陆者》（Lunar Lander）或《弹球》（Pong）类型的好游戏，就可以让它的制作者突然暴富！在那时，计算机游戏开始像真正的计算机游戏，而且只有极少数人知道如何编写游戏。当时绝对没有游戏开发指南一类的书，只是不时有人私自出版一些 50~100 页的小册子，来解答关于游戏开发的谜团。似乎《Byte》杂志上有过一篇文章，但是，大多数时候，你必须靠自己。

20 世纪 80 年代是游戏升温的年代。第一代 16 位计算机问世，如 IBM PC（及其兼容机）、Mac、Atari ST、Amiga 500 等等。在此阶段游戏画面开始变得好看了，甚至市面有 3D 游戏出现，如《Wing Commander》（银河飞将）和《Flight Simulator》（模拟飞行）。但是那时的 PC 仍然落后于游戏机。截至 1985 年，Amiga 500 和 Atair ST 作为最强大的游戏机几乎统治了游戏市场。但逐渐 PC 以其低廉的价格和广泛的商业用途开始被大众所喜爱。结果就是无论从技术上或质量上，PC 终将一统江湖。

在 20 世纪 90 年代初期，IBM PC 兼容机是市场的主流。随着微软的 Windows 3.0 的发布，Apple Macintosh 寿终正寝。PC 是"工作者的计算机"。用户可以用它玩、编写程序，也可以将各种各样的设备连接上去。我想这就可以解释为什么有这么多电脑爱好者迷恋 PC 而不是长得更漂亮的 Mac 了。

但那时的 PC 在图像和声音上还依然落后。似乎 PC 就是缺乏足够马力，而 PC 游戏的表现总是和 Amiga 或家用游戏机上的游戏的良好表现相去甚远。

上帝说，要有光，于是便有了光……

在 1993 年的下半年，Id Softwere 发布了 DOOM 来作《Wolfenstein 3D》（德军司令部 3D，最早的 3D 共享游戏软件之一，亦由 Id 开发）的续作。在家用计算机市场，PC 俨然已成为玩游戏和编程的首选——直到现在也是。DOOM 的成功证明了一点，只要足够聪明，人们可以使 PC 做任何事。这点非常重要，记住，没有任何东西可以替代想象力和决心。如果你认为一件事是可能的，它就是可能的！

在 DOOM 热的冲击下，微软公司开始重新评价自己在游戏和游戏编程上的地位。它意识到娱乐产业的巨大，并且会越来越大，自己若置身这个行业有百利而无一害。于是微软制定了庞大的计划，以使自己得以在游戏业中分一杯羹。

问题在于，即使是 Windows 95，实时处理视频和音频的能力仍然很差，于是微软制作了一个叫做 Win-G 的软件，试图解决视频方面的问题。宣传的时候，Win-G 被说成是最佳的游戏编程和图形子系统，而事实上它不过只是一堆用于画位图的图形调用而已。更有甚者，Win-G 发布大约一年之后微软竟否认了它的存在，不骗你！

新的囊括图形、声音、输入、网络、3D 系统的软件套件的开发工作早已开始（1995 年微软收购了 Rendermorphics），DirectX 诞生了。像以往一样，微软公司发行人员宣称它将解决世界上 PC 平台上所有游戏编程的问题，还说 Windows 版游戏将同 DOS32 游戏运行得一样快，甚至更快。但事实并非如此。

DirectX 最初的两个版本作为完整的软件产品来讲具有太多糟糕的缺陷，但这并非指技术而言。微软公司只是低估了视频游戏编程的复杂性（也低估了视频游戏程序员的能力）。等到有了 DirectX 3.0，DirectX 就比 DOS 工作得更为出色了！但是那时（1996～1997 年）多数游戏公司还是在为 DOS32 进行开发，直到 DirectX 5.0 版本发布，人们才转而使用 DirectX 在 Windows 上进行实际的开发。

编写本书时 DirectX 已经升级到 9.0 版本（本书包含 7.0 和 8.0 版本），它是一个地道强大的 API。没错，你应当换一种方式思考——运用 COM（Component Object Model，组件对象模型），在 Win32 上编程，同时不再拥有对整个计算机的全面直接控制——但生活就是如此。就像在连续剧《星际迷航》中那样，Geordi（企业号飞船轮机长鹰眼）也无法亲自控制飞船的整个计算机系统。

使用 DirectX 技术，你可以创建一个有 4GB 寻址空间（或更多）、内存线性连续的仿 DOS 的虚拟机。你完全有理由觉得自己正是在 DOS 环境（如果你喜欢的话）下进行编程。更为重要的是，现在你可以很快地为你的程序加入对图像和声音方面新的技术的支持。这都归功于 DirectX 富有远见的设计和技术。关于 DirectX 的话题先说到这里，因为很快你就要详细学习它了。现在先让我们回头看看历史。

最早出现的是 DOOM 游戏，它仅用到软件光栅技术。如图 1-1 所示，看一看《Rex Blade》游戏的屏幕表现，它是 DOOM 的一个克隆版本。接下来一代 3D 游戏，如《Quake I》、《Quake II》和《Unreal》，就有了重大的飞跃。再看看图 1-2 中《Unreal》的游戏画面截图，这个游戏及其类似游戏表现之好简直令人难以置信。它们都同时包含软件光栅和硬件加速的代码以最大化两者的优势。在这里我忍不住要说一句，如果让一台安装了 GeForce 4 TI 视频卡的奔腾 4 代 2.4 GHz 电脑运行《Unreal II》或《Quake III》，那效果真是棒极了。

图 1-1   Rex Blade：第一代 DOOM 技术的产品

图 1-2   Unreal：效果奇佳！

那么这将把我们带向何方？我们的技术发展越来越先进，几乎无可限量。然而，"奇迹"总会涌现。尽管《Quake》和《Unreal》这样的好游戏需要花费数年来制作，但我相信你也能创作出同样迷人的游戏！

历史一瞥暂告一段落，下面让我们转到核心设计上来。

1.2　设计游戏

编写视频游戏最难的工作之一就是设计。的确，3D 数学很难，但是策划和设计一款有趣的游戏同样困难。如果一款游戏的确好玩，谁又会在意游戏中是否用了最新的容积光子跟踪算法（volumetric photon traces）呢？

其实，想出一个游戏点子并不特别难，关键是细节、最终实现和视觉效果这些东西决定了游戏的归宿——是被扔到垃圾桶里还是出现在《PC Gamer》杂志的封面。下面略述一些基本概念和我的一些经验和教训。

1.3　游戏类型

现在，游戏类型非常多（有些已经销声匿迹了），但可以将它们归入以下几个类型。

- 类似 DOOM 的第一视角类——这些游戏大部分是全 3D 游戏，玩家以游戏角色的视角进行观察。《DOOM》、《Hexen》、《Quake》、《Unreal》、《Duke Nukem 3D》以及《Dark Forces》都是此类游戏中的佼佼者。从技术上讲，它们或许是最难开发的游戏，而且需要用到前沿的技术才能在此类游戏中出类拔萃。
- 运动类——运动类游戏可以是 2D 的，也可以是 3D 的，但是近来 3D 的运动类游戏越来越多了。通常运动类游戏可以一个人玩，也可以多人组队一起玩。运动类游戏的图像质量比起早先已经有了很大的改进。虽然运动类游戏不像第一视角类游戏那样令人印象深刻，但是它们正在迎头赶上。运动类游戏中的人工智能水平在所有游戏类型中是最先进的。
- 格斗类——格斗类游戏通常可以一人或两人玩，用侧视角度或通过一个不固定的 3D 摄像机观看角色的动作。游戏人物的肖像一般为 2D、2.5D（3D 模型渲染而成的系列 2D 位图图像）或全 3D 的。运行于索尼 PlayStation I（PSX）游戏机上的《Tekken》（铁拳）将格斗类游戏在家庭游戏机市场上发扬光大。格斗类游戏在 PC 上不是十分流行，这或许要归咎于游戏控制器的界面问题以及需要两人玩才更有乐趣。
- 街道/枪战/横版过关类——此类游戏就是类似于《Asteroids》、《Pac-Man》（吃豆人）和《Jazz Jackrabbit》的游戏。它们基本上都是 2D 的老式游戏，但正在逐渐被重新制作成 3D 游戏。3D 版本的游戏规则和 2D 版本大致相同。
- 机械模拟类——此类游戏包含各种驾驶、飞行、赛艇、赛车、坦克战斗模拟以及读者能够想象得到的任何其他种类。绝大多数此类游戏一直是 3D 的（虽然直到最近游戏的画面表现都还差强人意）。
- 生态模拟类——这个游戏类型相当新，除了现实世界本身外，再没有其他类似物。我说的正是《Populous》（上帝也疯狂）、《SimCity》（模拟城市）、《SimAnt》（模拟蚂蚁）等系列游戏。此类游戏允许玩家扮演主宰各个物种的神，或是控制某种人工系统，无论是一个城市、一群蚂蚁或是像《Gazzillonaire》（一个很酷的游戏）那样模拟金融。
- 战略或战争类——此类游戏已经被分为许多子类。可是我并不盲目同意那些分类方法，所以我将具有战略元素（有时是回合制的）的划入此类，如《Warcraft》（魔兽争霸）、《Diablo》（暗黑破坏神）、《Final Fantasy VII》（最终幻想第 7 代）等皆属此类。这里我可能有点偏颇，可是因为《Diablo》虽是即时游戏，它仍然含有大量的策略因素和思考。与《Diablo》相对照，《Final Fantasy》是回合制的而不是即时的。

- **交互式类故事**——这一类别包括类似《Myst》（神秘岛）游戏。基本上，这些游戏的图像都是预先渲染的，或按照"路径"设计的，通过不断地解决谜题来进行游戏。通常，因为缺少更好的定义，这些游戏不允许玩家自由地闲逛，只能和玩互动图书一样。因而，它们并不像通常意义上的游戏程序，因为它们 99% 都是用 Director 或类似 Director 的工具编写的。我想要是儒尔勒·凡尔纳一定会批评说这太没劲了。

- **怀旧经典类**——这类游戏似乎在一夜之间又冒了出来。无论何时，总是有人又想玩一玩老游戏，但希望游戏中的情节和难度较早先复杂。例如，Atari 制作了大约 1000 个《Tempest》的版本。我得承认它们的销售情况并不是特别好，但你一定能明白其中的道理。我很幸运地对其中一些诸如《Dig Dug》（淘金者）、《Centipede》（贪食蛇）、《Frogger》（青蛙人）等老游戏进行了重新制作。

- **纯智力谜题和棋牌类**——不需要太多的介绍。此类游戏是 2D、3D 的或预先渲染的等。《Tetris》（俄罗斯方块）、《Monopoly》（强手棋、又名大富翁）和《Mahjong》（麻将）可以归到此类游戏中。

1.4　集思广益

一旦你决定了想要制作哪一类游戏（这是件简单的事，因为我们知道自己喜欢什么），就到了构思这个游戏的时候了。构思全靠你自己，没有哪种方法可以保证你能够源源不断地想到好点子。

首先，必须做好游戏的构想。你将把这个够酷同时又是可以实现的构想逐步细化，开发成一个为他人所喜欢的游戏。

当然，也可以将其他游戏作为样板或起点来得到启发。不应该依葫芦画瓢地复制另一个产品，不过大致模仿成功产品是可以接受的。你需要大量阅读科幻书籍和游戏杂志，观察市场上正在卖什么，观看大量的电影来寻找很酷的故事想法、游戏想法，或者只是利用电影的视觉冲击力来激励自己！

我通常所做的是和朋友一起坐坐（或者自己一个人），抛出各种想法，直到出现听上去很酷的想法为止。然后我将这个想法探讨下去，直到无懈可击，或者土崩瓦解为止。这有时会让人感到灰心。你可能会对自己的念头想得过多，从而在两三个小时后放弃自己的想法。不要灰心，这是件好事。要知道，如果有个游戏想法在第二天被你想起，而你仍然喜欢它，也许机会就来了。

警告

在这里我想提醒大家一件很重要的事：不要贪多嚼不烂！我收到过上千封游戏编程新手发来的电子邮件。这些朋友一心想在很短的时间内开发出和《DOOM》或《Quake》水平相当的游戏来作为他们的处女作，这显然是不可能的。如果一个初学者能够在 3～6 个月内完成一个《Asteroids》的克隆版本，就是很幸运的了，因此绝不要头脑发热。要给自己设一个可达到的目标，尝试考虑做一些自己力所能及的事，因为到了最后往往只有你一个人在继续工作，而别人都离你而去了。还有，记得让你的处女作游戏尽量地简单。

下面让我们继续讨论其他细节。

1.5　设计文档和情节串联图板

当你已有了游戏构想的时候，就应当将它记下来。现在每当我要开发一个大型游戏产品，我就要求自己编写一份像样的设计文档。对于小游戏来讲，几页纸的细节也就够了。基本上设计文档是游戏开发这个冒险活动的地图。应当记录能想到的尽可能多的细节，比如关卡和游戏规则的细节。这样你可以知道正在做什么，从而可以按计划工作下去。相反，如果在开发的时候还总是随意修改设计，有一天你开发出的游戏将杂乱无章。

通常，我喜欢从一个简单的故事开始写，比如用一两页纸描写这个游戏是讲什么的，谁是主角，游戏思路是什么，以及玩家如何进行游戏。然后我决定游戏的核心细节——游戏关卡和规则，列出尽可能多的细节。完成后，我还是可以对内容进行增删，但至少我有一个可行的计划。若是有一天我想出了 100 条很酷的新思路，我能够一直将它们加入文档，而不会忘记。

很明显，设计的细节完全由你决定，但是还是要把设计写下来，至少是一个游戏梗概。比方说，有可能你不喜欢连篇累牍的大型设计文档，而更喜欢一些大致的游戏关卡和规则的框图。图 1-3 是为一个游戏编写的情节串联图板的例子。没有复杂的细节，只有方便观察和工作的草图。

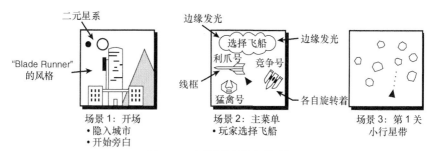

图 1-3　一个基本的情节串联图板

1.6　使游戏具有趣味性

游戏设计的最后部分是实际校验。作为设计者你确信自己的游戏具有趣味性并且人们会喜欢它吗？真的不是在自欺欺人？这是一个严重的问题。市面上大约有 10 000 个游戏，9 900 家公司在游戏行业，因此要仔细考虑。如果这个游戏令你完全为之着迷并不顾一切地想立刻玩，那么几乎已经大功告成。但若是设计者自己对该想法都表示冷淡，想象一下其他人会给予这个游戏什么样的评价吧！

关键之处在于要进行大量的思考和 beta 测试，增加各种非常酷的特性，因为最后正是这些细节令一个游戏变得生动有趣。这正如同手工制作橡木家具的精湛手艺——人们欣赏这些细节。

1.7　游戏的构成

现在来看一下是什么使一个视频游戏程序与众不同。视频游戏是极其复杂的软件，事实上，它们无疑也是最难编写的程序。编写 Microsoft Word 程序虽然是比编写《Asteroids》游戏要难，但是编写《Unreal》游戏则要比编写我所知道的其他任何程序都要难！

这意味着读者应当学习一种新的编程方式，这种方式更有益于实时应用程序和模拟程序，而不是你可能已经习以为常的那些单线程的、事件驱动的或顺序逻辑的程序。一个视频游戏基本上是一个连续的循环，它完成逻辑动作并以每 30 帧/秒（或更高）的刷新率在屏幕上绘制图像。这一点和电影的放映原理非常相似，只是导演是你自己。

图 1-4 是一个简化的游戏循环结构，下面对图中每个部分作些说明。

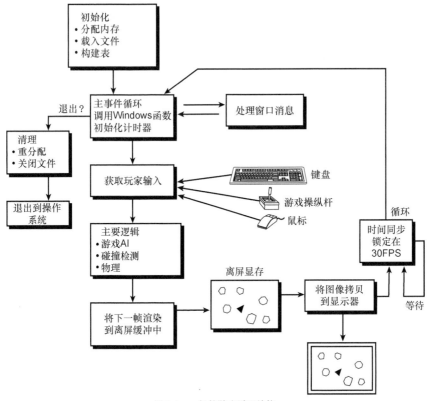

图 1-4　一般的游戏循环结构

第一步：初始化

在这一步中，游戏程序执行标准初始化操作，如内存分配、资源采集、从磁盘载入数据等等。

第二步：进入游戏循环

在这一步中，代码执行到游戏主循环。此时各种操作开始执行，执行持续到用户退出主循环为止。

第三步：获得玩家的输入信息

在这一步里，游戏玩家的输入信息被处理或缓存，以备下面的人工智能和游戏逻辑步骤使用。

第四步：执行人工智能和游戏逻辑

这一部分包括游戏代码的主体部分，诸如执行人工智能、物理系统和一般游戏逻辑，其结果用于在屏幕上绘制下一帧图像。

第五步：渲染下一帧图像

在这一步中，玩家的输入和第四步中游戏人工智能和游戏逻辑执行的结果，被用来产生游戏动画的下一帧动画。这个图像通常放在离屏缓存区（offscreen buffer area）内，因此玩家不会看到它逐渐被渲染的过程。随后该图像被迅速复制到显示器中并显示出来。

第六步：同步显示

通常由于游戏复杂程度的不同，游戏在计算机上运行的速度会时快时慢。比如，如果屏幕上有 1 000 个物体在动作，CPU 的负载就会比只有 10 个对象时重得多。因而游戏的画面刷新率（帧速率，frame rate）也会时高时低，而这是难以接受的。因此必须把游戏按照某个最大帧速率进行同步，并使用定时功能或等待函数来保持同步。一般来讲，能达到 30 帧/秒的帧速率就非常好了。

第七步：循环

这一步非常简单，只需返回到游戏循环的入口并重新执行上述全部步骤。

第八步：关闭

这一步是游戏的结束，表示将退出主程序或游戏循环，并回到操作系统。然而，在用户结束游戏之前，游戏程序必须释放所有的资源并清理系统，这些释放操作对任何其他软件也是同样要做的。

读者可能对实际游戏循环中的众多细节还有疑问。诚然，上面进行的解释有点儿过于简单化，但是它突出了如何进行游戏编程的重点。在大多数情况下，游戏循环是一个含有大量状态的 FSM（Finite State Machine，有限状态机）。程序清单 1-1 是更详细的一个版本，基本接近游戏循环的实际 C/C++代码了。

程序清单 1-1　一个简单的游戏事件循环

```
// defines for game loop states
#define GAME_INIT              // the game is initializing
#define GAME_MENU              // the game is in the menu mode
#define GAME_STARTING          // the game is about to run
#define GAME_RUN               // the game is now running
#define GAME_RESTART           // the game is going to restart
#define GAME_EXIT              // the game is exiting

// game globals
int game_state = GAME_INIT;    // start off in this state
int error     = 0;            // used to send errors back to OS


// main begins here

void main()
{
// implementation of main game loop

while (game_state!=GAME_EXIT)
    {
    // what state is game loop in
       switch(game_state)
    {
    case GAME_INIT:            // the game is initializing
        {
        // allocate all memory and resources
        Init();

        // move to menu state
        game_state = GAME_MENU;
        } break;
```

```
case GAME_MENU:                // the game is in the menu mode
    {
    // call the main menu function and let it switch states
    game_state = Menu();

    // note: we could force a RUN state here
    } break;

case GAME_STARTING:            // the game is about to run
    {
    // this state is optional, but usually used to
    // set things up right before the game is run
    // you might do a little more housekeeping here
    Setup_For_Run();

    // switch to run state
    game_state = GAME_RUN;
    } break;

case GAME_RUN:                 // the game is now running
    {
    // this section contains the entire game logic loop
    // clear the display
    Clear();

    // get the input
    Get_Input();

    // perform logic and ai
    Do_Logic();
    // display the next frame of animation
    Render_Frame();

    // synchronize the display
    Wait();

    // the only way that state can be changed is
    // thru user interaction in the
    // input section or by maybe losing the game.
    } break;

    case GAME_RESTART:  // the game is restarting
        {
        // this section is a cleanup state used to
        // fix up any loose ends before
        // running again
        Fixup();
        // switch states back to the menu
        game_state = GAME_MENU;
        } break;

    case GAME_EXIT:   // the game is exiting
        {
        // if the game is in this state then
        // it's time to bail, kill everything
        // and cross your fingers
        Release_And_Cleanup();

        // set the error word to whatever
        error = 0;
```

```
                        // note: we don't have to switch states
                        // since we are already in this state
                        // on the next loop iteration the code
                        // will fall out of the main while and
                        // exit back to the OS
                        } break;

            default: break;
            } // end switch

        } // end while
// return error code to operating system
return(error);

} // end main
```

尽管程序清单 1-1 还没有任何具体功能，但研究其游戏循环有助于理解整个游戏的结构。所有游戏循环或多或少都是按照这个结构设计的。图 1-5 表示了游戏循环逻辑的状态转换图。显然，状态转换是非常连贯的。

关于游戏循环和有限状态机的内容将在本章最后涉及《FreakOut》演示游戏的章节中再进行更详细的讨论。

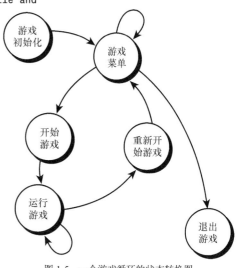

图 1-5 一个游戏循环的状态转换图

1.8 常规游戏编程指导规范

下面讨论一下游戏编程常用的技术，以及你应该掌握并运用的基本原理。这会让游戏编程轻松一些。

一句话，视频游戏是超高性能的计算机程序。你不应当在对运行时间或内存要求特别严格的代码段中使用高层 API。特别是与游戏内循环有关的代码大都需要手工编写，否则游戏多半会碰到严重的速度和性能问题。当然，这并不意味着就不能信任 DirectX 等 API，因为 DirectX 的设计目的就是兼顾高性能和减少代码量的原则。但就通常来讲，应当避免频繁调用高层的函数。

除上述情况应多加注意外，在编程时还应关注下面所列的编程技巧。

技巧

不要怕使用全局变量。许多视频游戏不允许在对时间要求严格的函数中使用参数，而是使用一些全局变量来传递参数。例如，一个函数的代码如下：

```
void Plot(int x, int y, int color)
{
// plots a pixel on the screen
video_buffer[x + y*MEMORY_PITCH] = color;
} // end Plot
```

由于参数要入栈和出栈，执行这个函数体所需的时间小于调用函数所需的时间。在这种情况下，更好的方法可以是设立一些全局变量，然后在调用前进行赋值以传递参数，如下：

```
int gx,gy,gz,gcolor;     // define some globals

void Plot_G(void)
{
// plot a pixel using globals
```

```
video_buffer[gx + gy*MEMORY_PITCH] = gcolor;

}                         // end Plot_G
```

技巧

使用内联函数。通过使用 inline 指示符来完全摆脱函数调用，你甚至能够改进上一条技巧。inline 指示符指示编译器用函数体代码去替换函数调用。这样做无疑会使编译后的程序变得更大，但却有效地提高了运行速度。下面举一个例子：

```
inline void Plot_I(int x, int y, int color)
{
// plots a pixel on the screen
video_buffer[x + y*MEMORY_PITCH] = color;
} // end Plot_I
```

注意　这里并没有使用全局变量，因为编辑器有效地执行了同类型的数据别名。但是，全局变量还是很有用的，尤其是在函数调用时只有一两个参数改变了值的情况——其余旧的值无须重新加载就可被使用。

技巧

尽量使用 32 位变量而不用 8 位变量或 16 变量。Pentium 以及更新的中央处理器都是全 32 位的，这就意味着它们并不喜欢 8 位或 16 位的数据字。实际上，由于高速缓存和其他相关内存储器的寻址变得较不规则，较小的数据可能会使速度下降。例如，你定义了一个如下所示的结构类型：

```
struct CPOINT
{
short x,y;
unsigned char c;
}                 // end CPOINT
```

注意　定义这个结构看上去不错，但实际并非如此！首先，结构本身是一个 5 字节长的结构——(2*sizeof(short) + sizeof(char)) = 5 字节。这太糟了，因为没有注意字节对齐，内存寻址的时候会出大问题。更好的结构形式如下：

```
struct CPOINT
{
int x,y;
int c;
}                 // end CPOINT
```

C++

提示　C++中的结构（struct）非常像类（class），除了结构默认的可见性（visibility）是 PUBLIC 的以外。

这个新结构要好得多。首先，所有结构成员都有相同的大小——sizeof(int) = 4 字节。因此，仅用一个指针就可以通过递增 DWORD（双字，2 字节）的边界访问任一结构成员。这个新结构的大小是(3*sizeof(int)) = 12 字节，是 4 的倍数，或者在 DWORD 的边界上。这将明显地提升性能。

实际上，如果读者真想稳妥的话，可以适当地填充一下所有的结构，使其大小都成为 32 字节的倍数。32 字节是 Pentium 系列处理器上标准内部高速缓存的宽度，因而这是一个最佳长度。可以通过在结构里填入无用的变量或者使用编译器指示符（最简单的方法）来满足这个要求。诚然，进行填充会浪费相当多的内存，但是较之速度的提高来说往往是值得的。

技巧

为你的代码写上注释。游戏程序员在代码中不写注释是出了名的。不要再犯同样的错误，为了得到整洁、有良好注释的代码，一点点额外的打字工作量绝对是值得的。

技巧

以类似 RISC（精简指令集计算机）的方式来编程。换句话说，尽量使你的代码简单，而不是使它更复杂。Pentium 级处理器特别喜欢简单指令，而不是复杂指令。你的程序可以长些，但应尽量使用简单指令，使程序相对于编译器来说更加简单些。例如，不要编写这样的程序：

```
if ((x+=(2*buffer[index++]))>10)
{
// do work
} // end if
```

而应该这样写：

```
x+=(2*buffer[index]);
index++;

if (x > 10)
{
// do work
} // end if
```

按照这种方式来编写代码有两个原因。第一，它允许程序调试过程中在代码各部分之间设置断点；第二，这将更易于编译器向 Pentium 处理器传送简化的代码，这样将使处理器使用更多的执行单元并行地处理更多的代码。复杂的代码在这方面就比较糟糕！

技巧

使用二进制移位运算来进行底数是 2 的幂的简单整数乘法。因为所有的数据在计算机中都以二进制存储，把一组位元向左或右移动就分别等价于乘法和除法运算。例如：

```
int y_pos = 10;

// multiply y_pos by 64
y_pos = (y_pos << 6); // 2^6 = 64
```

类似的还有：

```
// to divide y_pos by 8
y_pos = (y_pos >> 3); // 1/2^3 = 1/8
```

在本书关于优化的那章里，你将会发现更多类似的技巧。

技巧

设计高效率的算法。没有任何一种汇编语言能使复杂度为 $O(n^2)$ 的算法运行得更快。更好的做法是使用清楚、高效率的算法而不是蛮力和穷举型的算法。

技巧

不要在编程过程中优化代码。这通常只是白白浪费时间。建议你等到主要的代码块或整个程序都完成后才开始着手进行繁重的优化工作。这样做最终会节省你的时间，因为你不必对一些含义模糊的代码进行不必要的优化。当游戏基本完成时，才到了性能测试（profiling）和查找需要优化的问题的时候。另一方面，程序代码要整洁，不要写得杂乱无章。

技巧

不要为简单的对象定义太多复杂的数据结构。链表结构很好用，但这并不意味着在你需要的其实是大约有 256 个元素的固定数组的时候，你也该使用链表，只须为其静态地分配内存即可。视频游戏编程中 90% 的部分都是数据操作。所以数据应尽可能简单、可见，以便能够迅速地存取它，方便地操作它。应当确保你的数据结构适合你真正要解决的问题。

技巧

使用 C++应谨慎。如果你是一位经验丰富的 C++专家，只管去做你想做的事，但是不要写过多的类，也不要把任何东西都重载（overload）。说到底，简单而且直观的代码是最好的，也最容易调试。我个人就不想在游戏代码中看到多重继承！

技巧

如果你知道自己将走上一条坎坷崎岖的路，最好的做法是停下来，掉头然后绕路而行。我见过许多游戏程序员沿着一条很差的编程路线走着，直到在糟糕的代码堆中葬送自己。能够意识到自己所犯的错误并重新编写 500 行代码，比写出一个令人不快的代码结构要好得多。因此，如果在工作中发现问题，那就要重新评估并确保你节约的时间是值得的。

技巧

经常备份你的工作。在编写游戏代码时，需要相当频繁地锁定系统。重写一个排序算法还比较容易，但是要重写角色 AI 或者重写碰撞检测则要困难得多了。

技巧

在开始你的游戏项目之前，应当进行一下组织工作。使用合理的文件名和目录名，提出一种一致的变量命名规范，尽量对图形和声音数据使用分开的目录，而不是将所有东西都一股脑儿地放在同一个目录中。

1.9 使用工具

过去编写视频游戏通常只不过需要一个文本编辑器，或许还有一个自制的绘图程序。但是，现在事情就变得复杂一点了。至少，你需要一个 C/C++编译器、一个 2D 绘图程序和一个声音处理程序。此外，如果你想编写一个 3D 游戏的话，可能还需要一个 3D 建模软件，而如果读者想使用任何 MIDI 设备的话，还需要准备一个音乐排序程序。

让我们来浏览一下比较流行的产品及其功能。

1．C/C++编译器

对于在 Windows 9X/NT 平台上的开发来说，没有比 Microsoft Visual C++ 6.0+更好的编译器了。它可以做你需要它做的任何事，甚至更多。它能产生最快的.EXE 可执行代码。Borland 编译器也可以工作得很好（并且它要便宜得多），但是它的特性设置较少。无论是微软还是 Borland，你不一定需要上述任何一种编译器的完整版本，一个能够生成 Win32 平台下的.EXE 文件的学生版本就已经足够了。

2．2D 艺术软件

你可以买到图形软件、制图软件和图像处理软件。你可使用图形软件逐个像素地绘制和处理图片。据我所知，JASC 公司的 Paint Shop Pro 是性价比极佳的图像软件包。ProCreate Painter（就是以前的 Fractal Design Painter）也很好，但是它更适合传统艺术家使用，而且很昂贵。我个人喜欢使用 Corel Photo-Paint，但是对于新手来讲，它的功能的确有点太多了。

另一方面，制图软件允许读者创建主要由曲线、直线和基本 2D 几何形状组成的图像。游戏开发不常用到这类软件，但如果你需要，Adobe Illustrator 是一个很好的选择。

2D 艺术软件中的最后一类用于图像处理。这些程序多用于产品的后期制作，而不是前期的艺术创作。Adobe

Photoshop 是大多数人喜欢的软件，但是我认为 Corel Photo-Paint 比较好些。所谓仁者见仁，智者见智吧。

3. 声音处理软件

目前游戏中使用的所有的声音效果（SFX）90%都是数码样本，采用这种类型的声音数据来工作，读者应当需要一个数码声音处理软件。这一类中最好的程序是 Sound Forge Xp。它有相当复杂的声音处理功能，使用起来也很简单。

4. 3D 建模软件

这可是挑战经济实力的软件。3D 建模软件可能动辄标价上万美元。但是最近也有不少低价位的 3D 建模软件上市，它们的功能也足够强大，可用于制作影片。我主要使用简单到中等复杂程度的 3D 建模和动画软件——Caligari TrueSpace。在相应的价位上，这是最好的 3D 建模软件，只需要几百美元，并且拥有最好的界面。

如果你想要的是功能更为强大并追求画面要像照相般绝对写实，3D Studio Max 可以帮到你。但是它的价格大约是 2500 美元，因此应当认真考虑一下。然而如果我们使用这些建模软件只为创建 3D 建模（mesh），而非画面渲染，那么也就不需要其他高级功能了。这样 TureSpace 就足以应付。

5. 音乐和 MIDI 排序程序

目前的游戏中有两类音乐：纯数字式（像 CD 一样）和 MIDI（Musical Instrument Digital Interface，乐器数字界面）式，MIDI 是一种由音符记录而成的合成音效。如果想制作 MIDI 信息和曲子，还需要一个排序软件（又名音序器软件）。性价比最佳的一个软件包是 Cakewalk，如果你打算录制和制作 MIDI 音乐的话，建议最好去了解一下这个软件。在涉及 DirectMusic 内容的第 10 章中，我们将对 MIDI 数据再做探讨。

技巧

好消息，一些我在上文中提及的软件厂商准许我在本书附带的 CD 上放了它们软件的共享版或试用版，建议你一定要试一试！

1.10 从准备到完成——使用编译器

学习 Windows 游戏编程的过程中最令人沮丧的一件事是学习使用编译器。常见的情况是，初学者对于开始编写游戏程序是如此激动，以至于一下就投入到 IDE（集成开发环境）中去并尝试进行编译，然后就出现了成千上万条编译和连接错误！为了避免这个问题，让我们首先回顾一下有关编译器的一些基本概念。

1. 请务必完整地阅读编译器附带的使用说明！

2. 务必在系统中安装 DirectX SDK（DirectX Software Development Kit，软件开发工具包）。你所要做的就是在光盘上找到<DirectX SDK>目录，阅读 README.TXT 文件，并按说明进行操作（实际上只不过是"双击 DirectX SDK 里的 INSTALL.EXE 程序"）。

3. 我们要开发的是 Win32 .EXE 程序，而不是.DLL 类库或 ActiveX 组件等。因此，如果想要顺利编译通过，需要做的第一件事情是使用编译器创建一个新的工程或工作区，然后将目标输出文件设定为 Win32 环境的.EXE。使用 VC++ 6.0 编译器进行这一步的工作如图 1-6 所示。

4. 从主菜单或工程本身使用 Add Files（添加文件）命令向工程添加源文件。对于使用 VC++ 6.0 编译器而言，其操作过程如图 1-7 所示。

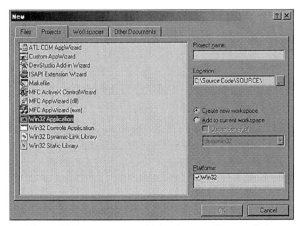

图 1-6　使用 Visual C++ 6.0 创建一个 Win32 的 .EXE 文件

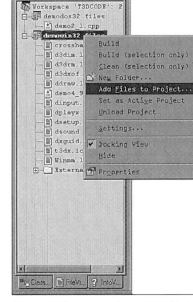

图 1-7　利用 VC++ 6.0 向一个工程添加文件

5．从有关 DirectX 的章节开始，必须在项目里包含图 1-8 所示的大多数 DirectX COM 界面库文件。

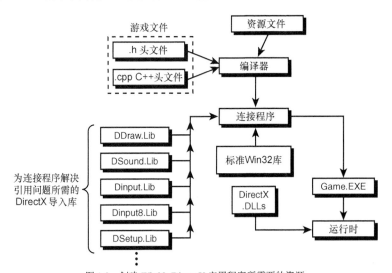

图 1-8　创建 Win32 .Direct X 应用程序所需要的资源

- DDRAW.LIB
- DSOUND.LIB
- DINPUT.LIB
- DINPUT8.LIB
- DSETUP.LIB*

注意

除非你正使用 DirectSetup，否则不需要 DSETUP.LIB。

这些 DirectX .LIB 文件位于 DirectX SDK 安装目录下的 LIB 子目录下。必须将这些.LIB 库文件也添加到读者的工程或工作区中。不可只添加搜索路径，因为搜索引擎可能会在编译器自带的库文件中发现旧的 DirectX 3.0 的.LIB 文件。如果是这样做的话，你需要将 Windows 多媒体扩展库——WINMM.LIB 加入到工程中去。该文件位于编译器安装目录下的 LIB 子目录。

6．准备完毕，开始编译你的程序吧。

警告

DirectX SDK 中有一个单独的目录存放 Borland 库文件，如果你是 Borland 用户，要确保将这些.LIB 文件而不是目录树中上一级的 MS 兼容文件添加到工程中。

如果你对此仍有疑问，请不必着急。在本书中讨论 Windows 编程和首次接触 DirectX 时还将多次温习这些步骤。

1.11　示例：FreakOut

在沉溺于所讨论的有关 Windows、DirectX 和 3D 图形之前，应当暂停一下，先给你看一个完整的游戏——虽然简单了一点，但毫无疑问是一个完整的游戏。你会看到一个实际的游戏循环和一些图形调用，瞬间就可以通过编译。不错吧？跟我来吧！

问题是我们现在是第 1 章，我不应该使用后面章节中的内容……这有点像作弊，对吧？因此，我决定要做的是让你习惯于使用黑盒（black box）API 来进行游戏编程。基于这个要求，我要提一个问题："要制作一个类似《Breakout》（打砖块）的 2D 游戏，其最低要求是什么？"我们真正需要的是下面的功能：

● 切换至任意图像模式；

● 在屏幕上画各种颜色的矩形；

● 获取键盘输入；

● 使用一些定时函数同步游戏循环；

● 在屏幕上画彩色文字串。

因此我建了一个名为 BLACKBOX.CPP|H 的库。它封装了一个 DirectX 函数集（限于 DirectDraw），并且包含实现所需功能的支持代码。妙处是，读者根本不需要看这些代码，只需依照函数原型来使用这些函数就可以了，并与 BLACKBOX.CPP|H 连接来产生.EXE 文件。

以 BLACKBOX 库为基础，我编写了一个名字为 FreakOut 的游戏，这个游戏演示了本章中所讨论的许多概念。FreakOut 游戏包含真正游戏的全部主要组成部分，包括游戏循环、计分、关卡，甚至还有为球而写的一个小的物理模型。真是可爱。图 1-9

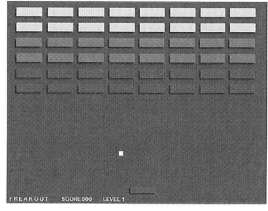

图 1-9　FreakOut 游戏的截屏

是一幅游戏运行中的屏幕画面。显然它比不上《Arkanoid》（经典的打砖块类游戏），但 4 个小时的工作有此成果已经很不错！

在阅读游戏源代码之前，我希望读者能看一下工程和游戏各组成部分是如何协调一致的，参见图 1-10。

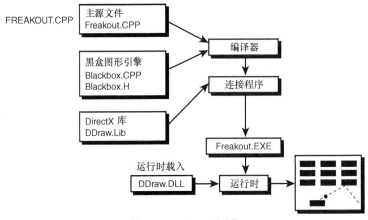

图 1-10　FreakOut 的结构

从图中可以看到，游戏由下面文件构成。

● FREAKOUT.CPP——游戏的主要逻辑，使用 BLACKBOX.CPP，创建一个最小化的 Win32 应用程序。

● BLACKBOX.CPP——游戏库（请不要偷看）。

● BLACKBOX.H——游戏库的头文件。

● DDRAW.LIB——用于生成应用程序的 DirectDraw 导入库。其中并不含有真正的 DirectX 代码。它主要作用是作为用户调用的中间库，然后轮流调用进行实际工作的 DDRAW.DLL 动态链接库。可以在 DirectX SDK 安装目录下的 LIB 子目录内找到它。

● DDRAW.DLL——运行时的 DirectDraw 库，实际上含有通过 DDRAW.LIB 导入库调用 DirectDraw 界面函数的 COM 执行程序。不必为此担心，只要确认已经安装了 DirectX 运行时文件即可。

为了通过编译，需要将 BLACKBOX.CPP 和 FREAKOUT.CPP 包括在工程里面，连接上 DDRAW.LIB 库文件，并确保 BLACKBOX.H 在头文件搜索路径下或工作目录里，以便编译器可以正确地找到它。

现在我们已大致了解了 FreakOut 的结构。让我们看一下 BLACKOUT.H 头文件（见程序清单 1-2），看看它包含了哪些函数。

程序清单 1-2　BLACKOUT.H 头文件

```
// BLACKBOX.H - Header file for demo game engine library

// watch for multiple inclusions
#ifndef BLACKBOX
#define BLACKBOX

// DEFINES ////////////////////////////////////////////////

// default screen size
#define SCREEN_WIDTH    640      // size of screen
#define SCREEN_HEIGHT   480
#define SCREEN_BPP      8        // bits per pixel
#define MAX_COLORS      256      // maximum colors
```

```
// MACROS //////////////////////////////////////////////

// these read the keyboard asynchronously
#define KEY_DOWN(vk_code) ((GetAsyncKeyState(vk_code) & 0x8000) ? 1 : 0)
#define KEY_UP(vk_code)   ((GetAsyncKeyState(vk_code) & 0x8000) ? 0 : 1)

// initializes a direct draw struct
#define DD_INIT_STRUCT(ddstruct) {memset(&ddstruct,0,sizeof(ddstruct));
ddstruct.dwSize=sizeof(ddstruct); }

// TYPES //////////////////////////////////////////////

// basic unsigned types
typedef unsigned short USHORT;
typedef unsigned short WORD;
typedef unsigned char  UCHAR;
typedef unsigned char  BYTE;

// EXTERNALS //////////////////////////////////////////////

extern LPDIRECTDRAW7         lpdd;              // dd object
extern LPDIRECTDRAWSURFACE7  lpddsprimary;      // dd primary surface
extern LPDIRECTDRAWSURFACE7  lpddsback;         // dd back surface
extern LPDIRECTDRAWPALETTE   lpddpal;           // a pointer dd palette
extern LPDIRECTDRAWCLIPPER   lpddclipper;       // dd clipper
extern PALETTEENTRY          palette[256];      // color palette
extern PALETTEENTRY          save_palette[256]; // used to save palettes
extern DDSURFACEDESC2        ddsd;              // a ddraw surface description struct
extern DDBLTFX               ddbltfx;           // used to fill
extern DDSCAPS2              ddscaps;           // a ddraw surface capabilities struct
extern HRESULT               ddrval;            // result back from dd calls
extern DWORD                 start_clock_count; // used for timing
// these defined the general clipping rectangle
extern int min_clip_x,                          // clipping rectangle
           max_clip_x,
           min_clip_y,
           max_clip_y;

// these are overwritten globally by DD_Init()
extern int screen_width,                        // width of screen
           screen_height,                       // height of screen
           screen_bpp;                          // bits per pixel

// PROTOTYPES //////////////////////////////////////////////

// DirectDraw functions
int DD_Init(int width, int height, int bpp);
int DD_Shutdown(void);
LPDIRECTDRAWCLIPPER DD_Attach_Clipper(LPDIRECTDRAWSURFACE7 lpdds,
                         int num_rects, LPRECT clip_list);
int DD_Flip(void);
int DD_Fill_Surface(LPDIRECTDRAWSURFACE7 lpdds,int color);

// general utility functions
DWORD Start_Clock(void);
DWORD Get_Clock(void);
DWORD Wait_Clock(DWORD count);

// graphics functions
int Draw_Rectangle(int x1, int y1, int x2, int y2,
```

```
                    int color,LPDIRECTDRAWSURFACE7 lpdds=lpddsback);

// gdi functions
int Draw_Text_GDI(char *text, int x,int y,COLORREF color,
            LPDIRECTDRAWSURFACE7 lpdds=lpddsback);
int Draw_Text_GDI(char *text, int x,int y,int color,
            LPDIRECTDRAWSURFACE7 lpdds=lpddsback);

#endif
```

现在，不要花费太多时间绞尽脑汁研究这里的代码，搞清楚那些神秘的全局变量究竟表示什么并不重要。让我们来看一看这些函数。如你所想，这里有实现我们的简单图形界面所需的全部函数。在这个图形界面和最小化的 Win32 应用程序（我们要做的 Windows 编程工作越少越好）的基础上，我创建了游戏 FREAKOUT.CPP，如程序清单 1-3 所示。请认真地看一看，尤其是游戏主循环和对游戏处理函数的调用。

程序清单 1-3 FREAKOUT.CPP 源文件

```
// INCLUDES ///////////////////////////////////////////////

#define WIN32_LEAN_AND_MEAN   // include all macros
#define INITGUID              // include all GUIDs

#include <windows.h>          // include important windows stuff
#include <windowsx.h>
#include <mmsystem.h>

#include <iostream.h>         // include important C/C++ stuff
#include <conio.h>
#include <stdlib.h>
#include <malloc.h>
#include <memory.h>
#include <string.h>
#include <stdarg.h>
#include <stdio.h>
#include <math.h>
#include <io.h>
#include <fcntl.h>

#include <ddraw.h>            // directX includes
#include "blackbox.h"         // game library includes

// DEFINES ////////////////////////////////////////////////

// defines for windows
#define WINDOW_CLASS_NAME "WIN3DCLASS"        // class name

#define WINDOW_WIDTH      640                 // size of window
#define WINDOW_HEIGHT     480

// states for game loop
#define GAME_STATE_INIT          0
#define GAME_STATE_START_LEVEL   1
#define GAME_STATE_RUN           2
#define GAME_STATE_SHUTDOWN      3
#define GAME_STATE_EXIT          4

// block defines
#define NUM_BLOCK_ROWS           6
#define NUM_BLOCK_COLUMNS        8
```

```
#define BLOCK_WIDTH            64
#define BLOCK_HEIGHT           16
#define BLOCK_ORIGIN_X         8
#define BLOCK_ORIGIN_Y         8
#define BLOCK_X_GAP            80
#define BLOCK_Y_GAP            32

// paddle defines
#define PADDLE_START_X         (SCREEN_WIDTH/2 - 16)
#define PADDLE_START_Y         (SCREEN_HEIGHT - 32);
#define PADDLE_WIDTH           32
#define PADDLE_HEIGHT          8
#define PADDLE_COLOR           191

// ball defines
#define BALL_START_Y           (SCREEN_HEIGHT/2)
#define BALL_SIZE              4

// PROTOTYPES ////////////////////////////////////////////////

// game console
int Game_Init(void *parms=NULL);
int Game_Shutdown(void *parms=NULL);
int Game_Main(void *parms=NULL);

// GLOBALS ////////////////////////////////////////////////////

HWND main_window_handle = NULL;              // save the window handle
HINSTANCE main_instance = NULL;              // save the instance
int game_state          = GAME_STATE_INIT;   // starting state

int paddle_x = 0, paddle_y = 0;              // tracks position of paddle
int ball_x   = 0, ball_y   = 0;              // tracks position of ball
int ball_dx  = 0, ball_dy  = 0;              // velocity of ball
int score    = 0;                            // the score
int level    = 1;                            // the current level
int blocks_hit = 0;                          // tracks number of blocks hit

// this contains the game grid data

UCHAR blocks[NUM_BLOCK_ROWS][NUM_BLOCK_COLUMNS];

// FUNCTIONS ///////////////////////////////////////////////////

LRESULT CALLBACK WindowProc(HWND hwnd,
                            UINT msg,
                              WPARAM wparam,
                              LPARAM lparam)
{
// this is the main message handler of the system
PAINTSTRUCT    ps;              // used in WM_PAINT
HDC            hdc;              // handle to a device context

// what is the message
switch(msg)
    {
    case WM_CREATE:
        {
    // do initialization stuff here
    return(0);
    } break;
```

```
    case WM_PAINT:
        {
        // start painting
        hdc = BeginPaint(hwnd,&ps);

        // the window is now validated

        // end painting
        EndPaint(hwnd,&ps);
        return(0);
        } break;

    case WM_DESTROY:
        {
        // kill the application
        PostQuitMessage(0);
        return(0);
        } break;

    default:break;

    }           // end switch

// process any messages that we didn't take care of
return (DefWindowProc(hwnd, msg, wparam, lparam));

}               // end WinProc

// WINMAIN //////////////////////////////////////////////////

int WINAPI WinMain(HINSTANCE hinstance,
           HINSTANCE hprevinstance,
           LPSTR lpcmdline,
           int ncmdshow)
{
// this is the winmain function

WNDCLASS winclass;      // this will hold the class we create
HWND     hwnd;          // generic window handle
MSG      msg;           // generic message
HDC      hdc;           // generic dc
PAINTSTRUCT ps;         // generic paintstruct
// first fill in the window class structure
winclass.style   = CS_DBLCLKS | CS_OWNDC |
               CS_HREDRAW | CS_VREDRAW;
winclass.lpfnWndProc = WindowProc;
winclass.cbClsExtra     = 0;
winclass.cbWndExtra     = 0;
winclass.hInstance      = hinstance;
winclass.hIcon          = LoadIcon(NULL, IDI_APPLICATION);
winclass.hCursor        = LoadCursor(NULL, IDC_ARROW);
winclass.hbrBackground  = (HBRUSH)GetStockObject(BLACK_BRUSH);
winclass.lpszMenuName   = NULL;
winclass.lpszClassName  = WINDOW_CLASS_NAME;

// register the window class
if (!RegisterClass(&winclass))
    return(0);

// create the window, note the use of WS_POPUP
```

```
    if (!(hwnd = CreateWindow(WINDOW_CLASS_NAME,       // class
            "WIN3D Game Console",                      // title
            WS_POPUP | WS_VISIBLE,
            0,0,                                       // initial x,y
            GetSystemMetrics(SM_CXSCREEN),             // initial width
            GetSystemMetrics(SM_CYSCREEN),             // initial height
            NULL,                                      // handle to parent
            NULL,                                      // handle to menu
            hinstance,                                 // instance
            NULL)))                                    // creation parms
return(0);

// hide mouse
ShowCursor(FALSE);

// save the window handle and instance in a global
main_window_handle = hwnd;
main_instance      = hinstance;

// perform all game console specific initialization
Game_Init();

// enter main event loop
while(1)
    {
    if (PeekMessage(&msg,NULL,0,0,PM_REMOVE))
    {
    // test if this is a quit
        if (msg.message == WM_QUIT)
           break;

    // translate any accelerator keys
    TranslateMessage(&msg);

    // send the message to the window proc
    DispatchMessage(&msg);
    }                   // end if
      // main game processing goes here
      Game_Main();

    }                   // end while

// shutdown game and release all resources
Game_Shutdown();

// show mouse
ShowCursor(TRUE);

// return to Windows like this
return(msg.wParam);

}          // end WinMain

// T3DX GAME PROGRAMMING CONSOLE FUNCTIONS ////////////////////

int Game_Init(void *parms)
{
// this function is where you do all the initialization
// for your game

// return success
```

```
return(1);

}          // end Game_Init

///////////////////////////////////////////////////////////

int Game_Shutdown(void *parms)
{
// this function is where you shutdown your game and
// release all resources that you allocated

// return success
return(1);

}          // end Game_Shutdown

///////////////////////////////////////////////////////////

void Init_Blocks(void)
{
// initialize the block field
for (int row=0; row < NUM_BLOCK_ROWS; row++)
    for (int col=0; col < NUM_BLOCK_COLUMNS; col++)
        blocks[row][col] = row*16+col*3+16;

}          // end Init_Blocks
///////////////////////////////////////////////////////////

void Draw_Blocks(void)
{
// this function draws all the blocks in row major form
int x1 = BLOCK_ORIGIN_X,     // used to track current position
    y1 = BLOCK_ORIGIN_Y;

// draw all the blocks
for (int row=0; row < NUM_BLOCK_ROWS; row++)
    {
    // reset column position
    x1 = BLOCK_ORIGIN_X;

    // draw this row of blocks
    for (int col=0; col < NUM_BLOCK_COLUMNS; col++)
        {
        // draw next block (if there is one)
        if (blocks[row][col]!=0)
            {
            // draw block
            Draw_Rectangle(x1-4,y1+4,
                x1+BLOCK_WIDTH-4,y1+BLOCK_HEIGHT+4,0);

            Draw_Rectangle(x1,y1,x1+BLOCK_WIDTH,
                y1+BLOCK_HEIGHT,blocks[row][col]);
            }    // end if

        // advance column position
        x1+=BLOCK_X_GAP;
        }        // end for col

    // advance to next row position
    y1+=BLOCK_Y_GAP;
```

```
    }              // end for row
}                  // end Draw_Blocks

//////////////////////////////////////////////////////////

void Process_Ball(void)
{
// this function tests if the ball has hit a block or the paddle
// if so, the ball is bounced and the block is removed from
// the playfield note: very cheesy collision algorithm :)

// first test for ball block collisions

// the algorithm basically tests the ball against each
// block's bounding box this is inefficient, but easy to
// implement, later we'll see a better way

int x1 = BLOCK_ORIGIN_X, // current rendering position
   y1 = BLOCK_ORIGIN_Y;

int ball_cx = ball_x+(BALL_SIZE/2), // computer center of ball
   ball_cy = ball_y+(BALL_SIZE/2);

// test of the ball has hit the paddle
if (ball_y > (SCREEN_HEIGHT/2) && ball_dy > 0)
   {
   // extract leading edge of ball
   int x = ball_x+(BALL_SIZE/2);
   int y = ball_y+(BALL_SIZE/2);

   // test for collision with paddle
   if ((x >= paddle_x && x <= paddle_x+PADDLE_WIDTH) &&
       (y >= paddle_y && y <= paddle_y+PADDLE_HEIGHT))
       {
       // reflect ball
       ball_dy=-ball_dy;

       // push ball out of paddle since it made contact
       ball_y+=ball_dy;

       // add a little english to ball based on motion of paddle
       if (KEY_DOWN(VK_RIGHT))
          ball_dx-=(rand()%3);
       else
       if (KEY_DOWN(VK_LEFT))
          ball_dx+=(rand()%3);
       else
          ball_dx+=(-1+rand()%3);

       // test if there are no blocks, if so send a message
       // to game loop to start another level
       if (blocks_hit >= (NUM_BLOCK_ROWS*NUM_BLOCK_COLUMNS))
          {
          game_state = GAME_STATE_START_LEVEL;
          level++;
          } // end if

       // make a little noise
       MessageBeep(MB_OK);
```

```
                // return
                return;

            }   // end if

        }       // end if
    // now scan thru all the blocks and see if ball hit blocks
    for (int row=0; row < NUM_BLOCK_ROWS; row++)
        {
        // reset column position
        x1 = BLOCK_ORIGIN_X;

        // scan this row of blocks
        for (int col=0; col < NUM_BLOCK_COLUMNS; col++)
            {
            // if there is a block here then test it against ball
            if (blocks[row][col]!=0)
                {
                // test ball against bounding box of block
                if ((ball_cx > x1) && (ball_cx < x1+BLOCK_WIDTH) &&
                    (ball_cy > y1) && (ball_cy < y1+BLOCK_HEIGHT))
                    {
                    // remove the block
                    blocks[row][col] = 0;

                    // increment global block counter, so we know
                    // when to start another level up
                    blocks_hit++;

                    // bounce the ball
                    ball_dy=-ball_dy;

                    // add a little english
                    ball_dx+=(-1+rand()%3);

                    // make a little noise
                    MessageBeep(MB_OK);

                    // add some points
                    score+=5*(level+(abs(ball_dx)));

                    // that's it -- no more block
                    return;

                    } // end if

                } // end if

            // advance column position
            x1+=BLOCK_X_GAP;
            } // end for col

        // advance to next row position
        y1+=BLOCK_Y_GAP;

        } // end for row
    } // end Process_Ball

///////////////////////////////////////////////////////////

int Game_Main(void *parms)
```

```
{
// this is the workhorse of your game it will be called
// continuously in real-time this is like main() in C
// all the calls for your game go here!

char buffer[80]; // used to print text

// what state is the game in?
if (game_state == GAME_STATE_INIT)
    {
    // initialize everything here graphics
    DD_Init(SCREEN_WIDTH, SCREEN_HEIGHT, SCREEN_BPP);

    // seed the random number generator
    // so game is different each play
    srand(Start_Clock());

    // set the paddle position here to the middle bottom
    paddle_x = PADDLE_START_X;
    paddle_y = PADDLE_START_Y;

    // set ball position and velocity
    ball_x = 8+rand()%(SCREEN_WIDTH-16);
    ball_y = BALL_START_Y;
    ball_dx = -4 + rand()%(8+1);
    ball_dy = 6 + rand()%2;

    // transition to start level state
    game_state = GAME_STATE_START_LEVEL;

    } // end if
/////////////////////////////////////////////////////////////
else
if (game_state == GAME_STATE_START_LEVEL)
    {
    // get a new level ready to run

    // initialize the blocks
    Init_Blocks();

    // reset block counter
    blocks_hit = 0;

    // transition to run state
    game_state = GAME_STATE_RUN;
    } // end if
/////////////////////////////////////////////////////////////
else
if (game_state == GAME_STATE_RUN)
    {
    // start the timing clock
    Start_Clock();

    // clear drawing surface for the next frame of animation
    Draw_Rectangle(0,0,SCREEN_WIDTH-1, SCREEN_HEIGHT-1,200);

    // move the paddle
    if (KEY_DOWN(VK_RIGHT))
        {
        // move paddle to right
        paddle_x+=8;
```

```
      // make sure paddle doesn't go off screen
      if (paddle_x > (SCREEN_WIDTH-PADDLE_WIDTH))
         paddle_x = SCREEN_WIDTH-PADDLE_WIDTH;

      }  // end if
   else
   if (KEY_DOWN(VK_LEFT))
      {
      // move paddle to right
      paddle_x-=8;

      // make sure paddle doesn't go off screen
      if (paddle_x < 0)
         paddle_x = 0;

      }  // end if

   // draw blocks
   Draw_Blocks();

   // move the ball
   ball_x+=ball_dx;
   ball_y+=ball_dy;

   // keep ball on screen, if the ball hits the edge of
   // screen then bounce it by reflecting its velocity
   if (ball_x > (SCREEN_WIDTH - BALL_SIZE) || ball_x < 0)
      {
      // reflect x-axis velocity
      ball_dx=-ball_dx;

      // update position
      ball_x+=ball_dx;
      }          // end if
   // now y-axis
   if (ball_y < 0)
      {
      // reflect y-axis velocity
      ball_dy=-ball_dy;

      // update position
      ball_y+=ball_dy;
      }          // end if
   else
   // penalize player for missing the ball
   if (ball_y > (SCREEN_HEIGHT - BALL_SIZE))
      {
      // reflect y-axis velocity
      ball_dy=-ball_dy;

      // update position
      ball_y+=ball_dy;

      // minus the score
      score-=100;

      }          // end if

   // next watch out for ball velocity getting out of hand
   if (ball_dx > 8) ball_dx = 8;
```

```
      else
      if (ball_dx < -8) ball_dx = -8;

      // test if ball hit any blocks or the paddle
      Process_Ball();

      // draw the paddle and shadow
      Draw_Rectangle(paddle_x-8, paddle_y+8,
                  paddle_x+PADDLE_WIDTH-8,
                  paddle_y+PADDLE_HEIGHT+8,0);

      Draw_Rectangle(paddle_x, paddle_y,
                  paddle_x+PADDLE_WIDTH,
                  paddle_y+PADDLE_HEIGHT,PADDLE_COLOR);

      // draw the ball
      Draw_Rectangle(ball_x-4, ball_y+4, ball_x+BALL_SIZE-4,
                  ball_y+BALL_SIZE+4, 0);
      Draw_Rectangle(ball_x, ball_y, ball_x+BALL_SIZE,
                  ball_y+BALL_SIZE, 255);

      // draw the info
      sprintf(buffer,"F R E A K O U T        Score %d   //
          Level %d",score,level);
      Draw_Text_GDI(buffer, 8,SCREEN_HEIGHT-16, 127);
      // flip the surfaces
      DD_Flip();

      // sync to 33ish fps
      Wait_Clock(30);

      // check if user is trying to exit
      if (KEY_DOWN(VK_ESCAPE))
        {
        // send message to windows to exit
        PostMessage(main_window_handle, WM_DESTROY,0,0);

        // set exit state
        game_state = GAME_STATE_SHUTDOWN;

        }          // end if

    }          // end if
//////////////////////////////////////////////////////////
else
if (game_state == GAME_STATE_SHUTDOWN)
   {
   // in this state shut everything down and release resources
   DD_Shutdown();

   // switch to exit state
   game_state = GAME_STATE_EXIT;

   }          // end if

// return success
return(1);

}          // end Game_Main
```

哈哈，酷吧？这就是一个完整的 Win32/DirectX 游戏了，至少几乎是完整的了。BLACKOUT.CPP 源文件中有好几百行代码，但是我们可以将其视为某人（我！）编写的 DirectX 的一部分。不管怎样说，还是让我们迅速浏览一下程序清单 1-3 的内容吧。

首先，Windows 需要一个事件循环。这是所有 Windows 程序的标准结构，因为 Windows 几乎完全是事件驱动的。但是游戏却不是事件驱动的，无论用户在干什么，它们都在一直运行。因此，我们至少需要支持小型事件循环以配合 Windows。执行这项功能的代码位于 WinMain() 中。WinMain() 是所有 Windows 程序的主要入口点，就好比 main() 是所有 DOS/UNIX 程序中的入口点一样。《FreakOut》的 WinMain() 创建一个窗口并进入事件循环。当 Windows 需要做某些工作时，就随它去。当所有的基本事件处理都结束时，调用 Game_Main()。Game_Main 是实际运行游戏程序的部分。

如果愿意的话，你可以不停地在 Game_Main() 中循环，而不释放回到 WinMain() 主事件循环体中。但这样做不是件好事，因为 Windows 会得不到任何信息。我们该做的是让游戏在运行一帧时间的动画和逻辑之后，返回到 WinMain()。这样的话，Windows 可以继续响应和处理信息。如果所有这些听起来像是幻术，请不要担心——在下一章中情况还会更糟。

进入 Game_Main() 后，《FreakOut》的游戏逻辑开始被执行。游戏图像被渲染到一个不直接显示出来的工作区，尔后通过调用 DD_FLIP() 在循环结束时在显示器上显示出来。因此我希望你阅读一下全部的游戏状态，一行一行地过一遍游戏循环的每一部分，了解工作原理。要启动游戏，只须双击 FREAKOUT.EXE，游戏程序会立即启动。游戏控制方式如下：

右箭头键——向右移动挡板。

左箭头键——向左移动挡板。

Esc 键——退回 Windows。

还有，如果你错过一个球的话，将被罚掉 100 分，可要盯紧啊！

如果你已经明白了游戏代码和玩法，不妨试着修改一下游戏。你可以增加不同的背景颜色（0~255 是有效的颜色），增加更多的球，可以改变挡板的大小，以及加上更多的声音效果。（目前我只用到了 Win32 API 中的 MessageBeep() 函数）

1.12　小结

这大概是我写得最快的一章游戏编程入门教程了！我们提及了大量的基础内容，但是还只能算作是本书的缩略版本。我只想让读者对本书中我们将学习和讨论的内容有一个感性认识。另外，阅读一个完整的游戏总是有益的，因为这会带来许多需要读者思考的问题。

在进入第 2 章之前，请先确保你能够轻松编译《FreakOut》游戏。如果还不行的话，请立即翻开编译器的书并且 "RTFM"（Read The Fantastic Manual，阅读那神奇的使用手册）！我等着你。

第 2 章　Windows 编程模型

Windows 编程就像去见牙科医生：虽然明明知道对自己是有益处的，可还是没人喜欢总是找牙医。对不对？在本章中，我将要使用"禅"的方法，换句话说，就是深入浅出地向你介绍基本的 Windows 编程。虽然我不能保证在阅读本章之后你会变得喜欢去见牙医，但是我敢保证你会比以往更喜欢 Windows 编程。下面是本章的内容：

- Windows 的历史
- Windows 的基本风格
- Windows 的类
- 创建窗口
- Windows 事件处理程序
- 事件驱动编程和事件循环
- 打开多个窗口

2.1　Windows 的起源

别因为我要解放你的思想而感到害怕(特别是钟情于 DOS 的顽固分子)。让我们迅速浏览一下 Windows 这些年的形成和发展，以及它与游戏开发界的关系，好吗？

2.1.1　早期版本的 Windows

Windows 的发展始于 Windows 1.0 版本。这是微软公司商业化视窗操作系统的第一次尝试，当然它是一个相当失败的产品。Windows 1.0 完全建立在 DOS 基础上（这就是一个错误），不能执行多任务，运行速度很慢，看上去也差劲。它的外观可能是其失败的最重要原因。除此以外，问题还在于 Windows 1.0 需要的硬件、图像和声音性能比那个时代的 80286 计算机（或更差的 8086）所能提供的要高。

然而，微软稳步前进，很快就推出了 Windows 2.0。我记得获得 Windows 2.0 的 Beta 版时我正在软件出版公司（Software Publishing Corporation）工作。在会议室中，挤满了公司的各级主管，也包括公司总裁（像往常一样，他正端着一杯鸡尾酒）。我们运行 Windows 2.0 Beta 版演示，装载了多个应用程序，看上去似乎还说得过去。但是，那时 IBM 已经推出了 PM。PM 看上去要好得多，而且是建立在比 Windows 2.0 先进得多的操作系统 OS/2 的基础上的。而 Windows 2.0 依然是基于 DOS 的视窗管理器。那天董事的结论是"不错，但对于开发来说还不是一个有效的操作系统。让我们继续开发 DOS 程序好了，给我再来一杯鸡尾酒怎么样？"

2.1.2　Windows 3.x

1990 年，各星系的行星终于结盟了，因为 Windows 3.0 问世了，而且表现极好！尽管它仍然赶不上 Mac OS 的标准，但是谁还在意呢？（真正的程序员都讨厌 Mac）。软件开发人员终于可以在 PC 上创建迷人的应用程序了，而商用应用程序也逐渐脱离 DOS。这成了 PC 的转折点，终于将 Mac 完全排除在商用应用程序之外了，而后也将其挤出桌面出版业。（那时，苹果公司每 5 分钟就推出一种新硬件）。

尽管 Windows 3.0 工作良好，却还是存在许多的问题、软件漏洞，但从技术上说，它已是 Windows 2.0 之后的巨大突破，有问题也是在所难免。为了解决这些问题，微软公司推出了 Windows 3.1，开始公关部和市场部打算称之为 Windows 4.0，但是，微软公司决定只简单地称之为 Windows 3.1，因为它还不足以称为升级的换代版本，它还没有做到市场部广告宣传的那样棒。

Windows 3.1 非常可靠。它带有多媒体扩展以提供音频和视频支持，而且它还是一个出色的、全面的操作系统，用户能够以统一的方式来操作。另外，还存在一些其他的版本，如可以支持网络的 Windows 3.11（适用于工作组的 Windows）。惟一的问题是 Windows 3.1 仍然是一个 DOS 应用程序，运行于 DOS 扩展器上。

2.1.3　Windows 95

另一方面，从事游戏编程的人们还在唱着"坚守 DOS 岗位直到炼狱冻结！"的赞歌，而我甚至都焚烧了一个 Windows 3.1 的包装盒！但是，1995 年炼狱真的开始冷却了——Windows 95 终于推出。它是一个真正 32 位的、多任务、多线程的操作系统。诚然，其中还保留了一些 16 位代码，但在极大程度上，Windows 95 是 PC 的终极开发和发布平台。

（当然，Windows NT 3.0 也同时推出，但是 NT 对于大多数用户来讲还是不可用的，因此这里也就不再赘述）。

当 Windows 95 推出后，我才真正开始喜欢 Windows 编程。我一直憎恨使用 Windows 1.0、2.0、3.0 和 3.1 来编程，尽管随着每一种版本的推出，这种憎恨都越来越少。当 Windows 95 出现时，它彻底改变了我的思想，如同其他被征服的人的感觉一样——它看上去非常酷！那正是我所需要的。

提示

游戏编程中最重要的事情是游戏包装盒设计得如何，发给杂志公布的游戏画面如何。发送免费的东西给审阅人也是个好主意。

因此几乎是一夜间，Windows 95 就改变了整个计算机行业。的确，目前还有一些公司仍然在使用 Windows 3.1，但是 Windows 95 使得基于 Intel 的 PC 成为除游戏之外的所有应用程序的选择。不错，尽管游戏程序员知道 DOS 退出游戏编程行业只是一个时间问题了，但是 DOS 还是它们的核心。

1996 年，微软公司发布了 Game SDK（游戏软件开发工具包），这基本上就是 DirectX 的第一个版本。这种技术仅能在 Windows 95 环境下工作，但是它实在是太慢了，甚至竞争不过 DOS 游戏（如《DOOM》和《Duke Nukem》等）。所以游戏开发者继续为 DOS32 开发游戏，但是他们知道，假以时日，DirectX 必定能具有足够快的速度，从而能使游戏流畅地运行在 PC 上。

到了 3.0 版，DirectX 的速度在同样的计算机上已经和 DOS32 一样快了。到了 5.0 版，DirectX 已经相当完善，实现了该技术最初的承诺。对此我们将在第 5 章涉及 DirectX 时再作详细介绍。现在要意识到：Win32 和 DirectX 的组合是 PC 上开发游戏的惟一选择。现在回头看一下历史。

2.1.4　Windows 98

1998 年中期，Windows 98 推出了。这最多也就是技术革命中的一步，而不像 Windows 95 那样是一个完全革命性的产品，但毫无疑问它也占有很重要的地位。Windows 98 就像一辆由旧车改装而成的跑车——外观时髦，速度飞快，好得无以伦比。它是全 32 位的，支持你能够想到的任何事情，并具有无限扩充的能力。它很好地集成了 DirectX、多媒体、3D 图形、网络以及 Internet。

Windows 98 和 Windows 95 相比也非常稳定。诚然，Windows98 仍然会死机，但是请相信我，比起 Windows 95 来已经少了许多。而且，Windows 98 支持即插即用，并且支持得很好——是时候了！

2.1.5　Windows ME

在1999年下半年到2000年上半年间，Windows ME 发布了。很难解释 Windows ME，基本上还是 Windows 98 的内核，但更紧密地集成了多媒体和网络支持。ME 是定位在消费者市场，而不是技术或商用市场。就功能性而言，它和 Windows 98 没什么两样。而且，由于 ME 较高的集成度，某些应用程序在上面运行会遇到麻烦。一些旧的硬件完全不被支持，ME 只对配置较新的电脑来说是好的选择。比如你可以用一台 1995 年装配的电脑来很好地运行 Windows 98，但是用它来跑 Windows ME 肯定不行。话说回来，对于配置较新的电脑来说，这是一个较可靠、稳定的游戏操作系统。

2.1.6　Windows XP

在本书写作的时候，微软刚刚发布了新的操作系统 Windows XP。我真得很喜欢用它。Windows XP 可以说是我见过的最具魅力的操作系统。它具有 Windows 98 或 ME 的外观，同时又有 Windows 2000 或 NT 的稳定性和可靠性。XP 是面向消费者的操作系统迈出的一大步。但是，也带来了不好的地方。XP 是完全的 32 位 Windows 兼容操作系统。这些年来微软公司不停地在说服硬件广商和软件开发商不可以自行其是，一定要遵守规范。这下好了，付出代价的时候到了，很多违反了游戏规则的软件 XP 都不支持。从另一方面这也是好事，从长远来讲，所有的软件公司将会重新编译他们的程序，清理那些不良的和硬件相关的代码。这些不良代码就是造成 Windows 95 和 98 都那么不稳定的罪魁祸首。因而，XP 就像是一次涅磐——我们有最酷、最时髦的操作系统，想用的话，一定要守规矩。

无论怎样，为了不至于成为兼容性讨论的灾难范本，XP 为用户提供了两个帮助他们运行他们想要的软件的工具。第一，XP 操作系统不断地通过微软更新来更新自己，有许多公司不停地在解决各种讨厌的软件问题；第二，XP 有一个"兼容性"模式，通过在这个模式里运行，你可以运行原本与 XP 并不兼容的软件；简言之，只需屏蔽对错误的检测，软件就能运行。除了这些问题，我建议读者不要犹豫，尽快升级到 Windows XP。

2.1.7　Windows NT/2000

现在我们来讨论一下 Windows NT。在本书编写期间，Windows NT 正在推出 5.0 版本，而且已经正式地被命名为 Windows 2000。以我个人估计，它最终将取代 Windows 9X 成为每个人的操作系统选择。Windows 2000 要比 Windows 9X 严谨得多，而且绝大多数游戏程序员都在 NT 上开发将在 Windows 9X/ME/XP 上运行的游戏。Windows 2000 最酷的是它完全支持即插即用和 Win32/DirectX，因此使用 DirectX 为 Windows 9X 编写的应用程序可以在 Windows 2000 上运行。这可是个好消息，因为从历史上看，编写 PC 游戏的开发人员占有最大的市场份额。

那么最低标准是什么呢？如果你使用 DirectX（或其他工具）编写了一个 Win32 应用程序，它完全可以在 Windows 95、98、ME、XP 和 2000 或更高版本上运行。这可是件好事情。因此你在本书中所学到的任何东西可以轻松应用到多种操作系统上。对了，甚至还包括 Windows CE 3.0/Pocket PC 2002 系统，因为它们也支持 DirectX 和 Win32 的一个子集。

2.1.8　Windows 基本架构：Win9X/NT

和 DOS 不同，Windows 是一个多任务的操作系统，允许许多应用程序和/或小程序同时运行，可以最大限度地发挥硬件的性能。这表明 Windows 是一个共享的环境——一个应用程序不能独占整个系统。尽管 Windows 95、98、ME、XP 和 2000/NT 它们都很相似，但仍然存在许多技术上的差异。但是就我们所关心的，我们可以进行一般性的讨论。这里所参照的 Windows 机器一般是指 Win9X/NT 或 Windows 环境。让我们开始吧！

2.2　多任务和多线程

如我所说，Windows 允许不同的应用程序以轮询（round-robin）的方式同时执行，每一个应用程序都占用一段很短的时间片来运行，而后就轮到下一个应用程序运行。如图 2-1 所示，CPU 由几个不同的应用程序以循环的方式共享，而负责判断出下一个运行的应用程序和给每个应用程序分配运行时间量是调度程序（scheduler）的工作。

调度程序可以非常简单——为每个应用程序分配固定的运行时间，也可以非常复杂——将应用程序设定为不同的优先级和抢先性或低优先级的事件。就 Win9X/NT 而言，调度程序采用基于优先级的抢先占用方式。这就意味着一些应用程序要比其他的应用程序占用处理器更多的时间，但是如果一个应用程序需要 CPU 处理的话，在另一任务运行的同时，当前的任务可以被阻止或抢先占用。

但是不要太担心这些，除非你正在编写 OS（操作系统）或实时代码——那样的话调度的细节事关重大。大多数情况下，Windows 将执行和调度你的应用程序，无需你参与。

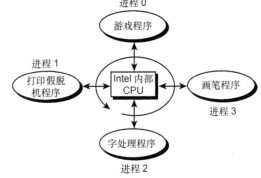

执行序列：0,1,2,3,0,1,2,3,0,1,2,3,...

图 2-1　在单处理器上进行多处理

深入接触 Windows，我们可以看到，它不仅是多任务的，而且还是多线程的。这意味着程序由许多较为简单的多个执行线程（Threads of Execution）构成。这些线程被视为具有较重的权值的进程——如程序一样，从而被调度。实际上，在同一时刻，你的计算机上有 30～50 个线程正同时运行，并执行着不同的任务。所以事实上你可能运行一个程序，但这个程序由一个或多个执行线程构成。

Windows 实际的多线程示意图如图 2-2 所示，从图中可以看到，每一个程序实际上都是由一个主线程和几个工作线程构成。

2.2.1　获取线程的信息

下面让我们来看一下你的计算机现在正在运行多少个线程。在 Windows 机器上，同时按 Ctrl+Alt+Delete 键，弹出显示正在运行的任务（进程）的活动程序任务管理器。这和我们所希望的不同，但也很接近。我们希望的是一个显示正在执行的实际线程数的工具或程序。许多共享软件和商用软件工具都能做到这一点，但是 Windows 内嵌了这几个工具。

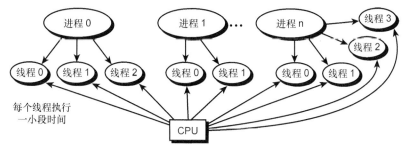

图 2-2　一张较真实地反应 Windows 多线程机制的示意图

在安装 Windows 的目录（一般是 Windows\）下，可以发现一个名字为 SYSMON.EXE（Windows 95/98）或 PREFMON.EXE（Windows NT）的可执行程序。图 2-3 描述了在我的 Windows 98 机器上运行的 SYSMON.EXE 程序。图中除了正在运行的线程外还有大量的信息，如内存使用和处理器负载等。实际上在进行程序开发时，我喜欢使 SYSMON.EXE 保持运行，由此可以了解正在进行什么以及系统如何加载程序。

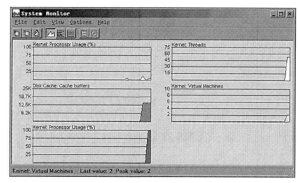

图 2-3　运行中的 SYSMON

你可能想知道能否对线程的创建进行控制，答案是能实际上这是 Windows 游戏编程最令人激动的事情之一——就像我们所希望的那样，除了游戏主进程外，还能够执行其他的任务，我们也能够创建像其他任务一样多的线程。

注意

在 Windows 98/NT 环境下，实际上还有一种叫纤程（fiber）的新型执行对象，它比线程还简单。（明白吗？线程是由纤程构成的。）

这和 DOS 游戏程序的编写有很大不同。DOS 是单线程操作系统，也就是说一旦你的程序开始运行，就只能运行该程序（不时出现的中断处理程序除外）。因此，如果想使用任何一种多任务或多线程，就必须自己来模拟（参阅《Sams Teach Yourself Game Programming in 21 Days》中关于一个完整的基于 DOS 的多任务内核的介绍）。这也正是游戏程序员在这么多年中所做的事。的确，模拟多任务和多线程远远不能和拥有一个完整的支持多任务和多线程的操作系统相提并论，但是对于单个游戏来讲，它足以良好地工作。

在我们接触真正的 Windows 编程和那些工作代码之前，我想提及一个细节。你可能在想，Windows 真是一个神奇的操作系统，因为它允许多个任务和程序同时执行。请记住，实际上并不是这样的。如果只有一个处理器，那么一次也只能执行一个执行流、线程、程序或你所调用的任何对象。Windows 相互之间的切换太快了，以至于看上去就像几个程序在同时运行一样。另一方面，如果有多个处理器的话，可以同时运行多个程序。例如，我有一个双 CPU 的 Pentium II 计算机，有两个 400 MHz 的 Pentium II 处理器在运行 Windows NT 5.0。使用这种配置，可以同时执行两个指令流。

我希望在不远的将来，个人计算机的新型微处理器结构能够允许多个线程或纤程同时执行，将这样一个目标作为处理器设计的一部分。例如，Pentium 具有两个执行单元——U 管和 V 管。因此它能够同时执行两个指令。但是，这两个指令都是来自同一个线程。类似的是 Pentium Ⅱ、Ⅲ、Ⅳ 能够同时执行多个简单的指令，但它们也需来自同一个线程。

2.2.2 事件模型

Windows 是个多任务/多线程的操作系统，并且还是一个事件驱动的操作系统。和 DOS 程序不同的是，Windows 程序都是等着用户去使用，并由此而触发一个事件，然后 Windows 响应该事件，进行动作。请看图 2-4 所示的示意图，图中描述了大量的应用程序窗口，每个程序都向 Windows 发送待处理的事件和消息。Windows 对其中的一些进行处理，大部分的消息和事件被传递给应用程序来处理。

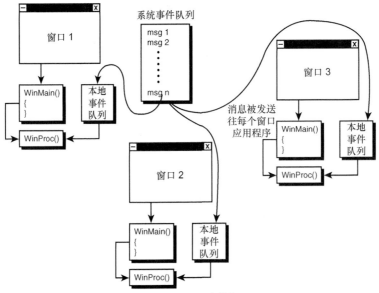

图 2-4　Windows 事件处理

这样做的好处是，你不必去关心其他正在运行的应用程序，Windows 会为你处理它们。你所要关心的就是你自己的应用程序和窗口中信息的处理。这在 Windows 3.0/3.1 中是根本不可能的。Windows 的那些版本并不是真正的多任务操作系统，每一个应用程序都要产生下一个程序。也就是说，在这些版本的 Windows 下运行的应用程序感觉相当粗糙、缓慢。如果有其他应用程序干扰系统的话，这个正在"温顺地"运行的程序将停止工作，但这种情况在 Windows 9X/NT 下就不会出现。操作系统将会在适当的时间终止你的应用程序——当然，运行速度非常快，你根本就不会注意到。

到现在为止，读者已了解了所有需要了解的有关操作系统的概念。幸运的是，有了 Windows 这个目前最好的编写游戏的操作系统，你根本就不必担心程序调度——你所要考虑的就是游戏代码和如何最大限度地发挥计算机的性能。

在本章后面内容中，我们要接触一些实际的编程工作，便于读者了解 Windows 编程有多容易。但是（永远都有但是）在进行实际编程之前，我们应当了解一些微软程序员喜欢使用的约定。这样你就不会被那些古怪的函数和变量名弄得不知所措。

2.3　按照微软风格编程：匈牙利符号表示法

如果你正在运作一家像微软一样的公司，有几千个程序员在干不同的项目，那么在某种程度上应当提出一个编写代码的标准方式。否则，结果将是一片混乱。因此一个名字叫 Charles Simonyi 的人负责创建了一套编写微软代码的规范。这个规范一直以来都被用作编写代码的基本指导说明书。所有微软的 API、界面、技术文件等都采用这些规范。

这个规范通常被称为匈牙利符号表示法（Hungarian notation），可能是因为为了创立这个规范他经常加班——弄得饥肠辘辘的原因吧［英文中饥饿（Hungry）和匈牙利（Hungary）谐音］，也可能是因为他是匈牙利人。虽然不知道名字的由来，关键在于你还是必须了解这个规范，以便于你能够阅读微软代码。

匈牙利符号表示法包括许多与下列命名有关的约定：

- 变量
- 函数
- 类型和常量
- 类
- 参数

表 2-1 给出了匈牙利符号表示法使用的前缀代码。这些代码在大多数情况下用于前缀变量名，其他约定根据名称确定。其他解释可以参考本表。

表 2-1　　　　　　　　　　　　匈牙利符号表示法使用的前缀代码

前缀	数据类型（基础类型）
c	char（字符）
by	BYTE（字节，无符号字符）
n	short（短整数和整数，表示一个数）
i	int（整数）
x, y	short（短整数，通常用于 x 坐标和 y 坐标）
cx, cy	short（短整数，通常用于表示 x 和 y 的长度；c 表示计数）
b	BOOL（int）
w	UINT（无符号整数）和 WORD（无符号字）
l	LONG（长整数）
dw	DWORD（无符号长整数）
fn	函数指针
s	字符串
sz, str	以一个字节的 0（空值）终止的字符串
lp	32 位长指针
h	句柄（常用于表示 Windows 对象）
msg	消息

2.3.1 变量的命名

应用匈牙利符号表示法，变量可加上表 2-1 中的前缀代码。另外，当一个变量是由一个或几个子名构成时，每一个子名都要以大写字母开头。下面是几个例子：

```
char *szFileName;    // a null terminated string

int *lpiData;        // a 32-bit pointer to an int
BOOL bSemaphore;     // a boolean value

WORD dwMaxCount;     // a 32-bit unsigned WORD
```

据我所知，没有规定函数的局部变量的命名规则，但是有一条全局变量的命名规则：

```
int g_iXPos;         // a global x-position

int g_iTimer;        // a global timer

char *g_szString;    // a global NULL terminated string
```

总的来说，全局变量以 g_，或者有时就只用 g 开头。

2.3.2 函数的命名

函数的命名和变量命名方式相同，但是没有前缀。换句话说，只需子名的第一个字母大写。下面是几个例子：

```
int PlotPixel(int ix, int iy, int ic);

void *MemScan(char *szString);
```

而且，在函数名中使用下划线是非法的。例如，下面的函数名是无效的匈牙利符号表示法：

```
int Get_Pixel(int ix, int iy);
```

2.3.3 类型和常量的命名

所有的类型和常量都是大写字母，但名字中可以使用下划线。例如：

```
const LONG NUM_SECTORS = 100;    // a C++ style constant

#define MAX_CELLS 64             // a C style constant

#define POWERUNIT 100            // a C style constant

typedef unsigned char UCHAR;     // a user defined type
```

这里并没有什么不同的地方——非常标准的定义。尽管大多数微软程序员不使用下划线，但我还是喜欢用，因为这样能使名字更具有可读性。

提示

在 C++中，关键字 const 不止一个意思。在前面的代码行中，它用来创建一个常数变量。这和#define 相似，但是它增加了类型信息这个特性。const 不仅仅像#define 一样是一个简单的预处理文本替换，而且更像是一个变量。它允许编译器进行类型检查和类型转换。

2.3.4 类的命名

类命名的约定可能要麻烦一点。但我也看到有很多人在使用这个约定，并独立地进行补充。任何情况下，所有 C++的类必须以大写 C 为前缀，类名字的每一个子名的第一个字母都必须大写。下面是几个例子：

```
class CVector
{
public:
CVector() {ix=iy=iz=imagnitude = 0;}
CVector(int x, int y, int z) {ix=x; iy=y; iz=z;}
.
.

private:
int ix,iy,iz;    // the position of the vector
int imagnitude;  // the magnitude of the vector

};
```

2.3.5　参数的命名

函数的参数命名和标准变量命名的约定相同。但也不总是如此。例如，下面例子给出了一个函数定义：

```
UCHAR GetPixel(int x, int y);
```

这种情况下，更准确的匈牙利函数原型是：

```
UCHAR GetPixel(int ix, int iy);
```

但这两种写法我都见过。

其实，你甚至可能都看不到这些变量名，而仅仅看到类型，如下所示：

```
UCHAR GetPixel(int, int);
```

当然，这仅仅是用于原型的，真正的函数声明必须带有可绑定的变量名，这一点你已经掌握了。

注意

学会阅读匈牙利符号表示法并不代表你必须总是使用它！实际上，我做编程工作已经有 20 多年了，我也不准备为谁改变我的编程风格。因此，本书中的代码将在使用 Win32 API 函数的场合使用类匈牙利符号表示法的编码风格，而在其他地方将使用我自己的风格。必须注意的是，我使用的变量名的第一个字母没有大写，并且我还使用下划线。

2.4　世界上最简单的 Windows 程序

现在读者已经对 Windows 操作系统及其特性和基本设计问题有了一般的了解，那就让我们从第一个 Windows 程序开始真正的 Windows 编程吧。

以每一种新语言或所学的操作系统来编写一个输出 "Hello World" 的程序是一个习惯做法，让我们也来试试。程序清单 2-1 是标准的基于 DOS 的 "Hello World" 程序。

程序清单 2-1　基于 DOS 的 "Hello World" 程序

```
// DEMO2_1.CPP - standard version
#include <stdio.h>

// main entry point for all standard DOS/console programs
void main(void)
{
printf("\nTHERE CAN BE ONLY ONE!!!\n");
} // end main
```

现在让我们看一看如何在 Windows 下完成同样功能。

提示

顺便说一句，如果想编译 DEMO2_1.CPP，应当用 VC++或 Borland 编译器实际创建一个控制台应用程序。这是类 DOS 的应用程序，只是它是 32 位的，它仅以文本模式运行，但对于检验一下想法和算法是很有用的。注意在编译器中应当将目标.EXE 设为控制台应用程序，而非 Win32 .EXE！

要编译本程序，请执行以下步骤。

1．创建新的控制台应用程序.EXE 工程，并包含光盘上 T3DCHAP02\目录中的 DEMO2_1.CPP。

2．编译并连接程序。

3．运行它！（或直接运行光盘上的预先编译好的版本 DEMO2_1.EXE。）

2.4.1 总是从 WinMain()开始

如前面所述，所有的 Windows 程序都以 WinMain()开始，这和正统的 DOS 程序都以 Main()开始一样。WinMain()中的内容取决于你。如果你愿意的话，可以创建一个窗口、开始处理事件并在屏幕上画一些东西。另一方面，你可以调用成百个（或者是上千个）Win32 API 函数中的一个。这正是我们将要做的。

我只想在屏幕上的一个信息框中显示一些东西。这恰好是 Win32 API 函数 MessageBox()的功能。程序清单 2-2 是一个完整的、可编译的 Windows 程序，该程序创建和显示了一个能够到处移动并且可以关闭的信息框。

程序清单 2-2　第一个 Windows 程序
```
// DEMO2_2.CPP - a simple message box
#define WIN32_LEAN_AND_MEAN

#include <windows.h>        // the main windows headers
#include <windowsx.h>       // a lot of cool macros

// main entry point for all windows programs
int WINAPI WinMain(HINSTANCE hinstance,
HINSTANCE hprevinstance,
LPSTR lpcmdline,
int ncmdshow)
{
// call message box api with NULL for parent window handle
MessageBox(NULL, "THERE CAN BE ONLY ONE!!!",
"MY FIRST WINDOWS PROGRAM",
MB_OK | MB_ICONEXCLAMATION);
// exit program
return(0);
} // end WinMain
```
要编译该程序，按照下面步骤。

1．创建新的 Win32 .EXE 工程并包含光盘上 T3DCHAP02\目录中的 DEMO2_2.CPP。

2．编译并连接程序。

3．运行它！（或直接运行光盘上的预先编译好的版本 DEMO2_2.EXE。）

你一定一直都以为一个基本的 Windows 程序至少有几百行代码！当你编译并运行这个程序的时候，会看到如图 2-5 所示的内容。

图 2-5　运行 DEMO2_2.EXE

2.4.2　程序剖析

现在已经有了一个完整的 Windows 程序，让我们一行一行地分析程序的内容。首先第一行程序是
```
#define WIN32_LEAN_AND_MEAN
```
这个应稍微解释一下。创建 Windows 程序有两种方式——使用微软基础类库（Microsoft Foundation Classes，MFC），或者使用软件开发工具包（Software Development Kit，SDK）。MFC 完全基于 C++和类，要比以前的游戏编程所需的工具复杂得多，功能足够强大和复杂，足以应付游戏的需要。而 SDK 是一个可管理程序包，可以在一到两周内学会（至少初步学会），并且它使用正统的 C 语言。因此，我在本书中所使用用的工具是 SDK。

WIN32_LEAN_AND_MEAN 指示编译器（实际上确定了头文件的包含逻辑）不要包含我们并不需要的 MFC 内容。现在我们又离题了，回来继续看程序。

接着，下面列出的头文件被包含了：
```
#include <windows.h>
#include <windowsx.h>
```
第一个包含 "windows.h" 实际上包括所有的 Windows 头文件。Windows 有许多这样的头文件，这就有点像批量包含，可以节省许多手工包含成打的显式头文件的时间。

第二个包含 "windowsx.h" 是一个含有许多重要的宏和常量的头文件，该文件可以简化 Windows 编程。

下面就到了最重要的部分——所有 Windows 应用程序的主要入口位置 WinMain()：
```
int WINAPI WinMain(HINSTANCE hinstance,
HINSTANCE hprevinstance,
LPSTR lpcmdline,
int ncmdshow);
```
首先，读者应当注意到了奇怪的 WINAPI 声明符。这等同于 PASCAL 函数声明符，它强制参数从左向右传递，而不是像默认的 CDECL 声明符那样参数从右到左传递。但是，PASCAL 调用约定声明已经过时了，WINAPI 代替了它。必须使用 WinMain()的 WINAPI 声明符；否则，将向函数返回一个不正确的参数并终止开始程序。

检查参数

接下来让我们详细看一下每个参数。

- hinstance——该参数是一个 Windows 为你的应用程序生成的实例句柄。实例是一个用来跟踪资源的指针或数。本例中，hinstance 就像一个名字或地址一样，用来跟踪你的应用程序。

- hprevinstance——该参数已经不再使用了，但是在 Windows 的旧版本中，它跟踪应用程序以前的实例（换句话说，就是产生当前实例的应用程序实例）。难怪微软要去除它，它就像一次时间旅行——让我们为之头疼。

- lpcmdline——这是一个空值终止字符串（null-terminated string），和标准 C/C++的 main(int argc, char **argv)函数中的命令行参数相似。不同的是，它没有一个单独的参数来像 argc 那样指出命令行参数个数。例如，如果你创建一个名字为 TEST.EXE 的 Windows 应用程序，并且使用下面的参数运行：
```
TEST.EXE one two three
```
lpcmdline 将含有如下数据：

lpcmdline = "one two three"

注意，.EXE 的文件名并不是命令行的一部分。

- ncmdshow——最后的这个参数是个整数。它在启动过程中被传递给应用程序，带有如何打开主应

用程序窗口的信息。这样，用户便会拥有一点儿控制应用程序如何启动的能力。当然，作为一名程序员，如果想忽略它也可以，想使用它也行。（你将参数传递给 ShowWindow()，我们又超前了！）表 2-2 列出了 ncmdshow 最常用的值。

表 2-2　　　　　　　　　　　　　　ncmdshow 的 Windows 代码

值	功　能
SW_SHOWNORMAL	激活并显示一个窗口。如果该窗口最小化或最大化的话，Windows 将它恢复到原始尺寸和位置。当第一次显示该窗口时，应用程序将指定该标志
SW_SHOW	激活一个窗口，并按当前尺寸和位置显示
SW_HIDE	隐藏一个窗口，并激活另外一个窗口
SW_MAXIMIZE	将指定的窗口最大化
SW_MINIMIZE	将指定的窗口最小化，并激活 Z 顺序下的下一个窗口
SW_RESTORE	激活并显示一个窗口。如果该窗口最小化或最大化的话，Windows 将它恢复到原始尺寸和位置。当恢复为最小化窗口时，应用程序必须指定该标志
SW_SHOWMAXIMIZED	激活一个窗口，并以最大化窗口显示
SW_SHOWMINIMIZED	激活一个窗口，并以最小化窗口显示
SW_SHOWMINNOACTIVE	以最小化窗口方式显示一个窗口，激活的窗口依然保持激活的状态
SW_SHOWNA	以当前状态显示一个窗口，激活的窗口依然保持激活的状态
SW_SHOWNOACTIVATE	以上一次的窗口尺寸和位置来显示窗口，激活的窗口依然保持激活的状态

如表 2-2 所示，ncmdshow 有许多设置（目前许多值都没有意义）。实际上，这些设置大部分都不在 ncmdshow 中传递。可以应用另一个函数 ShowWindow() 来使用它们，该函数负责显示一个创建好的窗口。对此我们在本章后面将进行详细讨论。

我想说的一点是，Windows 带有大量你从未使用过的选项和标志等等，就像录像机（VCR）编程选项一样——越多越好，任你使用。Windows 就是按照这种方式设计的。这将使每个人都感到满意，这也意味着它包含了许多选项。实际上，我们在 99% 时间内将只用到 SW_SHOW、SW_SHOWNORMAL 和 SW_HIDE，但是你还要了解在 1% 的时间内会用到的其他选项。

2.4.3　选择一个信息框

最后让我们讨论一下 WinMain() 中调用 MessageBox() 的实际机制。MessageBox() 是一个 Win32 API 函数，也就是说它替我们做某些事，使我们不需自己去做。该函数常用于以不同的图标和一或两个按钮来显示信息。你看，在 Windows 应用程序中简单的信息显示非常普遍，有了这样一个函数就节省了程序员的时间，而不必每次使用都要花半个多小时编写它。

MessageBox() 并没有太花哨的功能，但是它很尽职。它能在屏幕上显示一个窗口，提出一个问题并且接受用户的输入。下面是 MessageBox() 的函数原型：

```
int MessageBox( HWND    hwnd,      // handle of owner window
                LPCTSTR lptext,    // address of text in message box
LPCTSTR lpcaption,                 // address of title of message box
UINT    utype);                    // style of message box
```

参数定义如下：

● hwnd——这是信息框连接窗口的句柄。目前我们还没有讲过窗口句柄，因此认为它是信息框的父窗口就好了。在 DEMO2_2.CPP 示例中，我们将它设置为 NULL，因此 Windows 桌面被用作父窗口。

● lptext——这是一个包含显示文本的空值终止字符串。

- lpcaption——这是一个包含显示文本框标题的空值终止字符串。
- utype——这大概是该簇参数中惟一令人激动的参数了，它决定显示哪种信息框。

表 2-3 列出了几种 MessageBox()选项（有些删减）。

表 2-3	MessageBox()选项
标志	描述
下列设置控制信息框的一般类型	
MB_OK	信息框含有一个按钮：OK.这是默认值
MB_OKCANCEL	信息框含有两个按钮：OK 和 Cancel
MB_RETRYCANCEL	信息框含有两个按钮：Retry 和 Cancel
MB_YESNO	信息框含有两个按钮：Yes 和 No
MB_YESNOCANCEL	信息框含有三个按钮：Yes、No 和 Cancel
MB_ABORTRETRYIGNORE	信息框含有三个按钮：Yes、No 和 Cancel
这一组控制在图标上添加一点"穷人的多媒体"	
MB_ICONEXCLAMATION	信息框显示一个惊叹号图标
MB_ICONINFORMATION	信息框显示一个由圆圈中的小写字母 I 构成的图标
MB_ICONQUESTION	信息框显示一个问号图标
MB_ICONSTOP	信息框显示一个停止符图标
该标志组控制默认时高亮的按钮	
MB_DEFBUTTONn	其中 n 是一个指示默认按钮的数字（1~4），从左到右计数

注意：还有其他的高级 OS 级标志，我们没有讨论。如果希望了解更多细节的话，可以查阅编译器 Win32 SDK 的在线帮助。

可以同时使用表 2-3 中的值进行逻辑或（OR）运算，来创建一个信息框。一般情况下，只能从每一组中使用一个标志来进行或运算。

当然，和所有 Win32 API 函数一样，MessageBox()函数返回一个值来通知你发生了什么事情。但在这个例子中谁关心这个呢？通常情况下，如果信息框是 yes/no 提问之类的情况的话，就可能想知道这个返回值。表 2-4 列出了可能的返回值。

表 2-4	MessageBox()的返回值
值	选择的按钮
IDABORT	Abort
IDCANCEL	Cancel
IDIGNORE	Ignore
IDNO	No
IDOK	OK
IDRETRY	Retry
IDYES	Yes

最后，这个表已经毫无遗漏地列出了所有的返回值。现在已经完成了对我们第一个 Windows 程序——单击的逐行分析。

提示

现在希望你能轻松地对这个程序进行修改，并以不同的方式进行编译。使用不同的编译器选项，例如优化。然后尝试通过调试程序来运行该程序，看看你是否已经领会。做完后，请回到此处。

如果希望听到声音的话，一个简单的技巧就是使用 MessageBeep()函数，可以在 Win32 SDK 中查阅，它和 MessageBox()函数一样简单好用。下面就是该函数的原型：

```
BOOL MessageBeep(UINT utype); // the sound to play
```

可以从表 2-5 所示常数中得到不同的声音。

表 2-5　　　　　　　　　　　　MessageBeep()的声音标识

值	声音
MB_ICONASTERISK	系统星号
MB_ICONEXCLAMATION	系统惊叹号
MB_ICONHAND	系统手形指针
MB_ICONQUESTION	系统问号
MB_OK	系统默认值
0xFFFFFFFF	使用计算机扬声器的标准嘟嘟声——令人讨厌

注意：如果已经安装了 MS-Plus 主题曲的话，你应能得到有意思的结果。

看 Win32 API 多酷啊！有上百个函数可供使用。它们虽然不是世界上最快的函数，但是对于一般的日常工作、输入/输出和图形用户界面来讲，它们已经很棒了。

让我们稍微花点儿时间总结一下我们目前所知的有关 Windows 编程方面的知识。首先，Windows 支持多任务/多线程，因此可以同时运行多个应用程序。我们不必费心就可以做到这一点。我们最关心的是Windows 是事件驱动的。这就意味着，我们必须处理事件（在这一点上目前我们还不知如何做）并且做出反应。好，听上去不错。最后，所有 Windows 程序都以函数 WinMain()开始，WinMain()函数中的参数要比标准 DOS 的 main()多，但这些参数都属于逻辑和推理的领域。

掌握了上述的内容，就到了编写一个真正的 Windows 应用程序的时候了。

2.5　现实中的 Windows 应用程序

尽管本书的目标是编写在 Windows 环境下运行的 3D 游戏,但是你并不需要了解更多的 Windows 编程。实际上，你所需要的就是一个基本的 Windows 程序，可以打开一个窗口、处理信息、调用主游戏循环等等。了解了这些，本章的目标是首先向你展示如何创建简单的 Windows 应用程序，同时为编写类似 32 位 DOS环境的游戏编程外壳（shell）应用程序奠定基础。

一个 Windows 程序的关键就是打开一个窗口。一个窗口就是一个显示文本和图形这类信息的工作区。要创建一个完全实用的 Windows 程序，只要完成下列工作。

1. 创建一个 Windows 类。
2. 创建一个事件处理程序或 WinProc。
3. 用 Windows 注册 Windows 类。
4. 用前面创建的 Windows 类创建一个窗口。
5. 创建一个能够从事件处理程序获得或向事件处理程序传递 Windows 信息的主事件循环。

让我们详细了解一下每一步的工作。

2.6 Windows 类

Windows 实际上是一个面向对象的操作系统，因此 Windows 中大量的概念和程序都源于 C++。其中一个概念就是 Windows 类。Windows 中的每一个窗口、控件、列表框、对话框和小部件等实际上都是一个窗口。区别它们的就是定义它们的类。一个 Windows 类就是 Windows 能够操作的一个窗口类型的描述。

有许多预定义的 Windows 类，如按钮、列表框、文件选择器等。你也可以自己任意创建你的 Windows 类。实际上，你可以为自己编写的每一个应用程序创建至少一个 Windows 类，否则你的程序将非常麻烦。因此你应当在画一个窗口时，考虑一个 Windows 类来作为 Windows 的一个模板，以便于在其中处理信息。

控制 Windows 类信息的数据结构有两个：WNDCLASS 和 WNDCLASSEX。WNDCLASS 是比较古老的一个，可能不久将废弃，因此我们应当使用新的扩展版 WNDCLASSEX。二者结构非常相似，如果有兴趣的话，可以在 Win32 帮助中查阅 WNDCLASS。让我们看一下在 Windows 头文件中定义的 WNDCLASSEX。

```
typedef struct _WNDCLASSEX
      {
      UINT    cbSize;        // size of this structure
      UINT    style;         // style flags
      WNDPROC lpfnWndProc;   // function pointer to handler
      int     cbClsExtra;    // extra class info
      int     cbWndExtra;    // extra window info
      HANDLE  hInstance;     // the instance of the application
      HICON   hIcon;         // the main icon
      HCURSOR hCursor;       // the cursor for the window
HBRUSH  hbrBackground;       // the background brush to paint the window
LPCTSTR lpszMenuName;        // the name of the menu to attach
LPCTSTR lpszClassName;       // the name of the class itself
HICON   hIconSm;             // the handle of the small icon
} WNDCLASSEX;
```

因此你所要做的就是创建一个这样的结构，然后填写所有的字段：

```
WNDCLASSEX winclass; // a blank windows class
```

第一个字段 cbSize 非常重要（尽管 Petzold 在《Programming Windows 95》中忽略了它），它是 WNDCLASSEX 结构本身的大小。你可能要问，为什么应当知道该结构的大小？这个问题问得好，原因是如果这个结构作为一个指针被传递的话，接收者首先检查第一个字段，以确定该数据块最低限度有多大。这有点儿像提示和帮助信息，以便于其他函数在运行时不必计算该类的大小。因此，我们只需像这样写：

```
winclass.cbSize = sizeof(WNDCLASSEX);
```

第二个字段包含描述该窗口一般属性的样式（style）信息标志。有许多这样的标志，因此我没有将它们全部列出。只要能够使用它们创建任何类型的窗口就行了。表 2-6 列出了常用的标志。读者可以任意对这些值进行逻辑或（OR）运算，来派生所希望的窗口类型。

表 2-6   Window 类的样式标志

标志	描述
CS_HREDRAW	若移动或改变了窗口宽度，则刷新整个窗口
CS_VREDRAW	若移动或改变了窗口高度，则刷新整个窗口
CS_OWNDC	为该类中每个窗口分配一个单值的设备描述表（在本章后面详细描述）
CS_DBLCLKS	当用户双击鼠标时向窗口程序发送一个双击的信息，同时，光标位于属于该类的窗口中

续表

标志	描述
CS_PARENTDC	在父窗口中设定一个子窗口的剪切区，以便于子窗口能够画在父窗口中
CS_SAVEBITS	在一个窗口中保存用户图像，以便于在该窗口被遮住、移动时不必每次刷新屏幕。但是，这样会占用更多的内存，并且比人工操作要慢得多
CS_NOCLOSE	禁用系统菜单上的关闭命令

注意：用黑体显示的部分为最常用的标志。

表 2-6 包含了大量的标志，如果你觉得迷惑，我并不会责怪你。现在，设定样式标志，描述如果窗口移动或改变尺寸就进行屏幕刷新，并可以获得一个静态的设备描述表（device context）以及处理双击事件的能力。

我们将在第 3 章中详细讨论设备描述表，但基本说来，它被用作窗口中图像着色的数据结构。因此，如果你要处理一个图像，就应为感兴趣的特定窗口申请一个设备描述表。如果设定了一个 Windows 类，它就通过 CS_OWNDC 得到了一个设备描述表，如果你不想每次处理图像时都申请设备描述表，可以将它保存一段时间。上面说的对你有帮助还是使你更糊涂了？Windows 就是这样——你知道的越多，问题就越多。好了！下面说一下如何设定 style 字段：

```
winclass.style = CS_VREDRAW | CS_HREDRAW | CS_OWNDC | CS_DBLCLICKS;
```

WNDCLASSEX 结构的下一个字段 lpfnWndProc 是一个指向事件处理程序的函数指针。基本上这里所设定的都是该类的回调函数。回调函数在 Windows 编程中经常使用，工作原理如下：当有事件发生时，Windows 通过调用一个你已经提供的回调函数来通知你，这省去你盲目查询的麻烦。随后在回调函数中，再进行所需的操作。

这个过程就是基本的 Windows 事件循环和事件处理程序的工作过程。向 Windows 类申请一个回调函数（当然需要使用特定的原型）。当一个事件发生时，Windows 按图 2-6 所示的的那样替你调用它。该项内容我们将在后面章节进行更详细的介绍。现在，你只要将其设定到你将编写的事件函数中去：

```
winclass.lpfnWndProc = WinProc; // this is our function
```

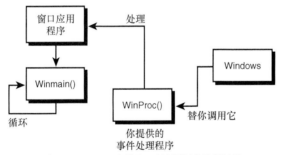

图 2-6   Windows 事件处理程序回调的执行过程

提示

函数指针有点像 C++中的虚函数。如果你对虚函数不熟悉的话，在这里讲一下。假设有两个函数同样用于操作两个数：

```
int Add(int op1, int op2) {return(op1+op2);}
int Sub(int op1, int op2) {return(op1-op2);}
```

要想用同一调用来调用两个函数中的任一个，可以用一个函数指针来实现，如下：

```
// define a function pointer that takes two int and
returns an int
int (Math*)(int, int);
```

然后可以这样给函数指针赋值：

```
Math = Add;
int result = Math(1,2); // this really calls Add(1,2)
// result will be 3

Math = Sub;
int result = Math(1,2); // this really calls Sub(1,2)
// result will be -1
```

看，不错吧。

下面两个字段 cbClsExtra 和 cbWndExtra 原是为指示 Windows 将附加的运行时间信息保存到 Windows 类某些单元中而设计的。但是绝大多数人使用这些字段并简单地将其值设为 0，如下所示：

```
winclass.cbClsExtra = 0; // extra class info space
winclass.cbWndExtra = 0; // extra window info space
```

下一个是 hInstance 字段。它就是在启动时传递给 WinMain()函数的 hInstance，因此只需简单地从 WinMain()中复制即可：

```
winclass.hInstance = hinstance; // assign the application instance
```

剩下的字段和 Windows 类的图像方面有关，在讨论它们之前，先花一点儿时间回顾一下句柄。

在 Windows 程序和类型中将一再看到句柄：位图句柄、光标句柄、任意事情的句柄。请记住，句柄只是一个基于内部 Windows 类型的标识符。其实它们都是整数。但是微软可能改变这一点，因此安全使用微软类型是个好主意。总之，你将会看到越来越多的"……句柄"，请记住，有前缀 h 的任何类型通常都是一个句柄。好，回到原来的地方继续吧。

下一个字段是设定表示应用程序的图标的类型。你完全可以载入一个你自己定制的图标，但现在为方便起见使用系统图标，需要为它设置一个句柄。要为一个常用的系统图标检索一个句柄，可以使用 LoadIcon() 函数：

```
winclass.hIcon = LoadIcon(NULL, IDI_APPLICATION);
```

这行代码装载一个标准的应用程序图标——虽然没什么特色，但是简单。如果对 LoadIcon()函数有兴趣的话，请看下面的它的原型，表 2-7 给出了几个图标选项：

```
HICON LoadIcon(HINSTANCE hInstance, // handle of application instance
LPCTSTR lpIconName); // icon-name string or icon resource identifier
```

hInstance 是一个从应用程序装载图标资源的实例（后面将详细讨论）。现在将它设置为 NULL 来装载一个标准的图标。lpIconName 是包含被装载图标资源名称的空值终止字符串。当 hInstance 为 NULL 时，lpIconName 的值如表 2-7 所示。

表 2-7　　　　　　　　　　　　　LoadIcon()的图标标识符

值	描述
IDI_APPLICATION	默认应用程序图标
IDI_ASTERISK	星号
IDI_EXCLAMATION	惊叹号
IDI_HAND	手形图标
IDI_QUESTION	问号
IDI_WINLOGO	Windows 徽标

好，现在我们已介绍了一半的字段了。做个深呼吸休息一会儿，让我们进行下一个字段 hCursor 的介绍。和 hIcon 相似，它也是一个图形对象句柄。不同的是，hCursor 是一个直到鼠标指针进入窗口的用户区才显示的光标句柄。使用 LoadCursor()函数可以得到资源或预定义的系统光标。我们将在后面讨论资源，简单而言，资源就是像位图、光标、图标、声音等一样的数据段，它被编译到应用程序中并可以在运行时进行访问。Windows 类的光标设定如下所示：

`winclass.hCursor = LoadCursor(NULL, IDC_ARROW);`

下面是 LoadCursor()函数的原型（表 2-8 列出了不同的系统光标标识符）：

```
HCURSOR LoadCursor(HINSTANCE hInstance,// handle of application instance
LPCTSTR lpCursorName); // name string or cursor resource identifier
```

hInstance 是你的.EXE 的应用程序实例。该.EXE 应用程序包含资源数据，可以按名字来解出自定义的光标。但现在我们不打算使用该功能，所以让我们将 hInstance 设为 NULL 以使用默认的系统光标。

lpCursorName 标识了资源名字符串或资源句柄（我们现在不使用），或者是一个常量，以标识如表 2-8 中所示的系统默认值。

表 2-8　　　　　　　　　　　　　　　　　LoadCursor()的取值

值	描述
IDC_ARROW	标准箭头
IDC_APPSTARTING	标准箭头和小沙漏
IDC_CROSS	横标线
IDC_IBEAM	文本 I 型标
IDC_NO	带正斜线的圆圈
IDC_SIZEALL	四向箭头
IDC_SIZENESW	指向东北和西南方向的双向箭头
IDC_SIZENS	指向南北方向的双向箭头
IDC_SIZENWSE	指向东南和西北方向的双向箭头
IDC_SIZEWE	指向东西方向的双向箭头
IDC_UPARROW	垂直方向的箭头
IDC_WAIT	沙漏

现在我们就要熬到头了！我们就快要全部介绍完了——剩下的字段更有意义。让我们看一看 hbrBackground。

无论在什么时候绘制或刷新一个窗口，Windows 都至少将以用户预定义的颜色或者按照 Windows 的说法——画刷（brush）填充该窗口的背景。因此，hbrBackground 是一个用于窗口刷新的画笔句柄。画刷、画笔、色彩和图形都是 GDI（图形设备接口）的一部分，我们将在下一章中详细讨论。现在，介绍一下如何申请一个基本的系统画笔来填充窗口。该功能由 GetStockObject()函数实现，如下面程序所示 [注意强制类型转换(HBRUSH)]：

`winclass.hbrBackground = (HBRUSH)GetStockObject(WHITE_BRUSH);`

GetStockObject()是一个通用函数，用于获得 Windows 系统画刷、画笔、调色板或字体的一个句柄。GetStockObject()只有一个参数，用来指示装载哪一项资源。表 2-9 仅列出了画刷和画笔的可能。

表 2-9	GetStockObject()的库存对象标识符
值	描述
BLACK_BRUSH	黑色画刷
WHITE_BRUSH	白色画刷
GRAY_BRUSH	灰色画刷
LTGRAY_BRUSH	淡灰色画刷
DKGRAY_BRUSH	深灰色画刷
HOLLOW_BRUSH	空心画刷
NULL_BRUSH	空（NULL）画刷
BLACK_PEN	黑色画笔
WHITE_PEN	白色画笔
NULL_PEN	空（NULL）画笔

　　WNDCLASS 结构中的下一个字段是 lpszMenuName。它是菜单资源名称的空值终止 ASCII 字符串，用于加载和选用窗口。其工作原理将在第 3 章中讨论。现在我们只需将值设为 NULL：

```
winclass.lpszMenuName = NULL; // the name of the menu to attach
```

　　如我刚提及的那样，每个 Windows 类代表你的应用程序所创建的不同窗口类型。在某种程度上，类与模板相似，Windows 需要一些途径来跟踪和识别它们。因此，下一个字段 lpszClassName，就用于该目的。该字段被赋予包含相关类的文本标识符的空值终止字符串。我个人喜欢用诸如 "WINCLASS1"、"WINCLASS2" 等标识符。你可以依自己喜好而定，但应以简单明了为原则，如下所示：

```
winclass.lpszClassName = "WINCLASS1"; // the name of the class itself
```

　　这样赋值以后，你可以使用它的名字来引用这个新的 Windows 类了，"WINCLASS1"——很酷，是吗？

　　最后就是小应用程序图标。这是 Windows 类 WNDCLASSEX 中新增加的功能，在老版本 WNDCLASS 中没有。首先，它是指向你的窗口标题栏和 Windows 桌面任务栏的句柄。你经常会需要装载一个自定义资源，但是现在只要通过 LoadIcon() 使用一个标准的 Windows 图标即可实现：

```
winclass.hIconSm =
LoadIcon(NULL, IDI_APPLICATION); // the handle of the small icon
```

　　下面让我们整体回顾一下整个类的定义：

```
WNDCLASSEX winclass; // this will hold the class we create
// first fill in the window class structure
winclass.cbSize = sizeof(WNDCLASSEX);
winclass.style      = CS_DBLCLKS | CS_OWNDC | CS_HREDRAW | CS_VREDRAW;
winclass.lpfnWndProc = WindowProc;
winclass.cbClsExtra  = 0;
winclass.cbWndExtra  = 0;
winclass.hInstance   = hinstance;
winclass.hIcon       = LoadIcon(NULL, IDI_APPLICATION);
winclass.hCursor     = LoadCursor(NULL, IDC_ARROW);
winclass.hbrBackground  = GetStockObject(BLACK_BRUSH);
winclass.lpszMenuName   = NULL;
winclass.lpszClassName  = "WINCLASS1";
winclass.hIconSm     = LoadIcon(NULL, IDI_APPLICATION);
```

　　当然，如果想节省一些录入时间的话，可以像下面这样简单地初始化该结构：

```
WNDCLASSEX winclass = {
winclass.cbSize = sizeof(WNDCLASSEX),
CS_DBLCLKS | CS_OWNDC | CS_HREDRAW | CS_VREDRAW,
```

```
WindowProc,
0,
0,
hinstance,
LoadIcon(NULL, IDI_APPLICATION),
LoadCursor(NULL, IDC_ARROW),
GetStockObject(BLACK_BRUSH),
NULL,
"WINCLASS1",
LoadIcon(NULL, IDI_APPLICATION)} ;
```
这样真的省去了许多输入！

2.7　注册 Windows 类

现在 Windows 类已经定义并且存放在 winclass 中了，必须将新的类通知给 Windows。该功能通过 RegisterClassEx()函数，使用一个指向新类定义的指针来完成，如下所示：
```
RegisterClassEx(&winclass);
```

警告

注意，我并没有使用我们例子中的 "WINCLASS1" 的类名，对于 RegisterClassEx()来讲，必须使用保存该类的实际结构，因为在该类调用 RegisterClassEx()函数之前，Windows 并不知道该类的存在。明白了吧？

此外，为完全起见，还有一个旧版本的 RegisterClass()函数，用于注册基于旧结构 WNDCLASS 的类。

类一旦注册，我们就可以用它任意创建窗口。请看下面如何进行这个工作，然后再详细看一下事件处理程序和主事件循环，了解使一个 Windows 应用程序运行还要做哪些工作。

2.8　创建窗口

要创建一个窗口（或者一个类窗口的对象），使用 CreateWindow()或 CreateWindowEx()函数。后者是更新一点儿的版本，支持附加类型参数，我们就使用它。该函数是创建 Windows 类的函数，我们要多花一点儿时间来逐行分析。在创建一个窗口时，必须为这个 Windows 类提供一个文本名——我们现在就使用 "WINCLASS1" 命名。这是识别该 Windows 类并区别于其他类以及内嵌的诸如按钮、文本框等类型的标识符。

下面是 CreateWindowEx()的函数原型：
```
HWND CreateWindowEx(
DWORD dwExStyle,        // extended window style
LPCTSTR lpClassName,    // pointer to registered class name
LPCTSTR lpWindowName,   // pointer to window name
    DWORD dwStyle,      // window style
    int x,              // horizontal position of window
    int y,              // vertical position of window
    int nWidth,         // window width
    int nHeight,        // window height
    HWND hWndParent,    // handle to parent or owner window
    HMENU hMenu,        // handle to menu, or child-window identifier
HINSTANCE hInstance,    // handle to application instance
LPVOID lpParam);        // pointer to window-creation data
```

如果该函数执行成功的话，将返回一个指向新建窗口的句柄；否则就返回 NULL。

上述大多数参数是不言自明的，但还是让我们快速浏览一下：

- dwExStyle——该扩展样式标志是个高级特性，大多数情况下，可以设为 NULL。如果读者对其取值感兴趣的话，可以查阅 Win32 SDK 帮助，上面有详细的有关该标志取值的说明。WS_EX_TOPMOST 是我惟一使用过的一个值，该功能使窗口一直保持在上部。
- lpClassName——这是你所创建的窗口的基础类名，例如 "WINCLASS1"。
- lpWindowName——这是包含窗口标题的空值终止字符串，例如 "My First Window"。
- dwStyle——这是一个说明窗口外观和行为的通用窗口标志，非常重要！表 2-10 列出了一些最常用的值。当然，可以用逻辑 "或" 运算来任意组合使用这些值来得到希望的各种特征。
- x,y——这是该窗口左上角位置的像素坐标。如果你无所谓，可使用 CW_USEDEFAULT，这将由 Windows 来决定。
- nWidth, nHeight——这是以像素表示的窗口宽度和高度。如果你无所谓，可使用 CW_USEDEFAULT，这将由 Windows 来决定窗口尺寸。
- hWndParent——假如存在父窗口，这是指向父窗口的句柄。如果没有父窗口，取 NULL，桌面就是父窗口。
- hMenu——这是指向附属于该窗口菜单的句柄。下一章中将详细介绍，现在将其赋值为 NULL。
- hInstance——这是应用程序的实例。这里使用 WinMain() 中的 hinstance。
- lpParam——高级特征，设置为 NULL。

表 2-10 列出了各种窗口标志设置。

表 2-10　　　　　　　　　　　　dwStyle 的通用样式值

类型	所创建的内容
WS_POPUP	弹出式窗口
WS_OVERLAPPED	带有标题栏和边界的重叠式窗口，类似 WS_TILED 类型
WS_OVERLAPPEDWINDOW	具有 WS_OVERLAPPED、WS_CAPTION、WS_SYSMENU、WS_THICKFRAME、WS_MINIMIZEBOX 和 WS_MAXIMIZEBOX 样式的重叠式窗口
WS_VISIBLE	开始就可见的窗口
WS_SYSMENU	标题栏上有窗口菜单的窗口，WS_CAPTION 必须也被指定
WS_BORDER	有细线边界的窗口
WS_CAPTION	有标题栏的窗口（包括 WS_BORDER 样式）
WS_ICONIC	开始就最小化的窗口，类似 WS_MINIMIZE 样式
WS_MAXIMIZE	开始就最大化的窗口
WS_MAXIMIZEBOX	具有最大化按钮的窗口。不能和 WS_EX_CONTEXTHELP 样式合用。WS_SYSMENU 也必须指定
WS_MINIMIZE	开始就最小化的窗口，类似 WS_ICONIC 样式
WS_MINIMIZEBOX	具有最小化按钮的窗口。不能和 WS_EX_CONTEXTHELP 样式合用。WS_SYSMENU 也必须指定
WS_POPUPWINDOW	带有 WS_BORDER、WS_POPUP 和 WS_SYSMENU 类型的弹出式窗口；WS_CAPTION 和 WS_POPUPWINDOW s 也必须指定以使窗口菜单可见
WS_SIZEBOX	一个窗口边界可以变化，与 WS_THICKFRAME 类型相同
WS_HSCROLL	带有水平滚动条的窗口
WS_VSCROLL	带有垂直滚动条的窗口

注意：用黑体显示的是经常使用的值。

下面是使用标准控件在（0, 0）位置创建一个大小为 400×400 像素的、简单的重叠式窗口。

```
HWND hwnd;                              // window handle

// create the window, bail if problem
if (!(hwnd = CreateWindowEx(NULL,       // extended style
                "WINCLASS1",            // class
                "Your Basic Window",    // title
                WS_OVERLAPPEDWINDOW | WS_VISIBLE,
                0,0,                    // initial x,y
                400,400,                // initial width, height
                NULL,                   // handle to parent
                NULL,                   // handle to menu
                hinstance,              // instance of this application
                NULL)))                 // extra creation parms
return(0);
```

一旦创建了该窗口，它可能是可见的也可能是不可见的。但是，在这个例子中，我们增加了自动显示的类型标识符 WS_VISIBLE。如果没有添加该标识符，则调用下面的函数来手工显示该窗口：

```
// this shows the window
ShowWindow(hwnd, ncmdshow);
```

记得 WinMain()中的 ncmdshow 参数了吗？这就是它的用武之地。尽管我们使用 WS_VISIBLE 覆盖了 ncmdshow 参数，但还是应将其作为一个参数传递给 ShowWindow()。下面让 Windows 更新窗口的内容，并且产生一个 WM_PAINT 信息，这通过调用函数 UpdateWindow()来完成：

```
// this sends a WM_PAINT message to window and makes
// sure the contents are refreshed
UpdateWindow();
```

2.9 事件处理程序

我并不了解你的情况，但请注意，我现在正使你掌握 Windows 的核心。它尤如一本神秘小说。请记住，我所说的事件处理程序（event handler）就是当事件发生时 Windows 从主事件循环调用的回调函数。回顾一下图 2-6，巩固一下你对一般数据流的印象。

事件处理程序由你自己编写，它能够处理你所关心的所有事件。其余的工作就交给 Windows 处理。当然，请记住，你的应用程序所能处理的事件和消息越多，它的功能也就越多。

在编写程序之前，让我们讨论一下事件处理程序的一些细节，即事件处理程序能做什么，工作机理如何。首先，对于创建的任何一个 Windows 类，都有一个独立的事件处理程序，从现在开始我将用 Windows' Procedure 称呼它，简称 WinProc。当收到用户或 Windows 发送的消息并放在主事件序列中时，WinProc 就接收到主事件循环发送的消息。这简直是一个发疯的绕口令，让我换个方式来说……

当用户和 Windows 运行任务时，你的窗口或其他应用程序窗口产生事件和消息。所有消息都进入一个队列，而你的窗口的消息发送到你的窗口专用队列中。然后主事件循环检索这些消息，并且将它们发送到你的窗口的 WinProc 中来处理。

这几乎有上百个可能的消息和变量，因此，我们就不全部分析了。值得庆幸的是，你只需处理很少的消息和变量，就可以启动并运行 Windows 应用程序。

简单地说，主事件循环将消息和事件反馈到 WinProc，WinProc 对它们进行处理。因此不仅你要关注 WinProc，主事件循环同样也要关心 WinProc。现在我们简要地了解一下 WinProc，现假定 WinProc 只接收消息。

现在来看一下 WinProc 的工作机制，让我们看一下它的原型：

```
LRESULT CALLBACK WindowProc(
```

```
HWND hwnd,           // window handle of sender
UINT msg,            // the message id
WPARAM wparam,       // further defines message
LPARAM lparam);      // further defines message
```

当然，这仅仅是回调函数的原型。只要将函数地址作为一个函数指针传递给 winclass.lpfnWndProc，就可以调用该函数的任何信息，如下所示：

```
winclass.lpfnWndProc = WindowProc;
```

还记得吗？总之，这些参数是相当地不言自明的。

● hwnd——这是一个窗口句柄，只有当你使用同一个窗口类建立多个窗口时它才用到。这种情况下，hwnd 是表明消息来自哪个窗口的惟一途径。图 2-7 表示了这种情况。

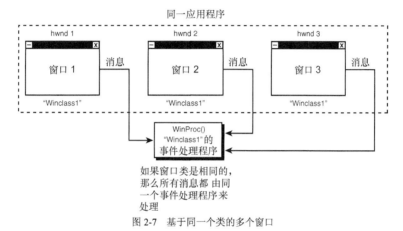

图 2-7　基于同一个类的多个窗口

● msg——这是一个实际的 WinProc 处理的消息标识符。这个标识符可以是众多主要消息中的一个。

● wparam and lparam——进一步匹配或分类发送到 msg 参数中的信息。

最后，我们感兴趣的是返回类型 LRESULT 和声明说明符 CALLBACK。这些关键字都是必需的，不能忘记！

因此大多数人所要做的就是使用 switch() 来处理 msg 所表示的消息，然后为每一种情况编写代码。在 msg 的基础上，你可以知道是否需要进一步求 wparam 和/或 lparam 的值。很酷吗？因此让我们看一下由 WinProc 传递过来的所有可能的消息，然后再看一下 WinProc 的工作机理。表 2-11 简要列出了一些基本的消息标识符。

表 2-11　　　　　　　　　　　　　消息标识符的简表

值	描述
WM_ACTIVATE	当窗口被激活或者成为一个焦点时传递
WM_CLOSE	当窗口关闭时传递
WM_CREATE	当窗口第一次创建时传递
WM_DESTROY	当窗口可能要被销毁时传递
WM_MOVE	当窗口移动时传递
WM_MOUSEMOVE	当移动鼠标时传递

续表

值	描述
WM_KEYUP	当松开一个键时传递
WM_KEYDOWN	当按下一个键时传递
WM_TIMER	当发生定时程序事件时传递
WM_USER	允许传递消息
WM_PAINT	当一个窗口需重画时传递
WM_QUIT	当 Windows 应用程序最后结束时传递
WM_SIZE	当一个窗口改变大小时传递

要认真看表 2-11，了解所有消息的功能。在应用程序运行时将有一个或多个上述消息传递到 WinProc。消息标识符本身在 msg 中，而其他信息都存储在 wparam 和 lparam 中。因此，参考在线 Win32 SDK 帮助查找某个消息的参数所代表的意义是个好主意。

幸好我们现在只对下面三个消息感兴趣：

- WM_CREATE——当窗口第一次创建时传递该消息，以便你进行启动、初始化或资源配置工作。
- WM_PAINT——当一个窗口内容需重画时传递该消息。这可能有许多原因：用户移动窗口或改变其尺寸、弹出其他应用程序而遮挡了你的窗口等。
- WM_DESTROY——当你的窗口将要被销毁时该消息会被传递到窗口。通常这是由于用户单击该窗口的关闭按钮，或者是从该窗口的系统菜单中关闭该窗口造成的。无论上述哪一种方式，都应当释放所有的资源，并且通过发送一个 WM_QUIT 消息来通知 Windows 完全终止应用程序。后面还将详细介绍。

不要慌，让我们看一个处理所有这些消息的完整的 WinProc。

```
LRESULT CALLBACK WindowProc(HWND hwnd,
                            UINT msg,
                            WPARAM wparam,
                            LPARAM lparam)
{
// this is the main message handler of the system
PAINTSTRUCT    ps;        // used in WM_PAINT
HDC        hdc;        // handle to a device context

// what is the message
switch(msg)
    {
    case WM_CREATE:
        {
    // do initialization stuff here

        // return success
    return(0);
    } break;

    case WM_PAINT:
    {
    // simply validate the window
    hdc = BeginPaint(hwnd,&ps);
    // you would do all your painting here
        EndPaint(hwnd,&ps);
```

```
    // return success
return(0);
} break;

case WM_DESTROY:
{
// kill the application, this sends a WM_QUIT message
PostQuitMessage(0);

    // return success
return(0);
} break;

default:break;

} // end switch

// process any messages that we didn't take care of
return (DefWindowProc(hwnd, msg, wparam, lparam));

} // end WinProc
```

由上面可以看到，函数中有许多空行——这是一个好的编程习惯。让我们就从处理 WM_CREATE 开始讲解吧。该函数所做的就只是 return(0)。这就是通知 Windows 你已经处理了它，因此无需更多的操作。当然，也可以在 WM_CREATE 消息中进行全部的初始化工作，但那由你决定。

下一个消息 WM_PAINT 非常重要。该消息在窗口需要重画时被发送。一般来说这表示应当由你进行重画工作。对于 DirectX 游戏来说，这并不是一件什么大事，因为你本来就将以 30～60 帧/秒的速度重画屏幕。但是对于标准 Windows 应用程序来说，它就是一件大事了。我将在后面章节中更详细地介绍 WM_PAINT，目前的功能就是通知 Windows 你已经重画好窗口了，因此就停止发送 WM_PAINT 消息。

要完成该功能，你必须激活该窗口的客户区。有许多方法可以做到，但调用函数 BeginPaint() 和 EndPaint() 最简单。这一对调用将激活窗口，并使用原先存储在 Windows 类中的变量 hbrBackground 的背景画刷来填充背景。下面是相关程序代码，供你验证：

```
// begin painting
hdc = BeginPaint(hwnd,&ps);
// you would do all your painting here
EndPaint(hwnd,&ps);
```

需要提醒几件事情。第一，请注意，每次调用的第一个参数是窗口句柄 hwnd。这是一个非常必要的参数，因为 BeginPaint()——EndPaint() 函数能够在任何应用程序窗口中绘制，因此该窗口句柄指示了要重画哪个窗口。第二个参数是包含必须重画的矩形区域的 PAINTSTRUCT 结构的地址。下面是 PAINTSTRUCT 结构：

```
typedef struct tagPAINTSTRUCT
        {
        HDC  hdc;
        BOOL fErase;
        RECT rcPaint;
        BOOL fRestore;
        BOOL fIncUpdate;
        BYTE rgbReserved[32];
        } PAINTSTRUCT;
```

实际上现在还不需考虑这些，当我们讨论图形设备接口（GDI）时会再讨论。其中最重要的字段就是 rcPaint，它是一个表示最小需重画区域的矩形结构（RECT）。图 2-8 表示了这个字段的内容。注意，Windows 一直尽可能地试图做最少的工作，因此当一个窗口内容被破坏之后，Windows 至少会告诉你要恢复该内容需要重画的最小的矩形。如果你对此感兴趣的话，会发现只有矩形的四个角是最重要的，如下所示：

```
typedef struct tagRECT
       {
       LONG left;   // left x-edge of rect
       LONG top;    // top y-edge of rect
       LONG right;  // right x-edge of rect
       LONG bottom; // bottom y-edge of rect
       } RECT;
```

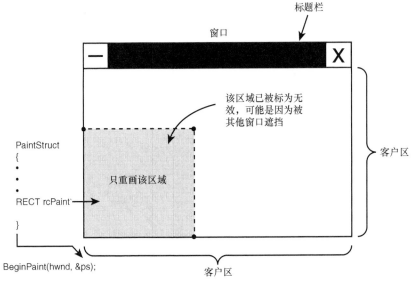

图 2-8 只重画无效区域

调用 BeginPaint()函数应注意的最后一件事情是，它返回一个指向图形环境（graphics context）或 hdc 的句柄：

```
HDC hdc; // handle to graphics context
hdc = BeginPaint(hwnd,&ps);
```

图形环境就是描述视频系统和正在绘制表面的数据结构。奇妙的是，如果你需要绘制图形的话，只要获得一个指向图形环境的句柄即可。这便是关于 WM_PAINT 消息的内容。

WM_DESTROY 消息实际上非常有意思。WM_DESTROY 在用户关闭窗口时被发送。当然仅仅是关闭窗口，而不是关闭应用程序。应用程序继续运行，但是没有窗口，对此要进行一些处理。大多数情况下，当用户关闭主要窗口时，也就意味着要关闭该应用程序。因此，你必须通过发送一个消息来通知系统。该消息就是 WM_QUIT。因为该消息经常使用，所以有一个函数 PostQuitMessage()来替你完成发送工作。

在 WM_DESTROY 处理程序中你所要做的就是清除一切，然后调用 PostQuitMessage(0)通知 Windows 终止应用程序。接着将 WM_QUIT 置于消息队列，这样在某一个时候终止主事件循环。

在我们所分析的 WinProc 处理程序中还有许多细节应当了解。首先，你肯定注意到了每个处理程序体后面的 return(0)。它有两个目的：退出 WinProc 以及通知 Windows 你已处理了消息。第二个重要的细节是默认消息处理程序 DefaultWindowProc()。该函数是一个传递 Windows 默认处理消息的传递函数。因此，如果不处理该消息的话，可通过如下所示的调用来结束你的所有事件处理函数：

```
// process any messages that we didn't take care of
return (DefWindowProc(hwnd, msg, wparam, lparam));
```

我知道这些代码或许太庞杂了，看上去麻烦多于好处。然而，一旦你有了一个基本 Windows 应用程序框架的话，你只要将它复制并在其中添加你自己的代码就行了。正如我所说的那样，我的主要目标是帮助你创建一个可以使用的类 DOS32 的游戏控制台，并且几乎忘记任何正在运行的 Windows 工作。让我们转到下一部分——主事件循环。

2.10　主事件循环

难的部分已经结束了！主事件循环非常简单，不信？待我随手写一个给你看：

```
// enter main event loop
while(GetMessage(&msg,NULL,0,0))
    {
    // translate any accelerator keys
    TranslateMessage(&msg);

    // send the message to the window proc
    DispatchMessage(&msg);
    } // end while
```

就这么简单？是的就这么简单！让我们来看一下。只要 GetMessage()返回一个非零值，主程序 while()就开始执行。GetMessage()是主事件循环的关键代码，其惟一的用途就是从事件队列中获得消息，并进行处理。你会注意到 GetMessage()有 4 个参数。第一个参数对我们非常重要，而其余的参数都可以设置为 NULL 或 0。下面列出其原型，以供参考：

```
BOOL GetMessage(
    LPMSG lpMsg,              // address of structure with message
    HWND hWnd,               // handle of window
    UINT wMsgFilterMin,      // first message
    UINT wMsgFilterMax);     // last message
```

你或许已经猜到了，msg 参数是 Windows 放置下一个消息的存储单元。但是和 WinProc()的 msg 参数不同的是，该 msg 是一个复杂的数据结构，而不仅仅是一个整数。当一个消息传递到 WinProc 时，它就被处理并分解为各个组元。MSG 结构的定义如下所示：

```
typedef struct tagMSG
        {
        HWND hwnd;              // window where message occurred
        UINT message;          // message id itself
        WPARAM wParam;         // sub qualifies message
        LPARAM lParam;         // sub qualifies message
        DWORD time;            // time of message event
        POINT pt;              // position of mouse
        } MSG;
```

看出点儿眉目来了，是吗？注意，所有向 WinProc()传递的参数都包含在该结构中，还包括其他参数，如事件发生时的时间和鼠标的位置。

GetMessage() 从时间序列中获得下一个消息，然后下一个被调用的函数就是 TranslateMessage()。TranslateMessage()是一个虚拟加速键翻译器（virtual accelerator key translator）——换句话说就是输入工具。现在只是调用它，不必管其功能。最后一个函数 DispatchMessage()指出所有操作发生的位置。当消息被 GetMessage()获得以后，由函数 TranslateMessage()稍加处理和转换，通过函数 DispatchMessage()调用 WinProc 进行进一步的处理。

DispatchMessage()调用 WinProc，并从最初的 MSG 结构中发送适当的参数。图 2-9 表示了整个处理过程。

没错，你已经成为 Windows 专家了！如果你已经了解了上面讨论过的概念以及事件循环、事件处理程序等等的重要性，那已经成功了 90%了。剩下的仅是一些细节问题。

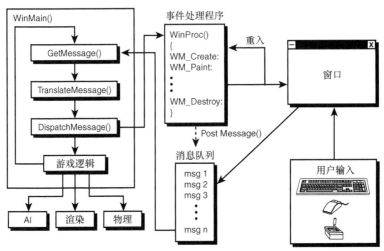

图 2-9　事件循环处理消息的机制

程序清单 2-3 是一个完整的 Windows 程序，内容是创建一个窗口，并等候关闭。

程序清单 2-3　一个基本的 Windows 程序

```
// DEMO2_3.CPP - A complete windows program

// INCLUDES ///////////////////////////////////////////////
#define WIN32_LEAN_AND_MEAN        // just say no to MFC

#include <windows.h>               // include all the windows headers
#include <windowsx.h>              // include useful macros
#include <stdio.h>
#include <math.h>

// DEFINES ////////////////////////////////////////////////

// defines for windows
#define WINDOW_CLASS_NAME "WINCLASS1"

// GLOBALS ////////////////////////////////////////////////

// FUNCTIONS //////////////////////////////////////////////
LRESULT CALLBACK WindowProc(HWND hwnd,
                 UINT msg,
                        WPARAM wparam,
                        LPARAM lparam)
{
// this is the main message handler of the system
PAINTSTRUCT    ps;          // used in WM_PAINT
HDC                hdc;     // handle to a device context

// what is the message
switch(msg)
    {
    case WM_CREATE:
        {
        // do initialization stuff here
```

```
        // return success
    return(0);
    } break;

    case WM_PAINT:
    {
    // simply validate the window
    hdc = BeginPaint(hwnd,&ps);
    // you would do all your painting here
        EndPaint(hwnd,&ps);

        // return success
    return(0);
    } break;
    case WM_DESTROY:
    {
    // kill the application, this sends a WM_QUIT message
    PostQuitMessage(0);

        // return success
    return(0);
    } break;

    default:break;

    } // end switch

// process any messages that we didn't take care of
return (DefWindowProc(hwnd, msg, wparam, lparam));

} // end WinProc

// WINMAIN ///////////////////////////////////////////////
int WINAPI WinMain(HINSTANCE hinstance,
          HINSTANCE hprevinstance,
          LPSTR lpcmdline,
          int ncmdshow)
{

WNDCLASSEX winclass;    // this will hold the class we create
HWND      hwnd;         // generic window handle
MSG       msg;          // generic message

// first fill in the window class structure
winclass.cbSize  = sizeof(WNDCLASSEX);
winclass.style     = CS_DBLCLKS | CS_OWNDC |
                  CS_HREDRAW | CS_VREDRAW;
winclass.lpfnWndProc  = WindowProc;
winclass.cbClsExtra   = 0;
winclass.cbWndExtra   = 0;
winclass.hInstance    = hinstance;
winclass.hIcon        = LoadIcon(NULL, IDI_APPLICATION);
winclass.hCursor      = LoadCursor(NULL, IDC_ARROW);
winclass.hbrBackground = GetStockObject(BLACK_BRUSH);
winclass.lpszMenuName  = NULL;
winclass.lpszClassName = WINDOW_CLASS_NAME;
winclass.hIconSm       = LoadIcon(NULL, IDI_APPLICATION);

// register the window class
if (!RegisterClassEx(&winclass))
   return(0);
```

```
// create the window
if (!(hwnd = CreateWindowEx(NULL,          // extended style
                WINDOW_CLASS_NAME,          // class
                "Your Basic Window",        // title
                WS_OVERLAPPEDWINDOW | WS_VISIBLE,
                0,0,                         // initial x,y
                400,400,                     // initial width, height
                NULL,                        // handle to parent
                NULL,                        // handle to menu
                hinstance,                   // instance of this application
                NULL)))                      // extra creation parms
return(0);

// enter main event loop
while(GetMessage(&msg,NULL,0,0))
    {
    // translate any accelerator keys
    TranslateMessage(&msg);

    // send the message to the window proc
    DispatchMessage(&msg);
    }   // end while

// return to Windows like this
return(msg.wParam);

}       // end WinMain
```

///

要编译 DEMO2_3.CPP，只需创建一个 Win32 环境下的.EXE 应用程序，并且将 DEMO2_3.CPP 添加到该工程中即可。假如你喜欢，可以直接从光盘上运行预先编译好的程序 DEMO2_3.EXE。图 2-10 显示了该程序运行中的样子。

图 2-10　运行中的 DEMO2_3.EXE

在进行下一部分内容之前，我还有事情要说。首先，如果你认真阅读了事件循环的话，会发现它看上去并不是个实时程序。也就是说，当程序在等待通过 GetMessage()传递的消息的同时，主事件循环基本上是锁定的。的确是这样。你必须以各种方式来避免这种现象，因为你需要连续地执行你的游戏处理过程，并且在 Windows 事件出现时处理它们。

2.11　产生一个实时事件循环

有一种实时的无等候的事件循环很容易实现。你所需要的就是一种检测在消息队列中是否有消息的方法。如果有，你就处理它；否则，继续处理其他的游戏逻辑并重复进行。运行的检测函数是 PeekMessage()。其原型几乎和 GetMessage()相同，如下所示：

```
BOOL PeekMessage(
    LPMSG lpMsg,        // pointer to structure for message
    HWND hWnd,          // handle to window
```

```
    UINT wMsgFilterMin,      // first message
    UINT wMsgFilterMax,      // last message
    UINT wRemoveMsg);        // removal flags
```

如果有可用消息的话返回值为非零。

区别在于最后一个参数，它控制如何从消息队列中检索消息。对于 wRemoveMsg，有效的标志有：

● PM_NOREMOVE——PeekMessage()处理之后，消息没有从队列中去除。

● PM_REMOVE——PeekMessage()处理之后，消息已经从队列中去除。

如果将这两种情况考虑进去的话，你可以做出两个选择：如果有消息的话，就使用 PeekMessage()和 PM_NOREMOVE，调用 GetMessage()；或者使用 PM_REMOVE，如果有消息则使用 PeekMessage()函数本身来获取消息。一般使用后一种情况。下面是核心逻辑的代码，我们在主事件循环中稍做改动以体现这一新技术：

```
while(TRUE)
    {
    // test if there is a message in queue, if so get it
    if (PeekMessage(&msg,NULL,0,0,PM_REMOVE))
        {
        // test if this is a quit
        if (msg.message == WM_QUIT)
        break;
        // translate any accelerator keys
        TranslateMessage(&msg);

        // send the message to the window proc
        DispatchMessage(&msg);
        } // end if

        // main game processing goes here
        Game_Main();
    } // end while
```

我已经将程序中的重要部分用黑体显示。黑体的第一部分内容是：

`if (msg.message == WM_QUIT) break;`

下面是如何检测从无限循环体 while(true)中退出。请记住，当在 WinProc 中处理 WM_DESTROY 消息时，你的工作就是通过调用 PostQuitMessage()函数来传递 WM_QUIT 消息。WM_QUIT 就在事件队列中慢慢地移动，你可以检测到它，所以可以跳出主循环。

用黑体显示的程序最后一部分指出调用主游戏程序代码循环的位置。但是请不要忘记，在运行一帧动画或游戏逻辑之后，调用 Game_Main()或者调用任意程序必须返回。否则，Windows 主事件循环将不处理消息。

这种新型的实时结构的例子非常适合于游戏逻辑处理程序，请看源程序 DEMO2_4.CPP 以及光盘上相关的 DEMO2_4.EXE。这种结构实际上是本书剩下部分的原型。

2.12　打开多个窗口

在完成本章内容之前，我想讨论一个你可能非常关心的更重要的话题——如何打开多个窗口。实际上，这是小事一桩，其实你已经知道如何打开多个窗口。你所需要做的就是多次调用函数 CreateWindowEx()来创建这些窗口，事实也的确如此。但是，对此还有一些需要注意的问题。

首先，记住当你创建窗口的时候，它必定是基于某个窗口类的。在所有东西里，是这个窗口类定义了 WinProc 或者说事件处理程序。这点细节至关重要，因此要注意。你可以使用同一个类创建任意数量的窗口，但是这些窗口的所有消息都会按照 WINCLASSEX 结构里的 lpfnWndProc 字段指向的事件处理程序所定义的那样，被发往同一个 WinProc。图 2-11 详细示意了这种情况下的消息流程。

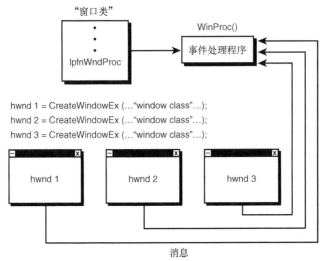

图 2-11　对应同一窗口类的多个窗口的消息流

这可能是，也可能不是你所想要的。如果你希望每个窗口有自己的 WinProc，你必须创建多于一个的窗口类，并用不同的类来创建各自的窗口。于是，对于每一个窗口类，有不同的 WinProc 发送消息。图 2-12 体现了这一过程。

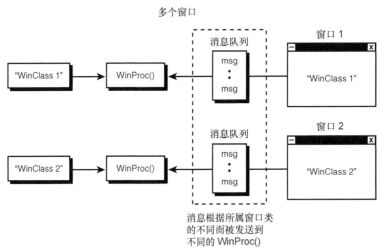

图 2-12　对应不同窗口类的多个窗口

记住这些，下面就是用同一个类来创建两个窗口的例子：

```
// create the first window
if (!(hwnd = CreateWindowEx(NULL,                    // extended style
        WINDOW_CLASS_NAME,                           // class
        "Window 1 Based on WINCLASS1",               // title
        WS_OVERLAPPEDWINDOW | WS_VISIBLE,
```

```
                     0,0,                              // initial x,y
                     400,400,                          // initial width, height
                     NULL,                             // handle to parent
                     NULL,                             // handle to menu
                     hinstance,                        // instance of this application
                     NULL)))                           // extra creation parms
return(0);

// create the second window
if (!(hwnd = CreateWindowEx(NULL,                     // extended style
             WINDOW_CLASS_NAME,                        // class
             "Window 2 Also Based on WINCLASS1",       // title
             WS_OVERLAPPEDWINDOW | WS_VISIBLE,
             100,100,                                  // initial x,y
             400,400,                                  // initial width, height
             NULL,                                     // handle to parent
             NULL,                                     // handle to menu
             hinstance,                                // instance of this application
             NULL)))                                   // extra creation parms
return(0);
```

当然，你可能希望分别使用不同的变量跟踪各个窗口句柄，就像 hwnd 那样。举个同时打开两个窗口的例子，请看 DEMO2_5.CPP 和对应的可执行文件 DEMO2_5.EXE。运行.EXE 的时候，你会看见类似图 2-13 的画面。请注意，当你关闭了两个窗口中的任意一个，另一个也随之关闭，应用程序就此结束运行。试试看你是否能想出办法使得可以一次仅关掉一个窗口。（提示：创建两个窗口类，并且仅当两个窗口都关闭以后才发送 WM_QUIT 消息。）

图 2-13　多窗口程序 DEMO2_5.EXE.

2.13　小结

虽然我并不认识你，但我很激动，因为在此时此刻，你已经具有了可以更加深入地理解 Windows 编程的基础。你已经了解了 Windows 的架构、多任务，你也知道如何创建窗口类、注册类、创建窗口、编写事件循环和处理程序及很多其他知识点！轻轻拍拍自己的后背，对自己诚实地说：你干得真不错！

在下一章里，我们将读到更深入的 Windows 相关内容，例如使用资源、创建菜单、操作对话框及获取信息等。

第 3 章　高级 Windows 编程

并不非得是火箭专家才能体会 Windows 编程是很大的一个主题。但 Windows 编程很绝的地方在于，你不用了解太多细节，就可以完成很多工作。因此，本章主要提供开发一个完整的 Windows 应用程序所需的一些最重要的内容。本章主要内容有：

- 使用资源（如图标、光标和声音）
- 菜单
- 基本的图形设备接口（GDI）和视频系统
- 输入设备
- 发送消息

3.1　使用资源

Windows 创建者提出的一个主要设计目标就是，在一个 Windows 应用程序中除程序代码外还能储存更多的资源（甚至 Mac 程序也是如此）。他们详尽论述了程序的数据也应当驻留在该程序的.EXE 文件中。有很多理由支持这个想法，简列如下：

- 一个同时含有代码和数据的.EXE 文件更容易发布。
- 如果没有外部数据文件的话，就不会丢失这些数据。
- 外力不能很容易地访问、任意删改、添加和分配你的数据文件（例如，.BMP 文件、.WAV 文件等）。

为了支持这种数据库技术，Windows 程序支持称之为资源的东西。这只是与你的程序代码结合在一起的多块数据，这部分数据在运行时可被程序本身加载。图 3-1 描述了这个概念。

那我们讨论的是哪一种资源呢？实际上对于想编译进程序中的数据类型并没有什么限制，因为 Windows 程序支持用户定义的资源类型。不过，有几种预定义的类型能满足你大部分的日常需要：

- 图标——小的位图图像，可以用于许多方面，例如放在目录下表示一个程序，用户单击以运行该程序。图标使用.ICO 文件扩展名。

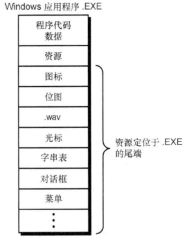

图 3-1　资源与 Windows 应用程序的关系

- 光标——一个表示鼠标指针的位图。Windows 允许以各种方式操作光标。例如，可在光标于窗口之间移动时改变它。光标使用.CUR 文件扩展名。
- 字符串——字符串作为资源的意义可能是较不明显的。你可能会这样说："我经常将字符串写在我的代码或者一个数据文件中。"我知道你的意思。然而，Windows 允许将字符串表作为一种资源放到你的程序中，并且通过 ID 来访问它们。
- 声音——大部分 Windows 程序都通过.WAV 文件来使用声音。因此，.WAV 文件也可被加为一种资源。这是一个让某些觊觎你的音效的人无从下手的好办法。
- 位图——这是标准的位图，可以是单色、4 位、8 位、16 位、24 位或 32 位格式的矩形像素矩阵。位图在图形操作系统（如 Windows）中是非常常用的对象，因此也可以将位图作为一种资源。位图使用.BMP 文件扩展名。
- 对话框——对话框在 Windows 中也很常用，设计者可以让对话框作为一种资源，而不是在外部装载它们。好主意！因此，你可以在程序中即时地创建对话框，也可以用编辑器设计它们，然后作为一种资源来存储。
- 图元文件——图元文件相对高级。它们允许将一系列图像操作作为一个序列记录在一个文件中，然后再回放它。

现在你已经了解了资源的定义以及存在形式，下一步就是如何将它们集成在一起。事实上，有一个叫做资源编译器（resource compiler）的程序，它接受一个扩展名为.RC 的 ASCII 文本资源文件作为输入。该文件是一个 C/English 类似结构的文件——描述了编译到单个数据文件中的所有资源。之后该资源编译器装载所有的资源，并将所有资源放置在一个具有.RES 扩展名的大数据文件中。

这个.RES 文件包含了你在.RC 文件中定义的诸如图标、光标、位图、声音等所有资源的二进制数据。该.RES 文件和.CPP、.H、.LIB、.OBJ 等等文件一样都可以编译成一个.EXE 文件。图 3-2 显示了可能的数据流程。

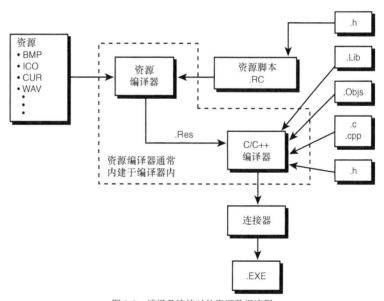

图 3-2　编译及连接时的资源数据流程

3.1.1 整合资源

以前可以使用一个外部资源编译器，如 RC.EXE 将所有的资源编译到一起。但是现在你可以使用编译器 IDE 来做这些工作。因此，如果在程序中添加一种资源的话，可以简单地通过 IDE 中的"文件"菜单中选择"新建"菜单项（大多数情况下），然后选择想要添加的资源类型（后面将详细讨论）来添加资源。

让我们回顾一下如何处理资源：可以向程序中添加许多数据类型和对象，然后它们以资源的形式和实际程序代码一起驻留在.EXE 文件中（一般在文件的尾端）。在运行过程中，可以访问这个资源数据库，并且可以从程序本身（而不是作为一个单独的文件从磁盘中）装载资源数据。要创建该资源文件，必须有一个以 ASCII 文本形式的资源描述文件，名称为*.RC。然后将该文件传递到编译器中（一起访问该资源），并且产生一个*.RES 文件。然后将该.RES 文件和所有的其他程序对象连接到一起，创建一个最终的.EXE 文件。就这么简单！好，这样我就变成了一个亿万富翁了。

知道了这些，下面就让我们讨论一下众多的资源对象，学会如何创建并将其装载到程序中。我不打算重复上面提到过的所有的资源，但是你应当能够对付任何其他的资源。它们都以相同的方式运行，只是在数据类型、句柄或使用难度上有稍稍不同。

3.1.2 使用图标资源

使用资源只需要创建两个文件：一个是.RC 文件，如果想对.RC 文件中的符号标识符进行引用的话，可能还需要创建一个.H 文件。在下面内容中将详细讨论。当然，最终要产生一个.RES 文件，但是我们让 IDE 编译器来做这个工作。

举一个创建图标（ICON）资源的例子，让我们看一下如何改变任务栏上的应用程序使用的图标以及窗口上系统菜单旁边的图标。如果你还记得的话，我们在 Windows 类的创建过程中使用过如下代码设置这些图标：

```
winclass.hIcon     = LoadIcon(NULL, IDI_APPLICATION);
winclass.hIconSm = LoadIcon(NULL, IDI_APPLICATION);
```

图 3-3　T3DX.ICO
图标位图

这两行代码为这些普通图标和小版本的图标加载默认的应用图标程序。实际上可以通过使用已经编译进资源文件的图标，将所需要的图标装载到这些资源槽（Slot）中。

首先需要一个图标，我已经创建了一个很酷的图标用于本书中所有的应用程序。该图标名为 T3DX.ICO，如图 3-3 所示。我使用 VC++6.0 的图像编辑器（如图 3-4 所示）创建了该图标。当然你可以使用任何你想使用的程序（只要该程序支持该种输出类型）来创建图标、光标和位图等等。

T3DX.ICO 具有 32 像素×32 像素尺寸，16 色。图标的尺寸可从 16×16 到 64×64 的，最高可以具有 256 色。但是大多数图标都是 32×32 以及 16 色彩的，所以我们也采用这种格式。

一旦你有了想要放入一个资源文件中的图标，就需要创建一个资源文件来放置该图标。为了简单起见，让我们手工编写。（当然 IDE 编译器完全可以做这些工作，但是那样的话，你就什么也学不到了，不是吗？）.RC 文件包含所有资源的定义，也就是说在程序中可以使用多个资源。

注意

在阅读以下代码之前，我想指出关于资源的非常重要的一点。Windows 可以使用 ASCII 文本字符串或者是整数 ID 来表示资源。在大多数情况下，你可以在.RC 文件中同时使用这两种方式，但是应当注意一些资源只允许使用其中的一种。无论是哪种情况，资源必须以稍微不同的方式来加载，并且如果涉及到 ID 的话，在你的工程中必须包含一个额外的包含符号交叉引用的.H 文件。

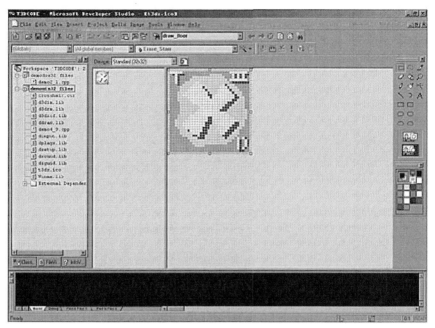

图 3-4　VC++ 6.0 中的图像编辑器

下面是如何在.RC 脚本文件中定义一个 ICON 资源：

方法一：使用字符串名

```
icon_name ICON FILENAME.ICO
```

例：

```
windowicon ICON star.ico
MyCoolIcon ICON cool.ico
```

方法二：使用整型 ID

```
icon_id ICON FILENAME.ICO
```

例：

```
windowicon ICON star.ico
124 ICON ship.ico
```

这是令人迷惑不解的部分：注意方法一中根本没有任何注解。这是个容易给你带来麻烦的问题，因此要仔细听。应当能注意到：ICON 定义的每一种方法的第一个例子看上去完全一样。但是，一个理解为字符串 "windowicon"，而另一个是一个符号 windowicon。这样就导致在.RC 文件（及应用程序的.CPP 代码文件）中必须包含一个附加的文件来定义符号常量。当资源编译器解析下面代码时，资源编译器首先检索已在 include 头文件定义的符号。

```
windowicon ICON star.ico
```

如果该符号已经存在，资源编译器就通过整型标识符来引用该符号所指向的资源。否则，资源编译器就假定它是个字符串，通过字符串 "windowicon" 来引用 ICON。

因此，如果想在.RC 资源脚本中定义符号 ICON 的话，也需要一个.H 文件来解析该符号索引。要想在.RC 脚本中包含.H 文件，应当使用标准 C/C++的#include 关键字。

例如，假定你想在.RC 文件 RESOURCES.RC 中定义三个符号图标，同时也需要一个.h 文件 RESOURCES.H。下面是两个文件各自的内容：

RESOURCES.H 的内容：

```
#define ID_ICON1      100      // these numbers are arbitrary
#define ID_ICON2      101
#define ID_ICON3      102
```

RESOURCES.RC 的内容：

```
#include "RESOURCES.H"

// here are the icon defines, note the use of C++ comments

ID_ICON1 ICON star.ico
ID_ICON2 ICON ball.ico
ID_ICON3 ICON cross.ico
```

就是这样。然后可以将 RESOURCES.RC 添加到你的工程中，确认应用程序文件中有#include RESOURCES.H，然后你就大功告成了。当然，.ICO 文件必须放在工程的工作目录下，以便于资源编译器能够找到它们。

如果没有为图标定义（#define）符号，也没有包含一个.H 文件，资源编译器将只能假定符号 ID_ICON1、ID_ICON2 和 ID_ICON3 是字符串。如果这样，你就得在程序以"ID_ICON1"、"ID_ICON2"和"ID_ICON3"的形式引用它们。

似乎我已经完全颠覆了时空连续，颠三倒四地讨论这些东西。现在让我们回顾一下想做的工作——仅仅是加载一个简单的图标！

欲使用字符串名来载入图标，按下面步骤进行。

在.RC 文件中：

```
your_icon_name ICON filename.ICO
```

在程序代码中：

```
// Notice the use of hinstance instead of NULL.
winclass.hIcon   = LoadIcon(hinstance, "your_icon_name");
winclass.hIconSm = LoadIcon(hinstance, "your_icon_name");
```

要通过符号参考来载入资源，可以如前面例子那样#include 包含符号参考的头文件。

在.H 文件中：

```
#define ID_ICON1      100      // these numbers are arbitrary
#define ID_ICON2      101
#define ID_ICON3      102
```

在.RC 文件中：

```
// here are the icon defines, note the use of C++ comments
ID_ICON1 ICON star.ico
ID_ICON2 ICON ball.ico
ID_ICON3 ICON cross.ico
```

之后，程序代码看起来像这样：

```
// Notice the use of hinstance instead of NULL.
// use the MAKEINTRESOURCE macro to reference
// symbolic constant resource properly
winclass.hIcon   = LoadIcon(hinstance,MAKEINTRESOURCE(ID_ICON1));
winclass.hIconSm = LoadIcon(hinstance,MAKEINTRESOURCE(ID_ICON1));
```

注意这里用了宏 MAKEINTRESOURCE()。该宏将整数转换为一个字符串指针，但是不必担心该操作——当使用#define 的符号常数时就使用这个宏。

3.1.3 使用光标资源

光标资源几乎和图标资源相同。光标文件是一个小位图，扩展名为.CUR，可以在大多数编译器 IDE 中创建，也可以使用另外的图像处理程序来创建。光标通常是 32×32 以及 16 色的，最高可达 64×64 以及 256 色，甚至可以是动画的！

假定已经使用 IDE 或一个单独的绘图程序创建了一个光标文件，将它们添加到.RC 文件中以及通过程序来访问它们的步骤和图标的情况很是相似。要定义一个光标，使用.RC 文件中的 CURSOR 关键字。

方法一：使用字符串名
```
cursor_name CURSOR FILENAME.CUR
```
例：
```
windowcursor CURSOR crosshair.cur

MyCoolCursor CURSOR greenarrow.cur
```
或

方法二：使用整型 ID
```
cursor_id CURSOR FILENAME.CUR
```
例：
```
windowcursor CURSOR bluearrow.cur

292 CURSOR redcross.cur
```
当然，如果想使用符号 ID，必须创建一个带有符号定义的.H 文件。

RESOURCES.H 的内容：
```
#define ID_CURSOR_CROSSHAIR   200 // these numbers are arbitrary
#define ID_CURSOR_GREENARROW  201
```
RESOURCES.RC 的内容：
```
#include "RESOURCES.H"

// here are the icon defines, note the use of C++ comments
ID_CURSOR_CROSSHAIR CURSOR crosshair.cur
ID_CURSOR_GREENARROW CURSOR greenarrow.cur
```
没有理由禁止资源数据文件被存于其他目录中。例如 greenarrow.cur 可能存在于一个 CURSOR 目录的根目录下，像下面一样：
```
ID_CURSOR_GREENARROW CURSOR C:\CURSOR\greenarrow.cur
```

技巧

我已经为本章创建好了一些光标.CUR 文件。使用你的 IDE 来浏览它们，或者简单地打开该目录，Windows 将在文件名旁边显示它们的位图！

现在已经了解了如何向一个.RC 文件中添加一个 CURSOR 资源，下面是仅按照字符串名从应用程序中加载该资源的程序代码。

在.RC 文件中：
```
CrossHair CURSOR crosshair.CUR
```
在程序代码中：
```
// Notice the use of hinstance instead of Null
winclass.hCursor = LoadCursor(hinstance, "CrossHair");
```
要通过.H 文件中定义的符号 ID 来装载光标，具体步骤如下：

在.H 文件中：
```
#define ID_CROSSHAIR   200
```
在.RC 文件中：
```
ID_CROSSHAIR CURSOR crosshair.CUR
```
在程序代码中：
```
// Notice the use of hinstance instead of Null
```

```
winclass.hCursor = LoadCursor(hinstance, MAKEINTRESOURCE(ID_CROSSHAIR));
```
又一次，你使用了宏 MAKEINTRESOURCE() 来将符号整型 ID 转换为 Windows 系统使用的格式。

可是还有一个细节可能还未引起你的注意。到现在为止只遇到了 Windows 类图标和光标。但是可不可能在窗口的层次上操作窗口图标和光标呢？例如，如果创建两个窗口，并且使光标在两个窗口之间不同。要想做到这一点的话，应当使用 SetCursor() 函数：

```
HCURSOR SetCursor(HCURSOR hCursor);
```
在这里，hCursor 是一个由 LoadCursor() 检索而得的光标句柄。使用该技术惟一的问题就是 SetCursor() 函数不太灵便，因此应用程序中必须在鼠标从一个窗口移动到另一个窗口的同时跟踪和改变光标。下面是一个设置光标的例子：

```
// load the cursor somewhere maybe in the WM_CREATE
HCURSOR hcrosshair = LoadCursor(hinstance, "CrossHair");

// later in program code to change the cursor...
SetCursor(hcrosshair);
```
光盘里的 DEMO3_1.CPP 给出了一个设置窗口图标和鼠标光标的例子。下面程序清单摘录自加载新图标和光标的代码的重要部分。

```
// include resources
#include "DEMO3_1RES.H"
.

.
// changes to the window class definition
winclass.hIcon=
    LoadIcon(hinstance, MAKEINTRESOURCE(ICON_T3DX));
winclass.hCursor =
    LoadCursor(hinstance, MAKEINTRESOURCE(CURSOR_CROSSHAIR));
winclass.hIconSm = LoadIcon(hinstance, MAKEINTRESOURCE(ICON_T3DX));
```
并且，程序使用了资源脚本程序 DEMO3_1.RC 和资源头文件 DEMO3_1RES.H。

DEMO3_1RES.H 的内容：
```
#define ICON_T3DX              100
#define CURSOR_CROSSHAIR       200
```
DEMO3_1.RC 的内容：
```
#include "DEMO3_1RES.H"

// note that this file has different types of resources
ICON_T3DX          ICON    t3dx.ico
CURSOR_CROSSHAIR CURSOR crosshair.cur
```
要自己创建应用程序，你需要下面的文件：

DEMO3_1.CPP——C/C++主文件

DEMO3_1RES.H——定义符号的头文件

DEMO3_1.RC——资源脚本

T3DX.ICO——图标的位图数据

CROSSHAIR.CUR——光标的位图数据

所有这些文件都应当放在你工程里的同一个目录下。否则编译器和连接器很难找到它们。一旦创建并运行了该程序，或者使用预先编译好的 DEMO3_1.EXE，就应当看到如图 3-5 所示的图像，非常酷，是吧！

图 3-5　使用自定义的 ICON 和 CURSOR 的
DEMO3_1.EXE 的输出

作为一个实验，尝试用 IDE 打开 DEMO3_1.RC 文件。图 3-6 表示了我这样做的时候 VC++6.0 的样子。不过，使用不同编译器可能会有不同的结果，因此如果结果不相同也不必大惊小怪。在进入下面内容之前讨论一下 IDE。如前所述，可以使用 IDE 来创建.RC 和.H 文件，但是，应当就这方面阅读一下 IDE 的手册。

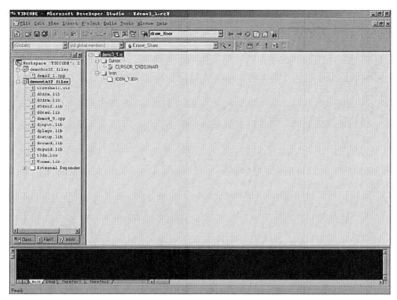

图 3-6 在 VC++ 6.0 中打开资源文件 DEMO3_1.RC 后的结果

但是装载一个手工编写的.RC 文件还有一个问题，如果使用你的 IDE 保存该文件的话，毫无疑问 Windows 编译器会在.RC 文件里加上无数的注释、宏、定义（#define）以及其他垃圾数据。解决办法是如果想编辑你手工编写的.RC 文件，应当将.RC 文件作为文本来加载来进行编辑。这样编译器就不会将它作为一个.RC 文件来装载，而只把它当作纯粹的 ASCII 文本。

3.1.4　创建字符串表资源

如我在序章中提过的那样，Windows 支持字符串资源。和其他资源不同的是，只能有一个字符串表，它必须包含所有的字符串。并且字符资源不允许通过字符串来定义。因此，定义于.RC 文件中的字符串表单必须和符号引用常量以及相关的解释该引用的.H 头文件同时使用。

我依然不能确认我使用字符串资源的感受。使用字符串资源实际上和使用头文件相同，并且两种情况下——字符串或头文件——都必须重新编译。因此，我认为没有使用它们的必要。但如果你确实不嫌麻烦，可以将字符串资源放入.DLL 文件中，这样主程序就不必要再被重新编译。但是，我是一个技术人员，不是哲学家，管它呢？

要在.RC 文件中创建一个字符串表，必须使用下面语法：

```
STRINGTABLE
{
ID_STRING1, "string 1"
ID_STRING2, "string 2"
.
.
}
```

当然，符号常量可以是任何东西，双引号中的字符串也一样。不过，还是有一条原则：每一行不能长过 255 个字符（包括常量本身在内）。

下面是.H 和.RC 文件的例子，它们包含可能在游戏主菜单中使用的字符串表。.H 文件包含这些行

```
// the constant values are up to you
// 常数值取决于你
#define ID_STRING_START_GAME      16
#define ID_STRING_LOAD_GAME       17
#define ID_STRING_SAVE_GAME       18
#define ID_STRING_OPTIONS         19
#define ID_STRING_EXIT            20
```

.RC 文件含有这些行

```
// note the stringtable does not have a name since
// only one stringtable is allowed per .RC file
STRINGTABLE
{
ID_STRING_START_GAME,     "Kill Some Aliens"
ID_STRING_LOAD_GAME,      "Download Logs"
ID_STRING_SAVE_GAME,      "Upload Data"
ID_STRING_OPTIONS,        "Tweak The Settings"
ID_STRING_EXIT,           "Let's Bail!"
}
```

提示

你几乎可以将任何内容放到字符串表单中，包括 printf()命令格式如%d、%s 等等。不能使用转义序列如 "\n"，但是可以使用八进制码序如\015 等等。

一旦创建了含有字符串资源的资源文件，应当使用 LoadString()函数来装载特定的某一个字符串，下面是 LoadString()函数的原型：

```
int LoadString(HINSTANCE hInstance,    //handle of module withstring resource
               UINT uID,               //resource identifier
               LPTSTR lpBuffer,        //address of buffer for resource
               int nBufferMax);        //size of buffer
```

LoadString()返回所读取的字符的数量，调用不成功时它会返回 0。下面是如何在游戏运行过程中载入及保存游戏字符串的函数：

```
// create some storage space
char load_string[80],              // used to hold load game string
    save_string[80];               // used to hold save game string

// load in the first string and check for error
if (!LoadString(hinstance, ID_STRING_LOAD_GAME, load_string,80))
   {
   // there's an error!
   }                               // end if

// load in the second string and check for error
if (!LoadString(hinstance, ID_STRING_SAVE_GAME, save_string,80))
   {
   // there's an error!
   }                               // end if

// use the strings now
```

和通常一样，hinstance 是应用程序实例，正如在 WinMain()中传递的那样。

上面已经包含了所有的字符串资源的用法。如果你还能为它们找到好的用处，请给我发一个电子邮件：ceo@games3d.com。

3.1.5　使用.WAV 声音资源

读到现在，很可能你已经能够自如地使用资源脚本程序了，但也可能你已经非常厌烦以至于打算攻击我的网站。但是请记住，并不是我——而是 Microsoft 公司　（http://www.microsoft.com）发明了这些东西。我仅仅是在说明它而已。

好吧，坏家伙们。我已经给出了我偶尔才会使用的否认声明，现在让我们继续下去，试试看载入一些声音资源！

大多数游戏都使用两种声音类型中的一种：

● 数字化 .WAV 文件
● MIDI 音乐文件（.MID）

据我所知，Windows 的标准资源仅支持.WAV 文件，因此我就只分析如何创建.WAV 资源。当然如果不支持.MID 资源的话，你还是可以创建一个用户定义的资源类型。我们现在不深入这个主题，但的确是可以这样做的。

首先你需要一个.WAV 文件，它是一个含有大量的按照一定频率采样的数字式波形数据，样本值以 8 位或 16 位二进制数表示。典型的采样频率为 11kHz、22kHz 和 44kHz（CD 音质）。

该内容没有多大利害关系，但我仍希望对该内容概述一下。在我们学习 DirectSound 时，将会学习有关数字采样理论和.WAV 文件的全部内容。现在，只讨论一下样本大小和频率。

我们假设你在磁盘上已经有了一个.WAV 文件，并且希望将该文件添加到一个资源文件中，从而能够装载并且能以程序播放。Okay, let's go! .WAV 文件的源类型就是 WAVE——这当然算不上是个惊喜。要将该文件添加到.RC 文件中，应当使用下面语法来写。

方法一：使用字符串名
```
wave_name WAVE FILENAME.WAV
```
例：
```
BigExplosion WAVE expl1.wav

FireWeapons  WAVE fire.wav
```
方法二：使用整型 ID
```
ID_WAVE WAVE FILENAME.WAV
```
例：
```
DEATH_SOUND_ID WAVE die.wav
20             WAVE intro.wav
```
当然，该符号常量应当于某个.H 文件中定义，关于这点你早就明白了！

对于这一点，我们可能碰上了一个小障碍：WAVE 资源要比光标、图表和字符串表单要复杂一点。所以装载声音资源的程序要比装载其他资源的程序复杂得多，因此我们现在就不介绍在一个实际游戏中装载.WAV 资源的方式，而留在以后再详细介绍。现在，我要介绍一下使用 PlaySound()函数装载和即时播放.WAV 文件的技巧。下面是 PlaySound()函数的原型：
```
BOOL PlaySound(LPCSTR pszSound,    // string of sound to play
               HMODULE hmod,       // instance of application
               DWORD fdwSound);    // flags parameter
```
较之 LoadString()，PlaySound()要稍微复杂些，因此让我们深入了解一下每一个参数：

● pszSound——该参数或者是资源文件中声音资源的字符串名，或者是磁盘上的文件名。并且可以使用 MAKEINTRESOURCE()并且使用经符号常量定义的一个 WAVE。
● hmod——含有待装载资源的应用程序的实例。也就是应用程序的 hinstance。
● fdwSound——这是个关键参数。该参数控制声音如何被装载和播放。表 3-1 列出了 fdwSound 的一些最有用的值。

表 3-1   PlaySound()的 fdwSound 参数的取值

值	描述
SND_FILENAME	该 pszSound 参数是文件名
SND_RESOURCE	该 pszSound 参数是一个资源标识符；hmod 必须辨别包含该资源的实例
SND_MEMORY	读入到内存中的声音事件文件。pszSound 参数指定的该参数必须指向内存中的声音文件的二进制映像
SND_SYNC	声音事件的同步回放。声音事件完毕后，PlaySound()返回
SND_ASYNC	声音事件的异步播放，开始播放声音后 PlaySound()就会立即返回。要终止异步播放的波形声音，调用 PlaySound()，并且将 pszSound 置为 NULL
SND_LOOP	声音重复播放直到以 pszSound 为 NULL 调用 PlaySound()。同时必须指定 SND_ASYNC 标识符说明这是一个异步声音事件
SND_NODEFAULT	不使用默认声音事件。如果没有发现声音文件，PlaySound()安静地返回，而不播放默认声音
SND_PURGE	调用任务的声音终止。如果 pszSound 不为 NULL 的话，将停止所有指定声音的事件。如果 pszSound 为 NULL 的话，将停止所有调用任务发出的声音
SND_NOSTOP	指定声音事件将让位于另外一个已经播放的声音事件。如果一个声音由于产生该声音所需要的资源正在播放其他声音文件而不能播放当前声音，该函数不播放所要求的声音，而是立即返回 FALSE
SND_NOWAIT	如果声音驱动正忙，该函数就会立即返回而并不播放声音

使用 PlaySound()播放一个 WAVE 声音资源，一般有这样 4 个步骤：

1. 创建.WAV 文件并存储在磁盘上。

2. 创建.RC 资源脚本程序以及相关的 H 头文件。

3. 编译该资源和程序代码。

4. 使用 MAKEINTRESOURCE()宏，以 WAVE 资源名或以 WAVE 资源 ID 在程序中调用 PlaySound()。

让我们看几个例子。首先是有两种声音的常规 RC 文件：一个是字符串名的声音文件，另一个符号常量的声音文件，分别命名为 RESOURCE.RC 和 RESOURCE.H。它们看起来是下面这样的。

RESOURCE.H 文件可能包含：

```
#define SOUND_ID_ENERGIZE  1
```

RESOURCE.RC 文件可能包含：

```
#include  "RESOURCE.H"

// first the string name defined sound resource
Telporter WAVE teleport.wav

// and now the symbolically defined sound
SOUND_ID_ENERGIZE WAVE energize.wav
```

在程序中，下面显示了如何以不同方式播放声音：

```
// to play the telport sound asynchronously
PlaySound("Teleporter", hinstance,
        SND_ASYNC | SND_RESOURCE);

// to play the telport sound asynchronously with looping
PlaySound("Teleporter", hinstance,
        SND_ASYNC | SND_LOOP | SND_RESOURCE);

// to play the energize sound asynchronously
PlaySound(MAKEINTRESOURCE(SOUND_ID_ENERGIZE), hinstance,
        SND_ASYNC | SND_RESOURCE);
```

```
// and if you simply wanted to play a sound off disk
// directly then you could do this
PlaySound("C:\path\filename.wav", hinstance,
        SND_ASYNC | SND_FILENAME);
```

要停止所有的声音，使用 SND_PURGE 标识符并将声音名设为 NULL，如下所示：

```
// stop all sounds
PlaySound(NULL, hinstance, SND_PURGE);
```

很明显，有许多标识符选项可供你自由试验。但是现在还没有任何控件或菜单，所以很难对演示应用程序产生影响。作为一个简单的使用声音资源的演示程序来讲，我已经创建了 DEMO3_2.CPP，可以从磁盘上找到。下面就将该程序列出清单，但是其中 99%都是曾经使用过的标准的模板，而声音代码也和前面例子中的代码行基本相同。该演示程序也有预编译的版本，可以运行 DEMO3_2.EXE 来浏览。

但是我还是想列出所使用的.RC 文件和.H 文件，分别是 DEMO3_2.RC 和 DEMO3_2RES.H 文件：

DEMO3_2RES.H 的内容：
```
// defines for sound ids
#define SOUND_ID_CREATE     1
#define SOUND_ID_MUSIC      2

// defines for icons
#define ICON_T3DX           500

// defines for cursors
#define CURSOR_CROSSHAIR    600
```
DEMO3_2.RC 的内容：
```
#include "DEMO3_2RES.H"


// the sound resources
SOUND_ID_CREATE   WAVE create.wav
SOUND_ID_MUSIC    WAVE techno.wav

// icon resources
ICON_T3DX ICON T3DX.ICO

// cursor resources
CURSOR_CROSSHAIR CURSOR CROSSHAIR.CUR
```
你会注意到我在代码中也包含了 ICON 和 CURSOR 资源，从而使程序更具综合性。

为了编写 DEMO3_2.CPP，我采用我们写过的标准 Windows 演示程序，并且在两部分内容中添加了声音代码的调用：WM_CREATE 消息和 WM_DESTROY 消息。在 WM_CREATE 消息处，设置了两个声音效果，一个声音说："创建窗口（Creating window）"，然后停止；另一个是以循环模式播放的一小段音乐，能够一直播放下去。在 WM_DESTROY 消息部分停止所有的声音。

注意

第一段声音，我使用 SND_SYNC 标志。使用该标志是因为 PlaySound()一次只允许播放一个声音，而我不希望第二段声音打断正在播放中的第一段声音。

下面是 DEMO3_2.CPP 文件中添加在 WM_CREATE 消息和 WM_DESTROY 消息中的代码：
```
    case WM_CREATE:
        {
        // do initialization stuff here

        // play the create sound once
        PlaySound(MAKEINTRESOURCE(SOUND_ID_CREATE),
```

```
                    hinstance_app, SND_RESOURCE | SND_SYNC);

        // play the music in loop mode
        PlaySound(MAKEINTRESOURCE(SOUND_ID_MUSIC),
                    hinstance_app, SND_RESOURCE | SND_ASYNC | SND_LOOP);

        // return success
        return(0);
        } break;


        case WM_DESTROY:
        {
        // stop the sounds first
        PlaySound(NULL, hinstance_app, SND_PURGE);

        // kill the application, this sends a WM_QUIT message
        PostQuitMessage(0);

        // return success
        return(0);
        } break;
```

从上面代码中，可以发现有一个变量 histance_app，用作 PlaySound() 调用的应用程序实例句柄。这只是一个用来保存 WinMain() 中传递的 hinstance 的全局变量。它的代码紧跟在 WinMain() 中类定义的后面，如下所示：

```
.
.
// save hinstance in global
hinstance_app = hinstance;

// register the window class
if (!RegisterClassEx(&winclass))
    return(0);
.
.
```

要建立该应用程序，在工程中需要包含下列文件：

DEMO3_2.CPP——主要的源代码文件。

DEMO3_2RES.H——定义符号的头文件。

DEMO3_2.RC——资源脚本。

TECHNO.WAV——音乐片断，需要放在工作目录下。

CREATE.WAV——创建窗口的语音，需要放在工作目录下。

WINMM.LIB——Windows 多媒体库扩展（Windows Multimedia Library Extensions）。该文件位于编译器的 LIB\ 目录下。从这一节开始，所有工程中都应当添加该文件。

MMSYSEM——WINMM.LIB 的头文件，该文件已被包含在 DEMO3_2.CPP 和所有演示程序中。你所应了解的就是该文件应当位于你的编译器搜索路径中。它也是标准 Win32 头文件集中的一部分。

3.1.6　使用编译器创建 .RC 文件

创建 Windows 应用程序的大多数编译器都需要一个相当大的开发环境，如微软的 Visual Development Studio 等。每一个 IDE 都含有一个或多个工具，用于创建各种资源、资源脚本程序和相关头文件的工具。有时候这些工具的使用只需简单的拖放。

有了这些工具，接踵而来的首要问题是要学习这些工具！并且，使用 IDE 创建的 .RC 文件都是肉眼可读的 ASCII 码文本，但是含有许多添加进来的 #defines 和宏。编译器之所以添加它们，是为了便于自动化并且简化常量的选择和 MFC 界面工作。

因为这些日子的我是 Microsoft VC++6.0 用户，我简要说明一下关于使用 VC++6.0 资源处理支持的关键要素。首先，向工程中添加资源可以有两种方式：

方法一：从主菜单中使用 File、New 选项，可以向工程中添加大量的资源。图 3-7 就是进行该操作后产生的对话框屏幕图。当添加图标、光标、位图等资源时，IDE 编译器自动调出 Image Editor（如前图 3-4 所示）。这是一个原始的图像编辑工具，但足可用来绘制光标和图标。如果要添加一个菜单资源（该部分内容将在下面部分讨论），就会出现菜单编辑器。

方法二：该方法更灵活一点，含有所有可能的资源类型，而方法一只支持其中的一部分。要向工程中添加任何一种类型的资源，可以使用主菜单中的 Insert、Resource 选项。图 3-8 表示了显示出的对话框。在这种情况下，你还需要进行一些维护（手工进行编辑）。无论何时想添加一个资源，都必须将它添加到资源脚本程序中——对吗？因此，如果你的工程中还没有一个资源脚本程序的话，编译器 IDE 将为你产生一个脚本程序，称之为 SCRIPT*.RC。另外，这两种方法最终都将生成一个名为 RESOURCE.H 的文件。该文件含有使用编辑器定义的和资源有关的资源符号、标识符值等。

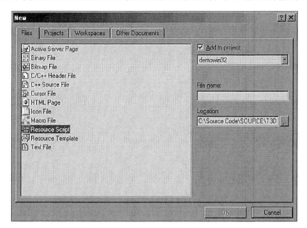

图 3-7　在 VC++ 6.0 中用 File, New 添加资源　　　　图 3-8　使用 Insert, Resource 来向应用程序加入资源

我希望深入探讨有关使用 IDE 进行资源编辑的内容，但由于它只是整章内容的一部分，而不是一整本书，所以请你自己阅读一下编译器文档的内容。本书中我们将不会使用更多的资源，因此上述讨论的信息已经足够了。下面让我们进行更复杂的一类资源——菜单的学习吧。

3.2　使用菜单

菜单是 Windows 程序中最酷的一个内容，可以说是人机交互式界面的关键所在（尤其是当你在开发一个文字处理程序的时候，呵呵）。了解如何创建和使用菜单是非常重要的，这是因为你可能想制作简单的工具来帮助创建游戏，或者是想有一个基于窗口的前端来作为游戏的开始。而这些工具毋庸置疑地要有大量的菜单（如果要制作一个 3D 工具的话，可能会有上百万个菜单）。请相信我！无论是哪种情况，都必须掌握如何创建、装载和响应菜单。

3.2.1　创建菜单

使用编译器的菜单编辑器可以创建一个完整的菜单以及相关的文件，但是现在我们人工编写它，因为我不知道你在使用哪种编译器，这样你也可以学会菜单描述中的内容。但是当为实际的应用程序创建菜单时，大多数人会选用 IDE 编辑器来创建菜单，因为人工输入编写菜单实在是太复杂了。它就像 HTML 代码——当万维网刚出现的时候，使用一个文本编辑器来制作一个主页并不困难。但到了现在，不使用任何工具来创建 Web 站点几乎是不可能的。

现在，就让我们开始制作菜单！实际上菜单和已经讨论过的其他资源完全一样。它们都被写在一个 .RC 资源脚本程序中，并且都必须有一个 .H 文件用于解决所有菜单标识符的符号引用问题（只有一个例外：菜单名必须是符号的，不能是名称字符串）。下面是在 .RC 文件中常见的 MENU 描述的基本语法：

```
MENU_NAME MENU DISCARDABLE
{// you can use BEGIN instead of {if you wish

// menu definitions

} // you can use END instead of } if you wish
```

MENU_NAME 可以是一个名称字符串或者是一个符号，关键字 DISCARDABLE 是过时了但还是必须的。它看上去非常简单。当然，中间内容省略了，我会在后面讨论！

在编写定义菜单项和子菜单的代码之前，我们首先了解一些标准的相关术语。上述讨论可以参见图 3-9 中的菜单，它有两个一级菜单：File 和 Help。File 菜单中包含四个菜单项：Open、Close、Save 和 Exit。帮助菜单中只有一个菜单项：About。因此说本菜单中含有一级菜单和菜单项。但是，这容易令人误解，因为菜单中还可能有菜单或者是层叠式菜单。我不准备创建层叠式菜单，但是层叠式菜单的原理很简单：使用菜单的定义来定义菜单项。你可以一直嵌套地做下去直到无限。

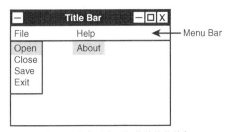

图 3-9　带有两个下拉菜单的菜单条

现在我们了解了标准的术语，下面是如何实现图 3-9 所示的菜单：

```
MainMenu MENU DISCARDABLE
{
POPUP "File"
   {
   MENUITEM "Open",  MENU_FILE_ID_OPEN
   MENUITEM "Close", MENU_FILE_ID_CLOSE
   MENUITEM "Save",  MENU_FILE_ID_SAVE
   MENUITEM "Exit",  MENU_FILE_ID_EXIT
   }          // end popup

POPUP "Help"
   {
   MENUITEM "About",  MENU_HELP_ABOUT
   }          // end popup

} // end top level menu
```

我们来逐段分析该菜单定义。首先该菜单名为 MainMenu。现在我们还并不知道它是一个名称字符串，还是一个标识符，但是因为我一般都大写所有常量的第一个字母，很清楚它是一个字符串。这也正是我要做的内容。向下看，有两个一级菜单定义，都以关键字 POPUP 开头——这就是关键所在。POPUP 指出了一个菜单可以使用如下的 ASCII 名称和菜单项来定义。

ASCII 名称必须跟在关键字 POPUP 后面，并且用引号来包起来。弹出式菜单定义必须放在 { } 或 BEGIN END 块中——喜欢使用哪种都可以。（使用 Pascal 语言的人应当高兴了，同样是使用 BEGIN END 的。）

在该定义块中，后面是所有的菜单项。要定义一个菜单项，应当以下面语法使用关键字 MENUITEM：

```
MENUITEM "name", MENU_ID
```

就是这样。当然在该例子中，还未定义所有符号，但是可以在.H 文件中看到如下所示的内容：

```
// defines for the top level menu FILE
#define MENU_FILE_ID_OPEN            1000
#define MENU_FILE_ID_CLOSE           1001
#define MENU_FILE_ID_SAVE            1002
#define MENU_FILE_ID_EXIT            1003

// defines for the top level menu HELP
#define MENU_HELP_ABOUT              2000
```

提示

注意 ID 的值。我选择 1000 为第一个一级菜单的开始，然后每个菜单项加 1，下一个一级菜单加 1000。由此每一个最高级别的菜单间相差 1000，菜单中的每一个菜单项相差 1。这是一种良好的工作习惯，并且比较易于添加和修改。

我没有定义"MainMenu"，因为我希望通过字符串而不是 ID 来访问该菜单。这并不是惟一的方式。例如，假如我将这行代码

```
#define MainMenu 100
```

在.H 文件中和其他符号放在一起，资源编译器将自动假定我希望通过标识符来访问该菜单。我就必须使用 MAKEINTRESOURCE(MainMenu)或 MAKEINTRESOURCE(100)来访问该菜单资源。知道了吗？好，继续吧！

技巧

许多菜单项都有热键（Hotkey）或快捷键（Shortcut），可以不必使用鼠标手动选择一级菜单或菜单项。可以使用连字号（&）来达到这个功能。所要做的工作就是在 POPUP 菜单或 MENUITEM 字符串中将该连字号放在想标识热键或快捷键的符号前面。例如：

```
MENUITEM "E&xit", MENU_FILE_ID_EXIT
```

使 x 成为热键，而

```
POPUP "&File"
```

使 F 成为通过 Alt+F 使用的快捷键

现在已经了解了如何创建和定义一个菜单，让我们看一看如何将它装载到应用程序中以及如何连接到一个窗口。

3.2.2　装载菜单

有许多方法可以将一个菜单关联到一个窗口上。可以将一个菜单和 Windows 类中的所有窗口建立联系，或者将不同的菜单关联到创建的每一个窗口上。首先，我们讨论一下如何将一个菜单和 Windows 类本身建立联系。

在 Windows 类的定义中，定义菜单的那行代码是：

```
winclass.lpszMenuName    = NULL;
```

只需要将它赋值为该菜单资源的名称，易如反掌。如下：

```
winclass.lpszMenuName    = "MainMenu";
```

而如果"MainMenu"是一个常量的话，可以按下面方式做：

```
winclass.lpszMenuName    = MAKEINTRESOURCE(MainMenu);
```

这样做惟一的一个问题就是创建的每个窗口都会有这样一个相同的菜单。要解决该问题，可以在创建菜单过程中通过传递菜单句柄来将一个菜单指定给一个窗口。但是，要使用菜单句柄，必须使用 LoadMenu() 装载菜单资源。下面是 LoadMenu() 的原型：

```
HMENU LoadMenu(HINSTANCE hInstance,      // handle of application instance
 LPCTSTR lpMenuName);                    // menu name string or menu-resource identifier
```

如果函数调用成功的话，LoadMenu() 向菜单资源返回一个 HMENU 句柄，这样就可以使用了。

下面进行标准的 CreateWindow() 函数调用，将菜单 "MainMenu" 装载到该菜单句柄参数中：

```
// create the window
if (!(hwnd = CreateWindowEx(NULL,       // extended style
                WINDOW_CLASS_NAME,      // class
                "Sound Resource Demo",  // title
                WS_OVERLAPPEDWINDOW | WS_VISIBLE,
                0,0,                    // initial x,y
                400,400,                // initial width, height
                NULL,                   // handle to parent
                LoadMenu(hinstance, "MainMenu"), // handle to menu
                hinstance,              // instance of this application
                NULL)))                 // extra creation parms
return(0);
```

如果 MainMenu 是一个符号常量，调用就像这样：

```
LoadMenu(instance, MAKEINTRESOURCE(MainMenu)), // handle to menu
```

注意

你可能会认为我太关注于资源是通过字符串还是通过符号常量来定义的区别了。但考虑到这点：该问题是导致 Windows 程序员自我伤害的第一号罪魁祸首，我认为值得做额外的注解，你觉得呢？

当然，在 .RC 文件中可以有许多不同的菜单，因此可以将一个不同的菜单关联到每一个窗口上。

将菜单关联到窗口的最后一个方法是调用函数 SetMenu()：

```
BOOL SetMenu(HWND hWnd,                  // handle of window to attach to
            HMENU hMenu);                // handle of menu
```

SetMenu() 采用窗口句柄和菜单句柄（从 LoadMenu() 中获取），直接将该菜单关联到一个窗口上。这个新菜单将优先于任何以前关联的菜单。下面是一个例子，假设 Windows 类定义该菜单为 NULL，就像对 CreateWindow() 的调用中的菜单句柄一样：

```
// first fill in the window class structure
winclass.cbSize  = sizeof(WNDCLASSEX);
winclass.style       = CS_DBLCLKS | CS_OWNDC |
                       CS_HREDRAW | CS_VREDRAW;
winclass.lpfnWndProc    = WindowProc;
winclass.cbClsExtra     = 0;
winclass.cbWndExtra    = 0;
winclass.hInstance      = hinstance;
winclass.hIcon        = LoadIcon(hinstance,
                          MAKEINTRESOURCE(ICON_T3DX));
winclass.hCursor       = LoadCursor(hinstance,
                          MAKEINTRESOURCE(CURSOR_CROSSHAIR));
winclass.hbrBackground   = (HBRUSH)GetStockObject(BLACK_BRUSH);
winclass.lpszMenuName   = NULL;         // note this is null
winclass.lpszClassName   = WINDOW_CLASS_NAME;
winclass.hIconSm     = LoadIcon(hinstance, MAKEINTRESOURCE(ICON_T3DX));

// register the window class
if (!RegisterClassEx(&winclass))
    return(0);
```

```
// create the window
if (!(hwnd = CreateWindowEx(NULL,                    // extended style
            WINDOW_CLASS_NAME,                       // class
            "Menu Resource Demo",                    // title
            WS_OVERLAPPEDWINDOW | WS_VISIBLE,
            0,0,                                     // initial x,y
            400,400,                                 // initial width, height
            NULL,                                    // handle to parent
            NULL,                                    // handle to menu, note it's null
            hinstance,                               // instance of this application
            NULL)))                                  // extra creation parms
return(0);

// since the window has been created you can
// attach a new menu at any time

// load the menu resource
HMENU hmenuhandle = LoadMenu(hinstance, "MainMenu");

// attach the menu to the window
SetMenu(hwnd, hmenuhandle);
```

使用第二种方法（也就是说在该窗口的创建时调用）创建菜单和将该菜单关联到一个窗口上的例子，参见 CD-ROM 上的 DEMO3_3.CPP 和相对应的可执行文件 DEMO3_3.EXE，图 3-10 给出了它们的运行情况。

这里需要注意的两个文件是资源文件和头文件：DEMO3_3RES.H 和 DEMO3_3.RC。

DEMO3_3RES.H 的内容：

```
// defines for the top level menu FILE
#define MENU_FILE_ID_OPEN          1000
#define MENU_FILE_ID_CLOSE         1001
#define MENU_FILE_ID_SAVE          1002
#define MENU_FILE_ID_EXIT          1003

// defines for the top level menu HELP
#define MENU_HELP_ABOUT            2000
```

DEMO3_3.RC 的内容：

```
#include "DEMO3_3RES.H"

MainMenu MENU DISCARDABLE
{
POPUP "File"
   {
   MENUITEM "Open",  MENU_FILE_ID_OPEN
   MENUITEM "Close", MENU_FILE_ID_CLOSE
   MENUITEM "Save",  MENU_FILE_ID_SAVE
   MENUITEM "Exit",  MENU_FILE_ID_EXIT
   } // end popup

POPUP "Help"
   {
   MENUITEM "About",  MENU_HELP_ABOUT
   } // end popup

} // end top level menu
```

图 3-10　运行 DEMO3_3.EXE

要自己编译 DEMO3_3.CPP 的可执行文件，一定要确认包含下面这些文件。

DEMO3_3.CPP——主要的源代码程序。

DEMO3_3RES.H——资源符号头文件。

DEMO3_3.RC——资源脚本文件。

尝试运行 DEMO3_3.EXE 和相关源程序。改变菜单项，通过向.RC 文件中添加更多的 POPUP 块来添加更多的菜单。并且尝试创建一个层叠式的菜单树。（提示：对于组成菜单的某一个 MENUITEMS，用 POPUP 来替换 MENUITEMS 字样。）

3.2.3 响应菜单事件消息

DEMO3_3.EXE 惟一的问题是它不能做任何事情。的确，我的年轻的杰迪武士。其中主要问题就是不知道如何侦测菜单项选择和操作产生的消息。本节将主要讨论这个主题。

当滑过一级菜单项时， Windows 菜单系统产生大量的消息（如图 3-11 所示）。

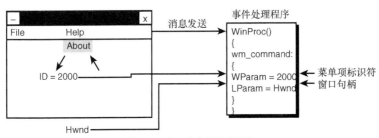

图 3-11　窗口菜单选择消息流

我们感兴趣的是在选中一个菜单项后放开鼠标时的消息发送。这指的是一个选择过程。选择过程将一个 WM_COMMAND 消息发送到与该菜单关联的窗口的 WinProc()函数中。指定的菜单项 ID 和其他各种数据存储在该消息的 wparam 和 lparam 中，如下所示：

msg——WM_COMMAND

lparam——发出消息的窗口句柄

wparam——选中的菜单项的 ID

提示

从技术角度上讲，为了安全起见，应当用 LOWORD()宏从 wparam 中提取低位的 WORD。该宏是标准包含头文件中的一部分，因此你可以用它。

余下只需用 switch()语句来处理 wparam 的参数值，case 写成菜单中定义的各个 MENUITEM ID。例如，使用 DEMO3_3.RC 文件中定义的菜单，还应当添加 WM_COMMAND 消息句柄，WinProc()最后写成这样：

```
LRESULT CALLBACK WindowProc(HWND hwnd,
                            UINT msg,
                            WPARAM wparam,
                            LPARAM lparam)
{
// this is the main message handler of the system
PAINTSTRUCT     ps;          // used in WM_PAINT
HDC             hdc;          // handle to a device context

// what is the message
switch(msg)
    {
    case WM_CREATE:
        {
```

```
// do initialization stuff here

   // return success
   return(0);
} break;

   case WM_COMMAND:
   {
   switch(LOWORD(wparam))
       {
       // handle the FILE menu
       case MENU_FILE_ID_OPEN:
       {
       // do work here
       } break;
       case MENU_FILE_ID_CLOSE:
       {
        // do work here
       } break;
       case MENU_FILE_ID_SAVE:
       {
       // do work here
       } break;
       case MENU_FILE_ID_EXIT:
       {
       // do work here
       } break;

       // handle the HELP menu
       case MENU_HELP_ABOUT:
       {
       // do work here
       } break;
       default: break;

       }                        // end switch wparam

   } break;              // end WM_COMMAND

case WM_PAINT:
{
// simply validate the window
hdc = BeginPaint(hwnd,&ps);
// you would do all your painting here
   EndPaint(hwnd,&ps);
   // return success
return(0);
} break;

case WM_DESTROY:
{
// kill the application, this sends a WM_QUIT message
PostQuitMessage(0);

   // return success
return(0);
} break;

   default:break;

} // end switch
```

```
// process any messages that we didn't take care of
return (DefWindowProc(hwnd, msg, wparam, lparam));

} // end WinProc
```

你或许会说，这太简单了，估计不管用！当然，还有其他的用于操作一级菜单和菜单项本身的消息，可以阅读 Win32 SDK 帮助来获得更多的信息。（其实我很少需要知道一个菜单项是否被点击以外的信息。）

作为使用菜单的可靠的例子，我已经创建了一个很不错的声音演示程序，可以允许通过主菜单来结束一个程序，播放四种不同传送声音效果中的一个，最后通过"Help"菜单弹出一个 About 对话框。并且.RC 文件中包含声音、图标和光标资源。该程序就是 DEMO3_4.CPP，让我们首先看一下其资源脚本程序和头文件。

DEMO3_4RES.H 的内容：

```
// defines for sounds resources
#define SOUND_ID_ENERGIZE   1
#define SOUND_ID_BEAM  2
#define SOUND_ID_TELEPORT   3
#define SOUND_ID_WARP   4
// defines for icon and cursor
#define ICON_T3DX        100
#define CURSOR_CROSSHAIR 200

// defines for the top level menu FILE
#define MENU_FILE_ID_EXIT            1000

// defines for play sound top level menu
#define MENU_PLAY_ID_ENERGIZE        2000
#define MENU_PLAY_ID_BEAM            2001
#define MENU_PLAY_ID_TELEPORT        2002
#define MENU_PLAY_ID_WARP            2003

// defines for the top level menu HELP
#define MENU_HELP_ABOUT              3000
```

DEMO3_4.RC 的内容：

```
#include "DEMO3_4RES.H"

// the icon and cursor resource
ICON_T3DX        ICON  t3dx.ico
CURSOR_CROSSHAIR CURSOR crosshair.cur

// the sound resources
SOUND_ID_ENERGIZE  WAVE energize.wav
SOUND_ID_BEAM      WAVE beam.wav
SOUND_ID_TELEPORT  WAVE teleport.wav
SOUND_ID_WARP      WAVE warp.wav

// the menu resource
SoundMenu MENU DISCARDABLE
{
POPUP "&File"
   {
   MENUITEM "E&xit",  MENU_FILE_ID_EXIT
   } // end popup

POPUP "&PlaySound"
   {
      MENUITEM "Energize!",            MENU_PLAY_ID_ENERGIZE
      MENUITEM "Beam Me Up",           MENU_PLAY_ID_BEAM
      MENUITEM "Engage Teleporter",    MENU_PLAY_ID_TELEPORT
```

```
    MENUITEM  "Quantum Warp Teleport", MENU_PLAY_ID_WARP
  } // end popup

POPUP "Help"
    {
    MENUITEM "About",  MENU_HELP_ABOUT
    } // end popup

} // end top level menu
```

在资源脚本程序和头文件（必须包含在主程序中）的基础上，来看一下 DEMO3_4.CPP 装载每一种资源的代码选录。首先是主菜单、图标和光标的装载：

```
winclass.hCursor = LoadCursor(hinstance,
                 MAKEINTRESOURCE(CURSOR_CROSSHAIR));
winclass.lpszMenuName = "SoundMenu";
winclass.hIcon  = LoadIcon(hinstance, MAKEINTRESOURCE(ICON_T3DX));
winclass.hIconSm= LoadIcon(hinstance, MAKEINTRESOURCE(ICON_T3DX));
```

现在到了有趣的部分——WM_COMMAND 消息的处理，在这里我们播放各种声音、处理 Exit 菜单项以及显示 Help 菜单下的 About 对话框。为简短起见，只将 WM_COMMAND 消息句柄列出，因为我们已经阅读过了相当完整的 WinProc()。

```
case WM_COMMAND:
      {
      switch(LOWORD(wparam))
          {
          // handle the FILE menu
          case MENU_FILE_ID_EXIT:
          {
          // terminate window
          PostQuitMessage(0);
          } break;

          // handle the HELP menu
          case MENU_HELP_ABOUT:
          {
          //  pop up a message box
          MessageBox(hwnd, "Menu Sound Demo",
                      "About Sound Menu",
                      MB_OK | MB_ICONEXCLAMATION);
          } break;
          // handle each of sounds
          case MENU_PLAY_ID_ENERGIZE:
          {
          // play the sound
          PlaySound(MAKEINTRESOURCE(SOUND_ID_ENERGIZE),
                  hinstance_app, SND_RESOURCE | SND_ASYNC);
          } break;
          case MENU_PLAY_ID_BEAM:
          {
          // play the sound
          PlaySound(MAKEINTRESOURCE(SOUND_ID_BEAM),
                  hinstance_app, SND_RESOURCE | SND_ASYNC);
          } break;
          case MENU_PLAY_ID_TELEPORT:
          {
          // play the sound
          PlaySound(MAKEINTRESOURCE(SOUND_ID_TELEPORT),
                   hinstance_app, SND_RESOURCE | SND_ASYNC);
          } break;
          case MENU_PLAY_ID_WARP:
```

```
            {
            // play the sound
            PlaySound(MAKEINTRESOURCE(SOUND_ID_WARP),
                    hinstance_app, SND_RESOURCE | SND_ASYNC);
            } break;

            default: break;
            } // end switch wparam
        } break; // end WM_COMMAND
```

上面就是所有我要说的了。

相信你已经体会到，资源可以进行大量的工作，并且使用起来很有趣。现在我们暂时中断资源方面的内容，简单介绍一下 WM_PAINT 消息和基本 GDI 处理。

3.3   GDI（图形设备接口）简介

迄今为止，惟一一次使用 GDI 是在主事件处理程序中的 WM_PAINT 消息处理过程中。你应该知道 GDI（图形设备接口），在不使用 DirectX 的情况下如何在 Windows 环境下绘制各种图形。哎，可是你还没学过如何用 GDI 在屏幕上绘图。这是关键，因为渲染屏幕是编写视频游戏最重要的部分。从根本上可以说游戏只是驱动视频显示的逻辑过程。本节中将再次讨论 WM_PAINT 消息，并涉及一些基本的视频概念，以及了解如何在窗口中画一个文本。下一章将重点介绍 GDI。

理解 WM_PAINT 消息对于标准的 GDI 图形和 Windows 编程来讲是非常重要的，因为大多数 Windows 程序的显示都围绕该消息。然而在 DirectX 游戏中情况却不是这样，因为 DirectX 或者特指的 DirectDraw 或 Direct3D 负责具体图形的绘制，但是仍然需要了解 GDI 来编写 Windows 应用程序。

3.3.1   重拾 WM_PAINT 信息

当窗口的用户区需要刷新时，WM_PAINT 消息传递到该窗口的 WinProc()中。直到现在，还没有对该事件进行过很多处理。下面是你一直以来使用的标准 WM_PAINT 处理程序：

```
PAINTSTRUCT   ps;    // used in WM_PAINT
HDC       hdc;    // handle to a device context

case WM_PAINT:
    {
    // simply validate the window
    hdc = BeginPaint(hwnd,&ps);
    // you would do all your painting here
      EndPaint(hwnd,&ps);
      // return success
      return(0);
      } break;
```

参见图 3-12 来看一下下面的解释。当一个窗口被移动、改变大小或被其他窗口或事件遮盖时，该窗口的用户区的部分或全部需要重画。这时，WM_PAINT 消息就被发送了，你必须处理该消息。

就上述程序代码而言，对 BeginPaint()和 EndPaint()函数的调用可以完成一系列任务。首先，它们使用户区有效；其次，它们用该窗口创建时参照的 Windows 类中定义的背景刷来填充该窗口的背景。

现在你就可以在 BeginPaint()——EndPaint()的中间进行绘图。但还有一个问题：你只能访问实际上需要刷新的该窗口用户区的一部分。无效矩形区域的坐标都保存在 BeginPaint()函数返回值 ps (PAINSTRUCT)的 rcPaint 字段中：

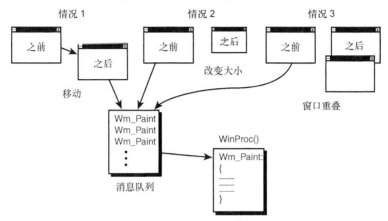

图 3-12　WM_PAINT 消息

```
typedef struct tagPAINTSTRUCT
      {
      HDC  hdc;             // graphics device context
      BOOL fErase;          // if TRUE then you must draw background
      RECT rcPaint;         // the RECT containing invalid region
      BOOL fRestore;        // internal
      BOOL fIncUpdate;      // internal
      BYTE rgbReserved[32]; // internal
      } PAINTSTRUCT;
```

作为小小的提示，下面给出 RECT 的定义：

```
typedef struct _RECT
      {
      LONG left;            // left edge if rectangle
      LONG top;             // upper edge of rectangle
      LONG right;           // right edge of rectangle
      LONG bottom;          // bottom edge of rectangle
      } RECT;
```

参见图 3-12，换句话说，该窗口是 400×400，但是只有该窗口的下半部分（300，300—400，400）区域需要重新绘制。因此，通过 BeginPaint() 函数调用返回的图形设备内容只是对该窗口的 100×100 的区域有效。很明显，如果要访问整个用户区的话，这就是一个问题了。

该问题的解决方法与直接获得对该窗口的图形设备描述表的访问有关，而不是通过函数 BeginPaint() 将其作为窗口刷新信息的一部分传递。使用 GetDC() 函数总可以获得一个窗口的图形设备描述表或者说 hdc，代码如下所示：

```
HDC GetDC(HWND hWnd);          // handle of window
```

你只要传递欲访问的图形设备描述表窗口句柄，该函数就会返回一个指向该图形设备描述表的句柄。如果该函数不成功，则返回 NULL。在处理完该图形设备描述表句柄后，必须通过调用 ReleaseDC() 函数将其归还 Windows，如下所示：

```
int ReleaseDC(HWND hWnd,       // handle of window
              HDC hDC);        // handle of device context
```

ReleaseDC() 接受窗口句柄和上述调用 GetDC() 函数获得的该设备描述表句柄作为参数。

注意

使用 Windows 的你在接触到图形设备描述表时，可能会有疑惑。从技术角度讲，设备描述表句柄可以指向多个输出设备。例如，一个设备描述表甚至可能是一个打印机。因此，我通常将只有图形的设备描述表称为图形设备描述表（graphics device context）。但数据类型则是 HDC，或指向设备描述表的句柄（Handle to Device Context）。因此一般而言，我将一个图形设备描述表变量定义为 HDC hdc，而有时我也使用 HDC gdc，因为对我来讲这样更直观。无论如何，请意识到在本书中，图形设备描述表和设备描述表作为名词是可互换的，并且名字为 hdc 和 gdc 的变量具有相同类型。

下面是如何使用 GetDC()—ReleaseDC()来绘制图形：

```
HDC gdc = NULL;                    // this will hold the graphics device context

// get the graphics context for the window
if (!(gdc = GetDC(hwnd)))
    error();

// use the gdc here and do graphics — you don't know how yet!

// release the dc back to windows
ReleaseDC(hwnd, gdc);
```

当然现在还不知道如何处理图形，我将在其他地方讨论它。现在重要的问题就是要了解处理 WM_PAINT 消息的其他方法。另外还有一个问题，就是当你调用 GetDC()—ReleaseDC()时，Windows 并不知道你已经使该窗口的用户区恢复或有效。换句话说，如果使用 GetDC()—ReleaseDC()代替 BeginPaint()—EndPaint()，还会出现新的问题。

该问题就是 BeginPaint()—EndPaint()向 Windows 发出一个消息，指示该窗口内容已经恢复（甚至在没有进行任何图形调用的情况下）。故而，Windows 不会继续发出 WM_PAINT 消息。另一方面，如果在 WM_PAINT 处理程序中以 GetDC()—ReleaseDC()代替 BeginPaint()—EndPaint()，WM_PAINT 消息将一直不停地传递下去，为什么呢？因为必须使该窗口有效。

要使需重画的窗口区域有效，并通知 Windows 已经恢复了该窗口，应当在调用 GetDC()—ReleaseDC()之后，再调用 BeginPaint()—EndPaint()，但这样做效率太低。作为替代，你可以使用专用函数，即 ValidateRect()。

```
BOOL ValidateRect(HWND hWnd,       // handle of window
 CONST RECT *lpRect);              // address of validation rectangle coordinates
```

要使一个窗口有效，将该窗口的处理程序连同 lpRect 中的有效区域一同传递。大多数情况下，有效区域是整个窗口。因此在 WM_PAINT 处理程序中使用 GetDC()—ReleaseDC()，如下所示：

```
PAINTSTRUCT   ps;                  // used in WM_PAINT
HDC           hdc;                 // handle to a device context
RECT          rect;                // rectangle of window

case WM_PAINT:
    {
    // simply validate the window
    hdc = GetDC(hwnd);
    // you would do all your painting here
    ReleaseDC(hwnd,hdc);
    // get client rectangle of window — use Win32 call
    GetClientRect(hwnd,&rect);
    // validate window
    ValidateRect(hwnd,&rect);

    // return success
    return(0);
    } break;
```

注意

注意 GetClientRect()函数的调用。它的功能是帮你获取用户矩形区域的坐标。请记住，由于窗口可以任意移动，一个窗口都有两套坐标系：窗口坐标系和用户坐标系。窗口坐标相对于屏幕，而用户坐标相对于该窗口的左上角（0,0）。图 3-13 更清楚地表示了这种情况。

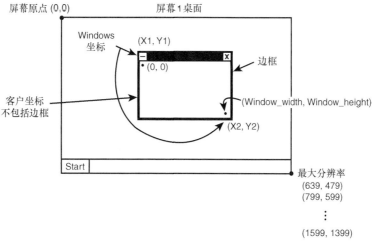

图 3-13 窗口坐标系和用户坐标系对比

你很可能会说："非得要这么麻烦吗？"是的，非得如此，因为这是 Windows，哈哈。请记住，之所以在
WM_PAINT 消息处理程序里这样做，就是由于需要确认能够在该窗口的用户区域任何位置绘制图形。想象一下
在一个完全无效的窗口上应用 GetDC()—ReleaseDC()或 BeginPaint()—EndPaint()。但是，我们一直在追求两全其
美的境界，并且我们已差不多做到了这一点。我想展示给你看的最后一个技巧就是如何手动地使一个窗口无效。

如果想在 WM_PAINT 处理程序中以某种方式使整个窗口无效，应当确保由 BeginPaint()返回的
psPAINTSTRUCT 的 rcPaint 字段以及相关的 gdc 应当允许访问该窗口的整个用户区域。要做到这一点的话，
就可以手动放大任何窗口的无效区域然后调用 InvalidateRect()，如下所示：

```
BOOL InvalidateRect(HWND hWnd,      // handle of window with
                                    // changed update region
CONST RECT *lpRect,                 // address of rectangle coordinates
BOOL bErase);                       // erase-background flag
```

如果 bErase 为 TRUE，则对函数 BeginPaint()的调用会以背景画刷填充，反之就不使用背景画刷。

在调用 BeginPaint()—EndPaint()之前调用 InvalidateRect()，当调用 BeginPaint()时，该无效区域将反映出
原本无效区和使用 InvalidatRect()添加的无效区的并集（Union）。大多数情况下，将 InvalidatRect()的 lpRect
参数设定为 NULL，这样将使整个窗口无效，下面就是其代码：

```
PAINTSTRUCT    ps;        // used in WM_PAINT
HDC            hdc;       // handle to a device context

case WM_PAINT:
  {
  // invalidate the entire window
  InvalidateRect(hwnd, NULL, FALSE);
  // begin painting
  hdc = BeginPaint(hwnd,&ps);
  // you would do all your painting here
  EndPaint(hwnd,&ps);
  // return success
  return(0);
  } break;
```

本书的大多数例程里，将在 WM_PAINT 消息以外的地方使用 GetDC()—ReleaseDC()，而

BeginPaint()—EndPaint()只用于 WM_PAINT 消息处理程序中。现在开始讨论一些简单的图形和文本输出。

3.3.2　视频显示基础和色彩（Video Display Basics and Color）

现在，我想先给你介绍 PC 机上和图形及色彩有关的一些概念和术语。首先看下面的定义。

- **像素**——光栅式显示设备（如计算机显示器）上的单个的可寻址的图像元素（图元）。
- **分辨率**——显卡支持的像素数，如 640×480、800×600 等等。分辨率越高，图像质量越好，但也需要越多的显存。表 3-2 列出了一些最常用的分辨率和各自显存容量需求。
- **色彩深度（色深）**——代表屏幕上每一个像素的位数或字节数，即每像素的位数（Bit-per-pixel，BPP）。例如，如果每一个像素由 8 位（一个字节）来表示，将只能支持显示 256 种色彩，因为 2^8=256。而如果每一个像素由 16 位（两个字节）来表示，则每个像素可以支持 16384 或者 2^{16} 种色彩。并且，色深越高，细节越多，占用显存也越多。8 位模式一般是调色板化的（马上我会简要介绍），16 位模式称为高彩色（增强色），24 位和 32 位模式分别称为真彩色和超真彩色。
- **隔行扫描/逐行扫描显示**——扫描电子枪一次所画的计算机显示的一行称为扫描线符——故名光栅化（Rasterization）。标准电视机分两帧画出一个画面。一帧包括全部的奇数扫描行，另一帧包括全部的偶数扫描行。当这两个画面连续绘制时，由于视觉暂留，你的眼睛将它们混淆到了一起，形成了一幅图像。对于移动的图形，这看起来是可以接受的，而对于像 Windows 显示这样的静态图形就不适合了。一些显示卡只能以隔行扫描方式来支持高分辨率模式。当隔行扫描进行时，你通常可以看到闪烁或抖动。
- **视频 RAM（Video RAM，VRAM，显存）**——视频卡上的内存容量，用于存储和表示屏幕或贴图内存中的视频图像。
- **刷新速率**——每秒钟视频图像刷新的次数，以 Hz（赫兹）或 fps（每秒的帧数）作为计量单位。60Hz 是近年来的可接受的最低水平，一些显示器和显示卡可以支持到 100Hz，图像看上去非常稳定。
- **2D 加速**——视频卡上的硬件支持，能够协助 Windows 或/和 DirectX 进行 2D 操作，如位图图形、线、圆、文本和图像缩放等等。
- **3D 加速**——视频卡上的硬件支持，能够协助 Windows 或 DirectX/Direct3D 进行 3D 图形渲染。

图 3-14 显示了这些元素。

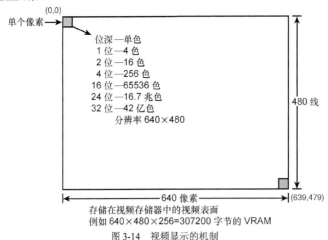

图 3-14　视频显示的机制

当然，表 3-2 只是一些可能的视频模式和色深的例子。你的视频卡可能支持更多的模式。须知 2MB 至

4MB 的视频 RAM 很容易被用光。好在你将编写的大多数 DirectX Windows 游戏可以在 320×240 或 640×480 分辨率下运行，而只需 2MB 的显卡就可以支持这些分辨率下的各种不同色深。

表 3-2　　　　　　　　　　　　　　视频分辨率和显存容量需求

分辨率	每像素的位数	占用显存（最小～最大）
320×200[*]	8	64KB
320×240[*]	8	64KB
640×480	8, 16, 24, 32	307KB～1.22MB
800×600	8, 16, 24, 32	480KB～1.92MB
1024×768	8, 16, 24, 32	786KB～3.14MB
1280×1024	8, 16, 24, 32	1.31MB～5.24MB
1600×1200	8, 16, 24, 32	1.92KB～7.68MB

[*] 这些称为 Mode X 模式，你的显示卡可能并不支持这些模式。

3.3.3　RGB 和调色板模式

有两种表示方式用于在显存中表示颜色，也就是直接方式和间接方式。直接色彩模式，或者叫 RGB 模式，以代表颜色的红、绿、蓝三原色的 16、24 或 32 位来表示屏幕上的每个像素（如图 3-15 所示）。这可能是出于红、绿、蓝三原色的合成性的考虑。

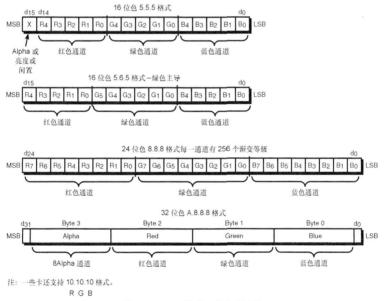

图 3-15　RGB 模式下的色彩编码

参见图 3-15，可以看到，对于每一种可能的色深（16 位、24 位、32 位），都有大量位被指定给各个色彩通道。诚然，对 16 位和 32 位彩色而言，16 和 32 都不能被 3 整除。因此，各个色彩通道中有不等的位数。例如，你会发现一共有三种不同的 16 位 RGB 编码方式。

- RGB（6.5.5）——6 位红色、5 位绿色和 5 位蓝色。
- RGB（1.5.5.5）——1 位 alpha、红色、绿色和蓝色各 5 位。Alpha 用于控制透明度。
- RGB（5.6.5）——5 位红色、6 位绿色和 5 位蓝色。以我的经验，这是一种得到最普遍地应用的模式。

24 位彩色模式中各彩色通道均为 8 位。但是 32 位彩色模式可能很古怪，多数情况下 alpha（透明度）、红色、绿色和蓝色通道各占 8 位。

基本上说，RGB 模式能够控制屏幕上每一个像素中的红绿蓝的准确成分。调色板模式以间接（Indirection）方式工作。当每像素只有 8 位 RGB 的时候，可以指定 3 位红色、3 位绿色、2 位蓝色或是类似这种的三原色的组合。但是这样就使每种基本颜色只有一点明暗变化，并且也很不生动。在这里，8 位模式使用一个调色板。

如图 3-16 所示，一个调色板（Palette）是一个有 256 项的表，每一项是一个单字节值（从 0 到 255）。但是实际上每一个输入项都是由三个 8 位的红绿蓝项构成的。从本质上说它是一个 24 位 RGB 全彩描述符。颜色查找表（Color LookUp Table，CLUT）的工作原理如下：当从 8 位颜色模式的屏幕上读到一个像素时，假设其值为 26，则 26 就用作颜色表的一个索引。然后将对应于 26 号索引地址的彩色描述符的 24 位 RGB 值取出，用它们驱动红绿蓝彩色通道，以显示实际颜色。通过这种办法，在同一时间屏幕上可以有 256 种不同的色彩，但是它们可以是来自于 16.7 百万色或 24 位 RGB 值。图 3-16 图示了该查找过程。

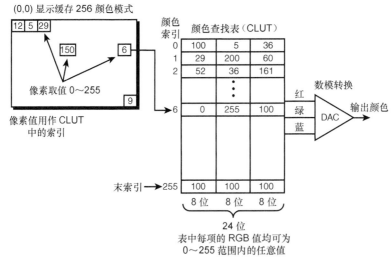

图 3-16 256 色调色板模式的工作原理

讨论所有这些关于色彩的内容，我们似乎有点超前进度了。但我希望让你先接触这些概念，这样在讨论 DirectDraw 的时候，就不会因初次接触它们而觉得陌生。实际上通常基于 GDI 的 Windows 绘图中，颜色是一个如此复杂的问题，以至于 Windows 无论如何都要将颜色抽象成 24 位模型。那样你在编程时就不必过多考虑颜色深度细节等问题。当然，如果你考虑了这些内容，可能会做出更好的结果，但总的来说这并不是必须的。

3.3.4 基本文本显示

在迄今为止我所见过的所有操作系统中，Windows 无疑有最复杂且最强悍的文本渲染系统之一。虽然对于大多数游戏程序员来说，我们只想做类似于输出分数的事情，但是拥有这个系统还是一件好事。

当实际运用在实时游戏中的时候，用 GDI 文本引擎输出文本就显得太慢了，通常到了最后还是要亲手设计基于 DirectX 的文本引擎。现在，先让我们了解如何使用 GDI 输出文本。至少，这有助于在演示程序中进行调试和输出。

　　输出文本有两个常用函数：TextOut()和 DrawText()。TextOut()是一个寒酸的文本输出函数，而 DrawText() 则像凌志汽车一样豪华。我经常使用 TextOut()是因为它运行比较快，而且我也不需要 DrawText()的全部花哨功能。但是让我们对这两个函数都介绍一下。这是它俩的原型：

```
BOOL TextOut(HDC hdc,      // handle of device context
    int nXStart,           // x-coordinate of starting position
    int nYStart,           // y-coordinate of starting position
    LPCTSTR lpString,      // address of string
    int cbString);         // number of characters in string
int DrawText( HDC hDC,     // handle to device context
    LPCTSTR lpString,      // pointer to string to draw
    int nCount,            // string length, in characters
    LPRECT lpRect,         // ptr to bounding RECT
    UINT uFormat);         // text-drawing flags
```

大多数参数都是自解释的。对于 TextOut()来讲，只要传递设备描述表、输出点的 x、y 坐标、ASCII 字符串和以字节为单位的字符串长度。而另一方面，DrawText()要稍微复杂一点。因为它要处理文字换行和格式，从而它采用不同的途径——通过一个矩形区域 RECT 来输出文本。因此，DrawText()不使用 x、y 作为开始打印的位置，而使用一个 RECT 来定义窗口中将用于打印的位置（如图 3-17 所示）。除了使用参数 RECT 指出打印区域外，还要传递描述如何打印的一些标志（例如左对齐）。全部的标志请参考 Win32 文档。我将主要使用 DT_LEFT，该标志最直观，它将所有文本调整成为左对齐。

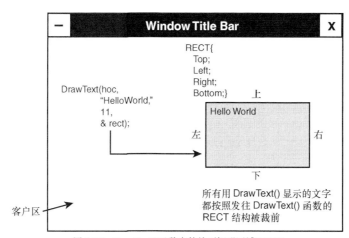

图 3-17　DrawText()函数中的绘画矩形区域 RECT

　　上面所讨论的函数调用唯一的问题是其中没有涉及颜色。这几乎和美国电影《不羁夜》（Boogie Nights）一样古怪，但是谁在乎呢？幸运的是，我们有设定文本前景色和背景色以及文本透明模式的方法。

　　文本的透明模式指示字符如何被绘制。字符是按照矩形区域直接粘贴还是逐个像素地作为覆盖而绘制呢？图 3-18 是文本输出的透明效果。如图示，当文本透明打印时，看上去就像直接画在图像上面一样。而没有透明度的话，会看到在每个字符周围都是不透明的一块，这样使所有东西都很模糊，非常难看。

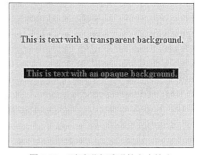

图 3-18　不透明和透明的文本输出

提示

不带透明的文本渲染速度要较快一些，因此如果朝单色背景上输出的话，可以不要理会透明度。

让我们看一下设定文本前景色和背景色的函数：

```
COLORREF SetTextColor(HDC hdc,       // handle of device context
 COLORREF Color);                    // foreground character color

COLORREF SetBkColor(HDC hdc,         // handle of device context
 COLORREF color);                    // background color
```

这两个函数都采用图形设备描述表（来自于 GetDC()或 BeginPaint()的调用）以及用于 COLORREF 格式中的颜色。一旦设定了这些颜色，这些颜色就一直在变化，直到改变它们为止。另外，当设定这些颜色时，每个函数都返回当前值，因此在处理完毕后或应用程序结束后，可以恢复原来的值。

现在就要准备打印了，但是你说是不是首先还要了解一下 COLORREF 类型？好，这就是 COLORREF 的定义：

```
typedef struct tagCOLORREF
       {
       BYTE bRed;                    // the red component
       BYTE bGreen;                  // the green component
       BYTE bBlue;                   // the blue component
       BYTE bDummy;                  // unused
       } COLORREF;
```

COLORREF 在内存中表示为 0x00bbggrr。请记住，PC 机是低字节在前的（Little Endian）——也就是说，从低字节到高字节。要创建一个有效的 COLORREF，可以使用 RGB()宏，如下所示：

```
COLORREF red    = RGB(255,0,0);
COLORREF yellow = RGB(255,255,0);
```

我们看到颜色描述符结构的同时，也就看到 PALETTEENTRY，因为它们两个完全相同：

```
typedef struct tagPALETTEENTRY
       {
       BYTE peRed;            // red bits
       BYTE peGreen;          // green bits
       BYTE peBlue;           // blue bits
       BYTE peFlags;          // control flags
       } PALETTEENTRY;
```

peFlags 可以采用表 3-3 中的值。大多数情况下，应当使用 PC_NOCOLLAPSE 和 PC_RESERVED，但是现在只要了解它们的存在就可以了。有意思的是 COLORREFS 和 PALETTEENTRYs 的相似性。除了最后一个字节的解释不同以外，它俩几乎完全相同。因此多数情况下它们是可互换的。

表 3-3   PALETTEENTRY 标志

值	描述
PC_EXPLICIT	说明逻辑调色板项的低阶字是硬件调色板的索引值。高级
PC_NOCOLLAPSE	说明颜色放置在系统调色板的空闲项中，而不与系统调色板中已有颜色进行匹配
PC_RESERVED	说明使用逻辑调色板项进行调色板动画。该标志阻止其他窗口将颜色与调色板项进行匹配，因为调色板中的颜色是一直在变化的。如果有一个可用的系统调色板项，该颜色就存入该项。否则，该颜色不能用于调色板动画

现在几乎可以开始打印了。但记住还有透明度需要设置。用来设置透明模式的函数是 SetBkMode()，下面是其原型：

```
int SetBkMode(HDC hdc,          // handle to device context
          int iBkMode);         // transparency mode
```

该函数接受图形设备描述表和要切换过去的新的透明度模式作为参数，或是 TRANSPARENT 或是 OPAQUE。该函数返回旧的模式值，你可以保存下来以便于以后恢复。

好家伙，现在已经都说完了。你可以这样输出文本：

```
COLORREF old_fcolor,      // old foreground text color
        old_bcolor;       // old background text color
int old_tmode;            // old text transparency mode

// first get a graphics device context
HDC hdc = GetDC(hwnd);

// set the foreground color to green and save old one
old_fcolor = SetTextColor(hdc, RGB(0,255,0));

// set the background color to black and save old one
old_bcolor = SetBkColor(hdc, RGB(0,0,0));

// finally set the transparency mode to transparent
old_tmode = SetBkMode(hdc, TRANSPARENT);

// draw some text at (20,30)
TextOut(hdc, 20,30, "Hello",strlen("Hello"));

// now restore everything
SetTextColor(hwnd, old_fcolor);
SetBkColor(hwnd, old_bcolor);
SetBkMode(hwnd, old_tmode);

// release the device context
ReleaseDC(hwnd, hdc);
```

当然并没有规定说必须恢复为原来的值，我这样写只是为了说明怎样恢复原来的值。只要该设备描述表的句柄存在，颜色和透明度设置就有效。如果想在绿色文本之外还要画一些蓝色文本，只要将文本颜色改变为蓝色，然后画该文本，而不必重新设置全部的三个值。

请参阅采用前述的技术来打印文本的例子——DEMO3_5.CPP 及其可执行文件 DEMO3_5.EXE。该演示程序在屏幕任意位置显示文本字符串，如图 3-19 所示。

图 3-19　DEMO3_5.EXE 的随机文本输出

下面是从该程序的 WinMain()中摘录的一部分，所有的动作在这里进行：

```
// get the dc and hold it
HDC hdc = GetDC(hwnd);

// enter main event loop, but this time we use PeekMessage()
// instead of GetMessage() to retrieve messages
while(TRUE)
    {
    // test if there is a message in queue, if so get it
    if (PeekMessage(&msg,NULL,0,0,PM_REMOVE))
       {
       // test if this is a quit
       if (msg.message == WM_QUIT)
          break;

       // translate any accelerator keys
```

```
    TranslateMessage(&msg);

    // send the message to the window proc
    DispatchMessage(&msg);
    } // end if

// main game processing goes here

// set the foreground color to random
SetTextColor(hdc, RGB(rand()%256,rand()%256,rand()%256));

// set the background color to black
SetBkColor(hdc, RGB(0,0,0));

// finally set the transparency mode to transparent
SetBkMode(hdc, TRANSPARENT);

// draw some text at a random location
TextOut(hdc,rand()%400,rand()%400,
"GDI Text Demo!", strlen("GDI Text Demo!"));

    }                               // end while

// release the dc
ReleaseDC(hwnd,hdc);
```

作为打印文本的第二个例子，让我们编制一个每次响应 WM_PAINT 消息就刷新一次计数器的程序。代码如下：

```
char buffer[80];                // used to print string
static int wm_paint_count = 0;  // track number of msg's


    case WM_PAINT:
    {
    // simply validate the window
    hdc = BeginPaint(hwnd,&ps);

        // set the foreground color to blue
        SetTextColor(hdc, RGB(0,0,255));
        // set the background color to black
        SetBkColor(hdc, RGB(0,0,0));
        // finally set the transparency mode to transparent
        SetBkMode(hdc, OPAQUE);

        // draw some text at (0,0) reflecting number of times
        // wm_paint has been called
        sprintf(buffer,"WM_PAINT called %d times    ", ++wm_paint_count);
        TextOut(hdc, 0,0, buffer, strlen(buffer));

        EndPaint(hwnd,&ps);
        // return success
    return(0);
    } break;
```

请参阅 CD-ROM 上的程序 DEMO3_6.CPP 及其可执行文件 DEMO3_6.EXE。注意，除非移动或重写该窗口，否则将不会开始打印任何文本。这是因为只有在触发恢复或重画该窗口（如移动或改变大小）的时候，才会产生 WM_PAINT 消息。

基本上文字显示就是这些内容了。固然，DrawText()函数有更多的功能，但最终取舍还是取决于你。还可以浏览一下字体以及其他有关的内容，但那些内容通常用于完全的 Windows GUI 编程，本书中我们不予讨论。

3.4　处理重要事件

如前面所学，Windows 是一个事件驱动的操作系统。响应事件是标准 Windows 程序的诸多重要方面之一。接下来我们会讨论一些更重要的事件，如关于窗口操作、输入设备和定时。如果你能够处理这些基本事件，就可以充分地装备你的 Windows 弹药库以处理在编写 DirectX 游戏时可能碰上的任何问题。毕竟 DirectX 游戏不太依赖于事件及 Windows 操作系统。

3.4.1　Windows 操作

Windows 发送大量的消息来通知程序用户已对其窗口进行了操作。表 3-4 列出了 Windows 发出的一些较有意思的操作消息。

表 3-4　　　　　　　　　　　　　　窗口处理消息

值	描述
WM_ACTIVATE	当某个窗口被激活或者取消激活时传递。该消息首先传递到被撤销的最高级窗口的窗口程序中
WM_ACTIVATEAPP	当一个属于应用程序的非活动窗口正要被激活时，向被激活和被取消的窗口程序都传递该消息
WM_CLOSE	当一个窗口或一个应用程序应当终止时作为信号被发送
WM_MOVE	当窗口移动后传递
WM_MOVING	发往用户正在移动的窗口。通过处理该消息，应用程序能够检测到拖动的矩形区域的大小和位置，并且在需要时还可以改变其大小和位置
WM_SIZE	在一个窗口改变大小后发往这个窗口
WM_SIZING	发往用户正改变大小的窗口。通过处理该消息，应用程序能够检测到改变大小的矩形区域的大小和位置，并且在需要时还可以改变其大小和位置

先来看一下 WM_ACTIVATE、WM_CLOSE、WM_SIZE 和 WM_MOVE 及其功能。对于每个消息，我都将列出消息、wparam、lparam 和一些注释以及一个简短的起示范作用的 WinProc()事件处理程序。

消息：WM_ACTIVATE

参数：

```
fActive      = LOWORD(wParam);            // activation flag
fMinimized   = (BOOL)HIWORD(wParam);      // minimized flag
hwndPrevious = (HWND)lParam;              // window handle
```

fActive 参数主要定义了该窗口发生了什么事，即该窗口是被激活还是被取消。该信息保存在 wparam 的低阶字中，可以取表 3-5 中所示的值。

表 3-5　　　　　　　　　　　　　WM_ACTIVATE 消息的激活标志

值	描述
WA_CLICKACTIVE	通过鼠标单击激活了该窗口
WA_ACTIVE	通过除鼠标以外的工具（如键盘接口）激活了该窗口
WA_INACTIVE	取消该窗口的激活

fMinimized 变量表明该窗口是否已最小化。如果该变量值非零则为真。hwndPrevious 值指明将被激活（或被取消激活，视 fActive 参数的值而定）的窗口。如果 fActive 的值为 WA_INACTIVE，hwndPrevious 就

是被激活的窗口的句柄；如果 fActive 的值为 WA_ACTIVE 或者 WA_CLICKACTIVE，hwndPrevious 则是被取消激活的窗口的句柄。该句柄可以为 NULL。明白了吗？

基本上，如果想知道应用程序什么时间被激活或取消激活，可以使用 WM_ACTIVATE 消息。这一点是很有用的，比如说你的应用程序要记录用户每次使用 Alt+Tab 组合键，或使用鼠标来选中另一个应用程序。而当应用程序重新被激活时，你可能想播放一个声音或进行某些其他操作。用它具体做什么随你。

下面是在 WinProc()主程序中激活应用程序的代码：

```
case WM_ACTIVATE:
{
// test if window is being activated
if (LOWORD(wparam)!=WA_INACTIVE)
   {
   // application is being activated
   } // end if
else
   {
   // application is being deactivated
   } // end else

} break;
```

消息： WM_CLOSE

参数：无

WM_CLOSE 消息非常酷。该消息恰在 WM_DESTROY 和 WM_QUIT 传递之前被发送。WM_CLOSE 消息说明用户正试图关闭窗口。如果在 WinProc()里仅仅 return(0)，则什么也不会发生，从而用户不能关闭窗口！请参阅 DEMO3_7.CPP 及其可执行文件 DEMO3_7.EXE 来查看操作过程。请尝试关闭该程序——做不到！

警告

发现你无法中止 DEMO3_7.EXE 时不必惊慌。只要同时按下 Ctrl+Alt+Del，将出现任务管理器。然后选择终止 DEMO3_7.EXE 应用程序。它就不再存在了——就像硅谷那一家名字以"F"打头的电器商店的服务一样。

下面是 DEMO3_7.CPP 中位于 WinProc()中的空 WM_CLOSE 句柄代码：

```
case WM_CLOSE:
   {
   // kill message, so no further WM_DESTROY is sent
   return(0);
} break;
```

如果使用用户疯狂就是你的目标的话，上述代码便可以做到了。一个更好的方法是捕获 WM_CLOSE 消息并弹出一个消息框来要求用户确认是否关闭应用程序。DEMO3_8.CPP 及其可执行文件就是依照这个思路工作的。当尝试关闭该窗口时，会出现一个消息框询问是否确定要关闭该窗口。该过程的逻辑流程如图 3-20 所示。

下面是 DEMO3_8.CPP 中处理 WM_CLOSE 消息的部分代码：

```
case WM_CLOSE:
{
// display message box
int result = MessageBox(hwnd,
    "Are you sure you want to close this application?",
          "WM_CLOSE Message Processor",
          MB_YESNO | MB_ICONQUESTION);

// does the user want to close?
```

```
if (result == IDYES)
   {
   // call default handler
   return (DefWindowProc(hwnd, msg, wparam, lparam));
   } // end if
else // throw message away
   return(0);

} break;
```

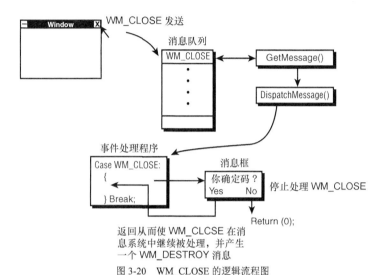

图 3-20 WM_CLOSE 的逻辑流程图

酷吧？注意默认消息处理程序 DefWindowProc()的调用。调用发生在用户回答 Yes 并且要继续执行标准关闭过程的时候。如果已经知道做法，可以发送一个 WM_DESTROY 消息。但由于迄今还未讲过怎样发送消息，只能调用默认处理程序。总之哪一种方法都可以。

下面我们看一下 WM_SIZE 消息，对于工作于窗口方式并且用户经常改变窗口大小的游戏，该消息非常重要！

消息： WM_SIZE

参数：

```
fwSizeType = wParam;           // resizing flag
nWidth     = LOWORD(lParam);   // width of client area
nHeight    = HIWORD(lParam);   // height of client area
```

fwSizeType 标志表明刚发生了哪一类尺寸的改变，如表 3-6 所示，而 lParam 的低字节和高字节表明了新窗口用户区的尺寸。

表 3-6   WM_SIZE 消息的标志

值	描述
SIZE_MAXHIDE	当某些窗口最大化时，该消息被发送往所有的弹出式窗口
SIZE_MAXIMIZED	该窗口已最大化
SIZE_MAXSHOW	当某些窗口恢复到之前的尺寸时，该消息被发送往所有的弹出式窗口
SIZE_MINIMIZED	该窗口已最小化
SIZE_RESTORED	窗口尺寸改变了，但不适用 SIZE_MINIMIZED 或 SIZE_MAXIMIZED

如我所说，处理 WM_SIZE 消息对于窗口游戏非常重要，因为当窗口尺寸改变时，必须调整图像显示来适应。若是游戏在全屏方式下运行，就不必作这样的调整；但是对于窗口方式的游戏来说，几乎可以预见到的是用户会试图改变窗口的大小。当用户改变窗口大小时，应当使显示重新居中，并且调整环境，或是使用任何方法保证图像正确。作为一个跟踪 WM_SIZE 消息的实例，DEMO3_9.CPP 在窗口尺寸改变时打印出该窗口的新尺寸。DEMO3_9.CPP 跟踪 WM_SIZE 消息的代码如下所示：

```
case WM_SIZE:
     {
     // extract size info
     int width = LOWORD(lparam);
     int height = HIWORD(lparam);

     // get a graphics context
     hdc = GetDC(hwnd);

     // set the foreground color to green
     SetTextColor(hdc, RGB(0,255,0));

     // set the background color to black
     SetBkColor(hdc, RGB(0,0,0));

     // set the transparency mode to OPAQUE
     SetBkMode(hdc, OPAQUE);

     // draw the size of the window
     sprintf(buffer,
     "WM_SIZE Called -  New Size = (%d,%d)", width, height);
     TextOut(hdc, 0,0, buffer, strlen(buffer));

     // release the dc back
     ReleaseDC(hwnd, hdc);

     } break;
```

警告

应当知道 WM_SIZE 消息处理程序存在一个潜在的问题：当一个窗口被改变尺寸时，发出的不仅有一条 WM_SIZE 消息，同时还有一条 WM_PAINT 消息！因此，如果 WM_PAINT 消息发送于 WM_SIZE 消息之后，WM_PAINT 中的代码可能会擦除背景，因而在 WM_SIZE 消息中显示的信息也可能被擦除。幸运的是，情况不是这样，但这是一个消息乱序发送的问题的很好的实例。

下面，让我们看一下 WM_MOVE 消息。该消息几乎等价于 WM_SIZE 消息，但是该消息是在窗口移动时而不是改变尺寸时被发送。下面是其详细内容：

消息：WM_MOVE

参数：
```
xPos = (int) LOWORD(lParam); // new horizontal position in screen coords
yPos = (int) HIWORD(lParam); // new vertical position in screen coords
```

WM_MOVE 消息在一个窗口移动到一个新位置时传递，如图 3-21 所示。该消息在窗口被移动之**后**传递，而不是在实际移动过程中传递。如果想跟踪一个窗口的逐个像素的确切移动，你需要处理 WM_MOVING 消息。不过，在多数情况下，直到用户完成窗口的移动才继续程序的处理过程。

作为跟踪窗口移动的例子，DEMO3_10.CPP 及其可执行文件 DEMO3_10.EXE 在窗口移动的时候，打印出该窗口的新位置。下面是处理 WM_MOVE 的程序代码：

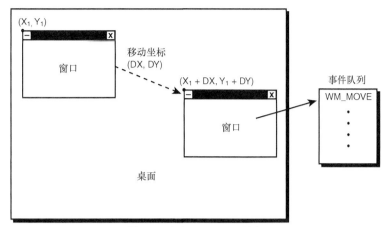

图 3-21 产生 WM_MOVE 消息

```
case WM_MOVE:
    {
    // extract the position
    int xpos = LOWORD(lparam);
    int ypos = HIWORD(lparam);

    // get a graphics context
    hdc = GetDC(hwnd);

    // set the foreground color to green
    SetTextColor(hdc, RGB(0,255,0));

    // set the background color to black
    SetBkColor(hdc, RGB(0,0,0));

    // set the transparency mode to OPAQUE
    SetBkMode(hdc, OPAQUE);

    // draw the size of the window
    sprintf(buffer,
    "WM_MOVE Called -  New Position = (%d,%d)", xpos, ypos);
    TextOut(hdc, 0,0, buffer, strlen(buffer));
    // release the dc back
    ReleaseDC(hwnd, hdc);

    } break;
```

以上就是窗口操作消息的内容。虽然还有好多内容，但现在你应该已经掌握了它的用法了。记住这一点：Windows 任何事情都可以找到对应的消息。如果想了解更多内容，请查阅 Win32 帮助，可以肯定的是你一定可以找到所需要的消息！

下一节将讨论输入设备，这样你就可以和用户（或你自己）进行交互，并且创建更加有趣的演示和实验，来帮助你掌握 Windows 编程。

3.4.2 处理键盘事件

从前，编程处理键盘是巫术一般不可想像的事。要让键盘工作，必须首先编写中断处理程序，创建状态表，并且使用大量其他有趣的技巧。虽然我是个底层的程序员，但是我可以毫不犹豫地说，我一点也不怀念那段编写键盘处理程序的日子！

最终你将学会使用 DirectInput 来访问键盘、鼠标、游戏杆及其他的输入设备。不过，还是应当学会使用 Win32 库来访问键盘和鼠标。即使没有其他用途，在我们学习 DirectInput 之前，你仍然需要响应 GUI 的交互和/或创建更迷人的演示。不多废话了，现在就让我们看一下键盘的工作原理。

键盘是由许多键、一块微控制芯片和支撑的电子设备构成。当按下键盘上的一个或多个键时，一个信息包数据流将传递给 Windows，描述按下的一个或多个键。Windows 随后处理这个数据流，并向你的窗口发送键盘事件消息。令人高兴的是在 Windows 环境下，可以以多种方式访问键盘消息。

- 通过 WM_CHAR 消息
- 通过 WM_KEYDOWN 和 WM_KEYUP 消息
- 通过调用 GetAsyncKeyState()

这三种方法的工作方式互相略有不同。WM_CHAR 和 WM_KEYDOWN 消息在按下键盘上的键或发生事件时由 Windows 产生。但是两个消息所封装的信息类型有所不同。当你按下键盘上的某个键（如 A）时，将产生两个数据：

- 扫描码（Scan Code）
- ASCII 码

扫描码是唯一地指定给键盘上每一个键的编码，它和 ASCII 码无关。多数情况下，你只想了解类似于是否按下了 A 键，而并不关心 Shift 键是否也同时按下等等的问题。基本上，只想将键盘作为一种瞬时开关来使用。通过使用扫描码就可以达到目的。当按下键时，WM_KEYDOWN 消息来负责产生扫描码。

而另一方面，ASCII 码是人为形成的数据。这表示如果按下键盘上的 A 键，而未按下 Shift 键且不使用 Caps Lock 键，你将只看到一个字符 a。类似地，如果按下 Shift+A，可以看到一个大写的 A。WM_CHAR 可以传递这种消息。

随你所愿，可以使用上述两种技术中的任一种。例如，如果是要编写一个文字处理器程序的话，你可能会使用 WM_CHAR 消息，因为字符大小写事关重大，所以必须使用 ASCII 代码，而非虚拟扫描码。另一方面，如果你正在编写一个游戏，并且 *F* 表示开火、*S* 表示猛戳、Shift 键表示格挡，那谁还在乎 ASCII 码是什么东西呢？你只是想知道键盘上的指定按钮是按下还是松开的。

阅读键盘的最后一种方法就是使用 Win32 函数 GetAsyncKeyState()，该函数在状态表（类似一个布尔型数组）中跟踪该键的最后已知状态。这是我较喜欢使用的方法，因为不必编写一个键盘处理函数。

现在你对各种方法都知道了一点，下面让我们依次对每一种方法进行详细讨论，首先从 WM_CHAR 消息开始：

WM_CHAR 消息具有下列参数：

wparam——包含所按下键的 ASCII 码。

lparam——包含一个按位编码的状态矢量，描述可能被按下的特殊控制键。该位编码如表 3-7 所示。

表 3-7   **键盘状态矢量的按位编码**

位	描述
0～15	重复计数，即用户持续按住某键造成该键被重复的次数
16～23	扫描码。该值依赖于键盘生产商（OEM）
24	布尔型：扩展键标识符。如果为 1，那么该键是一个扩展键，例如加强型的 101 或 102 键盘上的右边的 Alt 键和 Ctrl 键
29	布尔型：表示 Alt 键是否按下
30	布尔型：表示前一个键的状态。基本没用
31	布尔型：表示键的转换状态。如果结果为 1，该键正被释放；否则该键正被按住

为了处理 WM_CHAR 消息，你要做的就只是为它编写一个消息句柄，如下所示：

```
case WM_CHAR:
{
// extract ascii code and state vector
int ascii_code = wparam;
int key_state = lparam;

// take whatever action

} break;
```

当然，你可以测试想获得的各种状态的信息。例如，下面解释了如何测试 Alt 键正被按下：

```
// test the 29th bit of key_state to see if it's true

#define ALT_STATE_BIT 0x20000000
if (key_state & ALT_STATE_BIT)
   {
   // do something
   } // end if
```

你也可以用类似的逐位测试和逐位操作来测试其他状态。

作为处理 WM_CHAR 消息的例子，我创建了一个在用户按键时以 16 进制格式输出字符和状态矢量的演示程序。该程序名为 DEMO3_11.CPP，可执行文件 DEMO3_11.EXE。你可以试着按下各种组合键，看看程序的输出结果。下面的代码节选自 WinProc() 的处理和显示 WM_CHAR 信息的部分：

```
case WM_CHAR:
        {
        // get the character
        char ascii_code = wparam;
        unsigned int key_state = lparam;

        // get a graphics context
        hdc = GetDC(hwnd);

        // set the foreground color to green
        SetTextColor(hdc, RGB(0,255,0));

        // set the background color to black
        SetBkColor(hdc, RGB(0,0,0));

        // set the transparency mode to OPAQUE
        SetBkMode(hdc, OPAQUE);

        // print the ascii code and key state
        sprintf(buffer,"WM_CHAR: Character = %c   ",ascii_code);
        TextOut(hdc, 0,0, buffer, strlen(buffer));

        sprintf(buffer,"Key State = OX%X   ",key_state);
        TextOut(hdc, 0,16, buffer, strlen(buffer));

        // release the dc back
        ReleaseDC(hwnd, hdc);

        } break;
```

下一个键盘事件消息 WM_KEYDOWN 和 WM_CHAR 相似，只是其信息是未经处理的。在 WM_KEYDOWN 消息中传递的键数据是该键的虚拟扫描码，而不是 ASCII 码。虚拟扫描码和由键盘产生的标准扫描码相似，不同的是虚拟扫描码和具体键盘种类无关。例如，在 101 AT 型键盘上某个键的扫描码为 67，而在另一家厂商生产的键盘上则可能成了 69，看出问题来了吗？

Windows 中使用的解决办法是将实际的扫描码通过一个查找表虚拟化为虚拟扫描码。程序员使用虚拟扫描码，而让 Windows 做翻译工作。下面是 WM_KEYDOWN 消息的细节：

消息：WM_KEYDOWN

Wparam——包含所按下键的虚拟键代码。表 3-8 列出了一些最常用的键。

1para——包含一个按位编码的状态矢量，描述其他的可能被按下的特殊控制键。位编码如表 3-8 所示。

表 3-8   虚拟键编码

符号	值（十六进制）	描述
VK_BACK	08	退格键
VK_TAB	09	Tab 键
VK_RETURN	0D	回车键
VK_SHIFT	10	Shift 键
VK_CONTROL	11	Ctrl 键
VK_PAUSE	13	Pause 键
VK_ESCAPE	1B	Ese 键
VK_SPACE	20	空格键
VK_PRIOR	21	Page Up 键
VK_NEXT	22	Page Down 键
VK_END	23	End 键
VK_HOME	24	Home 键
VK_LEFT	25	左箭头键
VK_UP	26	上箭头键
VK_RIGHT	27	右箭头键
VK_INSERT	2D	插入键
VK_DELETE	2E	删除键
VK_HELP	2F	帮助键
No VK_Code 无 VK_编码	30–39	数字键 0 到 9
No VK_Code 无 VK_编码	41–5A	字母键 A 到 Z
VK_F1 - VK_F12	70–7B	功能键 F1 到 F12

注意：键 A 到 Z 和 0 到 9 没有对应的 VK_编码。必须使用数字常量或定义自己的虚拟键。

除了 WM_KEYDOWN 消息以外，还有一个 WM_KEYUP 消息。该消息和 WM_KEYDOWN 消息拥有同样的参数，即 wparam 含有虚拟键代码，而 lparam 含有键状态矢量。惟一的区别是 WM_KEYUP 在松开键时被发出。

例如，使用 WM_KEYDOWN 消息来控制，请看下面程序：

```
case WM_KEYDOWN:
    {
    // get virtual key code and data bits
    int virtual_code = (int)wparam;
```

```
    int key_state    = (int)lparam;

    // switch on the virtual_key code to be clean
    switch(virtual_code)
        {
        case VK_RIGHT:{} break;
        case VK_LEFT: {} break;
        case VK_UP:   {} break;
        case VK_DOWN: {} break;
        // more cases...

        default: break;
        } // end switch

    // tell windows that you processed the message
    return(0);
    } break;
```

作为一个实验，试着修改一下 DEMO3_11.CPP 中的程序，使它支持 WM_KEYDOWN 消息而不是 WM_CHAR 消息。当你解决这个问题后，让我们看一下查询键盘的最后一种方法。

访问键盘消息的最后一种方法是调用键盘状态函数：GetKeyboardState()、GetKeyState() 或 GetAsyncKeyState()。我们重点讨论一下 GetAsyncKeyState()，因为正如你所关心的，该函数作用于单个键而不是整个键盘。如果对其他函数感兴趣的话，可以在 Win32 SDK 中查阅。GetAsyncKeyState() 的原型是：

```
    SHORT GetAsyncKeyState(int virtual_key);
```

只需发给该函数想测试的虚拟键代码。返回值最高位是 1 表示该键被按下，否则该键被松开。让我写两个宏来方便测试：

```
#define KEYDOWN(vk_code) ((GetAsyncKeyState(vk_code) & 0x8000) ? 1 : 0)
#define KEYUP(vk_code)   ((GetAsyncKeyState(vk_code) & 0x8000) ? 0 : 1)
```

使用 GetAsyncKeyState() 的妙处是它和事件循环没有耦合关系。从而可以在任何地方测试按键。举例来说，你正在编写一个游戏，需要跟踪箭头键、空格键，可能还有 Ctrl 键。你不希望处理 WM_CHAR 或 WM_KEYDOWN 消息，而只想写类似这样的代码：

```
if (KEYDOWN(VK_DOWN))
   {
   // move ship down, whatever
   }       // end if

if (KEYDOWN(VK_SPACE))
   {
   // fire weapons maybe?
   }       // end if

// and so on
```

同理，欲检测某键松开（例如为了关闭引擎），可写如下代码：

```
if (KEYUP(VK_ENTER))
   {
   // disengage engines
   }       // end if
```

我创建了一个不断地在 WinMain() 中输出箭头键状态的演示程序。该程序是 DEMO3_12.CPP，可执行文件为 DEMO3_12.EXE。下面是该程序中的 WinMain()：

```
int WINAPI WinMain(HINSTANCE hinstance,
           HINSTANCE hprevinstance,
           LPSTR lpcmdline,
               int ncmdshow)
{
WNDCLASSEX winclass; // this will hold the class we create
```

```
HWND      hwnd;      // generic window handle
MSG       msg;       // generic message
HDC       hdc;       // graphics device context

// first fill in the window class stucture
winclass.cbSize        = sizeof(WNDCLASSEX);
winclass.style         = CS_DBLCLKS | CS_OWNDC |
                         CS_HREDRAW | CS_VREDRAW;
winclass.lpfnWndProc = WindowProc;
winclass.cbClsExtra  = 0;
winclass.cbWndExtra  = 0;
winclass.hInstance = hinstance;
winclass.hIcon     = LoadIcon(NULL, IDI_APPLICATION);
winclass.hCursor    = LoadCursor(NULL, IDC_ARROW);
winclass.hbrBackground    = (HBRUSH)GetStockObject(BLACK_BRUSH);
winclass.lpszMenuName    = NULL;
winclass.lpszClassName    = WINDOW_CLASS_NAME;
winclass.hIconSm     = LoadIcon(NULL, IDI_APPLICATION);

// save hinstance in global
hinstance_app = hinstance;

// register the window class
if (!RegisterClassEx(&winclass))
    return(0);

// create the window
if (!(hwnd = CreateWindowEx(NULL,          // extended style
            WINDOW_CLASS_NAME,             // class
            "GetAsyncKeyState() Demo",     // title
            WS_OVERLAPPEDWINDOW | WS_VISIBLE,
            0,0,                           // initial x,y
            400,300,                       // initial width, height
            NULL,                          // handle to parent
            NULL,                          // handle to menu
            hinstance,                     // instance of this application
            NULL)))                        // extra creation parms
return(0);

// save main window handle
main_window_handle = hwnd;

// enter main event loop, but this time we use PeekMessage()
// instead of GetMessage() to retrieve messages
while(TRUE)
    {
    // test if there is a message in queue, if so get it
    if (PeekMessage(&msg,NULL,0,0,PM_REMOVE))
       {
       // test if this is a quit
       if (msg.message == WM_QUIT)
          break;

       // translate any accelerator keys
       TranslateMessage(&msg);

       // send the message to the window proc
       DispatchMessage(&msg);
       } // end if

    // main game processing goes here
```

```
        // get a graphics context
        hdc = GetDC(hwnd);

        // set the foreground color to green
        SetTextColor(hdc, RGB(0,255,0));

        // set the background color to black
        SetBkColor(hdc, RGB(0,0,0));

        // set the transparency mode to OPAQUE
        SetBkMode(hdc, OPAQUE);

        // print out the state of each arrow key
        sprintf(buffer,"Up Arrow: = %d   ",KEYDOWN(VK_UP));
        TextOut(hdc, 0,0, buffer, strlen(buffer));

        sprintf(buffer,"Down Arrow: = %d   ",KEYDOWN(VK_DOWN));
        TextOut(hdc, 0,16, buffer, strlen(buffer));

        sprintf(buffer,"Right Arrow: = %d   ",KEYDOWN(VK_RIGHT));
        TextOut(hdc, 0,32, buffer, strlen(buffer));

        sprintf(buffer,"Left Arrow: = %d   ",KEYDOWN(VK_LEFT));
        TextOut(hdc, 0,48, buffer, strlen(buffer));
        // release the dc back
        ReleaseDC(hwnd, hdc);

    }       // end while
// return to Windows like this
return(msg.wParam);

}            // end WinMain
```

如果浏览了 CD-ROM 上的整个源程序，你将会发现该窗口的消息处理程序中根本没有 WM_CHAR 和 WM_KEYDOWN 的处理。在 WinProc() 中处理的消息越少越好。另外，这是你首次见到处理在 WinMain() 中进行，WinMain() 是处理整个游戏的部分。注意这里没有做任何定时延迟或同步的处理，因此信息的重画是不受限制的（换句话说就是尽量快地运行）。在第 4 章中，你将学习定时操作，以及如何将进程锁定在某个帧速率上等等问题。现在让我们开始讨论鼠标。

3.4.3　处理鼠标事件

鼠标可能是有史以来最具革命性的计算机输入设备。轻轻地移动，然后轻轻地点击，而鼠标垫则被物理地映射到屏幕表面——那真是一场革命！总之，如你所猜的那样，关于鼠标 Windows 有非常多的消息，但我们仅讨论其中两类消息：WM_MOUSEMOVE 和 WM_*BUTTON*。

首先讨论 WM_MOUSEMOVE 消息。关于鼠标要记住的第一件事情就是：鼠标位置是相对于其所处的窗口用户区而言的。参见图 3-22，鼠标传递的是相对于窗口左上角（坐标为 (0, 0)）的坐标。

除此以外，WM_MOUSEMOVE 消息是相当直观的。

消息：WM_MOUSEMOVE

参数：

```
int mouse_x = (int)LOWORD(lParam);
int mouse_y = (int)HIWORD(lParam);

int buttons = (int)wParam;
```

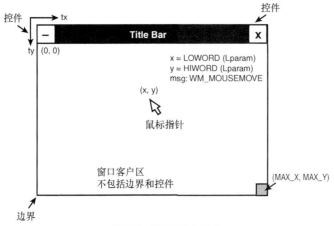

图 3-22 鼠标移动的细节

基本上，lparam 中的位置信息被编码为 16 位数据项，而按键编码被编码到 wparam，如表 3-9 所示。

表 3-9   WM_MOUSEMOVE 按键编码

值	描述
MK_LBUTTON	如果按下鼠标左键则设定该值
MK_MBUTTON	如果按下鼠标中间按键则设定该值
MK_RBUTTON	如果按下鼠标右键则设定该值
MK_CONTROL	如果按下 Ctrl 键则设定该值
MK_SHIFT	如果按下 Shift 键则设定该值

现在所要做的就是将其中一个位码和按键状态进行逻辑"与"运算，于是可以检测到哪些按键被按下。下面是跟踪鼠标的 x、y 位置和左右键状态的例子。

```
case WM_MOUSEMOVE:
{
// get the position of the mouse
int mouse_x = (int)LOWORD(lParam);
int mouse_y = (int)HIWORD(lParam);

// get the button state
int buttons = (int)wParam;

// test if left button is down
if (buttons & MK_LBUTTON)
   {
   // do something
   } // end if
// test if right button is down
if (buttons & MK_RBUTTON)
   {
   // do something
   } // end if

} break;
```

这段代码太好理解了。CD-ROM 上的 DEMO3_13.CPP 及其可执行文件给出了跟踪鼠标的实例。该程序使用上面的程序作为出发点，输出鼠标的位置和按键的状态。请注意现在按键状态变化只在鼠标移动中才被显示。这是可以理解的，因为该消息是在鼠标移动时而非按键被按下时发出的。

这里还有一些细节问题，没有任何保证说 WM_MOUSEMOVE 总是会被发送。如果你过快地移动鼠标，系统就来不及跟踪它。因此，不要假设能够完美地跟踪鼠标的每次移动。虽然大多数情况下这不是个问题，但还是要了解这点。这会儿你可能正在抓耳挠腮地思考：如果没有移动鼠标，而只是按下鼠标按键，这时又该如何跟踪鼠标？答案是有许多消息可以解决这个问题。请看表 3-10。

表 3-10　　　　　　　　　　　　　　鼠标按键消息

消息	描述
WM_LBUTTONDBLCLK	鼠标左键双击
WM_LBUTTONDOWN	按下鼠标左键
WM_LBUTTONUP	松开鼠标左键
WM_MBUTTONDBLCLK	鼠标中键双击
WM_MBUTTONDOWN	按下鼠标中键
WM_MBUTTONUP	松开鼠标中键
WM_RBUTTONDBLCLK	鼠标右键双击
WM_RBUTTONDOWN	按下鼠标右键
WM_RBUTTONUP	松开鼠标右键

类似于 WM_MOUSEMOVE 消息，按键消息也含有编码保存在 wparam 和 lparam 中的鼠标位置信息。例如，要测试左键双击，可以这样写：

```
case WM_LBUTTONDBLCLK:
    {
    // extract x,y and buttons
    int mouse_x = (int)LOWORD(lParam);
    int mouse_y = (int)HIWORD(lParam);
    // do something intelligent

    // tell windows you handled it
    return(0);
    } // break;
```

真是太强大了，你认为呢？Windows 和我们简直是一家人啊。

3.5　自行发送消息

我想讨论的最后一个主题是自行传递消息。自行传递消息有两种方法：

SendMessage()——向窗口传递一个要求立即处理的消息。接收窗口处理完该消息后，该函数便紧接着 WinProc() 返回。

PostMessage()——将消息发往窗口的消息队列，而后直接返回。如果不在意在消息被处理以前的时间延迟，或者该消息的优先级较低，就可以使用该函数。

这两个函数的原型基本相似，如下所示：

```
LRESULT SendMessage(HWND hWnd, // handle of destination window
```

```
        UINT Msg,          // message to send
        WPARAM wParam,     // first message parameter
        LPARAM lParam);    // second message parameter
```
SendMessage()的返回值就是接收消息的窗口的 WinProc()的返回值。
```
BOOL PostMessage(HWND hWnd,      // handle of destination window
        UINT Msg,          // message to post
        WPARAM wParam,     // first message parameter
        LPARAM lParam );   // second message parameter
```
如果执行成功的话，PostMessage()将返回一个非零值。注意，这一点上它和 SendMessage()不同。因为 SendMessage()实际上调用 WinProc()，而 PostMessage()只是将一个消息不经处理就置入接收窗口的消息队列中。

你可能奇怪为什么要自行发送消息呢。但其实理由有许多。这样做是因为 Windows 的设计者希望你这样做，这也是在窗口环境下的工作原理。例如，在下一章中，当我们讨论如按键之类的窗口控件时，发送消息是和一个控件窗口交流的惟一途径！当然，我猜你喜欢内容更具体一点。

在迄今为止所有的演示程序中，你都是通过双击关闭框或按下 Alt+F4 来终止程序。如果能通过编写代码来关闭窗口，不是更好么？

你知道 WM_CLOSE 和 WM_DESTROY 两者均能完成这项工作。如果使用 WM_CLOSE，可能只会给应用程序一点警告；而 WM_DESTROY 则相对更严厉一些。但是无论你采用哪种方式，都只需这样写：
```
SendMessage(hwnd, WM_DESTROY,0,0);
```
若是你希望加上稍许延迟，同时也不在意消息被排入等待队列，你便可以使用 PostMessage()：
```
PostMessage(hwnd, WM_DESTROY,0,0);
```
这两种情况都会终止应用程序——当然，除非在 WM_DESTROY 的处理中存在某种控制逻辑。但接下来的问题是何时发出消息。其实，这随便你。在游戏中，你可以跟踪 Esc 键来终止程序。你可以这样在主事件循环中使用 KEYDOWN()宏来终止程序：
```
if (KEYDOWN(VK_ESCAPE))
    SendMessage(hwnd,WM_CLOSE,0,0);
```
关于上面的可运行的程序代码，请参见光盘上的 DEMO3_14.CPP 及其可执行文件 DEMO3_14.EXE。该程序准确实现了上述程序的逻辑过程。作为实验，你也可以试着使用 PostMessage()来发送一条 WM_DESTROY 消息。

警告

将消息发往主事件循环外部可能引起不可预知的问题。例如，在前面讨论的情况下，通过在主事件循环外用 SendMessage()直接向 WinProc()发送一个消息，可以终止窗口。但是如果你按通常假设地那样认为事件句柄总会在主事件循环之前处理该消息，你会造成一个执行顺序被打乱（out-of-execution-order）的潜在错误。这表示你本来期待事件 B 在事件 A 之后发生，但是在某些情况下事件 B 在事件 A 之前发生了。这一来情况便截然不同了！这是传递消息时容易出现的典型问题，因此一定要考虑完整。PostMessage()通常更安全一些，因为它不会在事件队列里跳过任何一个事件。

最后，还有一种发送自定义消息的方式就是使用 WM_USER。以 WM_USER 作为消息类型，使用 SendMessage()或 PostMessage()来传递消息。你可以任意设置 wparam 和 lparam 的值。例如，你想用 WM_USER 消息为内存管理系统创建大量的虚拟消息。如下所示：
```
// defines for memory manager
#define ALLOC_MEM     0
#define DEALLOC_MEM   1
// send WM_USER message, use the lparam as amount of memory
// and the wparam as the type of operation
```

```
SendMessage(hwnd, WM_USER, ALLOC_MEM, 1000);
```
然后，在 WinProc()中你可以会这样写：
```
case WM_USER:
{
// what is the virtual message
switch(wparam)
    {
    case ALLOC_MEM: {} break;
    case DEALLOC_MEM: {} break;
    // .. more messages
    } // end switch
} break;
```
如上所示，可以对 wparam 和 lparam 中的任何消息进行编码，然后干一些类似于上面无聊例子的事，或者你也可以做些更有趣的事！

3.6　小结

谢天谢地！真没想到我竟然写完了这一章。在本章中我们集中讨论了资源、菜单、输入设备、GDI 和消息。须知一篇较完备的专论 Windows 的文章通常有约 3000 页呢。这下你能理解我两难的处境了吧。但我觉的本章已经覆盖了大部分有用的内容。读完本章之后，你完全可以进行 Windows 编程工作了。

第 4 章　Windows GDI、
控件和灵感

本章是本书纯粹讲述 Windows 编程的最后一章。谢天谢地！我们将详细讨论使用图形设备接口的内容。内容包括绘制像素、线和简单的几何形状。然后我们简略讨论一下定时方法，以 Windows 的子控件来结束 Windows 编程内容。最后我们综合所学内容，创建一个 T3D 游戏控制台模板应用程序。该模板程序将作为本书余下的章节中所有演示的开始。下面列出了本章涉及的主要内容：

- 高级 GDI 编程、画笔、画刷和渲染
- 子控件
- 系统定时函数
- 发送消息
- 接受信息
- T3D 游戏控制台

4.1　高级 GDI 绘图

像我曾提到过的那样，比起 DirectX 来，GDI 实在是太慢了。但是 GDI 在各方面全能，并且是 Windows 系统与生俱来的的渲染引擎。也就是说，如果想创建任何工具或标准的 GDI 应用程序，了解关于 GDI 的工作方式是很有益处的。而了解如何将 GDI 和 DirectX 混合在一起使用，可以让你借助 GDI 的全功能来仿真那些程序中尚未以 DirectX 实现的函数。因此 GDI 可以在编写游戏程序演示功能时作为一种速度较慢的软件仿真，至少你还应该了解 GDI 的内容。

下面我们来讨论一下一些基本的 GDI 操作，还可以通过浏览 Win32 SDK 来了解更多的 GDI 内容，在本书中可以学到一些基本的技巧，而不是 GDI 的每一个功能。这就像看一个计算机分销商展览——看到了一个，也就看到了全部。

4.1.1　掀开图形设备描述表的盖头来

在第 3 章中，你已经见过几次表示设备描述表的句柄的数据类型（Handle to Device Context），或者说是 HDC。这里设备描述表是一个图形设备描述表类型，当然还有其他的设备描述表，如打印机描述表。但是，究竟什么是图形设备描述表？这到底是什么意思？问得好！

一个图形设备描述表实际上就是一种对安装在系统中的视频图像卡的描述。因此，当获得了对一个图形设备描述表或句柄的访问的时候，实际上就意味着获得安装在计算机系统上的视频卡具体描述及其分辨率和色彩容量等等信息。对于使用 GDI 的任何图形调用，该信息都是必须的。从本质上说，你所提供给任何 GDI 函数的 HDC 句柄，都用来访问函数需要操作的视频系统的重要信息。这就是为什么需要一个图形设备描述表。

图形设备描述表跟踪编程过程中可能改变的软件设置。例如，GDI 使用一定数量的图形对象，如画笔、画刷、线型等等。GDI 使用上述基本数据描述来绘制任何一种基本图元。因此，尽管当前画笔颜色是你设置的某种颜色，并且也不是视频卡的默认颜色，但是图形设备描述表仍然跟踪它。因此，图形设备描述表不仅是视频系统的硬件描述，而且还是记录和保存设置的信息库，由此你的 GDI 函数调用能够使用这些设置，而不是和这些调用一起发送。这样可以省去 GDI 函数调用时的许多参数。下面让我们看一下如何使用 GDI 对图形渲染。

4.1.2 颜色、画笔和画刷

如果认真考虑的话，能够在计算机屏幕上绘制的对象的类型并没有多少。当然绘制图形的形状和颜色有无穷多种，但对象的类型是很有限的。这些对象就是点、线和矩形。其他的任何东西都是这些基本图元对象类型的组合。

GDI 所采用的这种方法有点像一个画家。一个画家使用颜色、画笔和画刷来绘画——我们也是这样。GDI 以相同的方式工作，并且还有下面的定义：

● **画笔**——用于画线条和轮廓，具有颜色、粗细和线型。
● **画刷**——用于填充任何闭合的对象，具有颜色、样式，甚至本身可以是位图。图 4.1 给出了详细的图示。

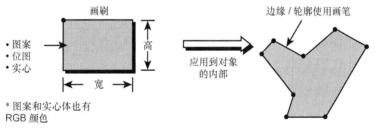

图 4-1 画刷详解

在我们具体接触画笔和画刷以及实际使用它们之前，必须先了解 GDI 的情况。GDI 一般同时只使用一个画笔和一个画刷。诚然，在你的系统配置中可以有许多画笔和画刷，但是在当前图形设备描述表中每次只有一个画笔或画刷被激活。这样就必须"选择对象"并置入图形设备描述表，以便于使用。

请记住，图形设备描述表不仅是一个视频卡及其服务的描述，而且还是当前绘制工具的描述。设备描述表跟踪的绘制工具，举例来说主要是画笔和画刷，你必须从图形设备描述表中或之外选择这些工具。该过程称之为选定（selection）。例如：程序运行时，先选定一个新的画笔，然后选定它进行之后的绘制，也可以选定不同的画刷并且选择画刷输出等等。应当记住的是一旦描述表中选定了一个绘图对象，该对象会一直被使用，直到被修改为止。

最后，无论何时创建了一个新的画笔或画刷，在完成绘制图形之后必须删除该画笔或画刷。这是非常重要的，因为 Windows GDI 关于画笔和画刷句柄只有有限数目的存取位置，有可能被用光！但我们过会儿再解决这个问题。好，现在我们首先讨论画笔，之后是画刷。

4.1.3　使用画笔

画笔句柄称为 HPEN。下面是如何创建一个 NULL 画笔：

`HPEN pen_1 = NULL;`

pen_1 是一个画笔句柄，但是，pen_1 仍未经加载或定义，还缺少必要的信息。操作可以通过下面两种方法中的一种来完成。

● 使用存储对象

● 创建一个用户自定义的画笔

请记住，存储对象（Stock Objects），或存储某某，这种说法用于表示 Windows 的一些默认类型的对象。对于画笔，已经有一些已经定义的画笔类型，但还是非常有限。可以使用下面所示的 GetStockObject() 函数来取得一些不同的对象句柄，包括画笔、画刷还有字体等的句柄。

`HGDIOBJ GetStockObject(int fnObject); // type of stock object`

该函数接受一个欲取得的存储对象的类型作为参数，并返回一个该类型对象的句柄。画笔的类型是预先定义的存储对象，如表 4-1 所示。

表 4-1　　　　　　　　　　　　　　　　　　存储对象类型

值	描述
BLACK_PEN	黑色画笔
NULL_PEN	空（NULL）画笔
WHITE_PEN	白色画笔
BLACK_BRUSH	黑色画刷
DKGRAY_BRUSH	深灰色画刷
GRAY_BRUSH	灰色画刷
HOLLOW_BRUSH	中空的画刷（相当于 NULL_BRUSH）
LTGRAY_BRUSH	浅灰色画刷
NULL_BRUSH	空的画刷
WHITE_BRUSH	白色画刷
ANSI_FIXED_FONT	标准的 Windows 固定间距（等宽）系统字体
ANSI_VAR_FONT	标准的 Windows 可变间距（比例间距）系统字体
DEFAULT_GUI_FONT	只用于 Windows 95：用户界面对象如菜单和对话框的默认字体
OEM_FIXED_FONT	由各生产商（OEM）确定的固定间距（等宽）字体
SYSTEM_FONT	系统字体，默认情况下，Windows 使用系统字体来绘制菜单、对话框控制功能和文本。在 Windows 3.0 版本之后的系统中，系统字体为成比例间距字体，3.0 以前的 Windows 版本使用等宽系统字体
SYSTEM_FIXED_FONT	Windows 3.0 之前的版本使用的固定间距（等宽）系统字体。该存储对象用来和 Windows 早期的版本兼容

由表 4-1 可以看到，并没有很多的画笔可供选择。（这也算是 GDI 的一点小幽默，明白吗？）无论如何，这是如何一个创建白色画笔的例子：

`HPEN white_pen = NULL;`

```
white_pen = GetStockObject(WHITE_PEN);
```
当然 GDI 并不知道 white_pen，因为 white_pen 尚未被选定到图形设备描述表中，但我们很快就要这样做。

一种更有趣的创建画笔的方法是：通过定义画笔颜色、线型和线宽（单位是像素数）来自己创建画笔。用来创建画笔的函数是 CreatePen()，如下所示：

```
HPEN CreatePen(int fnPenStyle,       // style of the pen
               int nWidth,           // width of pen in pixels
               COLORREF crColor);    // color of pen
```
nWidth 和 crColor 这两个参数都非常容易理解，但是 fnPenStyle 需要稍作解释。

大多数情况下画的是实线，但有时可能也需要画一条虚线来表示图表程序中的一些内容。显然可以通过画大量的其间夹杂小空格的实线来组成一条虚线，但是为什么不让 GDI 为你完成这件事呢？线型提供了这个功能。当 GDI 渲染线条时，进行逻辑"与"运算或者用一个线条样式过滤器（Line Style Filter）遮掩（Mask）上去。这样，就可以绘制由点和虚线、实像素或者其他任何的一维实体来构成的线条。表 4.2 给出了一些有效线条样式（线型）供你选择。

表 4-2   CreatePen()所支持的线型

样式	描述
PS_NULL	画笔为不可见
PS_SOLID	画笔为实线
PS_DASH	画笔为虚线
PS_DOT	画笔为点
PS_DASHDOT	画笔为点划线
PS_DASHDOTDOT	画笔为双点划线

例如，我们创建三支画笔，每支画笔都是 1 个像素宽的实线型：
```
// the red pen, notice the use of the RGB macro
HPEN red_pen = CreatePen(PS_SOLID, 1, RGB(255,0,0));

// the green pen, notice the use of the RGB macro
HPEN green_pen = CreatePen(PS_SOLID, 1, RGB(0,255,0));

// the blue pen, notice the use of the RGB macro
HPEN blue_pen = CreatePen(PS_SOLID, 1, RGB(0,0,255));
```
让我们也创建一支白色虚线画笔：
```
HPEN white_dashed_pen = CreatePen(PS_DASHED, 1, RGB(255,255,255));
```
够简单吧！下面看一下如何朝图形设备描述表中选定画笔。虽然我们仍然不知道如何画出东西，但现在正是合适的时间让你有点概念。

要将任何 GDI 对象选择到图形设备描述表，使用如下所示的 SelectObject()函数：
```
HGDIOBJ SelectObject(HDC hdc,        // handle of device context
                     HGDIOBJ hgdiobj); // handle of object
```
SelectObject()接受图形描述表句柄以及所选择对象的句柄作为参数。注意，SelectObject()是一个多态的（Polymorphic）函数，也就是说它可以使用不同的句柄类型，这是因为所有的图形对象句柄都是数据类型 HGDIOBJ（GDI 对象句柄）的子类。并且，该函数返回当前的对象句柄，即将要从描述表中取消选定的对象句柄。换句话说，如果向该描述表中选定了一个新画笔，很明显就要取消对旧画笔的选定。因此，可以保存旧句柄并且可以一直存储着备用。下面是向图形描述表中选定一个画笔并保存旧画笔的一个例子：

```
HDC hdc; // the graphics context, assume valid

// create the blue
HPEN blue_pen = CreatePen(PS_SOLID, 1, RGB(0,0,255));

HPEN old_pen = NULL; // used to store old pen
// select the blue pen in and save the old pen
old_pen = SelectObject(hdc, blue_pen);

// do drawing...

// restore the old pen
SelectObject(hdc, old_pen);
```

最后，当已经不需要再使用通过 GetStockObject() 或 CreatePen() 创建的画笔的时候，必须销毁（Destroy）它们。销毁的工作由 DeleteObject() 函数来完成，该函数和 SelectObject() 函数相类似，也是一个多态的函数，可以删除不同的对象类型。下面是其原型：

```
BOOL DeleteObject(HGDIOBJ hObject); // handle to graphic object
```

警告

销毁画笔时应当非常小心。如果要删除一个当前正被选定的对象，或者选定一个当前已被删除的对象，将发生错误，并且可能是一个严厉的通用保护错误（GP Fault）。

注意

在这里我并没有做很多错误检查，但明显地应当进行错误检查。在真实的程序里，你应当总是检查函数调用的返回值，已确定它们是不是成功地运行的；否则，很容易出乱子。

下一个问题是何时对图形对象调用 DeleteObject() 函数。通常，可以在程序结束的时候调用它。但如果你创建了几百个对象，用了一会儿以后，你知道在程序的剩余部分里不再会用到它们，就应该果断地当场删除这些对象。这是因为 Windows GDI 只有有限的资源。下面例子演示如何释放并删除在前面例子中创建的一组画笔：

```
DeleteObject(red_pen);
DeleteObject(green_pen);
DeleteObject(blue_pen);
DeleteObject(white_dashed_pen);
```

警告

不要试图删除已经被删除的对象。那样做将导致无法预料的结果！

4.1.4 使用画刷

下面再多讨论一下画刷。除却外观以外，画刷在很多方面都和画笔相似。画刷常用于填充图形对象，而画笔则用来绘制对象的轮廓或简单线条。但是，原则仍然是在不断变化的。画刷句柄称之为 HBRUSH。要定义一个空白的画刷对象，如下所示：

```
HBRUSH brush_1 = NULL;
```

为了让画刷看起来比较有型，可以通过 GetStockObject() 使用表 4.1 中的一种画刷类型，或也可以自己定义一个。例如，下面是如何创建一个浅灰色存储画刷的例子：

```
brush_1 = GetStockObject(LTGRAY_BRUSH);
```

太简单了，不是吗？要创建更有趣的画刷，可以选择填充图案类型和色彩，就像在画笔中所做的工作一样。可惜 GDI 将画刷规定为两类：实心的（Solid）和阴影线的（Hatched）。我认为这样规定是非常愚蠢的——GDI 应当允许所有的画刷都是带阴影线的，并且只需要一个实心类型。创建实心填充画刷的函数是 CreateSolidBrush()，如下所示：

```
HBRUSH CreateSolidBrush(COLORREF crColor); // brush color
```
要创建一个绿色实心画刷，只需这样做：
```
HBRUSH green_brush = CreateSolidBrush(RGB(0,255,0));
```
而要将该画刷选定到图形设备描述表中，这样做：
```
HBRUSH old_brush = NULL;

old_brush = SelectObject(hdc, green_brush);

// draw something with brush

// restore old brush
SelectObject(hdc, old_brush);
```
在程序结束时，应当这样删除该画刷对象：
```
DeleteObject(green_brush);
```
是不是很有道理呢？简而言之，你创建、选定、使用并删除一个对象。下面是如何创建带图案或阴影线的画刷。

要创建一个带阴影线的画刷，使用 CreateHatchBrush()函数，原型如下：
```
HBRUSH CreateHatchBrush(int fnStyle,      // hatch style
                        COLORREF clrref); // color value
```
画刷的样式可以是表 4-3 中所列的某个值。

表 4-3　　　　　　　　　　CreateHatchBrush()所支持的样式值

值	描述
HS_BDIAGONAL	从左上到右下的 45°阴影线
HS_CROSS	水平和垂直的交叉阴影线
HS_DIAGCROSS	45°交叉阴影线
HS_FDIAGONAL	从左下到右上的 45°阴影线
HS_HORIZONTAL	水平阴影线
HS_VERTICAL	垂直阴影线

作为关于画刷的最后一个例子，让我们创建一个具有交叉阴影线的红色画刷：
```
HBRUSH red_hbrush = CreateHatchBrush(HS_CROSS, RGB(255,0,0));
```
将它选定到设备描述表中：
```
HBRUSH old_brush = SelectObject(hdc, red_hbrush);
```
最后恢复旧画刷，并删除创建的红色画刷：
```
SelectObject(hdc, old_brush);
DeleteObject(red_hbrush);
```
当然，我们仍然没有使用画笔或画刷做任何事情，但是我们将会用到它们，哈哈。

4.2　点、线、平面多边形和圆

现在已经理解了画笔和画刷的概念，就应当学习如何使用这些实体在实际程序中来绘制对象。首先看一下最简单的图形对象——点。

4.2.1 绘制点

使用 GDI 绘制点是很容易的事，不需要画笔或画刷。这是因为一个点只是单个像素，选定画笔或画刷并不起任何作用。要在窗口用户区中绘制一个点，需要有窗口的 HDC 以及要绘制点的坐标和颜色。但是并不需要选定颜色，只要用所有这些信息来调用 SetPixel()，请看：

```
COLORREF SetPixel(HDC hdc, // the graphics context
                  int x,   // x-coordinate
                  int y,   // y-coordinate
                  COLORREF crColor); // color of pixel
```

该函数接受 HDC 以及（x, y）坐标和颜色作为参数。然后该函数绘制像素点，并返回实际绘制的颜色。如果在 256 色模式下要求画一个并不存在的 RGB 颜色，GDI 将绘制一种和所要求颜色最接近的颜色，然后返回实际绘制的 RGB 颜色。如果对传递到函数中的（x, y）坐标的实际意义感到不清楚，请看图 4-2。图中表示了一个窗口以及 Windows GDI 使用的坐标系，该坐标系是一个上下颠倒的第一象限的笛卡尔坐标系，也就是说，x 值从左往右增大，而 y 值从上向下增大。

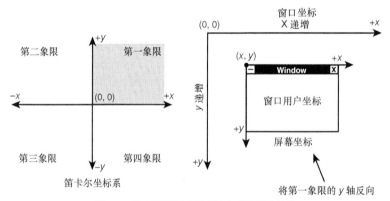

图 4-2　窗口坐标系和标准笛卡尔坐标系的关系

从技术上讲，GDI 还有其他的映射模式，但是上述模式为默认模式，并且是适用于所有的 GDI 和 DirectX 的模式。请注意，坐标原点（0, 0）是窗口用户区域的左上角。可以应用 GetWindowDC()而不是 GetDC() 来获得整个窗口的 HDC。区别在于如果使用 GetWindowDC()来检索 HDC，图形设备描述表适用于整个窗口。通过使用 GetWindowDC()获取的 HDC，你可以在包括该窗口控件在内的区域上面绘图，而不仅仅是在用户区。下面的例子是在 400×400 的窗口中绘制 1000 个具有随机位置和颜色的点：

```
HWND hwnd; // assume this is valid
HDC hdc;   // used to access window

// get the dc for the window
hdc = GetDC(hwnd);

for (int index=0; index<1000; index++)
    {
    // get random position
    int x = rand()%400;
    int y = rand()%400;

    COLORREF color = RGB(rand()%255,rand()%255,rand()%255);
```

```
SetPixel(hdc, x,y, color);

}// end for index
```

绘制像素点的例子请看 DEMO4_1.CPP 以及 DEMO4_1.EXE。这两个程序用持续循环演示了上面的程序代码。图 4-3 是该程序运行时的屏幕抓图。

4.2.2　绘制线段

现在让我们绘制第二基本的复合对象——线段。要绘制线段，需要创建画笔，然后调用线段绘制函数。在 GDI 环境下，线段要稍微复杂一点。GDI 绘制线段一般采用三个步骤：

1. 创建画笔，并在图形设备描述表中选定该画笔。所有的线段都将使用该画笔来绘制。

2. 设定线段的起始位置。

3. 从起始位置到终点位置绘制线段（该终点位置成为下一条线段的起始位置）。

图 4-3　像素绘制程序 DEMO4_1.EXE

4. 如果想绘制更多的线段，重复步骤 3。

大体上可以理解成，GDI 用一个不可见的小光标，来跟踪将被绘制的线段的当前起始位置。要绘制线段的话，你必须自己设定该起始位置，但是一旦设定，GDI 将随着每条线段的绘制而更新，以满足绘制复杂对象（如多边形）的要求。设定该光标的初始位置的函数是 MoveToEx()函数：

```
BOOL MoveToEx(HDC hdc, // handle of device context
              int X,   // x-coordinate of new current position
              int Y,   // y-coordinate of new current position
              LPPOINT lpPoint ); // address of old current position
```

假设要绘制一条从(10, 10)到(50, 60)的线段，应当首先调用 MoveToEx()，如下所示：

```
// set current position
MoveToEx(hdc, 10, 10, NULL);
```

注意，最后一个参数为 NULL。如果要保存最后一个位置，则：

```
POINT last_pos; // used to store last position

// set current position, but save last
MoveToEx(hdc, 10, 10, &last_pos);
```

顺便再重新提一下 POINT 结构，或许你已经忘记它了：

```
typedef struct tagPOINT
    { // pt
    LONG x;
    LONG y;
    } POINT;
```

好，一旦已经设置了线段的初始位置，可以调用 LineTo()函数来绘制一条线段：

```
BOOL LineTo(HDC hdc, // device context handle
            int xEnd, // destination x-coordinate
            int yEnd);// destination y-coordinate
```

下面来进行一个完整的绘制线段的实例，从(10, 10)到(50, 60)绘制一段绿色实线：

```
HWND hwnd; // assume this is valid

// get the dc first
HDC hdc = GetDc(hwnd);

// create the green pen
```

```
HPEN green_pen = CreatePen(PS_SOLID, 1, RGB(0,255,0));

// select the pen into the context
HPEN old_pen = SelectObject(hdc, green_pen);

// draw the line
MoveToEx(hdc, 10,10, NULL);
LineTo(hdc,50,60);

// restore old pen
SelectObject(hdc, old_pen);

// delete the green pen
DeleteObject(green_pen);

// release the dc
ReleaseDC(hwnd, hdc);
```

要绘制一个三个顶点分别为(20,10)、(30,20)、(10,20)的三角形，代码如下：

```
// start the triangle
MoveToEx(hdc, 20,10, NULL);

// draw first leg
LineTo(hdc,30,20);

// draw second leg
LineTo(hdc,10,20);

// close it up
LineTo(hdc,20,10);
```

这样你就会明白为什么 MoveToEx()—LineTo()技术是有用的了。

作为绘制线条的可运行的实例，请看 DEMO4_2.CPP。该程序以高速绘制随机位置的线段。它的输出如图 4-4 所示。

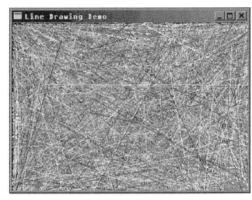

图 4-4　线条绘制程序 DEMO4_2.EXE

4.2.3　绘制矩形

GDI 绘制的下一个内容是矩形。矩形使用画笔和画刷（如果矩形内部区域需要填充的话）来绘制。因此说，矩形是最复杂的 GDI 基本图元。要绘制矩形，使用 Rectangle()函数，其原型如下所示：

```
BOOL Rectangle(HDC hdc, // handle of device context
    int nLeftRect,      // x-coord. of bounding
                        // rectangle's upper-left corner
    int nTopRect,       // y-coord. of bounding
                        // rectangle's upper-left corner
    int nRightRect,     // x-coord. of bounding
                        // rectangle's lower-right corner
    int nBottomRect);   // y-coord. of bounding
                        // rectangle's lower-right corner
```

Rectangle()函数使用当前的画笔和画刷绘制矩形，如图 4-5 所示。

注意

我希望使你注意到一个非常重要的细节。传递到 Rectangle()函数的坐标是该矩形的边界框。这就意味着，如果线型为 NULL 的话，你将会得到一个实心的矩形，而且在四个方向上各短了一个像素。

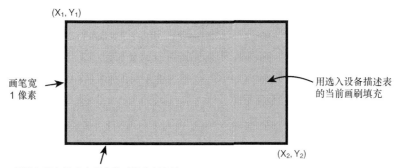

图 4-5　使用 DrawRectangle()函数

还有两个用于绘制矩形的更专门的函数：FillRect()和 FrameRect()，如下所示：

```
int FillRect(HDC hDC,       // handle to device context
    CONST RECT *lprc,       // pointer to structure with rectangle
    HBRUSH hbr);            // handle to brush

int FrameRect( HDC hDC,     // handle to device context
    CONST RECT *lprc,       // pointer to rectangle coordinates
    HBRUSH hbr);            // handle to brush
```

FillRect()不使用边界画笔而绘制一个填充的矩形，包含左上角点，但不包含右下角点。因此，如果要在一个矩形中填充(10，10)到(20，20)的区域，必须在 RECT 结构中发送(10，10)到(21，21)。

而 FrameRect()是另一个极端，它绘制仅有边界的中空的矩形。不可思议的是，FrameRect()只使用画刷而不使用画笔。下面是使用 Rectangle()函数绘制一个实心填充的矩形的实例：

```
// create the pen and brush
HPEN blue_pen = CreatePen(PS_SOLID, 1, RGB(0,0,255));
HBRUSH red_brush = CreateSolidBrush(RGB(255,0,0));
// select the pen and brush into context
SelectObject(blue_pen);
SelectObject(red_brush);

// draw the rectangle
Rectangle(hdc, 10,10, 20,20);

// do house keeping...
```

接着是使用 FillRect()函数的相似的例子：

```
// define rectangle
RECT rect {10,10,20,20};


// draw rectangle
FillRect(hdc, &rect, CreateSolidBrush(RGB(255,0,0)));
```

注意这儿的窍门。我临时定义了画刷和 RECT。在这里画刷根本不需要删除，因为它从来没有被选定到设备描述表中去；也就是说，这只是个临时对象。

警告

在这些实例中，我对 HDC 和其他的细节讨论得不很精确，所以我希望你认识到这点。很明显，要运行这些实例中的任何一个，都必须要有一个窗口、HDC，而且对每一段都执行合适的初始和终止程序。随着本书内容逐步加深，我假设你已经了解了这些问题。

使用 Rectangle() 函数的例子，可以参见 DEMO4_3.CPP；该程序在窗口表面上绘制任意尺寸和颜色的矩形。我获取了整个窗口的句柄，而不仅仅是用户区的，因此该窗口看上去就像它正在进行自毁——酷得很。图 4-6 给出了该程序的运行结果。

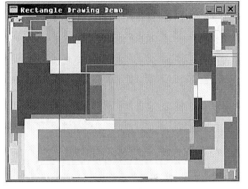

图 4-6　矩形绘制程序 DEMO4_3.EXE

4.2.4　绘制圆

20 世纪 80 年代的时候如果你能够在计算机上画一个圆，那你简直是聪明极了。有几种方法来画圆，可以使用解析的公式：

$$(x-x0)^2 + (y-y0)^2 = r^2$$

或者也可以使用 sin 和 cos 函数：

```
x=r*cos(angle)
y=r*sin(angle)
```

或者使用查找表！可是问题出在圆并不是能够最快生成的图形。这曾经是个两难问题，可自从有了 Pentium II 处理器，就不再是难题了。无论如何，GDI 有一个画圆的函数——实际上 GDI 是按照绘制椭圆的方式来画圆。

从几何学上讲，椭圆就是在两个轴中的一个轴上被压扁了的圆。椭圆具有一个长轴和一个短轴，图 4-7 表示了中心在 (x_0, y_0) 的椭圆方程。

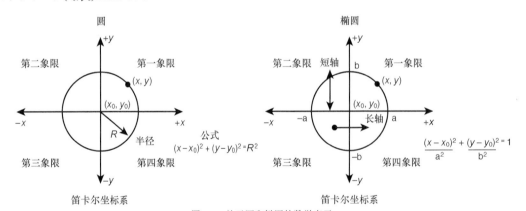

图 4-7　关于圆和椭圆的数学表示

你可能会认为 GDI 使用了一些相同的概念——比如定义椭圆的长轴和短轴——可是实际上 GDI 采用了稍微不同的方法来定义椭圆。通过 GDI，可以指定一个用作边界的矩形，GDI 则会绘制由这个矩形相切的椭圆。本质上讲，定义椭圆的原点的同时也定义了长轴和短轴。

绘制椭圆的函数叫做 Ellipse()，它使用当前的画笔和画刷来绘制椭圆。下面是该函数的原型：

```
BOOL Ellipse( HDC hdc,       // handle to device context
        int nLeftRect,       // x-coord. of bounding
                             // rectangle's upper-left corner
        int nTopRect,        // y-coord. of bounding
                             // rectangle's upper-left corner
        int nRightRect,      // x-coord. of bounding
```

```
                            // rectangle's lower-right corner
    int nBottomRect );       // y-coord. bounding
                            // rectangle's f lower-right corner
```

因此要画圆的话，必须首先确认作为边界的矩形是正方形。例如，要绘制一个圆心为（20，20）、半径为 10 的圆，应当：

```
Ellipse(hdc,10,10,30,30);
```

理解了吗？若是要绘制另一个象样的椭圆，长轴为 100、短轴为 50、原点为（300，200），应当这样写：

```
Ellipse(hdc,250,175,350,225);
```

CD 上的 DEMO4_4.CPP 和相关的可执行文件显示了一个椭圆绘制的例子。该程序通过一个简单的擦除、移动、绘制的动画循环绘制了一个正在移动的椭圆。动画循环的类型和我们后面所使用的双缓冲（Double Buffering）技术或页面切换（Page Flipping）技术非常相似，但是使用上述两种技术你将不会清楚地看到像这一段程序表现出的更新过程，因此它不会闪烁！如果有兴趣的话，可以尝试折腾一下这个演示实例，改变一些东西，看你是否能够领会到如何加入更多的椭圆。

4.2.5　绘制多边形

我们讨论的最后一种基本图形是多边形。目的是迅速绘制开放的或闭合的多边形对象。绘制多边形的程序是 Polygon()，如下所示：

```
BOOL Polygon(HDC hdc,           // handle to device context
    CONST POINT *lpPoints,      // pointer to polygon's vertices
    int nCount );               // count of polygon's vertices
```

只要向 Polygon()传递一个 POINT 列表及其个数作为参数，就可以使用当前的画笔和画刷绘制一个闭合的多边形。图 4-8 给出了这个多边形。

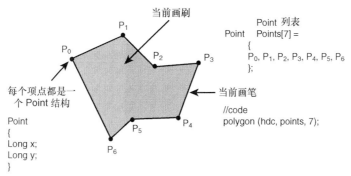

图 4-8　使用 Polygon()函数

下面是一个实例：

```
// create the polygon shown in the figure
POINT poly[7] = {p0x, p0y, p1x, p1y, p2x, p2y,
p3x, p3y, p4x, p4y, p5x, p5y, p6x, p6y };

// assume hdc is valid, and pen and brush are selected into
// graphics device context
Polygon(hdc, poly,7);
```

很简单！当然，如果传递组成一个退化的（非凸的）多边形或是自折叠的多边形的顶点，GDI 会尽最大可能来绘制，但不能保证绘制得好！

作为一个绘制填充的多边形的例子，DEMO4_5.CPP 绘制了充满整个屏幕的一系列的任意 3~10 点的多边形，显示每个多边形之后稍微有一点延迟，因此可以看到不可思议的结果伴随着非凸的多边形顶点列出时发生。图 4.9 显示了该程序的实际结果。注意由于这些点是任意的，这些多边形由于图形重叠的原因几乎都是非凸的。你能够找到一种方法来确认所有的点都在一个凸包上吗？

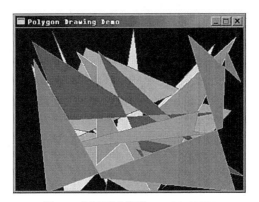

图 4-9　多边形绘制程序 DEMO4_5.EXE

4.3　深入文本和字体

　　使用字体是一个极复杂的工作，并且它也不是我在本书里特别关心的内容。如果你想阅读一篇关于字体的有深度的论述的话，最好的选择是阅读 Charles Petzold 的《Programming Windows 95/98》一书。对于一些产品（诸如 DirectX 环境下的游戏等）来讲，大多数情况下都需要使用自己的字体引擎来渲染文本。你会愿意使用 GDI 来绘制文本的惟一的场合，是在编写最初版本的图形用户界面或显示分数（或其它简单的游戏开发中的信息）的时候。总地来讲，最后还是必须创建自己的字体系统，特别是当你希望有理想的速度的话。

　　为了完全起见，我想至少要演示一下如何为 DrawText() 和 TextOut() 函数改变字体。这是通过选定一种新字体对象进入图形设备描述表来进行的，像选定新画笔或画刷的过程一样。表 4.1 给出了一部分字体常量，如 SYSTEM_FIXED_FONT，表示等宽（Monospaced）字体。等宽表示每个字符具有相同的宽度。比例（Proportional）字体具有不同的间距。要选定一种新字体进入图形描述表，应当：

```
SelectObject(hdc, GetStockObject(SYSTEM_FIXED_FONT));
```

　　无论通过 DrawText() 和 TextOut() 函数递交的什么 GDI 文本，都以新字体来绘制。如果希望在字体选择上的功能更强大一些，应当使用表 4-4 中所列的系统内置的 TrueType 字体。

表 4-4　　　　　　　　　　　　　　　　TrueType 字体字样名

字体的字样字符串	例子
Courier New	Hello World
Courier New Bold	**Hello World**
Courier New Italic	*Hello World*
Courier New Bold Italic	***Hello World***
Times New Roman	Hello World

字体的字样字符串	例子
Times New Roman Bold	**Hello World**
Times New Roman Italic	*Hello World*
Times New Roman Bold Italic	***Hello World***
Arial	Hello World
Arial Bold	**Hello World**
Arial Italic	*Hello World*
Arial Bold Italic	***Hello World***
Symbol	Ηελλο Ωορλδ

要创建其中的某种字体，可以使用 CreateFont()函数：

```
HFONT CreateFont( int nHeight,          // logical height of font
      int nWidth,                        // logical average character width
      int nEscapement,                   // angle of escapement
      int nOrientation,                  // base-line orientation angle
      int fnWeight,                      // font weight
      DWORD fdwItalic,                   // italic attribute flag
      DWORD fdwUnderline,                // underline attribute flag
      DWORD fdwStrikeOut,                // strikeout attribute flag
      DWORD fdwCharSet,                  // character set identifier
      DWORD fdwOutputPrecision,          // output precision
      DWORD fdwClipPrecision,            // clipping precision
      DWORD fdwQuality,                  // output quality
      DWORD fdwPitchAndFamily,           // pitch and family
      LPCTSTR lpszFace);                 // pointer to typeface name string
                                         // as shown in table 4.4
```

该函数的解释实在是太长了，请查阅 Win32 SDK 帮助来了解其中的细节吧。基本上，先填充所有这些参数，结果会得到一个指向你要求的那个字体的光栅化版本的句柄。然后将该字体选定到设备描述表，一切就都 OK 了。

4.4　定时高于一切

接下来我们要讨论的这个主题是定时（timing）。尽管定时看上去并不重要，但其实定时对于视频游戏而言至关重要。如果没有定时和合理的延迟，游戏可能会运行得太快或太慢，动画效果就被毁了。

在第 1 章中，我曾经提到过大多数游戏运行速度是 30 帧每秒，但是我没有提到如何维持该定时常量。本部分内容中，将讨论跟踪时间的一些技术，甚至包括传递与时间有关的消息。在本书后面章节里，你将看到我们如何一次又一次地应用这些技术，以保证帧数稳定。你也将看到如何为不能达到高帧数的较慢的计算机系统而放大动画和物理的时间参量。首先，请看一下 WM_TIMER 消息。

4.4.1　WM_TIMER 消息

PC 内置有一个相当精确的定时器（timer，毫秒级），但由于我们是在 Windows 上进行编程，最好还是不要直接操作计时器。代之，我们将使用 Windows 内置的定时函数（建于实际硬件计时器之上）。这样做的好处是 Windows 将这定时器虚拟成为几乎无限多个虚拟定时器。从而，尽管大多数 PC 只有一个硬件计时器，在用户看来，仍然有一定数量可用的定时器用于接受许多消息。

欲创建一个定时器时，要设定定时器 ID 以及延迟时间。该定时器将以指定的间隔时间向 WinProc() 传递消息。请看图 4-10 中一些定时器的数据流。各个定时器都在经过一定时间后发送 WM_TIMER 消息。当和定时器 ID（创建定时器的时候设定的值）一起处理 WM_TIMER 消息的时候，就区分出了不同的定时器。让我们看一看创建定时器的函数 SetTimer()：

```
UINT SetTimer(HWND hWnd,     // handle to parent window
              UINT nIDevent, // timer id
              UINT nElapse,  // time delay in milliseconds
              TIMERPROC lpTimerFunc); // timer callback
```

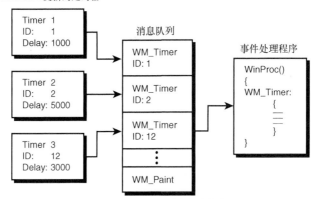

图 4-10　WM_TIMER 消息的消息流

要创建定时器，你需要：

● 窗口句柄
● 选定的定时器 ID
● 以毫秒为单位的时间延迟

具有上述三件东西之后才能开始创建定时器。但最后一个参数应当稍作解释。lpTimerFunc() 和 WinProc() 一样也是一个回调函数，因此可以创建一个定时器，来以指定的时间间隔调用某个函数，而非在 WinProc() 中通过 WM_TIMER 消息来处理。这两种做法由你自行选用，但我通常使用 WM_TIMER 消息，并且将 TIMERPROC 设为 NULL。

你可以按需创建很多个定时器，但是请记住，定时器也占用资源。如果创建定时器失败，函数将返回 0。否则 SetTimer() 返回创建定时器时使用的定时器标识符。

下一个问题就是如何将一个定时器与其他定时器区分开来。答案是你可以在发送 WM_TIMER 消息时查询 wparam。wparam 中含有原来创建定时器时的定时器 ID。下面是创建两个定时器的例子，一个是延迟 1.0 秒，另一个延迟 3.0 秒：

```
#define TIMER_ID_1SEC   1
#define TIMER_ID_3SEC   2

// maybe do this in WM_CREATE
SetTimer(hwnd, TIMER_ID_1SEC, 1000,NULL);
SetTimer(hwnd, TIMER_ID_3SEC, 3000,NULL);
```

注意这里的延迟是以毫秒为单位的：1000 毫秒等于 1 秒。让我们继续，下面是添加到 WinProc()函数中用来处理定时器消息的代码：

```
case WM_TIMER:
    {
    // what timer fired?
    switch(wparam)
        {
        case TIMER_ID_1SEC:
            {
            // do processing here
            } break;

        case TIMER_ID_3SEC:
            {
            // do processing here
            } break;

        default:break;

        } // end switch

    // let windows know we handled the message
    return(0);

    } break;
```

最后，当一个定时器已经不再使用时，应当使用 KillTimer()删除它：

```
BOOL KillTimer(HWND hWnd,        // handle of window
        UINT uIDEvent );    // timer id
```

继续上面的例子，说明如何在处理 WM_DESTROY 消息的时候删除所有定时器，如下所示：

```
case WM_DESTROY:
    {
    // kill timers
    KillTimer(hwnd, TIMER_ID_1SEC);
    KillTimer(hwnd, TIMER_ID_3SEC);

    // terminate application or whatever...
    PostQuitMessage(0);

    } break;
```

警告

尽管定时器看上去既好用又够多，但是 PC 机可不是星际迷航（Star Trek）中的计算机——定时器占用资源，故而应当有节制地使用。运行时较好的做法是删除不再被需要的定时器。

光盘上的 DEMO4_6.CPP 给出了使用定时器的例子。该程序创建了三个具有不同延迟的定时器，当每个定时器改变时输出信息。最后，尽管定时器用毫秒作为时间延迟的单位，但是很难准确到毫秒。事实上，不要指望你的定时器的准确度高于 10～20 毫秒这个级别。需要更高的准确度的话，还是有办法的，例如使用 Win32 高性能定时器，或基于 RDTSC 汇编语言指令集来操作 Pentium 处理器实时硬件计数器。

4.4.2 低层定时操作

尽管为了跟踪时间，创建定时器总是一种办法。但是该技术也有几个缺陷：第一，多个定时器发送多个消息；第二，定时器并不那么准确；最后，在大多数游戏循环中，都希望能够强制主程序以指定帧频运行，并且帧频不能过高；这可以通过定时程序锁定帧频来达到。定时器在这方面并不擅长。真正需要的是查询系统时钟，然后运行差分测试来检查过去了多少时间。Win32 API 正含有这样一个函数，称之为 GetTickCount()：

```
DWORD GetTickCount(void);
```

GetTickCount()返回从 Windows 启动后的毫秒数。这样看上去并不能作为一个绝对的参考，因为根本没有绝对的参考，但是可以作为一个很好的差分参考。只需要在定时程序块的前面查询当前的滴答（Tick）计数，在程序循环后面再次查询一次，然后比较二者的差值。这样突然你就有了毫秒级的时间差。例如下面是如何确认程序块恰好运行于 30fps，或者说延迟为 1/30fps=33.33 毫秒：

```
// get the starting time
DWORD start_time = GetTickCount();

// do work, draw frame, whatever

// now wait until 33 milliseconds has elapsed
while ((GetTickCount() - start_time) < 33);
```

上面就是我讨论的内容了。诚然，任由一个 While()循环运行非常浪费时间，但是可以把这点代码写在程序的一个分支中，偶尔才测试一下。关键是使用这种技术能够在程序块中强制执行一些时间约束。

注意

很明显，如果你的个人电脑不能以 30fps 速度运行，该循环将花费更长的时间。但是如果程序可以运行到 30～100fps 那么快，上述代码就会将它锁定在 30fps 上。这就是关键。

光盘上的 DEMO4_7.CPP 给出了一个例子。该例子基本上将帧速锁定在 30fps，并且每帧更新线条的屏幕保护。下面的代码节选自实现该功能的 WinMain()函数：

```
// get the dc and hold onto it
hdc = GetDC(hwnd);

// seed random number generator
srand(GetTickCount());
// endpoints of line
int x1 = rand()%WINDOW_WIDTH;
int y1 = rand()%WINDOW_HEIGHT;
int x2 = rand()%WINDOW_WIDTH;
int y2 = rand()%WINDOW_HEIGHT;

// intial velocity of each end
int x1v = -4 + rand()%8;
int y1v = -4 + rand()%8;
int x2v = -4 + rand()%8;
int y2v = -4 + rand()%8;

// enter main event loop, but this time we use PeekMessage()
// instead of GetMessage() to retrieve messages
while(TRUE)
    {
    // get time reference
    DWORD start_time = GetTickCount();

    // test if there is a message in queue, if so get it
    if (PeekMessage(&msg,NULL,0,0,PM_REMOVE))
      {
      // test if this is a quit
      if (msg.message == WM_QUIT)
         break;
```

```
// translate any accelerator keys
TranslateMessage(&msg);

// send the message to the window proc
DispatchMessage(&msg);
} // end if

// is it time to change color
if (++color_change_count >= 100)
   {
   // reset counter
   color_change_count = 0;

   // create a random colored pen
   if (pen)
      DeleteObject(pen);

   // create a new pen
   pen = CreatePen(PS_SOLID,1,
       RGB(rand()%256,rand()%256,rand()%256));

   // select the pen into context
   SelectObject(hdc,pen);

   } // end if
// move endpoints of line
x1+=x1v;
y1+=y1v;

x2+=x2v;
y2+=y2v;

// test if either end hit window edge
if (x1 < 0 || x1 >= WINDOW_WIDTH)
   {
   // invert velocity
   x1v=-x1v;

   // bum endpoint back
   x1+=x1v;
   } // end if

if (y1 < 0 || y1 >= WINDOW_HEIGHT)
   {
   // invert velocity
   y1v=-y1v;

   // bum endpoint back
   y1+=y1v;
   } // end if

// now test second endpoint
if (x2 < 0 || x2 >= WINDOW_WIDTH)
   {
   // invert velocity
   x2v=-x2v;

   // bum endpoint back
   x2+=x2v;
   } // end if
```

```
            if (y2 < 0 || y2 >= WINDOW_HEIGHT)
               {
               // invert velocity
               y2v=-y2v;

               // bum endpoint back
               y2+=y2v;
               } // end if

            // move to end one of line
            MoveToEx(hdc, x1,y1, NULL);

            // draw the line to other end
            LineTo(hdc,x2,y2);

            // lock time to 30 fps which is approx. 33 milliseconds
            while((GetTickCount() - start_time) < 33);
            // main game processing goes here
            if (KEYDOWN(VK_ESCAPE))
               SendMessage(hwnd, WM_CLOSE, 0,0);

         } // end while


    // release the device context
    ReleaseDC(hwnd,hdc);

    // return to Windows like this
    return(msg.wParam);

} // end WinMain
```

这段代码除了其定时功能以外，还有其他的值得一看的逻辑过程：碰撞逻辑。应当注意到线段有两个端点，各自有自己的位置和速度。随着线段的移动，程序测试该线段是否和窗口用户区的边缘碰上。如果碰上，该线段从该边缘弹回来，产生一个反弹线的效果。

技巧

如果仅仅是延迟你的程序，可以使用 Win32 API 函数 Sleep()。只要将希望延迟的时间的毫秒数传递给该函数，该函数就将乖乖地工作。比方说，要延迟 1.0 秒，应当写 Sleep(1000)。

4.5 使用控件

在游戏编程方面的书中我一般不讨论 Windows 控件功能，但是由于可能你需要了解一些 Windows 控件来作为工具，并且我已经收到了很多电子邮件，请求在本书中添加这部分内容，那现在就讨论一下这方面的内容，仅仅是一点点的内容。

- 静态文本框
- 编辑框
- 按钮
- 列表框
- 滚动条

另外，还有一些子按钮类型，如：

- 压按按钮
- 复选框
- 单选按钮

这些子类型各自还有更下一级的子类型。毋庸置疑，即使最复杂的窗口控件也是这些基本类型的聚集体。例如一个文件目录控件只是一些列表框、一些文本编辑框和一些按钮的组合。使用这里所列的基本控件，就可以处理任何事。而你一旦精通了其中一个控件，其他的也大同小异，只是增加或减少一些特性。因此我们下面只讨论如何使用包括按钮在内的少数几个子控件。

4.5.1　按钮

Windows 支持好几种按钮类型。如果你正在阅读本书，相信你曾经用过 Windows，并且至少比较熟悉按钮、复选框和单选按钮，这样我就可以提纲挈领地讲述而不必事无巨细。我们只讨论如何创建任意类型的按钮，并响应发来的消息。剩下的内容就看你自己了。让我们首先看一下表 4-5，它列出了可用的按钮类型。

表 4-5　　　　　　　　　　　　　　　　按钮样式

值	描述
BS_PUSHBUTTON	创建一个按钮，当用户按下该按钮时向自己的窗口发送一个 WM_COMMAND 消息
BS_RADIOBUTTON	创建一个带文本的小圆圈。默认情况下，该文本在该圆圈的右侧显示
BS_CHECKBOX	创建一个带文本的小的空复选框。默认情况下，该文本在该复选框的右侧显示
BS_3STATE	创建一个按钮，该按钮和复选框完全相同，不同之处是该复选框在选定或取消选定的情况下都显示灰色
BS_AUTO3STATE	创建一个按钮，该按钮和三态复选框完全相同，不同之处是该框在用户选定时会改变其状态。该状态按照选定、变成灰色和取消选定三种状态循环
BS_AUTOCHECKBOX	创建一个按钮，该按钮和复选框完全相同，不同之处是每次用户选定该复选框时，该复选状态在选定和取消选定之间自动切换
BS_AUTORADIOBUTTON	创建一个按钮，该按钮和单选按钮完全相同，不同之处是当用户选定该复选框时，Windows 自动设定该按钮的复选状态为选定，而设定所有其他同一组的按钮的复选状态为取消选定状态
BS_OWNERDRAW	创建一个按钮，其绘制自身的方法由用户实现。本窗口在创建该按钮时收到 WM_MEASUREITEM 消息，在改变该按钮的外观方面时收到 WM_DRAWITEM 消息

要创建一个子控件按钮，需要使用"button"作为类字符串和表 4-5 中所列的按钮样式来创建一个窗口。然后，当操作该按钮时，它向你的窗口传递 WM_COMMAND 消息，如图 4-11 所示。程序员和通常一样处理 wparam 和 lparam，确认是那一个子控件发送了消息以及发送了什么消息。

下面看一下需要向创建子按钮控件的 CreateWindowEx()传递的确切参数。首先，需要设定该类名称为"button"。然后，需要设定样式标志为 WS_CHILD 或者 WS_VISIBLE，并设定表 4-5 中的按钮样式。然后在一般放置菜单句柄（HMENU）的地方，放表示关联的按钮的 ID（当然必须将它转型到 HMENU）。用于创建子按钮控件的参数大概就是这些。

下面例子给出了如何创建 ID 为 100 并带有"Push Me"字样文本的按钮：

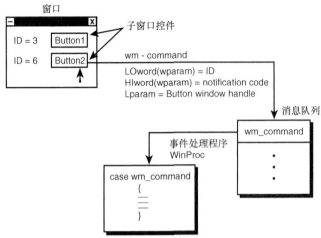

图 4-11　子窗口的消息传递

```
CreateWindowEx(NULL,                // extended style
           "button",                // class
           "Push Me",               // text on button
           WS_CHILD | WS_VISIBLE | BS_PUSHBUTTON,
           10,10,                   // initial x,y
           100,24,                  // initial width, height
           main_window_handle,      // handle to parent
           (HMENU)(100),            // id of button, notice cast to HMENU
           hinstance,               // instance of this application
           NULL);                   // extra creation parms
```

　　是不是很简单呢？ 当你按下这个按钮，将会有一个 WM_COMMAND 消息连同如下参数被发送到父窗口的 WinProc()。

msg:	WM_COMMAND
LOWORD(wparam):	子窗口 ID
HIWORD(wparam):	通知码
lparam:	子窗口句柄

　　挺有道理的？ 惟一难以理解的就是通知码（Notification Code）。通知码以 BN_开头，描述在该按钮控件上发生了什么事。表 4.6 列出了所有可能的通知码和值。

表 4-6 　　　　　　　　　　　　　　　　按钮的通知码

通知码	值
BN_CLICKED	0
BN_PAINT	1
BN_HLITE	2
BN_UNHILITE	3
BN_DISABLE	4
BN_DOUBLECLICKED	5

这些通知码中最重要的无疑是 BN_CLICKED 和 BN_DOUBLECLICKED。要如同处理简单的按钮那样地处理按钮子控件，你可以在 WM COMMAND 事件处理程序中按照下面方法操作：

```
// assume a child button was created with id 100
case WM_COMMAND:
    {
    // test for id
    if (LOWORD(wparam) == 100)
    {
    // do whatever
    } // end if

    // process all other child controls, menus, etc.

    // we handled it
    return(0);

    } break;
```

DEMO4_8.CPP 给出了一个例子，对应所有按钮类型都创建了一个按钮。当你单击和操作按钮时它显示所有的消息以及各个消息各自的 wparam 和 lparam。图 4-12 显示了运行中的该程序。通过实际体验使用该程序，你应该能够更好地理解按钮子控件如何工作。

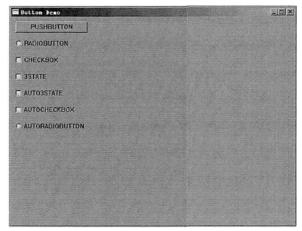

图 4-12　子控件使用实例 DEMO4_8.EXE

运行了 DEMO4_8.EXE 之后，你很快就会意识到尽管 WinProc()正在发送描述用户正在对控件进行何种处理的消息，你仍然不知道用程序来改变或操作该控件。更具体地讲，一些控件在被点击后似乎没有执行任何操作。这点很重要，因此下面简单讨论一下。

4.5.2　向子控件发送消息

由于子控件同时也是窗口，因此它们能和其他窗口一样接收消息。但由于它们是某个父控件的子控件，该消息被转发到父窗口事件句柄中的 WM_COMMAND 消息处理段。然而，向子控件（如按钮）发送消息也是可能的，子控件将使用自己的默认的 WinProc()处理该消息。这就是如何改变控件状态的方法——通过向它发送消息。

就按钮而言，有许多的消息可以被发送到按钮控件——通过使用 SendMessage()来改变按钮状态和（或）

检索该按钮的状态。请记住，SendMessage()也有一个返回值。下面是一些有用的消息的列表，以及 wparam 和 lparam 的参数。

目的：模拟在该按钮上进行单击。

msg:	BM_CLICK
wparam:	0
lparam:	0

例：
```
// this would make the button look like it was pressed
SendMessage(hwndbutton, BM_CLICK,0,0);
```
目的：用于将一个复选框或单选按钮设置为选定。

msg:	BM_SETCHECK
wparam:	fCheck
lparam:	0

fCheck 可以是下面其中一项：

值	描述
BST_CHECKED	设定按钮状态为选定
BST_INDETERMINATE	设定按钮状态为灰色，表示不可确定的状态。只有在该按钮为 BS_3STATE 或 BS_AUTO3STATE 样式时使用该值
BST_UNCHECKED	设定按钮状态为取消选定

例：
```
// this would check a check button
SendMessage(hwndbutton, BM_SETCHECK, BST_CHECKED, 0);
```
目的：用来检索该按钮当前的选定状态。可能取到的返回值如下：

msg:	BM_GETCHECK
wparam:	0
lparam:	0

值	描述
BST_CHECKED	按钮已被选定
BST_INDETERMINATE	按钮状态为灰色，表示未确定的状态（只有在该按钮为 BS_3STATE 或 BS_AUTO3STATE 样式时使用该值）
BST_UNCHECKED	该按钮未被选定

例：
```
// this would get the check state of a checkbox
if (SendMessage(hwndbutton,BM_GETCHECK,0,0) == BST_CHECKED)
   {
```

```
   // button is checked
   } // end if
else
   {
   // button is not checked
   } // end else
```
目的：用来高亮显示已被用户选定的按钮。

msg:	BM_SETSTATE
wparam:	fState
lparam:	0

当 fState 为 TRUE 时该按钮为高亮，为 FALSE 则不是高亮。

例：
```
// this would highlight the button control
SendMessage(hwndbutton, BM_SETSTATE, 1, 0);
```
目的：获取该按钮控件的一般状态。可能取到的返回值如下：

msg:	BM_GETSTATE
wparam:	0
lparam:	0

值	描述
BST_CHECKED	表示该按钮已被选定
BST_FOCUS	指明焦点状态。非零值表示某按钮正具有键盘焦点（Keyboard Focus）
BST_INDETERMINATE	表示按钮状态为灰色，因为该按钮的状态为未确定 （只可在该按钮具有 BS_3STATE 或 BS_AUTO3STATE 样式时使用该值）
BST_PUSHED	指定高亮状态。非零值表示某按钮正高亮显示。当用户将光标定位在一个按钮上或者在该按钮上按下并按住鼠标左键时，该按钮会自动被高亮显示。用户松开鼠标按钮后高亮显示被撤销
BST_UNCHECKED	表示该按钮未被选中

例：
```
// this code can be used to get the state of the button
switch(SendMessage(hwndbutton, BM_GETSTATE, 0, 0))
    {
    // what is the button state
    case BST_CHECKED:      { } break;
    case BST_FOCUS:        { } break;
    case BST_INDETERMINATE: { } break;
    case BST_PUSHED:       { } break;
    case BST_UNCHECKED:    { } break;
    default: break;
    } // end switch
```
关于子控件的内容就说到这里。现在你至少已经明白了子控件是什么以及如何处理子控件等。现在是时候讲述从 Windows 查询信息了。

4.6 获取信息

在电影《华尔街》中 Gordon Gekko 曾经这样说过："为什么不停止向我发送信息并从我这儿获取信息呢？"这句话用在当前情况以及许多其他事情上都非常合适。获得运行游戏的系统的信息是至关重要的，有助于充分利用系统所能提供的资源。的确，Windows 包含有大量的信息获取函数，能够获得关于 Windows 设置及其硬件本身的浩如烟海的细节。

Win32 支持大量形如 Get*()的函数，而 DirectX 支持大量形如 GetCaps*()的函数。我将只介绍一些经常被我使用的 Win32 函数。在本书的下一部分中你将学习到更多的 DirectX 支持的信息检索函数。那些函数主要和整个领域中多媒体部分相关。

下面介绍一下我经常使用的三个函数。实际上，用"Get"类函数可以查询到关于 Windows 系统的任何事。只要将"get"输入你的编译器帮助中的 Win32 SDK 搜索引擎，就可以找到所有需要的内容。让我们了解一下如何使用这三个函数。

第一个函数是 GetSystemInfo()。主要返回关于正在使用的硬件的信息，如处理器类型、处理器的数目等内容。下面是该函数的原型：

```
VOID GetSystemInfo(
    LPSYSTEM_INFO lpSystemInfo);
    // address of system information structure
```

该函数接受一个指向 SYSTEM_INFO 结构的指针作为参数，在返回的时候所有的字段都填好值了。
SYSTEM_INFO 结构是这样定义的：

```
typedef struct _SYSTEM_INFO
{ // sinf
union {
    DWORD dwOemId;
    struct {
        WORD wProcessorArchitecture;
        WORD wReserved;
        };
    };
DWORD  dwPageSize;
LPVOID lpMinimumApplicationAddress;
LPVOID lpMaximumApplicationAddress;
DWORD  dwActiveProcessorMask;
DWORD  dwNumberOfProcessors;
DWORD  dwProcessorType;
DWORD  dwAllocationGranularity;
WORD   wProcessorLevel;
WORD   wProcessorRevision;
} SYSTEM_INFO;
```

这些字段的细节多得连篇累牍，我们没有足够的版面来进行详细的讨论，但是很明显其中有一些很有趣的字段。例如，dwNumberOfProcessors 表示 PC 机主板上处理器的数目。dwProcessorType 表示处理器的实际类型，可能是下面的值之一：

PROCESSOR_INTEL_386

PROCESSOR_INTEL_486

PROCESSOR_INTEL_PENTIUM

其他字段的意义是不言而喻的，具体内容请看 Win32 SDK。想一下，它真是一个奇妙的函数。你能想象得出要确定安装的处理器类型是多么困难的事吗？更不必说要判断有多少个处理器了。要怎么着手写这样的函数呢？

　　首先可能你会编写一个非常复杂的检测算法，它认识 486、Pentium、Pentium II 等等的处理器，通过读写操作来探测（Poke and pry）消息，直到判断出计算机上的处理器类型为止。当然，Pentium 级别的处理器具有 ID 字符串和计算机标志，但是 486 处理器就很难确定了。一言以蔽之，需要一个巨大而又复杂的函数才能获取系统级的信息。

　　接下来看一个非常通用的能够检索 Windows 和 Desktop 的所有信息的函数，叫做 GetSystemMetrics()：
`int GetSystemMetrics(int nIndex); // system metric or configuration setting to retrieve`
GetSystemMetrics()功能非常强大。只要将检索数据的索引传递给该函数，如表 4.7 所示，就会返回所需要的信息。顺便说一句，表 4-7 是本书中最长的表格。因为我不喜欢在电脑上察看帮助，因此就将下面内容从帮助中截取下来，以方便读者查阅。

表 4-7　　　　　　　　　　　GetSystemMetrics()的系统度量常数

值	描述
SM_ARRANGE	指定系统安排最小化窗口方法的标志，对于大多数最小化窗口的信息来讲，请看后面的说明
SM_CLEANBOOT	指定系统如何启动的值： 0 正常启动 1 安全模式启动 2 网络故障安全模式
SM_CMOUSEBUTTONS	鼠标按钮的数目，如果没有安装鼠标，则为 0
SM_CXBORDER, SM_CYBORDER	窗口边界的宽度和高度（以像素表示）。和具有三维视角的窗口的 SM_CXEDGE 相同
SM_CXCURSOR, SM_CYCURSOR	光标的宽度和高度（以像素表示），是当前显示驱动程序支持的光标尺寸。系统不能创建其他尺寸的光标
SM_CXDOUBLECLK, SM_CYDOUBLECLK	双击操作中第一次点击位置周围矩形的宽度和高度（以像素表示），第二次点击必须在此矩形范围内，以便于系统能够确认两次点击是双击（这两次点击必须在指定时间内完成）
SM_CXDRAG, SM_CYDRAG	以拖动点为中心的、在拖动操作开始之前允许鼠标指针有限移动的矩形的宽度和高度（以像素表示）。这样就可以使用户能够容易点击和释放鼠标按钮，而不会无意识地开始拖动操作
SM_CXEDGE, SM_CYEDGE	一个 3D 边界的尺寸（以像素表示），是 SM_CXBORDER 和 SM_CYBORDER 的相应的 3D 版本
SM_CXFIXEDFRAME, SM_CYFIXEDFRAME	一个有标题而无大小的窗口的边界线宽度（以像素表示）。SM_CXFIXEDFRAME 是其水平边界线的宽度，SM_CYFIXEDFRAME 是其垂直边界线的宽度
SM_CXFULLSCREEN, SM_CYFULLSCREEN	全屏窗口中用户区的宽度和高度。要获得没有被用户区盖住的部分屏幕的坐标，调用带 SPI_GETWORKAREA 值的 SystemParameterInfo 函数
SM_CXHSCROLL, SM_CYHSCROLL	指向水平滚动条的箭头位图的宽度（以像素表示），以及水平滚动条的高度（以像素表示）
SM_CXHTHUMB	水平滚动条中按钮框的宽度（以像素表示）

续表

值	描述
SM_CXICON, SM_CYICON	图标的默认宽度和高度（以像素表示）。这些值一般都是 32×32，但也可以根据安装的显卡的类型而不同
SM_CXICONSPACING, SM_CYICONSPACING	以大图标样式表示的项的网格单元的尺寸（以像素表示）。图表尺寸调整时，每个项都和该尺寸的矩形相适应。这些值一般都大于或等于 SM_CXICON 和 SM_CYICON 的值
SM_CXMAXIMIZED, SM_CYMAXIMIZED	一个最大化的上层窗口的默认尺寸（以像素表示）
SM_CXMAXTRACK, SM_CYMAXTRACK	一个有标题和边界尺寸的窗口的默认尺寸（以像素表示）。用户不能拖动该窗口大于该尺寸。可以通过处理 WM_GETMINMAXINFO 消息来覆盖该窗口的尺寸
SM_CXMENUCHECK, SM_CYMENUCHECK	默认菜单复选标志位图的尺寸（以像素表示）
SM_CXMENUSIZE, SM_CYMENUSIZE	菜单栏按钮（如多重文件的关闭子菜单）的尺寸（以像素表示）
SM_CXMIN, SM_CYMIN	窗口的最小宽度和高度（以像素表示）
SM_CXMINIMIZED, SM_CYMINIMIZED	一个常规最小化窗口的尺寸（以像素表示）
SM_CXMINSPACING, SM_CYMINSPACING	最小化窗口网格单元的尺寸（以像素表示）。当重新调整尺寸时，每个最小化窗口都和该尺寸矩形相适应。这些值一般都大于或等于 SM_CXMINSIZED 和 SM_CYMINSIZED 的值
SM_CXMINTRACK, SM_CYMINTRACK	窗口最小化跟踪宽度和高度（以像素表示）。用户不能拖动该窗口框小于该尺寸。可以通过处理 WM_GETMINMAXINFO 消息来覆盖该窗口的尺寸
SM_CXSCREEN, SM_CYSCREEN	屏幕的宽度和高度（以像素表示）
SM_CXSIZE, SM_CYSIZE	窗口标题栏中按钮的宽度和高度（以像素表示）
SM_CXSIZEFRAME, SM_CYSIZEFRAME	能够改变尺寸的窗口边框的宽度（以像素表示）。SM_CXSIZEFRAME 是水平边界的宽度，SM_CYSIZEFRAME 是垂直边界的高度
SM_CXSMICON, SM_CYSMICON	小图标的建议尺寸（以像素表示）。小图标一般以小图标样式显示于窗口标题中
SM_CXSMSIZE, SM_CYSMSIZE	小标题按钮的尺寸（以像素表示）
SM_CXVSCROLL, SM_CYVSCROLL	垂直滚动条的宽度（以像素表示），以及垂直滚动条中箭头位图的高度（以像素表示）
SM_CYCAPTION	常规标题区域的高度（以像素表示）
SM_CYKANJIWINDOW	用于窗口双字节字符设置版本，屏幕底部汉字窗口的高度（以像素表示）
SM_CYMENU	单行菜单栏的高度（以像素表示）
SM_CYSMCAPTION	小标题的高度（以像素表示）
SM_CYVTHUMB	垂直滚动条中按钮框的高度（以像素表示）
SM_DBCSENABLED	如果安装 USER.EXE 的双字节字符设置版本为真或非零；否则为假或零
SM_DEBUG	如果安装 USER.EXE 的测试版为真或非零；否则为假或零
SM_MENUDROPALIGNMENT	如果下拉菜单中相应菜单栏中的项是右对齐的则为真或非零；否则为假或零
SM_MIDEASTENABLED	如果系统能够使用 Hebrew/Arabic 语言则为真

续表

值	描　　述
SM_MOUSEPRESENT	如果安装了鼠标则为真或非零；否则为假或零
SM_MOUSEWHEELPRESENT	仅用于 Windows NT。如果安装了带轮的鼠标则为真或非零；否则为假或零
SM_NETWORK	如果存在网络设置就设定最小的有效位，否则就清除有效位。保存其他位以便于将来使用
SM_PENWINDOWS	如果安装了用于画笔计算扩展版本的 Microsoft Windows 则为真或非零；否则为假或零
SM_SECURE	如果应用安全设置则为真；否则为假
SM_SHOWSOUNDS	如果用户要求在只能以听觉的方式显示信息的情况下，应用程序可视地显示信息，则为真或非零；否则为假或零
SM_SLOWMACHINE	如果计算机有低端（慢）处理器则为真；否则为假
SM_SWAPBUTTON	如果鼠标左键和右键功能交换则为真或非零；否则为假或零

表 4-7 中没有的系统度量常数，就不必费心去了解了。下面的例子是创建一个和屏幕显示区等大的窗口的小窍门：

```
// create the window
if (!(hwnd = CreateWindowEx(NULL,      // extended style
            WINDOW_CLASS_NAME,         // class
            "Button Demo",             // title
            WS_POPUP | WS_VISIBLE,
            0,0,                       // initial x,y
            GetSystemMetrics(SM_CXSCREEN), // initial width
            GetSystemMetrics(SM_CYSCREEN), // initial height
            NULL,                      // handle to parent
            NULL,                      // handle to menu
            hinstance,                 // instance of this application
            NULL)))                    // extra creation parms
    return(0);
```

注意

请注意该示例中使用了 WS_POPUP 窗口样式，而不是 WM_OVERLAPPEDWINDOW。该示例创建了一个没有任何边界和控件的窗口，导致屏幕是完全的空白，这种效果可以应用到全屏游戏应用程序中。

作为另一个例子，你可以使用下面的代码来测试鼠标：

```
if (GetSystemMetrics(SM_MOUSEPRESENT))
    {
    // there's a mouse
    } // end if
else
    {
    // no mouse
    } // end else
```

最后，当绘制文本时，应当了解 GDI 正在使用的字体，例如，每个字符的宽度以及其他相关规格。如果编写绘制文本的程序代码，并且知道当前使用的字体，可以更准确地放置该文本。检索文本规格的函数是 GetTextMetrics()：

```
BOOL GetTextMetrics(HDC hdc,  // handle of device context
    LPTEXTMETRIC lptm ); // address of text metrics structure
```

你可能会奇怪这里为什么要使用 hdc，这是因为可能存在多个各自选中了不同字体的设备描述表（dc），因此必须通知上述函数使用哪一个 dc 以确定具体规格。真是个聪明的小函数呀！另外 lptm 是一个带有该文本信息的指向 TEXTMETRIC 结构的指针，如下所示：

```
typedef struct tagTEXTMETRIC {
  LONG tmHeight;              // the height of the font
  LONG tmAscent;             // the ascent of the font
  LONG tmDescent;            // the descent of the font
  LONG tmInternalLeading;    // the internal leading
  LONG tmExternalLeading;    // the external leading
  LONG tmAveCharWidth;       // the average width
  LONG tmMaxCharWidth;       // the maximum width
  LONG tmWeight;             // the weight of the font
  LONG tmOverhang;           // the overhang of the font
  LONG tmDigitizedAspectX;   // the designed for x-aspect
  LONG tmDigitizedAspectY;   // the designed for y-aspect
  BCHAR tmFirstChar;         // first character font defines
  BCHAR tmLastChar;          // last character font defines
  BCHAR tmDefaultChar;       // char used when desired not in set
  BCHAR tmBreakChar;         // the break character
  BYTE tmItalic;             // is this an italic font
  BYTE tmUnderlined;         // is this an underlined font
  BYTE tmStruckOut;          // is this a strikeout font
  BYTE tmPitchAndFamily;     //family and tech,truetype..
  BYTE tmCharSet;            // what is the character set
} TEXTMETRIC;
```

因为大部分人一辈子也不怎么使用打印设备，所以许多字段都没什么大意义。我用黑体显示了较有意义的一些字段。请看下面的术语列表，如图 4-13 所示，可能对理解这些术语有些帮助。

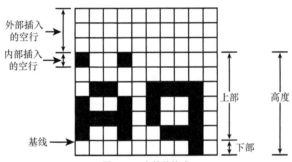

图 4-13　字符的构成

- **高度**（height）：字符的总高度（单位是像素）。
- **基线**（baseline）：这是一个参考点，通常是大写字符的底线。
- **上部**（ascent）：从基线到重音符号的顶端的像素数。
- **下部**（descent）：从基线到小写字符扩展底边的像素数。
- **内部插入的空行**（internal leadin）：留给重音符号的像素数。
- **外部插入的空行**（external leadin）：在该字符上面允许插入的其他字符的像素数，因此这些字符不会彼此重叠。

下面是一个如何使文本居中的实例：

```
TEXTMETRIC tm; // holds the textmetric data

// get the textmetrics
```

```
GetTextMetrics(hdc,&tm);

// used tm data to center a string given the horizontal width
// assume width of window is WINDOW_WIDTH
int x_pos = WINDOW_WIDTH -
    strlen("Center This String")*tm.tmAveCharWidth/2;

// print the text at the centered position
TextOut(hdc,x_pos,0,"Center This String",
        strlen("Center This String"));
```
无论该字体的尺寸为多少，这段代码程序都能令它居中。

4.7　T3D 游戏控制台程序

在本书开始部分我曾经提到过，如果创建一个 Windows 外壳应用程序，然后创建一个代码结构，将单调的 Windows 的运行细节隐藏，Win32/DirectX 编程就变得类似于 32 位 DOS 的编程过程。现在你已经对此了解得足够多了。在本节中，我们将讨论如何组装 T3D 游戏控制台程序，从现在开始，该控制程序将是所有演示程序和游戏的基础。

目前，你应当知道要创建一个 Windows 应用程序，需要使用 WinProc() 和 WinMain() 函数。下面我们创建一个包含这些组件的一般窗口的最小的 Windows 应用程序。该应用程序将调用三个函数，来执行游戏逻辑过程。作为前面章节的学习结果，Windows 消息的处理及其 Win32 相关的语法的细节已经不成问题了。图 4-14 显示了 T3D 游戏控制台程序的结构。

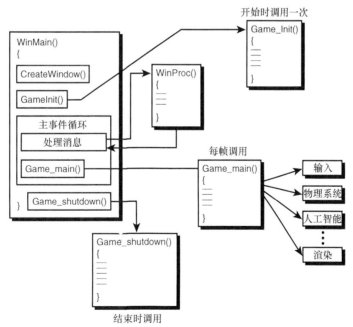

图 4-14　T3D 游戏控制台程序的结构

从图 4-14 中可以看到，要实现这个控制台程序需要写三个函数：

```
int Game_Init(void *parms = NULL, int num_parms = 0);

int Game_Main(void *parms = NULL, int num_parms = 0);

int Game_Shutdown(void *parms = NULL, int num_parms = 0);
```

- Game_Init()在进入 WinMain()中的主事件循环之前被调用，并且仅调用一次。在这个函数里初始化游戏中所有东西。

- Game_Main()和标准 C/C++程序中的 Main()函数相类似，只是它在主事件循环每次处理 Windows 消息之后被调用一次。这也是游戏的整个逻辑过程。你应当在 Game_Main()函数中处理所有图像渲染、声音、人工智能等内容，或者在 Game_Main()函数中调用相应函数处理。关于 Game_Main() 的惟一的警告是你必须仅绘制一帧画面，然后就返回，因此不能缺少 WinMain()事件处理程序。并且，请记住每次进入和退出该函数的时候，自动变量中的值将会丢失——如果想一直使用该数据，应将该变量在 Game_Main()中设置为全局变量或局部静态变量。

- Game_Shutdown()在 WinMain()中的主事件循环退出后被调用，由用户发出的消息触发，最后发送一个 WM_QUIT 消息。在 Game_Shutdown()函数中，应当将所有任务都完成，并清除在游戏运行过程中被分配的资源。

文件 T3DCONSOLE.CPP 中含有 T3D 游戏控制台程序，下面是该程序的 WinMain()部分，显示了对所有控制台函数的调用：

```
// WINMAIN ////////////////////////////////////////////////
int WINAPI WinMain(HINSTANCE hinstance,
          HINSTANCE hprevinstance,
          LPSTR lpcmdline,
          int ncmdshow)
{

WNDCLASSEX winclass;    // this holds the class we create
HWND     hwnd;          // generic window handle
MSG      msg;           // generic message
HDC      hdc;           // graphics device context

// first fill in the window class structure
winclass.cbSize         = sizeof(WNDCLASSEX);
winclass.style          = CS_DBLCLKS | CS_OWNDC |
                            CS_HREDRAW | CS_VREDRAW;
winclass.lpfnWndProc    = WindowProc;
winclass.cbClsExtra     = 0;
winclass.cbWndExtra     = 0;
winclass.hInstance      = hinstance;
winclass.hIcon          = LoadIcon(NULL, IDI_APPLICATION);
winclass.hCursor        = LoadCursor(NULL, IDC_ARROW);
winclass.hbrBackground  = GetStockObject(BLACK_BRUSH);
winclass.lpszMenuName   = NULL;
winclass.lpszClassName  = WINDOW_CLASS_NAME;
winclass.hIconSm        = LoadIcon(NULL, IDI_APPLICATION);

// save hinstance in global
hinstance_app = hinstance;
// register the window class
if (!RegisterClassEx(&winclass))
    return(0);

// create the window
if (!(hwnd = CreateWindowEx(NULL,            // extended style
                      WINDOW_CLASS_NAME,  // class
```

```
                            "T3D Game Console Version 1.0", // title
                            WS_OVERLAPPEDWINDOW | WS_VISIBLE,
                            0,0,        // initial x,y
                            400,300,    // initial width, height
                            NULL,       // handle to parent
                            NULL,       // handle to menu
                            hinstance,  // instance of this application
                            NULL)))     // extra creation parms
return(0);

// save main window handle
HWND main_window_handle = hwnd;

// initialize game here
Game_Init();

// enter main event loop
while(TRUE)
    {
    // test if there is a message in queue, if so get it
    if (PeekMessage(&msg,NULL,0,0,PM_REMOVE))
       {
       // test if this is a quit
       if (msg.message == WM_QUIT)
          break;

       // translate any accelerator keys
       TranslateMessage(&msg);

       // send the message to the window proc
       DispatchMessage(&msg);
       } // end if

       // main game processing goes here
       Game_Main();

    } // end while

// closedown game here
Game_Shutdown();

// return to Windows like this
return(msg.wParam);

} // end WinMain
```

花一点时间看一下上面的 WinMain()函数。相信该程序看上去非常普通，因为我们一直用它。惟一的不同是调用 Game_Init()、Game_ Main()、Game_Shutdown()函数，如下所示：

```
//////////////////////////////////////////////////////////

int Game_Main(void *parms = NULL)
{
// this is the main loop of the game, do all your processing
// here

// for now test if user is hitting ESC and send WM_CLOSE
if (KEYDOWN(VK_ESCAPE))
   SendMessage(main_window_handle,WM_CLOSE,0,0);

// return success or failure or your own return code here
return(1);
```

```
} // end Game_Main

/////////////////////////////////////////////////////////

int Game_Init(void *parms = NULL)
{
// this is called once after the initial window is created and
// before the main event loop is entered; do all your initialization
// here

// return success or failure or your own return code here
return(1);

} // end Game_Init

/////////////////////////////////////////////////////////

int Game_Shutdown(void *parms = NULL)
{
// this is called after the game is exited and the main event
// loop while is exited; do all you cleanup and shutdown here

// return success or failure or your own return code here
return(1);

} // end Game_Shutdown
```

该控制台函数的功能就是这样！剩下的就是每次将这些函数添加到游戏程序代码中的工作了。但是我还在 Game_Main()函数中加入了一点东西，测试 Esc 键，发送 WM_CLOSE 消息来关闭窗口。这样就可以不必总是使用鼠标或 Alt+F4 组合键来关闭窗口。并且我也相信你已经注意到了每一个函数参数列表都是这样的：

```
Game_*(void *parms = NULL, int num_parms=0);
```

num_parms 只是便于程序员向任意函数中传递参数的个数。参数类型为 void，因此使用非常灵活。但这也并不是固定不变的，可以改变它，但是从这里开始还不错。

最后，可能你认为我本应当通过使用 WS_POPUP 样式而强制得到全屏显示的不带任何控件的窗口。我本来想这样做的，但是我认为对于演示程序将它们设置为有限尺寸的窗口方式更好一些，这样更容易调试。我们也能够逐个地将它们改为全屏显示，因此现在就让它们工作在窗口方式。

C++

如果你是一个 C 程序员，Game_Main(void *parms = NULL, int num_parms = 0)这行语句的语法看上去可能有点诡异。这里默认的赋值称为默认参数。如果已经知道参数和默认值相同的话，只要将这些参数赋值为列出的默认值，而不必输入这些参数。若是不想使用该参数列表，并且也不在乎是否*parms == NULL 以及 int num_parms == 0，可以不带参数地调用的 Game_Main()。另一方面，如果想传递参数，应当使用 Game_Main(&list, 12)，或者相似的写法。如果仍然感到不清楚的话，请查阅附录 D，简要复习一下 C++。

如果在 CD 上运行 T3DCONSOLE.EXE，只能看到一个空白的窗口。但是你只要将 Game_Init()、Game_Main()、Game_Shutdown()函数以及三维游戏程序添加进去，你就有了百万财富！当然，我们还有其他的一些方式来完成，让我们慢慢来吧。

作为最后一个使用 T3D 游戏控制台程序的演示示例，我已经创建了在此基础上的应用程序

DEMO4_9.CPP。这是一个 3D 星空演示程序，对于使用 GDI 是个不错的实例。阅读该程序，看是否能够提高或减缓速度。该程序在此演示了擦除、移动、绘制动画的循环。该程序也通过使用定时程序将帧速限定为 30fps。

4.8　小结

好了，我年轻的杰迪武士，你现在已经是一个 Windows 大师了——至少能够对付游戏编程的邪恶帝国了。在本章中，你读到了许多内容，包括图形设备接口、控件、定时、获取信息等等内容。最后，讨论了真实的模板应用程序——T3D 游戏控制台程序。使用 T3D，你可以开始编写一些真正的 Windows 应用程序。从下一章开始，我们将在 DirectX 的奇妙世界登陆。它是酷中之酷，绝对的次世代（NexTGeN）主题！

第 二 部 分

DirectX 和 2D 基础

第 5 章　DirectX 基础知识和令人生畏的 COM

本章将带我们从一个特殊的视角来研究 DirectX 以及所有组成这不可思议的技术的基础组件。此外，我们还将比较详细的解释一下 COM（Component Object Model，组件对象模型），因为所有的 DirectX 组件都是以 COM 实现的。如果你是一个虔诚的 C 语言程序员，那么这部分会花费较多的精力。但是，不用担心，我会帮助你理解它。

无论如何，我必须事先提醒一下——不要在看完整个章节之前就确定自己无法掌握此章内容。DirectX 和 COM 两者的内容环环相扣，所以很难单独解释其中的某个部分。这就好比要你解释"零"这个概念，而又不能在解释中用到"零"这个字。如果你认为这很简单，那你就错了！

下表列出了我们将要接触到的主要内容：

- DirectX 介绍
- 组件对象模型（COM）
- 一个可执行的 COM 实现
- DirectX 和 COM 如何协调运作
- COM 的应用前景

5.1　DirectX 基础

我开始感觉自己变成了 Microsoft 的传教士了（提醒 Microsoft：付钱给我），总在试图把我所有的朋友们都推向这个黑势力。但是，Microsoft 这帮坏家伙总是能研究出更好的技术！我没说错吧？如果是在《星球大战》里，让你选择自己驾驶的飞行器，你是愿意使用帝国的超级星球毁灭者呢，还是宁可用反抗军的半改装运输机呢？现在你该明白我的意思了吧。

DirectX 可能会让身为程序员的你丧失些许对硬件的控制能力，但事实上，这却是物有所值的。DirectX 实际上是一种抽象出视频、音频、输入、网络以及安装等内容的软件系统，所以，无论某台 PC 的具体硬件配置如何，你都可以使用同样的代码。而且，DirectX 比起 Windows 系统自带的 GDI 和/或 MCI（Media Control, Interface，媒体控制界面）要快上很多倍，系统也更稳定。

图 5-1 展示了在制作 Windows 游戏的过程中使用或不使用 DirectX 的两种方法。你将发现，使用 DirectX

的方法要干净和优雅得多。

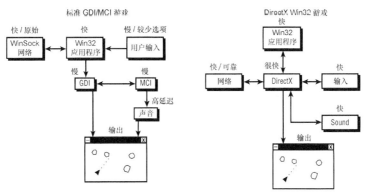

图 5-1 DirectX 对比 GDI/MCI

那么 DirectX 如何工作呢？DirectX 几乎可以为你提供对所有设备的硬件级的控制水平。通过一个叫做 COM（组件对象模型）的技术，以及一套由 Microsoft 和硬件厂商共同编写的驱动程序和程序库，就可以达到上述效果。Microsoft 提出了一套协议——内容包括函数、变量、数据结构等等——硬件商必须遵守这套协议才能开发与硬件通信的驱动程序。

只要这套协议被遵守，用户就不用担心硬件上的细节问题。你只要向 DirectX 发出命令，它就会帮你处理所有的细节问题。无论视频卡、音频卡、输入设备、网卡还是其他硬件，只要是支持 DirectX 的硬件，就可以被你的程序顺利使用，而你根本无需知道其中的奥秘。

目前，已经有不少 DirectX 组件问世。图 5-2 以图表形式进行了列举：

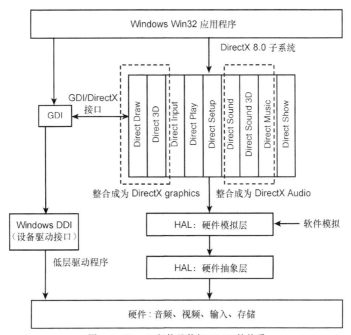

图 5-2 DirectX 架构及其与 Win32 的关系

- DirectDraw（DirectX8.0 以上的版本不包含此项）
- DirectSound
- DirectSound3D
- DirectMusic
- DirectInput
- DirectPlay
- DirectSetup
- Direct3DRM
- Direct3DIM
- DirectX Graphics（融合了 DirectDraw 和 Direct3D）
- DirectX Audio（融合了 DirectSound 和 DirectMusic）
- DirectShow

在 DirectX 8.0 版本里，Microsoft 决定将 DirectDraw 和 Direct3D 紧密地集成到一起，总称为 DirectX Graphics。结果就是 DirectDraw 在 8.0 版本里被移除了，不过，你仍然可以使用 DirectDraw，在 DirectX8.0 版本中并没有将它升级。另外，DirectSound 和 DirectMusic 也被紧密地集成，从而成为现在的 DirectX Audio。最后，DirectShow（来自以前的 DirectMedia）现在也已经被集成到 DirectX 里。Microsoft 那些家伙可真是有够忙活的！

上面说的这些有点过于庞杂和令人费解了，但是 DirectX 有一点非常好，那就是通过 COM（我们很快会熟悉它的），使用者实际可以按照需要来决定究竟使用 DirectX 3.0、5.0、6.0 或是其他任何版本。对于本书而言，使用 7.0 版本和 8.0 版本就已经绰绰有余了。此外，如果你了解 DirectX 的其中一个版本的话，你就能一通百通地了解其他所有版本。尽管语法上可能有些微小的变化，界面也有些细微差别，但是总的来说，它们还是一样的。只有 Direct3D 是惟一有很大改动的部分，我们在本书中不做该方面的阐述，实际上，我们将重点讨论的是游戏编程的内容。虽然，在 CD 里有两本关于 3D 的书，其中有一本就是讲 Direct3D 的，但是在本书中，我们不会涉及太多 DirectX 的内容，所以你只要学习有关游戏制作的那部分就足够了。但是，毕竟你的整个游戏编程生涯并不会与 DirectX 绑在一起，如果你使用的是其他的 API（应用编程接口），你仍然可以理解游戏编程的基础技术，这才是本书的终极目标。

5.1.1 HEL 和 HAL

在图 5-2 里，你会发现在 DirectX 的下面有两个层分别叫做 HEL（Hardware Emulation Layer，硬件仿真层）和 HAL（Hardware Abstraction Layer，硬件抽象层）。原理是这样的：DirectX 是一种具有前瞻性的设计思路，它假定那些高级功能将由硬件实现。但是，如果硬件并不支持其中某些功能特性，那又该如何处理呢？这就是 HAL 和 HEL 双重模式的基本设计思路。

HAL，也就是硬件抽象层，是直接和硬件对话的一层。HAL 是一种设备驱动程序，通常由设备生产商提供，你可以通过常规 DirectX 调用直接和它进行通信。条件是，只有当硬件能够直接支持你所要求执行的功能的时候 HAL 才被使用，从而达到加速的效果。例如，当你要求绘制一个位图的时候，硬件数据块复制器（Blitter）能迅速完成这个任务，比软件循环要高效得多。

HEL，也就是硬件仿真层，运用于当硬件不支持你所要求的性能的时候。比方说，当你要求视频卡完成位图旋转，如果硬件不支持旋转这个功能，HEL 就会加入，通过软件运算来完成该项任务。显然，这么处理速度较慢，但是关键是，这样就不会因为硬件不支持而影响你的应用程序。程序依然可行，只是慢一点而已。另外，HAL 和 HEL 之间的切换对用户而言是透明的。如果你要求 DirectX 处理某项任务，HAL 直接处理了，就说明是通过硬件完成的。反之，HEL 会通过一个软件仿真来完成此项任务。

现在，你可能会认为，这里有很多软件层次。这的确是一个问题，但是事实是，DirectX 其实很简洁，你使用它的唯一不便可能就是一到两个额外的函数调用。比起 DirectX 实现了 2D/3D 图形、网络和音频方面的提速来说，这不算什么。你能想像自行编写驱动程序来支持市场上所有的视频加速卡吗？相信我，这样的话需要数千人年的工作量，而事实上也是不可能的。DirectX 的确是 Microsoft 和所有硬件商倾注大量研究和努力的成果，它是超高性能的标准。

5.1.2　更多的 DirectX 基础类

现在让我们很快地浏览一下各个 DirectX 组件都有什么功能：

DirectDraw—— 控制视频显示的主要图形渲染和 2D 位图引擎。所有图形的绘制都必须通过它，因此可能它也是所有 DirectX 组件中最重要的一个。DirectDraw 对象代表系统中的视频卡。在 DirectX8.0 版本中已经没有 DirectDraw，所以我们必须在 DirectX7.0 的界面上使用它。

DirectSsound——这是 DirectX 里的声音组件。它只支持数字化的声音，不支持 MIDI。但是这个组件能使你的生活简化百倍，因为你不再需要购买第三方声音系统来处理你的声音。声音编程是一种黑色艺术，在过去，没有人愿意为各种声卡不停地编写驱动程序。因此，一些厂商开始关注声音函数库的市场，于是有了 Miles Sound System 和 DiamandWare Sound Toolkit。这两个都是非常强大的系统，可以让你在 DOS 或 Win32 程序中简单地加载、播放数码和 MIDI 声音。但是，随着 DirectSound、DirectSound3D 和最新的 DirectMusic 组件的出现，第三方声音函数库的使用已经越来越少。

DirectSound3D—— 这是 DirectSound 的 3D 声音组件。它允许你把 3D 效果的声音在空间里任意地定位，仿佛这些物体都四处漂浮在房间里！这是个比较新的技术，但是成熟得很快。今天，绝大多数的声卡都支持硬件加速的 3D 效果，包括多普勒位移（Doppler Shift）、折射、反射等等。不过，如果使用软件仿真的话，所有这些就慢得要停下来了！

DirectMusic—— 谢天谢地，DirectX 里新增了这个组件。DirectMusic 拥有 DirectSound 以前不支持的那部分 MIDI 技术。但是，还不仅仅如此，DirectMusic 还有一套新的 DLS（Downloadable Sounds，可下载的音色数据）系统，你可以通过它创造各种乐器的数码效果，并且通过 MIDI 控制回放。这很像是波表合成器（Wave Table synthesizer），但也是用软件实现的。同时，DirectMusic 还有一个基于某种人工智能系统的新的演奏引擎（Performance Engine）。它可以实时地根据你提供的模板对你的音乐进行改动。也就是说，这个系统实际上可以让你任意创造新的音乐。是不是很棒？

DirectInput—— 该系统处理输入设备，包括鼠标、键盘、游戏控制杆、操作杆、空间定位球和其他的很多东西。DirectInput 现在能够支持力反馈设备，该设备拥有机电传动设备和应力传感器，可以把力作用在用户身上，因此用户可以真实的感受到力的作用。

DirectPlay—— 这是 DirectX 里有关网络方面的部分。它可以让你通过因特网、调制解调器、直接连接或者通过其他任何可能出现的媒介来建立抽象的连接。DirectPlay 的优势在于，即使你对网络一窍不通，你也可以通过它来建立连接。你不需要编写驱动程序，使用套接字（Socket），或者做其他类似的事情。此外，DirectPlay 还支持会话（Session，运行中的多个游戏）以及大厅（Lobby，玩家碰头并开始游戏的场所）的概念。同时，DirectPlay 不会使你进入任何多玩家的网络体系。它所做的只是帮你发送和接收数据包（Packet）。至于数据包里有些什么内容，以及内容是否可靠则由你来决定。

Direct3DRM—— 这是 Direct3D 的保留模式（Retained Mode）。它是一个高级的，基于对象和帧的 3D

系统。你可以用它来编写基本的 3D 程序。它利用了 3D 加速，但还不是世界上最快的东西。如果用来制作穿越式的演示（walkthrough 程序）、模型察看器或一些超慢的演示，它还是很棒的。

Direct3DIM——Direct3D 的直接模式（Immediate Mode）。它是 DirectX 的低级 3D 支持。原本，这个模式非常难用，并因它和 OpenGL 的冲突也在网上引发过很多起谩骂。我们以前使用的即时模式，也就是通常所说的执行缓冲（execute buffers），主要就是把你输入的数据和指令排列出来，并描述将要绘制的场景——非常拙劣。但是，从 DirectX5.0 开始，直接模式通过 DrawPrimitive()函数，能够比以往支持更多的 OpenGL 风格的接口。这就让你可以发送三角形条带和扇形，及其他图案到图形渲染引擎，并通过函数调用而不是直接操作执行缓冲来实现状态改变。因此，我现在很喜欢用 Direct3D 直接模式！尽管本书和《3D 游戏编程大师技巧》[1] 都是研究软件实现的 3D 游戏的书，但为了完整起见，我将在《3D 游戏编程大师技巧》[1] 的最后涉及 D3DIM 的内容。事实上，《3D 游戏编程大师技巧》[1] 的 CD 上有完整的关于 Direct3D 直接模式的在线手册。

DirectSetup/AutoPlay——它们是类 DirectX 的组件，允许一个程序通过应用程序在用户的电脑上安装 DirectX，并且当光盘被插入电脑以后便直接启动游戏。DirectSetup 是一小套函数，它把运行时（run-time）的 DirectX 文件加载到用户机器上，同时在注册表（Registry）里注册这些文件。AutoPlay 是标准的 CD 子系统，它的功能是在 CD 根目录上查找 AUTOPLAY.INF 文件。如果该文件被找到，AutoPlay 就会执行文件中的批处理命令。

DirectX Graphics—— Microsoft 决定把 DirectDraw 和 Direct3D 的功能合并在 Direct Graphics 里，以期提高系统性能，并允许在 2D 世界里使用 3D 效果。我个人认为 DirectDraw 不应该被去掉。不仅因为现在有很多软件仍在使用它，而且使用 Direct3D 去做 2D 的工作在大多数情况下是很麻烦的。使用 Direct3D 对于许多本质上是 2D 的应用程序来说，就太费周折了，例如，GUI 应用程序和其他一些简单游戏。不过，在这里我们不用操心这个，我们将使用 DirectX 7.0 的 DirectDraw 接口。

DirectX Audio—— 这个合并就不像 DirectX Graphics 那样具有破坏性。DirectSound 和 DirectMusic 只是在 DirectX Audio 里更紧密的结合在一起，没有任何部分被删减。在 DirectX 7.0 版本里，DirectMusic 还是比较独立的部分，完全建立在 COM 的基础上，并且不能通过 DirectSound 访问。在 DirectX Audio 里，这种情况有所改变，如果你愿意，你可以同时运用 DirectMusic 和 DirectSound。

Direct Show—— 是用于在 Windows 平台上流式播放媒体的组件。DirectShow 能够提供高质量的捕捉和回放多媒体流。它支持很多种平台，包括 ASF（Advanced Streaming Format，高级数据流格式）、MPEG（Motion Picture Experts Group，运动图像专家组）、AVI（Audio-Video Interleaved，音频/视频数据交替格式）、MP3（MPEG Audio Layer-3）和 WAV 文件。它支持利用 Windows Driver Model (WDM)设备或更老的 Video for Windows 设备进行捕捉。DirectShow 和其他 DirectX 技术是一体的。它自动检测并在合适的情况下自动使用视频和音频加速硬件，但同时它也支持其他没有加速硬件的系统。这样一来，工作简化了许多，因为从前当你想要在游戏中播放视频的时候，你要么得使用第三方的程序库，要么就得自己编写程序。把这一部分集成进 DirectX 里真是太好了。唯一的问题就是，DirectShow 相当高级，设置并使用起来有一些费时费力。

最后，你可能会想 DirectX 为什么要有那么多版本。似乎每 6 个月就有一次修订。在很大程度上，这的确是事实。我们现在处于这样一个商业危机中——图形和游戏技术发展飞速。不过，由于 DirectX 始终是建立在 COM 技术的基础上，你为 DirectX 3.0 版本所写的程序可以保证在 DirectX 8.0 版本上也能运行。让我们来看一下，COM 是如何工作的。

---

[1] 编者著：《3D 游戏编程大师技巧（上、下册）》已由人民邮电出版社于 2012 年 7 月出版。（ISBN978-7-115-28279-8，定价 148 元）

5.2　COM：是微软的杰作，还是魔鬼的杰作

当今的电脑程序动不动就能达到好几百万行的规模，而一些大的系统将要有接近数十亿行的代码。当程序发展到如此庞大的时候，抽象和层次结构就变得至关重要。否则，彻底的混乱是不可避免的了。那情形就跟你打电话到电话公司的客户服务部门那样。

C++ 和 Java 无疑是计算机语言方面最近的两次为了更好地支持面向对象程序设计技术所作的尝试。C++实际上是 C 语言的革新（或者说是回流），具有了面向对象功能。另一方面，JAVA 则建立在 C++基础之上，完全实现了面向对象，同时也更简洁。此外，JAVA 更象是一种平台，而 C++则纯粹是种语言。

计算机语言固然好，但起决定作用的还是如何灵活运用。虽然 C++已经有了许多很酷的面向对象功能，但是很多人仍然不使用这些功能，或者就是用错了。因此，大规模的程序的编写仍然是个问题。这也是 COM 模型将要解决的困难之一。

COM 在很多年前就已被发明了，刚开始时它只是简单地作为一种新的软件范例的技术白皮书，类似计算机芯片和 Lego 拼装玩具块如何各自配合使用的问题。你只需把它们拼装到一起，它们就可以运作了。计算机芯片和 Lego 拼装块都很容易安装运行，是因为它们有良定义的接口。为了用软件实现此类技术，需要有一个非常通用的，能够处理任何能想到的功能集的接口。这就是 COM 的工作原理。

计算机芯片有一个优点：当你在一个电路设计里添加更多芯片的时候，你不用通知其他芯片你所做的改动。但正如你所知，同样的事情在软件程序上就比较难以处理了。你至少要重新编译来生成一个可执行文件。COM 的另一个目标就是要解决这个问题。你应当能够在 COM 对象里添加新的功能，同时并不损坏那些使用旧的 COM 对象的软件。另外，无需重新编译原来的程序就可以改变 COM 对象，这一点非常酷。

由于你可以不用重新编译你的程序就能升级 COM 模块，这就意味着你能够不使用补丁和新版本就能升级你的软件。例如，如果你有一个程序用到了 3 个 COM 对象：分别执行图像、声音和网络功能（见图 5-3）。让我们假设这个程序你售出了 10 万套，但是你可不想发送 10 万套升级版！为了达到升级图形 COM 对象的

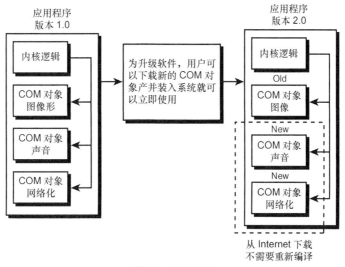

图 5-3　COM 概貌

效果，你所要做的就仅仅是给你的用户新的图形 COM 对象，而所有程序将自动使用它。不需要重新编译，不需要连接，什么都不需要。非常简便。当然，这项技术在底层非常复杂，编写自己的 COM 对象也非常具有挑战性，但是 COM 对象使用起来却是非常容易。

接下来的一个问题是 COM 对象是如何分布或者包含在程序中的，其即插即用的特性是如何被实现的？答案是，关于这个问题没有确定的规则，但是在大多数情况下 COM 模块都是 DLL（Dynamic Link Libraries），也就是动态连接库，可以被下载或直接用于使用到它们的的程序。这样，就可以方便地升级和改动它们。伴随而来的唯一问题是使用 COM 对象的程序必须知道如何从 DLL 里加载该对象。稍候，在 5.2.3 节中，我们将讨论这个问题。

5.2.1 COM 对象究竟是什么

一个 COM 对象事实上是一个或一套实现了大量接口（*interfaces*）的 C++类。（基本上，一个接口就是一套函数）。这些接口用于和 COM 对象进行交流（如图 5-4 所示）。我们可以看到光是一个 COM 对象就有三个接口，分别为：IGRAPHICS、ISOUND 和 IINPUT。

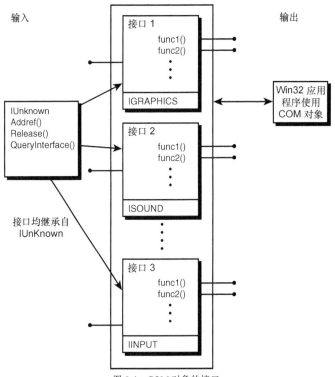

图 5-4 COM 对象的接口

这些接口每一个都有大量函数可供调用（当你知道如何调用以后）。因此单是一个 COM 对象就可以有一个或者几个接口，而你可能需要创建一个或者更多的 COM 对象。而且，COM 规范要求规定用户所创建的所有接口必须从一个名为 IUnknown 的特殊基本类接口那里继承而来。对于一个 C 语言程序员来说，所有这些意味着 IUnknown 就相当于是一个创建接口的起点。

让我们看一下 IUnknown 的类定义：

```
struct  IUnknown
{
// this function is used to retrieve other interfaces
virtual HRESULT __stdcall QueryInterface(const IID &iid, (void **)ip) = 0;

// this is used to increment interfaces reference count
virtual ULONG __stdcall AddRef() = 0;

// this is used to decrement interfaces reference count
virtual ULONG __stdcall Release() = 0;

};
```

注意

注意，这里的所有方法都是纯虚方法。此外，这些方法使用了 __stdcall，是遵从了 C/C++标准调用协定
的。你一定还记得我在第 2 章里提到过，__stdcall 把参数按从右到左的顺序压入堆栈里面。

即使你是个 C++程序员，如果你对虚函数不熟悉的话，这个类定义看上去也会比较怪异。还是让我们
仔细研究一下 IUnknown，看看到底是怎么回事。所有从 IUnknown 派生的接口最少也必须实现
QueryInterface()、AddRef()和 Release()这三个方法。

QueryInterface()是 COM 的关键。它用于申请一个指向你所希望的接口函数的指针。要实现该请求，你
必须要有一个接口标识符号码（*Interface ID*）。这是一个将惟一地指定给接口的数字，它是 128 位的。这样
总共就有 2^{128} 种不同的接口标识符号码，所以我可以向你保证，即使地球上的每个人每天都 24 小时不做其
他任何事，而只是制作 COM 对象，10 亿年也还是用不完。本章后面部分在分析一个示例的时候，将会讲
解更多有关接口标识符号码的内容。

此外，COM 的另一条规则是，如果你已经有了一个接口，你可以一直从这个接口申请任何一个别的
接口，条件是该接口出自同样的 COM 对象。基本上，这就意味着你可以从任何一个地方到达另一个地方。
图 5-5 给出了相关的示意图。

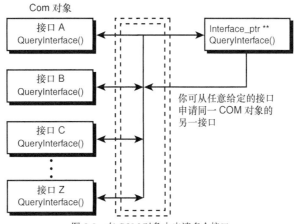

图 5-5　在 COM 对象中申请多个接口

提示

通常，你不必自己在接口上或 COM 对象中调用 AddRef()函数，该步骤是在内部由 QuerrInterface()函数

处理的。但有时候，如果想增加引用记数，让 COM 对象考虑比实际情况更多的引用时，就必须自己调用 AddRef()了。

AddRef()是一个古怪的函数。COM 对象使用一种叫引用计数的技术来跟踪自己的生命周期。这是由于 COM 的一个技术规范规定了：COM 技术是语言无关的。因此，当 COM 对象创建完毕，以及用于跟踪计算指向这个 COM 对象的引用数量的接口创建完毕时，就会要调用 AddRef()。如果 COM 对象使用了 malloc() 或 new[]的话，那就成了 C/C++语言专用的了。当该引用计数递减到 0 时，对象就会在内部被销毁。

这样我们就面临着一个问题，如果 COM 对象是 C++类，这些对象如何在 Visual Basic、Java、ActiveX 等技术中创建并使用呢？不用担心，巧在 COM 的设计者只是使用虚 C++类来实现 COM，而不要求用户也必须使用 C++来访问或者是创建它们。只要你创建的是一个和 Microsoft C++编译器在创建虚 C++类时所创建的二进制映像一样的映像，那个 COM 对象就会是 COM 兼容的。当然，大多数编译器都有附加功能或工具来协助创建 COM 对象，所以这并不是一个很严重的问题。最酷的是，你可以使用 C++、Vrsual Basic 或 Delphi 来编写 COM 对象，而这个 COM 对象也能够适用于其中任何一种语言！毕竟，无论什么时候，内存中的一个二进制映像还是内存中的一个二进制映像。

Release()函数用于减少 COM 对象或接口的引用计数。大多数情况下，当完成一个接口以后，你必须自己调用该函数。不过有时候，你创建了一个对象，而后又以它为基础创建了另一个对象；执行父（父类）的 Release()方法会造成对子（继承得来的对象）的 Release()的执行。无论是哪种情况，按获得指针的相反次序执行 Release()是比较好的做法。

5.2.2　接口标识符和 GUID 的详细内容

前面提到，每一个 COM 对象以及接口都必须有一个惟一的 128 位的标识符，让用户用来申请或访问。这些数字通常称之为 GUID（*Globally Unique Identifiers*，全局惟一标识符）。更明确点讲，当定义 COM 接口时，这些数字就叫接口标识符（或称 IID）。要产生它们，必须使用 Microsoft 的一个叫做 GUIDGEN.EXE 的程序（或者使用同样算法编写的类似程序）。图 5-6 表示了运行中的 GUIDGEN.EXE 程序。

要做的就是选择其中的一种标识符格式（有四种不同的格式），然后程序会生成一个 128 位的矢量，并确保在任何时候，任何一台计算机上，都不会再创建相同的矢量。看上去不可能，是吧？但的确就是这样的。这是一个数学和概率论的问题。可以保证的是，这的确可以做到，所以无需绞尽脑汁地刨根问底。

生成 GUID 或 IID 之后，该标识符就放置在剪贴板中，用户可以使用 Ctrl+V 将它粘贴到程序中。下面是我在写这段文字的时候要求生成的一个 IID 的实例：

```
// { C1BCE961-3E98-11d2-A1C2-004095271606}
static const <<name>> =
{ 0xc1bce961, 0x3e98, 0x11d2,
{ 0xa1, 0xc2, 0x0, 0x40, 0x95, 0x27, 0x16, 0x6 } };
```

当然，在你的程序中可以使用你为 GUID 选择的名字来替换<<name>>，只要了解是怎么回事就可以了。

图 5-6　运行中的 GUID 产生器——GUIDGEN.EXE

GUID 和 IID 都是用来引用 COM 对象及其接口的。因此无论你什么时候创建了一个新的 COM 对象及其一整套接口，这是让程序员能在你的 COM 对象上工作的惟一的一个数字。一旦程序员拥有了 IID，就可以创建 COM 对象及其接口。

5.2.3　创建一个类 COM 对象

创建一个成熟的 COM 对象大大超出了本书的范围。读者只需要了解如何使用 COM 对象就行了。当然，如果你像我一样的话，你可能会好奇创建 COM 对象到底是怎么回事。所以，下面我们就着手搭建一个非常基本的 COM 实例，来帮助读者回答一些我肯定你会心存疑惑的问题。

所有的 COM 对象都含有大量的接口，但是所有的 COM 对象都必须从 IUnknown 类中派生。然后，一旦建立了所有的接口，就可以将它们放入一个容器类中来实现所有操作。下面我举个例子，让我们来着手创建一个具有三个接口 ISound、IGraphics 和 IInput 的 COM 对象。首先是如何定义它们：

```cpp
// the graphics interface
struct IGraphics : IUnknown
{
virtual int InitGraphics(int mode)=0;
virtual int SetPixel(int x, int y, int c)=0;
// more methods...
};

// the sound interface
struct ISound : IUnknown
{
virtual int InitSound(int driver)=0;
virtual int PlaySound(int note, int vol)=0;
// more methods...
};

// the input interface
struct IInput: IUnknown
{
virtual int InitInput(int device)=0;
virtual int ReadStick(int stick)=0;
// more methods...
};
```

现在你已经创建了所有的接口，让我们接下来创建接口容器类，这才是 COM 对象的关键：

```cpp
class CT3D_Engine: public IGraphics, ISound, IInput
{
public:

// implement IUnknown here
virtual HRESULT __stdcall QueryInterface(const IID &iid,
                                (void **)ip)
{ /* real implementation */ }

// this method increases the interfaces reference count
virtual ULONG __stdcall Addref()
                { /* real implementation */}

// this method decreases the interfaces reference count
virtual ULONG __stdcall Release()
                { /* real implementation */}

// note there still isn't a method to create one of these
// objects...

// implement each interface now

// IGraphics
virtual int InitGraphics(int mode)
```

```
                    { /*implementation */}
virtual int SetPixel(int x, int y, int c)
                    {/*implementation */}


// ISound
virtual int InitSound(int driver)
                    { /*implementation */}
virtual int PlaySound(int note, int vol)
                    { /*implementation */}

// IInput
virtual int InitInput(int device)
                    { /*implementation */}

virtual int ReadStick(int stick)
                    { /*implementation */}

private:

// .. locals

};
```

注意

你还是没有看到创建 COM 对象的一般方法。毫无疑问，这是个问题。COM 的技术规范声明，创建 COM 对象有许多方法，但没有任何一种方法规定执行起来必须使用某个特定的语言或平台。较简单的方法之一就是通过创建一个 CoCreateInstance()或 ComCreate()函数，来创建该对象的一个初始 IUnknown 实例。该函数通常会加载一个含有 COM 代码，并从该代码开始工作的动态链接库 DLL。该技术又一次超出了你需要了解的内容，但我还是想要向你提及上面这些内容。好了，让我们把这个例子继续讲解下去。

从该示例可以看出，COM 在接口和编码上，和稍微高级一些的配合规范实现的 C++虚类的差别不大。但是真正的 COM 对象必须被合理地创建，并且要在注册表中注册，同时必须遵循其他的相关规则。最低限度上说，或多或少，它们只是使用函数指针方法的类（对于 C 程序员来讲，就是结构）。好啦，让我们简要回顾一下，看看你掌握了哪些 COM 的相关内容。

5.2.4 COM 的简要回顾

COM 是编写组件软件的一种新方法，通过它可以创建在运行时完成动态连接的、可重复使用的软件模块。每一个 COM 对象都有一个以上进行实际操作的接口。这些接口无非是通过一个虚函数表指针来进行引用的方法或函数的集合（在下一章中将详细阐述）。

每一个 COM 对象及其接口相对于其他对象都是惟一的，这是因为在创建 COM 对象及其接口时，必须生成全局惟一标识符 GUID。用户必须使用 GUID 或 IID 来访问 COM 对象及其接口，和其他程序员共同使用该对象和接口时也是一样。

如果你创建了一个新的 COM 对象来升级旧的，在加入任何新接口的同时，你仍然必须实现旧接口。这是一条非常重要的规则：所有的基于 COM 对象的程序应该在无需重新编译的情况下，仍然能使用新版 COM 对象正常运行。

COM 是一个能够在任何计算机上，使用任何编程语言的通用技术规范。惟一的法则就是 COM 对象的二进制映像必须是由 Microsoft VC 编译器生成的虚类，因为它只能以该种方式运行。但是 COM 可以应用于其他计算机，如 Mac、SGI 等等，只要它们遵循这些使用和创建 COM 对象的法则。

最后，COM 通过它的组件层面的基本架构，实现了编写大型计算机程序（几十亿行程序的规模）的可能。当然，DirectX、OLE 和 ActiveX 都是基于 COM 技术的，因此理解 COM 技术是必要的！

5.2.5　可运行的 COM 程序

我为读者创建了 DEMO5_1.CPP 作为创建 COM 对象和几个接口的完整示范。这个程序执行了一个名为 CCOM_OBJECT 的、由两个接口 IX 和 IY 构成的 COM 对象。该程序比较完整地执行了一个 COM 对象，当然，不包括一些高级细节，比如建立 DLL 以及动态装载等等。但是程序还是在所有方法以及 IUnknown 类所涉及到的范围内完全执行了 COM 对象。

我希望你能够仔细阅读该程序，试验一下程序代码，并了解它是如何运作的。程序清单 5-1 列出了该 COM 对象和用以运行该对象的一个简单 C/C++的 main()测试程序的完整源程序。

程序清单 5-1：完整的 COM 对象程序

```
// DEMO5_1.CPP - A ultra minimal working COM example
// NOTE: not fully COM compliant

// INCLUDES /////////////////////////////////////////////////

#include <stdio.h>
#include <malloc.h>
#include <iostream.h>
#include <objbase.h> // note: you must include this header it
                     // contains important constants
                     // you must use in COM programs

// GUIDS ////////////////////////////////////////////////////

// these were all generated with GUIDGEN.EXE

// {B9B8ACE1-CE14-11d0-AE58-444553540000}
const IID IID_IX =
{ 0xb9b8ace1, 0xce14, 0x11d0,
{ 0xae, 0x58, 0x44, 0x45, 0x53, 0x54, 0x0, 0x0 } };


// {B9B8ACE2-CE14-11d0-AE58-444553540000}
const IID IID_IY =
{ 0xb9b8ace2, 0xce14, 0x11d0,
{ 0xae, 0x58, 0x44, 0x45, 0x53, 0x54, 0x0, 0x0 } };

// {B9B8ACE3-CE14-11d0-AE58-444553540000}
const IID IID_IZ =
{ 0xb9b8ace3, 0xce14, 0x11d0,
{ 0xae, 0x58, 0x44, 0x45, 0x53, 0x54, 0x0, 0x0 } };


// INTERFACES ///////////////////////////////////////////////

// define the IX interface
interface IX: IUnknown
{

virtual void __stdcall fx(void)=0;
```

```
};

// define the IY interface
interface IY: IUnknown
{

virtual void __stdcall fy(void)=0;

};

// CLASSES AND COMPONENTS //////////////////////////////////////

// define the COM object
class CCOM_OBJECT :     public IX,
                public IY
{
public:

    CCOM_OBJECT() : ref_count(0) {}
    ~CCOM_OBJECT() {}

private:

virtual HRESULT __stdcall QueryInterface(const IID &iid, void **iface);
virtual ULONG __stdcall AddRef();
virtual ULONG __stdcall Release();

virtual   void __stdcall fx(void)
          {cout << "Function fx has been called." << endl; }
virtual void __stdcall fy(void)
          {cout << "Function fy has been called." << endl; }

int ref_count;

};

// CLASS METHODS //////////////////////////////////////////////

HRESULT __stdcall CCOM_OBJECT::QueryInterface(const IID &iid,
                                  void **iface)
{
// this function basically casts the this pointer or the IUnknown
// pointer into the interface requested, notice the comparison with
// the GUIDs generated and defined in the beginning of the program

// requesting the IUnknown base interface
if (iid==IID_IUnknown)
   {
   cout << "Requesting IUnknown interface" << endl;
   *iface = (IX*)this;

   } // end if

// maybe IX?
if (iid==IID_IX)
   {
   cout << "Requesting IX interface" << endl;
   *iface = (IX*)this;
```

```
    } // end if
else  // maybe IY
if (iid==IID_IY)
    {
    cout << "Requesting IY interface" << endl;
    *iface = (IY*)this;

    } // end if
else
    { // cant find it!
    cout << "Requesting unknown interface!" << endl;
    *iface = NULL;
    return(E_NOINTERFACE);
    } // end else

// if everything went well cast pointer to
// IUnknown and call addref()
((IUnknown *)(*iface))->AddRef();

return(S_OK);

} // end QueryInterface

/////////////////////////////////////////////////////////////

ULONG __stdcall CCOM_OBJECT::AddRef()
{
// increments reference count
cout << "Adding a reference" << endl;
return(++ref_count);

} // end AddRef

/////////////////////////////////////////////////////////////

ULONG __stdcall CCOM_OBJECT::Release()
{
// decrements reference count
cout << "Deleting a reference" << endl;
if (--ref_count==0)
    {
    delete this;
    return(0);
    } // end if
else
    return(ref_count);

} // end Release

/////////////////////////////////////////////////////////////

IUnknown *CoCreateInstance(void)
{
// this is a very basic implementation of CoCreateInstance()
// it creates an instance of the COM object, in this case
// I decided to start with a pointer to IX — IY would have
// done just as well

IUnknown *comm_obj = (IX *)new(CCOM_OBJECT);
```

```
cout << "Creating Comm object" << endl;

// update reference count
comm_obj->AddRef();

return(comm_obj);

} // end CoCreateInstance

//////////////////////////////////////////////////////////

void main(void)
{

// create the main COM object
IUnknown *punknown = CoCreateInstance();

// create two NULL pointers the IX and IY interfaces
IX *pix=NULL;
IY *piy=NULL;

// from the original COM object query for interface IX
punknown->QueryInterface(IID_IX, (void **)&pix);

// try some of the methods of IX
pix->fx();

// release the interface
pix->Release();
// now query for the IY interface
punknown->QueryInterface(IID_IY, (void **)&piy);

// try some of the methods
piy->fy();

// release the interface
piy->Release();

// release the COM object itself
punknown->Release();

} // end main
```

　　我已经为读者对该程序预先进行了编译，生成了可执行文件 DEMO5_1.EXE。当然，如果读者想试验和编译 DEMO5_1.CPP 的话，请记住创建一个 Win32 控制台应用程序，因为该演示程序使用 main()函数而不是 WinMain()函数，并且这只是一个基于文本的程序。

5.3　应用 DirectX COM 对象

　　现在读者应该已经对 DirectX 是什么，以及 COM 的工作原理有了一个初步的认识，下面看一下 DirectX 和 COM 是怎样协同工作的。如前面所述，构成 DirectX 的 COM 对象有很多。这些 COM 对象在加载 DirectX 的运行时版本时，作为动态连接库 DLL 包含在你的系统中。当你运行一个第三方的 DirectX 游戏时，DirectX 应用程序会加载一个或多个动态连接库 DLL，请求接口，然后这些接口的方法（函数）就被调入从而完成任务。这是运行时方面的情况。

从编译时的角度来看存在着一些差异。DirectX 设计人员知道 DirectX 的主要用户是我们这些游戏程序员，并且假设绝大部分游戏程序员都不喜欢使用 Windows 编程——这倒是千真万确的。他们知道应当尽量将 COM 内容减小到最小的程度，否则游戏程序员真的会憎恶使用 DirectX。因此，90%的 DirectX COM 对象都被包装成了处理 COM 问题的函数调用。因此，你不需要非得调用 CoCreateInstance()函数，也不需要对 COM 进行初始化，以及进行类似的操作。但你可能还是要通过 QueryInterface()函数来请求新的接口，我们以后将涉及这部分内容。关键在于 DirectX 的确试图使用户从操作 COM 的沉闷工作中解脱出来，用户因此可以使用 DirectX 的核心功能进行工作。

如上所述，要编译一个 DirectX 程序，应当包含一些封装了 COM 内容的导入（import）库函数，以便于使用这些封装函数调用 DirectX 来创建 COM 对象。大多数情况下，你所需要的库函数有：

```
DDRAW.LIB
DSOUND.LIB
DINPUT.LIB
DINPUT8.LIB
DSETUP.LIB
DPLAYX.LIB
D3DIM.LIB
D3DRM.LIB
```

但是请记住，这些库函数本身并不包含 COM 对象。它们仅仅是包装性质的库函数，用于调用加载 DirectX 动态连接库 DLL，而 DLL 才是 COM 对象。最后，当调用一个 DirectX COM 对象时，结果通常是仅仅调用一个接口指针而已。这就是动作发生的位置。就像在 DEMO5_1.CPP 程序实例中，一旦有了接口指针，就可以任意地进行函数调用，或者用 C++语言更准确的来说，就是进行方法调用。如果你是一个 C 程序员，对使用函数指针感到不习惯的话，请迅速浏览下一部分的内容。而如果你是一个 C++程序员，愿意的话则可以直接跳过下一部分的内容。

5.3.1　COM 和函数指针

一旦创建了一个 COM 对象，并且获得了一个接口指针，实际上就有了一个 VTABLE（Virtual FunctionTable，虚函数表）指针。图 5-7 给出了其示意图。有了虚函数就可以没有限制地使用在运行时才进行绑定的函数调用。这对于 COM 和虚函数来讲是至关重要的。实质上，C++内嵌了虚函数，但 C 语言程序员也能够通过直接使用函数指针，完成同样的任务。

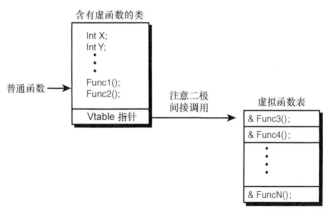

图 5-7　虚函数表的结构

函数指针是用来调用函数的一种指针。只要该函数指针的原型和你原来指向的函数相同，你就可以任意改动它，而不必死死绑定在某个函数上。例如，假设你想在屏幕上绘制一个像素而需要编写一个图形驱动函数。但是如果你有许多不同的显卡来支持该功能，这些显卡的工作原理又各不相同，如图 5-8 所示。

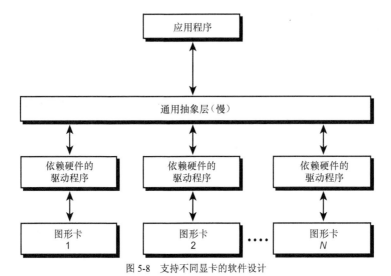

图 5-8　支持不同显卡的软件设计

你希望在所有这些显示卡上以同样的方式调用画点函数，但内部代码由于系统安装了不同的显卡而不同。下面是典型的 C 程序员的解决方法：

```
int SetPixel(int x, int y, int color, int card)
{
// what video card do we have?
switch(card)
    {
    case ATI:    { /* hardware specific code */ } break;
    case VOODOO: { /* hardware specific code */ } break;
    case SIII:   { /* hardware specific code */ } break;
    .
    .
    .
    default:     { /* standard VGA code */  } break;

    } // end switch

// return success
return(1);

} // end SetPixel
```

你看出上面程序中的问题了吗？首先，switch 语句效率不高，速度缓慢、语句冗长并且容易出错，而且在给其他显卡添加支持时可能会使函数出错。直接使用 C 语言的更好的解决方法是使用函数指针，如下所示：

```
// function pointer declaration, weird huh?
int (* SetPixel)(int x, int y, int color);
// now here's all our set pixel functions

int SetPixel_ATI(int x, int y, int color)
{
// code for ATI

} // end SetPixel_ATI
```

```
/////////////////////////////////////////////////////

int SetPixel_VOODOO(int x, int y, int color)
{
// code for VOODOO

} // end SetPixel_VOODOO

/////////////////////////////////////////////////////

int SetPixel_SIII(int x, int y, int color)
{
// code for SIII

} // end SetPixel_SIII
```

这样一切都 OK 了! 系统启动时, 会检查安装了哪一种显卡, 然后就设置通用函数指针, 指向正确的显卡函数, 这个过程只进行一遍。例如, 如果想令 SetPixel()函数指向 ATI 显卡函数, 可以像下面这样编写代码:

```
// assigning a function pointer
SetPixel = SetPixel_ATI;
```

非常简单! 图 5-9 给出了其示意图。

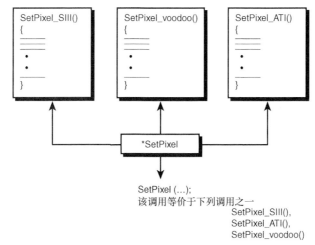

图 5-9　使用函数指针编写不同的代码块

注意, SetPixel()函数在某种意义上讲是 SetPixel_ATI()函数的别名。这对于函数指针来讲是至关重要的。假设, 为了要调用 SetPixel()函数, 而进行一般的调用, 但该调用实际上是调用了 SetPixel_ATI()函数, 而不是空函数 SetPixel():

```
// this really calls SetPixel_ATI(10,20,4);
SetPixel(10,20,4);
```

关键是代码看上去是一样的, 但是根据你指派函数指针的不同, 该代码可以执行不同的操作。这个技术那么棒, 所以许多 C++和虚函数都是建立在该技术基础上的。也就是说所有的虚函数实际上就是这么回事: 后置了函数指针的绑定; 虚函数很好的内置到了编程语言中, 加强了功能, 就像上面所做的那样。

有了这个概念, 让我们看一下如何来完成通用显卡驱动程序的连接。你所要做的就是: 测试并找出哪张显卡已经安装, 一次性设定 SetPixel()函数指针指向正确的 SetPixel*()函数。如下所示:

```
int SetCard(int card)
```

```
{
// assign the function pointer based on the card
switch(card)
    {
    case ATI:
        {
        SetPixel = SetPixel_ATI;

        } break;

    case VOODOO:
        {
        SetPixel = SetPixel_VOODOO;
        } break;

    case SIII:
        {
        SetPixel = SetPixel_SIII;
        } break;

    default: break;

    } // end switch

} // end SetCard
```

在程序开始部分，需要建立一个安装函数的调用，如下所示：

```
SetCard(card);
```

剩下的工作就很好做了。这就是函数指针和虚函数在 C++中的运用。下面我们看一下该技术如何在 DirectX 中使用。

5.3.2 创建和使用 DirectX 界面

到目前为止，我认为读者应当已经理解了 COM 对象其实就是接口集，该接口集也就是函数指针（更准确地说是 VTABLE）。因此使用 DirectX COM 对象来工作，只要创建 COM 对象，获得一个接口指针，然后使用正确的语法调用该接口即可。下面以使用 DirectDraw 主接口为例来示范如何使用 DirectX COM 对象：

首先，需要对 DirectDraw 进行下面三方面工作：

- DirectDraw 运行时 COM 对象和动态连接库 DLL 必须进行装载并注册。这由 DirectX 安装程序来完成。
- 你的 Win32 程序中必须包含 DDRAW.LIB 输入库，这样你调用的封装函数才可以实现连接。
- 你的程序中必须包含 DDRAW.H 文件，以便于编译器可以探测到头文件信息、原型以及 DirectDraw 的数据类型。

有了这些概念，接下来我们看一下 DirectDraw 接口指针的数据类型：

```
LPDIRECTDRAW lpdd = NULL;
```

下面是 DirectDraw 4.0 的接口指针类型

```
LPDIRECTDRAW4 lpdd = NULL;
```

这是 DirectDraw 7.0 版本的：

```
LPDIRECTDRAW7 lpdd = NULL;
```

到了 8.0 版本就没有 DirectDraw 的内容了！

现在，创建一个 DirectDraw COM 对象、获取一个接口指针指向 DirectDraw 对象（在这里也就是显卡），你所要做的就是象这样使用封装函数 DirectDrawCreate()：

```
DirectDrawCreate(NULL, &lpdd, NULL);
```

这是基础 DirectDraw 接口 1.0 的内容。在第 6 章中，我们将详细讨论其参数。但是现在，只需要注意该调用创建了一个 DirectDraw 对象，并且指定接口指针指向 lpdd 就可以了。

现在你应该已经有点概念，并且能够调用 DirectDraw 了。但是你目前还不知道哪些是可用的方法或函数，这就是你要阅读本书的原因了。下面是如何将显示模式设定为 640×480、256 色的示例：

```
lpdd->SetVideoMode(640, 480, 256);
```

非常简单，是吧？惟一的额外工作就是要废弃 DirectDraw 接口指针 lpdd。当然，实际要做的也就是在接口虚表进行一下查找，不必为此担心。

本质上讲，任何 DirectX 的调用都采用下面的方式：

```
interface_pointer->method_name(parameter list);
```

当然，你也可以从原 DirectDraw 接口，通过运用 QueryInterface()函数，来挑选使用其他任何接口（比方说 Direct3D）。此外，由于目前 DirectX 有许多版本，不久之前，Microsoft 刚刚停止编写所有用来获取最新接口的封装函数。这就意味着，你有时必须使用 QueryInterface()函数人工获取最新的 DirectX 接口。我们简单了解一下该方面内容。

5.3.3　接口查询

DirectX 有件不合常理的事情，就是 DirectX 各个版本里的号码都是不同步的。这样就会有点问题，而且很容易让人产生困惑。情况是这样的：当 DirectX1.0 的第一版问世时，DirectDraw 接口是这样命名：

```
IDIRECTDRAW
```

出 DirectX2.0 版本时，DirectDraw 也升级为 2.0 版本，命名法如下：

```
IDIRECTDRAW
IDIRECTDRAW2
```

然后是 DirectX6.0 版本，又变为类似这样的命名：

```
IDIRECTDRAW
IDIRECTDRAW2
IDIRECTDRAW4
```

到了 DirectX7.0 版本，是这样命名：

```
IDIRECTDRAW
IDIRECTDRAW2
IDIRECTDRAW4

IDIRECTDRAW7
```

到了 8.0 版本，已经不再支持 DirectDraw，所以我们还是采用 IDIRECTDRAW7 作为最新的接口命名法，明白了吧。

但是，对于接口 3 和 5 怎样命名呢？我也不知道，但这是个问题。因此，尽管你可能正在使用 DirectX8.0版本，但并不意味着接口也升级到了 8.0 版本。而且，它们完全可以是不同步的。DirectX6.0 可能使用高至IDIRECTDRAW4 的 DirectDraw 接口，但是同时 DirectSound 却只能使用名为 IDIRECTSOUND 的 1.0 版本的接口。看到有多么混乱了吧！该问题的主旨就是，无论什么时候使用 DirectX 接口，都要确定你正在使用其最新的版本。如果不能确认的话，可以从通用创建函数，用修订版 1.0 接口指针，获取最新的版本。

下面是我们正在讨论的问题的一个实例：DirectDrawCreate()函数返回一个修订版 1.0 的接口指针，而DirectDraw 已经升级到 IDIRECTDRAW4。应当如何利用这一新功能呢？

有两种方法可以做到这一点：使用低层 COM 函数，或者使用 QueryInterface()函数。我们使用后一种方式。过程如下：首先，使用 DirectDrawCreate()函数调用创建 DirectDraw COM 接口。该函数将返回一个没用的 IDIRECTDRAW 接口指针。然后，通过该指针建立一个 QueryInterface()函数的调用，再使用接口标识符（GUID）获取 IDIRECTDRAW7 的接口指针。下面是一个实例：

```
LPDIRECTDRAW  lpdd;   // version 1.0
LPDIRECTDRAW7 lpdd7;  // version 7.0

// create version 1.0 DirectDraw object interface
DirectDrawCreate(NULL, &lpdd, NULL);

// now look in DDRAW.H header, find IDIRECTDRAW7 interface
// ID and use it to query for the interface
lpdd->QueryInterface(IID_IDirectDraw7, &lpdd7);
```
现在，你有了两个接口指针，但指向 IDIRECTDRAW 的那个指针是不需要的，所以，你应该将它释放掉
```
// release, decrement reference count
lpdd->Release();

// set to NULL to be safe
lpdd = NULL;
```
记住了吗？你应当在完成任务时释放一个接口。因此，当程序终止时，也要释放 IDIRECTDRAW7 接口，如下所示：
```
// release, decrement reference count
lpdd7->Release();

// set to NULL to be safe
lpdd7 = NULL;
```
好了，现在你知道如何通过一个接口获取另一个接口了。有个好消息——Microsoft 在 DirectX 7.0 版本里加入了一个新的 DirectDrawCreateEx() 函数，可以实现返还 IDIRECTDRAW7 接口！是不是很神奇啊？但是，接着他们就在 8.0 版本里去掉了 DirectDraw，不过，谁在乎呢？我们仍然可以使用这个函数：
```
HRESULT WINAPI DirectDrawCreateEx(
  GUID FAR *lpGUID,  // the GUID of the driver, NULL for active display
  LPVOID *lplpDD,    // receiver of the interface
  REFIID iid,        // the interface ID of the interface you are requesting
  IUnknown FAR *pUnkOuter // advanced COM, NULL
);
```
这个新函数可以让你在 iid 里发送所要求的 DirectDraw 版本，然后函数会为你创建你要的那个 COM 对象，因此，你只要像这样调用这个函数就可以了：
```
LPDIRECTDRAW7 lpdd;  // version 7.0

// create version 7.0 DirectDraw object interface
DirectDrawCreateEx(NULL, (void **)&lpdd, IID_IDirectDraw7, NULL);
```
总的来说，调用 DirectDrawCreateEx() 可以直接创建所要求的接口，所以你不再必须从 DirectDraw 1.0 开始。好了，所有这里要讲的使用 DirectX 和 COM 的内容都讲完了。当然，你还没有看到 DirectX 组件里的那些成百上千的函数和所有接口，但是，将来有一天你会看到的。

5.4 COM 的前景

目前，已经有很多类似于 COM 的对象技术公布出来了，例如 COBRA（Common Object Request Broker Architecture，普通对象请求代理架构）。不过，既然我们关心的是 Windows 游戏，这些技术对我们来说也就没那么重要了。

最新版本的 COM 称为 COM++，稳定性方面有了很大的提高。COM++ 有更好的操作规则和一套更严谨的执行规范。COM++ 将会简化创建分布组件软件的工作。当然，它也比 COM 要来得复杂一些，不过，生活就是这样的，不是吗？

除了 COM 和 COM++之外，COM 还有一个完全的 Internet/Intranet 版本，称之为 DCOM（Distributed COM，分布式 COM）。有了 DCOM 技术，COM 对象甚至不必存在你的机器上。这些对象可以通过网络由别的计算机提供。这个技术很酷吧？假设有这样一台大型的 DCOM 服务器，而你的程序就将成为其客户。这真是不可思议的技术。

5.5　小结

本章涉及了一些技术性较强的内容和概念。COM 并不容易理解，必须要花些时间学习，才能较好地掌握它。但是，使用 COM 较之理解它要容易十倍，这一点读到下一章你就会明白了。另外，我们也简单介绍了一下 DirectX 及其所有的组件。因此，只要你了解了每个组件的内容以及在接下来的章节里学会了如何使用它们，你就会对这些组件如何协调运作有个很清晰的概念。

第 6 章 初次邂逅 DirectDraw

在这一章你将首次见识 DirectX 最重要的组件之一：DirectDraw。这可能是 DirectX 中最重要的技术，因为它是 2D 图形赖以实现的渠道，也是 Direct3D 构建于其上的帧缓冲层。当然在 DirectX 8.0 中 DirectDraw 已经完全整合到 Direct3D 里面。而且，即使你只懂 DirectDraw，也完全可以创建任何你在 DOS16/32 下面编制的图形程序。DirectDraw 是理解许多 DirectX 固有概念的关键，所以听好了！

下面是本章的要点：

- DirectDraw 接口
- 创建 DirectDraw 对象
- 与 Windows 协同工作
- 设置模式
- 色彩的奥妙
- 构造一个显示面

6.1 DirectDraw 的接口

DirectDraw 是由很多接口组成的。回忆一下第 5 章中关于 COM 的讨论，即"DirectX 基础和令人生畏的 COM"那一节，接口就是组件通信的函数与方法的集合。看看图 6-1 对于 DirectDraw 接口的图解。记住，我不会标出每个接口的版本，暂且只从概念上谈一谈。例如，IDirectDraw 已经发展到 7.0 版，我们在使用这个接口的时候就应该以 IDirectDraw7 来指明，但现在，我只准备演示一下接口的要素和关系。

6.1.1 接口的特性

正如你看到的，总共只有五个接口组成了 DirectDraw：

IUnknown——所有 COM 对象都必须从这个基本接口派生，DirectDraw 也不例外。IUnknown 只包含 Addref()、Release()和 QueryInterface()三个函数，这些函数在其他接口中会被覆写。

IDirectDraw——这是开始使用 DirectDraw 时必须创建的主接口对象。IDirectDraw 一对一地表示显卡及其支持硬件。有意思的是，在支持多显示器（Multiple Monitor Support，MMS）和 Windows 98/ME/XP/NT2000 系统下，可以安装多块显卡从而有多个 DirectDraw 对象。但本书假设系统中只有一块显卡并且总是选择默认显卡来表示 DirectDraw 对象，即使有多块显卡安装在系统中。

图 6-1　DirectDraw 的接口

IDirectDrawSurface——这表示你用 DirectDraw 创建、控制和显示的实际显示表面。一个 DirectDraw 显示表面可以使用显存（Video RAM，VRAM）存于显卡中或者存在系统内存里。基本上有两种显示表面：主显示表面（Primary Surface）和从显示表面（Secondary surface）。

主显示表面通常表示正在被显卡光栅化和显示的实际视频缓冲区。另一方面，从显示表面通常是离屏的。大多数情况下，你要创建单个的主显示表面以表示实际视频显示、一或多个从显示表面以表示对象位图、后备缓冲（Back Buffer）以表示将构造下一帧动画的离屏绘图区。我们将在本章稍后进入显示表面的细节讨论，现在只要看看图 6-2 的图形化阐释。

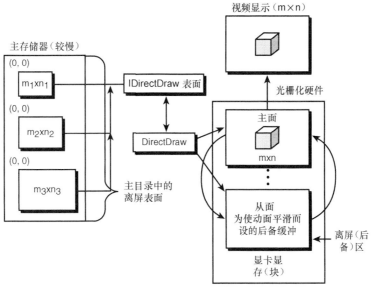

图 6-2　DirectDraw 显示表面

IDirectDrawPalette——DirectDraw 足以处理从 1 位(bit)单色到 32 位超真彩的任何色彩空间。所以，DirectDraw 提供对 IDirectDrawPalette 接口的支持以使用 256 或更少的颜色在视频模式下处理调色板（Color Palette）。在这种情况下，你将在很多演示程序中广泛地使用 256 色模式，因为它对于软件光栅器来说是最快的一种模式。在《3D 游戏编程大师技巧》[1]关于 Direct3D 直接模式（Immediate Mode）的讨论中，你将改用 24 位色彩，因为那是 Direct3D 天生擅长的模式。在任何情况下，IDirectDrawPalette 都用于创建、加载和控制调色板，以及将调色板关联到显示表面，比如为 DirectDraw 程序可能创建的主显示表面和从显示表面。图 6-3 表示了一个绘图表面和一个 DirectDraw 调色板之间的关系。

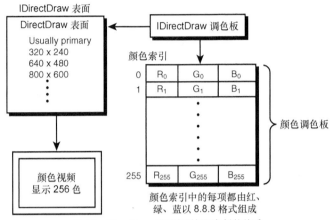

图 6-3　DirectDraw 显示表面与调色板的关系

IDirectDrawClipper——用于帮助剪切 DirectDraw 光栅和位图操作到一些可见显示表面的子集。大多数情况下，你只需为窗口化的 DirectX 程序使用 DirectDraw 裁剪器，并剪切位图操作到你的显示表面的区域内，无论是主显示表面还是从显示表面。IDirectDrawClipper 接口能够利用硬件加速，并且已经替你完成了剪切位图所必需的代价昂贵的逐像素（Pixel-by-pixel）或子图形（Sub-image）处理。

现在，在你准备开始创建一个 DirectDraw 对象以前，我要为你的记忆上一道可口小菜来刺激一下。就是我们已经在上一章讨论 COM 的时候已经涉及过的一些珍闻：DirectDraw 和所有 DirectX 组件都处于持续的变化之中，因此所有的接口总是在升级。唉，即使是对于本章中我迄今所引用到的 IDirectDraw、IDirectDrawSurface、IDirectDrawPalette 和 IDirectDrawClipper 这些 DirectDraw 的基本接口，大部分也都已经升级到新的版本了。例如前面提到的 IDirectDraw 在 DirectX 7.0 版本中已经升级到 IDirectDraw7 了。

所有这些都意味着，如果你想要得到最新的软件和硬件性能，你得一直调用 IUnknown::QueryInterface() 来获取最新版本的接口。然而，为此你必须看看 DirectX SDK 文档。当然本书使用的是 DirectX 8.0，你已经知道什么是最新的，但是要记住，当你升级到 DirectX 9.0 的时候可能会有一些新的接口供你使用。不过，本书和《3D 游戏编程大师技巧》[1]都是教你编写自己的光栅和 3D 软件，所以我尽量不本末倒置。大多数情况下，你们很少会用到所有新版本中华而不实的附加功能。

6.1.2　组合使用接口

接下来我将简要列举一下所有这些接口是怎样配合起来成为一个 DirectDraw 应用程序的：

1．创建主 DirectDraw 对象并使用 QueryInterface() 来得到一个 IDirectDraw7 接口，或是直接用 DirectDrawCreateEx() 创建一个 DirectDraw7 接口。用这个接口来设置协作级别和视频模式.

---

[1] 编者著：《3D 游戏编程大师技巧（上下册）》已由人民邮电出版社于 2012 年 7 月出版。(ISBN.978-7-115-28279-8，定价 148 元)。

2. 使用 IDirectDrawSurface7 接口至少创建一个主显示表面用以绘图。基于颜色深度和视频模式自身——如果视频模式是每像素 8 位或更少——将会需要一个色板。

3. 用 IDirectDrawPalette 接口创建一个色板,用 RGB 三元组初始化并配置到相关的显示表面中。

4. 如果 DirectDraw 应用程序要使用窗口,或者要减少位图以免溢出 DirectDraw 显示表面的可见边界,你至少需要创建一个裁剪器并将其尺寸设置为可见窗口的范围。见图 6-4。

5. 在主显示表面上绘图。

当然,我还有 bazillion(是的,这是个技术术语)小细节没有提到。不过那是使用其他接口的要点。知道了这些,让我们开始关注细节并真正地把这些接口用起来……

提示

在本章剩余部分,你可能需要打开 DDRAW.H 头文件和 DirectX SDK 帮助系统以作参考。

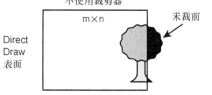

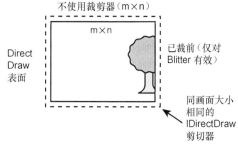

图 6-4　DirectDraw 裁剪器

6.2　创建 DirectDraw 对象

要使用 C++创建一个 DirectDraw 1.0 对象,你所需做的只是调用 DirectDrawCreate(),如下所示:

```
HRESULT WINAPI DirectDrawCreate(GUID FAR *lpGUID,      // guid of object
                    LPDIRECTDRAW FAR *lplpDD,          // receives interface
                    IUnknown    FAR *pUnkOuter );      // com stuff
```

LpGUID——这是你需要使用的显卡驱动的 GUID(Globally Unique Identifier,全局唯一标识符)。大多数情况下,你只需要简单地传递 NULL 以表示系统缺省配置的硬件。

lplpDD——这是一个指向指针的指针。如果调用成功,它所指向的指针将指向 IDirectDraw 接口。记住这个函数返回一个 IDirectDraw 接口而不是 IDirectDraw7 接口!

pUnkOuter——高级功能。总是设为 NULL。

下面展示怎样基于 IDirectDraw 接口来创建一个默认 DirectDraw 对象:

```
LPDIRECTDRAW lpdd = NULL;                              // storage for IDirectDraw

// create the DirectDraw object
DirectDrawCreate(NULL, &lpdd, NULL);
```

如果函数执行成功,lpdd 就是一个有效的 IDirectDraw1.0 对象接口。当然你可能还是想用最新的接口 IDirectDraw7。不过在你开始学习这个以前,错误处理机制是什么呢?

6.2.1　对 DirectDraw 进行错误处理

DirectX 中的错误处理机制非常清晰。有很多宏可以用来检测任何函数是成功还是失败。微软认可的检测 DirectX 函数错误的方法是使用这两个宏:

FAILED()——检测是否失败。

SUCCEEDED()——检测是否成功。

有了这个新知识，你就可以巧妙地加入以下的错误处理代码：

```
if (FAILED(DirectDrawCreate(NULL, &lpdd, NULL)))
    {
    // error
    } // end if
```

或是类似地测试函数成功与否：

```
if (SUCCEEDED(DirectDrawCreate(NULL, &lpdd, NULL)))
    {
    // move onto next step
    }        // end if
else
    {
    // error
    }        // end else
```

我一般使用 FAILED()宏，因为我不喜欢有两条不同的逻辑路径。不过每个人都有自己的理由……关于这两个宏的唯一问题是它们提供的信息不多，仅仅是探测一个大致的方向。如果你想知道确切的问题所在，看看函数的返回值总是可以的。在这种情况下，表 6-1 列出了 DirectX 6.0 版本中 DirectDrawCreate()可能返回的值。

表 6-1   DirectDrawCreate()的返回值

返回值	描述
DD_OK	完全成功
DDERR_DIRECTDRAWALREADYCREATED	DirectDraw 对象已经创建
DDERR_GENERIC	DirectDraw 不知道什么出错了
DDERR_INVALIDDIRECTDRAWGUID	无效的设备 GUID
DDERR_INVALIDPARAMS	无效的参数
DDERR_NODIRECTDRAWHW	没有硬件
DDERR_OUTOFMEMORY	随便猜猜看

将常量与条件逻辑一起使用的唯一问题是微软不保证他们完全不会改变所有的错误代码。然而，我认为下面的代码

```
if (DirectDrawCreate(...)!=DD_OK)
    {
    // error
    }  // end if

if (DirectDrawCreate(...)!=DD_OK)
    {
    // 出错
    }  // if 条件处理结束
```

几乎总是很安全的。而且，DD_OK 是为所有的 DirectDraw 函数定义的，你可以毫无顾虑的使用。

6.2.2 顺便提一下接口

我前面说过，你可以使用对 DirectDrawCreate()的调用返回的 lpdd 中存放的基本 IDirectDraw 接口。或者你可以通过调用 IUnknown 接口的 QueryInterface()方法将它升级到最新的版本（无论是第多少版），这个方法包含在每个 DirectDraw 接口的实现中.在 DirectX7.0 版本中最新的 DirectDraw 接口是 DirectDraw7，因

此可以这样得到接口的指针。

```
LPDIRECTDRAW lpdd  = NULL;    // standard DirectDraw 1.0
LPDIRECTDRAW lpdd7 = NULL;    // DirectDraw 7.0 interface /

// first create base IDirectDraw interface
if (FAILED(DirectDrawCreate(NULL, &lpdd, NULL)))
   {
   // error
   }                           // end if

// now query for IDirectDraw7
if (FAILED(lpdd->QueryInterface(IID_IDirectDraw7,
                       (LPVOID *)&lpdd7)))
   {
   // error
   }                           // end if
```

现在，需要注意以下几个重要方面：

●　调用 QueryInterface()的方式。

●　用于请求 IDirectDraw7 接口的常量：IID_IDirectDraw7。

通常，一个接口发出的调用采用以下格式

```
interface_pointer->method(parms...);
```

而所有接口标识符则采用以下格式

```
IID_IDirectCD
```

其中，字符 C 表示组件：Draw 代表 DirectDraw，Sound 代表 DirectSound，Input 代表 DirectInput，依次类推。字符 D 是一个从 2~n 的数字，指代你需要的接口。另外，在 DDRAW.H 头文件中可以找到所有常量的定义。

继续看这个例子，你会发现有一点进退两难——既有 IDirectDraw 接口又有 IDirectDraw7 接口。怎么办？既然不需要了，只要把旧的接口释放即可，像这样：

```
lpdd->Release();
lpdd = NULL;                   // set to NULL for safety
```

从这里开始，所有的方法调用都要使用新的接口 IDirectDraw7。

警告

有了 IDirectDraw7 的新功能，可是使用起来还需要一点辅助工作和责任感。问题在于 IDirectDraw7 接口不仅仅是更复杂和更先进，很多情况下它还要求并返回新的数据结构，而不是为 DirectX 1.0 定义的基本结构。要安全的使用，惟一的办法是查阅 DirectX SDK 文档并检验任何特殊函数需要或者返回的数据结构的版本。不过这只是一个常规的提醒，我确保本书中所有例程都有正确的结构——因为我就是这种好人啊！顺便说一下，我的生日是 6 月 14 日。

除了从初始的 IDirectDraw 接口指针处调用 QueryInterface()函数以外，还有一种更直接的“COM 式方法”可以得到 IDirectDraw7 接口。在 COM 中，只要有表示你需要的接口的接口标识符（IID），你就可以得到任何接口的指针。大多数情况下，我个人推荐不要使用底层的 COM 函数，因为我都遇到过很多奇怪的事。不过，当使用到 DirectMusic 时是无法使用底层的 COM 方法的，所以我要在这里介绍一下这个过程。下面是如何直接获取一个 IDirectDraw7 接口：

```
// first initialize COM, this will load the COM libraries
// if they aren't already loaded
if (FAILED(CoInitialize(NULL)))
   {
   // error
   }        // end if
```

```
// Create the DirectDraw object by using the
// CoCreateInstance() function
if (FAILED(CoCreateInstance(&CLSID_DirectDraw,
                            NULL,
                            CLSCTX_ALL,
                            &IID_IDirectDraw7,
                            &lpdd7)))
   {
   // error
   }        // end if


// now before using the DirectDraw object, it must
// be initialized using the initialize method

if (FAILED(IDirectDraw7_Initialize(lpdd7, NULL)))
   {
   // error
   }        // end if
// now that we're done with COM, uninitialize it
CoUninitialize();
```

上述代码是微软推荐的创建 DirectDraw 对象的方法。不过这个方法有点投机取巧，用了一个宏：

```
IDirectDraw7_Initialize(lpdd7, NULL);
```

你可以用下面的代码取代它从而彻底地使用 COM：

```
lpdd7->Initialize(NULL);
```

其中两个调用里面的 NULL 都是指视频设备，此处指缺省的驱动。（因此该参数才是 NULL。）无论如何，不难看出这个宏是怎样扩展到前面的代码行中的。所以用宏方便一些。好消息是，微软已经开发了一个函数调用，可以真正地不经过任何中间步骤直接创建一个 IDirectDraw7 接口。通常情况并非如此，不过在 DirectX 7.0 版本中他们确实创建了一个我在上一章中已经提到的新函数 DirectDrawCreateEx()。其原型看上去像这样：

```
'HRESULT WINAPI DirectDrawCreateEx(

   GUID FAR *lpGUID,        // the GUID of the driver, NULL for active display

   LPVOID *lplpDD,          // receiver of the interface

   REFIID iid,              // the interface ID of the interface you are requesting

   IUnknown FAR *pUnkOuter  // advanced COM, NULL

);
```

它与较简单的 DirectDrawCreate() 函数很相似，只是有更多的参数，并允许你创建任何的 DirectDraw 接口。任何时候，创建 IDirectDraw7 接口的调用都应该是这样的：

```
LPDIRECTDRAW7 lpdd;          // version 7.0

// create version 7.0 DirectDraw object interface
DirectDrawCreateEx(NULL, (void **)&lpdd, IID_IDirectDraw7, NULL);
```

唯一有技巧的地方在于接口指针的传递。注意(void **)，并且你必须在参数 iid 中传递所要求的接口。除此之外，它是非常简单和有效的！

让我们用一分钟来复述一下。Ok，如果我们想要使用最新的 DirectDraw 即 7.0 版本（因为在 DirectX 8.0 中微软去掉了 DirectDraw）就需要一个 IDirectDraw7 接口。我们可以用基本的 DirectDrawCreate() 函数得到一个 IDirectDraw1.0 接口，再从这里用 QueryInterface() 来得到 IDirectDraw7 接口。另一方面，我们可以用底层 COM 函数直接得到 IDirectDraw7，或者用 DirectX7.0 版本起可用的 DirectDrawCreateEx()

函数来直接创建接口。很不错对不对？DirectX 正在开始听起来像 X Windows，总是有五千种以上的方法来做任何事情。

现在你已经知道怎么创建 DirectDraw 对象和获得最新的接口，接下来让我们使 DirectDraw 工作，即设置协作级别。

6.3　与 Windows 协作

如你所知，Windows 是一个协作、共享的环境——至少它的设计理念是这样。尽管做为一名程序员的我至今还没有研究出怎么让它和我的代码协作！无论如何，DirectX 和任何 Win32 系统相似，至少它必须通知 Windows 说它将要使用各种系统资源以便其他的 Windows 应用程序不会去尝试请求(并获得)这些 DirectX 已经控制了的资源。基本上，只要 DirectX 和 Windows 要什么就会得到什么——对我来说这很好，哈哈。

对于 DirectDraw 来说，唯一你应该感兴趣的是视频显示设备。有两种情况你必须注意：
● 全屏模式（Full-screen Mode）
● 窗口模式（Windows Mode）

在全屏模式下，DirectDraw 表现的很像一个古老的 DOS 程序。也就是说整个屏幕表面都分配给你的游戏，并且你是直接写到视频设备里。没有其他应用程序能使用这种设备。窗口模式则有所不同。在窗口模式下，DirectDraw 必须更多的与 Windows 协作，因为其他应用程序可能需要更新它们各自的客户窗口区域（对用户可见）。因此，窗口模式下你对于视频设备的控制和垄断要有限得多。不过你对于 2D 和 3D 加速仍然有完全的访问权限，这还是不错的。不过想当年，喇叭裤刚开始流行的时候也挺不错的……

在第 7 章中将会更多的谈到窗口化的 DirectX 应用程序，不过那些比较复杂而不易处理。这一章主要处理全屏模式，因为它更容易使用。

现在你已经知道一点哪里需要 Windows 和 DirectX 之间的协作，让我们看看要怎样通知 Windows 你希望它怎样协作。要设置 DirectDraw 的协作级别，需要调用 IDirectDraw7 的一个方法：IDirectDraw7::SetCooperativeLevel()函数。

C++

对于 C 程序员来说，IDirectDraw7::SetCooperativeLevel()的语法可能比较含糊。"::"操作符被称为域操作符，这种语法表示 SetCooperativeLevel()是 IDirectDraw7 接口的一个方法（或成员函数）。它基本上是一个类，也可以看作一个包括数据和虚函数表的结构。某些时候，我会放弃使用接口来给方法加上表示作用域的前缀，简单地写作 SetCooperativeLevel()。然而，要记住所有的 DirectX 函数都是某个接口的一部分，因而必须通过函数指针的格式调用，就像 lpdd->function(...)。

下面是 IDirectDraw7::SetCooperativeLevel()的原型：
```
HRESULT SetCooperativeLevel(HWND hWnd,      // window handle
                            DWORD dwFlags);// control flags
```
如果调用成功将返回 DD_OK，失败则返回错误代码。

相当有趣的是，这是窗口句柄第一次进入 DirectX 表达法。hWnd 参数是必需的,以便 DirectX（特指 DirectDraw）可以固定于它。在这里一般总是使用主窗口句柄。

SetCoopertiveLevel()的第二也是最后一个参数是 dwFlags。它是一个控制标记，直接影响 DirectDraw 与 Windows 之间协作的方式。表 6-2 列出了最常用的值，可以对这些值进行逻辑或运算来得到需要的协作级别。

表 6-2 SetCooperativeLevel()的控制标记

值	描述
DDSCL_ALLOWMODEX	允许使用 Mode X（320*200、240、400）显示模式，仅当设置 DDSCL_EXCLUSIVE 和 DDSCL_FULLSCREEN 时生效。
DDSCL_ALLOWREBOOT	允许在排他（全屏）模式下检测到 Ctrl+Alt+Del。
DDSCL_EXCLUSIVE	请求排他级别。此标记需要与 DDSCL_FULLSCREEN 标记同时使用。
DDSCL_FPUSETUP	表示调用程序希望配置 FPU 以得到最佳的 Direct3D 性能（禁用单精度和异常），这样 Direct3D 不需要每次都明确的设置 FPU。更多信息，请在 DirectX SDK 中查询 "DirectDraw 协作级别和 FPU 精度"。
DDSCL_FULLSCREEN	表示使用全屏模式。其他应用程序的 GDI 将不能写屏，此标记必须与 DDSCL_EXCLUSIVE 标记同时使用。
DDSCL_MULTITHREADED	请求对于多线程安全的 DirectDraw 行为。到目前为止不必考虑这个标记。
DDSCL_NORMAL	表示应用程序是一个通常的 Windows 应用程序。这个标记不能与 DDSCL_ALLOWMODEX、DDSCL_EXCLUSIVE 或 DDSCL_FULLSCREEN 标记一起使用。
DDSCL_NOWINDOWCHANGES	表示不允许 DirectDraw 激活时最小化或还原应用程序窗口。

如果细细研究这些标记，会发现有一些看起来是多余的——的确是这样的。基本上，DDSCL_FULLSCREEN 和 DDSCL_EXCLUSIVE 必须一起使用，而且如果你决定使用任何 Mode X 模式，你必须同时使用 DDSCL_FULLSCREEN、DDSCL_EXCLUSIVE 和 DDSCL_ALLOWMODEX 标记。除此之外，这些标记完全根据他们的定义生效。大多数情况下，你会设置全屏应用程序如下：

```
lpdd7->SetCooperativeLevel(hwnd,
                           DDSCL_FULLSCREEN |
                           DDSCL_ALLOWMODEX |
                           DDSCL_EXCLUSIVE |
                           DDSCL_ALLOWREBOOT);
```

而设置通常的窗口化应用程序的代码如下：

```
lpdd7->SetCooperativeLevel(hwnd, DDSCL_NORMAL);
```

当然，当你读到本书后面的多线程编程技术时，你可能会加上多线程标记 DDSCL_MULTITHREADED 使线程更安全。无论如何，让我们来看看如何创建一个 DirectDraw 对象，同时设置协作级别。

```
LPDIRECTDRAW lpdd = NULL;        // standard DirectDraw 1.0
LPDIRECTDRAW7 lpdd7 = NULL;      // DirectDraw 7.0 interface 7

// first create base IDirectDraw interface
if (FAILED(DirectDrawCreateEx(NULL, (void **)&lpdd7, IID_IDirectDraw7, NULL)))
   {
   // error
   }                            // end if
// now set the cooperation level for windowed DirectDraw
// since we aren't going to do any drawing yet
if (FAILED(lpdd7->SetCooperativeLevel(hwnd, DDSCL_NORMAL)))
   {
   // error
   }                            // end if
```

注意

为了节省空间，我现在开始将略去错误处理调用 FAILED()和/或 SUCCEEDED()，但请记住你总是应该检查错误的!

到此为止,你已经了解了足够的信息可以来创建一个完整的 DirectX 应用程序。这个程序可以创建一个窗口,启动 DirectDraw,并设置协作级别。尽管你还不知道怎样去绘图,这已经是一个良好的开始。看看随书 CD 中的 DEMO6_1.CPP 和它的可执行文件 DEMO6_1.EXE。运行这个程序的时候,你会看到如图 6-5 所示的画面。我是基于 T3D 游戏控制台模板编程的,因此仅仅修改了用以创建和设置 DirectDraw 协作级别的 Game_Init()和 Game_Shutdown()。

图 6-5 执行中的 DEMO6_1.EXE

这里是 DEMO6_1.CPP 中添加了 DirectDraw 代码之后的函数。你可看到设置 DirectDraw 有多简单:

```
int Game_Init(void *parms = NULL, int num_parms = 0)
{
// this is called once after the initial window is created and
// before the main event loop is entered, do all your initialization
// here

// first create base IDirectDraw interface
if (FAILED(DirectDrawCreateEx(NULL, (void **)&lpdd, IID_IDirectDraw7, NULL)))
   {
   // error
   return(0);
   } // end if
// set cooperation to normal since this will be a windowed app
lpdd->SetCooperativeLevel(main_window_handle, DDSCL_NORMAL);

// return success or failure or your own return code here
return(1);

} // end Game_Init

/////////////////////////////////////////////////////////

int Game_Shutdown(void *parms = NULL, int num_parms = 0)
{
// this is called after the game is exited and the main event
// loop while is exited, do all you cleanup and shutdown here

// simply blow away the IDirectDraw interface
if (lpdd)
   {
   lpdd->Release();
   lpdd = NULL;
   } // end if

// return success or failure or your own return code here
return(1);

} // end Game_Shutdown
```

提示

如果你准备立刻就编译 DEMO6_1.CPP,请手工从 DirectX8.0 SDK 目录 LIB\中包含 DDRAW.LIB,并将 DirectX 头文件路径加入到你的编译器中作为最先的.H 搜索目录。并且,当然了,你还应当生成一个 Win32

的.EXE 文件。我每天都能从那些忘了包含.LIB 文件的菜鸟那里收到十封以上的电子邮件，所以不要让我把你也统计进来……

6.4　设置模式

设置 DirectDraw 的下一步可能是最酷的。正常情况下，在 DOS 里通过基本 ROM BIOS 模式设置视频模式是相当合理的，但在 Windows 里面几乎不可能。但有了 DirectX 以后这就是小菜一碟。DirectDraw 的主要目标之一就是使得模式转换对于程序员来说变得轻而易举，甚至是透明的。再也不需要为了进行一次调用而对 VGA/CRT 控制寄存器编程。说变就变，一眨眼就能设置为任何你需要的模式（当然要显卡能支持）。

设置视频模式的函数叫做 SetDisplayMode()，是 IDirectDraw7 接口的一个方法。或者，用 C++格式，IDirectDraw7::SetDisplayMode()。其原型如下：

```
HRESULT SetDisplayMode(DWORD dwWidth,      // width of mode in pixels
            DWORD dwHeight,                 // height if mode in pixels
            DWORD dwBPP,                    // bits per pixel, 8,16,24, etc.
            DWORD dwRefreshRate,            // desired refresh, 0 for default
            DWORD dwFlags);                 // extra flags (advanced) 0 for default
```

照常，调用成功时函数返回 DD_OK。

你一定在感叹："哇，这真是好得过头了！"你是否曾经试着设置一个 Mode X 模式，比如 320*400 或者 800*600 模式？即使成功了，在着色到视频缓冲时仍然需要好运气！有了这个 DirectDraw 函数，你只需给出宽度、高度和色彩深度，问题就解决了！DirectDraw 处理了各种显示卡的特性，并且如果要求的模式能被创建，它就会被创建。此外，还能保证该模式有一个线性内存缓冲区……后面会有更多关于此问题的讨论。看一下表 6-3 来重温一下最常用的视频模式及其色深。

表 6-3　　　　　　　　　　　　　　常用视频模式

宽度	高度	色深（每像素的位数，BPP）	Mode X
320	200	8	*
320	240	8	*
320	400	8	*
512	512	8,16,24,32	
640	480	8,16,24,32	
800	600	8,16,24,32	
1024	768	8,16,24,32	
1280	1024	8,16,24,32	

注：更高的分辨率模式可用于多种显卡。

有趣的是，你可以请求任何希望的模式。例如，可以选 400x400，如果显卡驱动能支持，就会生效。然而，最好是在表 6-3 列出的模式中选择，因为这些是最常用的。

技巧

实际上，有一个 Win32 API 函数来设置视频模式。我曾经用过它，可是最后搞乱了系统，把事情弄的一团糟。

回到 SetDisplayMode()函数，头二个参数很简单，但后两个需要做一点解释。dwRefreshRate 用于覆盖显卡驱动的缺省刷新频率，设置为你要求的模式。因此，如果你要求 320*200 模式，很有可能刷新频率是70 赫兹。利用这个参数，你可以将刷新频率强制转换成 60 赫兹，如果你要那么做的话。老实说，我一般不改变刷新频率，并且设置该参数为 0（指示显卡驱动使用缺省频率）。

最后一个参数 dwFlags 是一个额外的标记字（WORD），包罗万象却很少使用。目前，它用作一个覆盖值使你可以通过设置 DDSDM_STANDARDVGAMODE 标记来使用 320×200 下的 VGA 模式 13h 而不是 Mode X 320×200 模式。同样，我也不考虑这个参数。如果你确实写了一个用 320×200 模式的游戏，你可以试验一下这个标记，并使用 VGA 模式 13h 或是 Mode X 320×200 模式看看哪个速度更快，不过两个模式间的性能差异几乎可以忽略不计。现在，只要把它设为 0 即可。

准备就绪，我们开始转换模式！要转换模式，必须创建 DirectDraw 对象，设置协作级别，最后还要设置显示模式。方法如下：

```
lpdd->SetDisplayMode(width,height,bpp,0,0);
```

例如，要创建一个 256（8 位）色的 640*480 模式，可以这样做：

```
lpdd->SetDisplayMode(640,480,8,0,0);
```

要设置 16 位增强色的 800*600 模式，可以这样做：

```
lpdd->SetDisplayMode(800,600,16,0,0);
```

现在，这两种模式之间有很大区别，不仅仅是分辨率的不同：色彩深度。8 位模式工作起来完全不同于16 位、24 位或 32 位模式。回想一下，前面关于 Win32/GDI 编程的章节涵盖了广泛的关于调色板的话题（参见第 3 章和第 4 章），并且同样的理论对于 DirectDraw 也是有效的。那就是说，当你创建一个 8 位彩色模式时，你就是在要求一个调色板模式，并且必须创建一个调色板并用型为 8.8.8 的 RGB 项填满它。

另一方面，如果你创建一个色彩深度为 16 位、24 位或是 32bpp（位每像素）的 RGB 模式，就不需要考虑这一步。你可以将编码过的数据直接写到显示缓冲（当你知道怎么做的时候）。至少，你必须知道怎么使用 DirectDraw 调色板（这将是下一个讨论的主题）。然而，在继续往下之前，让我们看一个完整的例子来创建一个使用 640×480×8 分辨率的全屏 DirectX 应用程序。

随书 CD 中的 DEMO6_2.CPP 和相关的可执行文件完成这个任务。我本想给你看个截屏图，不过这里你所能看到的只是一个黑黑的矩形，因为这个演示是一个全屏的应用程序。不过我可以安全的展示其实现的代码。同样，我是基于游戏控制台来实现这个演示的，做了相应的修正，并对 Game_Init()和Game_Shutdown()部分做了有关 DirectX 的改动，下面会列出这些改变。仔细看看，其简单程度会使你惊讶……

```
int Game_Init(void *parms = NULL, int num_parms = 0)
{
// this is called once after the initial window is created and
// before the main event loop is entered, do all your initialization
// here

// first create base IDirectDraw interface
if (FAILED(DirectDrawCreateEx(NULL, (void **)&lpdd, IID_IDirectDraw7, NULL)))
   {
   // error
   return(0);
   } // end if
```

```
// set cooperation to full screen
if (FAILED(lpdd->SetCooperativeLevel(main_window_handle,
                DDSCL_FULLSCREEN | DDSCL_ALLOWMODEX |
                DDSCL_EXCLUSIVE | DDSCL_ALLOWREBOOT)))
   {
   // error
   return(0);
   } // end if

// set display mode to 640x480x8
if (FAILED(lpdd->SetDisplayMode(SCREEN_WIDTH,
                SCREEN_HEIGHT, SCREEN_BPP,0,0)))
   {
   // error
   return(0);
   } // end if


// return success or failure or your own return code here
return(1);

} // end Game_Init

/////////////////////////////////////////////////////////

int Game_Shutdown(void *parms = NULL, int num_parms = 0)
{
// this is called after the game is exited and the main event
// loop while is exited, do all your cleanup and shutdown here

// simply blow away the IDirectDraw7 interface
if (lpdd)
   {
   lpdd->Release();
   lpdd = NULL;
   } // end if

// return success or failure or your own return code here
return(1);

} // end Game_Shutdown
```

至此，还有两件事情没有提到：一是控制调色板（在 256 色模式下），二是访问显示缓冲。我们先来解决色彩问题。

6.5　色彩的奥秘

DirectDraw 支持很多不同的色彩深度，包括 1、2、4、8、16、24 和 32bpp。显然，1、2、4bpp 已经过时了，所以别在意这些颜色深度。余下的 8、16、24、32 位模式才是我们的兴趣所在。你所写的绝大多数游戏，将要么运行在 8 位调色模式下——出于速度考虑（也是开始学习的好模式），要么运行在 16 或 24 位模式下——为充分利用 RGB 色彩。RGB 模式的工作方式是写相似大小的字到帧缓冲，如图 6-6 所示。调色板模式通过一个查找表工作，此表以帧缓冲中的单个字节的像素值作为索引。因此，有 256 种不同的值——你已经全部看到过，所以看起来很熟悉。

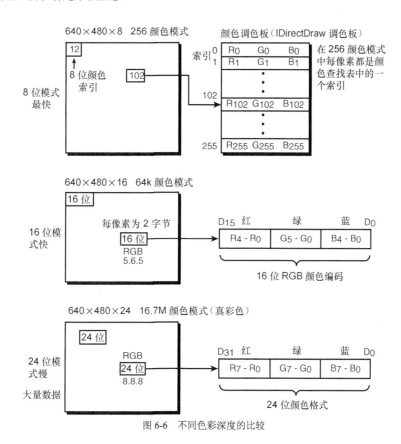

图 6-6 不同色彩深度的比较

你需要学习的是创建一个 256 色的调色板并告诉 DirectDraw 你希望使用它。相关的步骤如下：

1．创建一个或多个调色板数据结构：大小为 256 且类型为 PALETTENTRY 的数组。

2．从 DirectDraw 对象自身创建一个 DirectDraw 调色板接口 IDirectDrawPalette 的对象。一般来说这将直接映射到硬件 VGA 调色板寄存器。

3．将调色板对象关联到一个绘图表面，如主显示表面，这样所有着色其上的数据能正确显示色彩。

4．（此步可选）如果希望，你可以改变调色板项或者整个调色板。如果你在第 2 步中传递了一个 NULL 调色板并选择跳过第 1 步，你会需要执行这个步骤。基本上，我想说的是当你创建一个调色板接口时，你可以传递一个调色板给它。不过如果创建时没有这么做，你也可以过后再这么做。因此，如果你稍后记得填满调色板项，第 2 步就可以是第 1 步。

让我们从创建调色板数据结构开始。那不过就是一个基于 PALETTENTRY Win32 结构的包含 256 个调色板项的数组，定义如下：

```
typedef struct tagPALETTEENTRY
    {
```

```
BYTE peRed;        // red component 8-bits
BYTE peGreen;      // green component 8-bits
BYTE peBlue;       // blue component 8-bits
BYTE peFlags;      // control flags: set to PC_NOCOLLAPSE
} PALETTEENTRY;
```

看起来眼熟吗？这很好！无论如何，要创建一个调色板，你只需简单地创建一个包含这些结构的数组，像这样：

```
PALETTEENTRY palette[256];
```

然后用任何你希望的方式填满它们。不过有一条规则：你必须设置 peFlags 域为 PC_NOCOLLAPSE。因为你不希望 Win32/DirectX 越俎代庖地优化你的调色板，所以这点很必要。知道了这点以后，让我们来看这个例子，创建一个随机调色板，并设置 0 位置为黑，255 位置为白：

```
PALETTEENTRY palette[256];    // palette storage

// fill em up with color!
for (int color=1; color < 255; color++)
    {
    // fill with random RGB values
    palette[color].peRed   = rand()%256;
    palette[color].peGreen = rand()%256;
    palette[color].peBlue  = rand()%256;

    // set flags field to PC_NOCOLLAPSE
    palette[color].peFlags = PC_NOCOLLAPSE;
    } // end for color

// now fill in entry 0 and 255 with black and white
palette[0].peRed   = 0;
palette[0].peGreen = 0;
palette[0].peBlue  = 0;
palette[0].peFlags = PC_NOCOLLAPSE;

palette[255].peRed   = 255;
palette[255].peGreen = 255;
palette[255].peBlue  = 255;
palette[255].peFlags = PC_NOCOLLAPSE;
```

这就是创建一个调色板的全部步骤了！当然，你也可以创建多个调色板并以任何你希望的东西填充它们，全都取决于你。

让我们继续，下一步是创建实际的 IDirectDrawPalette 接口。幸运的是，相对于 DirectX 6.0 接口并没有改变，所以你不需要用到 QueryInterface() 或者别的。这里是 IDirectDraw7:: CreatePalette() 的原型，作用是创建调色板对象：

```
HRESULT CreatePalette(DWORD dwFlags,        // control flags
LPPALETTEENTRY lpColorTable,                // palette data or NULL
LPDIRECTDRAWPALETTE FAR *lplpDDPalette,     // received palette interface
     IUnknown FAR *pUnkOuter);              // advanced, make NULL
```

如果调用成功则函数返回 DD_OK。

来看看参数。第一个参数是 dwFlags，控制调色板的不同属性——马上会有更多讨论。下一个参数是一个指向初始调色板的指针，如果你不想传递指针就给一个 NULL。接下来是实际存储 IDirectDrawPalette 接口的指针，程序成功时在此处返回创建的接口。最后，pUnkOuter 是为高级 COM 使用设计的，所以只要设成 NULL 即可。

这一组参数中唯一有意思的，当然是标记参数 dwFlags。让我们深入的看一看你拥有哪些选项。参考表 6-4 以得到你可以进行逻辑或（or）运算来创建标记字（WORD）的可能的值。

表 6-4　　　　　　　　　　　　　　CreatePalette() 的控制标记

值	描述
DDPCAPS_1BIT	1-位色彩。色彩表包含 2 项
DDPCAPS_2BIT	2-位色彩。色表包含 4 项
DDPCAPS_4BIT	4-位色彩。色表包含 16 项
DDPCAPS_8BIT	8-位色彩。最常用。色表包含 256 项
DDPCAPS_8BITENTRIES	用于一个称为索引调色板（indexed palette）的高级特性，适用于 1、2 和 4 位调色板。在此我们只要设为否
DDPCAPS_ALPHA	表示相关的 PALETTEENTRY 结构的 peFlags 成员将被翻译成一个控制透明度的 8 位 alpha 值。用这个标记创建的调色板只能配置到一个用 DDSCAPS_TEXTURE 性能标记创建的 D3D 纹理表面。再一次说明，这是一项高级性能，给大师们用的：）
DDPCAPS_ALLOW256	表示这个调色板可以定义所有 256 个项。正常情况下，0 项和 255 项分别相应的接收黑和白，并且在某些系统如 NT 上你在任何情况下都不能写这些项。然而，大多数情况下你不需要这个标记，因为 0 项通常都是黑并且大多数调色板在 255 项为白的时候也能工作。取决于你
DDPCAPS_INITIALIZE	用 lpDDColorArray 传递的色彩数组中的色彩初始化调色板。使得调色板数据能被传递并下载到硬件调色板
DDPCAPS_PRIMARYSURFACE	这个调色板配置到主显示表面。改变调色板的色表会立即影响显示，除非 DDPSETPAL_VSYNC 是特定的值并受支持的
DDPCAPS_VSYNC	强制调色板更新并只能在垂直的空白期执行。最小化色彩异常和闪烁。不过还未获完全支持

要我说的话，很多控制字都很费解。可是基本上，你只需要使用 8 位调色板，因此你需要进行逻辑或的控制标记是：

```
DDPCAPS_8BIT | DDPCAPS_ALLOW256 | DDPCAPS_INITIALIZE
```

如果你不考虑设置色彩项 0 和 255 就可以忽略 DDPCAPS_ALLOW256。而且，如果在 CreatePalette() 调用中没有传递调色板，还可以忽略 DDPCAPS_INITIALIZE。

把这些都理解并融会贯通，下面看看怎样用随机值创建调色板对象：

```
LPDIRECTDRAWPALETTE lpddpal = NULL;      // palette interface

if (FAILED(lpdd->CreatePalette(DDPCAPS_8BIT |
                        DDPCAPS_ALLOW256 |
                        DDPCAPS_INITIALIZE,
                        palette,
                        &lpddpal,
                        NULL)))
   {
   // error
   } // end if
```

如果函数调用成功，lpddpal 将会返回一个有效的 IDirectDrawPalette 接口。同时，硬件调色板也会持续的更新为调用中传递的调色板，此处即为一个 256 种随机色彩的集合。

正常情况下，这里我会展示一个例子，但不幸的是我们遇到了 DirectDraw 中"鸡生蛋还是蛋生鸡"的难题。也就是说，在能往屏幕上绘图之前，你将无法看到任何色彩。所以这就是我们下一步要做的！

6.6　创建显示表面

如你所知，显示在屏幕上的图像只不过是以某种格式存储在内存中的有色像素组成的矩阵，或是调色板化的或是 RGB 模式的。任何一种情况下，要想做点什么你都必须知道怎样绘图到内存中。然而 DirectDraw 的设计者决定将显存的概念予以抽象，从而无论你的（或是某个别人的）系统中的显卡有多么古怪，访问视频表面的方法都是一样的（从程序员的角度）。因此，DirectDraw 支持显示表面（Surface）。

参考图 6-7，显示表面是能存储位图数据的矩形内存区域。而且，有两种显示表面：主表面和从表面。

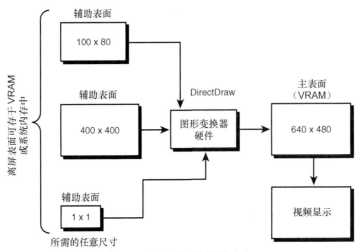

图 6-7　显示表面可以是任意大小

主显示表面直接相当于被显卡光栅化的实际显存，且任何时候都是可见的。因此，在任何 DirectDraw 程序里你都只能有一个主显示表面，它直接指向屏幕图像并常驻 VRAM。使用它的时候，你会看到结果一直显示在屏幕上。例如，如果你将视频模式设置为 640*480*256，就必须创建一个也是 640*480*256 的主显示表面并将他配置到显示设备——DirectDraw7 对象中去。

另一方面，从显示表面更灵活。它可以是任意大小，可以驻留在 VRAM 或是系统内存中，只要内存容量允许，可以创建任意多个从显示面。大多数情况下，为了平滑的动画效果，你会创建一或两个从显示表面（后备缓冲），它们总是和主显示面有同样的色彩深度和几何分步。当你用下一个动画帧更新这些离屏面，然后迅速的拷贝或是用换页技术将离屏面切换到主显示面，以达到平滑显示动画的目的。这称为双缓冲或三缓冲。下一章关于这个问题讨论的更多，不过这是从显示面的一个运用。

从显示表面的第二个用途是保存你的位图图像和游戏中表示对象的动画。这是 DirectDraw 相当重要的一个特性，因为只有使用 DirectDraw 显示表面才能调用使用于位图数据的硬件加速。如果你自己写位图图像传输软件来操作位图，就失去了所有的加速性能。

现在我有点超前自己了，现在应当离开弯曲场并减速到亚光速。只是希望能让你稍微思考一下。现在，还是让我们看看怎样创建一个和你的显示模式同样大小的简单的主显示表面吧，这样你就知道怎样往上面写数据并对屏幕上的像素绘图。

6.6.1　创建一个主显示表面

要创建任何显示表面，都必须执行这些步骤：

1. 填充一个 DDSURFACEDESC2 数据结构，描述你所希望创建的显示表面。
2. 调用 IDirectDraw7::CreateSurface() 来创建显示表面。

这是 CreateSurface()的原型:

```
HRESULT CreateSurface(
      LPDDSURFACEDESC2 lpDDSurfaceDesc2,
      LPDIRECTDRAWSURFACE4 FAR *lplpDDSurface,
      IUnknown FAR *pUnkOuter);
```

基本上,这个函数用一个描述 DirectDraw 显示表面的数据结构来描述你要创建的表面,用一个指针来接收接口,最后将高级 COM 特性 pUnkOuter 设为 NULL。咦?要完成这个数据结构看上去比较困难哦,不过放心,我会手把手地教你。首先请看 DDSURFACEDESC2 的结构:

```
typedef struct _DDSURFACEDESC2
            {
      DWORD dwSize;                    // size of this structure
      DWORD dwFlags;                   // control flags
      DWORD dwHeight;                  // height of surface in pixels
      DWORD dwWidth;                   // width of surface in pixels
      union
            {
      LONG  lPitch;                    // memory pitch per row
      DWORD dwLinearSize;              // size of the buffer in bytes
      } DUMMYUNIONNAMEN(1);
      DWORD dwBackBufferCount;         // number of back buffers chained
      union
            {
      DWORD dwMipMapCount;             // number of mip-map levels
      DWORD dwRefreshRate;             // refresh rate
      } DUMMYUNIONNAMEN(2);
      DWORD dwAlphaBitDepth;           // number of alpha bits
      DWORD dwReserved;                // reserved
      LPVOID lpSurface;                // pointer to surface memory
      DDCOLORKEY ddckCKDestOverlay;    // dest overlay color key
      DDCOLORKEY ddckCKDestBlt;        // destination color key
      DDCOLORKEY ddckCKSrcOverlay;     // source overlay color key
      DDCOLORKEY ddckCKSrcBlt;         // source color key
      DDPIXELFORMAT ddpfPixelFormat;   // pixel format of surface
      DDSCAPS2   ddsCaps;              // surface capabilities
      DWORD      dwTextureStage;       // used to bind a texture
                              // to specific stage of D3D
      } DDSURFACEDESC2, FAR* LPDDSURFACEDESC2;
```

如你所见,这是一个复杂的结构。75%的域都非常含糊。幸运的是你只需要了解我用粗体标出来的那些。我们来一个一个地看看他们的具体功能:

dwsize—这是所有的 DirectX 数据结构里面最重要的一个域。很多 DirectX 数据结构都是通过地址传递的,因此接收的函数或方法不知道其大小。然而,如果数据结构头 32 位的值总是表示其大小,接收函数就总能通过解读其首个双字(DWORD)的内容来知道有多少数据需要处理。因此,DirectDraw 和 DirectX 数据结构通常都把大小指定符作为它们的第一个元素。也许看上去有点累赘,却是一个很好的设计——相信我,你所需做的只是像这样来填充它:

```
DDSURFACEDESC2 ddsd;
ddsd.dwSize = sizeof(DDSURFACEDESC2);
```

dwFlags—这个域用来指示 DirectDraw 你会把有效数据填充到哪个域中,或者是当你要把这个结构用在一个查询操作中时你希望接收哪个域。表 6-5 中给出了这个标记字可能使用的值。例如,要将有效数据放在 dwWidth 和 dwHeight 域中,需要将 dwFlags 域如此设置:

```
ddsd.dwFlags = DDSD_WIDTH | DDSD_HEIGHT;
```

这样 DirectDraw 就知道去查看 dwHeight 和 dwWidth 域来得到有效数据。把 dwFlags 看作一个有效数据指定符。

表 6-5　　　　　　　　**DDSURFACEDESC2 结构中 dwFlags 域的可选标志**

值	描述
DDSD_ALPHABITDEPTH	表明 dwAlphaBitDepth 成员有效
DDSD_BACKBUFFERCOUNT	表明 dwBackBufferCount 成员有效
DDSD_CAPS	表明 ddsCaps 成员有效
DDSD_CKDESTBLT	表明 ddckCKDestBlt 成员有效
DDSD_CKDESTOVERLAY	表明 ddckCKDestOverlay 成员有效
DDSD_CKSRCBLT	表明 ddckCKSrcBlt 成员有效
DDSD_CKSRCOVERLAY	表明 ddckCKSrcOverlay 成员有效
DDSD_HEIGHT	表明 dwHeight 成员有效
DDSD_LINEARSIZE	表明 dwLinearSize 成员有效
DDSD_LPSURFACE	表明 lpSurface 成员有效
DDSD_MIPMAPCOUNT	表明 dwMipMapCount 成员有效
DDSD_PITCH	表明 lPitch 成员有效
DDSD_PIXELFORMAT	表明 ddpfPixelFormat 成员有效
DDSD_REFRESHRATE	表明 dwRefreshRate 成员有效
DDSD_TEXTURESTAGE	表明 dwTextureStage 成员有效
DDSD_WIDTH	表明 dwWidth 成员有效

dwWidth－表明显示表面以像素计的宽度。在创建显示表面时需要在此处设置宽度：320、640 等等。此外，如果查询一个显示表面的属性，该域会返回其宽度（如果你请求了它）。

dwHeight－表明显示表面以像素计的高度。与 dwWidth 相似，创建显示表面时需要在此处设置其高度：200、240、480 等等。

lPitch－这个域很有意思。它基本上就是你所在显示模式的水平内存间距（memory pitch）。参见图 6-8，lPitch 是该显示模式中每行上的字节数，也被称为步幅（stride）或内存宽度（memory width）。不管怎么称呼它，需要知道的是这是一个非常重要的数据。因为：当你申请一个显示模式的时候，如 640×480×8，你知道该模式下每行有 640 个像素，每个像素为 8 位（或者说一个字节）。因此，实际每行应该恰为 640 个字节，所以 lPitch 应该是 640。是这样吗？不一定。

提示

视 VRAM 布局而定，lPitch 可以是任何值。因此当你倾向于逐行访问一个 DirectDraw 显示表面内存时，你必须利用 lPitch 移到下一行，而不是用每像素字节数乘宽度，这点非常非常重要！

多数新的显示卡支持所谓线性内存模式（linear memory mode）的属性，并配有寻址硬件，此属性被置为 true，但不能保证总是如此。因此，你不能假定 640*480*8 模式下每行就是 640 字节。这就是为什么要用到 lPitch 域。你必须用到该域确保你的内存寻址计算准确，这样你可以从一行移到另一行。打个比方，要想访问 640*480*8（256 色）显示模式下的任意像素，假定你已经申请 DirectDraw 提供 lPitch 并且 lpSurface 正指向显示表面内存（我会稍后介绍），你可以使用如下代码：

```
ddsd.lpSurface[x + y*ddsd.lPitch] = color;
```

很简单，不是吗？多数情况下，ddsd.lPitch 在 640*480*8 模式下的值是 640，在 640*480*16 模式下的值是 1280（每像素 2 个字节＝640×2）。但对一些显卡，因为不同的显卡存储方式和不同的显卡内部缓存，或者任何其他原因，情况可能不是这样。总的来说就是，总是使用 lPitch 来进行内存计算，这样你的代码就总是安全的。

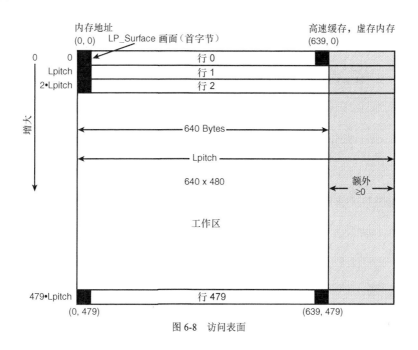

图 6-8　访问表面

技巧

尽管 lPitch 可能不等于你设置的显示模式的水平分辨率，但还是值得我们进行比较，从而可以采用更优化的函数。比如代码初始化的时候，你可以得到 lPitch 然后把它和选择的水平分辨率相比较。如果二者相同，你可以编写高度优化的代码——将每行字节数直接写在代码里。

lpSurface－这个域用于获取指向你所创建的显示面所驻留的实际内存的指针。至于是 VRAM 还是系统内存，你不用去考虑。一旦你得到了指针，你就可以像控制任何内存一样控制它——写、读等等。这就是实现像素着色的方法。不过，要使这个指针变成有效指针还需要做一点工作，不过我们很快就会完成了。基本上，你必须"锁"住显示表面所用的内存并通知 DirectX 你将要对其进行操作，任何其他进程都不应尝试去读或写这块内存。此外，当你确实得到这个指针时，你通常会根据色彩深度——8、16、24 或 32bpp——进行转换并将它赋给一个可用的别名指针。

dwBackBufferCount－这个域用于设置或是读取后备缓冲或主显示面的二级从属离屏切换缓冲的数目。回顾一下，后备缓冲通过创建一个或多个主缓冲（具有相同尺寸和色彩深度的缓冲）来实现平滑的动画显示。之后用户在不可见的后备缓冲里绘图，然后迅速的将后备缓冲切换或是拷贝到主显示表面去显示，如果你只使用一个后备缓存这个技术称为双缓冲（或双重缓冲，Double Buffering）。使用两个后备缓冲的技术称为三重缓冲（Triple Buffering），性能稍微优越但耗内存。为简化讨论，大多数情况下需创建包含一个主显示表面和一个后备缓冲的切换链。

ddckCKDestBlt－这个域控制目标色键，即在位块传输操作中控制可以写入的色彩的部件。在第 7 章中会详细讨论这个问题，

ddckCKSrcBlt—这个域用于指示源色键，即基本上是执行位图操作时你不希望进行位块传输的颜色。这是为位图设置透明颜色的方法。第 7 章中会有更多讨论。

ddpfPixelFormat—这个域用于获取显示表面的像素格式，当你尝试找出一个显示表面的属性是什么的时候，这个格式非常重要。下面是这个域通常的结构，不过要看到全部的细节你需要查查 DirectX SDK，因为太长了，而且和本书主题相关不大：

```
typedef struct _DDPIXELFORMAT
        {
        DWORD dwSize;
        DWORD dwFlags;
        DWORD dwFourCC;
        union
        {
        DWORD dwRGBBitCount;
        DWORD dwYUVBitCount;
        DWORD dwZBufferBitDepth;
        DWORD dwAlphaBitDepth;
        DWORD dwLuminanceBitCount;          // new for DirectX 6.0
        DWORD dwBumpBitCount;               // new for DirectX 6.0
        } DUMMYUNIONNAMEN(1);
        union
        {
        DWORD dwRBitMask;
        DWORD dwYBitMask;
        DWORD dwStencilBitDepth;            // new for DirectX 6.0
        DWORD dwLuminanceBitMask;           // new for DirectX 6.0
        DWORD dwBumpDuBitMask;              // new for DirectX 6.0
        } DUMMYUNIONNAMEN(2);
        union
        {
        DWORD dwGBitMask;
        DWORD dwUBitMask;
        DWORD dwZBitMask;                   // new for DirectX 6.0
        DWORD dwBumpDvBitMask;              // new for DirectX 6.0
        } DUMMYUNIONNAMEN(3);
        union
        {
        DWORD dwBBitMask;
        DWORD dwVBitMask;
        DWORD dwStencilBitMask;             // new for DirectX 6.0
        DWORD dwBumpLuminanceBitMask;       // new for DirectX 6.0
        } DUMMYUNIONNAMEN(4);
        union
        {
        DWORD dwRGBAlphaBitMask;
        DWORD dwYUVAlphaBitMask;
        DWORD dwLuminanceAlphaBitMask;      // new for DirectX 6.0
        DWORD dwRGBZBitMask;
        DWORD dwYUVZBitMask;
        } DUMMYUNIONNAMEN(5);
        } DDPIXELFORMAT, FAR* LPDDPIXELFORMAT;
```

注意

有些较为常用的域我用了**粗体**显示。

ddsCaps—这个域用于返回你所请求的显示表面的一些未在别处定义的属性。实际上，这个域本身又是一个数据结构，如下所示：

```
typedef struct _DDSCAPS2
```

```
{
DWORD    dwCaps;        // Surface capabilities
DWORD    dwCaps2;       // More surface capabilities
DWORD    dwCaps3;       // future expansion
DWORD    dwCaps4;       // future expansion
} DDSCAPS2, FAR* LPDDSCAPS2;
```

99％的情况下，你只会设置第一个域 dwCaps。dwCaps2 是给 3D 内容使用的，其他两个域，dwCaps3 和 dwCaps4，是留给将来扩展的，暂未使用。无论如何，dwCaps 部分可能使用的标记设置如表 6-6 所示。完整列表请查阅 DirectX SDK。

例如，创建一个主显示表面的时候你会这样设置 ddsd.ddsCaps：

```
ddsd.ddsCaps.dwCaps = DDSCAPS_PRIMARYSURFACE;
```

我知道这可能看起来过度复杂，并且它确实是比较复杂。使用双重嵌套的控制标记是有点痛苦，不过……

表 6-6　　　　　　　　　　　　　DirectDraw 显示表面的容量控制

值	描述
DDSCAPS_BACKBUFFER	表示该显示表面是一个平面翻转结构的后备缓冲
DDSCAPS_COMPLEX	表示正在描述一个复杂的显示表面，即该表面拥有一个主显示缓冲和一或多个后备缓冲以生成翻转链
DDSCAPS_FLIP	表示该显示表面是一个平面反正结构的一部分。当这个容量标记传递给 CreateSurface()方法时，将会创建一个前端缓冲和一或多个后备缓冲
DDSCAPS_LOCALVIDMEM	表示该显示表面存在于真正的本地显存，而不是非本地显存中。如果指定该标记，DDSCAPS_VIDEOMEMORY 也必须指定
DDSCAPS_MODEX	表示该显示表面是一个 320*200 或 320*240 Mode X 显示平面
DDSCAPS_NONLOCALVIDMEM	表示该显示表面存在于非本地显存而非真正的本地显存中。如果指定该标记，DDSCAPS_VIDEOMEMORY 也必须指定
DDSCAPS_OFFSCREENPLAIN	表示该显示表面是一个离屏表面，不是一个特殊的表面，如：覆盖、纹理、z-缓冲、前端缓冲、后端缓冲或是 alpha 缓冲平面。通常用于图元精灵（Sprite）
DDSCAPS_OWNDC	表示该显示表面将会长期有一个设备上下文关联
DDSCAPS_PRIMARYSURFACE	表示该显示表面是主显示表面，代表其时用户可见的内容
DDSCAPS_STANDARDVGAMODE	表示该面是一个标准 VGA 平面，而且不是一个 Mode X 面。此标记不能与 DDSCAPS_MODEX 标记同时使用
DDSCAPS_SYSTEMMEMORY	表示该显示面内存从系统内存中分配
DDSCAPS_VIDEOMEMORY	表示该显示面存在于显存中

现在你对于创建显示表面时 DirectDraw 的复杂性和强大功能有概念了，让我们把这些知识运用到工作中，来创建一个和显示模式有同样的大小和色彩深度（缺省配置）的简单的主显示表面。 这是创建一个主显示表面的代码：

```
// interface pointer to hold primary surface, note that
// it's the 7th revision of the interface
LPDIRECTDRAWSURFACE7 lpddsprimary = NULL;

DDSURFACEDESC2 ddsd;                    // the DirectDraw surface description

// MS recommends clearing out the structure
memset(&ddsd,0,sizeof(ddsd));    // could use ZeroMemory()
// now fill in size of structure
ddsd.dwSize = sizeof(ddsd);
```

```
// enable data fields with values from table 6.5 that we
// will send valid data in
// in this case only the ddsCaps field is enabled, we
// could have enabled the width, height etc., but they
// aren't needed since primary surfaces take on the
// dimensions of the display mode by default
ddsd.dwFlags = DDSD_CAPS;


// now set the capabilities that we want from table 6.6
ddsd.ddsCaps.dwCaps = DDSCAPS_PRIMARYSURFACE;

// now create the primary surface
if (FAILED(lpdd->CreateSurface(&ddsd, &lpddsprimary, NULL)))
   {
   // error
   } // end if
```

如果函数调用成功，lpddsprimary 会指向新的显示表面接口，同时你可以调用它的方法（有相当多的方法，比如以 256 色模式关联调色板）。我们不妨看看这个再回顾一下调色板例程。

6.6.2 关联调色板

在讨论调色板的前一节，你已经做了所有的事情，除了没有关联调色板到一个显示表面。你创建了调色板并填充了数据项，但却不能关联调色板到某个显示表面，因为你还没有一个显示表面。现在有了（主显示）表面，你可以完成这一步了。

要关联一个调色板到任何显示表面，所有你需要做的是调用 IDirectDrawSurface7::SetPalette()函数，如下所示：
```
HRESULT SetPalette(LPDIRECTDRAWPALETTE lpDDPalette);
```
这个函数接受你希望关联的调色板的指针作为参数。使用上一节中创建的调色板，下面展示怎样把它关联到主显示表面：
```
if (FAILED(lpddsprimary->SetPalette(lpddpal)))
   {
   // error
   } // end if
```
还不坏，是吗？至此，你已经有了所需用来模拟一个 DOS32 游戏的东西。你可以切换显示模式，可以设置调色板，可以创建一个代表活动视频图像的主显示面。不过，还是有些你需要了解的细节，比如怎样真正锁住主显示表面的内存，获得对 VRAM 的权限，绘制像素。那我们现在就来看看这些吧。

6.6.3 绘制像素

要在全屏的 DirectDraw 模式下绘制一个（或多个）像素，首先必须建立 DirectDraw，设置协作级别，设定一个显示模式，并创建至少一个主显示表面。然后你需要获得对主显示表面的权限并写入显存。不过在你学习这个以前，让我们再看看显示表面怎样工作。

回想一下，所有的 DirectDraw 显示模式和显示表面都是线性的，如图 6-9 所示。这意味着当你从一行移到另一行时，内存从左到右，从顶到下的增长。

提示

你可能在疑惑如果显卡自身不支持的话，DirectDraw 怎么能神奇般的把一个非线性的显示模式转换成线性的。例如，Mode X 是完全非线性和层与层交错的。好了，真相在这里：当 DirectDraw 检测到一个模式在硬件中是非线性的时候，就会调用一个叫做 VFLATD.VXD 的驱动，它会在你和 VRAM 之间创建一个软件层使得 VRAM 看上去是线性的。应当知道这样做会使速度变慢。

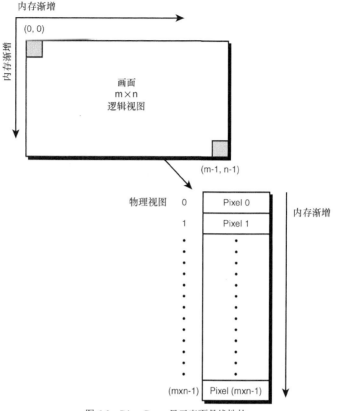

图 6-9　DirectDraw 显示表面是线性的

　　另外，要查找显示缓冲中的任何位置，你只需要两个信息：每排的内存间距（也就是说每行由多少字节组成）和每个像素的大小（8 位、16 位、24 位、32 位）。可以使用这样的公式：

```
// assume this points to VRAM or the surface memory
UCHAR *video_buffer8;

video_buffer8[x + y*memory_pitchB] = pixel_color_8;
```

当然，由于这个规则只适用于 8 位模式或是每个像素只占一个字节的模式，这并不总是完全正确。对于 16 位模式或是每个像素两个字节的模式，你会需要加入如下的代码：

```
// assume this points to VRAM or the surface memory
USHORT *video_buffer16;

video_buffer16[x + y*(memory_pitchB >> 1)] = pixel_color_16;
```

这里有很多事情在进行，所以要仔细的看看这段代码。用于我们是在 16 位模式下，我用了一个无符号短整型（USHORT）的指针来指向 VRAM。这使得我需要用数组来访问它，但要使用 16 位指针的算法。因此，这行代码

```
video_buffer16[1]
```

确实访问第二个短整型（SHORT）或是第 2、3 字节对。另外，因为 memory_pitchB 是以字节为单位的，你必须将它右移一位除 2，这样把它转换成一个短整型或者说 16 位的内存间距。最后，pixel_color16 的赋值也容易误解，因为现在一个完整的 16 位无符号整型要被写入显示缓冲，而不是像上个例子中的单个 8 位值。此外，8 位值会是一个颜色索引，而 16 位值一定是一个 RGB 值，通常编码成 $R_5G_6B_5$ 的格式，即 5 位元组表示红色，6 位元组表示绿色，还有 5 位元组表示蓝色，如图 6-10 所示：

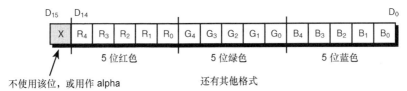

不使用该位，或用作 alpha

还有其他格式

图 6-10　16 位 RGB 编码，包括 5.6.5 格式

下面是一个以 5.5.5 和 5.6.5 的格式组成一个 16 位 RGB 字的宏：

```
// this builds a 16 bit color value in 5.5.5 format (1-bit alpha mode)
#define _RGB16BIT555(r,g,b) ((b & 31) + ((g & 31) << 5) + ((r & 31) << 10))

// this builds a 16 bit color value in 5.6.5 format (green dominate mode)
#define _RGB16BIT565(r,g,b) ((b & 31) + ((g & 63) << 5) + ((r & 31) << 11))
```

如你所见，16 位模式和 RGB 模式的寻址和控制通常比 256 色 8 位模式要复杂一点，我们就从那里开始。

要访问任何显示表面——主的、从的等等——你必须对内存加锁和解锁。有两个原因使得这个加锁和解锁的序列是必需的：首先，要告诉 DirectDraw 你已经控制内存了（就是说，该内存不能被其他进程访问到）；其次，要指示显示设备当你在操作锁住的内存时它不能移动任何 cache 和虚拟内存缓冲区。记住，没有任何保证说 VRAM 会留在同样的地方。它可能是虚拟的，但当你对它上锁，它就会在锁住期间保持在同样的地址空间以便你可以控制。用来锁内存的函数叫做 IDirectDrawSurface7::Lock()，如下所示：

```
HRESULT Lock(LPRECT      lpDestRect,        // destination RECT to lock
    LPDDSURFACEDESC2 lpDDSurfaceDesc,        // address of struct to receive info
    DWORD            dwFlags,                // request flags
    HANDLE           hEvent);                // advanced, make NULL
```

参数并不坏，不过有些新演员登场。让我们来逐个认识。第一个参数是显示表面的内存中你想要上锁的区域的 RECT；参考图 6-11。DirectDraw 允许你只对显示表面内存的某一个部分上锁，这样当其他进程访问到你没有使用的区域时就能继续执行。如果你知道将只要更新显示表面的某个部分而不需要对整个表面都上锁，这就很妙。不过，大多数情况下为了简单起见，你会对整个表面上锁。传递 NULL 就可以做到这一点。

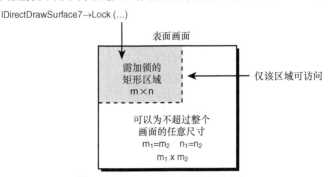

图 6-11　IDirectDrawSurface7->Lock(...)

第二个参数是 DDSURFACEDESC2 的地址，要写入关于你请求的显示表面的信息。基本上，只要传递一个空的 DDSURFACEDESC2 即可。下一个参数 dwFlags 告诉 Lock()你想做什么。表 6-7 列出了最常用的 dwFlags 值。

表 6-7   Lock()方法的控制标记

值	描述
DDLOCK_READONLY	表示被锁的显示表面是只读的
DDLOCK_SURFACEMEMORYPTR	表示将要一个有效的内存指针，指向特定 RECT 的顶部。如果没有指定矩形，将会返回一个指向显示表面顶部的指针。
DDLOCK_WAIT	如果由于正在进行一个位块传输操作而不能获得一个锁，该方法会重试直到得到锁或是有另外的错误发生，例如 DDERR_SURFACEBUSY.
DDLOCK_WRITEONLY	表示被锁的显示表面是可写的

注意

我把最常用的标记用**粗体**显示了。

最后的一个参数是协助一个 Win32 支持的高级特性——事件（events）。设为 NULL。

对主显示表面上锁真的很容易。你需要做的是请求指向显示表面的内存指针，并要求 DirectDraw 等待直到该表面可用。代码如下：

```
DDSURFACEDESC2 ddsd;            // this will hold the results of the lock

// clear the surface description out always
memset(&ddsd, 0, sizeof(ddsd));

// set the size field always
ddsd.dwSize = sizeof(ddsd);

// lock the surface
if (FAILED(lpddsprimary->Lock(NULL,
        &ddsd,
        DDLOCK_SURFACEMEMORYPTR | DDLOCK_WAIT,NULL)))
 {
 // error

 } // end if

// ****** at this point there are two fields that we are
// concerned with: ddsd.lPitch which contains the memory
// pitch in bytes per line and ddsd.lpSurface which is a
// pointer to the top left corner of the locked surface
```

一旦锁住了显示表面，你就可以随心所欲的操作表面内存。每条线的内存间距存储在 ddsd.lPitch 中，指向实际显示表面的指针是 ddsd.lpSurface。因此，如果在任何 8 位模式下（每像素 1 字节），可以使用下面的函数来对住显示表面任何地方的像素着色：

```
inline void Plot8(int x, int y,   // position of pixel
        UCHAR color,              // color index of pixel
        UCHAR *buffer,            // pointer to surface memory
        int mempitch)             // memory pitch per line
{
// this function plots a single pixel
buffer[x+y*mempitch] = color;
```

```
} // end Plot8
```
你可以像这样调用它来以颜色索引 26 对（100, 20）处的像素着色
```
Plot8(100,20,26, (UCHAR *)ddsd.lpSurface,(int)ddsd.lPitch);
```
类似的，这是 16 位 5.6.5.模式的绘点函数：
```
inline void Plot16(int x, int y,          // position of pixel
            UCHAR red,
            UCHAR green,
            UCHAR, blue               // RGB color of pixel
            USHORT *buffer,           // pointer to surface memory
            int mempitch)             // memory pitch bytes per line
{
// this function plots a single pixel
buffer[x+y*(mempitch>>1)] = __RGB16BIT565(red,green,blue);

} // end Plot16
```
下面是怎样将（300, 100）处的像素着色为 RGB 值（10, 14, 30）：
```
Plot16(300,100,10,14,30,(USHORT *)ddsd.lpSurface,(int)ddsd.lPitch);
```
现在，一旦你完成了所有由于当前动画帧对显示表面的访问，就需要对显示表面解锁。
IDirectDrawSurface7::Unlock()方法完成解锁，如下：
```
HRESULT Unlock(LPRECT lpRect);
```
需要将原本在 lock 命令中使用的 RECT 传递给 Unlock()，如果已锁住的是整个显示表面则传递 NULL。
就目前情况而言，这样做就可以解除显示表面锁定了：
```
if (FAILED(lpddsprimary->Unlock(NULL)
   {
   // error
   } // end if
```
就是这些。现在，让我们把所有的步骤结合在一起来在屏幕上随机绘制像素（不包括错误检测代码）：
```
LPDIRECTDRAW7 lpdd = NULL;                     // DirectDraw 7.0 interface 7
LPDIRECTDRAWSURFACE7 lpddsprimary = NULL;      // surface ptr
DDSURFACEDESC2     ddsd;                       // surface description
LPDIRECTDRAWPALETTE lpddpal = NULL;            // palette interface
PALETTEENTRY palette[256];                     // palette storage

// first create base IDirectDraw 7.0 interface
DirectDrawCreateEx(NULL, (void **)&lpdd, IID_IDirectDraw7, NULL);


// set the cooperative level for full-screen mode
lpdd->SetCooperativeLevel(hwnd,
                     DDSCL_FULLSCREEN |
                     DDSCL_ALLOWMODEX |
                     DDSCL_EXCLUSIVE |
                     DDSCL_ALLOWREBOOT);

// set the display mode to 640x480x256
lpdd->SetDisplayMode(640,480,8,0,0);

// clear ddsd and set size
memset(&ddsd,0,sizeof(ddsd));
ddsd.dwSize = sizeof(ddsd);

// enable valid fields
ddsd.dwFlags = DDSD_CAPS;

// request primary surface
ddsd.ddsCaps.dwCaps = DDSCAPS_PRIMARYSURFACE;
// create the primary surface
```

```
lpdd->CreateSurface(&ddsd, &lpddsprimary, NULL);


// build up the palette data array
for (int color=1; color < 255; color++)
    {
    // fill with random RGB values
    palette[color].peRed   = rand()%256;
    palette[color].peGreen = rand()%256;
    palette[color].peBlue  = rand()%256;

    // set flags field to PC_NOCOLLAPSE
    palette[color].peFlags = PC_NOCOLLAPSE;
    } // end for color

// now fill in entry 0 and 255 with black and white
palette[0].peRed   = 0;
palette[0].peGreen = 0;
palette[0].peBlue  = 0;
palette[0].peFlags = PC_NOCOLLAPSE;

palette[255].peRed   = 255;
palette[255].peGreen = 255;
palette[255].peBlue  = 255;
palette[255].peFlags = PC_NOCOLLAPSE;

// create the palette object
lpdd->CreatePalette(DDPCAPS_8BIT |DDPCAPS_ALLOW256 |
                    DDPCAPS_INITIALIZE,
                    palette,&lpddpal, NULL);

// finally attach the palette to the primary surface
lpddsprimary->SetPalette(lpddpal);

// and you're ready to rock n roll!
// lock the surface first and retrieve memory pointer
// and memory pitch

// clear ddsd and set size, never assume it's clean
memset(&ddsd,0,sizeof(ddsd));
ddsd.dwSize = sizeof(ddsd);

lpddsprimary->Lock(NULL, &ddsd,
            DDLOCK_SURFACEMEMORYPTR | DDLOCK_WAIT, NULL);

// now ddsd.lPitch is valid and so is ddsd.lpSurface

// make a couple aliases to make code cleaner, so we don't
// have to cast
int mempitch        = ddsd.lPitch;
UCHAR *video_buffer = ddsd.lpSurface;
// plot 1000 random pixels with random colors on the
// primary surface, they will be instantly visible
for (int index=0; index<1000; index++)
    {
    // select random position and color for 640x480x8
    UCHAR color = rand()%256;
    int x = rand()%640;
    int y = rand()%480;

    // plot the pixel
```

```
        video_buffer[x+y*mempitch] = color;

    } // end for index
```

```
// now unlock the primary surface
lpddsprimary->Unlock(NULL);
```

当然，我省去了所有的 Windows 初始化和事件循环的内容，但那些总是不变的。不过，CD 中的 DEMO6_3.CPP 和相关的可执行文件 DEMO6_3.EXE 提供了完整的示范。它们包含前面插入到游戏控制台的 Game_Main()函数中的代码，和更新的 Game_Init()一起出现在随后的清单中。图 6-12 是该程序运行时的屏幕截图。

图 6-12　运行中的 DEMO6_3.EXE

```
int Game_Main(void *parms = NULL, int num_parms = 0)
{
// this is the main loop of the game, do all your processing
// here

// for now test if user is hitting ESC and send WM_CLOSE
if (KEYDOWN(VK_ESCAPE))
   SendMessage(main_window_handle,WM_CLOSE,0,0);
// plot 1000 random pixels to the primary surface and return
// clear ddsd and set size, never assume it's clean
memset(&ddsd,0,sizeof(ddsd));
ddsd.dwSize = sizeof(ddsd);

if (FAILED(lpddsprimary->Lock(NULL, &ddsd,
               DDLOCK_SURFACEMEMORYPTR | DDLOCK_WAIT,
               NULL)))
   {
   // error
   return(0);
   } // end if

// now ddsd.lPitch is valid and so is ddsd.lpSurface

// make a couple aliases to make code cleaner, so we don't
// have to cast
int mempitch         = (int)ddsd.lPitch;
UCHAR *video_buffer = (UCHAR *)ddsd.lpSurface;
```

```
// plot 1000 random pixels with random colors on the
// primary surface, they will be instantly visible
for (int index=0; index < 1000; index++)
    {
    // select random position and color for 640x480x8
    UCHAR color = rand()%256;
    int x = rand()%640;
    int y = rand()%480;

    // plot the pixel
    video_buffer[x+y*mempitch] = color;

    }       // end for index

// now unlock the primary surface
if (FAILED(lpddsprimary->Unlock(NULL)))
  return(0);

// sleep a bit
Sleep(30);

// return success or failure or your own return code here
return(1);

}          // end Game_Main

/////////////////////////////////////////////////////////

int Game_Init(void *parms = NULL, int num_parms = 0)
{
// this is called once after the initial window is created and
// before the main event loop is entered, do all your initialization
// here

// first create base IDirectDraw interface
if (FAILED(DirectDrawCreateEx(NULL, (void **)&lpdd, IID_IDirectDraw7, NULL)))
   {
   // error
   return(0);
   }       // end if


// set cooperation to full screen
if (FAILED(lpdd->SetCooperativeLevel(main_window_handle,
                DDSCL_FULLSCREEN | DDSCL_ALLOWMODEX |
                DDSCL_EXCLUSIVE | DDSCL_ALLOWREBOOT)))
   {
   // error
   return(0);
   }       // end if

// set display mode to 640x480x8
if (FAILED(lpdd->SetDisplayMode(SCREEN_WIDTH,
                SCREEN_HEIGHT, SCREEN_BPP,0,0)))
   {
   // error
   return(0);
   }       // end if

// clear ddsd and set size
memset(&ddsd,0,sizeof(ddsd));
```

```
ddsd.dwSize = sizeof(ddsd);

// enable valid fields
ddsd.dwFlags = DDSD_CAPS;

// request primary surface
ddsd.ddsCaps.dwCaps = DDSCAPS_PRIMARYSURFACE;

// create the primary surface
if (FAILED(lpdd->CreateSurface(&ddsd, &lpddsprimary, NULL)))
    {
    // error
    return(0);
    }        // end if

// build up the palette data array
for (int color=1; color < 255; color++)
    {
    // fill with random RGB values
    palette[color].peRed   = rand()%256;
    palette[color].peGreen = rand()%256;
    palette[color].peBlue  = rand()%256;
    // set flags field to PC_NOCOLLAPSE
    palette[color].peFlags = PC_NOCOLLAPSE;
    }        // end for color

// now fill in entry 0 and 255 with black and white
palette[0].peRed   = 0;
palette[0].peGreen = 0;
palette[0].peBlue  = 0;
palette[0].peFlags = PC_NOCOLLAPSE;

palette[255].peRed   = 255;
palette[255].peGreen = 255;
palette[255].peBlue  = 255;
palette[255].peFlags = PC_NOCOLLAPSE;

// create the palette object
if (FAILED(lpdd->CreatePalette(DDPCAPS_8BIT | DDPCAPS_ALLOW256 |
                        DDPCAPS_INITIALIZE,
                        palette,&lpddpal, NULL)))
{
// error
return(0);
}        // end if

// finally attach the palette to the primary surface
if (FAILED(lpddsprimary->SetPalette(lpddpal)))
    {
    // error
    return(0);
    }        // end if

// return success or failure or your own return code here
return(1);

}        // end Game_Init
```

在这个范例程序代码中，需要提醒你注意的是主窗口的创建，如下所示：

```
// create the window
if (!(hwnd = CreateWindowEx(NULL,                          // extended style
```

```
                     WINDOW_CLASS_NAME,            // class
                     "T3D DirectX Pixel Demo",     // title
                                  WS_POPUP | WS_VISIBLE,
                     0,0,                          // initial x,y
                     640,480,                      // initial width, height
                     NULL,                         // handle to parent
                     NULL,                         // handle to menu
                     hinstance,                    // instance of this application
                     NULL)))                       // extra creation parms
return(0);
```

注意，这个范例使用了 WS_POPUP 而不是 WS_OVERLAPPEDWINDOW 窗口风格。回想一下，这种风格去除了一切控件和 Windows GUI 内容，而这正是全屏 DirectX 应用程序所需要的。

6.6.4 清理资源

在本章结束之前，我还想提出一个已经放了很久的议题——资源管理。虽说讨厌！可无论如何，这个表面上无趣的概念意味着在处理完 DirectDraw 或是 DirectX 对象时要释放它们。比如，如果你读一下 DEMO6_3.CPP 的源代码，在 Game_Shutdown()函数中你会看到写有很多的 Release()调用，用以释放所有的 DirectDraw 对象并归还空间给操作系统和 DirectDraw 本身，如下所示：

```
int Game_Shutdown(void *parms = NULL, int num_parms = 0)
{
// this is called after the game is exited and the main event
// loop while is exited, do all you cleanup and shutdown here

// first the palette
if (lpddpal)
   {
   lpddpal->Release();
   lpddpal = NULL;
   }        // end if

// now the primary surface
if (lpddsprimary)
   {
   lpddsprimary->Release();
   lpddsprimary = NULL;
   }        // end if

// now blow away the IDirectDraw7 interface
if (lpdd)
   {
   lpdd->Release();
   lpdd = NULL;
   }        // end if

// return success or failure or your own return code here
return(1);

}           // end Game_Shutdown
```

通常，你只要在处理完对象时释放它们，而在创建时是按相反顺序执行的。例如，你按照 DirectDraw 对象、主显示表面、调色板的顺序创建，那么正确的规则是按调色板、显示表面、DirectDraw 对象的顺序来释放，像这样：

```
// first kill the palette
if (lpddpal)
   {
   lpddpal->Release();
```

```
    lpddpal = NULL;
    } // end if

// now the primary surface
if (lpddsprimary)
    lpddsprimary->Release();


// and finally the directdraw object itself
if (lpdd)
    {
    lpdd->Release();
    lpdd = NULL;
    } // end if
```

警告

在你调用 Release()以前，注意检测接口是否为非 NULL。这一点是绝对必要的，因为接口指针有可能是 NULL，而接口的实现者可能没有考虑到这点，这时释放一个 NULL 指针可能引起问题。

6.7　小结

通过本章你学习了 DirectDraw 的基础——诸如怎样建立 DirectDraw 并运行在全屏模式下。另外，我们接触到了调色板、显示表面和全屏与窗口化应用程序之间的差别。下一章，我会加足马力全速前进，所以亲爱的，系好你的安全带！

第 7 章　高级 DirectDraw 和位图图形

本章我将剖析 DirectDraw，并开始编写我们的图形库的第一个模块（T3DLIB1.CPP|H）。它将作为开发本书中的示例程序和游戏的基础。本章除了要完成这个图形库以外，我还加入了丰富的内容。虽然我们所要探讨的问题相当复杂，但是我保证深入浅出地阐述这些问题。以下是本章的主要内容：

- 高彩模式
- 页面切换和双缓冲
- 显存块移动单元（Blitter）
- 裁剪
- 载入位图
- 色彩动画
- 窗口模式的 DirectX
- 从 DirectX 获取信息

7.1　使用高彩模式

高彩模式（每像素需要超过 8 位表示的模式）的视觉效果无疑比 256 色模式更好，但出于某些原因，基于 3D 引擎常常避免使用高彩模式。主要原因如下：

- 计算速度：一个标准 640 × 480 像素的帧缓冲有 307200 个像素。如果每个像素是 8 位，就意味着大多数计算可通过单字节每像素进行，光栅化就比较简单。而在 16 位或者 24 位模式下，常常要进行完全的 RGB 空间计算（或至少要使用巨大的查询表），这样一来，速度至少慢上一倍。另外，每个像素点需要 2 或 3 个字节，而不像 8 位那样只需一个字节。

当然，通过硬件加速，这对位图或者 3D 运算来说并不是大问题（实际上多数 3D 卡工作于 24/32 位色模式）。但如果采用软件光栅化（也就是你将通过本书学到的），就有大麻烦了。你想要写入每像素的数据尽可能少，因此 8 位模式能满足这种要求（虽然不如 16 位模式下的图像好看）。并且，如果采用 8 位模式，你无需担心是否玩家必须拥有配置了 3D 加速卡的奔四 2.4GHz 级别的电脑才能玩你的游戏，因为奔腾 133~233 的系统一样能运行你的游戏。

- 内存带宽：这个问题难得才被某些人考虑进来。你的 PC 机可能有 ISA（Industry Standard Architecture，工业标准结构）、VLB（VESA Local Bus，VESA 局部总线）、PCI（Peripheral Component Interconnect，周边元件扩展接口）或者 PCI/AGP（Accelerated Graphics Port，加速图形接口）的混合（Hybrid）总线结构。须知除了 AGP 接口以外的所有其他总线的工作频率都低于视频时钟频率。这就意味着，即使你有奔三 500 MHz 的中央处理器，但若你使用会成为瓶颈的 PCI 总线，仍然于事无补。慢速的总线会阻碍你访问随机存储器和/或其他加速硬件。当然，一些硬件优化是有益的，如进行高速缓存（Caching）、多口 VRAM 等等。但不论你如何做，像素填充率总会有一个不可逾越的上限。问题的本质是随着分辨率和色素深度的增加，很多时候存储器带宽成为主要的制约因素，而非 CPU 的速度。但是，使用 2 倍速或者 4 倍速 AGP 总线的话，这就不成问题了。

现今的计算机已经有了足够快的速度，可以开发 16 位甚至是 24 位的软件引擎而且仍然相当快（当然还是比不上硬件引擎来的快）。若是你在开发较简单的面向大多数用户的游戏，可以考虑 8 位色模式，因为它用起来简单。使用高彩模式在概念上和使用调色板模式相似，应注意的一点是你写进屏幕缓冲的不再是彩色的索引值，而是全部采用 RGB 编码的像素值。这意味着你必须知道如何进行高彩模式下的 RGB 编码。图 7-1 给出了几种 16 位像素的编码方式。

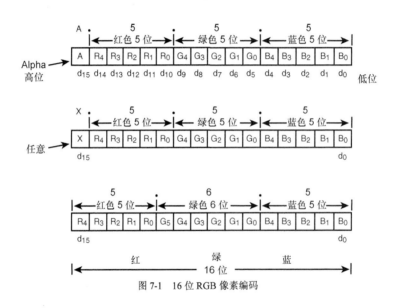

图 7-1　16 位 RGB 像素编码

7.1.1　16 位高彩模式

参见图 7-1，在 16 位模式下有几种可供选用的编码方案。

Alpha5.5.5—这种模式用 D_{15} 位存储一个 Alpha 分量（透明度），其余 15 位均匀分配给红色 5 位，绿色 5 位，蓝色 5 位。这样每种色彩产生的变化数为 2^5 =32，每个调色板有 $32 \times 32 \times 32$ = 32768 种色彩。

X5.5.5—这种模式同 Alpha.5.5.5 模式类似，只是没有用到 MSB（Most Significant Bit，最高位）。这样依然是每种色彩有 32 种变化，共有 $32 \times 32 \times 32$ = 32768 种色彩。

5.6.5—这是 16 位色彩最常用的模式。格式是 5 位分配给红色，6 位分配给绿色，5 位分配给蓝色。共有 $32 \times 64 \times 32$=65536 种色彩。你可能会问，为什么分给绿色 6 位？答案是因为人的眼睛对绿色最为敏感，所以在三原色中特地拓宽了绿色的位数。

　　既然已经知道了 RGB 色彩的编码格式，接下来的问题就是该如何建立它们。你可以通过简单的移位和掩码操作来完成这个任务，算法表示为如下的宏：

```
// this builds a 16 bit color value in 5.5.5 format (1-bit alpha mode)
#define _RGB16BIT555(r,g,b) ((b & 31) + ((g & 31) << 5) + ((r & 31) << 10))

// this builds a 16 bit color value in 5.6.5 format (green dominate mode)
#define _RGB16BIT565(r,g,b) ((b & 31) + ((g & 63) << 5) + ((r & 31) << 11))
```

从宏和图 7-2 可以看出，红色在颜色字的高 5 位，绿色在中间 5 位，蓝色在低 5 位。这对 PC 机来说是一种逆反，因为 PC 机采用低字节在前（Little-endian）的格式，数据通常是从低位到高位地排列；而这时却相反，位组采用了高字节在前（Big-endian）的格式，但是由于它符合 RGB 的顺序（从 MSB 到 LSB）读起来更加自然。

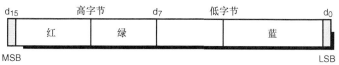

图 7-2　颜色字（WORD）是高字节在前的（Big-endian）

警告

　　在快速建立一个 16 位模式的演示程序以前，我必须强调一个小的细节：究竟如何检测视频编码格式是 5.5.5 还是 5.6.5 呢？这很重要是因为它不受你的控制。虽然你可以指示 DirectDraw 创建一个 16 位模式，但是具体的编码格式还是由硬件决定。你必须知道这个细节，因为要考虑到有时候绿色占 6 位而不是其他时候的 5 位。这里你要知道的就是像素格式（Pixel Format）。

7.1.2　获取像素格式

　　要知道任意表面的像素格式，需要调用 IDIRECTDRAWSURFACE7::GetPixelFormat()函数。

`HRESULT GetPixelFormat(LPDDPIXELFORMAT lpDDPixelFormat);`

你在上一章已经看到过 DDPIXELFORMAT 结构，其中你感兴趣的数据域是：

```
DWORD dwSize;          // the size of the structure, must be set by you
DWORD dwFlags;         // flags describing the surface, refer to Table 7.1
DWORD dwRGBBitCount;   // number of bits for Red, Green, and Blue
```

在调用 GetPixelFormat()函数之前必须将 dwSize 域设为 DDPIXELFORMAT 结构的大小。调用之后，dwFlags 和 dwRGBBitCount 变成有效且含有标志和 RGB 像素格式信息，这就回答了上面的问题。表 7-1 给出了在 dwFlags 中可能包含的所有信息中的一部分。

表 7-1　　　　　　　　　　　DDPIXELFORMAT.dwFlags 域的有效标志

值	描述
DDPF_ALPHA	像素格式描述一个只有 alpha 的表面。
DDPF_ALPHAPIXELS	画面有 alpha 信息的像素格式。
DDPF_LUMINANCE	像素格式中有单一透明或者透明 alpha 分量的画面。
DDPF_PALETTEINDEXED1	画面是 1 位色彩索引。

值	描述
DDPF_PALETTEINDEXED2	画面是 2 位色彩索引。
DDPF_PALETTEINDEXED4	画面是 4 位色彩索引。
DDPF_PALETTEINDEXED8	画面是 8 位色彩索引，最普遍。
DDPF_PALETTEINDEXEDTO8	画面是 1 位、2 位、4 位色彩索引到 8 位调色板。
DDPF_RGB	像素格式中的 RGB 数据有效。
DDPF_ZBUFFER	像素格式描述一个 Z 缓冲画面。
DDPF_ZPIXELS	画面在像素中含有 Z 信息。

注意：另外还有许多 D3D 相关内容专用的特性的标志。更详细的信息请查阅 DirectX SDK。

目前来说其中最重要的标志是：

DDPF_PALETTEINDEXED8：说明表面采用 8 位调色板模式。

DDPF_RGB：说明表面采用 RGB 模式，其格式可以通过测试 dwRGBBitCount 值获取。

所以，你只需像下面这样写一段测试代码。

```
DDPIXELFORMAT ddpixel;                    // used to hold info

LPDIRECTDRAWSURFACE7 lpdds_primary;       // assume this is valid

// clear our structure
memset(&ddpixel, 0, sizeof(ddpixel));

// set length
ddpixel.dwSize = sizeof(ddpixel);

// make call off surface (assume primary this time)
lpdds_primary->GetPixelFormat(&ddpixel);

// now perform tests
// check if this is an RGB mode or palettized
if (ddpixel.dwFlags & DDPF_RGB)
    {
    // RGB mode
    // what's the RGB mode
    switch(ddpixel.dwRGBBitCount)
        {
        case 15:   // must be 5.5.5 mode
            {
            // use the _RGB16BIT555(r,g,b) macro
            } break;

        case 16:   // must be 5.6.5 mode
            {
            // use the _RGB16BIT565(r,g,b) macro
            } break;

        case 24:   // must be 8.8.8 mode
            {
            } break;

        case 32:   // must be alpha(8).8.8.8 mode
            {
            } break;
```

```
             default: break;

        }           // end switch

    }               // end if
else
if (ddpixel.dwFlags & DDPF_PALETTEINDEXED8)
    {
    // 256 color palettized mode
    }           // end if
else
    {
    // something else??? more tests
    }           // end else
```

相当简单代码，不是吗？我承认虽然写得有些土，但是要知道它将你带到了高彩模式的疆域！当你没有进行视频模式设置，只是以窗口模式创建主表面的时候，你就会发现 GetPixelFormat()函数发挥了它真正的威力。那种情况下，你对视频系统的属性一无所知，从而不得不查询系统。否则，你不知道色彩深度、像素格式，甚至都不知道系统的分辨率。

现在你是一个 16 位模式专家了，演示程序如下。除了用 16 位色彩深度调用了 SetDisplayMode()函数外，创建 16 位应用程序可以说没什么大不了的。作为一个例子，下面是创建一个 16 位全屏 DirectDraw 模式所采取的步骤。

```
LPDIRECTDRAW7 lpdd       = NULL;                    // used to get directdraw7
DDSURFACEDESC2 ddsd;                                // surface description
LPDIRECTDRAWSURFACE7 lpddsprimary = NULL;           // primary surface
// create IDirectDraw7and test for error
if (FAILED(DirectDrawCreateEx(NULL, (void **)&lpdd, IID_IDirectDraw7, NULL)))
   return(0);


// set cooperation level to requested mode
if (FAILED(lpdd->SetCooperativeLevel(main_window_handle,
          DDSCL_ALLOWMODEX | DDSCL_FULLSCREEN |
          DDSCL_EXCLUSIVE | DDSCL_ALLOWREBOOT)))
   return(0);

// set the display mode to 16 bit color mode
if (FAILED(lpdd->SetDisplayMode(640,480,16,0,0)))
   return(0);

// Create the primary surface
memset(&ddsd,0,sizeof(ddsd));
ddsd.dwSize = sizeof(ddsd);
ddsd.dwFlags = DDSD_CAPS;

// set caps for primary surface
ddsd.ddsCaps.dwCaps = DDSCAPS_PRIMARYSURFACE;

// create the primary surface
lpdd->CreateSurface(&ddsd,&lpddsprimary,NULL);
```

这就写完了。现在，你可以看到一个黑屏（如果主缓冲存储器中留有数据的话，也可能你会看见一些乱七八糟的东西）。

为了简化讨论，假设你已经测试了像素格式，并发现是 RGB16 位 5.6.5 模式，这是正确的，因为你进行过格式设置！最坏的场合是你得到了 5.5.5 格式。无论如何，为了向屏幕上写点，你必须：

1. 锁定表面，在本例中，它意味着你通过调用 Lock()函数锁定了主表面。

2．建立 16 位 RGB 字。这可以通过使用上面的宏之一，或者你自己来生成它。基本上，你给像素绘制函数发送红、绿、蓝色值。必须对它们按比例放大或缩小，组合进主表面所需的 16 位 5.6.5 格式中。

3．写像素。这意味着采用一个 USHORT 指针定位主缓冲，将像素写入 VRAM 缓冲。

4．解锁主表面，调用 Unlock()。

下面给出 16 位像素绘制函数的代码：

```
void Plot_Pixel16(int x, int y, int red, int green, int blue,
             LPDIRECTDRAWSURFACE7 lpdds)
{
// this function plots a pixel in 16-bit color mode
// very inefficient...

DDSURFACEDESC2 ddsd;          // directdraw surface description

// first build up color WORD
USHORT pixel = __RGB16BIT565(red,green,blue);

// now lock video buffer
DDRAW_INIT_STRUCT(ddsd);

lpdds->Lock(NULL,&ddsd,DDLOCK_WAIT |
         DDLOCK_SURFACEMEMORYPTR,NULL);

// write the pixel

// alias the surface memory pointer to a USHORT ptr
USHORT *video_buffer = ddsd.lpSurface;

// write the data
video_buffer[x + y*(ddsd.lPitch >> 1)] = pixel;

// unlock the surface
lpdds->Unlock(NULL);

} // end Plot_Pixel16
```

注意 DDRAW_INIT_STRUCT(ddsd)的使用，它是一个简单的宏，将结构初始为全 0，并设置 dwSize 数据域。下面是该宏的定义：

```
// this macro should be on one line
#define DDRAW_INIT_STRUCT(ddstruct)
{ memset(&ddstruct,0,sizeof(ddstruct));
  ddstruct.dwSize=sizeof(ddstruct); }
```

例如，用 RGB(255, 0, 0)在主表面(10, 30)处绘制像素可以这样做：

```
Plot_Pixel16(10,30,            // x,y
         255,0,0,          // rgb
         lpddsprimary); // surface to draw on
```

虽然这个函数看起来相当简单，但是它的效率太低。你可以采取一些优化措施。首要问题是每次函数都需要加锁和解锁待发送的表面。这完全不能令人接受，锁定和解锁需要花费一些显卡几百微秒（一百万分之一秒）甚至更多。在一个游戏循环中，其基本原则是在进行所有操作之前对表面只加锁一次，然后完成操作后再解锁一次。如图 7-3 所示。这

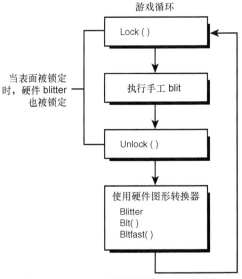

图 7-3　DirectDraw 表面应当尽可能少地被锁定

样，你就不必一直进行加锁/解锁、内存清零等操作。例如，填充 DDSURFACEDESC2 结构花费的时间可能比画像素还要多。更不用说它甚至都不是内联的。用这个函数画点的开销足以毁了你的程序。

这是游戏程序员应时刻谨记的一类事情。我们可不是在编写文字处理程序，因此你需要速度！下面是经过一点点优化后的程序版本，但是它仍然能够快上至少十倍。

```
inline void Plot_Pixel_Fast16(int x, int y,
                              int red, int green, int blue,
                              USHORT *video_buffer, int lpitch)
{
// this function plots a pixel in 16-bit color mode
// assuming that the caller already locked the surface
// and is sending a pointer and byte pitch to it

// first build up color WORD
USHORT pixel = _RGB16BIT565(red,green,blue);

// write the data
video_buffer[x + y*(lpitch >> 1)] = pixel;

} // end Plot_Pixel_Fast16
```

虽然我还是不喜欢乘法或者移位运算，但是这个新版本还不坏。你可以用一些技巧去掉乘法和移位。首先，因为 lPitch 是内存的字节为单位的内存宽度，移位是有必要的。但是，你现在的调用是假定已经锁定了表面，并查询好了内存指针和内存宽度，你可以增加一步对 lpitch 的 16 位字宽版本的计算，如下：

```
int lpitch16 = (lpitch >> 1);
```

基本上，lpitch16 现在是组成视频一行的 16 位字的数目。有了这个新的值，就可以如下重写函数。

```
inline void Plot_Pixel_Faster16(int x, int y,
                                int red, int green, int blue,
                                USHORT *video_buffer, int lpitch16)
{
// this function plots a pixel in 16-bit color mode
// assuming that the caller already locked the surface
// and is sending a pointer and byte pitch to it

// first build up color WORD
USHORT pixel = _RGB16BIT565(red,green,blue);

// write the data
video_buffer[x + y*lpitch16] = pixel;

} // end Plot_Pixel_Faster16
```

就是这样，函数是内联函数，只有一次乘法、加法和内存访问。不错，但是还可以更好。最终的优化可以是利用一个大的查询表代替乘法，但是这可能没有必要，因为采用新一代的奔腾 X 架构的系统做整数乘法仅需一个时钟周期。不过，这总算是个加速的办法。

另外，我们可以通过一系列移位加法去掉乘法。例如，在完全线性内存模式下（每一线都没有跳越），你知道在 640×480、16 位模式下，每一扫描线正好是 1280 个字节。因此，你需要把 y 乘以 640，因为排列会自动利用指针，将[]数组算符中的东西放大两倍，（每个 USHORT WORD 为两个字节）。数学公式如下：

$$y*640 = y*512 + y*128$$

$512=2^9$，$128=2^7$。因此，如果将 Y 左移 9 次，将值同 Y 左移 7 次相加，结果就是 Y×640。数学表达式如下：

$$y*640 = y*512 + y*128$$
$$= (y << 9) + (y << 7)$$

就是这样，如果你不熟悉这个技巧。可以参考图 7-4。一般地，将二进制数右移一位相当于除以 2，左移一位相当于乘以 2。然后累加。因此，可以利用这种性质来迅速执行乘数是 2 的整数次幂的乘法。但是，如果不是 2 的整数次幂，你可以像前面那样进行分解成整数次幂之和。其实就目前来讲，对于奔腾二代以上的处理器而言，此类的优化不是特别必要。由于它们能在一个时钟周期内完成乘法，不过对于较老的处理器或其他游戏机，比如 Game Boy Advanced（GBA）等等，要知道还是有好用的技巧的。

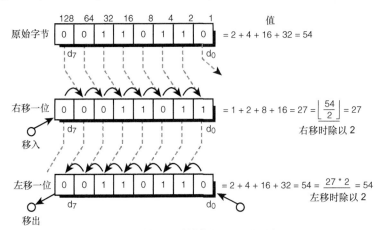

图 7-4　使用二进制移位来进行乘除运算

注意

在第 11 章中，你会接触到更多的技巧。

用 16 位模式向屏幕写点的例子见 CD 中的 DEMO7_1.CPP|EXE。该程序向屏幕随机画一些像素点。看看代码，你会发现你不需要调色板了，非常好。同时，代码来自标准的 T3D 游戏引擎模板，需要你真正看的是 Game_Init() 和 Game_Main()。后者的代码如下：

```
int Game_Main(void *parms = NULL, int num_parms = 0)
{
// this is the main loop of the game, do all your processing
// here

// for now test if user is hitting ESC and send WM_CLOSE
if (KEYDOWN(VK_ESCAPE))
   SendMessage(main_window_handle,WM_CLOSE,0,0);
// plot 1000 random pixels to the primary surface and return
// clear ddsd and set size, never assume it's clean
DDRAW_INIT_STRUCT(ddsd);

// lock the primary surface
if (FAILED(lpddsprimary->Lock(NULL, &ddsd,
                DDLOCK_SURFACEMEMORYPTR | DDLOCK_WAIT,
                NULL)))
   return(0);

// now ddsd.lPitch is valid and so is ddsd.lpSurface

// make a couple aliases to make code cleaner, so we don't
// have to cast
int lpitch16 = (int)(ddsd.lPitch >> 1);
USHORT *video_buffer = (USHORT *)ddsd.lpSurface;
```

```
// plot 1000 random pixels with random colors on the
// primary surface, they will be instantly visible
for (int index=0; index < 1000; index++)
    {
    // select random position and color for 640x480x16
    int red   = rand()%256;
    int green = rand()%256;
    int blue  = rand()%256;
    int x = rand()%640;
    int y = rand()%480;

    // plot the pixel
    Plot_Pixel_Faster16(x,y,red,green,blue,video_buffer,lpitch16);

    } // end for index

// now unlock the primary surface
if (FAILED(lpddsprimary->Unlock(NULL)))
   return(0);

// return success or failure or your own return code here
return(1);

} // end Game_Main
```

7.1.3 24/32 位真彩色模式

一旦你掌握了 16 位模式，24 位和 32 位也就不难了。我将从 24 位开始，因为它比 32 位要简单。24 位模式下每个 RGB 通道正好是一个字节宽。因此，没有损失，每个颜色通道有 256 种明暗，总共可能的色彩为 256×256×256=16.7 百万。红色、绿色、蓝色就像 16 位模式下那样编码，只是不必再担心每个通道各用多少位数。

因为每通道宽一个字节，共计三个通道，也就是说每像素占三个字节。这就使得寻址相当困难。如图 7-5 所示。在 24 位模式下写像素较不自然函数，如下所示：

```
inline void Plot_Pixel_24(int x, int y,
                          int red, int green, int blue,
                          UCHAR *video_buffer, int lpitch)
{
// this function plots a pixel in 24-bit color mode
// assuming that the caller already locked the surface
// and is sending a pointer and byte pitch to it

// in byte or 8-bit math the proper address is: 3*x + y*lpitch
// this is the address of the low order byte which is the Blue channel
// since the data is in RGB order
DWORD pixel_addr = (x+x+x) + y*lpitch;

// write the data, first blue
video_buffer[pixel_addr]   = blue;

// now red
video_buffer[pixel_addr+1] = green;

// finally green
video_buffer[pixel_addr+2] = red;

} // end Plot_Pixel_24
```

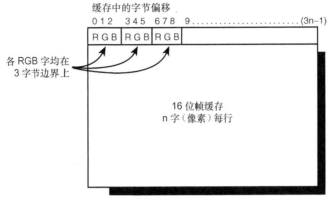

图 7-5　别扭的三字节 RGB 定址

警告

许多显卡不支持 24 位真彩色模式。它们只支持 32 位真彩色——通常由 8 位 alpha 透明度和 24 位彩色组成。这是由于寻址的需要。所以 DEMO7_2.EXE 可能无法在你的系统上运行。

函数接受的参数有：x、y 和 RGB 色彩、视频缓冲起始地址、字节为单位的内存步长。没必要在发送内存步长或者以字长度计的视频缓冲时，原因是没有长度为三字节的数据类型。因此函数基本上先在视频缓冲中为所需像素寻址，然后为像素写入红色、绿色、蓝色。这里有一个宏用于生成 24 位的 RGB 字：

```
// this builds a 24 bit color value in 8.8.8 format
#define _RGB24BIT(r,g,b) ((b) + ((g) << 8) + ((r) << 16) )
```

24 位模式的例子见 CD 中的 DEMO7_2.CPP|EXE。基本上它以 24 位模式下模仿了 DEMO7_1.CPP 的功能。

至于 32 位色彩，像素设置略有不同。如图 7-6 所示，32 位色彩模式下，像素数据可以有如下的两种格式：

Alpha（8）.8.8.8——这种方式用 8 位来表示 Alpha 值或者透明信息（有时是一些其他信息）。然后是红色、绿色、蓝色，每种色彩 8 位。但是，简单的位图不用考虑 Alpha 值，随便写进去 8 位就行。这种模式优点在于每个像素用 32 位表示。这也是奔腾处理器最快的内存寻址方式。

X（8）.8.8.8——除了最高的 8 位无关紧要以外，同上面的模式基本相同。但是，为了安全起见，我仍然建议你将它们清为 0。你会说，这种模式同 24 位这么像，为什么还要它呢？答案是许多显卡不能 3 位 3 位地定位，因此第四个字节只是为了对齐字边界。

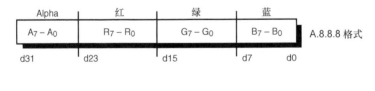

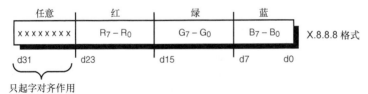

图 7-6　32 位 RGB 像素编码

看看这个用于生成 32 位 RGB 字的宏：

```
// this builds a 32 bit color value in A.8.8.8 format (8-bit alpha mode)
#define _RGB32BIT(a,r,g,b) ((b) + ((g) << 8) + ((r) << 16) + ((a) << 24))
```

你只需在你的像素绘制函数中使用新的宏，从而利用每像素 4 字节这个优势。如下所示：

```
inline void Plot_Pixel_32(int x, int y,
                          int alpha,int red, int green, int blue,
                          UINT *video_buffer, int lpitch32)
{
// this function plots a pixel in 32-bit color mode
// assuming that the caller already locked the surface
// and is sending a pointer and DWORD aligned pitch to it

// first build up color WORD
UINT pixel = __RGB32BIT(alpha,red,green,blue);

// write the data
video_buffer[x + y*lpitch32] = pixel;

} // end Plot_Pixel_32
```

这看起来应该很熟悉。惟一不同的是 lpitch32 是 lpitch 除以 4，所以是 DWORD 或 32 位 WORD 步长。记住这点，然后看 DEMO7_3.CPP|EXE，还是同样的像素绘制演示程序，只不过它工作在 32 位模式下。它应该可以在你的计算机上运行，因为现在较多的显卡支持 32 位而非纯 24 位模式。

非常棒。我似乎已经滔滔不绝地就真彩色说了许多内容，而且你应该已经能够实际使用真彩色了，你还可以自由地转换任何 8 位彩色编码。记住，我不能够假设每个人都有奔四 2.0GHz 和 GeForce III 3D 加速卡。所以采用 8 位色彩绘制图像是个好办法，可以使更多的人能够运行你的程序，然后你再改进到 16 位或更高的模式。

7.2　双缓冲

你现在已经试过对主表面的内容做直接修改了，也就是通过视频控制器直接将每一帧都光栅化。这对于静态图像演示来说已经足够好了。但是万一你想要平滑地显示动画呢？这的确是个好问题，让我来解释一下。如我在本书中早些章节中间接提到的那样，多数计算机动画通过这样的方法而被实现：在离屏缓冲表面里绘制每帧动画，然后以极高的速度将图像转入可见的显示表面，如图 7-7 所示。

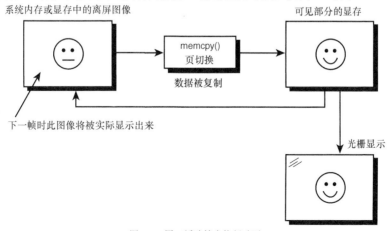

图 7-7　用双缓冲技术执行动画

通过这种方法，用户不会看到你擦除图像、生成显示及其他对每一帧画面所做的事。只要离屏的图像可以在足够短的时间内被复制到可见表面，理论上你就可以在一秒钟内完成 15 次这样的复制，或者称作 15fps，并且你的游戏动画看起来还比较平滑。不过，现今的质量标准要求至少 30fps，所以那就成了实现高质量动画的最低标准。

在离屏缓冲中绘制图像，然后将其拷贝到显示表面的处理过程被称作双缓冲技术（Double Buffering），现在 99%的游戏都采用它来实现动画。但是在过去（尤其是在 DOS 平台下），没有特殊的硬件来帮助这种处理。直到 DirectX/DirectDraw 技术的出现之后，才有了明显的变化。

如果系统内安装了加速硬件（且在显卡上有足够的 VRAM 内存），可以使用一种类似于双缓冲的页面切换技术（Page Flipping）。页面切换技术类似于双缓冲技术，不过是在你画出下一两帧备用的可见表面之后，你直接操作硬件激活其他表面使其可见。这样做就免除了内存块拷贝的开销，因为硬件寻址系统直接将视频光栅指向了不同的内存部分。结果是一个即时的页交换和可见屏幕的更新（这也是页面切换名称的由来）。

当然，页面切换总是可行的，许多程序员在进行 Mode X（320×200、320×240、320×400）编程的时候就采用它。但是，它是一种低级、底层、直接的技术，通常需要使用汇编语言和对视频控制器进行编程来完成这项工作。但利用 DirectDraw，就可以轻而易举地完成页面切换。你将在下两节接触到它。我只是想要在向你示范双缓冲技术之前，让你知道本章还将提及哪些内容。

实现双缓冲很容易。你所需要完成的只是额外地分配一块同主 DirectDraw 表面具有同样尺寸的内存，并朝这块内存上画每一帧的动画，之后拷贝双缓冲内存到主显示表面。遗憾的是，这个方案有一个问题……

比方说你决定要创建一个 640×480×8 的 DirectDraw 模式。因此，就需要分配一块 640×480 的双缓冲或者说一个 307200 字节的线性数组。记住数据以行为顺序映像到屏幕。下面就是建立双缓冲的代码。

```
UCHAR *double_buffer = (UCHAR *)malloc(640*480);
```
或者用 C++操作符 new：
```
UCHAR *double_buffer = new UCHAR[640*480];
```

每种方法都可以得到一个双缓冲指针指向的 307200 字节大小的线性可寻址内存阵列。对一个位于（x，y）的像素点寻址，只需：
```
double_buffer[x + 640*y] = ...
```

看起来这条语句在预料之中，因为每条虚拟线有 640 字节，而且你用每线 640 字节共 480 线来呈现矩形映射。好，问题出在这里：假设你锁定了一个指针 primary_buffer 指向主显示表面，并且假设你在锁定内存的过程中存储了内存步长 mempitch，如图 7-8 所示。如果 mempitch 等于 640，你可以通过这行代码将 double_buffer 拷贝到 primary_buffer：

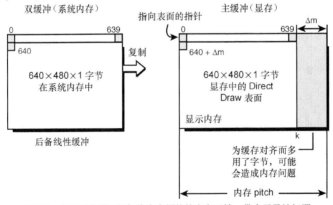

图 7-8　主显示表面可能每线含有额外的内存开销，带来了寻址问题

```
memcpy((void *)primary_buffer, (void *)double_buffer,640*480);
```
double_buffer 几乎是立即出现在主缓冲中。

注意

这里有一个潜在的优化措施。注意，刚才我使用的是 memcpy()。这一函数相当慢，因为它仅仅拷贝字节（在一些编译器上）。更好的方法是写一个你自己的 DWORD 或者 32 位拷贝程序。你可以采用 inline 来写，或使用外部汇编语言。当你学到优化理论时，你就会明白该怎样做了，但这仍然是利用奔腾处理器能以 32 位值处理大块数据的特性的一个好例子。

一切看来很好，事实是这样吗？不是！前面提到的 memcpy()代码仅当 mempitch 或主面步长刚好为 640 字节每线时才工作，而这个条件可能并不成立。所以，前述的 memcpy()代码可能导致很严重的错误。一个更好的实现双缓冲拷贝函数的方法是加上一个小函数，用来检测主表面的步长是否是 640。如果是，就采用 memcpy()函数，不是，就一行行地拷贝。虽然慢了一点，但目前来讲你已经尽力了……下面是这样做的程序代码：

```
// can we use a straight memory copy?
if (mempitch==640)
{
memcpy((void *)primary_buffer, (void *)double_buffer,640*480);
} // end if
else
{
// copy line by line, bummer!
for (int y=0; y<480; y++)
    {
    // copy next line of 640 bytes
    memcpy((void *)primary_buffer, (void
    *)double_buffer,640);

    // now for the tricky part...
    // advance each pointer ahead to next line

    // advance to next line which is mempitch bytes away
    primary_buffer+=mempitch;

    // we know that we need to advance 640 bytes per line
    double_buffer+=640;

    } // end for y

} // end else
```
图 7-9 图形化地表示了该过程。如你所见，这是为数不多的几件需要由你亲自完成的工作中的一件！但是，你至少可以将代码优化成为 4 字节（或 32 位）拷贝代码。那样优化能使我感到好受些。

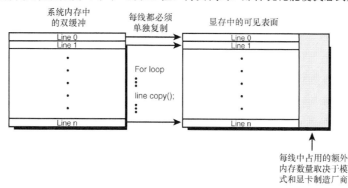

图 7-9　逐行地复制双缓冲

作为一个例子，我创建了一个演示程序。其功能是在双缓冲中绘制一些随机像素，然后拷贝到工作在 640×480×8 模式下的主缓冲。在拷贝中有一个很长时间的延时，使你能够看出两个画面截然不同。程序的名字是 DEMO7_4.CPP|EXE，在 CD 上可以找到。记住，你自己编译时需要在工程中加上 DDRAW.LIB，并将 DirectX 头文件路径设对。下面是程序中负责执行所有动作的 Game_Main()。

```cpp
int Game_Main(void *parms = NULL, int num_parms = 0)
{
// this is the main loop of the game, do all your processing
// here

UCHAR *primary_buffer = NULL; // used as alias to primary surface buffer

// make sure this isn't executed again
if (window_closed)
  return(0);

// for now test if user is hitting ESC and send WM_CLOSE
if (KEYDOWN(VK_ESCAPE))
   {
   PostMessage(main_window_handle,WM_CLOSE,0,0);
   window_closed = 1;
   }            // end if

// erase double buffer
memset((void *)double_buffer,0, SCREEN_WIDTH*SCREEN_HEIGHT);

// you would perform game logic...

// draw the next frame into the double buffer
// plot 5000 random pixels
for (int index=0; index < 5000; index++)
    {
    int   x   = rand()%SCREEN_WIDTH;
    int   y   = rand()%SCREEN_HEIGHT;
    UCHAR col = rand()%256;
    double_buffer[x+y*SCREEN_WIDTH] = col;
    }            // end for index

// copy the double buffer into the primary buffer
DDRAW_INIT_STRUCT(ddsd);

// lock the primary surface
lpddsprimary->Lock(NULL,&ddsd,
                DDLOCK_SURFACEMEMORYPTR | DDLOCK_WAIT,NULL);

// get video pointer to primary surfce
primary_buffer = (UCHAR *)ddsd.lpSurface;

// test if memory is linear
if (ddsd.lPitch == SCREEN_WIDTH)
   {
   // copy memory from double buffer to primary buffer
   memcpy((void *)primary_buffer, (void *)double_buffer,
        SCREEN_WIDTH*SCREEN_HEIGHT);
   }            // end if
else
   {            // non-linear

   // make copy of source and destination addresses
   UCHAR *dest_ptr = primary_buffer;
```

```
    UCHAR *src_ptr = double_buffer;

    // memory is non-linear, copy line by line
    for (int y=0; y < SCREEN_HEIGHT; y++)
        {
        // copy line
        memcpy((void *)dest_ptr, (void *)src_ptr, SCREEN_WIDTH);

        // advance pointers to next line
        dest_ptr+=ddsd.lPitch;
        src_ptr +=SCREEN_WIDTH;

        // note: the above code can be replaced with the simpler
        // memcpy(&primary_buffer[y*ddsd.lPitch],
        //        double_buffer[y*SCREEN_WIDTH], SCREEN_WIDTH);
        // but it is much slower due to the recalculation
        // and multiplication each cycle

        }               // end for
    }                   // end else


// now unlock the primary surface
if (FAILED(lpddsprimary->Unlock(NULL)))
    return(0);

// wait a sec
Sleep(500);

// return success or failure or your own return code here
return(1);

} // end Game_Main
```

7.3　表面动态

在本书里，我提到过你可以创建很多不同类型的表面，但直到现在，你看到的还是如何绘制主表面。现在我想谈谈离屏表面。基本上，有两类离屏表面。第一种叫做后备缓冲（Back Buffer）。

后备缓冲是指一些用在动画链中的表面，它们具有和主表面相同的尺寸和色深。后备缓冲表面较为独特，因为当你创建主表面时也创建它们。它们都是主表面页面切换链中的环节。换句话说，当你需要一个或者多个的从表面成为后备缓冲时，默认地，DirectDraw 会假定你将在动画循环中用到它们。图 7-10 给出了主表面和作为后备缓冲的从表面之间的关系。

创建后备缓冲的目的是用 DirectDraw 的方式来实现对双缓冲功能的仿真。如果创建了 DirectDraw 后备缓冲（通常它在 VRAM 中）读写都非常快。另外，你可以将它和主表面进行页面切换，这比双缓冲方案下所需做的内存拷贝要快得多。

从技术上讲，你可以在切换链中开设任意多个后备缓冲。但是，有时 VRAM 会被用完，从而表面只能创建在系统内存中，这会很慢。通常，如果你创建了一个 m×n 的具有单字节色深的表面，主表面需要的内存量当然是 m×n 字节（除非存在内存步长对齐）。因此，如果你有一个额外的后备缓冲从表面，因为后备缓冲同主缓冲一样大，内存占用量就要乘 2。这就是 2×m×n 字节。最终，如果色彩深度是 16 位，你还得将结果再放大两倍，同样，32 位要放大 4 倍。例如，640×480×16 模式主缓冲需要：

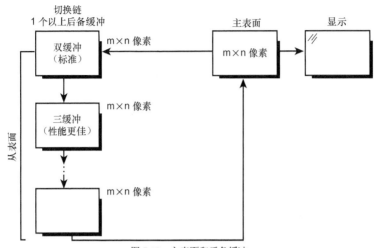

图 7-10　主表面和后备缓冲

宽×高×每像素所占字节数
640 × 480 × 2 = 614400 字节

如果想要一个后备缓冲，就要将结果乘以 2，最终的字节数为：

614400 × 2 = 1228800 字节

几乎占用了 1.2MB VRAM 呢！因此，如果你只有 1MB 显存的显卡，就不可能在 640×480×16 位色彩模式下有 VRAM 后备缓冲。现在多数显卡至少有 2MB 显存，所以问题不大，但是测试显卡上到底有多少可用显存还是比较保险的方法。这可以通过调用一类 GetCaps 函数实现。本章最后再讲述这点。事实上，近年来的显卡产品都配置了 8 至 64MB 的 VRAM，但是很多超值型配置的廉价电脑都用共享存储器方式工作，也就是说内存的一部分被用作显存，你得有很好的运气才能碰见一台配有 2 至 4MB 显卡的超值型电脑。

为了创建一个关联有后备缓冲的主表面，你必须创建 DirectDraw 所谓的复杂表面（Complex Surface）。下面是其创建步骤：

首先，你要将 DDSD_BACKBUFFERCOUNT 加到 dwFlags 标志字段，向 DirectDraw 表明 DDSURFACEDESC2 结构的 dwBackBufferCount 字段有效，其中含有后备缓冲的数目（本例中为 1）。

其次，将控制标志 DDSCAPS_COMPLEX 和 DDSCAPS_FLIP 加到 DDSURFACEDESC2 结构的特性描述字段 ddsCaps.dwCaps 上。

最后，像通常一样创建主表面。从它调用 IDIRECTDRAWSURFACE7::GetAttachedSurface() 以得到后备缓冲。如下所示：

```
HRESULT GetAttachedSurface( LPDDSCAPS2 lpDDSCaps,
  LPDIRECTDRAWSURFACE7 FAR *lplpDDAttachedSurface );
```

lpDDSCaps 是 DDSCAPS2 结构中包含所需表面特性的标志，在这里，你正请求一个后备缓冲，所以这样设置：

```
DDSCAPS2 ddscaps.dwCaps = DDSCAPS_BACKBUFFER;
```

或者直接用 DDSURFACEDESC2 结构中的 DDSCAPS2 字段存放另一个变量，像下面这样：

```
ddsd.ddsCaps.dwCaps = DDSCAPS_BACKBUFFER;
```

下面的代码创建了一个带有一个后备缓冲切换链的主表面：

```
// assume we already have the directdraw object etc...

DDSURFACEDESC2 ddsd; // directdraw surface description
```

```
LPDIRECTDRAWSURFACE7 lpddsprimary = NULL; // primary surface
LPDIRECTDRAWSURFACE7 lpddsback    = NULL; // back buffer

// clear ddsd and set size
DDRAW_INIT_STRUCT(ddsd);

// enable valid fields
ddsd.dwFlags = DDSD_CAPS | DDSD_BACKBUFFERCOUNT;

// set the backbuffer count field to 1
ddsd.dwBackBufferCount = 1;

// request a complex, flippable
ddsd.ddsCaps.dwCaps = DDSCAPS_PRIMARYSURFACE |
                DDSCAPS_COMPLEX | DDSCAPS_FLIP;

// create the primary surface
if (FAILED(lpdd->CreateSurface(&ddsd, &lpddsprimary, NULL)))
  return(0);

// now query for attached surface from the primary surface

// this line is needed by the call
ddsd.ddsCaps.dwCaps = DDSCAPS_BACKBUFFER;

if (FAILED(lpddsprimary->GetAttachedSurface(&ddsd.ddsCaps, &lpddsback)))

return(0);
```

这时，lpddsprimary 指向主表面，即当前可见的表面。而 lpddsback 指向后备缓冲表面，当前不可见。图 7-11 显示了这一切。要对后备缓冲进行存取，你可以同对主表面一样将其加锁和解锁。

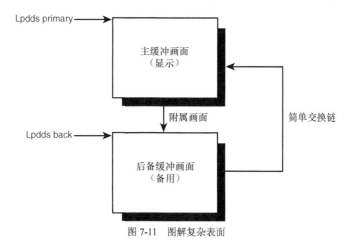

图 7-11 图解复杂表面

因此，若是你想操纵后备缓冲中的信息，你可以这样做：
```
// copy the double buffer into the primary buffer
DDRAW_INIT_STRUCT(ddsd);

// lock the back buffer surface
lpddsback->Lock(NULL,&ddsd, DDLOCK_SURFACEMEMORYPTR | DDLOCK_WAIT,NULL);

// now ddsd.lpSurface and ddsd.lPitch are valid
// do whatever...
```

```
// unlock the back buffer, so hardware can work with it
lpddsback->Unlock(NULL);
```

现在，惟一余下的问题是你还不知道如何切换页面，或者说，不知道如何将后备缓冲表面变成主表面从而使这两页动起来。现在就让我告诉你该如何做。

7.4 页面切换

当你已经创建了具有一个主表面和一个后备缓冲表面的复杂表面，就可以进行页面切换了。标准动画循环需要以下几步（如图 7-12 所示）：

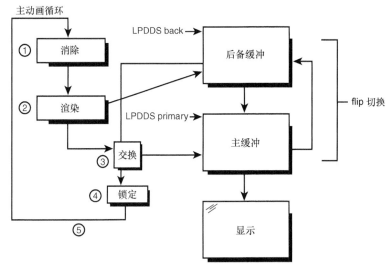

图 7-12 页面切换动画系统

1. 清除后备缓冲。
2. 将场景渲染到后备缓冲。
3. 用后备缓冲表面切换掉主表面。
4. 锁定在某个帧数率（例如 30fps）。
5. 重复第 1 步。

其中有一些可能让你难以理解的细节。首先，如果后备缓冲被切换到了主缓冲，后备缓冲会变成主缓冲吗？主缓冲又会不会变成后备缓冲呢?如果这样，需要不需要每隔一帧就在主表面进行绘制呢？这个问题看似来势汹汹，但实际上它并不会发生。事实上，指向 VRAM 的指针是由硬件切换的，从 DirectDraw 和编程人员的观点来看，后备缓冲表面总是离屏的，而主表面总是可见的。所以你总是在后备缓冲中进行绘制，并每帧与主表面作切换。

可以使用函数 IDIRECTDRAWSURFACE7::Flip()，在交换链中用下一个关联的表面切换主表面。如下所示：

```
HRESULT Flip(LPDIRECTDRAWSURFACE7 lpDDSurfaceTargetOverride, // override surface
        DWORD dwFlags); // control flags
```

若操作成功则返回 DD_OK，否则返回错误代码。

参数非常简单，lpDDSurfaceTargetOverride 基本上是一个高级参数，用来覆盖切换链，实现切换到另外一个表面，而不是切换到同主表面相关联的后备缓冲。这里将其值设为 NULL。dwFlags 参数更应引起你的注意。表 7-2 给出了它的不同设置。

表 7-2　　　　　　　　　　　　　　　　　Flip() 的控制标志

值	描述
DDFLIP_INTERVAL2	2 次垂直逆程（Vertical Retrace）后切换。
DDFLIP_INTERVAL3	3 次垂直逆程后切换。
DDFLIP_INTERVAL4	4 次垂直逆程后切换。

（注意：默认情况是 1 次垂直逆程。）

这些标志表明在两个切换页之间等待多少垂直逆程。默认值是 1。指定的垂直逆程数目达到了，DirectDraw 才为切换的每一页返回 DERR_WASSTILLDRAWING。如果设置 DDFLIP_INTERVAL2，DirectDraw 将每两次垂直同步后切换页面。如果 DDFLIP_INTERVAL3，将每三次垂直同步后换页。若是DDFLIP_INTERVAL4，将每四次垂直同步后换页。

这些标志仅当设备返回的 DDCAPS 结构中设置了 DDCAPS2_FLIPINTERVAL 后才起作用。

DDFLIP_NOVSYNC：此标志使得 DirectDraw 执行物理切换时尽量靠近下一条扫描线。

DDFLIP_WAIT：此标志强迫硬件不在出现问题时立即返回，而是等待直到页面切换能够进行为止。

技巧

也可以创建一个具有两个后备缓冲的复杂表面，或一条包括主表面在内共有三个表面的切换链。这称为三缓冲。它的性能出奇地好。理由很明显，如果你只有一个后备缓冲，在你和显示硬件同时使用它的时候就会出现性能瓶颈。但是，如果有两个额外的表面用以切换，硬件永远都不用等待。DirectDraw 三缓存的好处是你只需简单调用 Flip()，硬件以循环的方式切换表面。不过对用户来说，仍然是只在一个后备缓冲中进行渲染，因此三缓冲对用户来说是透明的。

一般来说，你只要为 DDFLIP_WAIT 设置好标志就行了。同时，你必须调用主表面对象的成员函数 Flip()，而不是后备缓冲对象的。这很合理，因为主表面是后备缓冲表面的"父"，后备缓冲是"父"交换链中的一环。下面给出了如何进行函数调用以切换页的例子：

```
lpddsprimary->Flip(NULL, DDFLIP_WAIT);
```

此外，添加一些简单的判断逻辑有助于程序运行时输出错误信息，尤其是当出现一些愚蠢的低级错误时。

```
while (FAILED(lpddsprimary->Flip(NULL, DDFLIP_WAIT)));
```

警告

在切换页之前，主表面或者后备缓冲表面都必须被解锁。所以在调用 Flip() 之前要确保它们已被解锁。

DEMO7_5.CPP|EXE 是页面切换的例子。我改写了 DEMO7_4.CPP，将双缓冲变成页面切换，当然，我还更新了 Game_Init() 代码来创建带有一个后备缓冲的复杂表面。下面我列出 Game_Init() 和 Game_Main() 的程序清单供你参考：

```
int Game_Init(void *parms = NULL, int num_parms = 0)
{
// this is called once after the initial window is created and
```

```
// before the main event loop is entered, do all your initialization
// here

LPDIRECTDRAW7 lpdd;

// first create base IDirectDraw interface
if (FAILED(DirectDrawCreate(NULL, (void **)&lpdd, IID_IDirectDraw7, NULL)))
   return(0);

// set cooperation to full screen
if (FAILED(lpdd->SetCooperativeLevel(main_window_handle,
             DDSCL_FULLSCREEN | DDSCL_ALLOWMODEX |
             DDSCL_EXCLUSIVE | DDSCL_ALLOWREBOOT)))
   return(0);

// set display mode to 640x480x8
if (FAILED(lpdd->SetDisplayMode(SCREEN_WIDTH, SCREEN_HEIGHT,
                         SCREEN_BPP,0,0)))
   return(0);

// clear ddsd and set size
DDRAW_INIT_STRUCT(ddsd);

// enable valid fields
ddsd.dwFlags = DDSD_CAPS | DDSD_BACKBUFFERCOUNT;

// set the backbuffer count field to 1, use 2 for triple buffering
ddsd.dwBackBufferCount = 1;

// request a complex, flippable
ddsd.ddsCaps.dwCaps = DDSCAPS_PRIMARYSURFACE |
                   DDSCAPS_COMPLEX | DDSCAPS_FLIP;

// create the primary surface
if (FAILED(lpdd->CreateSurface(&ddsd, &lpddsprimary, NULL)))
   return(0);

// now query for attached surface from the primary surface

// this line is needed by the call
ddsd.ddsCaps.dwCaps = DDSCAPS_BACKBUFFER;

// get the attached back buffer surface
if (FAILED(lpddsprimary->GetAttachedSurface(&ddsd.ddsCaps, &lpddsback)));

// build up the palette data array
for (int color=1; color < 255; color++)
   {
   // fill with random RGB values
   palette[color].peRed   = rand()%256;
   palette[color].peGreen = rand()%256;
   palette[color].peBlue  = rand()%256;

   // set flags field to PC_NOCOLLAPSE
   palette[color].peFlags = PC_NOCOLLAPSE;
   } // end for color

// now fill in entry 0 and 255 with black and white
palette[0].peRed    = 0;
palette[0].peGreen  = 0;
palette[0].peBlue   = 0;
```

```
palette[0].peFlags   = PC_NOCOLLAPSE;

palette[255].peRed   = 255;
palette[255].peGreen = 255;
palette[255].peBlue  = 255;
palette[255].peFlags = PC_NOCOLLAPSE;

// create the palette object
if (FAILED(lpdd->CreatePalette(DDPCAPS_8BIT | DDPCAPS_ALLOW256 |
                        DDPCAPS_INITIALIZE,
                        palette,&lpddpal, NULL)))
return(0);

// finally attach the palette to the primary surface
if (FAILED(lpddsprimary->SetPalette(lpddpal)))
  return(0);

// return success or failure or your own return code here
return(1);

} // end Game_Init

///////////////////////////////////////////////////////
////

int Game_Main(void *parms = NULL, int num_parms = 0)
{
// this is the main loop of the game, do all your processing
// here

// make sure this isn't executed again
if (window_closed)
  return(0);

// for now test if user is hitting ESC and send WM_CLOSE
if (KEYDOWN(VK_ESCAPE))
  {
  PostMessage(main_window_handle,WM_CLOSE,0,0);
  window_closed = 1;
  } // end if

// lock the back buffer
DDRAW_INIT_STRUCT(ddsd);
lpddsback->Lock(NULL,&ddsd, DDLOCK_SURFACEMEMORYPTR | DDLOCK_WAIT,NULL);

// alias pointer to back buffer surface
UCHAR *back_buffer = (UCHAR *)ddsd.lpSurface;

// now clear the back buffer out

// linear memory?
if (ddsd.lPitch == SCREEN_WIDTH)
  memset(back_buffer,0,SCREEN_WIDTH*SCREEN_HEIGHT);
else
  {
  // non-linear memory

  // make copy of video pointer
  UCHAR *dest_ptr = back_buffer;

  // clear out memory one line at a time
```

```
for (int y=0; y<SCREEN_HEIGHT; y++)
    {
    // clear next line
    memset(dest_ptr,0,SCREEN_WIDTH);

    // advance pointer to next line
    dest_ptr+=ddsd.lPitch;

    }            // end for y

    }            // end else

// you would perform game logic...

// draw the next frame into the back buffer, notice that we
// must use the lpitch since it's a surface and may not be linear

// plot 5000 random pixels
for (int index=0; index < 5000; index++)
    {
    int   x   = rand()%SCREEN_WIDTH;
    int   y   = rand()%SCREEN_HEIGHT;
    UCHAR col = rand()%256;
    back_buffer[x+y*ddsd.lPitch] = col;
    } // end for index

// unlock the back buffer
if (FAILED(lpddsback->Unlock(NULL)))
   return(0);

// perform the flip
while (FAILED(lpddsprimary->Flip(NULL, DDFLIP_WAIT)));

// wait a sec
Sleep(500);

// return success or failure or your own return code here
return(1);

} // end Game_Main
```

Also, note the boldfaced code from Game_Main() that deals with the lock window_closed, reprinted here:

```
// make sure this isn't executed again
if (window_closed)
   return(0);

// for now test if user is hitting ESC and send WM_CLOSE
if (KEYDOWN(VK_ESCAPE))
    {
    PostMessage(main_window_handle,WM_CLOSE,0,0);
    window_closed = 1;
    } // end if
```

技巧

我在上面的代码中加了退出状态，因为有可能 Game_Main()还要被多调用一次，而那时窗口对象已经被销毁了。这无疑将导致错误，因为 DirectDraw 就锚在窗口句柄上。因此，我创建了一个在窗口关闭时加锁的变量，或者称它为二进制信号量（Semaphore）。从而，一旦窗口被关闭，原本向 Game_Main()敞开的大门就不再通行无阻。这是我应该在上一个程序中提及的重要细节，但是上次我没有说出来。当然，我本可以改写它的，但是我只是想向你示范在 DirectX/Win32 异步编程的过程中程序员们是多么容易出错。

　　这就是关于页面切换的全部内容了。DirectDraw 完成了其中大部分的工作，但是我想告诉你最后一点细节。首先，当你创建一个后备缓冲时，DirectDraw 可能在系统内存中创建它，而不是在 VRAM 中（如果没有剩余的显存可用）。那时，你无需做任何事情。DirectDraw 将会用双缓冲仿真页面切换，而在你调用 Flip() 的时候将后备缓冲表面拷贝到主表面。但是，这样做会很慢。无论如何，使用 DirectX 的好处就是——无论怎样你的代码都会工作。多么平静而且迷人啊！

注意

　　一般情况下，你希望创建的主表面和从后备缓存都存在于 VRAM 中。主表面总是在 VRAM 中，但是可能受到使用系统内存的后备缓存的牵连。无论如何，一定要记住 VRAM 容量是有限的，你可能会牺牲 VRAM 后备缓存的使用，为了将所有游戏图形存在 VRAM 中，从而得到显存块移动速度提高的优势。利用硬件显存块移动单元（Blitter）在 VRAM 内部移动位图，比起从系统内存移动到 VRAM 中要快上许多。哎，有时你可能决定用系统内存做后备缓冲，因为你有好多小的图元精灵（Sprite）或位图，需要做很多 blitting。在这种情况下，你会做如此多的 blitting，诚然，双缓冲方案比起在 VRAM 动画系统进行页面切换要慢，但这点点速度损失，早已因在 VRAM 中存储所有游戏位图带来的性能提升而得到弥补。

7.5　显存块移动单元（Blitter）

　　如果你曾在 DOS 下编程，你一定感受过被局限于为 32 位世界中（即使使用 DOS extender），而且如果没有制造商提供的显卡驱动程序，或者没有某些臃肿的第三方函数库，我打赌你不能利用 2D/3D 的硬件加速功能。其实在 DOOM 问世以前，已经有某种硬件加速被开发出来，但是游戏程序员很少能用到它，因为主要是 Windows 从硬件加速上获得好处。但是，利用 DirectX，你可以利用所有的加速功能，如图像、声音、输入、网络等等。其中最有价值的是你可以利用硬件图形块移动单元来移动位图和填充像素。现在就让我来告诉你它是如何工作的。

　　通常，当你想要绘制位图或对视频表面进行填充的时候，你只能手工一个像素一个像素地进行。举例来说，如图 7-13，描述了一个 8×8 的 256 色位图。设想你想将这个图像拷贝到视频缓冲或者离屏缓冲的（x，y）处，当前模式是线性步长且具有 640×480 的分辨率。下面就是代码：

```
UCHAR *video_buffer; // points to VRAM or offscreen surface

UCHAR bitmap[8*8]; // holds our bitmap in row major form

// crude bitmap copy
// outer loop is for each row
for (int index_y=0; index_y<8; index_y++)
    {
    // inner loop for each pixel of each row
    for (int index_x=0; index_x<8; index_x++)
        {
        // copy the pixel without transparency
        video_buffer[x+index_x + (y+index_y)*640] =
                bitmap[index_x + index_y*8];
        } // end for index_x

    } // end for index_y
```

　　请花几分钟（如果你是个生化机械人，花上几秒钟）消化一下上面的内容，确保你完全理解并且能够独立编写出上面的程序。参见图 7-13 来形象化地理解这一切。基本上，你是将矩形位图的像素从一处内存拷贝到另外一处内存。明显地，有好些方法可以优化此函数，这个函数本身也存在一些问题。首先，我想先谈存在的问题：

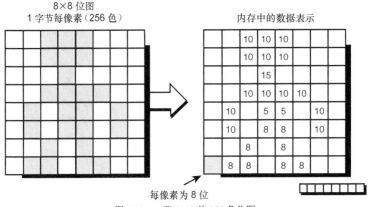

图 7-13　一张 8×8 的 256 色位图

问题 1：这个函数慢得出奇。

问题 2：函数没有考虑到透明度的存在，也就是说如果你在位图中有个被黑色围绕的物体，黑色将一并被拷贝。图 7-14 显示了这个问题。你还需要添加一些代码。

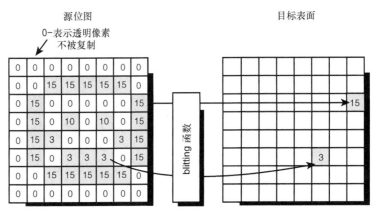

图 7-14　透明像素在 blitting 过程中不会被复制到目标表面

至于优化，有这些措施可以采取：

优化 1：预先计算出在源缓冲和目标缓冲中的开始地址，从而消除掉所有的乘法以及大多数加法，之后只需逐个像素地将指针递增。

优化 2：使用内存填充来应对连续的非透明像素序列（高级）。

接下来我们要编写实际可用的函数，其中考虑了透明度（用色彩 0），更采用了更好的寻址方式来免除乘法运算。这里有一个例子：

```
void Blit8x8(int x, int y,
        UCHAR *video_buffer,
```

```
            UCHAR *bitmap)
{
// this function blits the image sent in bitmap to the
// destination surface pointed to by video_buffer
// the function assumes a 640x480x8 mode with linear pitch

// compute starting point into video buffer
// video_buffer = video_buffer + (x + y*640)
video_buffer+= (x + (y << 9) + (y << 7));

UCHAR pixel;            // used to read/write pixels

// main loop
for (int index_y=0; index_y < 8; index_y++)
    {
    // inner loop, this is where it counts!
    for (int index_x=0; index_x < 8; index_x++)
        {
        // copy pixel, test for transparent though
        if (pixel = bitmap[index_x])
            video_buffer[index_x] = pixel;
        }                   // end for index_x

    // advance pointers
    bitmap+=8;              // next line in bitmap
    video_buffer+=640;      // next line in video_buffer
    }                       // end for index_y

}                           // end Blit8x8
```

这个版本的 blitter 函数比前一个使用乘法的函数要快许多倍，并且这个程序甚至可以处理带有透明像素的图像。这段练习的目的是向你展示这样的一个事实：如此简单的事情还是可能会占用如此多的处理器周期。如果你数一下循环次数，这个函数还是不够好。循环带来了很多额外的开销，而且程序还有其他的操作。如必须进行一次透明度测试、两次读取数组、一次写内存……真让人不舒服。而这就是加速器存在的原因。硬件 blitter 可以轻易完成此事，所以你会需要硬件来 blit 图像。这样你可以节省处理器周期做其他的事，比如人工智能和物理！

别提了，刚才的 blitter 函数真的很蠢。首先它只能工作于 640×480 分辨率，其次它没有进行任何剪切（需要更多逻辑），最后它只对 8 位（256 色）位图起作用。

我已经展示了在过去我们绘制位图的方法，来了解一下 blitter 及如何进行内存填充。然后你将会了解如何从一个表面向另一个表面拷贝位图。在本章后部，你将使用 blitter 来绘制游戏中的物体，但先别急。

7.5.1　使用 Blitter 进行内存填充

虽然在 DirectDraw 中利用 blitter 比起以前手工编程来说，已是容易许多，但 blitter 本身依然是一个相当复杂的硬件。因此，每当我提到新的视频硬件时，我总是喜欢在给你全貌之前先从简单的说起。因此让我们来做一些十分有用的事情——内存填充。

内存填充意味着用某些值填充 VRAM 中的一块区域。你已经在做过了几次这样的填充，大致过程是先锁定表面，然后利用 memset() 或 memcpy() 操作和填充表面内存。但是这个方法有一些问题。首先，既然采用主 CPU 进行内存填充，所以主总线是传输的一部分。其次，组成表面的 VRAM 不一定是完全线性的。这时，你将不得不一线一线地填充或者移动。但是，利用硬件 blitter，你可以立即地直接填充或者移动大块 VRAM 和 DirectDraw 表面！

DirectDraw 有两个用于显存块移动的函数是 IDIRECTDRAWSURFACE7::Blt() 和 IDIRECTDRAWSURFACE7::

BltFast()，它们的函数原型为：

```
HRESULT Blt(LPRECT lpDestRect,              // dest RECT
    LPDIRECTDRAWSURFACE7 lpDDSrcSurface,    // dest surface
    LPRECT lpSrcRect,                       // source RECT
    DWORD dwFlags,                          // control flags
    LPDDBLTFX lpDDBltFx);                   // special fx (very cool!)
```

下面列出了函数参数的意义，参见图 7-15。

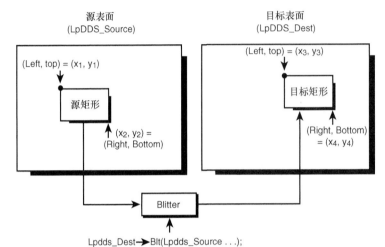

图 7-15　从源到目标进行显存内存块移动

lpDestRect 定义了左上角和右下角的 RECT 结构，是要向目标表面 blit 的区域。如果参数为 NULL，将使用整个目标表面。

lpDDSrcSurface 是个被用做 blit 源的 DirectDraw 表面的 IDIRECTDRAWSURFACE7 接口地址。

lpSrcRect 是指向包含 blit 源表面上矩形区域的左上角和右下角的 RECT 结构的地址。如果参数为 NULL，将使用整个源表面。

dwFlags 决定接下来的一个参数，也就是 DDBLTFX 结构的有效成员。在 DDBLTFX 中，特殊的行为诸如缩放、旋转等等都可以被控制，还有色彩键的信息。dwFlags 的有效标志列在表 7-3 中。

lpDDBltFx 是一个包含有关 blitter 所需要的信息的结构。其数据结构如下：

```
typedef struct _DDBLTFX
 {
 DWORD dwSize;                           // the size of this structure in bytes
 DWORD dwDDFX;                           // type of blitter fx
 DWORD dwROP;                            // Win32 raster ops that are supported
 DWORD dwDDROP;                          // DirectDraw raster ops that are supported
 DWORD dwRotationAngle;                  // angle for rotations
 DWORD dwZBufferOpCode;                  // z-buffer fields (advanced)
 DWORD dwZBufferLow;                     // advanced..
 DWORD dwZBufferHigh;                    // advanced..
 DWORD dwZBufferBaseDest;                // advanced..
 DWORD dwZDestConstBitDepth;             // advanced..
 union
 {
 DWORD                dwZDestConst;      // advanced..
 LPDIRECTDRAWSURFACE lpDDSZBufferDest;   // advanced..
```

```
};
DWORD dwZSrcConstBitDepth;                    // advanced..
union
{
DWORD             dwZSrcConst;               // advanced..
LPDIRECTDRAWSURFACE lpDDSZBufferSrc;          // advanced..
};
DWORD dwAlphaEdgeBlendBitDepth;               // alpha stuff (advanced)
DWORD dwAlphaEdgeBlend;                       // advanced..
DWORD dwReserved;                             // advanced..
DWORD dwAlphaDestConstBitDepth;               // advanced..
union
{
DWORD             dwAlphaDestConst;          // advanced..
LPDIRECTDRAWSURFACE lpDDSAlphaDest;           // advanced..
};
DWORD dwAlphaSrcConstBitDepth;                // advanced..
union
{
DWORD             dwAlphaSrcConst;           // advanced..
LPDIRECTDRAWSURFACE lpDDSAlphaSrc;            // advanced..
};
union                                         // these are very important
{
DWORD dwFillColor;                            // color word used for fill
DWORD dwFillDepth;                            // z filling (advanced)
DWORD dwFillPixel;                            // color fill word for RGB(alpha) fills
LPDIRECTDRAWSURFACE lpDDSPattern;
};
// these are very important
DDCOLORKEY ddckDestColorkey;                  // destination color key
DDCOLORKEY ddckSrcColorkey;                   // source color key
} DDBLTFX,FAR* LPDDBLTFX;
```
（注意：我对有用的字段采用了粗体。）

表 7-3 Blt()函数 dwFlags 参数的控制标志

值	描述
	一般标志
DDBLT_COLORFILL	使用 DDBLTFX 结构中的 dwFillColor 成员作为用来填充在目标表面上目标矩形区域的RGB 颜色。
DDBLT_DDFX	使用 DDBLTFX 结构中的 dwDDFX 成员指出使用该 blit 的效果。
DDBLT_DDROPS	使用 DDBLTFX 结构中的 dwDDROP 成员指出非 Win32 API 部分的光栅操作（ROPs）。
DDBLT_DEPTHFILL	使用 DDBLTFX 结构中的 dwFillDepth 成员作为填充到目标深度缓冲（z-buffer）表面的目标矩形框的深度值。
DDBLT_KEYDESTOVERRIDE	使用 DDBLTFX 结构中的 ddckDestColorkey 成员作为目标表面的色彩键。
DDBLT_KEYSRCOVERRIDE	使用 DDBLTFX 结构中的 ddckSrcColorkey 成员作为源表面的色彩键。
DDBLT_ROP	在本次 blit 的 ROP（光栅操作）中使用 DDBLTFX 结构中的 dwROP 成员。这些 ROP 和 Win32 API 中定义的相同
DDBLT_ROTATIONANGLE	使用 DDBLTFX 结构中的 dwRotationAngle 成员作为该表面的旋转角（以 1/100 度为单位）。这只被硬件支持，请记住 HEL（硬件仿真层）不能进行这样的旋转，多么令人失望！

续表

值	描述
	彩色键标志
DDBLT_KEYDEST	使用和目标表面相关联的色彩关键字。
DDBLT_KEYSRC	使用和源表面相关联的色彩关键字。
	行为标志
DDBLT_ASYNC	依接收次序序通过 FIFO（First In First Out，先进先出）异步地执行转换。若 FIFO 硬件中没有足够空间，则该调用失败。它速度快，但有点冒险。应当编写出错处理逻辑以合理地使用该标志。
DDBLT_WAIT	等待直到 blit 能被执行，并且即使 blitter 正忙也不返回错误信息 DDERR_WASSTILLDRAWING。

（注意：我对最有用的字段采用了粗体。）

如果你已经觉得快要发疯了，太棒了——这表示你跟上了我的节奏，哈哈。现在看看函数 BltFast()：
```
HRESULT BltFast(
  DWORD dwX,                            // x-position of blit on destination
  DWORD dwY,                            // y-position of blit on destination
  LPDIRECTDRAWSURFACE7 lpDDSrcSurface,  // source surface
  LPRECT lpSrcRect,                     // source RECT to blit from
  DWORD dwTrans);                       // type of transfer
```
dwX 和 dwY 是需要 blit 到目标表面上的（x, y）坐标。

lpDDSrcSurface 是用作位源的 DirectDraw 表面之 IDIRECTDRAWSURFACE7 接口的地址。

lpSrcRect 是定义了源表面上需要 blit 的矩形区域的左上角和右下角的 RECT 结构的地址。

dwTrans 是 blitter 操作的类型，表 7-4 给出了可能的值。

表 7-4　　　　　　　　　　　BltFast() 的 blitter 操作控制标志

值	描述
DDBLTFAST_SRCCOLORKEY	指定一次使用源色彩键的透明 blit。
DDBLTFAST_DESTCOLORKEY	指定一次使用目标色彩键的透明 blit。
DDBLTFAST_NOCOLORKEY	指定一次一般的不透明的 blit。在一些硬件上速度要快一些；在 HEL 上速度更快。
DDBLTFAST_WAIT	当图形变换器正忙时，强制 blitter 等待，并且不返回错误信息 DDERR_WASSTILLDRAWING。直到该 blit 能被执行，或者发生严重错误时，BltFast() 方才返回。

（注意：我对最有用的字段采用了粗体。）

好了，第一个问题是"为什么有两个不同的 blitter 函数？"。答案明显地就在函数体本身：Blt() 功能全但较复杂，而 BltFast() 较简单但具有较少可选参数。另外，Blt() 使用 DirectDraw 裁剪器，而 BltFast() 没有。这就意味着 BltFast() 在使用 HEL 时大约比 Blt() 快 10%，使用硬件的时候甚至快得更多（如果硬件没能很有效率地实现裁剪）。关键就是，在需要裁剪的时候用 Blt()，不需要时用 BltFast()。

现在给你演示 Blt() 函数填充表面的用法。这相当简单，因为没有源表面（只有目标表面）。因此许多参数都为 NULL。欲填充内存，需要执行下面几步：

1. 将要填充的色彩索引或者以 RGB 编码的颜色放进 DDBLTFX 结构的 dwFillColor 字段。

2. 将 RECT 结构设置为你的目标表面上要填充的区域。

3. 以控制标志 DDBLT_COLORFILL | DDBLT_WAIT 从 IDIRECTDRAWSURFACE7 接口指针调用 Blt()。这点很重要，Blt() 和 BltFast() 都是从目标表面的接口上调用，而不是从源表面上调用。

下面是使用一种颜色填充 8 位表面上某区域的代码：

```
DDBLTFX ddbltfx;                        // the blitter fx structure
RECT dest_rect;                         // used to hold the destination RECT

// first initialize the DDBLTFX structure
DDRAW_INIT_STRUCT(ddbltfx);

// now set the color word info to the color we desire
// in this case, we are assuming an 8-bit mode, hence,
// we'll use a color index from 0-255, but if this was a
// 16/24/32 bit example then we would fill the WORD with
// the RGB encoding for the pixel — remember!
ddbltfx.dwFillColor = color_index;     // or RGB for 16+ modes!

// now set up the RECT structure to fill the region from
// (x1,y1) to (x2,y2) on the destination surface
dest_rect.left   = x1;
dest_rect.top    = y1;
dest_rect.right  = x2;
dest_rect.bottom = y2;

// make the blitter call
lpddsprimary->Blt(&dest_rect,          // pointer to dest RECT
        NULL,                          // pointer to source surface
        NULL,                          // pointer to source RECT
        DDBLT_COLORFILL | DDBLT_WAIT,
        // do a color fill and wait if you have to
        &ddbltfx);                     // pointer to DDBLTFX holding info
```

注意

有一个小的细节，在你将任何一个 RECT 结构发送给大多数 DirectDraw 函数时，一般它包含左上角，但不包含右下角。换句话说，就是如果发送一个 RECT 是 (0, 0) 到 (10, 10)，实际的扫描区域是 (0, 0) 到 (9, 9)。记住这一点。如果想将 640×480 屏幕全部填充，则需将左上角设为 (0, 0)，右下角设为 (640, 480)。

有一件重要的事情需引起注意，即源表面和 RECT 均为 NULL。这是合理的，因为你是在使用 blitter 填充色彩，而不是要从一个区域向另外一个区域拷贝数据。Okay，让我们继续，我的小妖精哎。

前面的例子是对 8 位表面进行的。如果需要移植到 16/24/32 位高彩色模式下，只需将 ddbltfx.dwFillColor 的值改变以反映你将填充的像素值。这也是你构造透明像素的实际 RGB 值。不是很酷吗？

例如，如果显示模式刚好是 16 位模式，你想将屏幕填充为绿色，可以这样做：

```
ddbltfx.dwFillColor = __RGB16BIT565(0,255,0);
```

前面 8 位的例程序中其他一切东西都只要维持原样。DirectDraw 还不坏，对吧？

为了看到 blitter 硬件的效果，我写了一个演示程序 DEMO7_6.CPP|EXE。它将系统设为 640×480×16 位模式，然后用随机的色彩填充屏幕上不同的区域。你将看到每秒有无数彩色矩形被 blit 上屏幕（看时不妨关上灯）。请看下面的 Game_Main()，也很简单：

```
int Game_Main(void *parms = NULL, int num_parms = 0)
{
// this is the main loop of the game, do all your processing
// here

DDBLTFX ddbltfx;    // the blitter fx structure
RECT dest_rect;     // used to hold the destination RECT
```

```
// make sure this isn't executed again
if (window_closed)
   return(0);

// for now test if user is hitting ESC and send WM_CLOSE
if (KEYDOWN(VK_ESCAPE))
   {
   PostMessage(main_window_handle,WM_CLOSE,0,0);
   window_closed = 1;
   } // end if

// first initialize the DDBLTFX structure
DDRAW_INIT_STRUCT(ddbltfx);

// now set the color word info to the color we desire
// in this case, we are assuming an 8-bit mode, hence,
// we'll use a color index from 0-255, but if this was a
// 16/24/32 bit example then we would fill the WORD with
// the RGB encoding for the pixel - remember!
ddbltfx.dwFillColor = __RGB16BIT565(rand()%256, rand()%256, rand()%256);

// get a random rectangle
int x1 = rand()%SCREEN_WIDTH;
int y1 = rand()%SCREEN_HEIGHT;
int x2 = rand()%SCREEN_WIDTH;
int y2 = rand()%SCREEN_HEIGHT;

// now set up the RECT structure to fill the region from
// (x1,y1) to (x2,y2) on the destination surface
dest_rect.left   = x1;
dest_rect.top    = y1;
dest_rect.right  = x2;
dest_rect.bottom = y2;

// make the blitter call
if (FAILED(lpddsprimary->Blt(&dest_rect,      // pointer to dest RECT
                   NULL,                      // pointer to source surface
                   NULL,                      // pointer to source RECT
                   DDBLT_COLORFILL | DDBLT_WAIT,
                   // do a color fill and wait if you have to
                   &ddbltfx)))                // pointer to DDBLTFX holding info
   return(0);

// return success or failure or your own return code here
return(1);

}                                             // end Game_Main
```

现在你已知道了如何利用 blitter 进行填充,下来让我来向你展示如何利用它来从一个表面向另外一个表面复制数据。这是 blitter 的真正威力所在,也是过一会儿你将接触到的精灵(Sprite)或者说 Blitter Object 的基础。

7.5.2 从一个表面向另一个表面复制位图

Blitter 的使命就是从源内存向目标内存复制矩形位图。这可以是复制整个屏幕,或者代表游戏物体的小位图。两种情况下,都需要通知 blitter 从一个表面向另外一个表面复制数据。或许你还没有意识到,但实际上你已经知道如何做了。Blitter 填充演示程序在几处改动后就可以做这件事。

当使用 Blt()函数时,一般发送一个源 RECT 和表面以及一个目标 RECT 和表面来执行 blit。Blitter 将从源 RECT 向目标 RECT 拷贝像素。源和目标表面可以是同一个(表面向表面拷贝或移动),但是通常是不同的。一般地,后者是多数精灵引擎的基础(精灵是游戏中在屏幕上到处移动的位图)。

现在，你知道了如何创建一个主表面和一个充当后备缓冲的备用表面。但是，你还不知道如何创建同主表面相联系的离屏表面。如果不能够创建它们，就不能够 blit 它们。因此，直到我教给你从后备缓冲向主表面图形 blit 后，我才会演示一些从任意表面向主表面的 blitting 实例。而后，从任意表面向主表面或者后备缓冲的转换就都变得简单了。

你想要在任意两个表面之间 blit，要做的就是正确设置 RECT 并带着正确的参数调用 Blt()。见图 7-15。想像你要从 RECT (x1，y1)(x2，y2)（本例中是后备缓冲）向(x3，y3)(x4，y4)的目标表面（本例中是主表面）拷贝。代码如下：

```
RECT source_rect,              // used to hold source RECT
    dest_rect;                 // used to hold the destination RECT

// set up the RECT structure to fill the region from
// (x1,y1) to (x2,y2) on the destination surface
source_rect.left   = x1;
source_rect.top    = y1;
source_rect.right  = x2;
source_rect.bottom = y2;

// now set up the RECT structure to fill the region from
// (x3,y3) to (x4,y4) on the destination surface
dest_rect.left   = x3;
dest_rect.top    = y3;
dest_rect.right  = x4;
dest_rect.bottom = y4;

// make the blitter call
lpddsprimary->Blt(&dest_rect,     // pointer to dest RECT
            lpddsback,            // pointer to source surface
            &source_rect,         // pointer to source RECT
            DDBLT_WAIT,           // control flags
            NULL);                // pointer to DDBLTFX holding info
```

那真的很简单，不是吗？当然，我还留下了一些细节，如裁剪与透明。我先来谈谈裁剪。图 7-16 描述了一张未经过裁剪便被画上表面的位图。如果位图超出了目标表面的矩形范围，不经过裁剪就 blit 显然有问题。比如可能会出现内存被覆写等情况。所以 DirectDraw 通过 IDirectDrawClipper 接口支持裁剪。或者，如果你要写自己的位图光栅化程序，像在 Blit8x8()中那样，你可以自己添加裁剪代码。但是，那样会使事情变慢。下面我们谈谈 blit 的第二个问题：透明度。

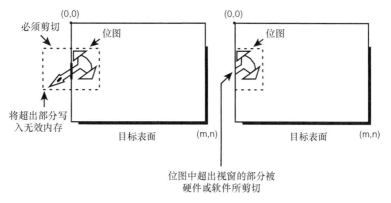

（a）不裁剪的 blitting　　　（b）带裁剪的 blitting

图 7-16　基本位图裁剪问题

当你画一个位图时，位图总是在某个矩形形状的像素矩阵中。但是，当进行 blit 时，你并不希望所有的像素都被拷贝。许多时候，你会选择一个色彩作为透明色彩，如黑色、蓝色、绿色等等，它们不被拷贝（参见 Blit8x8()）。DirectDraw 支持称为色彩键（Color Key）的技术，我在下面简单地谈谈。

在进行裁剪之前，我想给你一个从后备缓冲 blit 至主表面的演示程序。参见 CD 里的 DEMO7_7. CPP|EXE。问题是我还没有教你如何从磁盘装载位图。所以我现在还不能够 blit 一些很酷的位图，真是糟透了！因此我在 16 位模式下在后备缓冲上画满了从顶到底渐变的绿色，用它作为源数据。你将看到一些具有渐变色的矩形以一定速度被拷贝到主表面。下面是 Game_Main()，供你参考：

```c
int Game_Main(void *parms = NULL, int num_parms = 0)
{
// this is the main loop of the game, do all your processing
// here

RECT source_rect,       // used to hold the destination RECT
    dest_rect;          // used to hold the destination RECT

// make sure this isn't executed again
if (window_closed)
  return(0);

// for now test if user is hitting ESC and send WM_CLOSE
if (KEYDOWN(VK_ESCAPE))
  {
  PostMessage(main_window_handle,WM_CLOSE,0,0);
  window_closed = 1;
  } // end if

// get a random rectangle for source
int x1 = rand()%SCREEN_WIDTH;
int y1 = rand()%SCREEN_HEIGHT;
int x2 = rand()%SCREEN_WIDTH;
int y2 = rand()%SCREEN_HEIGHT;
// get a random rectangle for destination
int x3 = rand()%SCREEN_WIDTH;
int y3 = rand()%SCREEN_HEIGHT;
int x4 = rand()%SCREEN_WIDTH;
int y4 = rand()%SCREEN_HEIGHT;

// now set up the RECT structure to fill the region from
// (x1,y1) to (x2,y2) on the source surface
source_rect.left   = x1;
source_rect.top    = y1;
source_rect.right  = x2;
source_rect.bottom = y2;

// now set up the RECT structure to fill the region from
// (x3,y3) to (x4,y4) on the destination surface
dest_rect.left   = x3;
dest_rect.top    = y3;
dest_rect.right  = x4;
dest_rect.bottom = y4;

// make the blitter call
if (FAILED(lpddsprimary->Blt(&dest_rect,        // pointer to dest RECT
             lpddsback,                          // pointer to source surface
             &source_rect,                       // pointer to source RECT
             DDBLT_WAIT,                         // control flags
             NULL)))                             // pointer to DDBLTFX holding info
```

```
    return(0);

// return success or failure or your own return code here
return(1);

} // end Game_Main
```

此外，在 Game_Init() 中，我用了一个内联汇编语言完成一次填充一个 DWORD（32 位，或两个 16 位，RGB.RGB 格式）的像素，而不是较慢的 8 位填充。下面是代码：

```
_asm
    {
    CLD                         ; clear direction of copy to forward
    MOV EAX, color              ; color goes here
    MOV ECX, (SCREEN_WIDTH/2)   ; number of DWORDS goes here
    MOV EDI, video_buffer       ; address of line to move data
    REP STOSD                   ; send the Pentium X on its way...
    } // end asm
```

基本上，前面的汇编语言代码实现了下面的 C++ 循环的相同功能：

```
for (DWORD ecx = 0, DWORD *edi = video_buffer;
     ecx < (SCREEN_WIDTH/2); ecx++)
    edi[ecx] = color;
```

如果不懂汇编语言，别泄气。我只不过喜欢时不时地用汇编做一些小事情。同时，这也是使用内联汇编语句的很好的练习。

作为练习，看看你是否能让程序只在主表面上工作。去掉后备缓冲，在主表面上绘图，将源和目标表面并为一个后运行 blitter。观察发生的事情……

7.6 基础裁剪知识

本书中我将一再讲到裁剪。像素裁剪、位图裁剪、2D 裁剪、3D 裁剪，我可能还能想得出更多，呵呵。不过，现在的主题是 DirectDraw。我将集中讲解像素裁剪和位图裁剪，帮你轻松进入状态。我可以向你保证，3D 裁剪将会非常复杂！

裁剪通常被定义为："不画那些落在视口（Viewport）或窗口之外的像素或图像元素。"就像 Windows 将裁剪画在你的窗口的用户区的任何东西一样，你需要对运行在 DirectX 上的游戏这样做。现在，关于 2D 位图，DirectDraw 加速的仅仅是位图和 blitting。当然，许多卡还知道如何画线、圆和其他一些圆锥曲线，但是 DirectDraw 不支持这些图元，所以你不能利用它们（但愿你不久以后能够使用）。

所有这些意味着，如果你想写一个位图引擎用来画像素、直线、位图，你需要对画点画线的算法加上裁剪功能。不过，DirectDraw 可以帮助裁剪位图，条件是位图正以 DirectDraw 表面的形式出现，或者说是 IDirectDrawSurface。

DirectDraw 提供了 IDirectDrawClipper 接口下的 DirectDraw 裁剪器。需要你做的是创建一个 IDirectDrawClipper，传给它有效的裁剪区域，然后将它同表面连接。这样，当你用图形变换函数 Blt() 时，它将按裁剪区裁剪，如果你有适当的硬件支持的话——你无需再做其他任何事情。但是，首先看看如何裁剪像素和创建一个具有裁剪功能的 Blit8x8() 函数。

7.6.1 将像素按视口裁剪

图 7-17 形象化的图示了我们的问题。要按视口 $(x1, y1)$ 到 $(x2, y2)$ 裁剪一个位于 (x, y) 的像素。如果 (x, y) 在 $(x1, y1)$ $(x2, y2)$ 定义的矩形之内，则对它进行渲染，否则就不渲染，够简单吧？

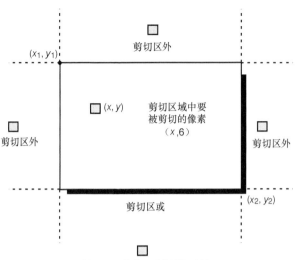

图 7-17　裁剪区域的详细分析

下面是适用于 640×480 线性 8 位模式的代码。

```
// assume clipping rectangle is global
int x1,y1,x2,y2;                    // these are defined somewhere

void Plot_Pixel_Clip8(int x, int y,
                      UCHAR color,
                      UCHAR *video_buffer)
{
// test the pixel to see if it's in range
if (x>=x1 && x<=x2 && y>=y1 && y<=y2)
    video_buffer[x+y*640] = color;

}                                   // end if
```

当然，这里还有许多优化的余地。但是你已经明白关键了，你已经创建了一个软件的像素过滤器，只有满足 if 语句的像素坐标才能通过过滤器，这真是一个有趣的概念。前面的裁剪非常通用，但在许多时候，窗口或视口在(0，0)处，具有一定尺寸（win_width，win_height）。这时可以将代码简化一点：

```
// assume clipping rectangle is global
int x1,y1,x2,y2;                    // these are defined somewhere

void Plot_Pixel2_Clip8(int x, int y,
                       UCHAR color,
                       UCHAR *video_buffer)
{
// test the pixel to see if it's in range
if (x>=0 && x<win_width && y>=0 && y<=win_height)
    video_buffer[x+y*640] = color;

}                                   // end if
```

看到了吗?另外，无论何时，当某些参数恒为零时，总是可以做更进一步的优化。现在你已经掌握了裁剪的基本原理，并知道如何做，下面我将演示如何裁剪整张位图。

7.6.2　位图裁剪技巧

裁剪位图同裁剪像素一样简单。有两种方法：

● **方法 1**：在生成像素的时候裁剪位图中的每一个像素。简单，但是速度慢。

● **方法 2**：按视口剪切位图的矩形边界，只画位图位于视口中的部分。较复杂，但是相当快，几乎没有性能损失，不会进入内部循环。

显然，你会采用方法 2，如图 7-18 所示。我将把问题进行一点推广：假设屏幕从（0，0）到（SCREEN_WIDTH-1，SCREEN_HEIGHT-1），你的位图左上角为（x，y），尺寸是宽度×高度，换句话说，就是从（x，y）到（x+宽度-1，y+高度-1）。请确保你明白这里 "-1" 的理由。一般而言，如果图像是 1×1，则它的高度和宽度分别为 1，因此，如果它的起始点在（x，y），位图右下角就是（x+1-1，y+1-1）即还是（x，y），"-1" 是需要的。

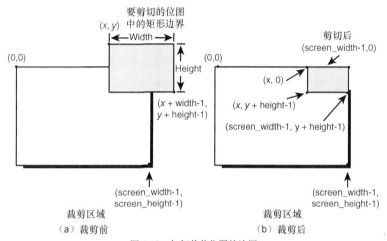

图 7-18　如何裁剪位图的边框

规划裁剪很简单，你只需按照视口裁剪位图的虚拟边界，然后只画出被裁剪位图的可见部分。下面是工作于 640×480×8 线性模式下的代码：

```
// dimensions of window or viewport (0,0) is origin
#define SCREEN_WIDTH  640
#define SCREEN_HEIGHT 480

void Blit_Clipped(int x, int y,           // position to draw bitmap
                 int width, int height,   // size of bitmap in pixels
                 UCHAR *bitmap,           // pointer to bitmap data
                 UCHAR *video_buffer,     // pointer to video buffer surface
                 int  mempitch)           // video pitch per line
{
// this function blits and clips the image sent in bitmap to the
// destination surface pointed to by video_buffer
// the function assumes a 640x480x8 mode
// this function is slightly different than the one in the book
// ie, it doesn't assume linear pitch

// first do trivial rejections of bitmap, is it totally invisible?
if ((x >= SCREEN_WIDTH) || (y>= SCREEN_HEIGHT) ||
   ((x + width) <= 0) || ((y + height) <= 0))
return;

// clip source rectangle
// pre-compute the bounding rect to make life easy
```

```
int x1 = x;
int y1 = y;
int x2 = x1 + width - 1;
int y2 = y1 + height -1;

// upper left hand corner first
if (x1 < 0)
   x1 = 0;

if (y1 < 0)
   y1 = 0;

// now lower left hand corner
if (x2 >= SCREEN_WIDTH)
   x2 = SCREEN_WIDTH-1;

if (y2 >= SCREEN_HEIGHT)
   y2 = SCREEN_HEIGHT-1;

// now we know to draw only the portions of
// the bitmap from (x1,y1) to (x2,y2)
// compute offsets into bitmap on x,y axes,
// we need this to compute starting point
// to rasterize from
int x_off = x1 - x;
int y_off = y1 - y;

// compute number of columns and rows to blit
int dx = x2 - x1 + 1;
int dy = y2 - y1 + 1;

// compute starting address in video_buffer
video_buffer += (x1 + y1*mempitch);
// compute starting address in bitmap to scan data from
bitmap += (x_off + y_off*width);

// at this point bitmap is pointing to the first
// pixel in the bitmap that needs to
// be blitted, and video_buffer is pointing to
// the memory location on the destination
// buffer to put it, so now enter rasterizer loop

UCHAR pixel;                       // used to read/write pixels

for (int index_y = 0; index_y < dy; index_y++)
    {
    // inner loop, where the action takes place
    for (int index_x = 0; index_x < dx; index_x++)
        {
        // read pixel from source bitmap
        // test for transparency and plot
        if ((pixel = bitmap[index_x]))
            video_buffer[index_x] = pixel;

        }                          // end for index_x

        // advance pointers
        video_buffer+=mempitch;    // bytes per scanline
        bitmap     +=width;        // bytes per bitmap row

    }                              // end for index_y
```

```
} // end Blit_Clipped
```
作为一个裁剪的演示程序。我写了个你所见过的最粗糙的位图引擎。首先，我创建一个 64 字节的位图数组，含有一张小小的笑脸。下面是声明：

```
UCHAR happy_bitmap[64] = {0,0,0,0,0,0,0,0,0,
                          0,0,1,1,1,1,0,0,
                          0,1,0,1,1,0,1,0,
                          0,1,1,1,1,1,1,0,
                          0,1,0,1,1,0,1,0,
                          0,1,1,0,0,1,1,0,
                          0,0,1,1,1,1,0,0,
                          0,0,0,0,0,0,0,0};
```

然后，我把系统设为 320×240×8 模式，色彩索引为 RGB(255，255，0)，也就是黄色。我让笑脸以一个随机速度移动。当它距离屏幕四周边缘任何一边太远时，擦掉笑脸。它可以跑出窗口很远，以便你看清裁剪函数的工作过程。然后我擦除它并接着产生 100 个笑脸，最终程序见 DEMO7_8.CPP|EXE。图 7-19 是程序运行时的一帧屏幕拷贝。

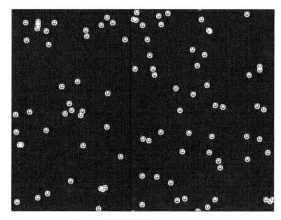

图 7-19　执行中的 DEMO7_8.EXE

这里列出 Game_Main()函数供你参考：
```
int Game_Main(void *parms = NULL, int num_parms = 0)
{
// this is the main loop of the game, do all your processing
// here

DDBLTFX ddbltfx;          // the blitter fx structure

// make sure this isn't executed again
if (window_closed)
  return(0);

// for now test if user is hitting ESC and send WM_CLOSE
if (KEYDOWN(VK_ESCAPE))
  {
  PostMessage(main_window_handle,WM_CLOSE,0,0);
  window_closed = 1;
  }                       // end if

// use the blitter to erase the back buffer
```

```
// first initialize the DDBLTFX structure
DDRAW_INIT_STRUCT(ddbltfx);

// now set the color word info to the color we desire
ddbltfx.dwFillColor = 0;

// make the blitter call
if (FAILED(lpddsback->Blt(NULL,           // ptr to dest RECT, NULL means all
                     NULL,                // pointer to source surface
                     NULL,                // pointer to source RECT
                     DDBLT_COLORFILL | DDBLT_WAIT,
                     // do a color fill and wait if you have to
                     &ddbltfx)))          // pointer to DDBLTFX holding info
return(0);

// initialize ddsd
DDRAW_INIT_STRUCT(ddsd);

// lock the back buffer surface
if (FAILED(lpddsback->Lock(NULL,&ddsd,
                      DDLOCK_WAIT | DDLOCK_SURFACEMEMORYPTR,
                      NULL)))

    return(0);

// draw all the happy faces
for (int face=0; face < 100; face++)
    {
    Blit_Clipped(happy_faces[face].x,
              happy_faces[face].y,
              8,8,
              happy_bitmap,
              (UCHAR *)ddsd.lpSurface,
              ddsd.lPitch);
    } // end face

// move all happy faces
for (face=0; face < 100; face++)
    {
    // move
    happy_faces[face].x+=happy_faces[face].xv;
    happy_faces[face].y+=happy_faces[face].yv;

    // check for off screen, if so wrap
    if (happy_faces[face].x > SCREEN_WIDTH)
        happy_faces[face].x = -8;
    else
    if (happy_faces[face].x < -8)
        happy_faces[face].x = SCREEN_WIDTH;

    if (happy_faces[face].y > SCREEN_HEIGHT)
        happy_faces[face].y = -8;
    else
    if (happy_faces[face].y < -8)
        happy_faces[face].y = SCREEN_HEIGHT;

    } // end face

// unlock surface
if (FAILED(lpddsback->Unlock(NULL)))
   return(0);
```

```
// flip the pages
while (FAILED(lpddsprimary->Flip(NULL, DDFLIP_WAIT)));
// wait a sec
Sleep(30);

// return success or failure or your own return code here
return(1);

} // end Game_Main
```

注意

一定要看演示程序中 Blit_Clipped()函数的代码，因为我稍稍改写了它，以配合可变内存步长工作。这倒不是大问题，只是你或许会想知道我为什么决定采用 320×240 模式？嗯，其实……这是因为 8×8 的小位图在 640×480 模式下看起来太小，我看不清楚:-)

7.6.3　使用 IDirectDrawClipper 进行 DirectDraw 裁剪

你已经看到了如何利用软件进行裁剪，现在是时候看看用 DirectDraw 裁剪是多么简单了。DirectDraw 有一个称作为 IDirectDrawClipper 的接口用于所有的 2D 图形 blitter 裁剪，就像在 Direct3D 下也有 3D 光栅的裁剪一样。但是现在，你只是对使用裁剪器裁剪由 Blt()函数绘制的位图以及相关的 blitter 硬件感兴趣。

要设置 DirectDraw 裁剪，需要执行以下步骤。

1. 创建 DirectDraw 裁剪器对象。

2. 创建裁剪序列。

3. 用 IDIRECTDRAWCLIPPER::SetClipList()将裁减序列发送给裁剪器。

4. 用 IDIRECTDRAWSURFACE7::SetClipper()将裁剪器同窗口和/或表面相关联。

让我从第一步开始。创建 IDirectDrawClipper 接口的函数，名叫 IDIRECTDRAW7::CreateClipper()，如下所示：

```
HRESULT CreateClipper(DWORD dwFlags,               // control flags
        LPDIRECTDRAWCLIPPER FAR *lplpDDClipper,     // address of interface pointer
        IUnknown FAR *pUnkOuter);                   // COM stuff
```

如果成功，该函数返回 DD_OK。

参数相当简单。dwFlags 现在没有被用到，必须置为 0。lplpDDClipper 是 IDirectDrawClipper 接口的地址，函数调用成功后会指向一个 DirectDraw 裁剪器。pUnkOuter 和 COM 聚合体有关，你不必理会它，设为 NULL。所以，要创建一个裁剪器对象，输入如下代码：

```
LPDIRECTDRAWCLIPPER lpddclipper = NULL; // hold the clipper

if (FAILED(lpdd->CreateClipper(0,&lpddclipper,NULL)))
    return(0);
```

如果函数成功，lpddclipper 指向一个有效的 IDirectDrawClipper 接口，你可以通过它来调用方法。

很好，但你如何创建裁减序列，它又代表什么？在 DirectDraw 下，剪切列表是矩形的列表，存储为 RECT 结构。如图 7-20 所示，这些矩形对应于可以进行 blit 的有效区域。如你所见，显示表面上有许多矩形，但是 DirectDraw 的 blitter 系统只在这些区域内进行 blit。你可以通过 Lock()/Unlock()在任何地方绘制位图，但是，blitter 硬件将只绘制裁剪区内的内容，这些裁剪区就叫做裁减序列（Clip List）。

创建一个剪切序列，只需填写一个称为 RGNDATA（Region Data）的挺难看的数据结构。如下所示：

```
typedef struct _RGNDATA
        { /* rgnd */
        RGNDATAHEADER rdh;     // header info
        char Buffer[1];        // the actual RECT list
        } RGNDATA;
```

剪切序列：矩形队列

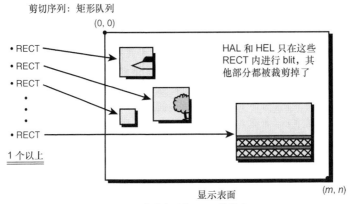

图 7-20　裁剪序列和 blitter 的关系

这是个非常古怪的数据结构。它是个可变大小的结构，这意味着 Buffer[]部分可以是任意长度。该结构被动态生成而非静态。它的实际长度存储在 RGNDATAHEADER 中。在这里你看到的是一个较老的版本，而在每个新的 DirectX 的数据结构里都有 dwSize 字段。或许将 Buffer[]改写成指针比存储单个字节更好？

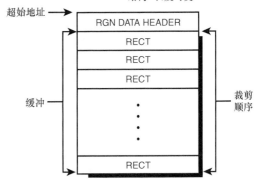

图 7-21　RGNDATA 裁剪结构的存储示意图

不管如何认为，这是一个事实：你所需要做的一切就是分配足够的内存给 RGNDATAHEADER 结构，连同一块用以存储一个或多个 RECT 结构的连续内存，如图 7-21 所示。然后将它转型为 RGNDATA 类型并传递它。

再来看看在 RGNDATAHEADER 结构中都有些什么东西：

```
typedef struct _RGNDATAHEADER
        {                       // rgndh
        DWORD dwSize;           // size of this header in bytes
        DWORD iType;            // type of region data
        DWORD nCount;           // number of RECT'S in Buffer[]
        DWORD nRgnSize;         // size of Buffer[]
        RECT  rcBound;          // a bounding box around all RECTS
        } RGNDATAHEADER;
```

为了建立这个结构，将 dwSize 设置为 sizeof(RGNDATAHEADER)；将 iType 设定为 RDH_RECTANGLES；将 nCount 设定为裁剪序列中 RECTS 的数目；设 nRgnSize 为以字节为单位的 Buffer[]的大小（等于 sizeof(RECT)*nCount）；在所有 RECT 周围创建一个边界框并存储在 rcBound 中。一旦建好了 RGNDATA 结构，就可以通过调用 IDIRECTDRAWCLIPPER::SetClipList()来将其发送给你的裁剪器。如下所示：

```
HRESULT SetClipList(LPRGNDATA lpClipList,  // ptr to RGNDATA
                    DWORD dwFlags);         // flags, always 0
```

关于这个要谈的不多。假设你已经为裁剪序列生成了一个 RGNDATA 结构，下面给出如何设置裁剪序列：

```
if (FAILED(lpddclipper->SetClipList(&rgndata,0)))
    return(0);
```

一旦设置完裁剪序列，你就终于可以用 IDIRECTDRAWSURFACE7::SetClipper()将裁剪器同你想要关联的表面关联了。如下所示：

```
HRESULT SetClipper(LPDIRECTDRAWCLIPPER lpDDClipper);
```
这里是函数的调用法：
```
if (FAILED(lpddsurface->SetClipper(&lpddclipper)))
   return(0);
```
多数时候，lpddsurface 是你的离屏渲染表面，例如后备缓冲表面。通常，你并不会将裁剪器关联到主表面。

好，我知道你一定迷惑得脸色发紫，因为我一直竭力避免正面介绍 RGNDATA 数据结构的创建和设置的细节。原因是太难详细解释它了，直接看代码更简单一些。因此，我创建了一个函数 DDraw_Attach_Clipper()（它也是图形库的一部分），它创建裁剪器和一个裁剪序列，并将其同任意表面关联。代码如下：

```
LPDIRECTDRAWCLIPPER DDraw_Attach_Clipper(LPDIRECTDRAWSURFACE7 lpdds,
                                          int num_rects,
                                          LPRECT clip_list)
{
// this function creates a clipper from the sent clip list and attaches
// it to the sent surface

int index;                         // looping var
LPDIRECTDRAWCLIPPER lpddclipper;        // pointer to the newly
                                   // created dd clipper
LPRGNDATA region_data;             // pointer to the region
                                   // data that contains
                                   // the header and clip list

// first create the direct draw clipper
if (FAILED(lpdd->CreateClipper(0,&lpddclipper,NULL)))
   return(NULL);

// now create the clip list from the sent data

// first allocate memory for region data
region_data = (LPRGNDATA)malloc(sizeof(RGNDATAHEADER)+
           num_rects*sizeof(RECT));

// now copy the rects into region data
memcpy(region_data->Buffer, clip_list, sizeof(RECT)*num_rects);

// set up fields of header
region_data->rdh.dwSize       = sizeof(RGNDATAHEADER);
region_data->rdh.iType        = RDH_RECTANGLES;
region_data->rdh.nCount       = num_rects;
region_data->rdh.nRgnSize     = num_rects*sizeof(RECT);
region_data->rdh.rcBound.left   = 64000;
region_data->rdh.rcBound.top    = 64000;
region_data->rdh.rcBound.right  = -64000;
region_data->rdh.rcBound.bottom = -64000;

// find bounds of all clipping regions
for (index=0; index<num_rects; index++)
   {
   // test if the next rectangle unioned with
   // the current bound is larger
   if (clip_list[index].left < region_data->rdh.rcBound.left)
     region_data->rdh.rcBound.left = clip_list[index].left;

   if (clip_list[index].right > region_data->rdh.rcBound.right)
     region_data->rdh.rcBound.right = clip_list[index].right;

   if (clip_list[index].top < region_data->rdh.rcBound.top)
     region_data->rdh.rcBound.top = clip_list[index].top;
```

```
    if (clip_list[index].bottom > region_data->rdh.rcBound.bottom)
       region_data->rdh.rcBound.bottom = clip_list[index].bottom;

    } // end for index

// now we have computed the bounding rectangle region and set up the data
// now let's set the clipping list

if (FAILED(lpddclipper->SetClipList(region_data, 0)))
   {
   // release memory and return error
   free(region_data);
   return(NULL);
   } // end if

// now attach the clipper to the surface
if (FAILED(lpdds->SetClipper(lpddclipper)))
   {
   // release memory and return error
   free(region_data);
   return(NULL);
   } // end if

// all is well, so release memory and
// send back the pointer to the new clipper
free(region_data);
return(lpddclipper);

} // end DDraw_Attach_Clipper
```

这个函数用起来很简单。假设你有一个动画系统，带有一个称为 lpddsprimary 的主表面和一个称为
lpddsback 的从后备缓冲，你想将一个具有下列 RECT 序列的裁剪器连接到它上面：

```
RECT rect_list[3] = {{10,10,50,50},
                     {100,100,200,200},
                     {300,300, 500, 450}};
```

Here's the call to do it:
这样调用：

```
LPDIRECTDRAWCLIPPER lpddclipper =
                    DDraw_Attach_Clipper(lpddsback,3,rect_list);
```

很酷，是不是？如果进行此调用，只有矩形(10, 10)(50, 50), (100, 100)(200, 200), (300, 300)(500,
450)中的位图部分才可见。这个函数是我写本章时所写的一个库中的一部分。接下来，我将给出库中所有
的函数，使你们这些小鬼不需要自己动手写这些冗长的 DirectDraw 代码，从而可以集中精力对游戏内容进
行编程。

不管怎样，基于前面的代码，我已经创建了一个演示程序，叫做 DEMO7_9.CPP|EXE。基本上它是由
blitter 演示程序 DEMO7_7.CPP 改写而成的。我将把它改成 8 位色彩模式，并加入裁剪器函数，使的只在主
表面的当前裁剪区域内进行 blit。另外，裁剪区域和上一段是一样的。图 7-22 给出了程序运行时的一个屏
幕拷贝。注意，它就像是一些允许位图在其中被渲染的小窗口。

下面是 DEMO7_9.CPP 里的 Game_Main()函数中设置裁剪器的代码：

```
// now create and attach clipper
RECT rect_list[3] = {{10,10,50,50},
                     {100,100,200,200},
                     {300,300, 500, 450}};
```

```
if (FAILED(lpddclipper = DDraw_Attach_Clipper(lpddsprimary,3,rect_list)))
    return(0);
```

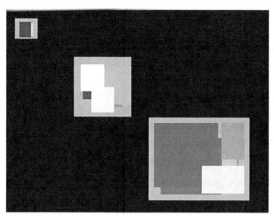

图 7-22　执行中的 DEMO7_9.EXE

当然，将裁剪器关联到 16 位或更高模式没有任何区别，你还是一样地这样调用函数。裁剪器并不关心模式，因为裁剪是在一个不同的级别被执行的。那是较为抽象的一个级别，因此每像素的位数并没有关系。

酷！现在我已经厌倦透了这些由渐变色彩填充的矩形了。如果还不给我来些位图，我准得发疯！接下来，我就教你给窗口装载位图。

7.7　使用位图

有无数种不同的位图文件格式，但是我只是使用很少几个进行游戏编程：PCX(PC Paint)、TGA（Targa）、BMP（Windows 内置格式）。它们都各有优缺点，但你在 Windows 下工作，所以最好采用 Windows 本身的格式——.BMP。（我已经身处 DirectX API 修订版之地狱，所以现在的我不是很稳定。事实上如果现在让我看一则 Don Lapre 电视直销广告，我会马上掏钱邮购！）

其他格式工作原理相通，所以，如果你知道了处理一种文件格式，另外一种除了获得文件头结构信息，然后从磁盘上读一些字节之外没有什么不同。例如许多人正渐渐开始喜欢上的.PNG（Portable Network Graphics，便携式网络图像）格式。

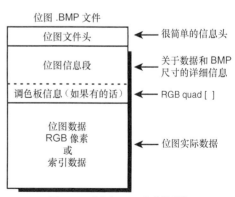

图 7-23　磁盘中.BMP 文件的结构

7.7.1　载入.BMP 文件

读.BMP 文件有多种方法，你可以自己写一个阅读器，也可以用 Win32 API 函数，或者两者混合使用。由于弄清 Win32 函数同你自己编写一个的难度差不多，你可能更愿意写一个.BMP 装载文件。如图 7-23 所示，.BMP 文件由三部分组成。

三部分分别如下：

位图文件头：它存放着图像的总体信息，存放在 Win32 数据结构 BITMAPFILEHEADER 中：

```
typedef struct tagBITMAPFILEHEADER
      { // bmfh
      WORD    bfType;          // Specifies the file type.
                               // Must be 0x4D42 for .BMP
      DWORD   bfSize;          // Specifies the size in bytes of
                               // the bitmap file.
      WORD    bfReserved1;     //Reserved; must be zero.
      WORD    bfReserved2;     // Reserved; must be zero.
      DWORD   bfOffBits;       // Specifies the offset, in
                               // bytes, from the
                               // BITMAPFILEHEADER structure
                               // to the bitmap bits.
      } BITMAPFILEHEADER;
```

位图信息段：包括两部分数据结构，即 BITMAPINFOHEADER 部分和调色板信息部分（如果有的话）。

```
typedef struct tagBITMAPINFO
      {                                      // bmi
      BITMAPINFOHEADER bmiHeader;           // the info header
      RGBQUAD bmiColors[1];                 // palette (if there is one)
      } BITMAPINFO;
```

BITMAPINFOHEADER 结构如下

```
typedef struct tagBITMAPINFOHEADER{ // bmih
  DWORD biSize;                  // Specifies the number of
                // bytes required by the structure.
  LONG  biWidth;                 // Specifies the width of the bitmap, in pixels.
  LONG  biHeight;                // Specifies the height of the bitmap, in pixels.
                // If biHeight is positive, the bitmap is a
                // bottom-up DIB and its
                // origin is the lower left corner
                // If biHeight is negative, the bitmap
                // is a top-down DIB and its origin is the upper left corner.
  WORD  biPlanes;                // Specifies the number of color planes, must be 1.
  WORD  biBitCount               // Specifies the number of bits per pixel.
                // This value must be 1, 4, 8, 16, 24, or 32.
  DWORD biCompression;           // specifies type of compression (advanced)
                // it will always be
                // BI_RGB for uncompressed .BMPs
                // which is what we're going to use
  DWORD biSizeImage;             // size of image in bytes
  LONG  biXPelsPerMeter;         // specifies the number of
                // pixels per meter in X-axis
  LONG  biYPelsPerMeter;         // specifies the number of
                // pixels per meter in Y-axis
  DWORD biClrUsed;               // specifies the number of
                // colors used by the bitmap
  DWORD biClrImportant;          // specifies the number of
                // colors that are important
} BITMAPINFOHEADER;
```

注意

8 位图像通常使 biClrUsed 和 biClrImportant 两字段均为 256，而 16 位或 24 位图像均设其为 0。因此，应当通过测试 biBitCount 找出每像素有多少位。

图像数据区：它是一个字节流，描述了 1、4、8、16 或 24 位图像像素（压缩或非压缩格式）。数据是逐行排列的，但是有时会颠倒过来，即数据的第一行其实是图像的最后一行。如图 7-24 所示。你可以通过 biHeight 的正负号来知道这点，正值表示颠倒，负值表示正常。

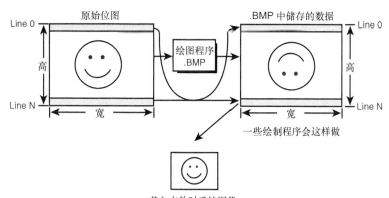

载入文件时反转图像

图 7-24　.BMP 文件中的图像数据有时在 y 轴方向上是翻转的

为了自行读取一个 .BMP 文件，首先需要打开它（你可以用喜欢的任何 I/O 技术），然后读 BITMAPFILEHEADER。接着读 BITMAPINFO 部分，即 BITMAPINFOHEADER 外加调色板（如果是 256 色）。借此你可以得出图像的大小（biWidth，biHeight）、色彩深度（biBitCount，biClrUsed）。接着你读出图像数据和调色板（如果有调色板的话）。当然，这里面有许多细节，如分配内存来读数据、移动文件指针等等。同时，调色板项是 RGBQUAD，是正常的 PALETTEENTRYs 的倒序，因此你需要这样转换它们：

```
typedef struct tagRGBQUAD
        {                       // rgbq
        BYTE    rgbBlue;        // blue
        BYTE    rgbGreen;       // green
        BYTE    rgbRed;         // red
        BYTE    rgbReserved;    // unused
        } RGBQUAD;
```

回想第 4 章，你可能会记起我们用过 LoadBitmap() 函数从磁盘中载入位图资源。你可以用这个函数，但是你将不得不把所有的位图都编进 .EXE 作为资源。虽然这对整个产品来说很酷，但当你真正在开发的时候，它却毫无用处。一般，你希望能够将你的图形用画笔或者其他建模程序进行改进，将它们统统放在一个目录下面，然后运行你的程序看看效果如何。所以，你需要更通用的基于位图文件读取的函数，你接下来就该自己写一个。不过在开始动手之前，请你看看 Win32 API 的载入图像文件的函数 LoadImage()：

```
HANDLE LoadImage(
  HINSTANCE hinst,      // handle of the instance that contains
                        // the image
  LPCTSTR lpszName,     // name or identifier of image
  UINT    uType,        // type of image
  int     cxDesired,    // desired width
  int     cyDesired,    // desired height
  UINT    fuLoad );     // load flags
```

函数相当通用，但是，你只想用它从磁盘调 .BMP 文件，所以你无需考虑它做的其他事。从磁盘读 .BMP 文件时需将参数如下设置：

hinst：这是实例句柄，设为 NULL。

lpszName：磁盘上 .BMP 文件名。给它一个以 NULL 结尾的标准文件名如 ANDRE.BMP、C:/images/ship.bmp 等等。

uType：这是欲载入文件的类型。设为 IMAGE_BITMAP。

cxDesired, cyDesired：它们描述了位图应有的高度和宽度。如果它们被设为非 0，函数会自动缩放图形。

因此，如果你知道图像的尺寸，就按已知尺寸设置。否则就设为 0，过后再读出图像的尺寸。

fuLoad：这是一个控制标志。设为 (LR_LOADFROMFILE | LR_CREATEDIBSECTION)。它通知 LoadImage()用 lpszName 作文件名从磁盘上读数据，但不将位图数据传送给当前显示设备的颜色特性。

此函数的问题在于它太通用了，获得一点真正的数据既繁又难。你不得不用更多的函数读文件头信息，如果有调色板，会更麻烦。所以，我写了自己的 Load_Bitmap_File()函数，可以从盘上调入任何格式的（包括调色板化的）位图文件，并把其信息装入这个结构中：

```
typedef struct BITMAP_FILE_TAG
       {
       BITMAPFILEHEADER bitmapfileheader;  // this contains the
                                       // bitmapfile header
       BITMAPINFOHEADER bitmapinfoheader;  // this is all the info
                                       // including the palette
       PALETTEENTRY    palette[256];       // we will store the palette here
       UCHAR          *buffer;         // this is a pointer to the data

       } BITMAP_FILE, *BITMAP_FILE_PTR;
```

注意我一般将 BITMAPINFOHEADER 和 BITMAPINFO 放在一个结构中，这用起来非常方便。下面就是 Load_Bitmap_File()函数：

```
int Load_Bitmap_File(BITMAP_FILE_PTR bitmap, char *filename)
{
// this function opens a bitmap file and loads the data into bitmap

int file_handle,          // the file handle
    index;                // looping index

UCHAR  *temp_buffer = NULL; // used to convert 24 bit images to 16 bit
OFSTRUCT file_data;        // the file data information

// open the file if it exists
if ((file_handle = OpenFile(filename,&file_data,OF_READ))==-1)
  return(0);

// now load the bitmap file header
_lread(file_handle, &bitmap->bitmapfileheader,sizeof(BITMAPFILEHEADER));

// test if this is a bitmap file
if (bitmap->bitmapfileheader.bfType!=BITMAP_ID)
  {
  // close the file
  _lclose(file_handle);

  // return error
  return(0);
  } // end if

// now we know this is a bitmap, so read in all the sections
// first the bitmap infoheader

// now load the bitmap file header
_lread(file_handle, &bitmap->bitmapinfoheader,sizeof(BITMAPINFOHEADER));

// now load the color palette if there is one
if (bitmap->bitmapinfoheader.biBitCount == 8)
  {
  _lread(file_handle, &bitmap->palette,
      MAX_COLORS_PALETTE*sizeof(PALETTEENTRY));
```

```
    // now set all the flags in the palette correctly
    // and fix the reversed
    // BGR RGBQUAD data format
    for (index=0; index < MAX_COLORS_PALETTE; index++)
        {
        // reverse the red and green fields
        int temp_color              = bitmap->palette[index].peRed;
        bitmap->palette[index].peRed  = bitmap->palette[index].peBlue;
        bitmap->palette[index].peBlue = temp_color;

        // always set the flags word to this
        bitmap->palette[index].peFlags = PC_NOCOLLAPSE;
        } // end for index

    } // end if

// finally the image data itself
_lseek(file_handle,
       -(int)(bitmap->bitmapinfoheader.biSizeImage),SEEK_END);

// now read in the image

if (bitmap->bitmapinfoheader.biBitCount==8 ||
    bitmap->bitmapinfoheader.biBitCount==16 ||
    bitmap->bitmapinfoheader.biBitCount==24)
   {
   // delete the last image if there was one
   if (bitmap->buffer)
      free(bitmap->buffer);

   // allocate the memory for the image
   if (!(bitmap->buffer =
      (UCHAR *)malloc(bitmap->bitmapinfoheader.biSizeImage)))
      {
      // close the file
      _lclose(file_handle);

      // return error
      return(0);
      } // end if

   // now read it in
   _lread(file_handle,bitmap->buffer,
        bitmap->bitmapinfoheader.biSizeImage);

   } // end if
else
   {
   // serious problem
   return(0);

   } // end else

// close the file
_lclose(file_handle);

// flip the bitmap
Flip_Bitmap(bitmap->buffer,
        bitmap->bitmapinfoheader.biWidth*
        (bitmap->bitmapinfoheader.biBitCount/8),
        bitmap->bitmapinfoheader.biHeight);
```

```
// return success
return(1);

} // end Load_Bitmap_File
```
这个函数真的不算很长，也并不是太复杂，但是编写起来总是那样痛苦，哎。

注意

函数结尾调用了 Flip_Bitmap()函数。主要是因为大多数.BMP 文件是上下颠倒的。Flip_Bitmap()是我正在构造的库的一部分。它被拷贝在下面将要看到的演示程序中。

它打开位图文件，调入头信息，装载图形及调色板（若是 256 色位图）。函数对 8、16、24 位图形适用。但是，无论图像格式为何，存储缓冲 UCHAR 实际上是一个字节指针。所以，如果图像是 16 位或者 24 位，你必须进行转型或者指针运算。另外，函数给图像分配了一个缓冲。所以缓冲在使用后必须被释放。这通过调用函数 Unload_Bitmap_File()来完成。如下所示：

```
int Unload_Bitmap_File(BITMAP_FILE_PTR bitmap)
{
// this function releases all memory associated with the bitmap
if (bitmap->buffer)
   {
   // release memory
   free(bitmap->buffer);

   // reset pointer
   bitmap->buffer = NULL;
   } // end if

// return success
return(1);

} // end Unload_Bitmap_File
```
稍后，我将教你如何将位图文件装载到内存中并显示它们。但是，首先我想讲讲通常在游戏中是如何利用位图的。

7.7.2 使用位图

多数游戏具有许多美术数据，包括 2D 精灵和 2D 纹理贴图和 3D 模型等。多数时候，2D 图形以单张图片一次一帧（见图 7-25）的形式或者是许多图形共同组成的模板（见图 7-26）的形式一次调入画面。两种方法各有优缺点。调入单个图形，或每文件一个图形的好处是可以用图形处理软件处理它，马上见效。但是，在动画中通常由几百个动画帧组成二维角色，这就意味着将出现成百上千个独立的.BMP 图片文件。

如图 7-26 所示的模板图像很有用，因为它存放单一动画角色的各帧动画画面，因此所有的数据都在同一个文件中。惟一的缺点是需要有人组织和模板化这些数据！这可能会花费很多时间，更别提还有对齐的问题，因为你必须创建一个单元模板，每个单元是 m×n（通常 m 和 n 是 2 的幂），在单元周围有宽一个像素的边界。然后，因为你已知了单元的大小等信息，就可以写个软件从特定单元里提取图像。你可能两种技术都用，这要根据游戏的类型以及包含多少美工数据而定。许多时候，你不得不写一个程序，从单一的图像文件或者从模板格式文件中提取图像数据，然后将图像发送给 DirectDraw 表面。这允许你使用 blitter，但我以后再说这些。现在，仅仅使用 Load_Bitmap_Function()函数装载 8、16 和 24 位图像，在主缓冲里进行显示，感受一下函数的作用。

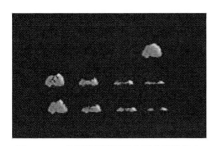
图 7-25　一些不使用模板的位图的标准集合

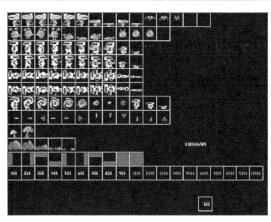
图 7-26　便于存取和解出的模板化的位图图像

注意

多数演示图片都是由我自己完成，采用不同的画笔或三维建模程序、画出的作品存成.BMP 文件（其中一部分是其他艺术家的作品）。一个可以支持许多格式的好的二维绘图程序是很有帮助的。我常常使用的是 Paint Shop Pro，这是一个绝对物超所值的程序——本书 CD 也收录了它！

7.7.3　载入 8 位位图

要载入一个 8 位的图像，你只需：

```
BITMAP_FILE bitmap; // this will hold the bitmap

if (!(Load_Bitmap_File(&bitmap,"path:\filename.bmp")))
   { /* error */ }

// do what you will with the data stored in bitmap.buffer

// in addition, the palette is stored in bitmap.palette

// when done, you must release the buffer holding the bitmap
Unload_Bitmap(&bitmap);
```

警告

屏幕上同一时间只能有 256 色，所以当你绘制你的艺术品时，记住要找一个 256 色的调色板，看是不是所有的艺术品在转成 256 色后看起来还挺好（Debabelizer 是一个很好的工具）。很多时候，你需要多个调色板——每一关游戏一个——但是不管怎样，所有将在同一关卡中使用的位图，应当可用同一个调色板来显示！

装载 8 位图像惟一特别的是在 BITMAP_FILE 中的调色板信息是有效的。你可以使用此数据改变 DirectDraw 的调色板，保存它，或进行其他操作。这使我们更加清楚写 8 位模式游戏的细节。

现在应该是合适的时候提到这件事了——在调色板同 8 位 DirectDraw 表面关联之后改变调色板项。如你所知，我们编写的演示程序大多是 8 位模式，创建一个随机的或者渐变的调色板，然后并不改变这个调色板。但是现在，你将装载具有自己调色板的图像，并希望用一个新的调色板更新 DirectDraw 的调色板对象。这样当你将图像拷贝到主缓冲之后，画面看起来才会对劲。要做到这点，你只需使用 IDIRECTDRAWPALETTE:SetEntries()函数，如下所示：

```
BITMAP_FILE bitmap; // holds the 8-bit image
```

```
// given that the 8-bit image has been loaded

if (FAILED(lpddpal->SetEntries(0,0,MAX_COLORS_PALETTE,
    bitmap.palette)))
{ /* error */ }
```
就是这样简单得令人晕厥！

作为载入 8 位图像的例子，请参见演示程序 DEMO7_10.CPP|EXE。它在 640×480 模式下装入 8 位图像，并存在主缓冲中。

7.7.4 载入 16 位位图

装载 16 位位图几乎同装载 8 位位图一模一样。不过，这次不用管调色板，因为它压根儿就没有调色板。很少的几个画笔程序可产生 16 位.BMP 文件，如果想使用 16 位 DirectDraw 模式，你可能不得不装载 24 位位图，然后通过色彩比例算法转换成 16 位。一般说来，需要用以下操作把 24 位图像转换为 16 位图像：

创建一个 m×n 个字（WORD）大小的缓冲，每个字是 16 位。此缓冲用以存放最终的 16 位图像。

把 24 位图像装载到你的 BITMAP_FILE 结构中，而后读取缓冲，用下面粗糙的色彩换算算法把 24 位色彩转换成 16 位：

```
// each pixel in BITMAP_FILE.buffer[] is encoded as 3-bytes
// in BGR order, or BLUE, GREEN, RED

// assuming index is pointing to the next pixel...
UCHAR blue = (bitmap.buffer[index*3 + 0]) >> 3,
    green = (bitmap.buffer[index*3 + 1]) >> 2,
    red   = (bitmap.buffer[index*3 + 2]) >> 3;
// build up 16 bit color word
USHORT color = __RGB16BIT565(red,green,blue);
```

然后，将 **color** 写入你的目标 16 位缓冲中。当你在本章后面看到所有的库函数，我肯定会写个从 24 位向 16 位位图转换的程序。

无论怎样，若是假设位图实际上是 16 位模式的，那就无需转换，同装载 8 位位图一样地装载它即可。例如，演示程序 DEMO7_11.CPP|EXE 装载 24 位位图，转换成 16 位位图，倾入主缓冲。

7.7.5 载入 24 位位图

装载 24 位位图是最简单的。创建一个 24 位位图文件，用 Load_Bitmap_File()函数装载即可。BITMAP_FILE.buffer[]将存放它的数据，每像素 3 字节从左至右逐行存放，不过是 BGR（蓝色，绿色，红色）顺序格式。记住这点，因为它同你提取数据有关。另外，许多图像卡支持 32 位图像但不支持 24 位图像，因为它们不喜欢奇数（3 的倍数）地址。所以作为填充，附加一个额外的字节，或者 Alpha 通道。两种情况下，当你从 BITMAP_FILE.buffer[]中读出每个像素，写入主表面或 32 位 DirectDraw 离屏表面时，都不得不自己进行填充。下面是一个例子：

```
// each pixel in BITMAP_FILE.buffer[] is encoded as 3-bytes
// in BGR order, or BLUE, GREEN, RED

// assuming index is pointing to the next pixel...
UCHAR blue = (bitmap.buffer[index*3 + 0]),
    green = (bitmap.buffer[index*3 + 1]),
    red   = (bitmap.buffer[index*3 + 2]);

// this builds a 32 bit color value in A.8.8.8 format (8-bit alpha mode)
_RGB32BIT(0,red,green,blue);
```
你已经见过这个宏，别嚷嚷。下面再让你看一次，加深记忆：

```
// this builds a 32 bit color value in A.8.8.8 format (8-bit alpha mode)
#define _RGB32BIT(a,r,g,b)  ((B) + ((g) << 8) + ((r) << 16) + ((a) << 24))
```

DEMO7 12.CPP|EXE 是装载并显示好看的 24 位图像的例子。它装载 幅全 24 位的图像，将显示模式设为 32 位，并将图像拷贝到主表面。看起来真棒，不是吗？

7.7.6　总结位图

好了，关于装载 8、16、24 位格式的位图就说到这里吧。但是，你明白有许多工具性的函数应当被写出来！别担心，这脏活累活我会干。另外，你可能想装载.TGA 文件，因为许多 3D 模型程序只能把动画序列渲染成 filename*nnnn*.tga 这样的文件，nnnn 从 0000 到 9999。你可能将需要装载这样的动画序列，所以，我在给你讲解库函数时，将给你看一个装载.TGA 的函数。它比.BMP 格式简单得多。

7.8　离屏表面

DirectDraw 存在的目的就在于利用硬件加速。哎，可是除非你用 DirectDraw 的数据结构和对象来保存位图，否则你是不能做到这点的。DirectDraw 是使用 blitter 的关键。你已经看到了如何建立主表面及从后备缓冲从而创建页面切换动画链，但是你仍然需要学习如何在系统内存或 VRAM 中创建一个通用的 m×n 离屏表面。有这些表面，你才能够堆砌位图，而后利用 blitter 将它们 blit 到屏幕。

出于游戏角度，你可以装载位图，取出一些位，从而问题就解决了。剩下的问题是如何创建一个通用的既非主表面又非后备缓冲的离屏 DirectDraw 表面。

7.8.1　创建离屏表面

除了下面几点区别，创建离屏表面同创建主缓冲几乎完全一样。

1. 你必须将 DDSURFACEDESC2.dwFlags 设置为（DDSD_CAPS | DDSD_WIDTH | DDSD_HEIGHT)。

2. 你必须在 DDSURFACEDESC2.dwWidth 和 DDSURFACEDESC2.dwHeight 中设置所请求的表面的尺寸。

3. 必须将 DDSURFACEDESC2.ddsCaps.dwCaps 设置为 DDSCAPS_ OFFSCREENPLAIN | memory_flags，其中的 memory_flags 决定在哪里创建表面。如果我将它设置为 DDSCAPS_VIDEOMEMORY，则表面将被创建在 VRAM 中（如果有空间的话）。如果将它设置为 DDSCAPS_SYSTEMMEMORY，表面将被建立在系统内存中，这使 blitter 几乎不会被用到，因为位图数据不得不通过系统总线传输。

作为一个例子，下面的函数可以创建任何类型的表面：

```
LPDIRECTDRAWSURFACE7 DDraw_Create_Surface(int width, int height,
                                 int mem_flags)
{
// this function creates an offscreen plain surface
DDSURFACEDESC2 ddsd;              // working description
LPDIRECTDRAWSURFACE7 lpdds;       // temporary surface

// initialize structure
DDRAW_INIT_STRUCT(ddsd);

// set to access caps, width, and height
ddsd.dwFlags = DDSD_CAPS | DDSD_WIDTH | DDSD_HEIGHT;

// set dimensions of the new bitmap surface
ddsd.dwWidth  = width;
ddsd.dwHeight = height;
```

```
// set surface to offscreen plain
ddsd.ddsCaps.dwCaps = DDSCAPS_OFFSCREENPLAIN | mem_flags;

// create the surface
if (FAILED(lpdd->CreateSurface(&ddsd,&lpdds,NULL)))
   return(NULL);

// set color key to color 0
DDCOLORKEY color_key;          // used to set color key
color_key.dwColorSpaceLowValue  = 0;
color_key.dwColorSpaceHighValue = 0;

// now set the color key for source blitting
lpdds->SetColorKey(DDCKEY_SRCBLT, &color_key);

// return surface
return(lpdds);

}                               // end DDraw_Create_Surface
```

在这段代码中，没有提到像素也没有提到色深，是不是有些奇怪呢？其实一点也不奇怪，理由是你创建的表面总是和主表面兼容的，具有一致的色深，所以再发送色深信息就是多余的了。从而，上面的函数可以用于创建 8 位、16 位、24 位或 32 位的表面。

例如，如果你想在 VRAM 中创建一个 64×64 像素大小的表面，可以这样调用：

```
LPDIRECTDRAWSURFACE7 space_ship = NULL; // used to hold surface

// create surface
if (!(space_ship = DDraw_Create_Surface(64,64,DDSCAPS_VIDEOMEMORY)))
   { /* error */ }
```

技巧

当你创建表面来存放位图时，只将常绘的位图建成 VRAM 表面。另外，按照从大到小的顺序创建它们。

现在，你已有能力使用表面做任何想做的事了。例如，你想锁定它，以便将一个位图拷贝到它上面。下面是代码：

```
DDSURFACEDESC2 ddsd; // directdraw surface description

// initialize the structure
DDRAW_INIT_STRUCT();

// lock the surface, check for error in RL (real-life)
space_ship->Lock(NULL, &ddsd,
                DDLOCK_WAIT | DDLOCK_SURFACEMEMORYPTR,
                NULL);

// do what you will to ddsd.lpSurface and ddsd.lPitch

// unlock
space_ship->Unlock(NULL);
```

表面使用结束后（游戏结束或其他时候），必须用函数 Release() 将表面释放回 DirectDraw：

```
if (space_ship)
   space_ship->Release();
```

这就是利用 DirectDraw 创建离屏表面的全部过程。现在，让我们看看如何将它 blit 到另外一个表面，例如后备缓冲或者主表面。

7.8.2　在离屏表面上进行 Blitting

现在你已经学会了装载位图、创建表面以及使用 blitter，是时候将它们综合到一起做一些真正的动画的时候了！本节的目标是：装载一些含有一些物体（船、生物等等）动画帧的位图，创建一些小的表面放置每个动画帧，然后将位图载入各个表面。一旦所有的表面都加载完毕了位图数据，你就要把表面 blit 到屏幕上，让物体动起来！

实际上，你已经知道如何完成所有这些步骤。惟一你没有做过的是用 blitter 从后备缓冲以外的表面 blit 到主缓冲，但是这也没有什么不同。如图 7-27 所示，有一些小的表面，每一个是动画中的一帧。另外，你还看到一个后备缓冲表面和一个主表面。计划是：将所有的位图（各帧动画）都装入这些小的表面，用 blitter 将这些小表面 blit 到后备缓冲上，然后通过页面切换来看效果。每隔一会儿 blit 不同的图像，并稍稍移动 blit 目的地址，从而达到使物体移动的效果。

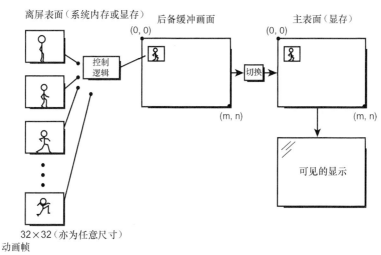

图 7-27　将离屏表面 blit 到后备缓冲

7.8.3　设置 Blitter

要设置 blitter，需要执行以下步骤：

1. 设置要 blit 出来的源 RECT 结构。这是包含相关图像的小的表面（8×8、16×16、64×64 等等）。通常坐标是从（0，0）到（宽度-1，高度-1），也就是说整个表面。

2. 设置目标 RECT，通常就是后备缓冲。这部分有点技巧，因为你想拷贝在位置（x，y）的源图像，所以矩形应该设为从（x，y）到（x+宽度-1，y+高度-1）。

3. 用适当的参数调用 IDIRECTDRAWSURFACE7::Blt()，稍后我会讲解这些参数。

注意

如果你使目标 RECT 比源 RECT 大或者小，图形转换将自动缩放图像来适应你指定的目标尺寸——这是 2.5D（介于 2D 和 3D 之间）精灵缩放游戏的基础。

在调用函数 Blt() 之前，有一个问题我必须提醒你——使用色彩键。

7.8.4　色彩键

色彩键较难解释，可能是因为它们在 DirectDraw 的命名习惯的缘故。让我试着解释一下。当你进行位图操作时，多数时候你要 blit 的位图物体在一个矩形单元内，但是，当你画一个小生物的位图时，你通常不想拷贝单元内所有的内容。你可能想只拷贝同生物有关的位，所以你需要选择一种（或一些）色彩作为透明色。图 7-28 给出了透明 blit 和不透明 blit 的对比。我在前面已经讨论过这点，你在作为练习的软件 blitter 里实现过它。

图 7-28　透明 blit（上）和不透明 blit（下）

DirectDraw 有个比选择单一透明色更加复杂的色彩键系统。它可以完成基本透明 blit 以外很多事情。让我们快速浏览一下色彩键的各种不同类型，然后我将向你介绍如何为你感兴趣的特定操作设置色彩键。

7.8.5　源色彩键

源色彩键是常用的也是最容易理解的一种色彩键。一般而言，你可以选择单一色彩索引（在 256 色模式下）或者一定范围的 RGB 色彩作为源图像的透明色。然后，将源 blit 向目标时，不拷贝具有透明色的像素，图 7-14 表示了这个过程。你既可以在创建表面时设置色彩键，也可以在之后用函数 IDIRECTDRAWSURFACE7::SetColorKey() 设置。我将在稍后给你演示这两种方法。但是首先让我们看存放色彩键的数据结构 DDCOLORKEY：

```
typedef struct _DDCOLORKEY
        {
        DWORD dwColorSpaceLowValue; // low value (inclusive)
        DWORD dwColorSpaceHighValue; // high value (inclusive)
        } DDCOLORKEY,FAR* LPDDCOLORKEY;
```

区分低位和高位色彩键值看起来有点复杂，所以注意听了。如果你所用的是 8 位表面，值应该是色彩索引值。如果是 16、24、32 位表面，你实际上采用的是对应表面格式的 RGB 编码字来作为低位和高位色彩键值。例如，你在 8 位色彩模式下工作，你想用色彩 0 作透明色。你可以这样设置色彩键：

```
DDCOLORKEY key;

key.dwColorSpaceLowValue  = 0;
key.dwColorSpaceHighValue = 0;
```

如果你想将色彩索引 10 到 20（包括 10 和 20）对应的色彩作透明色，则写：

```
key.dwColorSpaceLowValue  = 10;
key.dwColorSpaceHighValue = 20;
```

下面，让我们看看在 16 位 5.6.5 模式下，如何将纯蓝色作为透明色：

```
key.dwColorSpaceLowValue  = _RGB16BIT565(0,0,32);
key.dwColorSpaceHighValue = _RGB16BIT565(0,0,32);
```

同样还是在 16 位模式下，将黑色到中等亮度红的范围内的颜色设成透明色：

```
key.dwColorSpaceLowValue  = _RGB16BIT565(0,0,0);
key.dwColorSpaceHighValue = _RGB16BIT565(16,0,0);
```

明白了吗？让我们看看在创建过程中，如何设置 DirectDraw 表面色彩键。你只需要加一个 DDSD_CKSRCBLT 标志（其他可用标志见表 7-5）到描述表面的 dwFlags 字中。然后给 DDSURFACEDESC2.ddckCKSrcBlt 结构中的成员 dwColorSpaceLowValue 和 dwColorSpaceHighValue 将色彩键的低字节和高字节分别赋。（此外还有其他结构成员提供目标和叠加色彩键的信息）。

表 7-5 表面的色彩键标志

值	描述
DDSD_CKSRCBLT	表示 DDSURFACEDESC2 的 ddckCKSrcBlt 成员有效，并且其中包含源色彩键的色彩键信息。
DDSD_CKDESTBLT	表示 DDSURFACEDESC2 的 ddckCKDestBlt 成员有效，并且其中包含目标色彩键的色彩键信息。
DDSD_CKDESTOVERLAY	表示 DDSURFACEDESC2 的 ddckCKDestOverlay 成员有效，并且包含目标叠加色彩键的色彩键信息。
DDSD_CKSRCOVERLAY	表示 DDSURFACEDESC2 的 ddckCKSrcOverlay 成员有效，并且包含源叠加色彩键的色彩键信息。

下面是一个例子：

```
DDSURFACEDESC2 ddsd;                    // working description
LPDIRECTDRAWSURFACE7 lpdds;             // temporary surface

// initialize structure
DDRAW_INIT_STRUCT(ddsd);

// set to access caps, width, and height
ddsd.dwFlags = DDSD_CAPS | DDSD_WIDTH | DDSD_HEIGHT | DDSD_CKSRCBLT;

// set dimensions of the new bitmap surface
ddsd.dwWidth  = width;
ddsd.dwHeight = height;

// set surface to offscreen plain
ddsd.ddsCaps.dwCaps = DDSCAPS_OFFSCREENPLAIN | mem_flags;

// set the color key fields
ddsd.ddckCKSrcBlt.dwColorSpaceLowValue = low_color;
ddsd.ddckCKSrcBlt.dwColorSpaceHighValue = high_color;

// create the surface
if (FAILED(lpdd->CreateSurface(&ddsd,&lpdds,NULL)))
    return(NULL);
```

不管你在创建表面的时候有没有用色彩键，过后你还是可以用函数 IDIRECTDRAWSURFACE7:: SetColorKey()来设置它：

```
HRESULT SetColorKey(DWORD dwFlags,
                    LPDDCOLORKEY lpDDColorKey);
```

有效标志如表 7-6 所示。

表 7-6   SetColorKey()的有效标志

值	描述
DDCKEY_COLORSPACE	表示该结构包含一个色彩空间。在设定一个色彩范围时必须设定该标志。
DDCKEY_SRCBLT	表示该结构指定一个色彩键或色彩空间用作 blit 操作的源色彩键。
DDCKEY_DESTBLT	表示该结构指定一个色彩键或色彩空间用作 blit 操作的目标色彩键。
DDCKEY_DESTOVERLAY	如果该结构指定一个色彩键或色彩空间用作叠加操作的目标色彩键，则设定该标志。（高级）
DDCKEY_SRCOVERLAY	如果该结构指定一个色彩键或色彩空间用作叠加操作的源色彩键，则设定该标志。（高级）

下面给出一个例子：

```
// assume lpdds points to a valid surface

// set color key
DDCOLORKEY color_key; // used to set color key
color_key.dwColorSpaceLowValue  = low_value;
color_key.dwColorSpaceHighValue = high_value;

// now set the color key for source blitting, notice
// the use of DDCKEY_SRCBLT
lpdds->SetColorKey(DDCKEY_SRCBLT, &color_key);
```

注意

如果你为源色彩键设置了一个色彩范围（色彩空间），在调用 SetColorKey() 时必须加上标志 DDCKEY_COLORSPACE，如：

```
lpdds->SetColorKey(DDCKEY_SRCBLT | DDCKEY_COLORSPACE, &color_key);
```

否则，DirectDraw 将使色彩范围坍缩为一个值。

7.8.6   目标色彩键

理论上目标色彩键作用很大，但是没见谁真的使用它。目标色彩键的概念如图 7-29 所示。基本思想是：你可以在目标表面上设定一种或者一个色彩范围，具有这样的颜色的像素不能够被 blit 上去。本质上，你是在创建一种掩码。这个方法可以模拟窗户或围栏等等。

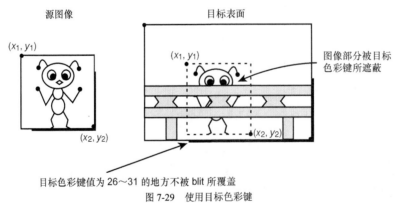

图 7-29   使用目标色彩键

设置目标色彩键与设置源色彩键方法相同，只需要改变两个标志。例如，在创建表面设置 DDRAWSURFACEDESC2.dwFlags 时，目标色彩关键字的设置需将 DDSD_CKSRCBLT 换成 DDSD_CKDESTBLT。当然，还要将关键字的值设在 ddsd.ddckCKDestBlt 中，而不是设在 ddsd.ddckCKSrcBlt 中。

```
// set the color key fields
ddsd.ddckCKDestBlt.dwColorSpaceLowValue = low_color;
ddsd.ddckCKDestBlt.dwColorSpaceHighValue = high_color;
```

如果你想在创建表面以后设置目标色彩键，除了调用函数 SetColorKey() 的时候必须将 DDCKEY_SRCBLT 标志换成 DDCKEY_DESTBLT 之外，一切照旧。如下所示：

```
lpdds->SetColorKey(DDCKEY_DESTBLT, &color_key);
```

警告

目标色彩键现在只是在 HAL（硬件抽象层）可用，在 HEL 中则不行，因此，如果没有硬件支持目标色彩键，它就不起作用。DirectX 的未来版本中可能改变这一点。

最后，还有另外两种色彩键：源叠加色彩键和目标叠加色彩键。它们对你而言暂时还没有用，因为它们是为视频处理设计的。如果你有兴趣，可参看 DirectX SDK。

7.8.7　使用 Blitter（终于！）

现在，你已经具有了足够多的预备知识，可以轻而易举地将一个离屏表面 blit 到其他表面。下面是具体做法：假设你创建了一个 64×64 像素的 8 位彩色表面图像，0 号索引定为透明色，写成代码就是这样：

```
DDSURFACEDESC2 ddsd;                      // working description
LPDIRECTDRAWSURFACE7 lpdds_image;         // temporary surface
// initialize structure
DDRAW_INIT_STRUCT(ddsd);

// set to access caps, width, and height
ddsd.dwFlags = DDSD_CAPS | DDSD_WIDTH | DDSD_HEIGHT | DDSD_CKSRCBLT;

// set dimensions of the new bitmap surface
ddsd.dwWidth  = 64;
ddsd.dwHeight = 64;

// set surface to offscreen plain
ddsd.ddsCaps.dwCaps = DDSCAPS_OFFSCREENPLAIN | mem_flags;

// set the color key fields
ddsd.ddckCKSrcBlt.dwColorSpaceLowValue  = 0;
ddsd.ddckCKSrcBlt.dwColorSpaceHighValue = 0;

// create the surface
if (FAILED(lpdd->CreateSurface(&ddsd,&lpdds_image,NULL)))
   return(NULL);
```

接下来，假设你有主表面 lpddsprimary 和后备缓冲表面 lpddsback，并且你想把表面 lpdds_image 用源色彩键 blit 到后备缓冲表面的 (x, y) 处。可以这样写：

```
// fill in the destination rect
dest_rect.left   = x;
dest_rect.top    = x;
dest_rect.right  = x+64-1;
dest_rect.bottom = y+64-1;

// fill in the source rect
source_rect.left   = 0;
source_rect.top    = 0;
```

```
source_rect.right  = 64-1;
source_rect.bottom = 64-1;

// blt to destination surface
if (FAILED(lpddsback->Blt(&dest_rect, lpdds_image,
       &source_rect,
       (DDBLT_WAIT | DDBLT_KEYSRC),
       NULL)))
   return(0);
```

就是这样，大功告成！注意标志 DDBLT_KEYSRC，你在 blit 调用时必须有这个标志。否则，即使你对表面定义了色彩键也不起作用。

警告

当你进行 blit 时要考虑到裁剪。还没有设置好裁剪区就开始朝表面上进行 blitting 会很糟糕。你需要做的就是调用你的 DDraw_Attach_Clipper()函数，设一个单独的同屏幕边界等大的裁剪矩形区域。

终于，你已经准备好开始做一个相当酷的演示程序了。图 7-30 所示的是演示程序 DEMO7_13.CPP|EXE 运行时的一个画面。看上去挺酷吧？我决定给这个游戏加一些游戏程序的要素，使你能够从这个演示程序中学到比仅仅移动位图更多的东西。基本上，这个演示程序装载了一个大的位图作为背景，此外还装载了几帧异形外星人的动画）。在每一帧里，背景都被复制到后备缓冲中，异形的几帧（静止或动画）作为表面也一样被复制。异形受程序控制带着动画效果以不同的速度移动。看看你能不能在演示程序中加入一位行动受键盘输入控制的游戏角色！

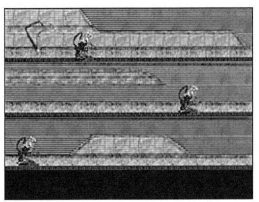

图 7-30 执行中的 DEMO7 13.EXE

7.9 位图的旋转和缩放

图 7-31 位图的旋转和缩放

如图 7-31 所示，DirectDraw 支持位图旋转和位图缩放。但是，只有 HAL 支持旋转。这意味着如果你没有硬件支持旋转——呃，你会非常倒霉。你也许会问："为什么 HEL 只支持缩放，而不支持旋转？"。答案是因为位图的旋转大约比缩放要慢 10～100 倍。微软发现，无论他们如何努力地改写旋转代码，速度还是太慢！所以，大意就是你总可以考虑采用缩放，而不是旋转。你可以写你自己的位图旋转函数，但是一方面这相当复杂，另一方面对 3D 多边形游戏来说也没有必要。我不打算在本书中包括这方面的内容。话说回来，这也是微软合并 DirectDraw 和 Direct3D 的理由之一。如果你愿意用 3D 多边形来作所有的事情，用 2D 位图朝 3D 多边形上面作纹理映射，并把摄像机镜头调到鸟瞰方位，你就可以处理旋转、裁剪、透明度和光照效果等许多东西。用 3D 硬件来实现 2D 图形有代价也有好处，但不是任何时候都有必要这样做！

执行位图的缩放很简单。需要你做的就是改变目标 RECT 的尺寸，只要它同源 RECT 的尺寸不同，图像就会被缩放。举例来说，你有一个 64×64 的图像，你想将它缩放到 m×n 的尺寸，位于 (x, y) 处。代码如下：

```
// fill in the destination rect
dest_rect.left   = x;
dest_rect.top    = x;
dest_rect.right  = x+m-1;
dest_rect.bottom = y+n-1;

// fill in the source rect
source_rect.left   = 0;
source_rect.top    = 0;
source_rect.right  = 64-1;
source_rect.bottom = 64-1;

// blt to destination surface
if (FAILED(lpddsback->Blt(&dest_rect, lpdds_image,
        &source_rect,
        (DDBLT_WAIT | DDBLT_KEYSRC),
        NULL)))
    return(0);
```

很简单！旋转就难一些，因为你不得不设一个 DDBLTFX 结构。执行旋转操作，你必须有支持旋转的硬件加速，然后设置 DDBLTFX 结构。如下所示：

```
DDBLTFX ddbltfx;                         // this holds our data

// initialize the structure
DDRAW_INIT_STRUCT(ddbltfx);

// set rotation angle, note that each unit is in 1/100
// of a degree rotation
ddbltfx.dwRotationAngle = angle;         // each unit is
```

然后，像通常的那样调用 Blt()，但是需要加标志 DDBLT_ROTATIONANGLE 到标志参数，并像下面这样加上 ddbltfx 参数：

```
// blt to destination surface
if (FAILED(lpddsback->Blt(&dest_rect, lpdds_image,
    &source_rect,
    (DDBLT_WAIT | DDBLT_KEYSRC | DDBLT_ROTATIONANGLE),
    &ddbltfx)))
    return(0);
```

注意

想知道你的硬件是否支持旋转，你可以检索一个存放有表面能力的 DDSCAPS 结构，看看此结构的成员 dwFxCaps 的 DDFXCAPS_BLTROTATION*能力标志。你可以通过函数 IDIRECTDRAWSURFACE7::GetCaps() 来查询表面的能力。我将在本章末尾再作介绍。

如果你的硬件加速支持旋转，位图就会旋转了！

在看 DirectDraw 的旋转和缩放演示程序之前，我想先讲采样理论以及如何用软件方式实现缩放。

7.10　离散采样理论

这一节是简介性的：我想在你读到《3D 游戏编程大师技巧》[1]的 3D 贴图映射章节时再详细讨论该理论。

---

[1] 编者著：《3D 游戏编程大师技巧（上、下册）》已经由人民邮电出版社于 2012 年 7 月出版。（ISBN 978-7-115-28279-8，定价 148 元）。

现在，我要吊吊你的胃口。

操作位图实际上就是操作信号。这些信号构成离散的 2D 图像数据，而不是像无线电信号那样的连续模拟数据。你可以对图像使用信号处理技术，更精确地说是数字信号处理技术。我们感兴趣的内容之一就是数据采样和映射。

在 2D 或 3D 图像领域，你常会需要从一个位图图像采样，然后在其上执行一些操作如缩放、旋转、贴图映射等。有两种类型的普通映射：向前映射（*Forward Mappings*）和反向映射（*Inverse Mappings*）。图 7-32 和 7-33 给出了图例。

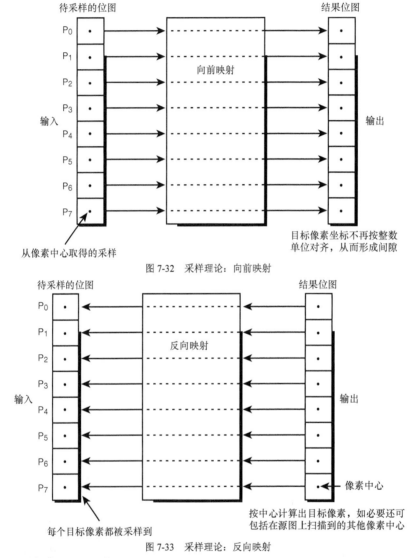

图 7-32　采样理论：向前映射

图 7-33　采样理论：反向映射

一般而言，向前映射是指像素从源向目标映射。惟一的问题是在映射过程中，某些目标上的像素可能不是从源映射得来的，这取决于映射函数的选择。

相反地，反向映射要好一些。它用目标中的每一个像素寻找其源像素。当然，这也有一个问题，一些目标上的像素不得不被复制，因为源没有足够的数据填充目标。这个问题将导致图形走样。当有太多数据时，也会产生图形走样，但是可以用均值或者其他数学过滤器将走样最小化。总的来说，数据太多总好过数据不够。

两种映射操作都可用于缩放，但是反向映射效果较好。让我来给你演示如何缩放一张一维位图，从它的算法，你可以推广而得二维缩放的算法。这点很重要：许多图像处理算法是相互独立的，这意味着图像可同时在多个维数上被处理，可以采用类似的方法处理。一个轴的处理结果不影响另外一个轴，或基本上不影响。

例 1：假设你有一个 1×4 像素的位图，并想将其缩放为 1×8。图 7-34 给出了结果。基本上，是将源的每一点像素向目标复制了两次。

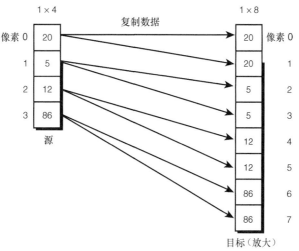

图 7-34 将 1×4 像素位图放大为 1×8 像素

例 2：假设你有一个 1×4 像素位图，想将它缩放为 1×2。 图 7-35 给出了结果。基本上，是将源的像素丢弃了两个。这就产生一个问题：你丢掉了信息。这样做对吗？从数据被丢失的角度看答案是"不对"，但是从它有效且速度很快的角度来看答案是"对"。

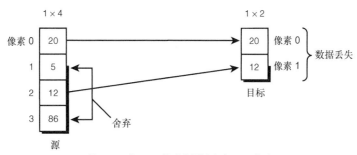

图 7-35 将 1×4 像素位图缩小为 1×2 像素

在上述两个例子中，更好的做法是采用过滤器进行处理。例如，在例 1 中，你只是对像素进行了拷贝，但是还可以采用两个相邻像素的平均值作为新增像素的值。这会使得缩放看起来更好。这就是图形学名词两点线性过滤（Bi-linear Filtering）的由来。它是基于这个原理，但只适合在二维情况下。在例 2 中，你可以使用一个过滤器做同样的事情，对两个像素进行平均，尽管丢弃了两个像素，但你将它们的部分信息积累到剩余的像素中，这会使结果看起来更自然。

我将在后面再给你演示如何进行过滤，所以，现在只是用原始的手段进行缩放。看这个例子，你可以注意到我们通过一定频率（采样频率，Sample Rate）对源进行采样，并且基于该采样频率进行目标填充。从数学角度来讲，你做了下面的事：

```
// the source height of the 1D bitmap.
float source_height;

// the destination height of the desired scaled 1D bitmap.
float dest_height;

// the sample rate
float sample_rate = source_height/destination_height;

// used to index source data
float sample_index = 0;

// generate scaled destination bitmap
for (index = 0; index < dest_height; index++)
   {
   // write pixel
   dest_bitmap[index] =
   source_bitmap[(int)sample_index];

   // advance source index
   sample_index+=sample_rate;

} // end for index
```

这就是缩放位图所需要的全部代码。当然，你得给出新的尺寸。我舍弃了浮点运算，但这没有什么问题。

假设有一个 1×4 的源位图，像这样：

1x4 像素值

source_bitmap[0] = 12

source_bitmap[1] = 34

source_bitmap[2] = 56

source_bitmap[3] = 90

现在，将 1×4 图像数据放大为 1×8：

设置 source_height	= 4
dest_height	= 8
sample_rate	= 4/8 = 0.5

运行算法（考虑舍入）

Index	sample_index	dest_bitmap[index]
0	0	12
1	0.5	12
2	1.0	34
3	1.5	34
4	2.0	56
5	2.5	56
6	3.0	90
7	3.5	90

不错！每个像素正好复制了两次，现在试试将位图缩到 3 像素高。

设置 source_height	= 4
dest_height	= 3
sample_rate	= 4/3 = 1.333

运行算法（考虑舍入）

index	sample_index	dest_bitmap[index]
0	0	12
1	1.333	34
2	2.666	56

注意到你在源中丢失了最后一点像素——9。不知你是否喜欢这样。也许你想在缩放 1×2 或者更大的位图时，保留顶部和底部的像素，而舍弃中间的像素。你可以考虑进行四舍五入和平移一点 sample_rate 和 sample_index，想一想……

现在，既然知道了如何缩放图像，让 DirectDraw 为你处理它。DEMO7_14.CPP|EXE 是用 DEMO7_13.CPP|EXE 改写的，但是我在其中加入了任意缩放异形的代码，使异形们看起来具有不同的大小。如果你有硬件缩放，演示会非常平滑。但是如果你没有，可能会有一些画质损失。你将在本章后面部分看到如何使用函数 IDIRECTDRAWSURFACE7::GetCaps() 来检测硬件缩放是否存在。

7.11　色彩效果

接下来我想讨论的主题是关于色彩动画和一些诀窍。过去，256 色调色板模式是惟一可用的色深模式，人们发明了许多技巧和技术来利用色彩改变的瞬时性，换句话说，在屏幕上，改变一个或多个调色板寄存器的效果是瞬间可见的。而现在，由于有了更快的硬件和加速，256 色彩方式渐渐淡出了我们的视野。但是学习这些技术对帮助我们理解相关的概念是非常有用的，况且完全使用 RGB 还有待时日。另外还有不少人在用 486 或者较低主频的奔腾处理器，这些电脑只在 256 色模式下还能达到可以让人接受的速度！

7.11.1　256 色模式下的色彩动画

色彩动画是指在运行中对调色板项进行操作，如更改或轮转。例如，发光物质、闪烁的灯光等许多其他效果，只需在运行时操纵的色彩表中的项，就可以得到。最酷的事情是任何具有同样像素值的屏上物体在用户操纵色彩表的时候都会被影响到。

想象一下，通过位图实现以下效果有多么难。例如，你有一艘船，船上有流动的彩灯，并且你希望灯光明灭闪烁。你需要将每帧动画做一张位图。但是，利用色彩动画，你只需要一个位图，给每盏灯赋予特定的色彩索引，然后使色索引活动即可。图 7-36 形象地说明了这点。

我喜欢的两种效果是闪烁和发光。让我们先写一个闪光灯的函数。下面是你想实现的功能：

- 创建多至 256 盏闪光灯。
- 每盏灯有亮或灭的状态。在亮和灭之间有一段延时。
- 通过标识符能够在任意时候打开或关闭任意一盏闪光灯，并且/或者重置其参数。

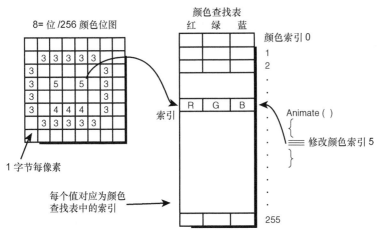

图 7-36　使用间接调色板的色彩动画

● 终止任何一盏灯并收回其所占存储空间。

这是一个很好的例子，可以演示一些稳定数据技术并展示如何更新 DirectDraw 调色板项。我的策略是创建单个函数，调用起来可以创建或销毁灯，也可以执行动画。函数使用局部的静态数组，并具有几种操作模式：

BLINKER_ADD：用来为数据库添加一个闪烁色。调用时，函数返回关联到的闪光灯的 ID。系统最多可以容纳 256 盏灯。

BLINKER_DELETE：删除对应于所发送的 ID 的灯。

BLINKER_UPDATE：更新对应于所发送的 ID 的灯的亮灭参数。

BLINKER_RUN：在一次循环内处理所有的灯。

存储一盏灯的数据结构是 BLINKER，如下所示：

```
// blinking light structure
typedef struct BLINKER_TYP
        {
        // user sets these
        int color_index;              // index of color to blink
        PALETTEENTRY on_color;        // RGB value of "on" color
        PALETTEENTRY off_color;       // RGB value of "off" color
        int on_time;                  // number of frames to keep "on"
        int off_time;                 // number of frames to keep "off"

        // internal member
        int counter;                  // counter for state transitions
        int state;                    // state of light,
                                      // -1 off, 1 on, 0 dead

        } BLINKER, *BLINKER_PTR;
```

通常你需要填充这些用户数据域，然后用 BLINKER_ADD 命令调用函数。无论怎样，一般操作步骤是：你在任意时候调用函数进行加、删和更新，但是每一帧只能够用一次 BLINKER_RUN 命令。下面给出函数的代码：

```
int Blink_Colors(int command, BLINKER_PTR new_light, int id)
{ // this function blinks a set of lights

static BLINKER lights[256];         // supports up to 256 blinking lights
```

```
static int initialized = 0;         // tracks if function has initialized

// test if this is the first time function has run
if (!initialized)
   {
   // set initialized
   initialized = 1;

   // clear out all structures
   memset((void *)lights,0, sizeof(lights));

   } // end if

// now test what command user is sending
switch (command)
      {
 // add a light to the database
         {
         // run thru database and find an open light
         for (int index=0; index < 256; index++)
            {
            // is this light available?
            if (lights[index].state == 0)
               {
               // set light up
               lights[index] = *new_light;

               // set internal fields up
               lights[index].counter = 0;
               lights[index].state   = -1; // off

               // update palette entry
               lpddpal->SetEntries(0,lights[index].color_index,
                            1,&lights[index].off_color);

               // return id to caller
               return(index);

               }                   // end if

            }                   // end for index

         } break;

   case BLINKER_DELETE:        // delete the light indicated by id
      {
      // delete the light sent in id
      if (lights[id].state != 0)
         {
         // kill the light
         memset((void *)&lights[id],0,sizeof(BLINKER));

         // return id
         return(id);

         }                  // end if
      else
         return(-1);     // problem


      } break;
```

```
    case BLINKER_UPDATE:                    // update the light indicated by id
        {
        // make sure light is active
        if (lights[id].state != 0)
            {
            // update on/off parms only
            lights[id].on_color  = new_light->on_color;
            lights[id].off_color = new_light->off_color;
            lights[id].on_time   = new_light->on_time;
            lights[id].off_time  = new_light->off_time;

            // update palette entry
            if (lights[id].state == -1)
                lpddpal->SetEntries(0,lights[id].color_index,
                               1,&lights[id].off_color);
            else
                lpddpal->SetEntries(0,lights[id].color_index,
                               1,&lights[id].on_color);

            // return id
            return(id);

            }                               // end if
        else
            return(-1);                     // problem

        } break;

    case BLINKER_RUN:                       // run the algorithm
        {
        // run thru database and process each light
        for (int index=0; index < 256; index++)
            {
            // is this active?
            if (lights[index].state == -1)
                {
                // update counter
                if (++lights[index].counter >= lights[index].off_time)
                    {
                    // reset counter
                    lights[index].counter = 0;

                    // change states
                    lights[index].state = -lights[index].state;

                    // update color
                    lpddpal->SetEntries(0,lights[index].color_index,
                                   1,&lights[index].on_color);

                    }                       // end if

                }                           // end if
            else
            if (lights[index].state == 1)
                {
                // update counter
                if (++lights[index].counter >= lights[index].on_time)
                    {
                    // reset counter
```

```
                    lights[index].counter = 0;

                    // change states
                    lights[index].state = -lights[index].state;
                    // update color
                    lpddpal->SetEntries(0,lights[index].color_index,
                                     1,&lights[index].off_color);

            }                  // end if
        }                      // end else if

    }                          // end for index

    } break;

default: break;

}                              // end switch

// return success
return(1);

}                              // end Blink_Colors
```

注意

我将调整 DirectDraw 调色板项的部分代码写成粗体。并且我假定有一个全局调色板接口 lpddpal。

函数主要包括三部分，初始化、更新和运行逻辑。当函数第一次调用时，它对自身进行初始化。接下来的代码段测试更新命令和运行命令。如果发来的是一个更新类命令，执行添加、删除、更新闪光灯的逻辑。如果是运行模式，所有的灯在一个循环内被处理。一般说来，在首次加入了一或多个灯光后，你会调用该函数。这时，你应该先设置 BLINKER 结构，然后用一个 BLINKER_ADD 命令将此结构传送给函数。之后函数会返回你的闪光灯的 ID，你应该将它保存，因为你还会在删除或者更新闪光灯的时候用到该 ID。

在创建完毕所有所想要的灯光后，你可将以上所有参数置为 NULL，并调用函数（除了 BLINKER_RUN）。你在游戏循环中对每一帧画面都这么做。比方说，你有一个游戏运行速度为 30fps，你想要一个占空比为 50% 的（一秒开，一秒关）的红色闪光灯和一个占空比 50% 的（两秒开，两秒关）的绿色闪光灯。更进一步说，你想对红灯和绿灯分别使用 250 和 251 号调色板项。代码如下：

```
BLINKER temp;                  // used to hold temp info

PALETTEENTRY red   = {255,0,0,PC_NOCOLLAPSE};
PALETTEENTRY green = {0,255,0,PC_NOCOLLAPSE};
PALETTEENTRY black = {0,0,0,PC_NOCOLLAPSE};

// add red light
temp.color_index = 250;
temp.on_color    = red;
temp.off_color   = black;
temp.on_time     = 30;         // 30 cycles at 30fps = 1 sec
temp.off_time    = 30;

// make call
int red_id = Blink_Colors(BLINKER_ADD, &temp, 0);

// now create green light
temp.color_index = 251;
```

```
temp.on_color    = green;
temp.off_color   = black;
temp.on_time     = 60;          // 30 cycles at 30fps = 2 secs
temp.off_time    = 60;

// make call
int green_id = Blink_Colors(BLINKER_ADD, &temp, 0);
```

现在你已经准备好运行了。你应该在游戏循环的主体中调用 Blink_Colors()，如下所示：

```
// enter main event loop
while(TRUE)
    {
    // test if there is a message in queue, if so get it
    if (PeekMessage(&msg,NULL,0,0,PM_REMOVE))
       {
       // test if this is a quit
    if (msg.message == WM_QUIT)
       break;

       // translate any accelerator keys
       TranslateMessage(&msg);

       // send the message to the window proc
       DispatchMessage(&msg);
       }           // end if

    // main game processing goes here
    Game_Main();

    // blink all the colors
    // could put this into Game_Main() also - better idea
    Blink_Colors(BLINKER_RUN, NULL, 0);

    }                // end while
```

当然，你可以在任何时候通过其 ID 删除一盏闪光灯，它就不会再次被处理了。距离来说，想去掉红灯可以这样做：

```
Blink_Colors(BLINKER_DELETE, NULL, red_id);
```

就这么简单。当然，你可以通过设置另外一个 BLINKER 结构，用 BLINKER_UPDATE 调用函数，就可以更新闪光灯的开关时间和色彩值。例如，如果想改变绿色闪光灯的参数：

```
// set new parms
temp.on_time   = 100;
temp.off_time  = 200;
temp.on_color  = {255,255,0,PC_NOCOLLAPSE};
temp.off_color = {0,0,0,PC_NOCOLLAPSE};

// update blinker
Blink_Colors(BLINKER_UPDATE, temp, green_id);
```

这就足够了，请看 DEMO7_15.CPP|EXE，它利用 Blink_Colors()函数让飞船图像上的灯闪烁起来。

7.11.2　256 色模式下的色彩旋转

下一个有趣的动画效果是色彩旋转（*Color Rotation*）或者色彩滚动（*Color Shifting*）。通常，它是以相毗邻的色彩项或者寄存器的集合作为参数，然后以循环的方式移动它们的一种处理，如图 7-37 所示。采用这种技术，不需要向屏幕写一个像素，你就可以使得物体看起来像是在移动。用这种方法模拟水或液体流动的效果非常好。另外，你可以在不同位置绘制一些图像，各自具有不同的色彩索引。然后，如果色彩旋转，看起来就如同物体在移动一样。壮观的 3D 星球大战（Star Wars）中的战壕可能就是这样做的。

色彩旋转的代码很简单。从算法角度来讲，可以采用下面的代码将色彩 color[c1]旋转到 color[c2]：

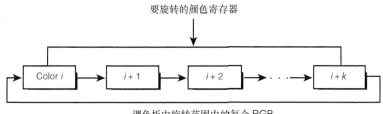

要旋转的颜色寄存器

调色板中旋转范围内的每个 RGB
三元组都被循环地移至下一个位置

图 7-37　色彩旋转

```
temp = color[c1];

for (int index = c1; index < c2; index++)
    color[c1] = color[c1+1];

// finish the cycle, close the loop
color[index] = temp;
```

下面是我们的库函数中实现此算法的函数：

```
int Rotate_Colors(int start_index, int end_index)
{
// this function rotates the color between start and end

int colors = end_index - start_index + 1;

PALETTEENTRY work_pal[MAX_COLORS_PALETTE]; // working palette

// get the color palette
lpddpal->GetEntries(0,start_index,colors,work_pal);

// shift the colors
lpddpal->SetEntries(0,start_index+1,colors-1,work_pal);

// fix up the last color
lpddpal->SetEntries(0,start_index,1,&work_pal[colors - 1]);

// update shadow palette
lpddpal->GetEntries(0,0,MAX_COLORS_PALETTE,palette);

// return success
return(1);

} // end Rotate_Colors
```

通常，算法以旋转的起始色彩索引和终止色彩索引作为输入。不要担心"阴影调色板（Shadow Palette）"部分——那是函数库的事情，现在只要集中注意逻辑部分。有趣的是算法工作原理。它完成的是同 for 循环语句一样的功能，但是采用了不同的方法。通过一个适当的移动使其成为可能。下面，看看 DEMO7_16.CPP|EXE，它用此函数表现了移动着的强酸流，懦夫才用水呢！

7.11.3　使用 RGB 模式的技巧

采用 RGB 模式的问题是没有任何色彩间接寻址。换句话说，在屏幕上的每一个像素都有它自己的色彩值，所以没有办法让单个变动影响整个图像。但是还是有两个方法可以进行色彩相关的处理：

● 利用手动色彩变换或查询表。

● 采用新的 DirectX 彩色和 Gamma 补偿，实时地在主表面上执行色彩操作。

技巧

Gamma 补偿（*Gamma Correction*）处理计算机显示器对输入驱动的非线性响应。许多情况下，Gamma 补偿允许你修改视频信号的强度和亮度。更有甚者，Gamma 补偿允许分别改变红色、绿色、蓝色通道以获得有意思的效果。

7.12　手动色彩变换及查询表

退一万步讲，你总是能够使用 Gamma 补偿系统对整个屏幕上的图像进行过滤操作。但是，我将首先讨论 RGB 模式下的查询表，然后再讨论 DirectX Gamma 补偿系统。

在处理以 RGB 字编码的像素的时候，实际上是无法实现色彩动画的。你不但必须写入那些欲改变色彩的像素，你还可能不得不读出它们。因此，最差的情况下，你可能必须循环地对每一想操纵的像素执行读、变换、写入。这根本行不通。

但是，还是有一些办法能帮助你。多数时候，在 RGB 空间实行数学转换非常费力。例如，你想在 16 位图形模式下模拟一个在 (x, y) 处，具有一定尺寸（宽，高）的正方形聚光灯。你该怎么做呢？

你先扫描组成聚光灯区域的矩形像素，并把它们存为一张位图。然后，对于位图中的每一个像素，执行如下的色彩变换：

```
I*pixel(r,g,b) = pixel(I*r, I*g, I*b)
```

要做三次乘法才能调制颜色的强度。更不必说你还必须先从 16 位字中提取 RGB 分量，在变换完成后还需要重新组合出 16 位 RGB 字。这里要使用的技巧就是使用查询表。

不再是使用 16 位模式下所有的 65536 种色彩，你只要画那些可能会被聚光灯照到的物体，比方说，聚光灯具有均匀分布在 64K 空间的 1024 种色彩的光。然后，你可以创建一个二维数组查询表，表的大小是 1024 乘以你想要的强度等级，如 64。之后你取出每个实际色彩的 RGB 值，计算它的 64 级的浓淡，并全部存储在表中。当你创建聚光灯时，使用 16 位字作为表的索引。同时把光的浓淡做第二级索引。表中的 16 位结果就是预先调制好的 RGB 值。这样，光照操作就被实现为一个简单的查询。

这种技术可以被用来进行透明、Alpha 混合、光照、暗化等处理。直到下一章，我才会给出演示程序。但是，如果你想在 16、24 或 32 位色彩模式下使用光照或者色彩效果，还想要有一定的速度，使用查询表是你惟一的选择。

7.13　新的 DirectX 色彩和 Gamma 控制接口

微软在 DirectX5.0 中添加了两个新的接口，帮助游戏程序员和视频程序员获得对屏幕图像的色彩特性的更多的控制，而无需诉诸复杂的算法。例如，对屏幕上的图像添加一点红色、改变色彩等等。尽管像这样的操作在电视机上只需转动旋钮，采用软件做起来却是相当复杂的。谢天谢地，有两个新的接口，IDirectDrawGammaControl 和 IDirectDrawColorControl 让程序员通过一些简单的调用就可以完成这些操作。

IDirectDrawColorControl 和电视机的界面非常相似，使你可以控制亮度、对比度、色调、饱和度、锐度和 Gamma 值。要使用这个接口，你必须通过 IID_IDirectDrawColorControl 标识符从主表面指针中访问它。一旦获得了该接口，接下来就可以准备一个 DDCOLORCONTROL 结构，如下：

```
typedef struct _DDCOLORCONTROL
    {
    DWORD   dwSize;              // size of this struct
    DWORD   dwFlags;             // indicates which fields are valid
    LONG    lBrightness;
    LONG    lContrast;
    LONG    lHue;
    LONG    lSaturation;
    LONG    lSharpness;
    LONG    lGamma;
    LONG    lColorEnable;
    DWORD   dwReserved1;
    } DDCOLORCONTROL, FAR *LPDDCOLORCONTROL;
```

然后，调用 IDIRECTDRAWCOLORCONTROL::SetColorControl()，主表面会立即被修改。改动一直维持到你再一次调用此函数。

```
HRESULT SetColorControl(LPDDCOLORCONTROL lpColorControl);
```

Gamma 控制则有点不同，不像设置那些类似于电视机的设置时那样，Gamma 补偿控制让你控制主表面上的红色、绿色、蓝色的彩色曲线。基本上，你定义的曲线的形状决定红色、绿色、蓝色的色彩响应。设置 IDirectDrawGammaControl 同色彩控制相类似，所以不再重复。参阅 DirectX SDK 而更多地了解这个主题，因为通过使用它们你可以很容易地获得各种效果，如水下感觉、屏幕闪烁、灯光、黑暗等等。惟一的问题是这些只在支持它们的硬件上才工作，只有很少的几块显卡支持它——甚至我的显卡也不行，所以我无法写一个演示程序！

7.14 将 GDI 和 DirectX 联用

哈哈！对不起，我只是需要释放一些压力。现在，回来讲 GDI，或者说图形设备接口。GDI 是对应所有窗口渲染的 WIN32 图形子系统。在前面 Windows 编程部分，你已经看到过如何应用 GDI，所以我不想赘述设备上下文等等内容。

在 DirectDraw 下使用 GDI，你只需要在 DirectDraw 中找到一个兼容 DC，然后就像从标准调用 GetDC() 获得的 DC 一样使用它。最酷的事情是一旦你从 DirectDraw 重载了 GDI 兼容 DC，在 GDI 函数的使用上就没有任何不同。实际上，你的所有代码几乎不需要改变就可以立即工作！

现在，你可能会疑惑，如果 DirectDraw 接管了图形系统，例如在全屏模式下，GDI 怎么能够和 DirectDraw 一起工作呢？事实上，在独占模式下，Windows 不能够用 GDI 在任何你的 DirectDraw 表面上进行绘制。这是个迷惑了许多 DirectX 新手的重要的细节。一般说来，Windows 向它的子系统如 GDI、MCI 等发送消息。如果 DirectX 有硬件系统的控制权，并且是独占，消息就不被处理。因此，在全屏幕模式下对 GDI 绘图函数的调用将被忽略。

但是，你总可以利用子系统的软件来代你处理，因为你是编程的主体。就像一把植入了你的 DNA 的等离子火焰枪，我没法使用它开火，但是你就可以。所以要开枪时用户得发出指令，但是枪功能总是完好的。奇怪的例子，不是吗？试试看像我这样数周都不睡觉，你还会更奇怪些呢，哈哈！

因为你在表面进行所有的绘制，你会猜应该有办法从 DirectDraw 表面获得 GDI 兼容 DC，的确有办法。函数是 IDIRECTDRAWSURFACE7::GetDC()，如下所示：

```
HRESULT GetDC(HDC FAR *lphDC);
```

你需要做的仅仅就是分配一些内存并调用 DC，这难不倒你。下面是例子：

```
LPDIRECTDRAWSURFACE7 lpdds;          // assume this is valid
```

```
HDC xdc;                        // I like calling DirectX DC XDC's

if (FAILED(lpdds->GetDC(&xdc)))
   { /* error */ }

// do what you will with the DC...
```
一旦用完了 DirectDraw 兼容 DC，一定要像对待普通 GDI DC 那样释放它。函数是 IDIRECTDRAWSURFACE7::ReleaseDC()，如下所示：
```
HRESULT ReleaseDC(HDC hDC);

Basically, just send it the DC you retrieved like this:

if (FAILED(lpdds->ReleaseDC(xdc)))
   { /* error */ }
```

警告

如果表面被锁定了，GetDC()就不对它起作用了，因为 GetDC()也要求锁定表面。另外，一旦从表面获得 DC，一定要在用完后尽早 ReleaseDC()，因为 GetDC()对表面创建一个内部锁，你将不能够使用它。基本上，在任何时候，只有 GDI 和 DirectDraw 二者之一能够写表面，而不是同时。

使用 GDI 的例子，请参看 DEMO7_17.CPP|EXE。它创建了一个 640×480×256 的全屏幕 DirectDraw 应用程序，然后在随机位置打印 GDI 文本。打印文字的代码如下所示：
```
int Draw_Text_GDI(char *text, int x,int y,
                COLORREF color, LPDIRECTDRAWSURFACE7 lpdds)
{
// this function draws the sent text on the sent surface
// using color index as the color in the palette

HDC xdc;                   // the working dc

// get the dc from surface
if (FAILED(lpdds->GetDC(&xdc)))
  return(0);

// set the colors for the text up
SetTextColor(xdc,color);

// set background mode to transparent so black isn't copied
SetBkMode(xdc, TRANSPARENT);

// draw the text a
TextOut(xdc,x,y,text,strlen(text));

// release the dc
lpdds->ReleaseDC(xdc);

// return success
return(1);
}                          // end Draw_Text_GDI
```

技巧

请注意色彩是 COLORREF 格式。这是关系到性能的重要内容。前面讲过，COLORREF 是 24 位 RGB 结构，这意味着所需色彩总是 24 位 RGB 格式。它的问题是当 DirectX 在调色板模式时，必须寻找最接近的色彩同所需色彩相匹配，这个处理又加上慢速的 GDI 操作，使得 GDI 打印文字变得很慢。为追求高速度的文字打印，我强烈要求你自行编写文字 blitter。

　　函数自己完成所有的 DC 操作，你只需要调用它。例如，在主表面的（100，100）处用纯绿色打印"You da Man!"，你可写：

```
Draw_Text_GDI("You da Man!",
              100,100,
              RGB(0,255,0),
              lpddsprimary);
```

　　在我们继续之前，我想谈谈何时采用 GDI。通常，GDI 速度较慢，我通常在打印文字、绘制 GUI 元素等时候采用。GDI 在开发过程中作一些慢速的模拟时也很有用。例如，假设你想写一个飞快的画线算法，叫做 Draw_Line()，但是你还没有时间来完成它，这时你可以采用 GDI 仿真一个 Draw_Line()。这样至少你可以先在屏幕上看到一些东西，等以后你有空了再具体实现快速直线绘制算法。

7.15　DirectDraw 的庐山真面目

　　正如你所学到的那样，DirectDraw 是一个相当复杂的图像系统。它有很多接口，每个接口具有大量函数。DirectDraw 的主旨是以一个统一的方式使用硬件。因此，它允许游戏程序员查询 DirectDraw 的不同接口的状态和/或能力（Capabilities），使能够采取合适的动作。例如，当你想创建表面时，你可能首先想察看 VRAM 有多少可用空间，以便优化创建顺序。你想利用硬件旋转，就应首先知道它是否可用。你想知道的东西可能会很多。因此，在每个主要接口上，都有许多能力测试函数，通常它们的名字是 GetCaps()、Get*() 等。让我们来看看最有用的 GetCaps() 函数。

7.15.1　主 DirectDraw 对象

DirectDraw 对象代表显卡并描述 HEL 和 HAL。这里我们关注的函数是 IDIRECTDRAW7::GetCaps()：

```
HRESULT GetCaps(
  LPDDCAPS lpDDDriverCaps,        // ptr to storage for HAL caps
  LPDDCAPS lpDDHELCaps);          // ptr to storage for HEL caps
```

此函数可以获得 HEL 和 HAL 能力。然后，你可以在返回的 DDCAPS 结构中查看关心的数据。例如，你可以这样查询 HAL 和 HEL：

```
DDCAPS hel_caps, hal_caps;

// initialize the structures
DDRAW_INIT_STRUCT(hel_caps);
DDRAW_INIT_STRUCT(hal_caps);

// make the call
if (FAILED(lpdd->GetCaps(&hal_caps, &hel_caps)))
    return(0);
```

此时，你就可以在 hel_caps 或 hal_caps 中索引查找，来获取想知道的消息。DDCAPS 结构如下：

```
typedef struct _DDCAPS
    {
    DWORD    dwSize;
    DWORD    dwCaps;                    // driver-specific caps
    DWORD    dwCaps2;                   // more driver-specific caps
    DWORD    dwCKeyCaps;                // color key caps
    DWORD    dwFXCaps;                  // stretching and effects caps
    DWORD    dwFXAlphaCaps;             // alpha caps
    DWORD    dwPalCaps;                 // palette caps
```

```
    DWORD    dwSVCaps;                    // stereo vision caps
    DWORD    dwAlphaBltConstBitDepths;        // alpha bit-depth members
    DWORD    dwAlphaBltPixelBitDepths;        //  .
    DWORD    dwAlphaBltSurfaceBitDepths;      //  .
    DWORD    dwAlphaOverlayConstBitDepths;    //  .
    DWORD    dwAlphaOverlayPixelBitDepths;    //  .
    DWORD    dwAlphaOverlaySurfaceBitDepths;  //  .
    DWORD    dwZBufferBitDepths;          // Z-buffer bit depth
    DWORD    dwVidMemTotal;               // total video memory
    DWORD    dwVidMemFree;                // total free video memory
    DWORD    dwMaxVisibleOverlays;        // maximum visible overlays
    DWORD    dwCurrVisibleOverlays;       // overlays currently visible
    DWORD    dwNumFourCCCodes;            // number of supported FOURCC codes
    DWORD    dwAlignBoundarySrc;          // overlay alignment restrictions
    DWORD    dwAlignSizeSrc;              //  .
    DWORD    dwAlignBoundaryDest;         //  .
    DWORD    dwAlignSizeDest;             //  .
    DWORD    dwAlignStrideAlign;          // stride alignment
    DWORD    dwRops[DD_ROP_SPACE];        // supported raster ops
    DWORD    dwReservedCaps;              // reserved
    DWORD    dwMinOverlayStretch;         // overlay stretch factors
    DWORD    dwMaxOverlayStretch;         //  .
    DWORD    dwMinLiveVideoStretch;       // obsolete
    DWORD    dwMaxLiveVideoStretch;       //  .
    DWORD    dwMinHwCodecStretch;         //  .
    DWORD    dwMaxHwCodecStretch;         //  .
    DWORD    dwReserved1;                 // reserved
    DWORD    dwReserved2;                 //  .
    DWORD    dwReserved3;                 //  .
    DWORD    dwSVBCaps;                   // system-to-video
                                          // blit related caps
    DWORD    dwSVBCKeyCaps;               //  .
    DWORD    dwSVBFXCaps;                 //  .

    DWORD    dwSVBRops[DD_ROP_SPACE];     //  .
    DWORD    dwVSBCaps;                   // video-to-system
                                          // blit related caps
    DWORD    dwVSBCKeyCaps;               //  .

    DWORD    dwVSBFXCaps;                 //  .
    DWORD    dwVSBRops[DD_ROP_SPACE];     //  .
    DWORD    dwSSBCaps;                   // system-to-system
                                          // blit related caps
    DWORD    dwSSBCKeyCaps;               //  .
    DWORD    dwSSBCFXCaps;                //  .
    DWORD    dwSSBRops[DD_ROP_SPACE];     //  .
    DWORD    dwMaxVideoPorts;             // maximum number of
                                          // live video ports
    DWORD    dwCurrVideoPorts;            // current number of
                                          // live video ports
    DWORD    dwSVBCaps2;                  // additional
                                          // system-to-video blit caps
    DWORD    dwNLVBCaps;                  // nonlocal-to-local
                                          // video memory blit caps
    DWORD    dwNLVBCaps2;                 //  .
    DWORD    dwNLVBCKeyCaps;              //  .
    DWORD    dwNLVBFXCaps;                //  .
    DWORD    dwNLVBRops[DD_ROP_SPACE];    //  .
    DDSCAPS2 ddsCaps;                     // general surface caps
} DDCAPS,FAR* LPDDCAPS;
```

要是我描述其中每一个字段，我几乎需要另写一本书，所以你还是在 SDK 中查找吧。它们大部分都一目了然，例如，DDCAPS.dwVidMemFree，它是我喜欢的成员之一，因为它给出了可以用作表面的 VRAM 空闲数量。

还有一个我喜欢用的函数，叫做 GetDisplayMode()，当你的程序在窗口模式下运行的时候它可以给出 Windows 系统的显示模式。下面是原型：

```
HRESULT GetDisplayMode(LPDDSURFACEDESC2 lpDDSurfaceDesc2);
```

你已经见过 DDSURFACEDESC2 结构，应该知道怎么做。

注意

多数时候，DirectX 数据结构可以用来读，也可以用来写。换句话说，你可以设置数据结构来创建对象，但是当你想通过调用 GetCaps() 了解一个对象时，对象将用它的数据填充同一个数据结构。

7.15.2　关于表面

很多时候，你不需要找出自己创建的表面的特性，因为你本来就知道（毕竟是你自己创建它的）！但是，主表面和后备缓冲表面的性能非常重要，因为它们可以使你洞察每一个硬件特性。用来获取任意表面能力的函数（或者叫方法）是 IDIRECTDRAWSURFACE7::GetCaps()：

```
HRESULT GetCaps(LPDDSCAPS2 lpDDSCaps);
```

该函数返回一个你曾见过的标准 DDSCAPS2 结构，然后把这结构拆开看看里面的数据吧。

下一个与表面相关的函数是 IDIRECTDRAWSURFACE7:: GetSurfaceDesc()。它返回一个 DDSURFACEDESC2 结构，它包含更多表面本身的细节。下面是原型：

```
HRESULT GetSurfaceDesc(LPDDSURFACEDESC2 lpDDSurfaceDesc);
```

还有一个方法 IDIRECTDRAWSURFACE7::GetPixelFormat()，我在前面已经谈过。此外 GetSurfaceDesc() 在结构 DDSURFACEDESC2.ddpfPixelFormat 中返回像素的格式。

7.15.3　使用调色板

关于使用调色板要讨论的东西不多。DirectDraw 仅仅给你一个按位编码的字用以描述任意给定的调色板的能力。函数是 IDIRECTDRAWPALETTE::GetCaps()，如下所示：

```
HRESULT GetCaps(LPDWORD lpdwCaps);
```

lpdwCaps 是具有表 7-7 中值的按位编码的字。

表 7-7　　　　　　　　　　　　　　调色板能力标志

值	描述
DDPCAPS_1BIT	支持 1 位色彩调色板。
DDPCAPS_2BIT	支持 2 位色彩调色板。
DDPCAPS_4BIT	支持 4 位色彩调色板。
DDPCAPS_8BIT	支持 8 位色彩调色板。
DDPCAPS_8BITENTRIES	调色板是一个索引调色板。
DDPCAPS_ALPHA	支持每个调色板项都带有一个 alpha 分量。
DDPCAPS_ALLOW256	可以定义全部 256 种色彩。
DDPCAPS_PRIMARYSURFACE	调色板已关联到主表面。
DDPCAPS_VSYNC	调色板能够随着显示器的刷新同步地被修改。

7.16　在窗口模式下使用 Direct Draw

我想讨论的最后一个主题是在窗口模式下应用 DirectDraw。窗口模式的问题是，就游戏而言，你很难控制色彩深度和分辨率的初始设置。写一个 DirectDraw 全屏幕游戏已经很复杂了，但是采用窗口模式会更加复杂。你必须考虑使用者可能在任意分辨率和任意色彩深度模式下启动游戏。这就意味着你的程序的性能会打折扣。不仅如此，若是你碰巧将游戏写成只工作于 8 位或者 16 位模式，使用真彩模式的玩家就会根本不能够运行你的游戏。

显然让游戏既适用于窗口模式又适用于全屏幕模式是最完美的，但是为了减少工作量，我还是常常采用全屏模式。不过，我还是常常会创建一些窗口方式的应用程序，工作在 8 位色彩深度的 800×600 或者更高分辨率模式下。这样可以方便调试 DirectX 程序或者其他的输出窗口，包括图像输出。下面让我们来看看如何编写窗口模式的 DirectX 程序，如何操作主表面。

第一件需要知道的事情是，窗口方式的 DirectDraw 程序的主表面就是整个显示屏幕，而不仅仅是你的窗口！如图 7-38 所示，这意味着你不能盲目的向屏幕执行写操作，否则会破坏其他应用程序窗口的客户区。当然，如果你正在写一个屏幕保护程序或者其他的屏幕处理程序，这正符合你的要求。但是多数时候，你只是想写自己窗口的用户区。这就意味着你必须找出你的窗口用户区的坐标，并确保只是在它上面操作。

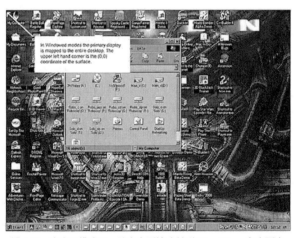

图 7-38　在窗口模式下，整个桌面被映射到 DirectDraw 主表面中

第二个问题是裁剪。如果你想使用 Blt()函数，它不知道你的用户区的尺寸，从而将会 blit 到用户区边界以外的地方。这就意味着你必须告诉 DirectDraw 裁剪系统，你在屏幕上有一个窗口，使它按照这个窗口进行裁剪，无论你的窗口如何移动位置或者改变尺寸。

这又产生了另外一个问题，如果窗口被玩家移动或者改变尺寸怎么办？诚然，你可以强制窗口不能够被改变大小，但是移动是绝对需要支持的。否则，为什么要用窗口方式的应用程序呢？要处理这些问题，必须跟踪 WM_SIZE 和 WM_MOVE 消息。

下一个问题是 8 位调色板。如果视频是 8 位模式，改变调色板会带来问题。你必须满足 Windows 的调色板管理器（Palette Manager），否则你可能会使其他的应用程序变得很难看。你可以改变调色板，但是最好留下大约 20 个调色板项（保留给 Windows 和系统色彩），这样调色板管理器能够使其他应用程序看起来比较正常。

最后，最明显的问题是如何在不同的模式下，进行位 blit 和像素操作。因此，如果你希望程序有较好的健壮性的话，就一定要自己写代码处理各种色彩深度。

接下来我将从认识窗口模式下的细节开始。你已经知道如何做这点。不同的是你无需设置视频模式或创建从后备缓冲。在窗口模式下，无法进行页面切换。也就是说你必须 blit 到双缓冲或者自己完成它，但是你不能建立复杂表面链然后调用 Flip()，它不会起作用的。事实上这也没有什么大不了的，你可以创建一个同窗口用户区一样大小的另一个表面，在它上面进行绘制，然后把它 blit 到主缓冲代表的窗口用户区。通过这样做，你可以避免屏幕闪烁。

让我给你演示创建窗口模式 DirectDraw 应用程序的过程。首先，初始化 DirectDraw：

```
LPDIRECTDRAW7 lpdd = NULL; // used to hold the IDIRECTDRAW7 interface

// create the IDirectDraw7 interface
if (FAILED(DirectDrawCreateEx(NULL, (void **)&lpdd, IID_IDirectDraw7, NULL)))
   return(0);


// set cooperation to full screen
if (FAILED(lpdd->SetCooperativeLevel(main_window_handle, DDSCL_NORMAL)))
   return(0);

// clear ddsd and set size
DDRAW_INIT_STRUCT(ddsd);

// enable valid fields
ddsd.dwFlags = DDSD_CAPS;

// request primary surface
ddsd.ddsCaps.dwCaps = DDSCAPS_PRIMARYSURFACE;
// create the primary surface
if (FAILED(lpdd->CreateSurface(&ddsd, &lpddsprimary, NULL)))
   return(0);
```

这里关键的是协作等级的设置。注意，它是 DDSCL_NORMAL，而不是通常在全屏模式下使用的 DDSCL_FULLSCREEN | DDSCL_ALLOWMODEX | DDSCL_EXCLUSIVE | DDSCL_ALLOWREBOOT。

另外，你在创建窗口应用程序时，使用 WS_OVERLAPPED 或者 WS_OVERLAPPEDWINDOW 标记，而不是 WS_POPUP。用 WS_POPUP 标记创建的窗口没有标题也没有任何控件。WS_OVERLAPPED 使创建的窗口有标题，但是不能被改变尺寸。WS_OVERLAPPEDWINDOW 格式创建带有全部功能、拥有全部控件的窗口。但是，在多数时候，我采用 WS_OVERLAPPED，因为我不想处理窗口尺寸变化的问题。用哪一种取决于你。

演示程序 DEMO7_18.CPP|EXE 是你目前所学到的知识的一个例子。它创建了一个窗口方式的 DirectX 应用程序，具有一个带主表面的、大小为 400×400 的用户窗口。

7.16.1　在窗口中绘制像素

现在，让我们开始存取窗口的用户区。记住两件事情：一是主表面是整个屏幕，二是你不知道色深。首先看第一个问题——找到窗口的用户区。

因为玩家可以将窗口移动到屏幕的任何地方，如果想使用绝对坐标的话，用户区的坐标总是变化的，你必须找出窗口的用户区左上角在屏幕上的坐标，然后利用它作为原点绘制像素。你需要的函数是（我在以前谈到过）GetWindowRect()：

```
BOOL GetWindowRect(HWND hWnd, // handle of window
                   LPRECT lpRect); // address of structure
                                   // for window coordinates
```

警告

GetWindowRect()实际上获得的是整个窗口（包括控件和边框）的坐标。我将教你如何找出用户区的确切坐标，但是请记住上面那点……

当你发送应用程序窗口的窗口句柄时，函数在 lpRect 中返回你的窗口的用户区坐标。所以，所有你需要做的就是调用这个函数来获得窗口的左上角在屏幕上的坐标。当然，每当窗口被移动，坐标也随之变化。所以，你应当在每帧或每收到一次 WM_MOVE 消息的时候都调用函数 GetWindowRect()。我喜欢每帧调用一次，因为我不喜欢处理不必要的 Windows 消息。

现在既然知道了你的窗口用户区的屏幕坐标，准备操作像素吧。但是，等等，像素格式是什么？

很高兴你能问这个问题，因为我知道你一定知道答案！首先你需要在程序开始处调用 GetPixelFormat()函数以确定色彩深度。基于这色彩深度而调用不同的像素绘制函数。所以在你程序中某处，或许是在设置 DirectDraw 之后的 Game_Init()函数中，应该用主表面调用 GetPixelFormat()，像下面这样：

```
int pixel_format = 0;            // global to hold the bpp
DDPIXELFORMAT ddpixelformat;     // hold the pixel format

// clean out the structure and set it up
DDRAW_INIT_STRUCT(ddpixelformat);

// get the pixel format
lpddsprimary->GetPixelFormat(&ddpixelformat);

// set global pixel format
pixel_format = ddpixelformat.dwRGBBitCount;
```

然后，一旦你知道了像素的格式，就可以利用条件逻辑、函数指针或虚函数来设置像素绘制函数的正确色深。为了简单超见，你可以写一些条件逻辑来在实际绘制之前测试全局变量 pixel_format。下面的代码在窗口的用户区的随机位置绘制随机像素：

```
DDSURFACEDESC2 ddsd;             // directdraw surface description
RECT           client;           // used to hold client rectangle

// get the window's client rectangle in screen coordinates
GetWindowRect(main_window_handle, &client);

// initialize structure
DDRAW_INIT_STRUCT(ddsd);

// lock the primary surface
lpddsprimary->Lock(NULL,&ddsd,
            DDLOCK_SURFACEMEMORYPTR | DDLOCK_WAIT,NULL);

// get video pointer to primary surface
// cast to UCHAR * since we don't know what we are
// dealing with yet and I like bytes :)
UCHAR *primary_buffer = (UCHAR *)ddsd.lpSurface;

// what is the color depth?
if (pixel_format == 32)
  {
   // draw 10 random pixels in 32 bit mode
   for (int index=0; index<10; index++)
     {
```

```
            int x=rand()%(client.right - client.left) + client.left;
            int y=rand()%(client.bottom - client.top) + client.top;
            DWORD color = __RGB32BIT(0,rand()%256, rand()%256, rand()%256);
            *((DWORD *)(primary_buffer + x*4 + y*ddsd.lPitch)) = color;
            }          // end for index
    }              // end if 24 bit

else
if (pixel_format == 24)
    {
    // draw 10 random pixels in 24 bit mode (very rare???)
    for (int index=0; index<10; index++)
        {
        int x=rand()%(client.right - client.left) + client.left;
        int y=rand()%(client.bottom - client.top) + client.top;
        ((primary_buffer + x*3 + y*ddsd.lPitch))[0] = rand()%256;
        ((primary_buffer + x*3 + y*ddsd.lPitch))[1] = rand()%256;
        ((primary_buffer + x*3 + y*ddsd.lPitch))[2] = rand()%256;
        }          // end for index
    }              // end if 24 bit
else
if (pixel_format == 16)
    {
    // draw 10 random pixels in 16 bit mode
    for (int index=0; index<10; index++)
        {
        int x=rand()%(client.right - client.left) + client.left;
        int y=rand()%(client.bottom - client.top) + client.top;
        USHORT color = __RGB16BIT565(rand()%256, rand()%256, rand()%256);
        *((USHORT *)(primary_buffer + x*2 + y*ddsd.lPitch)) = color;
        }          // end for index
    }              // end if 16 bit
else
    {              // assume 8 bits per pixel
    // draw 10 random pixels in 8 bit mode
    for (int index=0; index<10; index++)
        {
        int x=rand()%(client.right - client.left) + client.left;
        int y=rand()%(client.bottom - client.top) + client.top;
        UCHAR color = rand()%256;
        primary_buffer[x + y*ddsd.lPitch] = color;
        }          // end for index
    }              // end else

// unlock primary buffer
lpddsprimary->Unlock(NULL);
```

技巧

　　然而，这段代码足以让一个热衷于优化的程序员做恶梦。我极不情愿给出如此之慢而且拙劣、原始的代码，但是这段代码易于理解。在实际应用时，你会使用函数指针、虚函数，完全去掉乘法和模运算，同时使用递增寻址。说来说去，我也算是安慰一下自己，哈哈。

　　演示程序 DEMO7_19.CPP|EXE 绘制了任意色彩深度的像素。它创建了一个 400×400 的窗口，然后在其用户区中绘制像素。试着在不同色彩模式下运行程序，注意它仍然能够工作！当你看完以后，回来听我谈谈更精确的在实际内部用户区中渲染的问题。

7.16.2　查找实际的用户区

　　采用窗口的问题是：当你用 CreateWindow()或 CreateWindowEx()函数创建窗口时，你要指定窗口的总宽度以及尺寸，包括各种控件。因此，如果创建的窗口是一个没有任何控件的空白 WS_POPUP 窗口，它的整个尺寸就都是用户区尺寸。这一点也不奇怪。另外，当你在添加控件、菜单、边框等东西之后采用 CreateWindowEx()创建窗口，内部用户区尺寸就会缩小。结果是工作区比你想要的要小。图 7-39 显示了这个普遍存在的两难问题。解决办法是重新设置你的窗口尺寸，把边框和控件考虑进来。

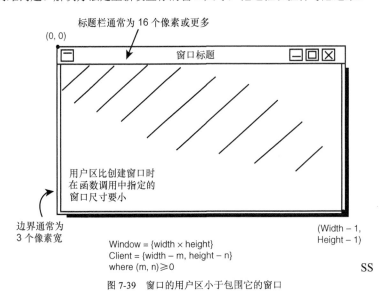

图 7-39 窗口的用户区小于包围它的窗口

比方说，假设你想要一个有 640×480 大小的工作区的窗口，但是又想有边框、菜单和标准窗口控件等等。这时你需要重新计算额外的窗口附件在 X，Y 方向上分别需要多少像素，增加你的窗口的尺寸，直到用户区的大小正符合你的要求为止。有一个叫做 AdjustWindowRectEx()的函数，可以魔术般地计算不同样式的窗口尺寸，如下所示：

```
BOOL AdjustWindowRectEx(
    LPRECT lpRect,         // pointer to client-rectangle structure
    DWORD  dwStyle,        // window styles
    BOOL   bMenu,          // menu-present flag
    DWORD  dwExStyle);     // extended style
```

由你填充各项参数，然后函数根据窗口额外的样式和标志，调整发过来的 lpRect 结构中的数据。要使用该函数，首先将一个 RECT 结构设置成你想要的用户区的大小，比如说 640×480。然后用所有创建原始窗口时用过的合适参数调用该函数。不过，我从来都记不得我把窗口设成什么样了，也记不住标志的确切拼写。所以你可以省省心，让 Windows 告诉你已经做了什么就行了。下面是函数调用和通过你发送的 HWND 来查询样式的窗口帮助函数：

```
// the client size we desire
RECT window_rect = {0,0,640,480};

// make the call to adjust window_rect
AdjustWindowRectEx(&window_rect,
    GetWindowStyle(main_window_handle),
    GetMenu(main_window_handle) != NULL,
    GetWindowExStyle(main_window_handle));

// now resize the window with a call to MoveWindow()
MoveWindow(main_window_handle,
```

```
    CW_USEDEFAULT,                                  // x position
    CW_USEDEFAULT,                                  // y position
    window_rect.right — window rect.left,           // width
    window_rect.bottom — window_rect.top,           // height
    FALSE);
```

写好了！上述代码对于我们正在建立的 16 位引擎库来说是相当关键的，因为当我们申请一个 640×480 或其他大小的窗口，我们希望用户区应当有这么大。所以若是有任何控件占用用户区，窗口尺寸总是需要被重设。

7.16.3　裁剪 DirectX 窗口

现在已经有些眉目了！窗口模式 DirectDraw 的下一个难题是使用裁剪。你一定要理解，裁剪只对 blitter 起作用，它对你直接操作的主表面不起作用。因为窗口方式下，主表面是整个视频窗口，而你可不想弄脏整个 Windows 桌面。

你见过 IDIRECTDRAWCLIPPER 接口，所以现在我就不多讲它了。（为了阐明 RECT 中坐标的本质，我说得太多以致现在身子还在发抖呢。）现在你需要做的第一件事是创建一个 DirectDraw 裁剪器，就像这样：

```
LPDIRECTDRAWCLIPPER lpddclipper = NULL; // hold the clipper

if (FAILED(lpdd->CreateClipper(0,&lpddclipper,NULL)))
    return(0);
```

接着，你必须用函数 IDIRECTDRAWCLIPPER::SetHWnd()将裁剪器同窗口关联。这使得裁剪器同你的窗口联系在一起，并为你处理所有诸如尺寸改变和移动的细节。甚至你都不用发送裁剪序列，它是全自动的。该函数十分简单，其原型如下：

```
HRESULT SetHWnd(DWORD dwFlags, // unused, set to 0
                HWND hWnd);    // app window handle
```

下面是用来将裁剪器关联到主窗口的函数调用：

```
if (FAILED(lpddclipper->SetHWnd(0, main_window_handle)))
    return(0);
```

接下来，你需要将裁剪器同想要裁剪的表面相连——这里就是主表面。为达到这点你可使用 SetClipper()，你也见过它。

```
if (FAILED(lpddsprimary->SetClipper(lpddclipper)))
    return(0);
```

警告

终于大功告成了。但是还有一个 DirectX 的小问题。现在裁剪器被引用的计数器为 2——第一次引用是创建，第二次是调用 SetClipper()。这很好，但是，销毁表面时并不同时销毁裁剪器，也就是说，你必须在调用 lpddsprimary->Release()销毁表面之后，调用 lpddclipper->Release()销毁裁剪器。底线是你可能认为通过 lpddclipper->Release()就消除了剪切板，但是，它只是将引用计数降为 1。哎，因此微软建议你无论如何都紧接着上面的代码马上调用 lpddclipper->Release()使 lpddclipper 的引用计数变成 1！

记住，关联到窗口的裁剪器只在对主表面（即窗口的内容）进行 blit 时才起作用。但是许多情况下，你会创建一个离屏表面来模拟双缓冲，blit 到离屏表面，然后采用 blitter 将离屏表面复制到主缓冲中，这是一个粗糙的页面切换方法。如果你 blit（离屏表面）的时候超出了范围，将裁剪器同主表面连接才有帮助。而这只在用户改变窗口尺寸的时候才会发生。

7.16.4　在 8 位窗口模式下工作

我想介绍的最后一个问题是 8 位窗口模式和调色板。简而言之，你不能够简单地创建一个调色板，在它上面随意处理，然后将它同主表面相关联。你一定知道一点 Windows 调色板管理器的知识。在 GDI 下的 Windows 调色板管理器超出了本书的范围（我总想这么说），并且我不想用过多繁琐的细节使你失去耐心。底线是，如果你在 256 色窗口模式下运行你的游戏，能够受你支配的色彩实际上不到 256 种。

每个在桌面上运行的应用程序都有一个逻辑调色板，存放着该程序想用的色彩。但是，物理调色板才是起作用的那个调色板。物理调色板反映实际的硬件调色板，这是 Windows 使用的一些折衷方案之一。当你的应用程序获得焦点时，你的逻辑调色板就会被付诸实施，Windows 调色板管理器会尽量将你的色彩映射到物理调色板。有时候它工作得很好，但有时却又很糟糕。

此外，你设置逻辑调色板标志的方法决定 Windows 能有几种颜色留给自己。在调色板中 Windows 需要至少 20 色：前 10 色和后 10 色。这些是为 Windows 保留的，是使 Windows 应用程序正常显示最少需要的色彩。创建 256 色模式下的 Windows 应用程序的技巧是将你的美术数据限制在 236 色以内，这样你就有空间留给 Windows，然后再恰当地设置逻辑调色板的调色板标志。当调色板被实现后，Windows 就不再管它们。

下面是创建一个通用调色板的代码。你可以修改代码来使用你自己的 RGB 色彩项 10~245（包含 10 和 245）。这些代码使它们全部都变成灰色：

```
LPDIRECTDRAW7        lpdd;              // this is already setup
PALETTEENTRY         palette[256];      // holds palette data
LPDIRECTDRAWPALETTE  lpddpal = NULL;    // palette interface

// first set up the windows static entries
// note it's irrelevant what we make them
for (int index = 0; index < 10 ; index++)
    {
    // the first 10 static entries
    palette[index].peFlags = PC_EXPLICIT;
    palette[index].peRed   = index;
    palette[index].peGreen = 0;
    palette[index].peBlue  = 0;

    // The last 10 static entries:
    palette[index+246].peFlags = PC_EXPLICIT;
    palette[index+246].peRed   = index+246;
    palette[index+246].peGreen = 0;
    palette[index+246].peBlue  = 0;
    }            // end for index

// Now set up our entries. You would load these from
// a file etc., but for now we'll make them grey
for (index = 10; index < 246; index ++)
    {
    palette[index].peFlags = PC_NOCOLLAPSE;
    palette[index].peRed   = 64;
    palette[index].peGreen = 64;
    palette[index].peBlue  = 64;
    }            // end for index

// Create the palette.
if (FAILED(lpdd->CreatePalette(DDPCAPS_8BIT, palette,
    &lpddpal,NULL)))
{ /* error */ }

// attach the palette to the primary surface...
```

注意 PC_EXPLICIT 和 PC_NOCOLLAPSE 的用法。PC_EXPLICIT 意味着"这些色彩映射到硬件"，PC_NOCOLLAPSE 意味着"不要将这些色彩映射到其他项，让它们保持原样。"。如果想要使色彩寄存器动起来，你需要逻辑"或"上标志 PC_RESERVED。这就通知了调色板管理器不要将其他 Windows 应用程序的色彩映射到该项，因为它可能随时都会改变。

7.17　小结

无疑，本章是本书中最长的章节之一。其实我本来可以写更多的内容，但是正如人们常说的那样："在热带雨林里留下一些树。"我想还是该留些问题让读者自己作答！

我已经覆盖了各种内容，包括高彩模式、Blitter、裁剪、彩色键、采样理论、窗口方式的 DirectDraw、GDI 以及从 DirectDraw 查询信息。此外，我也完成了 T3DLIB1.CPP|H 图形库。如果你愿意，现在你就可以阅读它，或者你也可以留待下章末尾我详述 3DLIB1 所有库函数的时候再看。

在接下来的一章里，我们将暂时和 DirectDraw 作别（尽管下一章末你就又要见到它了）。同时我还将介绍基于矢量的二维平面几何、变换以及光栅化理论。

第 8 章　矢量光栅化及 2D 变换

本章将讨论矢量的问题，如怎样画直线和多边形，并将演示如何完成 T3DLIB 游戏库的第一个模块。读者将在本章里第一次接触到大量的数学内容，但是不用担心，只要花上一些时间和努力，相信就能够全部掌握。在我所讲的内容中最难的部分是矩阵（这部分只是一个简介，以便读者在看 CD 上有关 3D 的内容时，对矩阵数学不会感到太陌生）。另外，根据读者的反馈，我会介绍一些关于如何制作卷动效果和等轴测（Isometric）3D 引擎的内容。这里列出了本章的主要内容：

- 画线
- 裁剪
- 矩阵
- 2D 变换
- 画多边形
- 卷轴和等轴测 3D 引擎
- 定时
- T3DLIB 1.1 版

8.1　绘制线条

到目前为止，你所画的图形对象都是由点或者由位图构成。这两种实体都不算是矢量实体。矢量实体是指直线或者多边形之类，如图 8-1 中所示。所以，你的第一个问题是如何绘制直线。

你可能会觉得画条直线还不是小菜一碟，但我向您保证，事实并非如此。在计算机的屏幕上画直线存在着一系列的问题，如有限的分辨率、实数向整数网格的映射和速度等等。许多时候，2D 或 3D 图像是由一些组成对象或场景的多边形或表面组成，而这些面或多边形又由许许多多的点构定而成。这些点通常表现为实数坐标形式，如点（10.5, 120.3）等等。

第一个问题是：由于计算机屏幕是一个由整数坐标表示的 2D 网格，因此要在屏幕上显示点（10.5, 120.3）几乎是不可能的。你只有采用近似值。你可能把该点显示为（10, 120），或者采用近似值（11, 120）。至多，你采用较高级的算法，通过带权像素画点函数画出围绕（10.5, 120.3）的、具有不同像素浓度的一系列点来代替这一点（如图 8-2 所示）。

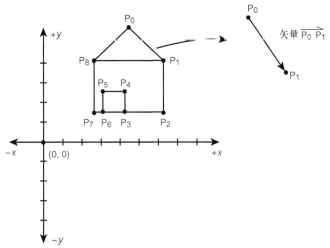

图 8-1　基于矢量和线条的对象

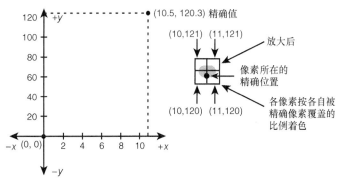

图 8-2　单像素的区域过滤

　　基本算法是，用一个区域过滤器来计算真实像素有多少覆盖到了周围的像素位置上，然后画出这些像素点，使用原来的色彩，但使其浓度低于原始浓度。这样就可以画出一个看起来没有走样的圆点，但通常，这样做会降低你的最大分辨率（因为看起来像素变大了）。

　　我不继续在直线画图算法和过滤等问题上闲扯了，让我们马上开始学习几种非常好的画直线的算法，使用这些算法，你可以从（x0,y0）到（x1,y1）计算线上点的整数坐标。

8.1.1　Bresenham 算法

　　下面要介绍的第一个算法被称为 Bresenham 算法，因为它是由 Bresenham 在 1965 年发明的。最初，该算法是为了在绘图仪上画线而设计的，但后来被运用于计算机图形学。首先让我们看一下该算法的运算原理，然后再研究一些代码。图 8-3 示范了通常需要解决的一个问题：把像

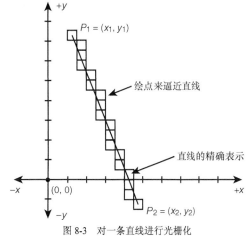

图 8-3　对一条直线进行光栅化

素以最接近实际直线的位置从点 p1 到 p2 进行填充。这个过程被称为光栅化。

如果你对直线已经有点陌生了的话，让我来给你温习一下。直线的斜率同直线与 *x* 轴的夹角有关，因此，如果一条直线的斜率为 0，则该直线为水平直线；如果直线的斜率为无穷大，则该直线为垂直直线；如果一条直线的斜率为 1.0；则为 45 度的对角斜线。斜率的定义为单位前进距离的上升量，其数学表达式为：

斜率(m) = 上升/下降 = y 方向的改变/x 方向上的改变 = dy/dx = (y1-y0)/(x1-x0)

例如：一条直线通过点 p0（1，2）和点 p1（5，22），则该直线的斜率 m 为：

(y2-y1)/(x2-x1) = (22-2)/(5-1) = 20/4 = 5.0

那么，斜率为 5.0 到底意味着什么呢？它意味着 *x* 坐标如果增加 1.0 个单位，*y* 坐标就相应增加 5.0 个单位。Okay，这就是光栅算法的基础。现在，你对怎样画一条直线应该有一点大致的概念了：

1．计算斜率 m。

2．画点（*x0，y0*）。

3．在 *x* 方向每前进 1.0 个单位，在 *y* 方向就相应前进 m 个单位，把这两个值加到（x0,y0）上。

4．重复 2～4 步，直到完成。

图 8-4 给出了点 p0 到点 p1 绘制的示意图。

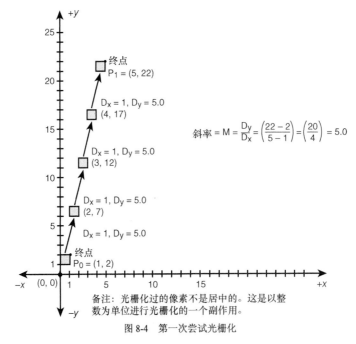

图 8-4　第一次尝试光栅化

现在你明白问题出在哪里了吗？在 x 方向每前进 1 个单位，在 y 方向就要前进 5 个单位，这样，在你所画的线上就会留下许多空洞！你犯的这个错误使得你所画的不是一条连续的线，而是有着整数间隔的点。只要 x 还是一个整数，就会出现这样的问题。实际上，你是在如下所示的一个直线方程式上填入整数：

(y-y0) = m*(x-x0)

这里，（*x，y*）为当前值，或者称为像素坐标，（*x0，y0*）是起始点，m 是斜率。整理公式可得：

y = m*(x-x0)+y0

因此，如果在本式中（*x0*, *y0*）为（1，2）；斜率 m=5，则你可以得到以下结果：

```
x        y = 5*(x-1)+2
----------------------------
1        2 (起始点)
2        7
3        12
4        17
5        22 (结束点)
```

现在，你可能会问，下面的直线的斜率-截距表达式是否有用：

y = m*x + b

这里，b 是直线在 *y* 轴上的截距。不过它对你没什么用处。根本的问题出在你每一步都是在 *x* 轴方向移动 1.0 个单位。而你的移动量必须要小得多，比如 0.01，才能捕捉到所有的像素而不会有遗漏，否则你就只能另辟蹊径。聪明的读者会意识到，无论你采取多小的 x 步长，用斜率计算还是会出现遗漏的点。因此你就不得不采用其他方法，这就是 Bresenham 算法的基础。

简略的说，Bresenham 算法开始于（*x0*, *y0*）点，但是它不采用斜率来计算移动。它先在 *x* 方向上移动一个像素，然后再决定如何移动 *y* 方向的像素，以使所描画的直线尽量接近实际的线。这是通过使用一个衡量光栅化得出的直线与实际直线之间的接近程度的误差项来实现的。该算法对误差项不断调整，使得数字化的光栅线能够尽量接近真实直线。

基本上这个算法工作于笛卡尔（Cartesian）平面的第一象限，但是通过反射也可以得出适用其他象限的结论。另外，该算法把直线分成两种，一种是斜率小于 45 度即 m<1 的线；另一种是斜率大于 45 度即 m>1 的线。我更喜欢将它们分别称为近 *X* 轴线（x-dominate）和近 *Y* 轴线（y-dominate）。下面是为一条从 p0（*x0*, *y0*）到 p1（*x1*, *y1*）的近 *X* 轴线所写的伪代码：

```
// initialize starting point
x = x0;
y = y0;

// compute deltas
dx = x1 - x0;
dy = y1 - y0;

// initialize error term
error = 0;

// draw line
for (int index = 0; index < dx; index++)
   {
   // plot the pixel
   Plot_Pixel(x,y,color);

   // adjust the error
   error+=dy;

   // test the error
   if (error > dx)
      {
      // adjust error
      error-=dx;

      // move up to next line
      y--;

      } // end if

   } // end for index
```

就这么简单！当然，上面的算法仅适用于所有直线中的八分之一，但是通过简单地改变一下正负号并交换 x、y 的数值，就可以画出任意的直线。算法本身还是一致的。

在给出代码之前，我想指出一点有关精度的问题。算法不停地减小光栅线和实际线之间的误差，但是初始情况还可以做得更好一些。你知道，开始时误差值设为 0.0。这实际上是不正确的，将初始点的位置考虑进去，然后把误差值设置在最小误差和最大误差之间，这样会更好一些。可以将误差设为 0.5，但是由于你现在使用的是整数量，所以你必须将它乘以 2，并将 dx 和 dy 的影响考虑进来。概括起来，你需要改写最后的算法，并将误差项调整如下：

```
// x-dominate
error = 2*dy - dx

// y-dominate
error = 2*dx - dy
```

这样一来，你相应地将误差积累增大了两倍。这里是最后得出的实际的画线算法，Draw_Line()是本书函数库中这个算法的函数实现。请注意这个函数需要如下参数：两个端点、颜色、视频缓冲和视频间距：

```
int Draw_Line(int x0, int y0, // starting position
              int x1, int y1,  // ending position
              UCHAR color,     // color index
              UCHAR *vb_start,
              int lpitch)      // video buffer and memory pitch
{
// this function draws a line from xo,yo to x1,y1
// using differential error
// terms (based on Bresenhams work)

int dx,        // difference in x's
    dy,        // difference in y's
    dx2,       // dx,dy * 2
    dy2,
    x_inc,     // amount in pixel space to move during drawing
    y_inc,     // amount in pixel space to move during drawing
    error,     // the discriminant i.e. error i.e. decision variable
    index;     // used for looping

// precompute first pixel address in video buffer
vb_start = vb_start + x0 + y0*lpitch;

// compute horizontal and vertical deltas
dx = x1-x0;
dy = y1-y0;

// test which direction the line is going in i.e. slope angle
if (dx>=0)
   {
   x_inc = 1;

   } // end if line is moving right
else
   {
   x_inc = -1;
   dx    = -dx; // need absolute value

   } // end else moving left

// test y component of slope
```

```
if (dy>=0)
   {
   y_inc = lpitch;
   } // end if line is moving down
else
   {
   y_inc = -lpitch;
   dy   = -dy; // need absolute value

   } // end else moving up

// compute (dx,dy) * 2
dx2 = dx << 1;
dy2 = dy << 1;

// now based on which delta is greater we can draw the line
if (dx > dy)
   {
   // initialize error term
   error = dy2 - dx;

   // draw the line
   for (index=0; index <= dx; index++)
      {
      // set the pixel
      *vb_start = color;

      // test if error has overflowed
      if (error >= 0)
         {
         error-=dx2;

         // move to next line
         vb_start+=y_inc;

      } // end if error overflowed

      // adjust the error term
      error+=dy2;

      // move to the next pixel
      vb_start+=x_inc;

      } // end for

   } // end if |slope| <= 1
else
   {
   // initialize error term
   error = dx2 - dy;

   // draw the line
   for (index=0; index <= dy; index++)
      {
      // set the pixel
      *vb_start = color;

      // test if error overflowed
      if (error >= 0)
         {
         error-=dy2;
```

```
      // move to next line
      vb_start+=x_inc;

    } // end if error overflowed

    // adjust the error term
    error+=dx2;

    // move to the next pixel
    vb_start+=y_inc;

    } // end for

  } // end else |slope| > 1

// return success
return(1);

} // end Draw_Line
```

注意

该函数只工作在 8 位模式下。但在函数库中也有一个 16 位的版本，名字为 Draw_Line16()。

这个函数基本可分为三部分。第一部分处理正负号和端点交换，并计算 x、y 轴的增量。然后根据线的主要走向，即根据 dx＞dy 还是 dx<=dy，两个主循环其中的一个把线绘制出来。

8.1.2 算法的速度优化

看到这些代码，你可能会觉得已经很严密，没有进行优化的空间。但是还是有几种方法可以提高算法的速度。第一种方法是：考虑到所有的直线（线段）都是关于中点对称的，如图 8-5 所示，所以没有必要对整条直线进行运算。你需要做的就是将整条直线一分为二，并复制其中的另一半。理论上这很简单，但是实现起来就有麻烦了。因为，你必须考虑到有的直线的像素数为奇数，这时候，你将不得不决定在线的一头画上额外的一点。虽然不是很困难，但是这样的补丁太俗气了。

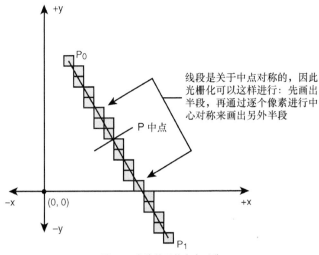

图 8-5　直线关于其中点对称

有不少人发现了其他的优化法（包括我自己），如 Machael Abrash 的 Run-Slicing（行程-切片）算法、Xialon Wu 的 Symmetric Double Step 算法和 Rokne 的 Quadruple Step 算法。基本上，所有这些算法都是利用了组成直线的像素的连续性。Run-Slicing 算法的基础是：在直线上有时存在很多在同一行程（Run）上的像素，如直线（0,0）到（100,1）。光栅化后，这条直线应该由两个包含了 50 个像素的行程组成。一个行程从（0,0）到（49,0），另一个从（50,1）到（100,1），如图 8-6 所示。

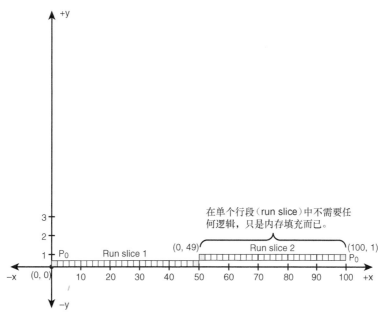

图 8-6　Run-Slicing 直线绘制优化

那么，以像素为基础进行直线算法有什么意义呢？意义在于，算法的设置和内部结构虽然非常复杂，但是它们对斜率很大或斜率很小的直线都适用。

Wu 的 Symmetric Double Step 算法也是基于类似的前提，但是它考虑的不是线的行程，而是注意到了对于相邻的两个像素来说，只存在四种不同的模式（Pattern），如图 8-7 所示。这样，根据误差额来计算下一

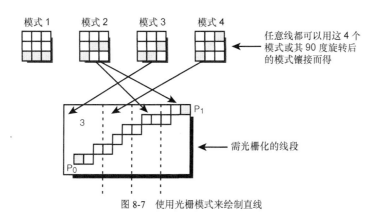

图 8-7　使用光栅模式来绘制直线

个模式就变得比较容易了，接着就能绘出整个模式，基本上可以按正常速度的两倍进行运算。采用这个方法，结合对称的情况，就能得到高于基本的 Bresenham 算法 4 倍的运算速度。这就是整个的优化过程。

如果想要画线函数的演示，那么 DEMO8_1.CPP|EXE 就是了，它可以在 640 × 480 模式下随机地绘制直线。

注意

如果我认为你需要更快的描绘直线的话，我会把代码写出来。但是现在，我不想把事情弄复杂，所以还是让我们接下来看裁剪的内容吧。

8.2 基本 2D 图形裁剪

计算机图形有两种裁剪方式：在图像空间级裁剪和在对象空间级裁剪。图像空间级的方式实际上就是像素级的方式。当图像被光栅化之后，有一个裁剪过滤器来决定某一个像素是否在视口（Viewport）之内。这适合于画单个像素，但不适合于画大的对象，如位图、直线和多边形。对于这些对象来说，它们具有一定的形状，你最好利用其他的技术来处理。

例如，你想写一个位图裁剪程序，你所要做的就是逐个矩形地进行裁剪，也就是说，将位图的矩形边界裁剪至适合视口的尺寸。两个区域的相交部分就是你所需要 blit 的部分。

你可能不信，相对来说直线更难裁剪。看图 8-8 你就会发现将直线裁剪到矩形视口中所面临的一般问题。

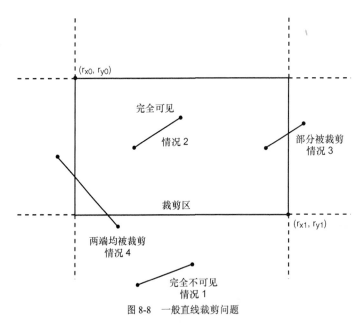

图 8-8　一般直线裁剪问题

就像你所看到的那样，裁剪中通常存在 4 种情况。

● 第一种情况：直线完全在裁剪区之外。这种情况完全不需要处理，倒也省力！
● 第二种情况：直线完全在裁剪区之内。这种情况下，无需对直线进行任何改动，就可以直接进行光栅化。

- 第三种情况：直线的一端的终点在裁剪区之外，必须进行裁剪。
- 第四种情况：直线的两个端点都在裁剪区之外，但部分在裁剪区之内，必须进行裁剪。

有许多已知的算法可以进行直线的裁剪，如 Cohen-Sutherland、Cyrus-Beck 等。但是，在看任何一种完全裁剪算法之前，试试看你能不能先自己把它弄清楚！

假设你在 2D 空间有一条从点（$x0, y0$）到（$x1, y1$）的直线，同时又有一个矩形裁剪区由点（$rx0, ry0$）到（$rx1, ry1$）来限定。你想裁剪所有的直线到该裁剪区。这时你需要一个预处理器——如果愿意，也可以称之为裁剪过滤器——处理输入值（$x0, y0$）、（$x1, y1$）、（$rx0, ry0$）和（$rx1, ry1$）；并输出一个从（$x0', y0'$）到（$x1', y1'$）的新的线段，这代表所产生的新直线。这个过程如图 8-9 所示。看到这里，你一定注意到了，必须计算两条线的交点。是的，这是一个必须首先予以解决的基本问题，所以让我们从解决它开始。

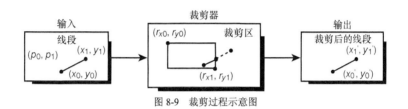

图 8-9 裁剪过程示意图

基本上，线段（$x0, y0$）到（$x1, y1$）将同矩形裁剪区的上、下、左、右四条边中的某一条相交。这意味着你不必设计计算两条任意方向直线的交点的算法，因为光栅化后的直线总是和一条水平线或垂直线相交。虽然说知道这点不一定有帮助，但还是记住为妙。计算两条直线的交点，有很多种方法，但都是基于以下的直线的数学表达式。

一般情况下，直线采用如下表达式。

```
截距式（Y-Intercept Form）：        y=m*x+b
点斜式（Point Slope）：             (y-y0)=m*(x-x0)
两点式（Two Point Form）：          (y-y0)=(x-x0)*(y1-y0)/(x1-x0)
一般式（或称普通式，General Form）： a*x+b*y=c
*参数式（Parametric Form）：        P=p0+V*t
```

提示

如果你对参数式不熟悉，不用担心，我简短地解释一下这个参数方程式。另外，注意一下会发现，点斜式和两点式其实是一样的，因为在两个公式中，都是斜率 m = (y1 − y0)/(x1 − x0)。

8.2.1 利用点斜式计算两条直线的交点

就我而言，点斜式和一般式我都喜欢。作为代数的一个很好的例子，让我们分别用这两种表达式算一下 p0、p1 这两条直线的交点。这只是为你将要在后面的章节中遇到的真正麻烦的数学问题做一下热身。让我们先用普通的点斜式（如图 8-10 所示）。

如图 8-10 所示：
假设第一条线段 p0 为：（x0,y1）到（x1,y1）
假设第二条线段 p_1 为：（x2,y2）到（x3,y3）
这里 p0、p1 可以为任意方向。

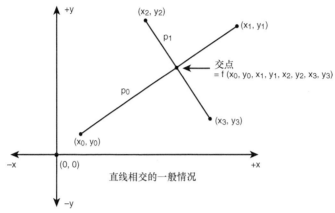

图 8-10　计算两条直线的交点

式 1：p0 的点斜式：

m0 = (y1 − y0)/(x1 − x0)

且有，

(x − x0) = m0*(y − y0)

式 2：p1 的点斜式：

m1 = (y3 − y2)/(x3 − x2)

且有，

(x − x2) = m1*(y − y2)

如是你可以得到这样一个二元一次方程组：

式 1：(x − x0) = m0*(y − y0)
式 2：(x − x2) = m1*(y − y2)

有两种办法可以解出（x，y）的值：代入法或矩阵运算。让我们先试一试代入法。方法是，用一个变量表达另一个变量，然后代入另一个等式。让我们在式 1 中用 y 来表示 x，然后代入式 2。

在式 1 中，用 y 来表示 x：

(x − x0) = m0*(y − y0)

x = m0*(y-y0) + x0

很简单，现在让我们把 x 代入式 2：

式 2 变成

(m0*(y-y0) + x0 − x2) = m1*(y − y2)

展开：

m0*y − m0*y0 + x0 − x2 = m1*y − m1*y2

合并同类项：

m0*y - m1*y = − m1*y2 − (− m0*y0 + x0 − x2)

提取 y：

y*(m0 − m1) = m0*y0 − m1*y2 + x2 − x0

最后两边同时除以(m0 − m1)，得到：

y = (m0*y0 − m1*y2 + x2 − x0)/(m0 − m1)

此时我们可以代回式 1 求出 x 值；你也可以改写式 2 用 y 表示 x，然后代入式 1。结果都是一样的，如下所示：

式 3：

x = (-m0/(m1 − m0))*x2 + m0*(y2 − y0) + x0

式 4：

y = (m0*y0 − m1*y2 + x2 − x0)/(m0 − m1)

下面，有几点你必须考虑。首先，是否有特殊情况使前面的公式出现问题？有可能！在高等数学中，无穷并不会有什么麻烦，但在计算机图形学中却会有！在式 3 和式 4 中，如果两条直线斜率相同，即两条直线平行，项（m1−m0）或（m0−m1）就为 0。

这样的话，这两条直线就不可能相交，分母为 0.0，这样式 3 和式 4 的商为无穷大。当然，这表明在无穷远处两条直线相交。但是因为你仅是在一个有 1024×768 之类的分辨率的计算机屏幕上工作，所以无需考虑这个。

最起码的是，你的直线相交公式是只有在直线相交时才起作用的！如果它们不可能相交，数学计算会出问题。不过，这很容易进行测试，只要在进行数学计算之前，检查一下 m_1 和 m_0，如果 m0 == m1，就表明它们不相交。让我们继续吧……

如果看一下式 3 和式 4，统计一下运算的次数你会发现一共做了 4 次除法、4 次乘法以及 8 次加法（减法也看作加法）。如果考虑到计算 m0 和 m1 的斜率，还要计上 4 次加法和 2 次除法。这个结果还不坏。

8.2.2　利用一般式计算两条直线的交点

直线的一般式表示为：

a*x + b*y = c

或者，你喜欢规范型（Canonical Form）：

a*x + b*y + c = 0

事实上，点斜式和截距式都可以转变为一般式，比如下面的截距式。

y = m*x+b

m*x − 1*y = b

即是说 a = m, b = −1，且 c = b（截距）。但是，如果没有截距怎么办？如果你只有（x1,y1），（x2,y2）两点的坐标，如何找出（a,b,c）的值？那么，让我们来看看用点斜式是否能解决吧……

(y − y0) = m*(x − x0)

将右面展开：

y − y0 = m*x − m*x0

将 x，y 移到等式的左侧（Left-hand Side，LHS）：

−m*x + y = y0 + m*x0

乘以−1：

m*x + (−1)*y = (−m)*x0 + (−1)*y0

数学

−1 及相关的乘法不一定需要，只是为了让（a,b,c）提取看起来更清楚。

8.2.3　利用矩阵式计算两条直线的交点

所以是 a = m, b = −1, c = (−m*x0 − y0)。现在你知道了如何把点斜式转变成为一般式，你也可以采用矩阵的解法。让我们来看看。

下面给出了两条直线的一般式：

a1*x + b1*y = c1
a2*x + b2*y = c2

现在要通过同时解两个方程得到（x,y）。在前面的例子中你使用了代入法，这里还有基于矩阵的另一种解法。我现在不打算就这个理论深入讲解太多，因为在后面 3D 内容中，有大量矢量/矩阵数学的内容。从现在开始，我将只告诉你结果和如何使用矩阵运算找出（x，y）。看下面的例子。

让矩阵 A 等于：

$$\begin{vmatrix} a1 & b1 \\ a2 & b2 \end{vmatrix}$$

让 X（未知量）等于：

$$\begin{vmatrix} x \\ y \end{vmatrix}$$

最后，常量 Y 等于：

$$\begin{vmatrix} c1 \\ c2 \end{vmatrix}$$

因此，你可以得出下面的矩阵表达式：

A*X = Y

两边同时乘以矩阵 A 的逆矩阵，即 A^{-1}，得到

$A^{-1}*A*X = A^{-1}*Y$

因为 $A^{-1}*A=1$，化简：

$X = A^{-1}*Y$

完成了！当然，你必须知道如何求矩阵的逆矩阵，并且知道如何用矩阵乘法运算并得出（x，y）。我在这里给出其最后结果：

x = Det(A1)/Det
y = Det(A2)/Det

这里 A1 等于：

$$\begin{vmatrix} c1 & b1 \\ c2 & b2 \end{vmatrix}$$

而 A2 等于：

$$\begin{vmatrix} a1 & c1 \\ a2 & c2 \end{vmatrix}$$

总之，你必须用 Y 分别取代 A 阵的第一、第二列来得到 A1、A2。Det(M)表示矩阵 M 的行列式（Determinate），通常可以用下面的方法来计算：

设有一个普通的 2×2 矩阵 M：

$$M = \begin{vmatrix} a & b \\ c & d \end{vmatrix}$$

Det(M) = (a*d − c*b)

记住上面这些，下面给出一个例子：

A*X = Y

5*x − 2*y = -1
2*x + 3*y = 3

$$A = \begin{vmatrix} 5 & -2 \\ 2 & 3 \end{vmatrix}$$

$$X = \begin{vmatrix} x \\ y \end{vmatrix}$$

$$Y = \begin{vmatrix} -1 \\ 3 \end{vmatrix}$$

因此:

$$A1 = \begin{vmatrix} -1 & -2 \\ 3 & 3 \end{vmatrix}$$

$$A2 = \begin{vmatrix} 5 & -1 \\ 2 & 3 \end{vmatrix}$$

解出 x, y 的值:

```
    Det |-1 -2|
        | 3  3|      (-1*3 - 3*(-2))
x = ----------- = ----------------- = 3/19
    Det |5 -2|        (5*3 - 2*(-2))
        |2  3|
```

$$x = \frac{Det\begin{vmatrix} -1 & -2 \\ 3 & 3 \end{vmatrix}}{Det\begin{vmatrix} 5 & -2 \\ 2 & 3 \end{vmatrix}} = \frac{(-1*3 - 3*(-2))}{(5*3 - 2*(-2))} = 3/19$$

```
    Det |5 -1|
        |2  3|       (5*3 - 2*(-1))
y = ----------- = ----------------- = 17/19
    Det |5 -2|        (5*3 - 2*(-2))
        |2  3|
```

$$y = \frac{Det\begin{vmatrix} 5 & -1 \\ 2 & 3 \end{vmatrix}}{Det\begin{vmatrix} 5 & -2 \\ 2 & 3 \end{vmatrix}} = \frac{(5*3 - 2*(-1))}{(5*3 - 2*(-2))} = 17/19$$

哇，看起来像是很戏剧性的结果，不是吗？这就是为什么游戏编程实际就是——数学！尤其是在如今。幸运的是，一旦你写完数学代码后，就无需再为它担心了。但是理解它是很有用的，这就是为什么我要帮你温习一下数学的原因。

在了解一点数学知识之后，让我们回到主要工作上来——裁剪。

8.2.4　裁剪直线

如你所见，裁剪的概念虽然简单，但是由于有线性代数的内容，所以实际操作起来会比较复杂。最起码，必须掌握如何处理线性方程式并计算相交问题，但是，正如我前面所言，你总是可以利用关于几何学的先验性（Priori）的知识，来帮助简化数学问题。

到目前为止，我们离用一个矩形来裁剪直线仍有一段距离，但我们最终会做到这一点。现在，让我们来研究一下问题所在，看看在明白了其实你总是在用一条垂直线或一条水平线对一条普通直线进行裁剪这个情况之后，是否对问题的解决有所帮助。下面看图 8-11。

从图 8-11 可以看出，你一次只需要考虑一个变量，或者 x，或者 y。这极大地简化了数学运算。 基本上，无需进行那些很复杂的数学运算（在 3D 内容中就需要掌握了），只要将式 X=常量或 Y=常量，直接代入直线的点斜式，就可以得到所要求的交点。例如，我们需要裁剪的区域是（x1，y1）到（x2，y2）。如果想知道你的直线与裁剪区的左边在何处相交，由于已经知道了左侧交点的 x 坐标值必定为 x1！因此，只需要找出 y 坐标值就可以了。

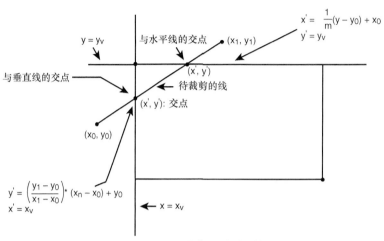

图 8-11　按照矩形裁剪比一般情况简单

相反，如果你想找出水平线上的交点，比如裁剪区的底线上的交点，你知道该交点的 y 坐标值一定为 y2，于是就只要找出 x 坐标值就可以了，明白了吗？这里是计算直线（x0，y0）到（x1，y1）同水平直线 Y = Yh 和垂直直线 X=Xv 的交点（x，y）的数学方法。

水平线的交点（x，Yh）：

要求 x······

从点斜式开始，m =(y1 − y0)/(x1 − x0)

```
(y − y0)              = m*(x − x0)
(y − y0)              = m*x − m*x0
(y − y0) + m*x0       = m*x
((y − y0) + m*x0)/m = x
```

x = ((y − y0) + m*x0)/m

或者

x = 1/m * (y − y0) + x0

垂直线交点（Xv，y）：

求 y······

从点斜式开始，m =(y − y0)/(x − x0)
```
(y − y0)              = m*(x − x0)
y                     = m*(x − x0) + y0
```

这就是求交点的步骤。所以，现在你可以计算一条直线同其他一条任意角度的直线，以及同垂直或水平直线的交点（这是矩形裁剪中的重要内容）。至此，我们可以继续讨论有关裁剪的其他内容了。

8.2.5　Cohen–Sutherland 算法

一般情况下，你需要决定一条直线是全部可见、部分可见、部分裁剪（一端裁剪）或者是全部裁剪（两端裁剪）。这样就有很多事情需要处理，目前，已经发明了许多算法处理各种情况。其中一种算法得到了最为广泛的应用：Cohen-Sutherland 算法。它速度比较快，执行起来也不错，并且也有不少相关的文章发表。

基本上，它是一种简单匹配算法（Brute-force）。但是，该算法并没有用很多很多的 if 语句来寻找直线的位置，而是把裁剪区分成许多部分，然后给每一段被裁剪的线段的两端分配一位代码。而后，只采用少量的 if 语句或一个 case 语句，就能判断出具体情况，图 8-12 给出了原理示意图。

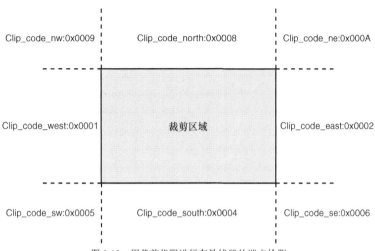

Clip_code_nw:0x0009　Clip_code_north:0x0008　Clip_code_ne:0x000A

Clip_code_west:0x0001　裁剪区域　Clip_code_east:0x0002

Clip_code_sw:0x0005　Clip_code_south:0x0004　Clip_code_se:0x0006

图 8-12　用裁剪代码进行有效线段的端点检测

下面的函数是我根据同样的原理编写的 Cohen-Sutherland 算法的一个版本：

```
int Clip_Line(int &x1,int &y1,int &x2, int &y2)
{
// this function clips the sent line using the globally defined clipping
// region

// internal clipping codes
#define CLIP_CODE_C  0x0000
#define CLIP_CODE_N  0x0008
#define CLIP_CODE_S  0x0004
#define CLIP_CODE_E  0x0002
#define CLIP_CODE_W  0x0001

#define CLIP_CODE_NE 0x000a
#define CLIP_CODE_SE 0x0006
#define CLIP_CODE_NW 0x0009
#define CLIP_CODE_SW 0x0005

int xc1=x1,
    yc1=y1,
    xc2=x2,
    yc2=y2;

int p1_code=0,
    p2_code=0;

// determine codes for p1 and p2
if (y1 < min_clip_y)
    p1_code|=CLIP_CODE_N;
else
if (y1 > max_clip_y)
    p1_code|=CLIP_CODE_S;
```

```
if (x1 < min_clip_x)
    p1_code|=CLIP_CODE_W;
else
if (x1 > max_clip_x)
    p1_code|=CLIP_CODE_E;

if (y2 < min_clip_y)
    p2_code|=CLIP_CODE_N;
else
if (y2 > max_clip_y)
    p2_code|=CLIP_CODE_S;

if (x2 < min_clip_x)
    p2_code|=CLIP_CODE_W;
else
if (x2 > max_clip_x)
    p2_code|=CLIP_CODE_E;
// try and trivially reject
if ((p1_code & p2_code))
    return(0);

// test for totally visible, if so leave points untouched
if (p1_code==0 && p2_code==0)
    return(1);

// determine end clip point for p1
switch(p1_code)
    {
    case CLIP_CODE_C: break;

    case CLIP_CODE_N:
        {
        yc1 = min_clip_y;
        xc1 = x1 + 0.5+(min_clip_y-y1)*(x2-x1)/(y2-y1);
        } break;
    case CLIP_CODE_S:
        {
        yc1 = max_clip_y;
        xc1 = x1 + 0.5+(max_clip_y-y1)*(x2-x1)/(y2-y1);
        } break;

    case CLIP_CODE_W:
        {
        xc1 = min_clip_x;
        yc1 = y1 + 0.5+(min_clip_x-x1)*(y2-y1)/(x2-x1);
        } break;

    case CLIP_CODE_E:
        {
        xc1 = max_clip_x;
        yc1 = y1 + 0.5+(max_clip_x-x1)*(y2-y1)/(x2-x1);
        } break;

    // these cases are more complex, must compute 2 intersections
    case CLIP_CODE_NE:
        {
        // north hline intersection
        yc1 = min_clip_y;
        xc1 = x1 + 0.5+(min_clip_y-y1)*(x2-x1)/(y2-y1);

        // test if intersection is valid,
```

```
       // if so then done, else compute next
        if (xc1 < min_clip_x || xc1 > max_clip_x)
           {
           // east vline intersection
           xc1 = max_clip_x;
           yc1 = y1 + 0.5+(max_clip_x-x1)*(y2-y1)/(x2-x1);
           } // end if

        } break;

   case CLIP_CODE_SE:
        {
        // south hline intersection
        yc1 = max_clip_y;
        xc1 = x1 + 0.5+(max_clip_y-y1)*(x2-x1)/(y2-y1);

        // test if intersection is valid,
        // if so then done, else compute next
        if (xc1 < min_clip_x || xc1 > max_clip_x)
           {
           // east vline intersection
           xc1 = max_clip_x;
           yc1 = y1 + 0.5+(max_clip_x-x1)*(y2-y1)/(x2-x1);
           } // end if

        } break;

   case CLIP_CODE_NW:
         {
        // north hline intersection
        yc1 = min_clip_y;
        xc1 = x1 + 0.5+(min_clip_y-y1)*(x2-x1)/(y2-y1);

// test if intersection is valid,
        // if so then done, else compute next
        if (xc1 < min_clip_x || xc1 > max_clip_x)
           {
           xc1 = min_clip_x;
           yc1 = y1 + 0.5+(min_clip_x-x1)*(y2-y1)/(x2-x1);
           } // end if

        } break;

   case CLIP_CODE_SW:
        {
        // south hline intersection
        yc1 = max_clip_y;
        xc1 = x1 + 0.5+(max_clip_y-y1)*(x2-x1)/(y2-y1);

        // test if intersection is valid,
        // if so then done, else compute next
        if (xc1 < min_clip_x || xc1 > max_clip_x)
           {
           xc1 = min_clip_x;
           yc1 = y1 + 0.5+(min_clip_x-x1)*(y2-y1)/(x2-x1);
           } // end if

        } break;

default:break;
```

```
    } // end switch
// determine clip point for p2
switch(p2_code)
    {
    case CLIP_CODE_C: break;

    case CLIP_CODE_N:
        {
        yc2 = min_clip_y;
        xc2 = x2 + (min_clip_y-y2)*(x1-x2)/(y1-y2);
        } break;

    case CLIP_CODE_S:
        {
        yc2 = max_clip_y;
        xc2 = x2 + (max_clip_y-y2)*(x1-x2)/(y1-y2);
        } break;

    case CLIP_CODE_W:
        {
        xc2 = min_clip_x;
        yc2 = y2 + (min_clip_x-x2)*(y1-y2)/(x1-x2);
        } break;

    case CLIP_CODE_E:
        {
        xc2 = max_clip_x;
        yc2 = y2 + (max_clip_x-x2)*(y1-y2)/(x1-x2);
        } break;

    // these cases are more complex, must compute 2 intersections
    case CLIP_CODE_NE:
        {
        // north hline intersection
        yc2 = min_clip_y;
        xc2 = x2 + 0.5+(min_clip_y-y2)*(x1-x2)/(y1-y2);

        // test if intersection is valid,
        // if so then done, else compute next
         if (xc2 < min_clip_x || xc2 > max_clip_x)
            {
            // east vline intersection
            xc2 = max_clip_x;
            yc2 = y2 + 0.5+(max_clip_x-x2)*(y1-y2)/(x1-x2);
            } // end if

        } break;

    case CLIP_CODE_SE:
        {
        // south hline intersection
        yc2 = max_clip_y;
        xc2 = x2 + 0.5+(max_clip_y-y2)*(x1-x2)/(y1-y2);
        // test if intersection is valid,
        // if so then done, else compute next
        if (xc2 < min_clip_x || xc2 > max_clip_x)
            {
            // east vline intersection
            xc2 = max_clip_x;
```

```
          yc2 = y2 + 0.5+(max_clip_x-x2)*(y1-y2)/(x1-x2);
          } // end if

     } break;

case CLIP_CODE_NW:
     {
     // north hline intersection
     yc2 = min_clip_y;
     xc2 = x2 + 0.5+(min_clip_y-y2)*(x1-x2)/(y1-y2);

     // test if intersection is valid,
     // if so then done, else compute next
     if (xc2 < min_clip_x || xc2 > max_clip_x)
        {
        xc2 = min_clip_x;
        yc2 = y2 + 0.5+(min_clip_x-x2)*(y1-y2)/(x1-x2);
        } // end if

     } break;

case CLIP_CODE_SW:
     {
     // south hline intersection
     yc2 = max_clip_y;
     xc2 = x2 + 0.5+(max_clip_y-y2)*(x1-x2)/(y1-y2);

     // test if intersection is valid,
     // if so then done, else compute next
     if (xc2 < min_clip_x || xc2 > max_clip_x)
        {
        xc2 = min_clip_x;
        yc2 = y2 + 0.5+(min_clip_x-x2)*(y1-y2)/(x1-x2);
        } // end if

     } break;

default:break;

} // end switch

// do bounds check
if ((xc1 < min_clip_x) || (xc1 > max_clip_x) ||
    (yc1 < min_clip_y) || (yc1 > max_clip_y) ||
    (xc2 < min_clip_x) || (xc2 > max_clip_x) ||
    (yc2 < min_clip_y) || (yc2 > max_clip_y) )
    {
    return(0);
    } // end if

// store vars back
x1 = xc1;
y1 = yc1;
x2 = xc2;
y2 = yc2;

return(1);

} // end Clip_Line
```

你所要做的就是将直线的两个端点发送给函数，函数就按照下面定义的全局裁剪矩形来裁剪这些端点：

```
int min_clip_x = 0,      // clipping rectangle
    max_clip_x = SCREEN_WIDTH-1,
    min_clip_y = 0,
    max_clip_y = SCREEN_HEIGHT-1;
```

我通常把这些全局变量设为屏幕的尺寸。关于该函数所要注意的唯一细节是，它的参数是引用传递（By Reference），所以变量值是可被修改的。如果你不想变量值被修改，最好做一下备份。下面是使用该函数的一个例子：

```
// clip the line (x1,y1) to (x2,y2)

// make copies
int clipped_x1 = x1,
    clipped_y1 = y1,
    clipped_x2 = x2,
    clipped_y2 = y2;

// clip the line
Clip_Line(clipped_x1, clipped_y1,
          clipped_x2, clipped_y2);
```

当函数返回 clipped_*变量后，它们会含有根据存储在全局定量里的矩形裁剪区被裁剪而得的值。

演示程序 DEMO8_2.CPP|EXE，在屏幕中心创建了一个 200×200 的裁剪区，然后在其中画随机线。注意这些线是如何被裁剪的。

8.3　线框多边形

现在，你已经知道了如何画直线以及用矩形裁剪框对他们进行裁剪，我们可以开始研究更高级的对象——多边形了。图 8-13 给出了几种不同的多边形：三角形、正方形和五角形。多边形是有三个以上连接点的封闭几何形。多边形有凸的，也有凹的。

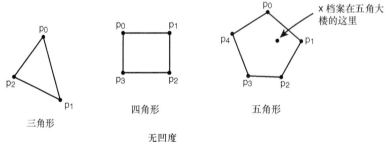

图 8-13　一般的多边形

有相关的数学定义和检验来确认一个多边形是凸多边形还是凹多边形，但是，通常来讲，凸多边形没有齿状凹陷，而凹多边形则有。

现在我想给你一点有关怎样描绘 2D 多边形对象和操作他们的概念。

数学

一种检验多边形凹凸性的方法是：在多边形上任取两个顶点连成一线，如果有一条这样的直线完全落在多边形外部，则该多边形为凹多边形。

8.3.1　多边形数据结构

在游戏中，数据结构的选择可以说是最重要的。把你所学的有关使用复杂的数据结构的内容都忘记吧，集中注意一件事，那就是速度。在游戏中，必须随时能够访问数据，因为游戏就是这么设计要求的。你必须考虑到数据访问的简便性、数据的大小、被处理器高速缓冲访问的数据的相对大小，甚至还要考虑二级缓存等等。总地来说，如果你不能做到快速、高效地获取数据，即使你有一个 1000MHz 的处理器也没什么帮助。

我设计数据结构的主要原则是：

- 简洁。
- 适当地（少于 25%的场合）对确切知道大小的小型结构使用静态数组。
- 在必要的时候使用链表。
- 只有在能够提高程序速度的时候才使用树形或者其他比较不常用的数据结构，不要因为追求"酷"而这么做。
- 最后，进行数据结构设计时要深思熟虑。不要使代码不能被扩充，也不要发明一些奇怪的限制条件，那样反而使自己陷入困境。

嗯，道理讲得够多了。让我们来看一下关于多边形的一个非常基本的数据结构吧。假设，多边形有很多个顶点，这时候采用静态数组来存储顶点就不合适了，应该采用动态数组来存储这些顶点。不但如此，你还需要多边形的 (x, y) 坐标、速度（之后会讨论更多）和颜色等，可能还有其他你还没想到的状态信息。先看下面的例子：

```
typedef struct POLYGON2D_TYP
{
int state;            // state of polygon
int num_verts;        // number of vertices
int x0,y0;            // position of center of polygon
int xv,yv;            // initial velocity
DWORD color;          // could be index or PALETTENTRY
VERTEX2DI *vlist;     // pointer to vertex list

} POLYGON2D, *POLYGON2D_PTR;
```

C++

本来在此处使用 C++和类来书写会很好，但是我想让 C 程序员也能简单地理解。但是，作为习题，我希望所有的 C++程序员把多边形的数据结构转换成类。

现在进行得不错，可是你还遗漏了一件事情：VERTEX2DI 还没有被定义。对你而言，这又是一个在进行数据结构设计时碰到的典型问题。虽然还没有定义完所有的东西，但是已经知道要定义某个东西了。现在我们开始定义 VERTEX2DI。基本上，它只是一个精确到整数的 2D 顶点。

```
typedef struct VERTEX2DI_TYP
{
int x,y;

} VERTEX2DI, *VERTEX2DI_PTR;
```

数学

在许多 2D/3D 的引擎中，所有顶点都只精确到整数。当然，这样缩放比例和旋转变换就不那么精确了。浮点数的问题在于它们转化成整数的速度较慢。虽然奔腾处理器处理浮点数问题的速度可以和处理整数问题的速度一样快甚至更快；但是光栅化算法中后期的取整运算会让你吃不消。如果你直到最后的阶段才取整，情况会好一些，但是，如果你不断地前后来回反复，效率就太低了。结论是，如果整数精度能够满足，就只用整数。否则，即使不得不使用浮点数，也要尽量减少转换。

至此，你已经有了一个不错的数据结构来支持顶点和多边形。图 8-14 抽象地描述了一个多边形的数据结构。

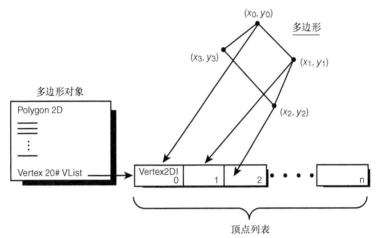

图 8-14　多边形数据结构

为了要使用 POLYGON 数据结构，你惟一要做的事就是为实际存储顶点分配内存，可以按如下步骤操作：

```
POLYGON2D triangle;              // our polygon

// initialize the triangle
triangle.state      = 1;         // turn it on
triangle.num_verts  = 3;         // triangle
triangle.x0         = 100;       // position it
triangle.y0         = 100;
triangle.xv         = 0;         // initial velocity
triangle.yv         = 0;
triangle.color      = 50;        // assume 8-bit mode index 50
triangle.vlist      = new VERTEX2DI[triangle.num_verts];
```

C++

注意，我采用了 C++语言的 new 操作符来分配内存，因此只能用 delete 操作进行删除。用标准的 C 语言写法，可以这样来分配内存：

```
(VERTEX2DI_PTR)malloc(triangle.num_verts*sizeof(VERTEX2DI))
```

妙极了！下面我们就来看如何绘制一个多边形。

8.3.2　多边形的绘制及裁剪

绘制多边形其实和绘制 n 条相连的线段一样简单。你已经知道了如何绘制直线，所以为了画多边形，所要做的就只是对顶点循环，连接点与点。当然，如果想对多边形进行裁剪，还需要调用裁剪函数。此函数我已经封装在 Draw_Clip_Line()函数中了。该函数具有同 Draw_Line()函数一样的参数，不同的是它按照一个全局定义的裁剪区域进行裁剪。下面是绘制一个 POLYGON2D 结构的通用函数：

```
int Draw_Polygon2D(POLYGON2D_PTR poly, UCHAR *vbuffer, int lpitch)
{
// this function draws a POLYGON2D based on
```

```
// test if the polygon is visible
if (poly->state)
    {
    // loop thru and draw a line from vertices 1 to n
    for (int index=0; index < poly->num_verts-1; index++)
        {
        // draw line from ith to ith+1 vertex
        Draw_Clip_Line(poly->vlist[index].x+poly->x0,
                       poly->vlist[index].y+poly->y0,
                       poly->vlist[index+1].x+poly->x0,
                       poly->vlist[index+1].y+poly->y0,
                       poly->color,
                       vbuffer, lpitch);

        } // end for

    // now close up polygon
    // draw line from last vertex to 0th
     Draw_Clip_Line(poly->vlist[0].x+poly->x0,
                    poly->vlist[0].y+poly->y0,
                    poly->vlist[index].x+poly->x0,
                    poly->vlist[index].y+poly->y0,
                    poly->color,
                    vbuffer, lpitch);

    // return success
    return(1);
    } // end if
else
    return(0);

}       // end Draw_Polygon2D
```

关于这个函数，惟一不合常理的是，函数在绘制多边形时采用了（x0，y0）作为中心坐标。这样做，可以让你在移动多边形时不至于弄乱某个顶点。另外，采用相对于中心点坐标的方式定义多边形，可以让你使用本地坐标（Local Coordinate），而不是世界坐标（World Coordinate），从图 8-15 中可以看出两者之间的关系。

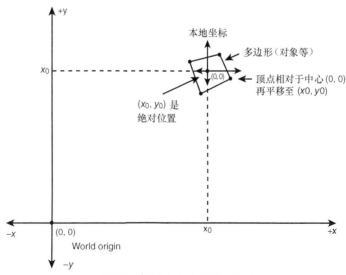

图 8-15 本地坐标和世界坐标的关系

　　本地坐标和世界坐标是相互联系的。先把多边形以（0，0）为中心定位（本地坐标系），然后，再把多边形转换到（x, y）（世界坐标系）的做法是比较好的。到了 3D 内容的部分，你将具体学习有关本地坐标系、世界坐标系以及摄影坐标系（相对于镜头所在的点）的知识。但现在，只要知道有这些坐标系的存在就可以了。

　　我编写了 DEMO8_3.CPP|EXE 作为一个演示程序。该程序先创建了一个多边形数组，每个多边形有八个顶点。这些多边形看起挺象小行星的。然后程序随机设置它们的位置，让它们在屏幕上随处移动。这个程序是在 640×480×8 模式下，用页面切换来实现动画的。图 8-16 给出了程序运行中的一个画面。

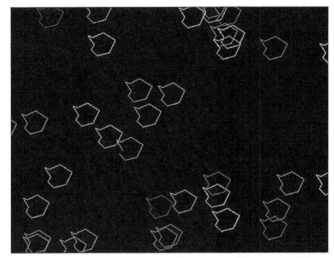

图 8-16　运行中的 DEMO8_3.EXE

　　好了，现在你学会怎样定义一个多边形并把它画出来了。我要讲的下一个内容是 2D 图形的变换——平移、旋转和缩放多边形。

8.4　2D 平面里的变换

　　我想你肯定会发现，不知不觉中你已经深陷数学世界。不过，如果你理解了基本原理，你就会发现其实这些内容很有趣，而且 3D 游戏的编程也是如此，没什么不能解决的。现在就让我们开始吧！

　　到此为止，我们已经有很多次接触到了平移，但是还没有去研究过它的数学描述，其他形式的变换也是一样，比如移动和旋转。让我们来看看这些基本概念，并了解一下它们是如何同 2D 矢量图像联系在一起的。而后，当你到了 3D 图形部分，你要做的就只是加入一两个变量，并考虑一下 Z 轴就可以了。

8.4.1　平移

　　平移无非是把一个对象或一个点从一个地方移到另一个地方。假设你有一个点（x, y），你想将它平移一定距离（dx, dy）。该点移动过程的示意图如图 8-17 所示。

基本上，你是在点（*x*, *y*）上加了一个移动因子，将它移到了（*xt*, *yt*）的新位置。下面是其数学计算过程：

xt = x + dx;
yt = y + dy;

这里 *dx*、*dy* 可正可负。如果我们采用标准的显示器坐标，（0, 0）为左上角，那么，正的 *x* 轴移动量会使对象向右平移，正的 *y* 轴移动量使对象向下平移。负的 *x* 轴移动量使对象向左平移，负的 *y* 轴移动量使对象向上平移。

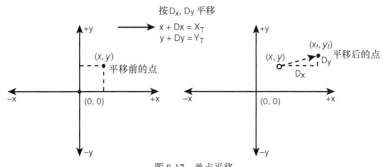

图 8-17 单点平移

平移整个对象时，如果你有对象中心的坐标，而且所有点对应中心的相对坐标（像之前的多边形数据结构一样），那么只需对对象的中心应用平移变换就可以了。如果对象没有自己的坐标，你就必须对组成这个多边形的所有点运用公式。这让我们回想到本地坐标和世界坐标的概念。

通常，在 2D/3D 计算机图像里，你至少会需要给所有对象确定本地坐标和世界坐标。一个对象的本地坐标是对应的（0, 0）或（0, 0, 0）（3D 中）。然后给每个本地坐标位置加上世界坐标方位（x0, y0），就可以找到对象的世界坐标位置了，实际上，也就是通过把每个本地坐标转换（x0, y0），来重新放置对象。这如图 8-18 所示。

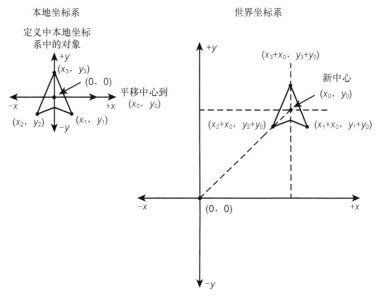

图 8-18 物体平移及结果顶点

受到这点启发，将来你可能会决定在多边形上加上更多的存储数据，这样就可以同时存储本地坐标和世界坐标了。实际上，以后会介绍到这个内容。另外，你还需要添加摄影坐标的存储。增加存储的原因是：一旦把一个对象转换成世界坐标，并准备要绘制出它，你不会想在每一帧里都重复这么做。只要对象没有移动或变形，你就可以不必重新计算。你只要存储最后一次计算出的世界坐标就可以了。

理解了这些以后，让我们来看一个通用的多边形平移函数。它看上去如此简单，简直不像是真的。

```
int Translate_Polygon2D(POLYGON2D_PTR poly, int dx, int dy)
{
// this function translates the center of a polygon

// test for valid pointer
if (!poly)
   return(0);

// translate
poly->x0+=dx;
poly->y0+=dy;
// return success
return(1);

} // end Translate_Polygon2D
```
I think that deserves a Pentium.II.AGP double snap!!!

8.4.2　旋转

位图旋转十分复杂，但在平面中旋转单个顶点却很容易。旋转公式的推导有点复杂，但我有一个很酷的新的推导方法。不过在介绍它之前，还是看一下我们到底想做什么。如图 8-19 所示，你可以看到点 p0 的坐标为 (x, y)，你想将该点绕着 z 轴（垂直于纸面的轴）旋转一个角度到 p0'，现在要找到旋转后的点 p0' 及其坐标 (xr, yr)。

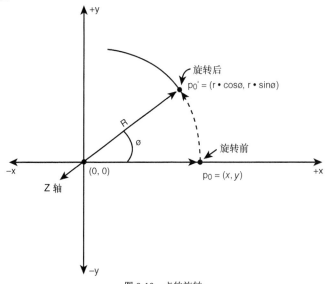

图 8-19　点的旋转

三角学回顾

很明显，这里将用到三角形的知识，你可能有点生疏了，现在让我们对一些基本要点进行一下回顾。

多数三角学概念可用如图 8-20 所示直角三角形表示。

表 8-1 给出了弧度和角度的差异。

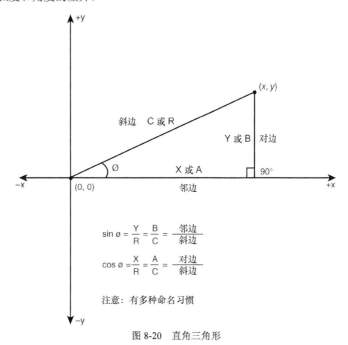

$$\sin \varnothing = \frac{Y}{R} = \frac{B}{C} = \frac{邻边}{斜边}$$

$$\cos \varnothing = \frac{X}{R} = \frac{A}{C} = \frac{对边}{斜边}$$

注意：有多种命名习惯

图 8-20　直角三角形

表 8-1　　　　　　　　　　　　　弧度和角度的对比

角　　度	弧度（π）	弧度（数值表示）
360	2*pi	6.28
180	1*pi	3.14159
90	pi/2	1.57
57.295	pi/pi	1.0
1	pi/180	0.0175

下面是一些基本三角学概念：

- 360 度，也就是 2π，为一周。因此 π 为 180 度。记住，计算机函数 sin()、cos()采用的是弧度，而不是角度。表 8-1 列出了这些值。
- 三角形的内角之和为 180 度或 π。
- 如图 8-20 所示的直角三角形，与 θ 角相对的边称为对边（*Opposite Side*），相邻的边为邻边（*Adjacent Side*），最长的一边称为斜边（*Hypotenuse*）。
- 两条直角边的平方和等于斜边的平方。这被称为勾股定理（毕达哥拉斯定理）。可以用数学表达为：

斜边 ^{2}=邻边 ^{2}+对边 ^{2}

或者，你可使用 a、b、c 来作为变量：

$c^2 = a^2 + b^2$

因此，如果有了一个直角三角形的两条边，可以求出第三条边。

- 数学家喜欢使用正弦（Sine，sin）、余弦（Cosine，cos）和正切（Tangent，tan）来表示三个主要的三角比率，分别定义为：

$$\cos\theta = \frac{邻边}{斜边} = \frac{x}{r}$$

定义域：$0 \leq \theta \leq 2\pi$
值域：-1 到 1

$$\sin\theta = \frac{对边}{斜边} = \frac{y}{r}$$

定义域：$0 \leq \theta \leq 2\pi$
值域：-1 到 1

$$\tan\theta = \frac{\sin\theta}{\cos\theta} = \frac{对边/斜边}{邻边/斜边} = \frac{对边}{邻边} = \frac{y}{x} = 斜率 = M$$

定义域：$-\pi/2 \leq \theta \leq \pi/2$
值域：$-\infty$ 到 ∞

数学

应当注意定义域（Domain）和值域（Range）这两个术语的使用。定义域和值域分别意味着输入和输出。

图 8-21 展示了所有这三个三角函数的图形。注意它们都是周期性函数：$\sin\theta$ 和 $\cos\theta$ 函数的周期为 2π，而 $\tan\theta$ 函数周期为 π。注意当 θ 等于 $\pi/2$ 时，$\tan\theta$ 函数值趋向正负无穷大。

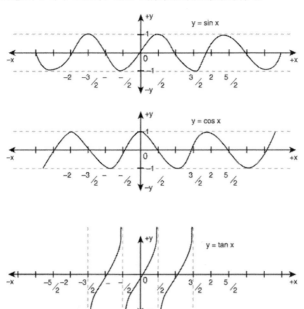

图 8-21　基本三角函数的图形

有关三角恒等式及其证明，足可以洋洋洒洒写成一本数学书。我在这里，只介绍游戏程序员应当知道的一些基本内容而已。表 8-2 列出了一些三角函数及其公式。

表 8-2 **常用的三角函数恒等式**

余割	$\csc(\theta) = 1/\sin(\theta)$
正割	$\sec(\theta) = 1/\cos(\theta)$
余切	$\cot(\theta) = 1/\tan(\theta)$

三角函数形式的毕达哥拉斯定理：
$$\sin(\theta)^2 + \cos(\theta)^2 = 1$$
变换恒等式：
$$\sin(\theta) = \cos(\theta - \pi/2)$$
负角公式：
$$\sin(-\theta) = -\sin(\theta)$$
$$\cos(-\theta) = \cos(\theta)$$
和差化积公式：
$$\sin(\theta_1 + \theta_2) = \sin(\theta_1)*\cos(\theta_2) + \cos(\theta_1)*\sin(\theta_2)$$
$$\cos(\theta_1 + \theta_2) = \cos(\theta_1)*\cos(\theta_2) - \sin(\theta_1)*\sin(\theta_2)$$
$$\sin(\theta_1 - \theta_2) = \sin(\theta_1)*\cos(\theta_2) - \cos(\theta_1)*\sin(\theta_2)$$
$$\cos(\theta_1 - \theta_2) = \cos(\theta_1)*\cos(\theta_2) + \sin(\theta_1)*\sin(\theta_2)$$

当然，还可以推导出更多的恒等式来。通常来说，使用恒等式可以简化复杂的三角公式，这样你就可以不必去做那些数学运算。因此在编程过程当中，当遇到一个基于 sin、cos、tan 等等的三角关系的算法时，记住一定要去翻阅一下三角法的书籍，看是否能够简化数学计算，以便减少计算量。请记住：速度、速度、还是速度！速度是最重要的。

2D 平面里点的旋转

既然已经知道了什么是 sin、cos、tan，那么，让我们来利用它们进行 2D 平面中点的旋转。图 8-22 给出了旋转方程式的推导示意图。

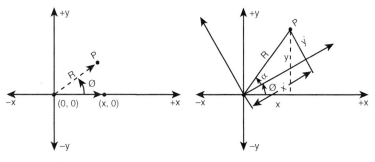

（a）旋转一个与轴平行的矢量　　　　（b）任意旋转

图 8-22　推导旋转公式

现在从半径为 R 的圆周上的任意一点开始计算。
$$xr = r*\cos(\theta)$$
$$yr = r*\sin(\theta)$$
因此，如果只是旋转坐标为（x，0）的一个点，可以采用这个等式，不过，通常还是需要处理更普遍一些的问题。比如要把任意一点（x，y）旋转一个 θ 角（如图 8-22 所示）。可以从两个方面考虑这个问题：旋转点 P，或者旋转轴本身。如果把它当做轴本身在旋转，那么你需要有两套坐标：旋转前的坐标和旋转后的坐标。

在旋转前的坐标系中，你有

xr = r*cos(θ)
yr = r*sin(θ)

旋转之后，你有

式 1：

xr = r*cos(θ + α)
yr = r*sin(θ + α)

式 2：

x = r*cos(α)
y = r*sin(α)

这里，α 是旋转后新的坐标系的 x 轴同从原点指向 P 点的矢量的夹角。

如果你对此感到迷惑，让我们从另一个角度来解释，你很容易找出旋转 θ 角度的点（x，0），如果你将轴旋转 θ 角，你从新旧坐标系中都可以算出 P 点。然后，基于这两个公式，你可以得到旋转等式。如果把式 1 用加法公式进行分解，可以得到以下结果：

式 3：

xr = r*cos(θ)***cos(α)** − r*sin(θ)***sin(α)**
yr = r*sin(θ)***cos(α)** + r*cos(θ)***sin(α)**

等一下，你知道 x，y 等于：

x = r*cos(α)
y = r*sin(α)

将它们代入式 3 中的黑体字部分就可以得出你想要的值。

式 4，旋转公式：

xr = x*cos(θ) − y*sin(θ)
yr = x*sin(θ) + y*cos(θ)

证毕

数学

如果你有数学头脑，你就会发现结果很像极坐标向笛卡尔坐标的转变。我就是这么去想它的。

回到现实中来，你现在知道使用式 4 可以将点（x，y）旋转 θ 角。但是，还需要记住这么一个细节：旋转时，逆时针旋转 θ 角为正，顺时针旋转 θ 角为负。但是现在还有另外一个问题，你是在笛卡尔坐标系中的第一象限进行公式推导的。因此，在显示屏上，y 轴是相反方向（向下）的，因此正负也跟着相反。

以后，当你处理 3D 图象时，你需要对所有显示坐标进行变换，所以 x，y 坐标将设在显示屏的中间，并且都指向正方向，就像在 2D 笛卡尔坐标系统中的第一象限中一样。但现在还不需要去考虑这个。

多边形的旋转

用上你所有的知识，让我们来写一个多边形旋转的函数：

```
int Rotate_Polygon2D(POLYGON2D_PTR poly, float θ)
{
// this function rotates the local coordinates of the polygon

// test for valid pointer
if (!poly)
  return(0);

// loop and rotate each point, very crude, no lookup!!!
for (int curr_vert = 0; curr_vert < poly->num_verts; curr_vert++)
    {
    // perform rotation
    float xr = poly->vlist[curr_vert].x*cos(θ) −
```

```
        poly->vlist[curr_vert].y*sin(θ);

    float yr = poly->vlist[curr_vert].x*sin(θ) +
            poly->vlist[curr_vert].y*cos(θ);
    // store result back
    poly->vlist[curr_vert].x = xr;
    poly->vlist[curr_vert].y = yr;

    } // end for curr_vert

// return success
return(1);

} // end Rotate_Polygon2D
```

这里应该注意几点。首先，数学运算采用的是浮点数，而保存的结果却是整数，因此精度有一定的损失。

其次，函数使用的是弧度而不是角度，因为函数使用的是采用弧度的库函数中的 sin() 和 cos()。精度的损失不是大问题，但是在实时程序中使用三角函数则要多糟糕有多糟糕。你需要做的是创建一个查询表，将算好的 0～360 度的正弦和余弦值保存在查询表里，然后通过查询该表来代替库函数 sin() 和 cos() 的调用。

问题是该如何设计这个查询表？这要根据实际情况来定。有些程序员可能希望使用字节类型作为索引，这样就将圆虚拟地等分为 256 虚拟度，如图 8-23 所示。

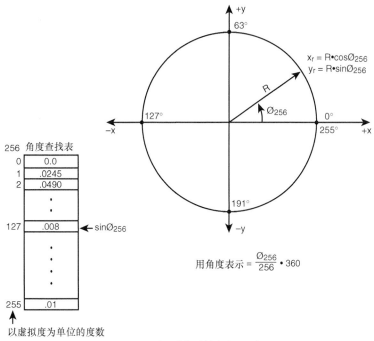

图 8-23　将圆虚拟地等分为 256 度

这要根据你的意愿和实际情况来定，但是，我通常喜欢将表分成 0～359 度。你可以这样创建我所说的表：

```
// storage for our tables
float cos_look[360];
float sin_look[360];


// generate the tables
```

```
for (int ang = 0; ang < 360; ang++)
    {
    // convert ang to radians
    float θ = (float)ang*3.14159/180;

    // insert next entry into table
    cos_look[ang] = cos(θ);
    sin_look[ang] = sin(θ);

    } // end for ang
```

然后，我们可以再写一遍这个旋转函数，设置一个 0-359 的角度，然后通过利用 sin_look[]、cos_look[] 数组分别代替 sin()、cos() 函数来使用这些表。

```
int Rotate_Polygon2D(POLYGON2D_PTR poly, int θ)
{
// this function rotates the local coordinates of the polygon

// test for valid pointer
if (!poly)
  return(0);

// loop and rotate each point, very crude, no lookup!!!
for (int curr_vert = 0; curr_vert < poly->num_verts; curr_vert++)
    {
    // perform rotation
    float xr = poly->vlist[curr_vert].x*cos_look[θ] −
               poly->vlist[curr_vert].y*sin_look[θ];

    float yr = poly->vlist[curr_vert].x*sin_look[θ] +
               poly->vlist[curr_vert].y*cos_look[θ];

    // store result back
    poly->vlist[curr_vert].x = xr;
    poly->vlist[curr_vert].y = yr;

    } // end for curr_vert

// return success
return(1);

} // end Rotate_Polygon2D
```

如果想使一个 POLYGON2D 对象旋转 10 度，你只需这样调用

```
Rotate_Polygon2D(&object, 10);
```

注意

所有的这些旋转操作都将破坏原始多边形的坐标。当然，如果正转 10 度，你可以再反转 10 度回到原来的矢量。但是由于不断取整的误差积累，慢慢地你就会丢失原来的坐标。这就是为什么还需要在多边形数据机构里保存另一套原始坐标的原因。这样，你可以保持转换结果，同时又永远保存原始数据，如果将来需要的话，就可以刷新你的数据了。这一点以后还会详细讨论。

关于精度

前面的演示程序中我采用了整数表示本地顶点。但是令人沮丧的是，几次旋转之后，数值就出现了混乱。因此我现在不得不用 FLOAT（浮点数）来重写演示程序。你必须改善你的 POLYGON2D 结构来使之包含一个浮点精度（Floating-Point-Accurate）的顶点，而不是整数精度（Integer-Accurate）的顶点。

这里有两种办法。一种方法是使用两套坐标，一套本地坐标和一套变换过的坐标（世界坐标）。两套坐标都采用整数。把本地坐标改写成浮点数，执行转换并将结果存储到变换过的坐标，然后进行渲染。之后，

在下一帧里，再次使用本地坐标。用这种方法，本地坐标就不会出现上述的误差了。

或者你干脆保留一套采用浮点数的本地/变换坐标。我这里采用这种方法。这样，你就有两套新的数据结构分别存储顶点和多边形。

```
// a 2D vertex
typedef struct VERTEX2DF_TYP
        {
        float x,y;          // the vertex
        } VERTEX2DF, *VERTEX2DF_PTR;


// a 2D polygon
typedef struct POLYGON2D_TYP
        {
        int state;        // state of polygon
        int num_verts;    // number of vertices
        int x0,y0;        // position of center of polygon
        int xv,yv;        // initial velocity
        DWORD color;      // could be index or PALETTENTRY
        VERTEX2DF *vlist; // pointer to vertex list

        } POLYGON2D, *POLYGON2D_PTR;
```

我只是用了新的浮点顶点来改写了顶点列表，这样，我就不用重写任何东西了。现在，虽然平移还是基于整数，但所有平移和旋转都可以正常运作了。当然，我可以一开始就这么写，但我想让你看到操作的实际过程，在游戏编程中所要作出的取舍。你当然总是希望事情能够顺利进行，但是一旦和你的预期有了出入，你就不得不回头，重新来过了。

为了提供一个同时使用平移和旋转函数的范例，我把 DEMO8_3.CPP 改写成了 DEMO8_4.CPP|EXE。它能使星状的多边形以不同的速度旋转。同时，程序也采用了查询表。看一下吧！

8.4.3　缩放

学过前面之后，接下来的事情就简单了。缩放几乎和平移一样简单。如图 8-24 所示。要将对象进行缩放，只要将每个坐标都乘以缩放因子就可以了。

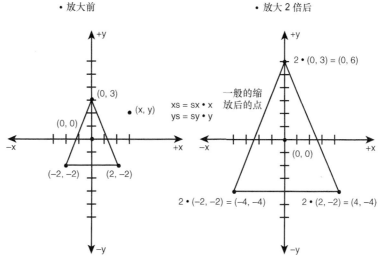

图 8-24　缩放运算

缩放因子如果大于 1.0，将放大对象；如果小于 1.0，则将缩小对象。等于 1.0 的缩放因子不改变对象大小。将点（x,y）缩放 s 倍，得到（xs,ys），即：

```
xs = s*x
ys = s*y
```

当然，你可以对不同轴上的数值采用不同比例的缩放。也就是说你可以对 *x*、*y* 坐标分别使用不同的缩放因子，就像下面这样：

```
xs = sx*x
ys = sy*y
```

多数时候，你要缩放的倍数是相同的。不过，你也可能想要让对象只在一个轴上放大，这就要视情况而定了。这里有一个缩放多边形的函数，接受 *x*、*y* 轴的缩放倍数参数：

```
int Scale_Polygon2D(POLYGON2D_PTR poly, float sx, float sy)
{
// this function scales the local coordinates of the polygon

// test for valid pointer
if (!poly)
   return(0);

// loop and scale each point
for (int curr_vert = 0; curr_vert < poly->num_verts; curr_vert++)
    {
    // scale and store result back
    poly->vlist[curr_vert].x *= sx;
    poly->vlist[curr_vert].y *= sy;

    } // end for curr_vert

// return success
return(1);

} // end Scale_Polygon2D
```

是不是很简单？

如果想将多边形缩小到原来的 1/10，可以这样调用：

```
Scale_Polygon2D(&polygon, 0.1, 0.1);
```

注意，*x*, *y* 轴的缩放比例都是 0.1。因此，缩放比例在每个轴上是一致的。

我创建了 DEMO8_5.CPP|EXE 作为缩放的演示。程序创造了一个旋转的星形图案，当按下 A 键的时候，对象放大 10%，按下 S 键，对象缩小 10%。

注意

你可能注意到了，在多数演示程序中，可以看到鼠标光标。如果你想让它消失（游戏程序通常需要这么做），可以通过调用 WIN32 的 ShowCursor（BOOL bshow）函数来实现。如果发送一个 TRUE，内部的显示计数就会增加；如果发送 FALSE，则会减少。当系统开始时，显示计数为 0。如果显示计数大于或等于 0 时，就会显示鼠标指针。因此，通过调用 ShowCursor（FALSE）可以去掉鼠标指针，而调用 ShowCursor（TRUE）将会使鼠标指针再次出现。但是，要记住，ShowCursor()函数会积累你调用的次数，也就是说，如果你调用了 5 次 ShowCursor（FALSE）函数，你就必须再调用 5 次 ShowCursor（TRUE）才能够将之解除。

8.5 矩阵引论

当开始学习 3D 图形的时候，我们将真正大量地讨论矢量、矩阵以及其他的数学概念。但是，现在我只想教你少量有关矩阵的内容及其在简单 2D 转换中的运用。

矩阵不过是给定了行和列的矩形数字阵列。我们通常把矩阵叫做 m×n, 也就是说它有 m 行, n 列。m×n 也指矩阵的维数, 例如, 这里有一个 2×2 矩阵 A:

$$A = \begin{vmatrix} 1 & 4 \\ 9 & -1 \end{vmatrix}$$

注意我用了大写字母 A 来表示矩阵, 一般情况下, 多数人用大写字母表示矩阵, 用黑体字表示矢量, 在前面的例子中, 第一行是<1, 4>第二行是<9, -1>。这里再给出一个 3×2 矩阵。

$$B = \begin{vmatrix} 5 & 6 \\ 2 & 3 \\ 100 & -7 \end{vmatrix}$$

这里是一个 2×3 矩阵。

$$C = \begin{vmatrix} 3 & 5 & 0 \\ -8 & 12 & 4 \end{vmatrix}$$

为了确定矩阵中的第<i, j>元素, 你只需找到第 i 行第 j 列及其相应的值。但是要注意, 多数数学书是从 1 开始计数矩阵元素的, 而不是象在计算机程序中那样从 0 开始, 要记住这一点。这里我们将从 0 开始计数, 因为这样可以使得 C/C++矩阵运行起来更加自然。例如, 这里是一个 3×3 矩阵的下标表示:

$$A = \begin{vmatrix} a00 & a01 & a02 \\ a10 & a11 & a12 \\ a20 & a21 & a22 \end{vmatrix}$$

这的确很简单。这就是实际的矩阵及其惯用的下标。但是可能你会问, 矩阵是怎样产生的? 矩阵只是懒惰的数学家们的一种数学工具。基本上, 如果你有下面的等式:

```
3*x + 2*y = 1
4*x − 9*y = 9
```

这时, 写下所有这些变量需要许多工作量。你知道它们是（x, y）, 那么为什么还要不断地写它们呢? 为什么不采用一种简洁的方式只保留你工作需要用到的东西呢? 这样就产生了矩阵。在前面的例子中, 有三套值你可以写入矩阵, 你可以一起或分开使用这些值。

下面是系数矩阵:
```
3*x + 2*y = 1
4*x − 9*y = 9
```

$$A = \begin{vmatrix} 3 & 2 \\ 4 & -9 \end{vmatrix}$$

维数为 2×2
下面是变量矩阵:
```
3*x + 2*y = 1
4*x − 9*y = 9
```

$$X = \begin{vmatrix} x \\ y \end{vmatrix}$$

维数是 2×1
最后是等号右方的常量:

```
3*x + 2*y = 1
4*x − 9*y = 9
```

$$B = \begin{vmatrix} 1 \\ 9 \end{vmatrix}$$

维数是 2×1

有了这些矩阵，你就可以集中注意力。比如在系数矩阵 A 中，就不需要再去考虑其他的因素了。另外，你也可以像下面一样来写矩阵等式：

A*X = B

如果进行数学计算，可以得到：

```
3*x + 2*y = 1
4*x − 9*y = 9
```

至于如何进行数学运算，将在下面的内容中谈到。

8.5.1　单位矩阵

在所有的数学系统中，首先需要定义的是 1 和 0。在矩阵数学里也有这两个值的相似体。和 1 相类似的单位矩阵（Identity Matrix），该矩阵的主对角线上都设为 1，其他都设为 0。此外由于矩阵可以为任意大小，存在无穷个单位矩阵。但是，有一个约束，就是单位矩阵必须为方阵。也就是说必须是 m×m 矩阵，这里 m≥1。下面给出两个例子。

$$I_2 = \begin{vmatrix} 1 & 0 \\ 0 & 1 \end{vmatrix}$$

维数 2 × 2

$$I_3 = \begin{vmatrix} 1 & 0 & 0 \\ 0 & 1 & 0 \\ 0 & 0 & 1 \end{vmatrix}$$

维数 3 × 3

但是，单位矩阵除了在矩阵相乘的时候，并不总是 1 的相似体（我们马上就会谈到）。

另外一个基本矩阵被称为零矩阵（Zero Matrix），并且相加和相乘都是 0，它其实就是一个维数是 m×n 的所有元素都为 0 的矩阵，没有其他特殊约束。

$$Z_{3x3} = \begin{vmatrix} 0 & 0 & 0 \\ 0 & 0 & 0 \\ 0 & 0 & 0 \end{vmatrix}$$

$$Z_{1x2} = \begin{vmatrix} 0 & 0 \end{vmatrix}$$

零矩阵惟一有用的特性是，它在矩阵加法和乘法中，特征值为标量零。除了这个，就没什么其他用处了。

8.5.2　矩阵加法

矩阵的加减是将两个矩阵相对应的元素分别进行加减，然后得出每次运算后的结果。矩阵加剪法惟一需要遵循的原则是，进行加减运算的两个矩阵的维数必须相同。这里是两个例子：

$$A = \begin{vmatrix} 1 & 5 \\ -2 & 0 \end{vmatrix} \qquad B = \begin{vmatrix} 13 & 7 \\ 5 & -10 \end{vmatrix}$$

$$A + B = \begin{vmatrix} 1 & 5 \\ -2 & 0 \end{vmatrix} + \begin{vmatrix} 13 & 7 \\ 5 & -10 \end{vmatrix} = \begin{vmatrix} (1+13) & (5+7) \\ (-2+5) & (0-10) \end{vmatrix} = \begin{vmatrix} 14 & 12 \\ 3 & -10 \end{vmatrix}$$

$$A - B = \begin{vmatrix} 1 & 5 \\ -2 & 0 \end{vmatrix} - \begin{vmatrix} 13 & 7 \\ 5 & -10 \end{vmatrix} = \begin{vmatrix} (1-13) & (5-7) \\ (-2-5) & (0-(-10)) \end{vmatrix} = \begin{vmatrix} -12 & -2 \\ -7 & 10 \end{vmatrix}$$

注意，加法和减法是符合结合律的，也就是说，$A + (B + C) = (A + B) + C$。但是减法不符合分配律，即 $(A - B)$ 不一定等于 $(B - A)$。

8.5.3　矩阵乘法

有两种形式的矩阵乘法:标量（Scalar）和矩阵（Matrix）。标量的乘法是指将矩阵和一个标量数相乘。只需将矩阵的每个元素乘以该数即可。矩阵可以是 $m \times n$ 的任何维数矩阵。

下面是一个普通 3×3 矩阵。k 为任意实数常量:

$$令 A = \begin{vmatrix} a00 & a01 & a02 \\ a10 & a11 & a12 \\ a20 & a21 & a22 \end{vmatrix}$$

$$则 k*A = k* \begin{vmatrix} a00 & a01 & a02 \\ a10 & a11 & a12 \\ a20 & a21 & a22 \end{vmatrix} = \begin{vmatrix} k*a00 & k*a01 & k*a02 \\ k*a10 & k*a11 & k*a12 \\ k*a20 & k*a21 & k*a22 \end{vmatrix}$$

下面是一个例子:

$$3* \begin{vmatrix} 1 & 4 \\ -2 & 6 \end{vmatrix} = \begin{vmatrix} (3*1) & (3*4) \\ (3*(-2)) & (3*6) \end{vmatrix} = \begin{vmatrix} 3 & 12 \\ -6 & 18 \end{vmatrix}$$

数学

标量乘法也可以用于矩阵等式，只要你在两边同时相乘即可。因为，任何时候在等式的左边和右边同时乘以一个常数，等式不变。

第二类矩阵相乘是真正意义上的矩阵与矩阵相乘。数学运算有点复杂，不过你可以把其中一个矩阵当作运算子，对另外一个矩阵进行运算。假设有两个矩阵 A 和 B，你想把它们相乘，它们必须有相同的内部维数（Inner Dimension）。换句话说，如果 A 是 $m \times n$ 矩阵，则 B 应是 $n \times r$ 矩阵。m、r 可以相等，也可以不等。但是内部维数必须相等。例如，你可以把 2×2 矩阵乘以 2×2 矩阵，3×2 矩阵乘以 2×3 矩阵，4×4 矩阵乘以 4×5 矩阵，但是不能够把 3×3 矩阵乘以 2×4 矩阵，因为内部维数不同。相乘以后得到的矩阵的维数为乘数和被乘数的外部维数。例如:2×3 矩阵乘以 3×4 矩阵，结果是 2×4 矩阵。

矩阵相乘是很难用语言来描述的。每次当我试图用语言表达，最后总是弄得我手舞足蹈地四处比划。所以请看一下图 8-25，在图中我给出了矩阵乘法的算法。

假设有矩阵 A 和 B，现在把 A 和 B 相乘，计算结果矩阵 C 中的各个元素。你必须将 A 矩阵的一行与 B 矩阵的一列相乘。要进行这个乘法运算，需要算出每个元素的乘积的和，这也叫做点积（dot product）。这里给出一个 2×2 矩阵乘以 2×3 矩阵的例子。

$$令 A = \begin{vmatrix} 1 & 2 \\ 3 & 4 \end{vmatrix} \qquad B = \begin{vmatrix} 1 & 3 & 5 \\ 6 & 0 & 4 \end{vmatrix}$$

$$C = A \times B = \begin{vmatrix} (1*1+2*6) & (1*3+2*0) & (1*5+2*4) \\ (3*1+4*6) & (3*3+4*0) & (3*5+4*4) \end{vmatrix} = \begin{vmatrix} 13 & 3 & 13 \\ 27 & 9 & 31 \end{vmatrix}$$

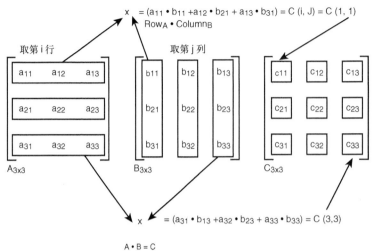

$$x = (a_{11} \cdot b_{11} + a_{12} \cdot b_{21} + a_{13} \cdot b_{31}) = C(i, J) = C(1, 1)$$
$$Row_A \cdot Column_B$$

取第 i 行   取第 j 列

A_{3x3} B_{3x3} C_{3x3}

$$x = (a_{31} \cdot b_{13} + a_{32} \cdot b_{23} + a_{33} \cdot b_{33}) = C(3,3)$$

$$A \cdot B = C$$

图 8-25 矩阵乘法的原理

另外，我要请你注意 C 的第一行第一列（1*1 + 2*6）。它和其他所有乘积实际上都是矢量点积（一个矢量 Vector 其实就是一些值，就像行数为 1 的矩阵）。点积的数学意义很明确，我们以后会讨论，不过通常你可以通过简单地把每个独立元素的乘积相加来计算出两个 $1 \times n$ 的矢量的点积，数学表达如下：

令 a = [1 2 3] b = [4 5 6]

```
a.b = [(1*4) + (2*5) + (3*6)]
= [32]
     1x1
```

结果是长为 1 的矢量，其实也就是一个标量。

警告

现在我对点积讲得有点太多了，技术上来说，它们只是对矢量有效，但是实际上矩阵的每一列或每一行就是一个矢量。我现在准备过渡到下面的内容，讲这些是为了帮助你而不是要把你领入歧途。

这就是如何计算矩阵相乘了，另外一个计算 A×B 阵的结果 C 阵的方法是通过一个一个元素求解。就是说，如果你想得出第 c_{ij} 元素（这里 i、j 从 0 开始），你可以通过计算 A 矩阵的 i 行和 B 矩阵的 j 列的点积（乘积之和）来求得。

至此，我想你已基本掌握了矩阵的乘法运算。让我们来看一些矩阵乘法运算的程序代码吧。首先，我们来定义一个矩阵类型。

```
// here's a 3x3, useful for 2D stuff and some 3D
typedef struct MATRIX3X3_TYP
    {
    float M[3][3]; // data storage
    } MATRIX3X3, *MATRIX3X3_PTR;


int Mat_Mul_3X3(MATRIX3X3_PTR ma,
            MATRIX3X3_PTR mb,
            MATRIX3X3_PTR mprod)
{
// this function multiplies two matrices together and
// stores the result
```

```
for (int row=0; row<3; row++)
    {
    for (int col=0; col<3; col++)
        {
        // compute dot product from row of ma
        // and column of mb

        float sum = 0; // used to hold result

        for (int index=0; index<3; index++)
            {
            // add in next product pair
            sum+=(ma->M[row][index]*mb->M[index][col]);
            } // end for index

        // insert resulting row,col element
        mprod->M[row][col] = sum;

        } // end for col

    } // end for row

return(1);

} // end Mat_Mul_3X3
```

你会注意到这里有许多数学运算。一般地，矩阵乘法是三阶运算，也就是说需要三重循环。不过，也可以使用很多优化方法，如测试乘数和被乘数是不是零，如果是零就可以不用进行乘法运算了。

8.5.4　使用矩阵进行变换

采用矩阵进行二维或三维变换很简单，基本上，你只需将要进行变换的点同指定的变换矩阵相乘即可，数学表达式是：

p' = p*M

这里 p'是变换后的点，p 是原来的点，M 是变换矩阵。如果我之前还没有给你讲过矩阵乘法不适用交换律，那么我现在给你讲：

（A×B）不一定等于（B×A）

这个陈述一般都是正确的，除非 A 或 B 是单位矩阵或是零矩阵，或者 A 和 B 是相同的矩阵。所以计算矩阵乘法时要注意次序。

下面你将把一个 (x, y) 点变成一个 $1×3$ 维数的单行矩阵，之后在右边乘以一个 $3×3$ 转换矩阵。结果仍会是一个 $1×3$ 的单行矩阵，然后你可以摘出前面两个元素作为转换后的 x', y'。不过你会面临一个小问题：如果我们需要的只是两个数据 x 和 y 的话，初始矩阵 p 里的最后一个元素有什么用处呢？

通常你可以这样来表示所有的点：

[x y 1.0]

因子 1.0 是为了把矩阵转化为通常所说的齐次坐标（*Homogenous Coordinate*）。这样就可以进行缩放变换，并且也允许进行平移变换。除此之外，其数学意义并不重要。可以把它看成是你所需要的哑元变量。所以，你要创建一个 $1×3$ 矩阵来保存你的输入点，然后右乘一个变换矩阵。这里是点（或称为 $1×3$ 矩阵）的数据结构：

```
typedef struct MATRIX1X3_TYP
    {
    float M[3]; // data storage
    } MATRIX1X3, *MATRIX1X3_PTR;
```

这是把一个点和一个 3×3 矩阵相乘的函数：

```
int Mat_Mul_1X3_3X3(MATRIX1X3_PTR ma,
                    MATRIX3X3_PTR mb,
                    MATRIX1X3_PTR mprod)
{
// this function multiplies a 1x3 matrix against a
// 3x3 matrix — ma*mb and stores the result
    for (int col=0; col<3; col++)
        {
        // compute dot product from row of ma
        // and column of mb

        float sum = 0; // used to hold result

        for (int index=0; index<3; index++)
            {
            // add in next product pair
            sum+=(ma->M[index]*mb->M[index][col]);
            } // end for index

        // insert resulting col element
        mprod->M[col] = sum;

        } // end for col
return(1);

} // end Mat_Mul_1X3_3X3
```

创建一个坐标分量为 x，y 的点 p，你需要这样做：

```
MATRIX1X3 p = {x,y,1};
```

记住所有这些，让我们来看一个你已经笔算过的变换矩阵。

8.6 平移

欲进行平移变换，你可以在原 x,y 分量上加上沿这两个分量方向的位移量。变换矩阵如下：

$$Mt = \begin{vmatrix} 1 & 0 & 0 \\ 0 & 1 & 0 \\ dx & dy & 1 \end{vmatrix}$$

例如：

```
p = [x y 1]
```

$$p' = p*Mt = [x\ y\ 1] * \begin{vmatrix} 1 & 0 & 0 \\ 0 & 1 & 0 \\ dx & dy & 1 \end{vmatrix} = [(x+1*dx)\ (y+1*dy)\ 1]$$

数学

左边代表点的矩阵中因子 1.0 是很必要的。没有它，就根本不能够以乘法进行平移。

如果你提取前两个元素，你就会得到：

```
x' = x+dx
y' = y+dy
```

这正是你所需要的。

8.7　缩放

相对原点进行缩放，需要将 x、y 分别乘以缩放因子 sx、sy。另外，缩放中还不能出现移动。这里给出了你想要的矩阵：

$$Ms = \begin{vmatrix} sx & 0 & 0 \\ 0 & sy & 0 \\ 0 & 0 & 1 \end{vmatrix}$$

例如：

p = [x y 1]

$$p' = p*Ms = [x\ y\ 1] * \begin{vmatrix} sx & 0 & 0 \\ 0 & sy & 0 \\ 0 & 0 & 1 \end{vmatrix} = [(x*sx)\ (y*sy)\ 1]$$

我们得到了想要的缩放结果：

x' = sx*x
y' = sy*y

数学

注意转换矩阵右下方的 1。技术上来说并不需要它，因为你永远都不需要使用到第三列的结果。因此，你就浪费了数学循环。问题是，我们能否在所有转换矩阵中都把最后一列去掉而使用 3×2 矩阵呢？在回答这个问题之前，我们还是先来看一下旋转矩阵吧。

8.8　旋转

旋转矩阵是所有的变换矩阵中最复杂的，因为它的里面包含了很多三角函数。一般我们想通过旋转方程式来旋转输入点。为了做到这点，你必须观察旋转方程式，提取出运算符，然后把它们压缩进一个矩阵中。另外，因为要避免平移，所以最后一行 0 和 1 位置上的数值应为零。以下是一个这样类型的矩阵：

$$Mr = \begin{vmatrix} \cos\theta & \sin\theta & 0 \\ -\sin\theta & \cos\theta & 0 \\ 0 & 0 & 1 \end{vmatrix}$$

例如：

p = [x y 1]

$$p' = p*Mr = [x\ y\ 1] * \begin{vmatrix} \cos\theta & \sin\theta & 0 \\ -\sin\theta & \cos\theta & 0 \\ 0 & 0 & 1 \end{vmatrix} =$$

p' = [(x*cos － y*sin) (x*sin ＋ y*cos) 1]
结果是正确的！

在讨论多边形之前，让我们来讨论一下之前提出过的，采用 3×2 右乘矩阵来代替 3×3 矩阵的问题。

看上去，在所有的矩阵乘法运算中，最后一项是完全被忽略的，而且，它的值也总是 1.0。这两种说法都是正确的。

因此，就你目前所操作的变换矩阵来说，你可以采用 3×2 矩阵。不过，我更乐意采用 3×3 矩阵来保持点的矩阵和坐标齐次化。最后一项 1.0（现实中，让我们把它当作 q）的重要性在于：为了保证坐标在变换完成后保证有正确的格式，你需要除以因数 q，也即：

p' =[x y q]

x' = x/q
y' = y/q

但是由于这时 q=1，就不需要进行除法运算了。虽然如此，在讨论三维图形时，这个因数还有重要的用途，所以要记住这点。

在任何时候，根据上面的新信息，你可以通过采用下面的数据结构和转换函数，来改变一些数据结构，并把所有的点存储为 1×2 矩阵，而所有变换矩阵采用 3×2 矩阵。

```c
// the transformation matrix

typedef struct MATRIX3X2_TYP
        {
        float M[3][2];   // data storage
        } MATRIX3X2, *MATRIX3X2_PTR;

// our 2D point
typedef struct MATRIX1X2_TYP
        {
        float M[2];       // data storage
        } MATRIX1X2, *MATRIX1X2_PTR;


int Mat_Mul_1X2_3X2(MATRIX1X2_PTR ma,
               MATRIX3X2_PTR mb,
               MATRIX1X2_PTR mprod)
{
// this function multiplies a 1x2 matrix against a
// 3x2 matrix — ma*mb and stores the result
// using a dummy element for the 3rd element of the 1x2
// to make the matrix multiply valid i.e. 1x3 X 3x2

    for (int col=0; col<2; col++)
        {
        // compute dot product from row of ma
        // and column of mb

        float sum = 0;    // used to hold result

        for (int index=0; index<2; index++)
            {
            // add in next product pair
            sum+=(ma->M[index]*mb->M[index][col]);
            }              // end for index

        // add in last element * 1
        sum+= mb[index][col];

        // insert resulting col element
        mprod->M[col] = sum;
```

```
    } // end for col

return(1);

} // end Mat_Mul_1X2_3X2
```

DEMO8_6.CPP|EXE 给出了如何在程序中使用矩阵。我用线框画出了一个类似太空船的多边形,你可以对它进行缩放、旋转和平移。如图 8-26 所示。

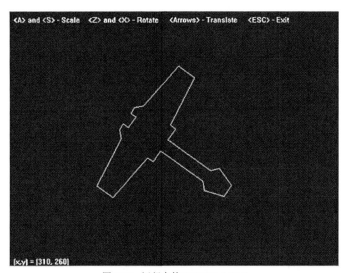

图 8-26   运行中的 DEMO8_6.EXE

注意

你只能把一个 m × r 矩阵乘以一个 r × n 矩阵。也就是说,内部维数必须相等。很显然,1 × 2 矩阵不能乘以 3 × 2 矩阵,因为 2 不等于 3。但是,在代码中,你可以加一个 1.0 哑元到 1 × 2 矩阵中,使它变成一个 1 × 3 矩阵,这样做仅仅是为了满足数学运算的需要。

该演示程序的控制键如下:

Esc	退出演示程序
A	放大 10%
S	缩小 10%
Z	逆时针旋转
X	顺时针旋转
箭头方向键	在 x 和 y 上平移

8.9 填充实心多边形

让我们暂时结束那些数学讨论,回到比较实际一点的东西上来吧。3D 引擎和许多 2D 引擎最基本的一个要求是，画一个实心或填充的多边形，如图 8-27 所示。这是你需要解决的下一个问题。

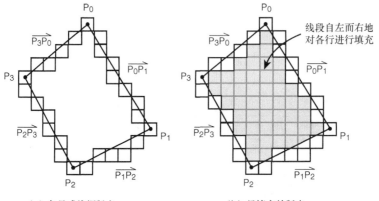

（a）矢量或线框版本　　　　　　　（b）经填充的版本

图 8-27　填充多边形

有很多填充多边形的方法。不过，由于我们学习的目的是为了制作 2D/3D 游戏，所以你需要画一个纯色或者贴图映射的填充多边形，如图 8-28 所示。现在，我们暂时先把贴图映射问题留到以后接触 3D 的时候再学，目前只学习如何画一个任意颜色的实心多边形。

图 8-28　实心多边形（右）、映射了贴图的多边形（左）

在着手解决问题之前，你必须明确你要解决的是什么问题。第一个约束条件是多边形必须为凸多边形，因此，不可以有空洞或者怪异的形状。之后你要确定所要画的多边形到底有多复杂。它可以有三条边、四条边或者任意多条边么？这的确是个问题，而你必须对边数多于三条的多边形采用不同的算法（如：四边形可以分割成两个三角形）。

因此，我将教你如何进行任意多边形和三角形的填充（这将成为你最终创建的三维引擎的基础）。

8.9.1　三角形和四边形类型

首先，让我们来看看任意四边形，如图 8-29 所示。四边形可以被分割为两个三角形 ta 和 tb，这样可以简化绘制四边形的问题。因此，现在你可以把注意力集中在画一个三角形上来，之后，你既可以用来画三角形，也可以用来画四边形。如图 8-30 所示，让我们开始吧。

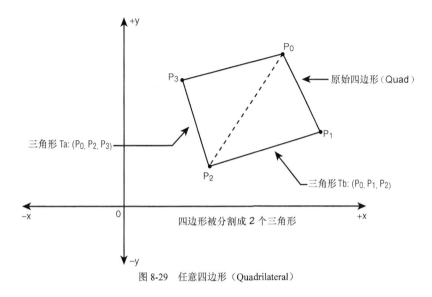

图 8-29 任意四边形（Quadrilateral）

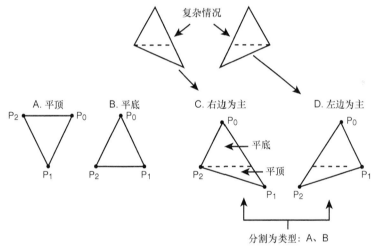

图 8-30 任意三角形

首先，你创建的三角形只有四种可能的类型。分别是：

- **平顶**：这是具有平顶的三角形，换句话说就是最上面的两个顶点具有相同的 y 坐标。
- **平底**：这是具有平底的三角形，换句话说就是最下面的两个顶点具有相同的 y 坐标。
- **右边为主**：这样的三角形的三个顶点的 y 坐标各不相同，但是最长的斜边在右侧。
- **左边为主**：这样的三角形的三个顶点的 y 坐标各不相同，但是最长的斜边在左侧。

前两种三角形进行光栅化是最简单的，因为三角形有两条边等高（你马上就可以看到这点的重要性）。但是如果你把后两种三角形事先分割成一对平底和平顶的三角形，它们也就和前面两种三角形一样简单了。你也可能不想这么做，但是通常我是这么做的。如果不这样的话，光栅化过程就不得不包含许多判断逻辑来帮助处理三角形两边的斜度变化。总之，如果你看一些例子就会更明白了。

8.9.2　绘制三角形和四边形

画三角形和画线十分类似，因为你必须先描绘出三角形边上的点，然后用直线一条一条地把三角形勾勒出来。图 8-31 给出了如何描绘平底三角形的示意图。如你所见，一旦每条边的斜率计算出来了，你就只要把扫描线向下移，根据斜率调整端点坐标 x 的变化量 xs、xe（说得更准确些的话，实际上是 1/斜率），然后再画一条横线连接两端。

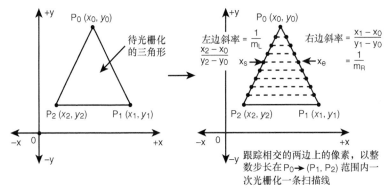

图 8-31　三角形的光栅化

你不必使用 Bresenham 算法，因为你现在不是要画直线。你所要考虑的是直线在哪个按整数间隔对齐的像素上相交。下面是填充平底三角形的算法。

1. 首先计算出我们需要的左边和右边的比率 dx/dy。基本上也就是 1/斜率。你需要它是因为你将要使用垂直定位法。因此，你要知道每单位 y 引起的 x 的变化量。简单说就是 dx/dy 或 1/M。对应左边或右边的值分别称为 dxy_left 和 dxy_right。

2. 从顶点（x0，y0）开始，使 xs=xe=x0 且 y=y0。

3. 将 xs 加上 dxy_left，xe 加上 dxy_right。这样就能找出要进行填充所需的端点了。

4. 从（xs，y）向（xe，y）画线。

5. 回到第 3 步，继续执行直到该三角形从顶端到底部都被光栅化完毕。

当然，算法的初始条件和边界条件都是需要给予一定的重视的，不过也就是这样而已了，总的来说还是很简单的。现在，在我们着手其他事情之前，先花点时间讨论一下优化问题吧。

一开始，你可能会想对边线描绘使用浮点数，这的确是可行的。但是，问题并不在于奔腾处理器上浮点数要比整数运算慢，问题在于某些情况下你还是不得不将浮点数变换为整数。

如果你让编译器做这件事，需要消耗大概 60 个时钟周期。如果用 FPU 码手工计算，需要 10～20 个时钟周期（记住，你需要变换成整数，然后进行存储）。无论如何，我不愿意仅仅为了找端点就在每条光栅线上浪费 40 个时钟周期！因此，我只是用浮点数的版本给你演示算法，而最终的模型将采用定点数（稍后将给你介绍）。

让我们基于浮点型数据来完成平底三角形的的光栅化。首先，我们先如图 8-31 那样标注。这里给出算法：

```
// compute deltas
float dxy_left  = (x2-x0)/(y2-y0);
float dxy_right = (x1-x0)/(y1-y0);
```

```
// set starting and ending points for edge trace
float xs = x0;
float xe = x0;

// draw each scanline
for (int y=y0; y <= y1; y++)
    {
    // draw a line from xs to xe at y in color c
    Draw_Line((int)xs, (int)xe, y, c);

    // move down one scanline
    xs+=dxy_left;
    xe+=dxy_right;

    } // end for y
```

现在，让我们来谈一些这个算法的细节问题，并看看是不是有遗漏的地方。首先，算法截断了每条扫描线的端点，这是比较糟糕的事情，因为信息也随之丢失了。一个比较好的解决方法是，在把每个端点变换成整数之前加上 0.5。另外一个问题和初始条件有关。在第一次迭代的时候，算法画了一条单像素宽的直线，这样做也可以，但明显此处还有优化的空间。

现在，让我们看看你能不能够基于你所了解的内容来编写平顶三角形的算法程序，你所需要做的是如图 8-31 所示那样标出顶点，然后稍微修改一下算法的初始条件，使左边和右边的内插值能被正确地计算出来。下面是所做的改动：

```
// compute deltas
float dxy_left  = (x2-x0)/(y2-y0);
float dxy_right = (x2-x1)/(y2-y1);

// set starting and ending points for edge trace
float xs = x0;
float xe = x1;

// draw each scanline
for (int y=y0; y <= y2; y++)
    {
    // draw a line from xs to xe at y in color c
    Draw_Line((int)(xs+0.5), (int)(xe+0.5), y, c);

    // move down one scanline
    xs+=dxy_left;
    xe+=dxy_right;

    } // end for y
```

是不是很厉害？不过，还是先回到现实中来，毕竟你才完成了一半。现在，你知道了如何画一个平顶或平底的三角形，并且知道了其他的三角形也可以被分割为平顶或平底的三角形。让我们来看一下这个问题，并开始着手处理。

图 8-32 给出了一个右边为主的三角形。当然了，如果你能够进行右边为主的三角形的光栅化，那么左边为主的三角形的光栅化也就容易解决了。首先应该注意的是，算法的开始步骤和画平底三角形的一样，也就是说，从同一个起始点进行边的内插。问题会在左边内插到第二个顶点时出现，这是你需要进行改动的地方。你需要重新计算左边的内插值，然后才能继续光栅化。

有许多可以解决这个问题的办法。在内循环时，你可以首先画三角形的第一部分，直到斜率改变，重新计算左边内插值，然后继续进行。或者，你也可以将三角形分割成两个三角形（一个平顶三角形和一个平底三角形），然后调用你已有的画平顶三角形和平底三角形的代码。

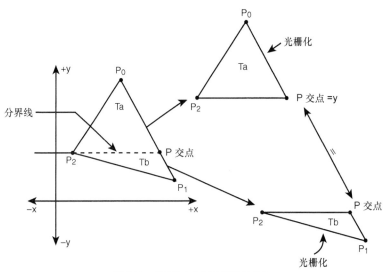

图 8-32   右边为主的三角形的光栅化

目前我们使用第二种办法。如果以后你发现在三维领域里，这种方法不足以满足需求，可以采用其他方法。

8.9.3   三角形解构详述

在我向你展示画出一个 8 位着色的完整三角形的代码之前，我想和你再多谈一点如何正确编写算法程序的一些细节。

把一个三角形分割成一个平顶三角形和一个平底三角形需要一定的技巧。你需要沿着短边往上找，直到斜率发生改变时的第一点；然后，通过这一点找出长边上用来分割三角形的那一点。你可以利用三角形顶点的垂直跨度，然后一次性用乘法对长边内插 n 条扫描线，而不是只内插一条扫描线。

这样操作的效果与人工沿着三角形的长边逐条扫描线地移动是一样的。然而，一旦找到了分割三角形的正确的点，你就可以很简单地调用你的平顶和平底三角形的光栅化程序画出这个三角形。图 8-32 给出了分割算法的详细内容。

除了分割三角形，还有另外的一个小问题——重画（Overdraw）。如果平顶三角形和平底三角形有一个公共顶点，两者公用的那条扫描线就会被光栅化两次。这不是什么大问题，但是还是需要考虑到。你可以在平底三角形底部跳过一条扫描线，来避免共用扫描线的重画。

差不多了，让我们来看看，还有什么没有考虑到的。啊，还有裁剪？如果你回忆一下，可以知道有两种裁剪方法：对象空间（Object Space）和图像空间（Image Space）。对象空间法很好，但是如果将三角形同屏幕矩形裁剪，最坏的情况下将会增加额外的 4 个顶点，如图 8-33 所示。

你可以采用一种简单办法，就像画多边形那样在图像空间里进行裁剪，但是，至少是对每条扫描线进行裁剪，而不是裁剪每个像素。你可以做一些简单的必要性测试来决定是否有必要进行裁剪。如果没有必要裁剪，你可以跳到没有裁剪测试的代码处，以便程序更快地运行，听起来不错吧？

最后，当我们在讨论必要性检测问题的时候，我们需要分情况讨论三角形的各种特殊（退化）型。如单个点、水平线或垂直线。代码在判断这种情况时不应当失效。当然，我们也不能保证我们给函数提供的顶点具有正确的顺序，所以你需要对顶点进行从上至下，从左至右的排序。那样你就可以得到一个已知的起始点。记住这些，下面给出组成 8 位三角形绘制引擎的三个函数：

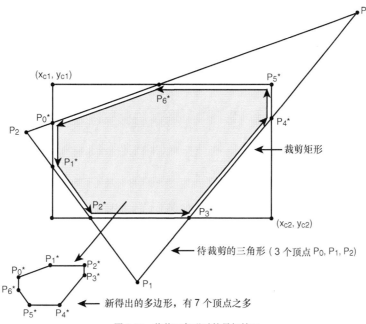

图 8-33　裁剪三角形时的最坏情况

这个是画平顶三角形的函数：

```
void Draw_Top_Tri(int x1,int y1,
                  int x2,int y2,
                  int x3,int y3,
                  int color,
                  UCHAR *dest_buffer, int mempitch)
{
// this function draws a triangle that has a flat top

float dx_right,    // the dx/dy ratio of the right edge of line
      dx_left,     // the dx/dy ratio of the left edge of line
      xs,xe,       // the starting and ending points of the edges
      height;      // the height of the triangle

int temp_x,        // used during sorting as temps
    temp_y,
    right,         // used by clipping
    left;

// destination address of next scanline
UCHAR *dest_addr = NULL;
// test order of x1 and x2
if (x2 < x1)
   {
   temp_x = x2;
   x2    = x1;
   x1    = temp_x;
   } // end if swap
```

```
// compute delta's
height = y3-y1;

dx_left  = (x3-x1)/height;
dx_right = (x3-x2)/height;

// set starting points
xs = (float)x1;
xe = (float)x2+(float)0.5;

// perform y clipping
if (y1 < min_clip_y)
   {
   // compute new xs and ys
   xs = xs+dx_left*(float)(-y1+min_clip_y);
   xe = xe+dx_right*(float)(-y1+min_clip_y);

   // reset y1
   y1=min_clip_y;

   } // end if top is off screen

if (y3>max_clip_y)
   y3=max_clip_y;

// compute starting address in video memory
dest_addr = dest_buffer+y1*mempitch;

// test if x clipping is needed
if (x1>=min_clip_x && x1<=max_clip_x &&
    x2>=min_clip_x && x2<=max_clip_x &&
    x3>=min_clip_x && x3<=max_clip_x)
    {
    // draw the triangle
    for (temp_y=y1; temp_y<=y3; temp_y++,dest_addr+=mempitch)
        {
        memset((UCHAR *)dest_addr+(unsigned int)xs,
               color,(unsigned int)(xe-xs+1));

        // adjust starting point and ending point
        xs+=dx_left;
        xe+=dx_right;

        } // end for

    } // end if no x clipping needed
else
   {
   // clip x axis with slower version

   // draw the triangle
   for (temp_y=y1; temp_y<=y3; temp_y++,dest_addr+=mempitch)
       {
       // do x clip
       left  = (int)xs;
       right = (int)xe;

       // adjust starting point and ending point
       xs+=dx_left;
       xe+=dx_right;
```

```
      // clip line
      if (left < min_clip_x)
         {
         left = min_clip_x;

         if (right < min_clip_x)
            continue;
         }

      if (right > max_clip_x)
         {
         right = max_clip_x;

         if (left > max_clip_x)
            continue;
         }

      memset((UCHAR *)dest_addr+(unsigned int)left,
           color,(unsigned int)(right-left+1));

      } // end for

   } // end else x clipping needed

} // end Draw_Top_Tri
```

这是画平底三角形的函数：

```
void Draw_Bottom_Tri(int x1,int y1,
                 int x2,int y2,
                 int x3,int y3,
                 int color,
                 UCHAR *dest_buffer, int mempitch)
{
// this function draws a triangle that has a flat bottom

float dx_right,     // the dx/dy ratio of the right edge of line
     dx_left,       // the dx/dy ratio of the left edge of line
     xs,xe,         // the starting and ending points of the edges
     height;        // the height of the triangle

int temp_x,        // used during sorting as temps
    temp_y,
    right,         // used by clipping
    left;

// destination address of next scanline
UCHAR *dest_addr;

// test order of x1 and x2
if (x3 < x2)
   {
   temp_x = x2;
   x2     = x3;
   x3     = temp_x;
   } // end if swap

// compute delta's
height = y3-y1;

dx_left  = (x2-x1)/height;
dx_right = (x3-x1)/height;
```

```
// set starting points
xs = (float)x1;
xe = (float)x1; // +(float)0.5;

// perform y clipping
if (y1<min_clip_y)
   {
   // compute new xs and ys
   xs = xs+dx_left*(float)(-y1+min_clip_y);
   xe = xe+dx_right*(float)(-y1+min_clip_y);

   // reset y1
   y1=min_clip_y;

   } // end if top is off screen

if (y3>max_clip_y)
   y3=max_clip_y;

// compute starting address in video memory
dest_addr = dest_buffer+y1*mempitch;

// test if x clipping is needed
if (x1>=min_clip_x && x1<=max_clip_x &&
    x2>=min_clip_x && x2<=max_clip_x &&
    x3>=min_clip_x && x3<=max_clip_x)
    {
    // draw the triangle
    for (temp_y=y1; temp_y<=y3; temp_y++,dest_addr+=mempitch)
        {
        memset((UCHAR *)dest_addr+(unsigned int)xs,
               color,(unsigned int)(xe-xs+1));

        // adjust starting point and ending point
        xs+=dx_left;
        xe+=dx_right;

        } // end for

    } // end if no x clipping needed
else
   {
   // clip x axis with slower version

   // draw the triangle

   for (temp_y=y1; temp_y<=y3; temp_y++,dest_addr+=mempitch)
       {
       // do x clip
       left = (int)xs;
       right = (int)xe;

       // adjust starting point and ending point
       xs+=dx_left;
       xe+=dx_right;

       // clip line
       if (left < min_clip_x)
          {
          left = min_clip_x;
```

```
            if (right < min_clip_x)
               continue;
            }

        if (right > max_clip_x)
            {
            right = max_clip_x;

            if (left > max_clip_x)
               continue;
            }

        memset((UCHAR  *)dest_addr+(unsigned int)left,
             color,(unsigned int)(right-left+1));

        } // end for

    } // end else x clipping needed

} // end Draw_Bottom_Tri
```

最后给出画任意三角形的函数，它在必要时将三角形分成一个平顶三角形和一个平底三角形：

```
void Draw_Triangle_2D(int x1,int y1,
                      int x2,int y2,
                      int x3,int y3,
                      int color,
                 UCHAR *dest_buffer, int mempitch)
{
// this function draws a triangle on the destination buffer
// it decomposes all triangles into a pair of flat top, flat bottom

int temp_x, // used for sorting
    temp_y,
    new_x;

// test for h lines and v lines
if ((x1==x2 && x2==x3)  || (y1==y2 && y2==y3))
   return;

// sort p1,p2,p3 in ascending y order
if (y2<y1)
   {
   temp_x = x2;
   temp_y = y2;
   x2    = x1;
   y2    = y1;
   x1    = temp_x;
   y1    = temp_y;
   } // end if

// now we know that p1 and p2 are in order
if (y3<y1)
   {
   temp_x = x3;
   temp_y = y3;
   x3    = x1;
   y3    = y1;
   x1    = temp_x;
   y1    = temp_y;
   } // end if
```

```
// finally test y3 against y2
if (y3<y2)
   {
   temp_x = x3;
   temp_y = y3;
   x3    = x2;
   y3    = y2;
   x2    = temp_x;
   y2    = temp_y;

   } // end if
// do trivial rejection tests for clipping
if ( y3<min_clip_y || y1>max_clip_y ||
    (x1<min_clip_x && x2<min_clip_x && x3<min_clip_x) ||
    (x1>max_clip_x && x2>max_clip_x && x3>max_clip_x) )
    return;

// test if top of triangle is flat
if (y1==y2)
   {
   Draw_Top_Tri(x1,y1,x2,y2,x3,y3,color, dest_buffer, mempitch);
   } // end if
else
if (y2==y3)
   {
   Draw_Bottom_Tri(x1,y1,x2,y2,x3,y3,color, dest_buffer, mempitch);
   } // end if bottom is flat
else
   {
   // general triangle that's needs to be broken up along long edge
   new_x = x1 + (int)(0.5+(float)(y2-y1)*(float)(x3-x1)/(float)(y3-y1));

   // draw each sub-triangle
   Draw_Bottom_Tri(x1,y1,new_x,y2,x2,y2,color, dest_buffer, mempitch);
   Draw_Top_Tri(x2,y2,new_x,y2,x3,y3,color, dest_buffer, mempitch);

   } // end else
```

```
} // end Draw_Triangle_2D
```
使用时，你只需要调用最后一个函数，因为它会内部调用其他的支持函数。这里是一个利用此函数用 30 号颜色画坐标为（100，100）、（200，150）、（40，200）的三角形的例子。

```
Draw_Triangle_2D(100,100, 200,150, 40,200, 30, back_buffer, back_pitch);
```
通常，你应按照逆时针的顺序发送三角形的三个顶点坐标。目前，这还不会有什么问题，但到了 3D 部分，这些细节就变得非常重要，因为很多 3D 算法，是根据顶点的顺序来确定多边形的正反面的。

技巧

除了之前画多边形的函数外，我还创建了几个定点整数版本的函数，它们在光栅化时运行得更快。它们也在库函数 T3DLIB1.CPP 文件中。每个函数名都以 FP 结尾，它们的工作原理相同。一般你只需要调用函数 Draw_TriangleFP_2D(...)。函数产生的图形和函数 Draw_Triangle_2D(...)相同，但它运行得更快。如果你对定点数运算感兴趣，跳到第 11 章，那里包含了优化设计的内容。

程序 DEMO8_7.CPP|EXE 给出了一个实际使用多边形函数的例子。它在 8 位模式下随机画了一些被裁

剪的三角形。注意，全局裁剪区域是由这样一些一般矩形裁剪变量定义的：

```
int min_clip_x = 0,                          // clipping rectangle
    max_clip_x = (SCREEN_WIDTH-1),
    min_clip_y = 0,
    max_clip_y = (SCREEN_HEIGHT-1);
```

现在，让我们来讨论更为复杂的，可以运用于具有三个以上顶点的多边形的、更为复杂光栅化技术。

8.9.4 四边形光栅化的一般性讨论

如你所见，光栅化一个三角形就不那么容易了。因此，你或许会想象，要光栅化一个多于三个顶点的多边形是难上加难。一点也没错！

假如你把一个四边形分割成两个三角形，就可以简化问题。例如图 8-29 就是把一个四边形分成了两个三角形。大体上，你可以通过简单的确定性的算法，很容易地将任何四边形分解成两个三角形。

- 假设多边形的顶点 0，1，2，3 以一定的顺序排列，如顺时针……
- 三角形 1 由顶点 0，1，3 组成
- 三角形 2 由顶点 1，2，3 组成

记住这些，你就可以在一个分割函数里执行之前的代码，进行四边形的光栅化。我已经在程序 Draw_QuadFP_2D(...)中完成了这些。这不是浮点数的版本，以下是相关的代码：

```
inline void Draw_QuadFP_2D(int x0,int y0,
                int x1,int y1,
                int x2,int y2,
                int x3, int y3,
                int color,
                UCHAR *dest_buffer, int mempitch)
{
// this function draws a 2D quadrilateral

// simply call the triangle function 2x, let it do all the work
Draw_TriangleFP_2D(x0,y0,x1,y1,x3,y3,color,dest_buffer,mempitch);
Draw_TriangleFP_2D(x1,y1,x2,y2,x3,y3,color,dest_buffer,mempitch);

} // end Draw_QuadFP_2D
```

这个函数同三角形函数完全一样，只不过就是多了一个顶点。DEMO8_8.CPP|EXE 是该函数的应用实例。它在屏幕上随机创建并绘制很多的四边形。

注意

我在这里对参数处理得较为简单，你完全可以做得更好，比如先定义一个多边形结构，然后传送一个地址，而不是一整套顶点。我现在就不对这些代码进行优化了，但是要记住这点，因为当到了 3D 时你还会遇到它。

8.9.5 多边形的三角化

现在，你已经学会绘制三角形和四边形，但是如何进行多于四个顶点的多边形的绘制呢？你可以如图 8-34 那样将多边形分解成为由多个三角形组成的图形。虽然这是一个很不错的方法，并且很多制图引擎也都这么做（尤其是硬件的），但是通常这样解决问题还是有点太过复杂了。

但是，如果限制多边形为凸多边形，就要简单得多了。有许多算法都可以完成这件事，但我通常使用一种本质上是递归的非常简单的方法。图 8-35 给出了对一个凸五多边形进行三角化的步骤。

请注意在图 8-35 中有几种可行的三角形分割顺序。因此，可能会有一些启发式（Heuristics）和/或某种估价函数（Evaluation Function）可以用于优化该三角化过程。例如，可以使用相近面积的三角形来进行分解，也有可能你会想先尝试创建很大的三角形。

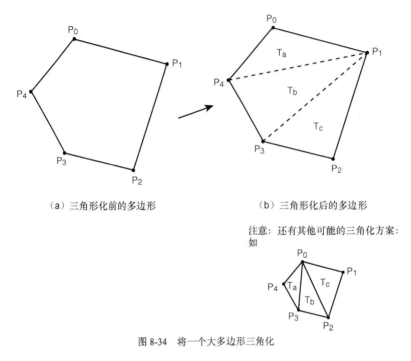

（a）三角形化前的多边形   （b）三角形化后的多边形

注意：还有其他可能的三角化方案：
如

图 8-34　将一个大多边形三角化

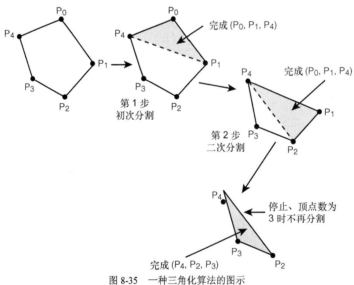

图 8-35　一种三角化算法的图示

无论何种情形，都是和你最终的引擎有关并需要考虑的。这里给出一个通用的算法。

假设有一个 n（n 既可以是偶数也可以是奇数）个顶点的凸多边形，顶点以逆时针或顺时针的顺序进行三角形化。

1．如果仍需处理的的顶点数目大于 3，继续执行第 2 步，否则停止。

2．取出前三个顶点组成一个三角形。

3．分离新建的三角形，递归地对剩下的 n-1 个顶点重复第 2 步。

实际上，算法是在不断地"剥离"三角形，然后再将剩下的顶点重新提交进行运算。虽然看上去很傻，而且没有进行任何预处理和测试，但这样做是可行的。当然，一旦你将多边形分解成了多个三角形，你就可以通过光栅化流水线（Rasterization Pipeline）将它们一个个发送给三角形渲染程序。

好了，关于算法的讨论够多了，让我们来看一下一种更复杂的适用于一般凸多边形的光栅化方法。如果以光栅化三角形的角度来思考，光栅化凸 n 边形就非常简单了。

参见图 8-36 来看算法是如何进行工作的。一般情况下，你需要做的就是从上至下，从左至右地将顶点排序，以得到一个顺时针方向排列的顶点阵列，然后，从最高的顶点开始，光栅化从该顶点发出的两条边（左边和右边）。当其中的一条边到达了终点，也就是到达了位于左边或右边第二个顶点时，你要重新计算光栅化的插值，即 dx_left 和 dx_right 的值，然后再继续下去直到多边形的光栅化完成。

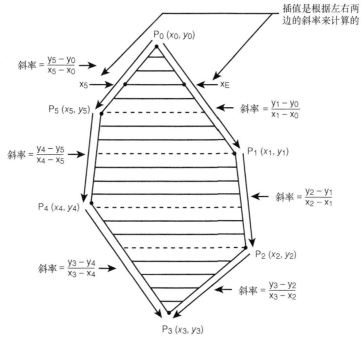

每个顶点处，左右两边都会有一插值变化

图 8-36　不使用三角形分割法来光栅化凸 n 边形

这里要说的就是这些了。算法的流程图如图 8-37 所示。再强调一下，有很多的边界细节需要慎重考虑。例如，在顶点过渡的时候要注意，不要使其中一条边的插值计算失去同步。另外你可以采用图像空间法或对象空间法来进行裁剪。让我们花点时间来讨论一下这个问题。

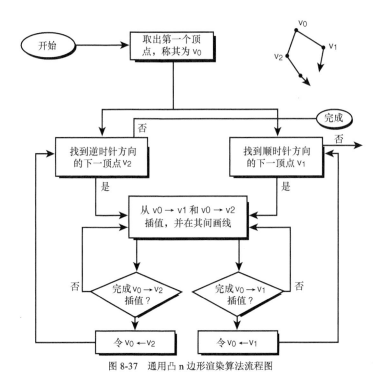

图 8-37　通用凸 n 边形渲染算法流程图

在进行三角形光栅化的时候，你可能不愿意在图像空间里进行裁剪，因为如果三个顶点都被裁剪掉的话，你可能最后会得出一个六边形，这样会很糟糕，因为你将不得不再次把这个新产生的六边形转化为三角形。尽管如此，由于你的新算法能适用于一般多边形，谁还在意增加顶点呢？

然而，有一点你必须考虑，就是凸多边形在裁剪的过程中是否有可能变成凹多边形？绝对有可能，但是（凡事都有但是，不过这次是好事）这种可能性只出现在当裁剪区域本身是凹多边形时。因此，把一个凸多边形裁剪到屏幕矩形的时候，最坏的情况就是，对每个落在裁剪区域之外的顶点，裁剪后会再增加一个顶点。

当你在光栅化一个 n 边形时，最好的方法通常是先在对象空间里进行裁剪，然后使用不含内部扫描线裁剪的光栅代码进行多边形的光栅化。这就是你在此处要采用的方法。

下面的函数采用一个标准的 POLYGON2D_PTR，同时给出了帧缓冲地址和内存点距，然后对发送的多边形进行光栅化。当然，多边形必须为凸多边形，且所有的顶点都必须在裁剪域之内，因为该函数不进行裁剪。这里给出函数的原型。

```
void Draw_Filled_Polygon2D(POLYGON2D_PTR poly,
                           UCHAR *vbuffer, int mempitch);
```

要画一个中心在（320，240），边为 100×100 的正方形，需要这样做：

```
POLYGON2D square; // used to hold the square

// define points of object (must be convex)
VERTEX2DF square_vertices[4]
          = {-50,-50, 50,-50, 50,50,-50, 50};
// initialize square
object.state    = 1;  // turn it on
object.num_verts = 4;
```

```
object.x0        = 320;
object.y0        = 240;
object.xv        = 0;
object.yv        = 0;
object.color     = 255; // white
object.vlist     = new VERTEX2DF [square.num_verts];

// copy the vertices into polygon
for (int index = 0; index < square.num_verts; index++)
    square.vlist[index] = square_vertices[index];


// .. in the main game loop
Draw_Filled_Polygon2D(&square, (UCHAR *)ddsd.lpSurface, ddsd.lPitch);
```

哇！感觉如何？不管怎样，我想要给你展示函数的列表，但是它太大了。不过，你可以阅读 DEMO8_9.CPP|EXE 的程序代码。它演示的内容有：通过使用该函数旋转一个四边形（这里就是一个正方形），然后调用填充函数画出这个四边形。不过，该函数不是通过把四边形分解为两个三角形来画的，而是没有经过裁剪，直接对多边形进行了光栅化。

提示

无论你什么时候要编写一个光栅化函数，都最好能够测试一下它是不是能成功地渲染旋转后的对象。很多时候，当你测试一个光栅化函数时，你会给它发送一个"简单"的坐标。但是当你旋转对象时，你会得到各种变化后的值。如果这个光栅化函数能够成功渲染 1～360 度旋转的对象，那么，你就知道没什么问题了。

8.10　多边形碰撞检测

谢天谢地，我们讲完了前面的内容。那么多的多边形光栅化和变换！让我们休息一下，讨论一些和游戏相关的话题，如碰撞检测及如何决定多边形物体的碰撞问题。记住这点，我现在将介绍考虑该问题的三种不同方法。通过使用这些技术（或结合使用），你应该能够应付所有的多边形碰撞检测的需要。

8.10.1　接近度、边界球/圆

第一种测试两个多边形是否碰撞的方法是，假设对象具有一个平均半径，然后检测半径是否重叠。这可以通过简单的距离计算来完成，如图 8-38 所示。

当然，你将多边形套进了圆形边界盒。采用上述方法进行检测时，有可能会把原本没有的碰撞计算在内；也可能漏掉本来会发生的碰撞（这依赖于如何计算平均半径）。

为了实现该算法，首先必须计算每个多边形的半径值。可以使用的方法有很多。你可以采用多边形中心到每个多边形顶点的距离平均值作为半径，也可以采用最大值或者其他的一些试验值。我通常采用平均值和最大值的中间值作为平均半径。无论怎样，该计算可以在游戏循环之外进行，所以不必担心占用 CPU 周期。但是，运行时的实际检测确实是一个问题。

数学

计算二维空间两点（x1,y1），（x2,y2）之间的距离可以采用公式 $d = sqrt((x1 - x2)^2 + (y1 - y2)^2)$，对于三维空间，只需要在开方项中加上 $(z1 - z2)^2$。

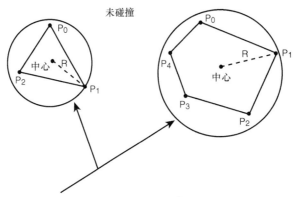

未碰撞

边界圆可用中心到各顶点的最大或平均距离计算

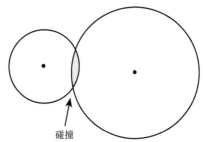

碰撞

图 8-38　用边界圆（3D 时是边界球）检测碰撞

假设你有两个多边形，poly1 位置在（$x1,y1$），poly2 位置在（$x2,y2$），半径分别为 r1 和 r2（不管采用何种方法算得）。要测试多边形半径是否交迭，你可以采用下面的伪代码：

```
// compute the distance between the center of each polygon
dist = sqrt((x1-x2)*(x1-x2) + (y1-y2)*(y1-y2));

// test the distance
if (dist <= (r1+r2)
    {
     // collision!
    } // end if
```

这样就可以按你期望的那样运行了，但有一个问题就是它运行起来特别慢！开方函数消耗了大量的 CPU 周期，所以你不得不想办法优化。不过还是让我们先从比较简单的优化方案开始。首先，没有必要把差额（$x1 - x2$）、（$y1 - y2$）计算两次。你可以只计算一次，然后再在后面的运算中使用该结果，就象下面这样：

```
float dx = (x1-x2);
float dy = (y1-y2);

dist = sqrt(dx*dx + dy*dy);
```

这样做能起到一点作用，但是 sqrt()开平方根函数花费的时间是浮点数乘法的 70 倍。也就是说，在标准奔腾处理器上，FMUL（浮点数乘法）占用 1～3 个 CPU 时钟周期，而 FSQRT（开方）大约占用 70 个 CPU 时钟周期。无论如何，这都是无法让人接受的。让我们来看一下有什么可以做的。技巧之一是利用泰勒展式（Taylor/Maclaurin series expansion，泰勒·麦克劳林级数展开式）来计算距离。

数学

泰勒·麦克劳林级数是接近复杂函数的一种数学工具。它将复杂的函数计算简化为按常量间隔取得的函数估值的简单项之和，同时将函数的导数也考虑在内。f(x)的麦克劳林级数展开式一般为（取 1 为间隔）：

$$f(0) + f'(0) * \times 1/1! + f''(0) * \times 2/2! + .. + f(n)(0) * \times n/n!$$

在这里：'指求导数（*Derivative*）；而!指阶乘（*Factorial*），例如 3! = 6。

知道上面的数学知识之后，你就可以编写函数，通过少量的测试和加法运算求得在 2D（或 3D）中的两点 p1、p2 的近似距离，这里是 2D 及 3D 情形的算法：

```
// used to compute the min and max of two expressions
#define MIN(a, b)   ((a < b) ? a : b)
#define MAX(a, b)   ((a > b) ? a : b)

#define SWAP(a,b,t) {t=a; a=b; b=t;}

int Fast_Distance_2D(int x, int y)
{
// this function computes the distance from 0,0 to x,y with 3.5% error

// first compute the absolute value of x,y
x = abs(x);
y = abs(y);

// compute the minimum of x,y
int mn = MIN(x,y);

// return the distance
return(x+y-(mn>>1)-(mn>>2)+(mn>>4));

} // end Fast_Distance_2D

/////////////////////////////////////////////////////////////

float Fast_Distance_3D(float fx, float fy, float fz)
{
// this function computes the distance from the origin to x,y,z

int temp; // used for swaping
int x,y,z; // used for algorithm

// make sure values are all positive
x = fabs(fx) * 1024;
y = fabs(fy) * 1024;
z = fabs(fz) * 1024;

// sort values
if (y < x) SWAP(x,y,temp);
if (z < y) SWAP(y,z,temp);
if (y < x) SWAP(x,y,temp);

int dist = (z + 11*(y >> 5) + (x >> 2) );

// compute distance with 8% error
```

```
        return((float)(dist >> 10));

} // end Fast_Distance_3D
```

每个函数的参数只不过是一些变数的增值（delta）。例如，要在前面的算法的上下文中使用 Fast_Distance_2D()，你可以进行如下调用：

```
dist = Fast_Distance_2D(x1-x2, y1-y2);
```

使用了基于此函数调用的新方法，只需要进行三次移动，四次加法，几次比较和绝对值运算，速度要快多了！

注意

要注意两种算法都是近似计算，所以如果需要精确值时应该另想办法。2D 计算约有 3.5% 的最大误差，而在 3D 中约是 8%。

最后，聪明的读者可能会注意到还有另外的一种优化方法可以使用，而且不需要求平方根！我是指，如果你想探测一个对象是不是在另外一个对象的 100 单位距离之内，你知道距离是：$dist = sqrt(x*x + y*y)$，但是如果对两边同时平方就得到：

$$dist^2 = (x^2 + y^2)$$

这里 dist 等 100，而 $100^2 = 10000$，因此，你只需判断等式的右侧是不是小于 10000 即可，这等价于其平方根小于 100。非常好！这种方法惟一的问题就是容易溢出（Overflow）。但是在计算实际距离的时候没有理由出现这种情况。所以，只需比较距离的平方就可以了。

8.10.2 边界盒

虽然边界球/圆的算法非常直接，显然问题出在我们把对象近似为圆形了。这样做不一定适当。如图 8-39 所示，它给出了一个大致具有矩形形状的对象。对它应用边界球来进行近似会带来很大的误差。所以，采用和对象本身形状比较接近的边界盒会更好些。这种情形下，你可以采用正方形或长方形的边界盒来简化碰撞检测。

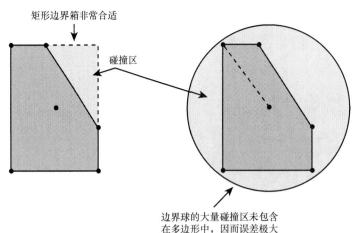

图 8-39　为边界选择最合适的几何形状

为多边形创建边界矩形同创建边界球采取相同的方式，但你需要的是找出四条边而不是半径。我通常将它们称为（max_x，min_x，max_y，min_y），它们是相对于多边形的中心的。图 8-40 演示了创建过程。

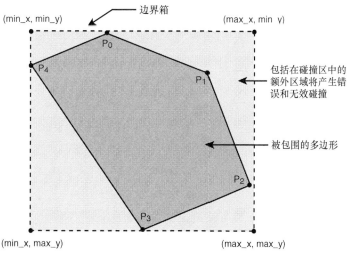

图 8-40　边界矩形（盒）方法

为了找出（max_x，min_x，max_y，min_y）的值，你可以采用如下的简单算法：

1. 初始化（max_x=0，min_x=0，max_y=0，min_y=0）。这是假设多边形的中心在（0，0）。

2. 对多边形的每个顶点，计算（max_x，min_x，max_y，min_y）的（x，y）分量，并进行近似调整。

下面给出为标准 POLYGON2D 结构编写的程序代码：

```
int Find_Bounding_Box_Poly2D(POLYGON2D_PTR poly,
                        float &min_x, float &max_x,
                        float &min_y, float &max_y)
{
// this function finds the bounding box of a 2D polygon
// and returns the values in the sent vars

// is this poly valid?
if (poly->num_verts == 0)
   return(0);

// initialize output vars (note they are pointers)
// also note that the algorithm assumes local coordinates
// that is, the poly verts are relative to 0,0
max_x = max_y = min_x = min_y = 0;

// process each vertex
for (int index=0; index < poly->num_verts; index++)
   {
   // update vars — run min/max seek
   if (poly->vlist[index].x > max_x)
     max_x = poly->vlist[index].x;

   if (poly->vlist[index].x < min_x)
     min_x = poly->vlist[index].x;

   if (poly->vlist[index].y > max_y)
     max_y = poly->vlist[index].y;

   if (poly->vlist[index].y < min_y)
     min_y = poly->vlist[index].y;
```

```
} // end for index

// return success
return(1);

} // end Find_Bounding_Box_Poly2D
```

注意

此函数使用&操作符指明以"引用"方式传递参数。这与指针相类似，只是你不需要解除引用。另外和指针不同的是，&引用只是别名。

你可以这样调用该函数：
```
POLYGON2D poly; // assume this is initialized

float min_x, min_y, max_x, max_y; // used to hold results
// make call
Find_Bounding_Box_Poly2D(&poly, min_x, max_x, min_y, max_y);
```
调用后，就可以建立最大/最小矩形，并存储在（min_x，max_x，min_y，max_y）中。有了这些值加上多边形的位置（x0，y0），你就可以通过测试两个不同的边界盒的相交性，来进行边界盒碰撞测试。当然，你可以有多种办法来做到这一点，包括测试其中一个边界盒的四个顶点中是否有的包含在另一个边界盒里，或者其他更高明的技巧。

8.10.3 点包含

刚才我讲到了测试一个点是否被包含在一个矩形内部。因此，我认为最好给你讲一下如何判断一个点是否被包含在任意凸多边形之内的方法。你认为如何？显然，判断一点是否在矩形区域之内只需要如下这么做：

设矩形为（x1，y1）到（x2，y2），要测试点（x0，y0）是否在矩形之内：
```
if (x0 >= x1 && x0 <= x2) // x-axis containment
   if (y0 >= y1 && y0 <= y2) // y-axis containment
      { /* point is contained */ }
```

注意

我本来可以通过一个 if 语句和另外一个&&来连接两项，但是这些代码可以更清楚地说明线性可分的问题——也就是 x，y 轴可以独立地被处理。

让我们看看你能否判断点是否在多边形中，如图 8-41 那样。首先你可能认为它是一个简单的问题。但我要提醒你，事实并非如此。解决此问题有许多途径，但是最为直接的方法是半空间检测（*Half-Space Test*）。基本上，如果你进行检测的多边形是一个凸多边形，你可以想象将每条边延长至无限长，从而平面被分割成两半，如图 8-42 所示。

如果你检测的点是在每一个半空间的内侧，根据凸多边形的性质，点一定是在多边形的内部。因此，你所需要做的就是，找到一种测试方法来判断二维空间里的一点是在一条线的哪一侧。

这不算太麻烦，如果你能够将直线以一定顺序进行标记，并将之转变成矢量。之后你将每条线段想象成一个平面，使用点积操作符，你便可以确定点是在平面的哪一侧，还是恰好就在平面上。这正是该算法的基础。

你可能感到有点跟不上矢量、点积等等内容，为了不让你现在就感到困惑，我先不探讨这个测试及其相关的算法，等到 3D 部分的时候再详细讲解。不过，我希望你至少能理解该解法的几何学知识。余下的细节不过是一些数学计算，而只要好好受教育，任何高等有机或无机体都能做数学题，不是吗？

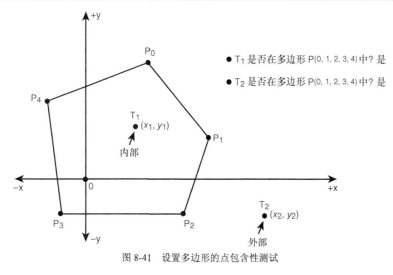

图 8-41 设置多边形的点包含性测试

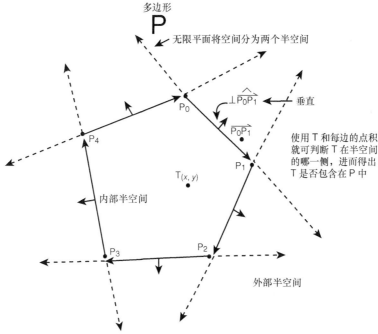

图 8-42 使用半空间帮助解决多边形点包含性问题

8.11 深入定时和同步

至此，在大多数程序中，我们无可奈何地使用了定时函数 Sleep()。这是此时此刻能够使用的低级技术。在实际情况中，你的游戏有时需要将帧速度锁定在某个值，比如 30fps。实现帧数锁定的一个较好的方法是在循环开始时启动一个定时器（或记下当时的时间），然后在游戏循环的结尾处检测是否满足 30fps——也就是看看是否经过了三十分之一秒。如果是的话，则显示下一帧。如果不是，则等待直到剩余时间耗尽为止（或许也可以预处理下一帧，或随便做些什么处理而不要白白浪费时钟周期）。

在程序代码中，你应该像下面这样设计你的 Game_Main() 程序的结构：

```c
DWORD Get_Clock(void);
DWORD Start_Clock(void);
DWORD Wait_Clock(DWORD count);


int Game_Main(void *parms = NULL, int num_parms = 0)
{
// this is called each frame


// get the current time in milliseconds since windows
// was started
Get_Clock();

// do work...

// sync to frame rate, 30 fps in this case
Wait_Clock(30);

} // end Game_Mains
```

如此简单吗！太棒了。不过这些幻影一般的函数到底是什么样子呢？其实，它们是基于 Win32 的定时函数。如下所示：

```c
DWORD Get_Clock(void)
{
// this function returns the current tick count

// return time
return(GetTickCount());

} // end Get_Clock

/////////////////////////////////////////////////////////

DWORD Start_Clock(void)
{
// this function starts the clock, that is, saves the current
// count, use in conjunction with Wait_Clock()
return(start_clock_count = Get_Clock());

} // end Start_Clock

/////////////////////////////////////////////////////////

DWORD Wait_Clock(DWORD count)
{
// this function is used to wait for a specific number of clicks
// since the call to Start_Clock

while((Get_Clock() - start_clock_count) < count);
return(Get_Clock());

} // end Wait_Clock
```

注意，它们是基于 Win32 的函数 GetTickCount()的。而 GetTickCount()返回一个表示毫秒时间值的 DWORD，记录了自从 Windows 开始运行后的时间。因此这是相对的时间，不过相对不相对都好。关键是它给出了你所需要的一切。此外，也要注意函数采用了 start_clock_count 全局变量来存放开始时间。每次调用 Get_Clock()函数时，这个值就被设置。在库中它是这样定义的：

```
DWORD start_clock_count = 0;    // used for timing
```

C++

这里是 C++类的用武之地，请随意发挥。

DirectX 有一个垂直空白（Vertical Blank，Vblank，当电子枪完成绘制所有扫描线，它必须回到显示设备的最上端；电子枪复位回到显示设备的最上端这段时间叫做垂直空白）检测函数，你可以在电子枪渲染图像时使用它来测量它的状态。IDIRECTDRAW4 接口支持函数 WaitForVerticalBlank()，如下所示：

```
HRESULT WaitForVerticalBlank(DWORD dwFlags,
                             HANDLE hEvent);
```

你可以通过它来确定垂直空白的不同情况。dwFlags 控制函数的操作。hEvent 是指向 Win32 事件的句柄（高级标志）。表 8-3 给出了有效标志的设置。

表 8-3   WaitForVerticalBlank()的标志设置

标志	描述
DDWAITVB_BLOCKBEGIN	当垂直空白间隔开始时返回。
DDWAITVB_BLOCKEND	当垂直空白间隔结束，开始显示时返回。

8.12 卷轴和摇镜头

我想是我自己觉得卷轴太容易，所以从没有在我的书里详细讨论过它。（其实，我将卷轴写进了《*Sams Teach Yourself Game Programming in 21 Days*》一书，并把分层和游戏背景卷轴写进了《*The Black Art of 3D Game Programming*》一书。）卷轴游戏自成一派，详细解释二维卷轴技术至少要用一到两章。下面我想简要地讨论一下各种卷轴方法，之后给出演示程序。

8.12.1 页面卷轴引擎

页面卷轴（*Page scrolling*）基本上是指当玩家在屏幕上四处走动或越过了某个阈值的时候，整个屏幕会随之更新，就好像是玩家走进了另外一个房间一样。该技术很容易实现，并且可以用几种方法来编程。如图 8-43 所示，你可以看到一个典型的游戏场景，由 4×2 个 640×480 全屏组成。因此整个场景是 2560×960。

这种设计的渲染逻辑很简单，你可以将第一幅画面调入内存，然后将相邻的画面调入 RAM 或磁盘上的虚拟内存。无论采用哪一种方法，卷动原理都一样。随着玩家的移动，你对一些不同的边界情况进行监测（可能是屏幕的边缘），当边界条件满足时，就可以进入另外一个"房间"或另一屏，同时将玩家的人物移到恰当的位置。例如，如果你从左往右走到了屏幕的边缘，新的一页就会出现，人物出现在屏幕的左侧。当然这有点原始，但它不过是个开始……

这种技术的演示程序在 CD 上名字是 DEMO8_10.EXE|CPP 和 DEMO8_10_16b.EXE|CPP（这是 16 位窗口模式版本，所以运行的时候确保是在 16 位模式下）。它基本上是创建一个 3×1 区域，让你用箭头键移动一个

角色。当走到边缘时，画面就会调整。注意，我对屏幕图像使用了位图，但你完全可以采用矢量或矢量和位图的混合。

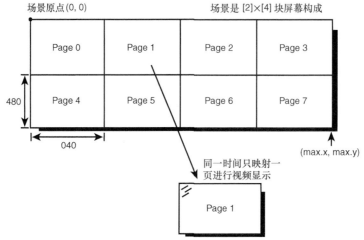

图 8-43　为页面卷轴设置游戏场景

在这个演示程序里我使用了在本章最后的文件 T3DLIB1.CPP 中的函数，有一点点作弊，不过你可以找到源代码。我只是为了完成一个像样的演示程序，而它需要超出了我们目前所学的东西。

最后，一定要看看演示程序中"Terrain Following"（地形跟随）的代码。游戏角色通过扫描表示地板的不同的颜色（8 位模式版本使用色彩索引 116，16 位版本使用实际 RGB 值），可以实现从右至左沿着地板移动。当扫描器发现该颜色，人物就被提高一些，保持在地板之上。

8.12.2　均匀平铺（Tile）显示引擎

从侧面卷轴平台游戏的角度来看，前面所讲的有关卷动的例子并不是真正意义上卷动。那种卷动更加平滑，不是整个屏幕按页卷动，而是平滑地上下左右卷动。

用 DirectX，有多种方法可以做到这一点。你可以创建一个大的表面，而游戏只在主显示表面上显示其中的一部分，如图 8-44 所示。

但是，这只是在 DirectX 6.0（或以上）版本上才行，并且需要相当程度的加速。较好的取代方法是将游戏画面分成许多块 tile（用位图铺砌）的画面，然后用平铺显示矩阵或单元取代每个屏幕，每个单元代表在此处将要显示的位图。图 8-45 展示了这种设计思想。

例如你可以在 640×480 模式下建立大小为 32×32 像素的 tile，也就是说整个屏幕需要 640/32×480/32 = 20×15 块 tile。如果用 64×64 像素大小的 tile，需要 640/64×480/64 = 10×7.5 块 tile，舍去小数部分，需要 10×7 块（7×64 = 448，最后的 32 像素在屏幕的底部，你可以用来显示控制面板）。

为了完成这项工作，你需要一个数据结构，类似于一个整数数组或矩阵，或者是用来保存位图信息（指针或索引值）的一些结构。这里给出一个创建平铺图像的例子：

```
typedef struct TILE_TYP
{
int x,y;        // position of tile in matrix
int index;      // index of bitmap
int flags;      // general flags for the cell

} TILE, *TILE_PTR;
```

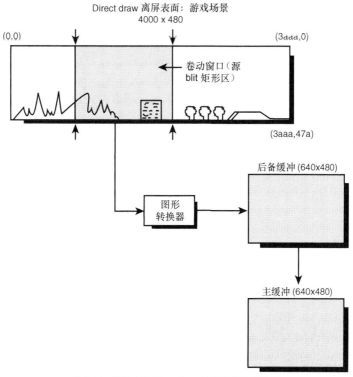

图 8-44 使用大块 DirectDraw 表面实现平滑卷动

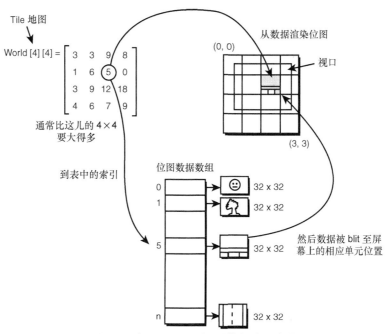

图 8-45 采用基于 tile 的数据结构表示场景卷动

接下来，为了保存一整屏的信息，可以这样做：

```
typedef struct TILED_IMAGE_TYP
{
TILE image[7][10]; // 7 rows by 10 columns
} TILED_IMAGE, *TILE_IMAGE_PTR;
```

最后，给出一个由 3×3 个大的平铺图像构成的场景：

```
TILED_IMAGE world[3][3];
```

或者你也可以创建一个足够大的平铺阵列来存放 3×3 个屏幕，即 30×21 个平铺显示，如下所示：

```
typedef struct TILED_IMAGE_TYP
{
TILE image[21][30]; // 21 rows by 30 columns
} TILED_IMAGE, *TILE_IMAGE_PTR;

TILED_IMAGE world;
```

注意

你可以采用任何一种方法进行数据结构的设计，但是采用单个大阵列工作起来更加简单，因为在你卷动每 10×7 个 tile 地图后，不必再处理屏幕图像的替换问题。

那么，如何画每一个屏幕呢？首先，你需要把你的位图装入 64×64 个表面的阵列。你可以有一个或多个 tile，其中一些可能是可重复的，如船只、边界、水等等。图 8-46 给出了 tile 集合的例子。

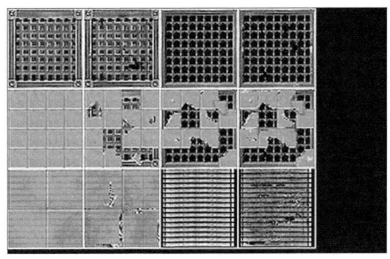

图 8-46　一个典型 tile 集合的位图模板

然后你可以编写一个工具，或采用现成的 ASCII 编辑器并使用某种转换软件，来生成你的 tile 地图。例如，0~9 代表 tile 集合中第 0~9 个 tile。以此为前提，你只需定义一个 30×21 个单元的平铺显示阵列，可以这样写：

```
// use an array of string pointers, could have used an
// array of chars or int, but harder to initialize
// the characters '0' - '9' represent bitmaps 0-9 in some texture memory
char *map1[21] =
{
"000000000000000000000000000000",
"000000000000000000000000000000",
```

```
"000000000000000000000000000",
"000000000000000000000000000",
"000000000000000000000000000",
"000000000000000000000000000",
"000000000000000000000000000",
"000000000000000000000000000",
"000000000000000000000000000",
"000000000000000000000000000",
"000000000000000000000000000",
"000000000000000000000000000",
"000000000000000000000000000",
"000000000000000000000000000",
"000000000000000000000000000",
"000000000000000000000000000",
"000000000000000000000000000",
"000000000000000000000000000",
"000000000000000000000000000",
"000000000000000000000000000",
```

};

在运行时，你应将地图信息扫描进主结构中，然后就可以进行渲染了。进行渲染首先要建立一个玩家当前可见的视口或 m×n 的窗口。

大多数时候，窗口同屏幕的大小相同，640×480、800×600 等等。但这并不是非要如此。你可能在右侧有一个控制面板或者其他一些不需要卷动的东西。总地来说，假设整个屏幕都卷动，并且其大小为 640×480，你必须考虑以下几点：

● 640×480 的视口如何和 10×7 个单元的 tile 地图交迭。

● 边界的情况。

现在看看我在讲的是什么吧。（我想这对我自己也有好处，我自己都要被搞糊涂了！）好吧，假设视口在屏幕的左上角（0，0）处，如图 8-47 所示。

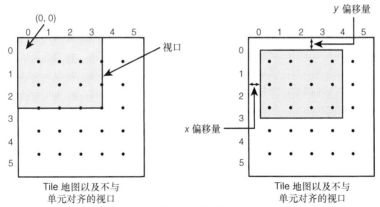

图 8-47　卷动 tile 地图的边界问题

这种情况下，你仅需画出从 map [0][0] 到 map [6][9] 的平铺显示。但是当视口向右或向下移动时，你需要画出新进入视口的 tile。然后，当你完整地卷动过了一个单元（64×64）后，就不需要再画 map[0][0] 的整行或整列了。

所以，每当你画一个矩形集合的 tile 的时候数目总是 10×7，这些 tile 来自一个或多个 tile 地图。另外，由于你可以在 64 的倍数处的位置进行卷动，有时你只看到 tile 的边缘，所以其中需要裁剪技术。幸运的是，DirectX 将为你裁剪所有的图形，所以当你画的图形只有一部分在屏幕上时，多余部分就会自动被裁剪掉。因此，你最终所需做的就是决定 tile 的渲染，找出 tile 所代表的位图，然后把它们发送给 blitter。

CD 中的 DEMO8_11.EXE|CPP 和 DEMO8_11b.EXE|CPP（这是 16 位窗口模式版本，运行的时候确保是在 16 位模式下）给出了演示程序，它创建了刚才讨论的场景，允许你在其上四处移动。

8.12.3 稀疏位图平铺显示引擎

平铺显示引擎的位移问题是需要画很多位图。有时你想编写一个卷动游戏，但是你并没有太多的图形需要卷动，也并不希望所有的 tile 都有相同的尺寸。比如一些射击游戏常常要求这样。因为许多时候这些游戏的场景都是空白空间。对于这类的游戏世界，你可以创建一个很大的全局图形（一般都是如此），比如说让我们用 4×4 个屏幕（或者 40×40）。然后，我们不用 tile 地图填充每一个子屏幕，而仅仅将每个对象放在世界坐标系的某个位置。采用这种方法，不但可以对每个对象采用任意尺寸的位图，位置也可以任意指定。

这种方案的惟一问题是其效率。基本上，当前视口停在某个位置时，你就需要将所有在视口中的对象找出来，以便渲染它们。如果你在一个较小的游戏场景中，对象的数目又不多，这还不算太麻烦。但如果你在一个很大的环境中，又有上千个对象需要逐个测试，一下子，麻烦大了！

解决此问题的方法是将游戏环境分区（Sectorize）。基本上，你可以创建一个备用的数据结构跟踪所有的对象和游戏环境分区的关系。但是，等一下，我们不是在用 tile 集合吗？可以说是，也可以说不是。此时，分区可以为任意大小，和真正的屏幕尺寸没有必然关系。它们尺寸的选择和碰撞检测以及跟踪关系更密切。

参见图 8-48，该图给出了数据结构及其同屏幕、环境、视口的对应关系。

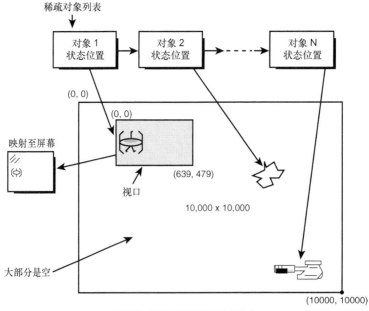

图 8-48 稀疏卷动引擎的数据结构

这只是解决这个问题的方法之一，当然还有许多其他方法。不过，如果你有一些对象，散布在远超出屏幕范围的游戏场景中，如 100000 × 100000，你是否还能在其中到处移动呢。没问题，将所有的对象按它们的真实坐标予以定位，然后视口（640 × 480）移动到何处，就将该处可见的对象映射或平移到屏幕或视频缓冲中。当然，我再次假设你已经有很好的裁剪程序，因为在绘制过程中，很可能有很多对象都部分在视频显示表面之外。

作为稀疏卷动的例子，我编写了一个太空演示程序（当然，这可不是一个高预算的程序），允许你和一些状若恒星的物体在星系间移动。在这个演示程序中，没有什么支持分区的数据结构。对象本身的位置也是随机的。在实际应用时，你当然还需要有世界地图、碰撞分区、优化渲染等等。我写的稀疏卷动演示程序名字是：DEMO8_12.CPP|EXE 和 DEMO8_12b.CPP（运行的时候确保桌面在 16 位模式下）。它再次使用了 T3DLIB1.CPP|H 文件，记住在你的工程文件中要把它包含进去。

基本上 DEMO8_12.EXE/DEMO8_12_6B.EXE 载入一些位图对象，然后随机地将它们放置在 10 × 10 个屏幕的大小的场景上。你像往常一样采用箭头键在场景中漫游。这种卷动的动人之处在于并非整个屏幕需要被渲染。只需对一些可见或者部分可见的位图进行渲染。因此，该演示程序有一个裁剪阶段，每个对象都进行可见性测试，如果根本不可见，就无需发送给位图渲染代码段。

8.13　伪 3D 等轴测引擎

我必须承认，我已经收到如此多的关于这方面的电子邮件，以至于我感觉应当写一本名叫《Isometric 3D Games》的书！什么是等轴测（Isometric, ISO）游戏呢？实际上就是采用一定倾斜的视角的游戏，如 45 度。一些老的 ISO 三维游戏有《Zaxxon》、《PaperBoy》、《Marble Madness》等。

现在 ISO 游戏又杀回来了，《Diablo》、《Loaded》以及一些 RPG 和战争游戏都用它。它的热门源于它可以实现很多很酷的 gameplay 和一些比全三维更有趣的视觉效果。而且制作 ISO 游戏比制作全三维游戏要容易 10 倍！不过，如何来做呢？

其实，这是游戏社区的一个秘密，也没有谁写过很多文章。我将在这里给出一些信息，并描述几种实现方法。我想，这些提示应该足够你自己开发一个 ISO 引擎了。

提示

如果你真的很想多学一些 ISO 3D 游戏程序设计，可以参考 Ernest Pazera 的《Isometric Game Programming with DirectX 7.0》一书。

实现 ISO 3D 有三种方法：
- 方法 1：基于单元，全二维。
- 方法 2：基于全屏，具有一些二维或三维的碰撞网络。
- 方法 3：采用全三维数学运算，使用一个固定的相机视角。
让我们逐个看来。

8.13.1　方法 1：基于单元，全二维

采用方法 1，你需要首先确定一个视角，根据它来画所有的图片。一般地，你需要将所有的东西都画成矩形 tile，就像你在普通卷轴引擎里做的那样。如图 8-49 所示。

但是，渲染时就有一定的技巧了。当绘制场景时，你不能以随意的顺序画对象，而必须使远的对象被近的对象所遮盖。原则是，像画家一样从后往前画。因此，如果你想有一个 45 度的俯视角，也就是说图像

的顶视图倾斜了 45 度，画屏幕时就需要从上往下画，顺序才会正确。

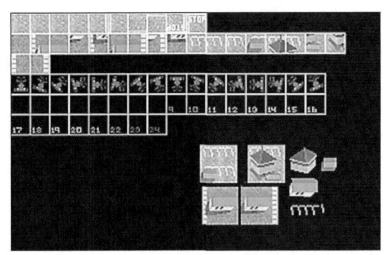

图 8-49 预先绘制的 ISO 3D 图片

这点相当重要，比如你的游戏中有树木，有一个角色在树木后面走动，还有另一个角色在前一个角色的后面。你必须保证它们被绘制的顺序。如图 8-50 所示。如果你能保证在合适的时候画出角色来，问题就十分简单——即在绘制后面角色之后，在绘制树木之前。如图 8-50 所示，你不得不采用一些数学计算，将这些可移动的对象排序，从而在正确时间绘制它们。

图 8-50 绘制顺序对 ISO 3D 渲染非常重要

当然，你可以采用允许 tile 具有不同高度的 ISO 引擎。或者换句话说，每个 tile 可以伸展为多个 tile 的高度。你可以简单的把多个 tile 放在多行的位置，或者把高度考虑进来，将每一行 tile 看成不同的高度。当进行渲染时，可以在 Y 轴方向上先对比实际的行的位置更高的当前行进行渲染。

图 8-51 展示了这种情况。在画它的时候没有什么不同；惟一的问题是加在当前行的每一块高度的起始 Y 值的定位。基本上是一个单元的高度。

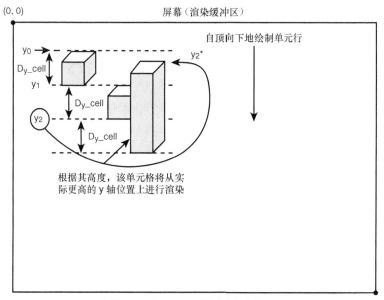

图 8-51　在 ISO 3D 引擎中绘制大单元

现在，让我们作进一步的思考。什么是 45 度倾角和 45 度偏角？或者换句话说，什么是标准的 Diablo 或 Zaxxon 视角？此时，你还需要考虑在 X 轴方向的渲染顺序，你必须从左至右（或者从右至左，视乎你倾斜的方向而定）并从上至下画。再次提醒你，你需要对对象进行 X、Y 轴两个方向的排序。

好了，想想看：有一种办法完成它。当然，当考虑到碰撞等情况时还会有许多细节问题，许多游戏程序员采用复杂的基于六边形或者八边形的坐标系统。然后将对象映射到此系统中，但这个技术难度非常大。

8.13.2　方法 2：基于全屏，具有一些二维或三维的碰撞网络

全屏方法要比使用 tile 方法酷得多。基本上你可以以任何喜欢的方式绘制 ISO 三维世界（利用你已有的三维建模程序），也可以将每个屏幕的尺寸设计成你想要的大小。然后你创建一个辅助的数据结构存放碰撞信息，叠放到虚拟的二维环境中。采用这种技术，你可以将二维信息（不带有碰撞和高度数据）用额外的二维/三维信息扩大成二维或者三维，这取决于你想将程序设计成多复杂。

然后一次性地将背景位图画出，但是当绘制可移动对象时，应先将它们按照叠加上去的二维/伪三维图像进行裁剪。如图 8-52 所示。这里你看到的是一个有 ISO 观感的二维渲染场景。

在图 8-53 中，你看到的是一个同样的场景，有多边形信息叠加在它之上。你将利用它进行裁剪和碰撞检测等等。

为了生成该多边形信息，你需要做两件事情之一：从三维造型中提取它；或者编写一个在每个屏上勾画出信息的工具。两种方法我都使用过，你用什么可以自己决定。但是，我建议你采用三维建模软件绘制场景，然后再想办法仅导出那些重要的几何信息。采用工具勾画碰撞对象非常消耗时间，而且对画面的任何改动都意味着需要返工！

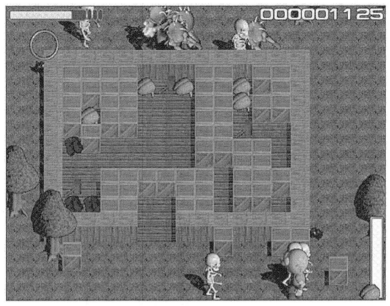

图 8-52　渲染伪 ISO 3D 场景

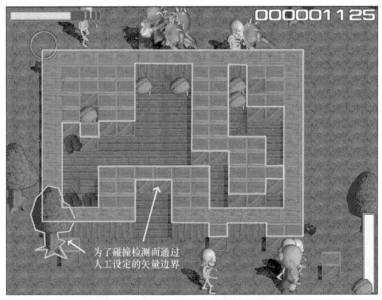

图 8-53　在伪渲染图像上叠加的多边形碰撞几何体

8.13.3　方法 3：采用全三维数学运算，使用一个固定的相机视角

这是三者之中最简单的，因为它没有用任何技巧。基本上是个全三维引擎。只需将镜头按 ISO 视角放置，就得到了一个 ISO 游戏。另外，由于知道视角几乎总是固定的，所以你可以对绘制顺序和场景复杂性进行一些优化和作一些合理假设。许多 Sony PlayStation 和 PlayStation 2 游戏机上的 ISO 游戏正是这样设计

的，它们是全三维的，但是它们的视角被锁定在 45 度。

注意

就像我所说的那样，有关卷轴的内容事实上是属于二维范畴，并可以独立成册。所以我把另外一篇文章放在了 CD 中，如果你觉得不够的话可以参考它。

8.14 T3DLIB1 函数库

现在来看看本书中创建的定义、宏、数据结构和函数。所有这些都在文件 T3DLIB1.CPP|H 中。你可以将它们连接在程序中以便使用所有学过的要点，而无需在写过的海量代码中翻找。

作为你已经写过的代码的补充，为了方便 2D 游戏程序设计，我还编写了一些 2D 精灵函数相关的函数。事实上，我用这些代码素材制作了本章末的一些演示，因此那些代码读上去才简单明了。不管怎样，我在这里不要浪费时间解释了，但我会确保你能够明白。现在让我们开始逐个浏览这些代码元素吧。

8.14.1 引擎架构

至此，你已经有了一个相当简单的可用的二维引擎，如图 8-54 所示。基本上，它是一个二维、8/16 位色并具有后备缓冲的 DirectX 引擎，可以支持任何分辨率和对主显示表面的裁剪，并且不在意是否是窗口模式。

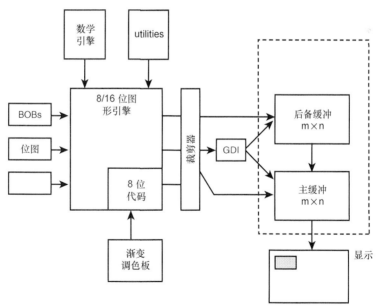

图 8-54　图形引擎架构

为了使用该库来创建应用程序,你需要包含 CD 中的 T3DLIB1.CPP|H、DirectX 库函数中的 DDRAW.LIB、Win32 多媒体函数库中的 WINMM.LIB，还有基于较简单的 T3DCONSOLE.CPP（你在本书前面接触过）的主游戏程序 T3DCONSOLE2.CPP。这样就行了。

当然，你已经写了许多代码，而且你可以自由改动、滥用，甚至烧掉源代码，我说过一切都随你的想象。我只是想你或许会愿意将它们聚集在一些易用的文件里。

8.14.2　新的游戏编程控制台程序

在我们开始介绍所有功能函数和引擎之前，现看一下新写的控制台 2.0 版。现在它支持 8 位或 16 位窗口或全屏模式。基本上，只要在代码的顶端修改少量的#define 你就可以选择是 8 位还是 16 位模式，全屏还是窗口模式——真的很酷！代码罗列如下：

```cpp
// T3DCONSOLE2.CPP -
// Use this as a template for your applications if you wish
// you may want to change things like the resolution of the
// application, if it's windowed, the directinput devices
// that are acquired and so forth...
// currently the app creates a 640x480x16 windowed display
// hence, you must be in 16 bit color before running the application
// if you want fullscreen mode then simple change the WINDOWED_APP
// value in the #defines below value to FALSE (0). Similarly, if
// you want another bitdepth, maybe 8-bit for 256 colors then
// change that in the call to DDraw_Init() in the function
// Game_Init() within this file.

// READ THIS!
// To compile make sure to include DDRAW.LIB, DSOUND.LIB,
// DINPUT.LIB, WINMM.LIB in the project link list, and of course
// the C++ source modules T3DLIB1.CPP,T3DLIB2.CPP, and T3DLIB3.CPP
// and the headers T3DLIB1.H,T3DLIB2.H, and T3DLIB3.H must
// be in the working directory of the compiler

// INCLUDES ///////////////////////////////////////////////

#define INITGUID        // make sure all the COM interfaces are available
                        // instead of this you can include the .LIB file
                        // DXGUID.LIB

#define WIN32_LEAN_AND_MEAN

#include <windows.h>     // include important windows stuff
#include <windowsx.h>
#include <mmsystem.h>
#include <iostream.h>    // include important C/C++ stuff
#include <conio.h>
#include <stdlib.h>
#include <malloc.h>
#include <memory.h>
#include <string.h>
#include <stdarg.h>
#include <stdio.h>
#include <math.h>
#include <io.h>
#include <fcntl.h>

#include <ddraw.h>       // directX includes
#include <dsound.h>
#include <dmksctrl.h>
#include <dmusici.h>
#include <dmusicc.h>
#include <dmusicf.h>
#include <dinput.h>
```

```
#include "T3DLIB1.h" // game library includes
#include "T3DLIB2.h"
#include "T3DLIB3.h"

// DEFINES ///////////////////////////////////////////////

// defines for windows interface
#define WINDOW_CLASS_NAME "WIN3DCLASS" // class name
#define WINDOW_TITLE     "T3D Graphics Console Ver 2.0"
#define WINDOW_WIDTH     640            // size of window
#define WINDOW_HEIGHT    480

#define WINDOW_BPP       16             // bitdepth of window (8,16,24 etc.)
                            // note: if windowed and not
                            // fullscreen then bitdepth must
                            // be same as system bitdepth
                            // also if 8-bit the a pallete
                            // is created and attached

#define WINDOWED_APP     1 // 0 not windowed, 1 windowed

// PROTOTYPES //////////////////////////////////////////////

// game console
int Game_Init(void *parms=NULL);
int Game_Shutdown(void *parms=NULL);
int Game_Main(void *parms=NULL);

// GLOBALS //////////////////////////////////////////////////

HWND main_window_handle       = NULL;   // save the window handle
HINSTANCE main_instance       = NULL;   // save the instance
char buffer[256];                       // used to print text


// FUNCTIONS /////////////////////////////////////////////////

LRESULT CALLBACK WindowProc(HWND hwnd,
                                      UINT msg,
                          WPARAM wparam,
                          LPARAM lparam)
{
// this is the main message handler of the system
PAINTSTRUCT ps;                  // used in WM_PAINT
HDC                 hdc;         // handle to a device context

// what is the message
switch(msg)
   {
   case WM_CREATE:
        {
          // do initialization stuff here
          return(0);
          } break;

   case WM_PAINT:
        {
        // start painting
        hdc = BeginPaint(hwnd,&ps);

        // end painting
```

```
            EndPaint(hwnd,&ps);
            return(0);
          } break;
    case WM_DESTROY:
            {
            // kill the application
            PostQuitMessage(0);
            return(0);
            } break;

    default:break;

    } // end switch

// process any messages that we didn't take care of
return (DefWindowProc(hwnd, msg, wparam, lparam));

} // end WinProc

// WINMAIN ///////////////////////////////////////////////

int WINAPI WinMain(HINSTANCE hinstance,
          HINSTANCE hprevinstance,
          LPSTR lpcmdline,
          int ncmdshow)
{
// this is the winmain function
WNDCLASSEX winclass;    // this will hold the class we create
HWND       hwnd;        // generic window handle
MSG        msg;         // generic message
HDC        hdc;         // graphics device context

// first fill in the window class stucture
winclass.cbSize        = sizeof(WNDCLASSEX);
winclass.style                = CS_DBLCLKS | CS_OWNDC |
                       CS_HREDRAW | CS_VREDRAW;
winclass.lpfnWndProc        = WindowProc;
winclass.cbClsExtra = 0;
winclass.cbWndExtra = 0;
winclass.hInstance = hinstance;
winclass.hIcon          = LoadIcon(NULL, IDI_APPLICATION);
winclass.hCurso    = LoadCursor(NULL, IDC_ARROW);
winclass.hbrBackground      = (HBRUSH)GetStockObject(BLACK_BRUSH);
winclass.lpszMenuName       = NULL;
winclass.lpszClassName      = WINDOW_CLASS_NAME;
winclass.hIconSm        = LoadIcon(NULL, IDI_APPLICATION);

// save hinstance in global
main_instance = hinstance;

// register the window class
if (!RegisterClassEx(&winclass))
  return(0);

// create the window
if (!(hwnd = CreateWindowEx(NULL, // extended style
      WINDOW_CLASS_NAME,           // class
  WINDOW_TITLE, // title
  WINDOWED_APP ? (WS_OVERLAPPED | WS_SYSMENU | WS_VISIBLE) :
                  (WS_POPUP | WS_VISIBLE)),
  0,0,     // initial x,y
```

```
    WINDOW_WIDTH,WINDOW_HEIGHT,      // initial width, height
    NULL,                            // handle to parent
    NULL,                            // handle to menu
    hinstance,                       // instance of this application
    NULL)))                          // extra creation parms
return(0);

// save the window handle and instance in a global
main_window_handle = hwnd;
main_instance      = hinstance;

// resize the window so that client is really width x height
if (WINDOWED_APP)
{
// now resize the window, so the client area is the
// actual size requested since there may be borders
// and controls if this is going to be a windowed app
// if the app is not windowed then it won't matter
RECT window_rect = {0,0,WINDOW_WIDTH,WINDOW_HEIGHT};

// make the call to adjust window_rect
AdjustWindowRectEx(&window_rect,
    GetWindowStyle(main_window_handle),
    GetMenu(main_window_handle) != NULL,
    GetWindowExStyle(main_window_handle));

// save the global client offsets, they are needed in DDraw_Flip()
window_client_x0 = -window_rect.left;
window_client_y0 = -window_rect.top;

// now resize the window with a call to MoveWindow()
MoveWindow(main_window_handle,
        CW_USEDEFAULT,                          // x position
        CW_USEDEFAULT,                          // y position
        window_rect.right - window_rect.left,  // width
        window_rect.bottom - window_rect.top,  // height
        TRUE);


// show the window, so there's no garbage on first render
ShowWindow(main_window_handle, SW_SHOW);
} // end if windowed

// perform all game console specific initialization
Game_Init();

// enter main event loop
while(1)
   {
   if (PeekMessage(&msg,NULL,0,0,PM_REMOVE))
         {
         // test if this is a quit
      if (msg.message == WM_QUIT)
         break;

         // translate any accelerator keys
         TranslateMessage(&msg);

         // send the message to the window proc
         DispatchMessage(&msg);
         } // end if
```

```
   // main game processing goes here
   Game_Main();

   } // end while

// shutdown game and release all resources
Game_Shutdown();


// return to Windows like this
return(msg.wParam);

} // end WinMain

// T3D II GAME PROGRAMMING CONSOLE FUNCTIONS ////////////////

int Game_Init(void *parms)
{
// this function is where you do all the initialization
// for your game

// start up DirectDraw (replace the parms as you desire)
DDraw_Init(WINDOW_WIDTH, WINDOW_HEIGHT, WINDOW_BPP, WINDOWED_APP);

// initialize directinput
DInput_Init();

// acquire the keyboard
DInput_Init_Keyboard();

// add calls to acquire other directinput devices here...


// initialize directsound and directmusic
DSound_Init();
DMusic_Init();

// hide the mouse
ShowCursor(FALSE);
// seed random number generator
srand(Start_Clock());

// all your initialization code goes here...


// return success
return(1);

} // end Game_Init

/////////////////////////////////////////////////////////////

int Game_Shutdown(void *parms)
{
// this function is where you shutdown your game and
// release all resources that you allocated

// shut everything down

// release all your resources created for the game here....
```

```
// now directsound
DSound_Stop_All_Sounds();
DSound_Delete_All_Sounds();
DSound_Shutdown();

// directmusic
DMusic_Delete_All_MIDI();
DMusic_Shutdown();

// shut down directinput
DInput_Release_Keyboard();

DInput_Shutdown();

// shutdown directdraw last
DDraw_Shutdown();

// return success
return(1);
} // end Game_Shutdown

/////////////////////////////////////////////////////////

int Game_Main(void *parms)
{
// this is the workhorse of your game it will be called
// continuously in real-time this is like main() in C
// all the calls for you game go here!

int index; // looping var
// start the timing clock
Start_Clock();

// clear the drawing surface
DDraw_Fill_Surface(lpddsback, 0);

// read keyboard and other devices here
DInput_Read_Keyboard();

// game logic here...

// flip the surfaces
DDraw_Flip();

// sync to 30ish fps
Wait_Clock(30);

// check of user is trying to exit
if (KEY_DOWN(VK_ESCAPE) || keyboard_state[DIK_ESCAPE])
   {
   PostMessage(main_window_handle, WM_DESTROY,0,0);
   } // end if

// return success
return(1);

} // end Game_Main

/////////////////////////////////////////////////////////
```

基本上，通过这些#define 来控制：

```
#define WINDOW_WIDTH        640 // size of window
#define WINDOW_HEIGHT       480

#define WINDOW_BPP          16   // bitdepth of window (8,16,24 etc.)
                                 // note: if windowed and not
                                 // fullscreen then bitdepth must
                                 // be same as system bitdepth
                                 // also if 8-bit the a pallete
                                 // is created and attached

#define WINDOWED_APP         1   // 0 not windowed, 1 windowed
```

你可以选择屏幕分辨率（对全屏模式）、色深（还是对全屏模式）。而如果是窗口模式，因为必须使用当前桌面的色深和分辨率，只需另外设置窗口尺寸即可。

8.14.3 基本定义

引擎有一个头文件 T3DLIB1.H，其中有许多引擎使用的#defines 语句。我将其列在这里供你参考：

```
// DEFINES ///////////////////////////////////////////////////
// default screen values, these are all overriden by the
// call to DDraw_Init() and are just here to have something
// to set the globals to instead of constant values
#define SCREEN_WIDTH         640 // size of screen
#define SCREEN_HEIGHT        480
#define SCREEN_BPP           8   // bits per pixel
#define MAX_COLORS_PALETTE  256


#define DEFAULT_PALETTE_FILE "PALDATA2.PAL"

// used for selecting full screen/windowed mode
#define SCREEN_FULLSCREEN     0
#define SCREEN_WINDOWED       1

// bitmap defines
#define BITMAP_ID            0x4D42       // universal id for a bitmap
#define BITMAP_STATE_DEAD     0
#define BITMAP_STATE_ALIVE    1
#define BITMAP_STATE_DYING    2
#define BITMAP_ATTR_LOADED  128

#define BITMAP_EXTRACT_MODE_CELL  0
#define BITMAP_EXTRACT_MODE_ABS   1

// directdraw pixel format defines, used to help
// bitmap loader put data in proper format
#define DD_PIXEL_FORMAT8      8
#define DD_PIXEL_FORMAT555   15
#define DD_PIXEL_FORMAT565   16
#define DD_PIXEL_FORMAT888   24
#define DD_PIXEL_FORMATα888  32


// defines for BOBs
#define BOB_STATE_DEAD        0           // this is a dead bob
#define BOB_STATE_ALIVE       1           // this is a live bob
#define BOB_STATE_DYING       2           // this bob is dying
#define BOB_STATE_ANIM_DONE   1           // done animation state
#define MAX_BOB_FRAMES       64           // maximum number of bob frames
```

```
#define MAX_BOB_ANIMATIONS      16        // maximum number of animation sequeces

#define BOB_ATTR_SINGLE_FRAME   1         // bob has single frame
#define BOB_ATTR_MULTI_FRAME    2         // bob has multiple frames
#define BOB_ATTR_MULTI_ANIM     4         // bob has multiple animations
#define BOB_ATTR_ANIM_ONE_SHOT  8         // bob will perform the animation once
#define BOB_ATTR_VISIBLE        16        // bob is visible
#define BOB_ATTR_BOUNCE         32        // bob bounces off edges
#define BOB_ATTR_WRAPAROUND     64        // bob wraps around edges
#define BOB_ATTR_LOADED         128       // the bob has been loaded
#define BOB_ATTR_CLONE          256       // the bob is a clone
// screen transition commands
#define SCREEN_DARKNESS  0                // fade to black
#define SCREEN_WHITENESS 1                // fade to white
#define SCREEN_SWIPE_X   2                // do a horizontal swipe
#define SCREEN_SWIPE_Y   3                // do a vertical swipe
#define SCREEN_DISOLVE   4                // a pixel disolve
#define SCREEN_SCRUNCH   5                // a square compression
#define SCREEN_BLUENESS  6                // fade to blue
#define SCREEN_REDNESS   7                // fade to red
#define SCREEN_GREENNESS 8                // fade to green

// defines for Blink_Colors
#define BLINKER_ADD      0                // add a light to database
#define BLINKER_DELETE   1                // delete a light from database
#define BLINKER_UPDATE   2                // update a light
#define BLINKER_RUN      3                // run normal

// pi defines
#define PI        ((float)3.141592654f)
#define PI2       ((float)6.283185307f)
#define PI_DIV_2  ((float)1.570796327f)
#define PI_DIV_4  ((float)0.785398163f)
#define PI_INV    ((float)0.318309886f)

// fixed point mathematics constants
#define FIXP16_SHIFT     16
#define FIXP16_MAG       65536
#define FIXP16_DP_MASK   0x0000ffff
#define FIXP16_WP_MASK   0xffff0000
#define FIXP16_ROUND_UP  0x00008000
```
你已经在某些场合见过它们。

8.14.4　可用的宏

接着是一些宏。同样的，你已经在某些场合见过它们。把它们罗列于此：
```
// these read the keyboard asynchronously
#define KEY_DOWN(vk_code) ((GetAsyncKeyState(vk_code) & 0x8000) ? 1 : 0)
#define KEY_UP(vk_code)   ((GetAsyncKeyState(vk_code) & 0x8000) ? 0 : 1)

// this builds a 16 bit color value in 5.5.5 format (1-bit α mode)
#define _RGB16BIT555(r,g,b) ((b & 31) + ((g & 31) << 5) + ((r & 31) << 10))

// this builds a 16 bit color value in 5.6.5 format (green dominate mode)
#define _RGB16BIT565(r,g,b) ((b & 31) + ((g & 63) << 5) + ((r & 31) << 11))

// this builds a 24 bit color value in 8.8.8 format
#define _RGB24BIT(a,r,g,b) ((b) + ((g) << 8) + ((r) << 16) )

// this builds a 32 bit color value in A.8.8.8 format (8-bit α mode)
```

```
#define _RGB32BIT(a,r,g,b) ((b) + ((g) << 8) + ((r) << 16) + ((a) << 24))

// bit manipulation macros
#define SET_BIT(word,bit_flag)   ((word)=((word) | (bit_flag)))
#define RESET_BIT(word,bit_flag) ((word)=((word) & (~bit_flag)))

// initializes a direct draw struct
// basically zeros it and sets the dwSize field
#define DDRAW_INIT_STRUCT(ddstruct) {memset(&ddstruct,0,sizeof(ddstruct));
ddstruct.dwSize=sizeof(ddstruct); }

// used to compute the min and max of two expresions
#define MIN(a, b) (((a) < (b)) ? (a) : (b))
#define MAX(a, b) (((a) > (b)) ? (b) : (a))

// used for swapping algorithm
#define SWAP(a,b,t) {t=a; a=b; b=t;}

// some math macros
#define DEG_TO_RAD(ang) ((ang)*PI/180.0)
#define RAD_TO_DEG(rads) ((rads)*180.0/PI)

#define RAND_RANGE(x,y) ( (x) + (rand()%((y)-(x)+1)))
```

8.14.5 数据类型和结构

下面的代码包括引擎使用的数据结构和类型。我将它们列出，但是得提醒你，其中有些内容你没有见过，它们是和 BOB 引擎（Billter Object Engine，Billter 对象引擎）有关的内容。为了内容的一致性，让我们全面地看一看：

```
// basic unsigned types
typedef unsigned short USHORT;
typedef unsigned short WORD;
typedef unsigned char  UCHAR;
typedef unsigned char  BYTE;
typedef unsigned int   QUAD;
typedef unsigned int   UINT;


// container structure for bitmaps .BMP file
typedef struct BITMAP_FILE_TAG
     {
     BITMAPFILEHEADER bitmapfileheader;   // this contains the
                                          // bitmapfile header
     BITMAPINFOHEADER bitmapinfoheader;   // this is all the info
                                          // including the palette
     PALETTEENTRY     palette[256];       // we will store
                                          // the palette here
     UCHAR            *buffer;            // this is a pointer
                                          // to the data

     } BITMAP_FILE, *BITMAP_FILE_PTR;

// the blitter object structure BOB
typedef struct BOB_TYP
     {
     int state;               // the state of the object (general)
     int anim_state;          // an animation state variable, up to you
     int attr;                // attributes pertaining
                              // to the object (general)
     float x,y;               // position bitmap will be displayed at
     float xv,yv;             // velocity of object
```

```
        int width, height;       // the width and height of the bob
        int width_fill;          // internal, used to force 8*x wide surfaces
        int counter_1;           // general counters
        int counter_2;
        int max_count_1;         // general threshold values;
        int max_count_2;
        int varsI[16];           // stack of 16 integers
        float varsF[16];         // stack of 16 floats
        int curr_frame;          // current animation frame
        int num_frames;          // total number of animation frames
        int curr_animation;      // index of current animation
        int anim_counter;        // used to time animation transitions
        int anim_index;          // animation element index
        int anim_count_max;      // number of cycles before animation
        int *animations[MAX_BOB_ANIMATIONS];         // animation sequences

        LPDIRECTDRAWSURFACE7 images[MAX_BOB_FRAMES];  // the bitmap images
                                                      // DD surfaces


        } BOB, *BOB_PTR;

// the simple bitmap image
typedef struct BITMAP_IMAGE_TYP
        {
        int state;               // state of bitmap
        int attr;                // attributes of bitmap
        int x,y;                 // position of bitmap
        int width, height;       // size of bitmap
        int num_bytes;           // total bytes of bitmap
        UCHAR *buffer;           // pixels of bitmap

        } BITMAP_IMAGE, *BITMAP_IMAGE_PTR;

// blinking light structure
typedef struct BLINKER_TYP
            {
            // user sets these
            int color_index;         // index of color to blink
            PALETTEENTRY on_color;   // RGB value of "on" color
            PALETTEENTRY off_color;  // RGB value of "off" color
            int on_time;             // number of frames to keep "on"
            int off_time;            // number of frames to keep "off"

            // internal member
            int counter;             // counter for state transitions
            int state;               // state of light, -1 off, 1 on, 0 dead
            } BLINKER, *BLINKER_PTR;
// a 2D vertex
typedef struct VERTEX2DI_TYP
        {
        int x,y; // the vertex
        } VERTEX2DI, *VERTEX2DI_PTR;

// a 2D vertex
typedef struct VERTEX2DF_TYP
        {
        float x,y;                   // the vertex
        } VERTEX2DF, *VERTEX2DF_PTR;


// a 2D polygon
```

```
typedef struct POLYGON2D_TYP
        {
        int state;                      // state of polygon
        int num_verts;                  // number of vertices
        int x0,y0;                      // position of center of polygon
        int xv,yv;                      // initial velocity
        DWORD color;                    // could be index or PALETTENTRY
        VERTEX2DF *vlist;               // pointer to vertex list

        } POLYGON2D, *POLYGON2D_PTR;


// 3x3 matrix ///////////////////////////////////////////
typedef struct MATRIX3X3_TYP
        {
        union
        {
        float M[3][3]; // array indexed data storage

        // storage in row major form with explicit names
        struct
            {
            float M00, M01, M02;
            float M10, M11, M12;
            float M20, M21, M22;
            }; // end explicit names

        }; // end union
        } MATRIX3X3, *MATRIX3X3_PTR;

// 1x3 matrix ///////////////////////////////////////////
typedef struct MATRIX1X3_TYP
        {
        union
        {
        float M[3]; // array indexed data storage

        // storage in row major form with explicit names
        struct
            {
            float M00, M01, M02;

            }; // end explicit names
        }; // end union
        } MATRIX1X3, *MATRIX1X3_PTR;

// 3x2 matrix ///////////////////////////////////////////
typedef struct MATRIX3X2_TYP
        {
        union
        {
        float M[3][2]; // array indexed data storage

        // storage in row major form with explicit names
        struct
            {
            float M00, M01;
            float M10, M11;
            float M20, M21;
            }; // end explicit names
```

```
    }; // end union
    } MATRIX3X2, *MATRIX3X2_PTR;

// 1x2 matrix //////////////////////////////////////////
typedef struct MATRIX1X2_TYP
    {
    union
    {
    float M[2]; // array indexed data storage

    // storage in row major form with explicit names
    struct
        {
        float M00, M01;

        }; // end explicit names
    }; // end union
    } MATRIX1X2, *MATRIX1X2_PTR;
```

还不错，没有什么新东西，只是一些基本类型、位图结构、多边形支持和一点点矩阵数学。

8.14.6　全局定义

我喜欢用全局变量，因为它们的存取速度非常快。另外，许多系统级的变量（在二维/三维引擎中有好多）都很适合被定义为全局变量。所以这里给出引擎所用的全局变量，你再次见到它们，不过这次它们带有注释，请看：

```
extern FILE *fp_error;                 // general error file
extern char error_filename[80];        // error file name

// notice that interface 4.0 is used on a number of interfaces
extern LPDIRECTDRAW7        lpdd;           // dd object
extern LPDIRECTDRAWSURFACE7 lpddsprimary;   // dd primary surface
extern LPDIRECTDRAWSURFACE7 lpddsback;      // dd back surface
extern LPDIRECTDRAWPALETTE  lpddpal;        // dd palette
extern LPDIRECTDRAWCLIPPER  lpddclipper;    // dd clipper for back surface
extern LPDIRECTDRAWCLIPPER  lpddclipperwin; // dd clipper for window
extern PALETTEENTRY     palette[256];       // color palette
extern PALETTEENTRY     save_palette[256];  // used to save palettes
extern DDSURFACEDESC2   ddsd;               // a dd surface description struct
extern DDBLTFX          ddbltfx;            // used to fill
extern DDSCAPS2         ddscaps;            // a dd surface capabilities struct
extern HRESULT          ddrval;             // result back from dd calls
extern UCHAR            *primary_buffer;    // primary video buffer
extern UCHAR            *back_buffer;       // secondary back buffer
extern int              primary_lpitch;     // memory line pitch
extern int              back_lpitch;        // memory line pitch
extern BITMAP_FILE      bitmap8bit;         // a 8 bit bitmap file
extern BITMAP_FILE      bitmap16bit;        // a 16 bit bitmap file
extern BITMAP_FILE      bitmap24bit;        // a 24 bit bitmap file

extern DWORD            start_clock_count;  // used for timing
extern int              windowed_mode;      // tracks if dd is windowed or not

// these defined the general clipping rectangle for software clipping
extern int min_clip_x,   // clipping rectangle
        max_clip_x,
        min_clip_y,
        max_clip_y;

// these are overwritten globally by DD_Init()
```

```
extern int screen_width,            // width of screen
           screen_height,           // height of screen
           screen_bpp,              // bits per pixel
           screen_windowed;         // is this a windowed app?


extern int dd_pixel_format;         // default pixel format set by call
                                    // to DDraw_Init

extern int window_client_x0;        // used to track the starting
                                    // (x,y) client area for
extern int window_client_y0;        // for windowed mode dd operations

// storage for our lookup tables
extern float cos_look[361];         // 1 extra so we can store 0-360 inclusive
extern float sin_look[361];         // 1 extra so we can store 0-360 inclusive

// function ptr to RGB16 builder
extern USHORT (*RGB16Bit)(int r, int g, int b);
// root functions
extern USHORT RGB16Bit565(int r, int g, int b);
extern USHORT RGB16Bit555(int r, int g, int b);
```

8.14.7 DirectDraw 接口

既然已经有了数据支持，接下来让我们看 DirectDraw 支持函数，现在又额外包括了一些支持 16 位窗口模式的函数。让我们浏览一下这些函数。

函数原型：

```
int DDraw_Init(int width,           // width of display
               int height,          // height of display
               int bpp,             // bits per pixel
               int windowed=0);     // controls windowed
```

功能：

DDraw_Init()启动并初始化 DirectDraw。你可以发送任何分辨率和颜色深度。如果希望使用窗口模式就设 windowed 为 1。如果你选择了窗口模式，那么你应当已经创建了一个非全屏的窗口。之所以 DDraw_Init() 要以不同的方式设置窗口方式的 DirectDraw，那是因为窗口方式下：主缓冲是整个屏幕，裁剪应当对窗口的用户区进行，并且用户不能控制屏幕分辨率和色深，因此 bpp 被忽略了。

此外，这个函数还有很多功能。它载入一个默认 8 位模式的调色板 paldata2.pal，对 8 或 16 位窗口或全屏模式设置裁剪矩形，并且 16 位模式的时候还会测试像素格式是 5.5.5 还是 5.6.5。该函数指针为：

```
USHORT (*RGB16Bit)(int r, int g, int b) = NULL;
```

如下：

```
USHORT RGB16Bit565(int r, int g, int b)
{
// this function simply builds a 5.6.5 format 16 bit pixel
// assumes input is RGB 0-255 each channel
r>>=3; g>>=2; b>>=3;
return(_RGB16BIT565((r),(g),(b)));

} // end RGB16Bit565

//////////////////////////////////////////////////////////

USHORT RGB16Bit555(int r, int g, int b)
{
// this function simply builds a 5.5.5 format 16 bit pixel
// assumes input is RGB 0-255 each channel
```

```
r>>=3; g>>=3; b>>=3;
return(_RGB16BIT555((r),(g),(b)));
```

这样就允许你用调用 RGB16Bit(r, g, b)来创建 16 位模式下格式化好的 RGB 字，同时无需担心像素格式。真棒。当然，R、G、B 的值都应在 0～255 之间。同时，窗口模式的时候 DDraw_Init()也足够聪明，它会替你设置裁剪，而你什么都不用做！

成功则返回 TRUE。

例子：
```
// put the system into 800x600 with 256 colors
DDraw_Init(800,600,8);
```
例子：
```
// put the system into a windowed mode
// with a window size of 640x480 and 16-bit color
DDraw_Init(640,480,16,1);
```
函数原型：
```
int DDraw_Shutdown(void);
```
功能：

DDraw_Shutdown()关闭 DirectDraw，并释放所有接口。

例子：
```
// in your system shutdown code you might put
DDraw_Shutdown();
```
函数原型：
```
LPDIRECTDRAWCLIPPER
 DDraw_Attach_Clipper(
    LPDIRECTDRAWSURFACE7 lpdds,     // surface to attach to
    int num_rects,                  // number of rects
    LPRECT clip_list);              // pointer to rects
```
功能：

DDraw_Attach_Clipper()给发送的表面（一般是备用缓冲）关联一个裁剪器。另外，必须发送裁剪列表中裁剪矩形的数目，和一个指向 RECT 序列本身的指针。如果函数成功则返回 TRUE。

例子：
```
// creates a clipping region the size of the screen
RECT clip_zone = {0,0,SCREEN_WIDTH-1, SCREEN_HEIGHT-1};
DDraw_Attach_Clipper(lpddsback, 1, &clip_zone);
```
函数原型：
```
LPDIRECTDRAWSURFACE7
   DDraw_Create_Surface(int width,              // width of surface
                        int height,             // height of surface
                        int mem_flags,          // control flags
                        USHORT color_key_value=0); // the color key
```
功能：

DDraw_Create_Surface()用来在系统内存、VRAM 或 AGP 内存中创建一般离屏 DirectDraw 表面。默认控制标志是 DDSCAPS_OFFSCREENPLAIN。任何其他的控制标志都与默认值进行"OR"运算。它们是标准的 DirectDraw 的 DDSCAP*标志，比如 DDSCAPS_SYSTEMMEMORY 或者 DDSCAPS_VIDEOMEMORY，分别对应系统内存和 VRAM。而且，你可以选择一个颜色键，当前它默认为 0。如果该函数成功，则返回指向新的表面的指针。否则返回 NULL。

例子：
```
// let's create a 64x64 surface in VRAM
LPDIRECTDRAWSURFACE7 image =

        DDraw_Create_Surface(64,64, DDSCAPS_VIDEOMEMORY);
```

函数原型：

```
int DDraw_Flip(void);
```

功能：

DDraw_Flip()在全屏模式下利用从表面翻转主画面，或在窗口模式下将离屏后备缓冲复制到显示窗口的用户区。该调用将等待直到翻转发生，因此它不马上返回。调用成功则返回 TRUE。

例子：

```
// flip em baby
DDraw_Flip();
```

函数原型：

```
int DDraw_Wait_For_Vsync(void);
```

功能：

DDraw_Wait_For_Vsync()使系统等待，直到下一个垂直空白周期开始（当光栅化到屏幕底部时）。成功则返回 TRUE，否则返回 FALSE。

例子：

```
// wait 1/70th of sec
DDraw_Wait_For_Vsync();
```

函数原型：

```
int DDraw_Fill_Surface(LPDIRECTDRAWSURFACE7 lpdds,   // surface to fill
                       int color,                    // color, index or RGB value
                       RECT *client=NULL)            // rect to fill
```

功能：

DDraw_Fill_Surface()用一种颜色填充整个表面或表面上的矩形。该颜色必须适合表面的颜色深度，如 256 色模式时是单字节而真彩模式时就是 RGB。如果需要填充整个表面，将 client 设为 NULL，这是默认值，不过如果只想填充一块区域你也可以用一个 RECT 指针设置 client。函数成功则返回 TRUE。

例子：

```
// fill the primary surface with color 0
DDraw_Fill_Surface(lpddsprimary,0);
```

函数原型：

```
UCHAR *DDraw_Lock_Surface(LPDIRECTDRAWSURFACE7 lpdds,int *lpitch);
```

功能：

DDraw_Lock_Surface()锁定调用的表面（如果能被锁定），并返回一个指向表面的 UCHAR 指针，同时用表面的线性内存点距调整变量 lpitch。当表面被锁定后，你可以对其进行其他操作或往上面写像素，但是此时 blitter 会被阻塞，因此要记住尽快将表面解锁。另外，对表面解锁之后，内存指针和间距即失效，不应继续被使用。如果成功则 DDraw_Lock_Surface()会返回表面内存的非 NULL 的地址，否则返回 NULL。同时，要注意是否工作在 16 位模式下，因那时每像素占二个字节，但指针仍然是 UCHAR *类型，且 lpitch 的值仍然是以字节而非以像素为单位的。

例子：

```
// holds the memory pitch
int lpitch = 0;

// let's lock the little 64x64 image we made
UCHAR *memory = DDraw_Lock_Surface(image, &lpitch);
```

函数原型：

```
int DDraw_Unlock_Surface(LPDIRECTDRAWSURFACE7 lpdds);
```

功能：

DDraw_Unlock_Surface()解锁一个之前用 DDraw_Lock_Surface()锁定的表面。只需要将指针传递给该表面。如果成功则返回 TRUE。

例子:

```
// unlock the image surface
DDraw_Unlock_Surface(image);
```

函数原型:

```
UCHAR *DDraw_Lock_Back_Surface(void);
UCHAR *DDraw_Lock_Primary_Surface(void);
```

功能:

这两个函数用来锁定主从渲染表面。但是, 多数时候你只是对锁定双缓冲系统中的从表面感兴趣, 但是, 如果需要你还是有锁定主表面的能力。此外, 如果你调用 DDraw_Lock_Primary_Surface(), 下面的全局变量会变为有效:

```
extern UCHAR  *primary_buffer;       // primary video buffer
extern int     primary_lpitch;       // memory line pitch
```

之后你就可以随心所欲操纵表面内存了。但是 blitter 仍然将被阻塞。注意在窗口模式下主缓冲是指向整个屏幕表面而非某个窗口的, 而从缓冲将指向窗口用户区的矩形。调用函数 DDraw_Lock_Back_Surface() 将锁定后备缓冲表面, 并激活下面的两个全局变量:

```
extern UCHAR  *back_buffer;          // secondary back buffer
extern int     back_lpitch;          // memory line pitch
```

注意

不要自行修改这些全局变量的值。它们被用来追踪加锁函数的状态改变。自行修改可能导致引擎崩溃。

例子:

```
// let lock the primary surface and write a pixel to the
// upper left hand corner
DDraw_Lock_Primary();

primary_buffer[0] = 100;
```

函数原型:

```
int DDraw_Unlock_Primary_Surface(void);
int DDraw_Unlock_Back_Surface(void);
```

功能:

函数被用来解锁主表面或者后备缓冲表面。如果用在没有锁定的表面上, 将不起任何作用, 成功则返回 TRUE。

例子:

```
// unlock the secondary back buffer
DDraw_Unlock_Back();
```

8.14.8　2D 多边形函数

下面的函数组成二维多边形系统。这些函数可算不上是最新、最快、最好的版本, 它们只是完成任务。有更好的方法实现它们的功能, 但你不是正在为了那样做而学习本书么? 注意 16 位版本的函数名称以 "16" 结尾。

函数原型:

```
void Draw_Triangle_2D(int x1,int y1,    // triangle vertices
                int x2,int y2,
                int x3,int y3,
                int color,              // 8-bit color index
                UCHAR *dest_buffer,     // destination buffer
                int mempitch);          // memory pitch
```

```
// 16-bit version
void Draw_Triangle_2D16(int x1,int y1, // triangle vertices
                int x2,int y2,
                int x3,int y3,
                int color,              // 16-bit RGB color descriptor
                UCHAR *dest_buffer,     // destination buffer
                int mempitch); // memory pitch

// fixed point high speed version, slightly less accurate
void Draw_TriangleFP_2D(int x1,int y1,
                int x2,int y2,
                int x3,int y3,
                int color,
                UCHAR *dest_buffer,
                int mempitch);
```

功能：

Draw_Triangle_2D*()函数在给定的内存缓冲用发送过来的颜色绘制填充的三角形。三角形将按全局变量定义的当前裁剪区来裁剪，而不是 DirectDraw 裁剪器。这是因为函数采用了软件而不是 blitter 画线。注意：Draw_TriangleFP_2D()也做同样的工作，但是，因其内部使用定点坐标，因此速度快一些，不过精度欠佳。两个函数都没有返回值。

例子：

```
// draw a triangle (100,10) (150,50) (50,60)
// with color index 50 in the back buffer surface
Draw_Triangle_2D(100,10,150,50,50,60,
                50, // color index 50
                back_buffer,
                back_lpitch);

// same example, but in a 16-bit mode
// draw a triangle (100,10) (150,50) (50,60)
// with color RGB(255,0,0) in the back buffer surface
Draw_Triangle_2D16(100,10,150,50,50,60,
                RGB16Bit(255,0,0),
                back_buffer,
                back_lpitch);
```

函数原型：

```
inline void Draw_QuadFP_2D(int x0,int y0,  // vertices
        int x1,int y1,
        int x2,int y2,
        int x3,int y3,
        int color,                      // 8-bit color index
        UCHAR *dest_buffer,             // destination video buffer
        int mempitch); // memory pitch of buffer
```

功能：

Draw_QuadFP_2D()函数将四边形绘制为两个三角形的组合。无返回值。

例子：

```
// draw a quadrilateral, note vertices must be ordered
// either in cw or ccw order
Draw_QuadFP_2D(0,0, 10,0, 15,20, 5,25,
            100,
            back_buffer, back_lpitch);
```

函数原型：

```
void Draw_Filled_Polygon2D(
        POLYGON2D_PTR poly,             // poly to render
```

```
        UCHAR *vbuffer,            // video buffer
        int mempitch);             // memory pitch

// 16-bit version
void Draw_Filled_Polygon2D16(
        POLYGON2D_PTR poly,        // poly to render
        UCHAR *vbuffer,            // video buffer
        int mempitch);             // memory pitch
```

功能：

Draw_Filled_Polygon2D*()绘制一般的填充的 n 边形。函数接受的参数有：需渲染的多边形、一个指向视频缓冲的指针以及间距等等。注意要区别使用本函数的 8 位和 16 位版本。注意：该函数相对于多边形的(x0，y0)点着色，所以要确保它们已被初始化。无返回值。

例子：

```
// draw a polygon in the primary buffer
Draw_Filled_Polygon2D(&poly,
                primary_buffer,
                primary_lpitch);
```

函数原型：

```
int Translate_Polygon2D(
        POLYGON2D_PTR poly,        // poly to translate
        int dx, int dy);           // translation factors
```

功能：

Translate_Polygon2D()平移多边形的原点（x0，y0）。注意：该函数并不变形或者修改组成多边形的顶点。成功则返回 TRUE。

例子：

```
// translate polygon 10,-5
Translate_Polygon2D(&poly, 10, -5);
```

函数原型：

```
int Rotate_Polygon2D(
        POLYGON2D_PTR poly,        // poly to rotate
        int θ);                    // angle 0-359
```

功能：

Rotate_Polygon2D()函数沿逆时针方向围绕原点旋转给定的多边形。角度必须是 0 至 359 的整数。成功则返回 TRUE。

例子：

```
// rotate polygon 10 degrees
Rotate_Polygon2D(&poly, 10);
```

函数原型：

```
int Scale_Polygon2D(POLYGON2D_PTR poly, // poly to scale
                float sx, float sy);     // scale factors
```

功能：

Scale_Polygon2D()以 sx、sy 为缩放比例因子分别在 x、y 轴方向上缩放给定的多边形。无返回值。

例子：

```
// scale the poly equally 2x
Scale_Polygon2D(&poly, 2,2);
```

8.14.9　2D 基本图元函数

这套函数对各种东西都浅尝辄止，算得上是各种图形函数的大杂烩。没有你没有见过的东西——至少我这么认为。

函数原型：
```
int Draw_Clip_Line(int x0,int y0,      // starting point
            int x1, int y1,            // ending point
            int color,                 // 8-bit color
            UCHAR *dest_buffer,        // video buffer
            int lpitch);               // memory pitch

// 16-bit version
int Draw_Clip_Line16(int x0,int y0,    // starting point
            int x1, int y1,            // ending point
            int color,                 // 16-bit RGB color
            UCHAR *dest_buffer,        // video buffer
            int lpitch);               // memory pitch
```
功能：

Draw_Clip_Line*()裁剪发送的直线到当前的裁剪矩形，然后以 8 或 16 位模式在发送的缓冲里面画线。成功则返回 TRUE。

例子：
```
// draw a line in the back buffer from (10,10) to (100,200)
// 8-bit call
Draw_Clip_Line(10,10,100,200,
            5, // color 5
            back_buffer,
            back_lpitch);
```
函数原型：
```
int Clip_Line(int &x1,int &y1,     // starting point
            int &x2, int &y2);     // ending point
```
功能：

Clip_Line()主要在内部使用，但是可以调用它来按当前矩形裁剪区裁剪直线。注意：该函数修改端点，如果不想要这个副作用，需要事先保存它们。此外，该函数本身不做任何绘制，它只是裁剪端点。成功则返回 TRUE。

例子：
```
// clip the line defined by x1,y1 to x2,y2
Clip_Line(x1,y1,x2,y2);
```
函数原型：
```
int Draw_Line(int xo, int yo,      // starting point
            int x1,int y1,         // ending point
            int color,             // 8-bit color index
            UCHAR *vb_start,       // video buffer
            int lpitch);           // memory pitch

// 16-bit version
int Draw_Line16(int xo, int yo,    // starting point
            int x1,int y1,         // ending point
            int color,             // 16-bit RGB color
            UCHAR *vb_start,       // video buffer
            int lpitch);           // memory pitch
```
功能：

Draw_Line*()在 8 或 16 位模式下绘制直线，不进行任何裁剪。所以，要确保端点在显示画面的有效坐标之内。因为不必裁剪，所以该函数比裁剪版本稍快。成功则返回 TRUE。

例子：
```
// draw a line in the back buffer from (10,10) to (100,200)
// in 16-bit mode
```

```
Draw_Line16(10,10,100,200,
            RGB16Bit(0,255,0),          // bright green
            back_buffer,
            back_lpitch);
```
函数原型:
```
inline int Draw_Pixel(int x, int y,     // position of pixel
                    int color,          // 8-bit color
                    UCHAR *video_buffer, // gee hmm?
                    int lpitch);        // memory pitch
// 16-bit version
inline int Draw_Pixel16(int x, int y,   // position of pixel
                    int color,          // 16-bit RGB color
                    UCHAR *video_buffer, // gee hmm?
                    int lpitch);        // memory pitch
```
功能:

Draw_Pixel()在显示表面内存绘制单个像素点。多数时候,你不会只用像素来创建对象,因为进行这个函数调用花费的时间比实际绘制像素的时间还要多。但是,如果不在意速度的话,可以使用该函数。至少它是内联的! 成功则返回 TRUE。

例子:
```
// draw a pixel in the center of the 640x480 screen
// 8-bit example
Draw_Pixel(320,240, 100, back_buffer, back_lpitch);
```
函数原型:
```
int Draw_Rectangle(int x1, int y1,         // upper left corner
                int x2, int y2,             // lower right corner
                int color,                  // color descriptor, index for
                        // 8-bit modes, RGB value for 16-bit
                        // modes
                LPDIRECTDRAWSURFACE7 lpdds); // dd surface
```
功能:

Draw_Rectangle()函数在发送的 DirectDraw 表面上绘制矩形。兼容 8 和 16 位模式。注意在调用函数时,表面必须先被解锁。另外,函数使用 blitter,所以非常快。成功则返回 TRUE。

例子:
```
// fill the screen using the blitter
Draw_Rectangle(0,0,639,479,0,lpddsback);
```
函数原型:
```
void HLine(int x1,int x2,       // start and end x points
        int y,                  // row to draw on
        int color,              // 8-bit color
        UCHAR *vbuffer,         // video buffer
        int lpitch);            // memory pitch

// 16-bit version
void HLine16(int x1,int x2,     // start and end x points
        int y,                  // row to draw on
        int color,              // 16-bit RGB color
        UCHAR *vbuffer,         // video buffer
        int lpitch);            // memory pitch
```
功能:

HLine*()函数绘制水平线,它比普通直线绘制函数快很多。兼容 8 和 16 位模式。无返回值。

例子:
```
// draw a fast line from 10,100 to 100,100
// 8-bit mode
```

```
HLine(10,100,100,
    20, back_buffer, back_lpitch);
```
函数原型：
```
void VLine(int y1,int y2,    // start and end row
        int x,              // column to draw in
        int color,          // 8-bit color
        UCHAR *vbuffer,     // video buffer
        int lpitch);        // memory pitch

// 16-bit version
void VLine16(int y1,int y2,  // start and end row
        int x,              // column to draw in
        int color,          // 16-bit RGB color
        UCHAR *vbuffer,     // video buffer
        int lpitch);        // memory pitch
```
功能：

VLine*()函数用于快速绘制垂直直线。它没有 HLine()快，但是比 Draw_Line()快。所以，当你知道一个直线总是垂直时，不妨用它来绘制。无返回值。

例子：
```
// draw a line from 320,0 to 320,479
// 16-bit version
VLine16(0,479,320,RGB16Bit(255,255,255),
    primary_buffer,
    primary_lpitch);
```
函数原型：
```
void Screen_Transitions(int effect,  // screen transition
                UCHAR *vbuffer,      // video buffer
                int lpitch);         // memory pitch
```
功能：

Screen_Transition()执行各种内存中的屏幕转换操作，这些转换操作列在前一个头信息中。注意，转换是具有破坏性的，如果在转换后还要用到它们，就要保存原来的图像或者调色板。色彩转换仅对 8 位调色板模式起作用。但其他很多就兼容 8 和 16 位模式。无返回值。

例子：
```
// fade the primary display screen to black
// only works for 8-bit modes
Screen_Transition(SCREEN_DARKNESS, NULL, 0);
// scrunch the screen, works in 8/16 bit modes
Screen_Transition(SCREEN_SCRUNCH, NULL, 0);
```
函数原型：
```
int Draw_Text_GDI(char *text,        // null terminated string
        int x,int y,                 // position
        COLORREF color,              // general RGB color
        LPDIRECTDRAWSURFACE7 lpdds); // dd surface

int Draw_Text_GDI(char *text,        // null terminated string
        int x,int y,                 // position
        int color,                   // 8-bit color index
        LPDIRECTDRAWSURFACE7 lpdds); // dd surface
```
功能：

Draw_Text_GDI()用指定的颜色和位置在表面上绘制 GDI 文字。函数已经重载，可接受以 RGB()宏生成的 COLORREF，或者 256 色的 8 位颜色索引作为参数。注意该函数操作时，目标表面必须被解锁，因为使用 GDI 执行文字 blitting 时需要短暂地锁定它。成功则返回 TRUE。

例子：
```
// draw text with color RGB(100,100,0);
// note this call would work in either
// 8 or 16-bit modes
Draw_Text_GDI("This is a test",100,50,
              RGB(100,100,0),lpddsprimary);

// draw text with color index 33
// note this call would work ONLY in
// 8-bit modes
Draw_Text_GDI("This is a test",100,50,
              33,lpddsprimary);
```

8.14.10 数学和误差函数

到现在为止我们还没有编写数学函数库，但是一旦你到了本书的数学部分，事情就不一样了。我将向你的大脑充入大量有趣的数学信息和函数。在那以前，饱尝简单的甜头吧……

函数原型：
```
int Fast_Distance_2D(int x, int y);
```
功能：

Fast_Distance()用快速的近似方法计算从（0，0）到（x，y）的距离。返回一个有 3.5%误差的经过取整的距离值。

例子：
```
int x1=100,y1=200; // object one
int x2=400,y2=150; // object two

// compute the distance between object one and two
int dist = Fast_Distance_2D(x1-x2, y1-y2);
```
函数原型：
```
float Fast_Distance_3D(float x, float y, float z);
```
功能：

Fast_Distance_3D()采用快速近似算法计算从（0，0，0）到（x，y，z）的距离。函数返回一个有 11%误差的距离值。

例子：
```
// compute the distance from (0,0,0) to (100,200,300)
float dist = Fast_Distance_3D(100,200,300);
```
函数原型：
```
int Find_Bounding_Box_Poly2D(
            POLYGON2D_PTR poly,             // the polygon
            float &min_x, float &max_x,     // bounding box
            float &min_y, float &max_y);
```
功能：

Find_Bounding_Box_Poly2D()计算包含由参数 poly 给定的多边形的最小矩形。成功返回 TRUE。注意，函数参数采用引用传递方式。

例子：
```
POLYGON2D poly;                         // assume this is initialized
int min_x, max_x, min_y, max_y;         // hold result

// find bounding box
Find_Bounding_Box_Poly2D(&poly,min_x,max_x,min_y,max_y);
```
函数原型：

```
int Open_Error_File(char *filename);
```
功能：

Open_Error_File()函数打开一个文件，用以接收函数 Write_Error()发来的误差信息。成功返回 TRUE。

例子：
```
// open a general error log
Open_Error_File("errors.log");
```
函数原型：
```
int Close_Error_File(void);
```
功能：

Close_Error_File()关闭前面打开的误差信息文件。一般情况下，它关闭这个流。如果你调用它，而误差信息文件没有打开，则什么都不做。成功返回 TRUE。

例子：
```
// close the error system, note no parameter needed
Close_Error_File();
```
函数原型：
```
int Write_Error(char *string, ...); // error formatting string
```
功能：

Write_Error()函数在前面打开的误差信息文件中写入误差信息。如果没有文件已被打开，函数不会出错，它会返回 FALSE。注意，函数使用了可变参数个数的指示符，可以像使用 printf()那样使用它。成功则返回 TRUE。

例子：
```
// write out some stuff
Write_Error("\nSystem Starting...");
Write_Error("x-vel = %d", y-vel = %d", xvel, yvel);
```

8.14.11　位图函数

下面的函数组成了 BITMAP_IMAGE 和 BITMAP_FILE 操作例函库。包括加载 8、16、24、32 位位图的函数，从位图中提取图像并创建简单 BITMAP_IMAGE 对象（非 DirectDraw 表面）的函数等等。另外，还具有在 8 或 16 位模式下绘制这些图像的功能，但是不支持裁剪。因此，如果你需要裁剪，或者想建立在本章最后一节要讨论的 BOB 对象，你自己可以修改源代码。一如往常，其中有些函数同时具有 8 位和 16 位版本，16 位版本的函数在函数名尾部有“16”字样。

函数原型：
```
int Load_Bitmap_File(BITMAP_FILE_PTR bitmap,     // bitmap file
                     char *filename);            // disk .BMP file to load
```
功能：

Load_Bitmap_File()将磁盘中的一张.BMP 位图文件，调入 BITMAP_FILE 结构中。函数装载 8、16、24 位位图以及 8 位.BMP 文件的调色板信息。成功则返回 TRUE。

例子：
```
// let's load "andre.bmp" off disk
BITMAP_FILE bitmap_file;

Load_Bitmap_File(&bitmap_file, "andre.bmp");
```
函数原型：
```
int Unload_Bitmap_File(BITMAP_FILE_PTR bitmap);
                     // bitmap to close and unload
```
功能：

Unload_Bitmap_File()函数释放装载的 BITMAP_FILE 的图像缓冲占用的内存。当你已经拷贝了图像的位且/或采用特殊位图工作时，调用该函数。你可以重用该结构，但是，必须首先释放内存。成功返回 TRUE。

例子：

```
// close the file we just opened
Unload_Bitmap_File(&bitmap_file);
```

函数原型：

```
int Create_Bitmap(BITMAP_IMAGE_PTR image,   // bitmap image
                  int x, int y,              // starting position
                  int width, int height      // size
                  int bpp=8);                // bits per pixel, either 8 or 16
```

功能：

Create_Bitmap()用给定的尺寸在指定位置创建 8 位或 16 位系统内存位图。位图开始是空的，存储在 BITMAP_IMAGE 中。该位图不是 DirectDraw 画面，所以不能使用加速或裁剪。成功返回 TRUE。

注意

BITMAP_FILE 和 BITMAP_IMAGE 之间有很大的差异。BITMAP_FILE 是磁盘上的.BMP 文件，而 BITMAP_IMAGE 是系统内存对象，和精灵一样可以被移动和绘制。

例子：

```
// let's create an 8-bit 64x64 bitmap image at (0,0)
BITMAP_IMAGE ship;

Create_Bitmap(&ship, 0,0, 64,64,8);

// and here's the same example in 16-bit mode
BITMAP_IMAGE ship;
Create_Bitmap(&ship, 0,0, 64,64,16);
```

函数原型：

```
int Destroy_Bitmap(BITMAP_IMAGE_PTR image); // bitmap image to destroy
```

功能：

Destroy_Bitmap()用来释放由于创建 BITMAP_IMAGE 对象而分配的内存。你应该在使用完毕该对象之后调用这个函数——通常在游戏结束时，或者当这个对象在一场血雨腥风的战斗中被消灭后。成功返回 TRUE。

例子：

```
// destroy the previously created BITMAP_IMAGE
Destroy_Bitmap(&ship);
```

函数原型：

```
int Load_Image_Bitmap(
 BITMAP_IMAGE_PTR image,     // bitmap to store image in
 BITMAP_FILE_PTR bitmap,     // bitmap file object to load from
 int cx,int cy,              // coordinates where to scan (cell or abs)
 int mode);                  // image scan mode: cell based or absolute

// 16-bit version
int Load_Image_Bitmap16(
 BITMAP_IMAGE_PTR image,     // bitmap to store image in
 BITMAP_FILE_PTR bitmap,     // bitmap file object to load from
 int cx,int cy,              // coordinates where to scan (cell or abs)
 int mode);                  // image scan mode: cell based or absolute

#define BITMAP_EXTRACT_MODE_CELL   0
#define BITMAP_EXTRACT_MODE_ABS    1
```

功能：

Load_Image_Bitmap*()从前面装载的 BITMAP_FILE 对象中扫描一个图像存储在 BITMAP_IMAGE 存储区，这是将对象或者图像位数据载入 BITMAP_IMAGE 中的方法。要使用它，首先要装载一个 BITMAP_FILE 并创建一个 BITMAP_IMAGE。然后，调用它从存储在 BITMAP_FILE 中的位图数据中扫描出一个等大的图像。函数有两种工作方式：单元模式或绝对模式。

- 单元模式下，BITMAP_EXTRACT_MODE_CELL，图像基于下面的假设进行扫描：假设所有的图像都在一个尺寸 m×n 的.BMP 文件模板中，在单元之间有一个像素宽的边界。单元通常是 8×8、16×16、32×32、64×64 等大小。看 CD 中的 TEMPLATE*.BMP，它包含几个模板，单元数从左至右，从上至下，从（0，0）开始。

- 第二种模式是绝对坐标模式，BITMAP_EXTRACT_MODE_ABS。这种模式下，图像在参数 cx、cy 传送的精确坐标下被扫描。如果想以不同尺寸的图像来装载你的同一个.BMP 作品，这是一个好方法。因此，你不能将它们模板化。

注意使用相应的 8 位或 16 位的版本。

例子：

```
// assume the source bitmap .BMP file is 640x480 and
// has a 8x8 matrix of cells that are each 32x32
// then to load the 3rd cell to the right on the 2nd
// row (cell 2,1) in 8-bit mode, you would do this

// load in the .BMP file into memory
BITMAP_FILE bitmap_file;
Load_Bitmap_File(&bitmap_file,"images.bmp");


// initialize the bitmap
BITMAP_IMAGE ship;
Create_Bitmap(&ship, 0,0, 32,32,8);


// now scan out the data
Load_Image_Bitmap(&ship, &bitmap_file, 2,1,
                BITMAP_EXTRACT_MODE_CELL);

// same example in 16-bit mode
// assume the source bitmap .BMP file is 640x480 and
// has a 8x8 matrix of cells that are each 32x32
// then to load the 3rd cell to the right on the 2nd
// row (cell 2,1) in 16-bit mode, you would do this
// load in the .BMP file into memory
BITMAP_FILE bitmap_file;
Load_Bitmap_File(&bitmap_file,"images24bit.bmp");


// initialize the bitmap
BITMAP_IMAGE ship;
Create_Bitmap(&ship, 0,0, 32,32,16);


// now scan out the data
Load_Image_Bitmap16(&ship, &bitmap_file, 2,1,
                BITMAP_EXTRACT_MODE_CELL);
```

为了准确地载入相同的图像，假设该图像仍然在模板中，使用绝对坐标模式，则你必须指定坐标。请记住，图像每边有宽为一个像素的边界。

```
Load_Image_Bitmap16(&ship, &bitmap_file,
                    2*(32+1)+1,1*(32+1)+1,
                    BITMAP_EXTRACT_MODE_ABS);
```

函数原型：

```
int Draw_Bitmap(BITMAP_IMAGE_PTR source_bitmap, // bitmap to draw
                UCHAR *dest_buffer,              // video buffer
                int lpitch,                      // memory pitch
                int transparent);                // transparency?

// 16-bit version
int Draw_Bitmap16(BITMAP_IMAGE_PTR source_bitmap, // bitmap to draw
                UCHAR *dest_buffer,              // video buffer
                int lpitch,                      // memory pitch
                int transparent);                // transparency?
```

功能：

Draw_Bitmap*()采用透明或者不透明的方式，在目标内存表面绘制位图。如果 transparent 是 1，透明被允许，任何具有颜色索引 0 的像素都不被拷贝。并且，当你处理 16 位模式和位图时，要使用 16 位版本。成功则返回 TRUE。

例子：

```
// draw our little ship on the back buffer
// 8-bit mode
Draw_Bitmap( &ship, back_buffer, back_lpitch, 1);
```

函数原型：

```
int Flip_Bitmap(UCHAR *image,          // image bits to vertically flip
                int bytes_per_line,    // bytes per line
                int height);           // total rows or height
```

功能：

Flip_Bitmap()通常在内部使用，用来将颠倒的.BMP 文件翻转过来，但你也可以用它翻转一个图像。函数在内存进行翻转操作，实际上是一行一行把位图颠倒过来，所以会修改到原始数据，这一点请注意。并且由于该函数参考每行像素所占字节数来处理，所以可配合任意色深来使用。函数成功则返回 TRUE。

例子：

```
// for fun flip the image bits of our little ship
Flip_Bitmap(ship->buffer, ship->width, ship_height);
```

函数原型：

```
int Scroll_Bitmap(BITMAP_IMAGE_PTR image,   // bitmap to scroll
                int dx,                      // amount to scroll on x-axis
                int dy=0);                   // amount to scroll on y-axis
```

功能：

Scroll_Bitmap()用于水平或垂直地卷动位图。该函数自适应 8 或 16 位。参数为欲卷动的位图指针，以及在 x 和 y 方向上各卷动多少像素。卷动的像素数可正可负，负值表示朝左或上方卷动。只在 x 方向或只在 y 方向，或同时在两个方向上卷动都可以，非常自由。函数成功则返回 TRUE。

例子：

```
// scroll an image 2 pixels to the right
Scroll_Bitmap(&image, 2, 0);
```

函数原型：

```
int Copy_Bitmap(BITMAP_IMAGE_PTR dest_bitmap,   // destination bitmap
                int dest_x, int dest_y,          // destination position
                BITMAP_IMAGE_PTR source_bitmap,  // source bitmap
                int source_x, int source_y,      // source position
                int width, int height);          // size of bitmap chunk to copy
```

功能：

Copy_Bitmap()用来将源位图上的一个矩形区复制到目标位图上。该函数自动在内部检测源图和目标图的色深，所以兼容 8 位或 16 位模式。源和目标位图的色深应当相同。调用的时候，参数是源位图及其上的复制起点、目标位图及其上的复制目标点，还有需复制的矩形区域的宽和高。函数成功则返回 TRUE。

例子：
```
// copy a 100x100 rectangle from bitmap2 to bitmap1
// from the upper hand corner to the same
Copy_Bitmap(&bitmap1, 0,0,
            &bitmap2, 0,0,
            100,100);
```

8.14.12　调色板函数

下面的函数构成 256 色调色板接口。这些函数只用于 256 色，即 8 位色模式。此外，当使用 DDraw_Init() 将系统初始化为 8 位模式时，系统会（试图）从磁盘载入一个默认调色板。默认的调色板是 palette1.pal、palette2.pal 和 palette3.pal——其中 palette2.pal 已被载入了。

函数原型：
```
int Set_Palette_Entry(
            int color_index,          // color index to change
            LPPALETTEENTRY color);    // the color
```

功能：

Set_Palette_Entry()用于改变调色板中的某一颜色。只需发送 0～255 颜色索引和存放颜色的 PALETTEENTRY 指针，下一帧更新就会生效。另外，该函数也可用于刷新阴影调色板。注意，本函数运行较慢。所以如果想更新整个调色板，请使用 Set_Palette()。函数成功则返回 TRUE，否则返回 FALSE。

例子：
```
// set color 0 to black
PALETTEENTRY black = {0,0,0,PC_NOCOLLAPSE};
Set_Palette_Entry(0,&black);
```
函数原型：
```
int Get_Palette_Entry(
            int color_index,          // color index to retrieve
            LPPALETTEENTRY color);    // storage for color
```

功能：

Get_Palette_Entry()从当前调色板获得一个调色板项。因为它从基于 RAM 的阴影调色板取得数据，该函数非常快。因此你可以任意调用它，而不用担心会影响硬件的运行。但是，如果你用 Set_Palette_Entry() 或者 Set_Palette()函数修改了系统调色板，这个阴影调色板将不被刷新，从而所获得的数据也可能是无效的。该函数成功返回 TRUE，否则返回 FALSE。

例子：
```
// let's get palette entry 100
PALETTEENTRY color;
Get_Palette_Entry(100,&color);
```
函数原型：
```
int Save_Palette_To_File(
            char *filename,            // filename to save at
            LPPALETTEENTRY palette);   // palette to save
```

功能：

Save_Palette_To_File()函数将调色板数据保存到磁盘上的一个 ASCII 文件中，以便以后检索或处理。如果你在运行时产生了一个调色板，想保存它，用该函数就非常方便。但是，函数假设调色板的指针指向一个 256 入口的调色板,所以要当心。成功则函数返回 TRUE,否则返回 FALSE。

例子:

```
PALETTEENTRY my_palette[256];      // assume this is built

// save the palette we made
// note file name can be anything, but I like *.pal
Save_Palette_To_file("/palettes/custom1.pal",my_palette);
```

函数原型:

```
int Load_Palette_From_File(
        char *filename,            // file to load from
        LPPALETTEENTRY palette);   // storage for palette
```

功能:

Load_Palette_From_File()读取之前通过 Save_Palette_To_File()存储在磁盘上的 256 色调色板文件。你只需要发送一个文件名和一块可容纳所有 256 项的存储空间作为参数,磁盘上的调色板就可以被调到数据结构之中。但是该函数并不把调色板项装入硬件调色板,你还需要自行通过 Set_Palette()完成这一步。成功则函数返回 TRUE,否则返回 FALSE。

例子:

```
// load the previously ksaved palette
PALETTEENTRY disk_palette[256];

Load_Palette_From_Disk("/palettes/custom1.pal",&disk_palette);
```

函数原型:

```
int Set_Palette(LPPALETTEENTRY set_palette);
             // palette to load into hardware
```

功能:

Set_Palette()将发送的调色板数据装入硬件,并同时更新阴影调色板。该函数成功则返回 TRUE,否则返回 FALSE。

例子:

```
// lets load the palette into the hardware
Set_Palette(disk_palette);
```

函数原型:

```
int Save_Palette(LPPALETTEENTRY sav_palette); // storage for palette
```

功能:

Save_Palette()将硬件调色板扫描到 sav_palette 中,使你能够对其进行操作或将它保存到磁盘。sav_palette 必须有足够存储所有 256 项的空间。

例子:

```
// retrieve the current DirectDraw hardware palette
PALETTEENTRY hardware_palette[256];
Save_Palette(hardware_palette);
```

函数原型:

```
int Rotate_Colors(int start_index,      // starting index 0..255
            int end_index);             // ending index 0..255
```

功能:

Rotate_Colors()在 8 位模式下以循环方式旋转一簇颜色。它直接操纵硬件调色板。成功则该函数返回 TRUE,否则返回 FALSE。

例子:

```
// rotate the entire palette
Rotate_Colors(0,255);
```

函数原型：
```
int Blink_Colors(int command, // blinker engine command
                 BLINKER_PTR new_light, // blinker data
                 int id); // id of blinker
```
功能：

Blink_Colors()用以创建一个异步调色板动画。该函数解释起来太长了，所以请参考第 7 章中更详尽的解释。

例子：

无

8.14.13 实用工具函数

下面列出我常常用到的实用工具函数，我想它们可能对你也会有用。

函数原型：
```
DWORD Get_Clock(void);
```
功能：

Get_Clock()返回当前时钟（以毫秒为单位），即自本次 Windows 启动以来经过的时间。

例子：
```
// get the current tick count
DWORD start_time = Get_Clock();
```
函数原型：
```
DWORD Start_Clock(void);
```
功能：

Start_Clock()在内部调用 Get_Clock()并将时间存到一个全局变量中。然后你可以调用 Wait_Clock()，从调用 Start_Clock()开始计时，等待一定时间（以毫秒计）后函数返回调用开始时的时钟值。

例子：
```
// start the clock and set the global
Start_Clock();
```
函数原型：
```
DWORD Wait_Clock(DWORD count); // number of milliseconds to wait
```
功能：

Wait_Clock()等待从调用 Start_Clock()开始计算的一段时间（以毫秒计）。函数返回调用时的时钟值。但是，要等待到剩余时间过完本函数才返回。

例子：
```
// wait 30 milliseconds
Start_Clock();

// code...

Wait_Clock(30);
```
函数原型：
```
int Collision_Test(int x1, int y1,      // upper lhs of obj1
                   int w1, int h1,      // width, height of obj1
                   int x2, int y2,      // upper lhs of obj2
                   int w2, int h2);     // width, height of obj2
```
功能：

Collision_Test()执行两个矩形的重叠测试。矩形可以代表任意东西。你须给定它们的左上角坐标及宽度和高度。如果有重叠则返回 TRUE，否则返回 FALSE。

例子：

```
// do these two BITMAP_IMAGE's overlap?
if (Collision_Test(ship1->x,ship1->y,ship1->width,ship1->height,
                ship2->x,ship2->y,ship2->width,ship2->height))
   {// hit

   } // end if
```

函数原型：

```
int Color_Scan(int x1, int y1,      // upper left of rect
            int x2, int y2,         // lower right of rect
            UCHAR scan_start,       // starting scan color
            UCHAR scan_end,         // ending scan color
            UCHAR *scan_buffer,     // memory to scan
            int scan_lpitch);       // linear memory pitch

// 16-bit version
int Color_Scan16(int x1, int y1,    // upper left of rect
            int x2, int y2,         // lower right of rect
            USHORT scan_start,      // scan RGB value 1
            USHORT scan_end,        // scan RGB value 2
            UCHAR *scan_buffer,     // memory to scan
            int scan_lpitch);       // linear memory pitch
```

功能：

Color_Scan*()是另外一种碰撞检测算法，它在一个矩形中寻找某 8 位颜色值或 8 位连续颜色序列，如果用在 16 位模式下则是 2 个 RGB 值。你可以用它检测在某处是否存在一个特定的颜色索引。如果找到这样的颜色函数就返回 TRUE。

例子：

```
// scan for colors in range from 122-124 inclusive in 8-bit mode
Color_Scan(10,10, 50, 50, 122,124, back_buffer, back_lpitch);

// scan for the RGB colors 10,30,40 and 100,0,12
Color_Scan(10,10, 50, 50, RGB16Bit(10,30,40), RGB16Bit(100,0,12),
back_buffer, back_lpitch);
```

8.15　BOB 引擎

虽然通过自行编程可以得到想要的 BITMAP_IMAGE 类型，但是，这样做有一个重大缺陷，就是它没使用 DirectDraw 表面，也就不支持加速。因此，我创建了一个新类型，称为 BOB（*Blitter Object*）。它和精灵有点像。对于你这些已经在游戏程序的山洞中存在的小东西，精灵实际上是你可以移动而不擦除背景的对象。但在这里不总是这样，所以我称我的动画对象为 BOB 而不是精灵。

迄今为止，你还没有在本书中见到任何 BOB 引擎的源代码。但是，你其实已经具有完成它所需的全部知识。我没有足够的篇幅列出所有的源代码，但它同其他的东西一起，就在文件 T3DLIB1.CPP 中。我将给你介绍组成引擎的所有函数。你可以自由地使用这些代码，打印出来然后烧掉都随你。在你开始接触剩余的 DirectX 的非图形组件之前，我想给你一个使用 DirectDraw 表面和完全加速的例子。

让我们简单地谈谈什么是 BOB。首先，请回到之前的"数据类型和结构"一节，看看 BOB 的数据结构，然后回来继续阅读下去……准备好了吗？

BOB 基本上是由一个或多个由 DirectDraw 表面（最大到 64 个）表示的图形对象。你可以移动一个 BOB、绘制一个 BOB 或者使一个 BOB 动起来。BOB 是由当前的 DirectDraw 裁剪器裁剪的，所以，它们裁剪的同时也被加速——这真不错！图 8-55 给出了 BOB 同它的动画帧之间的关系。

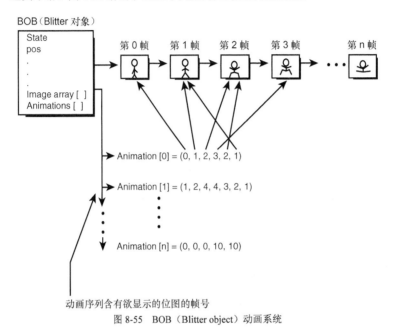

图 8-55　BOB（Blitter object）动画系统

BOB 引擎也支持动画序列，所以你可以载入一系列的帧，外加一个动画序列，这样动画序列就会由这些帧组成。这是非常酷的功能。同样，BOB 函数成功返回 TRUE，否则返回 FALSE。BOB 还同时支持 8 位和 16 位模式。BOB 或多或少地就是 DirectDraw 对象，因此只有少数几个函数是针对 16 位模式的（大部分装载和绘图调用），绝大多数 BOB 足够抽象，与模式无关。16 位模式的函数只是在函数名后面加了"16"字样。不过，本节会涉及所有这些内容。

让我们一一看来……

函数原型：

```
int Create_BOB(BOB_PTR bob,     // ptr to bob to create
  int x, int y,                 // initial position of bob
  int width, int height,        // size of bob
  int num_frames,               // total number of frames for bob
  int attr,                     // attributes of bob
  int mem_flags,                // surface memory flags, 0 is VRAM
  USHORT color_key_value=0,     // color key value, index for
                                // 8-bit modes or RGB value for
                                // 16-bit modes
  int bpp=8);                   // color depth of the requested bob
```

功能：

Create_BOB()创建单个 BOB 对象，并设置它为 8 位或 16 位。该函数设置所有的内部变量，另外还为每一帧创建单独的 DirectDraw 表面。多数参数是自解释的。惟一需要解释一下的是属性变量 attr。表 8-4 较好地描述了每一个属性，你可以将它们逻辑"OR"在一起，然后传给 attr。

表 8-4	有效的 BOB 属性
值	描述
BOB_ATTR_SINGLE_FRAME	使用单个帧创建 BOB。
BOB_ATTR_MULTI_FRAME	使用多个帧创建 BOB，但是 BOB 将以线性次序 0..n 执行动画。
BOB_ATTR_MULTI_ANIM	创建一个多帧的、支持动画序列的 BOB。
BOB_ATTR_ANIM_ONE_SHOT	若设定了该标志，动画只播放一次，然后停止。此时内部变量 anim_state 将被设定。若要再次播放动画，重设该变量。
BOB_ATTR_BOUNCE	该标志通知 BOB 当碰到屏幕边界时像一个球一样反弹。只有在使用 Move_BOB()时，该标志才有效。
BOB_ATTR_WRAPAROUND	该标志通知 BOB 在移出屏幕时卷到屏幕的另一边。只有在使用 Move_BOB()时，该标志才有效。

例子：

这里是一些创建 BOB 的例子。首先是位于（50，100）尺寸为 96×64 的单帧 8 位 BOB：

```
BOB car;        // a car bob

// create the bob
if (!Create_BOB(&car, 50,100,
              96,64,1,BOB_ATTR_SINGLE_FRAME,0))
   { /* error */ }
// note that last two parameters were left out since they
// have default values of 0 for the color key and 8 for bpp
```

下面是一个总共 8 帧的大小为 32×32 的多帧 16 位 BOB：

```
BOB ship;        // a space ship bob

// create the bob
if (!Create_BOB(&ship, 0,0,
              32,32,8,BOB_ATTR_MULTI_FRAME,0,0,16))
   { /* error */ }
```

最后是支持动画序列的多帧 8 位 BOB：

```
BOB greeny;      // a little green man bob

// create the bob
if (!Create_BOB(&greeny, 0,0,
   32,32,32,BOB_ATTR_MULTI_ANIM,0,0,0))
   { /* error */ }
```

警告

创建 BOB 时要确保使用正确的色彩深度，否则有可能出错。记住，函数默认工作在 8 位模式。

函数原型：

```
int Destroy_BOB(BOB_PTR bob);      // ptr to bob to destroy
```

功能：

Destroy_BOB()函数销毁之前创建的 BOB。在你使用完 BOB，想把它占用的内存释放并归还给 Windows 时，调用此函数。此函数可以处理 8 位或 16 位的 BOB。

例子：

```
// destroy the BOB above, you would do this
Destroy_BOB(&greeny);
```

函数原型：

```
int Draw_BOB(BOB_PTR bob,          // ptr of bob to draw
```

```
     LPDIRECTDRAWSURFACE7 dest);       // dest surface to draw on

// 16-bit version
int Draw_BOB16(BOB_PTR bob,           // ptr of bob to draw
  LPDIRECTDRAWSURFACE7 dest);         // dest surface to draw on
```

功能：

Draw_BOB*()是一个非常强大的函数。它在你发来的 DirectDraw 表面上绘制发送来的 BOB。BOB 被绘制在它的动画参数定义的当前位置和当前帧中。对 8 位模式使用 Draw_BOB()，而对 16 位模式使用 Draw_BOB16()。

警告

要使用该函数，目标表面不能已被锁定。

例子：

```
// this is how you would position an 8-bit multiframe BOB at
// (50,50) and draw the first frame of it on the back
// surface:
BOB ship; // a space ship bob

// create the bob
if (!Create_BOB(&ship, 0,0,
          32,32,8,BOB_ATTR_MULTI_FRAME,0))

// load the bob images in..well get to this in a bit
// set the position and frame of bob
ship.x = 50;
ship.y = 50;
ship.curr_frame = 0;            // this contains the frame to draw

// draw bob
Draw_BOB(&ship, lpddsback);

// same example with a 16-bit BOB
// this is how you would position an 8-bit multiframe BOB at
// (50,50) and draw the first frame of it on the back
// surface:
BOB ship;                       // a space ship bob

// create the bob
if (!Create_BOB(&ship, 0,0,
          32,32,8,BOB_ATTR_MULTI_FRAME,0,0,16))

// load the bob images in..well get to this in a bit
// set the position and frame of bob
ship.x = 50;
ship.y = 50;
ship.curr_frame = 0;            // this contains the frame to draw

// draw bob
Draw_BOB16(&ship, lpddsback);
```

函数原型：

```
int Draw_Scaled_BOB(BOB_PTR bob,  // ptr of bob to draw
  int swidth, int sheight,        // new width and height of bob
  LPDIRECTDRAWSURFACE7 dest);     // dest surface to draw on

// 16-bit version
```

```
int Draw_Scaled_BOB16(BOB_PTR bob,  // ptr of bob to draw
  int swidth, int sheight,          // new width and height of bob
  LPDIRECTDRAW3URFACE7 dest);        // dest surface to draw on
```
功能：

Draw_Scaled_BOB*()同 Draw_BOB*()非常相似，惟一的不同在于你可以传入实际绘制时 BOB 的宽度和高度。这非常酷，而如果你有图形加速，它是一个缩放 BOB 使其具有 3D 外观的好办法。当然，要注意色深并使用相应的版本。

例子：
```
// an example of drawing aship at 128x128 even though
// it was created as only 32x32 pixels
// 8-bit call
Draw_Scaled_BOB(&ship, 128,128,lpddsback);
```
函数原型：
```
int Load_Frame_BOB(
 BOB_PTR bob,             // ptr of bob to load frame into
 BITMAP_FILE_PTR bitmap, // ptr of bitmap file to scan data
 int frame,              // frame number to place image into 0,1,2...
 int cx,int cy,          // cell pos or abs pos to scan from
 int mode);              // scan mode, same as Load_Frame_Bitmap()

// 16-bit version
int Load_Frame_BOB16(
 BOB_PTR bob, // ptr of bob to load frame into
 BITMAP_FILE_PTR bitmap, // ptr of bitmap file to scan data
 int frame,              // frame number to place image into 0,1,2...
 int cx,int cy,          // cell pos or abs pos to scan from
 int mode);              // scan mode, same as Load_Frame_Bitmap16()
```
功能：

Load_Frame_BOB*()同 Load_Frame_Bitmap*()函数一样地工作，所以详细情况请参考后者。惟一增加的控制参数 frame 是要装载的帧。如果你创建的 BOB 有四帧，你将一个个装载它们。注意色深并使用相应的版本。

例子：
```
// here's an example of loading 4 frames into an 8-bit BOB from a
// bitmap file in cell mode

BOB ship; // the bob
// loads frames 0,1,2,3 from cell position (0,0), (1,0),
// (2,0), (3,0)
// from bitmap8bit bitmap file, assume it has been loaded

for (int index=0; index<4; index++)
    Load_Frame_BOB(&ship,&bitmap8bit,
                   index, index,0,
                   BITMAP_EXTRACT_MODE_CELL );

// here's an example of loading 4 frames into an 16-bit BOB from a
// bitmap file in cell mode

BOB ship; // the bob
// loads frames 0,1,2,3 from cell position (0,0), (1,0),
// (2,0), (3,0)
// from bitmap8bit bitmap file, assume it has been loaded

for (int index=0; index<4; index++)
    Load_Frame_BOB16(&ship,&bitmap8bit,
                   index, index,0,
```

```
                    BITMAP_EXTRACT_MODE_CELL );
```

函数原型：

```
int Load_Animation_BOB(
    BOB_PTR bob,        // bob to load animation into
    int anim_index,     // which animation to load 0..15
    int num_frames,     // number of frames of animation
    int *sequence);     // ptr to array holding sequence
```

功能：

Load_Animation()值得解释一下。此函数将 16 个数组之一内部地装载到含有动画序列的 BOB 中。每个序列都包含一个索引值数组，或者说要顺序显示的帧数。

例子：

你可能有一个 8 帧的 BOB，0、1、2...7。不过，你可能有四个动画，定义如下：

```
int anim_walk[]  = {0,1,2,1,0};
int anim_fire[]  = {5,6,0};
int anim_die[]   = {3,4};
int anim_sleep[] = {0,0,7,0,0};
```

然后，要装载动画到 16 位 BOB，你需要：

```
// create a mutli animation bob
// create the bob
if (!Create_BOB(&alien, 0,0, 32,32,8,BOB_ATTR_MULTI_ANIM,0,0,16))
  { /* error */ }

// load the bob frames in... use 16 bit load function!
// load walk into animation 0
Load_Animation_BOB(&alien, 0,5,anim_walk);

// load fire into animation 1
Load_Animation_BOB(&alien, 1,3,anim_fire);

// load die into animation 2
Load_Animation_BOB(&alien, 2,2,anim_die);

// load sleep into animation 3
Load_Animation_BOB(&alien, 3,5,anim_sleep);
```

在装载动画之后，你可以设置活动的动画，并使用一会儿将提到的函数来播放它。

函数原型：

```
int Set_Pos_BOB(BOB_PTR bob, // ptr to bob to set position
        int x, int y);       // new position of bob
```

功能：

Set_Pos_BOB()是一个设置 BOB 位置的简单方法。它除了分配一个内部（x，y）变量之外没有其他作用，但是有这一函数还是方便的。

例子：

```
// set the position of the alien BOB above
Set_Pos_BOB(&alien, player_x, player_y);
```

函数原型：

```
int Set_Vel_BOB(BOB_PTR bob, // ptr to bob to set velocity
      int xv, int yv);       // new x,y velocity
```

功能：

每个 BOB 具有一个内部速度（xv,yv）。Set_Vel_BOB()用函数发送来的新值修改它。除非你用 Move_BOB()函数移动你的 BOB，速度值不会自己起作用。但是，即使你不进行移动，还是可以用（xv，yv）追踪 BOB 的速度。

例子:
```
// make the BOB move in a straight horizontal line
Set_Vel_BOB(&alien, 10,0);
```
函数原型:
```
int Set_Anim_Speed_BOB(BOB_PTR bob,      // ptr to bob
                int speed);              // speed of animation
```
功能:

Set_Anim_Speed()为一个 BOB 的 anim_count_max 设置一个内部动画速率。这个数越大,动画播放得越慢;数字越小(最小为 0),动画播放得越快。但是,此函数只和你是否使用内部 BOB 动作函数 Animate_BOB() 有关。当然,你必须首先创建一个多帧的 BOB。

例子:
```
// set the rate to change frames every 30 frames
Set_Anim_Speed_BOB(&alien, 30);
```
函数原型:
```
int Set_Animation_BOB(
        BOB_PTR bob,          // ptr of bob to set animation
        int anim_index);      // index of animation to set
```
功能:

Set_Animation_BOB()设置当前 BOB 将要播放的动画。在前面 Load_Animation_BOB()的例子中,你创建了四个动画。

例子:
```
// make animation sequence number 2 active
Set_Animation_BOB(&alien, 2);
```

注意

这也将 BOB 动画复位到序列中的第一帧。

函数原型:
```
int Animate_BOB(BOB_PTR bob); // ptr to bob to animate
```
功能:

Animate_BOB()使一个 BOB 活动起来。一般而言,你应该每帧调用一次该函数以更新 BOB 的动画。

例子:
```
// erase everything...
// move everything...
// animate everything
Animate_BOB(&alien);
```
函数原型:
```
int Move_BOB(BOB_PTR bob); // ptr of bob to move
```
功能:

Move_BOB()将 BOB 移动一个增量 xv, yv。然后,根据属性,或使 BOB 从墙上反弹回来,或卷到屏幕另一边,或什么都不做。与 Animate_BOB()函数相类似,你要在主循环中在 Animate_BOB()之后(或之前)调用它一次。

例子:
```
// animate bob
Animate_BOB(&alien);

// move it
Move_BOB(&alien);
```

函数原型：
```
int Hide_BOB(BOB_PTR bob);          // ptr to bob to hide
```
功能：

Hide_BOB()只是为 BOB 设置不可见标志，于是 Draw_BOB()将不显示它。

例子：
```
// hide the bob
Hide_BOB(&alien);
```
函数原型：
```
int Show_BOB(BOB_PTR bob);          // ptr to bob to show
```
功能：

Show_BOB()为 BOB 设置可见标志，使它能够被绘制（撤销一次 Hide_BOB()调用）。下面有一个隐藏和显示 BOB 的例子。在该例子中你正在显示一个 GDI 对象或某些东西，并且不希望 BOB 堵塞它。

例子：
```
Hide_BOB(&alien);
// make calls to Draw_BOB and GDI etc.
Show_BOB(&alien);
```
函数原型：
```
int Collision_BOBS(BOB_PTR bob1,  // ptr to first bob
                   BOB_PTR bob2);  // ptr to second bob
```
功能：

Collision_BOBS()检测两个 BOB 的边界矩形是否重叠。这在游戏中可用于碰撞检测，比如看玩家的 BOB 是否撞到火箭的 BOB 等等。

例子：
```
// check if a missile BOB hit a player BOB:
if (Collision_BOBS(&missile, &player))
  { /* make explosion sound */ }
```

8.16　小结

这一章真是太长了，不是吗？因为实在是有太多内容需要覆盖，所以我想将不同主题的最重要的部分教给你。但是别灰心丧气，当《3D 游戏编程大师技巧》[1]讲到 3D 内容时，你将再次见到这些多边形内容，那时你该驾轻就熟地成为专家了。

可以把本章当作许多专题的简介来读：光栅化、裁剪、直线绘制、矩阵、碰撞检测、定时、卷动、等轴测引擎等等。有时你不得不采用自顶向下的方法，然后又按照自下而上的方法回来。游戏编程就是这样，总之是够复杂的。现在，你有了一个完整的位图和多边形函数库，本书余下的章节里的演示程序终于可以用这个函数库来做一些真正的"破坏"。同时请记得要看一下各个演示版本的 16 位版本代码，以熟悉 16 位模式。现在，让我们来享受其中的乐趣吧……

---

[1] 编者著：《3D 游戏编程大师技巧（上、下册）》已由人民邮电出版社于 2012 年 7 月出版。（ISBN 978-7-115-28279-8，定价 148 元）。

第 9 章　DirectInput 输入和力反馈

我记得我曾用 TTL 芯片做了一个游戏杆接口，使我在 Atari 800 上编写的游戏可以在同一个 9 针游戏杆插口上同时支持最多四个玩家。我是不是有点变态呀？无论如何，输入设备已经存在很久了，DirectX 应该支持它们。本章中，我们将看看 DirectInput 以及一些通用输入算法，并且，我将介绍力反馈。这里是你将看到的：

- DirectInput 综述
- 键盘
- 鼠标
- 游戏杆
- 输入合并
- 力反馈
- 输入函数库

9.1　输入循环

这是一个认清游戏的大致结构以及输入同事件循环的关系的好机会。参见图 9-1，你看到擦除、移动、绘制、等待、重复等的一般游戏循环。对于视频游戏来说，这就是全部了。当然，这样说有点过分简化了。在 Win32/DirectX 世界中，为了让 Windows/DirectX 程序正常运行，我们不得不添加了大量的设置、终止以及 Windows 事件处理代码。但是当这些已经处理以后，剩下要做的就是有擦除、移动、绘制、等待、重复。

问题是：输入该在何时被处理？问得好。你实际上可以把输入放到很多地方——在处理序列的开始、中间或结尾——但是，多数程序员喜欢把它放在移动部分之前。那样，玩家最后输入的状态就会反映在接下来的处理框中。

图 9-2 给出了带有输入的更详细的游戏循环，并且所有的处理模块被分解得更详细。记住，因这是你使用过的游戏控制台程序结构，所以你就已经接受了在 Game_Main()函数中每帧进行所有的处理。精辟地讲，你的整个世界就在这一个函数调用中产生。

好了，现在我已经更新了你的知识库，你已经知道输入应该在哪里被扫描和读取了。接下来让我们看看如何用 DirectInput 做这些事。

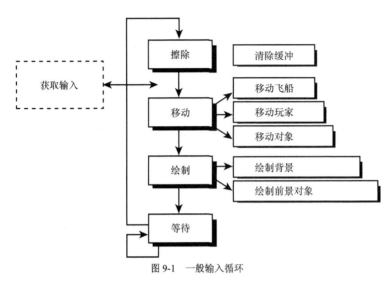

图 9-1　一般输入循环

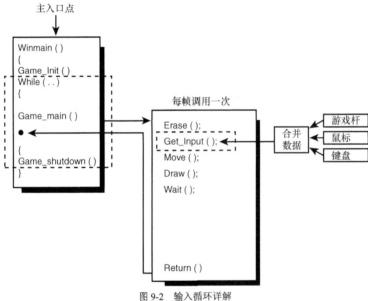

图 9-2　输入循环详解

9.2　DirectInput 序曲

同 DirectDraw 一样，DirectInput 也是一个奇迹。若是没有 DirectInput，这会儿你肯定正在电话前和世界各地的输入设备制造商乞求驱动程序呢（DOS，Win16，Win32 等等，每样一个），相信我，那将是恶梦般的一天！DirectInput 将所有这些问题一扫而光。当然，由于它是由微软设计的，就算它还是会带来新问题，但是它们至少都在一个公司里！

　　DirectInput 和 DirectDraw 一样，它是一个不依赖硬件的虚拟输入系统，它允许硬件制造商开发应用于统一接口下的传统的和非传统的输入设备。这对你很有好处，因为这使你不必拥有所有输入设备的驱动程序。你只同 DirectInput 打交道，DirectInput 再把代码翻译成输入设备能够理解的代码，就像 DirectDraw 所做的那样。

　　如图 9-3 所示，它给出了 DirectInput 同硬件驱动程序以及实际输入设备之间的关系。

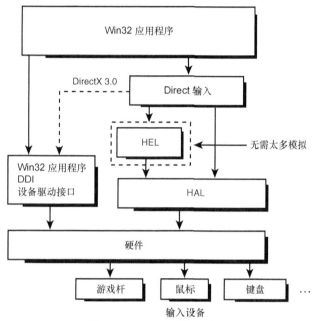

图 9-3　DirectInput 系统级示意图

　　正如你看到的那样，你总是被 HAL（Hardware ADStraction Layer，硬件抽象层）所隔离。需要用 HEL（Hardware Emulation Layer，硬件仿真层）进行仿真的东西不多，所以，它不再像 DirectDraw 中那样重要。无论如何，这都是 DirectInput 的基本思想。让我们看看 DirectInput 支持什么：

　　市面所有的输入设备。

　　千真万确。只要某个设备有 DirectInput 驱动，DirectInput 就可以同它交谈，从而你也能。当然，需要制造商写一个驱动程序，但这正是他们份内的工作。这样，你可以期待 DirectInput 支持如下设备：

- 键盘
- 鼠标
- *游戏杆
- *踏板
- *游戏手柄
- *舵轮（方向盘）
- *飞行摇杆
- *戴在头部的显示追踪仪

- *6-DOF（自由度）空间定位球
- *"Cybersex"服装（只要它们在 2005 年之前被投放市场）

带星号的设备被 DirectInput 认为都是游戏杆。有许多类游戏杆类输入设备的子类，DirectInput 统称它们为设备（Device）。每一个这样的设备可以有一个或者多个输入对象，可以是轴形的、转动的、瞬态的、压感的等等。例如，一个有两个轴（X，Y）和两个瞬态开关的游戏杆共有四个输入对象——就是这样。

DirectInput 并不真正关心设备是不是游戏杆，因为同样容易地，设备可用来表示一个方向盘。但是 DirectInput 还是做了一点细分。除了鼠标和键盘以外的任何设备都可被认为是游戏杆，不管你是握着它、挤压它、旋转它或是踩它。酷吧？

DirectInput 区别对待这些设备，这迫使制造商（从而迫使驱动程序）对每个设备提供一个 GUID 来表示。这样，每一个已经或者将要存在的设备都至少有一个惟一的名字。DirectInput 可以按这个名字在系统中查找设备。但是一旦找到了这个设备，它就只是一些输入对象。我可能有些唠叨，但这是因为这一点会迷惑大家。好吧，现在让我们开始。

9.2.1 DirectInput 组件

和 DirectX 中其他任何子系统一样，DirectInput 8.0 版包括很多 COM 接口。如图 9-4 所示。你将看到主要的接口 IDirectInput8，此外还有另外一个主要接口 IDirectInputDevice8。

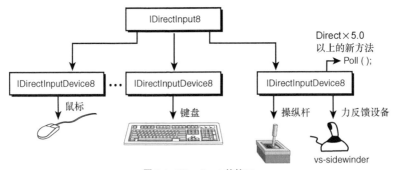

图 9-4　DirectInput 的接口

让我们来看看这些接口：

- IDirectInput8：这是你启动 DirectInput 时必须创建的主 COM 对象。幸运的是，DirectInput8Create() 封装好了这些 COM 的内容。一旦创建了 IDirectInput8 接口，你可通过它来进行调用，以设置 DirectInput 的属性，创建和获得你想使用的任何输入设备。

- IDirectInputDevice8：这个接口是从主 IDirectInput8 接口创建而得，是和设备（如鼠标、键盘、游戏杆等 IDirectInput8 设备）通信的渠道。这个最新版的接口支持游戏杆和力反馈设备。此外还允许使用轮询设备（Polled Device），有一些游戏杆需要被轮询。

9.2.2 设置 DirectInput 的一般步骤

为了使 DirectInput 运行起来，并且同一个或多个设备连接，直至最后从设备获取数据，需要几步设置。首先设置 DirectInput，接着设置每一个输入设备（对每个设备几乎都是一样的），归纳起来，具体步骤如下：

1. 通过调用 DirectInput8Create() 创建 IDirectInput8 接口。返回值是 IDirectInput8 接口。

2. （可选）查询设备的 GUID。在这步中，你将查询 DirectInput 以获得鼠标、键盘、游戏杆或其他通用设备（不在前面列表中的）。这通过回调函数和枚举实现。一般而言，你请求 DirectInput 对某一类型/子类型的所有设备进行枚举。DirectInput 通过回调过滤它们，然后你就可以建立一个 GUID 数据库。感到麻烦吗？幸运的是这只是需要对游戏杆之类设备做的事情，因为一般情况下你可以使用通用鼠标和键盘，它们有常备的 GUID。等到了游戏杆时我将再讲述这一步。

3. 对于你想在游戏中使用的每一个设备，创建时必须调用 CreateDevice()传递一个 GUID。CreateDevice()是 IDirectInput8 的接口函数，所以你在进行此次调用之前，必须先获得 IDirectInput8 接口。如果你不知道你想创建的设备的 GUID，在第 2 步完成中建立的 GUID 数据库中有键盘和鼠标各自对应的 GUID。

GUID_SysKeyboard：这是全局变量，代表主键盘设备的 GUID。

GUID_SysMouse：这是全局变量，代表主鼠标设备的 GUID。

提示

刚才，有位精明的读者发电子邮件问我如何检测和使用多个鼠标。我还没想过这个问题，但是如果驱动程序支持多个鼠标，你就应该能在 DirectInput 下面使用它们。这种情况下，你应该查询第二个鼠标的 GUID 来创建它。

4. 一旦你创建了一个设备，你就必须对它设置协作等级。这由 IDirectInputDevice8::SetCooperativeLevel()来完成。注意这里是 C++语法，它表示 SetCooperativeLevel()是 IDirectInputDevice8 接口的一个方法。协作等级的意义与 DirectDraw 的相同，但是种类更少。在我们讲解键盘的例子的时候，会对它们做详细地讨论。

5. 从 IDirectInputDevice8 接口调用 SetDataFormat()函数设置每一个设备的数据格式。这在实际应用中有点费劲，但是概念上还好理解。数据格式是你想为将要格式化的设备事件分配的数据包。这就是 DirectInput 的好处之一！它给了你灵活性。谢天谢地，明智的做法是使用一些全局预定义好的数据格式，而你不必自己来设置一个。

6. 你想要使用 IDirectInputDevice8::SetProperty()设置设备特性。这是对设备描述表敏感的，也就是说，一些设备有的特性另外一些设备就可能没有。所以，你必须知道你想设置什么。这次，你只是为游戏杆设备设置范围特性，但要注意、在大多数情况下有关设备的任何配置都要通过调用 SetProperty()来设置。像以往一样，这个调用相当可怕，在我们演示游戏杆例子的时候，我再详细说明。

7. 通过调用 IDirectInputDevice8::Acquire()获得每一个设备。这只是将你的设备同应用程序相关联，并告诉 DirectInput 之后你要从这些设备中获取数据。

8. （可选）通过调用 IDirectInputDevice8::Poll()轮询设备。有些设备需要被轮询而不是通过通过中断方式输入当前状态值。许多游戏杆都属于这一类，所以不管需要不需要，轮询游戏杆总是一个好的做法。即使在不需要的情况下轮询了，也没有任何损害（函数直接返回）。

9. 调用 IDirectInputDevice8::GetDeviceState()从每一个设备获取数据。尽管不同设备返回的数据不同，但是调用方式是一样的。该函数可以从设备获取数据并存在缓冲中以便你能够读取。

关于设置 DirectInput 就说完了！看起来步骤很多，但事实上这只是一点点小代价——为了能以与设备驱动无关的方式操作任何输入设备。

9.2.3　数据采集模式

下面，我想简要地谈一下立即（Immediate）和缓冲（Buffered）数据模式。DirectInput 可以向你发送立即状态信息或者以打上时戳的消息格式存储的缓冲输入。我对缓冲输入使用得不多，如果你需要使用它，它也确实可用（如果感兴趣请参阅 DirectX SDK）。现在我们将使用数据获取的立即模式，这也是默认模式。

9.2.4　创建主 DirectInput 对象

现在，让我们看看如何创建主 DirectInput COM 对象 IDirectInput8。然后我们将看看如何利用键盘、鼠标和游戏杆工作。

指向主 DirectInput 对象的接口指针定义于 DINPUT.H 中，如下所示：

```
LPDIRECTINPUT8 lpdi;          // main directinput interface
```

要创建主 COM 接口，可以使用单独的函数 DirectInput8Create()，如下所示：

```
HRESULT WINAPI DirectInput8Create(
 HINSTANCE hinst,             // the main instance of the app
 DWORD dwVersion,             // the version of directinput you want
 REFIID riidltf,              // reference id for desired interface
 LPVOID *lplpDirectInput,     // ptr to storage
                              // for interface ptr
 LPUNKNOWN punkOuter);        // COM stuff, always NULL
```

参数解释如下：

hinst 是你的应用程序的实例句柄。这是需要这个句柄的少数函数中的一个。它和你的程序开始时传递给 WinMain() 的实例句柄是同一个参数，所以，在这里把它存为全局变量并填充它。

dwVersion 是你想采用的 DirectInput 版本号常量。如果你假定你的一些程序将在 DirectX 3.0 下运行，就要注意这一点。但是对新版本的 DirectInput 只要发送 DIRECTINPUT_VERSION 就行了。

riidltf 是一个常量，它选择欲创建的接口的版本。一般情况下，用 IID_IDirectInput8。

lplpDirectInput 是接口指针的地址，函数返回时用来保存 DirectInput 的 COM 接口。

最后，punkOuter 是 COM 集合，没有用上，将它设为 NULL。

DirectInput8Create() 在成功后返回 DI_OK（DirectInput OK），不成功则返回其他值。但是，像以往那样，我们将使用 SUCCESS() 和 FAILURE() 宏，而不是检测 DI_OK，因为目前而言宏在 DirectX 下测试问题时表现很好。不过如果你希望更加安全，请使用 DI_OK。

这里是创建主 DirectInput 对象的例子。

```
#include "DINPUT.H" // need this and DINPUT.LIB, DINPUT8.LIB

// the rest of your includes, defines etc.

// globals...

LPDIRECTINPUT8 lpdi = NULL; // used to point to com interface

if (FAILED(DirectInput8Create(main_instance,
                       DIRECTINPUT_VERSION,
                       IID_IDirectInput8,
                       (void **)&lpdi,NULL)))
   return(0);
```

注意

在应用程序中包含上 DINPUT.H 和 DINPUT.LIB 很重要，否则，编译器和连接器将不知道该做什么。如果你还没有读过我关于编译的说明，请直接在你的应用程序工程中加入那些 .LIB 文件。仅在库搜索设置中设置搜索路径通常是不够的。

就是这样。如果函数成功，你就有一个指向主 DirectInput 对象的指针，然后你可以使用它创建设备。

对于所有 COM 对象，在应用程序完成后释放资源时，必须调用 Release() 递减 COM 对象的引用计数器。如下：

```
// the shutdown
lpdi->Release();
```
想更专业一点的话，就这样写：
```
// the shutdown
if (lpdi)
   lpdi->Release();
```
当然，你需要在释放已创建的设备之后做这件事。记住总是要以同创建顺序相反的顺序调用 Release()，就像清空堆栈一样。

9.2.5　101 键盘

因为在 DirectInput 中设置设备是触类旁通的。我将详细介绍键盘的设置，然后大致介绍鼠标和游戏杆的设置。所以，一定要仔细阅读这一部分，因为它也适用于其他设备。

创建键盘设备

欲使任何设备正常工作，首先应当调用 IDIRECTINPUT8::CreateDevice()创建这个设备。记住，此函数返回给你一个你请求的设备的接口（在第一个例子里是键盘），供你随后使用。让我们来看看这个函数：
```
HRESULT CreateDevice(
 REFGUID rguid, // the GUID of the device to create
 LPDIRECTINPUTDEVICE8 *lplpDirectInputDevice,   // ptr to the
                                                // IDIRECTINPUTDEVICE8
                                                // interface to receive ptr
 LPUNKNOWN pUnkOuter); // COM stuff, always NULL
```
够简单的吧？第一个参数 rguid，是你想要创建的设备的 GUID。你可以查询指定的 GUID，或者对常见设备使用默认值：

GUID_SysKeyboard：键盘

GUID_SysMouse：鼠标

警告

危险！记住，它们定义在 DINPUT.H 中，所以 DINPUT.LIB 一定要被包含进来。另外，对于所有的 GUID，你应该在应用程序头部，在所有的其他 include 之前使用#define INITGUID（但是只能是一次），对头文件OBJBASE.H 也是一样。你也可以在应用程序中包含 DXGUID.LIB，但是建议使用 OBJBASE.H。任何时候，你都可以参考 CD 中本章的演示程序，看看应当包含什么不应当包含什么。

第二个参数用作新接口的接收器，当然，最后一个参数是 NULL。函数成功则返回 DI_OK，否则返回其他值。

好了，基于新学到的 CreateDevice()知识，让我们创建键盘设备。首先要做的一件事是需要一个变量来保存将通过调用创建的接口指针。所有设备的类型都是 IDIRECTINPUTDEVICE8。
```
IDIRECTINPUTDEVICE8 lpdikey = NULL; // ptr to keyboard device
```
现在，让我们从主 COM 对象调用 CreateDevice()来创建这个设备。下面是所有的代码，包括创建主 COM 对象和所有必要的头文件包含和定义：
```
// this needs to come first
#define INITGUID
// includes
#include <OBJBASE.H> // need this one for GUIDS
#include "DINPUT.H"  // need this for directinput and
                     // DINPUT.LIB
```

```
// globals...

LPDIRECTINPUT8 lpdi = NULL; // used to point to com interface
IDIRECTINPUTDEVICE8 lpdikey = NULL; // ptr to keyboard device

if (FAILED(DirectInput8Create(main_instance,
                              DIRECTINPUT_VERSION,
                              IID_IDirectInput8,
                              (void **)&lpdi,NULL)))
   return(0)


// now create the keyboard device
if (FAILED(lpdi->CreateDevice(GUID_SysKeyboard, &lpdikey, NULL)))
   { /* error */ }

// do all the other stuff....
```

现在 lpdikey 指向一个键盘设备，你可以通过调用接口方法来设置协作等级、数据格式等等。当然，用完该设备之后，应该调用 Release()释放它。但是，这个调用应当在你释放主 DirectInput 对象 lpdi 之前进行，所以在程序结束处理代码中加入如下代码：

```
// release all devices
if (lpdikey)
   lpdikey->Release();

// .. more device releases, joystick, mouse etc.
// now release main COM object
if (lpdi)
   lpdi->Release();
```

设置键盘协作等级

一旦创建了你的设备（这里是键盘），就需要设置它的协作等级，就像主 DirectDraw 对象一样。但是在 DirectInput 中，可选项不多。表 9-1 给出了可能的协作等级。

表 9-1   DirectInput 函数 SetCooperativeLevel()的协作标志

值	描述
DISCL_BACKGROUND	当应用程序在后台或前台时都能够使用 DirectInput 设备。
DISCL_FOREGROUND	应用程序要求前台访问。获得前台访问后，如果相关窗口被移到后台，则该设备自动取消。
DISCL_EXCLUSIVE	一旦获得该设备，其他应用程序都不能再对其申请独占访问。但是其他应用程序依然能够要求非独占地访问它。
DISCL_NONEXCLUSIVE	应用程序请求非独占访问。访问该设备将不会干涉其他访问相同设备的应用程序。

这些使我头疼。后台（Background）、前台（Foreground）、独占（Exclusive）、非独占（Non-exclusive）——让我头疼死了。但是，在阅读了定义以后，你就会很清楚不同标志代表的工作方式的区别了。一般地，如果用 DISCL_BACKGROUND，你的应用程序将不管窗口是激活的还是最小化的都接收输入。如果设置 DISCL_FOREGROUND，则仅当你的应用程序在最上面时才将输入发送给它。

独占/非独占设置你的程序是否垄断设备，其他程序是否仍旧能够使用设备。例如，键盘和鼠标是最简单的独占设备，当你的应用程序占用了这些设备后，其他程序只有在获得焦点的情况下才能够使用它们。这制造了一些自相矛盾。

首先，你只能够使键盘工作在非独占模式下，因为 Windows 本身总是要能够获得 Alt 键组合。其次，如果你愿意，可以使鼠标工作在独占模式，但是，这样你将在你的应用程序中丢失鼠标消息（这可能是你故意想要的），并且光标消失，因为你可能想自己绘制一个鼠标光标，最后，多数力反馈游戏杆（推广到任意游戏杆）应该工作在独占模式下。但是，你还是可以设置一般游戏杆为非独占模式。

所以，这些情况下我们应将标志设为 DISCL_BACKGROUND | DISCL_NONEXCLUSIVE。仅对于力反馈设备你需要设成独占模式。当然，这个设置可能会使你在激活其他独占模式的应用程序时丢失设备。那样，你就不得不重新获取设备，不过，这方面内容我们一会儿再谈。

现在，用 IDIRECTINPUTDEVICE8::SetCooperativeLevel(...)来设置协作等级。如下所示：

```
HRESULT SetCooperativeLevel(HWND hwnd, // the window handle
    DWORD dwFlags); // cooperation flags
```

下面是为键盘设置协作等级的函数调用（所有的设备都采用统一的办法）：

```
if (FAILED(lpdikey->SetCooperativeLevel(main_window_handle,
    DISCL_BACKGROUND | DISCL_NONEXCLUSIVE)))
    { /* error */ }
```

如果这段代码不起作用，一定是另外一个具有独占/前台模式的应用程序正在运行。此时你只有等待，或者通知用户关闭这个霸占了输入设备的应用程序。

设置键盘的数据格式

为了准备用键盘输入，第二步要设置数据格式。这通过调用 IDIRECTINPUTDEVICE8::SetDataFormat()来完成。如下所示：

```
HRESULT SetDataFormat(LPCDIDATAFORMAT lpdf); // ptr to data format structure
```

糟糕……只有一个参数就是问题所在。这里是数据的结构：

```
// directinput dataformat
typedef struct
    {
DWORD dwSize;      // size of this structure in bytes
DWORD dwObjSize;   // size of DIOBJECTDATAFORMAT in bytes
DWORD dwFlags;     // flags:either DIDF_ABSAXIS or
                   // DIDF_RELAXIS for absolute or
                   // relative reporting
DWORD dwDataSize;  // size of data packets
DWORD dwNumObjs;   // number of objects that are defined in
                   // the following array of object
LPDIOBJECTDATAFORMAT rgodf; // ptr to array of objects
    } DIDATAFORMAT, *LPDIDATAFORMAT;
```

这个数据结构很复杂，现在对我们关心的内容来说有点杀鸡用牛刀的意思。基本上，它允许你在设备对象的等级下决定如何格式化从输入设备得来的数据。但是，幸运的是，DirectInput 具有几种常规的数据格式，它们可以在各种情况下工作，你只需使用其中的一种。表 9-2 列出了这些格式。

表 9-2　　　　　　　　　　　　DirectInput 可用的通用数据格式

值	描述
c_dfDIKeyboard	通用键盘
c_dfDIMouse	通用鼠标
c_dfDIJoystick	通用游戏杆
c_dfDIJoystick2	通用力反馈

一旦你将数据格式设成其中的一种，DirectInput 将以特定格式发送每一个数据包。DirectInput 有一些预定义格式使其设置简化，见表 9-3。

表 9-3	使用通用数据格式发送数据时的 DirectInput 数据结构
结构名	描述
DIMOUSESTATE	该数据结构含有鼠标消息。
DIJOYSTATE	该数据结构含有一个标准游戏杆类设备消息。
DIJOYSTATE2	该数据结构含有标准力反馈设备消息。

当我们讲到鼠标和游戏杆的时候我将给你实际的数据结构。但是你可能会问，这该死的键盘结构在哪儿呢？其实，它太简单了，以至于没有单独形成一种类型。它不过是一个大小为 256 的字节数组，每一个数组元素都代表一个键。这样使键盘看起来像 101 个瞬态开关的集合。

因此，使用默认的 DirectInput 数据格式和数据类型，同使用 WIN32 函数 GetAsyncKeyState() 的时候非常类似。通常，你可以这样定义：

```
typedef _DIKEYSTATE UCHAR[256];
```

提示

当我发现 DirectX 漏掉了某个功能，而我想创建一个具有此功能的 "DirectXish" 版本的时候，通常我会自己写缺失的数据结构或函数。我会对自定义的结构名和函数名用下划线打头，这样在 6 个月之后还能提醒我自己。

现在，让我们设置小键盘的数据格式：

```
// set data format
if (FAILED(lpdikey->SetDataFormat(&c_dfDIKeyboard)))
  { /* error */ }
```

注意，我使用了 & 操作来获得全局变量 c_dfDIKeyboard 的地址，因为函数需要一个指向它的指针。

获取键盘

你离目的地只有一步之遥了。你已经创建了 DirectInput 的主 COM 对象，创建了设备，设置了协作等级，并且设置了数据格式。下一步就是从 DirectInput 获取设备。要做这件事，需要调用 IDIRECTINPUTDEVICE8:: Acquire()，无需参数。这里是例子：

```
// acquire the keyboard
if (FAILED(lpdikey->Acquire()))
  { /* error */ }
```

所有内容都在这里了，你已经能够从设备中获取输入！现在是该庆祝的时候了。我要去吃一块能量条。

从键盘获取数据

从所有的设备获取数据都一样，至多有几个设备相关的细节差异。通常，你需要做下面的工作：

1. （可选）轮询该设备，仿佛该设备是游戏杆一样。

2. 通过调用 IDIRECTINPUTDEVICE8:: GetDeviceState() 从设备读取立即数据。

提示

记住，任何可以通过 IDIRECTINPUTDEVICE 接口调用的方法也都可以通过 IDIRECTINPUTDEVICE2 调用。

GetDeviceState() 函数看起来是这样：

```
HRESULT GetDeviceState(
```

```
DWORD cbData,    // size of state data structure
LPVOID lpvData); // ptr to memory to receive data
```

第一个参数是获取数据的大小，对于键盘是 256 字节，对于鼠标是 sizeof(DIMOUSESTATE)，对于游戏杆是 sizeof(DIJOYSTATE)，等等。第二个参数是指向数据存储区的指针。下面是从键盘读取数据：

```
// here's our little helper typedef
typedef _DIKEYSTATE UCHAR[256];

_DIKEYSTATE keystate[256]; // this will hold the keyboard data
```

现在读取键盘：

```
if (FAILED(lpdikey->GetDeviceState(sizeof(_DIKEYSTATE),
    (LPVOID)keystate)))
    { /* error */ }
```

当然，你要在每次游戏循环中读取键盘。恰当的时机是在循环的顶部，也就是在任何处理开始之前。

一旦有了数据，你就可以测试按键了，对吗？就像有一些常量对应函数 GetAsyncKeyState()一样，也有一些常量对应键盘按钮，对应于它们在数组中的位置。它们都是以 DIK_开头（DirectInput Key 的缩写，我想），并且定义在 DINPUT.H 中。表 9-4 给出了它们中的一部分（请参考 DirectX SDK 查看完整列表）。

表 9-4　　　　　　　　　　　　　DirectInput 键盘状态常量

值	描述
DIK_ESCAPE	ESC 键
DIK_0-9	主键盘 0~9
DIK_MINUS	减号键
DIK_EQUALS	等号键
DIK_BACK	退格键
DIK_TAB	Tab 键
DIK_A-Z	字母键 A~Z
DIK_LBRACKET	左括号键
DIK_RBRACKET	右括号键
DIK_RETURN	主键盘上的 Return 或 Enter 键
DIK_LCONTROL	左 Control 键
DIK_LSHIFT	左 Shift 键
DIK_RSHIFT	右 Shift 键
DIK_LMENU	左 Alt 键
DIK_SPACE	空格键
DIK_F1-15	功能键 1~15
DIK_NUMPAD0-9	数字小键盘 0~9
DIK_ADD	数字小键盘上的＋
DIK_NUMPADENTER	数字小键盘上的 Enter
DIK_RCONTROL	右 Control 键

续表

值	描述
DIK_RMENU	右 Alt 键
DIK_HOME	箭头键盘上的 Home 键
DIK_UP	箭头键盘上的上键
DIK_PRIOR	箭头键盘上的 PageUp 键
DIK_LEFT	箭头键盘上的左键
DIK_RIGHT	箭头键盘上的右键
DIK_END	箭头键盘上的 End 键
DIK_DOWN	箭头键盘上的下键
DIK_NEXT	箭头键盘上的 PageDown 键
DIK_INSERT	箭头键盘上的 Insert 键
DIK_DELETE	箭头键盘上的 Delete 键

注：粗体表示序列。如 DIK_0-9 表示存在常量 DIK_0、DIK_1、DIK_2 如此类推。

要检测某键是否是按下的状态，必须检查该键的 8 位字节的 0x80 位——也就是最高位。例如，如果想检测 Esc 键是否按下，可以用如下代码：

```
if (keystate[DIK_ESCAPE] & 0x80)
    { // it's pressed */ }
else
    { /* it's not */ }
```

提示

你不用&和位测试也许也能够通过，但是微软不作这样的保证——其他位在没有键被按下的情况下也可能是高。所以进行位测试是一个安全的做法。

"and" 操作有点不好看，你可以用这样一个宏使它更好看一点：

```
#define DIKEYDOWN(data,n) (data[n] & 0x80)
```

然后只要写：

```
if (DIKEYDOWN(keystate, DIK_ESCAPE))
    { /* do it to it baby! */ }
```

简洁多了，对吗？当然，当你用完键盘设备的时候，你必须像下面这样用函数 Unacquire() "归还" 并释放它（同时还有主 DirectInput 的 COM 对象）：

```
// unacquire keyboard
if (lpdikey)
    lpdikey->Unacquire();

// release all devices
if (lpdikey)
    lpdikey->Release();

// .. more device unacquire/releases, joystick, mouse etc.
// now release main COM object
```

```
if (lpdi)
    lpdi->Release();
```

这是我首次谈到函数 Unacquire()，但是，它同释放对象的联系是如此紧密，所以我觉得在这里使用合适。不管怎样，如果你只是想"归还"一个设备而不释放它，你就可以对这个设备使用 Unacquire()，并在以后需要的时候重新获取。有时你可能会在另外一个程序中利用你现在不用的设备，这时就可以这么做。

警告

当然，如果你仅想释放键盘而保留游戏杆（或者其他组合），那么不要释放主 COM 对象直到你准备完全关闭 DirectInput。

使用键盘的例子参见 CD 上 DEMO9_1.CPP|EXE（DEMO9_1_16B.CPP|EXE 是 16 位版本）。图 9-5 给出了执行中的一个屏幕拷贝。程序应用了我们学过的设置键盘的所有技术，它允许你四处移动游戏角色。为了编译这个程序，VC++用户要记住包含 DDRAW.LIB、DINPUT.LIB 和 WINMM.LIB。如果你查看程序开头部分，你会发现使用了 T3DLIB1.H。因此，在项目中应添加 T3DLIB1.CPP。在本章结束时，我将给你一个完整的输入函数库（我已经完成了它，名字是 T3DLIB2.CPP|H，但是，我将在本章最后再给出）。

图 9-5 运行中的 DEMO9_1.EXE

9.2.6 读数据过程中的问题：重获取

我并不喜欢讨论在 DirectX 使用中可能遇到的问题，因为总是有很多问题。它们不是错误（bug），而是运行在协作 OS 环境（如 Windows）中的一种表现。使用 DirectInput 可能产生这类问题，这可能是由于你不小心拉掉了设备引起的，也可能是其他应用程序获取了该设备而引起的。

这种情形下，可能在前一帧动画中你还有这个设备，但它现在已经不见了。你必须检测这点，并且可以重获取设备。幸运的是，有一个相当简单的检测它的方法。当你获取一个设备时，检测是否有其他程序在用它。如果是，你只需简单地重获取它，并再次读取数据。因为 GetDeviceState()函数将返回出错代码，所以你可以判断出错误所在。

GetDeviceState()返回的实际错误代码如表 9-5 所示。

表 9-5   GetDeviceState()的错误代码

值	描述
DIERR_INPUTLOST	设备输入已经丢失，并且在下一次调用时将不能获得。
DIERR_INVALIDPARAM	函数的某个参数无效。
DIERR_NOTACQUIRED	已经完全失去了该设备。
DIERR_NOTINITIALIZED	设备未准备好。
E_PENDING	数据还未准备好（真扫兴啊）

所以你要做的是在读的过程中检测 DIERR_INPUTLOST，如果有错误就重获取数据。下面是一个例子：

```
HRESULT result; // general result

while(result = lpdikey->GetDeviceState(
        sizeof(_DIKEYSTATE),
        (LPVOID)keystate) == DIERR_INPUTLOST)
    {
    // try an re-acquire the device
    if (FAILED(result = lpdikey->Acquire()))
        {
        break; // serious error
        } // end if

    } // end while

// at this point, there is either a serious error or the data is valid
if (FAILED(result))
    { /* error */}
```

提示

虽然我是在给你重获取键盘的例子，但这发生的几率几乎为零。多数时候，你只会丢失游戏杆一类的设备。

9.2.7　捕捉鼠标

鼠标是一种惊人地有用的输入设备。可是刚刚被发明的时候，竟然有那么多的人嘲笑鼠标是多么的荒谬。我希望鼠标的发明者此刻正在某座珍珠般的岛屿上大笑！就是说，有时候最不寻常的东西用起来最好，鼠标就是一个很好的例子。现在让我们严肃一点……

标准的 PC 鼠标有两个或三个按钮，有 X 和 Y 两个运动轴。由于鼠标四处移动，它将描述状态变化的信息打包并顺序地（多数时候）发送给 PC。数据被驱动程序处理，最后传送给 Windows 或者 DirectX。我们可以把鼠标的内部处理当作是黑盒子。我们只想知道关于它移动或按钮被按下的信息。DirectInput 可以完成这些工作，甚至更多。

有两种同鼠标通信的方法：绝对模式（*Absolute Mode*）和相对模式（*Relative Mode*）。在绝对模式下，鼠标返回鼠标指针所处位置在屏幕坐标系里的坐标。因此，在屏幕分辨率为 640×480 时，你可以预料鼠标位置会在 0～639、0～479 范围内变化。图 9-6 是其示意图。

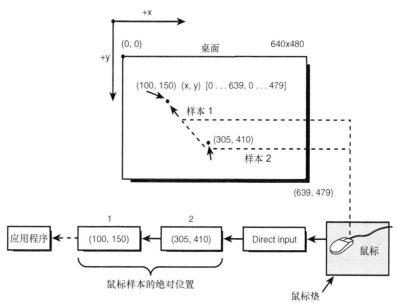

图 9-6　绝对模式下的鼠标坐标

在相对模式下，每个时钟周期鼠标驱动程序都发送鼠标相对于上个时钟周期以来的相对位移量，而非绝对坐标。如图 9-7 所示。实际上，鼠标是相对的，只是驱动程序在不停地给出鼠标的绝对位置。因此，我将采用鼠标的相对模式，因为它更加灵活。

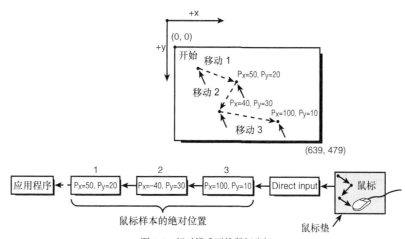

图 9-7　相对模式下的鼠标坐标

现在，既然知道了一些关于鼠标的内容，就让我们看看需要做什么才能够让它在 DirectInput 下工作：

1．用 CreateDevice()创建鼠标设备。

2．用 SetCooperativeLevel()设置协作等级。

3．用 SetDataFormat()设置数据格式。

4. 用 Acquire() 获取鼠标。

5. 用 GetDeviceState() 读鼠标状态。

6. 重复第 5 步直到完成。

注意

如果对这些步骤不熟悉，请参阅前面键盘的部分。

创建鼠标设备

看起来很基础，让我们试试。首先，需要一个接口指针接受创建好的设备。像下面这样使用一个 IDIRECTINPUTDEVICE8 指针：

```
// of course you need all the other stuff

LPDIRECTINPUTDEVICE8 lpdimouse = NULL; // the mouse device
// assuming that lpdi is valid

// create the mouse device
if (FAILED(lpdi->CreateDevice(GUID_SysMouse,
   &lpdimouse, NULL)))
   { /* error */ }
```

第 1 步完成了。注意你在这里使用了 GUID_SysMouse 设备常量。从而将得到一个默认鼠标设备。

设置鼠标协作等级

现在，设置鼠标协作等级：

```
if (FAILED(lpdimouse->SetCooperativeLevel(
        main_window_handle,
        DISCL_BACKGROUND | DISCL_NONEXCLUSIVE)))
   { /* error */ }
```

设置数据格式

关于鼠标的数据格式，请记住有一些 DirectInput 预定义的标准数据格式(见表 9-2);你想要的是 c_dfDIMouse。将它用作数据格式调用函数。

```
// set data format
if (FAILED(lpdimouse->SetDataFormat(&c_dfDIMouse)))
   { /* error */ }
```

现在需要暂停一下。当使用键盘数据格式 c_dfDIKeyboard 时，返回的数据结构是一个大小为 256 的 UCHARS 数组。但是，由于现在是鼠标，数据格式中定义的内容当然与鼠标相关。参见前面的表 9-3。你将采用的数据结构是 DIMOUSESTATE，如下所示：

```
// the mouse data structure
typedef struct DIMOUSESTATE
   {
   LONG lX;    // X-axis
   LONG lY;    // Y-axis
   LONG lZ;    // Z-axis (wheel in most cases)
   BYTE rgbButtons[4]; // buttons, high bit means down
   } DIMOUSESTATE, *LPDIMOUSESTATE;
```

这样，当你调用 GetDeviceState() 获取设备的状态时，这个结构被返回。一点也不奇怪，所有的东西就像看起来的那样直接。

获取鼠标

下一步通过调用 Acquire() 获取鼠标。就这样：

```
// acquire the mouse
if (FAILED(lpdimouse->Acquire()))
   { /* error */ }
```
酷！太简单了。等一会当你将所有这些内容封装起来，事情会变得更加简单！

从鼠标读取数据

你已经创建了鼠标，设置了协作等级和数据格式，并获取了鼠标设备——战利品到手了。接下来，你需要用函数 GetDeviceState()从战利品中读取数据。但是你首先必须发送一个基于新的数据格式的正确参数 c_dfDIMouse，和将用来存放数据的数据结构 DIMOUSESTATE。下面演示怎样读取鼠标：

```
DIMOUSESTATE mousestate; // this holds the mouse data

// .. somewhere in your main loop

// read the mouse state
if (FAILED(lpdimouse->GetDeviceState(sizeof(DIMOUSESTATE),
      (LPVOID)mousestate)))
      { /* error */ }
```

技巧

这个函数多么聪明呀！你无需调用多个函数，这个函数使用了尺寸和指针参数来对付任何已知的或未知的数据格式。这是一个很好的编程技术，年轻的杰迪，把它记下来。

既然有了鼠标数据，让我们使用它吧。假设你想根据鼠标的运动来移动物体。如果玩家把鼠标向左移动，你也想让物体向左移动相应的距离。另外，如果用户按下鼠标左键，游戏就发射火箭，右键则会退出游戏。下面是主要代码：

```
// obviously you need to do all the other steps...

// defines
#define MOUSE_LEFT_BUTTON   0
#define MOUSE_RIGHT_BUTTON  1
#define MOUSE_MIDDLE_BUTTON 2 // (most of the time)

// globals
DIMOUSESTATE mousestate; // this holds the mouse data

int object_x = SCREEN_CENTER_X, // place object at center
    object_y = SCREEN_CENTER_Y;


// .. somewhere in your main loop
// read the mouse state
if (FAILED(lpdimouse->GetDeviceState(sizeof(DIMOUSESTATE),
      (LPVOID)mousestate)))
      { /* error */ }


// move object
object_x += mousestate.lX;
object_y += mousestate.lY;

// test for buttons
if (mousestate.rgbButtons[MOUSE_LEFT_BUTTON] & 0x80)
   { /* fire weapon */ }
else
if (mousestate.rgbButtons[MOUSE_RIGHT_BUTTON] & 0x80)
   { /* send exit message */ }
```

从服务中释放鼠标

当你用完鼠标设备后，首先需要调用函数 Unacquire()，然后像通常那样释放该设备。这里是代码：

```
// unacquire mouse
if (lpdimouse)
   lpdimouse->Unacquire();

// release the mouse
if (lpdimouse)
   lpdimouse->Release();
```

作为一个使用鼠标的例子，我创建了一个小的演示程序，叫做 DEMO9_2.CPP|EXE（DEMO9_2_16B.CPP|EXE 是 16 位版本）。像以往那样，你需要连接 DDRAW.LIB、DINPUT.LIB 和 WINMM.LIB（C++用户），同时还有 T3DLIB1.CPP。图 9-8 给出了一个程序运行时的屏幕拷贝。

图 9-8　运行中的 DEMO9_2.EXE

9.2.8　使用游戏杆

游戏杆可能是所有 DirectInput 设备中最复杂的。游戏杆（*Joystick*）这个词实际上包括除鼠标键盘之外的所有可能的设备。但是，要注意，我所说的主要指看起来像游戏杆或者游戏手柄的设备，如微软的 Sidewinder、Gamepad、Gravis Flight Stick 等等。

在讲述它之前，看一看图 9-9。你看到的是一个游戏杆和一个控制手柄。两种设备在 DirectInput 中都被称为游戏杆。自成一类的游戏杆类设备是具有力反馈（*Force Feedback*）的设备，但是我将在后面讲述。

总之，我的观点是，在 DirectInput 范畴里，游戏杆和游戏手柄都是一类东西。它们都有轴、开关、滑杆的集合。区别在于游戏杆上的轴有很多（连续）的位置，而游戏手柄的轴则具有离散的电平或极限位置。关键是，依赖于所用的术语和引用名称，每个设备都是设备对象、设备物体或输入对象。它们都是恰好被继承在同一个硬件产品上的输入设备。懂了吗？我但愿如此。

除了增加了几步外，设置游戏杆类设备同设置鼠标和键盘的步骤一样。看下面：

1．用 CreateDevice()创建游戏杆设备。

2．用 SetCooperativeLevel()设置协作等级。

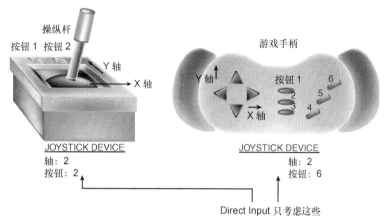

图 9-9　DirectInput 设备是设备对象的集合

3．用 SetDataFormat() 设置数据格式。

4．用 SetProperties() 设置游戏杆范围、死区和其他性能。这一步是新的。

5．用 Acquire() 获取游戏杆。

6．用 Poll() 函数轮询游戏杆。进行这一步是为了确保在调用 GetDeviceState() 的时候，没有中断驱动程序的游戏杆具有有效数据。

7．用 GetDeviceState() 读游戏杆的状态。

8．重复第 7 步直到完成。

枚举游戏杆

我一直不想解释回调函数和枚举函数，因为它们太复杂。但是，从你的手接触到这本书开始，你就需要熟悉这类函数，因为 DOS 编程的时代已经过去相当长时间了。如果你只是在学习 Windows 编程，这看起来有点过难，但是一旦你克服了它，你就无需再担心它。

一般，回调函数类似于 Windows 程序中的 WinProc()。它是一个你提供的供 Windows 调用的函数。这相当直接且便于理解。图 9-10 给出了类似 Windows 的 WinProc() 那样的标准的回调函数。

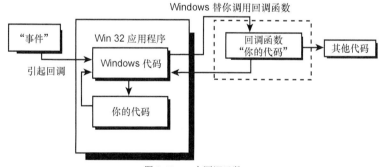

图 9-10　一个回调函数

但是，Win32/DirectX 在枚举中也使用回调函数。枚举（*Enumeration*）意味着 Windows 需要具有扫描系统注册表或者其他任意数据库的能力，在其中查询你要寻找的东西，例如什么样的游戏杆被接上了。

有两种方法来完成这件事：

● 你可以调用一个 DirectInput 函数为你在一个数据结构中建立一个列表，之后你分析这个列表，并从中推断出重要的信息。

● 你可以提供给 DirectInput 一个回调/枚举函数，DirectInput 将对每个它所找到的新设备调用此函数。每次当回调函数被调用，你就把新发现的设备加入你的设备列表中。

第二种方法就是 DirectInput 所采用的方法，所以你要处理它。现在，你可能会对为何需要采用枚举感到迷惑。那是因为，你对插入的游戏杆的类型一无所知。而且即使你已经知道类型，你还需要准确地知道它们中一个或者多个设备的 GUID。所以，无论怎样，都需要扫描它们，因为你需要 GUID 来调用 CreateDevice()。

完成枚举的函数是 IDIRECTINPUT8::EnumDevices()，函数从主 DirectInput COM 对象直接调用。这里是它的原型：

```
HRESULT EnumDevices(
 DWORD dwDevType, // type of device to scan for
 LPDIENUMCALLBACK lpCallback, // ptr to callback func
 LPVOID pvRef,    // 32 bit value passed back to you
 DWORD dwFlags); // type of search to do
```

让我们来看看参数。首先，dwDevType 指出了你想要扫描什么样的设备。可能的选项见表 9-6。

表 9-6   DirectInput 的基本设备类型

值	描述
DIDEVTYPE_MOUSE	鼠标或类鼠标设备（如轨迹球）。
DIDEVTYPE_KEYBOARD	键盘或类键盘设备。
DIDEVTYPE_JOYSTICK	游戏杆或相似的设备，例如方向盘。
DIDEVTYPE_DEVICE	不属于上述几类的设备。

如果你想让 EnumDevices()识别得更多一些，可以对主类型逻辑"OR"上一些子类型。表 9-7 列出了一部分鼠标和游戏杆设备枚举的子类型。

表 9-7   DirectInput 子类型（部分）

值	描述
DIDEVTYPEMOUSE_TOUCHPAD	标准触摸板
DIDEVTYPEMOUSE_TRACKBALL	标准轨迹球
DIDEVTYPEJOYSTICK_FLIGHTSTICK	通用飞行摇杆
DIDEVTYPEJOYSTICK_GAMEPAD	类似 Nintendo（任天堂）的游戏手柄
DIDEVTYPEJOYSTICK_RUDDER	简单的方向舵控制
DIDEVTYPEJOYSTICK_WHEEL	方向盘
DIDEVTYPEJOYSTICK_HEADTRACKER	VR 头部追踪仪

注意

还有成打的子类型我没有在此全部列出。关键在于，DirectInput 可以按照你的要求进行通用或特指的搜索。但是，我们现在只需要用 DIDEVTYPE_JOYSTICK 作为 dwDevType 的值，因为目前只需要一个基本的、正常运行的游戏杆就行了。

　　EnumDevices()的第二个参数是一个指向回调函数的指针。DirectInput 将用它调用它发现的每一个设备。一会我再给你这个函数的格式。下一个参数 pvRef，是一个指向它要传送给回调函数的值的 32 位指针。因此，如果愿意，你可以在回调函数中改变这个值，或者用它传送回数据而不使用全局变量。

　　最后，dwFlags 控制枚举函数如何扫描。也就是，应该扫描所有的设备，还是只是被插入的那些设备，或者只是力反馈设备呢？表 9-8 是一些控制枚举的扫描代码。

表 9-8　　　　　　　　　　　　　　　　控制枚举的扫描代码

值	描述
DIEDFL_ALLDEVICES	扫描安装的所有设备，即使该设备当前没有连接也不例外。
DIEDFL_ATTACHEDONLY	扫描安装和连接好的所有设备。
DIEDFL_FORCEFEEDBACK	只扫描力反馈设备。

警告

你应该使用 DIEDFL_ATTACHEDONLY，因为允许玩家选择没有插好的设备并没有什么意义。

　　现在，让我们更仔细地看看回调函数。EnumDevices()的工作方式是：它有一个内部循环，为它找到的每一个设备调用回调函数。如图 9-11 所示。因此，如果你的计算机上正插了许多设备，有可能你的回调函数被调用多次。

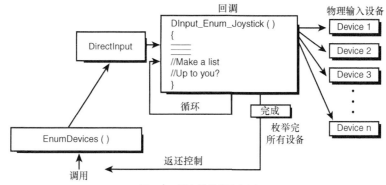

图 9-11　设备枚举的流程图

　　这意味着，是由你的回调函数将所有的这些设备记录到一张表中，以便在函数 EnumDevices()返回后，你可以查看它们。酷，记住这点，现在让我们看一个同 DirectInput 兼容的回调函数的通用原型：

```
BOOL CALLBACK EnumDevsCallback(
  LPDIDEVICEINSTANCE lpddi,   // a ptr from DirectInput
                              // containing info about the
                              // device it just found on
                              // this iteration
  LPVOID data);               // the ptr sent in pvRef to EnumDevices()
```
你需要完成的就是采用前面的函数原型写一个函数（当然还要写控制代码），把它作为 lpCallback 传给 EnumDevices()，你的设置就完成了。另外，名字可以任意取，因为你传递函数的是指针。

当然，在函数中写些什么由你自己决定，但你可能想在 DirectInput 获得设备的时候对设备的名字和 GUID 进行记录或者分类。记住，你的函数在每一个找到的设备上会被调用一次。然后，有了列表在手，你就可以自己或者让玩家从列表中挑选一个，然后使用相关的 GUID 创建设备。

另外，DirectInput 允许你在任何时候继续或者停止枚举。这可以通过回调函数的返回值来控制。在函数的末尾，你可以返回以下两个常量之一。

DIENUM_CONTINUE：继续枚举

DIENUM_STOP：停止枚举

所以如果你总在函数中返回 DIENUM_STOP，即使有更多的设备它也只枚举一个。我在这里没有足够的篇幅给出你一个对所有设备的 GUID 进行分类和记录的例子，但是我将给出一个找到第一个设备并设置它的例子。

上面提到的枚举函数将枚举第一个设备并停下来。但是，在我把它展示给你之前，快速看一下发送给每次枚举的回调函数的 DIDEVICEINSTANCE 数据结构。这个结构里都是关于设备的有趣的信息。

```
typedef struct
{
DWORD dwSize;              // the size of the structure
GUID guidInstance;         // instance GUID of the device
                           // this is the GUID we need
GUID guidProduct;          // product GUID of device, general
DWORD dwDevType;           // dev type as listed in tables 9.1-2
TCHAR tszInstanceName[MAX_PATH]; // generic instance name
                           // of joystick device like "joystick 1"
TCHAR tszProductName[MAX_PATH]; // product name of device
                           // like "Microsoft Sidewinder Pro"
GUID guidFFDriver;         // GUID for force feedback driver
WORD wUsagePage;           // advanced. don't worry about it
WORD wUsage;               // advanced. don't worry about it
} DIDEVICEINSTANCE, *LPDIDEVICEINSTANCE;
```

多数时候，惟一感兴趣的字段是 tszProductName 和 guidInstance。考虑到这点，下面是你可以获得第一个游戏杆设备的 GUID 的枚举函数：

```
BOOL CALLBACK DInput_Enum_Joysticks(
LPCDIDEVICEINSTANCE lpddi, LPVOID guid_ptr)
{
// this function enumerates the joysticks, but stops at the
// first one and returns the instance guid
// so we can create it, notice the cast
*(GUID*)guid_ptr = lpddi->guidInstance;

// copy product name into global
strcpy(joyname, (char *)lpddi->tszProductName);

// stop enumeration after one iteration
return(DIENUM_STOP);
} // end DInput_Enum_Joysticks
```

要用函数枚举出第一个游戏杆，你需要这样写：

```
char joyname[80]; // space for joystick name
GUID joystickGUID; // used to hold GUID for joystick

// enumerate attached joystick devices only with
// DInput_Enum_Joysticks() as the callback function
if (FAILED(lpdi->EnumDevices(
        DIDEVTYPE_JOYSTICK,  // joysticks only
        DInput_Enum_Joysticks, // enumeration function
        &joystickGUID,   // send guid back in this var
```

```
                    DIEDFL_ATTACHEDONLY)))
      { /* error */ }
```

```
// notice that we scan for joysticks that are attached only
```

在实际的产品中，你可能想持续枚举，直到枚举函数找到了所有的设备，在设置或者选择的时候，允许玩家从列表中选择一个，然后你使用那个设备的 GUID 创建设备。下面要谈的就是创建设备的问题。

创建游戏杆

一旦有了想要创建设备的 GUID，通常调用 CreateDevice() 来创建设备。假设已经调用了 EnumDevices()，并且设备的 GUID 已经被存储在 joystickGUID 中了，你可以这样创建游戏杆设备：

```
LPDIRECTINPUTDEVICE8 lpdijoy; // joystick device interface
// create the joystick with GUID
if (FAILED(lpdi->CreateDevice(joystickGUID, &lpdijoy,
                    NULL)))
    { /* error */ }
```

注意

在我创建的演示引擎中，为了保留对上一次取出的接口的访问，我使用了一个临时接口指针指向旧的接口。因此在演示程序中我使用了临时指针来获取最新的一个，我把它的名字起作 lpdijoy 而不是 lpdijoy2。我这样做是因为我已经厌倦了对付许多编了号的接口。起码在本书中用的接口是可以工作的最新的一个。

设置游戏杆的协作等级

设置游戏杆的协作等级同鼠标和键盘一样。但是如果你有一个力反馈游戏杆，你应当独占地使用它。代码如下：

```
if (FAILED(lpdijoy->SetCooperativeLevel(
        main_window_handle,
        DISCL_BACKGROUND | DISCL_NONEXCLUSIVE)))
    { /* error */ }
```

设置数据格式

下面是数据格式，就像鼠标和键盘一样使用标准的数据格式，见表 9-2。你要用的是 c_dfDIJoystick（ci_dfDIJoystick2 用于力反馈设备），如下所示：

```
// set data format
if (FAILED(lpdijoy->SetDataFormat(&c_dfDIJoystick)))
    { /* error */ }
```

和设置鼠标相同，需要特定格式的数据结构来保存游戏杆的设备状态数据。参见表 9-3，可以看到，使用的数据结构称为 DIJOYSTATE（DIJOYSTATE2 用于力反馈），如下所示：

```
// generic virtual joystick data structure

typedef struct DIJOYSTATE
 {
 LONG lX;   // x-axis of joystick
 LONG lY;   // y-axis of joystick
 LONG lZ;   // z-axis of joystick
 LONG lRx; // x-rotation of joystick (context sensitive)
 LONG lRy; // y-rotation of joystick (context sensitive)
 LONG lRz; // y-rotation of joystick (context sensitive)
 LONG rglSlider[2];// slider like controls, pedals, etc.
 DWORD rgdwPOV[4]; // Point Of View hat controls, up to 4
 BYTE rgbButtons[32]; // 32 standard momentary buttons
 } DIJOYSTATE, *LPDIJOYSTATE;
```

如你所见，结构中有许多字段。一般的数据格式是相当通用的，我怀疑你是否有必要创建自己的数据结构，因为我从来没有见过哪种游戏杆不能用这个格式表示的！无论如何，上面的注释应该已经解释了字段的意义。轴是有范围的（可以设置），按钮通常和 0x80（最高位）相与，用来瞬态地判断它们是否被按下。

因此，当你使用 GetDeviceState()获得设备的状态时，这个结构将被返回给你，用于进行查询。

几乎好了。但还有一个你必须考虑的细节：那就是关于这个结构中将被发送回来的参数的值中的细节。一个按钮就是一个按钮，或者按下或者没有。但是，随着制造商的不同，像 IX、IY、IZ 这些输入范围可能会随之不同。因此，DirectInput 允许你对它们进行缩放，使它始终符合一个固定的范围，从而使你的游戏的输入逻辑可以以同样的数字正常工作。让我们看看如何设置这个范围和游戏杆的其他特性。

设置游戏杆的输入特性

因为游戏杆天生是模拟设备，轴的运动范围是有限的。问题是，你必须设置一个游戏代码能够解释的已知值。换句话说，当你获取游戏杆位置时，它返回 IX = 2000, IY=-3445，这是什么意思呢？你不能够解释它，因为你没有参考系，所以让我们来看看你需要什么。

至少，你需要设置你想读取的任何模拟轴的范围（即使它已经编码为数字了）。例如，你可以决定把 X、Y 轴分别设成从-1000～1000 和-2000～2000。或者两个都设成-128～128，使你能够用一个字节存放。无论如何，总要设置一定的范围。否则，获取输入后，你却没有任何办法来解释它。

设置游戏杆的任何特性，包括游戏杆范围，都是由 SetPorperty()完成的。其原型如下：

```
HRESULT SetProperty(
 REFGUID rguidProp,        // GUID of property to change
 LPCDIPROPHEADER pdiph);// ptr to property header struct
                          // containing detailed information
                          // relating to the change
```

SetProperty()用于设置一系列特性，如：相对或绝对数据格式、每个轴的范围、死区（*Dead Zone 或 Dead Band*：中性区域，最小灵敏区）等等。SetProperty()函数的使用非常复杂，因为这些常量及嵌套的数据结构的本质就很复杂。

所以说，除非确有必要，否则不要调用 SetProperty()。多数默认值都能工作得很好。我就曾浪费了很多时间注视着循环数据结构的工作状况："这是什么呀？"（实际上我说的不是这句话，但既然这本书被定位在"PG"……）注：PG = Parental Guidance suggested

幸运的是，你只需要设置 X-Y 轴的范围（也许还有死区）便可使其正常工作，所以这也是我所要讲解的。如果想了解更多，请参考 DirectX SDK。但是，下面的代码可作为你开始设置其他特性的参考。需要设置的数据结构如下所示：

```
typedef struct DIPROPRANGE
        {
        DIPROPHEADER diph;
        LONG       lMin;
        LONG       lMax;
        } DIPROPRANGE, *LPDIPROPRANGE;
```

这里面嵌了另外一个结构 DIPROPHEADER：

```
typedef struct DIPROPHEADER
        {
        DWORD    dwSize;
        DWORD    dwHeaderSize;
        DWORD    dwObj;
        DWORD    dwHow;
        } DIPROPHEADER, *LPDIPROPHEADER;
```

它们两个都有许多方式进行设置。所以，如果你有兴趣，请参考 DirectX SDK。要知道你能够发送的标志统统加起来要超过 10 页！下面是设置轴的范围所用的代码：

```
// this structure holds the data for the property changes
DIPROPRANGE joy_axis_range;

// first set x axis tp -1024 to 1024
joy_axis_range.lMin = -1024;
joy_axis_range.lMax = 1024;

joy_axis_range.diph.dwSize      = sizeof(DIPROPRANGE);
joy_axis_range.diph.dwHeaderSize = sizeof(DIPROPHEADER);

// this holds the object you want to change
joy_axis_range.diph.dwObj = DIJOFS_X;

// above can be any of the following:
//DIJOFS_BUTTON(n) - for buttons buttons
//DIJOFS_POV(n)  - for point-of-view indicators.
//DIJOFS_RX - for x-axis rotation.
//DIJOFS_RY - for y-axis rotation.
//DIJOFS_RZ - for z-axis rotation (rudder).
//DIJOFS_X - for x-axis.
//DIJOFS_Y - for y-axis.
//DIJOFS_Z - for the z-axis.
//DIJOFS_SLIDER(n) - for any of the sliders.
// object access method, use this way always
joy_axis_range.diph.dwHow = DIPH_BYOFFSET;

// finally set the property
lpdijoy->SetProperty(DIPROP_RANGE,&joy_axis_range.diph);

// now y-axis
joy_axis_range.lMin = -1024;
joy_axis_range.lMax = 1024;
joy_axis_range.diph.dwSize      = sizeof(DIPROPRANGE);
joy_axis_range.diph.dwHeaderSize = sizeof(DIPROPHEADER);
joy_axis_range.diph.dwObj      = DIJOFS_Y;
joy_axis_range.diph.dwHow      = DIPH_BYOFFSET;

// finally set the property
lpdijoy->SetProperty(DIPROP_RANGE,&joy_axis_range.diph);
```

现在，游戏杆有了 X、Y 轴的范围，各是-1024～1024。范围是可以任意给定的，但是我喜欢这个范围。注意你所用的数据结构是 DIPROPRANGE。这是你设置参数的结构。麻烦的地方就是有太多的方法可以设置它，真是痛苦。但是参考前面的模板，你至少可以设置任意轴的范围——只需改变 joy_axis_range.diph.dwObj 和 joy_axis_range.diph.dwHow 字段为你想要的值。

作为设置属性的第二个例子，让我们看看 X、Y 轴死区（或者盲带）的设置。死区是游戏杆中心的中性区域的范围。你有可能想让杆在中心附近时不发送任何数据，如图 9-12 所示。

例如，在前面例子中你将 X、Y 轴的范围设为-1024～1024，如果你想在两个轴上都有 10%的死区，就在正负两个方向各取 102 个单位，对吗？错了!!! 无论你把游戏杆范围设成什么，死区的值都是用 0～10000 之间的绝对值表示。所以，你应当计算 10000 的 10%，而不是 1024 的 10%。这样 10%×10000=1000，这才是你要用的数。

警告

死区总是 0～10000 之间的数。如果想要死区为 50%，用 5000；10%则用 1000。

因为这个操作比较简单，你只需使用到 DIPROPWORD 结构：

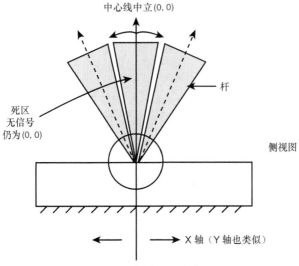

中心线中立(0, 0)

死区
无信号
仍为(0, 0)

杆

侧视图

X 轴（Y 轴也类似）

图 9-12　游戏杆死区的原理

```
typedef struct DIPROPDWORD
        {
        DIPROPHEADER     diph;
        DWORD            dwData;
        } DIPROPDWORD, *LPDIPROPDWORD;
```

这要比前面例子中使用的结构 DIPROPRANGE 结构简单得多，如下所示：

```
DIPROPDWORD dead_band; // here's our property word

dead_band.diph.dwSize       = sizeof(dead_band);
dead_band.diph.dwHeaderSize = sizeof(dead_band.diph);
dead_band.diph.dwObj        = DIJOFS_X;
dead_band.diph.dwHow        = DIPH_BYOFFSET;

// 100 will be used on both sides of the range +/-
dead_band.dwData            = 1000;

// finally set the property
lpdijoy->SetProperty(DIPROP_DEADZONE,&dead_band.diph);
```

对于 Y 轴：

```
dead_band.diph.dwSize       = sizeof(dead_band);
dead_band.diph.dwHeaderSize = sizeof(dead_band.diph);
dead_band.diph.dwObj        = DIJOFS_Y;
dead_band.diph.dwHow        = DIPH_BYOFFSET;

// 100 will be used on both sides of the range +/-
dead_band.dwData            = 1000;

// finally set the property
lpdijoy->SetProperty(DIPROP_DEADZONE,&dead_band.diph);
```

全部就是这样，感谢宙斯！

获取游戏杆

现在，让我们用 Acquire()获取游戏杆：

```
// acquire the joystick
```

```
if (FAILED(lpdijoy->Acquire()))
    { /* error */ }
```

当然，在不用设备了以后，要记住在对游戏杆调用 Unacquire()，之后才能调用 Release()释放设备本身。

轮询游戏杆

游戏杆是惟一需要轮询的设备（目前为止）。轮询的理由有以下几点：一些游戏杆的驱动程序产生中断，而且数据总是最新的。

一些驱动程序的智能化程度较低（或者说更有效），必须轮询。不论驱动程序开发者的哲学观点为何，你在读取数据之前总是必须对游戏杆调用 Poll()。下面是代码：

```
If (FAILED(lpdijoy->Poll()))
    { /* error */ }
```

读取游戏杆状态数据

现在已经准备好从游戏杆读取数据了（估计你对这已经很在行了）。调用 GetDeviceState()。但是，你必须发送基于新数据结构的正确参数：c_dfDIJoystick（对于力反馈采用 c_dfDIJoystick2），以及存放数据的数据结构 DIJOYSTATE。下面是代码：

```
DIJOYSTATE joystate; // this holds the joystick data

// .. somewhere in your main loop

// read the joystick state
if (FAILED(lpdijoy->GetDeviceState(sizeof(DIJOYSTATE),
        (LPVOID)joystate)))
        { /* error */ }
```

既然有了游戏杆数据，让我们开始使用它。但是，需要考虑到数据有一定范围。我们来写一个小的程序，到处移动一个物体，就像鼠标的例子那样。并且，每次玩家按下开火键（通常用索引 0），就发射一枚火箭：

```
// obviously you need to do all the other steps...

// defines
#define JOYSTICK_FIRE_BUTTON   0

// globals
DIJOYSTATE joystate; // this holds the joystick data

int object_x = SCREEN_CENTER_X, // place object at center
    object_y = SCREEN_CENTER_Y;

// .. somewhere in your main loop

// read the joystick state
if (FAILED(lpdijoy->GetDeviceState(sizeof(DIJOYSTATE),
        (LPVOID)joystate)))
        { /* error */ }

// move object


// test for buttons
if (mousestate.rgbButtons[JOYSTICK_FIRE_BUTTON] & 0x80)
    { /* fire weapon */ }
```

从服务中释放游戏杆

用完游戏杆，需要像通常那样归还并释放设备。下面是代码：

```
// unacquire joystick
if (lpdijoy)
   lpdijoy->Unacquire();

// release the joystick
if (lpdijoy)
   lpdijoy->Release();
```

警告

在归还（Unacquire）前进行释放（Release）将是破坏性的！所以一定要先归还，后释放。

作为一个使用游戏杆的例子，我创建了一个演示程序 DEMO9_3.CPP|EXE （DEMO9_3_16B.CPP|EXE 是 16 位版本）。还是像以前那样，在连接时需要 DDRAW.LIB、DINPUT.LIB 和 WINMM.LIB（VC++用户），还有 T3DLIB1.CPP。图 9-13 给出了程序运行时的一个画面。

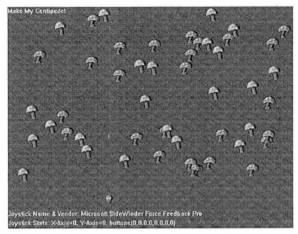

图 9-13　运行中的 DEMO9_3.EXE

9.2.9　将输入消息化

既然知道了如何读取每个输入设备，问题就变成了输入系统构架了。换句话说，你可能从一些输入设备上获得了输入，但是，对每个输入设备编写独立的控制代码也是很令人头疼的。

因此，你可能会想出一个主意，创建一个通用的输入纪录，将从鼠标、键盘、游戏杆、所有的输入设备接收的数据合并在一起，然后根据这个结构做出决定。图 9-14 图形化地表示了这个概念。

使用老版本的 DirectInput 时，假设你想让玩家能够同时使用键盘、鼠标、游戏杆进行游戏。开火用鼠标的左键、键盘的 Ctrl 键、游戏杆的第一个按钮。另外，如果鼠标向右移动，或者按键盘上右箭头键，或者将游戏杆向右移动，所有这些事件均代表玩家向右移动。

作为我所谈内容的一个例子，让我们建立一个简单的输入系统，把鼠标、键盘、游戏杆的 DirectInput 输入通统记录下来，然后把它们合并成为你能够查询的一份记录。这样，在你获取记录时，就无需管它是来自鼠标、键盘或者游戏杆三者中谁的输入，因为所有的输入事件都将被缩放和通用化。

你将完成的系统具有：

● X-轴

● Y-轴

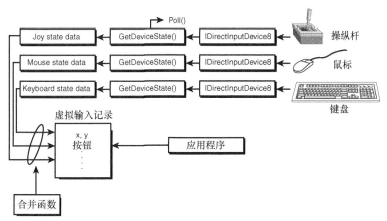

图 9-14　将输入数据合并为一个虚拟的输入记录

- 开火键
- 特殊键

下面是设备变量和事件映射的具体情况。

鼠标映射

正 x 轴：if (lx > 0)

负 x 轴：if (lx < 0)

正 y 轴：if (ly > 0)

负 y 轴：if (ly < 0)

开火键：鼠标左键（rgbButtons[0]）

特殊键：鼠标右键（rgbButtons[2]）

键盘映射

正 x 轴：右箭头键

负 x 轴：左箭头键

正 y 轴：上箭头键

负 y 轴：下箭头键

开火键：Ctrl 键

特殊键：Esc 键

游戏杆映射（假设两个轴的范围都是-1024~1024，10%的死区）

正 x 轴：lX > 32

负 x 轴：lX < -32

正 y 轴：lY > 32

负 y 轴：lY < -32

开火键：rgbButtons[0]

特殊键：rgbButtons[1]

已经知道了映像规则，就可以采用合适的数据结构存放结果：

```
typedef struct INPUT_EVENT_TYP
    {
```

```
    int dx;            // the change in x
    int dy;            // the change in y
    int fire;          // the fire button
    int special;       // the special button
    } INPUT_EVENT, *INPUT_EVENT_PTR;
```

使用简单的函数和一定的逻辑，你将过滤所有的输入到一个该类型的结构。首先，假设你采用以下方式从所有的输入设备检索数据：

```
// keyboard
if (FAILED(lpdikey->GetDeviceState(256,
        (LPVOID)keystate)))
    { /* error */ }

// mouse
if (FAILED(lpdimouse->GetDeviceState(sizeof(DIMOUSESTATE),
        (LPVOID)mousestate)))
    { /* error */ }


// joystick

If (FAILED(lpdijoy->Poll()))
  { /* error */ }

if (FAILED(lpdijoy->GetDeviceState(sizeof(DIJOYSTATE),
        (LPVOID)joystate)))
    { /* error */ }
```

此时，keystate[]、mousestate 和 joystate 已经准备好了。下面是合并输入的代码：

```
void Merge_Input(INPUT_EVENT_PTR event_data, // the result
                UCHAR *keydata, // keyboard data
                LPDIMOUSESTATE mousedata, // mouse data
                LPDIJOYSTATE  joydata) // joystick data
{
// merge all the data together

// clear the record to be safe
memset(event_data,0,sizeof(INPUT_EVENT));

// first the fire button
if (mousedata->rgbButtons[0] || joydata->rgbButtons[0] ||
   keydata[DIK_LCONTROL])
event_data->fire = 1;

// now the special button
if (mousedata->rgbButtons[1] || joydata->rgbButtons[1] ||
   keydata[DIK_ESCAPE])
event_data->special = 1;

// now the x-axis
if (mousedata->lX > 0 || joydata->lX > 32 ||
   keydata[DIK_RIGHT])
event_data->dx = 1;

// now the -x-axis
if (mousedata->lX < 0 || joydata->lX < -32 ||
   keydata[DIK_LEFT])
event_data->dx = -1;

// and the y-axis
if (mousedata->lY > 0 || joydata->lY > 32 ||
```

```
   keydata[DIK_DOWN])
event_data->dy = 1;

// now the -y-axis
if (mousedata->lY < 0 || joydata->lY < -32 ||
    keydata[DIK_UP])
event_data->dy = -1;

} // end Merge_Data
```

真厉害，是不是？当然，你还可以通过进行设备是否在线的检查或缩放数据等操作，使程序变得更加复杂，我猜你一定明白了。

9.3　力反馈

力反馈实际上是一个庞大的议题。我直到实际使用它时才发现它究竟有多复杂。可是我不想涉及太深的内容。完全可以单就力反馈写一本书（或许还有 DirectMusic）。但是，我将给你一个 "它是什么？" 的基本概念，并且教你建立一个小小的力演示程序。

力反馈描述了下一代输入设备，它们具有传动装置和马达等等，可以对你的手施加力，有时甚至是对整个身体施加力（相信在几年内 "Cybersex" 就会变得不一样）。你可能已经见过甚至实际拥有一个力反馈设备，如微软力反馈游戏杆，或者其他类似设备。

对这些设备编程非常复杂。不但需要对力、弹性、所需的运动有很好的理解，还要充分理解设备和力事件或者说 "效果（Effect）" 同音符的关系尤其紧密。也就是说，当力作用于游戏杆上不同的马达和传动装置时，可以有一个包络调制这些力。因此，一些诸如比率、频率、定时等等的值在力反馈的使用和编程中扮很重要的角色。实际上，效果或力反馈命令的创建太过复杂，以至有专门的第三方工具用来创建它们，如微软的 Force Factory。幸运的是，你在本演示程序中无需使用任何那类奇特的东西。

9.3.1　力反馈的物理原理

力反馈设备允许你设置两类效果：原动力（Motive Force）和状况（Condition）。原动力就像总在变化的活跃的力，而状况对应于一个事件。两种情况，你都控制力的大小 N（以牛顿为单位）和力的属性：如方向、持续时间等等。

9.3.2　设置力反馈

创建一个力反馈设备的第一步是找出一个力反馈设备并获得它的 GUID。如果你记得如何扫描得到标准游戏杆 GUID，那么对于力反馈设备只需要同样的做法。但是，当你进行设备枚举时，需要这样调用它：

```
GUID fjoystickGUID; // used to hold GUID for force joystick

// enumerate attached joystick devices only with
// DInput_Enum_Joysticks() as the callback function
if (FAILED(lpdi->EnumDevices(
        DIDEVTYPE_JOYSTICK,   // joysticks only
        DInput_Enum_Joysticks, // enumeration function
        &fjoystickGUID,       // send guid back in this var
        DIEDFL_ATTACHEDONLY | DIEDFL_FORCEFEEDBACK)))
   { /* error */ }
```

一旦你有了 GUID，就可以像通常那样创建设备。但是，你必须确保协作等级是 DISCL_EXCLUSIVE

模式（当你使用它的时候，没有其他设备可以使用力反馈）。下面是代码：

```
// assume DirectInput has already been created

// version 8 interface pointer
LPDIRECTINPUTDEVICE8 lpdijoy;

// create the joystick with GUID
if (FAILED(lpdi->CreateDevice(joystickGUID, &lpdijoy,
                NULL)))
   { /* error */ }



if (FAILED(lpdijoy->SetCooperativeLevel(
        main_window_handle,
        DISCL_BACKGROUND | DISCL_EXCLUSIVE)))
   { /* error */ }

// set data format
if (FAILED(lpdijoy->SetDataFormat(&c_dfDIJoystick2)))
   { /* error */ }
```

Okay，现在你的力反馈设备已经设置完毕，并可以使用了。那么现在你想拿它做什么呢？

9.3.3　力反馈演示程序

如果你愿意，可以把力反馈设备当作普通的游戏杆来使用。但是，现在送回来的数据包是 DIJOYSTATE2 而不是 DIJOYSTATE。对这段代码的解释需要太长的时间，所以，你得通过阅读代码中的注释和实际运行演示程序来读懂它。

但是，代码一般要设置一个由一个封装和一个过程描述组成的效果。另外，效果同游戏杆开火扳机相连，所以当扣动扳机时它就开始开大，下面是设置力反馈效果的代码，前提是你有设备的 GUID，并且已经像前面那样设置了力反馈游戏杆。

```
// force feedback setup
DWORD      dwAxes[2] = { DIJOFS_X, DIJOFS_Y } ;
LONG       lDirection[2] = { 0, 0 } ;

DIPERIODIC diPeriodic;        // type-specific parameters
DIENVELOPE diEnvelope;        // envelope
DIEFFECT   diEffect;          // general parameters

// setup the periodic structure
diPeriodic.dwMagnitude = DI_FFNOMINALMAX;
diPeriodic.lOffset = 0;
diPeriodic.dwPhase = 0;
diPeriodic.dwPeriod = (DWORD) (0.05 * DI_SECONDS);

// set the modulation envelope
diEnvelope.dwSize = sizeof(DIENVELOPE);
diEnvelope.dwAttackLevel = 0;
diEnvelope.dwAttackTime = (DWORD) (0.01 * DI_SECONDS);
diEnvelope.dwFadeLevel = 0;
diEnvelope.dwFadeTime = (DWORD) (3.0 * DI_SECONDS);

// set up the effect structure itself
diEffect.dwSize = sizeof(DIEFFECT);
diEffect.dwFlags = DIEFF_POLAR | DIEFF_OBJECTOFFSETS;
diEffect.dwDuration = (DWORD) INFINITE; // (1 * DI_SECONDS);
```

```
// set up details of effect
diEffect.dwSamplePeriod = 0;              // = default
diEffect.dwGain = DI FFNOMINALMAX;        // no scaling
diEffect.dwTriggerButton = DIJOFS_BUTTONO; // connect effect
                                          // to trigger button
diEffect.dwTriggerRepeatInterval = 0;
diEffect.cAxes = 2;
diEffect.rgdwAxes = dwAxes;
diEffect.rglDirection = &lDirection[0];
diEffect.lpEnvelope = &diEnvelope;
diEffect.cbTypeSpecificParams = sizeof(diPeriodic);
diEffect.lpvTypeSpecificParams = &diPeriodic;

// create the effect and get the interface to it
lpdijoy->CreateEffect(GUID_Square,        // standard GUID
                &diEffect,                 // where the data is
                &lpdieffect,               // where to put interface pointer
                NULL);                     // no aggregation
```

这个演示程序的运行参见 DEMO9_4.CPP (DEMO9_4_16B.CPP|EXE 是 16 位版本)。它给你的蜈蚣游戏演示程序（Centipede）加了一把机关枪！当然，你需要一个带力反馈的游戏杆来运行这个演示程序。

注意

前面的力反馈代码基于 DirectX SDK 中的一个例子，所以你可以从那里找到更详尽的解释。

9.4　编写一个广泛适用的输入系统：T3DLIB2.CPP

就算是"没头脑"也可以为 DirectInput 写几个封装函数——或许在某些地方它还是需要你动一些脑筋，但是绝大部分都相当简单。你只需要创建一个接口简单且参数很少的 API，用来：

- 初始化 DirectInput 系统。
- 设置并获取键盘、鼠标、游戏杆（或者它们中的一些）。
- 从输入设备中读取数据。
- 关闭、归还并释放所有的东西。

我已经创建了这样一个 API，在 CD 中的 T3DLIB2.CPP|H 中你可以找到它。该 API 为你初始化 DirectInput 并读取任何设备。但是在前面的例子中，我没有进行输入合并。代之，你将仍然以标准 DirectInput 设备状态结构格式接收输入，并且你将处理每个设备状态结构中的不同字段(键盘、鼠标和游戏杆)。总的说来，这给了你最大限度的自由。

在详述这些函数之前，先看一下图 9-15。它给出了各个设备和数据流之间的关系。

下面是函数库中的全局变量：

```
LPDIRECTINPUT8      lpdi;       // dinput object
LPDIRECTINPUTDEVICE8 lpdikey;   // dinput keyboard
LPDIRECTINPUTDEVICE8 lpdimouse; // dinput mouse
LPDIRECTINPUTDEVICE8 lpdijoy;   // dinput joystick
GUID    joystickGUID; // guid for main joystick
char    joyname[80]; // name of joystick

// all input is stored in these records
UCHAR keyboard_state[256]; // contains keyboard state table
DIMOUSESTATE mouse_state;   // contains state of mouse
DIJOYSTATE joy_state;       // contains state of joystick
int joystick_found;         // tracks if stick is plugged in
```

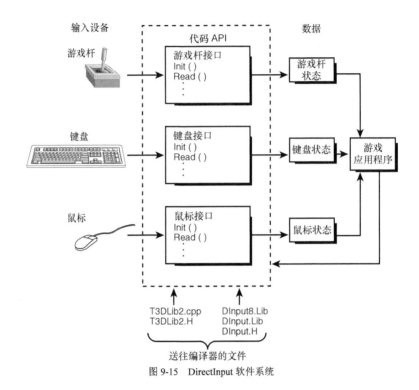

图 9-15 DirectInput 软件系统

　　输入系统将从键盘来的输入数据存放在 keyboard_state[]中，鼠标数据存放在 mouse_state 中，游戏杆数据存放在 joy_state 中。这些记录的结构是标准 DirectInput 设备状态结构。但是，一般情况下，就 x、y 位置而言，鼠标和游戏杆大致等价。也就是说，可以通过 1X、1Y 和 rgbButtons[]中的布尔值按钮状态来访问它们。

　　让我们来看这些函数。joystick_found 是一个当需要访问游戏杆的时候被设置的布尔变量。如果发现游戏杆，它为 True，否则为 False。你可以用它有条件地阻塞某些调用游戏杆的代码。一劳永逸地，接下来就给出这些新的 API 函数。

　　函数原型：

```
int DInput_Init(void);
```

　　功能：

　　DInput_Init()初始化 DirectInput 输入系统。它创建主 COM 对象，成功返回 True，否则返回 False。当然，全局变量 lpdi 将变成有效。但是，函数本身并没有创建任何设备。下面是初始化输入系统的一个例子：

```
if (!DInput_Init())
   { /* error */ }
```

　　函数原型：

```
void DInput_Shutdown(void);
```

　　功能：

　　DInput_Shutdown()释放所有的 COM 对象以及在调用 DInput_Init()时分配的资源。一般地，你需要在已经释放所有的输入设备之后，在应用程序的最后才使用 DInput_Shutdown()。下面给一个关闭输入系统的例子：

```
DInput_Shutdown();
```

函数原型：
```
DInput Init Keyboard(void);
```
功能：

DInput_Init_Keyboard()初始化和获取键盘。一般而言它总能工作并返回 True，除非有另外一个 DirectX 应用程序以非合作方式正在运行。下面是例子：
```
if (!DInput_Init_Keyboard())
   { /* error */ }
```
函数原型：
```
int DInput_Init_Mouse(void);
```
功能：

DInput_Init_Mouse()初始化和获取鼠标。函数无需参数，成功返回 TRUE，失败返回 FALSE。但是，它也应该一直工作，除非是鼠标没有插入或者另外一个 DirectX 应用程序以独占方式使用它。如果运行正常，lpdimouse 将变成有效接口指针。下面是例子：
```
if (!DInput_Init_Mouse()) { /* error */ }
```
函数原型：
```
int DInput_Init_Joystick(int min_x=-256, // min x range
                int max_x=256,  // max x range
                int min_y=-256, // min y range
                int max_y=256,  // max y range
                int dead_zone=10); // dead zone in percent
```
功能：

DInput_Init_Joystick()初始化游戏杆设备待用。该函数共有五个参数，定义了从游戏杆发回的数据的 X-Y 范围，以及死区的百分比值。如果你希望使用默认的-256 至 256 范围和10%的死区，调用时可以不需要带参数，因为它们是默认值（这是 C++写法）。

如果调用返回了 True，表明游戏杆已经被设置、初始化并获取。调用后，如果需要做其他事情，接口指针 lpdijoy 会是有效的。另外，字符串 joyname[]将表示该游戏杆设备的易理解的设备名称，如微软的 Sidewinder Pro 等等。

下面是一个初始化游戏杆的例子，将 X-Y 范围设为-1024 至 1024，具有一个占 5%的死区。
```
if (!DInput_Init_Joystick(-1024, 1024, -1024, 1024, 5))
   { /* error */ }
```
函数原型：
```
void DInput_Release_Joystick(void);
void DInput_Release_Mouse(void);
void DInput_Release_Keyboard(void);
```
功能：

DInput_Release_Joystick()、DInput_Release_Mouse()和 DInput_Release_Keyboard()分别用来释放各种使用完毕的设备。即使没有初始化这些设备，你还是可以调用这些函数。所以，如果愿意，可以在应用程序的最后一起调用它们。下面是一个启动 DirectInput 系统，初始化所有设备，最后释放它们并关闭的完全例子：
```
// initialize the DirectInput system
DInput_Init();

// initialize all input devices and acquire them
DInput_Init_Joystick();
DInput_Init_Mouse();
DInput_Init_Keyboard();

// input loop ....do work here
```

```
// now done...

// first release all devices, order is unimportant
DInput_Release_Joystick();
DInput_Release_Mouse();
DInput_Release_Keyboard();

// shutdown DirectInput
DInput_Shutdown();
```
函数原型：
```
int DInput_Read_Keyboard(void);
```
功能：

DInput_Read_Keyboard()扫描键盘状态，把数据存入 256 字节大小的数组 keyboard_state[]。这是个标准 DirectInput 键盘状态数组，所以你如果想让系统理解你，必须使用 DirectInput 键常量，形如 DIK_*。如果键被按下，数组值是 0x80。下面是一个使用 DirectInput 常量测试左右箭头键是否被按下的例子（你可以在 SDK 或者在表 9-4 中查到这两个常量）：
```
// read the keyboard
if (!DInput_Read_Keyboard())
  { /* error */ }

// now test the state data
if (keyboard_state[DIK_RIGHT]
  { /* move ship right */ }
else
if (keyboard_state[DIK_LEFT]
  { /* move ship left */ }
```
函数原型：
```
int DInput_Read_Mouse(void);
```
功能：

DInput_Read_Mouse()读取鼠标的相对状态并将结果存放在具有 DIMOUSESTATE 结构类型的 mouse_state 中。数据是相对增量模式。多数时候，你只需要查看 mouse_state.lX、 mouse_state.lY 和存放鼠标三个按钮状态的布尔数组 rgbButtons[0..2]。下面是读取鼠标并用它到处画点的例子：
```
// read the mouse
if (!DInput_Read_Mouse())
  { /* error */ }

// move cursor
cx+=mouse_state.lX;
cy+=mouse_state.lY;

// test if left button is down
if (mouse_state.rgbButtons[0])
  Draw_Pixel(cx,cy,col,buffer,pitch);
```
函数原型：
```
int DInput_Read_Joystick(void);
```
功能：

DInput_Read_Joystick()轮询游戏杆，然后读取 DIJOYSTATE 结构类型变量 joy_state 中的数据。当然，如果没有插入游戏杆，函数返回一个 False 并且 joy_state 无效。如果成功， joy_state 包含游戏杆的状态信息。返回的数据会落在你之前设置的范围之内，按钮值以布尔值存放在 rgbButtons[]中。例如，在下面这个例子里你使用游戏杆左右移动一条船，并使用第一个按钮开火：
```
// read the joystick data
if (!DInput_Read_Joystick())
```

```
    { /* error */ }

// move the ship
ship_x+=joy_state.lX;
ship_y+=joy_state.lY;

// test for trigger
if (joy_state.rgbButtons[0])
   { // fire weapon // }
```

当然，你的游戏杆可能有许多按钮和多个轴。那样的话，你可以参照 DirectInput 结构 DIJOYSTATE 来使用 joy_state 的其他字段。

T3D 函数库一瞥

现在，你已经有了组成 T3D 函数库的两个主要的.CPP|H 模块。

● T3DLIB1.CPP|H：DirectDraw 加上图形算法

● T3DLIB2.CPP|H：DirectInput

当你编译程序的时候要记住这点。如果你想编译一个程序，称它为 DEMOX_Y.CPP，然后看它包含了哪些.H 的头文件。如果你发现其中包含某个相关的模块，你就需要把该模块的.CPP 文件也加进来。

警告

记住要连接 DDRAW.LIB、DINPUT.LIB 和 DINPUT8.LIB。

在本章我重写了三个演示程序，作为使用 T3DLIB2.CPP|H 中新库函数的例子，它们分别是 DEMO9_1.CPP、 DEMO9_2.CPP、 DEMO9_3.CPP 改写成 DEMO9_1a.CPP（DEMO9_1a_16B.CPP 是 16 位版本）、DEMO9_2a.CPP（DEMO9_2a_16B.CPP 是 16 位版本）、 DEMO9_3a.CPP（DEMO9_3a_16B.CPP 是 16 位版本）。所以，你可以看出，当你使用了库函数，有多少代码可以被精简掉。

如果要编译其中的某个程序，请一定不要忘记包含上函数库的源文件，也不要忘记所有的 DirectX .LIB 文件。还有，请你看在老天爷的份上，把编译器设为生成 WIN32 .EXE 可执行文件。要知道不过就在今天，我已收到了 30 封以上询问如何设置编译器的电子邮件！嘿，我是个科学家，可不是微软公司的技术支持！

9.5　小结

本章相当有趣，你不这样认为吗？内容涵盖 DirectInput、键盘、鼠标、游戏杆、输入数据消息化、还有一点力反馈的内容。这样一来你的函数库又多了一个模块了。你学到了 DirectX 用同一个通用接口来支持所有种类的输入设备，并且只需几个步骤（彼此相似）就可以同各种设备通信，这真不坏。但是，你还没有走出 DirectX 基础系统的从林地带。在下一章你将解决掉 DirectSound 和 DirectMusic。那以后，你就可以正式开始游戏编程了！

第 10 章　用 DirectSound 和 DirectMusic 演奏乐曲

过去在 PC 机上播放声音和音乐简直比登天还难。然而，随着 DirectSound 和 DirectMusic 的出现，这一切都变得相当容易了。本章将包括如下的内容：

● 声音原理
● 数码声音与合成声音
● 发声硬件
● DirectSound API 函数
● 声音文件格式
● DirectMusic API 函数
● 在函数库中添加声音支持

10.1　在 PC 上对声音编程

声音编程似乎总是在游戏开发项目中被一拖再拖，直到最后才被完成。因为开发一个声音软件系统很困难，因为不仅要懂得声音和音乐，而且必须确定声音系统能够兼容每一块声卡。要做到这样有很多难题需要解决。过去大多数游戏程序员使用第三方声音库，例如 Miles Sound System、Diamondware Sound Toolkit 或者类似的其他系统。每个系统都有自己的长处和短处，但最大的问题还是价格。一套工作于 DOS 和 Windows 下的声音库软件可能要花上数千美元。

现在不用再担心 DOS 平台了，但必须考虑 Windows。Windows 的确支持声音和多媒体，但它却没有被设计为具有支持实时视频游戏的高性能。值得庆幸的是 DirectSound 和 DirectMusic 解决了所有这些问题，甚至还不止是这些问题。DirectSound 和 DirectMusic 不仅是免费的，而且它们有很好的性能。不但能支持无数种不同的声卡，更可根据需要进行可大可小的扩展。

例如，DirectSound 通过 DirectSound3D 支持了三维立体声，而 DirectMusic 则能够轻松实现播放 MIDI 文件等等许多任务。DirectMusic 是一种新的基于 DLS（Downloadable Sound，可下载声音）数据的实时音乐编排和回放技术。这意味着不仅仅回放的乐曲在每一块声卡上发出的声音都是相同的，而且它可以在游戏运行中基于你所提供预先编好程序的模板、主题和个性特点实时地创建游戏音乐。使用 DirectMusic 来为你编排乐曲需要做很多工作，但如果想在游戏中根据游戏的发展来改变游戏的音乐氛围，而又不希望根据不同的氛围创作多达 10 个或 20 个不同的乐曲版本的话，这样做是很值得的。当然 DirectX 8.0 的 DirectX Audio 是 DirectSound 和 DirectMusic 两者更紧密的集成。但是在 8.0 版本之前，DirectSound 和 DirectMusic 基本是两个独立的部分，它们之间很难进行通信。了解了这些，接下来让我们了解一下声音原理。

10.2　从此有了声音

声音是一个使用循环定义的物理概念。如果你在大街上询问路人什么是声音，他们中的大多数人会回答："用你的耳朵听到的东西，如声音或噪音。"（你想不想真的找个人问问看……）这样的回答是对的，但还不足以令你明白声音的真正的物理性质，而如果你想录制、处理和播放声音的话，清楚地认识这些性质是十分重要的。

声音是从一个源发出的机械压力波，如图 10-1 所示。声音只能通过物质传递，比如在我们的大气层中，其中充满了各种气体如氮气、氧气和氢气等。声音也能在水中传播，但是在水中的传播速度要远高于在空气中，因为其传导性随着传播介质密度的增加而增强了。

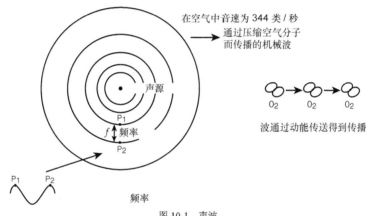

图 10-1　声波

声波实际上是分子的运动。当扬声器振动时，它使周围的空气也产生机械振动，也就是说通过分子的碰撞，最终声音传播到你的耳朵里。声音在空气中的传播是通过机械碰撞进行的传播，因而传到你的耳朵要花一些时间。那就是相对来说声音传播得这么慢的原因。事情发生时你可以马上看到，例如一场汽车相撞事故，如果距离足够远的话，你会在碰撞发生后一或两秒后才听到声音。这是因为机械波或声波在空气中仅仅可以约 750 英里/小时或 344 米/秒的速度传播，实际数值还取决于空气的密度和温度。表 10-1 列出了常温下声音在空气、海水和钢中的传播速度。

表 10-1　　　　　　　　　　　　　不同介质里的音速

介质	近似的音速
空气	344 米/秒
海水	1478 米/秒
钢	5064 米/秒

看表 10-1，就可以理解为什么声纳在水中能够良好的工作但是在空气中就不行（速度太慢是致命问题）。声纳发出的脉冲（或者叫做 ping），在水中以 1478 米/秒的速度前进，近似地就是 1478 米/秒*3.2 英尺/米*1 米/5280 英里*3600 秒/小时 = 3224.7 英里/小时！将这个速度与在空气中平均 750 英里/小时的速度相比，你就会明白声纳扫描为何在瞬间就能捕捉到水底某个在某个合理距离范围内运动的物体了。

数学

如果你感兴趣，音速 c（不要跟音符 C 或者光速 c 相混淆）等于频率*波长，记作 f*λ。此外，速度还可以基于介质的张力和密度进行计算，使用如下公式：

$$c = 平方根(张力系数/密度系数)$$

这里张力和密度是上下文敏感的，而且只是音速计算的基础。实际上，还有很多关于在气体、固体和液体中计算音速的公式。

声音只是一种在空气中以恒定速度——音速传播的机械波。一个正在传播的声波有两个属性：振幅（*Amplitude*）和频率（*Frequency*）。声波的振幅就是空气振动的幅度。一个大的扬声器（或者一个大嘴巴的人）能够振动比较多的空气，因此发出的声音的音量就相对较大。声波的频率就是每秒从声源发出的完整的波形（或者叫周期）的数量，以赫兹 Hz 为单位。正常人类耳朵能听到的声波的频率范围为从 20 至 20000Hz。

此外，普通男性嗓音的频率范围为 20 至 2000HZ，而女性嗓音的频率范围为 70 至 3000HZ。男性嗓音中低音（Bass）成分多，而女性嗓音里颤音（Treble）成分多。图 10-2 所示为一些标准波形的振幅和频率。

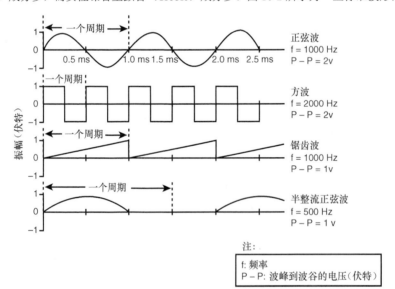

图 10-2　不同的波形

波形可以视为声音振幅变化形成的形状。有些声音改变很平滑，有些则会大起大落。即使两个声波有相同的振幅和频率，它们具体的波形使我们能够听出它们之间的区别。

最后，我们用耳朵听声音，这看起来似乎很简单，但是具体细节很复杂（似乎我要开始撒谎了）。你的耳朵里有很多毛状的称为纤毛（*Cilia*）的东西。这些纤毛中的每一根都可以感觉一个不同频段的声波。当声音像压力脉冲队列那样进入你的耳朵，这些纤毛就会振动并同相应频率的声音产生共振，并且将信号送入大脑中。然后你的大脑会把这些信号加工成对声音的知觉。也许在某些星球上的生物可以"看"见声音，所以记住，声音这个事物完全是主观的。惟一不变是声音如何传播及声音的物理特性，但是，这些特性也只是在一个没有被扭曲的空间里面是正确的。声音在黑洞附近和在加利福尼亚的一条高速公路上就具有不同的特性。

总之，声音是正在扩张或者收缩的压力波，它在空气中传播。其中张弛变化的速度被称为频率，与被移动的空气数量相应的成为相对振幅或音量。并且，声音有不同的波形，例如正弦波、方波、锯齿波等等。人可以听到的声波频率范围是 20～20000Hz，普通人的语音频率则是 2000Hz 左右。不过这些还没有揭开声音的全部秘密。

一种单一的音调总是正弦波，但它却可以有任意的频率和振幅。单一的音调听起来像是电子玩具或音频电话(实际上，音频电话中的每个按键发出两种音调，称双音频 DTMF，但这足够了)。要知道在现实世界中大多数声音像语音、音乐和户外周围的噪音都是由成百种甚至上千种单音混合而成的。所以，声音有一个频谱（*Spectrum*）。

数学

宇宙中的大多数基本波形是正弦波——SIN(t)。所有其他的波形都表示为一个或多个正弦波的线性组合或叠加。这可通过傅立叶变换（Fourier Transform）而得到数学上的证明，傅立叶转换就是把一个波形分解为正弦波的方法。该变换总能让数学系的学生头疼不已！

声音的频谱描绘了它的频率分布（*Frequency Distribution*）。图 10-3 显示了我的噪音的频率分布。你可以看到，我的噪音包含了许多不同的频率，但多数频率偏低。为了要产生实际的具有真实感的声音，你就必须理解声音是由许多不同频率和振幅的单音组成。

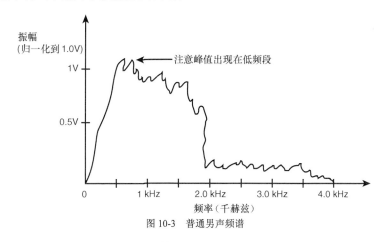

图 10-3 普通男声频谱

以上的声音原理已经很清楚了，但你的目的是要计算机发出声音。没问题，计算机可以通过电信号控制扬声器，使它以不同的速率、不同的力量（在合理的范围内）振动。下面让我们看具体怎样实现。

10.3 数码声音与 MIDI 比较——音质好且存储省

计算机可以发出两种类型的声音：数码声音（digital Sound）和合成声音（synthesized Sound）。数码声音只是对声音进行基本的记录，而合成声音是基于算法和硬件发声器并通过编程将声音再现。数码声音通常用于声效，如爆炸声和人们的谈话，而合成声音则用于音乐。现在，在大多数情况下，合成声音仅仅用于音乐，并不用于音效上。然而，在 20 世纪 80 年代，游戏程序员们使用 FM 合成器和音频发声器来产生机车、爆炸、枪炮、打鼓、警报等声音。当然，它们听起来没有数码音效效果好，但在当时还是不错的。

10.3.1 数码声音——从"位"开始

数码声音涉及数字化（Digitization），这就是说要用 1 或 0 对数据进行数字格式的编码，比如 110101010110。就象电子信号可以通过磁场来移动扬声器的圆形磁铁而发出声音一样，对麦克风讲话则造成相反的作用，即麦克风基于其感应到的振动产生一个电子信号。这些电子信号包含有用线性的或者模拟的电压来表示的声音信息，如图 10-4 所示。

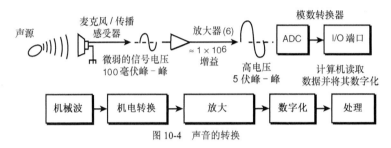

图 10-4 声音的转换

使用合适的硬件，就可以对包含有声音信息的线性电压进行采样和数字化编码。这就是你的 CD 播放器工作的方式。在 CD 上的信息以数字形式存储，而磁带上的信息以模拟形式存储。数字信息更容易处理，并且是惟一数字计算机可以直接处理的信息（毫不奇怪）。目前如果用计算机来处理声音，那么该声音必须用数模转换器转换为数字数据流，如图 10-5 的 A 部分所示：

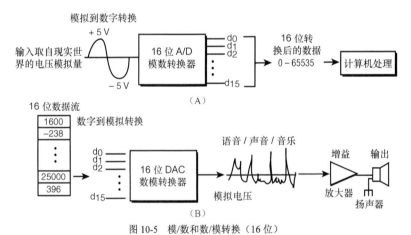

图 10-5 模/数和数/模转换（16 位）

一旦声音被记录进计算机存储器中，它就被处理或者用数模转换器（D/A）进行回放，如图 10-5 B 所示。关键在于你操作该声音信息之前，首先要将其转化为数字格式。但录制数字声音是需要技巧的。声音中包含了许多信息。如果你想逼真地对声音采样，有两个因素你必须考虑：频率和振幅。

单位时间内对你所录制声音进行采样的次数被称为采样频率（sample rate）。如果你想精确地再现声音，那么采样频率至少应该是其原始声音频率的两倍。换句话说，如果你对一个人的噪音——其频率范围为 20～

2000Hz——进行采样，那么你必须以 4000Hz 的采样频率进行采样。

刨根问底，这样做有其数学根据，而且是基于所有的声音都由正弦波构成这一事实。因此，如果能够采样声音中的频率最高的正弦波，那么就可以采样组成声音的所有较低频率的正弦波。要采样频率为 f 的正弦波，采样频率必须为 2*f。如果仅以 f 的速率采样，就无法确定是在一个周期的波峰还是波谷上进行了采样。换句话说，要用两个点来重构一个正弦波。这被称为香农定理（*Shannon's Theorem*），最小采样率被称为尼奎斯特频率（Nyquist frequency）。

第二个采样参数是振幅解析度（amplitude resolution）—— 即要用多少个不同的值来表示振幅？如果每个采样值用 8 位表示，那么就有 256 种不同的振幅。对游戏而言这足够了，但要对声音和音乐进行专业级的再现的话，你至少要用 16 位解析度，即有 65536 个不同的可能取值。

这就是数码声音。本质上说，它就是对声音的录制或采样从而使该声音从模拟信号转化为数字信号。数码声音用于音效和比较短的声音是很好的，但对较长的声音并不合适，因为它的存储要求较高——比如 16 位、44.1KHz，CD 品质的声音每秒占用 88KB 的空间。换句话说，如果你的游戏是在 CD 上，那么要留下几百兆的空间用来存储数码音乐。最后，99%的情况下数字音乐比合成音乐好听多了，但在 DirectMusic 下，合成音乐听起来也不错。

10.3.2　合成声音与 MIDI

尽管数码声音是目前最好的声音，但合成声音也有很长的历史，并且还在变得越来越好。合成声音不是数字化的录制；它是基于对声音的描述而进行的数学再现。合成声音使用硬件和算法基于对目标声音的描述来生成。例如，如果想听 440Hz 的纯 A 大调，你可以设计一套能产生频率范围 0～20000Hz 纯正弦波的硬件，然后下指令让它发出 440Hz 的音调。这是合成声音的基础。

问题是大多数人并不想听单音调（除非你在听一张音乐生日贺卡），所以硬件至少要支持同时回放 16～32 种不同的音调，如图 10-6 所示。这样的效果还不坏，七八十年代的许多视频游戏机就使用类似的技术，但人们仍然不满足。问题在于大多数声音包含许多不同的频率；它们有低音、高音和和声（很多频率的复合）。这使声音听起来有质感而且饱满。

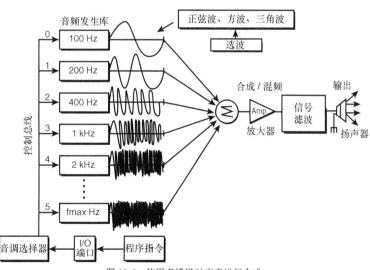

图 10-6　使用多通道对声音进行合成

警告

通常，我不使用"质感（*Textured*）"和"饱满（*Full*）"来描述声音，因为它们不符合我一贯"酷"的作风，但我又不得不使用，这是因为它们是大多数音乐人使用的通用术语。

最初对声音进行的比较好的合成是 FM 合成（FM synthesis）。记得 Ad-Lib 卡吗？它是声霸卡的鼻祖和第一块支持多通道 FM 合成的声卡。（FM 代表频率调制，即调频 frequency modulation）。一个 FM 合成器可以改变的不仅有正弦波的振幅，还有频率。

FM 合成在数学上是基于反馈进行的。一个 FM 合成器把输出信号反馈给自己，从而调制信号、产生和声并且从原始的单正弦波生成移相音频。结果就是同单音频相比 FM 合成声音听起来逼真得多。

10.3.3　MIDI 概述

而几乎同时，关于 FM 合成的各种文件格式也都出现了，一种流行的合成音乐文件格式叫做 MIDI（Musical Instrument Digital Interface，音乐设备数字接口）。MIDI 是一种使用基于时间的函数来描述乐谱的语言。一个 MIDI 序列把音乐描述为基调、乐器和特殊的代码，而不是采用把声音数字化的方法。例如，一个 MIDI 文件可能如下所示：

```
Turn on Channel 1 with a B flat.
Turn on Channel 2 with a C sharp.
Turn off Channel 1.
.
.
.
Turn all channels off.
```

当然，这个信息实际是以二进制流编码的，我给出文本格式是为了便于阅读。此外，每一个 MIDI 通道都是与不同的乐器或声音有关的。你可能会有十六个通道，每一个代表不同的乐器，如钢琴、鼓、吉他、贝司、长笛、号等等。所以 MIDI 实际上是一种对音乐进行间接编码的方法。

不过，它最后是把合成工作留给了硬件，而只记录实际的音乐音符和定时数据。在一台计算机上播放的 MIDI 可能听起来与另一台上播放的完全不同，这是由于合成的方法以及乐器的数据不同的缘故。而另一方面，跟需要数兆字节的存储空间的数码声音格式相比，可播放一个小时的 MIDI 音乐可能仅仅占用几百千字节的存储空间！所以它在很多情况下是很有效率的。

MIDI 和 FM 合成的问题在于它们只适用于乐曲。当然，你可以设计 FM 合成器让它产生爆炸或者激光束声响效果，但是这种声音通常听起来都非常单调，并且不能和数码声音所具有的真实感相比。因此，人们发明了很多高级的硬件合成方法，比如波表（wave table）技术和波导（wave guide）技术。

10.4　发声硬件

如今现有的声音合成技术分三类：FM，波表（包括软波表）和波导。你已经了解了 FM。那么，下面我们就来看一下波表和波导。

10.4.1　波表合成

波表合成是混合使用合成和数字录音的技术。它是这样工作的：波表包含大量的真实的、采样得来的数码声音。然后再由 DSP（Digital Signal Processor，数字信号处理器）对这些数据进行处理，并将这些真实的采样结果按照任意的频率和振幅进行回放。因此，你可以对一个真实的钢琴进行采样，然后使用波表合成技术来播放这台钢琴的任何音符。这样听起来就几乎和数码录音效果一样好了。但是你还是必须要对原始的声源进行采样，而这样又势必要占用较大的存储空间。创新公司（Creative Labs）的 AWE32 声卡就是一个很好的例子。

除了硬件波表，还有基于软件合成器的软波表系统，比如 Amigas 机器的 MOD 文件格式和在 DirectMusic 中使用的 DLS 系统。现在的计算机的运算速度已经足够快，你通常只需要一个 D/A 转换器来进行数码声音的播放，而利用计算机基于对真实乐器的软件采样来合成数码声音，就像硬波表一样。只要你能够让 DSP 实时工作，并且能够对频率、振幅等等进行处理，就不再需要其他任何硬件了！实际上 DirectMusic 正是这样工作的。

10.4.2　波导合成

波导合成是目前最好的合成技术。通过使用 DSP 芯片和其他专用硬件，现在的声音合成器就可以生成真实的乐器数学模型，而用户只需要简单地播放就可以了！听上去象是科幻小说的情节，但它确是事实。利用这项技术，人的耳朵已经区分不出真实的乐器以及波导模拟的乐器之间的差异。因此，你只要创建一个 MIDI 文件来控制波表或者波导合成器，就能得到很好的播放效果。创新公司的 AWE64 Gold 和更高版本都使用了这项技术。

最后结论就是，合成器可以产生具有相当真实感的音乐，但是音乐数据必须被编码为 MIDI。同样的问题是，如果你想产生话音或者其他特殊音效，合成器就很难实现，就算使用波导技术也仍然需要专门的软件。

无论如何，使用了 DirectMusic 你就可以利用数字化的声音对乐器进行编排，然后像音符一样进行播放，这样问题就解决了。因此，你可以利用数码声音制作所有的音效而利用 DirectMusic 制作乐曲。当然，要做的工作可能不仅仅是简单的播放一个 wave 波形文件，但是 DirectMusic 在所有机器上听起来都是一样的，并且是免费的，而且可以读取标准的 MIDI 文件。如果你愿意使用，还有大量的特性可供选择。因此，你可能会决定混合使用两者：DirectSound 用于音效，DirectMusic 用于音乐。

10.5　数码录音：设备和技术

在结束声音和音乐的预备课程之前，我想给你一些关于如何给游戏录制声音和音乐的提示。因为我总是收到很多关于这个问题的电子邮件。至少有 3 种方法可以创建数码采样：

- 用麦克风或者外部输入从现实世界中采样
- 购买数字或模拟格式的采样声音，下载或录制下来使用
- 用波形合成软件合成数码声音，如：Sound Forge

第三种方法好像有一些难度，但如果你没有可录制的声源，而又想用数字硬件来产生纯音调，这些软件就会很管用。但前两种方法对我们来说是最重要的。

如果你正在编制一个有很多语音对白的游戏，你可能会采样你自己的话音（或朋友的话音），然后用某个软件来进行调整，并将其运用在你的游戏中。对那些用到标准的爆炸、门、咆哮等音效的游戏来说，你完全可以使用通用的音效片段。比如：几乎所有游戏音效行业里的人都会拥有一份 Sound Ideas General 6000/7000＋音库。它有 40 张 CD、数千种音效，本来是用于电影制作的，所以其中的音效素材可以说是包罗万象。但如果总是让我在正式公映的电影中听到和 DOOM/Quake 游戏里相同的门的声效的话，我简直是

要发狂扯下自己的耳朵了。

专业音库的惟一问题就是其价格不菲——一份完整的授权通常售价 2500 美元。你该怎么办呢？多数计算机店都有 5 美元一张的音效 CD。你可能需要买几张，但通常两三张就可以满足你的工作需要了——包括一些汽车、飞船、怪物等的音效。然而，由于我人品好，所以我愿意为你提供一整套曾用于我的一个游戏中的很酷的音效文件。它们存在本书的配套光盘的 SOUNDS\目录下，都采用了.WAV 格式，所以你可以在你的游戏中直接调用，但是你可能想重新采样和处理，因为这些声音是改自很多不同游戏中的声效的。

10.5.1　录制声音

如果你要录制自己的声音，我建议采用如下设置：使用 16 位、单声道、22kHz 频率进行原始采样。记住，不要使用立体声。DirectSound 跟单声道配合地最好，所以录制立体声没有什么意义。并且大多数你能制作或录音的声音在本质上都是单声道的，因此用立体声录制只是浪费存储空间。

如果你要从插入声卡的麦克风进行录制，那就要买一个好点的麦克风。好的麦克风感觉很沉。正应了那句老话“如果它有分量，它就是好的”。同时，要在没有背景噪音和干扰的封闭房间里进行录音。如果你直接从一个设备录制声音，如 CD 播放器或收音机，确保连接接触良好，并使用高质量的音频连线。

最后，给你的声音文件取一个合适的名字。文件名的含义别太模糊了，除非事先很好地组织过这些文件，你将永远不能记住这个文件是什么内容。看在上帝的份上，现在已经是 21 世纪了——一定要使用长文件名！

10.5.2　处理声音

一旦你已经使用了 Sound Forge 或类似的软件来采样你的声音，你很可能想对这些声音进行后期加工。你也可以使用 Sound Forge 或类似的软件来完成所有这些工作。在后期处理时，你可能会想要剪除无声部分、调整音量、消除杂音，及增加回声等。无论如何，我建议当执行这些编辑操作时，应当先进行备份，而不要破坏原始数据。给重新处理产生的音频文件名加上数字后缀。否则原始数据一旦丢失，就再也无法挽回了！

当你在处理声音时，可以尝试使用移频、回声、扭曲和一些其他的音响效果。当你发现一个比较酷的效果时，记录下处理顺序以便再次制造同样的效果。我不知道有多少次我把我的声音加工成完美的女性计算机声，但却忘记了记下加工步骤。

最后，当处理完所有的声音以后，要用同样的格式进行保存，例如统一使用 8 位或 16 位、22 kHz 或 11kHz 的单声道格式。这在以后用 DirectSound 处理你的声音时，会很有效率。如果你混合使用不同的采样率和位的声音来进行采样，DirectSound 将不得不每次都要将其转换到其默认的 22kHz 8 位格式。

提示

DirectSound 的内部格式是 22kHz、8 位立体声。但自然界中的大多数声音都是单声道的，除非你在不同的位置用两个麦克风进行录音，或者你有真正的立体声数据，否则对 DirectSound 传入立体声数据只是种浪费。

10.6　DirectSound 中的麦克风

DirectSound 是由许多组件或接口组成的，就像 DirectDraw 一样。不过，由于这是一本关于游戏编程的书，所以我们只能把时间放在最重要的内容上。因此，我不打算讨论其 3D 声音组件、DirectSound3D 以及声音捕获接口 DirectSoundCapture。我将要讨论的重点是在 DirectSound 的主要接口上。相信我，那就已经够你忙活的了。

图 10-7 阐述了 DirectSound 与 Windows 其他子系统的关系。你可以注意到它与 DirectDraw 非常相似。然而，DirectSound 还有一个 DirectDraw 所没有的很酷的特征——即使你没有声卡的 DirectSound 驱动，DirectSound 仍然可以工作，但它将转而使用仿真技术和 Windows DDI（Device Driver Interface，设备驱动接口）。因此只要你在发布的产品中附带了 DirectSound.DLL 动态连接库，即使用户没有声卡的 DirectSound 驱动，代码也仍然可以运行。其运行速度可能不会太快，但它确实可以运行。这一点超级酷。

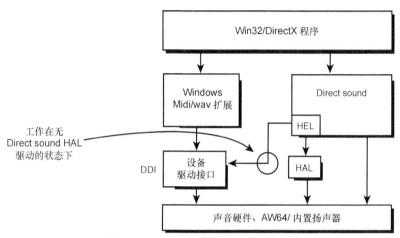

图 10-7　DirectSound 在 Windows 中的位置

DirectSound 有两个组件是我们关心的：

● 当你使用 DirectSound 时加载的动态连接库.DLL

● 编译时的库文件 DSOUND.LIB 和头文件 DSOUND.H

要创建一个 DirectSound 应用程序，你只需要在你的应用程序中包含这些文件，然后其他事情应该就没有问题了。

要使用 DirectSound，你必须创建一个 DirectSound COM 对象，然后从主对象中请求各种接口。图 10-8 说明了 DirectSound 的主要接口。

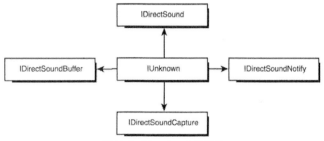

图 10-8　DirectSound 的接口

● **IUnknown** —— 所有 COM 对象的基对象。

- **IDirectSound** —— DirectSound 的主 COM 对象。它代表音频硬件本身。如果你的计算机中有一块或多块声卡，那么每一块声卡都需要一个 DirectSound 对象。
- **IDirectSoundBuffer** —— 代表混音硬件和实际的声音。有两种类型的 DirectSound 缓冲：主缓冲和辅助缓冲（看看 DirectSound 同 DirectDraw 多么相似）。只有一个主缓冲提供正在播放的声音，通过硬件（希望是硬件）或软件把它们混合起来。辅助缓冲提供存储的用来回放的声音。它们可以位于系统内存或者声卡的 RAM（SRAM）中。无论哪种情况，只要你的系统运算速度够快并且你有足够的内存，你就可以在辅助缓冲中存放尽可能多的声音。图 10-9 表示了主声音缓冲和辅助声音缓冲的关系。

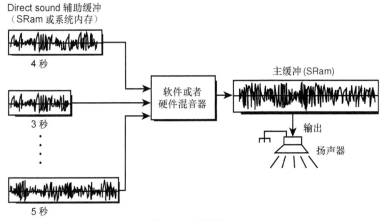

图 10-9　声音缓冲

- **IDirectSoundCapture** —— 你不会使用到这个接口，但像我说过的，它在录制和捕获声音时是有用的。可以利用它让播放器记录某人的名字，或者，如果你热衷 techno 音乐的话，可以用它来实时捕捉语音以进行声音识别。
- **IDirectSoundNotify** —— 这个接口被用于反馈消息给 DirectSound。在一个具有复杂的声音系统的游戏中，你可能需要用到这个接口，但没有它也可以。

要使用 DirectSound，你要首先创建主 DirectSound 对象，创建一个或多个辅助声音缓冲，在其中加载声音文件，然后播放任何你想播放的声音。DirectSound 会处理所有的细节，如混音。因此让我们从创建主 DirectSound 对象开始。

注意

在 DirectX 8.0 中有一个新的 DirectSound 接口，IDirectSound8。微软公司跳过了从版本 2 直到版本 7 的所有版本。但是 IDirectSound8 没有为我们带来任何新的东西。我们正在使用的标准 DirectSound 接口实际上自从 DirectX 3.0 就存在了。

10.7　初始化 DirectSound

主 DirectSound 对象代表一块声卡。如果你有多块声卡，就必须枚举、检测并且为它们申请各自的 GUID（Globally Unique Identifiers，全局惟一标识符）。但如果你仅仅想连接默认声音设备，你就不需要进行检测，只要简单地创建一个代表主声卡的 DirectSound 对象就够了。下面是代表 DirectSound 对象的接口指针：

```
LPDIRECTSOUND lpds;              // directsound interface pointer
```

为了创建一个 DirectSound 对象，你必须调用 DirectSoundCreate()，函数原型如下：

```
HRESULT DirectSoundCreate(
      LPGUID lpGuid,             // guid of sound card
                                 // NULL for default device
      LPDIRECTSOUND *lpDS,       // interface ptr to object
      IUnknown FAR *pUnkOuter)   // always NULL
```

该调用与过去创建 DirectDraw 对象的调用非常相似。通常这些资源都很相似；一旦你掌握了 DirectX 中的一部分，你就已经掌握了它的全部。问题在于微软公司不停地增加新的接口，你能学多快他们就加多快！总之，现在要创建一个 DirectSound 对象，可以这样做：

```
LPDIRECTSOUND lpds;              // pointer to directsound object

// create DirectSound object
if (DirectSoundCreate(NULL, &lpds, NULL)!=DS_OK )
   { /* error */ }
```

注意调用成功的返回值是 DS_OK（DirectSound OK），而不是 DD_OK (DirectDraw OK)。然而，这仅仅是一个向你展示新的 OK 代码的例子。还是像以前一样用 FAILURE() 和 SUCCESS() 宏来检查成功与失败，如下：

```
// create DirectSound object
if (FAILED(DirectSoundCreate(NULL, &lpds, NULL)))
   { /* error */ }
```

当然，当你使用完 DirectSound 对象之后，你必须这样释放它：

```
lpds->Release();
```

这一步应在你的应用程序的关闭阶段执行。

10.7.1　理解协作等级

在你创建了主 DirectSound 对象之后就应设定 DirectSound 的协作等级。就协作等级而言，DirectSound 比 DirectDraw 需要更高的技巧性。当控制声音系统时，你不能像控制 DirectDraw 那样太过于直接了。的确，你可以以较为直接的方法进行控制，但微软建议你不要硬来，因此最好接受他们的建议。

DirectSound 可以被设定为许多协作等级。主要可以分成两类：可控制主声音缓冲的设定和不可控制主声音缓冲的设定。记住，主缓冲代表实际的混音硬件或软件，它始终在混合声音并将其发送给扬声器。如果你操作主缓冲，DirectSound 将希望你确认你知道你在做什么，因为这可能不仅破坏或扭曲你的应用程序的声音，也会影响其他程序的声音。下面是每个协作等级的简述：

- 普通等级（Normal Cooperation）—— 这是所有设定中协作性最好的。当你的应用程序获得焦点时，它就可以播放声音，但其他应用程序也可播放声音。此外你没有主缓冲的写入权限，DirectSound 会为你创建一个 22kHz、8 位立体声的默认主缓冲。我建议你大多数情况下使用该设定。
- 优先等级（Priority Cooperation）—— 使用该设定，你就可以访问所有硬件，可以改变主混音器的设定，可以要求声卡完成更高级的内存操作，如压缩。这个设定只有在你必须改变主缓冲的数据格式时才是必要的——比如你想播放 16 位的采样值时可以这样做。
- 排他等级（Exclusive Cooperation）—— 同 Priority 一样，但只有你的应用程序在前台时才能发声。
- **Write_Primary 等级**（**Write_Primary** Cooperation）—— 这是最高优先级别。你可以完全控制。并且想听到声音就必须得自己控制主缓冲。如果你在写自己的混音程序或声音引擎，就只能使用该模式——我想只有 John Miles 才会使用这个等级。:)

10.7.2　设定协作等级

依我看来，在你掌握 DirectSound 的用法以前你应该使用普通等级。它是最容易使用的，操作起来也很平滑。要设定协作等级就要使用主 DirectSound 对象的接口中的 SetCooperativeLevel()函数。下面是原型：

```
HRESULT SetCooperativeLevel(HWND hwnd,      // window handle
                            DWORD dwLevel);  // cooperation level setting
```

如果调用成功的话则返回 DS_OK，否则返回其他值。但记住要检测错误，因为很可能别的应用程序在控制声卡。表 10-2 列出了不同协作等级的不同设定标志。

表 10-2　　　　　　　　DirectSound　函数 SetCooperativeLevel()的设定值

值	描述
DSSCL_NORMAL	设定普通等级。
DSSCL_PRIORITY	设定优先等级，允许你设置主缓冲的数据格式。
DSSCL_EXCLUSIVE	除了你的应用程序在前台时排他以外，该级别跟优先等级相同。
DSSCL_WRITEPRIMARY	完全控制主缓冲。

下面是在你创建完 DirectSound 对象之后如何将协作等级设定为普通等级：

```
if (FAILED(lpds->SetCooperativeLevel(main_window_handle,
           DSSCL_NORMAL)))
   { /* error setting cooperation level */ }
```

很酷，不是吗？看一看光盘中的 DEMO10_1.CPP|EXE。它创建了一个 DirectSound 对象，设定了协作等级，然后在退出时释放了对象。它并没有发出任何声音——那是下面的内容！

提示

如果要编译本章的例程，确认在你的工程里面包含了 DSOUND.LIB 库文件。

10.8　主声音缓冲区与辅助声音缓冲区

代表声卡本身的 DirectSound 对象有一个惟一的主缓冲。该主缓冲代表声卡上的混音硬件（或软件）并始终运行，就如同一个小传送带。手动进行主缓冲混频十分复杂，所幸你不必自己完成。只要你没有将协作等级设为 **Write_Primary** 等级，DirectSound 就会为你管理好主缓冲。另外，只要你把协作等级设定地低一些，如 DSSCL_NORMAL，DirectSound 就会为你创建一个主缓冲而不需要你自己创建。

惟一缺憾的是主缓冲将被设定为 8 位 22kHz 立体声。如果你想用 16 位或较高的频率进行回放，你就得至少将协作等级设为 DSSCL_PRIORITY，然后为主缓冲设置新的数据格式。但现在只需使用默认值，因为这样使事情变得很简单。

10.8.1　使用辅助缓冲区

辅助缓冲代表你想播放的声音。它们可以为任意大小，只要你的计算机有足够的内存。然而，声卡上的 SRAM 却只能存储一定的数据，因此当请求在声卡上存储声音时一定要小心。但存储在声卡上的声音只要占用很少的处理器资源就能播放，要把这一点牢记在心。

有两种类型的辅助缓冲——静态（static）和流（streaming）。静态声音缓冲中是你打算保持并且要反复播放的声音。它是 SRAM 或系统内存很好的替补。流声音缓冲则稍有不同。假设你准备用 DirectSound 播放一整张 CD。我想你不会有足够的系统 RAM 或 SRAM 来存储 650M 的音频数据，因此你不得不按块读取数据并且连续地送到 DirectSound 缓冲里。这就是流缓冲所起的作用。你不断地用要播放的新的声音数据填充流缓冲。听起来很有技巧吧？参见图 10-10。

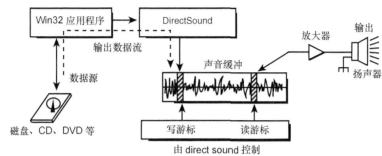

图 10-10　流输出音频数据

通常，所有的辅助声音缓冲都可以被写入静态或流缓冲中。然而，由于在你写入时声音可能正在播放，DirectSound 使用了循环缓冲（*Circular Buffering*）来对此加以解决，这意味着每个声音都是以循环数组的形式存储，通过一个播放游标（*Play Cursor*）不断地从一个点读取数据，通过写入游标（*Write Cursor*）写到另一个点（稍微比第一个点往后一些）。如果不需要在声音被播放时将数据写入声音缓冲，你就不必担心这一点，但在输出音频流时你需要考虑这个问题。

为提高这个复杂的、缓冲的实时写入的性能，声音缓冲的数据访问函数可能返回一个被分成两部分的内存地址，因为可能你试图写入的数据块位于缓冲的末端并且溢出到缓冲的始端。如果你要输出音频流，你就需要清楚这一点。然而，这在大多数游戏中是没有意义的，因为你的音效只有几秒钟长度，音轨则是按需载入缓冲的，通常只需要几兆的 RAM 就可以存储下所有的音频数据。在有 32MB 内存或者更多内存的计算机中使用 2～4MB 的内存空间储存声音不是什么大问题。

10.8.2　创建辅助声音缓冲区

要创建辅助声音缓冲，你必须用适当的参数调用 CreateSoundBuffer()。如果调用成功，函数就会创建一个声音缓冲，对其进行初始化后返回一个如下类型的接口指针：

```
LPDIRECTSOUNDBUFFER lpdsbuffer; // a directsound buffer
```

然而，在你调用 CreateSoundBuffer() 之前，你必须建立一个 DirectSoundBuffer 的描述性结构，它与 DirectDrawSurface 的描述是很相似。该描述性结构的类型为 DSBUFFERDESC，原型如下：

```
typedef struct
{
DWORD  dwSize;                 // size of this structure
DWORD  dwFlags;                // control flags
DWORD  dwBufferBytes;          // size of the sound buffer in bytes
DWORD  dwReserved;             // unused
LPWAVEFORMATEX lpwfxFormat;    // the wave format
} DSBUFFERDESC, *LPDSBUFFERDESC;
```

dwSize 字段为标准 DirectX 的结构大小字段，dwBufferBytes 字段是你所希望的以字节为单位的缓冲区大小，而 dwReserved 字段没有被使用。我们真正在意的字段是 dwFlags 和 lpwfxFormat。dwFlags 包含着声音缓冲的创建标志。表 10-3 中列出更多基本的标志设定值。

表 10-3	DirectSound 辅助缓冲创建标志值
值	描述
DSBCAPS_CTRLALL	缓冲拥有全部控制功能。
DSBCAPS_CTRLDEFAULT	缓冲拥有默认的控制功能。如同设置了标志 DSBCAPS_CTRLPAN, DSBCAPS_CTRLVOLUME 和 DSBCAPS_CTRLFREQUENCY 一样。
DSBCAPS_CTRLFREQUENCY	缓冲拥有频率控制功能。
DSBCAPS_CTRLPAN	缓冲拥有声道平衡控制功能。
DSBCAPS_CTRLVOLUME	缓冲拥有音量控制功能。
DSBCAPS_STATIC	表明缓冲用于静态声音数据，大多数情况下，你将在硬件内存中创建这些缓冲。
DSBCAPS_LOCHARDWARE	如果内存足够的话，使用硬件混频和内存建立声音缓冲。
DSBCAPS_LOCSOFTWARE	即使 DSBCAPS_STATIC 被指定并且硬件资源可用，仍然强制缓冲存储存储在软件内存中，并且使用软件混音。
DSBCAPS_PRIMARYBUFFER	表明缓冲是主声音缓冲。只当想创建主缓冲的时候，才设定该标志。

通常情况下你为默认控制、静态声音及系统内存设定 DSBCAPS_CTRLDEFAULT | DSBCAPS_STATIC | DSBCAPS_LOCSOFTWARE 就可以了。如果你想使用硬件内存，用 DSBCAPS_LOCHARDWARE 代替 DSBCAPS_LOCSOFTWARE。

注意

你赋予一个声音的能力（Capabilities）越多，那么在听到声音前处理的道数（道：软件过滤）就越多。这意味着处理时间增加。当然，如果你不需要音量控制、声道平衡、频率转换，那么忘掉 DSBCAPS_CTRLDEFAULT，只要设定你所需要的功能就行了。

现在让我们看看 WAVEFORMATEX 结构。它包含了对你希望缓冲代表的声音文件的描述（这也是一个标准的 Win32 结构），其中的参数像回放频率、声道数量（1-单声道或 2-立体声），采样位数等都记录在该结构中。下面是它的原型：

```
typedef struct
{
WORD  wFormatTag;      // always WAVE_FORMAT_PCM
WORD  nChannels;       // number of audio channels 1 or 2
DWORD nSamplesPerSec;  // samples per second
DWORD nAvgBytesPerSec; // average data rate
WORD  nBlockAlign;     // nchannels * bytespersmaple
WORD  wBitsPerSample;  // bits per sample
WORD  cbSize;          // advanced, set to 0
} WAVEFORMATEX;
```

很简单吧。从根本上说，WAVEFORMATEX 包含了对声音的描述，此外，你需要作为 DSBUFFERDESC 的一部分来建立一个 WAVEFORMATEX。让我们从 CreateSoundBuffer()函数的原型开始看具体怎样做：

```
HRESULT CreateSoundBuffer(
 LPCDSBUFFERDESC lpcDSBuffDesc,  // ptr to DSBUFFERDESC
 LPLPDIRECTSOUNDBUFFER lplpDSBuff, // ptr to sound buffer
 IUnknown FAR *pUnkOuter);       // always NULL
```

下面是一个例子，以 11kHz 单声道 8 位模式建立一个足够存储 2 秒声音的辅助 DirectSound 缓冲：

```
// ptr to directsound
LPDIRECTSOUNDBUFFER lpdsbuffer;

DSBUFFERDESC dsbd;             // directsound buffer description
```

```
WAVEFORMATEX  pcmwf;                        // holds the format description

// set up the format data structure
memset(&pcmwf, 0, sizeof(WAVEFORMATEX));
pcmwf.wFormatTag    = WAVE_FORMAT_PCM; // always need this
pcmwf.nChannels     = 1;               // MONO, so channels = 1
pcmwf.nSamplesPerSec = 11025;          // sample rate 11khz
pcmwf.nBlockAlign   = 1;               // see below

// set to the total data per
// block, in our case 1 channel times 1 byte per sample
// so 1 byte total, if it was stereo then it would be
// 2 and if stereo and 16 bit then it would be 4

pcmwf.nAvgBytesPerSec =
            pcmwf.nSamplesPerSec * pcmwf.nBlockAlign;

pcmwf.wBitsPerSample = 8;              // 8 bits per sample
pcmwf.cbSize        = 0;               // always 0
// set up the directsound buffer description
memset(dsbd,0,sizeof(DSBUFFERDESC));
dsbd.dwSize = sizeof(DSBUFFERDESC);
dsbd.dwFlags= DSBCAPS_CTRLDEFAULT | DSBCAPS_STATIC |
            DSBCAPS_LOCSOFTWARE ;

dsbd.dwBufferBytes   = 22050;          // enough for 2 seconds at
                                       // a sample rate of 11025

dsbd.lpwfxFormat    = &pcmwf;          // the WAVEFORMATEX struct

// create the buffer
if (FAILED(lpds->CreateSoundBuffer(&dsbd,&lpdsbuffer,NULL)))
    { /* error */ }
```

如果该函数调用成功的话，一个新的声音缓冲就建立了，并且被传递给 lpdsbuffer，该缓冲就是准备播放的。惟一的问题在于缓冲区中并没有任何数据，所以必须用你的声音数据填充声音缓冲。你可以从存储声音数据的.VOC、.WAV、.AU 文件或者其他任何包含声音数据的文件中读取数据，然后解析这些数据并填充到缓冲里面。你也可以根据算法生成数据，然后将其写入缓冲区中以进行测试。下面让我们看看如何把数据写入缓冲区，稍后我将介绍如何从磁盘上读取声音文件。

10.8.3　把数据写入辅助声音缓冲区

如前所述，辅助声音缓冲实际上是循环的，因此写入时比处理标准的线性数组要复杂些。例如，通过使用 DirectDraw 接口，你只需锁定表面内存，接着就可以向其中写入数据。(这是可能的，因为有一个驱动会将非线性内存转换为线性内存。)DirectSound 以相似的方式工作：锁定它，但不是得到一个返回指针，而是两个！因此，你必须先把一部分数据写入第一个指针指向的内存，其余的写入第二个指针指向的区域。看一下 Lock()的原型来理解我的意思：

```
HRESULT Lock(
  DWORD dwWriteCursor,       // position of write cursor
  DWORD dwWriteBytes,        // size you want to lock
  LPVOID lplpvAudioPtr1,     // ret ptr to first chunk
  LPDWORD lpdwAudioBytes1,   // num bytes in first chunk
  LPVOID lplpvAudioPtr2,     // ret ptr to second chunk
  LPDWORD lpdwAudioBytes2,   // num of bytes in second chunk
  DWORD dwFlags);            // how to lock it
```

如果把 dwFlags 设定为 DSBLOCK_FROMWRITECURSOR，那么缓冲将从当前写入游标被锁住。如果把 dwFlags 设定为 DSBLOCK_ENTIREBUFFER，缓冲将被完全锁住。工作的时候应该这样，尽量保持简单。

例如，你已经创建了一个容量为 1000 字节的声音缓冲。当你为了写入数据而锁住缓冲时，你将得到两个返回指针以及每个可以写入的内存段的大小。第一个块可能是 900 字节，第二个块则是 100 字节。关键在于必须把前 900 字节的数据写到第一块内存区域，剩下的写到第二块内存区域。参考图 10-11。

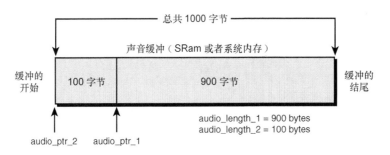

注：ptrs 是降序排列的

图 10-11　锁定声音缓存

下面是锁定 1000 字节声音缓冲的例子：

```
UCHAR *audio_ptr_1,      // used to retrieve buffer memory
      *audio_ptr_2;

int audio_length_1,      // length of each buffer section
    audio_length_2;

// lock the buffer
if (FAILED(lpdsbuffer->Lock(0,1000,
   (void **)&audio_ptr_1, &audio_length_1,
   (void **)&audio_ptr_2, &audio_length_2,
   DSBLOCK_ENTIREBUFFER )))
   { /* error / }
```

一旦你锁住了缓冲区，你就可以方便地向其中写入数据。数据可以来自一个声音文件或由计算算法生成。当你使用完了声音缓冲后，你必须用 Unlock() 函数解锁。Unlock() 要求两个指针和两个长度作为参数：

```
if (FAILED(lpdsbuffer->Unlock(audio_ptr_1,audio_length_1,
                    audio_ptr_2,audio_length_2)))
   { /* problem unlocking */}
```

通常，你使用完了声音缓冲后，必须像下面这样用 Release() 将其释放掉：

```
lpdsbuffer->Release();
```

可是，直到你不再需要时再释放声音，否则你必须重新加载。

现在让我们看看如何使用 DirectSound 播放声音。

10.9　渲染声音

一旦你创建了所需的声音缓存并且在其中加载了声音，你就可以准备播放了（当然，只要你愿意，你可以随时创建和销毁声音）。DirectSound 有许多控制函数用来播放声音以及在播放过程中改变播放参数。你可以改变音量、频率、左右声道平衡等。

10.9.1　播放声音

要播放缓冲区中的声音数据可以使用 Play()函数，其原型是：

```
HRESULT Play(
  DWORD dwReserved1, DWORD dwReserved2,      // both 0
  DWORD dwFlags);                            // control flags to play
```

惟一被定义的标志就是 DSBPLAY_LOOPING。设定这个值可以循环播放声音。如果你只打算播放一次，把 dwFlags 设为 0。下面是一个循环播放声音的实例：

```
if (FAILED(lpdsbuffer->Play(0,0,DSBPLAY_LOOPING)))
  { /* error */ }
```

为你想要重复的音乐或其他声音素材使用循环播放参数。

10.9.2　停止播放

一旦你启动一个声音后，你可能想在它播放完之前终止它。完成这个操作的函数是 Stop()，其原型为：

```
HRESULT Stop();                             // that's easy enough
```

下面是如何停止在上面例子中启动的声音的代码：

```
if (FAILED(lpdsbuffer->Stop()))
  { /* error */ }
```

现在你对 DirectSound 的了解已经足够写出一个完整的 DirectSound 演示程序了。参见 CD 上的 DEMO10_2.CPP|EXE。它创建了一个 DirectSound 对象和一个辅助声音缓冲，然后将合成正弦波加载到缓冲，最后播放。程序很简单，但它有效地展示了要播放声音所要了解的全部内容。

10.9.3　控制音量

DirectSound 提供控制音量或声音振幅的功能，然而这一点并不是没有条件的。如果你的硬件不支持音量调节，DirectSound 就不得不用新的振幅重新混音。这就要多消耗一些处理器资源。下面是所用函数原型：

```
HRESULT SetVolume(LONG lVolume);            // attenuation in decibels
```

SetVolume()与你所期待的工作方式不一样。它不是通过对 DirectSound 下指令增大或减小振幅，而是控制播放的衰减。如果传入的值为 0，这相当于 DSBVOLUME_MAX，声音将被无衰减播放——即最大音量。如果设定为-10000 或 DSBVOLUME_MIN，那么衰减将达到最大：-100dB，这时听不到任何声音。

最好是创建一个封装函数（Wrapper Function）以便你传送一个 0～100 间的值或其他更自然的值。下面的宏转换完成了这项工作：

```
#define DSVOLUME_TO_DB(volume) ((DWORD)(-30*(100 - volume)))
```

这里音量是从 0～100，100 是最高音量，0 是静音。下面是一个以 50%的音量播放声音的例子：

```
if (FAILED(lpdsbuffer->SetVolume(DSVOLUME_TO_DB(50))))
  { /* error */ }
```

注意

如果你不了解分贝的概念，那么我会告诉你它是一个基于贝尔（*bel*）的声音或能量的度量单位，是以 Alexander Graham Bell 的名字命名的。在电子学中，许多量都是用对数（*Logarithmically*）来度量的，分贝就是其中的一个例子。换句话说，0dB 代表没有衰减，−1dB 代表衰减到原始值的 1/10，−2dB 代表衰减到原始值的 1/100，依此类推。因此衰减-100dB 后的声音连蚂蚁都听不到！

记住在有些标度中 dB 是被乘过比例系数 10 倍（或者 2 倍）的。所以−10dB 就是 1/10，−20dB 就是 1/100。这个度量单位就是那些每个学科都有自己定义的单位之一：工程学、数学、物理学分别有不同的定义。

10.9.4　调整频率

应用于声音的最酷的操作就是改变回放频率。这样可以改变声音的音调，可以使声音变慢且邪恶，或变快且愉快的（讨厌：）。你可以随时变化，使你的声音忽而听起来像花栗鼠，忽而像 Darth Vader。使用 SetFrequency() 函数来改变回放频率，如下：

```
HRESULT SetFrequency(
  DWORD dwFrequency); // new frequency from 100-100,000Hz
```

下面使声音播放加快：

```
if (FAILED(lpdsbuffer->SetFrequency(22050)))
   { / * error */ }
```

如果原始声音是以 11025Hz（11kHZ）采样，那么新的声音就以两倍的速度来播放，音调也提高两倍，但时间却只用一半。

10.9.5　调整声道平衡

下面一个很酷的事情就是你可以改变声音立体声的声道平衡，或者说每一个扬声器发出的能量。例如，如果你以同样的音量在两个扬声器（或者耳机）播放同一个声音，那么感觉上声音就在你的前面。但你调整音量到右边的扬声器，声音好像在向右移动。这就是所谓的平移（Panning），可以帮你创建局部的 3D 音效(很粗略的方式)。

设定环绕立体声声道平衡的函数是 SetPan()，下面是其原型：

```
HRESULT SetPan(LONG lPan); // the pan value -10,000 to 10,000
```

声道平衡值再一次使用了对数：0 代表位置完全处于中间，-10000 是右声道有-100dB 的衰减，10000 是左声道有-100dB 的衰减。有些笨吧？无论如何，下面是右声道衰减-5dB 的例子：

```
if (FAILED(lpdsbuffer->SetPan(-500)))
   { /* error */ }
```

10.10　用 DirectSound 反馈信息

你可能想知道有什么方法查询 DirectSound 关于声音系统的信息或正在播放的声音的信息，比如声音是否播放完毕。当然有方法进行查询，DirectSound 有许多函数做这项工作。下面是一个用来取得你的硬件性能的 DirectSound 通用函数：

```
HRESULT GetCaps(LPDSCAPS lpDSCaps); // ptr to DSCAPS structure
```

该函数接受一个指向 DSCAPS 结构的指针作为输入，并为其填充值。下面是 DSCAPS 结构的定义供你参考（你可能要参考 DirectX SDK 以得到更多完整的这些字段的描述，但其中的大多数字段都可按其字面意思理解）：

```
typedef {
    DWORD   dwSize;
    DWORD   dwFlags;
    DWORD   dwMinSecondarySampleRate;
    DWORD   dwMaxSecondarySampleRate;
    DWORD   dwPrimaryBuffers;
    DWORD   dwMaxHwMixingAllBuffers;
    DWORD   dwMaxHwMixingStaticBuffers;
    DWORD   dwMaxHwMixingStreamingBuffers;
    DWORD   dwFreeHwMixingAllBuffers;
    DWORD   dwFreeHwMixingStaticBuffers;
    DWORD   dwFreeHwMixingStreamingBuffers;
```

```
    DWORD dwMaxHw3DAllBuffers;
    DWORD dwMaxHw3DStaticBuffers;
    DWORD dwMaxHw3DStreamingBuffers;
    DWORD dwFreeHw3DAllBuffers;
    DWORD dwFreeHw3DStaticBuffers;
    DWORD dwFreeHw3DStreamingBuffers;
    DWORD dwTotalHwMemBytes;
    DWORD dwFreeHwMemBytes;
    DWORD dwMaxContigFreeHwMemBytes;
    DWORD dwUnlockTransferRateHwBuffers;
    DWORD dwPlayCpuOverheadSwBuffers;
    DWORD dwReserved1;
    DWORD dwReserved2;
} DSCAPS, *LPDSCAPS;
```

如下调用该函数：

```
DSCAPS dscaps; // hold the caps

if (FAILED(lpds->GetCaps(&dscaps)))
    { /* error */ }
```

然后就可以检测任何你想要检测的字段，以决定你的声卡有什么样的性能。下面是一个用于 DirectSound 缓冲的类似的函数，它返回一个 DSBCAPS 结构：

```
HRESULT GetCaps(LPDSBCAPS lpDSBCaps); // ptr to DSBCAPS struct
```

下面是 DSBCAPS 结构的定义：

```
typedef struct {
 DWORD dwSize;                        // size of structure, you must set this
 DWORD dwFlags;                       // flags buffer has
 DWORD dwBufferBytes;                 // size of buffer
 DWORD dwUnlockTransferRate;          // sample rate
 DWORD dwPlayCpuOverhead;             // percentage of processor needed
                                      // to mix this sound
} DSBCAPS, *LPDSBCAPS;
```

下面是如何检测你曾经在例子中使用过的声音缓冲 lpdsbuffer：

```
DSBCAPS dsbcaps;                      // used to hold the results

// set up the struct
dsbcaps.dwSize = sizeof(DSBCAPS);    // ultra important

// get the caps
if (FAILED(lpdsbuffer->GetCaps(&dsbcaps)))
    { /* error */ }
```

这就是所有要做的。当然，还有一些检索声音缓冲的音量、声道平衡、频率设定等等的函数。这部分留给你自己去看。

我们讨论的最后一个函数 get 用来检查正在播放的声音缓冲的状态：

```
HRESULT GetStatus(LPDWORD lpdwStatus); // ptr to result
```

只要利用你想进行查询的声音缓冲对象的接口指针调用该函数，并传入一个指向 DWORD 的指针用来存储状态数据就可以了。如下：

```
DWORD status; // used to hold status

if (FAILED(lpdsbuffer->GetStatus(&status)))
  { / * error */ }
```

其中的状态值应该是下列值：

● DSBSTATUS_BUFFERLOST —— 缓冲区中出现了严重的问题。

● DSBSTATUS_LOOPING —— 声音正在以循环模式播放。

● DSBSTATUS_PLAYING —— 声音正在播放。如果该状态位没有被设定，表明声音根本就没有播放。

10.11 从磁盘中读取声音数据

很不幸的是 DirectSound 不支持声音文件加载。没有.VOC 加载程序，也没有.WAV 加载程序，没有任何的文件加载程序！这真是个不小的遗憾。所以你要自己编写一个加载程序。问题是声音文件非常复杂，如果要把这个问题讲清楚的话，要用掉半章的篇幅。所以我只给出一个.WAV 加载程序并且讲解大体上它是如何工作的。

提示

微软的工作人员也厌倦了自行编写.WAV 加载程序，以及其他的许多工具函数，所以最后他们还是写了一个.WAV 加载程序，如果你愿意你可以直接使用它。惟一的问题就是该 API 不是标准的，并且将来很可能改变。但如果你有兴趣的话可以查一下所有的 DDUTIL*.CPP|H 文件，位于 SDK 安装目录下的某一个 SOURCE 目录中，通常是在 SAMPLES 或者 EXAMPLES 目录下。

10.11.1 .WAV 文件格式

.WAV 格式是基于 Electronic Arts 公司创建的.IFF 格式的 Windows 声音格式。IFF 是互换文件格式（Interchange File Format）的缩写。这是一种允许不同的文件类型通过一个通用的可嵌套的头/数据结构进行编码的标准。.WAV 使用这种编码格式，尽管这种格式是很清晰和有逻辑性的，但读取文件却是很麻烦的。你必须分析很多头文件信息，其中使用了很多代码，然后你必须提取出声音数据。

分析代码太困难了，所以微软公司创建了叫做多媒体 I/O 接口（(MMIO，多媒体 I/O 接口）的一套函数来帮助加载.WAV 文件和其他相似类型的文件。库中的所有函数都有 mmio*.前缀。要写一个程序读.WAV 文件并不容易，编制与游戏没有关系的代码更是叫人呵欠连天。所以我只打算提供给你一个加了很多注释的.WAV 文件加载程序以及一点点解释。如果想了解更多内容，参考声音文件格式方面的资料。

10.11.2 读取.WAV 文件

.WAV 文件格式是基于块（Chunk）操作的——ID 块、格式块和数据块。通常，你需要打开一个.WAV 文件，然后读取文件头和格式信息，其中包含声道数量、每个声道的位数、回放频率等等，以及采样声音的长度。然后可以加载文件中的声音数据。

为了更方便地加载和播放声音，你可以创建一个声库 API，一套全局的对 DirectSound 内容进行封装的函数，这会使事情变得容易。让我们从一个包含虚拟声音数据的结构开始，你可用它代替低级别的 DirectSound 结构：

```
// this holds a single sound
typedef struct pcm_sound_typ
{
LPDIRECTSOUNDBUFFER dsbuffer;      // the ds buffer containing the sound
int state;                         // state of the sound
int rate;                          // playback rate
int size;                          // size of sound
int id;                            // id number of the sound
} pcm_sound, *pcm_sound_ptr;
```

该结构很好地包含一个关联了声音的 DirectSound 缓存以及一个重要声音信息的拷贝。现在让我们创建一个数组来记录系统中所有的声音：

```
pcm_sound sound_fx[MAX_SOUNDS];    // the array of secondary sound buffers
```

当你加载声音时，就要打开一块空间并建立一个 pcm_sound 结构。下面的 DSound_Load_WAV()函数正是这么工作的：

```
int DSound_Load_WAV(char *filename, int control_flags = DSBCAPS_CTRLDEFAULT)
{
// this function loads a .wav file, sets up the directsound
// buffer and loads the data into memory, the function returns
// the id number of the sound

HMMIO          hwav;        // handle to wave file
MMCKINFO       parent,      // parent chunk
               child;       // child chunk
WAVEFORMATEX   wfmtx;       // wave format structure
int    sound_id = -1,       // id of sound to be loaded
       index;               // looping variable

UCHAR *snd_buffer,          // temporary sound buffer to hold voc data
      *audio_ptr_1=NULL,    // data ptr to first write buffer
      *audio_ptr_2=NULL;    // data ptr to second write buffer

DWORD audio_length_1=0,     // length of first write buffer
      audio_length_2=0;     // length of second write buffer

// step one: are there any open id's ?
for (index=0; index < MAX_SOUNDS; index++)
    {
    // make sure this sound is unused
    if (sound_fx[index].state==SOUND_NULL)
       {
       sound_id = index;
       break;
       } // end if

    } // end for index

// did we get a free ID?
if (sound_id==-1)
    return(-1);

// set up chunk info structure
parent.ckid         = (FOURCC)0;
parent.cksize       = 0;
parent.fccType      = (FOURCC)0;
parent.dwDataOffset = 0;
parent.dwFlags      = 0;

// copy data
child = parent;

// open the WAV file
if ((hwav = mmioOpen(filename, NULL, MMIO_READ | MMIO_ALLOCBUF))==NULL)
    return(-1);

// descend into the RIFF
parent.fccType = mmioFOURCC('W', 'A', 'V', 'E');

if (mmioDescend(hwav, &parent, NULL, MMIO_FINDRIFF))
    {
    // close the file
    mmioClose(hwav, 0);
```

```
           // return error, no wave section
           return(-1);
           } // end if

       // descend to the WAVEfmt
       child.ckid = mmioFOURCC('f', 'm', 't', ' ');
       if (mmioDescend(hwav, &child, &parent, 0))
           {
           // close the file
           mmioClose(hwav, 0);

           // return error, no format section
           return(-1);
           } // end if

       // now read the wave format information from file
       if (mmioRead(hwav, (char *)&wfmtx, sizeof(wfmtx)) != sizeof(wfmtx))
           {
           // close file
           mmioClose(hwav, 0);

           // return error, no wave format data
           return(-1);
           } // end if

       // make sure that the data format is PCM
       if (wfmtx.wFormatTag != WAVE_FORMAT_PCM)
           {
           // close the file
           mmioClose(hwav, 0);

           // return error, not the right data format
           return(-1);
           } // end if

       // now ascend up one level, so we can access data chunk
       if (mmioAscend(hwav, &child, 0))
          {
          // close file
          mmioClose(hwav, 0);

          // return error, couldn't ascend
          return(-1);
          } // end if

       // descend to the data chunk
       child.ckid = mmioFOURCC('d', 'a', 't', 'a');

       if (mmioDescend(hwav, &child, &parent, MMIO_FINDCHUNK))
           {
           // close file
           mmioClose(hwav, 0);

           // return error, no data
           return(-1);
           } // end if

   // finally!!!! now all we have to do is read the data in and
   // set up the directsound buffer
   // allocate the memory to load sound data
   snd_buffer = (UCHAR *)malloc(child.cksize);
```

```
// read the wave data
mmioRead(hwav, (char *)snd_buffer, child.cksize);

// close the file
mmioClose(hwav, 0);

// set rate and size in data structure
sound_fx[sound_id].rate  = wfmtx.nSamplesPerSec;
sound_fx[sound_id].size  = child.cksize;
sound_fx[sound_id].state = SOUND_LOADED;

// set up the format data structure
memset(&pcmwf, 0, sizeof(WAVEFORMATEX));

pcmwf.wFormatTag    = WAVE_FORMAT_PCM;      // pulse code modulation
pcmwf.nChannels     = 1;                    // mono
pcmwf.nSamplesPerSec = 11025;               // always this rate
pcmwf.nBlockAlign   = 1;
pcmwf.nAvgBytesPerSec = pcmwf.nSamplesPerSec * pcmwf.nBlockAlign;
pcmwf.wBitsPerSample = 8;
pcmwf.cbSize        = 0;

// prepare to create sounds buffer
dsbd.dwSize        = sizeof(DSBUFFERDESC);
dsbd.dwFlags       = control_flags | DSBCAPS_STATIC |
                 DSBCAPS_LOCSOFTWARE;
dsbd.dwBufferBytes = child.cksize;
dsbd.lpwfxFormat   = &pcmwf;

// create the sound buffer
if (lpds->CreateSoundBuffer(&dsbd,
            &sound_fx[sound_id].dsbuffer,NULL)!=DS_OK)
   {
   // release memory
   free(snd_buffer);

   // return error
   return(-1);
   } // end if

// copy data into sound buffer
if (sound_fx[sound_id].dsbuffer->Lock(0,
              child.cksize,
              (void **) &audio_ptr_1,
              &audio_length_1,
              (void **)&audio_ptr_2,
              &audio_length_2,
              DSBLOCK_FROMWRITECURSOR)!=DS_OK)
     return(0);
// copy first section of circular buffer
memcpy(audio_ptr_1, snd_buffer, audio_length_1);

// copy last section of circular buffer
memcpy(audio_ptr_2, (snd_buffer+audio_length_1),audio_length_2);

// unlock the buffer
if (sound_fx[sound_id].dsbuffer->Unlock(audio_ptr_1,
                  audio_length_1,
                  audio_ptr_2,
                  audio_length_2)!=DS_OK)
```

```
                return(0);

// release the temp buffer
free(snd_buffer);

// return id
return(sound_id);

} // end DSound_Load_WAV
```

你仅仅把文件名和标准 DirectSound 控制标志传递给函数，例如 DSBCAPS_CTRLDEFAULT 或其他标志。之后该函数进行如下操作：

1. 从磁盘中打开.WAV 文件，提取出其中关于该文件的重要信息。

2. 创建一个 DirectSound 缓冲并且用数据填充其中。

3. 把信息存储在数组 sound_fx[]中的某个空闲项，同时返回作为声音的 ID 来使用的索引值。

4. 最后，该 API 的剩余部分将使用 ID 来查阅声音，然后你就可以用它做任何你想做的事情，例如播放。下面是使用该函数的例子：

```
// load the sound
int id = DSound_Load_WAV("test.wav");

// manually play the sound buffer, later we will wrapper this
sound_fx1.lpdsbuffer->Play(0,0,DSBPLAY_LOOPING);
```

一定要看看光盘上的程序 DEMO10_3.CPP（不要忘记同 DSOUND.LIB 和 WINMM.LIB 两个库相连接）。这是一个关于 DirectSound 和 Dsound_Load_WAV()函数的完整的演示。除此之外，程序可通过滚动条实时地控制声音，所以它不仅很酷，而且你可以看到如何在你的应用程序中增加滚动条控件！

当然，我将会向你展示所有的 DirectSound 函数，并介绍整个库（T3DLIB3.CPP|H），但下面首先还是让我们看一下 DirectMusic。

10.12　DirectMusic：伟大的试验

DirectMusic 是 DirectX 中最令人激动的一个组件。它最初出现在 DirectX 6.0 版本里，正如我以前所说，编写数字声音软件很困难，而编制播放 MIDI 文件的软件却更加难！DirectMusic 可以播放 MIDI 文件，而且其功能远不止这一点。下面列出其功能：

● 支持 DLS（Downloadable Sound，可下载音色）乐器。这就意味着在用 DirectMusic 播放 MIDI 文件时，不管你的硬件是什么类型，其效果都一样。

● 利用交互音乐引擎（Interactive Music Engine）来支持实时乐曲合成，DirectMusic 允许你为歌曲建立模板、进行个性化设置并且变换各种氛围。然后 DirectMusic 会读取你的歌曲数据，并且实时地重新编写乐曲及生成更多的乐曲。

● 理论上支持无限多的 MIDI 通道，惟一的限制是你的 PC 机的处理能力。标准的 MIDI 支持 16 通道，即同时有 16 个单独的声音。DirectMusic 有 65536 个通道组，因此你拥有几乎无限制的可同时播放的音轨。

● 如果硬件加速可用的话就使用之，但微软的软件合成器是默认的设备，并且听起来其效果就像波导或波表合成的一样好。

关于 DirectMusic 的惟一不足就是它像 Direct3D 一样复杂！我读过它的联机文档（约 500 页），然后我可以告诉你一件事：DirectMusic 没有简单性可言，但它的确很强大。幸运的是，你只是想播放一个 MIDI

文件，所以我会告诉你具体怎样做以及怎样围绕 DirectMusic 创建 API，以使你可以加载和播放 MIDI 文件。另外，如前所述，在 DirectX8.0 里面，DirectSound 和 DirectMusic 被整合为（不是被去掉了）DiretX Audio。结果有了一个新的 IDirectSound8 接口和一个新的 DirectMusic 接口，但是对于我们只想简单播放音乐和声音的目的，这些接口除了让事情更加复杂化以外，没有带来任何好处。因此，我们不要理它。

10.13　DirectMusic 的体系结构

DirectMusic 相当庞大，所以我不打算涉及它有关的任何细节。以此为主题可以写出一本完整的书。不过我要讨论一下会用到的接口。如图 10-12 所示，那是 DirectMusic 的几个主要接口。

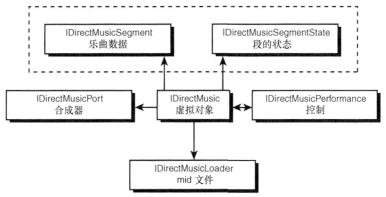

图 10-12　DirectMusic 的主要接口

下面是对这几个接口的描述：

IDirectMusic —— DirectMusic 的主要接口，但是不像 DirectDraw 和 DirectSound，它不是使用 DirectMusic 所必需的。当你创建一个 DirectMusic 演奏对象时，它会被默认的在后台创建。

IdirectMusicPerformance —— 这个是你关心的主要接口。这个演奏对象控制和操作所有乐曲数据的回放。此外，当它被创建时它自动创建一个 IDirectMusic 对象。

IDirectMusicLoader —— 该接口用来加载所有的数据，包括 MIDI、DLS 等等。你可以利用该接口从磁盘上加载 MIDI 文件。因此你已经有了一个 MIDI 加载程序——不费吹灰之力！

IDirectMusicSegment —— 该接口代表一个乐曲数据块。你加载的每个 MIDI 文件都会由该接口表示。

IDirectMusicSegmentState —— 该接口与段相关联，但它只是与当前段的状态有关，而不是数据。

IDirectMusicPort —— 这是代表你的 MIDI 音乐的数据输出的地方。大多数情况下，它应该是微软公司的软件合成器，但是你可以枚举其他可能的被硬件加速的端口

一般说来，DirectMusic 是一个具有 DSP（Digital Signal Processing，数字信号处理）功能的从 MIDI 到数字信号的实时转换器。在讨论 DirectSound 时我就提到过 MIDI，MIDI 的问题是随着硬件和乐器库的不同，在不同的机器上播放出的 MIDI 音效也可能听起来不同。DirectMusic 通过在 DLS 文件中加入乐器的纯数字采样来解决这个问题。所以，你不论何时制作一首乐曲，都可以使用默认的 DLS 文件或创建你自己的乐器文件。关键是乐器采样实际上是数字声音并且始终伴随你的乐曲。数字声音通过 D/A 转换器播放，听起来始终都是一样的，因此音乐也听起来始终是相同的，参考一下图 10-13 就明白了。

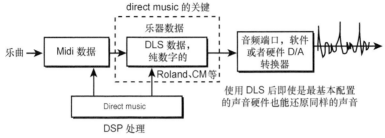

图 10-13　DirectMusic 依赖于数字采样而不是合成

注意

随着 DirectSound 加载的默认的 DLS 乐器是 Roland GM/GS（General MIDI，通用 MIDI），它在任何一台机器上都是可用的。它的效果非常好，但你不可以任何方式改变它们——Roland 公司可不想让你把它们的效果搞糟！

你可能会问，"为什么搞这么复杂？"。我知道，我知道，世界上每件东西看起来好像都过于复杂了。但复杂是有好处的，因为将来的技术还会进步、革新以及简化。以上就是 DirectMusic 的基础。

10.14　初始化 DirectMusic

DirectMusic 是 DirectX 中第一个完全 COM 化的组件，这意味着在引入库中没有任何辅助函数可为你创建 COM 对象。你必须自己调用 COM 库来创建 COM 对象。因此每个应用程序仅仅需要 DirectMusic 头文件，不需要任何.LIB 引入库文件。所用的头文件有：

```
dmksctrl.h
dmusici.h
dmusicc.h
dmusicf.h
```

只要确认在你的应用程序中包含了这些文件，COM 就会完成其余的工作。让我们看一下完整的步骤。

10.14.1　初始化 COM

首先，你必须调用 CoInitialize()函数来初始化 COM：

```
// initialize COM
if (FAILED(CoInitialize(NULL)))
   {
   // Terminate the application.
   return(0);
   }   // end if
```

这些代码应放在你的应用程序的开头，在任何直接 COM 调用之前。如果你有其他的 COM 调用并且已经调用过，那就不必再考虑这一步了。

10.14.2　创建一个演奏对象

下一步就是创建主接口，即 DirectMusic 演奏对象。这个接口创建的同时会创建一个内置的 IDirectMusic 接口，你不需要理会它，这个过程是后台执行的。为了创建一个基于纯 COM 的接口，要调用 CoCreateInstance()函数，参数为接口 ID、类 ID 以及用来存储新的接口指针的变量。看一下下面的调用：

```
// the directmusic performance manager
IDirectMusicPerformance    *dm_perf = NULL;

// create the performance
if (FAILED(CoCreateInstance(CLSID_DirectMusicPerformance,
                            NULL,
                            CLSCTX_INPROC,
                            IID_IDirectMusicPerformance,
                            (void**)&dm_perf)))
  {
  // return null
  return(0);
  } // end if
```

看起来有些神秘，但其实很合理。完成调用之后，dm_perf 就可以使用了，你可以调用接口函数了。第一个你需要进行的调用是用来初始化演奏对象的 IDirectMusicPerformance::Init()函数。下面是它的原型：

```
HRESULT Init(IDirectMusic** ppDirectMusic,
             LPDIRECTSOUND pDirectSound,
             HWND hWnd);
```

ppDirectMusic 是你显式创建的 IDirectMusic 接口的地址。如果你没有显式创建则传入 NULL。pDirectSound 是一个指向 IDirectSound 对象的指针。

警告

以下内容是很重要的，所以要仔细阅读：如果你想同时使用 DirectSound 和 DirectMusic，你必须首先启动 DirectSound，然后在调用 Init()函数的时候将 IDirectSound 对象传入。然而，如果你单独使用 DirectMusic，传入 NULL，DirectMusic 就会自动创建一个 IDirectSound 对象。这是很必要的，因为 DirectMusic 最终要经过 DirectSound，如图 10-14 所示。

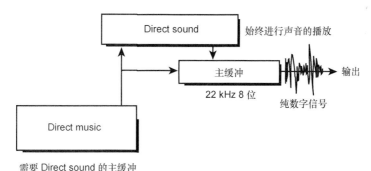

图 10-14 DirectMusic 和 DirectSound 的关系

你必须传入主 DirectSound 对象指针，若不打算使用 DirectSound 时传入 NULL。过一会儿讲解时你会用到后者。最后，你必须传入窗口句柄。这很容易做到，以下是代码：

```
// initialize the performance, check if directsound is on-line if so, use
// the directsound object, otherwise create a new one
if (FAILED(dm_perf->Init(NULL, NULL, main_window_handle)))
  {
  return(0);// Failure -- performance not initialized
  } // end if
```

10.14.3 给演奏对象增加端口

为了启动并运行 DirectMusic 的下一个步骤就是为要流输出的数字数据创建一个端口。如果你愿意，你可以通过枚举所有有效的端口来查询 DirectMusic，或者就默认的使用微软公司的软件合成器，那是我惯用的风格——保持简单。要增加一个演奏端口，使用 IDirectMusicPerformance::AddPort()，其原型为：

```
HRESULT AddPort(IDirectMusicPort* pPort);
```

这里 pPort 是一个指向前面创建的端口的指针，该端口用来进行播放。然而，用 NULL 值的话，默认的软件合成器就会被使用：

```
// add the port to the performance
if (FAILED(dm_perf->AddPort(NULL)))
   {
   return(0);// Failure -- port not initialized
   } // end if
```

10.15 加载一个 MIDI 段

下一步就是创建一个 IDirectMusicLoader 对象，以便可以加载你的 MIDI 文件。这又是利用低层的 COM 调用来完成的，但还不坏。

10.15.1 创建一个加载程序

下面的代码创建了一个加载程序：

```
// the directmusic loader
IDirectMusicLoader*dm_loader = NULL;

// create the loader to load object(s) such as midi file
if (FAILED(CoCreateInstance(
      CLSID_DirectMusicLoader,
      NULL,
      CLSCTX_INPROC,
      IID_IDirectMusicLoader,
      (void**)&dm_loader)))
   {
   // error
   return(0);
   } // end if
```

很有意思吧，许多接口都是在内部创建地——包括一个 IDirectMusic 对象和一个 IDirectMusicPort 对象——你甚至都不知道这些对象的创建。大多数情况下你根本就不需要对这些接口函数进行调用，所以很酷吧。

10.15.2 加载 MIDI 文件

要加载 MIDI 文件，你必须告诉加载程序去哪里加载及加载什么（文件的类型），然后告诉它创建一个段并把文件加载进去。我已经创建了一个函数和一些数据结构来完成这项工作，因此现在就向你介绍它们。首先，容纳每个 MIDI 音乐段（DirectMusic 习惯称数据块为段，segments）的数据结构叫做 DMUSIC_MIDI，定义如下：

```
typedef struct DMUSIC_MIDI_TYP
   {
   IDirectMusicSegment      *dm_segment;    // the directmusic segment
   IDirectMusicSegmentState *dm_segstate;   // the state of the segment
   int              id;           // the id of this segment
   int              state;        // state of midi song

   } DMUSIC_MIDI, *DMUSIC_MIDI_PTR;
```

它被用于容纳一个 MIDI 段。但可能你在整个游戏中会用到不止一首曲子，所以让我们定义一个数组：

```
DMUSIC_MIDI            dm_midi[DM_NUM_SEGMENTS];
```

这里，DM_NUM_SEGMENTS 被定义为：

```
#define DM_NUM_SEGMENTS 64 // number of midi segments that can be cached in memory
```

了解这些之后，看下面的 DMusic_Load_MIDI()函数。其中有很多注释，所以请慢慢看，同时注意 DirectMusic 函数使用的宽字符串（Wide character string）：

```
int DMusic_Load_MIDI(char *filename)
{
// this function loads a midi segment

DMUS_OBJECTDESC ObjDesc;
HRESULT hr;
IDirectMusicSegment* pSegment = NULL;

int index; // loop var

// look for open slot for midi segment
int id = -1;

for (index = 0; index < DM_NUM_SEGMENTS; index++)
    {
    // is this one open
    if (dm_midi[index].state == MIDI_NULL)
        {
        // validate id, but don't validate object until loaded
        id = index;
        break;
        } // end if

    } // end for index

// found good id?
if (id==-1)
   return(-1);

// get current working directory
char szDir[_MAX_PATH];
WCHAR wszDir[_MAX_PATH];

if(_getcwd( szDir, _MAX_PATH ) == NULL)
   {
   return(-1);;
   } // end if

MULTI_TO_WIDE(wszDir, szDir);

// tell the loader were to look for files
hr = dm_loader->SetSearchDirectory(GUID_DirectMusicAllTypes,
                         wszDir, FALSE);

if (FAILED(hr))
   {
   return (-1);
   } // end if
// convert filename to wide string
WCHAR wfilename[_MAX_PATH];
MULTI_TO_WIDE(wfilename, filename);
```

```
// setup object description
DD_INIT_STRUCT(ObjDesc);
ObjDesc.guidClass = CLSID_DirectMusicSegment;
wcscpy(ObjDesc.wszFileName, wfilename );
ObjDesc.dwValidData = DMUS_OBJ_CLASS | DMUS_OBJ_FILENAME;

// load the object and query it for the IDirectMusicSegment interface
// This is done in a single call to IDirectMusicLoader::GetObject
// note that loading the object also initializes the tracks and does
// everything else necessary to get the MIDI data ready for playback.

hr = dm_loader->GetObject(&ObjDesc,IID_IDirectMusicSegment,
                          (void**) &pSegment);

if (FAILED(hr))
  return(-1);

// ensure that the segment plays as a standard MIDI file
// you now need to set a parameter on the band track
// Use the IDirectMusicSegment::SetParam method and let
// DirectMusic find the trackby passing -1
// (or 0xFFFFFFFF) in the dwGroupBits method parameter.

hr = pSegment->SetParam(GUID_StandardMIDIFile,-1, 0, 0, (void*)dm_perf);

if (FAILED(hr))
  return(-1);

// This step is necessary because DirectMusic handles program changes and
// bank selects differently for standard MIDI files than it does for MIDI
// content authored specifically for DirectMusic.
// The GUID_StandardMIDIFile parameter must
// be set before the instruments are downloaded.

// The next step is to download the instruments.
// This is necessary even for playing a simple MIDI file
// because the default software synthesizer needs the DLS data
// for the General MIDI instrument set
// If you skip this step, the MIDI file will play silently.
// Again, you call SetParam on the segment,
// this time specifying the GUID_Download parameter:

hr = pSegment->SetParam(GUID_Download, -1, 0, 0, (void*)dm_perf);

if (FAILED(hr))
  return(-1);

// at this point we have MIDI loaded and a valid object
dm_midi1.dm_segment  = pSegment;
dm_midi1.dm_segstate = NULL;
dm_midi1.state       = MIDI_LOADED;

// return id
return(id);

} // end DMusic_Load_MIDI
```

这个函数还不赖。它在数组 dm_midi[] 里面寻找一个可用的项来加载新的 MIDI 段、设定搜索路径、创建段、加载段然后返回。函数接收 MIDI 文件的文件名作为参数，然后返回一个数组的索引 ID，对应的索引项包含由你创建的数据结构所表示的 MIDI 段。

10.16　操作 MIDI 段

许多接口函数（方法）都可用于 IDirectMusicSegment 接口，它代表一个已加载的 MIDI 段。如果你有兴趣，可以在 SDK 中查阅一下。但现在来说对你最重要的两个函数就是播放函数和停止函数，对吧？奇怪的是，它们是 IDirectMusicPerformance 接口的一部分，而不是 IDirectMusicSegment 接口的一部分。仔细考虑的话这样是有意义的：演奏对象就像演奏指挥，每件事情都要通过他来进行。

10.16.1　播放一个 MIDI 段

假设你已经用 DMusic_Load_MIDI() 或手工加载了一个段，且 dm_segment 为指向段的接口指针。那么为了用演奏对象播放它，就要使用 IDirectMusicPerformance::PlaySegment() 函数，原型如下：

```
HRESULT PlaySegment(
 IDirectMusicSegment* pSegment,                // segment to play
 DWORD dwFlags,                                // control flags
 _int64 i64StartTime,                          // when to play
 IDirectMusicSegmentState** ppSegmentState);   // state holder
```

通常把控制标志和初始时间都设定为 0。惟一需要考虑的参数是段和段状态。这里是一个播放 dm_segment 并把状态存储在 dm_segstate 中的例子：

```
dm_perf->PlaySegment(dm_segment, 0, 0, &dm_segstate);
```

其中 dm_segstate 是 IDirectMusicSegmentState 类型的，被用于跟踪段的播放情况。每一个 dm_midi[] 数组项里都有一个拷贝，但如果你自行完成这些工作，别忘了备份一份。

10.16.2　停止一个 MIDI 段

为了停止正在播放的段，调用 IDirectMusicPerformance::Stop()，其函数原型如下：

```
HRESULT Stop(
  IDirectMusicSegment* pSegment,            // segment to stop
  IDirectMusicSegmentState* pSegmentState,  // state
  MUSIC_TIME mtTime,                        // when to stop
  DWORD dwFlags);                           // control flags
```

跟 Play() 相似，大多数参数你都不用考虑，只需传入要停止的段本身。下面是一个停止 dm_segment 的例子：

```
dm_perf->Stop(dm_segment, NULL, 0, 0);
```

如果你想停止所有正在播放的段，请将 dm_segment 设置为 NULL。

10.16.3　检查 MIDI 段的状态

经常地，你想知道一首曲子是否已播放完。为了进行检测，使用 IDirectMusicPerformance::IsPlaying() 函数。它只要求传入要检测的段，如果该段正在播放就返回 S_OK。这里是一个例子：

```
if (dm_perf->IsPlaying(dm_segment,NULL) == S_OK)
  { /* still playing */ }
else
  { /* not playing */ }
```

10.16.4　释放一个 MIDI 段

当完成了段的播放后，必须释放资源。第一步是调用 IDirectMusicSegment::SetParam()卸载 DLS 乐器数据，然后用 Release()释放接口指针本身。下面是代码：

```
// unload the instrument data
dm_segment->SetParam(GUID_Unload, -1, 0, 0,(void*)dm_perf);

// Release the segment and set to null
dm_segment->Release();
dm_segment = NULL; // for good measure
```

10.16.5　关闭 DirectMusic

当你使用完了 DirectMusic 后，必须关闭和释放演奏对象，释放加载程序和其他所有的段（参考前面的代码）。最后你必须关闭 COM，除非在某处已经关闭了。下面是该过程的例子：

```
// If there is any music playing, stop it. This is
// not really necessary, because the music will stop when
// the instruments are unloaded or the performance is
// closed down.
if (dm_perf)
   dm_perf->Stop(NULL, NULL, 0, 0 );

// *** delete all the midis if they already haven't been

// CloseDown and Release the performance object.
if (dm_perf)
   {
   dm_perf->CloseDown();
   dm_perf->Release();
   } // end if

// Release the loader object.
if (dm_loader)
   dm_loader->Release();

// Release COM
CoUninitialize();
```

10.16.6　一些 DirectMusic 的实例

作为不用 DirectSound 及其他一些 DirectX 组件，单纯只使用 DirectMusic 的例子，在本书所附的光盘上保存了我写的程序 DEMO10_4.CPP|EXE。这个例子只是简单地加载了一个 MIDI 文件然后进行播放。看看代码，感受一下运行效果。完成之后回来再看看用最新的库来完成这一切是多么容易，见 T3DLIB3.CPP|H。

10.17　T3DLIB3 声音和乐曲库

我已经介绍了所有的声音和音乐技术，接下来，将利用这些技术来创建你的游戏引擎中下一个组件，T3DLIB3。它由两个主要的源文件组成：

- T3DLIB3.CPP —— 主 C/C++源文件
- T3DLIB3.H —— 头文件

你仍然需要包含 DirectSound 导入库 DSOUND.LIB，这样连接程序才能工作。然而，因为 DirectMusic 是纯 COM，它并没有对应的导入库，所以不存在 DMUSIC.LIB。另一方面，你仍然需要把你的编译器指向 DirectSound 和 DirectMusic 的.H 头文件，以便在编译时找到它们。再一次提醒你，它们是：

```
DSOUND.H
DMKSCTRL.H
DMUSICI.H
DMUSICC.H
DMUSICF.H
```

将这些文件牢记于心之后，让我们看一下 T3DLIB3.H 头文件的主要元素。

10.17.1　头文件

头文件 T3DLIB3.H 包含类型定义、宏定义和 T3DLIB3.CPP 的 external 变量声明。下面是可以在头文件中找到的#defines 预定义：

```
// number of midi segments that can be cached in memory
#define DM_NUM_SEGMENTS 64

// midi object state defines
#define MIDI_NULL     0      // this midi object is not loaded
#define MIDI_LOADED   1      // this midi object is loaded
#define MIDI_PLAYING  2      // this midi object is loaded and playing
#define MIDI_STOPPED  3      // this midi object is loaded, but stopped

#define MAX_SOUNDS    256    // max number of sounds in system at once

// digital sound object state defines
#define SOUND_NULL    0      // " "
#define SOUND_LOADED  1
#define SOUND_PLAYING 2
#define SOUND_STOPPED 3
```

宏不是很多，有一个将 0～100 之间的数转换为微软分贝单位的宏和一个将多字节字符转换为宽字符串的宏：

```
#define DSVOLUME_TO_DB(volume) ((DWORD)(-30*(100 - volume)))

// Convert from multibyte format to Unicode using the following macro
#define MULTI_TO_WIDE( x,y ) MultiByteToWideChar( CP_ACP,MB_PRECOMPOSED,
y,-1,x,_MAX_PATH)
```

警告

本书的页面宽度太小而不能把宏定义放在一行，所以定义被分成了两行。但实际应用时宏定义必须在同一行。

下面是声音引擎中的类型定义。

10.17.2　类型

首先是 DirectSound 对象。只为声音引擎定义了两种类型：一种用来保存数字采样，另一种用来保存 MIDI 段。

```
// this holds a single sound
typedef struct pcm_sound_typ
  {
  LPDIRECTSOUNDBUFFER dsbuffer;  // the directsound buffer
            // containing the sound
```

```
    int state;  // state of the sound
    int rate;   // playback rate
    int size;   // size of sound
    int id;     // id number of the sound
    } pcm_sound, *pcm_sound_ptr;
```

下面是 DirectMusic 段类型的定义：

```
// directmusic MIDI segment
typedef struct DMUSIC_MIDI_TYP
{
IDirectMusicSegment      *dm_segment;    // the directmusic segment
IDirectMusicSegmentState *dm_segstate;   // the state of the segment
int                      id;             // the id of this segment
int                      state;          // state of midi song

} DMUSIC_MIDI, *DMUSIC_MIDI_PTR;
```

声音段和 MIDI 段将被引擎分别存储在前面的两个结构中。现在让我们看一下全局变量。

10.17.3 全局变量

T3DLIB3 包含许多全局变量。首先是为 DirectSound 系统定义的全局变量：

```
LPDIRECTSOUND    lpds;        // directsound interface pointer
DSBUFFERDESC     dsbd;        // directsound description
DSCAPS           dscaps;      // directsound caps
HRESULT          dsresult;    // general directsound result
DSBCAPS          dsbcaps;     // directsound buffer caps

pcm_sound    sound_fx[MAX_SOUNDS]; // array of sound buffers
WAVEFORMATEX     pcmwf;       // generic waveformat structure
```

下面是为 DirectMusic 定义的全局变量：

```
// direct music globals
// the directmusic performance manager
IDirectMusicPerformance   *dm_perf;
IDirectMusicLoader *dm_loader;   // the directmusic loader

// this hold all the directmusic midi objects
DMUSIC_MIDI dm_midi[DM_NUM_SEGMENTS];
int dm_active_id;                // currently active midi segment
```

注意

粗体部分是用来保存声音段和 MIDI 段的数组。

除非你想直接访问接口，否则你不应该随便使用这些全局变量。通常，API 会为你完成所有的工作，但是全局变量就在那里，如果你想，你仍然随时可以使用它们。

库有两部分：DirectSound 和 DirectMusic。让我们先看看 DirectSound，然后再看 DirectMusic。

10.17.4 DirectSound API 封装

DirectSound 可以很简单，也可以很复杂，主要取决于你怎样使用。如果你想要一个全能的 API，你最后可能实际使用到 DirectSound 中的绝大多数函数。但如果你只需要一个相对简单的 API，能够初始化 DirectSound 并加载及播放特定格式的声音，将这些功能封装在几个新的函数中会极大地方便使用。

我所做的就是把本章中许多跟 DirectSound 部分有关的工作写成正式的函数。除此之外，我还创建了一个对声音系统的抽象，所以你可以用在加载过程中通过一个 ID（与 DirectMusic 部分相同）来命名一个声音。这样,你可以用这个 ID 来播放声音、检测状态或终止该声音。用这种方法就避免使用许多你容易搞混的接口指针。新的 API 支持如下功能:

- 用一个调用就可以完成 DirectSound 的初始化和关闭。
- 用 11kHz、8 位单声道载入.WAV 文件。
- 播放加载的声音文件。
- 停止播放。
- 检测声音播放状态。
- 改变音量、回放速率或立体声的声道平衡。
- 从内存中删除声音数据。

让我们逐个地看看这些函数。

注意

除非另外声明,否则所有的函数成功时就会返回 TRUE (1),失败时则会返回 FALSE (0)。

函数原型:

```
int DSound_Init(void);
```

功能:

DSound_Init()初始化整个 DirectSound 系统。它创建 DirectSound COM 对象,设定优先等级。如果想使用声音,只要在你的应用程序开头调用该函数就可以。这里是一个例子:

```
if (!DSound_Init(void))
   { /* error */ }
```

函数原型:

```
int DSound_Shutdown(void);
```

功能:

DSound_Shutdown()关闭并释放所有在 DSound_Init()中创建的 COM 接口。然而,DSound_Shutdown()并不释放分配给声音的内存。你必须自行调用另一个函数来解决内存释放问题。下面是关闭 DirectSound 的代码:

```
if (!DSound_Shutdown())
   { /* error */ }
```

函数原型:

```
int DSound_Load_WAV(char *filename);
```

功能:

DSound_Load_WAV()创建了一个 DirectSound 缓冲,把声音数据文件加载到内存中,为将要播放的声音做好准备。该函数要求传入被加载文件的绝对路径和文件名(包括扩展名.WAV),然后将该文件从磁盘上载入。如果执行成功则返回一个非负的 ID 值。你必须保存这个值,因为它是作为定位声音的句柄来使用的。如果函数找不到文件或加载的文件太多,它就会返回-1。下面是加载一个叫 FIRE.WAV 的.WAV文件的例子:

```
int fire_id = DSound_Load_WAV("FIRE.WAV");

// test for error
if (fire_id==-1)
   { /* error */}
```

当然,怎样保存 ID 值则根据你自己的爱好了。你可以用一个数组或其他的东西。

最后,你可能想知道声音数据的位置和怎样使用它。如果你确实必须要知道,你可以用返回的 ID 作为索引，访问 pcm_sound 数组里 sound_fx[]的值。例如，下面的例子就是如何访问 ID 为 sound_id 的声音的 DirectSound 缓冲：

```
sound_fx[sound_id].dsbuffer
```

函数原型：

```
int DSound_Replicate_Sound(int source_id); // id of sound to copy
```

功能：

DSound_Replicate_Sound()用于通过不拷贝存储声音的内存的方式复制声音。例如你有一个枪声，并且你想连发三枪，一枪紧接着一枪。现在的惟一途径就是加载三份枪响声的拷贝到三块不同的 DirectSound 缓冲中，这样做很浪费内存。

当然，有一个解决方案——可以创建声音缓冲的副本（或者叫克隆，如果你是*电影《Blade Runner》《银翼杀手》*迷的话），而不创建实际的声音数据的副本。不通过拷贝，而是用一个指针指向它，DirectSound 足以灵巧地把自己作为一个使用相同声音数据的多重声音的"源"。如果你想发出八声枪响，只需加载一次枪响数据，执行七次拷贝就可取得八个不同的 ID。除了不是用 DSound_Load_WAV()加载和创建，而是用 DSound_Replicate_Sound()来完成以外，复制声音跟正常声音一样工作。希望你明白就好，因为我头都快晕了！下面是产生八声枪响的例子：

```
int gunshot_ids[8]; // this holds all the id's

// load in the master sound
gunshot_ids[0] = Load_WAV("GUNSHOT.WAV");

// now make copies
for (int index=1; index<8; index++)
   gunshot_ids[index] = DSound_Replicate_Sound(gunshot_ids[0]);

// use gunshot_ids[0..7] anyway you wish, they all go bang!
```

函数原型：

```
int DSound_Play_Sound(int id,        // id of sound to play
                      int flags=0,    // 0 or DSBPLAY_LOOPING
                      int volume=0,   // unused
                      int rate=0,     // unused
                      int pan=0);     // unused
```

功能：

DSound_Play_Sound()播放之前载入的声音。你只要将声音 ID 连同播放标志一起传入——0 表示只播放一次，DSBPLAY_LOOPING 表示循环，如此一来声音就开始播放了。如果声音已经在播放中，那么它将会重头开始播放。下面是装载和播放声音的例子：

```
int fire_id = DSound_Load_WAV("FIRE.WAV");
DSound_Play_Sound(fire_id,0);
```

既然标志是 0，你可以省略它。因为 0 是默认值：

```
int fire_id = DSound_Load_WAV("FIRE.WAV");
DSound_Play_Sound(fire_id);
```

用两种方法都可以播放 FIRE.WAV 文件一次然后停止。要循环播放，将标志参数设为 DSBPLAY_LOOPING 就可以了。

函数原型：

```
int DSound_Stop_Sound(int id);
int DSound_Stop_All_Sounds(void);
```

功能：

DSound_Stop_Sound()用于停止一个声音的播放（如果它正在播放）。你只要传入声音的 ID 就可以了。

DSound_Stop_All_Sounds()将终止所有当前正在播放的声音。下面是停止声音调用的例子:

```
DSound_Stop_Sound(fire_id);
```

建议在你的程序结束退出之前停止所有的声音。你可以对每一个声音调用一次 DSound_Stop_Sound()或者统一调用一次 DSound_Stop_All_Sounds(),像下面这样:

```
//...system shutdown code
DSound_Stop_All_Sounds();
```

函数原型:

```
int DSound_Delete_Sound(int id); // id of sound to delete
int DSound_Delete_All_Sounds(void);
```

功能:

DSound_Delete_Sound()从内存中删除一个声音,同时释放所有相关联的 DirectSound 缓冲。如果该声音正在播放,函数首先会停止播放。DSound_Delete_All_Sounds()则删除先前所有已经加载的声音。下面是一个删除声音的例子:

```
DSound_Delete_Sound(fire_id);
```

函数原型:

```
int DSound_Status_Sound(int id);
```

功能:

DSound_Status_Sound()根据 ID 检测某个加载的声音的状态。你需要做的就是传入声音 ID 给该函数作为参数,函数将返回下列值之一:

- DSBSTATUS_LOOPING —— 声音正在以循环模式播放。
- DSBSTATUS_PLAYING —— 声音正在以单次模式播放。

如果 DSound_Status_Sound()返回的不是这两个值之一的话,就说明该声音不是正在被播放。下面是一个完整的例子,等待直到声音播放结束然后删除之:

```
// initialize DirectSound
DSound_DSound_Init();
// load a sound
int fire_id = DSound_Load_WAV("FIRE.WAV");

// play the sound in single mode
DSound_Play_Sound(fire_id);

// wait until the sound is done
while(DSound_Sound_Status(fire_id) &
        (DSBSTATUS_LOOPING | DSBSTATUS_PLAYING));

// delete the sound
DSound_Delete_Sound(fire_id);

// shutdown DirectSound
DSound_DSound_Shutdown();
```

很酷吧?这样比单纯通过 DirectSound 以上百行代码来手动实现要舒服得多!

函数原型:

```
int DSound_Set_Sound_Volume(int id,    // id of sound
                    int vol);           // volume from 0-100
```

功能:

DSound_Set_Sound_Volume()实时地改变声音的音量。将声音的 ID 连同 0~100 间的值一起传入,音量将立即改变。下面是音量设成 50%的例子:

```
DSound_Set_Sound_Volume(fire_id, 50);
```

你随时可以把音量改回为 100%:

```
DSound_Set_Sound_Volume(fire_id, 100);
```
函数原型：
```
int DSound_Set_Sound_Freq(
            int id,          // sound id
            int freq);       // new playback rate from 0-100000
```
功能：

DSound_Set_Sound_Freq()改变声音的回放频率。因为所有的声音都以 11kHz、单声道格式加载，你可以这样调用来改变回放频率：
```
DSound_Set_Sound_Freq(fire_id, 22050);
```
要使你的声音听起来像《星球大战》中的 Darth Vader 一样，可以这样做：
```
DSound_Set_Sound_Freq(fire_id, 6000);
```
函数原型：
```
int DSound_Set_Sound_Pan(
    int id,      // sound id
    int pan);    // panning value from -10000 to 10000
```
功能：

DSound_Set_Sound_Pan()调整左右声道声音的相对强度。-10000 是左声道最强，10000 是右声道最强。如果你想让左右声道功率相同，只要设定 0 值就可以了。下面是设定右声道为最强的例子：
```
DSound_Set_Sound_Pan(fire_id, 10000);
```

10.17.5 DirectMusic API 封装

DirectMusic API 甚至比 DirectSound API 更简单。我已经创建了一个初始化 DirectMusic 的函数，并且为你创建了所有的 COM 对象，这些对象允许你集中关注 MIDI 文件的加载和播放上。下面是其基本功能：

● 一个调用就可以完成 DirectMusic 的初始化和关闭。
● 从磁盘上加载 MIDI 文件。
● 播放 MIDI 文件。
● 停止正在播放的 MIDI。
● 检测 MIDI 段的状态。
● 如果 DirectSound 已经被初始化，自动连接 DirectSound。
● 从内存中删除 MIDI 段。

让我们一个接一个地看看每个函数。

注意
除非特别说明，否则所有的函数成功时会返回 TRUE (1)，失败时返回 FALSE (0)。

函数原型：
```
int DMusic_Init(void);
```
功能：

DMusic_Init()初始化 DirectMusic 并创建所有必要的 COM 对象。你应当在调用任何其他 DirectMusic 库之前调用这个函数。此外，如果你想同时使用 DirectSound，一定要在调用 DMusic_Init()前初始化 DirectSound。下面是使用这个函数的例子：
```
if (!DMusic_Init())
   { /* error */ }
```
函数原型：
```
int DMusic_Shutdown(void);
```

功能：

DMusic_Shutdown()关闭整个 DirectMusic 引擎。除了卸载所有已经加载的 MIDI 段之外，它还释放所有的 COM 对象。在你的应用程序最后调用该函数，但一定要在关闭 DirectSound 的调用之前（如果使用了 DirectSound）。下面是一个例子：

```
if (!DMusic_Shutdown())
  { /* error */ }

// now shutdown DirectSound...
```

函数原型：

```
int DMusic_Load_MIDI(char *filename);
```

功能：

DMusic_Load_MIDI()把一个 MIDI 段载入内存，同时在 midi_ids[]数组中分配一条记录。该函数返回成功加载的 MIDI 段的 ID，不成功时则返回−1。返回的 ID 作为进行其他调用时的标识。下面是加载两个 MIDI 文件的例子：

```
// load files
int explode_id = DMusic_Load_MIDI("explosion.mid");
int weapon_id  = DMusic_Load_MIDI("laser.mid");

// test files
if (explode_id == -1 || weapon_id == -1)
  { /* there was a problem */ }
```

函数原型：

```
int DMusic_Delete_MIDI(int id);
```

功能：

DMusic_Delete_MIDI()从系统中删除一个先前加载的 MIDI 段。只要提供 ID 就可以进行删除。下面是删除在前面例子中加载的 MIDI 文件的例子：

```
if (!DMusic_Delete_MIDI(explode_id) ||
    !DMusic_Delete_MIDI(weapon_id) )
{ /* error */ }
```

函数原型：

```
int DMusic_Delete_All_MIDI(void);
```

功能：

DMusic_Delete_All_MIDI()通过这一个调用就可以从系统中删除所有的 MIDI 段。下面是一个例子：

```
// delete both of our segments
if (!DMusic_Delete_All_MIDI())
  { /* error */ }
```

函数原型：

```
int DMusic_Play(int id);
```

功能：

DMusic_Play()从 MIDI 段的开头开始播放。只要提供想要播放的段的 ID 就可以了。下面是一个例子：

```
// load file
int explode_id = DMusic_Load_MIDI("explosion.mid");

// play it
if (!DMusic_Play(explode_id))
  { /* error */ }
```

函数原型：

```
int DMusic_Stop(int id);
```

功能：

DMusic_Stop()停止当前正在播放的段。如果对已经停止的段进行操作，那么该函数不起任何作用。下面是一个例子：

```
// stop the laser blast
if (!DMusic_Stop(weapon_id))
    { /* error */ }
```

函数原型：

```
int DMusic_Status_MIDI(int id);
```

功能：

DMusic_Status_MIDI()根据 ID 检测任一 MIDI 段的状态。状态代码有：

```
#define MIDI_NULL     0  // this midi object is not loaded
#define MIDI_LOADED   1  // this midi object is loaded
#define MIDI_PLAYING  2  // this midi object is loaded and playing
#define MIDI_STOPPED  3  // this midi object is loaded, but stopped
```

下面例子检测 MIDI 段的状态，如果该 MIDI 段已经停止则改变游戏状态：

```
// main game loop
while(1)
    {
    if (DMusic_Status(explode_id) == MIDI_STOPPED)
      game_state = GAME_MUSIC_OVER;

    } // end while
```

至于使用该库的演示程序，可参见 DEMO10_5.CPP|EXE 和 DEMO10_6.CPP|EXE。第一个程序是使用新库的 DirectMusic 的演示程序，它可以通过菜单选择一个 MIDI 文件，并且立即进行播放。第二个程序是同时使用 DirectSound 和 DirectMusic 的混合模式的演示程序。第二个程序的重要的细节是 DirectSound 必须首先初始化。声音库会检测这一点，然后与 DirectSound 连接。否则声音库会创建自己的 DirectSound 对象。

警告

DEMO10_5.CPP 和 DEMO10_6.CPP 中分别使用了 DEMO10_5.RC 和 DEMO10_6.RC 中包含的外部光标、图标及菜单资源。因此编译时要确保在工程里面包括了这些文件。同时也需要包括 T3DLIB3.CPP|H 才能通过编译，不过这一点想必你已知道了。

10.18 小结

这一章涵盖了许多基础知识。你懂得了一些声音和音乐的本质，理解了合成器如何工作并且明白了如何录制声音。然后你还了解了 DirectSound 和 DirectMusic，创建了一个库，并看了许多演示程序。我很乐意深入讲解 DirectSound3D 的内容，更不用说高级的 DirectMusic 的内容了。但对于你，那就看你的喜好了。现在你已然了解了制作游戏所需的每件事情，实际制作游戏正是从下一章开始的任务！

第 三 部 分

核心游戏编程

第 11 章　算法、数据结构、
内存管理和多线程

本章将讨论在其他游戏编程参考书常常会疏漏的细节问题。我们将涉及编写可保存进度的游戏、演示的制作、优化理论等所有内容。本章将帮您掌握这些必需的编程细节。这样，当我们在下一章讨论人工智能的时候，你已很好地掌握了一些游戏编程的一般概念，甚至连 3D 运算都不再能难倒你！

本章主要内容如下：

- 数据结构
- 算法分析
- 优化理论
- 数学运算技巧
- 混合语言编程
- 游戏的保存
- 多人游戏的实现
- 多线程编程技术

11.1　数据结构

"游戏应当采用哪种数据结构？"，这几乎是我最常被问到的问题。答案是：最快速最有效率的数据结构。然而，在大多数情况下，你并不需要采用那些所谓最先进也最复杂的数据结构。正相反，你应该尽可能将其简化。在速度比内存更重要的今天，我们宁可先牺牲内存！

记住这一点，我们先来看几个最常用于游戏的数据结构，并给你何时以及如何使用这些数据结构的建议。

11.1.1　静态结构和数组

数据结构最基本的形式，当然就是一个数据项单独出现的形式，如一个结构或类。如下所示：

```
typedef struct PLAYER_TYP // tag for forward references
        {
        int state; // state of player
        int x,y; // position of player
```

```
// ...
} PLAYER, *PLAYER_PTR;
```

C++

在 C++中，你不必使用 typedef 来定义一个结构类型；当你使用到关键字 struct 时，编译器会自动为之创建一个类型。此外，C++的 struct 甚至可以包含方法、公有和私有部分。

```
PLAYER player_1, player_2; // create a couple players
```

在这个例子中，一个带有两个静态定义记录的数据结构就解决问题了。另一方面，如果游戏玩家多于三个，那么较好的做法是采用如下所示的数组：

```
PLAYER players[MAX_PLAYERS]; // the players of the game
```

这样，你便可以用一个简单的循环来处理所有的游戏玩家了。Okay，非常好，但是如果在游戏运行以前你不知道会有多少玩家或记录参数，那又该如何呢？

当出现这种情况时，我们应计算出数组所可能具有的元素个数的最大值。如果数目较小，如 256 或更小，并且每个数组元素也相当的小（少于 256 字节），我通常会采用静态分配内存，并使用一个计数器来计算某个时刻已激活的元素的数目。

你也许觉得这对于内存而言是一种浪费。但是它比遍历一个链表或动态结构要容易和快速得多。关键在于，如果你在游戏运行前知道数组元素的数目，并且数目不是太大，那么就在游戏启动时通过调用函数malloc()或 new()来静态地预先分配内存。

警告

不要沉迷于静态数组！例如，假如你有一个大小为 4KB 的结构，而且可能有 1 到 256 个该结构类型的数组。为防止某些时候数组元素的个数达到 256 而产生溢出错误，采用静态分配内存方法时必须为之分配 1MB 的内存。这时，你显然需要更好的方法 —— 采用链表或动态分配的数组来分配内存，以避免浪费。

11.1.2 链表

对于那些在程序启动或编译时可以预估的、简单的数据结构，数组是最合适的处理方法。但对于那些在运行时可能增大或缩小的数据结构而言，应当使用链表（Linked List）这类形式的数据结构处理方法。图 11-1表示了一个标准的、抽象的链表结构。一个链表由许多节点构成。每个节点都包含信息和指向表中下一个节点的指针。

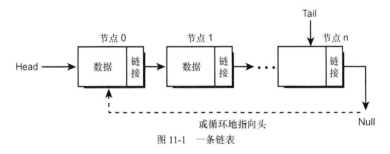

图 11-1　一条链表

链表用起来很酷，因为你可以将一个节点插入到链表的任意位置，同样也可以删除任意位置的节点。图 11-2 示意了节点插入链表的情形。由于在运行时可以插入或删除带有信息的节点，使得作为游戏程序的数据结构，链表很具吸引力。

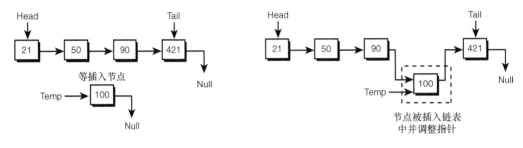

（a）插入前 （b）节点被插入链表中并调整指针

图 11-2 往链表中插入节点

链表惟一的缺点是你必须一个接一个地遍历节点来寻找你的目标节点（除非创建第二个数据结构来帮助查询）。例如，假定你要定位一个数组中的第 15 个元素，你只需这样便可以访问它：

```
players[15]
```

但对于链表，你需要一个遍历算法以访问链表的节点来定位目标节点。这意味着在最坏的情况下，查询的重复次数与链表的长度相等。这就是 O(n)。O 记号说明在有 n 个元素的情况下要进行与 n 同阶次数的操作。当然，我们可以采用优化算法和附加的包含排序索引表的数据结构，来达到与访问数组几乎同样快的速度。

创建链表

现在来看一看如何创建一个简单的链表、增加一个节点、删除一个节点，以及搜索带有给定关键字的数据项。下面是一个基本节点的定义：

```
typedef struct NODE_TYP
    {
    int id;         // id number of this object
    int age;        // age of person
    char name[32];  // name of person
    NODE_TYP *next; // this is the link to the next node
                    // more fields go here
    } NODE, *NODE_PTR;
```

为了访问一个链表，需要一个 head 指针和一个 tail 指针分别指向链表的头节点和尾节点。开始时链表是空的，因而头尾指针均指向 NULL：

```
NODE_PTR    head = NULL,
            tail = NULL;
```

注意

有些程序员喜欢以一个总是为空的哑元节点（即不表示实际数据的节点）作为一个链表的开始节点。这通常是个人习惯问题。但这会影响链表节点创建、插入和删除的算法中的初始条件，你不妨试一试。

遍历链表

出人意料的是，遍历链表是所有链表操作中最容易实现的。

1. 从 head 指针处开始。
2. 访问节点。
3. 链接到下一节点。
4. 如果指针非 NULL，则重复第 2、3 步。

下面是源代码：

```
void Traverse_List(NODE_PTR head)
{
// this function traverses the linked list and prints out
// each node

// test if head is null
if (head==NULL)
   {
   printf("\nLinked List is empty!");
   return;
   } // end if

// traverse while nodes
while (head!=NULL)
    {
    // visit the node, print it out, or whatever...
    printf("\nNode Data: id=%d", head->id);
    printf("\nage=%d,head->age);
    printf("\nname=%s\n",head->name);

    // advance to next node (simple!)
    head = head->next;
    }  // end while

print("\n");

} // end Traverse_List
```

很酷是不是？下一步，让我们看一看如何在链表中插入一个节点。

插入节点

插入节点的第一步是创建该节点。创建节点有两种方法：你可以将新的数据元素传递给插入函数，由该函数来构造一个新节点；或者先构造一个新节点，然后将它传递给插入函数。这两种方法在本质上是相同的。

此外，还有许多方法可以实现节点插入链表的操作。蛮横的做法是将要插入的节点插在链表的开头或结尾。如果你不关心链表中节点的顺序，这倒不失为一个便捷的方法。但如果想保持链表原来的排序，你就应当采用更聪明的插入算法。这样可以保证插入节点后的链表仍然保持升序或降序。这也可以让以后进行搜索时速度更快。

为简明起见，我举一个最简单的节点插入方法的例子，也就是将节点插在链表的末尾。其实按顺序的节点插入算法并不太复杂。首先要扫描整个链表，找出新节点所要插入的位置，然后将其插入。惟一的问题就是保证不要丢失任何指针和信息。

下面的源代码将一个新节点插入链表的尾部（比插入链表头部难度稍大）。注意一下特殊的情况，即空链表和只有一个元素的链表：

```
// access the global head and tail to make code easier
// in real life, you might want to use ** pointers and
// modify head and tail in the function ???

NODE_PTR Insert_Node(int id, int age, char *name)
{
// this function inserts a node at the end of the list
NODE_PTR new_node = NULL;
```

```
// step 1: create the new node
new_node = (NODE_PTR)malloc(sizeof(NODE)); // in C++ use new operator

// fill in fields
new_node->id  = id;
new_node->age = age;
strcpy(new_node->name,name);              // memory must be copied!
new_node->next = NULL;                    // good practice

// step 2: what is the current state of the linked list?

if (head==NULL) // case 1
   {
   // empty list, simplest case
   head = tail = new_node;

   // return new node
   return(new_node);
   } // end if
else
if ((head != NULL) && (head==tail))       // case 2
   {
   // there is exactly one element, just a little
   // finesse...
   head->next = new_node;
   tail = new_node;

   // return new node
   return(new_node);
   } // end if
else // case 3
   {
   // there are 2 or more elements in list
   // simply move to end of the list and add
   // the new node
   tail->next = new_node;
   tail = new_node;

   // return the new node
   return(new_node);
   } // end else

} // end Insert_Node
```

你可能觉得代码比较简单。但实际上它却很容易造成混乱，因为你处理的是指针，所以要小心谨慎！聪明的程序员脑筋一转便会很快地意识到 case2 和 case3 可以合一，但这里的代码易读性更好。下面我们来看一看节点的删除。

删除节点

删除节点比插入节点复杂，因为指针和内存都要重新定位和分配。大多数情况下，只需删除指定的一个节点。但这个节点的位置可能是头部、尾部或中间，因此你必须编写一个通用的算法来处理所有可能的情况。如果你没有将所有的情况都考虑进去并进行测试，那后果将是非常糟糕的！

一般而言，这个算法必须能够按所给定的关键字搜索链表、删除节点并释放其占用的内存。此外，该算法还必须能够修复指向该被删除节点的指针和该节点所指向的下一个节点的指针。看一看图 11-3 便会一目了然。

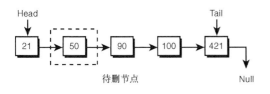

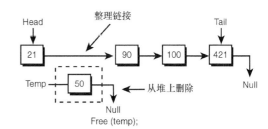

（a）删除键值 "50" 前　　　　　　　　　　　　　　　（b）删除键值 "50" 后

图 11-3　从链表中删除节点

下面这段代码可以基于关键字 ID，完成删除任意节点的操作：

```
// again this function will modify the globals
// head and tail (possibly)

int Delete_Node(int id)       // node to delete
{
// this function deletes a node from
// the linked list given its id
NODE_PTR curr_ptr = head,     // used to search the list
         prev_ptr = head;     // previous record

// test if there is a linked list to delete from
if (!head)
    return(-1);

// traverse the list and find node to delete
while(curr_ptr->id != id && curr_ptr)
    {
    // save this position
    prev_ptr = curr_ptr;
    curr_ptr = curr_ptr->next;
    } // end while

// at this point we have found the node
// or the end of the list
if (curr_ptr == NULL)
    return(-1); // couldn't find record
// record was found, so delete it, but be careful,
// need to test cases
// case 1: one element
if (head==tail)
  {
  // delete node
  free(head);

  // fix up pointers
  head=tail=NULL;

  // return id of deleted node
  return(id);
  } // end if
else // case 2: front of list
if (curr_ptr == head)
  {
  // move head to next node
```

```
head=head->next;

// delete the node
free(curr_ptr);

// return id of deleted node
return(id);

} // end if
else // case 3: end of list
if (curr_ptr == tail)
   {
   // fix up previous pointer to point to null
   prev_ptr->next = NULL;

   // delete the last node
   free(curr_ptr);

   // point tail to previous node
   tail = prev_ptr;

   // return id of deleted node
   return(id);

   } // end if
else // case 4: node is in middle of list
   {
   // connect the previous node to the next node
   prev_ptr->next = curr_ptr->next;

   // now delete the current node
   free(curr_ptr);

   // return id of deleted node
   return(id);
   } // end else

} // end Delete_Node
```

注意代码中包括了许多特殊的情况。尽管每一种情况的处理都很简单，但我还是希望提醒读者，一定要考虑周全，不放过每一种可能的情况。

最后，你或许已经注意到删除链表内部节点的操作极富戏剧性。这是因为这个节点一旦被删除，就无法恢复。我们不得不跟踪前一个 NODE_PTR 以跟踪末尾的节点。可以使用如图 11-4 所示的双向链表来解决这个问题及其他类似的问题。

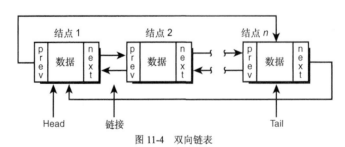

图 11-4　双向链表

双向链表的优点在于你可以在任何位置从两个方向遍历链表节点，可以非常容易地实现节点的插入和删除。数据结构上，惟一的改变就是添加了一个链接字段，如下所示：

```
typedef struct NODE_TYP
    {
    int id;            // id number of this object
    int age;           // age of person
    char name[32];     // name of person
    // more fields go here
    NODE_TYP *next;    // link to the next node
    NODE_TYP *prev;    // link to previous node

    } NODE, *NODE_PTR;
```

应用双向链表，你可以从任一个节点向前或向后搜索，所以和节点插入和删除有关的跟踪节点操作大大简化。控制台程序 DEMO11_1.CPP|EXE 便是一个简单的链表操作程序。它可以实现插入节点、删除节点和遍历链表。

注意

DEMO11_1.CPP 是一个控制台程序而非标准的 Windows .EXE 程序。所以在编译前应将编译器设定为控制台应用程序。当然，这里没用到 DirectX，因此也不必加载任何 DirectX 的.LIB 文件。

11.2　算法分析

算法设计与分析通常是高级的计算机科学知识。但我们至少要掌握一些常识的技巧和思想，以利于我们编写比较复杂的算法。

首先，要知道一个好的算法比所有的汇编语言或优化器都更好。例如，在前面说过，调整一下数据的顺序便能够减少按元素的大小搜索数据所花费的时间。因此所应掌握的原则是：选择一个可靠的、适合问题和数据的算法，而与此同时，还要挑选一种易于该算法访问和处理的数据结构。

例如，假如你总是使用线性的数组，你就不要指望能够进行优于线性搜索时间的搜索（除非你使用第二个数据结构）。但如果使用排序的数组，搜索时间就会成对数级别地缩短。

编写一个好算法的第一步是掌握一些算法分析知识。算法分析技术又叫渐近分析（$Asymptotic\ Analysis$），通常是基于微积分的。我不想过多地深入，所以只介绍一些概念。

分析一个算法的基本思想是看一看 n 个元素时主循环的执行次数。这里 n 可代表任何数据结构的元素数目。这是算法分析最重要的思想。当然，有了好的算法后，每次的执行时间、初始化的系统开销也同样重要，但我们从循环执行的次数开始。让我们看一看下面两个例子：

```
for (int index=0; index<n; index++)
    {
    // do work, 50 cycles
    } // end for index
```

在这个例子中，程序执行 n (=50)次循环，因此执行时间就是 n 阶即 O(n)。O(n)称为大 O 记法，它是一个上限值，也是对执行时间的一个粗糙的上限估计。假如要更精确一点，你知道其内部的计算需要 50 次循环，所以整个执行时间就是：

```
n*50 cycles
```

对吗？错了！如果要计算循环时间，你应当将循环自身花费的时间包括进去。这些时间包括变量的初始化、比较、增量和循环的跳转。将这些时间加进去，如下式所示：

$$Cycles_{initialization}+(50+Cycles_{inc}+Cycles_{comp}+Cycles_{jump})*n$$

上式是一个较好的估计。这里，$Cycles_{inc}$、$Cycles_{comp}$ 和 $Cycles_{jump}$ 分别代表增量、比较和跳转所需的周数。在奔腾级的处理器上，其值约为 1～2 周。因此，在这种情况下，循环本身所花费的时间和程序内部工作循环所需用的时间一样多。这一点是非常重要的。

比如，许多游戏程序员在处理有关像素绘图的问题时，将其编写成函数而非一个宏或内联代码。因为像素绘图函数是如此简单，以至于调用这个函数比直接画图所需时间还要多！所以在设计循环时必须确保循环内部有足够的工作，而且循环运行所需时间要远大于循环自身所花费的时间。

现在让我们来看一看另一个例子——它的时间复杂度高于 n：

```
// outer loop
for (i=0; i<n; i++)
    {
    // inner loop
    for (j=1; j<2*n; j++)
        {
        // do work
    }  // end for j
}      // end for i
```

在这个例子中，我们假定循环中工作部分执行所需时间远大于实现循环机制所花费的时间，这样我们就不考虑循环自身花费时间而只考虑循环执行的次数。这个程序的外部循环次数为 n 次，内部循环的次数为 2n-1 次，所以内部代码总的执行次数为：

n*(2*n-1) = 2*n^2-n

上式由两项构成。$2n^2$ 是主项，其值要远大于后一项，并且随 n 取值的增加，两项的差值也增大。如图 11-5 所示。

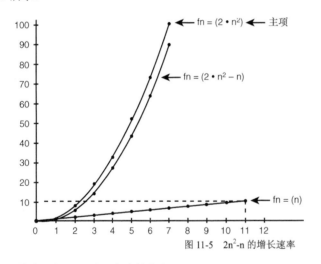

图 11-5　$2n^2$-n 的增长速率

当 n 较小比如 n=2 时，上式的值为：

$2*(2)^2 - 2 = 6$

在该情况下，n 这项减去总花费时间的 25%。但当 n 的值增大时，比如 n=1000，

$2*(1000)^2 - 1000 = 1999000$

这时，n 这项只减去总花费时间的 0.5%，可以忽略不计。现在读者该明白了为什么 $2*n^2$ 项是主项或更简单地说 n^2 是主项。所以，这时的算法复杂度是 $O(n^2)$，这是非常糟糕的，以 n^2 运算的算法是不能令人满意的，因此当你提出这样一个算法时，你最好从头再来！

上述都是为渐近分析作准备的。最低要求是：你必须能够粗略地估计你的游戏程序中循环的执行时间。这将有助于你挑选算法和所需编码空间。

11.3 递归

我们下一个所要探讨的主题是递归（Recursion）。递归是一种应用归纳的方法求解问题的技术。递归的基本含义是把许多问题连续分解成同一形式的简单问题，直到能够真正的求解为止。然后将这些小问题进行归纳、组合进而使整个问题得到解决。听起来是不是很美妙？

在计算机编程中。我们通常使用递归算法来实现搜索、排序和一些数学计算。递归的前提非常简单：编写一个函数，该函数具有调用自己求解问题的能力。是不是听起来不可思议？其关键在于该函数调用自己时，就在堆栈里创建一组新的局部变量，所以相当于一个新的函数被调用。你惟一需要注意的是函数不能溢出堆栈，并且要有终止条件，程序结束时要有结束处理代码以保证堆栈通过 return() 释放空间。让我们看一个标准的实例：阶乘的计算。一个数的阶乘写作 n!，其含义如下：

n! = n*(n-1)*(n-2)*(n-3)*...(2)*(1)

并有 0! = 1! = 1,

这样，5! 就是 5*4*3*2*1。

以下是用通常的方法编写的计算代码：

```
// assume integers
int Factorial(int n)
{
int sum = 1; // hold result

// accumulate product
while(n >= 1)
    {
    sum*=n;

    // decrement n
    n--;

    } // end while

// return the result
return(sum);

} // end Factorial
```

看上去非常简单。如果输入 0 或 1 则即算结果为 1。若输入 3，则其计算顺序如下：

```
sum = sum * 3 = 1 * 3 = 3
sum = sum * 2 = 3 * 2 = 6
sum = sum * 1 = 6 * 1 = 6
```

显然，计算结果正确无误。因为 3! = 3*2*1。

以下是采用递归方法编写的程序：

```
int Factorial_Rec(int n)
{
// test for terminal cases
if (n==0 || n==1) return(1);
else
   return(n*Factorial_Rec(n-1));

} // end Factorial_Rec
```

这个程序并不怎么复杂。我们看看当 n 分别为 0 和 1 时，程序是如何运行的。在这两种情况下，第一个 if 语句为 TRUE，就返回值 1 并退出程序。但当 n>1 时，奇妙的事情就发生了。这时，执行 else 语句并返回该函数调用自身（n−1）次后的值。这就是递归过程。

当前函数变量的取值仍在堆栈里保存，下次调用该函数就相当于调用一个以一组新变量为参数的函数。代码中第一个 return 语句在进行下一个调用前不能执行完毕，就这样一直循环下去直到执行结束语句为止。

让我们来看一看 n=3 时，每次迭代时变量 n 的实际数值。

1. 第一次调用函数 Factorial_Rec(3)，

函数开始执行 return 语句：

```
return(3*Factorial_Rec(2));
```

2. 第二次调用函数 Factorial_Rec(2)，

函数又开始执行 return 语句：

```
return(2*Factorial_Rec(1));
```

3. 第三次调用函数 Factorial_Rec(1)，

这次函数执行结束语句并返回值 1：

```
return(1);
```

现在奇妙的是，1 被返回给第二次调用的函数 Factorial_Rec()，如下所示：

```
return(2*Factorial_Rec(1));
```

这也就计算出了

```
return(2*1);
```

随之这一数值便被返回给第一次调用的函数，如下所示：

```
return(3*Factorial_Rec(2));
```

这也就计算出了 return(3×2)；

随之函数最终得到返回值 6 即 3！。这便是递归过程。这时你会问哪种方法更好一些呢——是递归法还是非递归法？很明显，直接方法执行速度要快一些，因为没有涉及到任何函数调用或堆栈操作。但递归方法更优雅，能更好地反映问题的本质。这就是我们使用递归的原因。有些算法本质上是递归的，为之编写非递归算法会非常冗长，而且最终也必须使用堆栈进行递归模拟。如果适于简化问题，就使用递归法编程；否则就使用直接方法。

例如，看一下程序 DEMO11_2.CPP|EXE。该程序实现了阶乘算法。注意一下阶乘的溢出速度。看看你的机器能计算到多大阶乘。绝大多数的机器可以计算到 69！不骗你。

数学

我们来递归地实现一下菲波那契（Fibonacci）算法。第 n 个 Fibonacci 数列元素 $f_n = f_{n-1} + f_{n-2}$，另外，$f_0 = 0$，$f_1 = 1$，那么，$f_2 = f_1 + f_0 = 1$，$f_3 = f_2 + f_1 = 2$。所以整个 Fibonacci 序列为：0，1，1，2，3，5，8，13……。数一数向日葵中一圈圈的种子数目，恰好是 Fibonacci 序列。

11.4 树结构

接下来我们要讨论的高级数据结构是：树（tree）。通常人们使用递归算法来处理树结构，因此我在上面论述中特别提到了递归。图 11-6 图示了一些不同的树状数据结构。

人们发明树结构，用于储存和搜索海量的数据。最常见的树结构是二叉树，也叫作 B-树或二分查找树（BST）。树结构是从单一根节点发散出的树状结构，包含许多子节点。每个节点可以派生出一个或两个子节点（Sibling，兄弟节点），二叉树因此而得名。而且我可以讨论一个二叉树的阶（Order），即该树一共有几层。图 11-7 所示的是不同层次的二叉树。

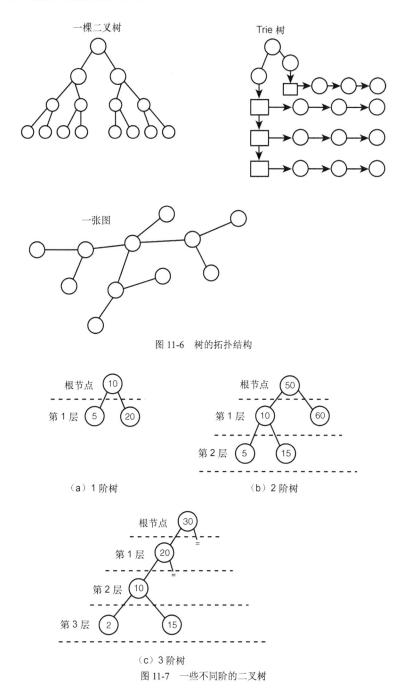

图 11-6   树的拓扑结构

（a）1 阶树

（b）2 阶树

（c）3 阶树

图 11-7   一些不同阶的二叉树

关于树结构，有趣的是信息查询的速度很快。绝大多数二叉树使用单一的关键字来查询数据。例如，假定你想创建一个包含游戏对象记录的二叉树，而每一个游戏对象具有多个属性，你可能会使用游戏对象的创建时间作为关键字，或将数据库中的每一节点定义为代表一个人。下面是可以用来保存单个人的节点的数据结构：

```
typedef struct TNODE_TYP
    {
    int age;           // age of person
    char name[32];     // name of person
    NODE_TYP *right;   // link to right node
    NODE_TYP *left;    // link to left node
    } TNODE, *TNODE_PTR;
```

注意树节点与链表节点的相似之处！它们之间惟一的不同是使用数据结构并构造树的方法。看一看上例，假如有五个对象（人），其年龄分别为 5、25、3、12 和 10。图 11-8 表示包含该数据的两个不同的二叉树。不过，你可以做得更好，比如在插入算法中根据数据插入顺序来维持二叉树的某种属性。

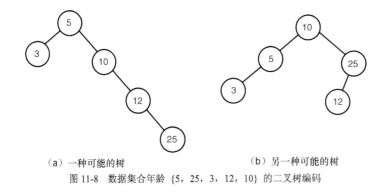

（a）一种可能的树　　　　　　　　（b）另一种可能的树

图 11-8　数据集合年龄 {5，25，3，12，10} 的二叉树编码

注意

在本例中，数据可以定义为任何值。

注意在建立如图 11.8 所示的二叉树时，使用了如下约定：任一节点的右子节点总是大于或等于该节点本身，左子节点总是小于其本身。你还可以使用其他的约定，只要保持一致性。

二叉树可以存储海量数据，而且应用"二分查找法"可以快速地检索数据。这是二叉树的优越性所在。比如，如果一个二叉树带有一百万个节点，至多进行 20 次比较便可以检索到数据！这是不是棒极了？其原因在于检索中的每次迭代，搜索空间的节点数都减少一半。从根本上说，假如有 n 个节点，平均搜索次数为 $\log_2 n$，运行时间为 $O(\log_2 n)$。

注意

上述所说的搜索时间只适于平衡二叉树——即每一层次均含有相等的左右子节点的二叉树。如果二叉树不是平衡的，那么它就退化为一个链表，而搜索时间也退化为一个线性函数。

二叉树第二个非常酷的属性是你可以定位子树并单独处理它。该子树仍然具有二叉树的所有属性。因此，如果你知道检索的位置，便可以搜索子树检索你所需要的东西。这样一来，你便可以创建树的树，或建立子树的索引表，而不必处理整个树。这在 3D 场景建模中是非常重要的。你可以为整个游戏空间建立一个树结构，而以数百棵子树来表示空间中的各个房间。你还可以创建另一个树结构来指代具有空间排列的指向子树根指针的链表。如图 11-9 所示。有关这方面更多的内容会在本书的以后章节中论及。

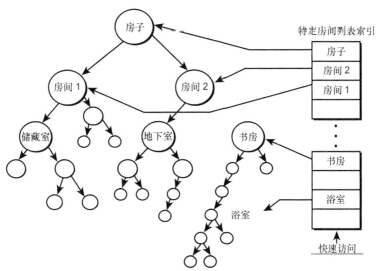

图 11-9 在二叉树结构上使用一个二级索引表

最后，让我们谈一谈何时使用树结构。我建议，当所处理的问题或数据类似于树结构时使用树结构。比方说，当你随手画出问题的草图，而发现其中具有左右分支的话，树结构明显应该是合适的。

11.4.1 建立二分查找树（BST）

由于应用于二叉树的算法在本质上是递归的，所以这一节的主题比较复杂。让我们先快速地浏览一下二叉树的一些算法，然后写一些代码，并完成一个演示程序。

与链表相似，创建 BST 有两种方法：树结构的根节点可以为哑元，也可以是实际有效的节点。我更喜欢以实际节点作为根节点。因此，一个空树中没有任何东西，而本应指向根节点的指针现在为 NULL。

```
TNODE_PTR root = NULL;
```

Okay，要将数据插入 BST，你必须确定插入数据所使用的关键字。在本例中，你可以使用人的年龄或名字。因为上面这些例子都使用年龄作为关键字，所以这里也使用年龄作为关键字。然而，以名字作为关键字更简单，你只需使用字母顺序比较函数如 strcmp() 来确定名字的顺序。无论如何，下面这段代码将节点插入 BST：

```
TNODE_PTR root = NULL; // here's the initial tree

TNODE_PTR BST_Insert_Node(TNODE_PTR root, int id, int age, char *name)
{
// test for empty tree
if (root==NULL)
   {
   // insert node at root
   root       = new(TNODE);
   root->id   = id;
   root->age  = age;
   strcpy(root->name,name);

   // set links to null
   root->right = NULL;
   root->left  = NULL;
```

```
    printf("\nCreating tree");

    } // end if

// else there is a node here, lets go left or right
else
if (age >= root->age)
   {
   printf("\nTraversing right...");
   // insert on right branch

   // test if branch leads to another sub-tree or is terminal
   // if leads to another subtree then try to insert there, else
   // create a node and link
   if (root->right)
     BST_Insert_Node(root->right, id, age, name);
   else
      {
      // insert node on right link
      TNODE_PTR node  = new(TNODE);
      node->id    = id;
      node->age   = age;
      strcpy(node->name,name);

      // set links to null
      node->left  = NULL;
      node->right = NULL;

      // now set right link of current "root" to this new node
      root->right = node;
      printf("\nInserting right.");

      } // end else

   } // end if
else // age < root->age
   {
   printf("\nTraversing left...");
   // must insert on left branch

   // test if branch leads to another sub-tree or is terminal
   // if leads to another subtree then try to insert there, else
   // create a node and link
   if (root->left)
     BST_Insert_Node(root->left, id, age, name);
   else
      {
      // insert node on left link
      TNODE_PTR node  = new(TNODE);
      node->id    = id;
      node->age   = age;
      strcpy(node->name,name);

      // set links to null
      node->left  = NULL;
      node->right = NULL;

      // now set right link of current "root" to this new node
      root->left = node;
```

```
        printf("\nInserting left.");
    }        // end else

}            // end else

// return the root
return(root);

}            // end BST_Insert_Node
```

首先你要测试是否是空树，如果是空树就创建其根节点。如有必要，应使用最先插入 BST 的那项内容创建根节点。因此，最先被插入 BST 的那项内容或记录就代表搜索空间中靠近中间的项，以便树能很好地平衡。总之，如果树有超过一个的节点，你必须遍历该树，至于将节点插入左子树或右子树则取决于你要插入的记录。当你遇到树结构的叶节点或终止枝时，便可以将新节点插入该处。

```
root = BST_Insert_Node(root, 4, 30, "jim");
```

图 11-10 示意了如何将"Jim"插入一个树中。

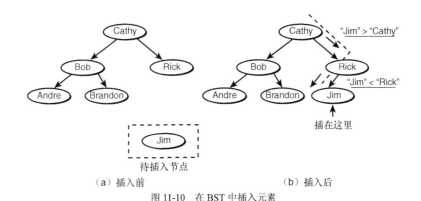

（a）插入前　　　　　　　　　　　（b）插入后

图 11-10　在 BST 中插入元素

将新节点插入 BST 这一过程的执行效率和在 BST 中搜索节点相当，因此，一次插入操作所需的平均时间约为 O(log₂n)，而最坏的情况是 O(n)（当关键字以降序线性排列时）。

11.4.2　搜索 BST

一旦建立了 BST，就是进行数据的搜索的时候了。当然这会用到许多递归处理方法，应加以关注。搜索 BST 有三种方法：

- **前序**——访问节点、然后按前序搜索左子树，最后按前序搜索右子树。
- **中序**——按中序搜索左子树，然后访问节点，最后按中序搜索右子树。
- **后序**——按后序搜索左子树，然后按后序搜索右子树，最后访问节点。

注意

左和右是任意的，关键在于访问和搜索的顺序。

如图 11-11 所示。该图显示了一个简单的二叉树及三种搜索顺序。

知道了这三种顺序，你可以为之编写相当简单的递归算法来实现它们。当然，遍历二叉搜索树的目的是找到目标并将其返回。下面的函数便实现了二叉树遍历的功能。你可以为之增加停止代码以便搜索到目标关键字时结束程序。不过，现在你比较在意搜索方法：

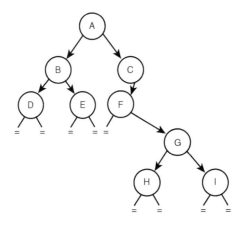

前序:A B D E C F G H I
中序:D B E A F H G I C
后序:D E B H I G F C A

图 11-11　前序、中序、后序搜索方式的节点访问次序

```
void BST_Inorder_Search(TNODE_PTR root)
{
// this searches a BST using the inorder search

// test for NULL
if (!root)
   return;

// traverse left tree
BST_Inorder_Search(root->left);

// visit the node
printf("name: %s, age: %d", root->name, root->age);

// traverse the right tree
BST_Inorder_Search(root->right);

} // end BST_Inorder_Search
```

以下是前序搜索代码:

```
void BST_Preorder_Search(TNODE_PTR root)
{
// this searches a BST using the preorder search

// test for NULL
if (!root)
   return;

// visit the node
printf("name: %s, age: %d", root->name, root->age);

// traverse left tree
BST_Inorder_Search(root->left);

// traverse the right tree
BST_Inorder_Search(root->right);
```

```
} // end BST_Preorder_Search
```
以下是后序搜索代码:
```
void BST_Postorder_Search(TNODE_PTR root)
{
// this searches a BST using the postorder search

// test for NULL
if (!root)
  return;

// traverse left tree
BST_Inorder_Search(root->left);

// traverse the right tree
BST_Inorder_Search(root->right);

// visit the node
printf("name: %s, age: %d", root->name, root->age);

} // end BST_Postorder_Search
```
就这么简单,像不像变戏法?假设你已建立了一棵二叉树,试着用这个调用进行中序遍历。
```
BST_Inorder_Search(my_tree);
```

提示

我很难形容类树结构在 3D 图形学中有多重要,希望你已经理解了上述内容。否则,当你构造二分空间来解决渲染问题时,你将会陷入指针递归的苦海中。:)

你注意到我省略了如何删除一个节点。我是有意这样做的。因为删除一个节点非常复杂,有可能破坏子树的父节点和其与子节点间的连接。我想,删除节点就当作留一个练习给读者好了。这里我向大家建议一本好的数据结构参考书——由 Sedgewick 撰写, Addison Wesley 出版社出版的《Algorithms in C++》,这本书深入讨论了树结构及其相关算法。

最后,读者可以检验一下二叉搜索树的一个实例程序——DEMO11_3.CPP|EXE。该程序允许你创建一个二叉搜索树并使用三种算法遍历它。这也是一个控制台程序,因此需要正确地编译它。

11.5 优化理论

比起编写任何其他程序来说,编写游戏更重视性能优化。视频游戏永无止境地不断突破硬件和软件的极限。游戏编程人员总是希望加入更多的生物、特效、声音以及更好的智能等等。因此,优化至关重要。

在这一节,我们将讨论一些优化技术以帮助你进行游戏编程。如果你对此有浓厚的兴趣,有很多关于该方面的书可以参考,如由 Addison Wesley 出版社出版、Rick Booth 编著的《Inner Loops》,由 Coriolis 集团出版、Mike Abrash 编著的《*Zen of Code Optimization*》,AP 出版社出版、Mike Schmit 编著的《*Pentium Processor Optimization*》。

11.5.1 运用你的头脑

编写优化代码的第一要旨是理解编译器和数据结构,以及你编写的 C/C++程序是如何被最终转换为可执行的机器代码的。基本思想是使用简单的程序设计技巧和数据结构。你的代码越复杂、设计越精巧,编译器将其变换为机器代码就越困难,所以(在大多数情况下)其执行速度也就越慢。以下是编程时需要遵循的基本原则：

- 尽可能使用 32 位数据。8 位数据虽然占用空间较少，但英特尔的处理器是以 32 位为基准的，并针对 32 位数据进行了优化。
- 对于频繁调用的小函数，应声明为内联函数。
- 尽可能使用全局变量，但避免产生可读性差的代码。
- 避免使用浮点数进行加法和减法运算，因为整数单元通常比浮点单元运算快。
- 尽可能使用整数。尽管浮点处理器几乎和整数处理一样快，但整数更精确。所以如果你不需要精确的小数位，就使用整数。
- 将所有的数据结构均调整为 32 个字节对齐。在大多数编译器上你可以使用编译指示字来手工完成，或在代码中使用#pragma。
- 除非是简单类型的参数，否则尽可能不使用值传递的方式传递参数。应当使用指针。
- 在代码中不要使用 register 关键字。尽管 Microsoft 声称它能够加快循环，但这会造成编译器没有足够可用的寄存器，结果是生成糟糕的代码。
- 如果你是位 C++程序员，用类和虚函数是可以的。但软件的继承和层次不要过多。
- 奔腾级的处理器使用一个内部数据和代码缓存。了解这一点后，要确保函数代码短小以适应缓存的大小（16KB 至 32KB 以上）。此外，在储存数据时，以其将被访问的方式进行存储。这样可以提高缓存的命中率、从而减少访问主存或二级缓存的次数。须知，主内存或二级缓存的访问速度要比内部缓存的访问速度慢 10 倍。
- 奔腾级的处理器具有类似 RISC 的内核，因此擅长处理简单指令，并能够在数个执行单元内同时处理二个以上的指令。因此，不推荐在一行代码中书写晦涩难懂的代码，最好编写较简单的代码。即使你可以将这些代码合并成具有同样功能的一行代码，也尽量改成简单的。

11.5.2　数学技巧

由于游戏编程中大量的工作在实质上是数学问题，因此了解执行数学运算的更好方法是非常值得的。有许多通用的技巧和方法可供你利用，以提高程序运行速度：

- 参与整数运算的数必须是整数，参与浮点运算的数必须是浮点数。类型转换必然降低性能。所以除非是迫不得已，否则不要进行类型转换。
- 通过左移位操作可以实现整数与 2 的任何次幂的乘法运算。同样地，通过右移位操作可以实现整数与 2 的任何次幂的除法运算。对于整数与非 2 的幂的数的相乘和相除，可以通过移位后整数的线性组合转换为和运算或差运算。例如，640 虽不是 2 的整数次幂，但 512 和 128 是 2 的整数次幂；所以当某整数与 640 相乘最好的方法是进行如下变换：

```
product=(n<<7) + (n<<9); // n*128 + n*512 = n*640
```

不过，如果处理器在 1 至 2 个时钟周期内就可以完成乘法运算，这种优化就失去意义了。

- 如果你的算法中应用到矩阵操作，要充分利用矩阵的稀疏性——一些元素为零。
- 在创建常量时，确保其为恰当的类型以防编译器编译出错或将其强迫转换为整数类型。最好是使用 C++中新的 const 指示字。例如：

```
const float f=12.45;
```

- 避免使用平方根、三角函数或任何复杂的数学函数。一般而言，这些复杂函数的计算都可以根据特定的假设或近似而找到一个简单的方法来实现。但即使结果还是不理想，你仍然可以做一张查找表。我在后面将会提及该表。

- 如果你要将一个大的浮点数组清零，要按如下方式使用 memset()：

```
memset((void *)float_array,0,sizeof(float)*num_floats);
```

然而事实上也只有这种情况下才能这样做，因为浮点数是以 IEEE 格式编码的，故而只有整数零和浮点零的数值才完全相等。

- 在执行数学运算时，看一看在编码前能否手工先将表达式简化。比如，n*(f+1)/n 等于(f+1)，因为除法和乘法的运算结果将 n 消去了。
- 如果你要执行复杂的数学计算，而且你在下面的代码中需要再次用到计算结果，那么就将其暂存在高速缓存中。如下所示：

```
// compute term that is used in more than one expression
float n_squared = n*n;

// use term in two different expressions
pitch = 34.5*n_squared+100*rate;
magnitude = n_squared / length;
```

- 最后，很重要的一点是确保将编译器的选项设定为打开浮点协处理器，这样编译出的代码的执行速度较快。

11.5.3　定点运算

几年以前，大多数 3D 引擎都采用定点运算来进行 3D 中大量的变换和数学运算。这是因为处理器对浮点的支持没有对整数的支持快，甚至在奔腾处理器上也是如此。但是今天，奔腾 II、III 和 Katmai 处理器拥有更好的浮点能力，所以定点运算不再那么重要。

然而在许多情况下，由浮点到整数的光栅变换仍然很慢，因此在内部循环的加法和减法运算中使用定点运算仍是一个较好的选择。在低档的奔腾机器上，这类运算依然比浮点运算要快，因此你可以运用技巧快速地从定点数中提取出整数部分，而不必进行 float 到 int 的类型转换。

无论如何，这些都具有一定的不确定性。今天，使用浮点来处理任何运算通常都是最好的选择。但是多了解一些定点运算总还是有帮助的。我的观点是使用浮点来处理所有的数据表示和变换，对于低水平的光栅变换可以分别试一试定点运算和浮点运算，看一看那种处理方法最快。当然，如果你使用纯硬件加速，无需多虑，只要一直使用浮点数即可。

记住了这些，下面让我们来看看如何表示定点数。

定点数的表示

所有的定点数学实际上是以整数尺度为基础的。比如，我们想用一个整数来表示 10.5。这做不到，因为没有小数位。你可以将其截断为 10.0 或将其舍入为 11.0，但 10.5 不是一个整数。但如果你将 10.5 放大10 倍，10.5 就变成了 105.0，这是一个整数。这便是定点数的基础。你可以采用某一比例系数来对数值进行缩放，并在进行数学计算时将比例系数考虑进去。

由于计算机是二进制的，大部分游戏程序倾向于使用 32 位整数（或 int），以 16.16 的格式来表示定点数。如图 11-12 所示。

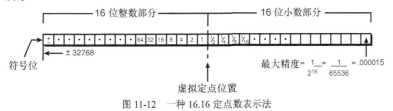

图 11-12　一种 16.16 定点数表示法

你可以将整数部分放在高 16 位，小数部分置于低 16 位。这样你已将整个数值放大为原来的 2^{16} 即 65536 倍。另外，为提取出一个定点数的整数部分，你可以移位并屏蔽掉高 16 位；为得到小数部分，你可以移位并屏蔽掉低 16 位。

以下是一些常用的定点数的类型：

```
#define FP_SHIFT 16     // shifts to produce a fixed-point number
#define FP_SCALE 65536  // scaling factor

typedef int FIXPOINT;
```

在定点与浮点之间转换

有两类数需要转换为定点数：整数和浮点数。这两类转换是不同的，需分别考虑。对于整数，直接用其二进制的补码表示。所以你可以通过移位操作来放大这个数，从而将其转换为定点数。而对于浮点数，由于其使用 IEEE 格式，四字节中有一个尾数和指数，因此移位将破坏这个数。因此，必须使用标准的浮点乘法来进行转换。

数学

二进制补码是一种表示二进制整数的方法。因此整数和负数均可以用这种方法表示，并且在该集合上数学运算都是正确的。一个二进制数的补码是指将该二进制的每一位取反并与 1 进行加运算所得的数。在数学意义上，假定你想求 6 的补码，先取反码得–6，再与 1 相加即–6+1 或～0110 + 0001 = 1001 + 0001 = 1010。该数就是 10 的普通二进制表示，但同时也是–6 的补码表示。

以下是将整数转换为定点数的宏：

```
#define INT_TO_FIXP(n) (FIXPOINT((n << FP_SHIFT)))
```

例如：

```
FIXPOINT speed = INT_TO_FIXP(100);
```

下面是将浮点数转换为定点数的宏：

```
#define FLOAT_TO_FIXP(n) (FIXPOINT((float)n * FP_SCALE))
```

例如：

```
FIXPOINT speed = FLOAT_TO_FIXP(100.5);
```

提取一个定点数也很简单。下面是从高 16 位提取整数部分的宏：

```
#define FIXP_INT_PART(n) (n >> 16)
```

至于从低 16 位提取小数部分，则只需将整数部分屏蔽掉即可：

```
#define FIXP_DEC_PART(n) (n & 0x0000ffff)
```

当然，如果你聪明的话，可以不需要进行转换，只要使用指针即时地访问高 16 位和低 16 位即可。如下所示：

```
FIXPOINT fp;
short *integral_part = &(fp+2), *decimal_part = &fp;
```

指针 integral_part 和 decimal_part 总是指向你所需的 16 位数。

精度

此刻一个问题突然出现在你的脑海中：二进制小数部分是怎么回事？通常你不必理会这个问题，它仅在运算时用到。一般而言，在光栅转换循环或其他循环中只需整数部分即可。但因为以 2 为基数，所以小数部分也是以 2 为基数的小数。如图 11-12 所示。例如二进制小数

1001.0001 是 9 + 0*1/2 + 0*1/4 + 0*1/8 + 1*1/16 = 9.0625

这给我们带来了精度的概念。上式使用了四位二进制数，其精度大约与 1.5 位十进制数精度相同，或者说是 ±0.0625。对于 16 位二进制数，则可以精确到 $1/2^{16}$ = 0.000015258 或万分之一。这一精度可以满足绝

大部分要求。另一方面,如果你仅用 16 位来存储整数部分,其存储的数值范围为-32767~32768(无符号数可到 65535)。这个限制在巨大的宇宙或数字空间将成为问题,所以要提防溢出问题。

加法和减法

定点数的加法和减法运算比较简单。你可以采用标准的+和-运算符:

```
FIXPOINT f1 = FLOAT_TO_FIX(10.5),
         f2 = FLOAT_TO_FIX(-2.6),
         f3 = 0; // zero is 0 no matter what baby

// to add them
f3 = f1 + f2;
// to subtract them
f3 = f1 − f2;
```

注意

由于定点数以二进制的补码表示,所以在进行上述运算时正负数都无问题。

乘法和除法运算

乘法和除法运算比加法和减法运算稍微复杂一些。问题在于定点数是被放大了的数。当进行乘法运算时你不仅乘上了定点数,同时也乘上了放大系数。看一看下述源代码:

```
f1 = n1 * scale
f2 = n2 * scale
f3 = f1 * f2 = (n1 * scale) * (n2 * scale) = n1*n2*scale²
```

看到额外的放大系数吗?为矫正这个问题,你需要除以或移出放大系数的平方 $scale^2$。这样,两定点数相乘的运算如下:

```
f3 = ((f1 * f2) >> FP_SHIFT);
```

定点数的除法也会遇到同乘法类似的问题,但结果相反。如下所示:

```
f1 = n1 * scale
f2 = n2 * scale
```

假设这样,则:

```
f3 = f1/f2 = (n1*scale) / (n2*scale) = n1/n2 // no scale!
```

注意在运算过程中消去了放大系数因而得到的是非定点数。这在某些情况下是非常有用的。但若要成为定点数,必须进行放大:

```
f3 = (f1 << FP_SHIFT) / f2;
```

警告

定点数的乘法和除法具有上溢和下溢问题。就乘法而言,最坏的情况是我们不得不使用 64 位。同样,对于除法分子的高 16 位通常丢失,仅剩下小数部分。解决的方法是使用 24.8 位格式或全 64 位格式进行运算。这可以使用汇编语言实现,因为 Pentinum 及以上的处理器支持 64 位运算。或者,你也可以稍微改变一下格式,使用 24.8 位格式。这样可以满足定点数的乘法和除法运算而不至于一下子丢失所有信息。但是,你的精度仍将大幅度下降。

程序 DEMO11_4.CPP|EXE 是一个定点数运算的例子。该程序允许你输入两个小数,然后执行定点数运算并观察其计算结果。注意乘法和除法运算结果可能不正确,这是因为计算结果采用的是 16.16 格式而非 64 位格式。为修正这一点,你可以改用 24.8 格式重新编译程序。条件编译由程序顶端的两个#define控制:

```
// #define FIXPOINT16_16
// #define FIXPOINT24_8
```

删掉其中一行的注释符，编译器便可以开始编译了。这是一个控制台应用程序，因此如黑人电影导演 Spike Lee 说的那样："为所欲为……"

11.5.4 循环体展开

下一个优化技巧是循环体展开。在 8 位和 16 位时代，这是最好的优化技术之一，但今天它可能带来相反的后果。展开循环意味着分解一个重复多次的循环，并对每一行手工编程。举例如下：

```
// loop before unrolling
for (int index=0; index<8; index++)
    {
    // do work
    sum+=data[index];
    } // end for index
```

这个循环的问题是工作花费的时间小于循环增量、比较和跳转所花费的时间。如此一来，循环本身所需时间是工作代码的二或三倍。你可以进行如下的循环展开：

```
// the unrolled version
sum+=data[0];
sum+=data[1];
sum+=data[2];
sum+=data[3];
sum+=data[4];
sum+=data[5];
sum+=data[6];
sum+=data[7];
```

这样就快多了。但是有以下两点需要说明：

- 如果循环体比循环结构复杂得多，那就没有必要将其展开。例如，如果你要在循环体内计算平方根，就没有必要展开了。
- 由于奔腾处理器带有内部缓存，将一个循环展开太多会导致内部缓存的拥塞。这将是灾难性的，并会导致代码异常结束。我的建议是视情况而定，循环展开的次数宜为 8 至 32 次之间。

11.5.5 查找表

这是我个人最喜爱的优化技巧。查找表是预先计算出程序运行时的一些结果。在程序启动时简单地计算出所有可能的结果，然后再运行游戏。例如，假定你需要计算出从 0～359 间各个角度的正弦和余弦值。如果使用浮点处理器来计算 sin() 和 cos()，将很费时间。但使用查找表，则只需几个 CPU 周期便可以得出各角度的正弦和余弦值。举例如下：

```
// storage for look up tables
float SIN_LOOK[360];
float COS_LOOK[360];

// create look-up table
for (int angle=0; angle < 360; angle++)
    {
    // convert angle to radians since math library uses
    // rads instead of degrees
    // remember there are 2*pi rads in 360 degrees
    float rad_angle = angle * (3.14159/180);

    // fill in next entries in look-up tables
    SIN_LOOK[angle] = sin(rad_angle);
    COS_LOOK[angle] = cos(rad_angle);
    } // end for angle
```

以下是一个利用该张查找表的例子，该例代码执行的结果是画一个半径为 10 的圆：

```
for (int ang = 0; ang<360; ang++)
   {
   // compute the next point on circle
   x_pos = 10*COS_LOOK[ang];
   y_pos = 10*SIN_LOOK[ang];

   // plot the pixel
   Plot_Pixel((int)x_pos+x0, (int)y_pos+y0, color);
   } // end for ang
```

当然，查找表需要占用一定的内存，但这样做也是值得的。"如果你能够预先算出结果，就将其放进查找表中。"这是我的座右铭。你可以思考一下《DOOM》、《Quake》以及我的最爱《Half-Life》是怎样工作的？

11.5.6 汇编语言

我想讨论的最后一种优化是使用汇编语言。你或许已拥有了很酷的算法和好的数据结构，但你还是希望更有效率。手工编写汇编语言不再能使代码如当年运行在 8/16 位处理器上那般，一下子快上 1000 倍，但它一般总能使你的代码运行速度提高 2 至 10 倍。这说明手工编写汇编语言代码还是非常值得的。

当然，你必须确保只转换游戏程序中需要转换的代码部分。注意不需要优化主菜单程序，因为那样只是浪费时间。用一个性能测试工具（Profiler）测试一下当你的游戏程序运行的时候，CPU 时间在何处被消耗殆尽（可能在图形部分），然后定位该处并将其以汇编语言改写。我建议使用 Intel 的 Vtune 作为性能测试工具。

在过去（几年前），大部分编译器不支持内联汇编。如果有，也很难用！如今 Microsoft、Borland 和 Watcom 的编译器都提供内联汇编的支持，用来编写数十句到几百句的小程序就如同单独使用汇编程序一样得心应手。所以我建议如果需要汇编语句就使用内联的汇编器。下面的代码表明在使用 Microsoft VC++时如何调用内联汇编：

```
_asm
{
.. assembly language code here
} // end asm
```

内联汇编器最突出的优点是它允许使用已在 C/C++中定义的变量名。下面的代码示范了如何使用内联的汇编语言编写一个 32 位的内存填充函数：

```
void qmemset(void *memory, int value, int num_quads)
{
// this function uses 32 bit assembly language based
// and the string instructions to fill a region of memory
_asm
   {
   CLD                      // clear the direction flag
   MOV EDI, memory          // move pointer into EDI
   MOV ECX, num_quads       // ECX hold loop count
   MOV EAX, value           // EAX hold value
   REP STOSD                // perform fill
   } // end asm

} // end qmemset
```

要使用这个新的函数，你只需这样调用：

```
qmemset(&buffer, 25, 1000);
```

这样从 buffer 的起始地址开始，1000 个 quads 被逐一填充为 25。

注意

如果你使用的不是 Microsoft VC++，你应查看一下你所用编译器的帮助，弄明白内联汇编器所需的语法格式。在大多数情况下，它们之间只不过有些下划线不同而已。

11.6　制作演示

假如你已完成游戏程序的编写，这时需要一个演示模式（Demo Mode）。制作演示主要有两种方法：你可以自己玩这个游戏并记录你的动作，或者你可以使用一个人工智能玩家。记录自己的游戏玩法是最常见的选择。因为编写一个像真人一样过关斩将的人工智能玩家是非常困难的，而且为了给潜在的买家留下良好的印象，就必然要求人工智能玩家以非常酷的方式玩游戏，要做到这一点也是很困难的。让我们扼要地看一下这两种方法是怎样实现的。

11.6.1　预先记录的演示

为了记录一段演示，基本上，你要记录每一循环的各种输入设备的状态，将数据写入文件，然后将该记录文件作为游戏引擎的输入来制作演示。看一看图 11-13 中的（a）及（b）便一目了然了。这一方法的思路是游戏本身并不知道输入是来自键盘（输入设备）还是文件，因此这种演示只是简单地回放游戏。

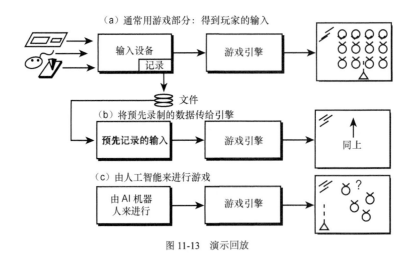

图 11-13　演示回放

为使其工作，你必须有一个确定性（Deterministic）的游戏策略：如果你再次玩这个游戏并且玩法相同，那么游戏人物也将做同样的事情。这意味着如同记录输入设备一样，你必须记录初始的随机数种子，以便将游戏记录的开始状态也像输入一样被记录下来。这样做确保了游戏演示将按照你记录时同样的状态播放。

记录一个游戏的最好办法并不是以一定的时间间隔对输入进行采样，而是每帧都对输入进行采样。这样一来，这个演示不论计算机快慢，回放时均能与游戏保持同步。我通常的做法是将所有的输入设备并入到一个记录中，一帧一个记录，然后将这些记录做成一个文件。我将播放演示程序的状态信息或随机数放在文件的开头，以便于载回这些数据。因此，这个回放文件如下所示：

初始状态信息

第 1 帧：输入值
第 2 帧：输入值
第 3 帧：输入值
.
.
第 N 帧：输入值

一旦你有了这个文件，只要简单地将游戏复位后从头播放即可。随后读入文件，仿佛这些数据是从输入设备输入的一样。游戏自身并不知道这点差别！

警告

你可能犯的最糟糕的一个错误是：在写出记录时，在不当的时机对输入进行了采样。事实上，应当务必确保采样和记录的输入是游戏相应的帧所实际使用的输入。一个新手常犯的错误是这样的，为游戏演示所进行的采样超前或落后于游戏的正确输入时刻。因此，所采样到的数据是不同的数据！其可能造成的结果是游戏玩家在游戏事件循环的某一部分按下了发射键，而在另一部分却松开了它。所以必须在同一处进行采样与读入输入。

11.6.2　由人工智能控制的演示

记录游戏的第二个方法是借助于编写的人工智能"bot"（机器人）来执行游戏，就像人们联网玩《Quake》一样。bot 在游戏处于演示模式时会如同一个参与游戏的人工智能角色一样地玩游戏。这种方法惟一的问题（除技术复杂外）是 bot 可能没有展示出所有"酷"的房间、武器等等，因为它并不知道它在制作游戏的演示。另一方面，采用 bot 参与游戏的最大好处是每一个演示都不相同，并且这种多样性在展示游戏的时候很有价值，因为观看者不会觉得乏味。

在游戏中制作 bot 和制作其他的人工智能角色一样。基本上你只需将其与你的游戏输入接口连接起来并重载标准输入流即可，如图 11-13 的（c）所示。然后为 bot 编写人工智能算法，设定一些主要的目标，如找出迷宫的路径、射杀所见的每一个东西，或其他任务等。之后就简单了，你只需任由 bot 运行，直到玩家取而代之。

11.7　保存游戏的手段

在游戏编程中，编写保存游戏部分是最令人头疼的事情之一。这是游戏程序员最后才做的事情之一。关键是编写游戏的时候，就要考虑到你所编写的游戏应当为玩家提供保存游戏进度的功能。

在任何时候都能保存游戏意味着要记录游戏中每一个变量和每一个对象。因此在一个文件中，你必须记录所有的全局变量和每个对象的状态。最佳的实现途径是采用面向对象的方法来处理。与其编写一个函数去记录每个对象的状态和所有的全局变量，倒不如使每个对象知道如何将自己的状态读出并写入磁盘文件。

为保存游戏，你所要做的就是编写全局变量然后创建一个简单的函数。由函数通知游戏中的每个对象将其自身的状态写出。然后，当需要读回游戏进度的时候，你要做的就只是将这些全局变量读入系统，然后将所有对象的状态读入游戏。

用这种办法，如果你新增加了一个对象或对象类型，加载/保存过程只局限于该对象自身，而不会影响整个程序。

11.8   实现多人游戏

下一个游戏编程的方式是实现多人游戏。当然，如果你想编写一个网络游戏，那就另当别论了——尽管 DirectPlay 使得通信部分变得更为容易。然而，如果你希望的只是让两个或两个以上的玩家同时或轮流地玩你的游戏，那你只需增加一些额外的数据结构、稍微调整一下程序即可。

11.8.1   轮流

轮流的实现既简单又复杂。说其简单是因为既然你能够实现一个玩家，为了实现两个或更多玩家，只需提供多于一个的游戏玩家记录即可。说它难是因为在切换时你必须为每一个玩游戏者提供游戏保存的功能。所以通常而言，如果你的游戏需要具备轮流切换选项，你就必须在游戏中实现保存的功能。显而易见，游戏玩家在轮换的时候并不知道游戏已被保存。

根据这点，下面依次列出了两人轮流玩的游戏所需的制作步骤：

1．开始游戏，玩家 1 开始。
2．玩家 1 玩游戏直到结束。
3．玩家 1 的游戏状态被保存，玩家 2 开始。
4．玩家 2 玩游戏直到结束。
5．玩家 2 的状态被保存（这时进行轮换）。
6．将玩家 1 先前被保存的游戏重新加载，玩家 1 继续。
7．回到步骤 2。

你可以看到，轮换发生于步骤 5，随后游戏便在两个玩家间轮流进行。假如游戏的玩家是两个以上，只需简单地在他们间轮流进行（一次只能一个人玩），直到轮流到最后一个，然后再从头开始。

11.8.2   分屏

实现两个或两个以上的玩家同时在同一个屏幕上玩游戏比玩家轮流交换要复杂一些。因为你不得不将游戏编写得复杂一些——将玩家间的游戏规则、冲突和交互考虑进去。而且在同一时刻多人玩的情况下，你必须为每个玩家分配指定的输入设备。这通常是指每个玩家分配一根游戏操纵杆，或一个玩家使用键盘而另一个使用游戏杆。

同一时刻多人参与的游戏还有一个问题是，一些游戏并不适于这样做。例如在卷轴游戏中，一个玩家想走这条路而另一个玩家却想走另一条路。这将造成冲突，你不得不予以考虑。因此最适于多人同时玩的是单屏幕格斗游戏或多人为了同一个目标而走到一起的游戏。

但如果你允许玩家自由地走动，这时你可以创建如图 11-14 所示的分屏的显示。

分屏显示的惟一问题是——分屏！你必须产生出两个或更多的游戏画面。这在技术上极具挑战性。此外，屏幕上或许没有足够的空间用于显示两幅或两幅以上的画面，因而玩家很难看到所发生的事情。但是如果你能实现分屏功能，最起码它是一个非常酷的选项……

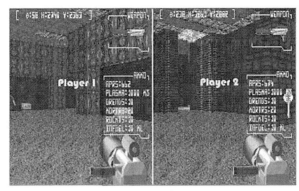

图 11-14　分屏游戏显示

11.9　多线程编程技术

到目前为止，本书所谈及的所有演示程序都是使用单线程事件循环和编程模型。事件循环对玩家的输入作出响应并以每秒 30 帧以上的速度渲染游戏画面。在对玩家作出反应的同时，游戏每秒要执行数百万次的运算，同时处理数十或数百个诸如绘制所有的物体、取得输入数据、播放音乐等小任务。图 11-15 展示了标准游戏循环。

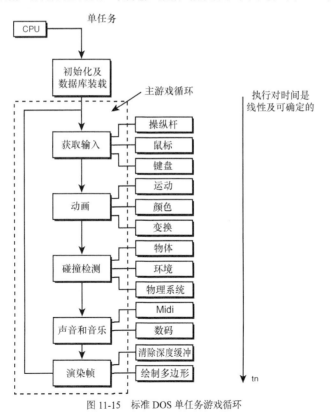

图 11-15　标准 DOS 单任务游戏循环

由图 11-15 中可知，游戏逻辑以串行（顺序）方式来完成各项任务。当然也有例外，比如通过中断来完成一些简单的逻辑任务，诸如音乐、输入控制等。但总的来说，游戏就是一个长长的函数调用序列。

尽管每一项任务都是顺序执行，但由于计算机足够快，其执行的结果就如同同时发生一般，这样便使游戏看上去非常流畅和真实。所以，大多数游戏程序是一个单任务执行线程——顺序执行一些操作并输出每一帧所需要的结果。这是解决问题最好的方法之一，也是 DOS 游戏编程的必然结果。

然而在今天，DOS 时代已成为过去，所以现在是发挥 Windows 95/98/ME/XP/NT/2000 多线程威力的时候了，我打赌你会喜欢的！

这节内容将就 Windows 95/98/NT 下的执行线程（thread of execution）进行探讨。通过使用线程可以轻易地在一个应用程序中运行多个任务。在开始之前，让我们先看一些术语，这样提到它们的时候不会太突兀。

11.9.1　多线程编程的术语

在计算机词典里有各种各样以"multi-"开头的词语。让我们先谈一谈多处理器（Multiprocessor）和多重处理（Multiprocessing），最后再讨论多线程（Multithreading）。

一台多处理器计算机是指具有多于一个处理器的计算机。Cray 和 Connection Machine 就属于这类。Connection Machine 计算机可以安装多达 64000 个处理器（构成一个超立方体网络），其中每一个处理器均用于执行代码。

对一般消费者而言，购买配置有 4 个 PIII+处理器的计算机用于运行 Windows NT 可能比较实际。通常它们都是 SMP（Symmetrical Multiprocessing，对称多处理）系统，即四个处理器可以对称地执行任务。实际上，情况并非总是如此，因为操作系统内核只运行在一个处理器上，但随着进程数量增加，其他任务便均匀地运行在每个处理器上。所以说，多处理器计算机的概念就是利用多个处理器来分担工作量。

对于某些系统，在每个处理器上只能执行一项任务或一个进程，而在其他系统上，如 Windows NT，每个处理器上可运行数千个任务。基本上这便是多重处理——多个任务运行在一台具有单个（或多个）处理器的计算机上。

最新的概念是多线程，也是今天最令人感兴趣的术语。在 Windows 95/98/NT/2000 下的进程就是一个完整的程序；尽管有些时候进程不能够独立地运行，通常情况下它的确是一个应用程序。它能够拥有自己的内存空间、设备上下文，并独立存在。

较之进程，线程是更为简单的程序实体。线程由进程创建，彼此间各不相同，结构简单并运行在创建它们所在的进程的地址空间内。线程的美妙之处在于它们能获得尽量多的处理器时间，并存在于创建它们的父进程的地址空间内。

这意味着与线程的通信非常简单。本质上，线程恰是游戏程序员所需要的：一个执行线程并行地和其他的主程序任务一起工作，并可以访问程序中的变量。

既然带有"multi-"前缀，因此你有必要搞清楚几个概念。首先，Windows 95、98、NT 和 2000 都是多任务/抢先式操作系统。这表明任何任务、进程或线程都不能完全控制计算机。每一项任务、进程或线程在某种程度上都可被打断或被阻塞，而允许下一个执行线程开始运行。这与 Windows 3.1 完全不同——在 Windows 3.1 不是抢先式的。如果在每个循环中没有调用 GetMessage(...)，其他进程就不工作。而在 Windows 95/98/NT/2000 下，你可以设置一个无限 FOR 循环，而操作系统依然能使其他任务照常运行。

而在 Windows 95/98/NT/2000 下，每一个进程或线程都有一个优先级，这个优先级决定了每个进程或线程在被打断之前的运行时间。所以，如果有 10 个相同的优先级进程，那么它们的运行时间相同或以循环的方式被处理。可是如果有一个线程具有内核级的优先级，该线程在每个循环中将获得更多的运行时间，如图 11-16 所示。

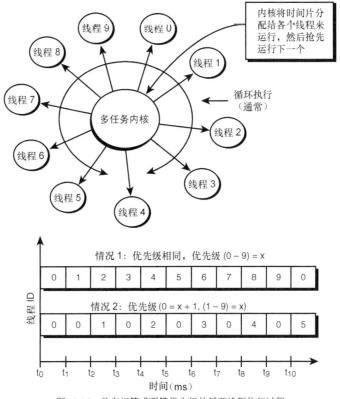

图 11-16　具有相等或不等优先级的循环线程执行过程

最后，问题出现了：Windows 95/98/NT/2000 的多线程间有什么区别？它们之间当然有一些区别。但符合 Windows 95 操作系统模型的程序大多可安全地运行在其他所有平台上。这是最基础的操作系统。尽管 98 和 NT 的稳定性更好一些，但在本节里我将仍然使用 Windows 95 机器来运行大部分的程序实例。

11.9.2　为何要在游戏中使用线程

现在这个答案是非常明显的了。事实上，我想你随时都可以列出 1000 件可以用线程来做的事情。然而，假如你无法做到这一点［比如你刚刚从 Mountain Dew（或 Sobe，我最近爱上了它）的宿醉中醒过来］，下面我列出一些用到多线程编程的地方：

- 更新动画
- 产生环绕音响效果
- 控制小对象
- 查询输入设备
- 更新全局数据结构
- 创建弹出菜单和控件

上述最后一项是我经常使用的。在游戏正在运行的时候创建菜单并允许玩家改变设置，这一直是令人头疼的事。但是用线程处理起来就简单多了。

到目前为止，我依然没有回答为什么要在游戏编程中使用线程而不使用一个庞大循环和函数调用这个问题。的确，线程完成的工作它们也能完成，但当你所创建的面向对象的程序越来越大，达到一定程度时，你就需要提出类似于自动机（Automaton）的结构。这些便是代表游戏角色的对象——你希望在创建和销毁的时候对游戏主循环没有逻辑副作用。这可以通过 C++类并结合多线程编程来实现。

在开始你的第一个多线程程序前，让我们搞清楚一下事实：在单处理器机器上，一次只能运行一个线程。所以天下并没有免费的午餐，但毕竟这是适应软件的方法学，因此确保你是为了简便性和正确性而进行多线程编程。图 11-17 表示了一个主进程和三个线程同时执行的情况。

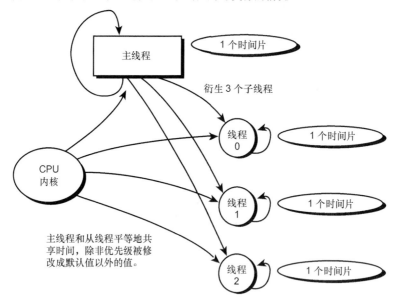

图 11-17　主进程产生三个子线程

图 11-17 中的时间表明了不同的线程对处理器的占用时间，单位是毫秒。如你所见，一次只有一个线程在运行，但它们可以打乱顺序运行，并根据优先级高低来确定运行时间。

前戏足够了。让我们看一些代码吧！

11.9.3　取得一个线程

在下面的例子中，你将使用控制台模式程序。再次强调，请正确地编译这些程序。（我反复的说这事，因为我每小时要收到 30～60 封来自我写的几本书的读者的有关错误使用 VC++编译器的电子邮件。难道就没有人读前言吗？）

还有一条告诫是：对于这些例子，你必须使用支持多线程的库（Multithreaded Library）。进入 MS DEV Studio 的主菜单，在 Project、Setting 菜单里，C/C++选项卡的 Category：Code Generatrion 选项里，将 Use Run-time Library 设置为 Multithreaded。如图 11-18 所示。此外，确保将优化（Optimization）选项设为 off。因为有时候该选项会影响多线程同步代码，所以最好将其关掉以防不测。

注意

我有一种似曾相识的感觉。真的是似曾相识吗？还是随机的假象？

如果你没有这种感觉，你就不会知道你没有的是什么，那样倒也无所谓。:)

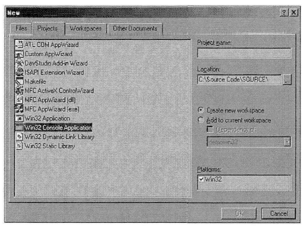

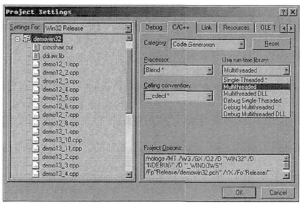

图 11-18　使用多线程库创建一个控制台应用程序

　　一切就绪，让我们开始吧。创建一个线程很简单，而防止其被损坏才是困难的部分！Win32 API 调用的格式如下：

```
 HANDLE CreateThread(
LPSECURITY_ATTRIBUTES lpThreadAttributes,
      // pointer to thread security attributes
 DWORD  dwStackSize,          // initial thread stack size, in bytes
 LPTHREAD_START_ROUTINE lpStartAddress,
           // pointer to thread function
 LPVOID lpParameter,          // argument for new thread
 DWORD dwCreationFlags,       // creation flags
 LPDWORD lpThreadId );        // pointer to returned thread identifier
```

　　lpThreadAttributes 指向一个 SECURITY_ATTRIBUTES 结构，该结构指定了这个线程的安全属性。如果这个 lpThreadAttributes 值为 NULL，该线程就以默认的安全描述字创建，并且返回的句柄不会被继承。

　　dwStackSize 指定线程堆栈的大小（单位是字节）。如果指定其值为 0，堆栈的大小就与进程的主线程相同。堆栈在进程的内存空间内自动分配并在进程结束时释放。如有必要堆栈大小可以增加。

　　CreateThread 试图分配大小为 dwStackSize 字节数的内存，并在可用内存不足时返回分配失败消息。

　　lpStartAddress 指向线程所要执行的由应用程序提供的函数，同时这也代表线程的开始地址。函数接受一个 32 位的参数并返回一个 32 位的值。

lpParameter 定义一个传递给线程的 32 位参数值。

dwCreationFlags 指定一个附加标志来控制线程的创建。如果 CREATE_SUSPENDED 标志被定义，线程就以挂起状态创建，即直到 ResumeThread()函数被调用之前都不执行。如果该值为零，线程在创建后立即开始执行。

lpThreadId 指向一个保存线程 ID 的 32 位变量。

如果函数执行成功，其返回值是指向下一个新线程的句柄。如果函数执行失败，将返回 NULL。若要获得更多的错误信息，调用 GetLastError()函数。

函数调用看上去有些复杂，但并非如此。它只是提供了更多的控制功能。大多数情况下，你会用到的功能并不多。

当处理完一个线程时，你应当关闭该线程的句柄。换言之，就是让系统知道你不再使用该对象。该功能通过调用函数 CloseHandle()实现，该函数使用 CreateThread()函数返回的句柄，并将对应该内核对象的引用计数器减 1。

对于每个线程都需要这么处理。这不会强行结束该线程，只是用于告诉系统，该线程处于结束运行状态。该线程要么自己结束，要么被通知（使用函数 TerminateThread()）结束，或者在主线程结束时被操作系统结束。这些我们以后会逐一讨论，现在只需知道这是退出多线程程序之前必须要进行的一个起清除作用的调用。下面是该函数的原型：

```
BOOL CloseHandle(HANDLE hObject );    // handle to object to close
```

hObject 表示了一个已打开的对象句柄。如果函数调用成功，将返回 TRUE；如果失败，返回 FALSE。调用函数 GetLastError()可得到详细的出错信息。此外，CloseHandle()也适于关闭下列对象的句柄：

- 控制台输入或输出
- 事件文件
- 文件映射
- 互斥体（Mutex）
- 命名管道
- 进程
- 信号量（Semaphore）
- 线程

基本说来，CloseHandle()使指定对象句柄无效，缩减对象句柄的引用计数，并进行对象存活性测试。当一个对象的最后一个句柄被关闭后，对象就从操作系统中被移除。

警告

一个新线程的句柄在创建时对该线程具有完全的访问权限。如果没有提供权限描述符，该句柄可以被任何需要该线程句柄的函数使用。当提供权限描述符后，所有使用该句柄的访问都要进行权限检查。如果检查结果为拒绝，那么请求的进程将被拒绝使用该句柄访问该线程。

现在来看一些代码，它们代表一个能够被传递给函数 CreateThread()的线程：

```
DWORD WINAPI My_Thread(LPVOID data)
{
// .. do work

// return an exit code at end, whatever is appropriate for your app

return(26);
} // end My_Thread
```

现在你已具备了创建你的第一个多线程应用程序所需的一切条件。第一个例子将向你展示一个单线程的创建过程。被创建出的从线程打印出数字 2，主线程（即主程序）将打印出数字 1。DEMO11_5.CPP 包括整个程序，如下所示：

```cpp
// DEMO11_5.CPP - Creates a single thread that prints
// simultaneously while the Primary thread prints.
// INCLUDES /////////////////////////////////////////

#define WIN32_LEAN_AND_MEAN    // make sure win headers
                               // are included correctly

#include <windows.h>           // include the standard windows stuff
#include <windowsx.h>          // include the 32 bit stuff
#include <conio.h>
#include <stdlib.h>
#include <stdarg.h>
#include <stdio.h>
#include <math.h>
#include <io.h>
#include <fcntl.h>

// DEFINES //////////////////////////////////////////

// PROTOTYPES ///////////////////////////////////////

DWORD WINAPI Printer_Thread(LPVOID data);

// GLOBALS //////////////////////////////////////////

// FUNCTIONS ////////////////////////////////////////

DWORD WINAPI Printer_Thread(LPVOID data)
{
// this thread function simply prints out data
// 25 times with a slight delay

for (int index=0; index<25; index++)
    {
    printf("%d ",data); // output a single character
    Sleep(100);         // sleep a little to slow things down
    } // end for index


// just return the data sent to the thread function

return((DWORD)data);

} // end Printer_Thread

// MAIN /////////////////////////////////////////////////////////////

void main(void)
{
HANDLE thread_handle;                 // this is the handle to the thread
DWORD  thread_id;                     // this is the id of the thread

// start with a blank line
printf("\nStarting threads...\n");
// create the thread, IRL we would check for errors
thread_handle = CreateThread(NULL,    // default security
             0,                       // default stack
             Printer_Thread,          // use this thread function
```

```
                    (LPVOID)1,           // user data sent to thread
                    0,                   // creation flags, 0=start now.
                    &thread_id);         // send id back in this var

// now enter into printing loop, make sure this takes longer than thread,
// so thread finishes first
for (int index=0; index<50; index++)
    {
    printf("2 ");
    Sleep(100);
    } // end for index

// at this point the thread should be dead
CloseHandle(thread_handle);

// end with a blank line
printf("\nAll threads terminated.\n");

} // end main
```

Sample output:

```
Starting threads...
2 1 2 1 2 1 2 1 1 2 2 1 1 2 2 1 1 2 2 1 1 2 2 1 1 2
2 1 1 2 2 1 1 2 2 1 1 2 2 1 1 2 2 1 1 2 2 1 1 2 2 2
2 2 2 2 2 2 2 2 2 2 2 2 2 2 2 2 2 2 2 2 2 2 2 2
All threads terminated.
```

正如你所看到的输出结果，每一个线程只运行很短的一段时间，然后系统便切换至另一个正等待运行的线程。在这种情况下，操作系统只是简单地在主线程和从线程间来回切换。

现在让我们试着创建一个多线程程序。你只需对 DEMO11_5.CPP 略加修改便可实现该功能。你只需多次调用 CreateThread()函数，每次调用就创建一个线程。而且每次传递给所创建线程的数据将被打印出来，这样便可以区分你所创建的线程。

DEMO11_6.CPP|EXE 包含了修改后的多线程程序，我在下面列出供你参考。注意在这里我用数组储存线程句柄和 ID。

```
// DEMO11_6.CPP - A new version that creates 3
// secondary threads of execution
// INCLUDES ////////////////////////////////////////////////

#define WIN32_LEAN_AND_MEAN   // make sure certain headers
                              // are included correctly

#include <windows.h>          // include the standard windows stuff
#include <windowsx.h>         // include the 32 bit stuff
#include <conio.h>
#include <stdlib.h>
#include <stdarg.h>
#include <stdio.h>
#include <math.h>
#include <io.h>
#include <fcntl.h>

// DEFINES /////////////////////////////////////////////////

#define MAX_THREADS 3

// PROTOTYPES //////////////////////////////////////////////

DWORD WINAPI Printer_Thread(LPVOID data);
```

```
// GLOBALS //////////////////////////////////////////////////

// FUNCTIONS ////////////////////////////////////////////////

DWORD WINAPI Printer_Thread(LPVOID data)
{
// this thread function simply prints out data
// 25 times with a slight delay
for (int index=0; index<25; index++)
    {
    printf("%d ",(int)data+1);    // output a single character
    Sleep(100);                   // sleep a little to slow things down
    } // end for index

// just return the data sent to the thread function
return((DWORD)data);

} // end Printer_Thread

// MAIN /////////////////////////////////////////////////////////////

void main(void)
{

HANDLE thread_handle[MAX_THREADS];     // this holds the
                              // handles to the threads
DWORD  thread_id[MAX_THREADS];         // this holds the ids of the threads

// start with a blank line
printf("\nStarting all threads...\n");

// create the thread, IRL we would check for errors
for (int index=0; index<MAX_THREADS; index++)
    {
    thread_handle[index] = CreateThread(NULL,  // default security
                  0,                           // default stack
                  Printer_Thread,              // use this thread function
                  (LPVOID)index,               // user data sent to thread
                  0,                           // creation flags, 0=start now.
                  &thread_id[index]);          // send id back in this var
    } // end for index

// now enter into printing loop, make sure
// this takes longer than threads,
// so threads finish first, note that primary thread prints 4
for (index=0; index<75; index++)
    {
    printf("4 ");
    Sleep(100);
    } // end for index

// at this point the threads should all be dead, so close handles
for (index=0; index<MAX_THREADS; index++)
   CloseHandle(thread_handle[index]);

// end with a blank line
printf("\nAll threads terminated.\n");

} // end main
```
　　Sample output:

```
Starting all threads...
4 1 2 3 4 1 2 3 4 1 2 3 1 4 2 3 4 1 2 3 1 4 2 3 4
1 2 3 1 4 2 3 4 1 2 3 1 4 2 3 4 1 2 3 4 1 2 3 4 1
2 3 4 1 2 3 4 1 2 3 4 1 2 3 4 1 2 3 4 1 2 3 4 1 2
3 4 1 2 3 4 1 2 3 4 1 2 3 4 1 2 3 4 1 2 3 4 1 2 3
4 4 4 4 4 4 4 4 4 4 4 4 4 4 4 4 4 4 4 4 4 4 4 4 4
4 4 4 4 4 4 4 4 4 4 4 4 4 4 4 4 4 4 4 4 4 4 4 4 4
All threads terminated.
```

哇是不是很酷？创建多线程是如此容易。如果你头脑反应比较快，说不定你已经听得厌烦，并会质疑：为何每次线程回调都使用同一个函数？这样做的原因在于所有的变量都在堆栈中创建，而且每一个线程都有自己的堆栈。所以每个线程都能正常工作。如图 11-19 所示。

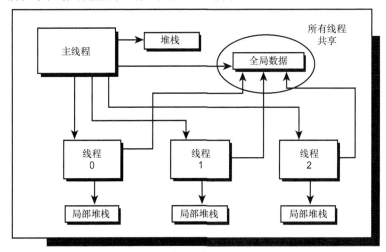

图 11-19　主线程和从线程内存和程序空间分布

图 11-19 描述了非常重要的一点：终止（Termination）。两个线程都是自行终止运行的，但主线程对此没有控制。此外，主线程也无法判断其他线程是否已运行完毕或已终止（只要它们还能够返回）。

我们需要的是一种在线程间通信和检查各线程的状态的方法。使用函数 TerminateThread() 结束函数是一种强制的方法，一般不建议读者使用。

11.9.4　线程间的消息传递

让我们看一看主线程是如何控制其所创建的子线程的。例如，主线程可能需要结束所有的子线程。怎样才能实现呢？有以下两种方法可以结束一个线程：

● 向该线程发送消息通知其结束（正确的方法）。
● 使用内核级的调用强行结束该线程（错误的方法）。

尽管在某些情况下也不得不使用错误的方法，但这样是不安全的。因为这种方法只是简单地将线程的部分回收。当该线程需要执行清理操作时，将无法进行。这会造成内存和资源信息的泄漏。所以在使用这种方法时要慎之又慎。图 11-20 示意了使用这两种方法结束线程的过程。

首先来看一看如何使用 TerminateThread() 函数，然后看一个有关向线程发送结束消息以通知该线程执行结束操作的例子。

```
BOOL TerminateThread(HANDLE hThread, // handle to the thread
          DWORD dwExitCode );       // exit code for the thread
```

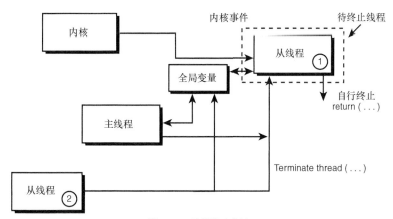

图 11-20　线程终止方法

hThread 指明了要结束的线程。句柄必须能够访问 THREAD_TERMINATE。

dwExitCode 定义线程退出代码。使用 GetExitCodeThread()函数以获得线程的退出值。

如果函数调用成功，返回值为 TRUE；否则返回值为 FALSE。调用函数 GetLastError()可得到详细的出错信息。

TerminateThread()函数用于退出一个线程。当调用该函数时，目标线程就停止执行任何用户代码，并且其初始堆栈不会被释放。而连接到该线程的动态连接库并不会收到该线程正在结束的通知，这是不好的地方之一。:）

TerminateThread()函数的用法非常简单，只需简单地调用被结束线程的句柄，并重载返回代码，此后该线程就不复存在了。可是不要误解我的意思，毕竟如果此函数没用的话就不会存在了。因此，用它的时候要确保你已经考虑周详并明白该函数可能会带来的后果。

下面介绍通过由从线程监控的全局变量来进行消息传递的线程终止方法。当从线程检测到该全局终止标志被设置时，从线程便全部结束。可是主线程如何知道所有的从线程结束了呢？完成该功能的一个方法是设置另一个在线程终止的时候递减的全局变量——也就是某种引用计数器。

该计数器可以被主线程监测，当它为 0 时说明所有的从线程都已结束，主线程此刻可以安全地继续工作并关闭线程的句柄。下面给出一个完整的消息传递系统例子，之后，我们离真正的编程就不远了。

DEMO11_7.CPP|EXE 演示了全局消息传递的过程，如下所示：

```
// DEMO11_7.CPP - An example of global message passing to control
// termination of threads.

// INCLUDES ///////////////////////////////////////////////////

#define WIN32_LEAN_AND_MEAN    // make sure certain headers
                               // are included correctly

#include <windows.h>           // include the standard windows stuff
#include <windowsx.h>          // include the 32 bit stuff
#include <conio.h>
#include <stdlib.h>
#include <stdarg.h>
#include <stdio.h>
#include <math.h>
#include <io.h>
```

```
#include <fcntl.h>

// DEFINES //////////////////////////////////////////////////

#define MAX_THREADS 3

// PROTOTYPES ///////////////////////////////////////////////

DWORD WINAPI Printer_Thread(LPVOID data);

// GLOBALS //////////////////////////////////////////////////

int terminate_threads = 0;   // global message flag to terminate
int active_threads    = 0;   // number of active threads

// FUNCTIONS ////////////////////////////////////////////////

DWORD WINAPI Printer_Thread(LPVOID data)
{
// this thread function simply prints out data until it is told to terminate

for(;;)
   {
   printf("%d ",(int)data+1);     // output a single character
   Sleep(100);                    // sleep a little to slow things down

                                  // test for termination message
   if (terminate_threads)
      break;

   } // end for index

// decrement number of active threads
if (active_threads > 0)
  active_threads--;

// just return the data sent to the thread function
return((DWORD)data);

} // end Printer_Thread

// MAIN /////////////////////////////////////////////////////

void main(void)
{

HANDLE thread_handle[MAX_THREADS];     // this holds the
                                       // handles to the threads
DWORD  thread_id[MAX_THREADS];         // this holds the ids of the threads

// start with a blank line
printf("\nStarting Threads...\n");

// create the thread, IRL we would check for errors
for (int index=0; index < MAX_THREADS; index++)
   {
   thread_handle[index] = CreateThread(NULL, // default security
            0,                      // default stack
         Printer_Thread,            // use this thread function
          (LPVOID)index,            // user data sent to thread
         0,                         // creation flags, 0=start now.
```

```
                   &thread_id[index]); // send id back in this var

      // increment number of active threads
      active_threads++;

      } // end for index

// now enter into printing loop, make sure this
// takes longer than threads,
// so threads finish first, note that primary thread prints 4

for (index=0; index<25; index++)
      {
      printf("4 ");
      Sleep(100);
      } // end for index

// at this point all the threads are still running,
// now if the keyboard is hit
// then a message will be sent to terminate all the
// threads and this thread
// will wait for all of the threads to message in

while(!kbhit());

// get that char
getch();

// set global termination flag
terminate_threads = 1;

// wait for all threads to terminate,
// when all are terminated active_threads==0
while(active_threads);

// at this point the threads should all be dead, so close handles
for (index=0; index < MAX_THREADS; index++)
      CloseHandle(thread_handle[index]);
// end with a blank line
printf("\nAll threads terminated.\n");

} // end main
```

Sample output:
```
Starting Threads...
4 1 2 3 4 2 1 3 4 3 1 2 4 2 1 3 4 3 1 2 4 2 1 3 4 2
3 1 4 2 1 3 4 2 3 1 4 2 3 1 4 2 3 1 4 2 3 1 4 2 3 1
4 2 3 1 4 2 3 1 4 2 3 1 4 2 3 1 4 2 3 1 4 2 3 1 4 2
3 1 4 2 3 1 4 2 3 1 4 2 3 1 4 2 3 1 4 2 3 1 2 3 1 3 2
1 1 2 3 3 2 1 1 2 3 3 2 1 1 2 3 3 2 1 1 2 3 3 2 1 1 2
3 3 2 1 2 3 1 3 2 1 2 3 1 3 2 1 2 3 1 3 2 1 2 3 1 3 2
1 3 1 2 3 2 1 3 1 2 3 2 1
All threads terminated.
```

如输出所示,当用户敲击一个键时,所有的线程被结束,随后主线程也被结束。这种方法有两个问题。第一个问题比较不明显。下面是它的具体案例,多看几遍你便会发现问题:

1. 假定只剩一个从线程没有关闭。

2. 假定最后一个线程对处理器拥有控制,并递减跟踪激活线程数的全局变量值。

3. 就在这一刹那,进程切换到主线程。主线程监测全局变量并认为所有的线程都已结束,然而最后一个线程却还没有返回！

在大多数情况下，这不是一个问题，但是如果递减代码和返回代码之间还有代码，便会出现这个问题。所以我们需要一个函数来询问线程是否已结束。很多情况下，这是非常有帮助的。参考一下 Wait*()系列函数，对编程会大有益处。

第二个问题是当你创建了一个忙循环（Busy Loop）或轮询的循环。在 Win16/DOS 系统下，该循环会良好地执行，但在 Win32 下，就很不好。在一个封闭的循环中，等待一个变量，会给多任务内核带来繁重的负担并严重占用 CPU 资源。

可以使用 Windows 附带的 SYSMON.EXE（Windows 95/98/ME/XP 的附件中）、PERFMON.EXE（Windows NT/2000）或类似的第三方 CPU 占用率测试工具来进行测定。这些工具软件会有助于你明白线程的运行状态和处理器的占用率。接下来，我们看看 Wait*()类函数将如何帮助我们确定一个线程是否结束。

11.9.5　等待合适时机

我们知道，任何线程结束时都会向内核发出信号（Signaled），而它们运行时不会发出信号（Unsignaled）。需要了解的是如何监测这些信号。

可以使用 Wait*()函数族来实现事件监测，该类函数可以实现单信号或多信号的侦测。此外，你可以调用其中一个 Wait*()函数来等待，直到信号产生。这样做就可以避免使用忙循环。在绝大多数情况下，这样做要远优于轮询全局变量的方法。图 11-21 示意了 Wait*()函数的工作机制以及与运行程序和 OS 内核间的关系。

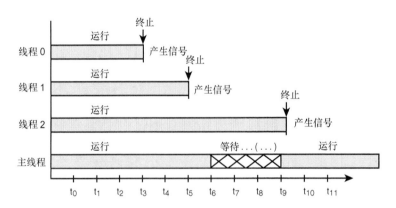

- t3 处线程 0 产生信号
- t5 处线程 1 产生信号
- t6 处主线程进入等待状态
- t9 处线程 2 产生信号且主线程被释放

图 11-21　使用 Wait*()函数的信号时间关系

需要使用的两个函数分别是 WaitForSingleObject()和 WaitForMultipleObjects()。这两个函数分别用于单信号和多信号侦测。它们的定义如下：

```
DWORD WaitForSingleObject(HANDLE hHandle, // handle of object to wait for
        DWORD dwMilliseconds ); // time-out interval in milliseconds
```

hHandle 用于确定对象。

dwMilliseconds 定义超时时间，以毫秒为单位。如果该段时间间隔已经过去，即使侦测对象无信号也要返回。如果 dwMilliseconds 值为 0，函数就立刻侦测对象的状态并返回。如果其值为无限大，则函数永不超时。

如果函数执行成功，其返回值包含返回的条件状态。如果函数执行失败，返回值是 WAIT_FAILED。调用函数 GetLastError()可以获得详细的出错信息。

该函数的成功返回值有以下几种：

- WAIT_ABANDONED —— 所指定的对象是一个互斥对象，该对象在所属线程结束前不能被线程释放。互斥对象的所有权被授予调用线程，互斥对象被设置为无信号。
- WAIT_OBJECT_0 —— 指定对象的状态是有信号的。
- WAIT_TIMEOUT —— 超时时间已过，对象的状态是无信号的。

一般说来，WaitForSingleObject()函数检查指定对象的当前状态。如果对象无信号，调用线程就进入一种很有效率的等待状态。在此期间，该线程只占用极少的 CPU 时间，直到它等待的条件之一得到满足才结束等待。下面是多信号侦测函数，主要用于终止多个线程：

```
DWORD WaitForMultipleObjects(DWORD  nCount,          // number of handles
                                                      // in handle array
        CONST HANDLE *lpHandles,                      // address of object-handle array
        BOOL  bWaitAll,                               // wait flag
        DWORD  dwMilliseconds );                      // time-out interval in milliseconds
```

nCount 定义 lpHandles 所指向的对象句柄数组中元素的数目。对象句柄的最大数目是 MAXIMUM_WAIT_OBJECTS。

lpHandles 指向对象句柄的数组。该数组包含不同类型对象的句柄。注意对于 Windows NT：句柄必须有 SYNCHRONIZE 访问。

bWaitAll 定义等待类型。如果值为 TRUE，则当 lpHandles 数组中所有对象同时都有信号时返回。如果值为 FALSE，那么任一对象有信号就返回。对于后一种情况，返回值指明了引起函数返回的的对象。

dwMilliseconds 定义超时时间（毫秒）。即使 bWaitAll 参数定义的条件没有得到满足，只要超时间隔已过，该函数也要返回。如果 dwMilliseconds 的值为 0，函数就立刻侦测指定对象的状态并返回。如果其值为无穷，那么函数永不超时。

如果函数执行成功，其返回值表示引起函数返回的事件。如果函数执行失败，则返回 WAIT_FAILED。调用函数 GetLastError()可以获得详细的出错信息。函数返回值主要有以下几种：

WAIT_OBJECT_0 到(WAIT_OBJECT_0 + nCount - 1)——如果 bWaitAll 值为 TRUE，则该返回值表明所有指定对象都有信号。如果其值为 FALSE，则返回值减去 WAIT_OBJECT_0，这差给出满足等待的对象的 lpHandles 数组索引。如果在调用过程中，侦测到一个以上的对象有信号时，取有信号对象数组索引中的最小值。

WAIT_ABANDONED_0 到(WAIT_ABANDONED_0 + nCount - 1)——如果 bWaitAll 值为 TRUE，则该返回值表明所有指定对象都有信号，而且至少有一个对象是被废弃的互斥对象。如果 bWaitAll 值为 FALSE，则返回值减去 WAIT_ABANDONED_0，这差给出满足等待的废弃互斥对象的 lpHandles 数组索引。

WAIT_TIMEOUT——超时间隔已过，但不满足由 bWaitAll 参数指定的条件。

WaitForMultipleObjects()函数确定是否满足退出的等待条件。如果等待条件不满足，调用线程就进入一个有效率的等待状态，直到等待条件满足。在此状态下，该线程只消耗很少的系统资源。

使用信令来同步线程

这些解释的技术性很强，所以需要举例来说明这些函数的用法。只要对之前例子中的代码稍加修改即可。在接下来的版本中，你将移去全局结束信号标志，并创建一个调用函数 WaitForSingleObject()的主循环。

移去全局结束信号标志只是为了使程序变得简单些。不可否认，它仍然是通知线程结束的最好方法。但由于处于忙循环中，因此不是测试线程自身是否已结束的最好方法。

这也是使用 WaitForSingleObject()调用的原因所在。该调用处于一个占用较少 CPU 时间的、虚拟的等待循环中。而且因为函数 WaitForSingleObject()只能等待一个信号，即只能用于一个线程的结束，所以这个例子中只有一个从线程。

稍后，我们将重写程序。新程序将包含三个线程，并使用 WaitForMultipleObjects()来等待它们全部结束。DEMO11_8.CPP|EXE 就使用了 WaitForSingleObject()来结束单线程，并创建了另外一个线程，其代码如下：

```cpp
// DEMO11_8.CPP - A single threaded example of
// WaitForSingleObject(...).

// INCLUDES ///////////////////////////////////////////////////////
#define WIN32_LEAN_AND_MEAN  // make sure certain
                             // headers are included correctly

#include <windows.h>             // include the standard windows stuff
#include <windowsx.h>            // include the 32 bit stuff
#include <conio.h>
#include <stdlib.h>
#include <stdarg.h>
#include <stdio.h>
#include <math.h>
#include <io.h>
#include <fcntl.h>

// DEFINES ////////////////////////////////////////////////////////

// PROTOTYPES /////////////////////////////////////////////////////

DWORD WINAPI Printer_Thread(LPVOID data);

// GLOBALS ////////////////////////////////////////////////////////

// FUNCTIONS //////////////////////////////////////////////////////

DWORD WINAPI Printer_Thread(LPVOID data)
{ // this thread function simply prints out data 50
// times with a slight delay
for (int index=0; index<50; index++)
    {
    printf("%d ",data); // output a single character
    Sleep(100);         // sleep a little to slow things down
    }  // end for index

// just return the data sent to the thread function
return((DWORD)data);

} // end Printer_Thread

// MAIN ///////////////////////////////////////////////////////////

void main(void)
{
HANDLE thread_handle;  // this is the handle to the thread
DWORD  thread_id;      // this is the id of the thread

// start with a blank line
printf("\nStarting threads...\n");
```

```
// create the thread, IRL we would check for errors
thread_handle = CreateThread(NULL,      // default security
          0,                            // default stack
          Printer_Thread,               // use this thread function
          (LPVOID)1,                    // user data sent to thread
          0,                            // creation flags, 0=start now.
          &thread_id);                  // send id back in this var
// now enter into printing loop, make sure
// this is shorter than the thread,
// so thread finishes last
for (int index=0; index<25; index++)
    {
    printf("2 ");
    Sleep(100);
    } // end for index

// note that this print statement may get
// interspliced with the output of the
// thread, very key!

printf("\nWaiting for thread to terminate\n");

// at this point the secondary thread so still be working,
// now we will wait for it
WaitForSingleObject(thread_handle, INFINITE);

// at this point the thread should be dead
CloseHandle(thread_handle);

// end with a blank line
printf("\nAll threads terminated.\n");

} // end main
```
Sample output:
```
Starting threads...
2 1 2 1 2 1 1 2 2 1 1 2 2 1 1 2 2 1 1 2 2 1
1 2 2 1 1 2 2 1 1 2 2 1 1 2 2 1 1 2 2 1 1 2 2 1 1 2 2 1 1
Waiting for thread to terminate
1 1 1 1 1 1 1 1 1 1 1 1 1 1 1 1 1 1 1 1 1 1 1 1 1
All threads terminated.
```

这个程序很简单。通常在创建从线程后就进入打印循环。当这些终止时，调用函数 WaitForSingleObject()。如果主线程还有其他工作要做，则继续进行。但在本例中，主线程没有其他任务，因而直接进入等待状态。如果你在运行该程序之前运行了 SYSMON.EXE，你会看见进入等待状态后 CPU 的占用率极低，而在忙循环中 CPU 被占用得相当厉害。

在这里，函数 WaitForSingleObject()有一个使用技巧。假如想知道一个线程在调用该函数时的状态，可以通过用 NULL 调用 WaitForSingleObject()函数来实现，源代码如下：
```
//...code

DWORD state = WaitForSingleObject(thread_handle, 0); // get the status
// test the status
if (state==WAIT_OBJECT_0) {  // thread is signaled, i.e. terminated }
else
   if (state==WAIT_TIMEOUT) { // thread is still running }

//...code
```
简单之至，这是检测一个特定的线程是否已结束的绝妙方法。结合这一方法使用全局终止信号标志是一种非常可靠的终止线程的方法。同时该方法是在实时循环中检测某个线程是否已终止，而无须进入等待状态的好方法。

等待多个对象

问题现在几乎都解决了。Wait*()类函数的最后一个函数就是一个用于等待多个对象或线程信号的函数。我们现在试着编写使用该函数的程序。我们所要做的就是创建一个线程数组，然后将该句柄数组与若干参数一起传递给 WaitForMultipleObjects()函数。

当该函数返回时，如果一切正常，那么所有的线程应该都已终止。DEMO11_9.CPP|EXE 与 DEMO11_8.CPP|EXE 相似，只不过它是创建多线程，然后主线程等待所有其他线程终止而已。在这里，不使用全局终止标志，因为你已知道如何实现这一功能。每个从线程运行几个周期后就终止。DEMO11_9.CPP 的源代码如下所示：

```
// DEMO11_9.CPP -An example use of
// WaitForMultipleObjects(...)

// INCLUDES ///////////////////////////////////////////////

#define WIN32_LEAN_AND_MEAN  // make sure certain headers
// are included correctly

#include <windows.h>         // include the standard windows stuff
#include <windowsx.h>        // include the 32 bit stuff
#include <conio.h>
#include <stdlib.h>
#include <stdarg.h>
#include <stdio.h>
#include <math.h>
#include <io.h>
#include <fcntl.h>

// DEFINES ////////////////////////////////////////////////

#define MAX_THREADS 3

// PROTOTYPES /////////////////////////////////////////////

DWORD WINAPI Printer_Thread(LPVOID data);
// GLOBALS ////////////////////////////////////////////////

// FUNCTIONS //////////////////////////////////////////////

DWORD WINAPI Printer_Thread(LPVOID data)
{
// this thread function simply prints out data 50
// times with a slight delay
for (int index=0; index<50; index++)
    {
    printf("%d ",(int)data+1);    // output a single character
    Sleep(100);                   // sleep a little to slow things down
    }  // end for index

// just return the data sent to the thread function
return((DWORD)data);

}  // end Printer_Thread
```

```
// MAIN //////////////////////////////////////////////////////

void main(void)
{
HANDLE thread_handle[MAX_THREADS];    // this holds the
                             // handles to the threads
DWORD  thread_id[MAX_THREADS];        // this holds the ids of the threads

// start with a blank line
printf("\nStarting all threads...\n");

// create the thread, IRL we would check for errors
for (int index=0; index<MAX_THREADS; index++)
    {
    thread_handle[index] = CreateThread(NULL, // default security
                       0,              // default stack
             Printer_Thread,           // use this thread function
             (LPVOID)index,            // user data sent to thread
             0,                        // creation flags, 0=start now.
             &thread_id[index]);       // send id back in this var
    } // end for index

// now enter into printing loop,
// make sure this takes less time than the threads
// so it finishes first
for (index=0; index<25; index++)
    {
    printf("4 ");
    Sleep(100);
    } // end for index

// now wait for all the threads to signal termination
WaitForMultipleObjects(MAX_THREADS,   // number of threads to wait for
                thread_handle,        // handles to threads
                TRUE,                 // wait for all?
                INFINITE);            // time to wait,INFINITE = forever

// at this point the threads should all be dead, so close handles
for (index=0; index<MAX_THREADS; index++)
    CloseHandle(thread_handle[index]);

// end with a blank line
printf("\nAll threads terminated.\n");

} // end main
```

Sample output:
```
Starting all threads...
4 1 2 3 4 1 2 3 1 4 2 3 2 4 1 3 1 4 2 3 2 4 1 3
1 4 2 3 2 4 1 3 1 4 2 3 2 4 1 3 1 4 2 3 2 4 1 3
1 4 2 3 2 4 1 3 1 4 2 3 2 4 1 3 1 4 2 3 2 4 1 3
1 4 2 3 2 4 1 3 1 4 2 3 2 4 1 3 1 4 2 3 2 4 1 3
1 4 2 3 2 1 3 2 1 3 2 1 3 2 1 3 2 1 3 2 1 3 2 1
3 2 1 3 2 1 3 2 1 3 2 1 3 2 1 3 2 1 3 2 1 3 2 1
3 2 1 3 2 1 3 2 1 3 2 1 3 2 1 3 2 1 3 2 1 3 2 1 3 2 1 3
All threads terminated.
```

输出正如你所预料的那样。所有线程和主线程一样都进行了打印输出工作，但当主线程的循环完成时，从线程将继续进行，直到它们全部完成为止。由于函数 WaitForMultipleObjects() 的阻塞作用，只当所有线程全部结束后，主线程才终止返回。

11.9.6　多线程和 DirectX

现在我们对多线程有了一定的了解。下一个问题便是如何将其运用于游戏程序和 DirectX 编程。放手去做——这里有你需要的一切。当然，必须确保编译时使用多线程库而不是单线程库。并且，在处理大量的 DirectX 资源时，我们还会遇上许多临界区（Critical Section）的问题。

对于资源要有一个全局规划，以防止一个以上的线程访问同一个资源时出现程序崩溃。比如，假定一个线程锁定了一个表面，而另一个运行中的线程试图锁定同一个表面。这样就会引起问题。这类问题可以使用信号量（Sempahore）、互斥体（Mutex）和临界区来解决。在这里我不能逐一详细探讨。但你可以查阅相应的资料，如由 Addsion Wesley 出版的 Jim Beveridge 和 Robert Weiner 合著的《Multithreading Applications in Win32》。这是关于这方面内容最好的参考书。

为实现这类资源管理程序并正确地共享线程，我们需要创建一个变量来跟踪其他使用该资源的线程。任何需要使用该资源的线程都必须检测该变量，之后才能使用它。当然，这依然是个问题，除非这个变量能够被检测或独立（Atomically）地修改，因为你可能正修改一个变量进行到一半而其他线程恰在这时获得控制权。

可以将这类变量设置为 volatile 类型以将其问题发生概率最小化，这样便告知编译器不要为其进行内存拷贝。然而，最终你还不得不使用信号量（Semaphores，一个简单的类似于全局变量的计数器，但却是以不能被打断的基本汇编代码形式存在）、互斥体（Mutex，只允许一个线程访问临界区，是二进制的信号量）、临界区（Critical Section，指定编译器在编译 Win32 调用时一次只能允许一个线程）等等。另一方面，如果每一个线程的功能相对比较独立，也就不必过多考虑这些。

DEMO11_10.CPP|EXE 是一个应用多线程编程的 DirectX 实例（其 16 位版本是 DEMO11_10_16B.CPP|EXE），读者可以检验一下该程序。该程序创建了许多外星 BOB（Blitter Object）并使它们围绕主线运动。此外该程序还创建了另外一个线程以动态改变这些 BOB 的颜色。这是一个非常简单、安全的多线程程序范例。最后要确保将该程序连上所有 DirectX .LIB 文件。

但是，如果有许多线程都调用同一函数，就会产生可重入性（Reentrancy）的问题。需要重入的函数必须要有状态信息，而且不能使用可能会被具有抢占优先权的线程进出程序时破坏的全局变量。

此外，如果使用线程来使 DirectX 对象自己动起来，表面事故、计时及同步过程很可能会出错。因此建议读者严格限制使用线程来处理那些在很大程度上是独立的、只存在于它们自己的"状态空间"中的并且不需要以精确频率运行的对象。

11.9.7　高级多线程编程

好了！本章到此也告一段落。因为接下来我们只能探讨具体条件、死锁、临界区、互斥体、信号量以及许多令人头疼的问题。澄清所有这些问题（除了最后一个）都会有助于读者编写无错的多线程程序。当然，即使对此一无所知，读者仍然能够依据常识编写出基本安全的多线程程序，记住任何线程都可能会随时被其他线程打断这个道理。注意你编写的线程是如何访问共享数据结构的。

尽可能以独立且自动的方式进行这些操作。确保这样的事情不会发生：一个线程修改变量，而另一个线程错误地使用了正被修改到一半的变量。同时，除本章提及的函数调用外，还有几个基本函数调用没有提及，如 ExitThread() 和 GetThreadExitCode()，但这几个函数相对比较简单易于理解，并可以在你的 API 参考书中查到它们。

11.10　小结

本章内容读来比较轻松，没有太多的技术术语，只是一顿丰富的知识大餐。我形容它为大餐，呃，大概是因为我在写作过程中吃了太多 Power Bar 速食条了。言归正传，本章中我们接触了许多基础知识：如数据结构、内存管理、递归、分析、定点数运算和多线程。

其中有些内容乍看与游戏似乎关系不大，但确实相关。要制作一个游戏，我们必须了解编程的每一方面——因为游戏的确是如此复杂！现在本章告一段落，我要出门去租《2001: A Space Odyssey》回来看了，因为下一章我们将探讨人工智能……

第 12 章　人工智能

（HAL：一台名字影射 IBM 的超级电脑，即其三个字母分别是 IBM 中字母的前趋）

这一章将解答许多人工智能中神秘得如同黑魔法般的问题。事实上，视乎你如何理解，人工智能并不只是随意决定事情那么简单。它的确是一种智能，一种基于逻辑、数学、概率论和记忆能力从而具有分类知识的智能形式——其实我们人类不也不过如此吗？

在读完本章后，你将可以编写代码和算法让游戏中的生物合理地行动，甚至可以做任何你希望它们做的事情。下面列出本章涉及内容：

- 人工智能初步
- 简单的确定性算法
- 模式与脚本（Pattern and Script）
- 行为状态系统
- 记忆与学习
- 计划树与决策树
- 寻路（Pathfinding）
- 高级脚本语言
- 神经网络基础
- 遗传算法（Genetic Algorithm）
- 模糊逻辑（Fuzzy Logic）

12.1　人工智能初步

人工智能，就学术意义上讲，逐渐开始成了某种硬件或软件的代名词——这种硬件或软件让计算机以一种多少跟我们相似的方式"思考"或处理信息的硬件或软件。

仅仅几年前 AI 应用程序才开始露面，而现如今在 AI 和其他相关领域，类似 *a-life*（*Artificial*，人工生命 *Life*）和*智能代理*（*Intelligent Agents*）的软件，正在以指数级的速度发展和成熟。事实上，在我写这句话的时候，微软 Word 里的一个别针形状的智能代理就一直在打扰我！

今天，存在很多"活"系统——以至于任何人都能够定义自己的生命形式。不少公司已经在计算机的虚拟环境里面创造了某种人工生命形态，它们生存、死亡、探索、生病、繁衍、进化，并且有沮丧、饥饿之类的情绪，等等。

这种技术是由于人工神经网络（artificial neural networks）、遗传算法（genetic algorithms）和模糊逻辑（fuzzy logic）才成为可能的。神经网络是对人类大脑的近似模拟，遗传算法是用于在生物范例的基础上软件系统发展的方法和推测的集合。模糊逻辑是一系列基于*不明确*的推测的理论，像"外面有点热"就是一句模糊逻辑的断言。

听起来很激进么？但这是真的，并且只会越来越先进。曾几何时，克隆还只是科幻，现在却的的确确已经成为科学研究的课题了。

从云里雾里回到地面上吧，其实你没必要把游戏 AI 系统搞得像高级 AI 系统那样复杂。说穿了，你要看的只是一些最简单和基础的技术，游戏程序员用它们来创建智能生物——或至少看起来具有智能的生物。事实上，很多游戏程序员还没有怎么使用 AI，还没有真正开始采用这个领域里的可用的研究成果。我相信 AI 及相关技术将会对游戏业产生巨大影响，可以与多年前 DOOM 采用的图形技术产生过的影响相比。

说实话，3D 图形的进步真的开始变慢了。游戏里的东西长相很真实，但行动起来却很傻。下一个造成轰动的游戏无疑图像还是会很好，但更重要的是，角色会同人类一样聪明、狡猾并能够转着弯思考。

最后，当你阅读下面的的内容并试运行随附的例程时，应当记住所有这些技术都只是技术而已。方法没有所谓对或者错，只有有效与否。只要你编写的坦克程序能打败你自己，那就够了；如果不能，你就还得再改进。

不管游戏背后藏着的 AI 技术是多么原始，游戏玩家还是会赋予他们的虚拟对手以个性。这是关键所在——玩家总是相信游戏里的对象真的在密谋、在计划、在思考——只要他们看起来是在那么做……明白了吗？

12.2 确定性 AI 算法

确定性算法是一些预先确定或者预先编程的操作。例如，如果你看看第 8 章中介绍的多边形小行星游戏的 AI（如图 12-1 所示），它是非常简单的。

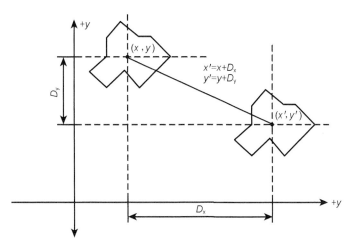

图 12-1 小行星游戏 AI

这个 AI 创建一颗小行星，然后以随机速率将其沿随机的方向发射出去。这是一类智能，如下所示：

```
asteroid_x += asteroid_x_velocity;
```

```
asteroid_y += asteroid_y_velocity;
```

这些小行星有一个目标：即遵循他们的路线。仅此而已。这个 AI 很简单——这些小行星不处理任何外部输入，也不改变路线等等。在某种意义上他们是智能的，不过他们的智能是相当确定和可预知的。这正是我想介绍的第一类 AI——简单、可预知、可编程。在这一类 AI 里，有很多从《Pong》挡板/《Pac-Man》吃豆子游戏的时代就产生了的技术。

12.2.1 随机运动

如图 12-2 所示，比起将对象沿着直线或是曲线移动更进一步，就是随机地移动目标或是随机地改变其属性。

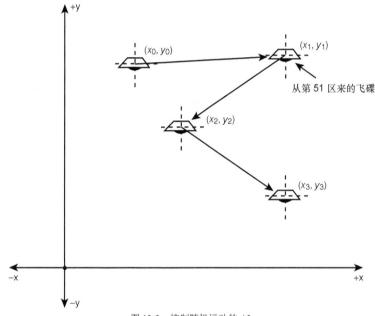

图 12-2 控制随机运动的 AI

举个例子，假如说你想模拟一粒原子、一只苍蝇，或者某些类似的没有什么头脑但行为相当可预见的物体——就是让它无确定路线地弹来弹去。没错，它们就是看起来像那样。

作为 AI 建模的起点，你兴许可以试试以这样的代码来模拟一只苍蝇的大脑：

```
fly_x_velocity = -8 + rand()%16;
fly_y_velocity = -8 + rand()%16;
```

然后可以让这只苍蝇飞上几个周期：

```
int fly_count = 0; // fly new thought counter

// fly in the same direction for 10 ticks of time
while(++fly_count < 10)
    {
    fly_x+=fly_x_velocity;
    fly_y+=fly+y_velocity;
    } // end while

// .. pick a new direction and loop
```

在这个例子里，苍蝇会选取一个随机的方向和速率运动一会儿，然后再选取另一个。对我来说，那样才像只苍蝇！当然你可能想加上更多的随机性，比如改变动作的持续时间而不是固定为 10 个周期。另外，你可能希望更侧重于某个方向，比如倾向于朝西以模拟微风或是什么。

总之，我想你已经明白用极少的代码让事物看起来具有智能是可能的。作为可运行的实例，请参考 CD 上的 DEMO12_1.CPP|EXE (16 位版本是 DEMO12_1_16B.CPP|EXE)。这是一只人造苍蝇飞行的演示。

随机运动是模拟智能生物行为的非常重要的一个部分。我住在硅谷，可以证明这里那些在路上开车兜风的人经常随机的改变行程路线，甚至开错方向，这跟没脑子的苍蝇的运动何其相似啊……

12.2.2　跟踪算法

尽管随机运动可能完全不可预知，它还是相当无趣，因为它总是以相同的方式工作——完全随机。接下来我们要说的是算法，算法是根据具体环境作出不同响应的处理。作为算法的例子，我挑选了跟踪算法。跟踪 AI 考虑到跟踪目标的位置，然后改变 AI 对象的轨道好让它移向被跟踪的对象。

跟踪可以是将方向矢量直接指向目标，或者也可以采用更加真实的模型，使得物体像热寻迹导弹那样行动。见图 12-3。

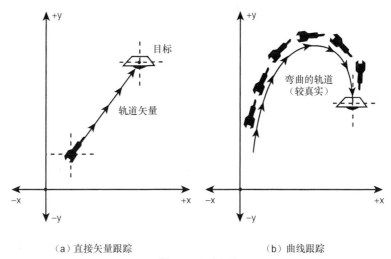

（a）直接矢量跟踪　　　　　　　　　（b）曲线跟踪

图 12-3　跟踪方法

关于采用直接指向法的实例，请看这个算法：

```
// given: player is at player_x, player_y
// and game creature is at
// monster_x, monster_y

// first test x-axis
if (player_x > monster_x)
  monster_x++;
if (player_x < monster_x)
  monster_x--;

// now y -axis
if (player_y > monster_y)
  monster_y++;
if (player_y < monster_y)
```

```
monster_y--;
```

如果你把这个 AI 放进一个简单的演示，它会像终结者那样迅速地追到目标！这段代码简单却有效。《Pac-Man》（吃豆游戏）的 AI 也是用基本同样的方法写的。当然，《Pac-Man》只能直角转弯，并且只能做直线运动且需要避开障碍，不过还是差不多的。例子可以参考 CD 上的 DEMO12_2.CPP|EXE (16 位版本是 DEMO12_2_16B.CPP|EXE)。在游戏中，你用键盘上的方向键控制一个幽灵，而一只蝙蝠正试图将你击倒。

这种跟踪很棒，不过看上去有点假，因为 AI 控制的对象过于精确地跟踪其目标。一种更自然的跟踪方式可以这样做，使跟踪者的方向矢量与从跟踪目标的中心到跟踪者的中心所定义的方向矢量靠拢。见图 12-4。

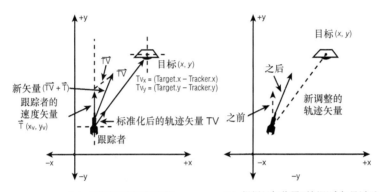

（a）在跟踪周期开始以前   （b）根据目标位置更新跟踪矢量过后

图 12-4　基于方向矢量修正地跟踪目标

这个算法是这样工作的：假设 AI 控制的对象称作跟踪者（tracker）并有下列属性：
```
Position:(tracker.x, tracker.y)
Velocity:(tracker.xv, tracker.yv)
```
被跟踪的对象称作跟踪目标（target），有如下属性：
```
Position:(target.x, target.y)
Velocity:(target.xv, target.yv)
```
基于这些定义，下面是调整跟踪者的速度向量的常用逻辑循环：

1. 计算从跟踪者到跟踪目标的向量：

TV $=($ target.x $-$ tracker.x, target.y $-$ tracker.y) $=$ (tvx, tvy)，规格化 TV —— 也就是说 (tvx, tvy)/Vector_Length(tvx,tvy) 使得最大长度为 1.0，记其为 TV*。记住 Vector_Length() 只是计算从原点 (0,0) 开始的矢量的长度，换言之即计算 $sqrt(x^2 + y^2)$。

2. 调整跟踪者当前的速度向量，加上一个按 rate 比例缩放过的 TV*：
```
tracker.x+=rate*tvx;
tracker.y+=rate*tvy;
```
注意当 rate 大于 1.0 时，跟踪向量会合得更快，跟踪算法对目标跟踪的更紧密，并更快地修正目标的运动。

3. 跟踪者的速度向量修改过之后，有可能向量的速度会溢出最大值。换言之，跟踪者一旦锁定了目标的方向就会继续沿着该方向加速。所以，你需要设置一个上界，让跟踪者的速度从某处慢下来。举例如下：
```
// get magnitude of velocity vector
tspeed = Vector_Length(tracker.xv, tracker.yv);

// moving too fast?
```

```
if (tspeed > MAX_SPEED)
   {
   // shrink the velocity vector
   tracker.xv*=0.75;
   tracker.yv*=0.75;
   } // end if
```

也可以选择其他的边界值——0.5 或者 0.9——怎么都行。如果追求完美的话，甚至还可以计算出确切的溢出，并从向量中缩去相应的数量。我知道我们还没有碰到过向量计算，但我在这个示例中已经开始使用这个术语了，所以我想我应该给出一些来自实际游戏的实现该跟踪算法的代码例子。这些代码使得这些太空雷能跟踪玩家。看在一个完整的例子中，代码是如何执行前述所有步骤的：

```
// mine tracking algorithm

// compute vector toward player
float vx = player_x - mines[index].varsI[INDEX_WORLD_X];
float vy = player_y - mines[index].varsI[INDEX_WORLD_Y];

// normalize vector (sorta :)
float length = Fast_Distance_2D(vx,vy);

// only track if reasonable close
if (length < MIN_MINE_TRACKING_DIST)
   {
   vx=MINE_TRACKING_RATE*vx/length;
   vy=MINE_TRACKING_RATE*vy/length;

   // add velocity vector to current velocity
   mines[index].xv+=vx;
   mines[index].yv+=vy;

   // add a little noise
   if ((rand()%10)==1)
      {
      vx = RAND_RANGE(-1,1);
      vy = RAND_RANGE(-1,1);
      mines[index].xv+=vx;
      mines[index].yv+=vy;
      }// end if

   // test velocity vector of mines
   length = Fast_Distance_2D(mines[index].xv, mines[index].yv);

   // test for velocity overflow and slow
   if (length > MAX_MINE_VELOCITY)
      {
      // slow down
      mines[index].xv*=0.75;
      mines[index].yv*=0.75;
      } // end if
   } // end if
else
   {
   // add a random velocity component
   if ((rand()%30)==1)
      {
      vx = RAND_RANGE(-2,2);
      vy = RAND_RANGE(-2,2);
      // add velocity vector to current velocity
      mines[index].xv+=vx;
      mines[index].yv+=vy;
```

```
// test velocity vector of mines
length = Fast_Distance_2D(mines[index].xv, mines[index].yv);

// test for velocity overflow and slow
if (length > MAX_MINE_VELOCITY)
   {
   // slow down
   mines[index].xv*=0.75;
   mines[index].yv*=0.75;

   } // end if

} // end if
```

```
} // end else
```

明显这段代码是从一个处理很多水雷的 for 循环或者别的什么中截取的，但这无关紧要。这是一个实现这个算法的很纯粹的范例，不过还是有很多地方我希望你能注意。比如，有一节代码测试太空雷是否在距玩家一定距离之内。如果不是，这个雷就不会跟踪玩家，不过会随机地稍微修改一下其轨道。而且，即使水雷在跟踪玩家的时候，我也加了一些随机噪音到结果中。这使得跟踪更实际。无论是在太空、水、空气或者其他介质中，都会有重力、密度等等物理量的轻微改变，从而影响物理性质。因此，加入一些干扰会让事情更真实。

关于这个跟踪的算法范例，可以参阅 CD 上的 DEMO12_3.CPP|EXE（没有相应的 16 位版本）。该程序允许你在一个卷动的场景里移动一艘小船。在这个空间里有太空雷用前述的算法来追踪你。控制键是：

方向键	控制船
Ctrl	船进行射击
+/-	改变追踪速率
H	开/关 HUD
S	开/关扫描显示

注意，降低追踪速率可使跟踪对象看起来如同在冰上运动一样。

这是个很好的小游戏范例，有很多可以学习的东西。好好研究它。

提示

因为我是 GDI 来绘制文本的，文本显示大大的降低了游戏的速度。我希望你们注意这一点。在真正的游戏中，你应当创建自己的字体引擎来绘制文本。

12.2.3 反跟踪：闪避算法

脑袋里开始有点糊涂了？不错！下一个 AI 技术是让游戏中的生物能避开你。还记得《Pac-Man》游戏中当你吃到"宝物"的时候幽灵是怎么逃跑的么？做一个完成同样事情的闪避 AI 很简单。事实上，你已经有这样的代码了！前面的跟踪代码是你需要的闪避算法的对立面；只要把那个代码拿来将等式翻转，一下子，闪避算法就完成了。下面是转换之后的代码：

```
// given: player is at player_x, player_y
// and game creature is at
```

```
// monster_x, monster_y

// first test x-axis
if (player_x  < monster_x)
  monster_x++;
if (player_x > monster_x)
  monster_x--;

// now y -axis
if (player_y <  monster_y)
  monster_y++;
if (player_y > monster_y)
  monster_y--;
```

注意

你应该注意到了代码中没有等于（==）的条件处理。这是因为我不希望目标在这种情况下移动，而是想让它保持跟玩家同样的位置。如果你愿意，不妨让==条件做些别的。

现在你可以创建一个相当不错的 AI 系统，包含随机运动、追逐和闪避的功能。实际上，这些已经足够使你编写《Pac-Man》AI 了。不多，不过足以卖出 1 亿份或者更多拷贝了，所以并不是太坏！要看看闪避动作的效果的话，可以运行 DEMO12_4.CPP|EXE (16 位版本是 DEMO12_4_16B.CPP|EXE)。这个程序和 DEMO12_2.CPP 基本上是一样的，只是用闪避 AI 代替了跟踪 AI。接下来让我们说模式。

12.3　模式以及基本控制脚本的编写

算法和确定性算法都很好，不过有时候你需要创建一个按顺序执行操作的游戏对象。例如，启动汽车的时候，你会执行一系列特定的步骤：

1. 从口袋里拿出钥匙。
2. 将钥匙插进车门里。
3. 打开车门。
4. 坐进汽车。
5. 关上车门。
6. 将钥匙插进打火器。
7. 转动钥匙。
8. 启动汽车。

关键在于很多步骤是你不会多想的，每次只是自然重复。当然，如果有什么事情不对了，你可能会改变顺序，比如当前天晚上你没有熄火，这次你就可以直接踩油门发动汽车。模式是智能行为的重要部分，甚至人类——这个星球上的智能生命的代表（对，没错），也会用到模式。

12.3.1　基本模式

为游戏对象创建模式可以很简单，取决于游戏对象本身。例如，运动控制的模式很容易被实现。比如说你在写一个类似于《Phoenix》（火凤凰）或者《Galaxian》（小蜜蜂）的射击游戏。所有攻击者必须遵循一个左右移动的模式并在某点用一个特定的进攻模式来攻击你。这种模式，或称脚本控制的 AI，可以有很多种实现的技术，不过我想最简单的技术是基于一套经由解释执行的动作指令，如图 12-5 所示。

每一个运动模式都存储为一系列方向或指令，见表 12-1。

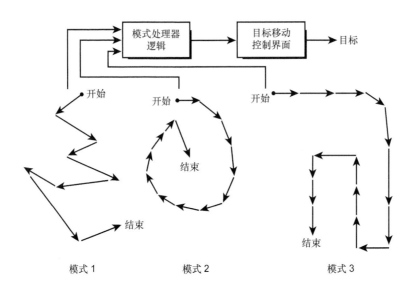

每个模式包含一个定义了该模式的操作码序列：
op-1, op-2, op-3, . . . , op-n

图 12-5　模式引擎

表 12-1　　　　　　　　　　　　　　一个假设的模式语言指令集

指令	值
GO_FORWARD 向前	1
GO_BACKWARD 向后	2
TURN_RIGHT_90 左转 90 度	3
TURN_LEFT_90 右转 90 度	4
SELECT_RANDOM_DIRECTION 随机方向	5
STOP 停止	6

每一个方向性的指令后面可能还跟有一个操作数或者数据来进一步限定它，比如执行多长时间。所以，模式语言的指令格式可能是像这样的：

INSTRUCTION OPERAND

指令（INSTRUCTION）在前面的清单上列出（通常编码为一个数字），操作数（OPERAND）也是一个数字，帮助细化指令的行为定义。用这种简单的指令格式，你就可以写出一个能定义模式的程序（指令序列）。然后是一个从源模式得到输入并相应控制游戏角色的解释程序。

例如，假如说你的模式语言经过格式化后，第一个数字是指令本身，第二个数字指示执行该动作的循环时间。创建一个会旋转和停止的方形运动模式（如图 12-6 所示）就易如反掌了。

这是一个采用[INSTRUCTION，OPERAND]格式编码的例子：

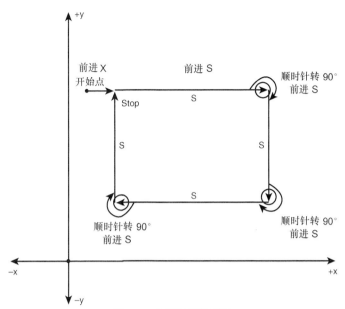

图 12-6　方形模式详细图示

```
int num_instructions = 6;// number of instructions in script pattern

// this holds the actual pattern script
int square_stop_spin[
    1,30, 3,1,              // go forward then turn right
    1,30, 3,1,              // go forward then turn right
    1,30, 3,1,              // go forward then turn right
    1,30,                   // go forward and finish square
    6,60,                   // stop for 60 cycles
    4,8, ];                 // spin for 8 cycles
```

要处理模式指令，你所需要的只是一个 switch 语句以解释每个指令并告诉游戏角色他需要做什么，像这样：

```
// points to first instruction (2 words per instruction)
int instruction_ptr = 0;

// first extract the number of cycles
int cycles = square_stop_spin[instruction_ptr+1];

// now process instruction
switch(square_stop_spin[instruction_ptr])
{
case GO_FORWARD:            // move creature forward...
    break;
case GO_BACKWARD:          // move creature backward...
    break;
case TURN_RIGHT_90:        // turn creature 90 degrees right...
        break;
case TURN_LEFT_90:         // turn creature 90 degrees left...
        break;
case SELECT_RANDOM_DIECTION: // select random dir...
        break;
case STOP:                 // stop the creature
```

```
      break;
} // end switch

// advance instruction pointer (2 words per instruction)
instruction_ptr+=2;

// test if end of sequence has been detected...
if (instruction_ptr > num_instructions*2)
   {/* sequence over */ }
```

当然了，还要加上逻辑控制来记录循环计数器和引发指令动作。

所有的模式都有一个要点：合理运动。因为游戏物体是从模式接受输入，它有可能选择一个模式，而按照这个模式运动的话它会撞上其他东西。如果模式 AI 不考虑这一点的话，模式只会被游戏对象盲从。因此，你的模式 AI 必须有一个反馈循环来通知 AI 它执行了某些非法的、不可行的或者不合理的操作，而且必须重置而改用另一个模式或是策略。如图 12-7 所示。

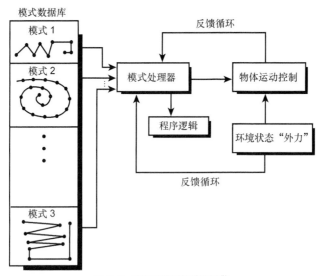

图 12-7　带反馈控制的模式引擎

注意

当然，你可能希望使用比数组更好的数据结构。例如，尝试使用类或结构，其中包含一个 [INSTRUCTION，OPERAND] 格式的记录列表，与指令的个数。这样你就可以很容易的创建一个该结构的数组，其中每个结构包含一个不同的模式，然后选取一个模式并传递给模式处理器。

暂停片刻，让我们回味一下模式的能力。有了它，你可以记录上百种移动和飞行模式。使用其他 AI 技术几乎不可能在合理的时间内完成的模式可以使用一个工具（你自己就可以写的）几分钟就创建好，记录在文件中，并在你的游戏里面生效。使用模式技术，你可以创造出看上去极其智能的游戏角色。几乎所有的游戏都使用了这个技术，包括绝大多数格斗类游戏如《Dead or Alive》（生或死），《Tekken》（铁拳），《Soul Blade》（刀魂），《Mortal Kombat》（真人快打）等等。

而且，模式的应用不限于运动模式。你可以用模式来进行武器选择，动画控制等等。可以不受限制地应用。关于运动模式的例子，请参看 DEMO12_5.CPP|EXE (16 位版本是 DEMO12_5_16B.CPP|EXE)，这个

程序示范了一头采用各种模式动来动去，还不时换用新模式的怪兽。

12.3.2　具备条件逻辑处理的模式

模式很酷，却是非常确定性的。就是说，一旦玩家记住了某个模式，它就没有用了。若是玩家知道下面会发生什么，他们就总是能够战胜你的 AI。这个问题的解决办法，同时也是对其他关于模式的问题的解决办法，就是增加一些条件逻辑，以基于游戏世界和实际玩家的综合考虑来选择模式，而不只是随机选择。参看图 12-8 来抽象地了解一下。

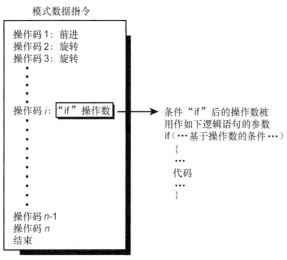

图 12-8　具备条件逻辑的模式

具备条件逻辑的模式使你对 AI 模式多了一层控制——你可以选择包含条件选择分支或是基于条件逻辑被选中的模式。例如，你可以在模式语言中增加一个新指令，为条件逻辑测试：

```
TEST_DISTANCE 7
```

TEST_DISTANCE 条件能通过测试玩家与运行该模式的物体之间的距离来处理。如果距离太近，太远，或者是如何，模式 AI 引擎就会改变其行为，使之看上去更智能。例如，你可以在一个标准模式中每隔一些指令加入一条 TEST_DISTANCE 指令，像这样：

```
TURN_RIGHT_90, GO_FORWARD, STOP, ...TEST_DISTANCE, ...TURN_LEFT_90, ...TEST_DISTANCE, ...
GO_BACKWARD
```

该模式自行其是，但每当遇到一个 TEST_DISTANCE 指令，模式 AI 就用其后的操作数作为测试玩家位置的方法。如果玩家离的太远，模式 AI 就会中止当前的模式，并转到另一个模式。或者这样更好，它会转而使用一个确定的跟踪算法来接近玩家。看看下面这段代码：

```
if (instruction_stream[instruction_ptr] == TEST_DISTANCE)
{
// obtain distance, note that on the test
// instructions the operand is no

// longer a time or cycle count
// but becomes context dependent
int min_distance = instruction_stream[instruction_ptr];

// if test if player is too far
if (Distance(player, object) > min_distance)
```

```
{
// set system state to switch to track
ai_state = TRACK_PLAYER;

// .. or you might just switch to
// another pattern and hope
 // that the object gets closer
} // end if
}// end if
```

可以在模式脚本中执行的条件测试的复杂程度没有任何限制。而且，你可能想要即时地创建模式然后应用。这样的例子包括模拟玩家的动作。每次玩家杀死你的游戏角色时，你可以对她的动作进行采样，然后用同样的策略来对付玩家！

归纳一下，像这样的技术（尽管要复杂的多）在很多体育类游戏中都有运用，比如足球、棒球和曲棍球，同时动作类和策略类游戏中也有。它允许游戏物体做可预见的运动，同时仍然允许他们"改变主意"。

DEMO12_6.CPP|EXE (16 位版本是 DEMO12_6_16B.CPP|EXE)体现了条件处理技术。 你在用方向键控制一个蝙蝠对象，屏幕上有一个 AI 控制的骷髅兵。骷髅兵遵循随机选择的模式，除非你离它太远，但那样它就会觉得孤独，会开始追逐你以引起你的注意。（反映了我刚刚说过的……也许我在这一百行代码中写入了某种情绪化的目的，不过从观众的角度看，它看起来不是很自然么？）

12.4　行为状态系统建模

迄今你已经看过好几个不同形式的有限状态机——控制灯闪烁的代码、主事件循环状态机等等。现在我将形式化地表示出 FSM*(Finite State Machine，有限状态机)*是怎样产生体现智能的 AI 的。

要创建一个确实可靠的 FSM，你需要具备两个属性：

● 合理数量的状态，其中每一个都代表一种目标或动机。
● 给 FSM 的大量的输入，例如环境的状态和环境中其他的物体。

"合理数量的状态"——该条假定很容易理解。我们人类自己有上百种——如果不是上千种——的情绪状态，在每一种里面还会有子状态。关键在于游戏角色能够自由地移动，这是起码应该做到的。例如，你可以设置下列状态：

● 状态 1：向前移动。
● 状态 2：向后移动。
● 状态 3：转身。
● 状态 4：停止。
● 状态 5：开火。
● 状态 6：追逐玩家。
● 状态 7：闪避玩家。

状态 1 到 4 很直接，不过状态 5，6 和 7 应该需要子状态以正确的建模。这意味着他们可能会有不止一个的子状态。例如，为了追逐玩家，需要做出先转身然后向前移动的动作。图 12-9 阐释了子状态的概念。不过，不要假设子状态总是基于实际存在的状态——子状态完全可能是人为设计的。

关于状态的讨论的关键在于，游戏对象需要具备足够的多样性来做"聪明"的事情。如果只有停止和向前两种状态，就不能实现很多动作！记得那些愚蠢的遥控汽车么？朝前开着，结果一个左转就翻了。这有什么意思？

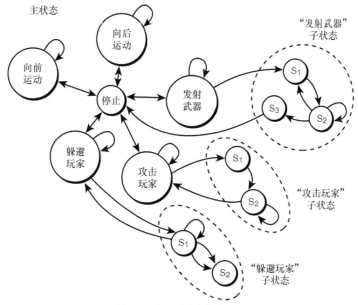

图 12-9　具有子状态的主 FSM

可靠的 FSM AI 的第二个属性就是，你需要从游戏世界中的其他物体和玩家及环境得到反馈或是输入。如果你只是进入一个状态然后运行它直到完成，那就太无趣了。这个状态可能是 100 毫秒之前的智能的选择结果。但现在情况变化了，玩家刚刚做了一些需要 AI 回应的事情。FSM 需要记录游戏状态，并且，如果必要的话，先清空当前状态并进入下个状态。

如果考虑所有这些，你就可以创建一个 FSM 来对常见行为建模，比如进攻、好奇等等。让我们通过具体的例子来看看它是怎么工作的，从简单状态自动机开始，慢慢讲到更高级的基于人格的 FSM。

12.4.1　基本状态机

此时，你应该看到不同的 AI 技术之间有很多重合。例如，模式技术是基于演示实际的动作和效果的最低层次的有限状态自动机。我要将有限状态自动机加以改进，并讨论能用简单的条件逻辑、随机性、模式来实现的高级状态。本质上，我想创建一个虚拟的大脑来指引和指示虚拟的生物。

为了更好的理解我所说的，让我们选取一些行为，用上述技术来对它们建模。在这些行为之上，我们会设置一个主 FSM 来运行显示和设置事件及目的的基本方向。

大多数游戏都基于某种形式的冲突。无论冲突是游戏的基本概念还是只是背景主题，事实是在大多数时间里玩家都四处跑动消灭敌人和/或炸飞东西。作为结果，我们可以得出一些状态，是游戏生物必须具有的，以在人类玩家的持续攻击中存活。图 12-10 阐释了下列状态之间的关系：

- 主状态 1：攻击。
- 主状态 2：撤退。
- 主状态 3：随机移动。
- 主状态 4：静止或暂停一会儿。
- 主状态 5：寻找——食物、能量、光亮、黑暗、其他计算机控制的生物。

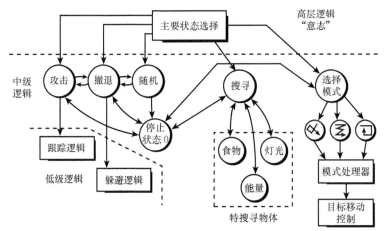

图 12-10　创建一个更好的大脑

● 主状态 6：选择一个模式并执行。

你应该能看出这些状态和前面的例子之间的差异。这些状态在一个较高的层次上运行，并且多半还能够生成子状态或是更深的逻辑。例如，状态 1 和 2 能用一个确定性的算法完成，而状态 3 和 4 则仅仅只不过是几行代码。另一方面，状态 6 则非常复杂，因为它表明生物必须能够执行由主 FSM 控制的复杂的模式。

正如你所见到的，你的 AI 正在变得相当复杂。状态 5 可以是另一个确定性算法，或者甚至是确定性算法和预编程的查找模式的混合。关键在于你想自顶向下地对一个生物建模；也就是说，首先考虑你希望这个 AI 要有多复杂，然后实现每个状态和算法。

回头看看图 12-10，你也能看到在自己选择状态的主 FSM 之外，还有一部分 AI 模型在做选择。这有点像生物的 "意志" 或 "待办事项表"。有很多方法可以实现这个模块，比如随机选择、条件逻辑，或者别的什么。现在，只要知道必须基于游戏当前的状态并以一种智能的方式来选择状态。

下面的代码段实现了一个简单版本的主状态自动机。它并不完全，因为一个完整的 AI 会有好多页，不过最重要的结构元素都已经在这里了。基本上，你补完所有的空白和细节，一般化以后插入你的代码中就可以了。现在，假设游戏世界包括 AI 生物和玩家。代码如下：

```
// these are the master states
#define STATE_ATTACK  0     // attack the player
#define STATE_RETREAT 1     // retreat from player
#define STATE_RANDOM  2     // move randomly
#define STATE_STOP    3     // stop for a moment
#define STATE_SEARCH  4     // search for energy
#define STATE_PATTERN 5     // select a pattern and execute it

// variables for creature
int creature_state   = STATE_STOP, // state of creature
    creature_counter = 0,     // used to time states
    creature_x       = 320,   // position of creature
    creature_y       = 200,
    creature_dx      = 0,     // current trajectory
    creature_dy      = 0;

// player variables
```

```
int player_x = 10,
    player_y = 20;

// main logic for creature
// process current state
switch(creature_state)
    {
    case STATE_ATTACK:
        {
        // step 1: move toward player
        if (player_x > creature_x) creature_x++;
        if (player_x < creature_x) creature_x-;
        if (player_y > creature_y) creature_y++;
        if (player_y < creature_y) creature_y-;

        // step 2: try and fire cannon 20% probability
        if ((rand()%5)==1)
            Fire_Cannon();

    }break;

    case STATE_RETREAT:
        {
     // move away from player
        if (player_x > creature_x) creature_x-;
        if (player_x < creature_x) creature_x++;
        if (player_y > creature_y) creature_y-;
        if (player_y < creature_y) creature_y++;
        }break;

    case STATE_RANDOM:
      {
        // move creature in random direction
        // that was set when this state was entered
        creature_x+=creature_dx;
        creature_y+=creature_dy;
      }break;

    case STATE_STOP:
        {
        // do nothing!
        } break;

    case STATE_SEARCH:
        {
        // pick an object to search for such as
        // an energy pellet and then track it similar
        // to the player
        if (energy_x > creature_x) creature_x-;
        if (energy_x < creature_x) creature_x++;
        if (energy_y > creature_y) creature_y-;
        if (energy_y < creature_y) creature_y++;
        } break;
    case STATE_PATTERN:
        {
        // continue processing pattern
        Process_Pattern();
        }break;
    default: break;
```

```
    }// end switch

// update state counter and test if a state transition is
// in order
if (--creature_counter <= 0)
    {
    // pick a new state, use logic, random, script etc.
    // for now just random
    creature_state = rand()%6;

    // now depending on the state, we might need some
    // setup...
    if (creature_state == STATE_RANDOM)
        {
        // set up random trajectory
        creature_dx = -4+rand()%8;
        creature_dy = -4+rand()%8;
        }// end if

    // perform setups on other states if needed

    // set time to perform state, use appropriate method...
    // at 30 fps, 1 to 5 seconds for the state
    creature_counter = 30 + 30*rand()5;

    }// end if
```

咱们来谈谈这段代码。开始处理当前状态。这包括了本地逻辑，算法，甚至还有对其他 AI 的函数调用，例如模式处理。状态处理之后，更新状态计数器并测试状态是否完整。如果是，就选择一个新状态。如果新状态需要设置，就执行设置。最后，通过随机数来选择一个新的状态计数，循环继续进行。

有很多你可以改进的地方。你可以将状态转换和状态处理结合起来，还可以使用更多的逻辑来进行状态转换和决定。

12.4.2　加入更多表现个性的行为

个性就是一些可预见的行为的集合。例如，我有一个朋友是很难搞定的那种人。我保证要是你说了什么他不喜欢听的话，他很可能会迅速地给你来上一拳。而且，他还非常地没有耐心，不喜欢想那么多。而另一方面，我还有一个朋友，小个头，很懦弱。他知道由于自己个头太小，不能说出自己的想法以免挨到拳头。所以他的个性较为被动。

当然，人类远比这些例子里表示的要复杂，不过还是有足够的描述。这样的话，你就应该能够对个性种类建模，方法是通过逻辑和跟踪一些行为特性并总结其概率分布。这个概率分布图可以用于实现状态转换。图 12-11 解释了我的意思。

这个模型中有四种状态或是行为：

- 状态 1：攻击
- 状态 2：退却
- 状态 3：停止
- 状态 4：随机

不再像以前那样总是随机选择一个新状态，你需要创建一个概率分布来将每个生物的个性定义为这些状态上的函数。表 12-2 显示了我的朋友 Rex（坏脾气）和 Joel（软柿子）的行为概率分布。

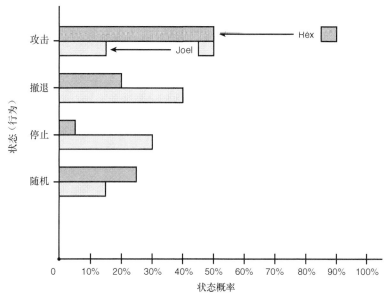

图 12-11 基本行为状态的个性分布

表 12-2 个性的概率分布

状态	Rex p(x)	Joel p(x)
攻击	50%	15%
退却	20%	40%
停止	5%	30%
随机	25%	15%

看看这个虚拟的数据，还是说得通的。Rex 喜欢不假思索地就进攻，而 Joel 思前想后而且喜欢逃跑。而且，Rex 不是个有计划的人，经常做一些不常规的事情——撞到墙上、把玻璃吃下去，甚至还骗自己的女朋友——而 Joel 一般都知道自己在做什么。

这整个例子完全是虚构的，Rex 和 Joel 也并不存在。但我敢打赌你脑海里面已经有了他们的形象，或者你认识一些像他们的人。因此，我的假定是对的——一个人对外的行为体现其个性，正如别人所感受到的（至少一般说来）。这个对于你的 AI 建模和状态选择起到很重要的作用。

要使用这种概率分布的技术，你只需要简单的设置一个表，要有 20—50 个表项（每项一个状态），然后填充该表使得概率分布满足自己要求。当你选择一个新状态的时候，会拿到一个体现一些人格的状态。例如，下面是以一个具有 20 个元素的数组表示的 Rex 的概率表——就是说，每个元素有 5% 的权重：

```
int rex_pers[20] = {1,1,1,1,1,1,1,1,1,1,1,2,2,2,2,3,4,4,4,4,4}
```

除了这个技术之外，你可能还想加上半径（*Radii*）或是影响（*Influence*）。这意味着你会基于某些变量来转换可能性分布，例如到玩家或者其他目标的距离，如图 12-12 所示。该图说明当游戏生物走的太远的时候，它会从近距离时采用的侵略型战斗模式转换到一个不好斗的搜索模式。也就是说，要使用另一张概率表。

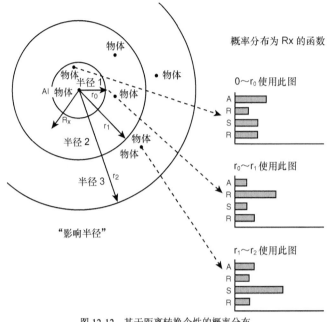

图 12-12　基于距离转换个性的概率分布

12.5　用软件对记忆和学习进行建模

　　一个好的 AI 还需要记忆和学习元素。当 AI 控制的生物在你的游戏中跑来跑去的时候，他们由状态机、条件逻辑、模式、随机数、概率分布等等因素所控制。然而，它们总是匆匆忙忙的思考，从来不会参考历史来帮助做出决定。

　　例如，如果生物处于进攻模式，玩家总是向右躲，而它总是打不中呢？你也许希望这时它能跟踪玩家的运动，记住每次攻击时玩家都会向右移动，于是相应地稍稍补偿一下目标点。

　　另一个例子，假设你的游戏要求 AI 生物像玩家一样去寻找弹药。然而，每次生物需要弹药的时候，都只好随意地搜索（也许使用一个模式）。如果 AI 能够记住上次找到弹药的地方并先回到那里去找，不是要符合实际的多么？

　　有几个例子证明记忆和学习使游戏 AI 看起来更加智能。坦率的说，实现记忆很容易，但很少游戏程序员实际在游戏开发中使用，因为他们没有时间或者觉得不值得。这可不行！记忆和学习非常酷，你的玩家会感觉到有和没有之间的差异。因此，努力找出能以合理代价实现记忆和学习，并的确能对视觉效果产生影响的那些场合——努力总是会有回报的。

　　这是记忆的大致思路，但到底怎么运用于游戏呢？这个视情况而定。举个例子，看看图 12-13。

　　此处你看到一个游戏世界的地图，每个房间有一个记录。这些记录存放以下信息：

- 　得分

- 　玩家造成的伤害（Damage from player）

- 　找到的弹药（Ammo found）

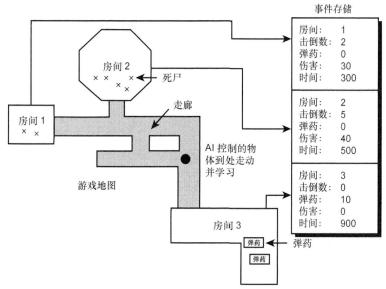

图 12-13 暂时性的地形记忆

● 在房间的时间（Time inroom）

每当生物运行自己的 AI，而你希望有一个基于记忆和学习的更加可靠的选择过程时，你可以参照事件的记录——即生物关于该房间的记忆。例如，当生物进入一个房间时，你可以查看它是否曾在这个房间里受到过大量的伤害。如果是，它可能会退出再找另一个房间。

再举一个例子，生物可能会耗完弹药。它应该可以在关于所有到过的房间的记忆里搜索，以找出有最多弹药的那个房间，而不是随机乱跑去找弹药。当然，AI 需要每过几个循环就更新一下其记忆，使这个方法一直有效，不过要做到这点很简单。

而且，你还可以让生物互相交换信息！例如，如果一个生物在走廊上撞到另一个，它们可以将记忆记录合并，了解各自的旅程。或者是强者将记录上载到弱者的脑子里，因为强者显然会有更好的概率集合和经验，更容易生存。此外，如果一个生物知道玩家的上个已知位置，它可以用其影响其他生物的记忆，这样它们可以围攻玩家。

运用记忆和学习能做到的事情有无限多。困难的部分在于用一种公平的方式把它们运用到 AI 中去。例如，让游戏 AI 看到并记住整个世界是不公平的。AI 也必须像玩家一样去探索。

提示

很多游戏程序员喜欢用位串或是向量来记忆数据。这样要简洁的多，也容易翻转某位以模拟记忆丧失或退化。

作为记忆的例子，我制作了蚂蚁的 a-life 模拟，DEMO12_7.CPP| EXE (16 位版本是 DEMO12_7_16B.CPP|EXE)，如图 12-14 所示。

该模拟以一些红色蚂蚁和成堆的蓝色食物开始。蚂蚁随机走动直到发现一堆食物。找到以后，它们开始吃，直到吃饱，然后继续晃悠。当它们再次饥饿的时候，它们记得上次在哪里找到的食物并前往那里（如果还有剩下的话）。

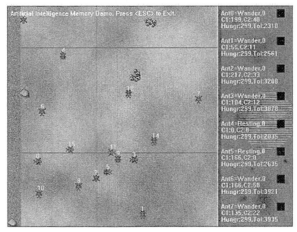

图 12-14　一个蚂蚁的记忆演示

另外，如果两个蚂蚁相遇，它们会交换各自途径的信息。如果一个蚂蚁不能及时找到食物，它会死的很悲惨（在这个模拟演示中死亡表现为摔倒）。你可以根据系统的处理能力的强弱改变蚂蚁的数目。现在是16 个，但是屏幕上只有足够显示前 8 个的状态信息和记忆映象的空间。这些信息显示在屏幕的右边，详细列出了当前的状态、饥饿程度、饥饿容忍度和一些内部计数。

如果你想增加一些更复杂的内容，可以让蚂蚁排泄，并制造一个循环系统以保证食物不会耗尽。

12.6　计划树和决策树

迄今为止，所有的 AI 技术都是反应式的，而且相当浅显——意味着没有很多的计划或是高级别的逻辑。尽管你已经知道怎么实现低层的 AI，我想谈的是高层 AI，通常称为计划（*Planning*）。

计划（Plan）是一个为达成目标（Goal）而执行的系列动作（Action）的高端集合。动作是为了达到目标而按照一定顺序执行的步骤。此外，还有在任何特殊的动作执行以前必须满足的条件。例如，下面的列表是看电影的一个示范计划：

1．查找想看的电影。

2．至少提前 30 分钟开车驶向剧院。

3．到剧院后买票。

4．看电影。结束后开车回家。

嗯，这看起来是个很合理的计划。不过还有很多细节我没有列出。例如，到哪里去查电影呢？怎么开车呢？如果你没有钱怎么办呢？诸如此类。这些细节可能需要，可能不需要，取决于你希望这个计划有多复杂，不过通常要有一些条件和子计划可以用来细化它，这样就绝对不会疑惑接下来要做什么了。

实现游戏 AI 中的计划算法是基于同样的概念。有一个 AI 控制的目标，你希望它遵循某个计划来完成某个任务。因此，你必须用某种语言对计划建模——通常是 C/C++，但可能要用到一种特别的高端脚本。无论如何，除了对计划建模，你还必须对所有构成该计划的目标建模：动作、任务，以及动作和任务发生的条件。这些每一个都可能只是一个 C/C++的结构或是类，包含很多域。例如，一个任务可能看起来是这个样子的：

```
typedef struct GOAL_TYP
{
int class;          // the class of goal
char *name;         // the name of goal "kill leader"
int time;           // time until goal expires
int *subgoals;      // pointer to sub goal list that must be
                    // satisfied
int (* eval)(void);// function pointer to determine if
                    // goal has been satisfied

// more data

}GOAL, *GOAL_PTR;
```

当然了，这个定义只是一个例子，你的代码应该有更多的域，不过其思路就是这样。你必须创建一个能大体上代表任何游戏任务的结构，从"炸毁这座桥"到"觅食"都可以。

下一个你可能需要的结构是一个通用的动作结构，用来表示某个对象为了达到目标必须做的计划中的事情。再次强调，这个取决于你，但它必须代表你希望 AI 能做的任何事情。例如，下面是一个可能的动作结构：

```
typedef struct ACTION_TYP
{
int class;          // class of action
int *name;          // name of action
int time;           // time allotted to perform action
RESOURCE *resource;// a link to a record that describes
                    // the resources that this action might
                    // need

CONDITIONS *cond;   // a link to a record that describes
                    // all the conditions that must be met
                    // before this action can be made

UPDATES *update;    // a link to a record that describes
                    // all the updates and changes that
                    // should be made when this action is
                    // complete

int (*action_functions)(void); // a function ptr(s) to an
                    // action function that does
                    // the work of the action

} ACTION, *ACTION_PTR;
```

如你所见，我们在这里谈得相当抽象。关键在于这些结构很可能被具体实现成完全不同的。不过只要它们能实现计划、动作和目标的功能，那就够了。

12.6.1　计划编程

有很多种方法来对计划编程。你可以用纯 C/C++为实现动作、任务和计划本身来编写代码。这在过去是很常用的技术。游戏程序员开始可能只是写代码来执行条件、设置变量和调用程序。这在本质上就是一个硬编码的计划。

一个更优雅的对计划编程的方法是使用产生式（Production rule）和决策树。一个产生式就是一个有多个前件（Antecedents，条件）和一个后件（Consequence，结果）的逻辑命题：

```
IF X OP Y THEN Z
```

X 和 Y 是前件，Z 是*后件*。OP 可以是任何逻辑运算，如 AND、OR 等等。而且，X 和 Y 可以是由其他的产生式组成的；也就是说，它们可以是嵌套的。例如在下面的逻辑语句中：

```
if (P > 20) AND (damage < 100) THEN consequence
```

或者，用 C/C++表示：

```
if (power > 20) && (damage < 100)
    {
    consequence();
    }// end if
```

因此一个产生式实际上就是一个条件陈述。硬编码的计划实际上也就是一组产生式陈述以及一些动作和任务，所有都混在一起。写一个"计划生成器"的关键是对这些事物比较抽象一点的建模。尽管你可以用 C/C++的硬编码，最好还是创建一个能读产生式，包含动作和任务，并表示一个计划的结构。

决策树（Decision Tree）结构可以帮你实现这个系统。如图 12-15 所示，一个决策树就是一个由节点代表一个产生式和 r 或一个动作的树结构。

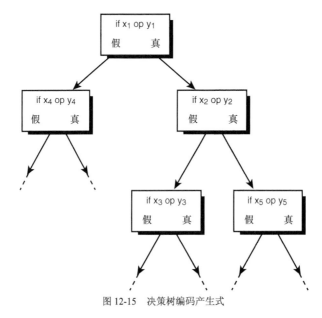

图 12-15　决策树编码产生式

然而，这棵树不是用手写代码来实现的，它是从一个文件或游戏程序员或关卡设计供给 AI 引擎的输入数据而生成的。这样这个树就可以通用而不需要重新编译。让我们来创造一种 AI 计划语言来控制一个有一些输入变量和动作的机器人。

AI 机器人可以测试的输入包括：

DISPLY	到玩家的距离（0-1000）
FUEL	剩余燃料（0-100）
AMO	剩余弹药（0-100）
DAM	当前受伤合计（0-100）
TMR	当前游戏时间，单位为虚拟分钟
PLAYST	玩家的状态（如在攻击、不在攻击）

AI 机器人可以执行的动作包括：

FW	朝玩家开火
SD	自毁
SEARCH	搜索玩家
EVADE	避开玩家

现在我们可以整理出决策树的结构。假设可以在每个节点用 AND、OR 来检验一个和两个前件，并且可以用 NOT 来否定它们。并假设前件自身可以是输入或是常量之间的>、<、==或!=比较。而且，在任何节点都有一个 TRUE 分支和一个 FALSE 分支，和包含 8 个可执行动作的列表。参考图 12-15 来理解这个概念。这是可以用来实现这个节点的结构：

```
typedef struct DECNODE_TYP
{
int operand1, operand2;  // the first operands
int comp1;               // the comparison operator

int operator;            // the conjuctive operator

int operand3, operand4   // the second pair of operands
int comp2;               // the comparison to perform

ACTION *act_true;        // action lists for true and false
ACTION *act_false;

DECNODE_PTR *dec_true;   // branches to take if true or
                         // false
DECNODE_PTR *dec_false;

}DECNODE, *DECNODE_PTR;
```

如你所见，又有很多细节需要注意。如果只有一个前件：

```
if (DAM <  100) then...
```

或是比较变量和常量的差异：

```
if (DAM == FUEL) then...
```

或

```
if (DAM == 20) then...
```

及判断有一个还是两个前件：

```
if (DAM > 50) and (AMO < 30) then
```

这些都是相对基本的编程问题，我不准备详细讨论。不过当你让引擎读取并处理决策节点的时候，要记住考虑这些细节。无论如何，现在你有了自己的语言，可以写一个能从一堆设置里面决定应该做什么的小决策树。

例如，写一个射击控制树。记住你不是要做一个完全的计划，不过可以把下个例子当作一个计划，因为它有一个潜在的任务是决定什么时候开火。当然，除了开火以外就没有其他的任务了。无论如何，这是我用自然语言写的粗略的计划：

如果玩家距离近并且伤害值低就开火

如果玩家距离远并且燃料值高就搜索

如果伤害值高并且玩家接近就逃避

如果伤害值高并且弹药为 0 并且玩家接近就自毁

这就是我为 AI 机器人写的模拟计划。当然了，一个完整的计划可能有许多的条款。不过酷的是游戏设计者可以通过使用一个图形化的工具软件而不需要写代码来完成这些！这个计划的结果已经转换成你的计划语言，最终的决策树如图 12-16 所示。

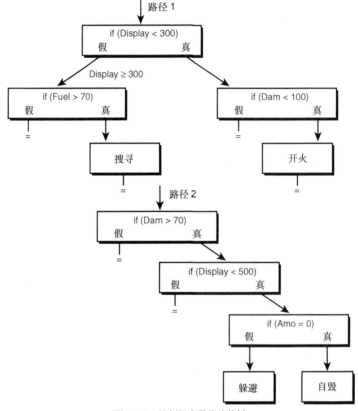

图 12-16　计划语言最终决策树

这不是很简洁么？你只要写一个处理程序顺着这个树处理分支，那就够了。现在你知道怎么创建一个可以处理决策并执行动作的决策树了，让我们用一个考虑到任务并进行计划分析的正式的计划算法来结束讨论。

12.6.2　实现真正的计划生成器

你已经知道怎么实现计划生成器的条件部分，甚至动作部分也知道了。任务（Goal）部分仅仅只是一种形式，即每个计划有一个任务并将其作为该计划的结束点。而且，计划结束的时候，必须在任何其他剩余部分执行以前测试任务。也许会有子计划和主计划并行运行，那么要完成主任务就必须完成所有子计划的任务。

例如，你可能有一个全局计划为"所有机器人在路点（x,y,z）会合"。然而，除非每个机器人都执行了"到达路点（x,y,z）"的计划才能完成这个任务。而且，如果有一个机器人不能完成它的任务，计划生成器应该能检测到并作出响应。这就是*计划监控（Plan monitoring）*和分析的概念。在这一节的后面我会谈得更多。在这里，我们只是看看应该怎样表示计划。

计划本身可以是在决策/动作树中隐含的表示，或者是一个决策/动作的列表，每种方式都代表一个树或是一个序列。如何表示由你决定。要点在于你要能公式化一个计划、一个动作序列和一个任务。动作本身通常包括条件逻辑和低端的子动作，比如从一个点移动到另一个点或是使用武器。在最高层的概念中，动作意味着"打倒敌方队长"或是"占领那个堡垒"之类，反之低层的动作是引擎可以直接执行的。明白了吗？我希望如此——我的 Snapple 果汁喝完了。:)

因此，假设计划是由某些数组或链表组成，并且可以遍历，那么一个计划者可能是这个样子的：

```
while(plan not empty and haven't reached goal)
    {
    get the next action in the plan
    execute the action
    } // end while
```

当然，你应该明白这只是计划生成器的一种抽象实现。在一个实际的程序中，这个必须和所有其他的部分并行出现。你的确不能待在一个 while 循环里面等待一个计划自己达成它的任务；你必须用一个有限状态机或者类似的结构来实现计划生成器，并在游戏运行的时候要一直跟踪目标的完成情况。

这个计划算法的问题就是它实在很蠢。它没有考虑到某个动作可能在以后已经不可能实现，因此计划也就无效了。因此，计划生成器必须做监测或是分析以确保计划是有意义的。例如，如果计划是要炸掉一座桥，而这座桥已经由别人炸掉了，计划生成器就应该计算出这种状态并中止原计划。这可以通过查找计划的目标并测试是否有目标被其他进程达到来完成。如果该目标否定了计划或是让它失效，计划就应该停止进行。

计划生成器应该查看可能是计划无法实现的事件或状态。例如，某时计划要求一把蓝色的钥匙，但是钥匙已经不见了。那么找到蓝色钥匙的任务就没有意义了。这种问题可以在当前阶段或是将来阶段监测，即计划生成器可以在到达目标地点时查看所处的状态，或者是做好将来的计划再前进。例如，假设计划是"向东走 1000 英里去炸掉堡垒"。我可不想蹒跚了 1000 英里到达堡垒以后才意识到自己的炸弹不够用！计划生成器应该查看任务，回溯出所有的先决条件，并检测执行计划的目标，即是否有炸弹或者能否在途中获得炸弹。

另一方面，这也可能适得其反。尽管机器人现在没有炸弹，但它可以在 1000 英里的跋涉中找到一个，因此因为当前资源短缺而过早中止计划可能是个馊主意。这就导致我们为先决条件指定优先级。例如，如果我将来要用到激光枪，而游戏中只有一个且已经被毁掉了，那就没有必要继续执行计划了。另一方面，如果我需要 1000 个金币而现在只有 50 个，但我还要走过很长的距离，会有很多种方法找到金币，那我就希望继续执行计划了。

最后，当计划执行错误时，不必一定要中止它。你可以重新计划，或者选择一个不同的计划。你可以每个任务制订三个计划以便主计划失败的时候还有两个备份的。

计划是一个非常强大的 AI 工具，适用于任何类型的游戏。尽管你可以写一个主要内容就是射击射击再射击的《Quake》的克隆型游戏，你仍然需要一个全局的计划生成器来用一个"呆在区域内并杀死玩家"的通用任务影响生物。另一方面，在一个类似《Command and Conquer》（命令与征服）的战争模拟类游戏中，计划是让游戏可玩的唯一方法！

在实际的游戏开发中让计划生效的最好方法是写一个计划语言，并提供给设计者一组构成计划的变量和对象。这使得设计者能制作出你永远都想不到——更绝不会想硬编码——的东西！

12.7 寻路

从最简单的意义上说，寻路（Pathfinding）是从点 p1 到目标 p2 的路径的计算和执行，如图 12-17 所示。

如果没有任何障碍，简单的目标位置导向 AI 技术就足够了。然而，一旦有障碍物，就要考虑避开障碍物。事情从此变复杂了……

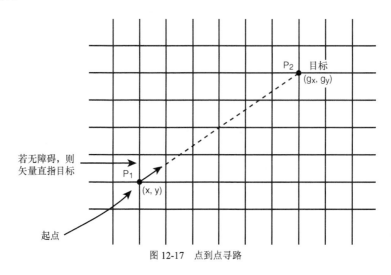

图 12-17　点到点寻路

12.7.1　试探法（Trial and Error）

对于不大并且大多凸起的简单障碍物，通常可以采用这样的算法避开：当对象碰到障碍，先退后，左转或右转 45−90 度，然后向前移动一定距离。之后 AI 重定位目标，使对象转向再试一次。这个算法的运行过程如图 12-18 所示。

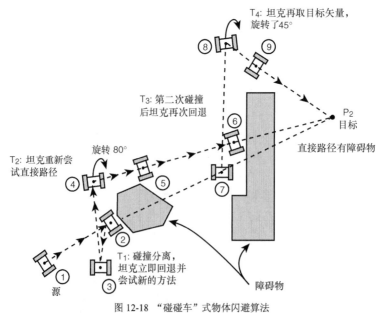

图 12-18　"碰碰车"式物体闪避算法

尽管这个算法的确不像你期望的那样可靠，但由于存在随机性它还是有效的。对象会随机地选择一个方向重试，迟早是能找到绕开障碍物的路径的。

12.7.2　轮廓跟踪

另一个避开障碍物的方法是轮廓跟踪（Contour Tracing）。这个算法主要就是追踪堵住了对象前进道路的物体的轮廓。可以通过跟踪障碍物的轮廓，并定期检测从你当前位置到目标位置的直线是否与其相交来实现这个算法。　如果不再相交，你的路就通畅了；否则，就继续追踪。图 12-19 示意了这个算法的运行过程。

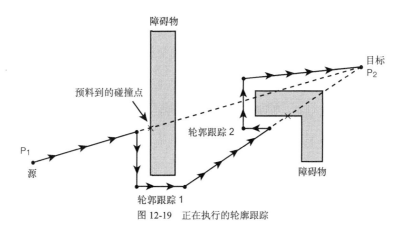

图 12-19　正在执行的轮廓跟踪

这个算法是有效的，不过看起来有点傻，因为它是沿着障碍物进行追踪而不是直接走显而易见的最短路径。但是它确实有效。因此你的做法可能是首先用尝试法，如果经过一段时间还没有成功就转为轮廓跟踪算法来摆脱困境!

当然，在类似《Quake》的 3D 游戏中玩家通常没有一个全知的视角，因此即使生物在避开障碍物的时候看上去不怎么聪明，也不会暴露出破绽，只是多花些时间而已。另一方面，在战争游戏中的自顶向下的视角中，这些迟钝的行动会显得很糟，如果 AI 控制的士兵让人看出来它们在跟踪——最好加以改进。

12.7.3　碰撞规避跟踪

在这个技术中，你在对象周围创建虚轨迹（track），包括一连串点或是向量，来描绘出一条相当智能的路径。这个路径可以用最短路径算法（我们后面会讨论到）计算出来，也可以由你或是游戏设计者用工具手工的创建。

在每一个大障碍物周围创建一条只有寻路机器人 AI 可见的无形轨迹。当机器人想要绕开一个目标的时候，它查询并采用绕开那个障碍物的最近路径。这要确保寻路者总是知道怎样绕开障碍物。当然了，你可能想对每个障碍物有不止一条绕开的路径或是加进一些跟踪"干扰"以便机器人不能总是完美的行路。如图 12-20 所示。

这让我们产生另一个想法：为什么不在游戏中的关键点之间设置很多预先计算好的路径呢？那样的话，当机器人想从点 pi 到达 pj 的时候，它可以直接采用一条预先计算好的完整路径，而不用四处探索还要进行障碍规避。

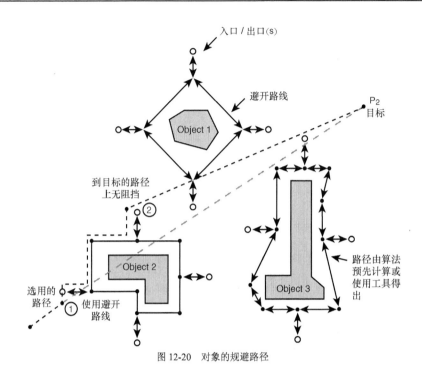

图 12-20　对象的规避路径

12.7.4　路点寻路

假如说你的游戏世界非常复杂，其中有各式各样的障碍物。当然，你可以让生物有足够的智能去四处探索最终到达目的地，但所有这些都有必要吗？没有！你可以建立一个通过连通网络的节点连接所有游戏中的兴趣点的路径网。每个节点表示一个路点（Waypoint），或是兴趣点，网络的边表示到达另一个节点的向量方向和长度。

例如，假设你有一个计划在执行，需要将一个机器人从当前位置经过桥并进入城市。这听起来是不是很复杂？但是如果你有一个路径网络，能找到一条经过桥到达城市的路径，你所需要做的就只是跟着走！担保机器人能避开所有障碍物到达那里。图 12-21 展示了一个有寻路网络的全局视角地图。标有箭头的那条路径就是你需要找的。记住，这个网络不仅仅只是避开障碍物，还包括到所有重要目的地的路径。（有点像我们的所说的虫孔网络。）

这个盛大的场面有两个问题会比较棘手：1）沿着找到的路径走；2）表示这个网络的实际数据结构。让我们首先来解决沿路走。

暂时假设有一条从 p1 到 p2 包含 n 个节点的路径，用下面的结构表示：

```
typedef struct WAYPOINT_TYP
{
int id;          // id of waypoint
char *name;      // name of waypoint
int x,y;         // the position of waypoint
int distance;      // distance to next waypoint on path
WAYPOINT_TYP *next; // next waypoint in list
}WAYPOINT
```

这只是一个例子；你可以有完全不同的表示方法。现在假设有五个路点，包括起点和终点 p1 和 p2，如

图 12-21 所示。这些路点包括：

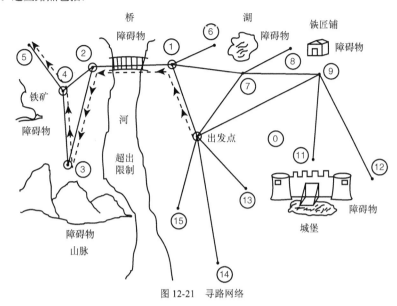

图 12-21　寻路网络

```
WAYPOINT path[5] = {{0,"START", x0, y0, d0 ,&path[1]},
                    {1,"ONPATH", x1, y1,d1 ,&path[2]},
                    {2,"ONPATH", x2, y2,d2 ,&path[3]},
                    {3,"ONPATH", x3, y3,d3 ,&path[4]},
                    {4,"ONPATH", x4, y4,d4 ,NULL} } ;
```

　　首先要记住的是虽然我静态地分配了一个数组来存放 WAYPOINT，我还是将它们的指针链接到了一起。同时，最后一个指针是 NULL，因为这是终点。

　　要沿着选定路径走，需要考虑一些问题。首先，你必须到达这条路径上的第一个或是某个节点。这可能是个问题。假设在游戏地图网格中有足够多的路径入口点，你可以假设某个需要的路径上的一个节点在可达范围内。因此，你想要找到最近的一个节点以及通向它的向量。在这个初始化上路的过程中，你可能得避开一些障碍物！一旦你抵达了路径的起点或是中间的某点，就可以顺着走了。

沿路走

　　路径是一连串点，点与点之间保证没有障碍物。为什么？是你选的路径，所以你当然知道为什么了！因此，你可以简单的将机器人从当前 WAYPOINT 沿着路径移动道下一个路点，持续如此直到到达最后一个 WAYPOINT，也就是目的地：

```
find nearest WAYPOINT in desired path

    while(not at goal)
        {
        compute trajectory from current waypoint to next
        and follow it.

        if reached next waypoint then update current
        waypoint and next waypoint.

        } // end while
```

基本上你就是沿着一串点走直到无点可走。要找出从一个 WAYPOINT 到下一个的向量，可以写这样的代码：
```
// start off at beginning of path
WAYPOINT_PTR current = &path[0];

// find trajectory to next waypoint
trajectory_x = path->next.x − path->x;
trajectory_y = path0>next.y − path->y;

// normalize
normalize(&trajectory_x, &trajectory_y);
```
规格化是保证 trajectory 的长度为 1.0。这由用向量的长度（参考附录 C "数学和三角回顾"）除以每个分量来完成。你只要将对象指向 trajectory 的方向，等它到达下一个 WAYPOINT，然后继续运行算法。当然了，我又掩盖了一些细节，即到达一个 WAYPOINT 时会发生什么。我的建议是核算对象到 WAYPOINT 之间的距离。如果在某个误差之内，那就已经足够接近，是时候选择下一个 WAYPOINT 了。

有多个路径时会有问题。首先，找出一条路径来跟随可能和从一个点到另一个点一样难！这是个问题，不过只要有正确的网络数据结构，你可以保证对任何给定的游戏单元，一个游戏对象需要在少于大约 100 个单元的路程内找到一条路径。我承认，由于有些链接会被其他路径使用，表示路径网络的数据结构会很复杂，不过这不止是数据结构的问题，取决于你希望怎么做。你可以有 1000 个不同的路径，它们不重用路点，即使很多路径中都可以包含相同的路点。

或者你可以用一个重用路点的连通图，不过有逻辑和数据链接来跟随路径，并且不会转换轨道。这可以通过聪明的指针算法和逻辑来选择组成一条特定路径的正确链接来完成。

例如，参考图 12-22，它显示了经过相同路点的两条路径。你可能需要将所有可能到达的路点和相关联的链接编码到一个列表中——如果你要到达目的地 HOUSE，现位于一个有 16 条向外链接的路点上，需要选择一条在通向列表中有 HOUSE 的路径。这还是取决于你，并且你的实现会取决于游戏的环境。

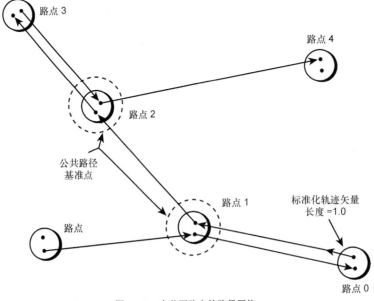

图 12-22　有共同路点的路径网络

12.7.5 一个赛车例子

赛车游戏是使用路径的上好例子。假设你希望跑道上同时有很多车，并希望它们沿着轨道驾驶，不要撞到玩家，还要看起来比较智能。这正是利用路径的好地方。

你需要做的是创建大约 8 或 16 个沿着跑道的不同的路径。每条路径可能是等距的或者存在细微差异的属性，像"挤而短"或者"长且宽"。每个 AI 汽车从一条不同的路径出发，随着游戏进行，它通过定向来沿着路径走。如果撞车了，就选择下一个最近的路径，等等。

此外，如果一个汽车 AI 想改到一条较冒险的路径，它可以改。这有助于你不必过多考虑如何防止所有的车聚到一起，也不必要过多考虑掌控方向的问题，因为它们会沿着已定的路线走。只要控制速度和煞车时间就足够让它们看起来真实了。

参考 CD 中的 DEMO12_8.CPP|EXE (16 位版本是 DEMO12_8_16B.CPP|EXE)例子，它创建了一个小的有单路点路径的赛车演示程序。汽车会试着避免相撞，但即使它们互相接触到也不会撞毁。这是一个 DirectX 程序，需要加入相关类库才能通过编译。

12.7.6 可靠的寻路

最后，我想谈谈真正的寻路。换句话说，用计算机科学算法寻找从 p1 到 p2 的路径。有很多算法可以做到。问题是它们没有一个是实时的，因而不容易运用到游戏中。然而，如果你使用一些窍门就可以实时地使用这些算法，当然你可以在工具中用这些算法来为你计算路径。

所有这些算法都采用类似图的结构，它们表示你的游戏天地，包含节点和经由特定节点可以到达的节点所组成的边。通常每条边对应一个成本值。图 12-23 显示了一张典型的图。

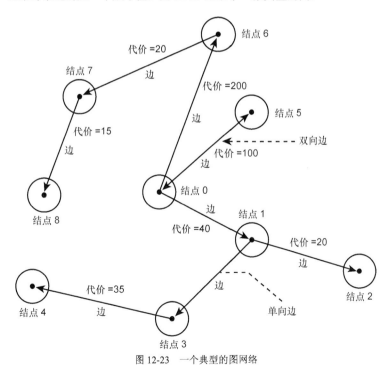

图 12-23　一个典型的图网络

　　由于你处理的是 2D 和 3D 游戏，你可以认为这个图只是游戏地形上放置的网格，每个单元隐含地连接到 8 个邻居，因此成本就是距离，如图 12-24 所示。

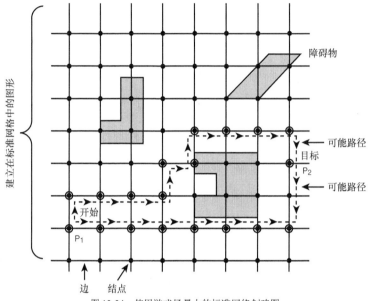

图 12-24　使用游戏场景上的标准网络创建图

　　无论如何，一旦你决定了以图的方式表示游戏世界，你就可以运用这些算法来解决从 p1 到 p2 寻找避开障碍物的短路径或最短路径的问题。图中不允许存在障碍物，因此它们不可能是路径的一部分——真是一种解脱啊（哈哈）。

　　在计算机科学领域内有很多著名的寻路算法，如下所列，我将分别作简要介绍：

- 广度优先搜索
- 双向广度优先搜索
- 深度优先搜索
- Dijkstra 搜索
- A*搜索

广度优先搜索

　　该算法同时向各个方向散开搜索，先访问距离一个单元的节点，然后是距离两个单元的，然后是距离三个单元的，等等……这是一个不断增长的圈。因为没有考虑目的地的实际方向，这个算法还是比较粗略的。如图 12-25 所示以及下面的算法：

```
void BreadthFirstSearch(NODE r)
{
NODE s; // used to scan
QUEUE q; // this is a first in first out structure FIFO

// empty the queue
EmptyQ(q);

// visit the node
Visit(r);
```

```
Mark(r);

// insert the node r into the queue
InsertQ(r, q);

// while queue isn't empty loop
while (q is not empty)
    {
    NODE n = RemoveQ(q);

    for (each unmarked NODE s adjacent to n)
        {
        // visit the node
        Visit(s);
        Mark(s);

        // insert the node s into the queue
        InsertQ(s, q);
        } // end for

    } // end while
} // end BreadthFirstSearch
```

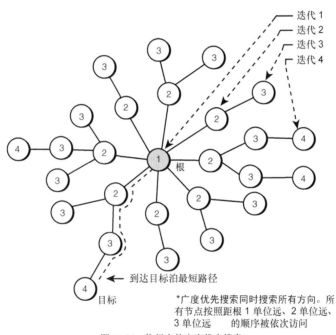

图 12-25　执行中的广度优先搜索

双向广度优先搜索

　　双向广度优先算法与广度优先搜索相似，但它同时进行两个不同的搜索：一个从起点开始，一个从终点开始。二者重合的时候计算最短路径。如图 12-26 所示。

深度优先搜索

　　这是广度优先搜索的逆反。深度优先搜索沿着一个方向一直搜索直到无路可走或是找到终点。然后接着搜索下一个方向，等等。深度优先的问题是它需要有一个中止界线来规定："如果终点距离为 100 个单元，但你已经试过成本为 1000 的路径，是时候换一条路径了。"如图 12-27 所示以及随后的算法。

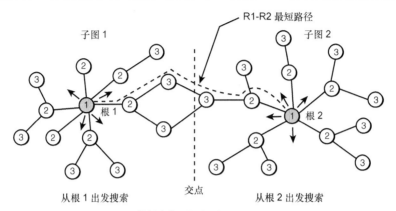

图 12-26　执行中的双向广度优先搜索

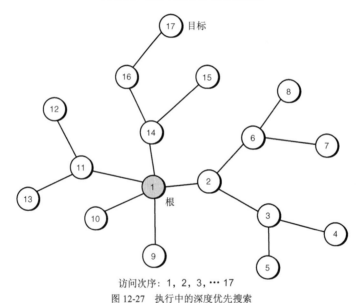

图 12-27　执行中的深度优先搜索

```
void DepthFirstSearch(NODE r)
{
NODE s; // used to scan
// visit and mark the root node
visit(r);
mark(r);

// now scan along from root all the nodes adjacent
while (there is an unvisited vertex s adjacent to r)
    {
    DepthFirstSearch(s);
    } // end while
```

```
} // end DepthFirstSearch
```

Dijkstra 搜索

Dijkstra 搜索源自图的最小生成树算法。在每一次迭代中，算法确定到下一个点的最短路径并在其基础上工作，而不是盲目的往一个随机的方向出击。

A*搜索

A*（念作 A 星）搜索类似于 Dijkstra 搜索，除了它会使用一个试探（heuristic）——不仅查看从起点到当前节点的成本，还对从当前点到终点的成本做预估，即使它还没有访问过那些节点。

当然了，还有很多对这些算法进行改进和混和的变异版本的算法，不过你已经有概念了。这些算法的实现在很多其他书中有很多的阐述，这一切就留给你自己去发现吧。

提示

遗传算法也可以用来查找最佳路径。也许无法如你希望的那样实时，但却绝对比其他算法都来得自然。

12.8　高级 AI 脚本

到这里，你对 AI 应该已具有相当水准了。我一直等到现在才开始讨论高级 AI 脚本，以便你有更多的基础知识。

在本章前面学习使用简单的[OPCODE OPERAND]语言和虚拟解释器的时候，你已经看到使用脚本的指令语言是可以用于 AI 的。当然这只是脚本的一种形式。后来我还展示了另一种用基于逻辑产生式以及一组输入、操作数和动作函数的脚本语言创建决策树的方法。使用这个技术，你可发挥到任何极限。《QUAKE》内置的 C 语言是个很好的例子，UNREAL Script 也是。这两者实际上都允许你用一种由引擎处理的类似英语的高级语言来编写游戏代码。

12.8.1　设计脚本语言

脚本语言的设计基于你想赋予给它的功能。下面是一些你需要自问自答的问题：

● 这个脚本语言是仅用于 AI，还是用于整个游戏？

● 这个脚本语言是编译执行还是解释执行？

● 这个脚本语言是一个极高级的，类似英语语法的语言；还是一个低端的程序语言，包括函数、变量、条件逻辑等等？

● 所有的 gameplay 都会使用这个脚本语言吗？也就是说，程序员会做一些硬编码的游戏设计，还是整个游戏都用脚本运行？

● 你希望给予脚本编写者/游戏设计者什么级别的复杂度和能力？他们有访问系统和引擎变量的权限吗？

● 将要使用这个脚本语言的游戏设计者是什么级别的？他们是 HTML 编写者，初级程序员，还是专业的软件工程师？

在你开始设计这个脚本语言以前有很多种问题需要考虑。一旦你回答出所有这些问题，就是时候实现它并真正设计整个游戏了。

这是非常重要的一个阶段。如果你的游戏是由脚本语言完全控制的，最好这个脚本语言是开放式的、健壮可靠、可扩展并且很强大。例如，这个语言应该能对一架飞机建模，也能对一个攻击你的怪物建模！

无论如何，记住设计脚本语言的主旨是对引擎创建一个高屋建瓴的接口，以便不需要编写低端的 C/C++代码来控制游戏里的对象。用一个解释或者编译执行的类自然语言来描述游戏中的动作。如图 12-28 所示。

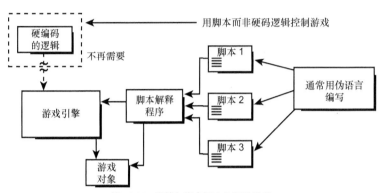

图 12-28　引擎与脚本语言之间的关系

例如，这是一段用一个虚构的脚本语言写的控制一盏街灯的脚本：

```
OBJECT: "Street Light", SL

VARIABLES:

    TIMER green_timer; // used to track time
// called when object of this type is created
ONCREATE()
BEGIN

// set animation to green
SL.ANIM = "GREEN"

END

// this is the main script
BEGINMAIN


// is anything near the streetlight
IF EVENT("near","Street Light") AND
   TIMER_STATE(green_timer) EQUAL OFF THEN
   BEGIN
   SL.ANIM = "RED"
   START_TIMER(green_timer,10)
   ENDIF

// has the timer expired yet
IF EVENT(green_timer,10) THEN
   BEGIN
   SL.ANIM = "GREEN"
   ENDIF

ENDMAIN
```

我一下子给出整块代码，所以里面可能有些问题，不过其中的要点是非常高端。关于设置动画，检查接近程度等等存在着许多处小细节，不过这种语言任何人都可以写一个交通信号灯程序。

代码以 ONCREATE() 启动并设置灯为绿灯，然后用 EVENT() 检测如果有任何东西接近就将灯转为红灯，过一段时间后再转回绿灯。这个语言看上去有点像 C、BASIC 和 Pascal 混和在一起的语言——呃！

这就是你需要设计和实现来控制游戏的那种语言——中立的，知道如何操作任何对象。例如，当你说 BLOWUP("whatever") 的时候，语言处理器最好知道怎样能对游戏中的任何对象有效。即使炸掉一个蓝色怪物的 C++ 调用可能是 TermBMs3()，而炸掉一堵墙的 C++ 调用可能是 PolyFractWallOneSide()，你只要说 BLOWUP("BLUE") 和 BLOWUP("wall")。明白了吗？

你可能在担心怎么样实现一个这样的脚本语言。的确不容易。你需要决定是想要一个解释的语言还是编译的——这个语言是直接编译成代码，还是由游戏引擎中的解释器解释，或是中间的某种？然后你需要写出这个语言、一个解析器、一个代码生成器和一个伪代码解释器，或者让代码生成器直接生成 PentiumX 机器代码或者翻译成 C/C++。这些都是编译器设计的问题，你现在全靠自己了，不过你已经写过一些小解释器了。

有一些工具可以帮助你，LEX 和 YACC，代表 Lexical Analyzer 和 Yet Another Compiler Compiler。这些是语言解析和定义工具，可以帮助你实现编译器或是解释器所需要的高级递归解析器和复杂的状态机。我有个窍门可以让你在最初不需要写一个太庞大复杂的语言编译器/解释器。听好！

12.8.2　使用 C/C++ 编译器

使用解释语言的好处是引擎自己能读且游戏不需要重编译。如果你不介意让你的游戏设计者编译（他们应该知道怎么做），可以用一个古老的窍门来创造一个粗略的游戏脚本语言：用 C/C++ 的预处理器来为你翻译脚本语言。只是头文件和 C/C++ 源代码而已，和编译器设计无关。

C/C++ 预处理器实在是个神奇的工具。它能让你执行符号参考、替换、比较、算术等等许多功能。如果你不介意使用 C/C++ 作为基础语言并对脚本进行编译，那么你编写脚本的主要工作是：灵活的设计、大量的文本替换、大量封装过的函数对象标志符和良好的面向对象设计等等。

当然了，在脚本之下是真正的 C/C++，不过你不需要告诉游戏设计者这个（如果有的话）。或者你可以强迫他们只使用伪语言而不使用真正的 C/C++ 的所有功能。

向你解释这个最好的方法是给出一个简单的例子（那是我惟一有时间做的）。首先，这个脚本语言需要编译，无论何时脚本引用的对象被创建它就会运行。你要写的脚本语言是基于 C 的，因此我不用在这里重复每件事情。但是我准备使用文本置换来对付很多新的关键字和数据类型。

一个脚本由下列部分组成：

全局段——是所有脚本使用的全局变量定义的地方。只有两种数据类型：REAL 和 INTEGER。REAL 存放类似 C 中 float 类型的数字，INTEGER 类似 C 中 int 类型。

函数段——这个部分由函数组成。所有函数都采用这种语法：

```
data_type FUNCNAME(data_type parm1, data_type parm2...)
BEGIN
// code
ENDFUNC
```

主段——程序中的 main 是开始执行的地方，并会在此处一直循环直至对象消亡：

```
BEGINMAIN
// code
ENDMAIN
```

至于变量赋值和比较，只有下列操作是有效的：

赋值	变量 = 表达式
相等比较	（表达式 EQUALS 表达式）
不等比较	（表达式 NOTEQUAL 表达式）

比较——大于、小于、大于等于和小于等于都用同样的 C 标准，即按照：

```
(expression > expression)
(expression < expression)
(expression >= expression)
(expression <= expression)
```

条件——条件陈述的格式和 C 一样，除了当条件为 TRUE 时执行的代码必须被包含在 BEGIN 和 ENDIF 之间。参考如下例子：

```
if (a EQUALS b)
   BEGIN
   // code
   ENDIF
else
   BEGIN
   // code
   ENDELSE
```

类似地，else 和 elseif 块也必须包含在 BEGIN ENDELSE 块中。

在这个语言中没有 switch 语句。而且只有一种循环，即 WHILE 循环：

```
WHILE(condition)
    BEGIN
    // code
    ENDWHILE
```

接下来，有一个 GOTO 关键字从代码中的某点跳到另一个。跳转必须用这样格式的名字标注：

```
LBL_NAME:
```

其中 NAME 可以是任何长度最大 16 个字符的字符串。例如：

```
LBL_DEAD:

if (a EQUALS b) BEGIN
GOTO LBL_DEAD;
ENDIF
```

现在你大概有些概念了。当然了，你可能要加上很多（甚至成百）个高层的帮助函数来执行对象测试。例如，对于有一个健康或生命状态的对象，你可以有一个叫 HEALTH() 的函数：

```
if (HEALTH("alien1") > 50)
   BEGIN
   // code
   ENDIF
```

而且，你还可以创建可以用文本串参数测试的事件：

```
if (EVENT("player dead")
   BEGIN
   // code here
   ENDIF
```

所有这些神奇是这样实现的：使用聪明的全局状态变量，并确保脚本能够访问到足够多的通用事件，以及系统状态变量（通过函数）和很多的文本置换（通过预处理器）。暂不考虑一些细节以简化事情，让我们看看迄今你需要什么来做文本置换。如图 12-29 所示，每一个编译过的脚本会首先经由 C/C++ 的预处理器处理。

这是你准备进行所有的文本置换并将你的小脚本语言转换回 C/C++ 的地方。要让它生效，你得告诉写脚本的人用 .SCR 后缀保存所有脚本文件，并且当文件被导入到你的主 C/C++ 文件进行编译时，应该首先确保包含了脚本翻译头文件。这是迄今为止你已有的脚本翻译器：

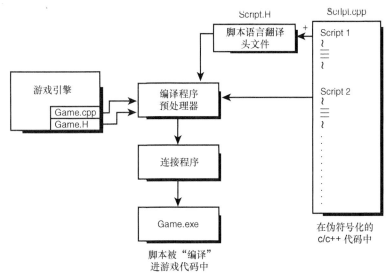

图 12-29　使用 C/C++预处理器作为脚本语言的解释器

```
SCRIPTTRANS.H

// variable translations
#define REAL static float
#define INTEGER static int

// comparisons
#define EQUALS   ==
#define NOTEQUAL !=
// block starts and ends
#define BEGIN {
#define END   }
#define BEGINMAIN {

#define ENDIF   }
#define ENDWHILE }
#define ENDELSE  }
#define ENDMAIN }

// looping
#define GOTO goto
```

然后你要在游戏代码中包含下面的内容：

```
#include "SCRIPTTRANS.H"
```

其后在合适的时候在游戏引擎中的某处包含实际的脚本文件。可以在开头包含，或甚至在某个函数的内部：

```
Main_Game_Loop()
{
#include "script1.scr"

// more code

} // end main game loop
```

这部分由你决定。关键在于写脚本的人写的代码必须编译，还必须能访问全局量、看见事件并能调用你开放出的函数集。例如，此处是一段发出一个事件的粗略脚本（数到 10 的时候发出事件，但我没有详细定义该事件）：

```
// the variables
INTEGER index;

index = 0;

// the main section
BEGINMAIN

LBL_START:

if (index EQUALS 10)
   BEGIN
   BLOWUP("self");
   ENDIF

if (index < 10)
   BEGIN
   index = index + 1;
   GOTO LBL_START;
   ENDIF

ENDMAIN
```

显然，你还需要定义 BLOWUP()，不过你已经有概念了。这段代码会被预处理器翻译为下列内容：

```
{
static int index;
index = 0;

LBL_START:

if (index == 10)
   {
   BLOWUP("self");
   }

if (index < 10)
   {
   index = index + 1;
   goto LBL_START;
   }
}
```

酷吧？没错，我又省略了很多细节，像变量名字冲突、访问全局量、调试、保证脚本没有陷入死循环等等诸如此类。然而，我认为你已经知道怎么使用编译器作为构建脚本语言的一个模块了。

提示

你可以告诉 Visual C++编译器用编译参数/P 输出预处理过后的 C/C++文件。

12.9 人工神经网络

神经网络是你总是不停听说却从来没有真正见识过的东西之一。不过，我可以告诉你事实上在过去的 3 至 5 年间，我们已经在人工神经网络的领域有了飞跃。倒也不是因为有什么突破，只是因为人们对神经网络感兴趣，一直在实验并使用。事实上，有不少游戏使用了相当高级的神经网络：如《Creatures》、《Dogz》、《Fin Fin》等等游戏。

神经网络是对人类大脑的模拟。大脑由 100 亿－1000 亿个脑细胞组成。每个都可以处理和传递信息。图 12-30 展示了一个人脑细胞或神经元（Neuron）的模型：

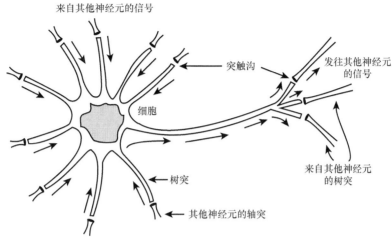

来自其他神经元的信号

突触沟

发往其他神经元的信号

细胞

来自其他神经元的树突

树突

其他神经元的轴突

图 12-30　一个基本的神经元

一个神经元有三个主要部分：细胞体（Soma）、轴突（Axon）和树突（Dendrites）。细胞体是细胞的主体，负责处理；而轴突传送信号给树突，然后树突再传递给其他神经元。

每个神经元都有个相当简单的功能：处理输入、激发还是不激发。激发意味着发出一个电子化学信号。神经元有很多输入，一个输出（可能是分布式的）及一些处理输入和产生成输出的规则。处理的规则极其复杂，不过可以说信号发生的总和以及这个总和的结果导致神经元激活。

嗯，很棒啊，不过你怎样才能用这个使游戏看上去在思考呢？嗯，或许你可以在开始的时候对简单记忆和模式识别建模，并学习某些计算机模型，而不是一上来就想解决像思想或意识那么大的问题。我们的大脑很善于处理这些任务，而计算机则很不在行。探索我们头脑中那台生物计算机，看看我们能否从中得到一些启示，这还是很迷人的。

这就是人工神经网络（或略写为神经网络）所做的。它们是能像大脑那样并行处理信息的简单模型。让我们看看最基本的人工神经元或叫做 neurode 的东西。

最初的人工神经网络是 1943 年由 McCulloch 和 Pitts——两个想模仿人脑制造电气部件的电气工程师创造的。他们创造了他们称为 neurode 的东西，如图 12-31 左边所示。今天术语 neurode 也没有怎么改变，如图 12-31 右边所示。

一个 neurode 包括许多输入，X(i)用权重来衡量，w(i)计算总和，然后由激活函数处理。激活函数可能只是简单的阈值判断，像在 McCulloch-Pitts (MP)模型中那样；或是有一个更复杂的步骤：线性或是指数函数。至于 MP 模型，总和会和一个阈值比较。如果总和大于阈值，neurode 就被激活。否则不会。从数学的角度，我们可以得到：

总和函数

$$Y = \sum_{i=1}^{n} X_i * W_i$$

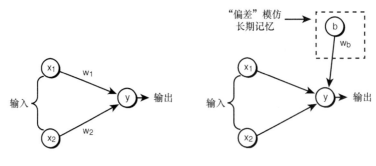

（a）MP 神经元模型　　　　　　　（b）更为现代的带偏差的神经元模式 1

图 12-31　基本的人工神经元

有偏倚（Bias）的通用函数

$$Y = B*b + \sum_{i=1}^{n} X_i * W_i$$

要知道一个基本的 neurode 怎么工作，假设你有两个输入，X_1 和 X_2，具有二进制值 0 和 1。将你的阈值设为 2，$w_1=1$，$w_2=1$。和函数为：

$$Y=X_1*W_1+X_2*W_2$$

将结果与阈值 2 比较。如果 Y 大于或是等于 2，neurode 激活并输出 1.0。表 12-3 是显示这个单 neurode 网络工作的真值表。

表 12-3　　　　　　　　　　　　　　单 Neurode 网络真值表

X1	X2	和 Y	最终输出
0	0	0	0
0	1	1	0
1	0	1	0
1	1	2	1

如果你研究这个表一段时间，就会意识到它是一个与电路。酷，不是吗？一个简单的小 neurode 就能执行一个 AND 操作。事实上，你可以用 neurode 建立任何你需要的逻辑电路。例如，图 12-32 展示了 AND、OR 和 XOR。

实际的神经网络当然要复杂的多。它们会有很多层、复杂的活化函数、成百上千的 neurodes。但现在至少你理解它们的基本构造了。神经网络给游戏带来了以前从来没有见过的新一层的竞争和 AI。很快游戏就能够决策和学习了！

这是很重要的广受关注的领域，但我得数着页数，因此没有时间来很好的讲述这方面的内容。不过，CD 上的 ARTICLES\NETWARE\目录下面有一篇关于神经网络的文章可以给你提供一些基础知识。它覆盖了所有不同种类的网络，介绍了学习算法，阐释了它们能做什么。你会找到所有的源代码，一个可执行文件，和分别以 MS Word .DOC 格式和 Adobe Acrobat .PDF 格式存放的文本。

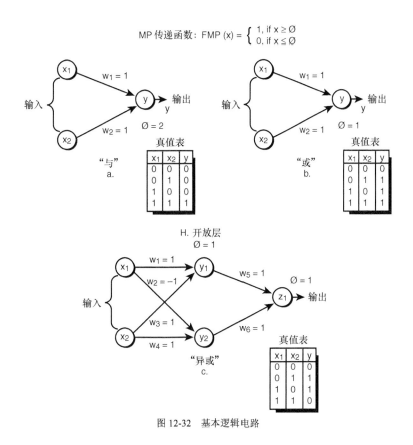

图 12-32　基本逻辑电路

12.10　遗传算法

遗传算法（*Genetic Algorithm*）是一种依赖于生物学模型和进化方案的计算方法（Dr. Koza，你要是读到这个的话，千万不要因为我松散的定义而发作心脏病啊）。大自然善于进化，遗传算法试图捕捉到自然选择和计算机遗传进化模型的一些本质，来帮助解决用常规的计算方法不能解决的问题。

基本上，遗传算法是这样工作的：获取一些信息指示符，将它们一起排进一个位向量，就像一个 DNA 序列，如图 12-33 所示。

这个位向量表示一个算法或是解决方案的策略或是编码。开始时你需要几个这样的位向量。然后你用适切性（Fitness）估价函数处理位串及其表示的内容。结果是它的分数。该位向量其实是一些控制变量或是算法的设置的串联，基于直觉或先验知识（如果有的话）你会自己提出一些实验值集合来开始。然后运行每个集合，得到各自的分数。你可能发现在你手工创建的五个之中，有两个很好而另外三个很糟。这就是遗传算法的作用所在。

你可以从那里扭转结果序列，确保你在正确的轨道上，或让遗传算法完成这个。将两个结果序列或是控制向量混和起来来创造两个新的产物，如图 12-34 所示。

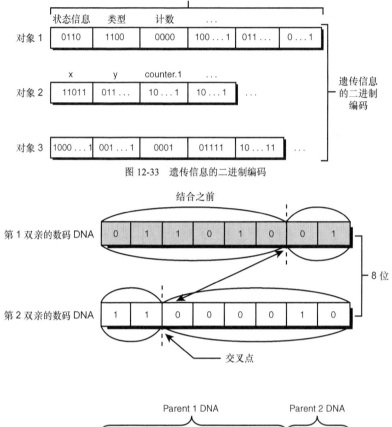

图 12-33　遗传信息的二进制编码

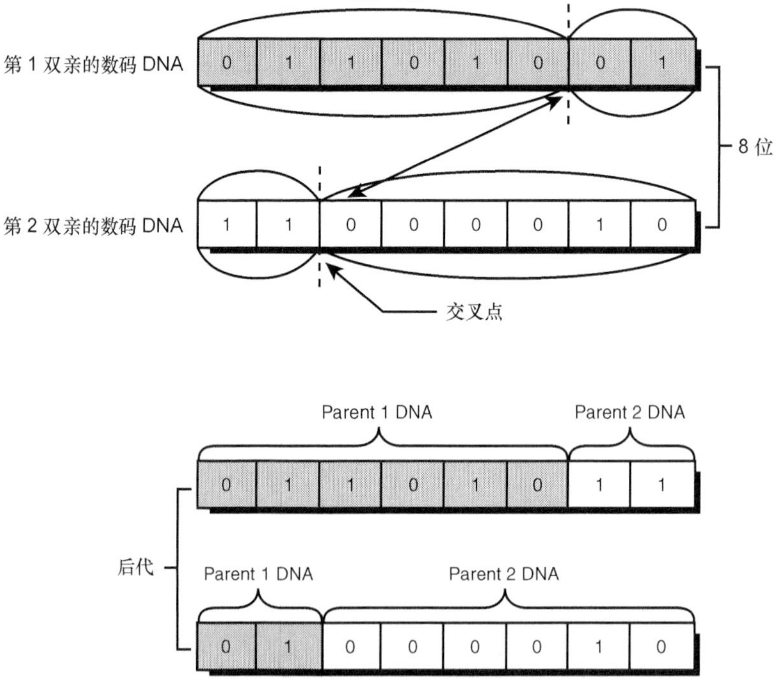

图 12-34　数字化性别

要加入一点不确定性，在杂交过程中你时不时反转一个位以模拟突变。比比你得到的新结果序列，和上一代的最好结果，看看分数有什么变化。从这一代中选出最好的结果再比一次。这就是遗传进化的过程。神奇的是，最好的可能结果会慢慢的进化，最终会得到一些你根本想象不出来的东西。

遗传算法的关键是它尝试新思想（模式），而且在一个正常条件下不可能逐个搜索处理的巨大空间内搜索。由于突变，即完全随机的进化事件，算法可能会也可能不会导致更好的适应性。

那么怎么在游戏中运用呢？有无数种方法，不过我只准备告诉你一种来开始尝试。你可以用 AI 的概率设置作为数字 DNA 的遗传起源，然后选取游戏中存活最久的生物来合并发展它们的可能性，于是给予后代最好的特性。当然了，你只需要在孵化一个新生物的时候这么做，不过你已经有了概念了。

12.11　模糊逻辑

模糊逻辑（Fuzzy Logic）是我要谈的最后一个技术，也许也是最有趣的之一。它与模糊集合论（Fuzzy Set Theory）有关。或者说，模糊逻辑是一种对其集合元素可能是半包含关系的数据集合进行分析的方法。很多人熟悉明确逻辑（Crisp Logic），即要么完全包含要么完全不包含的逻辑。比如，如果我创建集合孩子和成人，我会落入成人范畴，而我三岁的外甥会落入孩子范畴。这就是明确逻辑。

模糊逻辑恰恰相反，允许对象包含在集合中，即使没有完全包含。比如，我可以说我 10%在孩子集合而 100%在成人集合。类似的，我的外甥可能 2%在成人集合而 100%在孩子集合。这些是模糊的数值。你也许会注意到它们加起来不必等于 100%，可以多些也可以少些，因为它们不代表可能性，而意味在不同的类别里的包含度。但是，一个事件或状态在不同类别的所有可能性累加依然是 100%。

模糊逻辑很酷的地方，是允许你基于模糊的或通常正确但可能有错的数据作出决定。在明确逻辑系统中你无法做到这一点：如果你漏掉了一个变量或输入，系统不会工作。但是一个模糊逻辑系统在缺少变量的情况下依然可以发挥功能，就如同人的大脑一般。我的意思是，每天你要做出多少你感觉模糊的决定？你没有掌握所有事实，但仍然可以对所做决定相当自信。

这仅是对模糊逻辑的简单介绍。在决策制定、行为选择和输入输出过滤方面，它对于 AI 的应用是显见的。意识到这些，我们来看模糊逻辑实现和使用的多种方式。

12.11.1　普通集合论

一个普通集合就是一些对象的总和。要写出一个集合，用一个大写字母代表它，然后将集合中的元素写在花括号中，用逗号隔开。集合可以包括任何东西：名字、数字、颜色、随便什么。图 12-35 是一些普通集合。

比如，集合 A = {3,4,5,20}，集合 B = {1,3,9}。你可以在这些集合上进行很多操作：

属于(∈)—— 当谈到集合，你可能想知道一个对象是否包含在此集合中。这叫做集合的包含。因此，如果你写 "3∈A" 或者 "3 是 A 的元素"，这是真的。但"2∈B"非真。

并(∪)—— 这个操作符把两个集合中的所有元素加到一个新的集合中。如果一个元素同时包含在两个集合中，它只被添加到新集合一次。作为结果，A∪B = {1,3,4,5,9,20}。

交(∩)—— 这个操作符只取两个集合共有的元素组成集合。因此，A∩B = {3}。

子集(⊂)—— 有时您想知道一个集合是否完全包含在另一集合中。因此，{1,3}⊂B，读作 "集合 {1,3} 是 B 的子集"。但是，A⊄B，读作"A 不是 B 的子集"。

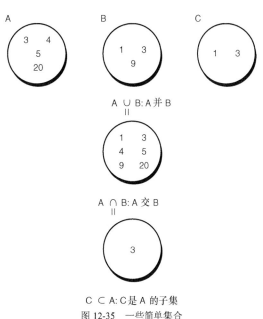

图 12-35　一些简单集合

注意

通常反斜线（/）或单引号（'）意为 NOT、或取补、取反等等。

好了，给你准备的一点儿集合论。毫不复杂，除了一些术语和符号。每个人每天都在和集合理论打交道；只不过他们没意识到而已。我希望你从这个部分学到的是普通集合是严格的。或者是水果或者不是。5 或者在这个集合里或者不在。而模糊集合论就不是这样。

12.11.2　模糊集合理论

严格说来，计算机只是机器而已，尽管我们频繁地使用它来解决非精确的或模糊的问题——至少我们努力在这样做。在 20 世纪 70 年代时，计算机科学家开始在软件编程和问题解决中应用一种数学技巧，叫做模糊逻辑或者非确定逻辑。我们这里谈的模糊逻辑实际是模糊集合论的应用及其属性。让我们看看上面提到的普通集合论要素的模糊集合论版本。

利用模糊逻辑理论，你不必过于关注集合中的对象。对象是在集合中，但你关注的是特定对象属于某个集合的程度。举个例子，我们创建一个称为 Computer Special FX 的模糊类。然后挑几部你喜爱的电影（至少，这几部是我喜欢的），并估计其适合该模糊类的程度。如表 12-4 所示。

表 12-4　　　　电脑特效成员关系度（Degree of Membership，DOM）

电影名称	类内成员关系度
Antz《小蚁雄兵》	100%
Forrest Gump《阿甘正传》	20%
The Terminator《终结者》	75%
Aliens《异型》	50%
The Matrix《黑客帝国》	90%

你看到所有这些百分比有多含糊了么？尽管《黑客帝国》包括一些顶尖的电脑特效，然而整部《小蚁雄兵》都是由电脑生成的，所以我必须保持公平。但是，你百分之百同意这些百分比么？《小蚁雄兵》全部是电脑制作生成的，长达 1 小时 20 分钟，而《阿甘正传》仅有 5 分钟的电脑增强画面效果。给《阿甘正传》20% 的百分比公正么？我不知道。这就是为什么我们用到模糊逻辑。

无论如何，你将把每一个模糊成员度写成一个有序对，形如"{包含元素，成员关系度}"。因此，对上面这个电影的例子，你会写成"{ANTZ, 1.00}, {Forrest Gump, 0.20}, {Terminator, 0.75}, {Aliens, 0.50}, {The Matrix, 0.9}"。最后，如果你有一个模糊类 Rainy（下雨），你怎么把今天的天气包含进去？在我居住的地方，它是"{today, 1.00}"！

现在你可以加进来更多一点儿抽象并创建一个完全模糊集合。在大多数情况下，这将会是一个特定类内对象集的 DOM（Degree of Membership，成员关系度）的有序聚合。例如，在 Computer Special FX 类中，你有由成员关系度组成的集合：A = {1.0, 0.20, 0.75, 0.50, 0.90}。每部电影对应一个元素，而变量各自代表在表 12-4 中列出的每部电影的 DOM。所以顺序是不能打乱的！

现在假定你有另外一个电影集合，有它自己的成员关系度集合 B = {0.2, 0.45, 0.5, 0.9, 0.15}。让我们应用一些学到的集合运算试看。在进行操作之前，请注意有个要点：因为我们谈的是表示成员关系度的模糊集合，或者某个对象集合的合适性向量，许多集合操作要求这些集合必须有相同数量的对象。当你看到下面的模糊集合操作符做了什么时，这点就一目了然了。

模糊并(∪)—— 两个模糊集合的并集是两个集合中相应元素对取最大值（MAX）组成的集合。举例如下，设有如下模糊集合：

    A={1.0, 0.20, 0.75, 0.50, 0.90}
    B={0.2, 0.45, 0.5, 0.9, 0.15}

结果模糊集合会是每对的最大值：

    A ⋃ B = {MAX(1.0,0.2), MAX(0.20,0.45),
                  MAX(0.75,0.5), MAX(0.90,0.15)} = {1.0,0.45,0.75, 0.90}

模糊交（⋂）—两个模糊集合的交集是两个集合中相应元素对取最小值（MIN）组成的集合。举例如下，设有如下模糊集合：

    A={1.0, 0.20, 0.75, 0.50, 0.90}
    B={0.2, 0.45, 0.5, 0.9, 0.15}
    A ⋂ B = {MIN(1.0,0.2), MIN(0.20,0.45),
                   MIN(0.75,0.5), MIN(0.90,0.15)} = {0.2,0.20,0.5, 0.15}

对于模糊集合，子集和元素不像对于标准集合那么有意义，所以我把它们跳过。但是，一个模糊数值或集合的补（Complement）是我们感兴趣的。一个成员关系度为 x 的模糊变量，它的补是 *1-x*，所以集合 A 的补集（写成 A'）*计算得：*

    A = {1.0, 0.20, 0.75, 0.50, 0.90}

因此：

    A' = {1.0 - 1.0, 1.0 - 0.20, 1.0 - 0.75, 1.0 - 0.50, 1.0 - 0.90}
       = {0.0, 0.8, 0.25, 0.5, 0.1}

我知道集合写到这个份上真是要命，不过还是请坚持一下。

12.11.3　模糊语言变量及其规则

那好，既然你已经知道如何表示模糊变量和集合，让我们看看如何在游戏 AI 中应用它们。你将创建一个用到了模糊规则的 AI 引擎，把模糊逻辑应用在输入上，并将模糊或明确的输出发到受控的游戏对象身上。如图 12-36 所示。

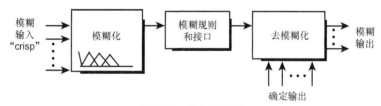

图 12-36　模糊 I/O 系统

当你把普通的条件逻辑放在一起时，你形成了许多语句或者一棵具有如下形式的陈述树：

if X AND Y then Z

或

if X OR Y then Z

X 和 Y 变量被称为前件（Antecedents），Z 被称为后件（Consequence）。但模糊逻辑中 X 和 Y 是模糊语言变量（rule Linguistic Variables，FLV）。此外 Z 也可以是一个 FLV 或者明确的值。这种形式的模糊命题被称为规则，最终它们通过一些步骤求值。你不必像下面这样对它们求值：

if EXPLOSION AND DAMAGE then RUN

如果 EXPLOSION 是 TRUE 而 DAMAGE 也是 TRUE，则执行 RUN。使用模糊逻辑后，规则只是最后解的一部分。模糊化（*Fuzzification*）和去模糊化（*Defuzzification*）被用来获得最后结果。

FLV 代表与一定范围有关的模糊概念。比方说你想弄清楚玩家和另一个具有 3 个不同的模糊语言变量（基本上就是名字）的 AI 对象之间的距离。如图 12-37 所示。它展示了一个模糊流形（Fuzzy Manifold）或称作表面，由三个不同的三角形区域组成，各自标记如下：

NEAR	范围域（0～300）
CLOSE	范围域（250～700）
FAR	范围域（500～1000）

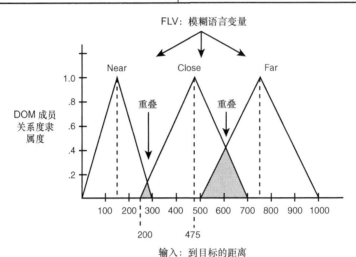

图 12-37　由范围 FLV 构成的一个模糊流形

输入变量显示在 x-轴上，取值范围为 0～1000，这被称为域。模糊流形的输出是 y-轴，取值范围为 0.0～1.0。对任何输入数值 x_i（在这个例子里对玩家意味区域），你这样计算成员关系度（DOM），如图 12-38 所示，垂直划线，然后计算每个模糊语言变量三角区域交叉处的 Y 值。

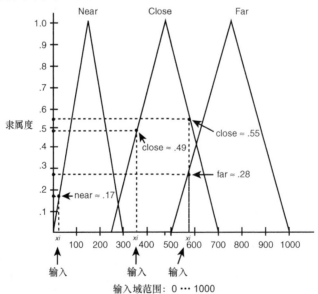

图 12-38　在一个或多个 FLV 中计算域值的成员关系度

模糊表面上的每个三角代表一个模糊语言变量（NEAR, CLOSE, FAR）影响的面积。此外，这些区域有一点重叠——通常是 10%～50%。这是因为当 NEAR 变成 CLOSE 和 CLOSE 变成 FAR 时，你并不想让值突然折变。应该有一些重叠构成这种情形的模糊。这才是模糊逻辑的想法。

注意

在前面 FSM 的例子里（参见本章 12.3.2 节），你已经看到了用于选择状态的类似的技巧。目标的状态被检查，迫使 FSM 转换状态，但在 FSM 的例子里你用的是明确的值，没用到覆盖或模糊计算。使用确定的 FSM AI，从 EVADE 状态转化到 ATTACK 或其他状态有确切的范围。但用了模糊逻辑，就会有点含糊了。

让我们回顾一下。我们有基于从游戏引擎和环境等等方面收到的模糊输入的规则。这些规则看起来可能和普通的条件逻辑语句没两样，但它们必须使用模糊逻辑计算，因为它们其实是用不同的成员关系度对输入进行分类的 FLV。

此外，模糊逻辑处理的最终结果可能转变成离散并明确的值，例如"fire phasers"、"跑"、"静静地站着"，或者转化成一个连续的值，比如从 0～100 之间的级别。或者你可以把它模糊地留给另一阶段的模糊处理。

12.11.4 模糊流形与成员关系

好多概念一下子全来了，所以好好听着。现在你知道你的模糊逻辑 AI 系统里面会有很多输入。这些输入将分类成为一个或多个（通常是多个）模糊语言变量 FLV（代表一些模糊范围），然后你将对每个 FLV 范围内的每个输入计算成员关系度。一般而言，给定范围输入 x_i，模糊语言变量 NEAR, CLOSE 和 FAR 的成员关系度究竟分别是多少呢？

迄今为止，模糊语言变量还都是由对称三角形定义的区域。但是其实你也可以用非对称的三角形、梯形、S 形曲线函数或其他的方式来定义。如图 12-39 所示的其他可能的 FLV 几何形。

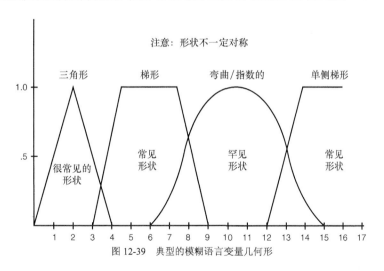

图 12-39　典型的模糊语言变量几何形

多数情况下，对称三角形（关于 x-轴对称）就能够很好地工作了。不过如果你需要一个范围总是 1.0 的 FLV，你可以选择梯形。无论如何，要为特定 FLV 内的任何输入 x_i 计算成员关系度（DOM），先取输入数值 x_i，然后垂直投影，看与代表 FLV 的三角形在哪里与 y-轴交叉。这就是 DOM。

很容易用软件计算这个值。我们假定你为每个 FLV 使用一个三角形的流形，它的左右起点分别是

min_range, max_range，如图 12-40 所示。

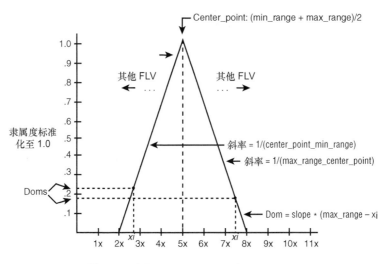

图 12-40　具体计算 FLV 的 DOM

可以用下面的算法计算任何给定输入 x_i 的 DOM：

```
// first test if the input is in range
if (xi >= min_range && xi <= max_range)
   {
   // compute intersection with left edge or right
   // always assume height of triangle is 1.0

   float center_point = (max_range + min_range)/2;

   // compare xi to center
   if (xi <= center_point)
      {
      // compute intersection on left edge
      // dy/dx = 1.0/(center - left)
      slope = 1.0/(center_point - min_range);

      degree_of_membership = (xi - min_range) * slope;
      } // end if
   else
      {
      // compute intersection on right edge
      // dy/dx = 1.0/(center - right)
      slope = 1.0/(center_point - max_range);

      degree_of_membership = (xi - max_range) * slope;

      }// end else

   }// end if
else // not in range
   degree_of_membership = 0.0;
```

当然，这个函数还可以被好好优化，但我想让你看到这是如何进行的。如果你改为用一个梯形，可能需要计算三个交叉范围：左边、上底和右边。

多数情况下，你应该至少使用三个模糊语言变量。如果超过三个，尽量保持数量为奇数，这样有一个变量会在中间。否则在模糊空间的中心可能会有一个槽（*Trough*）或洞（Hole）。

无论如何，让我们通过一些例子计算前面模糊流形的成员关系度，如图 12-37 所示。基本上对任何输入，垂直投影一条线，找出它与模糊流形中各个 FLV 的交叉点。这条线可能与不止一个 FLV 相交，这是个需要解决的问题。但首先让我们得出一些 DOM。

假定你有如图 12-41 所示的输入范围 x_i = { 50,75,250,450, 550,800}。

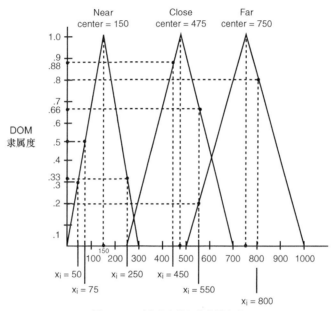

图 12-41　对应几个输入的范围流形

这个例子里，每个 FLV——不论是 NEAR，CLOSE 还是 FAR，它们的成员关系度可以通过算法或读图计算。见表 12-5。

表 12-5　　　　　　　　　　　　范围流形的成员关系度计算

DOM 输入 "到目标的距离" x_i	NEAR	CLOSE	FAR
50	0.33	0.0	0.0
75	0.5	0.0	0.0
250	0.33	0.0	0.0
450	0.0	0.88	0.0
550	0.0	0.66	0.20
800	0.0	0.0	0.80

研究这些数值，这里有很多有趣的属性。首先，注意对于任何输入 x_i，成员关系结果相加不等于 1.0。

记住这些是成员关系度而不是概率，所以没有问题。

其次，有一些 x_i 的 DOM 落在一个或两个不同的模糊变量里。甚至可能发生一个输入同时落在三个区域中的情况（如果我把三角形定的足够大）。选择每个三角形大小的过程称为调整（Tuning），有时你可能要重复调整多次才能得到期望的结果。我尽量挑了一些适用于这些例子的范围，但实际情况下你可能需要三个以上的 FLV。端点也不会总是那么巧，恰好都是 50 的倍数。

CD 中 DEMO12_9.CPP|EXE 是一个为一些输入和 FLV 创建模糊流形的例子。它允许你创建许多模糊元变量——或者说，许多输入域的分类。然后你可以输入数字，它返回给你对应每个输入的成员关系度。这是一个控制台应用程序，所以应恰当地编译它。每次为成员关系打印出的数据大小被规格化到 1.0。这一点是通过用 DOM 去除该类中 DOM 的总和来做到的。

到此为止，你知道了如何为一个包括多个范围的输入 x_i（每个范围用一个模糊语言变量表示）创建模糊流形。然后你可在范围内选择一个输入，对流形中的每个 FLV 计算出成员度，最后给这个输入得出一个数字集合。这就叫做模糊化（Fuzzifaction）。

当你需要模糊化两个或更多的变量，且用 if 规则把它们连结起来察看结果时，模糊逻辑的真正力量才体现出来了。为完成这一步，首先你必须给出另一个模糊化的输入，比方说需要移动的 AI 机器人的能量级别。图 12-42 显示了对应能量级别输入的模糊流形。

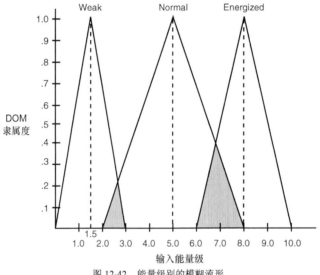

图 12-42　能量级别的模糊流形

模糊语言变量如下所示：

WEAK	域范围(0.0～3.0)
NORMAL	域范围(2.0～8.0)
ENERGIZED	域范围(6.0～10.0)

注意这个模糊变量域是 0～10.0，而不是像玩家变量那样从 0 到 1000。这完全是可接受的。你可以加入超过三个的 FLV，但三个使这个问题显得对称。为了处理这两个模糊变量，你需要构建一个规则库，然后创建一个模糊关联矩阵，下面我们就谈这方面的内容。

12.11.5　模糊关联矩阵

FAM（*Fuzzy Associative Matrice*，模糊关联矩阵）用于从两个以上的输入和一个给定的规则库中推导出一个结果，以一个模糊或清楚的数值作为输出。图 12-43 图示了这个概念：

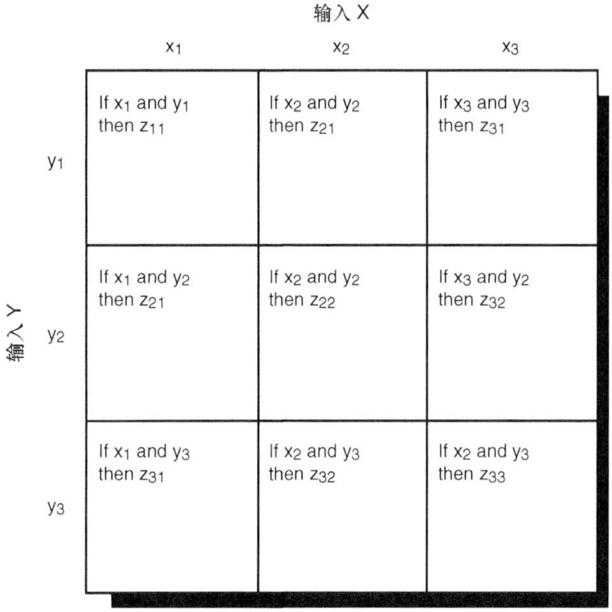

图 12-43　使用模糊关联矩阵

多数情况下，FAM 仅处理两个模糊变量，因为这样可以被放在一个 2 维矩阵中；每个轴一个变量。矩阵中的每个项是逻辑命题"if Xi AND Yi then Zi,"，这里 X_i 是 x 轴上的模糊语言变量，Y_i 是 y 轴上的模糊语言变量，Z_i 是输出——可以是模糊变量或确定的值。

要想建立 FAM，你需要知道将要放在矩阵某项里的规则和输出。换句话说，你需要创建一个规则库，并决定一个或明确或线性的输出变量。一个明确输出可以是{"ATTACK", "WANDER", "SEARCH"}，而一个线性输出可能是一个 0～10 之间的推力级别。获得任何一个都一样；两种情况下，你不得不去模糊化 FAM 的输出从而找到输出。

你即将看到两个例子，一个是选择一个类的确定的单一输出，另一个则输出某个范围内的一个值。绝大部分初始化过程都是一样的。首先，我们看计算一个范围作为输出的例子：

1. 选择你的输入，定义 FLV，并构建你的流形。

模糊系统的输入将是玩家的范围和 AI 控制的 bot 的能量级别。

输入玩家的 X 范围。

输入自己的 Y 能量级别。

如图 12-37 和 12-42 所示，这些是你要用的模糊流形。

2. 为输入创建一个规则库，将输入与一个输出相连系。

规则库只是形如"if X AND Y then Z" 或"if X OR Y then z."的逻辑命题的集合。这与计算 FAM 输出时不同。当涉及模糊集合理论时，逻辑 AND 意味着取"集合中的极小值"，而逻辑 OR 意味着取"集合中的极大值"。暂时我们都用 AND，但我后面会解释如何用 OR。

一般而言，如果你有两个模糊输入而且对于每个输入有 m 个 FLV，模糊关联矩阵将会是 m×m 维的。因为每个元素代表一个逻辑命题，这意味着你需要 9 个规则（3×3＝9）来定义所有可能的逻辑组合以及每个组合的输出。

但这不是必需的。如果你只有 4 个规则，可在 FAM 里将其他输出设为 0.0。不过，我会使用所有 9 个规则，使我们的例子更可靠。至于输出，我将用模糊输出来表示推力级别，也就是说我将创建一个由下列模糊类别（FLVs）组成的模糊变量。

OFF	域范围（0～2）
ON HALF	域范围（1～8）
ON FULL	域范围（6～10）

对应这些 FLVs 的模糊流形如图 12-44 所示。

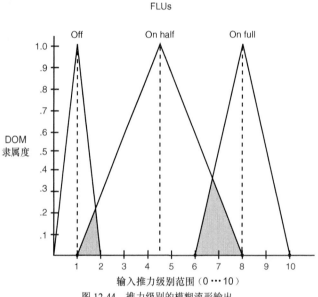

图 12-44　推力级别的模糊流形输出

注意输出可能有更多类别，但我决定挑三个。下面是我随意挑选的规则：

输入 1：到玩家的距离。

NEAR
CLOSE
FAR

输入 2：自己的能量级别。

WEAK
NORMAL
ENERGIZED

输出：内置巡航推力级别（速度）。

OFF
ON HALF
ON FULL

规则：某种组合（我是个医生，可不是魔法师）。

```
if NEAR AND WEAK then ON HALF
if NEAR AND NORMAL then ON HALF
if NEAR AND ENERGIZED then ON FULL

if CLOSE AND WEAK then OFF
if CLOSE AND NORMAL then ON HALF
if CLOSE AND ENERGIZED then ON HALF

if FAR AND WEAK then OFF
if FAR AND NORMAL then ON FULL
if FAR AND ENERGIZED then ON FULL
```

这些规则本质上是启发式的，传授从“专家”处得来的关于 AI 在这些条件下应如何工作的知识。尽管这些规则可能看上去有些彼此矛盾，我还是前后花了大约两分钟才想出它们。说正经的，既然你有这些规则，最后你可以完全填出模糊关联矩阵，如图 12-45 所示。

输入 1= 到玩家的距离

输入 2= 自身能量等级	Near	Close	Far
Weak	And On half	And Off	And Off
Normal	And On half	And On half	And On full
Energized	And On full	And On half	And On full

图 12-45　完成了所有规则的 FAM

12.11.6　用模糊化的输入处理 FAM

- 做如下操作以使用 FAM:

对于每个模糊变量得到明确输入，并通过计算每个 FLV 的 DOM 来将其模糊化。打个比方，让我们假设有如下的输入：

- 输入 1：到玩家的距离＝275
- 输入 2：能量级别＝6.5
- 要模糊化这些输入，把它们输入到两个模糊流形中。然后为每个输入的每个模糊变量计算成员关系度。如图 12-46 所示。

对于输入 1 = 275，每个 FLV 的成员关系度如下：

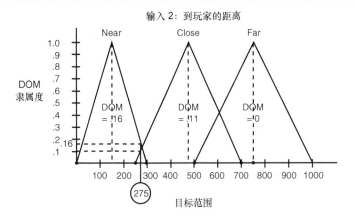

图 12-46　部分输入插进了模糊变量中

NEAR	0.16
CLOSE	0.11
FAR	0.0

对于输入 2 = 6.5，每个 FLV 的成员关系度如下：

WEAK	0.0
NORMAL	0.5
ENERGIZED	0.25

现在，参考模糊关联矩阵并测试每格里的规则，来查看规则的输出是怎样基于前面的模糊数值的？当然很多 FAM 格子会是 0.0，因为 FLV 中的两个（每个输入取一个）是 0.0。不管怎样，如图 12-47 所示，它描绘了你的 FAM，画有阴影的格子表示非 0 输出。

这里是一个需要技巧的部分。FAM 里的每个格子代表一个规则。比如，左上角的格子代表：

`if NEAR AND WEAK then ON HALF`

要对这个规则求值，取前驱并用代表逻辑 AND 的 MIN() 规则测试它们。这个例子里，你得到 NEAR = 0.16 和 WEAK = 0.0，因此：

`if (0.16) AND (0.0) then on HALF`

输入 2=275

	Near = .16	Close = .11	Far = 0
Weak = 0	0 and .16 = 0 0 ^ .16 = 0 min (0, .16) = 0 Output: On half Value: 0	0 and .11 = 0 0 ^ .11 = 0 min (0, .11) = 0 Output: Off Value: 0	0 and 0 = 0 0 ^ 0 = 0 min (0, 0) = 0 Output: Off Value: 0
Normal = .5	.5 and .16 = .16 .5 ^ .16 = .16 min (.5, .16) = .16 Output: *On half Value: .16	.5 and .11 = .11 .5 ^ .11 = .11 min (.5, .11) = .11 Output: *On half Value: .11	.5 and 0 = 0 .5 ^ 0 = 0 min (.5, 0) = 0 Output: On full Value: 0
Energized = .25	.25 and .16 = .16 .25 ^ .16 = .16 min (.25, .16) = .16 Output: *On full Value: .16	.25 and .11 = .11 .25 ^ .11 = .11 min (.25, .11) = .11 Output: *On half Value: .11	.25 and 0 = 0 .25 ^ 0 = 0 min (.25, 0) = 0 Output: On full Value: 0

（纵向标注）输入 2=6.5

*—表示该条规则激活 S。

图 12-47 模糊关联矩阵显示活动单元及其值

用 MIN()函数计算就是：

(0.16) _ (0.0) = (0.0)

这样，这个规则根本不会触发。相反，让我们看看规则

if CLOSE AND ENERGIZED then ON HALF

这表示

if (0.11) AND (0.25) then ON HALF

用 MIN()函数计算就是：

(0.11) _ (0.25) = (0.11)

啊哈！规则 ON HALF 在级别 0.11 上被触发，所以你把这个值放在与规则 ON HALF 关联的 FAM 中，位置是 CLOSE 和 ENERGIZED 交叉的地方。在整个矩阵范围内继续这个过程直到你找到了全部 9 项为止。如图 12-47 所示。

到这儿为止，你终于准备好可以模糊化 FAM 了。有多种方法可采取。基本上，你需要一个表示推力级别（0.0～10.0）的最终明确值。计算方法主要有两个：你可以用析取（Disjunction）或 MAX()方法找到数值，或者用基于模糊质心（Fuzzy Centroid）的平均方法。我们先看 MAX()方法。

方法 1：MAX 方法

观察 FAM 数据，你有如下的模糊输出：

OFF	(0.0)
ON HALF	{0.16, 0.11, 0.16}，使用其总和，即 0.43
ON FULL	(0.16)

注意规则 ON HALF 在三个不同的输出里触发，所以你得决定你要用结果干什么。是否应该把它们相加求和、求平均或取极大值？这还是由你自己决定。以求和为例：0.16+0.11+0.16 = 0.43。

这仍然是模糊的，但看一下数据，看起来 ON HALF 有最强的成员关系。所以采用这个方法是合理的：

```
output = MAX(OFF, ON HALF, ON FULL)
       = MAX(0.0, 0.43, 0.16) = 0.43
```

用析取操作符 v：

(0.0)v(0.43)v(0.16)=(0.43)

就是它。用 0.43 乘上输出比例，便得出答案：

```
(0.43) * (10) = (4.3)
将推力设为(4.3).
```

这个办法惟一的问题是，尽管你取的变量有最高的成员关系，在模糊空间中的总影响范围却很小。比如，40% NORMAL 绝对比 50% WEAK 更强。明白我的意思么？最好在输出的模糊流形里为（OFF, ON HALF, ON FULL）进行一些插值，然后计算整体的质心，并用作最后的输出。

方法 2：模糊质心方法

要找到模糊质心，取输出里每个 FLV 的模糊值：

OFF	(0.0)
ON HALF	(0.14) {平均数}
ON FULL	(0.16)

把它们插到 FLV 图表的 y 轴上，填充它们围起来的面积。如图 12-48 所示。

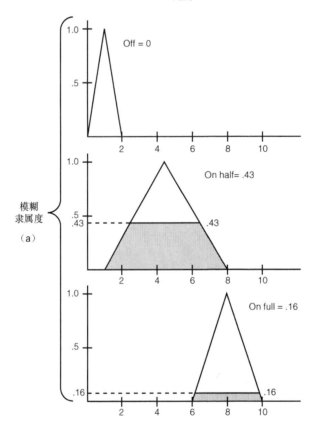

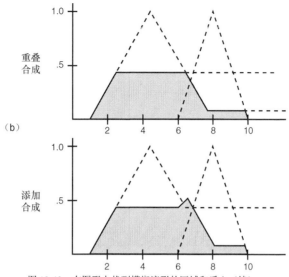

图 12-48 在图形上找到模糊流形的区域和质心（续）

把面积相加，找到形成的总阴影区域的质心。如你所见，有两种相加方法：重叠和叠加。重叠会丢失一些信息，但有时比较容易。叠加方法更精确。

每种方法的质心被算出，如图 12-48 所示。非常好，但计算机不是一片薄薄的纸片。怎么计算质心呢？

为了计算质心，需要进行一次数值积分（这是个微积分术语）。所有这些意味着，为了找到这个模糊区域对象面积的中心，你需要把所有对象及其贡献先累加再用整个区域的面积去除：

$$\frac{\sum\limits_{i}^{Domain} d_i * dom_i}{\sum\limits_{i}^{Domain} dom_i}$$

d_i 是域的输入值，dom_i 是该值的成员关系度。举个实际的例子就很容易解释这些。在这个例子里，输出域为 0.0～10.0。这代表推力级别。

你需要一个循环变量 d_i 从 0 循环到 10。在每次循环中，你会在图 12-49 所示的合并而成的几何形中计算这个特定 d_i 的成员关系度。

因为每个三角形有一个确定的高度，但现在被初始值切断，你必须用梯形而不是三角形计算成员关系度（但这算不上太糟）。

OFF	(0.0)
ON HALF	(0.14)
ON FULL	(0.16)

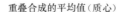
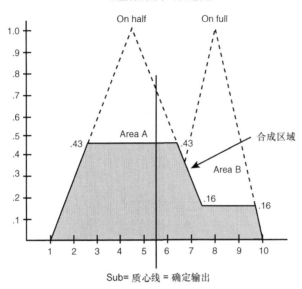

重叠合成的平均值（质心）

Sub= 质心线 = 确定输出

Area A = Area B

图 12-49　从模糊质心计算出最终的明确输出

伪代码如下：

```
sum       = 0.0;
total_area = 0.0;

for (int di = 0; di<=10; di++)
    {
    // compute next degree of membership and add to
    // total area
    total_area = total_area + degree_of_membersip(di);

    // add next contribution of the shape at position di
    sum = sum + di * degree_of_membersip(di);

    } // end for

// finally compute centroid
centroid = sum/total_area;
```

　　需要记住的是，函数 degree_of_membership()接受一般值（0..10）作为输入，然后把它们插入到合并后作为输出的模糊流形中。该流形是将下面的模糊值插到输出变量，并确定每个变量的影响区域而得出的。

OFF	(0.0)
ON HALF	(0.14)
ON FULL	(0.16)

　　如你所见，用 MAX()方法较为简单，而且通常它和质心方法的效果一样好。

　　至于如何为最终输出计算一个明确值而不是线性值，这很简单。只要用 MAX()和鸽笼原理处理输出。或者你可以选输出域为 0,1,2,3,4，这样就恰好会有五个明确的输出命令。这只是与范围有关。

12.11.7　暖融融

是时候总结一下模糊逻辑了。模糊逻辑的想法很简单。关键在于实现细节。虽然我们现在没有演示程序，但在互联网上能找到许多。并且已有很多商业化的模糊逻辑实验性程序。它们比起我用 20 分钟写的要好得多，而我只剩下这么点时间就得写完这章！

12.12　为游戏创造真正的 AI

游戏中用到的人工智能技巧都在这儿了。我给出了一些技巧，帮你起步。但你可能还无法完全确定设计新的模型时该用到哪些技巧，以及如何混合使用不同技巧。这里列出一些基本的原则：

● 行为简单的对象，比如石头、导弹等等，用简单的确定性 AI。

● 对于聪明的、但属于环境的一部分而非主要角色的对象（比如飞来飞去的鸟或者只出现一次的飞船），用确定性 AI，辅以模式和一点儿随机性。

● 对于重要的游戏角色，与玩家有交互，你绝对需要用到有限状态自动机，辅以其他支持技巧。但是，有些角色不需要像其他的那么聪明，比如基本角色的有限状态自动机，它们不需要针对个性的概率分布和学习记忆。

● 最后，游戏的主要角色应该非常聪明。你要把所有东西结合在一起。AI 应该是状态驱动的，具备条件逻辑、可能性和控制状态转换的记忆。此外，如果条件说明状态转换是必要的话（即使前一状态尚未完成），AI 仍应能切换到另一状态。

你不必在随机移动的岩石上大费周章，但对于和玩家作战的坦克，你确该如此。我喜欢的模型是使用条件和概率去选择状态的 AI。这些状态模拟一些行为，数量大约是 5～10 个之间。我喜欢用记忆来跟踪游戏中的关键元素，以便过后能作出更佳的决定。我也喜欢用随机数做出许多决定，即使是很简单的决定。因为这增加了 AI 的不确定性。

接下来，我是真心喜欢用脚本编写的模式来实现复杂想法。但在模式里面我还是会产生一些随机事件。举个例子，如果我的 AI 进入一个模式状态，然后它选了一个圆形，很好。但有时当它应该选择圆形时，它却挑中了一个椭圆形！要知道人无完人，不时地我们总是会犯些错。游戏 AI 的质量非常重要，掷硬币随便决定事情只会把事情搞乱。

最后，复杂系统可以由简单成份进化而来。换言之，尽管每个角色的 AI 都不算特别复杂，角色的交互还是能自然地产生一种行为系统——而该系统似乎是大大超出它的程序设计地复杂！看看人类的大脑，单个脑细胞甚至都不明白自己（但它们合在一起就无敌了）。应当提倡角色间的交互，并实现角色间信息共享和信息融合，比方说当角色们足够接近或到达特定间隔时让它们交流。这可以模拟"知识"共享。

12.13　小结

这一章让你大开眼界，不是吗？我们谈到了很多基础的东西，也谈到很多奇怪的东西。这让你对人工智能感到十分好奇，对不对？不管怎样，您现在应该已对人工智能有很好的了解了。我们谈及特别的和关于可靠性的技巧。我们还讨论了确定性算法、决策树、计划、脚本语言、神经网络、基因算法以至模糊逻辑。我敢说你在人工智能方面已经不输于任何一个专业游戏程序员了！

第 13 章　基本物理建模

20 世纪七八十年代的视频游戏还没有大量的物理模拟。因为那时大多数游戏都属于射击类、找出来打掉类，冒险类游戏等等。然而，进入 20 世纪 90 年代也就是 "3D 时代" 以后，物理建模就变得越来越重要了。你不再能随随便便就让游戏中的对象以不真实的方式移动，对象的运动路径至少也要大体上与现实相符合。这一章包含了基础的不涉及微积分的物理建模。然后，在《3D 游戏编程大师技巧》[1] 我会涉及更多的刚体运动以及基于微积分的 2D 和 3D 建模。以下是本章主要内容：

- 基本物理基本定律
- 万有引力
- 摩擦力
- 碰撞响应
- 正向运动学
- 粒子系统
- 担任造物主的角色

如果这个宇宙是由一些极强劲的计算机模拟产生的，神就是程序员中的一员！关键是物理学法则在任何尺度上都正确，从量子尺度直到宏观宇宙的尺度。物理学迷人之处就在于竟然不多的几条法则就创造出如此复杂的世界。诚然，我们对物理学和数学所了解的还只是冰山一角，但我们已经可以创建足以乱真的计算机模拟。

在大多数使用物理模型的计算机模拟与计算机游戏中，模拟都是基于标准牛顿物理学的。标准牛顿物理学在相当范围内能够正确地描述物体的运动，要求是速度远低于光速、且尺寸远大于原子，但又远小于一个星系。然而，就算只是模拟基本牛顿物理，也需要极大的计算能力。事实上即使只是对下雨或撞球台的简单模拟，（如果完全模拟的话）也能够榨干 Pentium IV 处理器的所有计算力。

尽管如此，我们却在 Apple II 和 PC 机上都见过下雨效果及撞球游戏。这些是怎样编写出来的呢？这些游戏的编写者了解物理，在此基础上建模，并在系统资源能力限制之内编程，他们创建的模型运行效果同玩家在现实生活中所感受到的想当接近。程序由大量的技巧、优化、假设和简化组成。例如：计算两个球体的碰撞结果要比计算两个不规则小行星的碰撞结果容易得多。所以，编程者可能会近似地把游戏中的行星用简单球体代替（至少对物理计算这样做）。

在新款游戏中，物理代码要占用很大的比例，这是因为其中不仅仅包括物理，而且还包含需要学习的

---

[1] 编者著：《3D 游戏编程大师技巧（上、下册）》已经由人民邮电出版社于 2012 年 7 月出版。（ISBN 978-7-115-28279-8，定价 148 元）。

数学知识。所以我将只介绍一些最基本的物理模型。通过这些模型，你将可以对在你的第一个 2D/3D 游戏中所需的一切建模。我所介绍的多数内容并不超出高中物理范围，有些甚至不超出初中物理！

13.1　基本物理学定律

现在我们开始讨论物理定律，主要包括基本物理概念、时间、空间及物质的属性。熟悉这些基本概念将有助于了解下面一些较深入的主题。

警告

事实上，我下面将讨论的内容，在微观量子尺度或宏观宇宙尺度上并不完全正确。但是，这些论断在我们所关心的范围内还是相当正确的。另外，我将倾向使用公制。因为英制已有 200 年的历史了，而且现在只有美国人使用它。学术界和全世界其余的人都使用公制。换算关系是：12 英寸等于 1 英尺，3 英尺等于 1 英码，2 英码等于 1 英寻，5280 英尺相当与 1 英里。

13.1.1　质量（m）

所有物质都有质量。质量是对物质多少或实际原子质量单位的度量。质量与重量并不是一回事。但许多人却混淆了质量和重量。举例来说：他们会说某些东西在地球上重 75 千克（165 磅）。首先，千克（kg）是公制质量单位，意思是一个物体由多少物质组成。磅是力的量度，笼统来说也可以表示重量（重力场中的质量）单位。重量或力的量度在英制中是磅（lb），在公制中是牛顿（Newton，N）。物质本身并无所谓重量；只有在重力场中才会产生我们所说的重量。因此，质量是一个比起重量（在不同行星上是不同的）来更为纯粹的概念。

在游戏中，质量用一个抽象的（大多数情况下）相对数量值表示。例如：我可能设定宇宙飞船等于 100 质量单位，设定小行星等于 10000 质量单位。若是我在做精确的物理模拟，我也可以使用千克作为质量单位，我只需要知道一个质量为 100 质量单位的物体所含有的物质数量等于质量为 50 质量单位的物体的两倍。当介绍力和重力时，我会再次提到质量的，而且将使用公制的千克作为单位。

注意

质量也可以被看作是衡量物体改变速度的容易程度的单位。基本上，牛顿第一运动定律是说：除非有外力作用，否则物体将保持静止状态或保持匀速直线运动状态。

13.1.2　时间（t）

时间是一个抽象的概念。很难不递归地解释清楚时间这个概念。幸运的是，每个人都知道时间是什么，所以我也不用多嘴了，但我想说说实际时间与游戏中的时间是怎样关联的。

在现实生活中，时间通常是用秒、分、小时等来度量的。或如果你需要精确一点，时间的单位可以是毫秒（ms，10^{-3} 秒）、微秒（μs，10^{-6} 秒）、纳秒（10^{-9}）、皮秒（10^{-12}）、飞秒（10^{-15}）等。然而，在视频游戏（绝大多数游戏）中，游戏时间和实际时间没有什么很近的联系。算法更多时候与帧速率相关，而不是与实际时间相关。例如，大多数游戏把一帧看成一虚拟秒，或换句话说，能够计量的最小时间单位。因此，在大多数时间内，你不会在游戏中和物理模型中使用秒作为单位，而会采用将单个帧作为基本时间间隔的虚拟秒。

另一方面，如果你想创建一个真正成熟的 3D 游戏，那么你可能需要使用实际时间。游戏中的所有算法都是基于实际时间及固定的帧速率的。这些算法调整物体的运动，允许一个坦克按每秒 100 英尺的速度移动，无论帧频慢到每秒 2 帧还是每秒 60 帧时均可实现。在这个精度下，对时间建模是十分复杂的，但如果你想制作独立于帧速率变化的绝对真实的运动和物理事件，那这就是必须的。无论怎样，我们在例子中采用秒或虚拟秒（即一帧）作为时间单位。

13.1.3 位置（s）

每个物体都在 3D 空间中有一个（x, y, z）位置，或在 2D 空间中有一个（x, y）位置，或在 1D 空间（线性空间）中有一个 x 位置（有时用 s 表示）。图 13-1 显示了在这些不同维数空间中的例子。然而，有时即使你知道物体在哪，但却不清楚它的位置。例如，如果你必须找出一个点来定位一个球的位置，那么你可能选择这个球的中心，如图 13-2 所示。但如果物体是一个锤子呢？锤子的形状不规则，所以大多数物理学家都将用它的质心（*Center of Mass*）或平衡点来定位它，如图 13-3 所示。

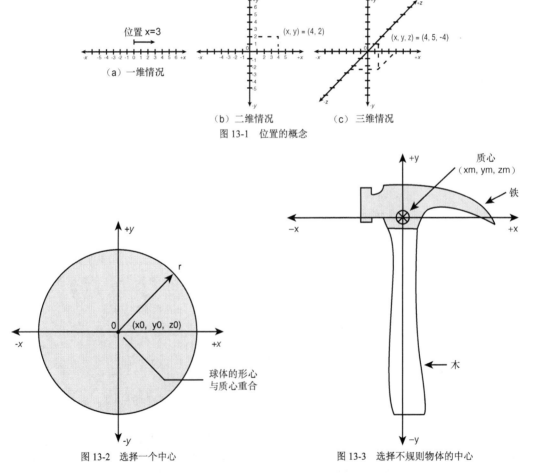

图 13-1 位置的概念

图 13-2 选择一个中心

图 13-3 选择不规则物体的中心

位置概念和物理位置的正确定位，在游戏中通常并不是很严格。大多数游戏程序员设置一个边界框、边界圆或边界球来包围所有游戏物体（如图 13-4 所示）并使用边界实体的几何中心作为物体的中心。这在大多数游戏中是可以接受的，只要游戏中物体的质心基本上总是位于物体的几何中心（形心）。但如果质心和形心并不靠近，那么所有使用形心进行的物理计算都会出错。

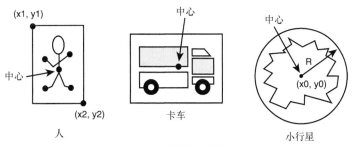

图 13-4　不规则轮廓形状

解决这个问题的惟一方法就是把物体的虚拟质量考虑进去，以找出一个更好的中心。例如，你可以编一个算法，这个算法扫描组成物体的像素，一个区域里像素越多，这个区域就会被认为质量越大。或如果物体是一个多边形的物体，那么你可以给每个顶点附上重量，然后计算出物体质量的真正中心。假设有 n 个顶点，每个顶点的位置为（x_i，y_i）且质量为 m_i，那么质心位置为：

$$Xc = \frac{\sum_{i=0}^{n} x_i * m_i}{\sum_{i=0}^{n} m_i}$$

$$Yc = \frac{\sum_{i=0}^{n} y_i * m_i}{\sum_{i=0}^{n} m_i}$$

数学

$\sum f_i$ 意思是 "累加求和"。对于每个 i 值，都加上 f_i。

13.1.4　速率（v）

速率是一个物体的速度的瞬时值，度量单位通常为米每秒（m/s），汽车的速率有时用英里每小时，即 mph（Miles Per Hour）。不管你用哪一个单位，速率就是指单位时间内的位置改变量。一维情况下的速率数学公式为：

速率=v=ds/dt

换句话说，是位置（ds）相对于时间（dt）的瞬时变化。例如，你在公路上行驶，你行驶 100 英里每小时。那么你的平均速率为

v=ds/dt=100 英里/1 小时=100mph

在视频游戏中，到处都用到速率的概念，但同时其单位是相对的，可以任取。例如，在一些我写过的例子中，我总是在 x 轴或 y 轴上以 4 个单位每帧的速度移动物体。所用到的代码大致如下：

```
x_position = x_position + x_velocity;
y_position = y position + y_velocity;
```

这样就每秒平移了 4 个像素。但帧数不是时间，对吧？实际上，帧只是帧频保持恒定的单位。以 30fps（每秒帧数）为例，一帧等于一秒的 1/30，则每帧 4 个像素就相当于：

虚拟速度 = 4 像素/（1/30）秒
        = 120 像素每秒

因此，在我们的游戏中的物体移动速率是以像素/秒为单位的。如果你实在有兴趣，可以估算一下游戏世界中的一个像素等于多少虚拟米，再用米/秒作为单位进行计算。无论哪种情况，如果你知道了速率，你就可以知道物体在任意给定的时间或帧的确切位置。例如，如果一个物体现在的位置是 x_0，它以 4 像素/帧的速率移动，30 帧过后，物体的新位置为：

新位置= x_0 + 4×30= x_0 + 120 像素

这导出了我们的第一个重要的基本运动公式：

新位置 = 旧位置 + 速率×时间
        = $x_t = x_0 + v*t$.

这个公式的意义是：一个物体在位置 x_0 开始以 v 的速率移动，运动 t 秒后，它所在的新位置等于它的开始位置加上速率乘上运动时间。看看图 13-5 你就会更清楚了。我做了一个匀速的演示 DEMO13_1.CPP|EXE（16 位版本是 DEMO13_1_16B.CPP|EXE），在演示中一系列物体从屏幕的左端移到右端。

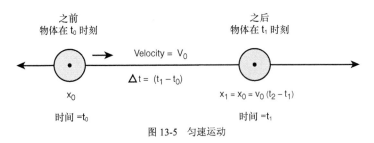

图 13-5 匀速运动

技巧

每次当我在汽车上告诉朋友们需要多长时间可以到达目的地，朋友们都十分惊讶。其实这很简单；只要看看速度，然后使用基本知识：如果速度为 60mph，那么每分钟就会行驶 1 英里。所以如果汽车的速度为 60，坡道的长度为 2 英里，那么只要 2 分钟就可以驶出坡道。另一方面，如果汽车的速度为 60mph，坡道的长度为 3.5 英里，那么要 3 分 30 秒才能驶出坡道。如果行驶速度不为 60mph，那么你可以近似采用最接近的 30mph 的倍数。例如，行驶速度为 80mph，那么可以用 90mph（1.5 米每秒）计算。然后再稍稍调整一下计算结果。

13.1.5 加速度（a）

加速度与速率相似，但加速度是衡量速率改变快慢的单位，而不是速率本身。如图 13-6 所示，其中描述了一个物体匀速运动，另一个物体变速运动。匀速运行的物体的速度-时间曲线是一条平行线（斜率为 0）。但在加速的那个物体的速度-时间曲线斜率不为 0，因为它的速率大小随时间流逝而变化。

图 13-6B 描述了恒定的加速度，图中（如 C）就是变加速度，看起来是一条曲线。踩下汽车的油门，你就能感受到变加速度，而跃下悬崖会给你恒定加速度的感觉。从数学上来说，加速度是速率相对于时间改变的比率：

加速度 = a = dv/dt

加速度的单位有些古怪。因为速率已经是距离每秒的单位，因此加速度是距离每（秒*秒）的单位，或在公制中表示为 m/s^2。加速度是每秒中速率的改变量。而且，我们有联系速率、时间、加速度的第二条运动定律。第二条运动定律说的是：在某一时间 t，速率等于最初速率加上加速时间与加速度的乘积：

新速率 = 老速率 + 加速度×时间
$$= v_+ = v_0 + a*t$$

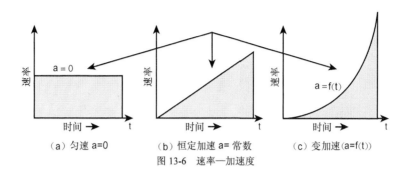

（a）匀速 a=0　　　　（b）恒定加速 a= 常数　　　　（c）变加速(a=f(t))
图 13-6　速率—加速度

加速度是一个相当简单的概念，能够用多种方式建模，我们来看一个简单的例子。假设一个物体在（0,0）处，它的初始速率为 0。如果每秒给它加速 2m/s，可以这样计算：通过用加速度加上前一次的速率，就可得到新速率，如表 13-1 所示。

表 13-1　　　　　　　　　　　　加速度为 $2m/s^2$ 的速率函数

时间	加速度	速率
0	2	0
1	2	2
2	2	4
3	2	6
4	2	8
5	2	10

考虑到表中的数据，下一步是找出位置、速率、加速度、时间之间的联系。不幸的是，计算过程需要用到微积分，所以我直接给出结果，也就是在 t 时刻的位置的表达式：

$$x_t = x_0 + v_0*t + 1/2*a*t^2$$

这个方程式表示：一个物体在 t 时刻的位置，就等于它的初始位置加上初始速度乘以时间的积再加上加速度与时间平方的积的一半。这里面 $1/2*a*t^2$ 项其实是速度对时间的积分。让我们看看如何把这个方程式运用于由像素和帧组成的游戏世界。如图 13-7 所示。

假设这些初始条件：物体是在 x=50 像素的位置上，初始速率为 4 像素/帧，加速度为 2 像素/帧 ^{2}。最后，假设这些都处于 0 帧下。为了用 C/C++ 语句确定物体在任意时刻的位置，可以这样写：

```
x = 50 + 4*t + (0.5)*2*t*t;
```

公式中 t 为帧数。表 13-2 列出了 t=0，1，2...5 时的一些取样值。

表 13-2 中有一些有趣的数据，但最有趣的数据可能是每一时间帧位置的改变量是恒定的，并等于 2。这不是意味着物体每帧移动 2 像素，它表示每帧中运动的变化量变大或增加 2 像素。因此在第一帧时物体移动 5 像素，那么下一帧时物体运动 7 个像素，然后 9，11，13 等等。在每个运动变化量之间的增量等于 2 像素，这个增量也就是加速度！

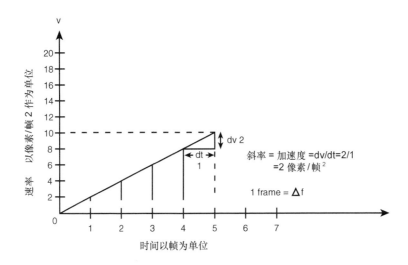

物体的位置：

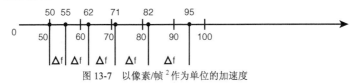

图 13-7 以像素/帧 ^{2} 作为单位的加速度

表 13-2　　　　　　　　　　　　物体以恒定的加速度运动

时间/帧	位置	增量
0	50	0
1	$50+4*1+(0.5)*2*1^2 = 55$	5
2	$50+4*2+(0.5)*2*2^2 = 62$	7
3	$50+4*3+(0.5)*2*3^2 = 71$	9
4	$50+4*4+(0.5)*2*4^2 = 82$	11
5	$50+4*5+(0.5)*2*5^2 = 95$	13

　　下一步是用 C/C++建立加速度模型。基本上窍门在于：设置一个加速度常量，然后在每一帧中把这加速度加到速率上去。用这种方法，你可以不用前面讲过的长公式——只须用给定的速率平移物体便可。例程如下：

```
int acceleration = 2, // 2 pixels per frame
    velocity      = 0, // start velocity off at 0
    x             = 0; // start x position of at 0 also
// ...
// then you would execute this code each
// cycle to move your object
// with a constant acceleration

// update velocity
```

```
velocity+=acceleration;

// update position
x+=velocity;
```

注意

当然这个例子是一维的。你只要加上一个 y 坐标就可以升级到二维（也可考虑增加 y 方向的速率和加速度）。

为了测试加速度模拟，我制作了一个演示程序，名为 DEMO13_2.CPP|EXE（16 位版本，DEMO13_2_16B.CPP|EXE）。在演示程序中你可以发射一枚导弹，这枚导弹在向前运动时加速。按空格键发射导弹，上下方向键可以用来增加或减少加速度。A 键用来打开和关闭加速度。看看导弹在不同的加速度下的运动状况，以及加速度怎样使这枚导弹给人以"质量"的感觉。

13.1.6　力（F）

力是物理学中最重要的概念之一。图 13-8 描述了一种力的表达方式。如果有一个质量为 m 的物体放在一张桌子上，那么地球施加在物体上的重力朝地心方向，造成加速度为 a=g（重力加速度）。重力给质量 m 的物体一个重量，因此当你试图提起物体，才会觉得腰酸背痛。

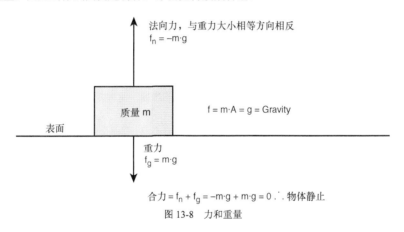

图 13-8　力和重量

牛顿第二运动定律中力、质量、加速度的相互关系是：

F=m*a

换句话说，施加于一个物体上的力等于物体的质量乘以物体的加速度。让我们将等式变形一下：

a=F/m

这个公式表示一个物体的加速度在数量上等于你施加在物体上的力除以物体的质量。现在，我们来谈谈测量单位。力等于质量乘以加速度或千克乘以 m/s^2（m 代表米，而不是质量）。因此，力的一个可能的单位是：

$F=kg*m/s^2$ 千克米每秒平方

这有点儿长，所以就把它缩写为 1 牛顿（N）。例如，假定一个物体质量 m 为 100kg，加速度为 $2m/s^2$。物体所受的力为 $F = m*a = 100kg * 2m/s^2 = 200N$。

这可以使你对牛顿有个感性的认识。100 千克的质量大概等于 220 磅的力，而 $1m/s^2$ 的加速运动看上去也不错。

在视频游戏中，有很多原因会用到力的概念，但只要记住以下几个就可以了：

● 你想对物体施加一个外力，如爆炸；并计算产生的加速度。

● 两个物体发生碰撞，你想计算出各自所受的力。

● 一枝游戏武器只有一定的力（火力），但它可以发射出各种具有不同虚拟质量的炮弹，接着你想知道炮弹发射时弹壳的加速度。

13.1.7　多维空间中的力

当然，力可以作用在三维空间里的任意方向上，而不仅仅只是作用在一条直线上。例如，图 13-9 描述了这样的情况，在一个二维平面中，有三个力同时作用在一个粒子上。粒子所受到的合力为作用于其上的所有力的累积。然而，在这种情况下，由于力是矢量，所以不能只是简单地把数量部分相加。不过，矢量可以被分解成 x、y 和 z 分量，这样可以计算出作用在每个轴上的分力来。结果就可以计算出作用在这个微粒上的合力。

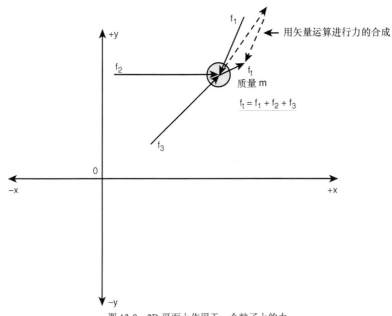

图 13-9　2D 平面上作用于一个粒子上的力

在图 13-9 所示的例子中，有三个力：F_1、F_2 和 F_3，最终合力 F_{final}=<fx,fy>是这些力的总和：

fx = f_{1x} + f_{2x} + f_{3x}
fy = f_{1y} + f_{2y} + f_{3y}

代入图中的数值，你会得到：

fx = (x+x+x) = x.x
fy = (y+y+y) = y.y

了解了以上的内容，就可以很容易地推导出作用在物体上的合力是力的矢量和，数学表示为：

F_{final}=F_1+F_2+$\cdots$+F_n

其中每个力 F_i 可以有 1、2 或 3 个分量，也就是说，每个矢量可以为 1D（标量）、2D 或 3D。

13.1.8　动量（P）

动量这个概念很难用文字定义。基本上它是运动中的物体的固有属性，被用来度量一个物体的速度和质量的。动量定义为物体的质量和速率的乘积：

P=m*v

其单位是 kg·m/s（千克米每秒）。动量和力有关，如下：

F=m*a

将 p 代入该式中的 m

F=(p*a)/v

但，a=dv/dt，因此：

$$F = \frac{p*dv/dt}{v} = \frac{d(p)*v}{dt*v} = dp/dt$$

用文字表达的话，力就是单位时间内动量的变化率。真是有趣。这意味着，如果物体的动量发生了变化，那么就必定有一个力作用在物体上。这里有一个自然的推论，一粒豌豆可以和一辆火车具有相同大小的动量。一个豌豆的质量可能是 0.001kg，火车的质量为 1000000kg。但如果火车的速率只有 1m/s，而豌豆的速率为 10000000000m/s（这颗豌豆可真快啊），那么豌豆的动量将会比火车的动量大 10 倍，计算如下：

$m_{pea}*v_{pea}$　 = 0.001 kg * 10,000,000,000 m/s = 10,000,000 kg*m/s
$m_{train}*v_{train}$ = 1,000,000 kg * 1 m/s = 1,000,000 kg*m/s

因此，如果无论什么物体突然停止，例如撞上什么的时候，这个物体将会承受所有的力！这就是为什么当你骑在摩托车上的时候，即使只是一只小蜜蜂撞上你都是非常危险的。蜜蜂质量虽小，但撞到你时具有非常大的相对速度。最后得到的动量很大，说不定能够把一个 200 磅重的人撞下车呢。

下一步我们学习动量守恒和动量传递。

注意

有一次我骑在 FZR600 上，速度大约为 155mph，这时有一只蜜蜂撞到我的护目镜上。它不仅仅使我的护目镜破裂，而且我感觉像是有个人将一个棒球掷向我！我下次会吸取教训了，只在那些蜜蜂禁飞区里才敢超速！

13.2　线性动量的物理性质：守恒与传递

现在你对动量有了基本认识，下面我们简要地谈谈当物体相撞时发生的物理现象。稍后，我会深入浅出地探讨一下真实的碰撞反应。

还记得《DOOM》游戏吗？在《DOOM》里，当你开枪射中一个火药桶时，该桶会爆炸，并且会推动和/或引爆附近的敌人或其他火药桶。将一个敌人砸向墙这个效果真的很酷！这就是动量传递。相信我，要正确地模拟动量传递可不简单！

通常，如果两个物体相撞，有两种可能：完全弹性碰撞和不完全弹性碰撞。如图 13-10 所示，一个球以速率 v_i 撞向墙壁，如果弹回后它的速率还是 v_i。则动量守恒。所以，这个碰撞是完全弹性的。然而，在现实生活中，很少有这样的情况发生。绝大多数碰撞不是弹性的，至少不是完全弹性的。当碰撞不是完全弹性的时候，部分能量转化为热量，或消耗在克服弹性形变阻力上。因此，碰撞后物体的动量小于碰撞前的动量。

然而，我并不对这不完美的世界感兴趣。由于我们是虚拟世界的神，我们可以把问题适当简化。因此，现在我要谈谈一维空间中的弹性碰撞，然后再谈谈二维空间的弹性碰撞。

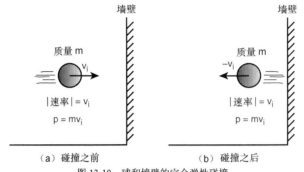

图 13-10 球和墙壁的完全弹性碰撞

图 13-11 中有两个方块 A、B，其质量分别为 m_a、m_b，速率分别为 v_{ai}、v_{bi}。假定没有摩擦（以后我们会讲到），且碰撞为弹性碰撞，那么它们碰撞后会发生什么呢？好，让我们用动量守恒开始。动量守恒表示碰撞前的总动量等于碰撞后总动量。表示为如下的数学公式：

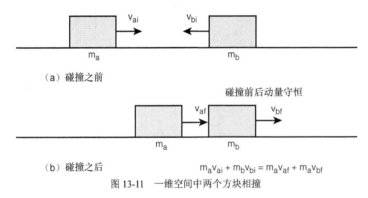

（a）碰撞之前

碰撞前后动量守恒

（b）碰撞之后 $m_a v_{ai} + m_b v_{bi} = m_a v_{af} + m_a v_{bf}$

图 13-11 一维空间中两个方块相撞

等式 1：动量守恒

$m_a * v_{ai} + m_b * v_{bi} = m_a * v_{af} + m_b * v_{bf}$

好的，已知 m_a、m_b、v_{ai}、v_{bi}，但我们想要得到最终速率 v_{af}、v_{bf}。问题是现在只有一个等式，却有两个未知数。这显然解不出来。但如果知道其中一个物体的速率，我们就可以把另外一个的速率算出来。但有没有一种方法不用任何进一步的信息就可以把两个速率都算出来？答案是有的！我们可以根据其他物理性质列出一个方程。这个性质就是动能守恒。

动能（Kinetic Energy）与动量相似，但与方向无关。它比较像是衡量一个系统中的总能量的数量。能量是做功的能力，这我一会儿会讲到的。计算动能很简单，公式如下：

等式 2：动能

$ke = 1/2 * m * v^2$

而动量等于 $m*v$，所以你能够看出动能和动量十分相似，但动能总是非负的，单位是 $kg*m^2/s^2$。$kg*m^2/s^2$ 在米-千克-秒系统中我们称之为焦耳（J）。对于任何参照系，无论碰撞是否弹性，碰撞前后的动能都是一样的。当然，为了计算总能量，你要计算出由于变形，热量等原因而损失的能量。但是，如果假定是完全弹性碰撞，碰撞前后的动能只要知道物体的速率就可以计算出来。

等式 3：碰撞前后总动能守恒

$*m_a * v_{ai}^2 + 1/2 * m_b * v_{bi}^2 = 1/2 ma * v_{af}^2 + 1/2 * m_b * v_{bf}^2$

与等式 1 联合:

$m_a * v_{ai} + m_b * v_{bi} = m_a * v_{af} + m_b * v_{bf}$
$*m_a * v_{ai}^2 + *m_b * v_{bi}^2 = 1/2*m_a * v_{af}^2 + 1/2*m_b * v_{bf}^2$

现在, 我们有两个方程和两个未知数, 于是 v_{af} 和 v_{bf} 都可以被计算出来。然而, 计算相当复杂, 所以我直接给出结果:

等式 4: 每个球的最终速率

$v_{af} = (2*m_b * v_{bi} + v_{ai}*(m_a - m_b))/(m_a + m_b)$
$v_{bf} = (2*m_a * v_{ai} - v_{bi}*(m_a - m_b))/(m_a + m_b)$

对于图 13-11 的情况, 可以计算出方块碰撞后的最终速率:

$m_a = 2$ kg
$m_b = 3$ kg

$v_{ai} = 4$ m/s
$v_{bi} = -2$ m/s

因此,

$v_{af} = (2*m_b * v_{bi} + v_{ai}*(m_a - m_b))/(m_a + m_b)$
$\quad\ = (2*3*(-2) + 4*(2 - 3))/(2 + 3)$
$\quad\ = -3.2$ m/s

$v_{bf} = (2*m_a * v_{ai} - v_{bi}*(m_a - m_b))/(m_a + m_b)$
$\quad\ = (2*2*4 - (-2)*(2 - 3))/(2 + 3)$
$\quad\ = 2.4$ m/s

有趣的是, 由于物体 A 把大量动量传递给了物体 B, 两个物体碰撞后都向 X 轴正方向运动, 如图 13-11 的 B 部分所示。

通过刚才的示范, 你了解了怎样利用动量和动能来解动力学问题。然而, 在二、三维空间中这个问题会变得更加复杂。这样的碰撞研究称为碰撞反应 (collision response), 这会在本章的后面部分讲到, 届时我会给出 2D 空间中的完全碰撞和非完全碰撞的计算结果。不过目前, 要先弄懂动量。

13.3　模拟万有引力效果

万有引力是游戏程序设计员在游戏中需要建立的最常见的效果之一。万有引力是宇宙中任何两个物体之间互相吸引的力。万有引力场是看不见的力场, 并且不像磁场那样可以被阻断。

实际上, 万有引力不是真正的力。这只是我们对它的解释。万有引力是由于空间弯曲引起的。放在空间中的任何物体都会引起周围空间的弯曲, 如图 13-12 所示。而周围空间的弯曲会引起势能的不同, 因此靠近这所谓重力井 (gravity well) 旁边的任何物体都会向这个物体"跌落"——奇怪吧? 其实这就是万有引力。万有引力是时空结构弯曲的表现形式。

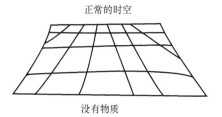

图 13-12　万有引力和时空

你不用过多地考虑时空弯曲和万有引力的本质。毕竟你只是想建立一个万有引力模型而已。建模时,有两个情况需要考虑，如图 13-13 所示：

- 情况 1：两个或两个以上的物体，质量相差不大。
- 情况 2：两个物体，其中一个物体的质量远远大于另一个物体的质量。

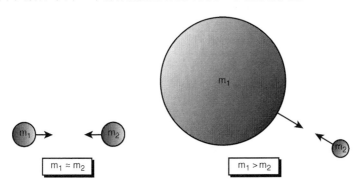

质量大致相等　　　　　　　　　　　其一物体的质量远大于另一物体

图 13-13　万有引力的两种一般情况

情况 2 是情况 1 中的子情况。例如，在学校里你可能学过：如果你把一个棒球和一个冰箱从楼上扔下，它们下落的速度是一样的。事实却不是这样的，只是由于棒球和电冰箱速度相差极小（大约 10^{-24} 数量级），你无法直观地看出它们之间的差别。当然，还有其他的因素使得它们的速度不一样，如风切力和摩擦力，因此一个棒球比一张纸下降速度快得多，因为纸受到风阻力比较明显。

现在你对万有引力有了一个基本的了解，让我们来看看关于万有引力的数学公式。任何两个物体之间（质量分别为 m_1、m_2）的万有引力为：

F = G*m_1*m_2 / r^2.

这里 G 为万有引力常数，等于 6.67×10^{-11}N*m^2*kg^{-2}。质量单位用千克，距离 r 单位是米。现在来算两个 70 公斤（155 磅）的人在相距 1 米时，相互之间的万有引力：

F = 6.67×10^{-11}*70kg*70kg/(1 m)^2 = 3.26×10^{-7} N.

是不是很小？然而，我们用人和地球来再算一次，距离也是 1 米，地球质量为 5.98×10^{24}kg：

F = 6.67×10^{-11}*70 kg*5.98×10^{24} kg/(1 m)^2 = 2.79×10^{16} N.

显然，10^{16} 牛顿大小的力可以把人压成肉饼，所以肯定在哪里算错了。问题出在把地球看作一个点，只有 1 米的距离。正确的近似计算应采用地球的半径作为距离，也就是 6.38×10^6m：

数学

你可以把任意一个半径为 r 的球形物体抽象为一个质点，只要是组成球体的物质是同质的，并且计算时必须把其他物体放在远于或等于 r 的位置上。

F = 6.67×10^{-11} * 70 kg * 5.98×10^{24} kg / (6.38×10^6 m)^2
 = 685.93 N.

现在看起来数字较为合情合理。让我们验算一下，在地球上 1 磅等于 4.45 牛顿，所以把力用磅表示，就得到：

685.93 N / (4.45 N / 1 lb.) = 155 lbs.

这刚好符合题目最初给出的条件！无论如何，现在你已经知道怎样计算两个物体之间的力，你可以把这个简单的模型运用到游戏当中去。当然，你不必使用真正的引力常数 G=6.67×10^{-11}，你可以随意设定，你就是上帝。惟一重要的是等式的形式，等式显示了两个物体之间的万有引力与两个物体质量的乘积成正比例，与两个物体中心之间距离的平方成反比例。

13.3.1　模拟重力井

熟悉了上一节中我们解释的公式之后，你可能想在一个太空游戏中模拟一个黑洞的效果。例如，你有一艘飞船飞近了一个黑洞，你想使它如果靠得太近就被黑洞吞没。这时可使用万有引力公式，你要设定适合虚拟游戏世界的常量 G（基于屏幕分辨率、帧频等），然后任意设置船的质量和黑洞的质量。黑洞的质量应该比船的质量大得多。然后你需要计算力，并通过力用公式 F=ma 把加速度算出来。之后你就可以简单地操纵船驶向黑洞。随着船越来越靠近，引力也加大，直到玩家无法脱身！

DEMO13_3.CPP|EXE（16 位版本是 DEMO13_1_16B.CPP|EXE）中有一个黑洞模拟（有两个物体，一个比另一个大许多）。这是个太空模拟游戏，你可以在屏幕上操纵一艘船，但在屏幕中间有一个黑洞所以你要小心谨慎。用箭头键控制船。看看你是否能恰好驶入一个稳定的环形轨道！

在游戏中使用万有引力的另一个场合，就是使一个物体从空中或建筑物上方以适当的速率落下。这是我们之前说过的情况的特例，即一个物体比另一个物体的质量大得多。然而，这还有一个约束条件——其中一个物体——地面——是固定的。我所描述的情况如图 13-14 所示。

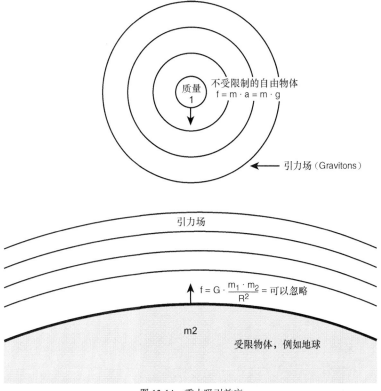

图 13-14　重力吸引效应

在这个例子中，我们可以做几个假设，这样会使计算简单一些。第一个条件就是落下的物体的加速度（由于重力引起的）是恒定的，并等于 $9.8 m/s^2$ 或 $32 ft/s^2$。当然，这不是真实值，但也有 23 个小数位。如果你知道某个物体的加速度等于 $9.8 m/s^2$，就可以代入我们的运动公式来计算位置或速率。下面给出地球重力作用下的以时间为变量的速度函数：

$V(t) = v_0 + 9.8 \ m/s^2 * t.$

位置函数是：

$y(t) = y_0 + v_0 * t + 1/2 * 9.8 m/s^2 * t^2.$

在球从楼上落下的例子中，我们可以设初始位置 x_0 等于 0，初始速率 v_0 也等于 0。这样可以简化下落物体模型为：

$y(t) = 1/2 * 9.8 m/s^2 * t^2.$

而且，你可以用任意数值代替常数 9.8，t 代表游戏中的帧数（虚拟时间）。把这些全部考虑进来，通过以下代码，就可以实现一个物体从屏幕上方落下的效果：

```
int y_pos      = 0, // top of screen
    y_velocity = 0, // initial y velocity
    gravity    = 1; // do want to fall too fast

// do  gravity loop until object hits
// bottom of screen at SCREEN_BOTTOM
while(y_pos < SCREEN_BOTTOM)
    {
    // update position
    y_pos+=y_velocity;

    // update velocity
    y_velocity+=gravity;
    } // end while
```

技巧

我用速率来修改位置而不是直接用位置公式计算。因为这更简单。

你可能要问怎样使物体按照抛物线降落。这很简单——只要使物体沿 x 方向以恒定的速度运动，物体看起来就像是平抛出去的，而不只是直直的落下。代码如下：

```
int y_pos      = 0, // top of screen
    y_velocity = 0, // initial y velocity
    x_velocity = 2, // constant x velocity
    gravity    = 1; // do want to fall too fast
// do  gravity loop until object hits
// bottom of screen at SCREEN_BOTTOM
while(y_pos < SCREEN_BOTTOM)
    {
    // update position
    x_pos+=x_velocity;
    y_pos+=y_velocity;
    // update velocity
    y_velocity+=gravity;
    } // end while
```

13.3.2　模拟炮弹弹道

解决了垂直下落问题，接下来我们试试看做些在视频游戏编程中更有用的问题。唔，弹道计算听上去怎样？图 13-15 直观地描述了这个问题。我们有地平面（y=0），一个坦克（x=0，y=0），炮筒与 x 轴方向成 θ 度角。问题是，如果我们发射一颗质量为 m 速率为 v_I 的炮弹，会发生什么呢？

我们可以通过把炮弹的速度分为 x、y 两个分量来解这个问题。首先，我们把速率分解为（x，y）矢量：

$V_{ix} = V * \cos \theta$

$V_{iy} = V * \sin \theta$

相信我。

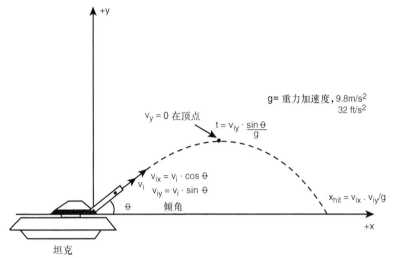

图 13-15　弹道问题

好的，现在把 x 分量撇在一边，来想想这个问题。炮弹一开始将会上升，然后下降，直到坠落地面。总共要花多少时间呢？看看以前说过的重力公式：

V(t) = v₀ + 9.8 m/s²*t.

y 轴位置函数是：

y(t) = y₀ + v₀*t + 1/2 * 9.8m/s² * t².

第一个公式告诉我们速率和时间相关。这就是我们所需要的。我们知道当炮弹达到最高点时，它的速率等于 0。而且，炮弹从地面升高到最高点所需要的时间等于炮弹从最高点下降到地面所用的时间。参见图 13-15。代入我们所设定的炮弹初始 y 速率，并解出 t：

Vy(t) = Viy - 9.8 m/s²*t

注意到由于是向下的重力，而且向下的方向为负，我改变了加速度的符号。通常，当速率等于 0 时：

0 = V*sin θ - a*t (a is just the acceleration)

解出时间 t，我们得到：

t = Viy * (sin θ)/a

由于炮弹肯定是上升然后下降，所以飞行的总时间为上升时间加上下降时间等于 t+t=2t。为此，我们现在回过头来看看 x 分量。我们知道飞行总时间为 2t，因此可以用(Viy * (sin θ)/a)计算出 t。因此，炮弹在 x 轴方向飞行的距离是：

X(t) = vix*t

代入数值，得出：

xhit = (V*cos θ) * (V*(sin θ)/a)

or

或

xhit = Vix * Viy/a

简洁，不是吗？

数学

注意到我用 a 替换了常数加速度值 9.8。我这样做是由于加速度只是一个数，你可以设置为任意值。

这些只是物理知识，但怎样用在程序里呢？你所需要做的就是给炮弹设置一个 x 轴方向的恒定速率、并施以一个沿 y 轴方向的重力、然后测试何时炮弹击中地面或其他地方。当然，实际情况中，空气阻力会降低 X 和 Y 方向的速率，但在这个描述性的算法中可以忽略不计。以下就是这个例子的代码：

```
// Inputs
float x_pos    = 0, // starting point of projectile
      y_pos    = SCREEN_BOTTOM, // bottom of screen
      y_velocity = 0, // initial y velocity
      x_velocity = 0, // constant x velocity
      gravity  = 1, // do want to fall too fast
      velocity = INITIAL_VEL, // whatever
      angle    = INITIAL_ANGLE; // whatever, must be in radians

// compute velocities in x,y
x_velocity = velocity*cos(angle);
y_velocity = velocity*sin(angle);


// do projectile loop until object hits
// bottom of screen at SCREEN_BOTTOM
while(y_pos < SCREEN_BOTTOM)
    {
    // update position
    x_pos+=x_velocity;
    y_pos+=y_velocity;

    // update velocity
    y_velocity+=gravity;
    } // end while
```

这就是所有的建模代码！如果你想加点风力，可以在 x 轴运动方向上附加一个很小的加速度，假设风力对炮弹产生一个与 x 轴方向相反的恒定加速度。结果就是，你只要在炮弹飞行中加入下面的代码就可以了：

```
x_velocity-=wind_factor;
```

这里 wind_factor 可以取成大约 0.01，或某个较小的数。

CD 中的 DEMO13_4.CPP|EXE（16 位版本是 DEMO13_1_16B.CPP|EXE）演示了炮弹轨迹模拟。其运行时的显示如图 13-16 所示。该演示程序允许你用虚拟的炮筒瞄准并发射炮弹。

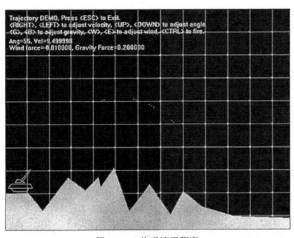

图 13-16　炮弹演示程序

下面是控制键：

键	动作
上，下键	控制坦克炮筒的角度
左，右键	控制炮弹的速率
G, B	控制重力
W, E	控制风速
Ctrl	发射！

13.4　讨厌的摩擦力

接着我们讨论摩擦力。摩擦力是任何来自另一个系统的阻碍和消耗能量的力。例如，汽车使用内燃原理工作，然而，由于热转换或机械摩擦，有 30%～40%的能量被损失了。而自行车的效率却高达 80%～90%，可能是世上机械效率最高的交通工具。

13.4.1　摩擦基本概念

基本上来说存在与运动方向相反的阻力，因此可以用一个力（通常称作摩擦力）来模拟。图 13-17 描述了一个在平面上质量为 m 的物体的标准化的摩擦模型。

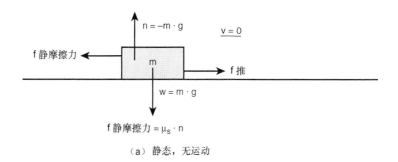

（a）静态，无运动

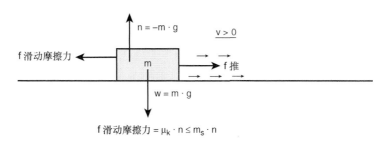

（b）动态，滑块在移动

图 13-17　基本的摩擦模型

如果你试图以平行于平面的方向推此物体，你将会遭遇一个与推动方向相反的阻力或摩擦力。这个力的数学定义为：

$F_{fstatic}=m*g*\mu_s.$

其中，m 为物体的质量，g 为引力常数（9.8m/s²），μ_s 为静摩擦系数（Static Frictional Coefficient）。μ_s 与物体和平面的材料和状态有关。如果你对物体施加的力 F 大于 F_f，那么物体就会开始运动。一旦物体进入运动状态后，它的摩擦系数通常会减小为另外一个常数，这个常数我们称为动摩擦系数μ_k（Kinetic Friction COefficient）。

$F_{fkinetic}=m*g*\mu_k.$

当你撤销对物体施加的力后，由于摩擦力仍然存在，物体会慢慢减速，直到静止。

在平面上建立一个摩擦力模型，你只要给物体加上一个恒定负方向的速率，这个速率与你想要的摩擦力成比例。数学公式为：

```
Velocity New = Velocity Old - friction.
```

所以你一旦停止移动物体，物体就会以一个恒定的数值减速。当然，你必须注意要把速率的符号设置为反方向或其他方向，但这只是一个小细节。下面有个例子，例子中有个物体向右移动，初速率为 16 像素每帧，由于虚拟摩擦力，物体以 1 像素每帧减速：

```
int x_pos      = 0,  // starting position
    x_velocity = 16, // starting velocity
    friction   = -1; // frictional value

// move object until velocity <= 0
while(x_velocity > 0)
    {
    // move object
    x_pos+=x_velocity;
    // apply friction
    x_velocity+=friction;
    } // end while
```

首先，你应该注意到摩擦力模型和重力模型很相似。它们几乎就是一样的。重力和摩擦力都以同样的方式作用于物体。事实上，宇宙中所有的力都可以以完全一样的方式建模。同样，你可以对物体施加任意多个摩擦力。最后把这些摩擦力加起来。

我编写了一个小空气曲棍球的演示程序作为使用摩擦力的例子，名为 DEMO13_5.CPP|EXE （16 位版本是 DEMO13_5_16B.CPP|EXE）。如图 13-18 所示。演示中，每次当你按下空格键时，就会在虚拟空气冰球桌上

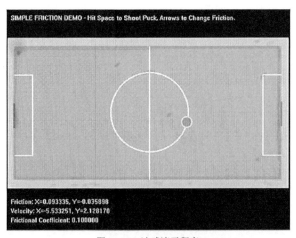

图 13-18　冰球演示程序

发射出一个冰球，这个冰球的方向是随机的，并且会在碰到桌子边界的时候反弹。由于摩擦，冰球的速度逐渐减慢，直至静止。如果你想改变桌面的摩擦系数，可以使用方向键。或许你还可以试着编写冰球棍的代码，或一个电脑控制的对手的 AI。

13.4.2　斜面上的摩擦力（高级）

摩擦力可以作为一个简单的阻力或物体的负速率来建模。然而，我想给你看看斜面上的数学和摩擦力的演算，因为这可以使你以后能够分析更为复杂的问题。注意：我将大量使用矢量，所以如果你对此还是不熟悉那就回头看看第 8 章，或看一本好的线性代数书。

图 13-19 描述了我们需要解决的问题。基本上，就是有一个质量为 m 的物体放在一个斜面上。斜面的静态摩擦系数和动态摩擦系数分别为μ_s和μ_k。我们要做的第一件事就是写出描述物体处于平衡位置（也就是静止状态）的公式。本例中，x 轴方向力的总和等于零，y 轴方向力的总和也为零。

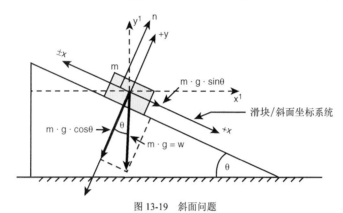

图 13-19　斜面问题

在推导公式之前我们必须先接触一个新的概念——法向力。法向力就是斜面对物体的支持力，换句话说，如果你的体重为 200 磅，那么就有一个–200 磅的法向力把你支持着你（由于你所站位置的表面张力）。我们通常用 η 表示法向力。法向力在数量上等于：

η = m*g.

很有趣是吧？但在坐标系中，法向力一定和重力是相反的，或

η - m*g = 0.

这就是为什么物体没有陷入到地下。好的，既然我们已经了解了法向力，那我们开始推导物体运动公式。首先，我们在斜面上放一个坐标系，坐标系的+x 轴与斜面平行，沿向下滑动的方向；这样放置坐标系有助于数学计算。接着我们写出 x 轴和 y 轴的平衡公式。在 x 轴上，我们知道作用于物体的重力分量是：

重力 = mgsin θ

阻止物体下滑的摩擦力为：

摩擦力 = – ημ_s

负号表示力作用于相反的方向。如果物体不滑动，所有力的总和为 0。数学公式为：

重力 + 摩擦力 = 0

或 x 轴方向力的总和为：

Σ F$_x$ = m*g*sin θ - η*μ_s = 0.

数学

注意到我用正弦和余弦来分解力在 x 轴和 y 轴上的分量。

用同样的方法推导出 y 轴上的公式，这相当简单，因为在 y 轴上只有重力和法向力：

$\Sigma F_y = \eta - m*g*\cos \theta$

好了，把两式组合成方程组，我们得到：

$\Sigma F_x = m*g*\sin \theta - \eta*\mu_s = 0.$

$\Sigma F_y = \eta - m*g*\cos \theta = 0.$

但 η 等于多少？从 ΣF_y 中，我们得到：

$\eta - m*g*\cos \theta = 0.$

因此，

$\eta = m*g*\cos \theta,$

因此，我们可以写出：

$\Sigma F_x = m*g*\sin \theta - (m*g*\cos \theta)*\mu_s = 0.$

这就是我们想要得到的。从这个公式我们可以推倒出以下结果：

$m*g*\sin \theta = (m*g*\cos \theta)*\mu_s$

$\mu_s = (m*g*\sin \theta)/(m*g*\cos \theta) = \tan \theta$

或消去 $m*g$，并用正切来替换正弦和余弦，得出：

$\theta_{critical} = \tan^{-1} \mu_s$

注意，上式给出了一个临界角（$\theta_{critical}$）。如果斜面的倾斜角度达到临界角，物体将会滑动。临界角的大小等于静摩擦系数的反正切。如果我们不知道物体和斜面的摩擦系数，那么我们可以使平面倾斜，直到物体开始滑动，得到开始滑动时平面的倾斜角度。然后通过计算得到摩擦系数。但这个公式对 x 轴分析没有什么帮助。这个公式告诉我们当斜面角度小于 $\theta_{critical}$ 时，物体是不会运动的。当斜面角度达到 $\theta_{critical}$ 时，物体开始滑动，而且滑动是由下面这个公式控制的：

$\Sigma F_x = m*g*\sin \theta - (m*g*\cos \theta)*\mu_s$

当物体开始滑动时，$m*g*\sin \theta - (m*g*\cos \theta)*\mu_s > 0$，但我们还要把摩擦系数该为 μ_k（动摩擦系数）才万事大吉！

$F_x = m*g*\sin \theta - (m*g*\cos \theta)*\mu_k$

技巧

你可以取 μ_s 和 μ_k 的平均值，在所有的计算中都用这个平均值。因为你只是做视频游戏，并不是真正的模拟，因此把两个系数简化为一个，并没有什么影响。但如果需要精确，你应该在适当的时候使用两个摩擦系数。

把上面的公式记住，我们来计算出 x 轴方向的合力。我们知道 $F=ma$，因此：

$F_x = m*a = m*g*\sin \theta - (m*g*\cos \theta)*\mu_k$

消掉 m，得到：

$a = g*\sin \theta - (g*\cos \theta)*\mu_k$

$a = g*(\sin \theta - \mu_k*\cos \theta)$

你可以使用这个精确的模型来移动物体，也就是，每一次，你可以通过 $g*(\sin \theta - \mu_k*\cos \theta)$ 增加物体在 x 轴正方向的速率。这有一个问题：这个问题能用坐标系旋转解决！有个窍门——既然知道斜面的角度，我们可以算出沿斜面向下指的矢量：

$x_{plane} = \cos \theta$

$y_{plane} = -\sin \theta$

$Slide\_Vector = (\cos \theta, -\sin \theta)$

负号在 y 分量上，因为它处于 -y 方向。利用这个矢量我们每个周期都可以使物体向正确的方向移动——这样做似乎有一点点偷懒的嫌疑，但效果还不错。下面的代码可以执行平移和速率跟踪：

```
// Inputs
float x_pos    = SX, // starting point of mass on plane
     y_pos     = SY,
     y_velocity = 0, // initial y velocity
```

```
          x_velocity = 0,  // initial x velocity
          x_plane    = 0,  // sliding vector
          y_plane    = 0,
          gravity    = 1,  // do want to fall too fast
          velocity   = INITIAL_VEL, // whatever

          // must be in radians and it must be greater
          // than the critical angle
          angle      = PLANE_ANGLE, // compute velocities in x,y

          frictionk  = 0.1; // frictional value
   // compute trajectory vector
   x_plane = cos(angle);
   y_plane = sin(angle); // no negative since +y is down

   // do slide loop until object hits
   // bottom of screen at SCREEN_BOTTOM
   while(y_pos < SCREEN_BOTTOM)
        {
        // update position
        x_pos+=x_velocity;
y_pos+=y_velocity;

        // update velocity
        x_vel+=x_plane*gravity*(sin(angle) - frictionk *cos(angle));
        y_vel+=y_plane*gravity*(sin(angle) - frictionk *cos(angle));

        } // end while
```

进行物理建模的关键是要理解物理学，这样才能正确地建模。在斜面的例子中，基本上把所有的概念都用到了，最后我们得出——加速度是斜面角度的函数（我们通过常识就能知道）这样的概念。然而，在《3D 游戏编程大师技巧》[1]中，我将利用数值积分介绍更多的真实的物理学概念，在那些例子中，你时刻都需要知道实际作用的模型和力。

13.5　基本的特殊碰撞反应

前面，我介绍过有两种碰撞：弹性碰撞和非弹性碰撞。弹性碰撞中碰撞物体的动能和动量都守恒。而非弹性碰撞中，碰撞物体的动能和动量不守恒，有些能量转化为热量或用作机械变形。

大多数视频游戏中根本不采用非弹性碰撞，而坚持采用弹性碰撞，因为非弹性碰撞的计算非常麻烦。在我告诉你正确地做法之前，让我们先开动脑筋。既然对弹性碰撞和线性弹性碰撞一窍不通的游戏程序员能够仿造出碰撞的效果，我们应该也能够才对。

13.5.1　简单的 x,y 反弹物理

图 13-20 描述了游戏中一个相当常见的碰撞问题，即把物体从屏幕的边界反弹回来。假设物体的初速率为（xv,yv），物体能够撞到屏幕四条边中的任一条。如果物体与另一个质量比它大得多的物体相撞，那么问题就会简单得多，因为我们只需要计算出一个物体碰撞后的情况，而不是两个。撞球台就是一个很好的例子。球的质量相对于撞球台来说是非常小的。

---

[1] 编者著：《3D 游戏编程大师技巧（上、下册）》已经由人民邮电出版社于 2012 年 7 月出版。（ISBN 978-7-115-28279-8，定价 148 元。）

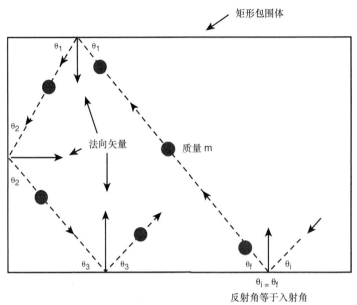

图 13-20　反弹的球

　　当球撞到球台一边时，球就会从球台的这边弹回，弹回的角度等于开始运动轨迹的角度，并与之相反。如图 13-20 所示。因此，当我们需要将一个物体从类似撞球台的环境中弹回（这个环境由质量很大的硬边组成），我们先计算硬边的法向矢量；再计算物体撞击时的运动方向。如图 13-21 所示，撞击时的角度与弹回后的角度相等。

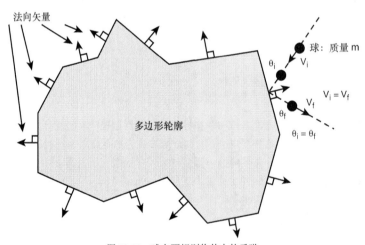

图 13-21　球在不规则物体上的反弹

　　虽然上面所说的没有一般弹性碰撞那么复杂，但还是需要用到一些三角学知识，也就是说有优化的可能！当然使问题简单化的窍门就是把你所需要建立的物理模型了解个透彻。当你具备了所有的条件。那么你可以看看你是否能够通过其他方式解决这个问题。下面是一条技巧：思考问题时不依据角度而是依据结果。比如，物体撞在东面或西面的一堵墙上，那么你可把 x 速率反向，而不用考虑 y 速率。同样对于北墙和南墙，你可把 y 速率反向，而不用考虑 x 速率。代码如下：

```
// given the object is at x,y with a velocity if xv,yv
// test for east and west wall collisions
if (x >= EAST_EDGE || x <= WEST_EDGE)
  xv=-xv; // reverse x velocity

// now test for north and south wall collisions
if (y >= SOUTH_EDGE || y <= NORTH_EDGE)
  yv=-yv; // reverse y velocity
```

当然，这只能简化物体在垂直和水平障碍物上的反弹。你将不得不对那些不和 x 或 y 轴平行的墙或其他障碍物使用更为普适的角度计算。

技巧

如果你想采用上述的技术来近似地实现物体互相反弹的效果，可以假定每个物体在其他物体看来都是一个矩形。这样进行碰撞并重新计算速率的算法，如图 13-22 所示。

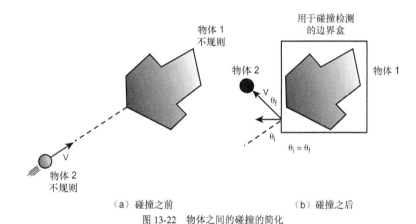

（a）碰撞之前   （b）碰撞之后

图 13-22 物体之间的碰撞的简化

为了演示上述这些技术，我编写了一个演示程序，名为 DEMO13_6.CPP|EXE（16 位版本是 DEMO13_6_16B.CPP|EXE）。演示程序中有个撞球台模型，上面有一些不停弹来弹去的球。图 13-23 展示了一幅截图。注意到游戏中的球与球并不相撞。这些球只和球台边发生碰撞。

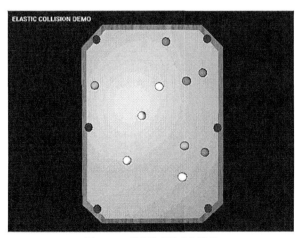

图 13-23 简单的碰撞球台模型

13.5.2　计算任意方向上的平面碰撞反应

如果你想写一个挡板撞球游戏，使用长方形作为边界碰撞容器就可以了，但既然现在都是 21 世纪了，我们应该做得更好一些！我们需要做的就是推导出一个适用于平面上矢量反射的反射公式，如图 13-24（a）所示。图 13-24（a）处于 2D 环境（3D 环境也是一样的）。解决这个问题，首先我们必须做一个假设，这个假设是当一个小物体与墙壁发生完全弹性碰撞。我们已经可以得出结论：物体弹回的角度和碰撞前的角度相同。因此，相对于平面的法矢量的反射角度（物体碰撞后离开边界的角度）和入射角度（碰撞前的入射角度）相等。现在，我们来看看相应的数学知识。

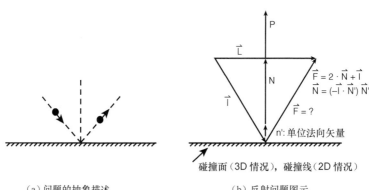

（a）问题的抽象描述　　　　（b）反射问题图示

图 13-24　矢量反射问题

解该问题只要用到矢量几何方法，但并不算太简单。

提示

如果你想得到一份游戏编程的工作，我敢保证公司在面试的时候会问你这个问题，因为这个问题乍看是挺复杂的。幸运的是你刚好看了这部分，答案脱口而出。于是面试人会认为你是个天才！下面我们开始。

图 13-24（b）描述了这个问题。注意到在这里没有 x 轴和 y 轴。由于我们使用矢量，所以就不需要 x 轴和 y 轴，同时我也想使问题的形式更为一般化。

这个问题可以描述为：

给定一个初始矢量方向 I 及垂直平面的法线 N'。确定 F。

现在我们来说说法向矢量。法向矢量 N 是 P 单位化后的形式。但 P 是什么呢？N 是垂直于平面或直线（就是球击中并反弹的对象）的垂线。P 有不止一种计算方法；可以预先计算出 P，然后存储在一个数据结构中；也可以在需要时才临时计算。

不同的“墙壁”表示法对应着不同的计算公式。比方说，如果该墙壁是 3D 空间中的一块平面，那么我们可以根据平面的点法式得到 P：

$n_x(x - x_0) + n_y(y - y_0) + n_z(z - z_0) = 0$

法向矢量 P $= <n_x, n_y, n_z>$。为确定法线是否标准化或是一个单位矢量，那么就要把每个分量都除以矢量长度。

$N' = <n_x, n_y, n_z> / |P|$

式中的 |P| 是长度，可以通过下面的公式计算得出：

$|P| = sqrt(n_x^2 + n_y^2 + n_z^2)$

一般说来，矢量的长度是矢量各分量的平方和的平方根。

另一方面，如果碰撞线是 2D 直线或线段，可以通过找出任一垂直于碰撞线的矢量计算出法线或垂线。如果在 2D 环境中直线以两点式表示，如图 13-25 所示：

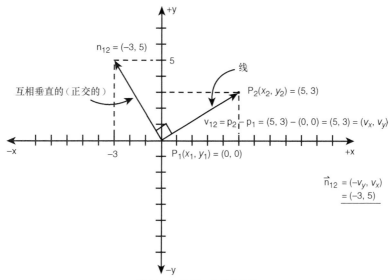

图 13-25　计算一条线的垂线

设有：$P_1(x_1, y_1)$　，$P_2(x_2, y_2)$

那么，从 P_1 到 P_2 的矢量为

V_{12} = <$x_2 - x_1$, $y_2 - y_1$> = <v_x, v_y>

用这个技巧可以得到垂线：

P_{12} = <n_x, n_y> = <$-v_y$, v_x>

这个技巧是基于对点积的定义，即矢量与自身的法矢的点积等于 0，即：

V_{12} . N_{12} = 0

<v_x, v_y> . <n_x, n_y> = 0

或

$v_x * n_x + v_y * n_y = 0$

使得上式成立的条件是 $n_x = -v_y$, $n_y = v_x$：

$v_x * (-v_y) + v_y * (v_x) = -v_x * v_y + v_x * v_y = 0$

好的，你已经知道怎样得到法向矢量，当然你需要使之标准化，确定它的长度等于 1.0，因此计算 N' = P/|P|，即：

N' = <$-v_y$, v_x>/sqrt(($-v_y$)² + v_x²)

继续推导。在这点上我们得到法向矢量 N'，由于 N 在 N' 边上，注意不要在图上把 N' 与 N 混淆，但 N' 与 P 没有任何关系。N 是 I 在 N' 上的投影。投影类似阴影。如果我用一束光照射物体的左侧，光的方向是从左到右，那么 N 就是 I 的在 N' 轴上的阴影或投影。这个投影就是我们需要的 N。求出 N 后，我们可以用简单的矢量几何计算得出 F，首先，N 等于：

N = (-I . N')*N'

从公式中可以看出 N 等于 -I 和 N' 的点积乘以 N'。我们把这个公式拆成两部分。第一部分块（-I·N'）只是一个标量长度（例数 5）；不是矢量。这是点积的一个应用；如果你想得到一个矢量（垂线）的阴影，那么你可以用这个矢量同投影方向上的单位矢量点积，因此你可以得到任意方向上的矢量分量。因此，第一部分（-I·N'）给你一个值（-1 是为了翻转 I 方向）。但你需要一个矢量 N，所以你要把这个数值与单位矢量 N' 相乘（矢量乘法），然后就得出 N 了。

有了 N 作为以后计算的基础，通过一些矢量计算就可以得出 F：

```
L = N + I
```
且
```
F = N + L
```
将 L 代入 F，
```
F = N + (N + I)
```
所以，
```
F = 2*N + I
```
将这行公式牢牢映在脑海里。

13.5.3　矢量反射示例

从前当我学习数学的时候，我总是看到类似这样的说法："R 是与 Q 的核同质的一个闭环。"要是那时候的我时不时能看到一些例题，我就不会那么一头雾水了！下面我将对我们的问题给出一个例子。

图 13-26 描述了整个问题。使一个反弹平面与 x 轴平行，这样可以使问题简单化。

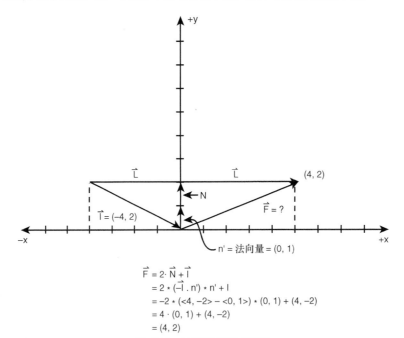

图 13-26　矢量反射的数值实例

物体的初始速率矢量是 **I=<4, -2>,N'=<0,1>**，我们需要计算 **F**。把值代入公式：

```
F =  2*N + I
  =  2*(-I . N')*N' + I
  = -2*(<4,-2> . <0,1>)*<0,1> + <4,-2>
  = -2*(4*0 + -2*1)*<0,1> + <4,-2>
  = 4*<0,1> + <4,-2>
  = <0,4> + <4,-2>
  = <4,2>
```

如图 13-26 所示，你知道这是正确的答案！现在，我们只忽略了一个细节问题：确定何时球或物体击中平面或线。

13.5.4　线段的交点

你可能想自己解决这个问题，但我可以帮助你。基本上这个问题是一个线段相交的计算。但需要注意的是现在我们要判断线段相交，而不是直线相交，这就是和前面的差别。直线在两端无限延长，而线段在两端都有限制，如图 13-27 所示。

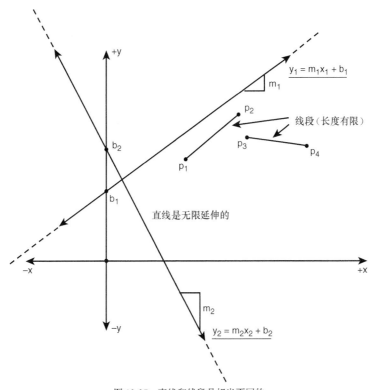

图 13-27　直线和线段是相当不同的

这个问题可以简化为：一个运动中的物体具有速度矢量 V_i，我们想测试物体是否能够穿过碰撞平面或线。如果物体的速率为 V_i，那么一帧或一单位时间过后，物体所处的位置为（x_0, y_0）+V_i，或用分量表示：

$$x_1 = x_0 + v_{ix}$$
$$y_1 = y_0 + v_{iy}$$

因此，你可以把速率矢量看作一条引导（我们所画的）物体行进的线段。换句话说，我们想要确定是否存在线段交点(x,y)。下面是计算过程：

● 物体矢量线段：$S_1 = <p_1(x_1, y_1) - p_0(x_0, y_0)>$
● 边界线段：$S_2 = <p_3(x_3, y_3) - p_2(x_2, y_2)>$

你需要得到一个精确的交点（x,y），所以当你计算反射矢量 F 时，应该把 F 的初始位置定在（x,y）上。如图 13-28 所示。这个问题看起来很简单，但实际上并不像你想的那样容易。因为虽然这些线段是线，但它们的长度是受限制的，所以即使线段的延长线可能相交，但线段却不一定相交。如图 13-29 所示。因此，你不仅需要确定在线段在哪相交，而且你需要确定这个交点是否同时在两条线段上！这相对要难一些。

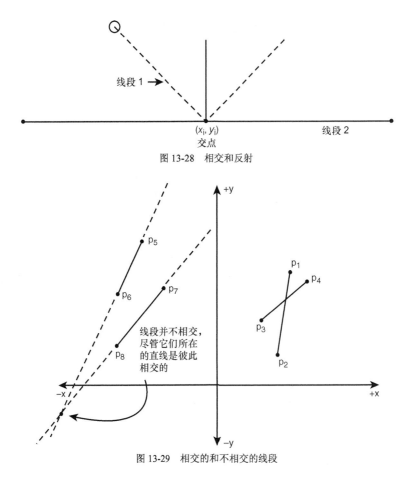

图 13-28　相交和反射

图 13-29　相交的和不相交的线段

解决这个问题的窍门就是每条线段都用参数式（parametric）来表示。我假定 U 为 S_1 上任意一点的位置矢量，V 为 S_2 上任意一点的位置矢量：

- 公式 1：$U = p_0 + t*S_1$
- 公式 2：$V = p_2 + s*S_2$

约束条件：$(0 <= t <= 1)$, $(0 <= s <= 1)$。

如图 13-30 所示。

图中我们可以看到，当 t 从 0 变到 1 时，从 p0 到 p1 的线段就会完全被描绘出来。同样，当 s 从 0 到 1 时，从 p2 到 p3 的线段也会描绘出来。现在我们有充分条件解决这个问题了。我们用公式 1、2 解出 s、t。把得到的值代入这两个公式的任意一个中去，得到交点（x, y）。而且，如果我们发现 s 或 t 不在（0, 1）的范围内，那么我们就知道交点不在线段上。我不准备列出完整的推导过程，因为这个推导过程在很多数学书中都可以找到，我只给出其中的关键部分：

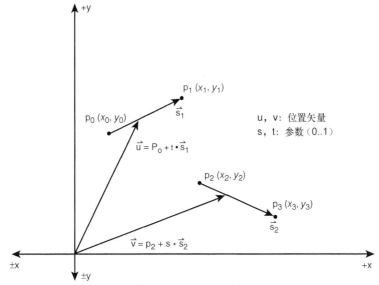

图 13-30　U 和 V 的参数表示

假设:
U = p₀ + t*S₁
V = p₂ + s*S₂

$$U = p_0 + t*S_1$$
$$V = p_2 + s*S_2$$

当 **U = V**，解出(s,t)，
$$p_0 + t*S_1 = p_2 + s*S_2$$

$$s*S_2 - t*S_1 = p_0 - p_2$$

把上式分解成(x,y)分量:
$$s*S_{2x} - t*S_{1x} = p_{0x} - p_{2x}$$
$$s*S_{2y} - t*S_{1y} = p_{0y} - p_{2y}$$

现在是两个方程式，两个未知数，放到矩阵中，解出(s,t):

$$\begin{vmatrix} S_{2x} & -S_{1x} \\ S_{2y} & -S_{1y} \end{vmatrix} \begin{vmatrix} s \\ t \end{vmatrix} = \begin{vmatrix} (p_{0x} - p_{2x}) \\ (p_{0y} - p_{2y}) \end{vmatrix}$$

$$\quad A \qquad\qquad X = \qquad B$$

利用克莱姆法则得到:

$$s = \dfrac{\operatorname{Det}\begin{vmatrix}(p_{0x} - p_{2x}) & -S_{1x} \\ (p_{0y} - p_{2y}) & -S_{1y}\end{vmatrix}}{\operatorname{Det}\begin{vmatrix}S_{2x} & -S_{1x} \\ S_{2y} & -S_{1y}\end{vmatrix}} \qquad t = \dfrac{\operatorname{Det}\begin{vmatrix}S_{2x} & (p_{0x} - p_{2x}) \\ S_{2y} & (p_{0y} - p_{2y})\end{vmatrix}}{\operatorname{Det}\begin{vmatrix}S_{2x} & -S_{1x} \\ S_{2y} & -S_{1y}\end{vmatrix}}$$

数学

克莱姆法则是说你可以通过计算 $x_i = \operatorname{Det}(A_i)/\operatorname{Det}$ 得出方程组 AX=B 的解。A_i 是用 B 的第 i 列取代 A 的第 i 列而形成的矩阵。

数学

通常，一个矩阵的行列式（Determinate, Det）计算起来是相当复杂的。但对于 2×2 或 3×3 的矩阵是很容易记住的。给定一个 2×2 矩阵，行列式可以这样计算出来:

```
A = |a b|  Det(A) = (a*d - c*b)
    |c d|
```

展开所有的行列式，得到

```
s = (-S1y*(p0x-p2x) + S1x*(p0y-p2y))/(-S2x*S1y + S1x*S2y)
t = ( S2x*(p0y-p2y) - S2y*(p0x-p2x))/(-S2x*S1y + S1x*S2y)
```

得出（s,t）后，可以把任意一个值代入

```
U = p0 + t*S1
V = p2 + s*S2
```

从而解出 U(x,y)或 V(x,y)。然而，s、t 必须在(0..1)范围内才有效。若其中一个没有落在这个范围内，线段就没有交点。如图 13-31 所示，我们来验证一下数学推理是否正确。

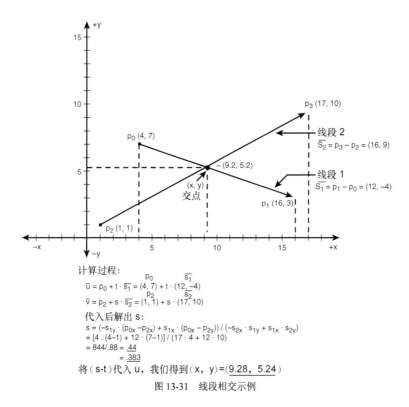

图 13-31　线段相交示例

技巧

如果线段的边界框没有重叠，就没有必要测试它们的交点。

p0=(4,7)，p1=(16,3)， S1=p1-p0=<12,-4>
p2=(1,1)，p3=(17,10)，S2=p3-p2=<16,9>

我们知道

```
s = (-S1y*(p0x-p2x) + S1x*(p0y-p2y))/(-S2x*S1y + S1x*S2y)
t = (S2x*(p0y-p2y) - S2y*(p0x-p2x))/(-S2x*S1y + S1x*S2y)
```

代入所有已知的值，得到：

```
s = (4*(4-1) + 12*(7-1))/(17*4 + 12*10)  = 0.44
t = (17*(7-1) - 10*(4-1))/ (17*4 + 12*10) = 0.383
```

由于 s 和 t 都>=0 而且<=1，所以我们知道我们有一个有效交点，接下来 s 和 t 都可以用来求解交点（x,y）。我们用 t 试试。

```
U(x,y) = p₀ + t*S₁
       = <7,7> + t*<12,-4>
```

给 t 代入 0.44，得到：

```
= <7,7> + 0.44*<12,-4> = (9.28, 5.24)
```

这就是真正的交点。数学是不是很有趣？

我创建了一个使用了所有这些技术的演示程序，演示一个球在一个不规则形状多边形里面弹跳。参见 DEMO13_7.CPP|EXE（16 位版本是 DEMO13_7_16B.CPP|EXE）。如图 13-32 所示。试试修改一些代码，改变多边形的形状。

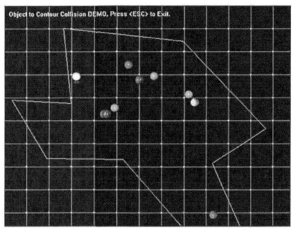

图 13-32　困兽犹斗——不规则多边形中的反弹球演示

最后，当发现一个碰撞轨迹矢量，你可能想试试使用另一种启发式方法。在前面的例子中，我们用速率矢量作为测试段。事实上，可以创建一个长度等于球的半径并且垂直于测试边界的矢量。这样可以得到比较严格的碰撞，但这较为复杂，我想把这当作业留给读者。

13.6　实际 2D 物体间的精确碰撞响应（高级）

我之所以到现在才讲述该部分，是因为我想让你有一个完整的关于动力和碰撞问题的解决思路，而且要对二者进行数学计算。但是像 Dr. Brown 在《Back to the Future》一书中所说："路？对于我们真正要去的地方，根本就不需要路……"计算实际物体间的真实碰撞反应并不简单，还是让我们从头开始吧！

图 13-33 描述了我们想解决的问题。其中有两个通过 2D 环或 3D 球状建模的物体，各自都有质量和初始运行轨道。我们需要计算出当它们碰撞之后的轨迹或速度。我们已经在"线性动量的物理性质：守恒与传递"一节中了解过这一点了，那时我们得出了如下的方程：

线性动量守恒：

$$m_a*v_{ai} + m_b*v_{bi} = m_a*v_{af} + m_b*v_{bf}$$

动能守恒：

$$1/2*m_a*v_{ai}^2 + 1/2*m_b*v_{bi}^2 = 1/2*m_a*v_{af}^2 + 1/2*m_b*v_{bf}^2$$

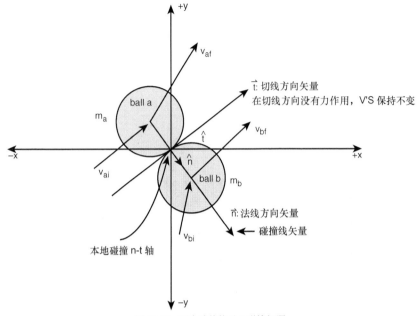

图 13-33　两个球体的对心碰撞问题

联立两个方程并求解出最后的速度，我们可以得到

$$v_{af} = (2*m_b*v_{bi} + v_{ai}*(m_a - m_b))/(m_a + m_b)$$
$$v_{bf} = (2*m_a*v_{ai} - v_{bi}*(m_a - m_b))/(m_a + m_b)$$

这些方程对于完全弹性碰撞是正确的。然而却有一个问题，那就是它们是一维的。而我们所要解决的是二维问题（类似撞球台），这更复杂一些。让我们从已知条件着手。

我们知道，球（2D 表示）有质量 m；而且制作两个球的材料是均匀的，其质心位于球心。接着，我们知道当两个真的球相互撞击时，两个球会瞬间产生压缩形变，一部分动能转变成热能，然后球体发生恢复形变，最后分开。这就是所谓碰撞事件，如图 13-34 所示。

碰撞事件由两个独立阶段组成。先是压缩形变（*Deformation*），在两个球第一次接触并且以相同的速度移动时发生。在压缩形变阶段结束后恢复（*Restoration*）阶段的开始，并且一直持续到两个球分开。由于在碰撞事件发生时有许多我们不能用计算机模型化的复杂物理现象发生，因此我们必须对碰撞做一些假设来简化问题。不用太担心，即使作了一些假设，在模拟时它看起来仍然非常逼真！所做的假设如下：

● 碰撞的时间非常短，记为 *dt*。
● 碰撞时球的位置并不变化。
● 球的速率可以做显著的改变。
● 在碰撞时没有摩擦力作用。

假设 3 是我惟一需要阐明的，因为我觉得其他几条都很容易理解。要想让假设 3 成立，一个瞬间力必须在碰撞时加入。这个力被称做冲力（Impulse Force）。这是解决问题的关键。当球相撞时就会产生一个巨大但持续很短的力——冲力。我们可以计算出冲量，并且提出另一个方程来帮助解决 2D 问题。这里要用高等数学的微积分知识，所以我暂时略过它。结果是产生了一些碰撞事件中用来刻画物理现象的系数：

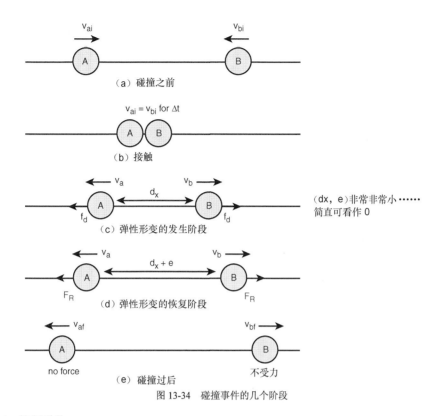

图 13-34　碰撞事件的几个阶段

方程 1：恢复系数

$$e = \frac{v_{bf} - v_{af}}{v_{bi} - v_{ai}}$$

方程 1 可以求得 e，它称为恢复系数（coefficient of restitution）。它刻画在碰撞之前和之后速度和动能的损失程度。如果你设定 e 为 1 那么模拟就是完全弹性碰撞。换句话说，如果 e<1 的话就是模拟非完全弹性碰撞，而且碰撞后的球速和线性动量都会有所损失。现在问题是如何计算 e？答案是要么自己设或查找一个合适的值。有趣的是，如果你联立动量守恒方程：

```
ma*vai + mb*vbi = ma*vaf + mb*vbf
```

你就会得到下面的结果：

方程 2：最终的速率

```
vaf = ((e+1)*mb*vbi + vai*(ma − e*mb))/(ma + mb)
vbf = ((e+1)*ma*vai - vbi*(ma − e*mb))/(ma + mb)
```

是不是很有趣？几乎和我们联立动能方程与线性动量方程时得出的公式一样。事实上我们在联解动能方程与线性动量方程时所做的假设是动能完全守恒。如果我们现在设定 e=1，我们就会得出这样的结果：

```
vaf = ((1+1)*mb*vbi + vai*(ma − 1*mb))/(ma + mb)
vbf = ((1+1)*ma*vai - vbi*(ma − 1*mb))/(ma + mb)
```

或

```
vaf = (2*mb*vbi + vai*(ma − mb))/(ma + mb)
vbf = (2*ma*vai - vbi*(ma − mb))/(ma + mb)
```

这些就是动能和线性动量守恒情况下的公式。看来我们走对路了。由方程 1 和 2 可以解决这个问题。

但是问题是方程仍然是针对一维的，所以我们需要列出针对 2D 的方程组，然后找到解。

返回到图 13-33，你可以看到有两个分别额外的标记为 n 和 t 的轴。n 轴是碰撞线的方向，t 轴或切线轴垂直于 n 轴。假设我们已经计算出代表这些轴的矢量（稍后我会演示），那么就可以列出几个方程。

我们要列出的第一系列方程同碰撞前后的速度切线分量有关。因为没有摩擦力和外力作用在碰撞线的切线方向（相信我），切向的线性动量在碰撞前后一定是守恒的（由此可知速度也是保持不变的），对吗？如果没有力，这一点一定是正确的，这样我们就可以写出

方程 3：最初与最后的切向动量/速度间的关系。

$m_a*(v_{ai})t = ma(v_{af})t$
$m_b*(v_{bi})t = mb(v_{bf})t$

如果你愿意，可以合起来这样写：

$m_a*(v_{ai})t + m_b*(v_{bi})t = m_a(v_{af})t + m_b(v_{bf})t$

数学

我采用的记号很简单；（a,b）代表球，（i,f）代表起点或终点，（n,t）代表沿着 n 轴或 t 轴的分量。

既然质量在碰撞前后是相同的，我们就可以消掉质量，从而得出速度也是相同的：

方程 4：碰撞前后的速度在切向上是相同的

$(v_{ai})t = (v_{af})t$
$(v_{bi})t = (v_{bf})t$

我们已经解决了问题的一半：我们知道了切向的最后速度。接下来让我们计算法向（或碰撞线 n 方向）上的最后速度。我们知道线性动量总是守恒的——因为碰撞时没有外力作用在球上。因此我们还可以列出：

方程 5：线性动量在 **n** 轴或碰撞线方向上守恒

$m_a*(v_{ai})n + m_b*(v_{bi})n = m_a*(v_{af})n + m_b*(v_{bf})n$

我们也可以对 **n** 轴计算出 e：

方程 6：**n** 轴上的恢复系数：

$$e = \frac{(v_{bf})n - (v_{af})n}{(v_{bi})n - (v_{ai})n}$$

现在让我们看一看我们得到的公式。如果你看一下方程 5 和 6，我用粗体标出了我们没有的变量：（v_{af}）n 和（v_{bf}）n。只是最后速度的法向分量。对了，我们有两个方程和两个未知数，所以可以将其解出来。但我们已经有了答案！方程 2 可以用在任意轴上，所以我重写一遍沿 n 方向的分量：

方程 7：法线方向的最后速度

$v_{af} = ((e+1)*m_b*(v_{bi})n + (v_{ai})n*(m_a - e*m_b))/(m_a + m_b)$
$v_{bf} = ((e+1)*m_a*(v_{ai})n - (v_{bi})n*(m_a - e*m_b))/(m_a + m_b)$

就是这样了！

13.7 解决 n-t 坐标系统

现在我们已经有了碰撞响应的结果，接下来需要搞清楚如何得到（v_{ai}）**n**、（v_{ai}）**t**、（v_{bi}）**n**、（v_{bi}）**t** 的初始值，有了这些初始值后后我们又必须把 **n-t** 轴中的值转换回 x、y 轴系统中。让我们首先找出矢量 **n** 和 **t**。

要找到 **n** 我们就需要一个方向是从球 A(x_{a0}, y_{a0}) 的中心到球 B(x_{b0}, y_{b0}) 的中心的单位矢量（长度等于 1.0）。让我们找出这个矢量，把它命名为 **N**，然后标准化：

方程 8：**n** 和 **t** 的计算
N = B − A = <$x_{b0} - x_{a0}$，$y_{b0} - y_{a0}$>
将 N 标准化成 **n**，我们得到
n = N/|N| = <n_x, n_y>

现在我们需要垂直于 **n** 的切向轴 **t**。我们可以再一次使用矢量几何来找到它，但也可以使用一个技巧：如果我们把 **n** 逆时针旋转 90 度，就是我们想要的矢量。如果一个 2D 矢量<x,y>在一个平面上逆时针旋转 90 度，那么旋转后的矢量就是 **t**=<-y,x>=<t_x, t_y>。如图 13-35 所示。

逆时针旋转而得正交矢量

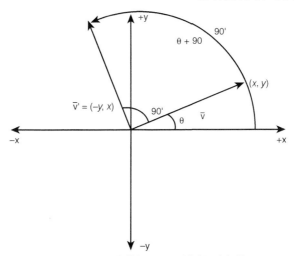

图 13-35　旋转矢量 90° 以求得正交矢量

既然我们有了 n 和 t，而且它们都是单位矢量，万事俱备。接下来我们用 n 和 t 表示 A 和 B 的初速度，分别为：

v_{ai}=<x_{vai}, y_{vai}>
v_{bi}=<x_{vbi}, y_{vbi}>

方法是利用点积。为了求出(V_{ai})**n** 即球 A 沿 **n** 轴的初速度分量，可以这样计算：

$(v_{ai})n = v_{ai}$. $n = $<$x_{vai}$, y_{vai}> . <n_x, n_y>
　　　$= (x_{vai}$*nx $+ y_{vai}$* $n_y)$.

记住该结果是个标量。同样地，在方程 9 中计算出其他初速度。

方程 9：v_{ai} 沿 **n** 和 **t** 的速度分量：

$(v_{ai})n = v_{ai}$. $n = $<$x_{vai}$, y_{vai}> . <n_x, n_y>
　$(x_{vai}$*n_x $+ y_{vai}$* $n_y)$
$=$
$(v_{ai})t = v_{ai}$. $t = $<$x_{vai}$, y_{vai}> . <t_x, t_y>
　　　$= (x_{vai}$*t_x $+ y_{vai}$* $t_y)$

v_{bi} 沿 **n** 和 **t** 的速度分量：

$(v_{bi})n = v_{bi}$. $n = $<$x_{vbi}$, y_{vbi}> . <n_x, n_y>
　　　$= (x_{vbi}$*n_x $+ y_{vbi}$* $n_y)$

$(v_{bi})t = v_{bi}$. $t = $<$x_{vbi}$, y_{vbi}> . <t_x, t_y>
　　　$= (x_{vbi}$*t_x $+ y_{vbi}$* $t_y)$

现在我们可以着手彻底解决问题了。步骤如下：

计算 **n** 和 **t**（用方程 8）。

计算出 v_{ai} 和 v_{bi} 在 **n** 向或 **t** 向上的分量大小（用方程 9）。

把值代入方程 7 中所示的最后速度，记住最后速度的切向值与初始值相同。

解出的答案是在 **n-t** 轴坐标系中的，所以应当转换回 x、y 坐标系统。

我要把第 4 步留给你来完成。现在让我们来谈论张量。哈哈，我只是开个玩笑而已。还是让我们把这第 4 步说完吧。现在我们有最后的速度值：

n,t 坐标系中 A 球的最后速度：

$(v_{af})_{nt} = <(v_{af})n, (v_{af})t>$

n,t 坐标系中 B 球的最后速度：

$(v_{bf})_{nt} = <(v_{bf})n, (v_{bf})t>$

现在让我们不考虑碰撞，光考虑矢量几何。如图 13-36 所示，该图描述了我们的问题。

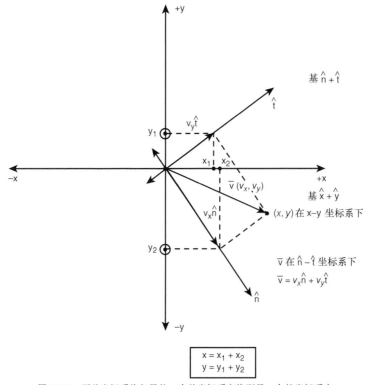

图 13-36　平移坐标系将矢量从一个基坐标系变换到另一个基坐标系中

很明显，我们要把 **n**，**t** 坐标系中的一个矢量变换到 x，y 坐标系统。但是怎样做呢？再一次我们可以使用用点积。看一看图 13-36 中的矢量 $(V_{af})_{nt}$，不考虑 **n**，**t** 轴。我们只要 x，y 系统中的 $(V_{af})_{nt}$。为了计算它，我们需要沿 x 和 y 轴分解 $(V_{af})_{nt}$，用点积可以求出它们来。我们所需进行的是下面的点积：

球 A 在 **n,t** 系统中速度为 V_a

$v_a = (v_{af})n * n + (v_{af})t * t$
$\quad\ (v_{af})n * <n_x, n_y> + (v_{af})t * <t_x, t_y>$

用点积表示为：

$x_{af} = <n_x, 0> . (v_{af})n + <t_x, 0> . (v_{af})t$
$\quad\ = n_x*(vaf)n + tx*(vaf)t$

$$y_{af} = <0,n_y> . (v_{af})n + <0,t_y> . (v_{af})t$$
$$= n_y*(v_{af})n + t_y*(v_{af})t$$

至于球 B：

$$v_b = (v_{bf})n * n + (v_{bf})t * t$$
$$(v_{bf})n *<n_x,n_y> + (v_{bf})t * <t_x,t_y>$$

用点积表示为：

$$x_{bf} = <n_x,0> . (v_{bf})n + <t_x,0> . (v_{bf})t$$
$$= n_x*(v_{bf})n + t_x*(v_{bf})t$$

$$y_{bf} = <0,ny> . (v_{bf})n + <0,t_y> . (v_{bf})t$$
$$= n_y*(v_{bf})n + t_y*(v_{bf})t$$

用上述速度把球发射出去，你就大功告成了！我个人觉得代码比数学推导更容易理解，所以接下来我列出下一个演示程序中的碰撞算法部分代码：

```
void Collision_Response(void)
{
// this function does all the "real" physics to determine if there has
// been a collision between any ball and any other ball; if there is a
// collision, the function uses the mass of each ball along with the
// initial velocities to compute the resulting velocities
// from the book we know that in general
// va2 = (e+1)*mb*vb1+va1(ma - e*mb)/(ma+mb)
// vb2 = (e+1)*ma*va1+vb1(ma - e*mb)/(ma+mb)

// and the objects will have direction vectors co-linear to the normal
// of the point of collision, but since we are using spheres here as the
// objects, we know that the normal to the point of collision is just
// the vector from the centers of each object, thus the resulting
// velocity vector of each ball will be along this normal vector direction

// step 1: test each object against each other object and test for a
// collision; there are better ways to do this other than a double nested
// loop, but since there are a small number of objects this is fine;
// also we want to somewhat model if two or more balls hit simultaneously

for (int ball_a = 0; ball_a < NUM_BALLS; ball_a++)
    {
    for (int ball_b = ball_a+1; ball_b < NUM_BALLS; ball_b++)
      {
      if (ball_a == ball_b)
        continue;

      // compute the normal vector from a->b
      float nabx = (balls[ball_b].varsF[INDEX_X] −
              balls[ball_a].varsF[INDEX_X] );
      float naby = (balls[ball_b].varsF[INDEX_Y] −
              balls[ball_a].varsF[INDEX_Y] );
      float length = sqrt(nabx*nabx + naby*naby);

      // is there a collision?
      if (length <= 2.0*(BALL_RADIUS*.75))
        {
        // the balls have made contact, compute response

        // compute the response coordinate system axes
        // normalize normal vector
        nabx/=length;
        naby/=length;
```

```
            // compute the tangential vector perpendicular to normal,
            // simply rotate vector 90
            float tabx =  -naby;
            float taby =  nabx;

            // draw collision
            DDraw_Lock_Primary_Surface();

            // blue is normal
            Draw_Clip_Line(balls[ball_a].varsF[INDEX_X]+0.5,
              balls[ball_a].varsF[INDEX_Y]+0.5,
              balls[ball_a].varsF[INDEX_X]+20*nabx+0.5,
              balls[ball_a].varsF[INDEX_Y]+20*naby+0.5,
              252, primary_buffer, primary_lpitch);
            // yellow is tangential
            Draw_Clip_Line(balls[ball_a].varsF[INDEX_X]+0.5,
              balls[ball_a].varsF[INDEX_Y]+0.5,
              balls[ball_a].varsF[INDEX_X]+20*tabx+0.5,
              balls[ball_a].varsF[INDEX_Y]+20*taby+0.5,
              251, primary_buffer, primary_lpitch);

            DDraw_Unlock_Primary_Surface();

            // tangential is also normalized since
            // it's just a rotated normal vector

            // step 2: compute all the initial velocities
            // notation ball: (a,b) initial: i, final: f,
            // n: normal direction, t: tangential direction

            float vait = DOT_PRODUCT(balls[ball_a].varsF[INDEX_XV],
                              balls[ball_a].varsF[INDEX_YV],
                              tabx, taby);

            float vain = DOT_PRODUCT(balls[ball_a].varsF[INDEX_XV],
                              balls[ball_a].varsF[INDEX_YV],
                              nabx, naby);

            float vbit = DOT_PRODUCT(balls[ball_b].varsF[INDEX_XV],
                              balls[ball_b].varsF[INDEX_YV],
                              tabx, taby);

            float vbin = DOT_PRODUCT(balls[ball_b].varsF[INDEX_XV],
                              balls[ball_b].varsF[INDEX_YV],
                              nabx, naby);


            // now we have all the initial velocities
            // in terms of the n and t axes
            // step 3: compute final velocities after
            // collision, from book we have
            // note: all this code can be optimized, but I want you
    // to see what's happening :)

            float ma = balls[ball_a].varsF[INDEX_MASS];
            float mb = balls[ball_b].varsF[INDEX_MASS];

            float vafn = (mb*vbin*(cof_E+1) + vain*(ma - cof_E*mb))
                    / (ma + mb);
            float vbfn = (ma*vain*(cof_E+1) - vbin*(ma - cof_E*mb))
                    / (ma + mb);
```

```
          // now luckily the tangential components
          // are the same before and after, so
          float vaft = vait;
          float vbft = vbit;
          // and that's that baby!
          // the velocity vectors are:
          // object a (vafn, vaft)
          // object b (vbfn, vbft)

          // the only problem is that we are in the wrong coordinate
          // system! we need to
          // translate back to the original x,y
          // coordinate system; basically we need to
          // compute the sum of the x components relative to
          // the n,t axes and the sum of
          // the y components relative to the n,t axis,
          // since n,t may both have x,y
          // components in the original x,y coordinate system

          float xfa = vafn*nabx + vaft*tabx;
          float yfa = vafn*naby + vaft*taby;

          float xfb = vbfn*nabx + vbft*tabx;
          float yfb = vbfn*naby + vbft*taby;

          // store results
          balls[ball_a].varsF[INDEX_XV] = xfa;
          balls[ball_a].varsF[INDEX_YV] = yfa;

          balls[ball_b].varsF[INDEX_XV] = xfb;
          balls[ball_b].varsF[INDEX_YV] = yfb;

          // update position
          balls[ball_a].varsF[INDEX_X]+=
                  balls[ball_a].varsF[INDEX_XV];
          balls[ball_a].varsF[INDEX_Y]+=
                  balls[ball_a].varsF[INDEX_YV];

          balls[ball_b].varsF[INDEX_X]+=
                  balls[ball_b].varsF[INDEX_XV];
          balls[ball_b].varsF[INDEX_Y]+=
                  balls[ball_b].varsF[INDEX_YV];

          } // end if

       } // end for ball2

    } // end for ball1

} // end Collision_Response
```

代码几乎完全按照算法编写。而且，由于这些代码取自模拟撞球台演示程序，所以增加了检测对每两个物体之间的碰撞的循环。循环体内部就是前面所讲解的数学运算。要看算法的代码实现，可以看看 DEMO13_8.CPP|EXE（16 位版本是 DEMO13_8_16B.CPP|EXE）。图 13-37 是该程序的一个屏幕拷贝。演示程序以一些随机移动的球开始的，接着物理模拟模块接管这些球。屏幕的底部显示了总动能值。可以用左右键修改一下恢复系数的大小，观察有什么现象发生。如果值小于 1，系统的能量就会减少，如果值等于 1，系统的能量守恒，如果值大于 1，系统的能量就会增加——要是我的银行账户也这样就好了！

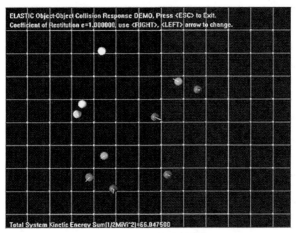

图 13-37　极真实的碰撞响应模型

13.8　简单运动学

运动学（*Kinematics*）这个词的含义十分丰富。对 3D 美术师来说它代表一件事情，对 3D 游戏程序设计师来说它代表另一件事情，而对于一个物理学家来说，它的含义又有所不同。总之在本书的这一节里，运动学代表刚体结合体的运动原理。在计算机动画领域中有两类运动学问题。第一类是正向运动学（Forward Kinematics）问题，第二类是反向运动学（Inverse Kinematics，IK）问题。图 13-38 显示出了正向运动学问题；你可以看到有一些串行连接在一起的 2D 刚体（直臂）。每一个关节点可以在平面上自由旋转，所以该例子中的刚体有两个自由度 θ_1 和 θ_2。还有，两个臂的长度分别为 l_1 和 l_2。我们可以这样描述正向运动学问题：

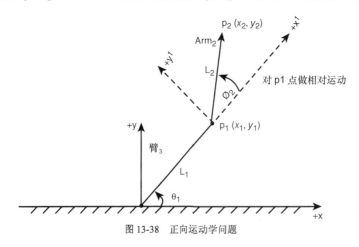

图 13-38　正向运动学问题

给出 θ_1、θ_2、l_1、l_2，找出 p_2 的位置。

为什么我们会对这个感兴趣呢？嗯，如果你打算写一个 2D 或 3D 的游戏，并且要实现具有活络关节的实时模型，你最好知道怎样做到这一点。例如，3D 动画是通过两种方式达到的。最快但不漂亮的方法是生成一个代表 3D 动画物体的多个网格（Mesh）的集合。较为灵活的方法只需要一个 3D 网格，但其中有许多关节点和臂，然后通过 3D 模型来"运行"动作数据。直观的说，为了移动手掌你必然涉及到腕、肘、肩及腰部的转动，就是这样的物理/机械特性，你明白了吗？

第二类运动学问题是第一类的逆问题：

给出位置 p_2，找出物理模型中满足所有 l_1 和 l_2 限制条件的 θ_1 和 θ_2 的值。事实上这个问题比乍看上去要难很多。我相信图 13-39 能够说明这一点。

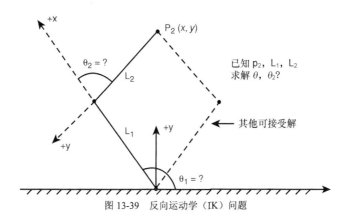

图 13-39　反向运动学（IK）问题

从该图上，你可以看到满足所有的约束条件的解一共有两个。我暂时不打算精确地处理这个问题，因为大多数情况下我们并不需要精确解，数学上也是很粗糙的，但是稍后我会给出一个例子说明怎样做。

13.8.1　求解正向运动学问题

我想首先给你演示如何解正向运动学问题，因为这相对容易做到。回顾图 13-38，问题不过是相对运动。如果你站在关节 2 的角度观察此问题，那么求 p_2 的位置只不过是对 l_2 的平移和对 θ_2 的旋转。然而，点 p_2 本身也可通过将 p_1 平移 l_1 然后旋转 θ_1 这样来定位。因此，问题解决的方法不过是框架到框架、连接到连接的平移和旋转。让我们分步解决这个问题。

暂不考虑第一个臂，注意第二个，也就是说我们的解法是倒推的。起点是 p_1，我们先沿 x-轴方向移动 l_2，然后在 x、y 平面上旋转 θ_2（或在 3D 中围绕 z 轴），就得出 p_2 的位置。这很容易——只需要将 p_1 点做如下变换：

$p_2 = p_1 * T_{12} * R\theta_2$

但是我们却没有 p_1？那好吧——我们假设它已知。无论如何，T_{12} 和 $R\theta_2$ 都是你在第 8 章中已经学过的标准 2D 平移和旋转。所以我们有：

$$T_{12} = \begin{vmatrix} 1 & 0 & 0 \\ 0 & 1 & 0 \\ l_1 & 0 & 1 \end{vmatrix} \quad R\theta_2 = \begin{vmatrix} \cos\theta_2 & \sin\theta_2 & 0 \\ -\sin\theta_2 & \cos\theta_2 & 0 \\ 0 & 0 & 1 \end{vmatrix}$$

因此 p_2 就是乘积：

$$p_2 = p_1 * \begin{vmatrix} 1 & 0 & 0 \\ 0 & 1 & 0 \\ l_2 & 0 & 1 \end{vmatrix} * \begin{vmatrix} \cos\theta_2 & \sin\theta_2 & 0 \\ -\sin\theta_2 & \cos\theta_2 & 0 \\ 0 & 0 & 1 \end{vmatrix}$$

如果我们可以从 p_1 计算出 p_2，那么 p_1 就应该可以从 p_0 计算出来，也就是说通过平移 l_1 和旋转 θ_1。数学表达为：

$$p_2 = p_0 * T_{12} * R\theta_2 * T_{11} * R\theta_1$$

这里 p_0 是[0,0,1]，也就是同构 2D 坐标系的原点（我们可以使用任意点，但基本上这表示运动链的第一环）。之所以在 2D 系统中使用三个分量，是因为这样我们可以使用同构变换转换并可以用矩阵完成平移。所以最后的 1.0 只是占个地方而已。所有的点都具有（x,y,1）这样的形式。而且 T_{11} 和 $R\theta_1$ 与 T_{12} 和 $R\theta_2$ 有同样的形式，但有不同的值。注意乘积的顺序——因为我们在逆向进行计算，我们必须首先通过 $T_{12} \times R\theta_2$ 然后通过 $T_{11} \times R\theta_1$ 转换 p_0，所以顺序是有讲究的！

了解了所有这些，我们看到 p_2 确实是将起点 p_0 乘以矩阵$(T_{12} * R\theta_2) * (T_{11} * R\theta_1)$得到的。这可以推广到任意数量连接的情况，或写为一般形式：

$$p_n = p_0 * T_n * R_n * T_{n-1} * R_{n-1} * T_{n-2} * R_{n-2} * ... * T_1 * R_1$$

这是 n 个连接的情况。

这是可行的，因为每一对矩阵乘积 T*R 都相对某个连接来变换坐标系统，所以这些变换的积就好比是用于定位终点的坐标系统变换序列。举个例子，让我们看一个这个算法实际用于计算的例子。图 13-40 详细地展示了如何用作图法解该问题的过程。

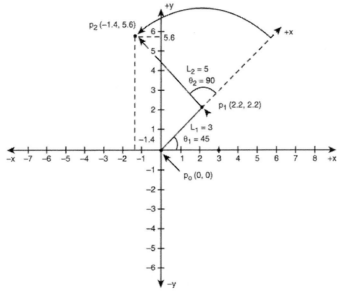

图 13-40　作图求解运动链问题

我已经标出了点、角度等等，用圆规和直尺计算给出对应输入值的 p_2 的位置：

l_1 = 3, l_2 = 5
θ_1 = 45, θ_2 = 90
p_0 = (0,0)

从图中我可以粗略地估计出

p_2 = (-1.4,5.6)

现在让我们看看数学计算是否带给我们同样的结果。

$$p_2 = [0,0,1] \times \begin{vmatrix} 1 & 0 & 0 \\ 0 & 1 & 0 \\ 5 & 0 & 1 \end{vmatrix} \times \begin{vmatrix} 0 & 1 & 0 \\ -1 & 0 & 0 \\ 0 & 0 & 1 \end{vmatrix} \times \begin{vmatrix} 1 & 0 & 0 \\ 0 & 1 & 0 \\ 3 & 0 & 1 \end{vmatrix} \times \begin{vmatrix} 0.707 & 0.707 & 0 \\ -0.707 & 0.707 & 0 \\ 0 & 0 & 1 \end{vmatrix}$$

$\qquad\qquad P_0 \qquad\quad T_{12} \qquad\quad R_{\theta2} \qquad\qquad T_{11} \qquad\qquad R_{\theta1}$

$$-[0,0,1]\times\begin{vmatrix}0 & 1 & 0 \\ -1 & 0 & 0 \\ 0 & 5 & 1\end{vmatrix}\times\begin{vmatrix}0.707 & 0.707 & 0 \\ -0.707 & 0.707 & 0 \\ 2.121 & 2.121 & 1\end{vmatrix}$$

$$P_0 \qquad\qquad T_{12}\times R_{\theta 2} \qquad\qquad T_{11}\times R_{\theta 1}$$

$$=[0,0,1]\times\begin{vmatrix}-0.707 & 0.707 & 0 \\ 0.707 & 0.707 & 0 \\ 1.414 & 5.656 & 1\end{vmatrix}$$

$$P_0 \qquad\qquad T_{12}\times R_{\theta 2}\times T_{11}\times R_{\theta 1}$$

$p_2 = [-1.414, 5.656, 1]$

去掉 1.0，因为[x,y,1]实际上代表 x'=x/1,y'=y/1,或 x'=x,y'=y,我们就有：

$p_2 = (-1.414, 5.656)$。

如果看看图 13-40，你就会发现作图法得出了相当接近的答案！这就是 2D 中正向运动学的全部内容。当然，由于 z 轴的存在，在 3D 空间中解类似的问题是有一些复杂，但是只要你认准了左旋还是右旋，同样可以解出来。作为正向运动学的例子，我编写了程序 DEMO13_9.CPP|EXE（16 位版本是 DEMO13_9_16B.CPP|EXE），如图 13-41 所示。它允许你改变两个连接的角度，然后计算出 p_1 和 p_2 的位置并显示出来。A、S、D、F 四个键控制臂 1 和臂 2 的角度，看一下你是否可以增加一个约束条件，使 p_2 不会落于 y=0 轴以下，通过绿线表示。

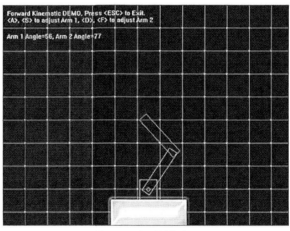

图 13-41　运动链的演示

13.8.2　解决反向运动学问题

求解反向运动学问题通常是相当复杂的，但我会给你一个感性认识，以便你至少可以知道从哪里着手。在上一节中是知道了 p_0、l_1、l_2、θ_1、θ_2 来求 p_2，但是如果你不知道 θ_1 和 θ_2 而只知道 p_2 呢？该运动学问题的解法通常是建立约束方程组然后解出未知角度。问题是你可能有一个条件不充分的系统，也就是说解的数量多于一个。因此你必须增加其他启发或约束条件来找到你需要的解。

作为例子，我们先来看一个简单的仅有一个连接臂的问题，循序渐进。图 13-42 显示了有一个与 x 轴

角度为 θ_1 的臂 l_1。已知 $p_1(x_1, y_1)$，求 θ_1 是多少？

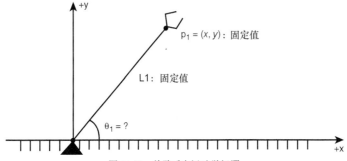

图 13-42　单臂反向运动学问题

我们可以像下面这样利用正向运动学矩阵来解这个问题：

$$p_1 = [0,0,1] \times \begin{vmatrix} 1 & 0 & 0 \\ 0 & 1 & 0 \\ l_1 & 0 & 1 \end{vmatrix} \times \begin{vmatrix} \cos\theta_1 & \sin\theta_1 & 0 \\ -\sin\theta_1 & \cos\theta_1 & 0 \\ 0 & 0 & 1 \end{vmatrix}$$

$$\quad P_0 \qquad\quad T_{11} \qquad\qquad R_{\theta 1}$$

$$= [l_1,0,1] \times \begin{vmatrix} \cos\theta_1 & \sin\theta_1 & 0 \\ -\sin\theta_1 & \cos\theta_1 & 0 \\ 0 & 0 & 1 \end{vmatrix}$$

$$\quad P_0 \times T_{11} \qquad\quad R_{\theta 1}$$

```
p₁(x₁,y₁)  = (l₁*cos θ₁, l₁*sin θ₁, 1)
所以，
x₁ = l₁*cos θ₁
y₁ = l₁*sin θ₁

θ₁ = cos ⁻¹ x₁/l₁
或，
θ₁ = sin ⁻¹ y₁/l₁
```

数学

我可以把问题完全用矩阵形式讲解，但这样更有说明性。

Okay，这个系统是条件不充分的。换句话说，一旦你选择了 x 或 y，那么另一个就通过 θ_1 来决定。这很有趣，但你仔细考虑一下就会发现臂 l_1 使我们丧失了一个自由度，因此你不可以再定位任何你想要的点了，事实上，惟一的有效点的构成为：

```
x₁ = l₁*cos θ₁
y₁ = l₁*sin θ₁
```

如果有两个连接臂，你就会发现对任意 x, y 而言，都会存在多个 θ_1，θ_2 的值满足方程组。

13.9　粒子系统

这真是个热门的话题。每个人都在说"哎，有粒子系统吗？"好啦，粒子系统可以很复杂，也可以很简单。基本上，粒子系统是用于模拟微小粒子的物理学模型。对于用于游戏的爆炸、水汽尾迹和一般光照效果来说，粒子系统是很重要的。关于物理学模拟你已经了解了很多，我相信你可以创建自己的粒子系统。不过为了帮你开个头，我打算让你看看如何创建一个基于像素大小的粒子的快速且简单的系统。

假定我们想用粒子来产生爆炸效果，或许也可以是水汽尾迹。因为一个粒子系统只不过是由 n 颗粒子组成，所以让我们首先关注单个粒子模型。

13.9.1 每颗粒子都需要的东西

只要愿意，你可以对碰撞响应、动量传递和其他所有的现象进行建模。但对于大多数粒子系统来说，模型实在太简单了。下面是一颗平凡的粒子所具有的一般特征：

- 位置
- 速度
- 颜色/动画
- 生命周期
- 重力
- 风力

当你创建一个粒子的时候，至少要给它位置、初速度、颜色、生命周期。当然，这个粒子也可以是一颗炽热的煤渣，那么就应该加上颜色动画。或许，你还想拥有一些作用在所有粒子上的全局力，像重力和风。你也可能希望拥有创建粒子集合的函数，并赋予这些粒子特定的初始条件，比如爆炸或水汽尾迹。当然，你也可以让粒子具有按照物理定律在物体表面反弹的能力。尽管如此，多数时候粒子们直接穿过其他东西，其实人们倒并不是太在意！

13.9.2 设计粒子引擎

要设计一个粒子系统，你需要三个独立的要素：

- 粒子数据结构
- 处理粒子的粒子引擎
- 产生特定粒子初始条件的函数

让我们从数据结构开始。我假定是 8 位显示，因为在动画中用字节处理颜色值比 RGB 更容易。在颜色效果方面处理 8 位色也更容易实现。将粒子引擎升级成 16 位也不是个坏主意，但是可能会丢失一些效果，因此下面我以 8 位模式讲解。首先列出单个粒子的数据结构：

```
// a single particle
typedef struct PARTICLE_TYP
     {
     int state;            // state of the particle
     int type;             // type of particle effect
     float x,y;            // world position of particle
     float xv,yv;          // velocity of particle
     int curr_color;       // the current rendering color of particle
     int start_color;      // the start color or range effect
     int end_color;        // the ending color of range effect
     int counter;          // general state transition timer
     int max_count;        // max value for counter

     } PARTICLE, *PARTICLE_PTR;
```

让我们加入一些全局变量来处理外部影响，比如 Y 方向的重力和 X 方向的风力。

```
float particle_wind = 0;   // assume it operates in the X direction
```

```
float particle_gravity = 0; // assume it operates in the Y direction
```
接着要定义一些有用的常量，这些是我们需要完成的效果中的一些：
```
// defines for particle system
#define PARTICLE_STATE_DEAD          0
#define PARTICLE_STATE_ALIVE         1
// types of particles
#define PARTICLE_TYPE_FLICKER        0
#define PARTICLE_TYPE_FADE           1


// color of particle
#define PARTICLE_COLOR_RED           0
#define PARTICLE_COLOR_GREEN         1
#define PARTICLE_COLOR_BLUE          2
#define PARTICLE_COLOR_WHITE         3

#define MAX_PARTICLES                128

// color ranges (based on my palette)
#define COLOR_RED_START              32
#define COLOR_RED_END                47

#define COLOR_GREEN_START            96
#define COLOR_GREEN_END              111

#define COLOR_BLUE_START             144
#define COLOR_BLUE_END               159

#define COLOR_WHITE_START            16
#define COLOR_WHITE_END              31
```
　　我猜，你已经明白我的想法了。我希望有红色、绿色、蓝色或是白色的粒子，所以我使用一个调色板，同时给颜色索引赋值。如果你想使用 16 位色，那么你只能手动修改 RGB 值——我将使它简单化。同时，你明白我正计划生成两种粒子：衰减型和闪烁型。衰退粒子逐渐变得看不见，但闪烁粒子将闪个不停，像是火花。

　　最后，我对我们的粒子很满意，并打算创建存储结构：
```
PARTICLE particles[MAX_PARTICLES]; // the particles for the particle engine
```
这样我们可以开始写控制每个粒子的函数了。

13.9.3　粒子引擎软件

　　我们需要函数来初始化所有的粒子，启动一个粒子，处理所有的粒子以及最后清除所有的粒子。首先说初始化函数：
```
void Init_Reset_Particles(void)
{
// this function serves as both an init and reset for the particles

// loop thru and reset all the particles to dead
for (int index=0; index<MAX_PARTICLES; index++)
    {
    particles[index].state = PARTICLE_STATE_DEAD;
    particles[index].type  = PARTICLE_TYPE_FADE;
    particles[index].x     = 0;
    particles[index].y     = 0;
    particles[index].xv    = 0;
    particles[index].yv    = 0;
    particles[index].start_color = 0;
    particles[index].end_color   = 0;
```

```
particles[index].curr_color = 0;
particles[index].counter    = 0;
particles[index].max_count  = 0;
} // end if

} // end Init_Reset_Particles
```

Init_Reset_Particles()给每个粒子赋予零值，准备使用它们。如果你想做任何特殊的事情，可以在这里做。我们所需要的下一个函数是用给定的初始条件启动一个粒子。我们随后会担心如何达到初始条件，但是现在我要搜寻一颗可用的粒子，如果找到的话就用传来的参数启动它。下面是函数代码：

```
void Start_Particle(int type, int color, int count,
                float x, float y, float xv, float yv)
{
// this function starts a single particle

int pindex = -1; // index of particle

// first find open particle
for (int index=0; index < MAX_PARTICLES; index++)
    if (particles[index].state == PARTICLE_STATE_DEAD)
        {
        // set index
        pindex = index;
        break;
        } // end if

// did we find one
if (pindex==-1)
    return;

// set general state info
particles[pindex].state = PARTICLE_STATE_ALIVE;
particles[pindex].type  = type;
particles[pindex].x     = x;
particles[pindex].y     = y;
particles[pindex].xv    = xv;
particles[pindex].yv    = yv;
particles[pindex].counter   = 0;
particles[pindex].max_count = count;

// set color ranges, always the same
    switch(color)
        {
        case PARTICLE_COLOR_RED:
            {
            particles[pindex].start_color = COLOR_RED_START;
            particles[pindex].end_color   = COLOR_RED_END;
            } break;

        case PARTICLE_COLOR_GREEN:
            {
            particles[pindex].start_color = COLOR_GREEN_START;
            particles[pindex].end_color   = COLOR_GREEN_END;
            } break;

        case PARTICLE_COLOR_BLUE:
            {
            particles[pindex].start_color = COLOR_BLUE_START;
            particles[pindex].end_color   = COLOR_BLUE_END;
            } break;
```

```
                case PARTICLE_COLOR_WHITE:
                    {
                    particles[pindex].start_color = COLOR_WHITE_START;
                    particles[pindex].end_color   = COLOR_WHITE_END;
                    } break;

            break;

            } // end switch

    // what type of particle is being requested
    if (type == PARTICLE_TYPE_FLICKER)
        {
        // set current color
        particles[index].curr_color
        = RAND_RANGE(particles[index].start_color,
                    particles[index].end_color);

        } // end if
    else
        {
        // particle is fade type
        // set current color
        particles[index].curr_color = particles[index].start_color;
        } // end if

    } // end Start_Particle
```

注意

这里没有错误检测，甚至没有成功/错误的返回值。因为我并不关心，要是我们甚至都不能创建一颗细小的粒子，我想我一样能活下去。然而你应该增加更多的错误处理。

为了用初速度（0，-5）（朝向正上方）在点（10，20）启动一个粒子，要有 90 帧的生命周期、着渐淡的绿色，下面是你要做的：

```
Start_Particle(PARTICLE_TYPE_FADE,     // type
               PARTICLE_COLOR_GREEN,    // color
               90,                      // count, lifespan
               10,20,                   // initial position
               0,-5);                   // initial velocity
```

当然，粒子系统中既有重力又有风力，它们始终在起作用，所以可以在任何时候设定它们，这将会同时影响新粒子和已有的粒子。如果你不希望有风力，而仅有一点点重力的话，你就要这样写：

```
particle_gravity = 0.1;                 // positive is downward
particle_wind    = 0.0;                 // could be +/-
```

现在我们必须决定怎样移动和控制这个粒子。我们确实想让它们环绕着穿过屏幕吗？或者当它们碰到边界时我们应该删除它？这取决于游戏的类型；2D、3D、卷轴等等。现在让我们把问题简单化，当粒子越出屏幕边界时统一使它自动消失。而且，移动函数应该更新颜色动画，检测其生命周期是否结束，并且消除屏幕外的粒子。下面是移动函数，所有的情况都考虑到了，包括重力和风力：

```
void Process_Particles(void)
{
// this function moves and animates all particles

for (int index=0; index<MAX_PARTICLES; index++)
    {
    // test if this particle is alive
    if (particles[index].state == PARTICLE_STATE_ALIVE)
```

```
      {
      // translate particle
      particles[index].x+=particles[index].xv;
      particles[index].y+=particles[index].yv;

      // update velocity based on gravity and wind
      particles[index].xv+=particle_wind;
      particles[index].yv+=particle_gravity;

      // now based on type of particle perform proper animation
      if (particles[index].type==PARTICLE_TYPE_FLICKER)
         {
         // simply choose a color in the color range and
         // assign it to the current color
         particles[index].curr_color =
           RAND_RANGE(particles[index].start_color,
                    particles[index].end_color);
         // now update counter
         if (++particles[index].counter >= particles[index].max_count)
            {
            // kill the particle
            particles[index].state = PARTICLE_STATE_DEAD;

            } // end if

         } // end if
      else
         {
         // must be a fade, be careful!
         // test if it's time to update color
         if (++particles[index].counter >= particles[index].max_count)
            {
            // reset counter
            particles[index].counter = 0;

            // update color
            if (++particles[index].curr_color >
                        particles[index].end_color)
               {
               // transition is complete, terminate particle
               particles[index].state = PARTICLE_STATE_DEAD;

               } // end if

            } // end if

         } // end else

      // test if the particle is off the screen?
      if (particles[index].x > screen_width ||
         particles[index].x < 0 ||
         particles[index].y > screen_height ||
         particles[index].y < 0)
         {
         // kill it!
         particles[index].state = PARTICLE_STATE_DEAD;
         } // end if

      } // end if

   } // end for index
```

```
} // end Process_Particles
```

这个函数是自解释的——我希望如此。它平移粒子、施加外力、更新记数器和颜色、测试粒子是否离开屏幕，就是这样。下面我们需要绘制粒子。这可用许多种方法完成，但是这里让我们采用简单的像素和一个后备缓冲显示，下面列出函数：

```
void Draw_Particles(void)
{
// this function draws all the particles

// lock back surface
DDraw_Lock_Back_Surface();

for (int index=0; index<MAX_PARTICLES; index++)
    {
    // test if particle is alive
    if (particles[index].state==PARTICLE_STATE_ALIVE)
        {
        // render the particle, perform world to screen transform
        int x = particles[index].x;
        int y = particles[index].y;

        // test for clip
        if (x >= screen_width || x < 0 || y >= screen_height || y < 0)
            continue;

        // draw the pixel
        Draw_Pixel(x,y,particles[index].curr_color,
                back_buffer, back_lpitch);

        } // end if

    } // end for index

// unlock the secondary surface
DDraw_Unlock_Back_Surface();

} // end Draw_Particles
```

很兴奋吧？你难道不想试试看运行这份代码吗？我们几乎完成了。现在我们需要一些函数来创建诸如爆炸和水汽尾气的粒子效果。

13.9.4　产生初始条件

这部分十分有趣。你可以充分发挥你的想像力。让我们从一个水汽尾迹算法开始。（飞机拉出的）水汽尾迹不过是从原始位置（emit_x, emit_y）释放出来的一些有不同生命周期和起始位置的粒子。下面是一个可能采用的算法：

```
// emit a particle every with a change of 1 in 10
if ((rand()%10) == 1)
{
Start_Particle(PARTICLE_TYPE_FADE,       // type
            PARTICLE_COLOR_GREEN,        // color
            RAND_RANGE(90,150),          // count, lifespan
            emit_x+RAND_RANGE(-4,4),     // initial x
            emit_y+RAND_RANGE(-4,4),     // initial y
            RAND_RANGE(-2,2),            // initial x velocity
            RAND_RANGE(-2,2));           // initial y velocity

} // end if
```

　　在粒子发射器移动的同时，发射器的位置（emit_x, emit_y）也在移动，这样水汽尾迹就留下了。如果你想得到逼真的效果，并且给水汽粒子一个更真实的物理模型，你就应该考虑到发射器可以移动。这样任何被发射出的微粒都有最后的速度：射出速度+发射器速度。你需要知道发射源的速度[记作（emit_xv, emit_yv）]，像下面这样简单的增加到微粒的最后速度中：

```
// emit a particle every with a change of 1 in 10
if ((rand()%10) == 1)
{
Start_Particle(PARTICLE_TYPE_FADE,      // type
              PARTICLE_COLOR_GREEN,     // color
              RAND_RANGE(90,150),       // count, lifespan
              emit_x+RAND_RANGE(-4,4),  // initial x
              emit_y+RAND_RANGE(-4,4),  // initial y
              emit_xv+RAND_RANGE(-2,2), // initial x velocity
              emit_yv+RAND_RANGE(-2,2));// initial y velocity

} // end if
```

　　让我们来模拟一个更叫人激动的爆炸。爆炸看起来如图 13-43 所示。微粒在各个方向以球状被发射出来。

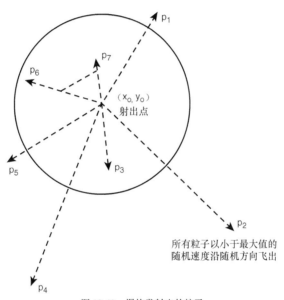

图 13-43　爆炸发射出的粒子

　　模拟起来够容易了。我们只需要从一个公共点启动随机数量的具有随机速度的粒子，它们在一个圆形半径上被平均散布。然后如果重力存在，粒子或落向地球，或离开屏幕范围，或由于自身生命周期的结束而消失。下面列出粒子爆炸的程序代码：

```
void Start_Particle_Explosion(int type, int color, int count,
                         int x, int y, int xv, int yv,
                         int num_particles)
{
// this function starts a particle explosion
// at the given position and velocity
// note the use of look up tables for sin,cos
```

```
while(--num_particles >=0)
   {
   // compute random trajectory angle
   int ang = rand()%360;

   // compute random trajectory velocity
   float vel = 2+rand()%4;

   Start_Particle(type,color,count,
             x+RAND_RANGE(-4,4),y+RAND_RANGE(-4,4),
             xv+cos_look[ang]*vel, yv+sin_look[ang]*vel);

   } // end while

} // end Start_Particle_Explosion
```

Start_Particle_Explosion()接受如下参数，你所期望的粒子的类型（PARTICLE_TYPE_ FADE，
PARTICLE_TYPE_FLICKER）、颜色、数量及发射源的位置和速度。接着，该函数产生出所有满足要求的粒
子来。

要创造其他的特殊效果，只要写一个函数就行。例如，我喜欢的一个电影特效是当太空飞船爆炸
时产生的环形冲击波。你只需要修改爆炸函数，用相同的速度但不同的角度启动所有微粒。代码
如下：

```
void Start_Particle_Ring(int type, int color, int count,
                    int x, int y, int xv, int yv,
                    int num_particles)
{
// this function starts a particle explosion at the
// given position and velocity
// note the use of look up tables for sin,cos

// compute random velocity on outside of loop
float vel = 2+rand()%4;
while(--num_particles >=0)
   {
   // compute random trajectory angle
   int ang = rand()%360;

   //start the particle
   Start_Particle(type,color,count,
             x,y,
             xv+cos_look[ang]*vel,
             yv+sin_look[ang]*vel);

   } // end while

} // end Start_Particle_Ring
```

13.9.5　整合微粒系统

现在你拥有了所有需要用来整合粒子特效的东西。只要在你的游戏初始化阶段调用 Init_
Reset_Particles()，然后在主循环中调用 Process_Particles()就可以了。接下来，循环和引擎将完成剩下的
任务。当然，你还必须调用一些产生粒子的函数！最后，如果你想改善系统，可以改善内存管理以使你
可以拥有无限数量的粒子，你也可以增加微粒与微粒、微粒与环境之间的碰撞检测——那样的效果一定
很酷。

我编写了粒子系统的演示程序,请看 CD 中的 DEMO13_10.CPP|EXE(没有对应的 16 位版本)。那是一个基于坦克炮弹演示程序的焰火演示。基本上,坦克来自之前的演示程序,现在终于可以发射一些东西了。还有,我在这个演示程序中把微粒数上限增加到了 256。

13.10 创建游戏的物理模型

这一章给出了许多信息和概念,值得细看。关键是使用这些概念和一些重要数学知识来产生更好的模型。没有人会知道,也没有人会在乎你的程序是否百分之一百精确地模拟实际。如果你能够采用近似算法,那就用吧——只要你认为有价值。例如,如果你试图编制一个赛车游戏,汽车可能在公路上、冰上或泥地中奔驰。那样的话,你最好增加一些摩擦效果,否则你的汽车开起来就像是安了滑轨一样。

另一方面,如果你要模拟小行星带,玩家把它打碎后每颗小行星裂成两颗或更多,那么我并不认为玩家关心或知道新的小行星将走的轨迹——只需采用确定式的方法,使画面看起来逼真就行。

13.10.1 物理建模的数据结构

一个经常提出的问题(除了怎样用 VC++ 来编译 DirectX 程序:-)就是物理建模用的数据结构。可是一般来说并没有所谓的“物理数据”结构!大多数物理模型是基于游戏对象本身的——你只需要给主数据结构增加足够的数据元素来描述物理模型——明白吗?虽然如此,有一些数据是一定要记录的,比如在任何物理引擎中为宇宙和物体而设的参数和值:

● 物体位置和速度。
● 物体的角速度。
● 物体的质量、摩擦系数及任何其他物理特性。
● 物体的物理几何形状。这里用的是可用于物理计算的简单几何形状。你可以采用矩形、球形或其他,但不一定要用精确的物体形状。
● 外力:如风、重力等等。
接下来,由你决定选用什么结构或类型来描述这些值。例如,一个真实碰撞响应的演示程序采用类似这样的一个模型:

```
float x,y; // position
float xv,yv; // velocity
float radius; // guess?
float coefficient_of_restitution; // just what it says
```
当然数据被隐藏在描述每个球的 BOB(Blitter 对象)内部数组中,但抽象的数据结构正是我们感兴趣的。

13.10.2 基于帧的模拟与基于时间的模拟

这是我要谈论的最后一个主题,因为它在 3D 游戏中越来越重要。至此,我们一直都使用像图 13-44 那样的游戏循环。我们已经假定游戏是以恒定的帧速率运行的(R fps)。如果达不到这个帧数,不用作较大处理,屏幕上所有的东西都将慢下来。但是如果你不想让它看上去变慢呢,你不管帧数是多少都要让一艘船从 a 到 b 只用两秒钟呢?这就是基于时间的模拟。

基于时间的模拟与基于帧的模拟的不同之处在于时间 t 被用在所有移动物体的运动方程上。例如，在基于帧的游戏中可能有这样的代码：

```
x = 0, y = 0;

x = x + dx;
y = y + dy;
```

游戏以 30fps 的速率运行，那么在 30 帧或 1 秒之后，x、y 将为：

```
x = 30*dx;
y = 30*dy;
```

如果 dx=1,dy=0，那么物体将在 x 方向上恰好运行 30 个像素。如果你可以总是精确地保证恒定帧数的话当然很好了。但是帧数降到 10fps 会怎样呢？那么过 1 秒后：

```
x = 10*dx = 10
y = 10*dy = 0
```

x 仅仅变化了原本你需要的三分之一。如果你重视视觉连贯性，那么这是不可接受的。而且，这可能严重破坏一个网络游戏。在网络游戏中你可以采用基于帧的方法，并与最慢的机器妥协；或者你也可以使用时间模拟，而让所有的机器自由运行，其实后者更现实且容易做到。我当然没有理由在我有 P4 2.4GHz 的机器时却因为某个人还在用 486 机而受到影响。

要实现基于时间的运动和运动学，你必须在你的所有运动方程中使用时间。然后，当需要移动物体时，你必须从上一个运动开始检测时间差，且把它作为你的方程的输入。这样，即使游戏的帧数慢了好多，也不碍事，因为时间参数将调节而且会带来较大幅度的移动。下面就是基于时间的游戏循环的例子：

```
while(1)
{
t0 = Get_Time(); // assume this is in milliseconds

// work, work, work

// move objects
t1 = Get_Time();

// move all the objects
Move_Objects(t1 – t0);

// render
Render();

} // end while
```

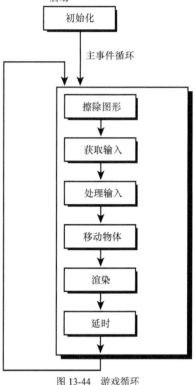

图 13-44　游戏循环

在这个循环里我们使用了时间差或（t_1-t_0）作为负责移动的代码的输入。通常我们可以省略输入；移动代码就顾自移动。让我们假设我们的物体以每秒 30 像素的速度移动，但因为我们的时间是以微秒或 1×10^{-3} 秒为单位的，我们这样做：

dx = 30 像素/秒 = 0.03 像素/微秒

你能看出我接下来打算做什么吗？让我们为 x 写出运动方程：

x = x + dx*t

代入我们已有的数据

x = x +.03*(t_1 – t_0)

就是这样。如果一帧用了 1 秒，那么（t_1-t_0）将是 1000 微秒，移动方程将是

x = x + 0.03*1000 = 30，这是正确的！

另外，如果该帧用了 3 毫秒，那么移动方程将是

x = x + 0.03*3 = 0.09，这也是正确的！

很显然你需要使用浮点数来工作，因为你打算追踪像素移动的小片段。很不错吧，因为即使你的程序由于渲染而使速度降低，运动仍将同样地进行。

参考程序 DEMO13_11.CPP|EXE（16 位版本 DEMO13_11_16B.CPP|EXE）。基本上它从左向右移动一艘小船（带有阴影！），并且允许你使用方向键改变每帧之间的延迟从而模拟处理器负载。

注意船是以恒定速率移动的。尽管可能会出现跳帧，但无论帧速率是多少，它总是以 50 像素/秒的速度进行。作为一个测试，屏幕是 640 像素宽，加上屏外交迭的 160 像素，这样总数为 800 像素。因为船的行进速度是 50 像素/秒，也就是说走完要用 800/50=16 秒。试着改变一下每帧之间的延迟，你会发现这个结论总是对的。如果你的游戏被设计为 60fps，但有些时候速度降到 15~30fps，那时跳动将不会太明显。游戏画面粗看起来仍是一样的，尽管不太流畅。如果不使用基于时间的模拟，你的游戏的速度会慢下来，就像慢动作那样——我相信你已经见识过这种情况了。

13.11 小结

我相信这一章对于任何背景的读者都是有启发性的。事实上写这一章很是让我头疼！我们接触到许多方面，了解了看待问题的各种方式。例如，我们特别讨论了一个用于处理球在矩形内反弹的一对一碰撞反应的算法。这个技术适用于任何类型的挡板或打砖块游戏。然后我们仔细地学习了相关的数学知识，并推导了通用的正确解法。这是游戏中物理模拟的目的——而你刚刚学会了如何进行物理模拟。

第 14 章　文字时代

在这一章中,我们将了解到最早期的游戏,也就是所谓"文字冒险类"游戏或基于文字的游戏。在很久以前(20 世纪 70 年代和 80 年代前期),计算机还不像现在这样具有图形功能。因此,那时的许多游戏不使用图形,而采取文字叙述的方式。游戏通过文字来表现游戏状态,同时游戏玩家通过输入英文句子来对游戏中的角色下指令。Infocom 开发的《Zork》(大魔域,1981 年)是 80 年代前期被开发出来的最著名的游戏之一。它的极大成功应该归功于它先进的语言解释器和相当健全的游戏环境。不可思议地,玩家几乎可以输入任何句子,而游戏能够明白玩家究竟想说什么。

在本章中我们接触的内容并不难,但这些内容与之前章节的内容的迥然不同。在本章你将遇到很多新名词,其中许多甚至至今尚未有公允的定义。但是,读完本章,你将能够制作你自己的文字冒险游戏。本章内容概括如下:

- 什么是文字游戏
- 文字游戏如何工作
- 从外部世界获得输入
- 语言分析和解析
- 词法分析
- 语法分析
- 语义分析
- 组成游戏世界
- 表现环境
- 放置物体
- 让事件发生
- 自由移动
- 物品系统
- 实现视觉、听觉和嗅觉
- 实时响应
- 错误处理
- 造访《Shadow Land》
- 《Shadow Land》中使用的语言
- 编译和运行《Shadow Land》
- 《Shadow Land》的游戏循环

● 完成游戏

14.1　什么是文字游戏

文字游戏就是没有视频的视频游戏！至少，文字游戏没有那些很酷的图形。文字游戏就像是在你进行游戏的同时被写出来的互动图书。玩家必须依靠自己的想象力来欣赏游戏世界。或许你从来没有见过一个文字游戏，因为你生在"GUI 时代"。简单来说，文字游戏的介面就是这样：

你想做什么？吃苹果。

嗬，味道真好！

你想做什么？

上面是计算机和玩家之间的一段短对话。在大多数文字游戏中，计算机提示玩家输入想做的动作。然后计算机将句子降解成元素，并判断动作是否可行，如果可行就执行它。

在文字游戏中，没有图像，也没有声音。惟一鲜活的画面只存在于玩家的心里面。而籍以构造这副画面的只有游戏给出的文字描述。因此，写来描述游戏世界的文字应当是笼统而又如诗歌般优美的。举例来说，你正在设计的一个文字游戏中有一个浴室。当玩家要求"看"这个浴室的样子的时候，描述文字可能是这样的：

……你看见一间白色的浴室，架子上有装好的纸巾……

这还不错，但是太枯燥了。用下面这段反馈可能更好：

……这间浴室之大令你惊讶。在你的西侧，你看见一间装饰有玫瑰红色玻璃的大淋浴间。在东侧，你看见一个大理石洗手盆，而水龙头是银做的。朝上看，有三个天窗，你可以沐浴在阳光之下。最后，在你脚下是黑白瓷砖拼出的图案，其排列精确度可与外科手术想媲美……

如你所见，第二个版本好很多。它在你的心里创建了一幅画面，这是文字冒险游戏的关键。尽管文字游戏的界面除了文字还是文字，游戏的进行却只受设计者和玩家的想象力的限制。通常，一个文字游戏的场景数据库包含多达数百页描述性的文字。这些文字正是计算机之所以能够回答玩家关于游戏世界的问题的基石。

文字游戏所用到的技术有编译器技术和好的数据结构和算法。要知道，计算机并不懂得英语，要使它明白什么是名词、动词、形容词、前置定语、直接对象等，无疑是一个庞大的任务（我后悔当年老师用图解的方式讲授句子结构的时候没用心听）。许多人会认为开发文字冒险游戏很容易，但是他们大错特错了。就个人感受而言，我认为编写文字冒险游戏的人可能对计算机科学、数据结构和数学比写街机游戏的人懂得更多些。

开发文字游戏的高手们确实知道更多关于编译器和解释器的内容——而这些内容众所周知是很难的。即使在今日文字游戏还是很强，而且它们已经增强了，具有极好的图形。RPG（Role Playing Game，角色扮演游戏）是文字游戏的进化后的状态。许多 RPG 都提供文字界面，供玩家对话并向游戏角色发问。

这一章的目的并不是要上一堂编译原理课（如果想变得全知全能，你才需要这样做），但我们得学习一些用于创建基于文本的冒险游戏的基本概念和技术。在这一章末尾，你会看见一个完整的游戏，叫做《Shadow Land》。

14.2　文字游戏如何工作

这个问题问得好。对丁这个问题有很多个答案，每一个都在某种程度上正确，但所有这些答案都有一些共同点。首先：游戏的界面将是一个双向的、纯文本的沟通渠道。这意味着计算机只通过文字表达它要表达的信息，类似地，玩家只能通过文字口授输入。在这里，没有游戏杆、鼠标、飞行摇杆或光笔。其次，游戏由一些环境组成，环境可以是美国西部、一间公寓或一个空间站。游戏场景又由实际场景、描述和规则组成。实际场景是环境中实际存在的场景，比如房间、走廊或池塘的尺寸和位置。描述是一些文本，可被调用来描述一处地点看起来如何、听上去如何或闻起来如何。

游戏规则是指哪些事情在游戏里可以做，哪些不可以。举例来说，你不能"吃"一块"岩石"，但是你可以"吃"一块"三明治"。一旦游戏的场景、描述和规则被设定以后，就需要创建数据结构、算法和软件以允许玩家和环境交互。这将主要由一个输入解析器（Input Parser）组成。输入解析器负责翻译和理解玩家的输入。玩家使用标准英文单词和游戏交流。这些词可以组成完整的句子、短语或单个命令。解析器和它的组件会把句子断成独立的单词，分析句子的意义，然后执行相应的功能函数来实现玩家要求的行为。

这里有一个问题，计算机不理解自然语言。赋予计算机对英语的完全理解能力至少也是个博士论文课题。对游戏程序员来说，我们只想让玩家使用英语的一个子集，并制定一些句子组织的规则。例如，本章后部你将见到的游戏叫做《Shadow Land》，仅支持很有限的一张单词表。它能理解的单词完全列在表 14-1 中。

表 14-1 Shadow Land 的单词表

单词	用作
灯	名词
三明治	名词
钥匙	名词
东	名词
西	名词
北	名词/形容词
南	名词/形容词
前	名词/形容词
后	名词/形容词
右	名词/形容词
左	名词/形容词
移动	动词
转身	动词
闻	动词
看	动词
听	动词
放	动词
拿	动词
吃	动词

单词	用作
物品	动词
哪里	动词
退出	动词
那	冠词
里	前置词
上	前置词
到	前置词
下	前置词

《Shadow Land》的单词表很小，但能组成的合法的句子之多可能会令你吃惊。问题在于按照什么一般算法来构造有意义的句子。这一过程称为句法分析（**Syntactical Analysis**），相当冗长和乏味。有许多专门讨论如何执行句法分析的书，比如著名的 Aho、Sethi 和 Ullman 的两本"龙之书"（译者注：其一是"Compilers: Principles, Techniques and Tools"，号称"红龙之书"；其二是"Principles of Compiler Design"，号称"绿龙之书"。两本书由其封面画了骑士与龙而得名）。在这里，我们不需要（也不想）把事情弄得太复杂，所以我们会在单词表上严格地运用规则，来创建一个小小的"语言"。用户必须用这个语言来组织句子。

当玩家输入了一些文字以后，游戏辨认出玩家究竟想要说什么，之后游戏就执行玩家的要求并输出结果。例如，如果玩家发出"看"的命令，那么游戏就会用玩家当前的位置在场景数据库中进行查找。这种方法也可以用来显示房间的静态描述。如果游戏中有可移动的物体，那么还要多进行一步处理。游戏逻辑会测试在虚拟角色的可视范围内是否有任何物体，如果有就输出它们。无论如何，最终的描述文字应当连贯而不生硬。举例来讲，游戏软件应当先测试房间里是否有物体，如果有的话，应当稍微修改房间的静态描述的最后一句话，加上连接词"并且"。这样句子读起来就比较自然，不会感觉这些物体出现得太生硬。

举例来说，一个房间可能有这样的静态描述：

……你的周围是一面面高墙，上面悬着罗马式的艺术作品。

若是房间里有些可移动得物体，比如一株植物。那么计算机的反应可能是这样的：

……你的周围是一面面高墙，上面悬着罗马式的艺术作品。

在房间的东面角落里有一株植物。

较好的输出描述的算法会考虑到房间内的可移动物体，并这样输出描述文字：

……你的周围是一面面高墙，上面悬着罗马式的艺术作品，并且在房间的东面角落里有一株植物。

尽管句子读起来还是有些自动生成的生涩味儿，而且计算机并不知道一株植物和一个兽人之间的区别，句子还是较好地拼接在了一起。这是创作好的文字游戏的"技巧"之一。你必须"加工"生成的句子，以提高可读性，让它们读起来似乎不是从死板的静态数据库中取出的一样。

当然，除了解析文字和满足需求以外还有很多工作要做。游戏必然要有一定的数据结构来表示场景和场景中的对象。这种表示，无论如何实现，都必然要有一定的场景连贯性，因为当玩家四处移动的时候，他/她一定认为如果在一处地方丢下钥匙，下次回到这处地方一定还能把钥匙捡回来。这意味着很多时候，场景必须被构造成 2D/3D 的矢量地图或单元地图，这样玩家在其中移动的时候环境可以和玩家位置相关。接下来游戏要提供某种结构来保存玩家的"状态"。比如他的健康、姿势、物品栏以及在游戏场景中的位置。

最后，实现游戏的其他方面的功能，比如目的、敌人（如果有的话）。目的可以很简单，找到一把被施了魔法的圣杯，然后把它放到某处。目的也可以很复杂，玩家要和游戏中的一些生物以问答形式解决一些谜题。游戏中的生物将只以数据结构实现，但这些数据结构要能够完成在场景数据结构中自由移动、移动其他物体、进食甚至可能包括攻击玩家在内的许多功能。文字游戏的各方面具体实现，应当对描述真实环境提供良好的支持。这意味着你要让玩家看到所有有意义的东西，却看不见游戏本身，正所谓"只缘身在此山中"！

看图 14-1，让我们重温一下文字游戏的各组成部分。依照图上表示，有一个输入阶段负责解析玩家输入的命令，并试着执行这些命令。解析器只能理解一个固定的单词表，而且用此单词表写出的句子局限于游戏设计者设计出的"语言"文法。接下来，有一些数据结构，它们包含游戏场景的表示、对象的位置、分别针对视觉听觉和嗅觉的描述字符串。同时还有表示玩家、玩家的物品、敌人的数据结构。最后，有许许多多的功能、规则和细节实现让这一切工作起来，我们现在来看一些。

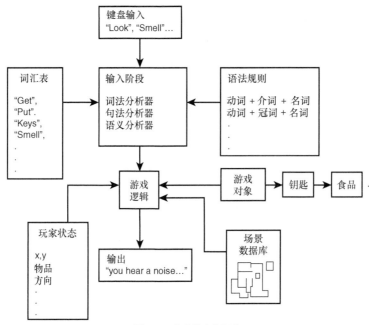

图 14-1　文字游戏的组成

14.3　从外部世界获得输入

既然基于文本的游戏使用键盘作为惟一的输入设备，我们应当努力使它尽可能用起来简单。玩家键入句子，命令文本游戏执行某些操作。这看起来很简单，但问题是如何读入这些句子。标准函数 scanf() 不能用在这里，因为玩家键入的句子里可能包含多个参数并且具有空格。我们需要一个函数，直接读入整行。输入只在玩家敲击回车键的时候才停止。此时，句子将被传递给解析链的下一段程序代码。问题就变成了如何原原本本地获取整行的输入文本。解决办法是逐个字符地接受输入，并组成句子，直到回车键被按下为止。实现的时候可以使用 getch()函数，并检测退格键和回车键。程序清单 14-1 是一个典型的行输入函数。

程序清单 14-1　具有编辑功能的单行文本输入函数

```
char *Get_Line(char *buffer)
{
// this function gets a single line of input and tolerates white space

int c,index=0;

// loop while user hasn't hit return
while((c=getch())!=13)
    {
// implement backspace
    if (c==8 && index>0)
      {

      buffer[--index] = ' ';
      printf("%c %c",8,8);

      } // end if backspace
    else
    if (c>=32 && c<=122)
      {
      buffer[index++] = c;
      printf("%c",c);

      } // end if in printable range

    } // end while

// terminate string
buffer[index] = 0;
// return pointer to buffer or NULL
if (strlen(buffer)==0)
   return(NULL);
else
return(buffer);

} // end Get_Line
```

此函数接受一个指针作为参数。该指针指向一片缓冲，用来保存函数结束执行时输入的字符串。执行起来，Get_Line()允许玩家整行地输入文本，并可以用退格键来编辑错误。字符一边被输入，一边就回显到屏幕上，这样玩家可以看到自己输入了什么。当玩家按下回车键时，字符串以 NULL 终结，函数结束运行。

玩家输入了字符串之后，游戏就开始解析它。解析过程有很多步骤（我们马上就会讲到），在我们能够解析句子并获知句子的含义之前，我们必须首先了解什么是语言，以及如何构造语言的问题。

14.4　语言分析和解析

在玩家键入文本之前，我们必须定义一种玩家必须遵守的"语言"。语言由单词表和一些规则（语法）共同组成。是这些约定综合在一起，创造了语言。现在，文本游戏的基本思路是使用英语。这表示，第一，单词表由英语单词组成；第二，语法是合理的英语语法。第一个要求是简单的，第二个就要难得多。与许多英语老师想的不同，英语实际上是一个复杂得可怕得语言系统。由许多矛盾、观点和不同写法等等组成。一般来说，英语不像计算机语言那样可靠和精确。这也意味着，作为游戏程序员，我们可能不得不限制玩家只能使用所有语法结构的一个小的子集，并且只能使用指定的词汇表。

这看起来似乎是个问题，但其实不是的。文字游戏的玩家很快就熟悉了这个更严格和良好定义的英语子集，他们发现句子更精确，意思表达更到位。知道了这些，首先，任何游戏都需要一个单词表。单词表是在游戏设计过程中被逐渐制定出来的。这是个逐渐的过程，理由是设计者时不时会觉得应该往游戏中加入新的对象，比如 "zot" 对象。这样，单词 "zot" 就必须被加入词汇表，用户需要引用该对象的时候就输入 zot。另外，设计者也可能觉得为了让句子更加自然，需要支持更多的介词。例如，当玩家想丢下一个物体，可以这么输入：

"drop the keys"

"丢弃该钥匙"

这句话的意思很明确。单词 "丢弃" 是个动词，"该" 是可有可无的冠词，"钥匙" 是个名词。但是玩家也可能更自然地写：

"丢下该钥匙"

"drop down the keys"

或

"drop the keys down"

"将该钥匙丢下"

姑且不论这两句句子是不是 "好"，事实是人们就是这么说话的，这正是关键所在。因此，单词表需要包括游戏中的所有物体（名词），还有一些好的介词（**Prepositions**）。根据经验，提供那些可以和 "山" 联用的介词就足够了。表 14-2 列出了文字游戏中常用的介词。

表 14-2	一些好的介词
from（从）	
on（在……之上）	
in（在……之内）	
down（下）	
up（上）	
behind（在……之后）	
into（到……里）	
before（在……之前）	
at（在）	

我们的单词表接下来需要的一类单词是动作动词（Action Verb）。它们是用来表示 "做某事" 的单词。通常它们的后面要跟一个描述动作作用对象的单词或短语。例如，在一个文字游戏里，动词 "移动" 常用于在场景中让玩家移动。下面列出几句用 "移动" 作为动作动词而组成的句子：

1．move north

2．move to the north

3．move northward

标号为 1 的句子很简单。它说朝北移动。第二句同样也说向北移动，但它使用了介词短语 "to the north"。最后，第三句使用了形容词 "northward"，意思还是一样。理论上，这三句句子可能有细微的差别，但是对我们游戏程序员来说，它们的意思完全一样，也就是朝北的方向走一步。因此，我们明白了冠词 "the" 和介词是必要的，它们的存在使得句子尽管意思完全一样，却可以有多种的表达方式。

让我们回到动作动词的主题上来。游戏应当有一张很大的动作动词的表（其中多数可以独立用作命令，作用于隐含的对象上）。例如，你的游戏的单词表中有"闻"这样一个动作动词，使用它玩家可以输入：

"闻那块三明治"

这很清楚。不过，下面这条命令：

闻

的含义就不太清楚。诚然，玩家要做的动作是明确的，但是动作的对象还不确定。这里就牵涉到上下文。由于"smell"这个动词没有直接或间接地提到宾语，游戏假设玩家指的是周遭的环境，或者是上一次动作动词里提到的宾语。例如，如果玩家刚刚捡起一块石头，要求游戏引擎执行"smell"的动作时，游戏回答说"the rock?"，玩家说"yes"，这样正确的描述字符串可被显示出来。另一方面，如果玩家最近没有捡起任何东西，"smell"这样一条命令可能返回对玩家所在的房间内气味的描述。

当你确定了语言中所有的动作动词、名词、介词和冠词以后，必须制定语言本身的规则。这些规则描述所有合法的句子组成结构，并可被句法分析器（Syntactical Analyzer）和语义分析器（Semantic Analyzer）加工，用来计算句子的含义及合法性。作为一个例子，让我们生成一张单词表，以及支配这些单词的规则（语法），见表 14-3。

表 14-3 一张简单的单词表

单词	用作	类型名
石头	名词	物体
食物	名词	物体
桌子	名词	物体
钥匙	名词	物体
取	动词	动词
放	动词	动词
the	冠词	冠词
在……上	介词	介词
到……上	介词	介词

"类型名"用于将单词按类型相近划分成几类，因此使用起来更加有效。

我们已经有了单词表，接下来用它构造一个语言。这意味着创建一些规则，来生成合法的句子。生成的句子并不是每句都说得通，但它们都是合法的句子。这些规则通常被称为"语言的语法"或产生式（Production）。我比较喜欢把它们称作产生式，参见表 14-4。

表 14-4 语言产生式

OBJECT->"rock"|"food"|"table"|"key"
VERB->"get"|"put"
ARTICLE->"the"|NULL
PREP->"on"|"onto"|NULL
SENTENCE->VERB+ARTICLE+OBJECT+PREP+ARTICLE+OBJECT

这里"|"表示逻辑或，"＋"表示字符串连接，NULL 表示空字符串。

如果你要用"句子"的那条产生式来构造句子，有许多条句子可以被构造出来。但是，其中的一些不具有通常意义上的语义。例如，这句话

"put the rock onto the table"

意思很通顺，但这句句子

"get the rock onto the table"

的意思就不明确。可能是表示把石头放到桌子上。这时，可以采取两种措施：要么增加产生式的数目，将特定动词的特定句子结构的定义分开；要么游戏代码必须测试句子是不是有"意义"。为了帮助你更好地理解产生式的用法，表 14-5 中列出了一些合法的例句。

表 14-5　　　　一些例句，及其可意义明确度（1~10，10 表示意思很明确）

句子	明确度	合法性
"put rock"	4	合法
"put the rock"	4	合法
"get the key"	8	合法
"put down the food"	10	不合法
（注意：在规则里没有动词后跟介词的产生式，而且"down"不在词汇表中。）		
"put the food on rock"	7	合法
"put the rock down onto table"	7	缺少句子成份
（注意：有名词后连跟两个介词，没有这样的产生式。）		

从表上可以看见，如果某句句子不存在一条产生式对应，不论意思是否通顺，这条句子都是非法的。这是因为，除非有一条产生式或一条句法规则可以推导出某条句子，计算机并不能知道该句子是否合法。换句话说，对于每一种句子类型都要编程来实现对单词表中单词的有逻辑的组合。而且对每条句子都要测试它是否遵守某条产生式规则。

当句子被成功地断句，意义逐渐浮现的时候，就该是进行语义检查的时候了。这一阶段测试一句合法的句子是否有意义。例如，这句

"get the key onto the table"

是一个合法的句子，但它并不明确玩家要怎样。它可被标为意义不清楚，计算机从而要求玩家换种说法再表达一遍，如下：

"put the key on table"

下面这个问题一定在你心里憋了好久了。"当我明确了玩家想要做的动作后，如何让程序按要求动作呢？"答案是采用 Action Function。Action Function 根据句子中的动词而被调用。它们可以当作语法检查器、语义检查器或兼作两者。不过主要功能是执行某些具体任务。这是通过对每个 Action Function 实现独立的函数。Action Function 首先指出动作动词的宾语，然后执行要求的动作。例如：动词"get"的 Action Function 可能依次执行以下操作：

● 将"物体"（名词）从句子中找出来。
● 使用"视觉"来判断该要求拾起的物体是否在玩家够得到的范围内。
● 如果够得到该物体，则获得它。此时，场景数据库和玩家的物品栏将更新，以反映这项改变。

第一步（找到物体）的执行过程是一个不断消解不改变句子含义的单词的过程。举例来说，在这里所

用的语言（Glish）中，介词和冠词不怎么会改变句子的意思。如下：

"put the key"

冠词"the"可从句子中消解掉，而句子仍保有原来的含义。这个无关单词的消解对玩家是透明的，不过允许玩家用更自然的方式书写句子。尽管 Glish 的解析器能够接受这样的句子：

"put key on table"

实际的玩家却会觉得这样写更舒服：

"put the key onto the table"

总而言之，Action Function 负责表示这个逻辑。当 Action Function 指出了需要执行什么之后，执行本身是简单的。以取物体的例子，该物体从场景数据库中取出，并被置入玩家的物品栏中。玩家的物品栏可以是一个字符型或结构型的数组，其中列出玩家持有的所有物品。举我们接下来要接触的游戏《Shadow Land》为例，玩家的物品栏以及玩家自身信息都被保存在一个结构中，请参考程序清单 14-2。

程序清单 14-2　《Shadow Land》中用以表示玩家的数据结构

```
// this structure holds everything pertaining to the player
typedef struct player_typ
        {
        char name[16];    // name of player
        int x,y;          // position of player
        int direction;    // direction of player, east,west north,south
        char inventory[8]; // objects player is holding (like pockets)
        int num_objects;   // number of objects player is holding

        } player, *player_ptr;
```

这里的物品栏被实现为一个表示玩家所持物品的字符数组。例如：'s'表示三明治（Sandwich）。当然，这里的数据结构只是个示例，你可以用不同的方式实现。

概括地讲，文字游戏要做的就是断句、理解要执行的动作、调用相应的 action function，最后执行动作。动作的执行也就是对下列内容的更新：数据结构、位置坐标，也包括输出文字。文字游戏的主要难题是将输入的命令字符串翻译成计算机能处理的形式，比如数字（你猜对了）。这个过程叫做记号化（**Tokenization**）**或词法分析（Lexical Analysis），让我们在下一节来具体讨论。**

14.4.1 词法分析

当玩家键入一句只由指定单词表中的单词组成的句子的时候，该句子须从字符串转换成整数 token，句法和语义分析阶段才能开始。词法分析之所以是必要的，是因为比起处理 token（通常就是整型），处理字符串更为复杂、耗时、耗内存。因此，词法分析器的组成函数之一就是将输入的句子由字符串形式，转换成 token 形式。这个翻译过程分三步。词法分析的第一步是将句子中的单词逐个分解出来，也就是说用空格分隔句子。一般将空格字符（ASCII 码 32）和制表符（ASCII 码 9）都视作空格。这里举一个例句：

"This is a test."

它有 4 个单词（token），分别是：

1. "This"

2. "is"

3. "a"

4. "test"

句号也要被考虑进来，因为句号分隔不同的句子。若是玩家一次只输入一行，他可能会忘记在每句话的结尾加一个句号。句号也可被看作某种空格。另一方面，也应该允许玩家在一行里输入用句号、冒号或分号隔开的多个句子或短语。例如，在单句句子的输入中，句号可以当作空格来处理。

"This is a test."

这句话对解析器来说与下面这句话完全相同：

"This is a test"

但是，若是连着有两句句子。句号就不应该被当作空格处理了。若是当作空格，这句句子：

"This is a test. Get the book."

将被解释成：

"This is a test get the book"

而这句话不具有任何意义。

问题的关键是要仔细定义哪些符号等同于"空白"，那些不等同。接下来，我们需要从句子中提取出以空白隔开的"单词"。C 语言函数库里有一个字符串函数起这个作用，叫做 strtok()，但是对有些编译器这个函数的结果不正确，所以我们还是放弃它，自己动手写一个吧。

我们需要的是一个将单词分离的函数。设计这个函数是相当简单的，但你必须考虑到所有情况，例如 NULL 终结符、空白、回车字符等等。如下的程序清单 14-3 是这个函数的一个实现。

程序清单 14-3　从一句输入中提取语元（Token）的函数（摘自 Shadow Land）

```c
int Get_Token(char *input,char *output,int *current_pos)
{

int index,                      // loop index and working index
    start,                      // points to start of token
    end;                        // points to end of token

// set current positions
index=start=end=*current_pos;
// eat white space
while(isspace(input[index]) || ispunct(input[index]))
    {
    index++;
    }                           // end while

// test if end of string found
if (input[index]==NULL)
    {
    // emit nothing

    strcpy(output,"");
    return(0);

    }                           // end if no more tokens

// at this point, we must have a token of some kind, so find the end of it
start = index;                  // mark front of it
end   = index;

// find end of Token
while(!isspace(input[end]) && !ispunct(input[end]) && input[end]!=NULL)
    {
    end++;
    }                           // end while

// build up output string
for (index=start; index<end; index++)
```

```
        {
        output[index-start] = toupper(input[index]);
        }                                   // end copy string

// place terminator
output[index-start] = 0;

// update current string position
*current_pos = end;

return(end);
}                                   // end Get_Token
```

该函数接受三个输入参数：首先是作为输入的将被解析的字符串，然后是作为输出的包含解出的 token 的字符串，然后是字符串中正处理到的当前位置。接下来，让我们看这条函数如何处理一条字符串。首先我们要定义几个变量：

```
int position=0;                     // used as index from call to call
                    // to keep track of current string
                    // position
char output[16];                    // output string

// begin program
Get_Token("This is a test",output,&position);
```

函数调用过后，output 变量会存有"This"字样，position 等于 4。让我们再调用一次看看……

```
Get_Token("This is a test",output,&position);
```

现在，output 变量存有"is"字样，并且 position 被更新为 7。如果像这样重复调用 Get_Token()，句子中的每一个单词都会被提取出来，放置在 output 缓冲中（不过，每个单词都会被下一个提取出来的单词覆盖）。从而，我们现在有了一个方法，可以获取组成句子的每一个单词。接下来的任务就是要把这些单词字符串转换成为整数 token，以方便使用。这可以通过使用一张包含字符串和对应单词表中单词的 token 的表来实现。在这张表中搜索句子中的每个单词，看它们是否在表中，然后将它们转换成整数 token（如图 14-2 所示）。

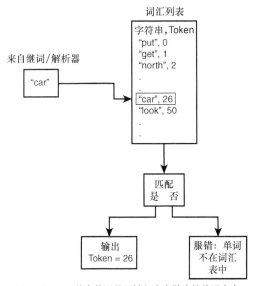

图 14-2　测试某个单词是否被包含在游戏的单词表内

在词法分析阶段，我们完成单词表检查。如果在单词表中找不到某个单词，则意味着该单词不属于我们的语言，因此是非法的。作为例子，游戏《Shadow Land》有如下的数据结构，来保存单词表中的每个单词（参见程序清单 14-4）。

程序清单 14-4　《Shadow Land》中语元（Token）的数据结构

```
// this is the structure for a single token
typedef struct token_typ
        {
        char symbol[16];                 // the string that represents the token
        int value;                       // the integer value of the token
        } token, *token_ptr;
```

这个结构保存字符串以及相关联的一个值。该字符串是实际单词表中的单词，而值可以任意取。无论如何，token 所具有的值应该是各不相同的，除非你希望让某些词成为同义词。通过使用上面的结构，再加上一些定义，你就创建了一张很紧凑的单词表，可以用作词法分析时将单词转换成 token，并进行有效性检查的参考。程序清单 14-5 是我在《Shadow Land》中使用的单词表。

程序清单 14-5　Shadow Land 中单词表的静态初始化

```
// this is the entire "language" of the language in Shadow Land.
token language[MAX_TOKENS] = {

{"LAMP",       OBJECT_LAMP      } ,
{"SANDWICH",   OBJECT_SANDWICH  } ,
{"KEYS",       OBJECT_KEYS      } ,
{"EAST",       DIR_1_EAST       } ,
{"WEST",       DIR_1_WEST       } ,
{"NORTH",      DIR_1_NORTH      } ,
{"SOUTH",      DIR_1_SOUTH      } ,
{"FORWARD",    DIR_2_FORWARD    } ,
{"BACKWARD",   DIR_2_BACKWARD   } ,
{"RIGHT",      DIR_2_RIGHT      } ,
{"LEFT",       DIR_2_LEFT       } ,
{"MOVE",       ACTION_MOVE      } ,
{"TURN",       ACTION_TURN      } ,
{"SMELL",      ACTION_SMELL     } ,
{"LOOK",       ACTION_LOOK      } ,
{"LISTEN",     ACTION_LISTEN    } ,
{"PUT",        ACTION_PUT       } ,
{"GET",        ACTION_GET       } ,
{"EAT",        ACTION_EAT       } ,
{"INVENTORY",  ACTION_INVENTORY } ,
{"WHERE",      ACTION_WHERE     } ,
{"EXIT",       ACTION_EXIT      } ,
{"THE",        ART_THE          } ,
{"IN",         PREP_IN          } ,
{"ON",         PREP_ON          } ,
{"TO",         PREP_TO          } ,
{"DOWN",       PREP_DOWN        } ,
} ;
```

如你可见，先是字符串，紧跟着是已定义的符号（值是多少无关紧要，只要不重复就行）。你一定注意到了符号带有一些熟悉的前缀，比如 PREP（介词）、ART（冠词）和 ACTION（动词）。

当一张这样形式的表被创建好以后，token 字符串就可以与表中的元素进行比较，从而表示 token 的字符串可以被转换成整数。此时此刻，输入的句子就变形成了一串数字，计算机处理起来更为直接。程序清单 14-6 是一个范例 tokenizer（记号化器）。它也是我曾用在游戏《Shadow Land》里的，但当你见过一个版本，你就会明白了。如果有一些常量定义不清楚，别担心，只要把握函数总体的功能即可。

程序清单 14-6 将输入句子中的语元字符串转换成整数类型语元的函数

```
int Extract_Tokens(char *string)
{
// this function breaks the input string down into tokens and fills up
// the global sentence array with the tokens so that it can be processed

int curr_pos=0,          // current position in string
    curr_token=0,        // current token number
    found,               // used to flag if the token is valid in language
    index;               // loop index

char output[16];
// reset number of tokens and clear the sentence out
num_tokens=0;

for (index=0; index<8; index++)
    sentence[index]=0;

// extract all the words in the sentence (tokens)
while(Get_Token(string,output,&curr_pos))
    {
    // test to see if this is a valid token
    for (index=0,found=0; index<NUM_TOKENS; index++)
        {
        // do we have a match?
        if (strcmp(output,language[index].symbol)==0)
            {
            // set found flag
            found=1;

            // enter token into sentence
            sentence[curr_token++] = language[index].value;
            break;
            } // end if
        } // end for index

    // test if token was part of language (grammar)
    if (!found)
        {
        printf("\n%s, I don't know what \"%s\" means.",you.name
                                            ,output);

        // failure
        return(0);

        } // end if not found

    // else
    num_tokens++;
    } // end while
} // end Extract_Tokens
```

该函数对包含玩家输入的命令的一条字符串进行操作。它使用 Get_Token()函数，将完整的句子断为分开的单词。每个单词都要在单词表中进行扫描，如果发现有匹配的项，该单词就被转换成一个 token，并被插入到一个由 token 组成的句子中。如果在单词表中找不到匹配的单词，则程序会产生一个错误。我将这段代码用粗体表示了，你会看到其实它有多么简单。

让我们稍微提一下另外两个方面。首先是错误处理。错误处理对于任何问题都是很重要的部分。而对于基于文字的游戏而言，这简直是太重要了，因为一个"不好"的输入可能会造成游戏引擎和逻辑里面某处的"泄漏"，把事情变得一团糟（如果你碰巧是一个 Perl 脚本程序员，你一定明白我的意思）。因此，在一个文字游戏中有再多的错误检查也不过分。即使你确信 99%的时间里传给一个函数的输入都会是正确的形式，还是应当对余下的 1%进行测试，那样才能放心。

第二，你一定注意到我使用了很简单的数据结构。当然，用链表或二叉树可能是更优雅的解决方案，但是对于几打单词值得这样大动干戈么？答案是否定的。我的经验告诉我数据结构应当适合要解决的问题，而数组对很多小规模的问题来说都是很好用的。当问题规模变大，你可以再拾起诸如链表、B 树、图等等的重型武器。但对于小问题，应当尽量使用简单的数据结构，而不要等到以后调试的时候被许多指针错误、一般保护错或其他讨厌的错误困扰！

好了，现在我们终于知道如何将句子转换成 token 了。接下来轮到句法和语义分析登场，先谈句法分析。

14.4.2 句法分析

打起精神来，因为这里开始事情变得有点复杂了。从严格意义上讲，在编译器的专用名词中，句法分析定义为将输入 token 流被转换成语法短语，从而短语可被处理。因为我们希望实现的语言比较简单，单词表也很简单，所以我们要稍微修改一下那些通用的、难理解的定义，以适应我们讨论的问题。就我们关心的问题而言，句法分析的意思是"理解句子的意思"。这意味着，实施动词、确定主语宾语、提取介词和冠词，等等。

我们游戏中的句法分析是与句子中动作动词的处理并行进行的。这完全可以接受，而且许多编译器和解释器正是这样被设计出来的。代码被即时地生成或解释。我们已经见识过句法分析阶段是什么样子。它是通过调用一些负责语言中动作动词的函数来实现。接着这些动作函数处理输入的句子（已经是 token 的形式）中的余下部分，并执行所有的功能。例如，一个文字游戏的句法分析器可能首先找出是哪一个动作动词负责整句句子，然后调用合适的动作函数，并处理句子余下的部分。

显然，句子中余下的部分可以在调用动作函数之前就被处理和测试有效性，但也不一定要这样作。我更愿意把更多的处理放在动作函数中。我的思路是：每一个动作函数就像一个处理某种句子的对象。某一种句子由特定的词开始。我们不可能在调用相应的动作函数之前，只用一个函数，就检查到句子所有可能的语法结构。

作为例子，程序清单 14-7 是《Shadow Land》中使用的函数。它将每一个子句都发给对应的动作函数中去处理。该函数惟一的目的就是检查句子的第一个单词（是个 token）然后找到正确的动作函数的指针。接下来，检查余下句子的语法就是动作函数的工作了。动作分派程序如下：

程序清单 14-7　在《Shadow Land》中根据输入句子中的动作动词来调用动作函数的函数

```
void Verb_Parser(void)
{
// this function breaks down the sentence and based on the verb calls the
// appropriate "method" or function to apply that verb
// note: syntactic analysis could be done here, but I decided to place it
// in the action verb functions, so that you can see the way the errors are
// detected for each verb (even though there is a lot of redundancy)

// what is the verb?

switch(sentence[FIRST_WORD])
    {
    case ACTION_MOVE:
        {
```

```
            // call the appropriate function
            Verb_MOVE();
            } break;

    case ACTION_TURN:
        {
        // call the appropriate function
        Verb_TURN();
        } break;

    case ACTION_SMELL:
        {
        // call the appropriate function

        Verb_SMELL();
        } break;

    case ACTION_LOOK:
        {
        // call the appropriate function
        Verb_LOOK();
        } break;

    case ACTION_LISTEN:
        {
        // call the appropriate function
        Verb_LISTEN();
        } break;

    case ACTION_PUT:
        {
        // call the appropriate function
        Verb_PUT();
        } break;

    case ACTION_GET:
        {
        // call the appropriate function
        Verb_GET();
        } break;

    case ACTION_EAT:
        {
        // call the appropriate function
        Verb_EAT();

        } break;

    case ACTION_WHERE:
        {
        // call the appropriate function
        Verb_WHERE();
        } break;

    case ACTION_INVENTORY:
        {
        // call the appropriate function
        Verb_INVENTORY();
```

```
        } break;

    case ACTION_EXIT:
        {
        // call the appropriate function
        Verb_EXIT();
        } break;

    default:
        {
        printf("\n%s, you must start a sentence with an action verb!",
                you.name);
        return;
        } break;

    } // end switch

} // end Verb_Parser
```

这条函数很简单，真是太好了。它检查句子的第一个单词（根据语言的定义，这个单词最好是个动词），然后调用正确的动作函数。如图 14-3 所示。将要进行的解析分析就是句法分析阶段。

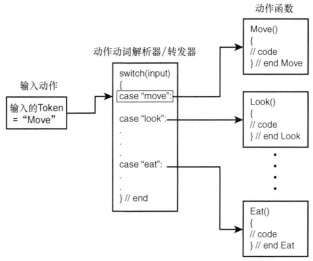

图 14-3　一个动作动词被分发到恰当的动作函数

14.4.3　语义分析

在语义分析阶段我们密集地进行错误检查。但是，因为我们是在游戏进行的同时依照造句法进行即时分析，检查错误的责任落到了句法分析的动作函数上。句法分析将句子断成句子实际表达的意义，然后可以使用语义分析来确定意思是否通顺合理（益发迷惑了吧?!）。如你可见，句法和语义分析的机制看起业是有一些循环的，因此，我们将又一次直接给出方便快捷的规则。在基于文本的游戏里，句法和语义分析是同时进行的。换名话说，当句子的意义计算出来的时候，句子有意义与否的测试也同时进行了。

我希望你能够理解这些微妙的概念。通俗点讲，这就好比是滑雪，会者不难，难者不会。一旦学会以后它就不难了，但是首先需要学会它。

14.5 组成游戏世界

我们已经用有了组成完整的解析器和文字解释引擎的所有元件。如图 14-4 所示，看看这些模块是如何协调在一起并形成文字游戏的中枢的。从图中可见，输入流被词法分析器的前端断成一个一个的单词，接着单词串被转换成整数 token。然后 token 流被发往句法分析器的前端，任其将 token 序列发给相应的动作函数来处理。动作函数试图对句中的主语和宾语适用对玩家要求的动作。当动作被实施的时候，语法检查和语义完整性检查就可以同时被动作函数完成。

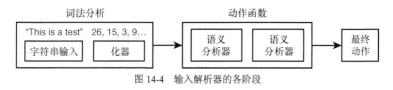

图 14-4 输入解析器的各阶段

有一个重要的概念需要领会，所有对输入的解析以及语法检查等等都是为了同一个目的，即理解玩家希望做什么。当这点明确了，编写代码是比较简单的。惟一需要留心的是，动作是对内部数据结构执行的。而惟一的输出是文字。

记住，玩家所"看到"的游戏场景只由一些文字字符串组成。它们或是静态的，或是当玩家"移动"时由游戏输出的合成文字。我想，现在你已经明白文字游戏的输入部分是怎样工作的了。若是我现在就结束这个主题，你也能够制作一个文字游戏。但是还是让我们了解一些用来控制和操作文字游戏其他方面的技术。我这里提到的技术仅作示意之用，我相信一定有更好、更聪明的方法。

14.5.1 表示场景

文字游戏中的场景可以有很多种表示手法。无论是哪一种，总是和玩家身处的虚拟游戏环境有一些几何上的联系的。例如，如果你要创建一个全 3D 空间的文字冒险游戏，你可能会有包含 3D 模型的数据库。即使玩家并不能直接看到 3D 世界，一切的碰撞检测以及运动运算还是要以 3D 模型来进行。鉴于本书主要讨论 2D 游戏，我们采取简单的表示法。首先，请你想像有一幢一层的独立屋，它的屋顶已被掀掉了，而你正从上方俯视它。（你在悬停的飞船里，如图 14-5 所示）。你能看见房子里的房间、物体、还有走来走去的人们。这就是我们要在我们的文字游戏中采用的表示法。

对这样一个模型，我们如何设计数据结构呢？有两种方法。我们可以采用由线条和多边形构成的基于矢量的模型。建立一个包含这样的几何元素的数据库，游戏程序代码使用这个数据库来移动游戏对象。这个技术还不错，但是比较难于给出直观的描述，毕竟那样你得在纯粹的"矢量空间"中工作。还有一个办法或许更好，也就是采用 2D 网格矩阵来表示游戏场景。

诚然，你将不会真正"看见"游戏世界，但是若你有一张能

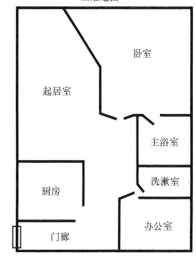

图 14-5 一个游戏场景的俯视"蓝图"视角

够容易地存取到的 2D 平面地图，游戏代码写起来会更简单。举例说来，游戏《Shadow Land》使用一个字符型的 2D 矩阵来表示游戏场景（我以前住的公寓）。关于在游戏中使用的数据结构，请参见程序清单 14-8。

程序清单 14-8　《Shadow Land》中用于表示游戏场景的数据结构

```
// this array holds the geometry of the universe

// l - living room
// b - bedroom
// k - kitchen
// w - washroom
// h - hall way
// r - restroom
// e - entry way
// o - office

//                    ^
//            NORTH
// < WEST         EAST >
//            SOUTH
//                    v

char *universe_geometry[NUM_ROWS]=
{"********************************",
"*llllllllll*bbbbbbbbbbbbbbbbbbbb*",
"*llllllllll*bbbbbbbbbbbbbbbbbbbb*",
"*lllllllllll*bbbbbbbbbbbbbbbbbbb*",
"*llllllllllll*bbbbbbbbbbbbbbbbbb*",
"*lllllllllllll*bbbbbbbbbbbbbbbbb*",
"*llllllllllll*bbbbbbbbbbbbbbbbbb*",
"*lllllllllll*bbbbbbbbbbbbbbbbbbb*",
"*llllllllll*bbbbbbbbbbbbbbbbbbbb*",
"*llllllllll*bbbbbbbbbbbbbbbbbbbb*",
"*llllllllll*bbbbbbbbbbbbbbbbbbbb*",
"*llllllllll*bbbb*rrr*********",
"*lllllllllllhhhhhh*rrrrrrrrrrrr*",
"*lllllllllllhhhhhh*rrrrrrrrrrrr*",
"*llllllllllhhh******rrrrrrrrrrr*",
"*********hhhh*rrrrrrrrrrrrrrrrr*",
"*kkkkkkk*hhhh*rrrrrrrrrrrrrrrrr*",
"*kkkkkkk*hhhh*rrrrrrrrrrrrrrrrr*",
"*kkkkkkk*hhhh*rrrrrrrrrrrrrrrrr*",
"*kkkkkkkhhhh*******************",
"*kkkkkkkhhhhhhhhhhwwwwwwwwwww*",
"*kkkkkkkhhhhhhhhhhwwwwwwwwwww*",
"*kkkkkkk*hhhhhhhhhhwwwwwwwwwww*",
"*kkkkkkk*hhhh*ooooo***********",
"*kkkkkkk*hhhh*oooooooooooooooo*",
"*kkkkkkk*hhhh*oooooooooooooooo*",
"*kkkkkk*hhhhh*oooooooooooooooo*",
"*******hhhhhh*oooooooooooooooo*",
"*eeeeeeeeeeee*oooooooooooooooo*",
"*eeeeeeeeeeee*oooooooooooooooo*",
"*eeeeeeeeeeee*oooooooooooooooo*",
"********************************",} ;
```

　　由于印刷字体的关系，要清楚的看出各个房间有一点难。但是若是你稍稍蒙上眼睛，你应该能看出来。显然墙是由'*'表示的，而不同的房间用特别的单个字符来定义，例如'o'是办公室。给每个房间不同的描述性的字符，有助于确定玩家在某时刻身处何地。如果玩家在地图的（x，y）位置，则负责输出玩家在"哪里"的代码只需要到数组里查找一下玩家站在那个字符上。然后，有了这个字符，对应的文本字符串就可以被显示出来。

14.5.2　放置物体

游戏场景中的物体可以有两种实现方法。第一种是采用数组或链表，来保存定义了如下内容的元素：物体、位置及其他所有相关属性。这种方法的问题是，当玩家站在一个房间里并且发出"看"的命令的时候，对象列表必须被检索，而每个物体的可见性都要被检查。而若是采用这种方法，碰撞检测、"放物体"、"取物体"都变得更加复杂了。另一个方法较简单，也比较接近场景的直观定义。它定义了一个额外的 2D 字符矩阵，和游戏场景地图大小相同。在里面并不存放墙壁和地板，而只是放置对象。你可以想象游戏代码将这两个数据结构，叠加并合成在一起。作为例子，程序清单 14-9 是《Shadow Land》中放置物体的地图。

程序清单 14-9　Shadow Land 中的物体位置数据库

```
// this array holds the objects within the universe

// l - lamp
// s - sandwich
// k - keys
//            ^
//          NORTH
// < WEST        EAST >
///       SOUTH
//            v

char *universe_objects[NUM_ROWS]=
{"                      ",
 "  l              k   ",
 "                      ",
 "                      ",
 "                      ",
 "                      ",
 "                      ",
 "  l                   ",
 "                      ",
 "                      ",
 "                      ",
 "                      ",
 "                      ",
 "                      ",
 "                      ",
 "                      ",
 "                      ",
 "                      ",
 "  s                   ",
 "                      ",
 "                      ",
 "         s            ",
 "                 l   ",
 "                      ",
 "                ",};
```

可见，物体地图是比较稀疏的。它也应该是稀疏的，因为它只包含场景中的物体。无论如何，类似于确定玩家是否接近一个物体，或玩家是否站在一个物体上，这样的检查都是简单的，因为场景、场景中的物体以及玩家的位置都是一一对应的。使用这样的所谓"图元"方法，惟一的缺点是只能表示有限个数的图元，因此也就只有有限个数的位置。但这算不上什么大问题，多半玩家都不会感觉到。

14.5.3　让事情发生

之前我们学到，"让事情发生"主要指的是打印一些文字，或改变数据结构中的一些值，例如玩家的位置。一个文字游戏实际就是一个"鲜活"的数据库，游戏进行的时候该数据库被存取和修改。说实话，街机游戏也是一样的，不过使用了更复杂的输出设备（屏幕），并且街机游戏必须实时地作出响应。文字游戏等待玩家输入文字字符串，之后才开始工作。在这段等待的时间里，代码停滞在输入函数中，游戏场景并不更新。

14.5.4　自由移动

文字游戏中的运动被实现为游戏中玩家角色位置的改变。通常这不过是修改几个变量，很简单。例如，若是玩家输入：

"move north"

计算机会输出

"You take a few steps…"

接下来游戏代码可能会将玩家角色的位置在 Y 方向上减少一定的值（北就是负 Y 方向）。当然，还需要测试玩家的位置，看是否玩家踩在了什么东西的上面，是否撞了墙，是否跌落悬崖。不过实际移动不过就是改变几个变量。这简单性源于此：被放置在 2D 地图上的玩家不过就是一个方块，能够移往东南西北。

14.5.5　物品系统

文字游戏中的物品系统就是一张表，包含玩家持有的所有物体的描述和价格等属性。这张表可以是数组、链表或其他。如果物品比较复杂，则这张表很可能由结构组成。在《Shadow Land》里，物品非常简单，只需要一个字符就能表示。所以只使用了一个字符数组。若玩家有一个三明治 's'，一套钥匙 'k'，一盏油灯 'l'。如果玩家持有多个物体，则这些物体都以单个字母的形式被存在一个叫做 inventory[] 的字符数组中。若是玩家要求检查自己身上有些什么东西，只需遍历这张表就可以得到所需的输出字符串了。

但是玩家如何取得对象呢？答案是从游戏场景中取得。例如，玩家站在一个房间里，"看到"了钥匙，他想要求游戏帮他"捡起"钥匙。从而，游戏将 'k' 从对象空间中移除，并补上一个空白。然后将 'k' 插入玩家的物品列表中。当然，让计算机找到房间内有哪些东西，以及判断玩家是否够得到该物品，都是比较复杂的问题，但你已有了初步概念。

14.6　实现视觉、听觉和嗅觉

在文字游戏中模拟人的各种感觉是很有挑战性的，因为玩家没有办法真正地看、听或闻。这意味着在逻辑结果以外，输出的描述还应当充满形容词、描述性词、修饰词等等，才能给玩家一个可感受到的图景。模拟听觉和嗅觉是很简单的，因为它们不是聚焦的感觉。在这里我用了"聚焦"这个词，我指的是如果一个房间具有某种气味，则不论玩家站在这个房间里的哪一个角落，都能闻到这个气味。对于声音也是类似的。如果房间里正回荡着音乐，则每个角落都能听到它。视觉是最复杂的，因为比起听觉和嗅觉，它是更为聚焦的，因此也更难实现。让我们看一下所有三个感觉是如何被实现的。

14.6.1　听觉

文字游戏中有两种声音：环境声（Ambient）和动态声（Dynamic）。环境声指的是那些总是停留在一个房间里的声音，动态声指的是那些可能会移进移出一个房间的声音。首先，让我们讨论环境声。为了实现它，我们需要对每个房间提供含有一些描述字符串的数据结构。这样，当玩家要求"听"的时候，对应玩家当前所处房间的环境声字符串就被打印出来。例如，如果玩家在一家机器店里输入"listen"命令，则下面是他会收到的反馈。

whait do you want to? Listen！

你想要做什么？

……你听见周围有大型机器工作的声音。这声音又大又刺耳，你似乎连牙齿都能感觉到它了。不过，在这大型机器吵闹的声音背后，你似乎听见一种奇特的嘶嘶声湮没在背景里。你不确定那到底是什么发出来的……

你可以自行确定包含这些静态字符串的数据结构。我推荐要么用字符串数组，在字符串中描述该串描述是给哪个房间用的；要么使用结构数组，每个房间一个结构。作为例子，程序清单 14-10 是《Shadow Land》中使用的环境声字符串数据结构。

程序清单 14-10　《Shadow Land》中用来存放信息字符串和环境声的静态数据结构

```
// this is the structure used to hold a single string that is used to
// describe something in the game like a smell, sight, sound...

typedef struct info_string_typ
        {
        char type;       // the type of info string i.e. what does it describe
        char string[100]; // the actual description string
        } info_string, *info_string_ptr;

// these info strings hold the smells in each room
info_string smells[]={

{'l',"You smell the sweet odor of Jasmine with/
 an undertone of potpourri. "} ,
{'b',"The sweet smell of perfume dances within/
 your nostrils...Realities possibly. "} ,
{'k',"You take a deep breath and your senses/
 are tantalized with the smell of"} ,
{'k',"tender breasts of chicken marinating in/
 a garlic sauce. Also, there is "} ,
{'k',"a sweet berry smell emanating from the oven./
                           "} ,
{'w',"You are almost overwhelmed by the smell of/
 bathing fragrance as you"} ,
{'w',"inhale.                        /
                           "} ,
{'h',"You smell nothing to make note of. "} ,
{'r',"Your nose is filled with steam and the smell/
 of baby oil... "} ,
{'e',"You smell pine possible from the air coming/
 through a small orifice near"} ,
{'e',"the front door.                /
```

```
                             "} ,
{'o',"You are greeted with the familiar odor of /
burning electronics. As you inhale"} ,
{'o',"a second time, you can almost taste the/
 rustic smell of aging books.        "} ,
{'X',""} , // terminate
} ;
```

你会发现，在游戏里每个房间都有一条字符串，最后一个仅含有一个 'X' 字符。这是我常用的小把戏！

动态声实现起来比静态声要复杂，因为它们可以在场景里自由移动。《Shadow Land》中没有实现动态声，但让我在这里稍微解释一下。每个可移动的物体都带有一个声音，比方说可以是描述该物体发出的声音的字符串。从而，当玩家要求听听房间里的声音的时候，游戏首先打印出静态声，接着游戏确定房间里有什么物体。这样，它们的声音就被打印出来。当然，你应该使用一些连词，尽量使句子通顺地"连接"在一起。

14.6.2　嗅觉

嗅觉和听觉采用同样得实现方法，只不过这回文本是描述房间里的气味，而不是声音。而动态气味也和动态声一样地实现——将它们作为"附件"关联到动态物体上。举例来说，一个兽人身上有一种难闻的气味，这种气味和房间里其他的静态气味一同被描述。你可以测试该兽人是否与玩家在同一个房间里。通过检查兽人和玩家的位置还有环境地图上的索引值，便很容易判断这点。

14.6.3　视觉

在文字游戏中实现视觉是很有趣的问题。我们希望让虚拟的角色能够在虚拟世界中具有视觉，而甚至连玩家都看不到这虚拟世界！不过，既然我们是程序员，只要有了正确的数据结构和方法，总有办法解决的。首先，实现视觉最简单的数据结构就是世界地图，因为这是玩家在其中走动的世界的 2D 版本。算法也很简单，我们只是需要理解我们（自己）是如何看世界的，然后根据文字游戏中的数据结构来实现一个游戏中的模拟视觉版本。

与往常一样，视觉还是区分为静态视觉和基于动态物体的视觉。静态视觉负责较一般性的可见内容。如果玩家在一个房间里要求"看"，则描述文字的第一部分是静态的、固定的。描述的第二部分会集中在玩家 VFOV（Virtual Field Of View，虚拟视角）内可见的那些物体。这一部分比较难，我们必须以某种方式扫描玩家面前的物体，并检测它们是否在检测空间内。这与气味和声音检测不同，不能够仅仅检测一个物体是否在屋内，因为有可能该物体正处于玩家身后。所以，判断物体是否在屋内和判断物体是否在 VFOV 中，应当一起进行。

为了测试一个物体是否在玩家的 VFOV 中，我们需要以下 5 项信息：

1．玩家的位置

2．玩家的朝向

3．所有动态物体的位置

4．搜索深度（距离）

5．扫描的视角

第 1、2 和 3 项都很简单。对于玩家和所有动态物体，我们只需在数据结构中查找就可以找到相应的信息。问题出在第 4、5 项。首先，搜索深度表示玩家能够看多远。这是个相对值，不过按照经验，对于最大的房间，玩家应该也能一眼看到底。接下来是视角，也就是 FOV，代表扫描应当涉及到的角度范围（如图 14-6 所示）。现在，因为玩家只能朝向 4 个方向之一（北、南、东、西），扫描变得很简单。只需要两个 for 循环就可以完成扫描。

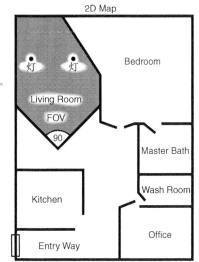

从玩家的位置（x，y）开始扫描玩家正前方90°范围内的图像。如图所示，通过扫描发现了两盏灯。

图 14-6　执行中的虚拟视觉系统

如图 14-7 所示，扫描区域是一个倒金字塔形，视角（即 FOV）等于 90 度。这与正常人的视角相当接近，对于游戏模拟来说也是比较真实的。因此，扫描从玩家所处位置发散出去，每一个位于扫描区域中的图元都被检测（如图 14-7 所示）。一般而言，一个 for 循环控制 X 轴，另一个 for 循环控制 Y 轴。检测一直进行直到已经达到制定的深度（也就是距离），那时视觉检测才告毕。当视觉检测在进行中时，要对每一个视线可及的图元都检测，看其是否含有动态物体。如果有，则该物体被"标记"，并放入一张表中。当视觉检测的结果字符串输出的时候，就可以访问这张表，从而特定动态物体的视觉描述字符串就被取出，并和静态视觉描述一起被输出。

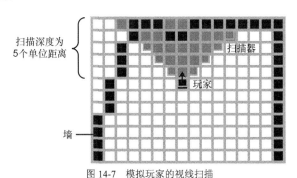

图 14-7　模拟玩家的视线扫描

《Shadow Land》运用了这个技术来在房间里执行"看"的命令。作为例子，程序清单 14-11 给出了朝北进行实现扫描的代码片断。请务必注意 for 循环和测试的结构。如果看起来缺少某些变量或定义，别操心，尽量把握该代码片断总体上进行什么操作即可。

程序清单 14-11　《Shadow Land》中朝北进行视线扫描的代码片段

```
case NORTH:
{
// scan like this
```

```
//   .....
//   ...
//    P
for (y=you.y,scan_level=0; y>=(you.y-depth); y--,scan_level++)
    {
    for (x=you.x-scan_level; x<=you.x+scan_level; x++)
        {
        // x,y is test point, make sure it is within the universe
        // boundaries and within the same room
        if (x>=1 && x<NUM_COLUMNS-1 &&
           y>=1 && x<NUM_ROWS-1 &&
           universe_geometry[y][x]==universe_geometry[you.y][you.x])
           {
           // test to see if square has an object in it
           if (universe_objects[y][x]!=' ')
              {
              // insert the object into object list
              stuff[*num_objects].thing = universe_objects[y][x];
              stuff[*num_objects].x    = x;
              stuff[*num_objects].y    = y;
              // increment the number of objects
              (*num_objects)++;

              } // end if an object was found
           } // end if in boundaries
        } // end for x
    } // end for y
// return number of objects found
return(*num_objects);

} break;
```

该函数对玩家面前的区域进行扫描，并测试视线范围中的每一块是否在游戏场景中。如果是在场景中，则查找物体数据库，看是否有某个物体位于该块之上。如果也找到了满足条件的物体，则该物体被插入表中，程序代码继续运行直到扫描完成。你应当留意那段判断某个扫描块是否在游戏场景里的代码。这段代码是必须的，因为扫描要进行到指定的深度才结束，而代码并不能知道是否扫描到了数组的边界以外，或走到负方向上去等等情况。所以我们需要一个过滤器（Filter）来测试每个由两重 for 循环生成的测试块位置。最后，当你在静态视觉之后输出动态对象，应当处理一下句子让它读起来比较流利！

14.7 实时响应

到目前为止，我们考虑的文字游戏技术都还不是实时的。这是由于游戏逻辑等待玩家输入文本字符串，当字符串输入后，游戏逻辑才继续执行，而这个过程一再循环往复。问题是，在文本输入阶段，游戏逻辑处在等待状态。这对游戏有两方面影响。首先，直到玩家输入字符串并按下回车键以前，时间是停止的。其次，游戏中的动态物体无法移动；概括地讲，在玩家"思考"的这段时间里，游戏世界是停止和不进化的。你可能希望这样，也可能不希望。事实上在文字输入阶段，有一些文字游戏的确是停止的，也有另外一些文字游戏依然是在运行的。

举例来说，在一个实时的文字游戏中，玩家可能会在命令提示下等上 10 分钟。但若是玩家这么做了，他往往会被兽人包围！使游戏成为即时的是很简单的：你只需要稍微修改一下输入函数，让它收集键盘输入，但只在回车键按下的时候才返回字符串给输入解析器。这样，游戏的事件循环看起来会像这样。

```
while(!done)
    {
    Get_Next_Input_Character();

      if (user has typed in a whole string)
      {
    Parser_Logic();
    } // end if an input was entered
    // whatever happened above, let's move all the

    // objects in the game universe
    Move_Objects();
    } // end main loop
```
该结构的结果是实时性，字符输入不再被等待。如果有输入，很好；但如果没有，游戏逻辑还是实时地在运行。

14.8 错误处理

就像街机游戏一样，一个文字游戏也必须具有错误处理。不过，多数错误处理属于文字解析阶段。即有词法测试，语法测试和语义测试需要执行。词法测试很简单，只是字符串比较和单词表检查。语法和语义测试较复杂，因为游戏逻辑必须运用语言产生式和规则来件查句子是否有效。这很复杂，并且常常有很多情况需要考虑到。与此相类似，编写编译器或解释器的时候，代码一开始很清楚简洁，但到了接近完成的时候，代码里常常充斥了拼接的补丁。文字游戏也脱不了不断维护的宿命，你常常会需要给字符串输入函数增加词法测试，或是给词法分析器添加语法检查。无论如何，还是尽量多做测试免得后悔！也就是说，应当对输入解析器，设置尽量多的过滤器、条件断点和测试。

14.9 造访 Shadow Land

我知道你现在已是一名专业文字游戏作者了，但我还是希望向你演示这样一个游戏的示例。该游戏示例的名字叫做《Shadow Land》。它是个完全可操作的文字游戏，允许你和环境间完全的互动。该游戏的主要思路很简单：你必须找到钥匙并把钥匙放到办公室里去。你将身处我曾一度居住的加利福尼亚硅谷的一间公寓。我将我的公寓进行了完全的建模。你可以在其中看、听和闻。

游戏玩法就好比说你是一个能够自由移动的隐形人，不会被我或公寓中的任何其他人所察觉。游戏使用简单的词汇表和语法，能采取的动作也很简单。但只要你理解了《Shadow Land》，你会很轻松的掌握诸如计划、数据结构、算法等等要素，甚至可以拿来制像《Zork》那样的游戏。总之，如果你真的对制作角色扮演游戏（RPG）感兴趣，这就是你需要好好理解的！

14.10 Shadow Land 中使用的语言

在表 14-1 中，我们见过了《Shadow Land》中使用的词汇表，现在让我们看一下产生式，或者说语法规则。我将采用较为自然的方式来列出这些规则，而不是使用严格的形式化表示法。首先我们重复一遍词汇表中的单词。

- 游戏中的物体是：灯、三明治、钥匙
- 绝对方向：东、西、北、南
- 相对方向：前、后、右、左
- 语言中的"动作"或动词：移动、闻、看、听、放、取、吃、物品、哪里、退出
- 语言中的冠词或连接词：那
- 语言中的介词：里、上、到、下

让我们首先定义动作动词的合法形式。有一些动词不需要和对象联用。比如"闻"、"听"、"物品"、"哪里"和"退出"。这些动作动词只要被输入，就能工作。而若是动词后跟有介词短语、冠词、或表示对象的词，则表示特殊的意思。输入这些命令的结果如下：

"smell 闻"—描述你所在房间内的气味。

"listen 听"—描述你所在房间内的声音。

"listen 物品"—告诉你目前持有什么东西。

"where 哪里"—描述你在房子里的位置，以及你面对的方向。

"exit 退出"—退出游戏。

接下来的一系列动作动词可以被宾语、形容词或完整的介词短语来修饰。这些动词是"移动"、"放"、"取"、"看"和"吃"。下面列出了一些用产生式表示的合法句子的语法规则。

"move"+（相对方向）｜"move"+"to"+相对方向｜"move"+"to the"+相对方向

在这里，圆括号表示其中的词是可有可无的，"|"表示逻辑或。

按照上面的产生式，下列的句子是合法的。

"move to the right"

这可以让玩家向右闪避（侧步）。或者你也可以写

"move"

这会让玩家按照目前的朝向走。下面这条句子是不合法的：

"move to the east"

这句是非法的，因为"东"是个绝对方向，而不是相对方向。下一个有趣的动作动词是"看"。规则如下：

"look"+（绝对方向）|"look"+"to"+绝对方向|"look"+"to the"+绝对方向

用这个动词，玩家可以"看"房间里的物体。比如，当玩家不带方向地输入"look"命令的时候，游戏只输出静态视觉描述。为了看到房间里的物体，你必须组合使用"look"命令和绝对方向。例如，为了查看房间的北部，可以输入

"look to the north"

或

"look north"

或

"look to north"

上面三句都是等同的，运行结果都是描述了玩家视野范围内的物体。

玩家刚开始游戏的时候脸朝北，所以还需要有办法来转身。"turn"动作完成该功能，其产生式规则和"look"命令相似。

"turn"+（绝对方向）｜"turn"+"to"+绝对方向｜"turn"+"to the"+绝对方向

因此，为了转身朝东，你可以输入：

"turn to east"

接下来两个动作动词与物体操作有关，它们是"put"和"get"。用于放下和拾起物体。因为我们游戏中只有三个合法的物体：钥匙、灯和三明治。下面给出产生式：

"put"+物体 ｜"put"＋"down"＋"物体"｜ "put"＋"down the"＋"物体"

"get"+物体 ｜"get"＋"the"＋"物体"

你可以使用"put"和"get"命令在场景来动物体。举个例子，想像在你面前有一串钥匙。你可以输入：

"get the keys"

过后你想放下钥匙。输入下面这句就可以了：

"put down the keys"

最后，最重要得动词是"eat"，你肯定知道它的功能。它会让你吃任何东西，只要你持有这样东西。"eat"的规则是

"eat"+物体 ｜ "eat"＋"the"＋ 物体

因此，如果你想吃灯，可以输入

"eat the lamp"

这下你满足了吧！

最初，你会发现这点语法和有限的单词表很是枯燥生硬，但是当你开始玩这个游戏一会儿之后，它就会变得很自然了。而且你还可以自由地添加新的单词和语法规则。注意：输入解析器并不区分大小写，所以你可以随心所欲地使用大写或小写字母。

14.11　编译和运行 Shadow Land

到目前为止，《Shadow Land》是惟一一个完全可移植的游戏。这也是由于它是全文字游戏的关系。不过，《Shadow Land》还使用了 kbhit() 和 ANSI 彩色文字驱动程序。ANSI 彩色文字驱动程序在以前 DOS 时代用的很多，它允许使用某些特殊的转义序列来改变纯文字应用程序的显示颜色。欲使用它的话，在你的 config.sys 里加上这一行：

```
DEVICE=C:\WINDOWS\COMMAND\ANSI.SYS
```

如果还是有问题，在你的系统里搜索一下 ANSI.SYS，并改用正确的路径。除此以外，该程序的代码是标准 C/C++而且没有任何图形或机器相关的调用。要编译该程序，用主程序 SHADOW.CPP，按照 CONSOLE 应用程序（而非 win32 .EXE）来编译，并与标准 C/C++程序库相连接。如果你不愿自己编译，我也已经为你准备了编译好的 SHADOW.EXE。

你已经知道如何让程序运行起来了。不过，还是有几个提示。游戏开始的时候会要求输入你的名字。然后会问你要做什么。此时此刻，在游戏中的你正站在我的公寓的大门口。在你的左边是一个厨房，北边是走廊。使用"move"命令来在公寓中走动，到处试试看听和闻吧。记住，单纯使用"move"命令会让你以当前方向朝前移动，而若是你想看房间里的摆设，"look"命令需要绝对方向作为参数。

《Shadow Land》的游戏循环

《Shadow Land》的游戏循环极其简单，因为它不是实时的。参见程序清单 14-12。

程序清单 14-12　《Shadow Land》的游戏循环
```
void main(void)
{
```

```
// call up intro
Introduction();

printf("\n\nWelcome to the world of S H A D O W  L A N D...\n\n\n");

// obtain users name to make game more personal
printf("\nWhat is your first name?");
scanf("%s",you.name);

// main event loop,note: it is NOT real-time
while(!global_exit)
    {
    // put up an input notice to user

    printf("\n\nWhat do you want to do?");

    // get the line of text
    Get_Line(global_input);

    printf("\n");
    // break the text down into tokens and build up a sentence
    Extract_Tokens(global_input);

    // parse the verb and execute the command
    Verb_Parser();

    } // end main event loop

printf("\n\nExiting the universe of S H A D O W  L A N D...
see you later %s.\n",you.name);

// restore screen color
printf("%c%c37;40m",27,91);

} // end main
```

main()函数一开始先输出介绍性的文字，要求玩家输入名字。而后，游戏便进入主事件循环，这是静态的。该循环等待玩家输入一个字符串，由 Get_Line()函数返回。接着该字符串由 Extract_Tokens()进行 token 化，并最终被解析，并使用动词解析器 Verb_Parser()来操作。事情就是这样了。这个过程循环直到玩家输入了"exit"字样。

完成游戏

可以试着给游戏添加功能。比如：更多的对象和动词、一个帮助系统。如果你很感兴趣，创建一个包含房间、玩家、位置等等内容的图形显示，把游戏升级成图形冒险游戏！

14.12 小结

这一章真是着实让我们费了一番力气。你简单地接触了编译器设计，同时也学习了文字游戏的实现细节。你学会了表示场景、实现感觉以及如何让文字游戏中的描述生动有趣。最后，你甚至参观了我住过的地方！

第 15 章　综合运用

　　这是本书的最后一章了。在本章里，我打算略述一个简单游戏——《Outpost》的设计和实现。该游戏用到的技术都是本书中曾学习过的。

　　写这个游戏前后只只花了我五天时间，所以别对它期望太高。然而，它还是运用了 3D 模型渲染出的精灵、粒子、游戏逻辑、声效和一些不同的敌人。我认为你相当容易就可以使用它了。下面是我将要涉及的内容：

- 《Outpost》的设计初稿
- 用于编写游戏的工具
- 游戏场景：卷动的太空
- 玩家控制的飞船：鬼怪号
- 小行星带
- 敌人
- 《宝物》
- 屏上显示（HUD）
- 粒子系统
- 玩游戏
- 编译《Outpost》

15.1　Outpost 的设计初稿

　　我想创建一个容易编写、界面友好、具有基本游戏玩法的、使用卷轴的游戏程序（如果每当我遇到一个卷轴问题就能赚得一块钱，我早就成了百万富翁了）。这样，我挑选了一个类似小行星的太空游戏，因为它所需惟一的背景只只是黑色太空。另外还需要：小行星的人工智能（AI）及敌人的"搜索然后摧毁"的 AI，而这些都还是很简单的，所以总的说来这个想法还不错。

15.1.1　游戏背景

　　游戏的背景故事大概是这样的：你是驾驶属于最高机密的鬼怪号飞船的飞行员。该飞船是一艘被遣往第 Alpha 11 号区域去执行抵御外星人侵略的全副武装的战斗机。侵略者已经在这个区域大批出现，你必须消灭他们。问题是这个区域充满着（小行星的）残骸、入侵者的飞船和会自动跟踪的太空雷。这就是故事的概况（听起来就像是一部电影）。图 15-1 和图 15-2 是在游戏启动和进行时的画面。

 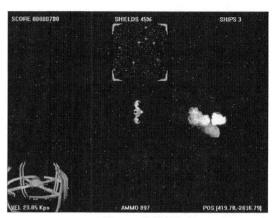

图 15-1 《Outpost》的启动画面   图 15-2 执行中的《Outpost》

尽管我个人认为，游戏情节的构思对于编写程序来说不算最重要的一环，但良好设定的故事背景在实际工作时仍然能够起到很好的参考作用，达到保持游戏连贯性的目的。

15.1.2 设计游戏玩法

完成了故事情节的设计后，我就开始设计游戏玩法。这主要涉及游戏规则的设计。什么对象（或控制）执行什么功能，游戏胜利条件是什么等等。不过我们的游戏还没有这么复杂，所以我主要考虑玩家能做什么、敌人能做什么、游戏者怎样赢得游戏或失败、每样东西的人工智能等等。由于《Outpost》不是基于关卡的，也没有什么策略可言，除此以外就没有什么要设计的了。

15.2 用于编写游戏的工具

我将仍然选用 256 色，因为我在本书中使用 256 色模式使问题简化，同时物体看起来还不错。因此，我决定要渲染每个物体。我使用 Caligari TrueSpace IV（TS4），我估计它可能是相应价格范围中最好的 3D 建模程序了。考虑到价格因素，TS4 甚至能与 3D Studio Max 一较高下。本书附带的 CD 上有一个 TS4 的演示版本，不妨装来一试。

2D 美术图片以及润色是使用 JASC Paint Shop Pro 5.1 完成的。这真是极好的绘图软件包，具有很简便的界面并且支持插件。同样，CD 上也有一个演示版本。

最后，声音效果是从各种途径得到的，使用 Sonic Foundry 的 Sound Forge XP 处理。这是 PC 机上最好的声音编辑软件包了。

你也可以在 CD 上找到一个 Sound Forge 的演示版本。这些就是所有我要使用的工具了，此外还有 VC++ 5.0、6.0 和 DirectX。

表 15-1 列出了游戏中所有的对象及创建方法。

表 15-1	Outpost 中的对象
对象	技术
小行星	用 TS4 渲染
玩家飞船	用 PSP 手工画出
前哨	用 TS4 渲染
捕食者太空雷	用 TS4 渲染
武装直升机	用 TS4 渲染
"宝物"	用 TS4 渲染
等离子脉冲	用 PSP 手工画出
星空	单个像素
爆炸	数字化焰火图像

这里所有的 3D 模型都是用 TS4 以每个模型不到一个小时的速度手工制作的。每幅手绘图像则大约用了一个小时。我在 PSP 中利用软件旋转算法实现对玩家的飞船的旋转，这就不是手绘的了。所有的声音都已采样并压缩到 11kHz、8 位单声道。

15.3 游戏场景：在太空中卷动

我已经介绍过如何执行卷动，所以这里不再赘述了。然而，《Outpost》中有两个有趣的卷动细节。第一，游戏者始终在屏幕的中间。这使问题变得简单了，但更重要的是，玩家藉此获得了最大的活动空间。如果你允许玩家可以靠近卷动游戏的屏幕边缘，那么从敌人出现到玩家被击中之间，玩家只有几毫秒时间做出反应。通过使玩家始终处于屏幕中间，玩家获得了开阔的视野，任何时候都可以看清楚周围的一切。

至于游戏场景的大小，我选择了 16000×16000，定义如下：

```
// size of universe
#define UNIVERSE_MIN_X    (-8000)
#define UNIVERSE_MAX_X    (8000)
#define UNIVERSE_MIN_Y    (-8000)
#define UNIVERSE_MAX_Y    (8000)
```

场景尺寸总是很难于确定的，但我的标准技术是这样的：估计一下游戏运行时每秒显示多少帧，估计玩家移动的最高速度，然后确定一下游戏者从整个场景一端到另一端所需的大概时间：

```
universe_size = player_velocity*fps*desired_time
```

因此，如果游戏者每帧最多移动 32 像素，你想在 10 秒内以 30fps 的速度从一端移到另一端，那么场景尺寸就是：

```
universe_size = 32 像素/帧 * 30 fps * 10
             = 9600 单位
```

这里每个单位是一个像素。我就是这样得出 16000 的。当然游戏中最后的值有一些不同，但这是我得出活动领域尺寸的方法。

在你建立卷动空间游戏时要考虑的另一个问题是稀疏性。你可能认为 10×10 秒或 16000×16000 像素的空间不够大，但即便只是这样尺寸的场景，要充满整个场景也需要成百个行星。否则，游戏者将像无头苍蝇那样四处乱飞寻找目标射击！我的朋友 Jarrod Davis 在制作《Astro3D》时发现了这一点，你可以在本书 CD

上找到佐证。

至于卷动算法，并没有太多的东西要说。图 15-3 解释了游戏者的位置始终处于渲染窗口的中间的原理。

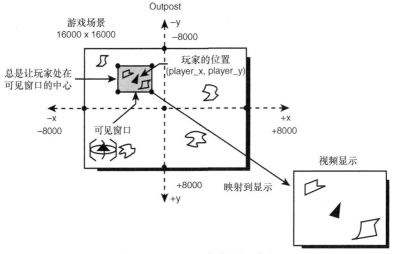

图 15-3　《Outpost》的卷动窗口算法

算法首先找到游戏者的位置，平移游戏者使其始终处于原点（屏幕中心），并且按照玩家位置平移其他物体。只有处于窗口内的物体才被渲染，处在窗口外则不画。惟一不是这样处理的是星空背景，因为它们只是些会环绕回屏幕的像素。因此如果你仔细看的话，你可以在同一位置看到同样的星星，只要你在 x 或 y 轴方向的移动速度够慢的话。

15.4　玩家控制的飞船：鬼怪号

玩家的飞船是手工画出来的。我本要渲染它的，但它的细节太多了，因此后来我决定使用 Paint Shop Pro 来给它加上光照效果，使其看来栩栩如生。除此之外，我只画出了"鬼怪号"朝北飞行的图像，然后使用 PSP 来旋转产生飞船旋转到十六个不同角度的图像。这张图片如图 15-4 所示。

鬼怪号除了飞行和射击之外就没有其他功能了，但摩擦算法却很有趣。我想让鬼怪号看起来像在重力下飞行，所以我想在转弯给它某种程度的摩擦。我用前几节中介绍过的技术解决了这个问题。

玩家向任意方向加速时，鬼怪号原有的速度矢量就随之被修正。这样做的好处在于你不用担心这样的问题："如果飞船正在朝东飞，游戏者又向北推进，飞船该怎么办？"可以用数学矢量来做。

下面是鬼怪号的控制部分代码：

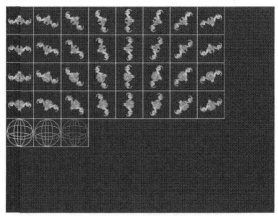

图 15-4　鬼怪号的图片

```
// test if player is moving
if (keyboard_state[DIK_RIGHT])
   {
   // rotate player to right
   if (++wraith.varsI[WRAITH_INDEX_DIR] > 15)
      wraith.varsI[WRAITH_INDEX_DIR] = 0;

   } // end if
else
if (keyboard_state[DIK_LEFT])
   {
   // rotate player to left
   if (--wraith.varsI[WRAITH_INDEX_DIR] < 0)
       wraith.varsI[WRAITH_INDEX_DIR] = 15;

   } // end if

// vertical/speed motion
if (keyboard_state[DIK_UP])
   {
   // move player forward
   xv = cos_look16[wraith.varsI[WRAITH_INDEX_DIR]];
   yv = sin_look16[wraith.varsI[WRAITH_INDEX_DIR]];

   // test to turn on engines
   if (!engines_on)
     DSound_Play(engines_id,DSBPLAY_LOOPING);

   // set engines to on
   engines_on = 1;

   Start_Particle(PARTICLE_TYPE_FADE, PARTICLE_COLOR_GREEN, 3,
                  player_x+RAND_RANGE(-2,2),
                  player_y+RAND_RANGE(-2,2),
                  (-int(player_xv)>>3), (-int(player_yv)>>3));

   } // end if
else
if (engines_on)
   {
   // reset the engine on flag and turn off sound
   engines_on = 0;

   // turn off the sound

   DSound_Stop_Sound(engines_id);
   } // end if
// add velocity change to player's velocity
player_xv+=xv;
player_yv+=yv;

// test for maximum velocity
vel = Fast_Distance_2D(player_xv, player_yv);

if (vel >= MAX_PLAYER_SPEED)
  {
  // recompute velocity vector by normalizing then rescaling
  player_xv = (MAX_PLAYER_SPEED-1)*player_xv/vel;
  player_yv = (MAX_PLAYER_SPEED-1)*player_yv/vel;
  } // end if

// move player, note that these are in world coords
```

```
player_x+=player_xv;
player_y+=player_yv;
```

注意

关于鬼怪号（*Wraith*）的名字的由来，很久以前我看过一部叫"The Wraith"电影，由 Charlie Sheen 主演。在这部电影中，Charlie 在他的车厢中结束了生命，因为车子以 32 英尺/秒^2（即 9.8 米/秒^2）的加速度坠下悬崖。他死后又作为鬼魂回到人世，目的是要杀掉谋杀自己的凶手报仇。无论如何，他的汽车很酷，是道奇拦截者（Dodge Interceptor）的样车，我就是从这部电影得到这个名字的。

研究一下这些代码，你会注意到有一些语句的作用是让鬼怪号不要走得太快。我持续的检测速度矢量的长度，使之不超过某个指定的最大值。如果太长我就会缩短它。另一种方法就是使用单位方向矢量和速度标量，以单位方向矢量和速度标量平移飞船。两种方法的效果是一样的。

最后，鬼怪号有一个防护罩和水气尾迹。防护罩不过是当鬼怪号受到攻击时叠加上的一个位图，而水气尾迹是飞船推进器工作时随机释放出的粒子。推进效果通过在每个方向上使用两个位图来获得：一个是推进器工作和一个是推进器关闭。当推进器工作时我在两张位图中随机切换，看起来就像是 Klingon 脉冲驱动一样。

15.5　小行星带

小行星带由许多随机飞行的小行星组成：共三种尺寸：小、中和大。小行星用 TS4 实时渲染。图 15-5 是建模程序中的小行星，图 15-6 是渲染后的图片。除了使行星看起来很逼真并且有正确的光照效果以外，我还创建了一个旋转动画，把旋转的小行星渲染成 Targa（.TGA）图像，并把.TGA 动画图像序列 image0000.tga、image0001.tga 等等转换为位图（.bmp），然后不用模板直接导入到游戏中。

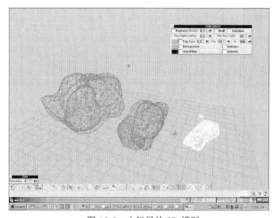
图 15-5　小行星的 3D 模型

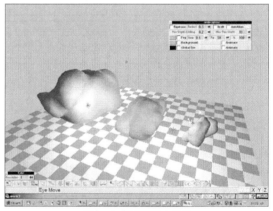
图 15-6　渲染过的小行星

行星的物理模型很简单。它们只是以固定的速度朝同一个方向移动，直到被击中为止。除此之外行星以不同的速度各自旋转着，从而给人以重量感。当行星被击中时，它的尺寸和硬度决定它怎样爆炸。你可以用很强的冲击波击中一颗大行星以使它完全湮没，但有时它也可能只是裂开。裂开决定于两个因素：概率和有效性。中等尺寸的行星和小行星的数量有限，所以不能总是让大行星裂开。

此外，我并不喜欢总是让一颗大行星裂为两颗中行星的，或一颗中行星裂为两颗小行星的做法。事实上，有时候让一颗大行星灵活地裂成一颗中等大加两颗小行星会比较好些，或两中两小也可以。为使游戏更多样和有趣，可以按概率来随机确定到底如何分裂。如果你想增加行星数量，改变下面的 define：

```
#define MAX_ROCKS          300
```

如果你有 PcntiumIII 550MIIz 以上的电脑，可以尝试把这个数字加大到 1000 或 10000。

提示

我很喜爱小行星（*Asteroids*）游戏。我还记得在念大学时由于这个游戏我打赌赢了 100 美元。有一些计算机系的学生打赌说我不能当着他们的面用 Pascal 语言正确地编写出在 IBM XT 机上运行的小行星游戏。他们看过我写的其他游戏，说我是复制的。当然，他们几个是一种典型的——除非有 API 可调用否则什么事都做不来的——计算机科学专业的学生。

我坐下来花了整整八小时写出确实可玩的小行星游戏——看上去和 Atari 上的矢量版本很像（尽管没有声音）。我赢得了 100 美元，然后我用手背拍了拍他们，掏走了我赢得的钱。

编写过很多次小行星游戏以后，我几乎都能背下那些代码了，从而我总是喜欢把它用作教学的例子。事实上，Asteroids 之于游戏编程，对我而言就像 "Hello World" 之于任何语言编程一样。

最后，当一个行星撞到游戏场景的边缘时，通过重置 x 或 y 位置变量，它被卷到场景的另一侧出现。但是说不定你希望让它通过速度矢量反射而从边界弹回来呢？

15.6 敌人

游戏中的敌人并不是整个宇宙中最机灵的家伙，但它们还是能够完成自己的任务。大多数情况，它们使用我们前面介绍过的 AI 方法，如确定性的逻辑和 FSM（Finite State Machine，有限状态自动机）。然而，还有一些用于跟踪算法的不错的技术。在本章的后面，在控制捕食者太空雷自动跟踪靠近玩家位置的代码中，你将会看到这些。不管怎样，先看看每个敌人是如何创建及实现的。

15.6.1 边哨（Outpost）

我用于边哨的模型可能是整个游戏中最复杂的一个 3D 模型了。它足足花了我数个小时。令人不爽的是这个 3D 模型本来有很细致的细节，如图 15-7 和图 15-8 所示，但是经过渲染和缩小以后，这些细节都丢失殆尽了。

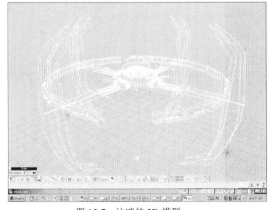

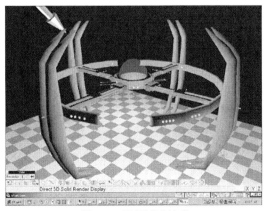

图 15-7　边哨的 3D 模型　　　　　　　　　　图 15-8　经过渲染的边哨

不管怎样，边哨除了定位和旋转外没有太多其他的功能。它们没有武器，没有 AI，什么都没有。然而它们可以探测到损害，当玩家击中它们时它们就开始爆炸。先是放出一些粒子，以及进行较小的爆炸，当损害足够大以后，整个边哨就被炸飞了。

15.6.2 捕食者太空雷

捕食者太空雷（Predator mine）是边哨的保护者。它们在附近占据着位置，一旦玩家在指定的范围内出现，它们就转向并开始尾随玩家。这些雷是用 TS4 渲染的，如图 15-9 和图 15-10 所示。

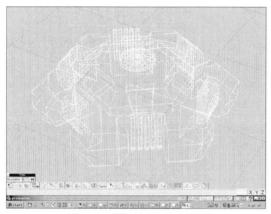

图 15-9　捕食者太空雷的 3D 模型

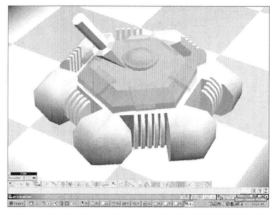

图 15-10　经过渲染的捕食者太空雷

我并不是很满意最后制作出来的 3D 模型。实际上我创建了另一个 3D 模型，如图 15-11 所示，但它看起来更像一个固定的雷，而不是会主动发起进攻的武器。

总的来说，捕食者太空雷的 AI 很简单。它是一个有限状态自动机，可从空闲或睡眠状态启动。当玩家靠近到一定限度它就被激活了，这个距离是这样定义的：

```
#define MIN_MINE_ACTIVATION_DIST 250
```

如果游戏者位于捕食者太空雷的有效攻击范围内，就激活这些雷，并运用在第 12 章中曾经介绍过的矢量跟踪算法，使其尾随并攻击玩家。

捕食者太空雷并没有武器，它们只是靠近你，在你的飞船附近自爆来进行破坏。

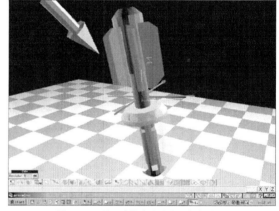

图 15-11　另一个捕食者太空雷的概念图

15.6.3 战舰

战舰是用 TS4 建模的，如图 15-12 和图 15-13 所示。它的细节很丰富，并且看起来很棒——直到我对其进行了压缩并转换成了 256 色调色板模式……但生活就是这样的啊。

战舰的 AI 也很简单。它们以恒定的速度在 x 轴方向上移动。如果它们与玩家的距离在一个特定的范围内，就会调整 y 轴方向的位置来跟踪玩家，但调整速度不快。因此，玩家总是可以迅速地直接掉头避开。战舰的威力在于它所装备的重型武器。每艘战舰都装备了三门可以单独开火的激光炮，如图 15-14 所示。

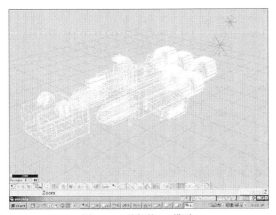

图 15-12　战舰的 3D 模型

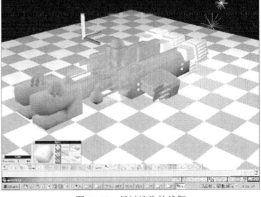

图 15-13　经过渲染的战舰

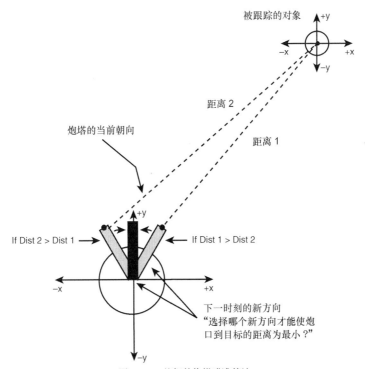

图 15-14　战舰的炮塔瞄准算法

　　大炮的瞄准算法是很酷的。它通过将炮塔的当前方向矢量投影到另一个从炮塔位置指向玩家飞船位置的矢量来工作。然后算法尽量缩短从炮管最前端到玩家飞船的距离，所以它对顺时针和逆时针都作检测，以便找出所需的最小旋转角，然后实际地进行旋转。

　　这个算法并没有使用什么特别的技巧，也没有进行任何复杂的矢量计算，只是使用了距离计算和最小化算法。我是仔细考虑了人在追踪物体时的头部运动而得出这样的算法的。我们朝物体的方向一直转向，当我们认为视线已经处于正确的方向时，我们就开始减慢头部的转动速度，然后停下来。但有时我们也会转过头，不得不调整。就是这些过程启发我得出算法。源代码列在此处：

```
// first create a vector point in the direction of the turret

        // compute current turret vector
        int tdir1 = gunships[index].varsI[INDEX_GUNSHIP_TURRET];
        float d1x = gunships[index].varsI[INDEX_WORLD_X] +
                    cos_look16[tdir1]*32;
        float d1y = gunships[index].varsI[INDEX_WORLD_Y] +
                    sin_look16[tdir1]*32;

        // compute turret vector plus one
        int tdir2 = gunships[index].varsI[INDEX_GUNSHIP_TURRET]+1;

        if (tdir2 > 15)
           tdir2 = 0;

        float d2x = gunships[index].varsI[INDEX_WORLD_X] +
                    cos_look16[tdir2]*32;
        float d2y = gunships[index].varsI[INDEX_WORLD_Y] +
                    sin_look16[tdir2]*32;

        // compute turret vector minus one
        int tdir0 = gunships[index].varsI[INDEX_GUNSHIP_TURRET]-1;

        if (tdir0 < 0)
           tdir0=15;

        float d0x = gunships[index].varsI[INDEX_WORLD_X] +
                    cos_look16[tdir0]*32;
        float d0y = gunships[index].varsI[INDEX_WORLD_Y] +
                    sin_look16[tdir0]*32;

        // now find the min dist
        float dist0 = Fast_Distance_2D(player_x - d0x,
                                       player_y - d0y);
        float dist1 = Fast_Distance_2D(player_x - d1x,
                                       player_y - d1y);
        float dist2 = Fast_Distance_2D(player_x - d2x,
                                       player_y - d2y);

        if (dist0 < dist2 && dist0 < dist1)
           {
           // the negative direction is best
           gunships[index].varsI[INDEX_GUNSHIP_TURRET] = tdir0;

           } // end if
        else
        if (dist2 < dist0 && dist2 < dist1)
           {
           // the positive direction is best
           gunships[index].varsI[INDEX_GUNSHIP_TURRET] = tdir2;
           } // end if
```

提示

你会注意到我多次计算了两点间的距离。不过，它们都是基于函数 Fast Distance2D() 的，所以速度很快，时间不会超过几次移位和加法的时间。

15.7　"宝物"

到目前为止，在我们的游戏中，玩家的飞船有着无限量的弹药和无敌的防护罩，这会使游戏感觉比较缺乏策略性。因此我考虑这样一个问题"为什么不制作一些可以起到'加强'玩家机体作用的宝物呢？"有了那个想法以后，我就坐下来开始用 TS4 建模。后来我才认识到自己对于"宝物"应该是什么样子没有什么概念。

设计"宝物"并不是在模拟现实。我指的是，它们表面上写着"子弹（AMMO）"字样，在反重力驱动器的作用下飘浮着，但它们看起来还得像那么一回事。最后我决定采用内含发光的"AMMO"和"SHLD（盾 Shield 的简写）"字样的透明球体。渲染过后的 3D 模型如图 15-15 所示。

一旦制作好了 3D 模型，我就会对它们进行渲染，准备用在游戏中。一开始的时候，我想让"宝物"在玩家消灭行星或敌人的时候出现，最后我决定只让行星爆炸时才产生"宝物"。我的根据是，当你毁掉一个行星，残骸和珍贵的矿物（如四价锂水晶）可能会在爆炸期间被抛往太空。听起来很合理。

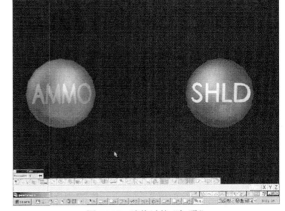

图 15-15　渲染过的"加强"

当一个行星被摧毁时，生成一个随机数，比方说掷一个十面体骰子，如果骰子静止下来后标有 TRUE 的一面被压住，一个供给能量（弹药或防护罩）的"宝物"就产生了。它以很低的速度从爆炸处飞出来。当你接触它之后你就会吸收它的材料，从而修补或增强你的防护罩，或者增加弹药数量。

一开始，我创建了"宝物"并且让它随意运动。但很快我就发现由于游戏场景过于宏大，一旦它们离开了视线，就很难再找回它们了。我应该可以设计一个雷达扫描器，但赋予"宝物"一个生命期或许更有意义。这样，当"宝物"产生后存活 3～9 秒后就会消失。这样我们就可有无限数量的"宝物"，就算你丢了一个，它也可获得回收，而不会永远被遗忘在太空。

15.8　HUD

《Outpost》中使用的 HUD（Heads-up display，覆盖在屏幕上的显示信息）由两个主要部分组成：一个雷达扫描器和一些战术信息：包括燃料、速度、防护罩、弹药数、剩余飞船数和分数。如图 15-16 所示。它们都用漂亮的外星绿渲染了——我喜欢绿色。战术信息只是用 GDI 渲染的文本，但雷达扫描器则是用 DirectX 渲染的，由线、位图和像素组成。

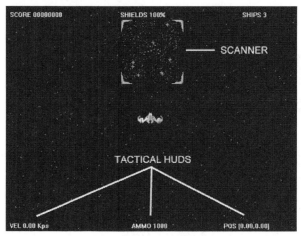

图 15-16　HUD

看一下扫描器的代码：

```
void Draw_Scanner(void)
{ // this function draws the scanner

int index,sx,sy; // looping and position

// lock back surface
DDraw_Lock_Back_Surface();

// draw all the rocks
for (index=0; index < MAX_ROCKS; index++)
    {
    // draw rock blips
    if (rocks[index].state==ROCK_STATE_ON)
        {
        sx = ((rocks[index].varsI[INDEX_WORLD_X] -
            UNIVERSE_MIN_X) >> 7) +
            (SCREEN_WIDTH/2) -
            ((UNIVERSE_MAX_X - UNIVERSE_MIN_X) >> 8);
        sy = ((rocks[index].varsI[INDEX_WORLD_Y] -
            UNIVERSE_MIN_Y) >> 7) + 32;

        Draw_Pixel(sx,sy,8,back_buffer, back_lpitch);
        } // end if

    } // end for index

// draw all the gunships
for (index=0; index < MAX_GUNSHIPS; index++)
    {
    // draw gunship blips
    if (gunships[index].state==GUNSHIP_STATE_ALIVE)
        {
        sx = ((gunships[index].varsI[INDEX_WORLD_X] -
            UNIVERSE_MIN_X) >> 7) +
            (SCREEN_WIDTH/2) - ((UNIVERSE_MAX_X -
            UNIVERSE_MIN_X) >> 8);
        sy = ((gunships[index].varsI[INDEX_WORLD_Y] -
            UNIVERSE_MIN_Y) >> 7) + 32;
```

```
                Draw_Pixel(sx,sy,14,back_buffer, back_lpitch);
                Draw_Pixel(sx+1,sy,14,back_buffer, back_lpitch);

            } // end if

        } // end for index

    // draw all the mines
    for (index=0; index < MAX_MINES; index++)
        {
        // draw gunship blips
        if (mines[index].state==MINE_STATE_ALIVE)
            {
            sx = ((mines[index].varsI[INDEX_WORLD_X] -
                UNIVERSE_MIN_X) >> 7) +
                 (SCREEN_WIDTH/2) - ((UNIVERSE_MAX_X -
                UNIVERSE_MIN_X) >> 8);
    sy = ((mines[index].varsI[INDEX_WORLD_Y] -
                UNIVERSE_MIN_Y) >> 7) + 32;

            Draw_Pixel(sx,sy,12,back_buffer, back_lpitch);
            Draw_Pixel(sx,sy+1,12,back_buffer, back_lpitch);

            } // end if

        } // end for index

    // unlock the secondary surface
    DDraw_Unlock_Back_Surface();

    // draw all the stations
    for (index=0; index < MAX_STATIONS; index++)
        {
        // draw station blips
        if (stations[index].state==STATION_STATE_ALIVE)
            {
            sx = ((stations[index].varsI[INDEX_WORLD_X] -
                UNIVERSE_MIN_X) >> 7) +
                 (SCREEN_WIDTH/2) - ((UNIVERSE_MAX_X -
                UNIVERSE_MIN_X) >> 8);
            sy = ((stations[index].varsI[INDEX_WORLD_Y] -
                UNIVERSE_MIN_Y) >> 7) + 32;
            // test for state
            if (stations[index].anim_state == STATION_SHIELDS_ANIM_ON)
                {
                        stationsmall.curr_frame = 0;
                        stationsmall.x = sx - 3;
                        stationsmall.y = sy - 3;
                        Draw_BOB(&stationsmall,lpddsback);
                } // end if
            else
                {
                        stationsmall.curr_frame = 1;
                    stationsmall.x = sx - 3;
                        stationsmall.y = sy - 3;
                        Draw_BOB(&stationsmall,lpddsback);
                } // end if
            } // end if
        } // end for index

    // unlock the secondary surface
    DDraw_Lock_Back_Surface();

    // draw player as white blip
```

```
sx = ((int(player_x) - UNIVERSE_MIN_X) >> 7) + (SCREEN_WIDTH/2) –
     ((UNIVERSE_MAX_X - UNIVERSE_MIN_X) >> 8);
sy = ((int(player_y) - UNIVERSE_MIN_Y) >> 7) + 32;

int col = rand()%256;

Draw_Pixel(sx,sy,col,back_buffer, back_lpitch);
Draw_Pixel(sx+1,sy,col,back_buffer, back_lpitch);
Draw_Pixel(sx,sy+1,col,back_buffer, back_lpitch);
Draw_Pixel(sx+1,sy+1,col,back_buffer, back_lpitch);

// unlock the secondary surface
DDraw_Unlock_Back_Surface();

// now draw the art around the edges
hud.x          = 320-64;
hud.y          = 32-4;
hud.curr_frame = 0;
Draw_BOB(&hud,lpddsback);

hud.x          = 320+64-16;
hud.y          = 32-4;
hud.curr_frame = 1;
Draw_BOB(&hud,lpddsback);

hud.x          = 320-64;
hud.y          = 32+128-20;
hud.curr_frame = 2;
Draw_BOB(&hud,lpddsback);

hud.x          = 320+64-16;
hud.y          = 32+128-20;
hud.curr_frame = 3;
Draw_BOB(&hud,lpddsback);

} // end Draw_Scanner
```

我想让你看一个典型的扫描器函数，因为这些代码看上去常常有些乱。扫描器显示出游戏中不同物体的位置，通常是按比例缩放过并居中过的。问题在于把一个大空间映射成一个小空间，并绘制看起来较为真实的图像元素。这样扫描器的图像通常由许多不同类的图元组成。

当然，当你在观察一个扫描器时，你想很快筛选出诸如玩家位置、敌人方位等等的重要数据，因此颜色和形状非常重要。最后，我决定用一个或数个像素代表敌人，用浅灰色像素代表行星，用实际位图代表边哨。玩家的飞船用一个发光 blob 表示。

最后，扫描器本身被认为是某种全息图像系统。为了使它看起来效果更好，我在边缘处画了一些好看的位图。

想知道扫描器算法是如何工作的，看一下代码就可以了。它不过就是把物体的位置除以某个常量，为了让结果适合扫描器的窗口。

15.9　粒子系统

《Outpost》中使用的粒子系统确实很像第 13 章。粒子可以用各种速度和颜色来创建，也可以用一些函数创建模拟爆炸等特殊效果的粒子。最重要的不是这些粒子怎样工作（因为你已经知道了），而是怎样使用它们。

在《Outpost》中粒子用于很多地方。我希望所有的敌人在毁掉时都留下水气尾迹。我希望游戏者在飞行时在身后留下等离子体。而当某个东西受到损伤或爆炸的时候，除了基于位图动画的爆炸，还要产生许多的粒子来作为爆炸的一部分。

粒子的好处就是虽然实现起来不耗什么资源，却大大增加了游戏体验的可看性。另外水气尾迹和粒子还可以作为游戏元素本身，例如用于追踪或表示食物或足迹等等。

15.10　玩游戏

执行《Outpost》很简单：你只要到处飞行并朝其他物体射击。然而如果要说游戏的目的，那就是毁掉所有的边哨。

下面是控制方法：

左右方向键	飞船旋转
向上方向键	推进
Ctrl，空格键	发射武器
H	打开/关闭战术信息
S	打开/关闭扫描器
左 Alt+右 Alt+A	特别
Esc	退出

15.11　编译《Outpost》

编译《Outpost》同编译其他演示程序没有什么区别。图 15-17 显示了需要编译和运行的工程。

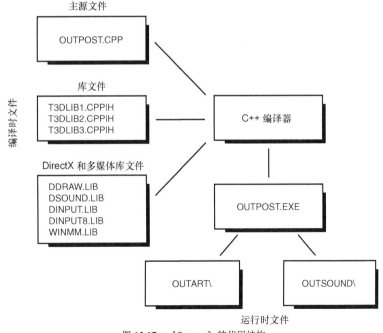

图 15-17　《Outpost》的代码结构

在下一节中，让我们详细地看一下这些组件。

编译文件

源文件：

OUTPOST.CPP	主程序文件
T3DLIB1.CPP|H	游戏工程的第一部分
T3DLIB2.CPP|H	游戏工程的第二部分
T3DLIB3.CPP|H	游戏工程的第三部分

库文件：

DDRAW.LIB	MS DirectDraw.
DSOUND.LIB	MS DirectSound.
DINPUT.LIB and DINPUT8.LIB	MS DirectInput.
WINMM.LIB	Win32 多媒体扩展库

提示

你必须在你的工程中包含进 DirectX 库文件，仅设定搜索路径是不够的。你还必须设定搜索路径以在 DirectX SDK 安装目录中找到 Direct .H 头文件。

运行时用到的文件

主.EXE 文件：

OUTPOST.EXE	这是游戏主.EXE 文件。该文件可以存在任何目录里，条件是媒体数据目录必须在这个目录下面。

运行时用到的媒体数据目录：

OUTART\	游戏的图片目录。全部都需要的。
OUTSOUND\	游戏的声音目录。全部都需要的。

当然，你需要在系统中安装 DirectX 的 run-time 文件。最后，所有的 3D 模型都在 OUTMODELS\目录下，你可以自由利用这些文件。不过，要是被我知道谁在《星舰迷航》电影中用了我的模型，我可会收他版税哦！）

15.12 结束语

无语……我们真的讲完了吗？真的全部结束了么？呃，不，还没有呢。我还编写了一本《3D 游戏编程大师技巧》[1]，其中将主要涉及 3D 信息、高等物理和真正有难度的高等数学。

---

[1] 编者著：《3D 游戏编程大师技巧（上、下册）》已经由人民邮电出版社于 2012 年 7 月出版。（ISBN 978-7-115-28279-8，定价 148 元）

然而，本书附带的光盘中还有许多有关游戏编程的资料，甚至包括 Direct 3D 和 General 3D。不管你是否打算买第 2 卷，一定要阅读光盘上所有的文章和 Sergei Savchenko 及 Matthew Ellis 撰写的关于 3D 编程的电子版书籍。你可以在目录和附录 A 中找到更多有关 CD 的内容。此外，你还可以在附录里读到一些有关资源、C++和数学方面的很酷的内容。

写作这本书真是我干过的最辛苦的项目了。我本想写一个叫做《The Necronomicon de Gam》的 3D 游戏编程的三部头书。然而当写作进行到一半的时候，我们认为没有 2000～3000 页是写不完所有内容的，因此最后我们决定将书分为两本出版。回顾整个过程，我觉得自己做得还是不错的。不必为了缩减页数而到处删减文字，真好。

尽管目前而言，还没有任何关于《3D 游戏编程大师技巧》的后继编写的计划，但是我可能会在两个领域中写一些东西：网络游戏和游戏机游戏编程。你觉得如何呢？我是这样想的：网络游戏在 PC 上是切实可行的，非常酷，但在游戏机上实现网络游戏就很困难。另外一方面，我觉得写一些关于 PlayStation I 和 II，Dreamcast, Xbox, Game Boy Advance 上面游戏开发的文字也很酷。可能有一天我会写的，也可能有一天猴子会从我座位下飞出来，天知道！

在这两本书出版之后，短期内你可能不会看见我的新书，因为写作真是累死人的工作。一年以来，为了这些书，我每周工作 120 小时以上。不过到了最后，我还是很欣慰能看到新的游戏程序员调通程序、成功使雷达上的点移动时脸上挂着的微笑！那是我能得到的最大宽慰了。

还记得我写本书第一版的时候，那真是段令人兴奋的时光！我飞往位于得克萨斯州的著名游戏公司 id Software，与 John Carmack 谈论 DOOM。我还有幸听到 John Romero 对《Quake》发狂般的长篇大论。简直不可思议，现在想起来。从得州回家以后，我如旋风般地写作。我认为本书的确起到了让许多人发现 3D 视频游戏开发可行性的催化剂般的作用。

虽然在书里，我还没开始涉及多边形图形、纹理映射等各个主题，我仍然很愿意把本书比喻成一列过山东，从地狱中升起并疯狂地勇往直前，它启动了我。说句心里话，和那些没有挑战的早九晚五的乏味工作相比，我倒是很享受写作的劳累呢！最后的最后，请允许我留一句忠告给大家：

当你看到眼前有列过山车，请坐上去，不要犹豫。张开你的臂膀，尽情体验个中滋味，一直坚持到游戏的最后。这就像生活一样。你的生活将不会留下太多回忆，除非你曾经反抗过、呐喊过，并用着不懈的努力向着完美伸臂。世上没有不可能实现的事情。只要你相信能做到，你就能做到。

《3D 游戏编程大师技巧》再见！

第 四 部 分

附 录

附录 A 光盘内容简介

光盘包含全部的源代码、可执行程序、例程、图像素材库、相关软件、音效、在线手册、图形引擎和补充的相关技术资料。

光盘的目录结构如下：

```
CD-DRIVE:\


SOURCE\
            T3DCHAP01\
            T3DCHAP02\
                  .
                  .
            T3DCHAP14\
            T3DCHAP15\


APPLICATIONS\

ARTWORK\
            BITMAPS\
            MODELS\

SOUND\
            WAVES\
            MIDI\
DIRECTX\

GAMES\


ARTICLES\


ONLINEBOOKS\

ENGINES\
```

每个主目录里面都包含着你所需要的数据。下面是一个更加详细的分类介绍：

T3DGAMER1	这是包含所有其他目录的根目录。请阅读 README.TXT 文件以便了解最后的修改
SOURCE	按照章节顺序收录了书中所有的源代码。只需将整个 SOURCE\目录拷贝到硬盘上就可以使用
APPLICATIONS	收录了各公司慷慨地允许我放入本光盘的演示版软件
ARTWORK	可以在你的游戏中免费使用的素材库（无版权问题）
SOUND	可以在你的游戏中免费使用的声音效果和音乐素材（无版权问题）
DIRECTX	最新版本的 DirectX SDK（Software Development Kit，软件开发工具包）
GAMES	大量的我钟爱的共享版 2D 和 3D 游戏
ARTICLES	由游戏编程领域的许多老手所撰写的具有启发意义的文章
ONLINEBOOKS	两本完整的关于 Direct3D 和通用 3D 绘图方面的电子版在线手册
ENGINES	大量的 2D 和 3D 引擎，其中包括 Genesis 3D 引擎（带有完整手册）和 PowerRender

本光盘包含各种不同的程序和数据，所以并没有一个统一的安装程序。你需要自行安装不同的程序和数据。但是，大多数情况下只需要简单地将 SOURCE\目录拷贝的你的硬盘就可以了。而对于其他的程序和数据，只需安装你需要的部分，将其简单地拷贝到你的硬盘上或者运行相应目录下面的安装程序即可。

提示

另外，目录 ONLINEBOOKS\下的内容涉及 Direct3D 和通用 3D 图形学的所有方面，所以不要忘记阅读它们以便为阅读《3D 游戏编程大师技巧》[1]作铺垫。

警告

当从光盘上拷贝文件时，大多数情况下文件会被设置成具有归档（ARCHIVE）和/或只读（READ-ONLY）属性，请确认你清除了所有拷贝到硬盘上的文件的这些属性位。在 Windows 操作系统下，首先选定要进行属性设置的文件或者目录，使用快捷键 Ctrl+A 选择全部文件或目录，然后点击鼠标右键，在弹出菜单中选择属性（Properties），当属性对话框出现后，去掉只读和归档选项上的对勾，然后点击应用（Apply）结束操作。

---

[1] 编者著：《3D 游戏编程大师技巧（上、下册）》已经由人民邮电出版社于 2012 年 7 月出版。（ISBN 978-7-115-28279-8，定价 148 元）。

附录 B　安装 DirectX 和使用 C/C++编译器

本光盘上最重要的、必须安装的部分就是 DirectX SDK 及其运行库。安装程序位于 DIRECTX\目录下，该目录下还有一个 README.TXT 文件阐明所有最后的改动。

注意

你必须安装了 DirectX 8.0 SDK 或者更高版本才能正常使用本光盘。如果不能确定系统中是否已经安装了最新版本的 DirectX SDK，请运行本目录中的安装程序进行确认。

当安装 DirectX 的时候，注意安装程序将 SDK 文件拷贝到了哪个目录的下面。因为当使用编译器的时候，必须要正确的指定编译器的 LIB 和 HEADER 搜索路径。

此外，当你安装 DirectX SDK 的时候，安装程序会询问是否安装 DirectX 运行库。像 SDK 一样，运行库也是运行程序必须的。但是，运行库存在两个版本。

Debug：调试版本。这个版本包含调试信息，推荐安装该版本进行程序开发，但是，你的 DirectX 程序可能会运行得慢一些。

Retail：零售版本。这个版本是完整的零售用户版本，也是你可以期望游戏玩家应该拥有的版本。该版本比调试版本运行速度要快。如果需要，你可以安装零售版本来覆盖调试版本。

注意

Borland 公司用户（如果还有的话）注意：DirectX SDK 有 Borland 版本的 DirectX .LIB 导入库（Import Library），你可以在 DirectX SDK 的安装目录下面的 BORLAND\目录里面找到该库。当编译时必须使用该库。并且，你应当访问 Borland 公司网站并阅读 BORLAND\目录下的 README.TXT 文件以获得关于使用 Borland 公司编译器编译 DirectX 程序的最新提示。

最后，当我完成这本书的时候，微软公司可能将又发布了 6 个以上的 DirectX 版本。所以最好要不时地访问 DirectX 网站以便更新你的 SDK，DirectX 的网址是：

http://www.microsoft.com/directx/

使用 C/C++编译器

在过去的三年里，我已经收到 17000 封电子邮件，这些电子邮件均来自不知道如何使用 C/C++编译器的人们。我不想再收到任何一封关于编译器问题的电子邮件，除非血从你的荧屏中喷出来而且计算机在用口语说话！这些简单的问题都是编译器新手会遇见的。你不能再指望不事先认真地阅读手册就能够使用一个像 C/C++编译器这般复杂的软件，对不对，Jules？所以在编译本书中的程序之前，对编译器进行一些了解。

不管怎么样，首先概述一下本书使用编译器的情况：我使用 MS VC++ 5.0 和 6.0 对本书中的程序进行了测试，所以书中所有程序都能够被这两个编译器正常编译。我估计 VC++ 4.0 也能够正常编译，但不是十分确定（据说 DirectX 和 VC++ 4.0 有一些兼容性的问题）。如果你使用 Borland 公司的编译器或者 Watcom 编译器，它们也应该能够正常编译，但是你可能要做一些额外的工作来正确设置这两个编译器。为了避免令人头疼的编译器设置，我建议你购买一份 VC++。学生版和标准版的价格不会高于 100 美元。

至少对于 Windows/DirectX 程序来说微软公司的编译器是最好的，并且会令各方面配合得更好。在编译其他方面的程序时，我曾经使用过 Borland 公司的编译器和 Watcom 编译器，但是对于 Windows 编程，我认识的很多游戏编程专家没有不使用 MS VC++的。工欲善其事，必先利其器。（给比尔·盖茨：我的 Cayman 银行的账号是 412-0300686-21，不要忘记支付广告费，谢谢！）

下面有一些设置 MS VC++编译器的提示，其他的编译器也大致相同。

应用程序类型（Application Type）：DirectX 程序是 Windows 程序，确切地说，它们是 Win32 .EXE 应用程序。因此，编译 DierctX 程序时，总是设置你的编译器的编译类型为 Win32 .EXE 应用程序。如果我在书中提到生成一个控制台（Console）程序时，设置你的编译类型为控制台应用程序。而且，我建议你建立一个惟一的工作区（workspace）并且在其中编译你的所有程序。

搜索路径(Search Directories)：编译器需要两个东西才能正常编译 DirectX 程序：.LIB 库文件和.H 头文件。注意：在编译（Complier）和连接（Link）的搜索路径选项里面都要填入库文件路径和头文件路径，以便编译器在编译时能够找到这些文件。但是，这还不够，你还要确保 DirectX 路径位于搜索树的最顶端。放到最顶端的原因就是 VC++自身包含一个比较老的 DirectX 版本，如果不小心的话，就有可能最终你的程序连接的是 DirectX 3.0 的文件。而且，确保在你的项目里面手动地包含了 DirectX .LIB 库文件。我希望 DDRAW.LIB、DSOUND.LIB、DINPUT.LIB 和 DINPUT8.LIB 等等库文件都能包含在项目里面。这是非常重要的!!!

错误报告级别设置（Error-Level Setting）：确认你将编译器的错误报告级别设置到了一个合理的级别，比如级别 1 或者级别 2。不要将其关闭，但是也不要将它设置为报告任何错误。本书中的代码都是专家级的 C/C++程序，但是编译器可能会认为有很多事情我该做但是没有去做，所以将你的告警级别调低一些。

类型转换错误（Typecast Errors）：如果编译器对某一行给出了类型转换（typecase）错误（VC++6.0 用户须注意），不需要理会，只管转型即可。我已经收到超过 3000 封的电子邮件对 typecast 是什么的问题进行咨询。如果你不知道，请查阅 C/C++书籍。但是我得说在我的程序里面或多或少会漏掉一些显式的类型转换。Visual 6.0 的错误信息有时候看起来来势汹汹，所以当你遇上此类错误的时候，先看看编译器要求的是什么类型，然后将此类型放在表达式中右值（rvalue）的前方来进行显式类型转换，错误就改好了。

优化设置（Optimization Settings）：由于你现在还不是在开发发行版本，所以不要将编译器设置成最佳优化级别。只需要设置为标准级别就可以，该级别更加着重于速度而不是生成的目标文件的大小。

线程模式（Threading Models）：本书中的 99%以上的例子都是单线程的，所以使用单线程库文件。如果你不知道线程的含义是什么，请参考编译器方面的书籍。但是，如果需要使用多线程库，那么，我会在书中指明。比如：为了编译第 11 章"算法、数据结构、内存管理和多线程"中的一个多线程的例子，就需要切换为多线程库。

代码生成(Code Generation)：这个选项控制编译器最终生成的可执行代码类型。设置该选项为 Pentium。

我已经好久没有见到过 486 的计算机了，所以没有必要担心不兼容的问题。

结构对齐（Structure Alignment）：这个选项控制如何对结构进行填充。Pentium X 处理器倾向于 32 位的整倍数，所以将该选项设置为最大。虽然结果可能会是生成的可执行代码稍微变大，但是运行速度会提高很多。

最后，当你编译程序时，确保在主程序中包含了所有的源文件。比如：你注意到我包含了 T3DLIB1.H 头文件，这个项目也就应该需要 T3DLIB1.CPP 这个源文件——明白？

附录 C 数学和三角学回顾

我爱数学。知道为什么吗？因为数学是毋庸置疑的。我不需要考虑哪种方法才是最好的，一件事只有一个答案，就是这么简单！

这个简短的数学知识回顾被分成若干独立的小节，所以你大可以直接跳到感兴趣的部分。这部分更加像一个参考资料，所以你可以在阅读之后说，"没错，确实如此！"

C.1 三角学

三角学研究三角形的角、形状和它们之间的关系。大多数三角学的内容是基于对于直角三角形的分析，如图 C-1 所示：

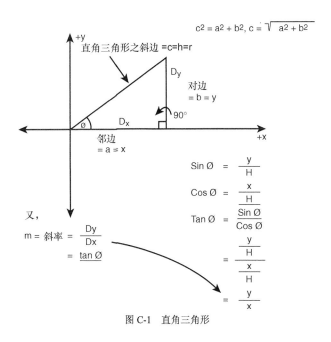

图 C-1 直角三角形

（Hypotenuse 直角三角形之斜边；Opposite side 对边；Adjacent side 邻边；slope 斜率）

表 C-1 列出了弧度与角度值的换算。

表 C-1	弧度与角度换算
360 度=2π 弧度，即约等于 6.28 弧度	
180 度=1π 弧度，即约等于 3.14159 弧度	
1 弧度约等于 57.296 度	
1 度约等于 0.0175 弧度	

下面是几个三角学中的事实（定义或定理）：

事实 1：一个完整的圆为 360 度，或者说 2π 弧度。因此，180 度就等于 π 弧度。计算机中的三角函数 sin() 和 cos() 都使用弧度运算，而不是度数，一定要记清楚！参考表 C-1 列出的基本的角度和弧度换算关系。

事实 2：三角形的三个内角之和 $\theta_1 + \theta_2 + \theta_3 = 180$ 度或 π 弧度。

事实 3：参考图 C-1 中的直角三角形，与 θ 角相对的那条直角边称为对边（Opposite Side），在 θ 角下面的那条直角边称为邻边（Adjacent Side），三角形中最长的那条边称为斜边（Hypotenuse）。

事实 4：直角三角形对边和邻边的平方和等于斜边的平方。这就是毕达哥拉斯定理（Pythagorean *Theorem*，译注：也称为勾股定理或者商高定理，由中国古代数学家商高在西周初期最先发现）。如果用数学表示，该定理可以写为：

$$斜边^2 = 邻边^2 + 对边^2$$

通常使用 a、b、c 作为变量来分别代替邻边、对边和斜边，这样该定理就可以表示为：

$$c^2 = a^2 + b^2$$

因此，如果知道了一个直角三角形的两条边的长度，就可以求出第三边的长度。

事实 5：通常在数学公式中我们使用三角函数来表示三个主要的三角法比率：正弦（sin，*Sine*）、余弦（cos，Cosine）和正切（tan，Tangent），定义分别为：

$$\sin(\theta) = \frac{对边}{斜边} = \frac{y}{r}$$

定义域：$0 \leq \theta \leq 2\pi$

值域：-1 到 1

$$\cos(\theta) = \frac{邻边}{斜边} = \frac{x}{r}$$

定义域：$0 \leq \theta \leq 2\pi$

值域：-1 到 1

$$\tan(\theta) = \frac{\sin(\theta)}{\cos(\theta)} = \frac{对边/斜边}{邻边/斜边} = \frac{对边}{邻边} = \frac{y}{x} = 斜边 = M$$

定义域：$-\pi/2 \leq \theta \leq \pi/2$

值域：$-\infty$ 到 $+\infty$

图 C-2 表示这三个三角函数的函数曲线。三个三角函数都是周期性的（重复出现），正弦和余弦的周期为 2π，而正切的周期为 π。并且注意当 θ 按 π 取模趋近于 π/2 时，tan(θ) 趋向于无穷大。

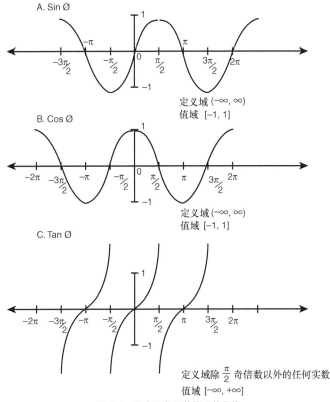

图 C-2 基本三角函数的函数曲线

（Domain 定义域，Range 值域，All real #s except odd multiples of $\frac{\pi}{2}$ 除 $\frac{\pi}{2}$ 奇倍数以外的任何实数）

注意

你可能注意到使用了定义域（Domain）和值域（Range）这两个数学术语，按照计算机术语来说，它们分别对应输入和输出。

事实上，关于三角学还有浩如烟海般的恒等式和运算技巧，但是如果要详细阐述这些数学知识，我得另外专门写一本书。在这里我只准备介绍一些作为游戏程序员应该了解的背景知识。

表 C-2 列出了一些描述三角函数之间关系的简洁的恒等式。

表 C-2　　　　　　　　　　　　　　实用的三角函数恒等式

余割：csc（θ）＝1/sin（θ）
正割：sec（θ）＝1/cos（θ）
余切：cot（θ）＝1/tan（θ）
勾股定理（Pythagorean theorem）的三角函数表示形式：
$\sin\theta^2 + \cos\theta^2 = 1$
等价转换：

续表

$\sin\theta_1 = (\cos\theta_1 - PI/2)$
负角公式：
$\sin(-\theta) = -\sin\theta$
$\cos(-\theta) = \cos\theta$
和差化积公式：
$\sin(\theta + \theta2) = \sin(\theta1)*\cos(\theta2) + \cos(\theta1)*\sin(\theta2)$
$\cos(\theta1 + \theta2) = \cos(\theta1)*\cos(\theta2) - \sin(\theta1)*\sin(\theta2)$
$\sin(\theta1 - \theta2) = \sin(\theta1)*\cos(\theta2) - \cos(\theta1)*\sin(\theta2)$
$\cos(\theta1 - \theta2) = \cos(\theta1)*\cos(\theta2) + \sin(\theta1)*\sin(\theta2)$

当然，还可以推导出更多的恒等式来。通常来说，使用这些恒等式可以简化复杂的三角公式，而避免了复杂的数学运算。因此在编程过程中当提出一个基于 sin、cos、tan 等等三角学的算法时，应当翻阅一下三角学的书籍，看是否能够简化其中的数学公式，以便于通过更少的运算来得出最后的结果。请记住：第一是速度，第二是速度，第三还是速度！速度是最重要的！！！

C.2 矢量（vector）

矢量（vector）是游戏程序员最好的朋友。实际上矢量就是线段，由一个起点和一个终点而定义，如图 C-3 所示。

从图 C-3 可以看到由两个点 p_1（起点）和 p_2（终点）确定了矢量 **U**。矢量 **U**=<u_x, u_y>从点 p_1 (x_1, y_1)指向点 p_2 (x_2, y_2)。要计算矢量 **U**，只要从终点坐标减去起点坐标就可以得到：

U = p2 − p1 = (x_2-x_1, y_2-y_1) = <u_x, u_y>

通常使用粗体大写字母来表示矢量，如：**U**。分量都写在尖括号中，如：<u_x, u_y>。

矢量表示一条从一点到另一点的有向线段，而该线段能够表示大量概念，如：速度、加速度以及其他概念。请注意：矢量一旦被定义，参考点总是原点。也就是说一旦创建了一个从 p_1 到 p_2 的矢量，矢量空间的原点始终是（0，0），在三维空间中就是(0, 0, 0)。这无关紧要，因为数学可以解决一切，但是如果认真考虑的话，这是有意义的。

一个矢量在 2D 和 3D 空间中分别是两个和三个数字，因此只要在 2D 或 3D 空间中定义一个终点就可以了，因为起点一般来讲都采用原点。这并不表示不能任意平移矢量及对矢量进行各种几何运算。这仅仅表示应当牢记矢量到底是什么。

关于矢量最酷的事情就是可以对矢量进行各种运算。因为矢量实际上就是有序数集，可通过对构成矢量的各个分量单独地进行运算来进行矢量的各种标准数学运算。

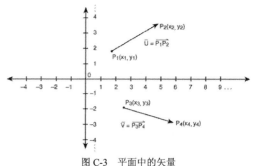

图 C-3　平面中的矢量

注意

矢量可以有许多分量。通常在计算机图形学中，处理对象的都是 2D 和 3D 矢量或者是形式为 A=<x, y>或者 B=<x, y, z>这样的矢量。一个 n 维矢量的表达形式是 C=<c1, c2, c3,...cn>。n 维矢量用来表示变量集而不是几何空间，因为接着 3D 空间，你就进入了超空间（Hyperspace，或多维空间）。

C.2.1 矢量长度

当使用矢量时常会碰到一件事情就是如何计算矢量的长度。矢量长度称为模（*Norm*），用两个竖线（绝对值符号）来表示，如：|U|，读作"矢量 **U** 的长度"。

矢量长度就是从该矢量的起点到终点的距离。因此，可以使用勾股定理来求解矢量长度。所以|U|就是：

$$|U| = \sqrt{u_x^2 + u_y^2}$$

如果 U 是三维矢量，其长度计算公式为：$|U| = \sqrt{u_x^2 + u_y^2 + u_z^2}$

C.2.2 矢量的归一化

一旦求得矢量的长度，就可以对矢量进行更多的运算。首先可以对该矢量进行归一化或者说使矢量长度压缩为 1.0。单位矢量具有许多特性，就像一个标量 1.0 一样，凭直觉你也会同意这种说法。给定一个矢量 **N**=<n_x, n_y>，矢量 **N** 的单位矢量使用小写字母 **n** 表示并且该单位矢量的计算公式为：

$$n = N/|N|$$

非常简单，单位矢量就是用矢量除以（乘以倒数）矢量长度。

C.2.3 标量乘法

对矢量进行的第一种运算就是将其按比例缩放。你可以将矢量的每个分量乘以一个标量数从而得到一个被放大或者缩小了的矢量，如下所示：

设 U=<u_x, u_y>

k*U = k*<u_x, u_y> = <k*u_x, k*u_y>

图 C-4 是数乘运算的示意图。

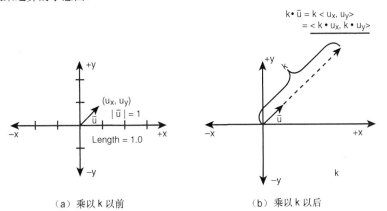

（a）乘以 k 以前　　　　　　（b）乘以 k 以后

图 C-4 矢量比例运算

此外，如果想令矢量反向，可是将该矢量乘以-1，如图 C-5 所示。

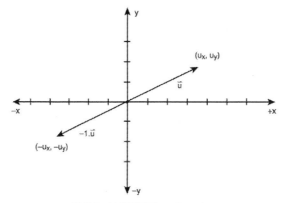

图 C-5　矢量倒转 Vector inversion

数学表示：

设 $U = <u_x，u_y>$

矢量 U 的反矢量为：

$-1 * U = -1 * <u_x，u_y> = <-u_x，-u_y>$

C.2.4　矢量加法

要将两个或两个以上矢量相加，只要将矢量的各分量分别相加就可以了。图 C-6 给出了示意图。

矢量 U 加上矢量 V 等于矢量 R。注意矢量加法运算的几何运算过程，我拿起矢量 V 的起点，将其平移到矢量 U 的终点，然后划出这个三角形的另外一条边，就得到矢量 R。在几何学上，这个过程就相当于下面的操作：

$U + V = <u_x，u_y> + <v_x，v_y> = <u_x+v_x，u_y+v_y>$

因此，如果要在方格纸上将任意个数的矢量相加，只要按照"首尾相连"的方式将所有的矢量依次连接，当将所有矢量连接完毕以后，从原点指向最后一个矢量的终点的矢量就是所求的结果。

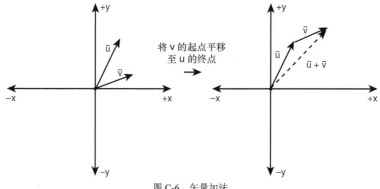

图 C-6　矢量加法

C.2.5　矢量减法

矢量减法实际上就是加上一个相反方向的矢量。而且，用图示方法表示矢量减法也很有助于理解。图 C-7 给出了 **U-V** 和 **V-U** 的示意图。

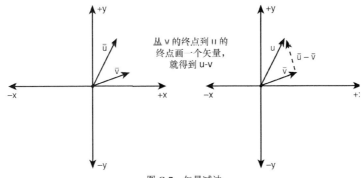

图 C-7 矢量减法

注意 **U-V** 运算就是从矢量 **V** 的终点向矢量 **U** 的终点画一矢量,而 **V-U** 运算是从矢量 **U** 的终点向矢量 **V** 的终点画一矢量。相应的数学运算表示为:

U - V = <u_x, u_y> - <v_x, v_y> = <u_x-v_x, u_y-v_y>

这种表示方法应该比较容易记忆,但是当进行手工矢量运算时,在方格纸上进行矢量的减法可能会更加方便,因为可以很直观的很快获得结果。所以说,在设计算法时,了解如何在方格纸上进行矢量加法和矢量减法运算是个好主意——请相信我!

内积或点积

此时可能你会问:"两个矢量能够相乘吗?"答案是可以相乘,但是事实上直接按分量相乘是没有意义的。换句话说:

U · V = <u_x*v_x, u_y*v_y>

这个表达式不能表示矢量空间中的任何东西。不过,矢量的点积是有实际含义的,矢量点积的定义如下:

U · V = u_x*v_x + u_y*v_y

点积,通常使用一个点(·)来表示,结果是两个矢量的各自分量乘积的和。当然结果是一个标量。但是这有什么用呢?得到的结果已经不再是矢量了。没错,但是矢量的点积也等于下面表达式:

U · V = |U|*|V|*cosθ

这个表达式的意思是:**U** 点乘 **V** 等于 **U** 的模乘以 **V** 的模再乘以该两个矢量的夹角的余弦。如果将两个公式合并的话,可以得到:

U · V = u_x*v_x + u_y*v_y
U · V = |U|*|V|*cosθ
u_x*v_x + u_y*v_y = |U|*|V|*cosθ

这是一个非常有意思的公式,首先它给出了一种计算两个矢量夹角的方法,如图 C-8 所示,矢量的点积的确是一个非常有用的运算。

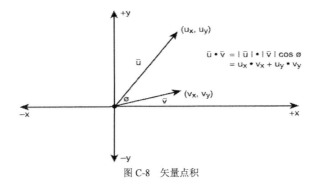

图 C-8 矢量点积

如果不能理解这个表达式的含义，那么看一下对上面的公式进行重新排列，然后再对两边同时取反余弦：

= cos⁻¹ (u$_x$*v$_x$ + u$_y$*v$_y$/|U|*|V|)

或者更紧凑一点的话，使用 **U · V** 来代替（u$_x$×v$_x$+u$_y$×v$_y$），于是有下面的表达式：

= cos⁻¹ (U·V/|U|*|V|)

点积一个非常强大的工具，也是许多 3D 图形算法的基础。最酷的就是如果 **U** 和 **V** 的长度均为 1 的话，**U** 的模乘以 **V** 的模也为 1，公式可以进一步简化为：

= cos⁻¹ (U.V)，因为 |U|=|V| = 1.0

下面是一组很有意思的事实。

事实 1：如果矢量 **U** 和 **V** 的夹角为 90 度（垂直，Perpendicular）的话，**U · V**=0。

事实 2：如果矢量 **U** 和 **V** 的夹角小于 90 度（锐角，Acute）的话，**U · V**>0。

事实 3：如果矢量 **U** 和 **V** 的夹角大于 90 度（钝角，Obtuse）的话，**U · V**<0。

事实 4：如果矢量 **U** 和 **V** 相等的话，**U · V** = |U|² = |V|²。

图 C-9 为以上关系的示意图：

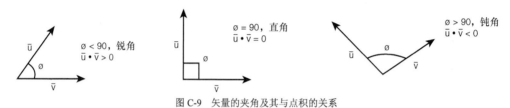

图 C-9　矢量的夹角及其与点积的关系

（Acute 锐角，Right angle 直角，Obtuse 钝角）

C.2.6　矢量积（叉积）

另外一种可以应用于矢量的乘运算是矢量积。但是矢量积仅仅对于具有三个或三个以上分量的矢量有意义，因此我们使用 3D 空间矢量来作为实例。给定矢量 **U**=<u$_x$, u$_y$, u$_z$ >，**V**=<v$_x$, v$_y$, v$_z$ >，矢量积写为 **U×V**，定义如下：

U × V = |U|*|V|*sin Θ * n

好，下面我们分步分解该表达式。|U|表示矢量 U 的长度，|V|表示矢量 V 的长度，sin θ 是两个矢量的夹角的正弦。|U|×|V|×sin θ 是一个标量，也就是一个数。所以可以对该标量乘以 n。但是 n 是什么？n 是一个单位矢量，这也是为什么用小写字母表示的原因。另外，n 是一个法向矢量，也就是说，它同时垂直于 U 和 V。图 C-10 给出了其示意图。

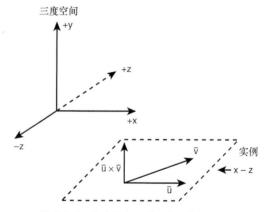

u×v 既垂直于 u 也垂直于 v，若 u 和 v 均在由 x-z 确定的平面内，则 u×v 平行于 y 轴

图 C-10　叉积

矢量积给出了 U 和 V 的角度和法向矢量。但是如果没有另一条等式，你没法求出任何具有实际意思的东西。问题是如何计算 U 和 V 的法向矢量，以便于能够计算 sin θ 项或其他项。矢量积也可以作为一个非常特殊的矢量乘积来定义。但是如果不借助矩阵，又很难表示清楚矢量积，所以请暂时忍受一下。假定你要计

算 U 和 V 的矢量积（写作 U×V），首先应当建立一个矩阵，如下所示：

i	j	k
u_x	u_y	u_z
v_x	v_y	v_z

这里，i、j、k 分别是平行于 x、y、z 轴的单位矢量。

然后，要计算 U 和 V 的矢量积，还要进行下面运算：

N=(u$_y$*v$_z$-v$_y$*u$_z$)*i + (-u$_x$*v$_z$+v$_x$*u$_z$)*j + (u$_x$*v$_y$-v$_x$*u$_y$)*k

就是说，N 是三个标量各自与平行于 x、y、z 轴的相互正交的一个单位矢量的乘积的线性组合，因此，去掉 i、j、k，可以将公式写为：

N=<u$_y$*v$_z$-v$_y$*u$_z$, -u$_x$*v$_z$+v$_x$*u$_z$, u$_x$*v$_y$-v$_x$*u$_y$>

N 是 U 和 V 的法向矢量，但不一定是一个单位矢量（如果 U 和 V 都是单位矢量的话，N 才是单位矢量），因此为了求得 n，必须对 N 进行归一化。归一化之后，就可以将其他变量代入到矢量积公式中进行各种运算。

实际上，尽管如此，还是很少有人使用 U×V = |U|×|V|×sin θ ×n 这个公式。一般都使用矩阵形式来求得法向矢量。再次强调一下，法向矢量对于 3D 图形非常重要，在《3D 游戏编程大师技巧》中我们将计算大量的法向矢量。法向矢量的重要性不仅仅在于和两个矢量都垂直，而且还在于它经常被用来定义平面和比较多边形的方位——这对于碰撞检测、着色、渲染等等都很有用。

C.2.7 零矢量

尽管你可能不会经常用到零矢量，但是它仍然是存在的。零矢量长度为零并且没有方向。确切说来零矢量就是一个点。因此，在二维空间零矢量写作<0，0>，在三维空间为<0，0，0>，并如此类推到多维空间。

C.2.8 位置矢量

下面我们将讨论位置矢量。在描摹几何实体，如线、线段、曲线等等的时候，位置矢量是非常有用的。在第 13 章中，我经常在裁剪和计算线段相交时使用位置矢量，因此位置矢量是非常重要的。图 C-11 描述了一个可被用来表示线段的位置矢量。

该线段从 p1 到 p2，V 是从 p1 到 p2 的矢量，并且 v 是从 p1 到 p2 的一个单位矢量。然后构造一个描绘该线段的 P，如下所示：

P = p1 + t*v

其中，t 是从 0 到|V|的变量。如果 t=0，有：

P = p1 + 0*v = <p1> = <p1$_x$, p1$_y$>

因此，当 t=0 时，p 指向线段的起点。另一方面，当 t=|V|时，有：

P = p1 + |V|*v = p1 + V = <p1+V>
              = <p1$_x$+V$_x$, p1$_y$+V$_y$>
              = p2 = <p2$_x$, p2$_y$>

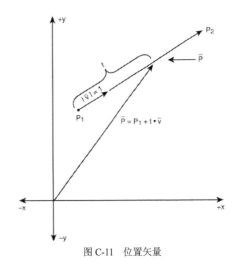

图 C-11 位置矢量

C.2.9 矢量的线性组合

正如在矢量积中看到的，矢量可以用下面的方法表示：

U = u$_x$*i + u$_y$*j + u$_z$*k

其中，**i**、**j**、**k** 分别是平行于 x、y、z 轴的单位矢量。这个公式并不难于理解，仅仅是你需要知道的矢量的另外一种写法而已。所有的运算仍然都严格地以相同方式计算。例如：

令 U = 3i + 2j + 3k
令 V = -3i − 5j + 12k
则 U + V = 3i + 2j + 3k − 3i − 5j + 12k
　　　　 = 0i − 3j + 15k = <0, -3, 15>

实际上这只是一种表示法而已。把矢量作为各分量的线性组合来考虑的最大好处是只要每个分量具有矢量系数，该分量就决不会被混淆。因此可以写出很长的表达式，然后很方便地对该矢量进行合并同类项。

以上就是关于数学知识的回顾，最好能再读上一遍！

附录 D　C++入门

首先，让我们避免研究"Primer（入门）"这个词的发音。许多年来，我一直把其中的"imer"读成和"timer"中的"imer"一样，但事实上我读错了。我的朋友 Mitch Waite（Waite 出版集团的创办人）靠出版各种各样的"入门"过着有滋有味的生活，但是他也告诉我说，曾有一个英国编辑说他始终将"Primer"念错。"Primer"应该和"Trimmer"押韵。不管我们如何发音，"Primer"这个词的本意是油漆之前涂在被油漆表面上做准备的东西，即底漆；或者是爆炸过程的第一阶段，即雷管。无论如何，我不能确定什么时候才能纠正自己的发音，但是正确念成"PRIME-ER"或许更好！

技巧

如果你是一个 C++程序员，你可能会问："为什么 André 一直使用 C 语言？"答案很简单，因为 C 语言更容易理解，并且有足够强大的功能。C++程序员显然都懂得 C 语言，因为 C 语言是 C++的子集，并且大多数游戏程序员在学习 C++之前都学习过 C 语言。

D.1　C++是什么

C++就是用面向对象（Object-Oriented，OO）技术升级了的 C 语言。事实上，C++除了是一个 C 语言的超集外，没有其他特别的地方。C++主要对下面几个方面进行了升级：

- 类（Class）
- 继承（Inheritance）
- 多态性（Dolymorphism）

下面我们将迅速浏览一下每一个特性。类是将数据和函数结合在一起的一种方式。一般情况下，当使用 C 语言编程时，你有存放数据的数据结构，以及操作这些数据的函数，如图 D-1 中的（a）部分所示。但是使用 C++语言时，数据和操作数据的函数都封装于一个类中，如图 D-1 中的（b）部分所示。这样做有什么好处呢？你可以将类想象成一个具有属性（property）并且能够执行动作的对象（object）。这只是一种更抽象的思考方式而已。

C++的另一个酷的特征是继承（inheritance）。一旦创建了类，你就具有了可创建各种对象之间关系的抽象能力。既然现实生活一直就是这样的，有什么理由在软件中不这样呢？例如：有一个叫做 person 的类，该类包含关于人的数据以及一些操作数据的方法（现在不考虑具体实现）。问题的关键是人这个概念相当广泛的。而当要创建两个较具体的不同类型的人时——比如一个软件工程师和一个硬件工程师，继承就发挥它的威力了。现在分别将这两个人命名为 sengineer 和 hengineer。

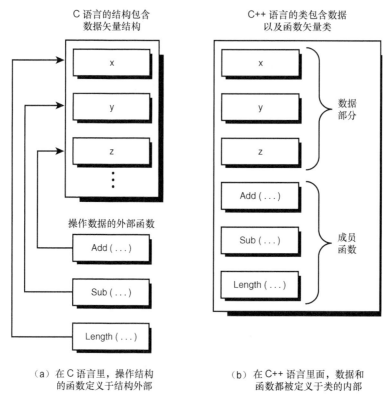

（a）在 C 语言里，操作结构　　（b）在 C++ 语言里面，数据和
　　的函数定义于结构外部　　　　　函数都被定义于类的内部

图 D-1　类的结构

图 D-2 描述了 Person（人）、Sengineer（软件工程师）和 Hengineer（硬件工程师）之间的关系。请尝试理解这两个新的类是怎么基于类 Person 而建立的。Sengineer 和 Hengineer 都是 Person，但是各自具有额外的更具体的数据。因此，只需要继承类 Person 的所有属性然后再加上一些特有的新的属性就创建了类 Sengineer 和类 Hengineer。这就是继承的基本概念。通过这种办法还可以由先前存在的类构造出更多更复杂的类。此外，还有多继承（multiple inheritance），即你可同时继承多个类，从而构造出新的对象。

第三点，也是关于 C++ 和面向对象编程最重要的一点，就是多态性（polymorphism），其字面解释是"具有多种形式"。在 C++ 范畴内，多态性意味着函数或运算符根据不同的环境而具有不同的功能。比如：表达式(a + b) 在 C 语言里面表示将 a 和 b 相加。我们都知道 a 和 b 必须定义为整型（int）、浮点型（float）、字符型（char）或者短整型（short）。在 C 语言里，不能定义一个新的类型并进行(a + b)操作。然而在 C++ 里，完全可以这么做！因此，你可以重载（overload）像+、-、*、/、[]等等这些运算符，并且根据运算数据的不同使它们具有不同的功能。

此外，函数也可以被重载。比方说，你编写了一个叫做 Compute()的函数，如下：

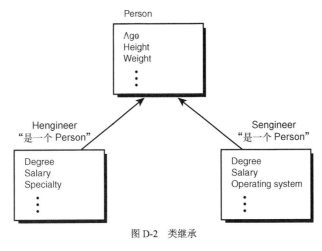

图 D-2　类继承

```
int Compute (float x, float y)
{
// code
}
```

该函数接受两个浮点数作为输入参数，但是若是你传入整型值，它们将会被隐式转换成浮点型，然后再传入函数进行运算。这样，可能会丢失数据的精确性。然而，在 C++里你可以这么写：

```
int Compute (float x, float y)
{
// code
}

int Compute (int x, int y)
{
// code
}
```

尽管这些函数有相同的名字，但是它们接受不同类型的参数。编译器会认为这是两个完全不同的函数，所以当传入整型时调用第二个函数，而当传入浮点型时调用第一个函数。如果你传入一个整型和一个浮点型，调用过程就复杂了。使用数据类型提升规则（promotion rule），由编译器决定具体调用哪一个函数。

这些就是 C++的主要内容。当然，C++中有新的语法以及大量相关的规则，但是根本上来说还是围绕上述三个新概念的具体实现。对非常复杂的概念进行了极其简单的解释，是吧？

D.2　最低限度应当了解的 C++内容

C++是一个非常复杂的语言，急于使用过多的新技术可能编写出完全不可靠的程序来，具有大量的内存泄漏（memory leak）或者性能问题。C++的问题在于这是一种黑盒式的语言。大量处理在后台进行，你可能永远不能发现自己制造出的错误（Bug）。但是如果在开始的时候只是各处使用一点点 C++语言，然后当需要时就力所能及地在程序中添加新功能，这样就不会出现问题。

然而我还是编写了这样一章关于 C++的附录，惟一的原因是 DirectX 基于 C++的。不过，其中大部分

C++代码都被封装到包裹类（wrapper）和 COM 接口中，通过函数指针来使用——即使用 interface->function()
的形式进行调用。如果你已经掌握了这本书中的与此有关的内容，那么肯定能够应付这种古怪的语法。第 5
章令人生畏会有助于对这部分内容的理解。无论如何，在本附录中我将只介绍一些基础知识，以便你能够
更好的理解 C++，多与朋友们讨论交流，实际地了解有哪些功能已被提供。

下面将介绍一些新的类型以及约定、内存管理、流式输入/输出（I/O）、基本类、函数和操作符的重载，
就是这么些内容，但是请相信我，这些已经足够了！让我们开始吧……

D.3　新的类型、关键字和约定

我们首先从一些简单的内容开始——新的注释符"//"。它已经成为 C 语言的一部分，所以你可能已经
使用过，但是在 C++语言里"//"操作符只注释一行文字。

D.3.1　注释符

```
// this is a comment
```
如果你乐意，仍然可以使用旧式的注释符/* */。
```
/* a C style multiline comment

everything in here is a comment

*/
```

D.3.2　常量

在标准 C 语言里面创建常量，你有两种方法：
```
#define PI 3.14
```
或者
```
float PI = 3.14;
```
第一种方法的问题是，PI 实际上不是一个具有类型的变量。它只是一个符号，编译时预处理程序利用
它来进行文本替换而已，所以它没有类型、大小等变量所具有的种种属性。而第二种类型定义法的问题是，
PI 在程序中是可以被重新赋值的。所以，C++引入了一个叫做 const 的新类型，通过它可以定义一个只读的
变量，也就是常量：
```
const float PI = 3.14;
```
现在就可以在任何需要的地方使用 PI 了，并且它的类型是 float，它的大小可以通过 sizeof(float)计算出
来，但是它的值不能被改写。这是一种更好的定义常量的方式。

D.3.3　引用型变量

在 C 语言中，经常需要在函数中改变一个变量的值，可以利用传入一个指针来做到这一点，例如：
```
int counter = 0;

void foo(int *x)
{
(*x)++;
}
```
而在 C++中，如果进行一个 foo(&counter)这样的调用，执行完毕以后，counter 的值会等于 1。因此，
函数改变了传入变量的值。这只是一个很普通的例子，C++引入一个新的变量类型来使这种改变更容易做到。

这种新的类型被称为引用（reference）类型，用取地址操作符"&"来表示。

```
int counter = 0;

void foo(int &x)
{
x++;
}
```

上面这个例子很有意思吧？问题是怎样来调用这个函数呢？答案是像下面这样：

```
foo(counter);
```

请注意，不再需要在 counter 前加上一个&符号的。事实上 x 就是被传入变量的别名（Alias），因此，counter 就是 x，在调用时不需要&符号。

也可以像下面一样在函数外部创建引用：

```
int x;

int &x_alias = x;
```

现在 x_alias 就是的 x 一个别名，任何时候要用到 x，都可以使用 x_alias 来代替，它们是等同的，尽管我不觉得这种写法在实际使用中有太大用处。

D.3.4　即时地创建变量

C++的诸多新特性中，最酷的特性之一莫过于可以在程序段中随时创建变量，而不是非要在全局层次或函数体层次创建变量。例如，下面是一段在 C 语言中实现循环的代码：

```
void Scan(void)
{
int index;

// lots of code here...

// finally our loop
for (index = 0; index < 10; index++)
    Load_Data(index);

// more code here...

} // end Scan
```

这段代码本身并没有错，但 index 仅仅在一段程序代码中用作循环索引。C++的设计人员认为这样不够健壮，并且感到变量的定义处应该靠近使用变量的位置。此外，在一个程序段中使用的变量对其他程序段应该是不可见的。比如：看下面这段代码：

```
void Scope(void)
{
int x = 1, y = 2; // global scope
printf("\nBefore Block A: Global Scope x=%d, y=%d",x,y);
    { // Block A
    int x = 3, y = 4;
    printf("\nIn Block A: x=%d, y=%d",x,y);
    } // end Block A
printf("\nAfter Block A: Global Scope x=%d, y=%d",x,y);
    { // Block B
    int x = 5, y = 6;
    printf("\nIn Block B: x=%d, y=%d",x,y);
    } // end Block B
printf("\nAfter Block B: Global Scope x=%d, y=%d",x,y);
} // end Scope
```

以上代码中有三对不同含义的 x，y。第一对 x,y 被定义为作用于整个函数的。但是一旦运行到代码块

A，x,y 就变成了只作用于代码块（block）A 的局部变量。然后，当结束代码块 A 时，x,y 重新复原到作用于整个函数并且恢复成进入代码段 A 之前的值，对于代码块 B，也是如此。有了程序段层次的作用域，就可以更好地限制变量以及它们的使用。而且，不需要费尽心思去想一个新变量的名字，你可以一直使用 x,y 或者其他什么名字并且不用担心新的变量会跟同名全局变量发生冲突。

事实上，新的变量作用域的概念可以让我们在代码中的任何位置进行变量的定义。比如：看下面这个同样基于 index 索引的 for() 循环，但是这次我们使用 C++ 来编写：

```
// finally our loop
for (int index = 0; index < 10; index++)
    Load_Data(index);
```

是不是很酷？在使用 index 的时候才定义它而不是在函数一开始的地方。但是不要使这种变量定义方式在你的程序中泛滥。

D.4　内存管理

C++ 具有一个新的基于 new 和 delete 操作符的内存管理系统。在大多数情况下，这两个操作相当于 malloc() 和 free()，但是更加智能，因为它们在分配和释放内存的时候考虑到了数据的类型。如下例：

用 C 语言，在堆上分配 1000 个 int 型整数，代码写为：

```
int *x = (int*)malloc(1000*sizeof(int));
```

多么杂乱啊！下面是 C++ 的同样功能的代码：

```
int *x = new int[1000];
```

好多了，对吗？并且 new 自动返回一个指向整形的指针，即 int*，所以避免了类型强制转换。C 语言释放内存的语句如下：

```
free(x);
```

C++ 的代码如下：

```
delete x;
```

它们基本相似，但是 new 操作符要好一些。此外，不论使用 C 还是 C++ 来分配内存，都不要将 new 跟 free() 成对使用，也不要将 malloc() 跟 delete 成对使用。

D.5　流式输入输出

我喜欢 printf()，没有比下面的代码更一目了然的了

```
printf("\nGive me some sugar baby.");
```

但是 printf() 的惟一的缺点就是太多的格式符，比如：%d、%x、%u 等等，不便记忆。此外，scanf() 更加麻烦，如果一旦忘记了传入的参数应当是储存变量的地址，就会搞得一团糟。

```
int x;

scanf("%d",x);
```

以上代码是错误的！应当传入 x 的地址即 &x，所以正确的语句应该是：

```
scanf("%d",&x);
```

你肯定犯过这样的错误。惟一的不需要使用地址操作符的情况是当使用字符串时，因为字符串变量本来就是指向字符串的存储地址。这就是 C++ 创建新的 IOSTREAM 类的原因。它能够自动识别变量的类型，所以不需要传入。类 IOSTREAM 的函数定义在 IOSTREAM.H 头文件中，所以当在 C++ 中使用该类时要包

含这个头文件，然后就可以访问流 cin、cout、cerr 和 cprn 了，如表 D-1 所示。

表 D-1   C++的输入/输出流

流名	设备	C 语言中的名字	含义
cin	键盘	stdin	标准输入
cout	屏幕	stdout	标准输出
cerr	屏幕	stderr	标准错误输出
cprn	打印机	stdprn	打印机

使用 I/O 流有点怪异，因为它们是基于对操作符<<和>>的重载。这些符号在 C 语言中通常表示位移，但是在 I/O 流的概念中，它们用来传递和接收数据。下面是使用标准输出的几个实例：

```
int i;
float f;
char c;
char string[80];

// in C
printf("\nHello world!");

// C++ (in C++)
cout << "\nHello world!";

// in C
printf("%d", i);

// in C++
cout << i;

// in C
printf("%d,%f,%c,%s", i, f, c, string);

// C++ (in C++)
cout << i << "," << f << "," << c << "," << string;
```

非常酷吧？根本不需要类型标识符，因为 cout 能识别出变量类型。该语法惟一怪异的是 C++允许在每一次操作之后再串联一个<<操作符，原因是每次操作都返回对 cout 本身的一个引用，因此总是可以再加上一个<<操作符。使用流进行简单打印的唯一的缺点是必须将变量和字符串常量分开，如同使用 "," 隔开每个变量。也可以使每个<<单独占一行，如：

```
cout << i
     << ","
     << f
     << ","
     << c
     << ","
     << string;
```

记住，在 C 和 C++中，空格总是被忽略的，因此这样的代码是合法的。

输入流和输出流工作原理相似，只是使用>>操作符。下面是几个实例：

```
int i;
float f;
char c;
char string[80];

// in C
```

```
printf("\nWhat is your age?");
scanf("%d",&i);

// in C++
cout << "\nWhat is your age?";
cin >> i;

// in C
printf("\nWhat is your name and grade?");
scanf("%s %c", string, &c);

// in C++
cout << "\nWhat is your name and grade?";
cin >> string >> c;
```

比 C 语言要稍好一些，是吗？当然，IOSTREAM 系统中还有无数个其他的函数，可以尝试一下。

D.6 类

类是 C++中最重要的扩充，使该语言支持面向对象技术。如前所述，一个类仅仅是包含数据和操作数据的方法〔通常称为成员函数（member function）〕的容器。

D.6.1 新结构

下面我们学习类，首先看一个标准的结构类型。使用 C 语言，可以这样定义一个结构：

```
struct Point
{
int x,y;
} ;
```

然后，如下创建一个结构的实例（Instance）：

```
struct Point p1;
```

这样就创建了结构 Point 的一个实例或称为对象（object），并且将其命名为 p1。使用 C++，创建实例就不必使用 struct 关键字，如下：

```
Point p1;
```

同样也创建了一个名为 p1 的结构 Point 的实例。这是因为 C++语言本身已经创建了 Point 类，因此就不必再使用 struct，就如同已经进行了下面这样的定义。

```
typedef struct tagPOINT
{
int x,y;
} Point;
```

之后，可以直接写

```
Point p1;
```

类就类似于一个新的结构，该结构不必进行预先定义类型。类定义本身就进行了新的类型的定义。

D.6.2 一个简单的类

C++中的类使用关键字 class 来定义。例如：

```
class Point
{
public:
int x,y;
```

```
} ;
```

```
Point p1;
```

这几乎和 Point 的结构版本定义相同；实际上，两种方式定义的 p1 操作方式完全相同。例如，要访问数据，只要使用标准语法：

```
p1.x = 5;
p1.y = 6;
```

指针的操作方式也相同。如果定义一个：

```
Point *p1;
```

然后首先要使用 malloc()或 new 来为它分配内存：

```
p1 = new Point;
```

最后，如下对 x,y 进行赋值：

```
p1->x = 5;
p1->y = 6;
```

概括来讲，在访问公有数据元素时类和结构是相同的。关键是术语公有（Public），但是它表示什么意思呢？再看一下前面 Point 类的实例，定义为：

```
class Point
{
public:
int x,y;
} ;
```

在所有变量声明之前，上述代码的开头出现了关键字：public。如此就定义了变量（和成员函数）的可见性。还有几个不同的可见性选项，但是经常使用的只有两种——公有 public 和私有 private。

D.6.3 公有和私有

如果在所有只包含数据的类的定义之前使用关键字 public，那就相当于一个标准结构。换句话说，结构就是可见性为公有的类。公有可见性表示任何人都可以看到该类数据元素。无论对于主程序、其他函数还是成员函数中的代码，数据都是没有被隐藏或封装的。而另一方面，私有可见性则允许你隐藏不需要被除该类的成员函数外的其他函数修改的数据。举例来说，请看下面的类：

```
class Vector3D
{
public:
int x,y,z; // anyone can mess with these

private:
    int reference_count; // this is hidden

} ;
```

Vector3D 分为两个不同的部分：公有数据域和私有数据域。其公有数据域有三个域变量：x、y、z，任何人都可以改变它们。另外，在私有数据域还有一个被隐藏的域变量叫做 *reference_count*。该变量对所有的对象都是隐藏的，只有该类的成员函数除外（现在还一个都没有写呢）。因此，如果编写了像下面这样的代码：

```
Vector3D v;

v.reference_count = 1; // illegal!
```

编译器会向你报错！问题是，如果不能访问，那私有变量还有什么用呢？事实上，私有变量在你书写黑盒类的时候非常有用，因为你不希望或不需要用户修改你的类的内部工作变量。在本书的例子里，应该尽量把成员变量声明成私有的。要想访问这些私有成员，你就得给类添加成员函数或方法——这正是我们要深入的内容……

类的成员函数（即方法）

成员函数或方法（method）（视乎你在讨论什么而定），基本上就是在一个类中的函数，并且此函数仅在此类中作用。下面是一个例子：

```
class Vector3D
{
public:
int x,y,z; // anyone can mess with these

    // this is a member function
    int length(void)
        {
        return(sqrt(x*x + y*y + z*z);
        } // end length

private:
    int reference_count; // this is hidden

} ;
```

注意粗体显示的成员函数 length()。这就是我在该类中定义的一个函数！读上去很怪异吗？看下面我们如何使用该函数：

```
Vector3D v; // create a vector

// set the values
v.x = 1;
v.y = 2;
v.z = 3;

// here's the cool part
printf("\nlength = %d",v.length());
```

可以像访问元素一样调用类成员函数。如果 v 是一个指针的话，要这样访问：

```
v->length();
```

现在，你可能会说："我有大约 100 个必须访问该类数据的函数；但是我不可能将它们都放在这个类的定义中！"实际上，只要你愿意，可以将这 100 个函数都放在类的定义体中，但是我同意这样看起来可能会很乱。其实，可以在类定义外定义类的成员函数，稍后我们将会介绍。下面我将添加另外一个成员函数，示范一下如何访问私有数据成员 reference_count：

```
class Vector3D
{
public:
int x,y,z; // anyone can mess with these

    // this is a member function
    int length(void)
        {
        return(sqrt(x*x + y*y + z*z);
        } // end length

    // data access member function
    void addref(void)
    {
    // this function increments the reference count
    reference_count++;

    } // end addref
```

```
private:
    int reference_count; // this is hidden

};
```

通过成员函数 addref()可以访问 reference_count。这种做法看上去是多此一举，但是如果仔细考虑一下的话，你会发现这的确是个好办法。因为现在用户就不能对该成员数据做任何蠢事了。只有通过成员函数，才能够存取成员数据，例如有了上面的类的定义，就只允许调用者将 reference_count 加 1，写成这样：

```
v.addref();
```

该调用程序不能直接改变 reference_count，如乘以一个数等等，这是因为 reference_count 是私有的，只有该类的成员函数能够访问它，这就是数据隐藏和封装。

现在，我想你已经明白类的威力了。可以在类中定义成员数据，在类中添加操作这些数据的函数，还可以隐藏数据，真是太棒了！

D.6.4　构造函数和析构函数

如果你已经有了一个星期以上的 C 语言编程经验，有一件事情我确信你已经做了上百万次——那就是初始化一个结构。例如，要创建一个结构 Person：

```
struct Person
{
int age;
char *address;
int salary;
};

Person people[1000];
```

现在你需要初始化 1000 个 people 结构。你可能会如下这样写：

```
for (int index = 0; index < 1000; index++)
{
people[index].age     = 18;
people[index].address = NULL;
people[index].salary  = 35000;

} // end for index
```

但是如果忘记了对结构进行初始化就使用该结构，后果会怎么样呢？那你结果就会看到你的老朋友———般保护错（General Protection Fault）。类似地，在程序运行的过程中，如果使用如下语句分配一块内存，并且将一个 person 对象的 address 成员变量指向该块内存，结果又会怎么样？

```
people[20].address = malloc(1000);
```

接着你使用了这块内存，接着又忘记了它，之后你用下面这条语句再次进行了内存分配：

```
people[20].address = malloc(4000);
```

噢！第一次分配的一千字节的内存就永远不会被释放掉了。所以记住在分配更多内存之前，通过调用 free()函数来释放旧的内存：

```
free(people[20].address);
```

我想你很可能也犯过这个错误。C++通过提供在创建类时自动调用的的两个新的函数来解决这些内存管理问题：构造函数（constructor）和析构函数（destructor）。

构造函数当实例化一个类的对象时被调用。例如，执行下面代码时：

```
Vector3D v;
```

默认的构造函数被调用，虽然在这个例子中构造函数没有执行任何动作。类似地，当 v 超出作用域时，也就是说，当定义 v 的函数终止时；或者当 v 是一个全局变量而程序终止时，默认的析构函数被调用，当然，本例中析构函数也没有执行任何动作。要执行具体的操作，你应当自行编写构造函数和析构函数。如果不想让其执行具体的操作，就不必编写该函数了。你可以定义构造函数和析构函数，也可以只定义它们中的一个。

D.6.5　编写构造函数

作为例子，让我们把 person 结构转换为一个类：

```
class Person
{
public:
int age;
char *address;
int salary;

// this is the default constructor
// constructors can take a void, or any other set of parms
// but they never return anything, not even a void
Person()
    {
    age     = 0;
    address = NULL;
 salary  = 35000;
    } end Person
} ;
```

注意构造函数和类具有相同的名字，这里指的是 Person。这并不是巧合，而是规则！另外，注意构造函数没有任何返回值，而且必然如此。不过，构造函数可以带有参数。本例中的构造函数没有任何参数，但是你可以创建有参数的构造函数。事实上，能够创建无限多个不同的构造函数，每个函数具有不同的参数列表。这样就能使用不同的调用来创建不同类型的 Person。总之要创建一个 Person，并且使其自动初始化，你可以这样做：

```
Person person1;
```

构造函数将会自动被调用，并依次进行下面的赋值操作：

```
person1.age     = 0;
person1.address = NULL;
person1.salary  = 35000;
```

很酷，对吗？其实，在下面一条语句中，构造函数更显示出其优势：

```
Person people[1000];
```

每个 Person 的实例都要调用构造函数，因此所有的 1000 个 Person 的实例都被初始化了，根本无需编写另外的代码！

下面我们讨论一下更高级的内容。还记得我告诉过你函数是如何被重载的吗？同样也可以重载构造函数。因此，如果想创建一个根据传入参数对年龄、地址和薪水进行赋值的构造函数，应当这样写：

```
class Person
{
public:
int age;
char *address;
int salary;

// this is the default constructor
// constructors can take a void, or any other set of parms
// but they never return anything, not even a void
Person()
    {
```

```
age     = 0; address = NULL; salary  = 35000;
} // end Person
// here's our new more powerful constructor
Person(int new_age, char *new_address, int new_salary)
{
// set the age
age = new_age;

// allocate the memory for the address and set address
address = new char[strlen(new_address)+1];
strcpy(address, new_address);

// set salary
salary = new_salary;

} // end Person int, char *, int

} ;
```

现在就有了两个构造函数，其中一个没有参数，另一个有三个参数：一个 int、一个 char *、另一个也是 int。下面是创建一个 24 岁、居住在枫树大街 500 号、年薪$52000 的人的 person 类实例：

```
Person person2(24,"500 Maple Street", 52000);
```

是不是很简洁？当然，可能你认为也可以使用下面的语法来很方便地初始化一个 C 结构：

```
Person person = {24, "500 Maple Street", 52000} ;
```

但是，内存分配方面又如何呢？如何进行字符串复制和其他操作呢？标准 C 只能机械地进行复制，仅此而已。但 C++在创建对象之时，还可以执行更多的操作。这给予了你更多的控制能力。

D.6.6 编写析构函数

创建了一个对象之后，在某个时刻该对象会消亡。用 C 语言来写的话，此时通常要调用一个 cleanup 函数，但是使用 C++对象可以通过调用析构函数来完成自我清理。编写一个析构函数要比编写构造函数简单的多，因为析构函数没什么灵活性，它们只有一种格式：

```
~classname();
```

没有参数，也没有返回类型。而且绝对没有例外！请将此牢记在心，下面在 Person 类中添加一个析构函数：

```
class Person
{
public:
int age;
char *address;
int salary;
// this is the default constructor
// constructors can take a void, or any other set of parms
// but they never return anything, not even a void
Person()
    {
    age     = 0; address = NULL; salary  = 35000;
    } // end Person

// here's our new more powerful constructor
Person(int new_age, char *new_address, int new_salary)
{
// set the age
age = new_age;
```

```
// allocate the memory for the address and set address
address = new char[strlen(new_address)+1];
strcpy(address, new_address);

// set salary
salary = new_salary;

} // end Person int, char *, int


// here's our destructor
~Person()
    {
    free(address);
    } // end ~Person
} ;
```

我已经用粗体显示了析构函数。注意，此时析构函数中并没有什么特别的代码；实际上在析构函数中可以做任何想做的事情。有了这个析构函数，就不必担心内存释放的问题。例如，使用 C 语言的时候，若你在函数中创建一个有内部指针的结构，然后不进行内存释放就退出该函数，该块内存就永远无法被释放了。这就是内存泄漏（memory leak），如下面 C 程序所示：

```
struct
    {
    char *name;
    char *ext;
    } filename;

foo()
{
filename file; // here's a filename

file.name = malloc(80);
file.ext  = malloc(4);

} // end foo
```

file 结构会被销毁，但是分配的 84 个字节将永远丢失！而在 C++中，使用析构函数，就不会发生这种情况，因为编译器将自动调用执行析构函数，而在析构函数中内存被释放。

以上就是关于构造函数和析构函数的基本内容，当然还有很多内容。比如还有一些特殊的构造函数，如拷贝构造函数（Copy Constructor）、赋值构造函数（Assignment Constructor）等等。但对于初学者，这已足够了。而对于析构函数，只有上面所述的一种类型，所以还是比较容易记住的。

D.7　域操作符

C++中还有一个新的操作符，称之为域操作符（scope resolution operator），用双冒号（::）来表示。它被用来引用类的函数成员和数据成员。不必对此操作符的含义过于担心；下面就讨论如何使用该操作符在类定义的外部定义该类的成员函数。

目前你已经掌握了如何在类的内部定义成员函数。尽管这种做法对于小型的类可以接受的，但是在大型的类中使用则存在一点问题。域操作符提供在类的外部定义成员函数的手段，使该成员函数就像在内部被定义一样，并且域操作符使编译器能够识别这些函数是类的成员函数，而不是文件级别的函数。下面为域操作符的语法.

```
return_type class_name::function_name(parm_list)
{
// function body
}
```

当然在类内部，仍然要定义成员函数的原型（即去掉域操作符和类名称），但是你可以将成员函数的函数体定义在类的外部。下面以 Person 类为例，看一下如何使用域操作符。如下是移除了函数体的新类：

```
class Person
{
public:
int age;
char *address;
int salary;

// this is the default constructor
Person();

// here's our new more powerful constructor
Person(int new_age, char *new_address, int new_salary);
// here's our destructor
~Person();

} ;
```

下面是函数体，它和所有其他的函数一起都放在类定义之后：

```
Person::Person()
{
// this is the default constructor
// constructors can take a void, or any other set of parms
// but they never return anything, not even a void
age    = 0;
address = NULL;
salary = 35000;

} // end Person

/////////////////////////////////////////////////////////

Person::Person(int new_age,
              char *new_address,
              int new_salary)
{
// here's our new more powerful constructor)
// set the age
age = new_age;

// allocate the memory for the address and set address
address = new char[strlen(new_address)+1];
strcpy(address, new_address);

// set salary
salary = new_salary;
```

```
}  // end Person int, char *, int

////////////////////////////////////////////////

Person::~Person()
{
// here's our destructor
free(address);
}  // end ~Person
```
技巧

许多程序员喜欢在类名称之前放一个大写的 *C*。我也经常这样做，我希望你也这样做。因此，在我编程时，可能将名字起作 CPerson，而不是 Person。或者是全部大写，CPERSON。

D.8 函数和操作符重载

我们讨论的最后一个内容是重载（*Overloading*），主要有两方面：函数重载（*Function Overloading*）和操作符重载（*Operator Overloading*）。现在没有时间来详细解释操作符重载，不过让我给一个一般性的例子。假定有一个 Vector3D 类，现在你要让两个矢量相加 v1 + v2，并将结果保存于 v3 中。可以如下这样做：

```
Vector3D v1 = {1,3,5} ,
         v2 = {5,9,8} ,
         v3 = {0,0,0} ;

// define an addition function, this could have
// been a class function
Vector3D Vector3D_Add(Vector3D v1, Vector3D v2)
{
Vector3D sum; // temporary used to hold sum

sum.x = v1.x+v2.x;
sum.y = v1.y+v2.y;
sum.z = v1.z+v2.z;

return(sum);

}  // end Vector3D_Add
```
然后，要使用该函数进行矢量加法，你可以写这样一行代码：
```
v3 = Vector3D_Add(v1, v2);
```
虽然很粗糙，但有效果。但既然我们使用 C++，我们可以利用操作符重载，重载"+"操作符以建立一个能够进行矢量加法的新版"+"操作符！然后你就可以这样写：
```
v3 = v1+v2;
```
很酷吧！下面给出重载操作符函数的语法，不过若是你希望知道更多细节，还是得找本 C++ 书籍读一下：
```
class Vector3D
{
public:
```

```
int x,y,z; // anyone can mess with these

// this is a member function
int length(void)  {return(sqrt(x*x + y*y + z*z)); }

// overloaded the + operator
Vector3D operator+(Vector3D &v2)
{
Vector3D sum; // temporary used to hold sum
sum.x = x+v2.x;
sum.y = y+v2.y;
sum.z = z+v2.z;

return(sum);
}

private:
    int reference_count; // this is hidden

} ;
```

注意，第一个参数是隐含的，所以参数表中只有 v2。总之，操作符重载功能非常强大。使用它，可以创建真正意义上的新的数据类型和操作符，以至于不进行函数调用就可以完成各种操作。

在讨论构造函数时，我们就已经接触到了函数重载。函数重载就是编写两个或多个具有相同名字但是具有不同参数表的函数。比如说要编写一个叫做 Plot_Pixel 的函数，其具有下述功能：如果不带参数地调用该函数，就在当前位置绘制一个点；而如果使用参数 x,y 来调用该函数，则在 x,y 位置上绘制一个点。代码如下：

```
int cursor_x, cursor_y; // global cursor position

// the first version of Plot_Pixel
void Plot_Pixel(void)
{
// plot a pixel at the cursor position
plot(cursor_x, cursor_y);
}

/////////////////////////////////

// the second version of Plot_Pixel
void Plot_Pixel(int x, int y)
{
// plot a pixel at the sent position and update
// cursor
plot(cursor_x=x, cursor_y=y);
}
```
可以这样调用函数：
```
Plot_Pixel(10,10); // calls version 2

Plot_Pixel(); // calls version 1
```
技巧
编译器知道这两个函数的区别，因为编译器不仅要根据函数名，而且还要根据参数列表，在编译器的名称空间中创建一个惟一的函数名称。

D.9 小结

到这里，我们走马观花般地浏览了一些 C++语言的内容。如果 Robert Lafore（世界上最优秀的 C++作者）阅读了该附录，他可能会因为我行文如此散漫而恨不得杀了我。但总而言之，现在你应该已经了解了一些该语言的知识，而即使你不编写 C++程序，至少也能够阅读它们。

附录 E　游戏编程资源

下面我堆砌了一些资源，相信对身为游戏程序员的你能有一些帮助。

游戏编程站点

有很多非常棒的游戏编程网站，在此我无法一一列出。下面是我收藏的几个网站：

GameDev.Net
http://www.gamedev.net/
MAME 官方网页
http://www.mame.net/
游戏领域
http://www.gamesdomain.com/
编码关系
http://www.gamesdomain.com/gamedev/gprog.html
计算机游戏开发者年会
http://www.gdconf.com
Xtreme 游戏开发者年会
http://www.xgdc.com

下载点

游戏程序员需要接触好的游戏和工具等等。下面列出了我喜欢访问并下载的站点：

eGameZone	http://www.egamezone.net
Happy Puppy	http://www.happypuppy.com
Game Pen	http://www.gamepen.com/topten.asp
Ziff Davis Net	http://www.zdnet.com/swlib/games.html

eGameZone	http://www.egamezone.net
Adrenaline Vault	http://www.avault.com/pcrl/
Download.Com	http://www.download.com/pc/cdoor/0,323,0-17,00.html?st.dl.fd.cats.cat17
	http://www.download.com CNet 吞并
Jumbo.Com	http://www.jumbo.com/games/g2/
GT Interactive	http://www.gtgames.com
Epic Megagames	http://www.epicgames.com
CNet	http://www.cnet.com
WinFiles.com	http://www.winfiles.com Download.Com 吞并
eGames	http://www.egames.com

二维/三维引擎

网络上有一个站点集中了所有的 3D 开发引擎。该站点被称做 3D 引擎列表（*The 3D Engine List*），包含了各种使用不同技术级别的 3D 引擎。令人激动的是有许多引擎的作者允许用户免费使用他们的引擎！下面是其地址：

http://cg.cs.tu-berlin.de/~ki/engines.html

此外，这里还有一些很棒的专用 2D/3D 引擎的链接：

Genesis 3D Engine	http://www.genesis3d.com
SciTech MGL	http://www.scitechsoft.com
Crystal Space	http://crystal.linuxgames.com/

游戏编程书籍

关于图像、声音、多媒体和游戏开发的书籍有很多，但是全部都买下来也未免太昂贵了。下面给出几个可以查阅游戏相关的书籍的评论并且提供一些购买建议的网站：

Games Domain Bookstore

http://www.gamesdomain.com/gamedev/gdevbook.html

Premier Publishing Game Development Series

http://www.premierpressbooks.com/gamedevseries.asp

微软公司的 DirectX 多媒体展示

毋庸置疑，微软公司有着世界上最大的网站，有数以千计的页面、栏目和 FTP 站点等等。但是你感兴趣的页面在 DirectX Multimedia Expo：

http://www.microsoft.com/directx/

在该页面上，你可以看到最新的消息，也可以找到最新版本的 DirectX、DirectMedia 以及老版本的修补程序的下载地址。你至少应当每周花一个小时来通读这些信息。这样可以使你能够一直跟上多姿多彩的 Microsoft 和 DirectX 世界的发展的脚步。下面给出新的 Xbox 网站：

http://www.xbox.com/

新闻组

我没怎么关心过 Internet 新闻组，因为我觉得使用它和人沟通太慢了（几乎和阅读印刷品一样糟糕）。但也有些有价值的新闻组或许值得浏览：

```
alt.games
rec.games.programmer
comp.graphics.algorithms
comp.graphics.animation
comp.ai.games
```

如果以前没有阅读过新闻组，请读下面的说明······你需要一个新闻组浏览器，以便于能够下载信息以及阅读信息线程。大多数 Web 浏览器，如 Netscape Navigator 和 Internet Explorer 都有内置的新闻组浏览器。只要阅读帮助文件，弄清楚如何设置浏览器以阅读新闻组就行了。

然后登录某个新闻组，例如 alt.games，下载所有的信息，然后开始阅读。

站在业界浪尖

Internet 上大约 99.9%的内容都只是在浪费带宽。大部分是由于许多人在不停地闲扯或交流着不着边际的幻想。但也有一些网站不会浪费你的时间，其中之一就有 Blues News，它是各种行业要人发表他们每天抓住的灵感的地方。登录：

http://www.bluesnews.com

然后可以每天察看一下新内容。

游戏开发杂志

据我所知，只有两种英文的游戏开发杂志。第一种也是最大的一种是《Game Developer》月刊，内容涵盖了游戏编程、艺术、3D 建模、行业动态等等。其网址是：

http://www.gdmag.com

也可以访问其姊妹站点 Gamasutra：

http://www.gamasutra.com

游戏网站开发者

开发游戏时最后应当考虑的是该游戏的网站！如果试图作为共享软件来销售游戏，建立一个迷你的站点来展示该游戏是很重要的。首先应当了解如何使用 FrontPage 或 Netscape 中的简单的网页编辑器，但是如果想建立一个很酷的网站来展示你编写的游戏并且使其更具有吸引力，就应当找专业人员来开发网站。我已经见过太多非常非常好的游戏却有着一个极其糟糕的网站。

帮我建设网站的公司是 Belm Design Group。它们可以帮你为你的游戏建立网站，他们的收费通常从五百到三千美元。网址是：

http://www.belmdesigngroup.com

Xtreme Games LLC

我的公司叫 Xtreme Games LLC。我们开发并出版 PC 平台的 2D/3D 游戏。我们的网站是：

http://www.xgames3d.com

在我们的网站上你可以找到关于 3D 图形、人工智能、物理、DirectX 以及其他内容的文章。此外，我可能会在网站上发布本书的改动和新增的内容。

Xtreme Games LLC 出版并开发游戏。如果你觉得你有个很好的游戏，请你登录 Xtreme 并检索关于代理发行的信息。我们也为开发人员提供技术支持。

http: //www.egamezone.net

此外，我还建立了两家新的公司以帮助开发人员。eGameZone.net 是一个完全在线的游戏发布点。

另一家公司，NuRvE Networks，关注于开发下一代面向全球的网络游戏：

http://www.nurve.net

最后，再一次写出我的电子邮件地址：

CEO@xgames3d.com

附录 F　ASCII 表

如果说有什么是我一直以来在寻找的东西，那就是一张 ASCII 表。我想大概只有 Peter Norton 的 PC 书中附有 ASCII 表。其实每本计算机书都应该附有 ASCII 表，不过我自己过去的书中也没有。但我已改正了这个错误。下面就是完全注解的从字符 0 到 127、127 到 255 的 ASCII 表。

十进制	十六进制	ASCII	十进制	十六进制	ASCII
000	00	null	021	15	§
001	01	☺	022	16	—
002	02	☻	023	17	↨
003	03	♥	024	18	↑
004	04	♦	025	19	↓
005	05	♣	026	1A	→
006	06	♠	027	1B	←
007	07	•	028	1C	└
008	08	◘	029	1D	↔
009	09	○	030	1E	▲
010	0A	◙	031	1F	▼
011	0B	♂	032	20	space
012	0C	♀	033	21	!
013	0D	♪	034	22	"
014	0E	♫	035	23	#
015	0F	☼	036	24	$
016	10	►	037	25	%
017	11	◄	038	26	&
018	12	↕	039	27	'
019	13	‼	040	28	(
020	14	¶	041	29	)

续表

十进制	十六进制	ASCII	十进制	十六进制	ASCII
042	2A	*	081	51	Q
043	2B	+	082	52	R
044	2C	'	083	53	S
045	2D	-	084	54	T
046	2E	.	085	55	U
047	2F	/	086	56	V
048	30	0	087	57	W
049	31	1	088	58	X
050	32	2	089	59	Y
051	33	3	090	5A	Z
052	34	4	091	5B	[
053	35	5	092	5C	\
054	36	6	093	5D	]
055	37	7	094	5E	^
056	38	8	095	5F	-
057	39	9	096	60	'
058	3A	:	097	61	a
059	3B	;	098	62	b
060	3C	<	099	63	c
061	3D	=	100	64	d
062	3E	>	101	65	e
063	3F	?	102	66	f
064	40	@	103	67	g
065	41	A	104	68	h
066	42	B	105	69	i
067	43	C	106	6A	j
068	44	D	107	6B	k
069	45	E	108	6C	l
070	46	F	109	6D	m
071	47	G	110	6E	n
072	48	H	111	6F	o
073	49	I	112	70	p
074	4A	J	113	71	q
075	4B	K	114	72	r
076	4C	L	115	73	s
077	4D	M	116	74	t
078	4E	N	117	75	u
079	4F	O	118	76	v
080	50	P	119	77	w

续表

十进制	十六进制	ASCII	十进制	十六进制	ASCII
120	78	x	159	9F	ƒ
121	79	y	160	A0	á
122	7A	z	161	A1	í
123	7B	{	162	A2	ó
124	7C	¦	163	A3	ú
125	7D	}	164	A4	ñ
126	7E	~	165	A5	Ñ
127	7F		166	A6	ª
128	80	Ç	167	A7	º
129	81	ü	168	AB	¿
130	82	é	169	A9	⌐
131	83	â	170	AA	¬
132	84	ä	171	AB	½
133	85	à	172	AC	¼
134	86	å	173	AD	¡
135	87	ç	174	AE	«
136	88	ê	175	AF	»
137	89	ë	176	B0	▌
138	8A	è	177	B1	▌
139	8B	ï	178	B2	▌
140	8C	î	179	B3	│
141	8D	ì	180	B4	┤
142	8E	Ä	181	B5	╡
143	8F	Å	182	B6	╢
144	90	É	183	B7	╖
145	91	æ	184	B8	╕
146	92	Æ	185	B9	╣
147	93	ô	186	BA	║
148	94	ö	187	BB	╗
149	95	ò	188	BC	╝
150	96	û	189	BD	╜
151	97	ù	190	BE	╛
152	98	ÿ	191	BF	┐
153	99	Ö	192	C0	└
154	9A	Ü	193	C1	┴
155	9B	¢	194	C2	┬
156	9C	£	195	C3	├
157	9D	¥	196	C4	─
158	9E	₧	197	C5	┼

十进制	十六进制	ASCII	十进制	十六进制	ASCII
198	C6	╞	227	E3	
199	C7	╟	228	E4	
200	C8	╚	229	E5	
201	C9	╔	230	E6	
202	CA	╩	231	E7	
203	CB	╦	232	E8	
204	CC	╠	233	E9	
205	CD	═	234	EA	
206	CE	╬	235	EB	
207	CF	╧	236	EC	∞
208	D0	╨	237	ED	ø
209	D1	╤	238	EE	$\in$
210	D2	╥	239	EF	$\cap$
211	D3	╙	240	F0	≡
212	D4	╘	241	F1	$\pm$
213	D5	╒	242	F2	$\geq$
214	D6	╓	243	F3	$\leq$
215	D7	╫	244	F4	$\int$
216	D8	╪	245	F5	$\int$
217	D9	╜	246	F6	$\div$
218	DA	╒	247	F7	$\approx$
219	DB	█	248	F8	°
220	DC	▄	249	F9	•
221	DD	▌	250	FA	·
222	DE	▐	251	FB	$\sqrt{}$
223	DF	▀	252	FC	n
224	E0		253	FD	2
225	E1		254	FE	■
226	E2		255	FF	

我们期待您的反馈

作为本书的读者，您是我们最重要的批评家和评论员。您的意见对我们来说非常珍贵，我们将籍此了解我们的工作是否做对了，还有哪些地方可以改进，还有哪些内容需要增补。我们将专注聆听您的每一句有价值的建议。

作为 Sams Publishing 的合作出版人，我欢迎您的评价。您可以给我发电子邮件或直接写信，告诉我您喜欢或者不喜欢书中的哪些内容，让我们一起努力使我们的书变得更好。

请您注意的是，我本人不能在本书相关的章节上帮助您解决任何技术上的问题。但是，我们有一个用户服务组，我将向其转发一些与本书相关的具体的技术问题。

当您写信的时候，请务必写上本书书名和作者姓名，还有您的姓名、电子信箱和电话号码。我会仔细考虑您的建议并就此与本书作者和编辑们进行探讨。

电子邮件：	feedback@samspublishing.com
通信地址：	Michael Stephens Sams Publishing 201 West 103rd Street Indianapolis, IN 46290 USA

如想获得有关本书或者其他 Sams 出版物的更多信息，请访问我们的网站 www.samspublishing.com。在搜索栏填入本书的 ISBN（不要输入连字符"-"）或书名就能找到您想要的网页。